技能应用速成系列

AutoCAD 2014 建筑水暖电设计从入门到精通

CAX 技术联盟
陈　磊　王晓明　编著

電子工業出版社
Publishing House of Electronics Industry
北京 • BEIJING

内容简介

本书主要针对建筑水暖电设计领域，以理论结合实践的写作手法，全面而系统地介绍了 AutoCAD 2014 在建筑水暖电设计的应用技术。本书采用“完全案例”的编写形式，兼具技术手册和应用技巧参考手册的特点，技术实用、逻辑清晰，是一本简明易学的学习参考书。

全书共分为 20 章，详细介绍 AutoCAD 2014 的基础入门、绘图准备、二维图形的绘制、二维图形的选择与编辑、创建面域与图案填充、创建文字与表格、图块的制作与插入、参数化绘图、图形对象的尺寸标注、图形的输入/输出与布局打印等软件知识，同时详细讲解了给排水图例、给水工程施工图、排水工程施工图、消防工程施工图、建筑暖通图例、空调工程施工图、采暖工程施工图、常用电气符号、建筑照明与插座施工图、建筑弱电与防雷施工图的绘制等内容。另外，还将本书中的案例以视频演示方式进行讲解，使读者学习起来更加方便。

本书解说精细、操作实例通俗易懂，实用性和操作性极强，层次性和技巧性突出，即可以作为全国高等院校或社会培训机构的教材，也可以作为建筑水暖电设计领域广大读者和工程技术人员的学习参考书。

未经许可，不得以任何方式复制或抄袭本书之部分或全部内容。
版权所有，侵权必究。

图书在版编目（CIP）数据

AutoCAD 2014 建筑水暖电设计从入门到精通 / 陈磊，王晓明编著. —北京：电子工业出版社，2013.10
（技能应用速成系列）

ISBN 978-7-121-21260-4

Ⅰ. ①A… Ⅱ. ①陈… ②王… Ⅲ. ①房屋建筑设备—给水设备—计算机辅助设计—AutoCAD 软件 ②房屋建筑设备—采暖设备—计算机辅助设计—AutoCAD 软件 ③房屋建筑设备—电气设备—计算机辅助设计—AutoCAD 软件 Ⅳ. ①TU8-39

中国版本图书馆 CIP 数据核字（2013）第 190434 号

策划编辑：许存权
责任编辑：许存权　　　　特约编辑：刘丽丽　　刘海霞
印　　刷：北京京师印务有限公司
装　　订：北京京师印务有限公司
出版发行：电子工业出版社
　　　　　北京市海淀区万寿路 173 信箱　邮编 100036
开　　本：787×1 092　1/16　印张：36.25　字数：860 千字
印　　次：2013 年 10 月第 1 次印刷
定　　价：79.00 元（含 DVD 光盘 1 张）

凡所购买电子工业出版社图书有缺损问题，请向购买书店调换。若书店售缺，请与本社发行部联系，联系及邮购电话：（010）88254888。

质量投诉请发邮件至 zlts@phei.com.cn，盗版侵权举报请发邮件至 dbqq@phei.com.cn。

服务热线：（010）88258888。

本书是“技能应用速成系列”丛书中的一本，主要针对建筑水暖电设计领域，以AutoCAD 2014中文版为设计平台，详细而系统地介绍了使用AutoCAD进行建筑水暖电设计的基本方法和操作技巧，能使读者全面地掌握CAD的常用命令及作图技巧，还可以学会使用CAD进行建筑水暖电图样的设计、领悟绘制建筑水暖电图样的精髓。

书中工具解说精细、操作实例通俗易懂，具有很强的实用性、操作性和技巧性。本书在章节编排方面一改同类计算机图书手册型的编写方式，在介绍每章的基本命令和概念功能的同时，始终与实际应用相结合，学以致用的原则贯穿全书，使读者对讲解的工具命令具有深刻和形象的理解，有利于培养读者应用AutoCAD基本工具完成设计绘图的能力。

本书特点

★ 循序渐进、通俗易懂：本书完全按照初学者的学习规律和习惯，由浅入深、由易到难安排每个章节的内容，可以让初学者在实战中掌握AutoCAD的基础知识及其在建筑水暖电设计中的应用。

★ 案例丰富、技术全面：本书的每一章都是AutoCAD的一个专题，每一个案例都包含了多个知识点。读者按照本书进行学习，可以举一反三，达到入门并精通的目的。

★ 视频教学、轻松易懂：本书配备了高清语音教学视频，编者的精心讲解，并进行相关知识点拨，使读者领悟并掌握每个案例的操作难点，轻松掌握，提高学习效率。

本书内容

本书以最新的AutoCAD 2014版为蓝本，全面、系统、详细地讲解了AutoCAD在建筑水暖电施工图的设计和绘制方法，包括AutoCAD 2014软件基础，建筑给排水、消防、空调、采暖、电气照明、弱电、防雷接地等施工图和系统图的绘制。

全书分为四篇共20章，详细介绍AutoCAD的基本绘图技能及其在建筑水暖电设计中的应用。

1．AutoCAD 2014软件基础篇——主要讲解了AutoCAD 2014的操作和绘图方法

第1章 介绍AutoCAD 2014软件基础入门	**第2章** 介绍AutoCAD 2014的绘图准备
第3章 介绍二维图形的绘制方法	**第4章** 介绍二维图形的选择与编辑方法
第5章 介绍创建面域和图案填充方法	**第6章** 介绍创建文字与表格方法
第7章 介绍图块的制作与插入方法	**第8章** 介绍参数化绘图
第9章 介绍图形对象的尺寸标注	**第10章** 介绍图形的输入/输出与布局打印

2. 建筑给排水与消防设计篇——主要讲解了建筑水系施工图的绘制

第 11 章 介绍给排水图例的绘制
第 12 章 介绍给水工程施工图的绘制
第 13 章 介绍排水工程施工图的绘制
第 14 章 介绍消防工程施工图的绘制

3. 建筑暖通施工图设计篇——主要讲解了建筑暖通施工图的绘制

第 15 章 介绍建筑暖通图例的绘制
第 16 章 介绍空调工程施工图的绘制
第 17 章 介绍采暖工程施工图的绘制

4. 建筑电气施工图设计篇——主要讲解了建筑电气施工图的绘制

第 18 章 介绍常用电气符号的绘制
第 19 章 介绍建筑照明与插座施工图的绘制
第 20 章 介绍建筑弱电与防雷施工图的绘制

5. 附录

附录中列举了 AutoCAD 的一些常用的命令快捷键和常用系统变量，掌握这些快捷键和变量，可以有效地改善绘图的环境，提高绘图效率。

注：受限于本书篇幅，为保证图书内容的充实性，故将本书中附录附在光盘文件中，以便读者学习使用。

随书光盘

本书附带了 DVD 多媒体动态演示光盘，另外，本书所有综合范例最终效果及在制作范例时，所用到的图块、素材文件等都收录在随书光盘中。

读者对象

本书适合于 AutoCAD 2014 初学者和期望提高 AutoCAD 设计应用能力的读者，具体说明如下：

★ 建筑水暖电设计领域从业人员
★ 初学 AutoCAD 的技术人员
★ 大中专院校的教师和在校生
★ 相关培训机构的教师和学员
★ 参加工作实习的“菜鸟”
★ 广大科研工作人员

本书作者

本书主要由陈磊、王晓明编著，另外还有陈洁、王栋梁、王硕、王庆达、刘昌华、张军、田家栋、丁磊、张建华、杨红亮、赵洪雷、何嘉扬、陈晓东、周晓飞、王辉、李秀峰、张杨、王珂、李诗洋、丁金滨。书中欠妥之处，请读者及各位同行批评指正，在此致以诚挚的谢意。

读者服务

为了方便解决本书疑难问题，读者朋友在学习过程中遇到与本书有关的技术问题，可以发邮件到邮箱 caxbook@126.com，或访问作者博客 http://blog.sina.com.cn/caxbook，编者会尽快给予解答，我们将竭诚为您服务。

编 者

目 录

AutoCAD 2014基础入门

AutoCAD 是由美国 Autodesk 公司开发的一款绘图程序软件，是世界上使用最为广泛的计算机辅助设计的平台之一，广泛应用于建筑装潢、园林设计、电子电路、机械设计、服装鞋帽、航空航天、轻工化工等诸多领域。

内容要点

- 简要讲解 AutoCAD 的基本功能
- 掌握 AutoCAD 2014 的安装、启动与退出方法
- 熟悉 AutoCAD 2014 的工作空间及界面
- 掌握 AutoCAD 2014 中文件的创建与管理方法

1.1 AutoCAD 的基本功能

AutoCAD 是 Auto Computer Aided Design（计算机辅助设计）的简写，它是目前国内外最受欢迎的 CAD 软件。AutoCAD 具有舒适的界面，强大的绘图功能，下面介绍其各个基本功能。

1.1.1 绘图功能

绘图功能是 AutoCAD 的核心，其二维绘图功能尤其强大，它提供了一系列二维图形绘制命令，可以绘制直线、多段线、样条曲线、矩形、多边形等基本图形，也可以将绘制的图形转换为面域，对其进行填充，如剖面线、非金属材料、涂黑、砖、砂石及渐变色等填充。

在建筑与室内设计领域中，利用 AutoCAD 2014 可以创建出尺寸精确的建筑结构图与施工图，为以后的施工提供参照依据，如图 1-1 所示。

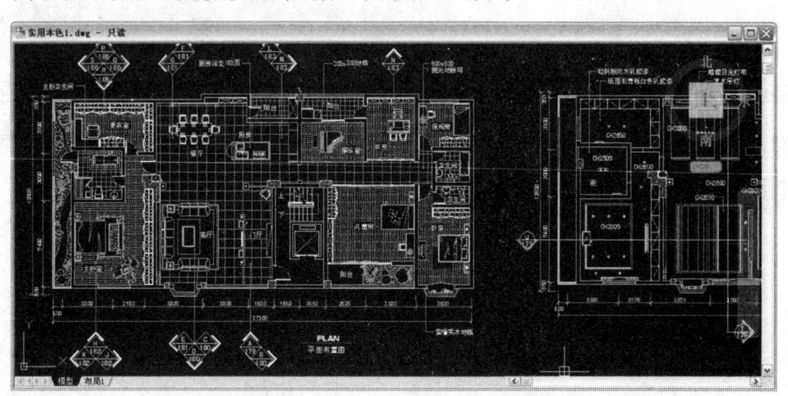

图 1-1　CAD 室内装潢的绘图效果

在新产品的设计开发过程中，可以利用 AutoCAD 2014 进行辅助设计，模拟产品实际的工作情况，监测其造型与机械在实际使用中的缺陷，如图 1-2 所示。

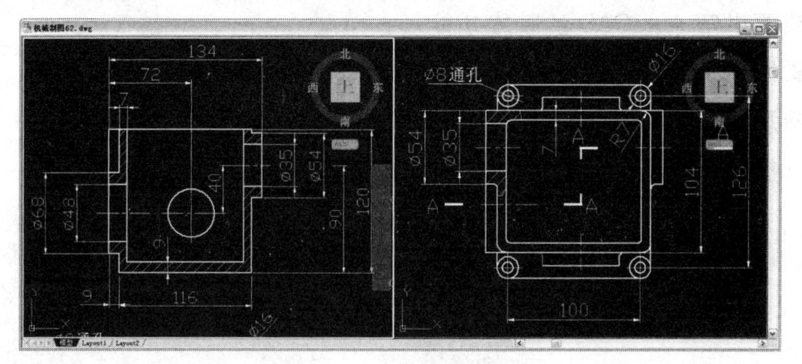

图 1-2　CAD 机械设计的绘图效果

Note

1.1.2 修改和编辑功能

AutoCAD 在提供绘图命令的同时，还提供了丰富的图形编辑和修改功能，如移动、旋转、缩放、延长、修剪、倒角、圆角、复制、阵列、镜像、删除等，用户可以灵活方便地对选定的图形对象进行修改和再次编辑，如图 1-3 所示。

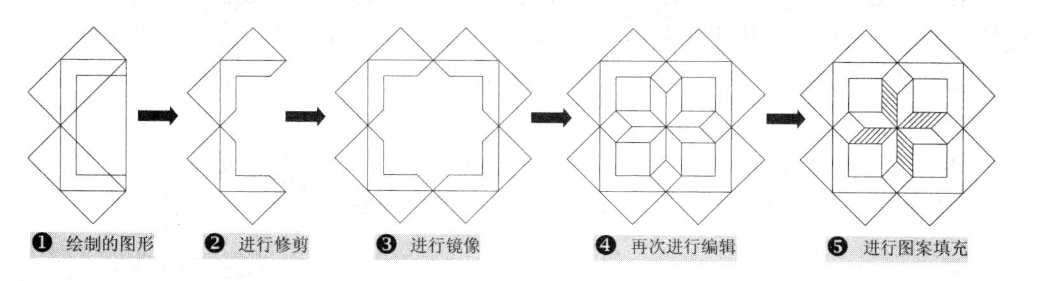

图 1-3 编辑的图形

1.1.3 标注功能

图形标注分为文字标注、尺寸标注和表格标注等内容。

文字标注不仅对图形起到注释、说明作用，还表达了一些图形无法表达的内容，如设计说明、施工图中的图例、符号注释，以及技术要求等，如图 1-4 所示。

AutoCAD 提供了线性、半径、直径、角度等基本的标注类型，可以进行水平、垂直、对齐、旋转、坐标、基线、连续、圆心、弧长等标注。

除此之外，也可以进行引线标注、公差标注、极限标注，以及自定义表面粗糙度标注、标高标注等。无论是二维还是三维图形，均可进行标注。使用 AutoCAD 标注的二维图形，如图 1-5 所示。

施工图设计说明

1 设计依据

1.1 经批准的本工程初步设计或方案设计文件，建设方的意见；

1.2 现行的国家有关建筑设计规范、规程和规定。

2 项目概况

2.1 本工程为某镇卫生院门诊楼，建设地点位于2。

2.2 本工程建筑面积1289m， 建筑基底面积 578m；

2.3 建筑层数为三层，建筑高度11.0m；

2.4 建筑结构形式为三层框架结构，建筑结构的类别为三类，合理使用年限为50年，抗震设防烈度为七度，抗震设防分类为丙类；

2.5 建筑耐火等级为二级。

图 1-4 文字标注

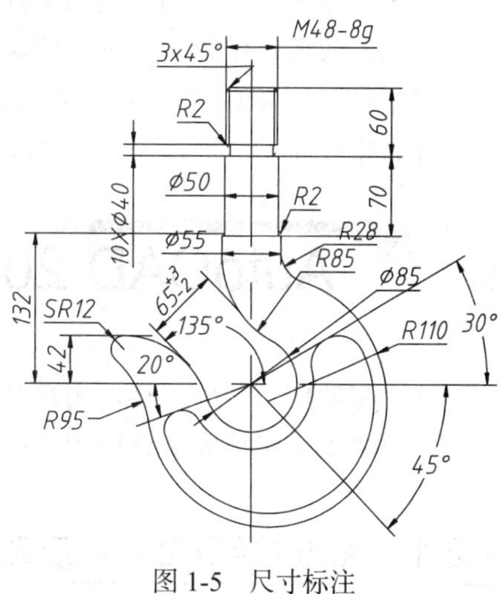

图 1-5 尺寸标注

1.1.4 三维渲染功能

三维功能的作用是建立、观察和显示各种三维模型，其中包括线框模型、曲面模型和实体模型。

AutoCAD 提供了很多三维绘图命令，不但可以将二维图形通过拉伸、设置标高和厚度转换为三维图形，或将平面图形经回转和平移，分别生成回转扫描体和平移扫描体，还可以创建长方体、圆柱体、球等三维实体，绘制三维曲面、三维网格、旋转面等模型，如图 1-6 所示。

同时，AutoCAD 可以为三维造型设置光源和材质，通过渲染处理，可以得到像照片一样具有三维真实感的图像。经渲染处理的室内布置图，如图 1-7 所示。

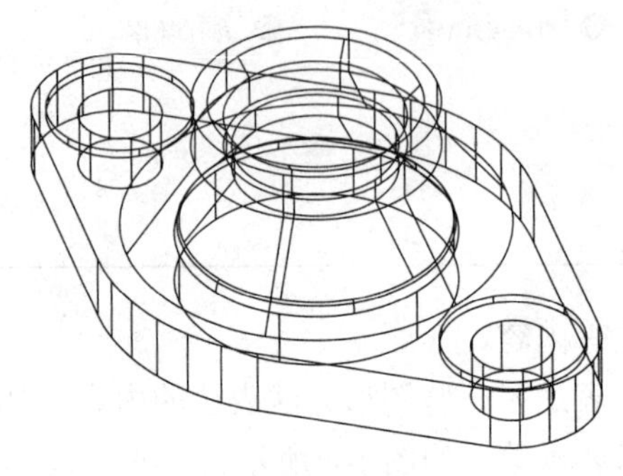

图 1-6 三维图形

图 1-7 渲染处理后的图像

1.1.5 输出与打印功能

AutoCAD 不仅允许将所绘图形的部分或全部以任意比例、不同样式通过绘图仪、打印机输出，还可以将不同类型的文件导入 AutoCAD，将图形中的信息转化为 AutoCAD 图形对象，或者转化为一个单一的块对象。

这样使得 AutoCAD 的灵活性大大增强，AutoCAD 可以将图形输出为图元文件、位图文件、平板印刷文件、AutoCAD 块和 3D Studio 文件。

1.2 AutoCAD 2014 启动与退出

同大多数应用软件一样，用户要在计算机上应用 AutoCAD 2014 软件之前，都必须要在计算机上正确地安装该应用软件。

1.2.1 AutoCAD 2014 启动

当用户的电脑上已经成功安装好 AutoCAD 2014 软件之后，用户即可以开始启动并运行该软件。与大多数应用软件一样，要启动 AutoCAD 2014 软件，用户可通过以下任

意一种方法来启动：

- ✧ 双击桌面上的“AutoCAD 2014”快捷图标。
- ✧ 单击桌面上的“开始”→“程序”→“Autodesk→AutoCAD 2014-Simplified Chinese”命令。
- ✧ 右击桌面上的“AutoCAD 2014”快捷图标，从弹出的快捷菜单中选择“打开”命令。

第一次启动 AutoCAD 2014 后，会弹出“Autodesk Exchange”对话框，单击该对话框右上角的“关闭”按钮，将进入 AutoCAD 2014 工作界面，默认情况下，系统会直接进入如图 1-8 所示的界面。

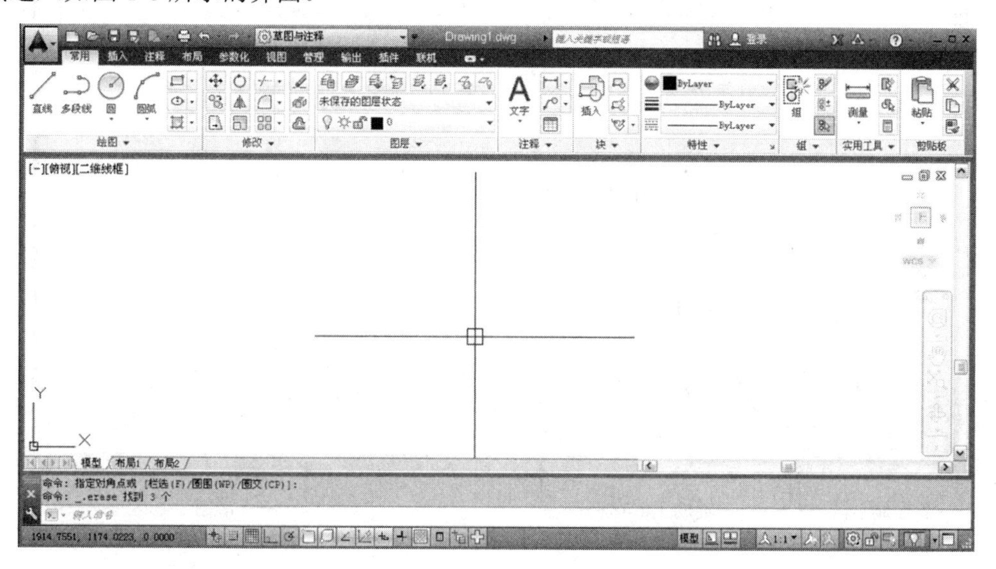

图 1-8　AutoCAD 2014 初始界面

1.2.2　AutoCAD 2014 退出

当用户需要退出 AutoCAD 2014 软件系统时，用户可采用以下四种方法：

- ✧ 在 AutoCAD 2014 菜单栏中选择“文件”→“关闭”命令。
- ✧ 在命令行输入“QUIT（或 EXIT）”命令。
- ✧ 双击标题栏上的控制图标按钮。
- ✧ 单击工作界面右上角的“关闭”应用程序按钮。

1.3　AutoCAD 2014 的操作界面

AutoCAD 软件从 2009 版本开始，其界面发生了较大改变，提供了多种工作空间模式，即“草图与注释”、“三维基础”、“三维建模”和“AutoCAD 经典”。当正常安装并首次启动 AutoCAD 2014 软件时，系统将以默认的“草图与注释”界面显示出来，如图 1-9 所示。

其界面主要由“菜单浏览器按钮”、“功能区选项版”、“快速访问工具栏”、“绘图区”、“命令行窗口”和“状态栏”等元素组成。在该空间中，可以方便地使用“常用”选项卡中的绘图、修改、图层、标注、文字和表格等面板进行二维图形的绘制。

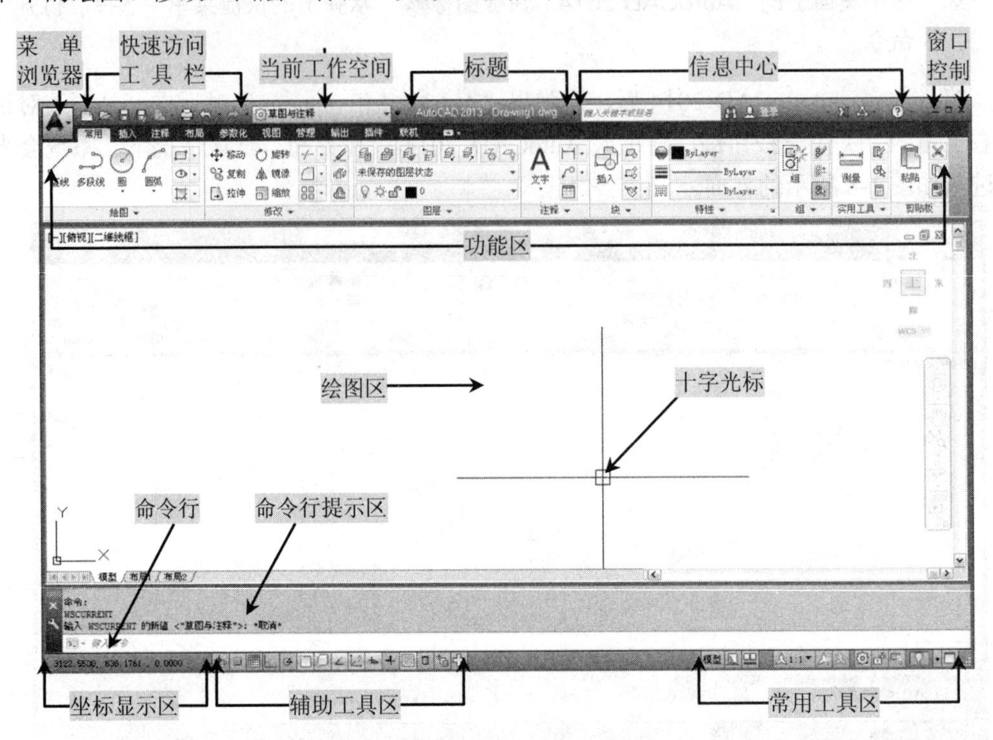

图 1-9 AutoCAD 2014 的“草图与注释”界面

1.3.1 标题栏

标题栏显示当前操作文件的名称。最左端向右依次为“快速访问工具栏”、“工作空间列表”（用于工作空间界面的选择），往后是“软件名称”、标题名称、“版本号”和“当前文档名称信息”等。再往后是“搜索”、“登录”、“交换”按钮，并新增“帮助”功能；最右侧则是当前窗口的“最小化”、“最大化”和“关闭”按钮，如图 1-10 所示。

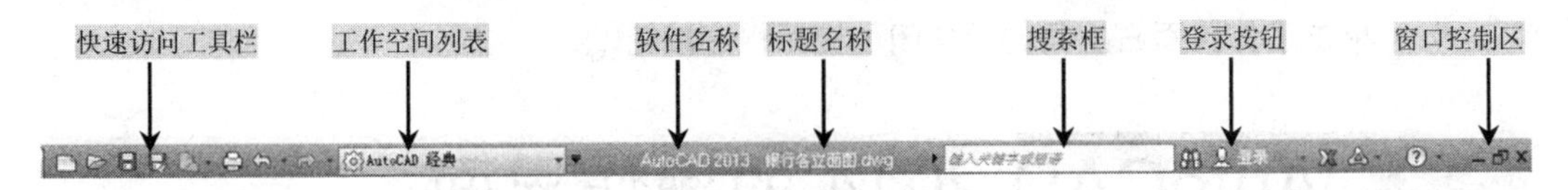

图 1-10 标题栏

1.3.2　快速访问工具栏

默认的快速访问工具栏中集成了“新建”、“打开”、“保存”、“另存为”、“打印”、“放弃”、“重做”、“工作空间切换”和“自定义快速访问工具栏”9 个工具，主要作用在于快速单击使用，如图 1-11 所示。

如果单击“倒三角”按钮，将打开如图 1-12 所示的菜单列表，可根据需要，添加一些工具按钮到“快速访问工具”栏中。

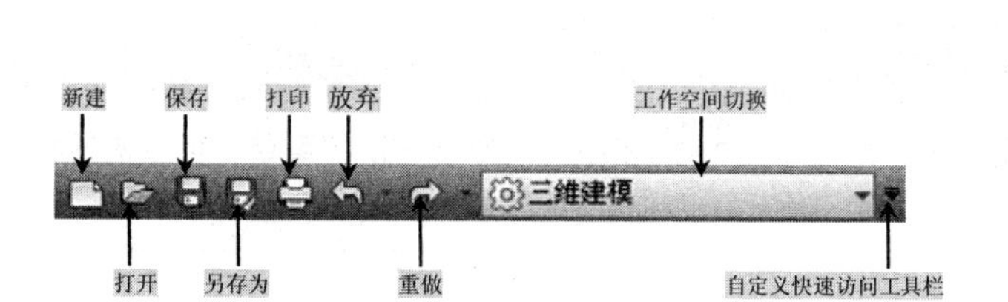

图 1-11　快速访问工具栏

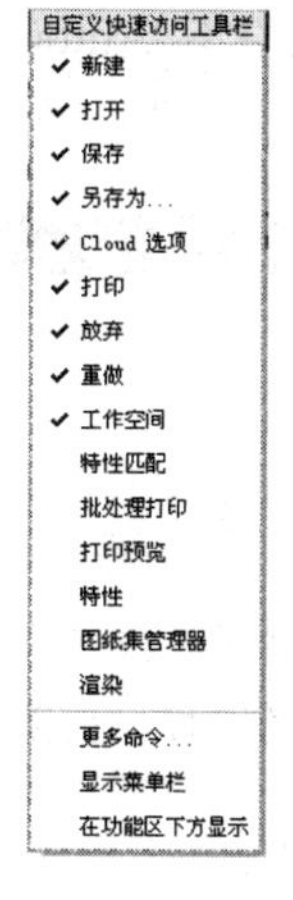

图 1-12　自定义快速访问工具栏

1.3.3　菜单浏览器和快捷菜单

在窗口的最左上角按钮为“菜单浏览器”按钮，单击该按钮会出现下拉菜单，如“新建”、“打开”、“保存”、“另存为”、“发布”、“打印”等，如图 1-13 所示。

AutoCAD 快捷菜单通常会出现在“绘图区”、“状态栏”、“工具栏”、“模型或布局”选项卡上，单击鼠标右键（简称右击鼠标）时，系统会弹出一个快捷菜单，其显示的命令与右击对象及当前状态相关，如图 1-14 所示。

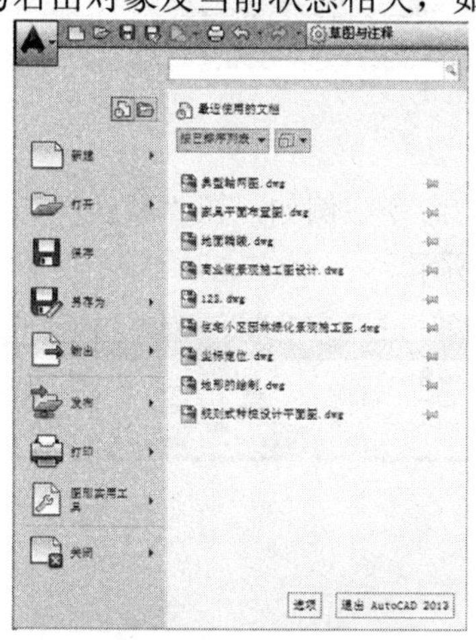

图 1-13　菜单浏览器

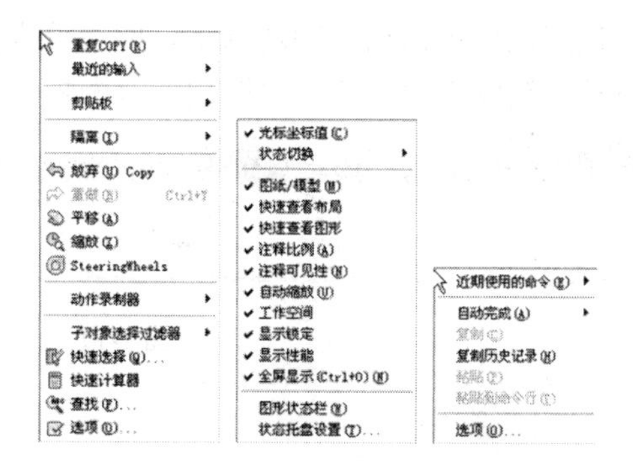

图 1-14　快捷菜单

Note

提示

在菜单浏览器中，其后面带有符号▶的命令表示还有级联菜单；如果命令为灰色，则表示该命令在当前状态下不可用。

1.3.4 选项卡和面板

在使用 AutoCAD 命令的另一种方式就是应用选项卡上的面板，包括“默认”、“插入”、“注释”、“布局”、“参数化”选项等，如图 1-15 所示。

默认 插入 注释 布局 参数化 视图 管理 输出 插件 Autodesk 360 精选应用

图 1-15 面板

提示

在“联机”右侧显示了一个倒三角，用户单击按钮，将弹出一快捷菜单，可以进行相应的单项选择，如图 1-16 所示。

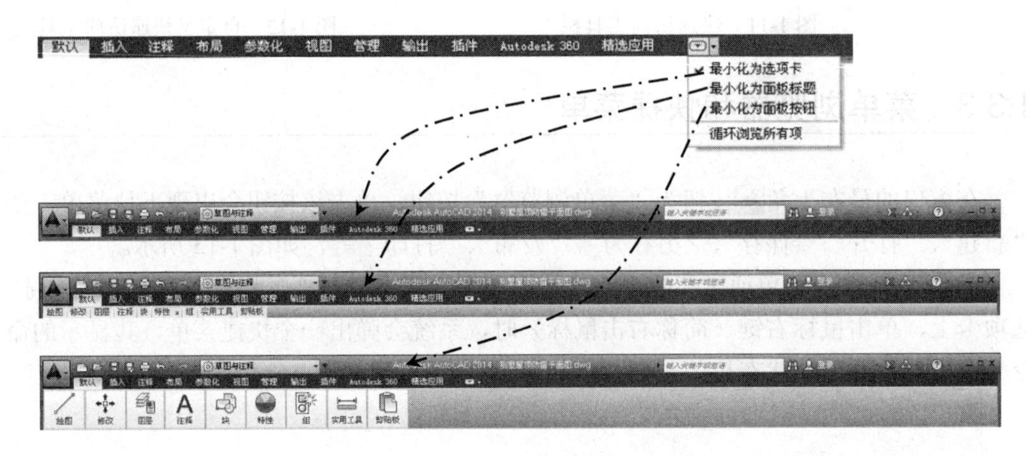

图 1-16 标签与面板

使用鼠标单击相应的选项卡，即可分别调用相应的命令。例如，在“默认”选项卡下包括“绘图”、“修改”、“图层”等面板，如图 1-17 所示。

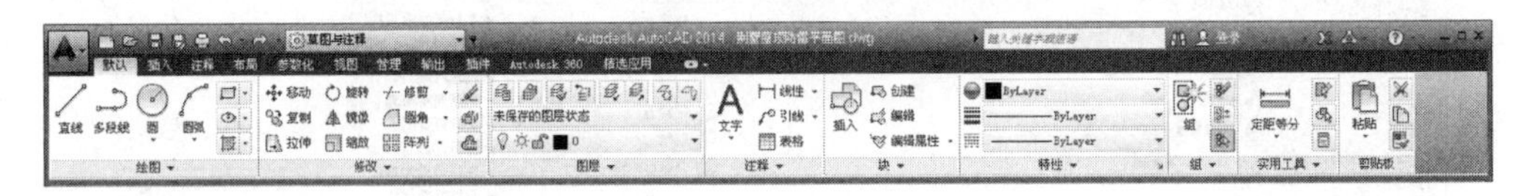

图 1-17 “常用”选项卡

提示

有的面板上、下侧按钮有一倒三角按钮▾，单击该按钮会展开所该面板相关的操作命令，如单击“修改”面板右侧的“倒三角”按钮▾，会展开其他相关的命令，如图 1-18 所示。

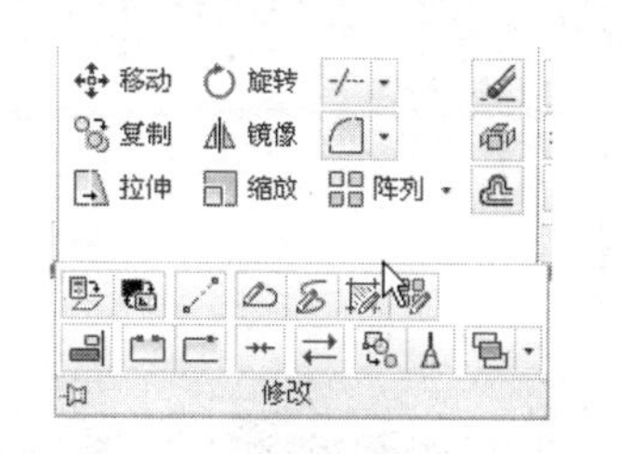

图 1-18　展开后的“修改”面板

1.3.5　菜单栏

在 AutoCAD 2014 的环境中，默认状态下其菜单栏和工具栏处于隐藏状态。在“草图与注释”工作空间状态下。

如果要显示其菜单栏，可以在标题栏的“工作空间”右侧单击其“倒三角”按钮，从弹出的列表框中选择“显示菜单栏”，即可显示 AutoCAD 的“常规菜单”栏，如图 1-19 所示。

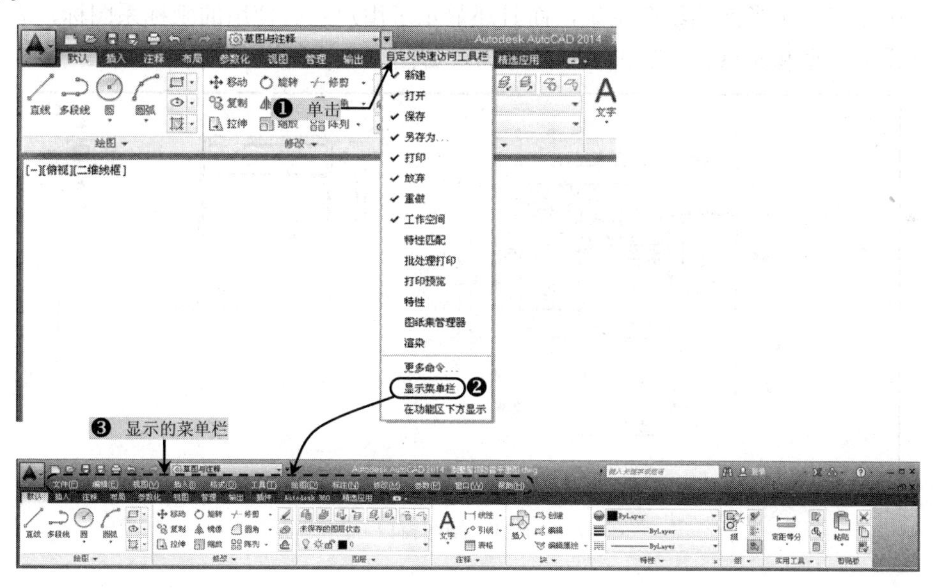

图 1-19　显示菜单栏

1.3.6　工具栏

如果要将 AutoCAD 的“常规工具栏”显示出来，用户可以选择“工具”→“工具栏”菜单项，从弹出的下级菜单中选择相应的工具栏即可，如图 1-20 所示。

Note

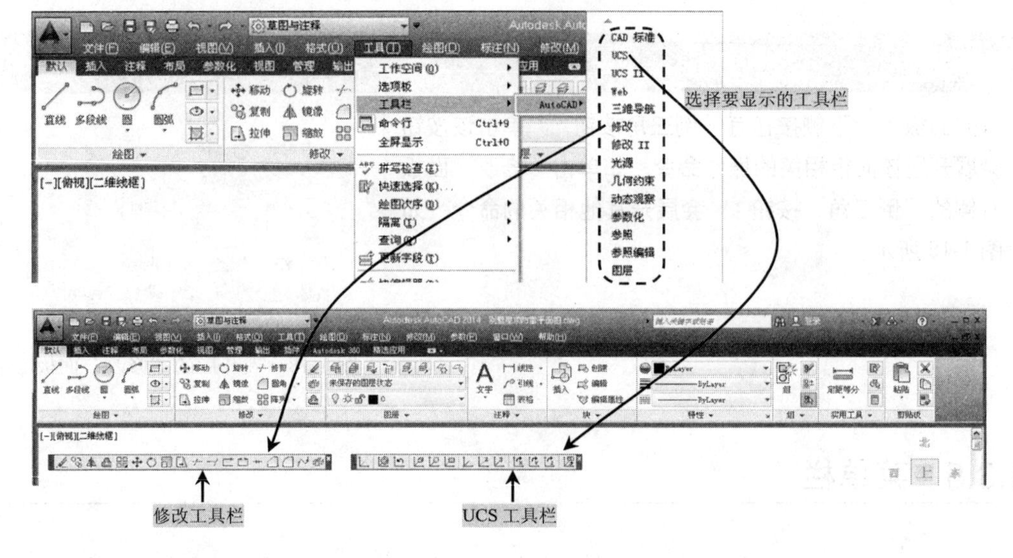

图 1-20　显示工具栏

1.3.7　绘图区

绘图窗口是用户进行绘图的工作区域，所有的绘图结果都反映在这个窗口中。在绘图窗口中不仅显示当前的绘图结果，而且还显示了用户当前使用的坐标系图标，表示了该坐标系的类型和原点、X 轴和 Y 轴的方向，如图 1-21 所示。

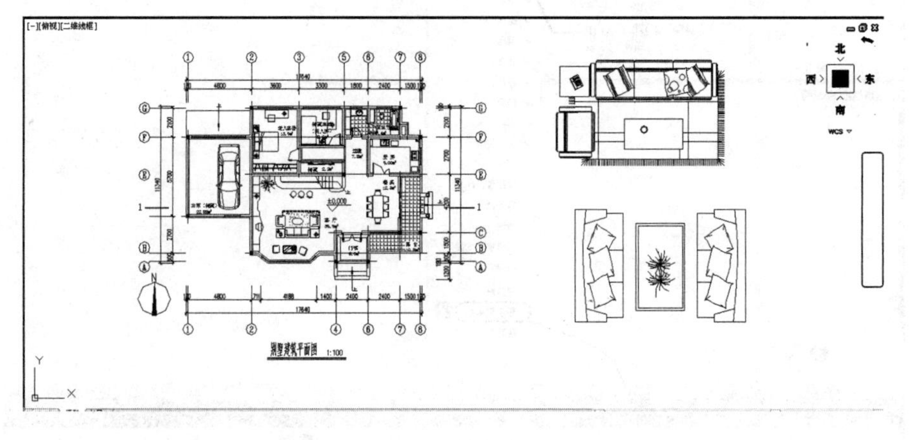

图 1-21　绘图窗口

1.3.8　命令行

默认情况下，命令行位于绘图区的下方，用于输入系统命令或显示命令的提示信息。用户在面板区、菜单栏或工具栏中选择某个命令时，也会在命令行中显示提示信息，如图 1-22 所示。

Note

```
当前线宽为 0
指定下一个点或 [圆弧(A)/半宽(H)/长度(L)/放弃(U)/宽度(W)]:
指定下一点或 [圆弧(A)/闭合(C)/半宽(H)/长度(L)/放弃(U)/宽度(W)]:
命令:
```

图 1-22　命令行

在键盘上按“F2”键时，会显示出“AutoCAD”文本窗口，此文本窗口又称为专业命令窗口，是用于记录在窗口中操作的所有命令。在此窗口中输入命令，按下 Enter 键可以执行相应的命令。

用户可以根据需要改变其窗口的大小，也可以将其拖动为浮动窗口，如图 1-23 所示。

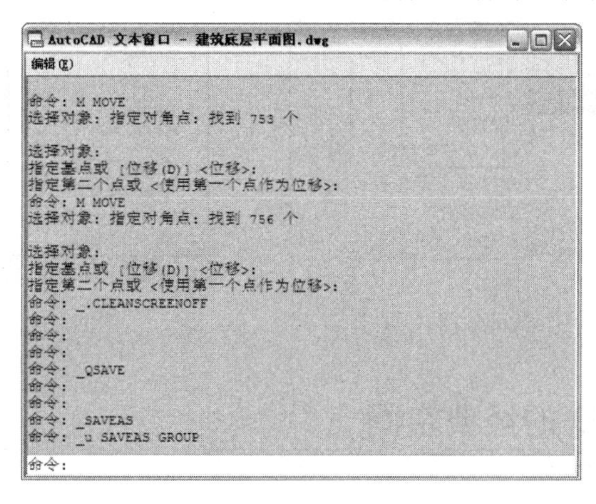

图 1-23　文本窗口

1.3.9　状态栏

状态栏位于 AutoCAD 2014 窗口的最下方，用于显示当前光标的状态，如 *X*、*Y*、*Z* 轴的坐标值。

从左到右为“推断约束”、“捕捉模式”、“栅格显示”、“正交模式”、“极轴追踪”、“对象捕捉”、“三维对象捕捉”、“对象捕捉追踪”、“允许|禁止动态 UCS”、“动态输入”、“显示|隐藏线宽”、“显示|隐藏透明度”、“快捷特性”、“选择循环”等按钮，以及“模型”、“快速查看布局”、“快速查看图形”、“注释比例”、“注释可见性”、“切换空间”、“锁定”、“硬件加速关”、“隔离对象”、“全屏显示”等按钮，如图 1-24 所示。

图 1-24　状态栏

1.4　AutoCAD 2014 的工作空间

不论新版变化怎样，Autodesk 公司都为新老用户考虑到了 AutoCAD 的经典空间模式，可根据实际工作需要，转换不同的空间。

1.4.1 切换工作空间

Note

当首次启动 AutoCAD 2014 软件时，系统将以默认的“草图与注释”界面显示出来，用户可以根据自己的需要选择不同的空间。

在“快速访问工具栏”中单击“工作空间”后面的“小三角”按钮；或者在默认工作界面的状态栏中，单击右下侧的“切换工作空间”按钮，都可弹出“空间”列表，从而切换相应的工作空间，如图 1-25、图 1-26 所示。

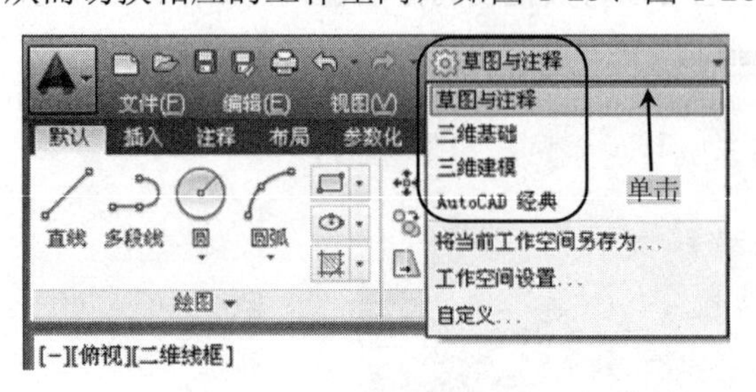

图 1-25 切换工作空间（1）

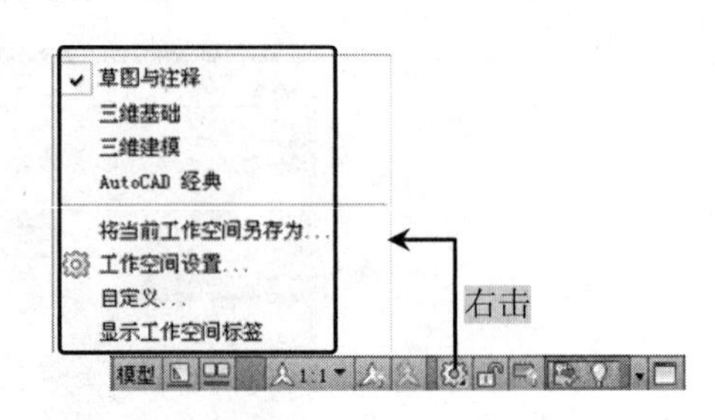

图 1-26 切换工作空间（2）

1.4.2 AutoCAD 的经典空间

不论新版变化怎样，Autodesk 公司都为新老用户考虑到了“AutoCAD 的经典”空间模式。从弹出的菜单列表中选择“AutoCAD 经典”选项，即可将当前空间模式切换到“AutoCAD 经典”空间模式，如图 1-27 所示。

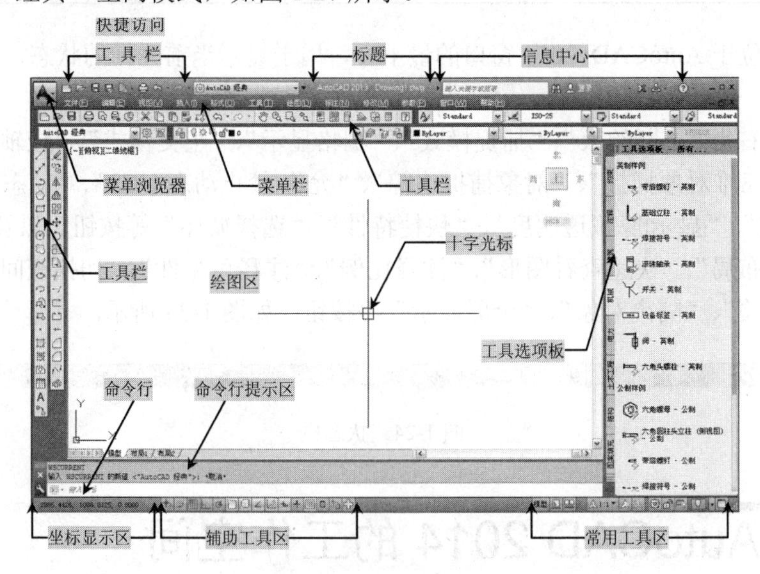

图 1-27 “AutoCAD 经典”空间

1.4.3 草图与注释空间

与前面图 1-23 所示的界面相同，此处不再重复讲解。本书主要采用 AutoCAD 2014 的“草图与注释”界面，贯穿全文进行讲解。

Note

1.4.4 三维基础空间

使用“三维基础”空间，可以方便地在三维空间中绘制图形。其选项卡提供了“默认”、“渲染”、“插入”、“管理”、“输出”、“插件”、“Autodesk 360”、“精选应用”等7个面板，从而为绘制三维图形、观察图形、创建动画、设置光源、为三维对象附加材质等操作，提供了最基础的绘图环境，如图1-28所示。

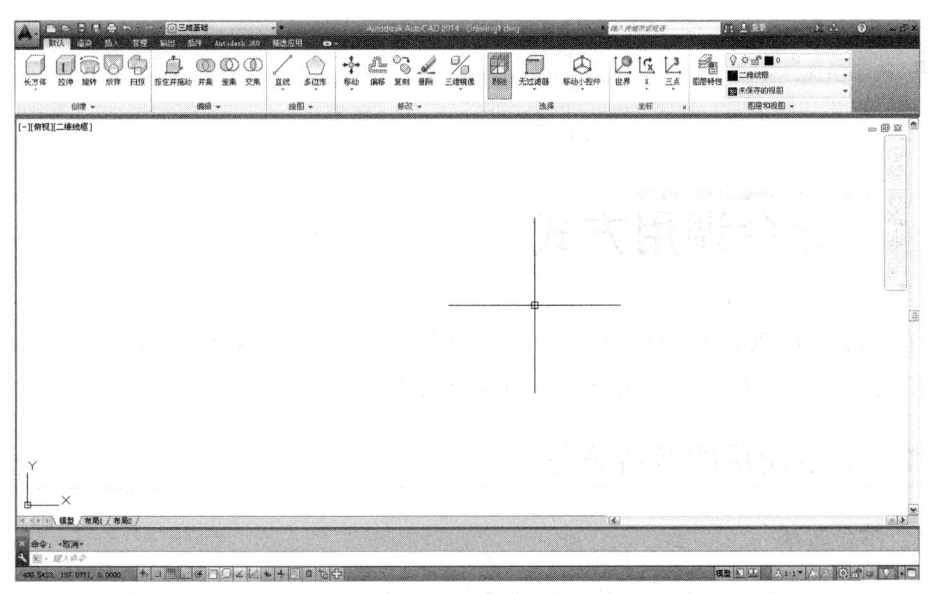

图 1-28 “三维基础”空间

1.4.5 三维建模空间

使用“三维建模”空间，可以更加方便地在三维空间中绘制图形。“功能区”选项卡除了“三维基础”空间的 7 个面板，还包括“实体”、“曲面”、“注释”、“布局”、“视图”、“网格”、“参数化”等，从而为绘制三维图形、观察图形、创建动画、设置光源、为三维对象附加材质等操作，提供了非常便利的环境，如图 1-29 所示。

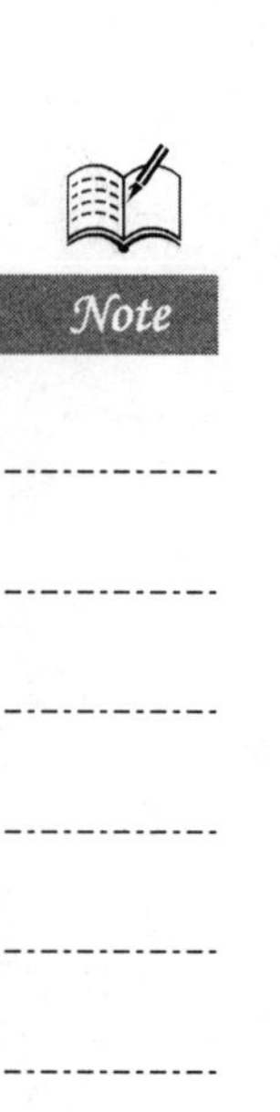

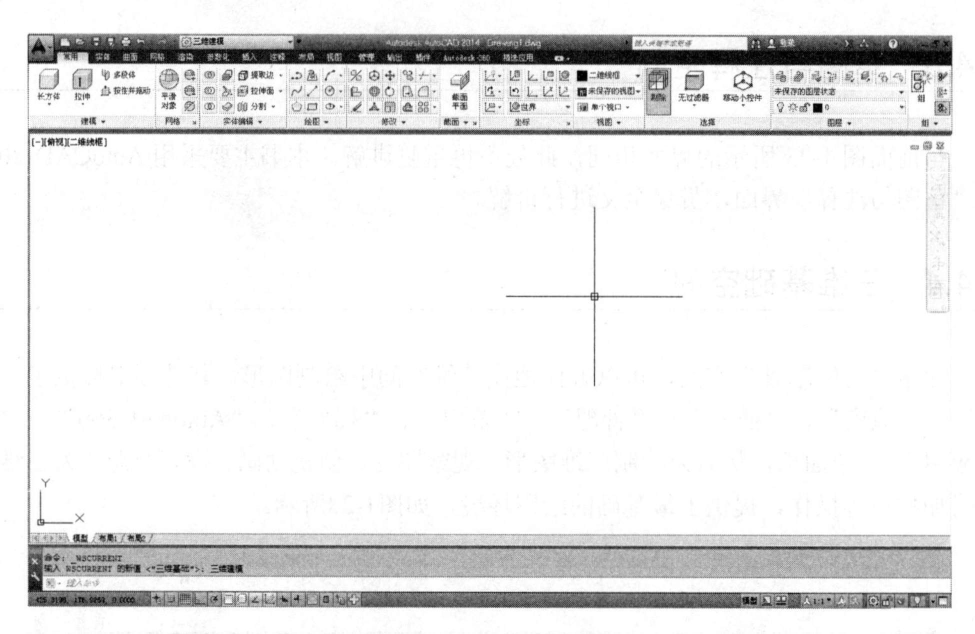

图 1-29 “三维建模”空间

1.5 命令调用方式

在 AutoCAD 2014 的操作中，有一些基本输入操作方法，将使 AutoCAD 2014 的应用变得更加简单，这些也是 AutoCAD 2014 学习必备的知识。

1.5.1 命令调用的 5 种方法

1. 下拉菜单

在“AutoCAD 经典”模式的绘图窗口中，单击“文件”、“编辑”、“视图”、“插入”、“格式”、“工具”、“绘图”、“标注”、“修改”、“参数”、“窗口”、“帮助”等任何菜单，将打开下拉列表式的命令选项，例如，单击“绘图”菜单，将打开如图 1-30 所示的命令选项。然后根据需要，选择相应的命令，即可执行该命令。

2. 工具栏

在 AutoCAD 中，可以单击工具栏中的相应选项，从而快速执行相应的命令，常见的工具栏如“修改”、“标准”、“样式”、“绘图”、“标注”、“图层”等，如图 1-31 所示。

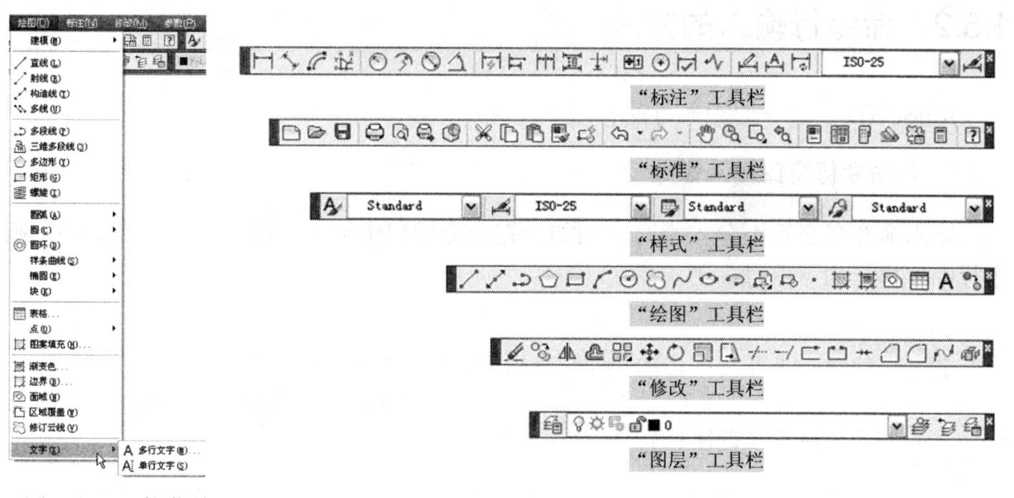

图 1-30　下拉菜单　　　　图 1-31　工具栏

3．输入命令

在绘图区域左下侧命令行窗口中，输入“矩形”命令（Rectang），即出现以下一些提示：

```
命令：Retang
指定第一个角点或 [倒角(C)/标高(E)/圆角(F)/厚度(T)/宽度(W)]:
指定另一个角点或 [面积(A)/尺寸(D) /旋转(R)]:
```

4．右键

要使用前面使用过的命令，可以在命令行单击鼠标右键，打开快捷菜单，在“最近使用的命令”子菜单中选择所需要的命令，如图 1-32 所示。

5．快捷键

用户要重复前面所使用过的命令，可以直接在绘图区单击鼠标右键，弹出快捷菜单，如图 1-33 所示，菜单第一项就是重复前一步所执行的命令，在菜单第二项“最近的输入”的子菜单内可选择最近使用过的多步命令。

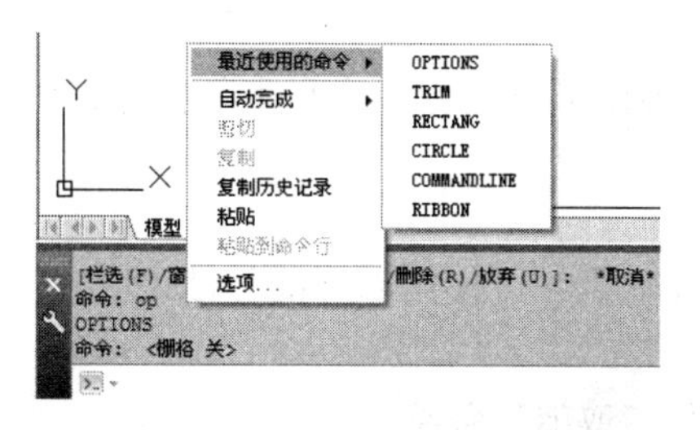

图 1-32　在命令行中右击鼠标的菜单

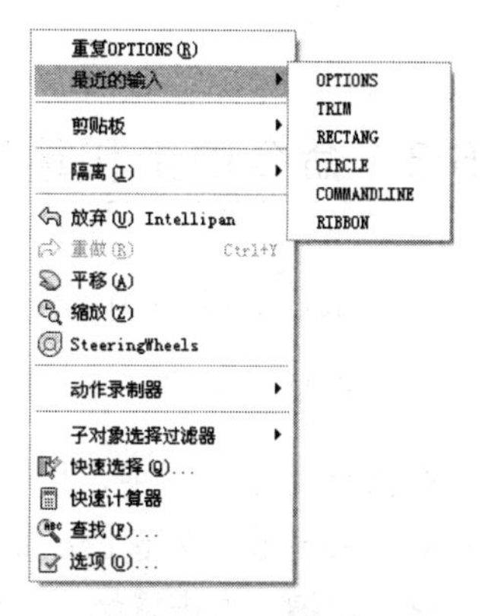

图 1-33　在绘图区中右击鼠标的菜单

1.5.2 命令行输入的方法

AutoCAD 中命令的输入方法有以下几种。

1. 在命令行窗口输入命令

输入命令名字符不分大小写。例如，在命令窗口中输入“圆”命令（Circle），则命令行中将提示如下信息：

```
命令：_circle
指定圆的圆心或 [三点(3P)/两点(2P)/切点、切点、半径(T)]:
                                   //在屏幕上指定一点或输入一点的坐标
指定圆的半径或 [直径(D)] <100.00>:
```

选项中没有带括号的提示为默认选项，所以可以直接输入直线段的起点坐标或屏幕指定一点，如果要选择其他选项，则应该首先直接输入其标识字符，如要选择“放弃”则应该输入其标识字符“U”，然后按系统提示的输入数据即可。有些命令行中，“提示”命令选项内容后面有时会带有尖括号，尖括号内的数值为默认数值。

2. 在命令行窗口中输入命令缩写

AutoCAD 中的快捷键是一个熟悉绘图人员必须要掌握的，基本上，AutoCAD 中的命令都有相应的快捷键，即命令缩写，如 L（Line）、C（Circle）、A（Arc）、PL（Pline）、Z（Zoom）、AR（Array）、M（Move）、CO（Copy）、RO（Rotate）、E（Erase）等。

3. 在面板中选取相应的命令

用户可以直接使用鼠标在相应选项卡面板中，单击相应的按钮即可，同样会在命令窗口中给出相应的提示选项，如图 1-34 所示。

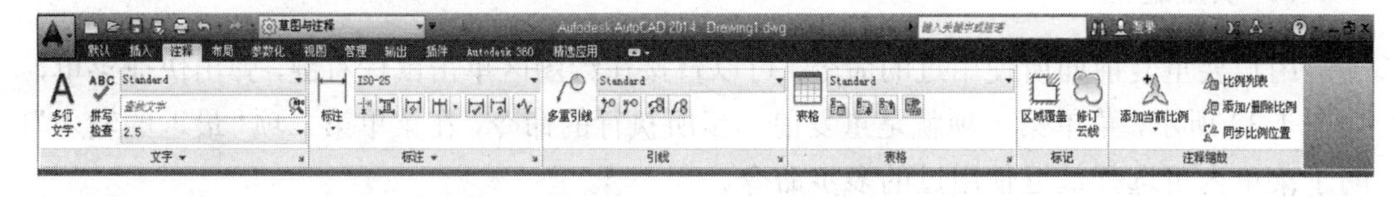

图 1-34 “注释”选项卡

1.5.3 命令中止和重做

在 AutoCAD 环境中绘制图形时，对所执行的操作可以进行中止和重复操作。

1. “中止”命令

在执行命令过程中，用户可以对任何命令进行中止。可使用以下的方法：

✧ 快捷键：按下 Esc 键。

✧ 右键：右击鼠标，从弹出的快捷菜单中选择“取消”命令。

2. “重做”命令

如果错误地撤销了正确操作，可以通过“重做”命令进行还原。可使用以下方法：

✧ 工具栏：单击“快速访问”工具栏中的“重做”钮。
✧ 快捷键：按下 Ctrl+Y 组合键，进行撤销最近一次操作。
✧ 命令行：在命令行输入“Redo”命令并按 Enter 键。

提示——命令的重复

在命令行中直接按下 Enter 键或空格键，可重复调用上一个命令，不论上一个命令是完成了还是被取消了。

1.5.4 取消操作

在命令执行的任何时刻，都可以取消命令的执行。可使用以下方法：

✧ 工具栏：单击“快速访问”工具栏中的“放弃”钮。
✧ 快捷键：按下 Ctrl+Z 组合键。
✧ 命令行：在命令行输入“Undo”命令并按 Enter 键。

1.6 AutoCAD 文件操作

1.6.1 文件的新建

通常用户在绘制图形之前，首先要创建新图的绘图环境和图形文件，可使用以下方法：

✧ 工具栏：在“快速访问”工具栏中单击“新建”按钮。
✧ 快捷键：按下 Ctrl+N 组合键。
✧ 命令行：在命令行输入“New”命令并按 Enter 键。

上述命令执行后，系统则会自动弹出“选择样板”对话框，如图 1-35 所示，在文件下拉表框中有三种格式的图形样板，后缀分别是“.dwt”、“.dwg.”、“.dws”三种图形样板。

每种图形样板文件中，系统都会根据所绘图形任务要求进行统一的图形设置，包括绘图单位类型和精度要求、捕捉、栅格、图层、图框等前期准备工作。

图 1-35 “样板文件”对话框

提示技巧——样板文件的类型

一般情况下，.dwt 格式的文件为标准样板文件，通常将一些规定的标准性样板文件设置为.dwt 格式文件；.dwg 格式文件是普通样板文件；而.dws 格式文件是包含标准图层、标准样式、线性和文字样式的样板文件。

1.6.2 文件的打开

要将已存在的图形文件打开，可使用以下的方法：

✧ 工具栏：单击“快速访问”工具栏中的“打开”按钮。

✧ 快捷键：按下 Ctrl+O 组合键。

✧ 命令行：在命令行输入“Open”命令并按 Enter 键。

上述命令执行后，系统将自动弹出“选择文件”对话框，如图 1-36 所示，在文件类型下拉框中有.dwg 文件、.dwt 文件、.dxf 和.dws 文件供用户选择。

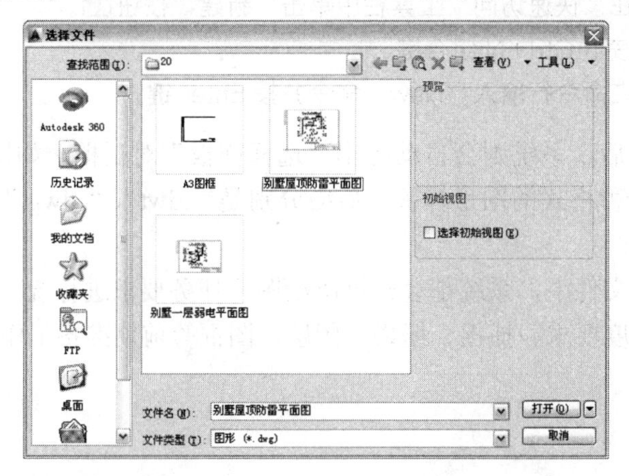

图 1-36 “选择文件”对话框

Note

提示

.dxf 格式文件是用文本形式存储图形文件，能够被其他程序读取。

提示技巧——文件的局部打开

在"选择文件"对话框的"打开"按钮右侧有一个"倒三角"按钮，单击它将显示出 4 种打开文件的方式，即"打开"、"以只读方式打开"、"局部打开"和"以只读方式局部打开"，如图 1-37 所示。

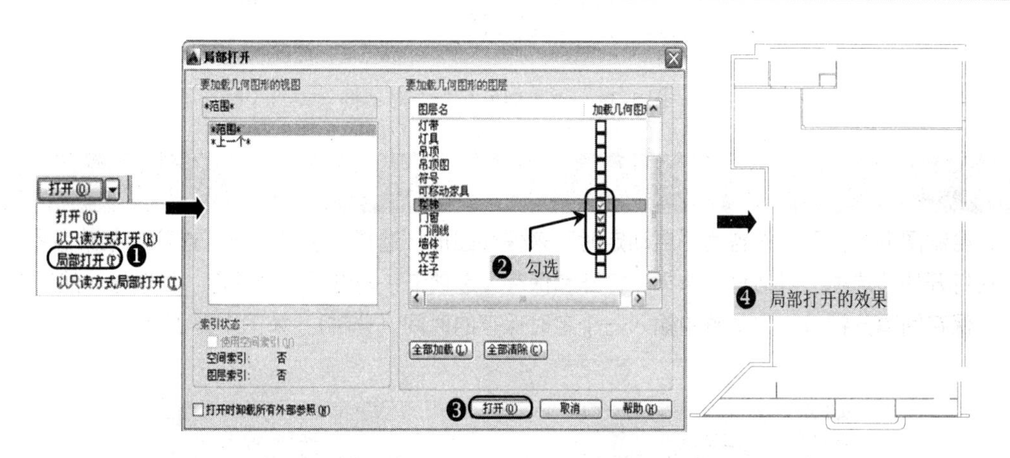

图 1-37 局部打开图形文件

1.6.3 文件的保存

对文件操作的时候，养成随时保存文件的好习惯，以便出现电源故障或发生其他意外情况时防止图形文件及其数据丢失。要将当前视图中的文件进行保存，可使用以下方法：

✧ 工具栏：在"快速访问"工具栏中单击"保存"按钮。

✧ 快捷键：按下 Ctrl+S 组合键。

✧ 命令行：在命令行输入"Save"命令并按 Enter 键。

上述命令执行后，若该需要保存的文件在绘制前已命名，则系统会自动将内容保存到该命名的文件中，若该文件属于未命名（即为默认名 drawing1.dwg），系统会弹出"图形另存为"对话框，如图 1-38 所示，用户可以命名保存。

图 1-38 “图形另存为”对话框

提示技巧——设置文件自动保存间隔时间

在绘制图形时，可以设置为“自动定时”来保存图形。选择“工具”→“选项”菜单命令，在打开的“选项”对话框中选择“打开和保存”选项卡，勾选“自动保存”复选框，然后在“保存间隔分钟数”文本框中输入一个定时保存的时间（分钟），如图 1-39 所示。

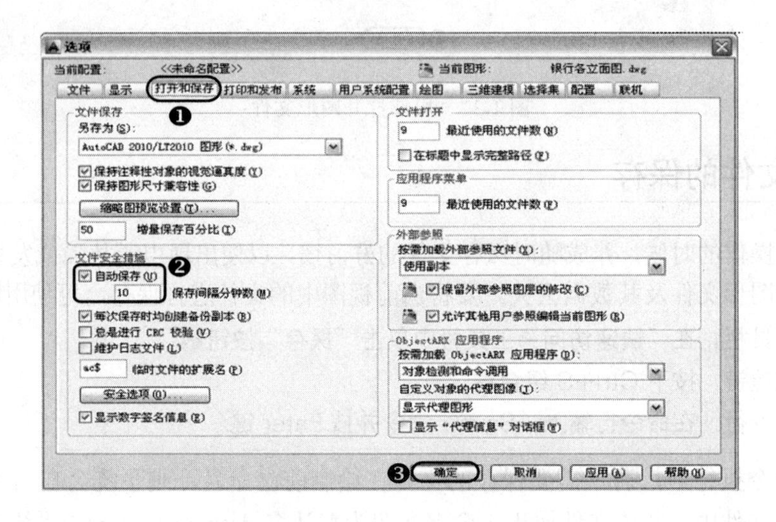

图1-39 定时保存图形文件

1.6.4 文件的另存为

如果要将当前文件另外保存一个新的文件，用户可以使用以下方法：

- ✧ 工具栏：单击“快速访问”工具栏中的“另存为”按钮。
- ✧ 快捷键：按下 Shift+Ctrl+S 组合键。

✧ 命令行：在命令行输入“Saveas”命令并按 Enter 键。

上述命令执行后，系统同样会弹出“图形另存为”对话框，与图 1-45 相同。

1.6.5 文件的查找

使用名称、位置和修改日期等过滤器搜索文件。首先应执行“打开”命令，在打开的“选择文件”对话框中，单击右上角的“工具”选项。

在弹出的快捷菜单中，选择“查找”选项；此时打开“查找”对话框，在“名称”文本框中，输入需要查找的“图形文件名称”，对“类型”、“查找范围”等进行设置，最后单击“开始查找”按钮，如图 1-40 所示。

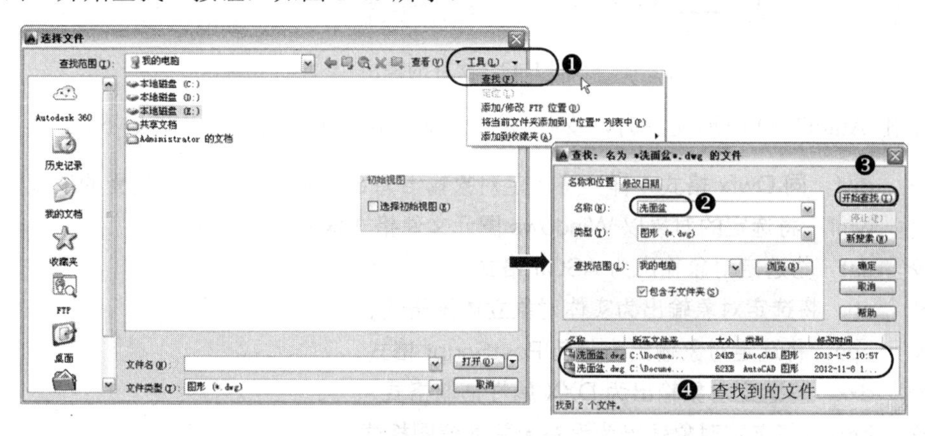

图 1-40 文件的查找

1.6.6 文件的输出

绘制好 AutoCAD 图形文件后，可以进行不同格式的输出。用户可以使用以下方法：

✧ 菜单栏：单击窗口的最左上角大“A”按钮，在出现的下拉菜单中，选择“输出”命令，提供一些如.DWF、.PDF、.DGN、.FBX 等格式，如图 1-41 所示。

✧ 命令行：输入或动态输入“Export”命令。

启动命令，打开“输出数据”对话框，在“文件类型”下拉列表框中选择文件的输出类型，如图元文件、ACIS、平板印刷、封装 PS、DXX 提取、位图等，然后单击“保存”按钮，将切换到绘图窗口中，可以选择需要以指定格式保存的对象，如图 1-42 所示。

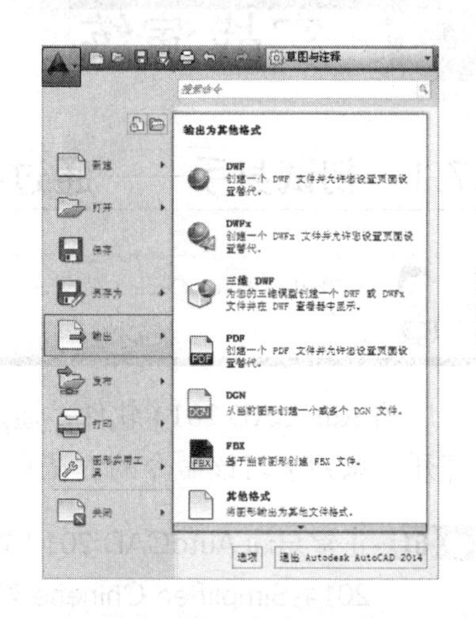

图 1-41 菜单浏览器中选择“输出”命令

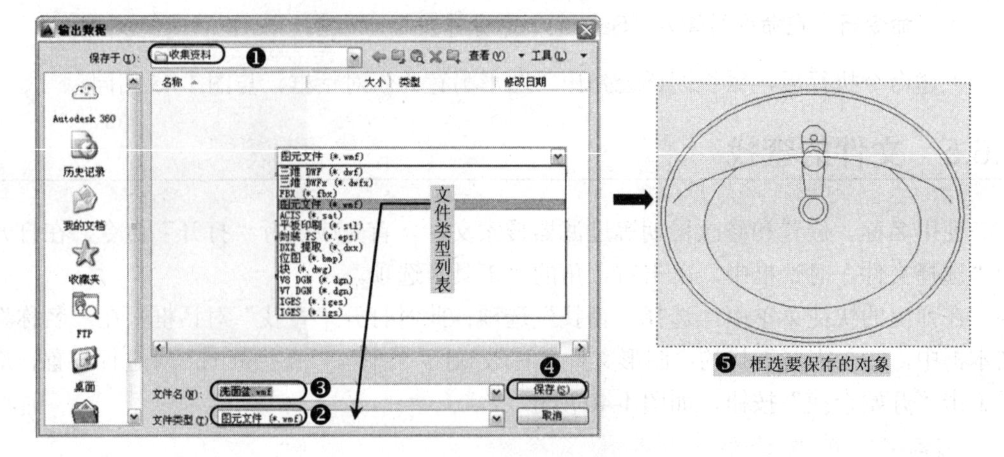

图 1-42　文件的输出

输出 AutoCAD 图形文件时，支持以下几种输出格式，其具体含义如下：

- ✧ dwf：同 Dwfx 格式一样，将选定对象输出为 3D Studio MAX 可接受的格式。
- ✧ wmf：将选定的对象以 Windows 图元文件格式保存。
- ✧ sat：将选定对象输出为 ASCII 格式。
- ✧ stl：将选定对象输出为实体对象立体画格式。
- ✧ eps：将选定对象输出为封装 PostScript 格式。
- ✧ dxx：将选定对象输出为 DXX 属性抽取格式。
- ✧ bmp：将选定对象输出为设备无关的位图格式。
- ✧ dwg：将选定对象输出为 AutoCAD 图形块格式。
- ✧ dng：将选定对象输出为数字负片（DNG）格式，DNG 是一种用于数码相机生成原始数据文件的公共存档格式。

1.7 实战演练

1.7.1 初试身手——通过帮助文件学习圆（Circle）命令

启动 AutoCAD 2014 软件，通过按 F1 键，在打开“帮助”文件中，搜索“Circle”，将打开一系列学习该命令的方法和相关知识。

Step 01 正常启动 AutoCAD 2014 软件，在键盘左上角位置，按下 F1 键；将打开“AutoCAD 2014-Simplified Chinese-帮助”对话框，如图 1-43 所示。

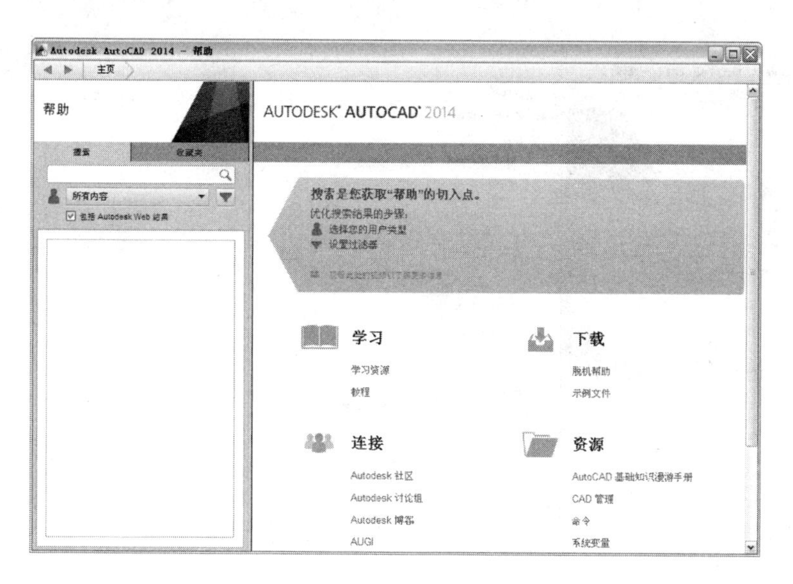

图 1-43　“帮助”对话框

Step 02 在对话框的“搜索”选项卡中，在空白文本框中输入“Circle”命令，按 Enter 键，将出现右侧的相关信息，如图 1-44 所示。

图 1-44　出现的“Circle”相关信息（1）

Step 03 通过右侧的滑动块向下滑动，滑动到中间的位置，学习该命令的相关知识，如图 1-45 所示。

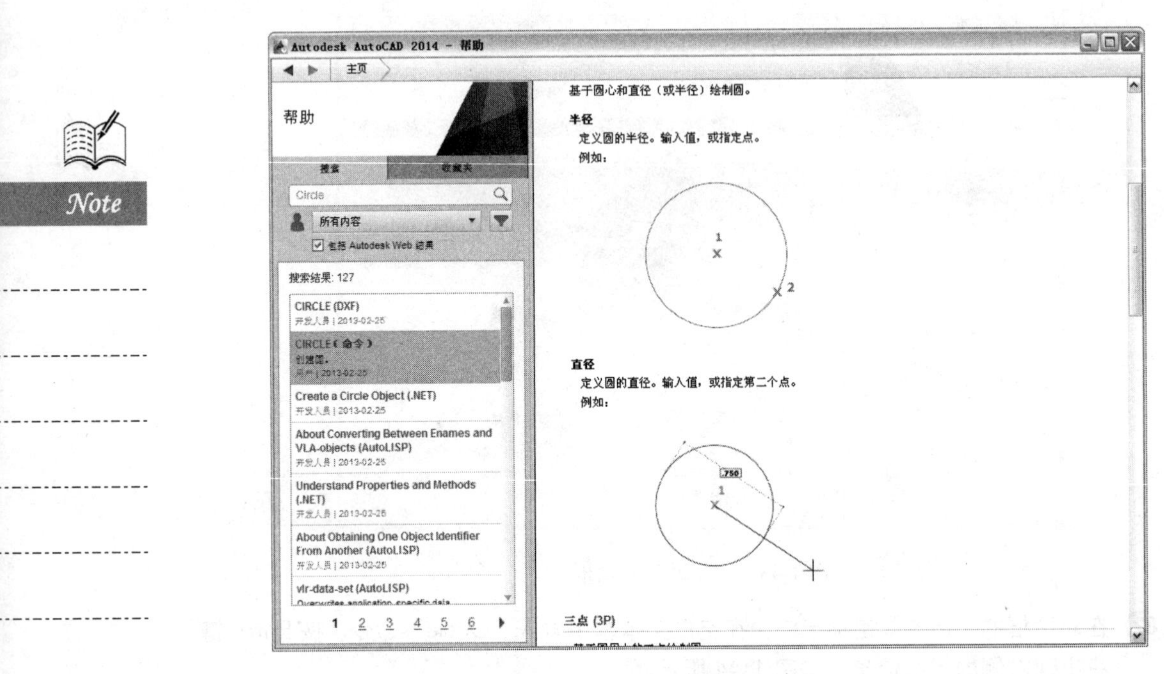

图 1-45　出现的“Circle”相关信息（2）

Step 04 通过右侧的滑动块向下滑动，滑动到底端的位置，学习该命令的相关知识，如图 1-46 所示。

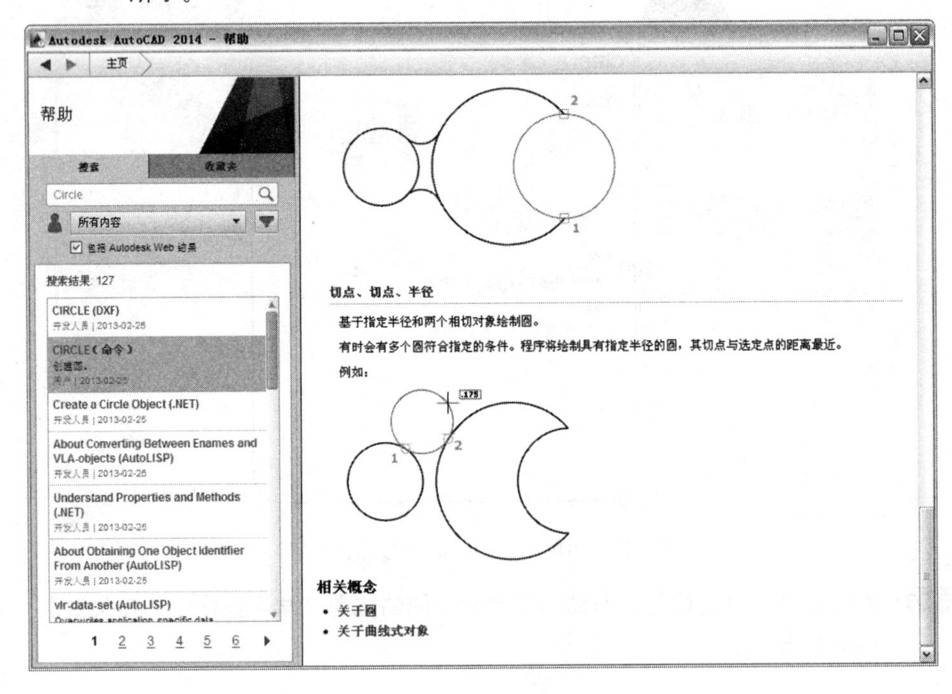

图 1-46　出现的“Circle”相关信息（3）

1.7.2 深入训练——加密保存文件

用户可以将 AutoCAD 中绘制的图形文件进行加密保存，使不知道密码的用户不能打开该图形文件。用户可以根据以下操作步骤来进行文件的加密：

Step 01 正常启动 AutoCAD 2014 软件，在“快速访问”工具栏中单击“保存”按钮，在弹出的“图形另存为”对话框中，单击右上侧的“工具”按钮，将弹出一个快捷菜单，从中选择“安全选项”命令，将弹出“安全选项”对话框，输入两次相同的密码，然后单击“确定”按钮，如图 1-47 所示。

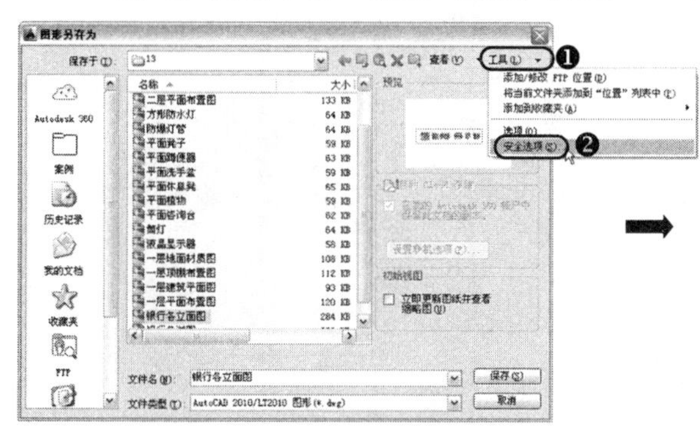

图 1-47 对图形文件加密

Step 02 在随后打开的“确认密码”对话框中，再次输入先前密码进行确认，然后单击“确定”按钮，即可对图形文件进行加密，如图 1-48 所示。

提示技巧——加密文件的打开

当对文件进行加密保存过后，下次在打开该图形文件时，系统将弹出“密码”对话框，并提示用户输入正确的密码才能打开，如图 1-49 所示。

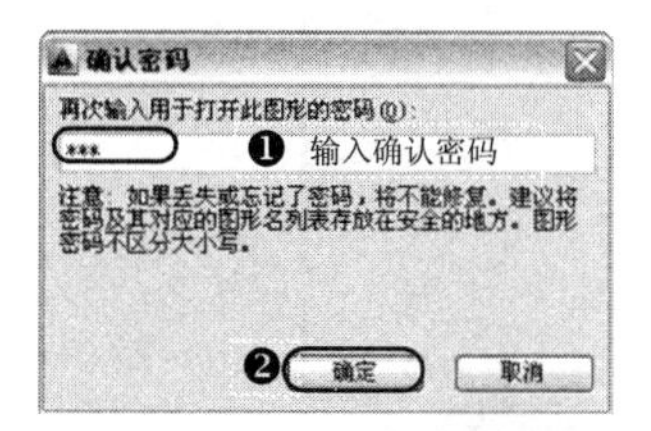

图 1-48 输入确认密码

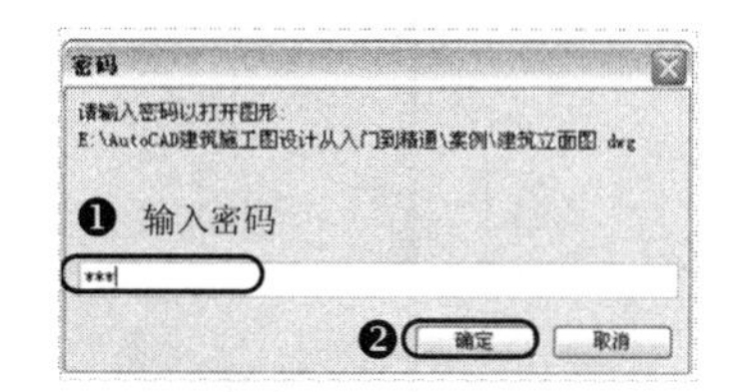

图 1-49 打开加密的文件

1.7.3 熟能生巧——多个打开文件的平铺设置

视频\01\多个文件的平铺设置.avi
案例\01\扳手、连接螺母、手抡.dwg

在 AutoCAD 中用户可以一次性打开多个相同类型的文件，并且可以通过多种平铺方式来显示所打开的文件窗口。

Step 01 正常启动 AutoCAD 2014 软件，在“快速访问”工具栏中，单击“打开”按钮，找到“案例\01”文件下面的“扳手”、“连接螺母”和“手抡”三个.dwg 文件，如图 1-50 所示。

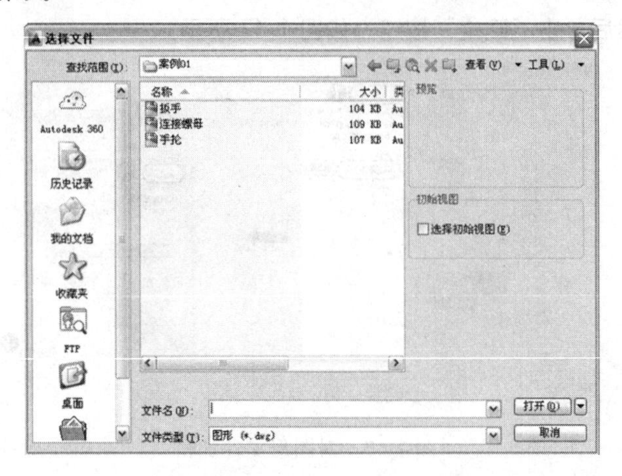

图 1-50　打开文件路径

Step 02 使用鼠标将这三个文件框选中，再单击“打开”按钮，从而将三个文件同时打开。默认情况下，窗口显示最后打开的“手抡”文件，如图 1-51 所示。

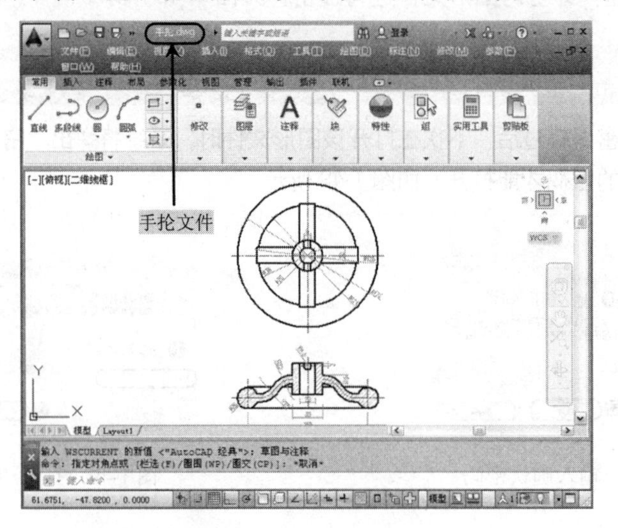

图 1-51　打开的文件

Step 03 单击“视图”标签中“用户界面”面板下的“层叠”选项，如图 1-52 所示，则将打开的三个文件以层叠方式排列，如图 1-53 所示。这时使用鼠标分别在相应的图形标题栏上单击，即可切换该文件为当前文件。

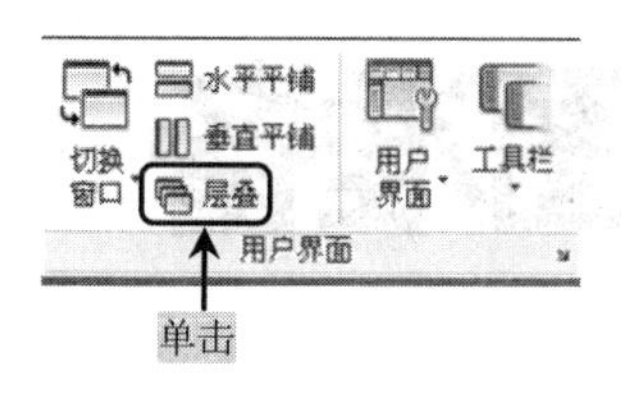

图 1-52　选择“层叠”选项

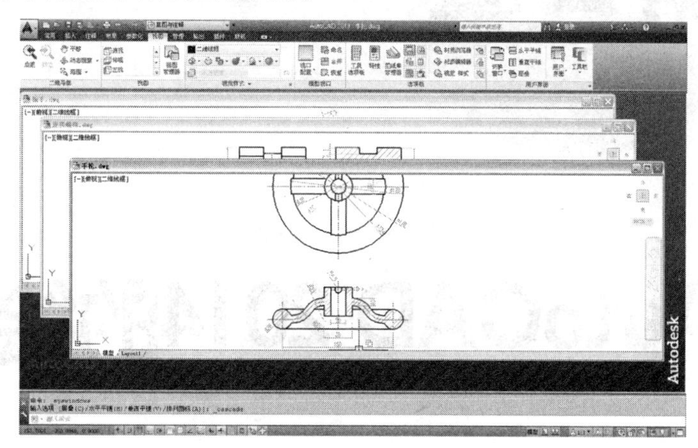

图 1-53　层叠效果

Step 04 同样，选择“用户界面”面板下的“水平平铺”选项，则将所打开的文件进行水平平铺显示，如图 1-54 所示。

Step 05 若选择“垂直平铺”选项，其将其打开的文件进行垂直平铺显示，如图 1-55 所示。

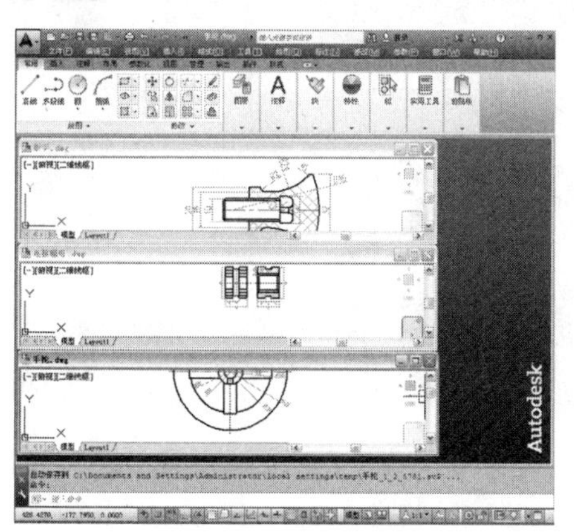

图 1-54　水平平铺效果

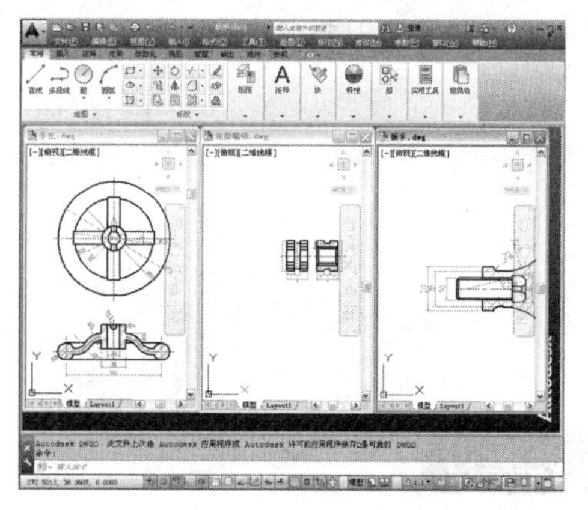

图 1-55　垂直平铺效果

1.8 本章小结

本章主要讲解了 AutoCAD 2014 的基础知识，包括 AutoCAD 的基本功能，如绘图、修改、编辑、标注、渲染、输入等，AutoCAD 2014 的启动与退出方法，AutoCAD 2014 的操作界面与工作空间，CAD 命令的 5 种调用方法和命令的输入方法，CAD 文件的操作等。最后通过实战演练来学习 AutoCAD 帮助文件的使用方法、文件的加密操作、打开多个文件并平铺的设置方法等，从而为后面的学习打下坚实的基础。

第2章

AutoCAD 2014的绘图准备

要想灵活、方便、自如地在 AutoCAD 2014 环境中绘制图样，首先应该熟练掌握 AutoCAD 系统中的坐标输入方法、精确捕捉与追踪、视图的缩放与平移、图层的控制等知识要点。

内容要点

- 掌握各种坐标的输入方法
- 掌握绘图环境的设置
- 掌握图层的设置和控制
- 掌握精确捕捉与追踪设置
- 掌握视图的缩放

2.1 AutoCAD 坐标系

AutoCAD 的图形定位，主要是由坐标系进行确定，使用 AutoCAD 的坐标系，首先要了解 AutoCAD 坐标系概念和坐标输入方法。

2.1.1　AutoCAD 中坐标系的认识

坐标系又称为编程坐标系，由 *x* 和 *y* 轴、原点构成。坐标原点可以自由选择，原则是方便计算、能简化编程、容易找正、尽可能选在零件的设计基准或工艺基准上。在 AutoCAD 中，包括三种坐标系，分别是笛卡儿坐标系统、世界坐标系统和用户坐标系统。

1. 笛卡儿坐标系

AutoCAD 采用笛卡儿坐标系来确定位置，该坐标系又称为绝对坐标系。在进入 AutoCAD 绘图区时，系统自动进入笛卡儿坐标系第一象限，其原点在绘图区内的左下角点。

2. 世界坐标系

世界坐标系（World Coordinate System，WCS）是 AutoCAD 的基础坐标系统，它由三个相互垂直相交的坐标轴 *x*、*y* 和 *z* 轴组成。在绘制和编辑图形的过程中，WCS 是预设的坐标系统，其坐标原点和坐标轴都不会改变。

在默认情况下，*x* 轴以水平向右为正方向，*y* 轴以垂直向上为正方向，*z* 轴以垂直屏幕向外为正方向，坐标原点在绘图区左下角，世界坐标轴的交汇处显示方形标记“□”，如图 2-1 所示。

> **提示**
>
> 在二维平面绘图中绘制和编辑图形时，只需输入 *x* 轴和 *y* 轴坐标，而 *z* 轴的坐标值由系统自动赋值为 0。

3. 用户坐标系

在绘制三维图形时，需要经常改变坐标系的原点和坐标方向，使绘图更加方便，AutoCAD 提供了可改变坐标原点的坐标方向的坐标系，即用户坐标系（UCS）。

在用户坐标系中，可以任意指定或移动原点和选择坐标轴，从而将世界坐标系改为用户坐标系，用户坐标轴的交汇处没有方形标记“□”，如图 2-2 所示。

Note

Note

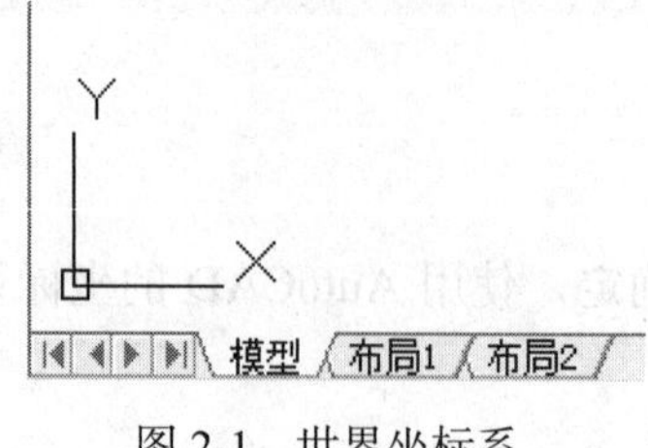

图 2-1　世界坐标系

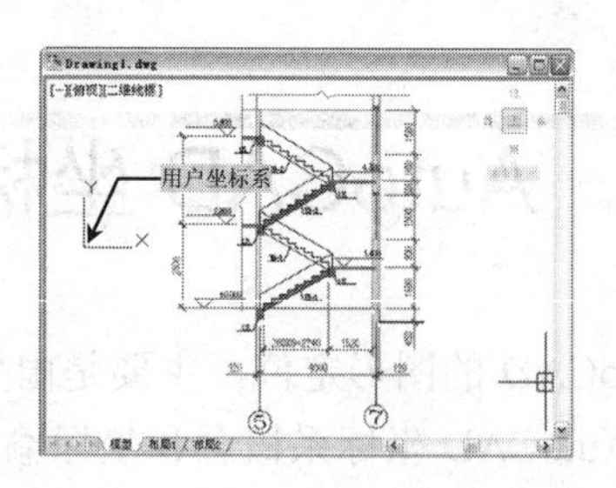

图 2-2　用户坐标系

提示——WCS与UCS坐标系的转换

用户要改变坐标的位置，首先在命令行中输入“UCS”命令，此时使用鼠标将坐标移至新的位置，然后按 Enter 键即可。若要将用户坐标系改为世界坐标系，在命令行中输入“UCS”命令，然后在命令行中选择“世界（W）”选项，则其坐标轴位置回到原点位置。

2.1.2　坐标的输入

用户在绘制图形的过程中，要确定相应的位置点时，除了采用捕捉关键特征点外，最主要的就是通过键盘的方式来输入坐标位置点。在 AutoCAD 中坐标的输入主要有三种：输入绝对坐标、输入相对坐标、输入相对极坐标。

1. 绝对坐标

绝对坐标分为绝对笛卡儿坐标和绝对极轴坐标两种。其中绝对笛卡儿坐标以笛卡儿坐标系的原点（0，0，0）为基点定位，用户可以通过输入（*x*、*y*、*z*）坐标的方式来定义一个点的位置。

例如，在如图 2-3 所示的图形中，A 点绝对坐标为原点坐标（0，0，0），B 点的绝对坐标为（20，0，0），C 点的绝对坐标为（20，20，0），D 点的绝对坐标为（0，20，0）。

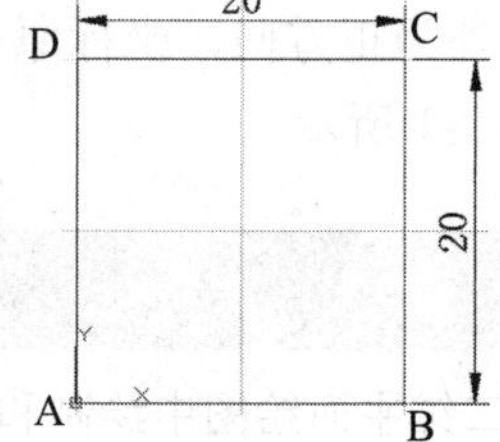

图 2-3　绝对坐标示意图

2. 相对坐标

相对坐标是以上一点为坐标原点确定下一点的位置。输入相对于一点坐标（*x*、*y*、*z*）增量为（*X*+、*Y*+、*Z*+）的坐标时，格式为（@*X*+，*Y*+，*Z*+）。其中，“@”字符是指定与上一个点的偏移量。在输入“@”字符时，即在英文输入法状态下，在键盘上按 Shift+2 组合键即可，得到该字符。

例如，在如图 2-4 所示的图形中，A 点相对地原点的坐标为（@25，25），B 点相对于 A 点坐标为（@125，0），C 点相对于 B 点的坐标为（@75，0），D 点相对于 C 点坐标为（@-125，00）。

3. 相对极坐标

相对极坐标是以上一点为参考极点，通过输入极距增量和角度值，来定义下一个点的位置。其输入格式为（@距离<角度）。

例如，在如图 2-5 所示的图形中，A 点相对于原点的坐标为（@25，25），B 点相对于 A 点的极坐标为（@100<30），C 点相对于 B 点的极坐标为（@60<160）。

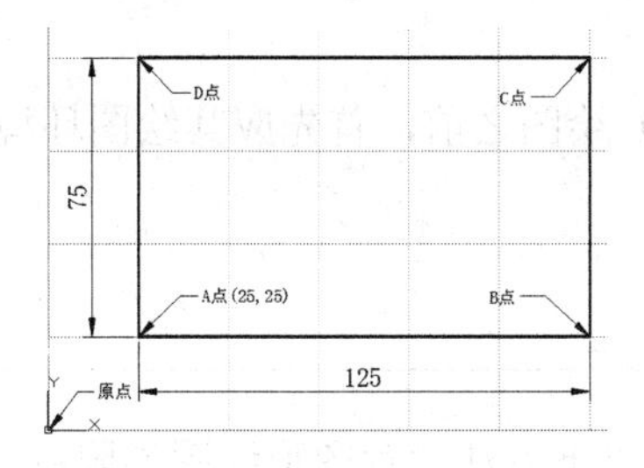

图 2-4　相对坐标示意图

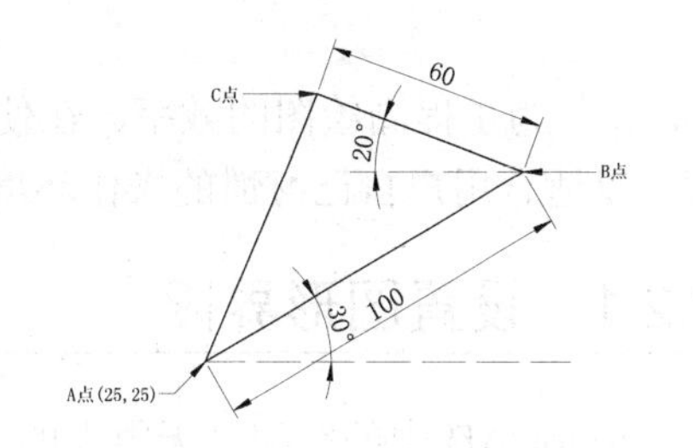

图 2-5　相对极坐标示意图

提示与技巧——坐标的输入

AutoCAD 2014 不能连续地输入绝对坐标，用绝对坐标输入基点后，将会使用相对坐标输入其他点，当图形确定后相对坐标值就很清楚了，这样绘图更加方便，不用再计算绝对坐标值。在输入的坐标值中，（10，10）和（40，10）都是相对于坐标原点（0，0）而定的，称为绝对值坐标。而（@30<120），是相对于第二点来定的，称为相对值坐标，前面有个“@”符号，是相对符号，“30”代表距离，“<120”代表角度。

2.1.3　坐标值的显示

在 AutoCAD 中，坐标的显示方式有三种，它取决于所选择的方式和程序中运行的命令，用户可单击状态栏的坐标显示区域，在这三种方式之间进行切换，如图 2-6 所示。

0.7330, -3.9760, 0.0000　　2.4359< 151　, 0.0000

模式 0：静态显示　　模式 1：动态显示　　模式 2：距离和角度显示

图 2-6　坐标的三种显示方式

- ✧ 模式 0：显示上一个拾取点的绝对坐标。此时，指针坐标不能动态更新，只有在拾取一个新点时，显示才会更新。但是，从键盘输入一个新点坐标时，不会改变该显示方式。
- ✧ 模式 1：显示光标的绝对坐标，该值是动态更新的，默认情况下，显示方式是打开的。
- ✧ 模式 2：显示一个相对极坐标。当选择该方式时，如果当前处在拾取点状态，系统将显示光标所在位置相对于上一个点的距离和角度。当离开拾取点状态时，系统将恢复到模式 1。

2.2 设置绘图环境

Note

为了提高绘图的效率，在使用 AutoCAD 绘图之前，首先应其绘图环境进行设置，以适合用户自己习惯的操作环境。

2.2.1 设置图形界限

AutoCAD 中的空间是无限大的，但可以通过以下方法设置图形绘图界限：

✧ 命令行：输入"Limits"命令。

执行图形界限命令后，此时在命令行中，将提示设置左下角点和右上角点的坐标值。例如，要设置 A3 幅面的图形界限，其操作提示如图 2-7 所示。

```
命令: '_limits ❶                                            \\ 执行"图形界限"命令
重新设置模型空间界限:
指定左下角点或 [开(ON)/关(OFF)] <0.0000,0.0000>:  ❷         \\ 按回车键，以默认的原点作为左下角点坐标
指定右上角点 <420.0000,297.0000>: 297,420 ❸                 \\ 设置纵向的 A3 图纸的幅面大小
```

图 2-7　设置图形单位

2.2.2 设置绘图单位

在 AutoCAD 中，用户可以采用 1:1 的比例因子绘图，也可以指定单位的显示格式。对绘图单位的设置一般包括长度单位和角度单位的设置。

在 AutoCAD 中，可以通过以下的方法设置图形格式：

✧ 命令行：输入"Units"命令（快捷键为"UN"）。

使用上面任何一种方法，都可以打开如图 2-8 所示的"图形单位"对话框，在该对话框中可以对图形单位进行设置。

单击"方向"按钮，弹出"方向控制"对话框，如图 2-9 所示，在对话框中可以设置起始角度（OB）的方向。在 AutoCAD 的默认设置中，OB 方向是指向右（正东）的方向，逆时针方向为角度增加的正方向。

提示与技巧

用于创建对象、测量距离，以及显示坐标位置的单位格式，与创建标的标注单位设置是分开的；角度的测量可以使正值以顺时针测量或逆时针测量，0°角可以设置为任意位置。
一般情况下，AutoCAD 采用实际的测量单位来绘制图形，等完成图形绘制后，再按一定的缩放比例来输出图形。AutoCAD 默认的与工程制图中最常用的单位均是毫米（mm）。

图 2-8　“图形单位”对话框

图 2-9　“方向控制”对话框

2.2.3　设置绘图环境

在绘制图形之前，用户应对绘图的环境进行设置，包括“线型”、“线宽”和“线条颜色”、“屏幕背景”、“选择模式”等。不同的图形对象对 AutoCAD 的绘图环境有不同的要求。

1．显示配置

在命令行输入“OP”命令，将打开“选项”对话框，切换到“显示”选项卡，用户可以设置绘图工作界面的“显示格式”、“图形显示精度”等显示性能方面的设置，所对应的对话框，如图 2-10 所示。

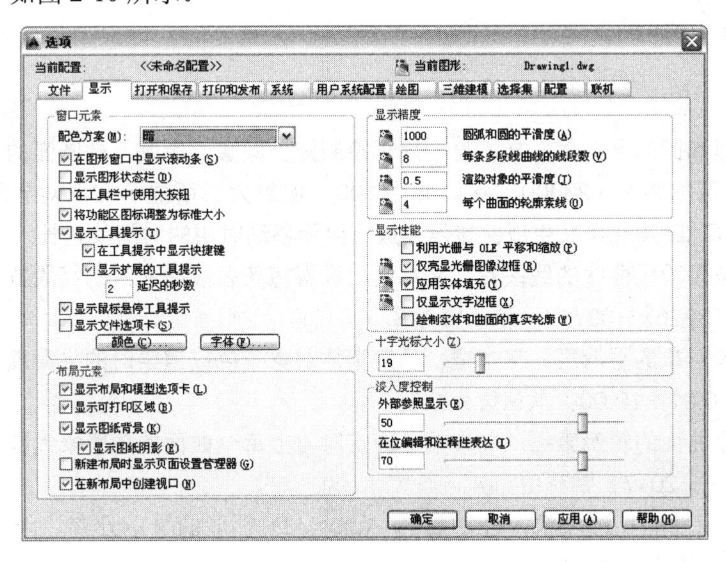

图 2-10　“显示”选项卡

在“显示”选项卡中，各主要选项的含义如下：

（1）“窗口元素”选项组：设置绘图工作界面各窗口元素的显示样式。

✧　“图形窗口中显示滚动条”复选框：用于确定是否在绘图工作界面上显示滚动条，

Note

选中则显示，否则，不显示。

✧ “颜色”按钮：设置 AutoCAD 工作界面中各窗口元素的颜色（如命令行背景颜色、命令行文字颜色等）。单击该按钮，AutoCAD 弹出“图形窗口颜色”对话框，如图 2-11 所示。

✧ “字体”按钮：设置命令行的字体。单击此按钮，将弹出“命令行窗口字体”对话框。可利用此对话框设置命令行的字体、字形、字号等，如图 2-12 所示。

（2）“布局元素”选项组：设置布局中的有关元素，包括是否显示布局与模型选项卡、是否显示打印区域、是否显示图纸背景、是否在新布局中创建视口等。

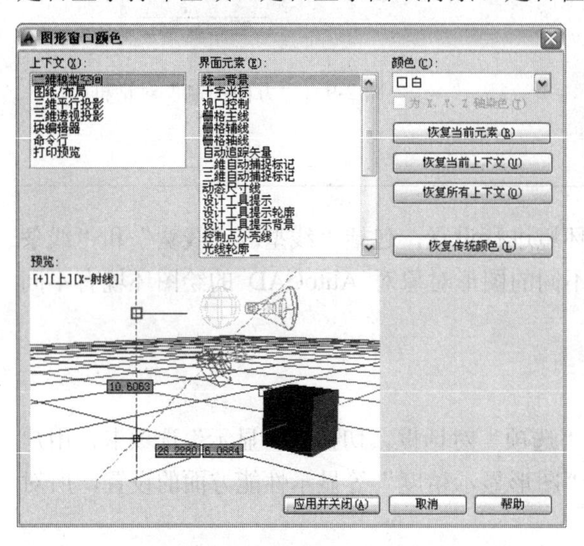

图 2-11　“图形窗口颜色”对话框

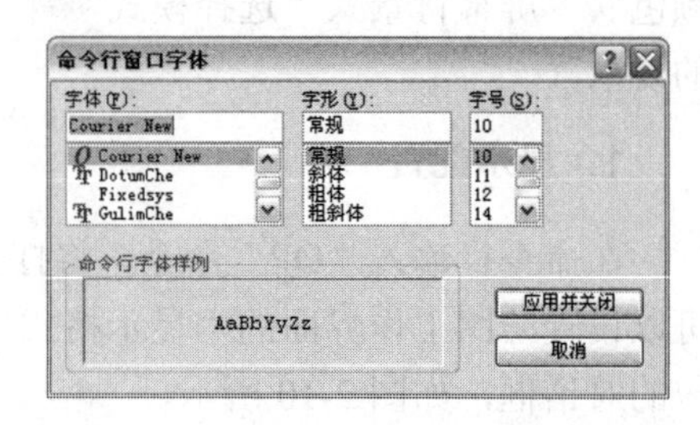

图 2-12　“命令行窗口字体”对话框

（3）“显示精度”选项组：控制对象的显示效果。

✧ “圆弧和圆的平滑度”文本框：用于控制圆、圆弧、椭圆、椭圆弧的平滑度，有效取值范围为 1～20000，默认值为 100。值越大，所显示图形对象就越光滑，但 AutoCAD 实现重新生成、显示缩放、显示移动时用的时间就越长。

✧ “每条多段线曲线的线段数”文本框：设置每条多段线曲线的线段数，有效取值范围为-32767～32767，默认值为 8。

✧ “渲染对象的平滑度”文本框：确定实体对象着色或渲染时的平滑度，有效取值范围为 0.01～10.00，默认值为 0.5。

✧ “每个曲面的轮廓素线”文本框：确定对象上每个曲面的轮廓素线数，有效取值范围为 0～2047，默认值为 4。

（4）“显示性能”选项组：控制影响 AutoCAD 性能的显示设置。限于篇幅，该选项组各参数含义在此不再赘述。

（5）“十字光标大小”选项组：确定光标十字线的长度，该长度用绘图区域宽度的百分比表示，有效取值范围为 0～100。用户可直接在文本框中输入具体数值，也可通过拖动滑块来调整。

(6)“淡入度控制”选项组：确定外部参照、在位编辑和注释性表示时的淡入度效果。

提示

“显示精度”和“显示性能”选项组参数用于设置着色对象的平滑度、每个曲面轮廓线数等。所有这些设置均会影响系统的刷新时间与速度，从而影响用户操作程序时的流畅性。

2. 系统配置

在“选项”对话框的“系统”选项卡中，用于设定 AutoCAD 的一些系统参数，如图 2-13 所示。

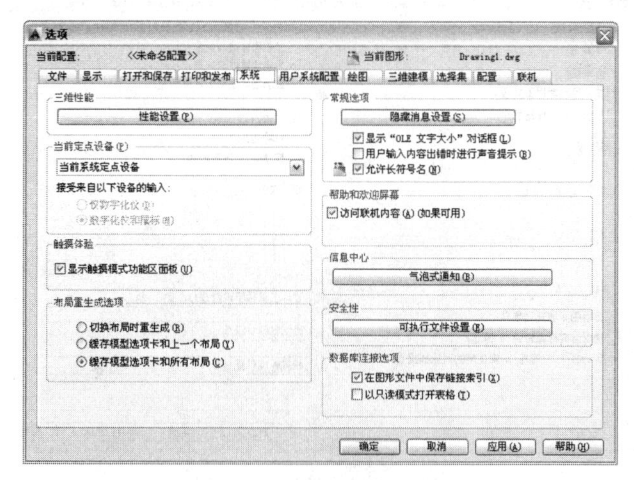

图 2-13 “系统”选项卡

在“系统”选项卡中，各主要选项的含义如下：

(1)“三维性能”选项组：确定与三维图形显示系统的系统特性和配置有关的设置。

✧ “性能设置”按钮：单击该按钮，AutoCAD 2012 将弹出如图 2-14 所示的“自适应降级和性能调节”对话框，用户可利用此对话框进行相应的配置。

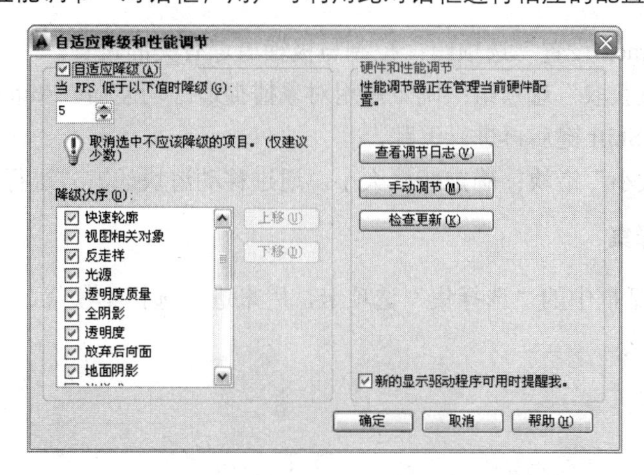

图 2-14 “自适应降级和性能调节”对话框

（2）“当前定点设备”选项组：确定与定点设备有关的选项。选项组中的下拉列表框中列出当前可以使用的定点设备，用户可根据需要选择。

Note

（3）“常规选项”选项组：控制与系统设置有关的基本选项。限于篇幅，该选项组各参数含义在此不再赘述。

3．系统绘图

“选项”对话框的“绘图”选项卡，是用来进行自动捕捉、自动追踪功能的一些设置，如图 2-15 所示。

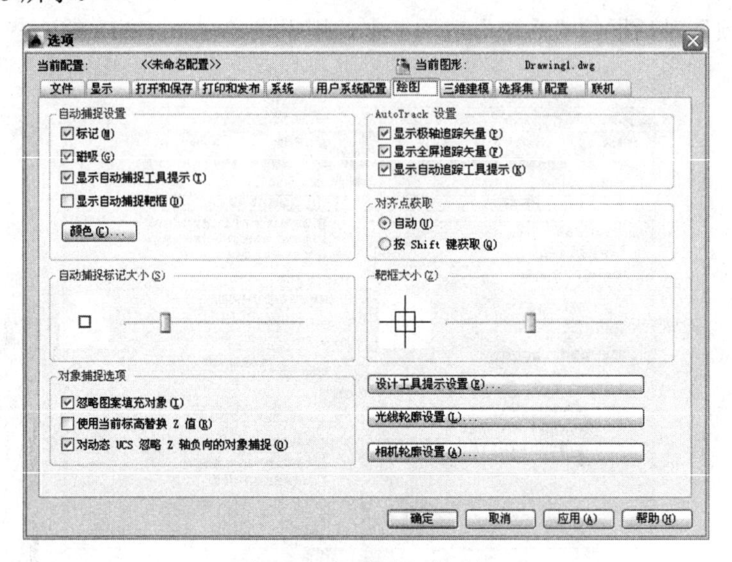

图 2-15　“绘图”选项卡

在“绘图”选项卡中，各主要选项的含义如下：

（1）“自动捕捉设置”选项组：控制与自动捕捉有关的一些设置。限于篇幅，该选项组各参数含义在此不再赘述。

（2）“自动捕捉标记大小”滑块：确定自动捕捉时的捕捉标记大小，用户可通过相应的滑块进行调整。

（3）“AutoTrack 设置”选项组：控制与极轴追踪有关的设置。

（4）“对齐点获取”选项组：确定启用对象捕捉追踪功能后，AutoCAD 是自动进行追踪，还是按下 Shift 键后再进行追踪。

（5）“靶框大小”滑块：确定靶框大小，通过移动滑块的方式进行调整。

4．系统选择集

“选项”对话框中的“选择集”选项卡，用来进行选择集模式、夹点功能等一些设置，如图 2-16 所示。

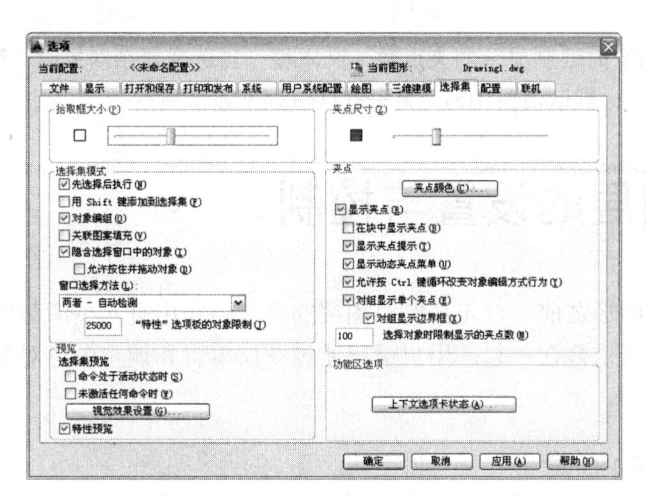

图 2-16 “选择集”选项卡

在“选择集”选项卡中，各主要选项的含义如下：

（1）“拾取框大小”滑块：确定拾取框的大小，通过移动滑块的方式调整。

（2）“选择集模式”选项组：确定构成选择集的可用模式。限于篇幅，该选项组各参数含义在此不再赘述。

（3）“夹点大小”滑块：确定夹点的大小，通过相应的滑块调整即可。

（4）“夹点”选项组：确定与采用“夹点”功能进行编辑操作的有关设置。

- ✧ “夹点颜色”按钮：单击该按钮，将打开“夹点颜色”对话框，从而设置夹点在不同状态下的颜色，如图 2-17 所示。
- ✧ “显示夹点”复选框：当用户选择图形对象时，是否显示夹点符号。
- ✧ “在块中显示夹点”复选框：勾选此框，则用户在选择块中的各对象时均显示对象本身的夹点，否则，只将插入点作为夹点显示。
- ✧ “显示夹点提示”复选框：当用户在选择对象的某个夹点时，是否显示其夹点的提示功能。
- ✧ “显示动态夹点菜单”复选框：当用户在选择对象的某个夹点时，是否显示其动态夹点菜单功能，如图 2-18 所示。

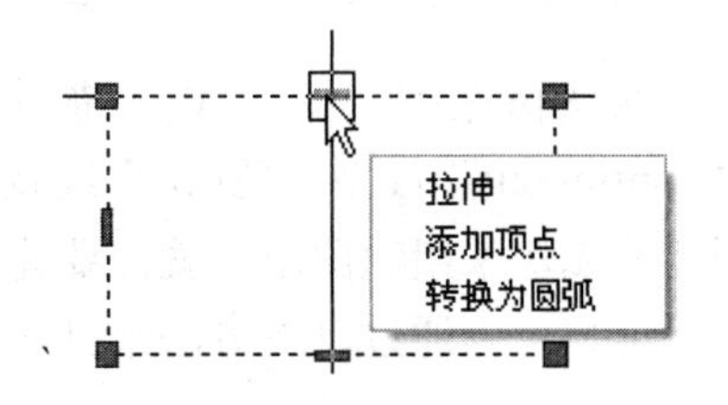

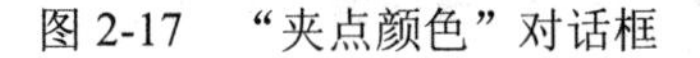

图 2-17 “夹点颜色”对话框

图 2-18 显示的动态夹点菜单

- ✧ “允许按 Ctrl 键循环改变对象编辑方式行为”复选框：确定是否可按 Ctrl 键来改变对象的编辑方式。
- ✧ “对组显示单个夹点”复选框：确定是否显示对象组的单个夹点。
- ✧ “对组显示边界框”复选框：确定是否围绕编组对象的范围显示边界框。

✧ “选择对象时限制显示的夹点数”文本框：当选择复杂对象时，确定所显示的最多夹点数量。默认值为 100，大于默认值则不显示夹点。

Note

2.3 图层的设置与控制

在学习绘制图形之前，首先需要对图层的含义与作用有一个清楚的认识。图层就像一张张透明的图纸重叠在一起，用户可以通过图层编辑和调整图形对象，在不同的图层中绘制不同的对象。

2.3.1 图层的概念

在 AutoCAD 2014 绘图过程中，使用图层是一种最基本的操作，也是最有利的工作之一，它对图形文件中各类实体的分类管理和综合控制具有重要的意义。归纳起来主要有以下特点：

✧ 节省存储空间。
✧ 能够统一控制同一图层对象的颜色、线条宽度、线型等属性。
✧ 能够统一控制同类图形实体的显示、冻结等特性。
✧ 在同一图形中可以建立任意数量的图层，且同一图层的实体数量也没有限制。
✧ 各图层具有相同的性质、绘图界限及显示时的缩放倍数，可同时对不同图层上的对象进行编辑操作。

提示与技巧

每个图形都包括名称为 0 的图层，该图层不能删除或者重命名。它有两个用途：一是确保每个图形中至少包括一个图层；二是提供与块中的控制颜色相关的特殊图层。可以设定该图层的相关属性，例如，颜色、线型等。

2.3.2 创建图层

默认情况下，图层 0 将被指定使用 7 号颜色（白色或黑色，由背景色决定）、“Continuous”线型、“默认”线宽及“Normal”打印样式。在绘图过程中，如果要使用更多的图层来组织图形，就需要先创建新的图层。

用户可以通过以下方法来打开“图层特性管理器”面板，如图 2-19 所示。

✧ 命令行：在命令行输入或动态输入“Layer”命令（快捷键为 LA）。
✧ 面板：单击“常用”选项板→“图层”面板→“图层特性”按钮。

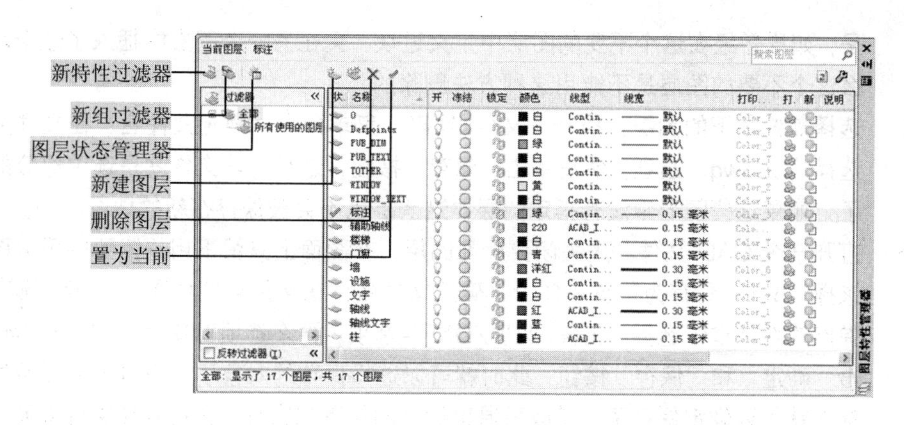

图 2-19 “图层特性管理器”面板

在“图层特性管理器”面板中单击“新建图层”按钮，在图层的列表中将出现一个名称为“图层 1”的新图层。如果要更改图层名称，可单击该图层名，或者按 F2 键，然后输入一个新的图层名并按 Enter 键即可。

经验分享——图层命名的约定

要快速创建多个图层，可以选择用于编辑的图层名并用逗号隔开输入多个图层名。但在输入图层名时，图层名最长可达 255 个字符，可以是数字、字母或其他字符，但不能允许有>、<、|、\、“”、:、|、=等，否则，系统将弹出如图 2-20 所示的警告框。

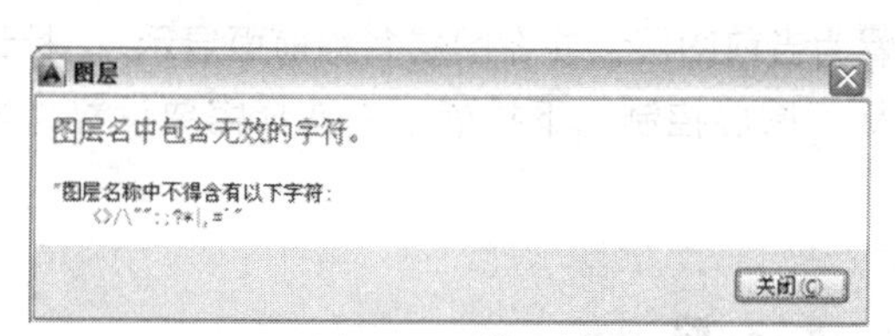

图 2-20 警告框

2.3.3 删除图层

要删除图层，在“图层特性管理器”选项板中，使用鼠标选择需要删除的图层，然后单击“删除图层”按钮或按 Alt+D 组合键即可。

如果要同时删除多个图层，可以配合 Ctrl 键或 Shift 键来选择多个连续或不连续的图层。

经验分享——玩固图层的删除

用户在删除图层时，系统提示该图层不能删除等，这时，用户可以使用以下几种方法进行删除操作。

- 将无用的图层关闭，选择全部内容，按 Ctrl+C 组合键执行复制命令，然后新键一个.dwg 文件，按 Ctrl+V 组合键进行粘贴，这时那些无用的图层就不会贴过滤，但

是，如果曾经在这个不要的图层中定义过块，又在另一个图层中插入了这个块，那么这个不要的图层是不能用这种方法删除的。

✧ 选择需要留下的图层，执行“文件\输出”菜单命令，确定文件名，在文件类型栏选择“块.dwg”选项，然后单击“保存”按钮，这样的块文件就是选中部分的图形了，如果这些图形中没有指定的层，这些层也不会被保存在新的块图形中。

✧ 打开一个 CAD 文件，先关闭要删除的层，在图面上只留下用户需要的可见图形，选择“文件/另存为”菜单命令，确定文件名，在文件类型栏选“*.dxf”选项，在弹出的对话框中选择“工具/选项/DXF”选项，再在选项对象处打勾，然后依次单击“确定”和“保存”按钮，此时就可以选择保存的对象了，将可见或要用的图形选上就可以确定保存了，完成后退出这个刚保存的文件，再打开该文件查看，会发现不需要的图层已经删除了。

✧ 用“Laytrans”命令将需要删除的图层映射为图层“0”即可，这个方法可以删除具有实体对象或被其他块嵌套定义的图层。

2.3.4 设置当前图层

在 AutoCAD 中绘制的图形对象，都是在当前图层中进行的，且所绘制图形对象的属性也将继承当前图层的属性。

✧ 在“图层特性管理器”选项板中，选择一个图层，并单击“置为当前”按钮 ✔，即可将该图层置为当前图层，并在图层名称前面显示 ✔ 标记，如图 2-21 所示。

✧ 在“图层”面板“图层控制”下拉列表中选择需要设置为当前的图层即可，如图 2-22 所示。

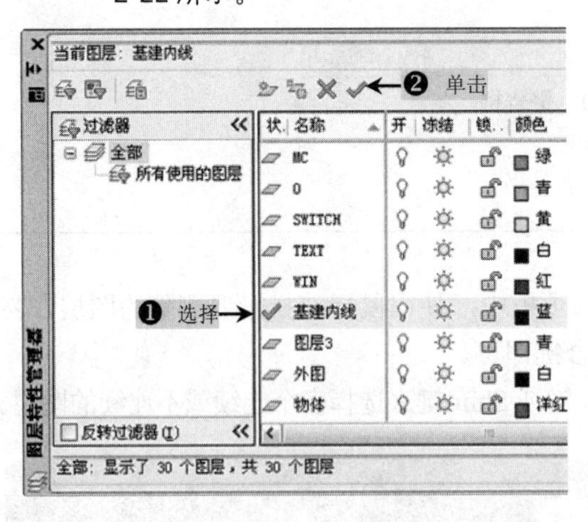

图 2-21　设置“当前图层”

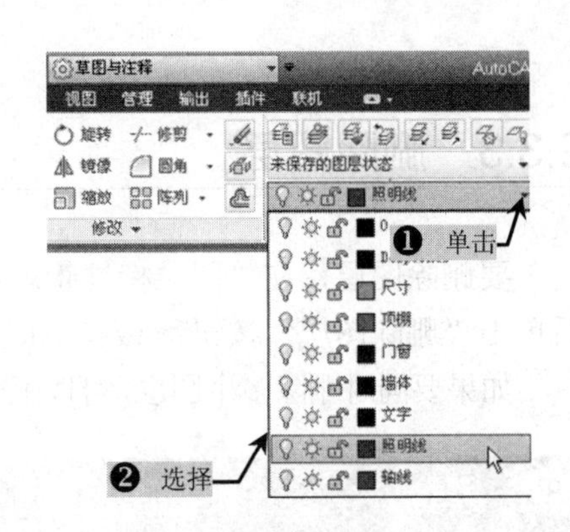

图 2-22　选择图层

✧ 在“图层”面板中单击“将对象的图层设为当前图层”按钮，然后使用鼠标选择指定的对象，即可将选择的图形对象置为当前图层，如图 2-23 所示。

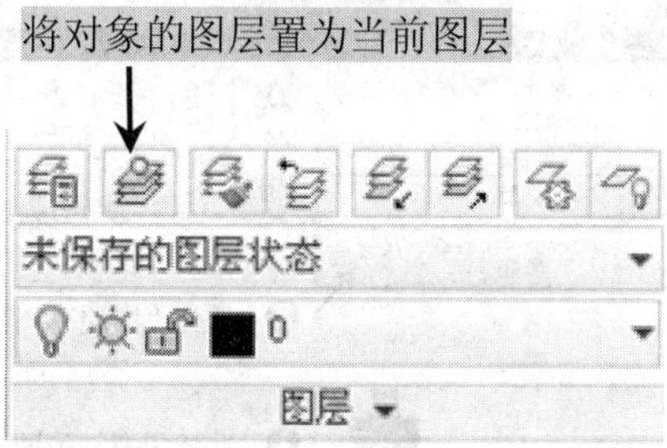

图 2-23 “图层”面板

经验分享——使用“Laymcur”转换当前层

在命令行使用“Laymcur”命令，根据命令行的提示，选择需要置为当前图层上的图形对象。例如，当前图层为“轴线”，执行该命令后，选择“墙体”图层上任何一个对象，即可快速将“墙体”图层置为当前层。

- ✧ 在命令行中输入“CLayer”命令，根据命令行的提示，如图 2-24 所示。输入新的图层名称，即可快速切换到该图层。例如，当前图层为“尺寸线层”，执行该命令，输入需要切换的图层名称“虚线层”，即可快速将当前图层切换为“虚线层”。

```
命令:_clayer                                      //执行命令
输入 clayer 的新值 <"尺寸线层">: 虚线层 //输入新的图层名“虚线层”
```

图 2-24 命令行提示

提示与技巧

使用“CLayer”命令切换图层时，一般使用在绘制的图形较大，而且其图形对象较多，即使从图层下拉列表中，也难以快速找到该图层。这就要求读者在绘制图形前建立图层的过程中，养成一个好的习惯，对图层进行简单易记的名称，从而快速切换到该图层。

2.3.5 转换图层

对象的转换图层，是指将一个图层中的图形转换到另一个图层中。例如，将图层 1 中的图形转换到图层 2 中，被转换后的图形颜色、线型、线宽拥有图层 2 的特性。

在需要转换图层时，需要先在绘图区选择需要转换的图形，然后单击“图层”面板中“图层”下拉列表框，如图 2-25 所示，在其中选择要转换到的图层即可。

Note

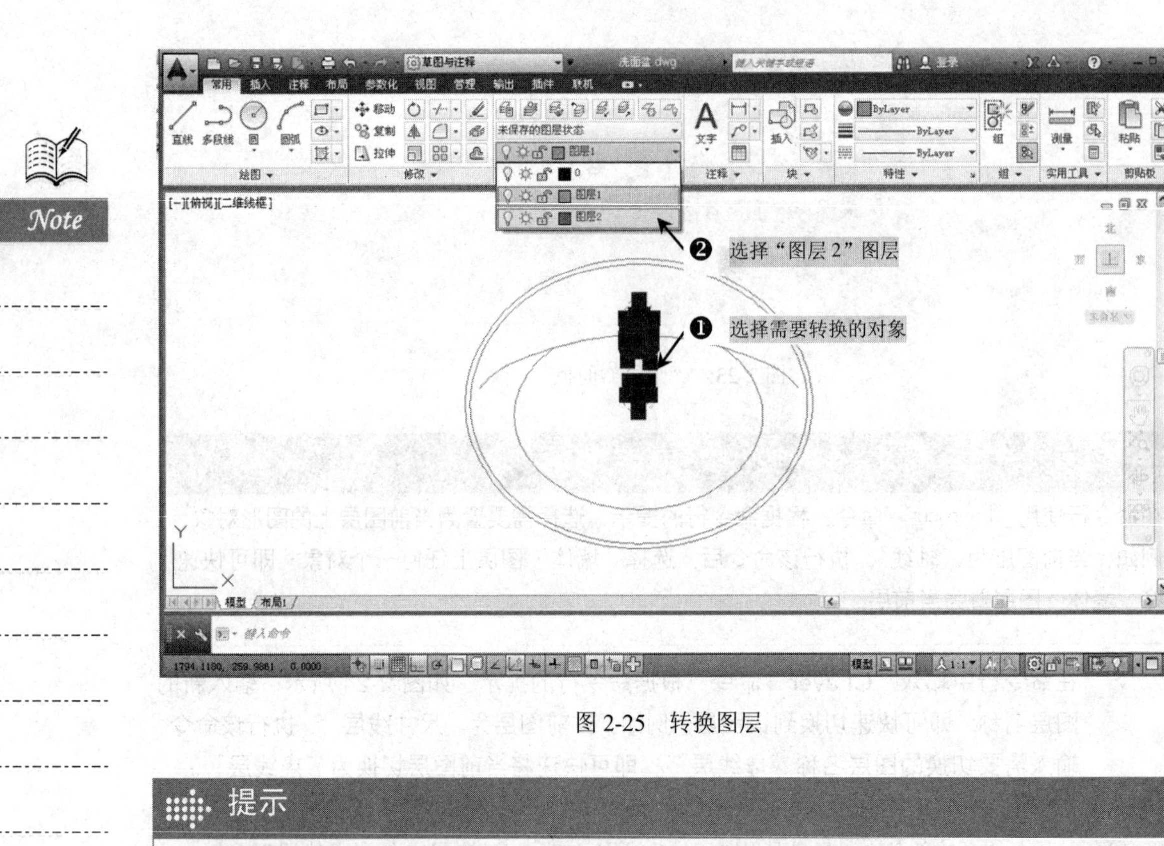

图 2-25　转换图层

提示

在选择对象时，如果需要选择同一图层上的所有对象，可使用“Select”命令，或者在绘图区域右击鼠标，在弹出的快捷菜单中选择“快速选择”命令，如图 2−26 所示；弹出“快速选择”对话框，如图 2−27 所示，然后根据不同的要求，设置不同的参数，即可快速选择同一图层、同一颜色、同一线型等的对象，从而可以大大提高工作效率。

图 2-26　右击鼠标打开的快捷菜单

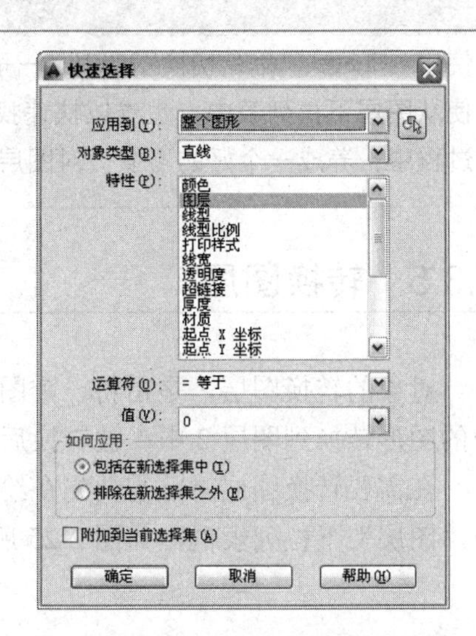

图 2-27　“快速选择”对话框

2.3.6 设置图层特性

1. 设置颜色

颜色在图形中具有非常重要的作用，可用来表示不同的组件、功能和区域。图层的颜色实际上是图层中图形对象的颜色。

✧ 命令行：输入或动态输入〝Color〞命令（快捷键为 COL）。
✧ 面板：单击〝常用〞选项板→〝特性〞面板→〝对象颜色〞。

启动命令后，或在“图层特性管理器”面板中，在某个图层名称的“颜色”列中单击鼠标，弹出“选择颜色”对话框，可根据需要选择不同的颜色，如图 2-28 所示。

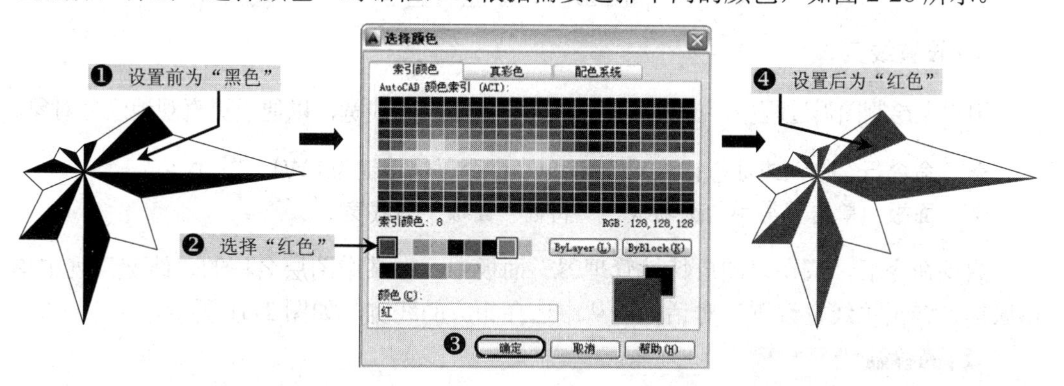

图 2-28 设置图层颜色

经验分享——图层颜色的分类

一般情况，不同的图层使用不同的颜色。用户在绘图过程中，更方便地从颜色上区分图形对象。如果两个图层使用同一颜色，那么在显示时就很难判断正在操作的对象是在哪一个图层上。

2. 设置线型

线型在 AutoCAD 中，是指图形基本元素中线条的组成和显示方式，如虚线、实线、点划线等。

✧ 命令行：输入或动态输入〝Linetype〞命令（快捷键为 LT）。
✧ 面板：单击〝常用〞选项板→〝特性〞面板→〝线型〞。

启动命令，或在“图层特性管理器”面板中，在某个图层名称的“线型”列中单击鼠标，弹出“线型管理器”对话框，从中选择相应的线型，如图 2-29 所示。

在“线型管理器”对话框中单击“加载”按钮。可以打开“加载或重载线型”对话框，从而可将更多的线型加载到“线型管理器”对话框中，如图 2-30 所示。

在 AutoCAD 中所提供的线型库文件有“acad.lin”和“acadiso.lin”。在英制测量系统下使用“acad.lin”线型库文件中的线型；在公制测量系统下，使用“acadiso.lin”线型库文件中的线型。

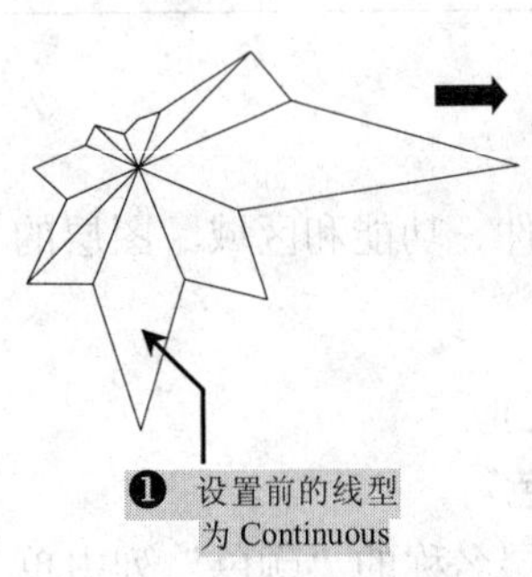

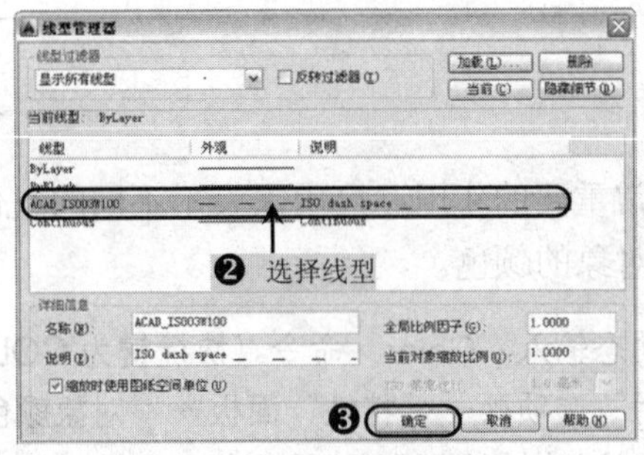

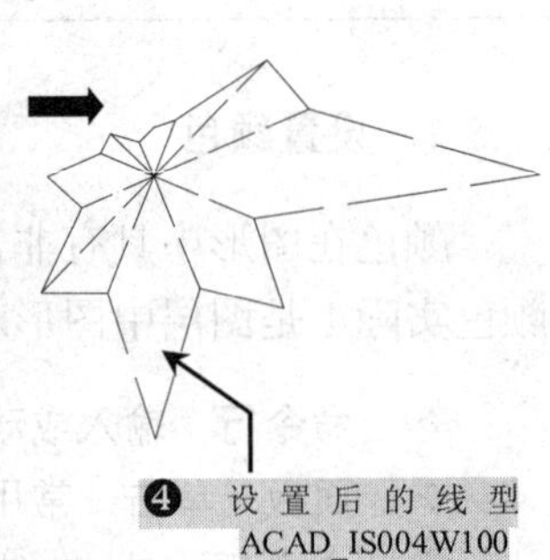

图 2-29　设置图层线型

3．设置线宽

用户在绘制图形过程中，应根据设计需要设置不同的线宽，以便于更直观地区分对象。

✧　命令行：输入或动态输入“Lweight”命令（快捷键为 LW）。

✧　面板：单击“常用”选项板→“特性”面板→“线宽”。

启动命令后，或在“图层特性管理器”面板中，在某个图层名称的“线宽”列中单击鼠标，弹出“线宽设置”对话框，从中选择相应的线宽，如图 2-31 所示。

图 2-30　“加载或重载线型”对话框

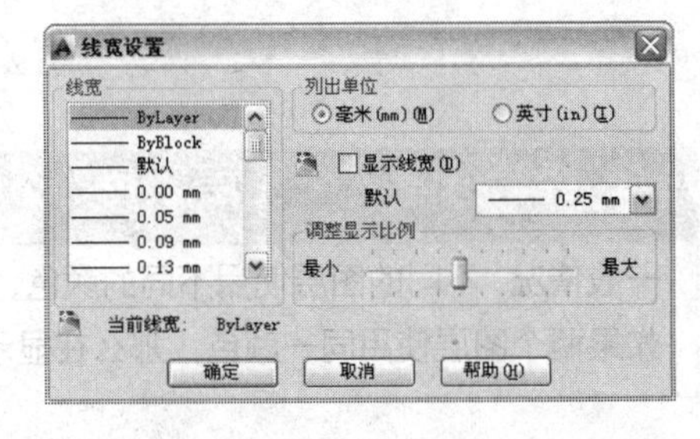

图 2-31　“线宽设置”对话框

当设置了线型的线宽后，应在底侧状态栏中激活“线宽”按钮，才能在视图中显示出所设置的线宽。如果在“线宽设置”对话框中，调整了不同的线宽显示比例，则视图中显示的线宽效果也将不同，如图 2-32 所示。

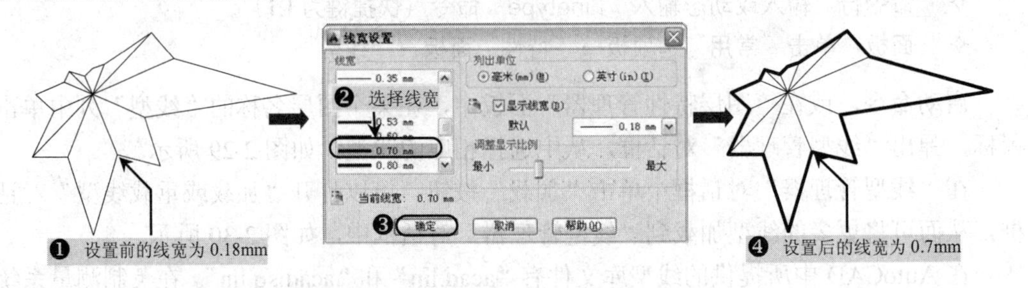

图 2-32　设置线型宽度

4．设置打印

打印样式可以应用于对象或图层。更改图层的打印样式可以替换对象的颜色、线型和线宽，以至于修改打印图形的外观。

在“图层特性管理器”选项板中，在相应图层的“打印”位置，单击“打印”按钮，此时，将变成“不打印”按钮。若再次单击该按钮，则又还原为按钮，如图 2-33 所示。

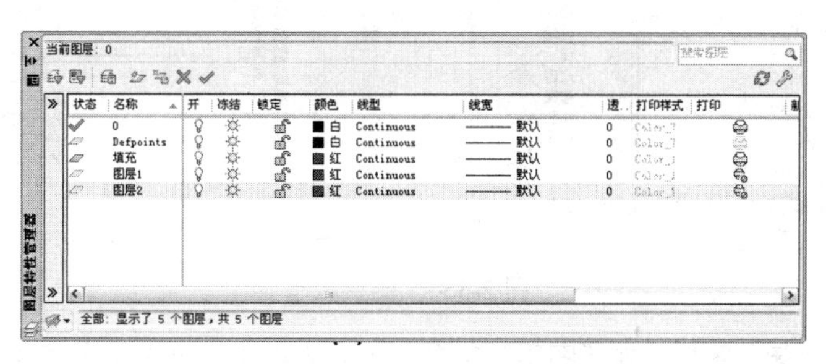

图 2-33 设置打印

经验分享——打印的技巧

颜色的选择应该根据打印时线宽的粗细来选择。打印时，线型设置越宽，该图层就应该选用越亮的颜色，这样可以在屏幕上直观地反映出线型的粗细。

下一个列表选项是“打印”，它控制了选定图层是否被打印。如果图层设置为打印图层，但该图层若在当前图形中是冻结或者是关闭的，那么 AutoCAD 不打印该图层。

关闭图层打印只对图形中的可见图层有效，即图层是打开且解冻的。在命令行使用“Plotstyle”命令，将弹出如图 2-34 所示的“警告框”。

如果正在使用颜色相关打印样式模式（系统变量 PSTYLEPOLICY 设置为 1），此选项将不可用。

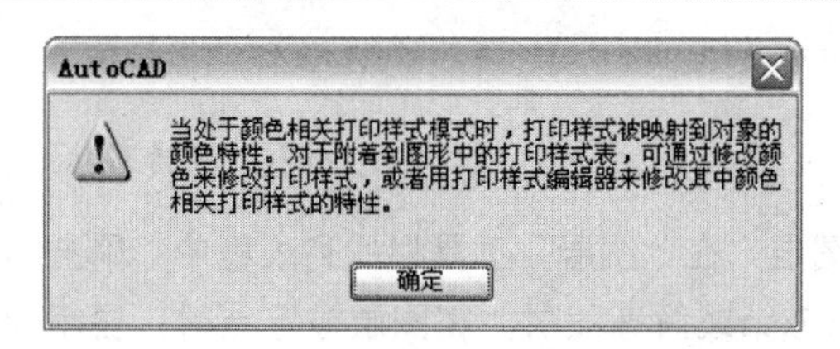

图 2-34 打印样式

2.3.7 设置图层状态

在“图层特性管理器”面板中，其图层状态包括图层的“打开→关闭”、“冻结→解冻”、“锁定→解锁”等；同样，在“图层”工具栏中，用户也可设置并管理各图层的特性，如图 2-35 所示。

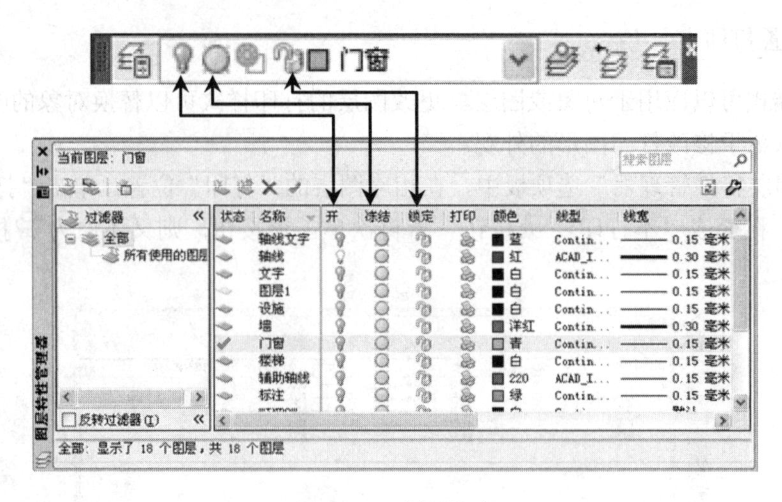

图 2-35　图层状态

✧ “打开|关闭”图层：在“图层”工具栏的列表框中，单击相应图层的小灯泡图标，可以打开或关闭图层的显示与否。在打开状态下，灯泡的颜色为黄色，该图层的对象将显示在视图中，也可以在输出设置上打印；在关闭状态下，灯泡的颜色转为灰色，该图层的对象不能在视图中显示出来，也不能打印出来，图 2-36 所示为打开或关闭图层的对比效果。

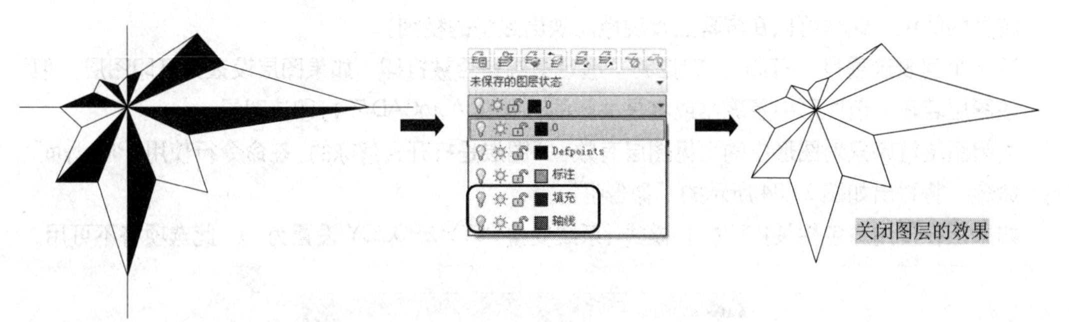

图 2-36　“打开或与关闭”图层的比较效果

✧ “冻结|解冻”图层：在“图层”工具栏的列表框中，单击相应图层的太阳或雪花图标，可以冻结或解冻图层。在图层被冻结时，显示为雪花图标，其图层的图形对象不能被显示和打印出来，也不能编辑或修改图层上的图形对象；在图层被解冻时，显示为太阳图标，此时的图层上的对象可以被编辑。

✧ “锁定|解锁”图层：在“图层”工具栏的列表框中，单击相应图层的小锁图标，可以锁定或解锁图层。在图层被锁定时，显示为图标，此时，不能编辑锁定图层上的对象，但仍然可以在锁定的图层上绘制新的图形对象。

提示

关闭图层与冻结图层的区别在于，冻结图层可以减少系统重生成图形的计算时间。若用户的计算机性能较好，且所绘制的图形较为简单，则一般不会感觉到图层冻结的优越性。

2.4 AutoCAD 精确捕捉与追踪

在实际绘图中，用鼠标定位虽然方便快捷，但精度不高，绘制的图形很不精确，远不能满足制图的要求，这时可以使用系统提供的绘图辅助功能。

在使用这些辅助绘图功能之前，首先应对其辅助功能进行设置，用户可采用以下方法打开“草图设置”对话框进行设置：

- ✧ 状态栏：在状态栏的“辅助工具区”的任意一个按钮位置，右击鼠标，在弹出的快捷菜单中，选择“设置“命令，如图 2-37 所示。
- ✧ 命令行：在命令行输入“Dsettings”命令（快捷键为 DS）。

执行命令后，将打开“草图设置”对话框，如图 2-38 所示。

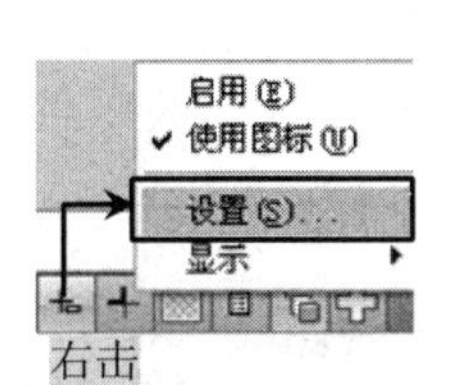

图 2-37　右击选择“设置”命令

图 2-38　“草图设置”对话框

2.4.1 捕捉与栅格的设置

“捕捉”用于设置鼠标光标移动的间距，“栅格”是一些标定的位置小点，使用它可以提供直观的距离和位置参照。

在“草图设置”对话框的“捕捉和栅格”选项卡中，可以启动或关闭“捕捉”和“栅格”功能，其快捷键分别为 F9 键和 F7 键，并且可以设置“捕捉”和“栅格”的间距与类型。

在“捕捉和栅格”选项卡中，各选项的含义如下：

- ✧ “启用捕捉”复选框：用于“打开或关闭”捕捉方式，快捷键为 F9。
- ✧ “捕捉间距”文本框：用于设置 *X* 轴和 *Y* 轴的捕捉间距。
- ✧ “启用栅格”复选框：用于打开或关闭栅格的显示，快捷键为 F7。
- ✧ “栅格样式”选项组：用于设置在二维模型空间、块编辑器、图纸/布局位置中显示点栅格，如图 2-39 所示。

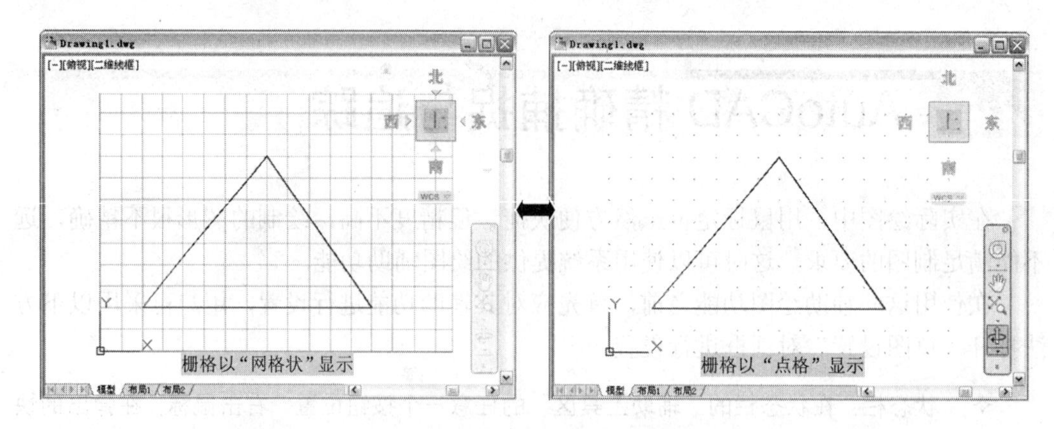

图 2-39　栅格的两种显示样式

✧ “栅格间距”选项组：用于设置 *X* 轴和 *Y* 轴的栅格间距，以及每条主线之间的栅格数量，如图 2-40 所示。

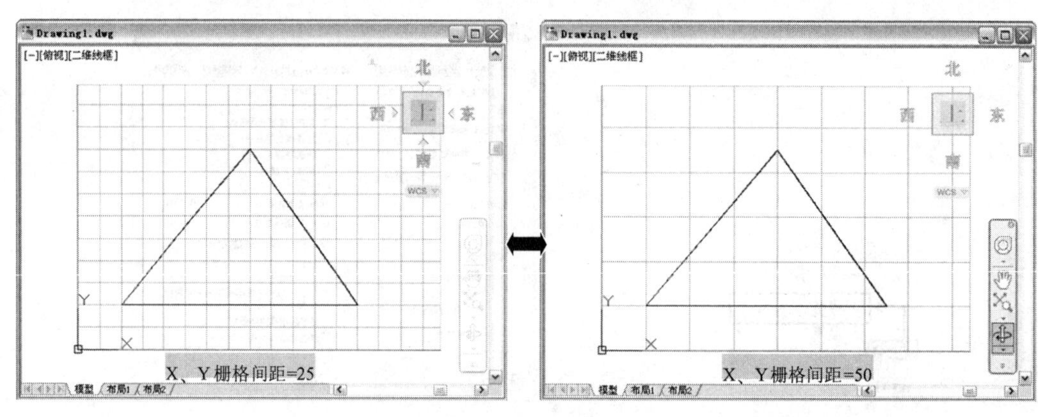

图 2-40　不同栅格间距

提示

这个栅格的显示，是以当前图形界限区域来显示的。如果用户要将当前设置的栅格满屏显示，可以在命令行中依次输入“Z”→“A”。

✧ “栅格行为”选项组：设置栅格的相应规则。
  ✓ “自适应栅格”复选框：用于限制缩放时栅格的密度。缩小时，限制栅格的密度。
  ✓ “允许以小于栅格间距的间距再拆分”复选框：放大时，生成更多间距更小的栅格线。主栅格线的频率确定这些栅格线的频率。只有当勾选了“自适应栅格”复选框，此选项才有效。
  ✓ “显示超出界限的栅格”复选框：用于确定是否显示图形界限之外的栅格，如图 2-41 所示。
  ✓ “遵循动态 UCS”复选框：随着动态 UCS 的 *XY* 平面而改变栅格平面。

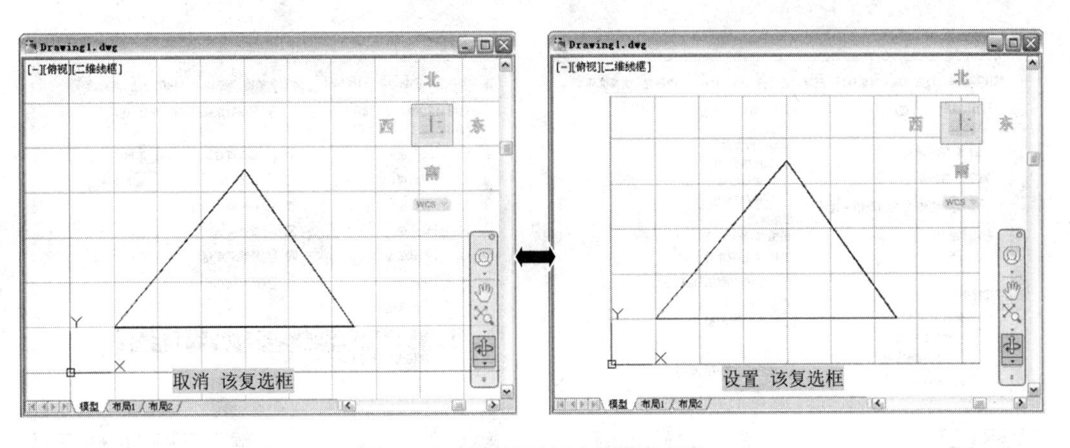

图 2-41 是否显示超出界限的栅格

2.4.2 正交功能

正交是指在绘制图形时指定第一个点后，连续光标和起点的直线总是平行于 X 轴或 Y 轴。若捕捉设置为等轴测模式时，正交迫使直线平行于第三个轴中的一个。

用户可通过以下的方法来打开或关闭“正交”模式：

- ✧ 状态栏：单击状态样中的“正交”按钮。
- ✧ 快捷键：按 F8 键。
- ✧ 命令行：在命令行输入或动态输入“Ortho”命令，然后按 Enter 键。

跟踪练习——利用“正交”绘制三角形

视频\02\使用正交方式绘制正三角形.avi
案例\02\三角形.dwg

本实例通过对象捕捉、栅格捕捉、极轴坐标输入等方法来绘制等边形角形，其操作步骤如下：

Step 01 正常启动 AutoCAD 2014 软件，在“快速访问”工具栏上单击“保存”按钮，将文件保存为“案例\02\三角形.dwg”文件。

Step 02 在命令行中输入“SE”命令，打开“草图设置”对话框，切换到“捕捉和栅格”选项卡中，按照如图 2-42 所示，进行设置。

Step 03 切换到“对象捕捉”选项卡中，按照如图 2-43 所示进行设置，然后单击“确定”按钮退出。

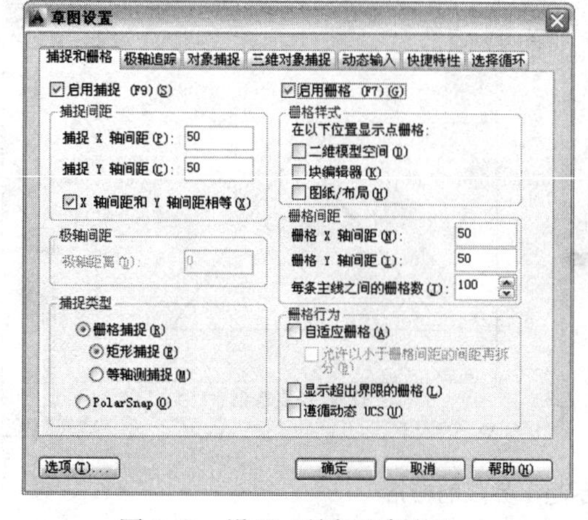

图 2-42　设置“捕捉和栅格”

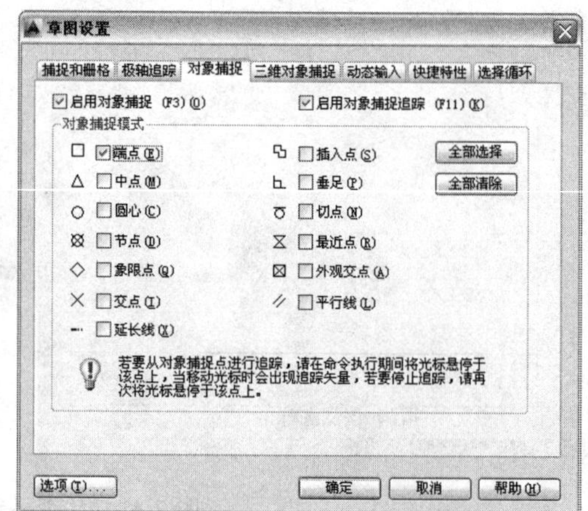

图 2-43　设置“对象捕捉”

Step 04　在命令行中依次输入“Z”→“A”，显示当前栅格视图，如图 2-44 所示。

提示与技巧—提示—图形缩放

“Z”代表“缩放”，“A”代表“全部”；在本章节的 2.5.1 小节里，将详细讲解“全部缩放”的相关知识，即在当前视口显示整个有效的绘图区域。

Step 05　按下键盘上的 F8 键和 F12 键，启用“正交”模式和“动态输入”模式，使状态栏中的按钮和按钮呈亮度显示。

Step 06　单击“绘图”面板中的“直线”按钮，使鼠标在视图中捕捉坐标原点（0，0）并单击确定起点，然后水平向右移至第 4 格位置并左击鼠标，从而绘制一条长度为 200mm 的水平线段（50×4=200），如图 2-45 所示。

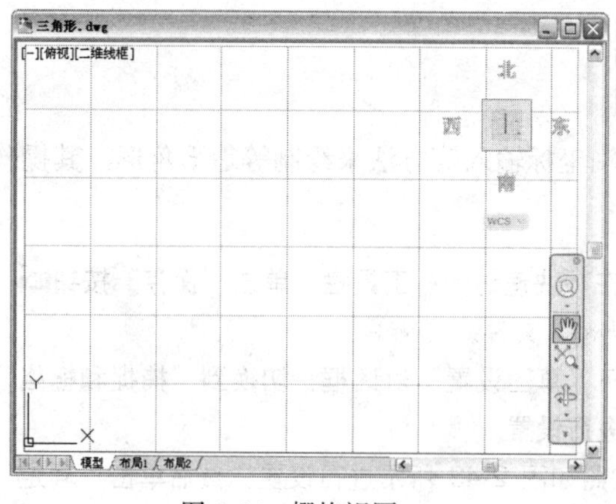

图 2-44　栅格视图

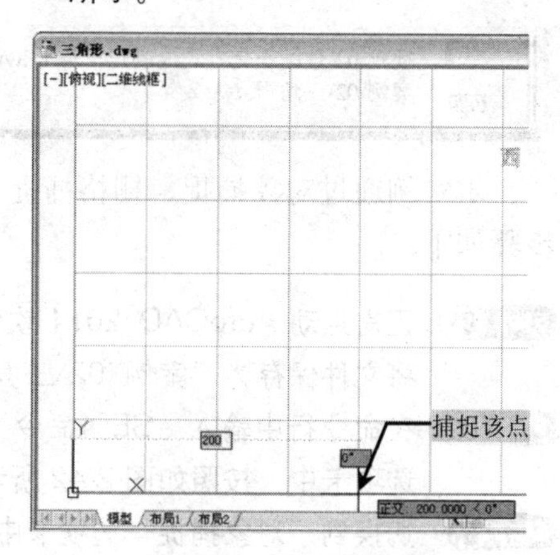

图 2-45　绘制水平线段

Step 07　在按下 F8 关闭“正交”模式，并自动启用“极轴角度”输入模式，拖动鼠标，输入 200，按下 Tab 键，再输入 120，并按 Enter 键确定，从而绘制第二条边，如图 2-46 所示。

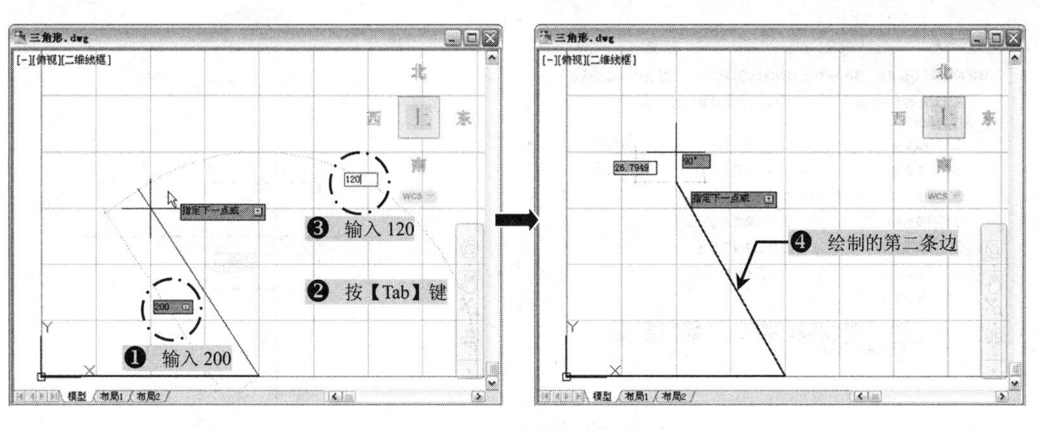

图 2-46 绘制第二条边

Step 08 同样，在键盘上输入 200，按下 Tab 键，再输入-120，并按 Enter 键确定，从而绘制第三条边，如图 2-47 所示，然后再按 Enter 键结束直线命令。

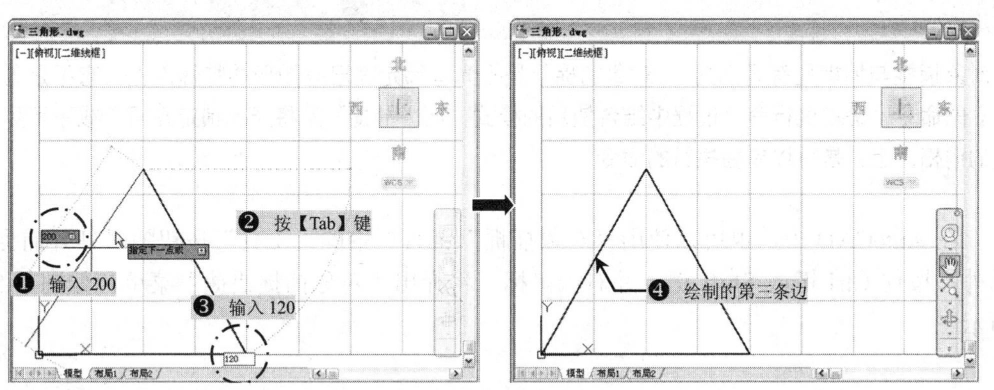

图 2-47 绘制第三条边

Step 09 至此，该三角形绘制完成，按 Ctrl+S 组合键进行保存。

2.4.3 对象捕捉

用户可通过以下的方法，来打开或关闭“对象捕捉”模式。

✧ 状态栏：单击“对象捕捉”对话框□。
✧ 快捷键：按 F3 键。
✧ 组合键：按 Ctrl+F 组合键。

在“草图设置”对话框中单击“对象捕捉”选项卡，分别勾选要设置的捕捉模式，如图 2-48 所示。

启用对象捕捉后，将光标放在一个对象上，系统自动捕捉到对象上所有符合条件的几何特征点，并显示出相应的标记。如果光标放在捕捉点达 3s 以上，则系统将显示捕捉的提示文字信息，如图 2-49 所示。

Note

Note

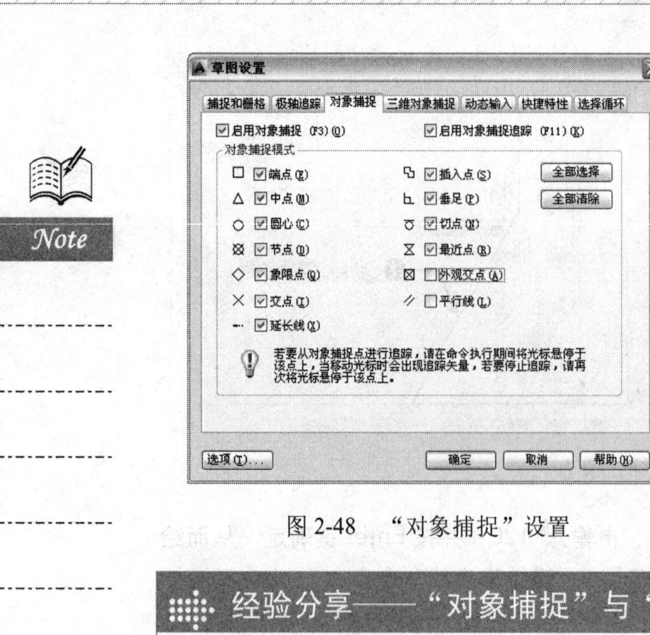

图 2-48 “对象捕捉”设置

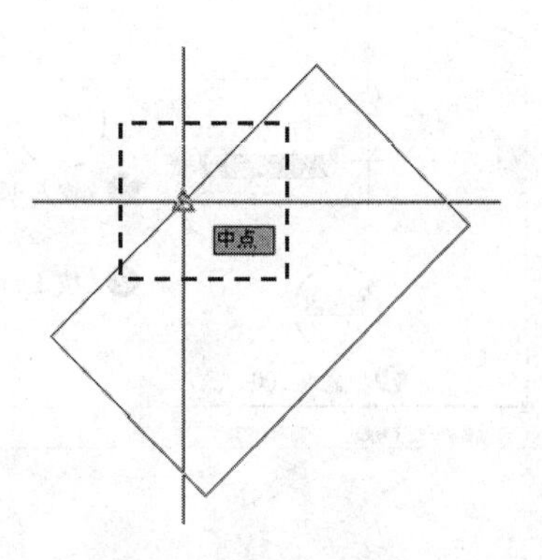

图 2-49 捕捉的提示文字信息

经验分享——“对象捕捉”与“捕捉”的区别

对象捕捉与捕捉是有区别的，“对象捕捉”是把光标锁定在已有图形的特殊点上，它不是独立的命令，是在执行命令过程中结合使用的模式；而“捕捉”是将光标锁定在可见或不可见的栅格点上，是可以单独执行的命令。

在 AutoCAD 中，也可以使用“对象捕捉”工具栏中的“工具”按钮随时打开捕捉。另外，按住 Ctrl 键或 Shift 键，并右击鼠标，将弹出“对象捕捉快捷”菜单，如图 2-50 所示。

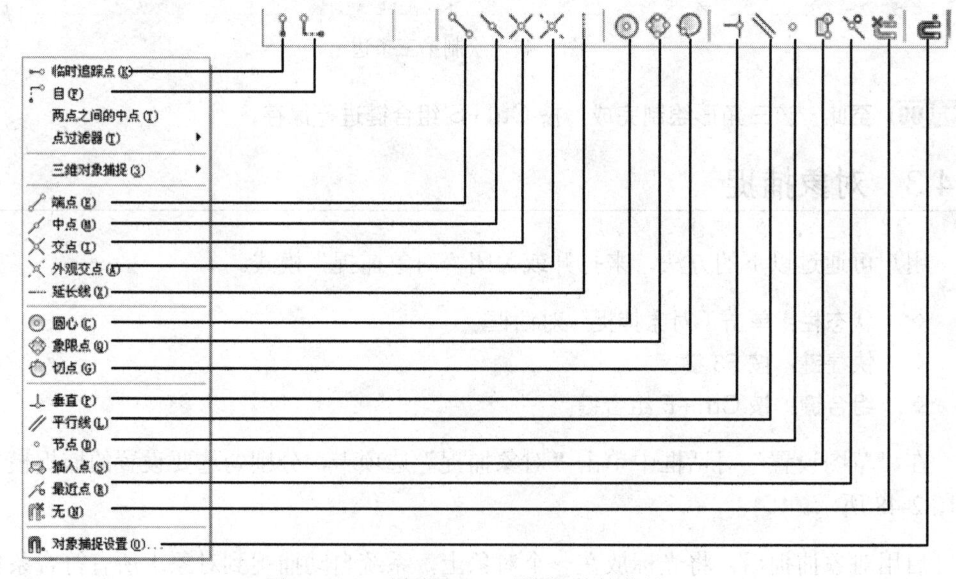

图 2-50 “对象捕捉”工具栏和快捷菜单

2.4.4　极轴追踪

Note

要设置极轴追踪的角度或方向，在“草图设置”对话框中选择“极轴追踪”选项卡，然后启用极轴追踪并设置极轴的角度即可，如图2-51所示。

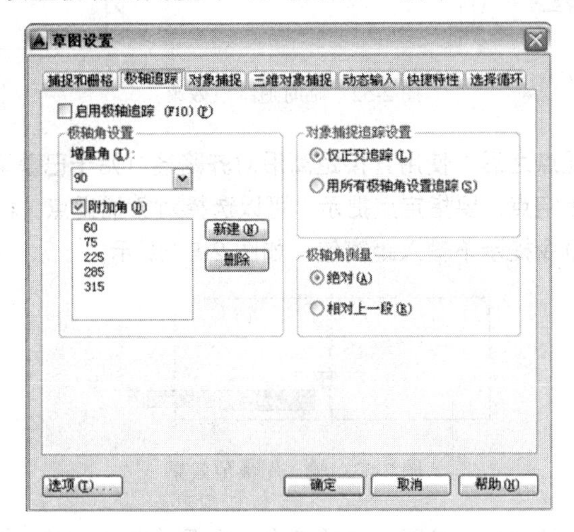

图 2-51　“极轴追踪”选项卡

在“极轴追踪”选项卡中，各主要选项功能含义如下：

- ✧ “极轴角设置”选项区：用于设置极轴追踪的角度。默认的极轴追踪追踪角度是 90，用户可以在“增量角”下拉框中选择角度增加量。若该下拉框中的角度不能满足用户的要求，可将下侧的“附加角”复选框勾选。用户也可以单击“新建”按钮，并输入一个新的角度值，将其添加到附加角的列表框中。
- ✧ “对象捕捉追踪设置”选项区：若选择“仅正交追踪”单选按钮，可在启用对象捕捉追踪的同时，显示获取的对象捕捉的正交对象捕捉追踪路径；若选择“用所有极轴角设置追踪”按钮，可以将极轴追踪设置应用到对象捕捉追踪，此时，可以将“极轴追踪”设置应用到对象捕捉追踪上。
- ✧ “极轴角测量”选项区：用于设置极轴追踪对其角度的测量基准。若选择“绝对”单选按钮，表示以当 UCS 和 *X* 轴正方向为 0 时计算极轴追踪角；若选择“相对上一段”单选按钮，可以基于最后绘制的线段确定极轴追踪角度。
- ✧ 使用自动追踪（包括极轴追踪和对象捕捉追踪）时，可以采用以下几种方式：
  - ✓ 与对像捕捉追踪一起使用“垂足、端点、中点”对象捕捉模式，以绘制到垂直于对象端点或中点的点。
  - ✓ 与临时追踪点一起使用对象捕捉追踪。在提示输入点时，输入 tt，然后指定一个临时追踪点。该点上将出现一个小的加号“+”，如图 2-52 所示。移动光标时，将相对于这个临时点显示自动追踪对齐路径。

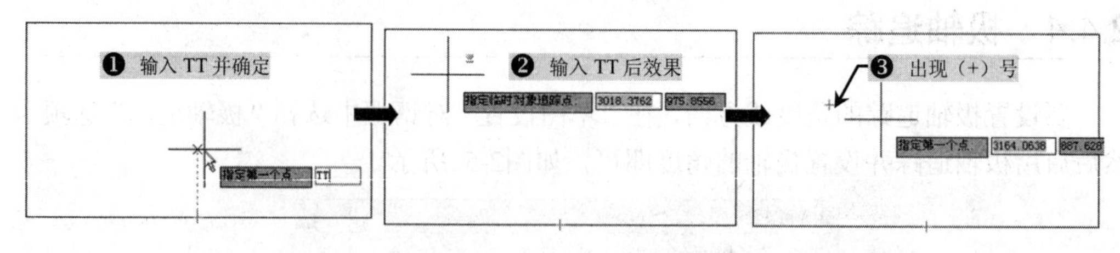

图 2-52 临时追踪点效果

✧ 获取对象捕捉点之后，使用直接距离沿对齐路径（始于已获取的对象捕捉点），在精确距离处指定点。要指定点提示，可以选择对象捕捉点，移动光标以显示对齐路径，然后在命令提示下输入距离值，如图 2-53 所示。

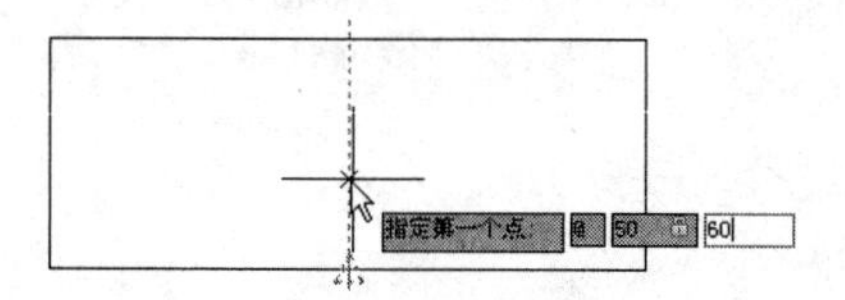

图 2-53 输入距离值效果

✧ 在“选项”对话框的“绘图”选项卡中，设置“自动”或“按下 Shift 键获取”选项，管理点的获取方式，如图 2-54 所示。点的获取方式默认设置为“自动”。当光标距要获取的点非常近时，按下 Shift 键将临时不获取点。

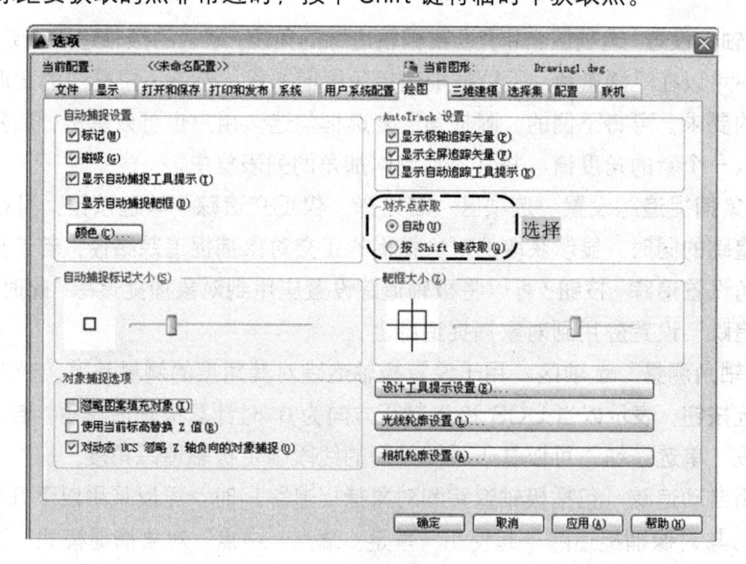

图 2-54 设置自动方式

2.4.5 动态输入

在 AutoCAD 2014 中，使用动态输入功能可以在指针位置处显示标注输入和命令提示等信息，从而极大地方便了绘图。

在状态栏上单击按钮打开或关闭“动态输入”功能，若按 F12 键可以临时将其关

闭。当用户启动“动态输入”功能后，其工具栏提示将在光标附近显示信息，该信息会随着光标的移动而动态更新，如图 2-55 所示。

在输入字段中输入值并按 Tab 键后，该字段将显示一个锁定图标，并且光标会受用户输入值的约束，随后可以在第二个输入字段中输入值，如图 2-56 所示。另外，如果用户输入值后按 Enter 键，则第二个字段被忽略，且该值将被视为直接距离输入。

在状态栏的“动态输入”按钮上右击鼠标，从弹出的快捷菜单中选择“设置”命令，将弹出“草图设置”对话框的“动态输入”选项卡。当勾选“启动指针输入”复选框，且有命令在执行时，十字光标的位置将在光标附近的工具栏提示中显示为坐标。

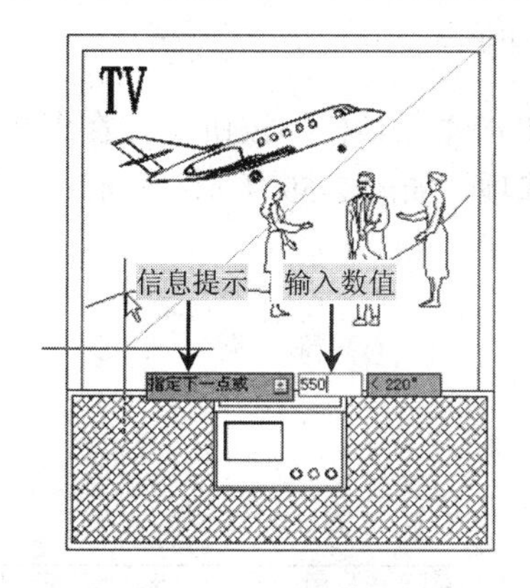

图 2-55　动态输入

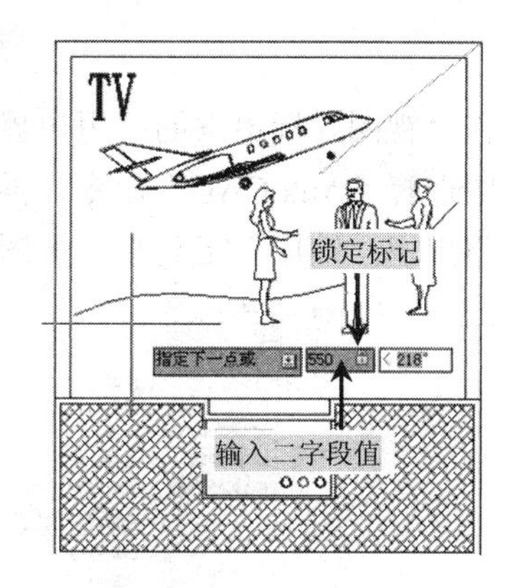

图 2-56　锁定标记

在“指针输入”和“标注输入”栏中分别单击“设置”按钮，弹出“指针输入设置”和“标注输入设置”对话框，可以设置坐标的默认格式，以及“控制指针输入工具”栏提示的可见性等，如图 2-57 所示。

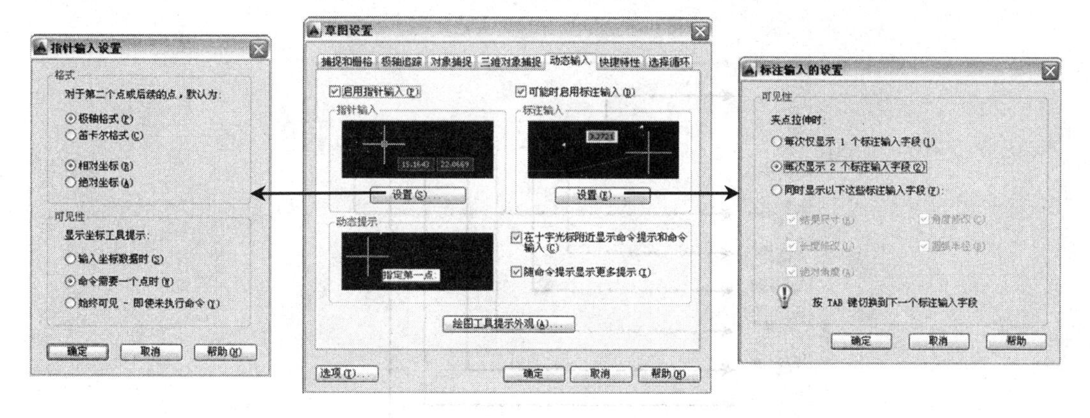

图 2-57　“动态输入”选项卡

2.5 AutoCAD 的视图操作

在AutoCAD的模型空间中，图形是按建筑物的实际尺寸绘制出来的，在屏幕内无法

显示整个图形，这时就需要用到视图缩放、平移等控制视图显示的操作工具，以便能够快速地显示并绘制图形。“缩放”命令可以改变图形在视图中显示的大小，从而更清楚地观察当前视窗中太大或太小的图形。

在命令行中执行“ZOOM”命令后（快捷键为Z），将显示相关的命令行提示，如图2-58所示。

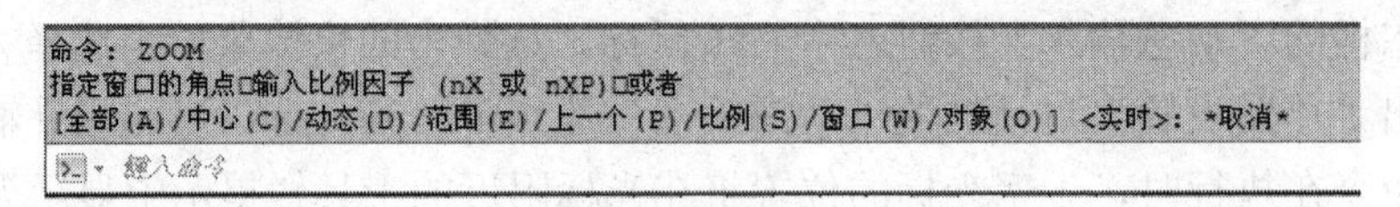

图 2-58　命令行的提示信息

在“视图”标签下的“用户界面”面板中，单击“工具栏”按钮，在出现的下拉列表中选择“AutoCAD”命令，再选择“缩放”选项，如图 2-59 所示；此时在绘图窗口中，将出现“缩放”工具栏，如图 2-60 所示。

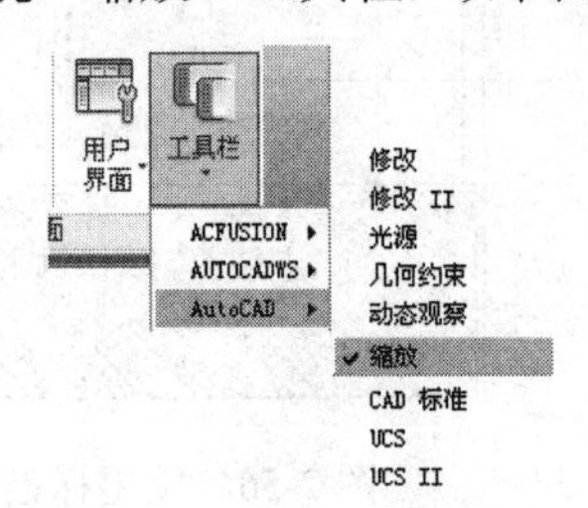

图 2-59　选择“缩放”

图 2-60　“缩放”工具栏

或者在“视图”标签下的“二维导航”面板中，单击“范围”按钮，在出现的下拉列表中，选择需要的“缩放”命令，其对比的效果，如图 2-61 所示。

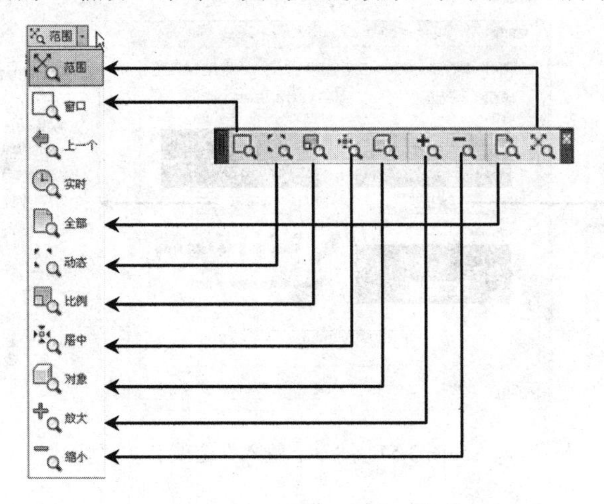

图 2-61　“缩放”按钮对比

2.5.1 视图缩放

1. 窗口缩放

窗口缩放命令可以将矩形窗口内选择的图形充满当前视窗。

✧ 命令行：在命令行输入"ZOOM"命令，再选择"窗口(W)"项。
✧ 面板：在"视图"标签下的"二维导航"面板中单击"窗口"按钮窗口，如图 2-62 所示。

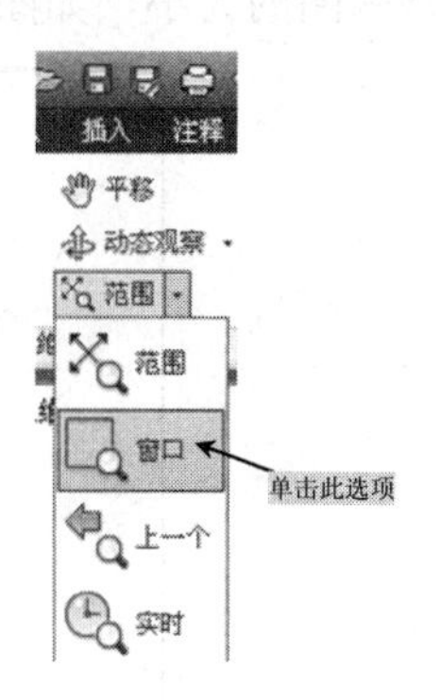

图 2-62 单击"窗口"按钮

执行完上述操作后，用光标确定窗口对角点，这两个角点确定了一个矩形框窗口，系统将矩形框窗口内的图形放大至整个屏幕，如图2-63所示。

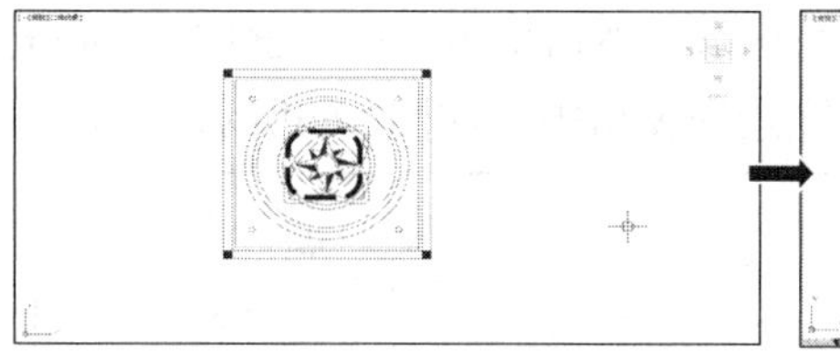
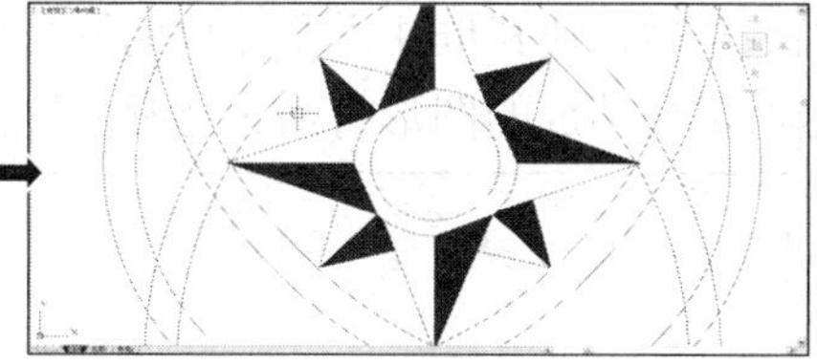

图 2-63 窗口缩放

2. 动态缩放

"动态缩放"命令表示以动态方式缩放视图。

✧ 命令行：在命令行输入"ZOOM"命令，再选择"动态（D）"项。
✧ 面板：在"视图"标签下的"二维导航"面板中单击"动态"按钮动态。

使用动态缩放视图时，屏幕上将出现三个视图框，如图 2-64 所示。视图框 1 表示之前的视图区域（绿色虚线框）；视图框 2 表示图形能达到的最大视图区域（蓝色虚线框），显示当前视图的范围；视图框 3 是正在设置的区域。

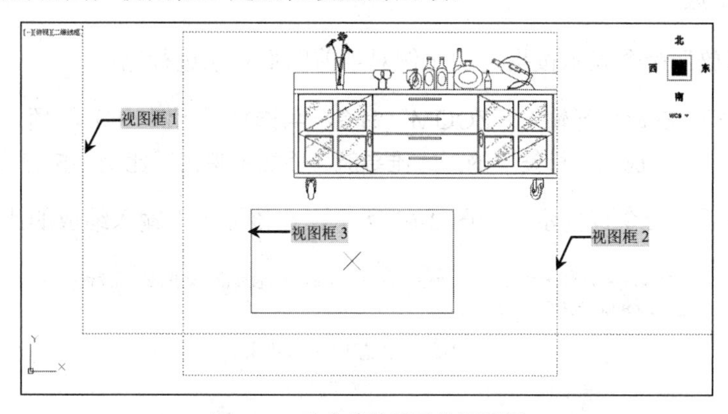

图 2-64 动态缩放显示的视图框

拖动视图框 3 到适当位置后，单击鼠标左键，交叉符号，出现一个箭头，可以用来调整视图的大小，如图 2-65 所示。

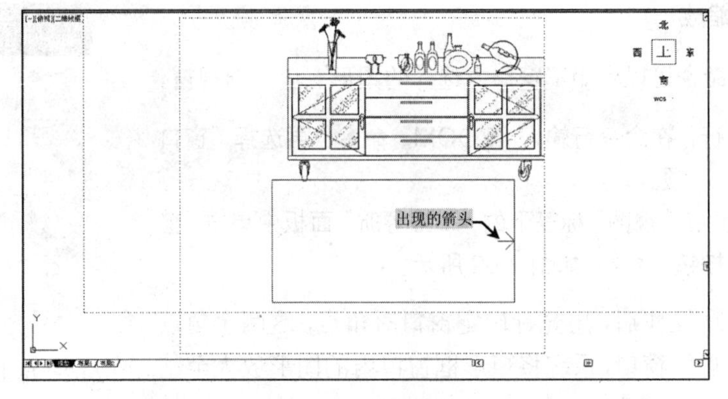

图 2-65　动态缩放

适当调整后，使其框住需要缩放的图形区域，然后单击鼠标右键或按下Enter键完成缩放，这时需要缩放的图形将最大化显示在绘图窗口中，如图2-66所示。

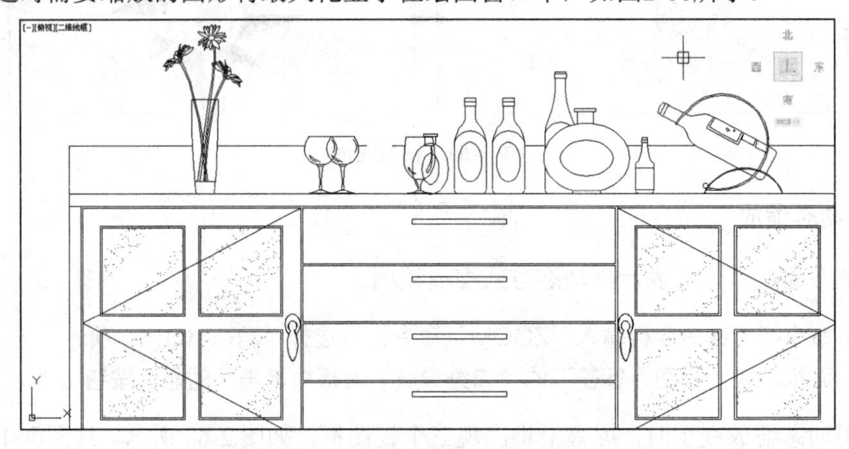

图 2-66　最大化显示

3. 比例缩放

“比例缩放”命令表示按指定的比例对当前图形对象进行缩放。

- ✧　命令行：在命令行输入“ZOOM”命令，再选择“比例（S）”项。
- ✧　面板：在“视图”标签下的“二维导航”面板中单击“比例”按钮 比例。

调用命令后，命令行提示，如图 2-67 所示，在该提示下输入缩放的比例因子即可。

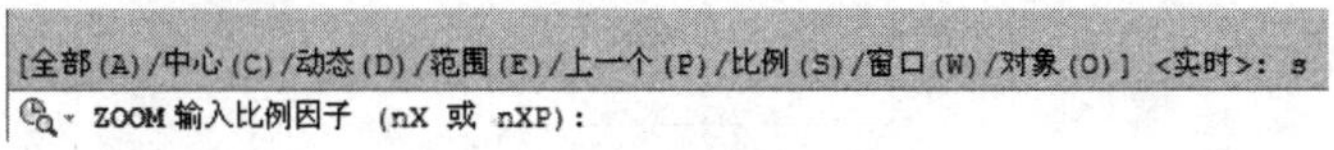

[全部(A)/中心(C)/动态(D)/范围(E)/上一个(P)/比例(S)/窗口(W)/对象(O)] <实时>: s

ZOOM 输入比例因子 (nX 或 nXP):

图 2-67　状态栏提示效果

Note

经验分享——在输入缩放比例因子的三种方式

（1）相对于原始图形缩放（又称为绝对缩放）直接输入一个大于 1 或小于 1 的正数值，将图形以“n”倍于原始图形的尺寸显示。

（2）相对于当前视图缩放直接输入一个大于 1 或小于 1 的正数值，在数字后面加上 *X*，将图形以“n”倍于当前图形的尺寸显示。

（3）相对于图纸空间缩放直接输入一个大于或小于 1 的正数值，在数字后面加上 *XP*，将图形以“n”倍于当前图纸空间的尺寸单位显示。

跟踪练习——将图形放大 N 倍

视频\02\将图形放大 N 倍.avi
案例\02\装饰盘.dwg

本实例主要讲解如何定点移动视图，其操作步骤如下：

Step 01　正常启动 AutoCAD 2014 软件，在“快速访问”工具栏中单击“打开”按钮，将“案例\02\装饰盘.dwg”文件打开，如图 2-68 所示。

Step 02　执行“ZOOM”命令，根据命令提示行选择“比例（S）”项，提示“输入比例因子”时，输入 1，并按空格键确定，则改变图形显示的大小，如图 2-69 所示。

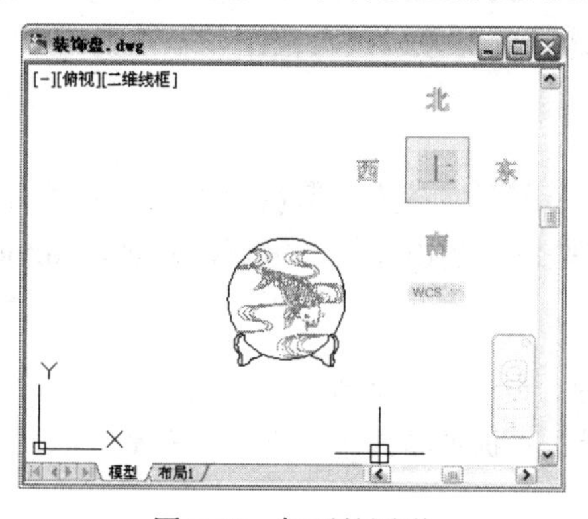

图 2-68　打开的图形

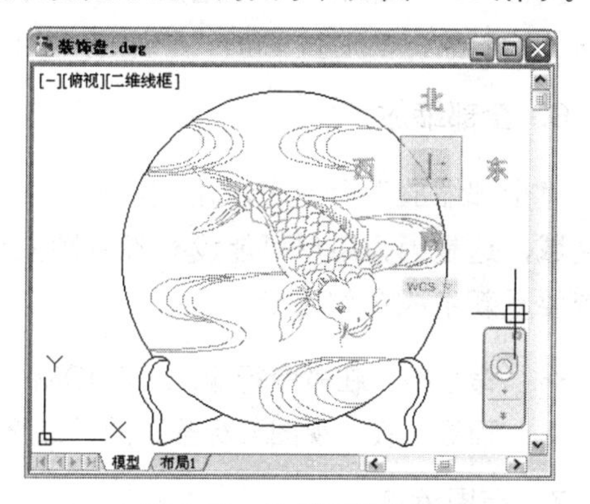

图 2-69　比例缩放的效果

4．中心缩放

中心缩放命令表示按指定的中心点和缩放比例对当前图形对象进行缩放。

✧　命令行：在命令行输入“ZOOM”命令，再选择“中心（C）”项。

✧　面板：在“视图”标签下的“二维导航”面板中单击“居中”按钮居中。

执行上述操作并指定中心点后，命令行提示：“输入比例或高度：”，此时，输入缩放倍数或新视图的高度。如果在输入的数值后面加一个字母（X），则此输入值为缩放倍数，如果在输入的数值后面未加（X），则此输入值将作为新视图的高度。

例如，在命令行输入“Z”命令，在提示信息下选择“中心（C）”选项，然后在视图中确定一个位置点并输入5，则视图将以指定点为中心进行缩放，如图2-70所示。

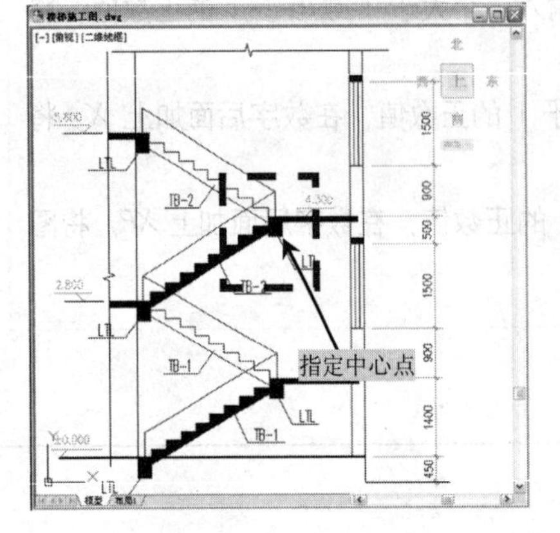

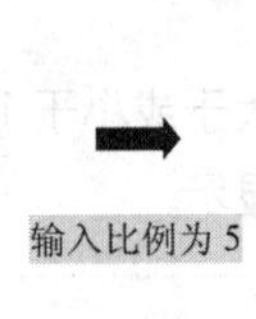

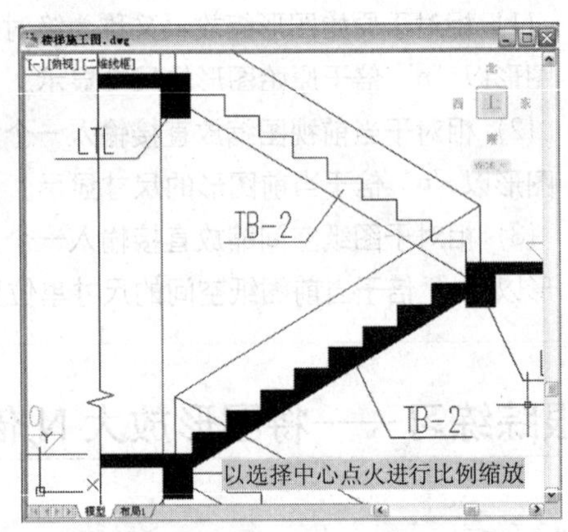

图2-70 从选择点进行比例缩放

5. 对象缩放

“对象缩放”命令可将所选对象最大化显示在绘图窗口中。

✧ 命令行：在命令行输入“ZOOM”命令，再选择“对象（O）”项。
✧ 面板：在“视图”标签下的“二维导航”面板中单击“对象”按钮 对象。

执行“对象缩放”命令过后，在命令行中将提示“选择对象：”，此时，用户选择需要缩放的对象，然后按Enter键确定，从而将选择的对象以最大范围显示在视图中。

6. 全部缩放

“全部缩放”命令表示在当前视口显示整个图形，其大小取决于限设置或者有效绘图区域，这是因为用户可能没有设置图限或有些图形超出了绘图区域，此时，AutoCAD系统要重新生成全部图形。

✧ 命令行：在命令行输入“ZOOM”命令，再选择“全部（A）”项。
✧ 面板：在“视图”标签下的“二维导航”面板中单击“全部”按钮 全部。

7. 范围缩放

“范围缩放”命令表示将全部图形对象最大限度地显示在屏幕上。

✧ 命令行：在命令行输入“ZOOM”命令，再选择“范围（E）”项。
✧ 面板：在“视图”标签下的“二维导航”面板中单击“范围”按钮 范围。

2.5.2 视图平移

“平移”命令可以对图形进行平移操作，以便查看图形的不同部分。但该命令并不真正移动图形中的对象，即不真正改变图形，而是通过移动窗口使图形的特定部分位于当前视图窗中。

用户可以根据需要在绘图区域随意移动视图。用户可以通过以下几种方式来执行“平移”命令：

✧ 面板：在“视图”标签下的“二维导航”面板中单击“平移”按钮 平移，如图 2-71 所示。
✧ 命令行：在命令中执行“PAN”命令或者输入“P”快捷命令，并按住鼠标左键进行拖动。
✧ 快捷菜单：在绘图区单击鼠标右键，在弹出的快捷菜单上单击“平移”命令。

图 2-71　平移命令

调用“实时平移”命令后，屏幕上出现手形光标，此时，可以通过拖动鼠标来实现图形的上、下、左、右移动，即实时平移。按 Esc 键或 Enter 键，退出命令。

例如，打开“案例\02\别墅正立面图.dwg”文件，然后执行“实时平移”命令，即可对图形进行平移操作，如图 2-72 所示。

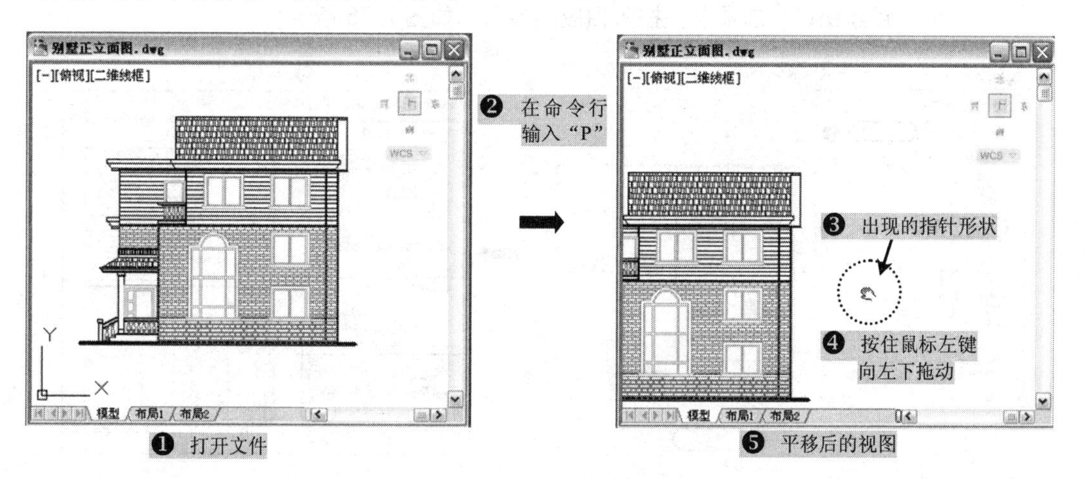

图 2-72　平移的视图

如果在实时平移过程中，单击鼠标右键，会弹出一个快捷菜单，从而供用户选择其他的缩放操作，如图 2-73 所示。

退出
✔ 平移
缩放
三维动态观察
窗口缩放
缩放为原窗口
范围缩放

图 2-73　平移与缩放切换

2.5.3　命名视图

命名视图是指某一视图的状态以某种名称保存起来，然后在需要时将其恢复为当前显示，以提高绘图效率。

在 AutoCAD 环境中，可以通过命名视图，将视图的区域、缩放比例、透视设置等信息保存起来。若要命名视图，可按如下操作步骤进行：

Step 01 在 AutoCAD 环境中，按下 Ctrl+O 组合键，打开“案例\02\别墅正立面图.dwg”文件，如图 2-74 所示。

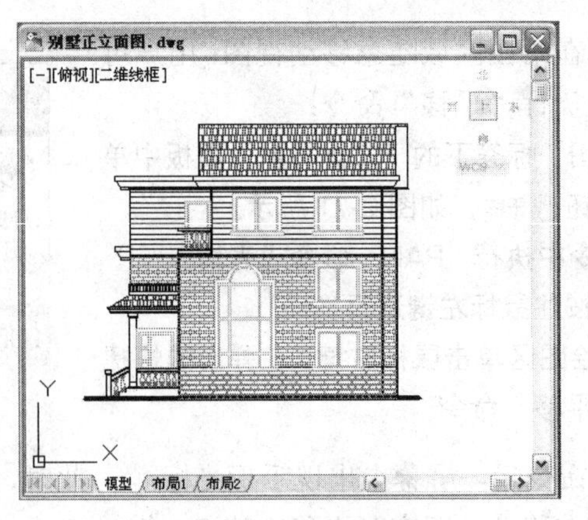

图 2-74 打开的文件

Step 02 单击“视图”标签下的“模型视口”中“命名”按钮，打开“视口”对话框，选择“新建视口”选项卡，按照相应的步骤，如图 2-75 所示。

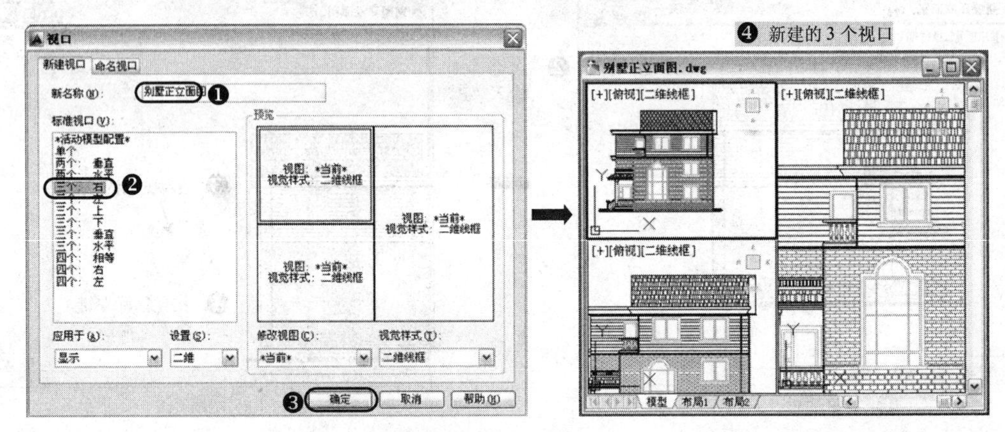

图 2-75 新建视口

Step 03 再次单击“视图”选项卡“模型视口”中的“命名”按钮，打开“视口”对话框，选择“命名视口”选项卡，上一步创建的“别墅正立面图”出现在列表中，如图 2-76 所示。

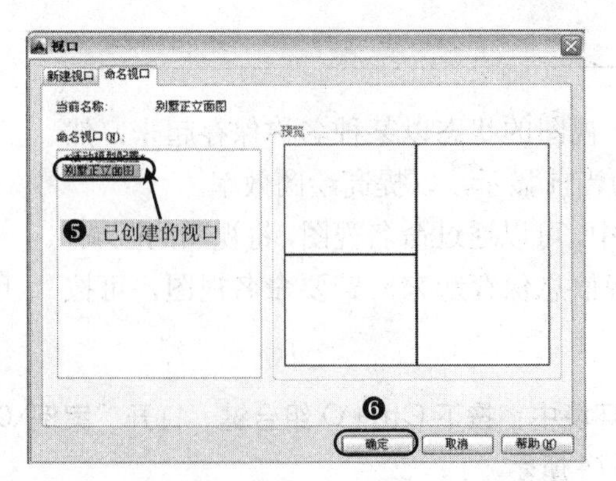

图 2-76 已命名视口

2.5.4　设置弧形对象的显示辨率

图形对象的显示分辨率，直观影响观察图形的效果。圆或弧形对象则出现圆不圆，变成方的现象。

- ✧ 使用“OP”命令，在打开的“选项”对话框中，选择“显示”选项卡，在“显示精度”选项组，其“圆弧和圆的平滑度”文本框，如图 2-77 所示。
- ✧ 在“视图”标签下的“视觉样式”面板中单击视觉样式▼，在出现的下拉菜单中，在“圆弧/圆平滑化”文本框内，输入新的平滑度。

平滑度用于控制圆、圆弧、椭圆、椭圆弧的平滑程度，其有效范围值为 1～20000，默认值为 100。平滑度值越大，所显示图形对象就越光滑，对比如图 2-78 所示。

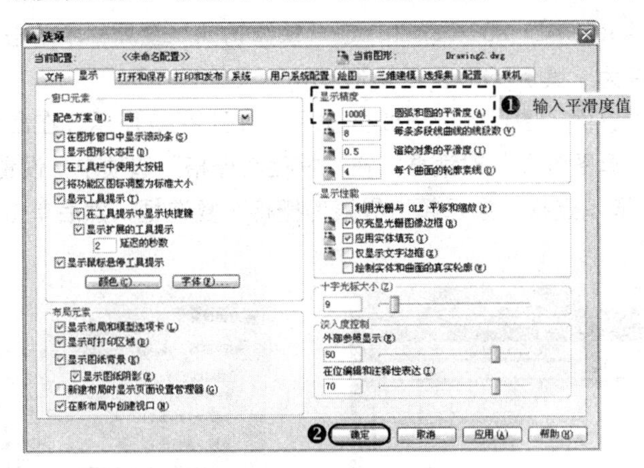

图 2-77　输入平滑度值

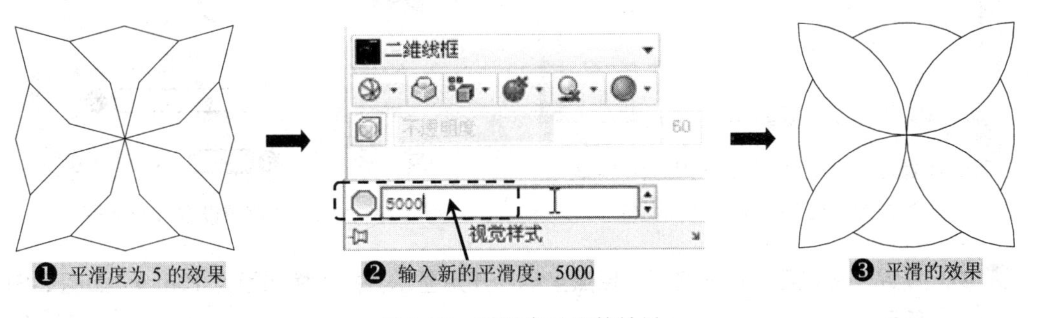

图 2-78　平滑度对比的效果

提示与技提示巧

“显示精度”参数用于设置着色对象的平滑度，这些设置均会影响 AutoCAD 系统的刷新时间与速度，从而影响用户操作程序时的流畅性，实现重新生成、显示缩放、显示移动时用的时间就越长。

使用“重生成”命令（Regen），在当前视口中重生成整个图形并重新计算所有对象的屏幕坐标。当下次打开该图形时，需要再次进行生成操作。

2.6 实战演练

2.6.1 初试身手——使用绝对坐标绘制正三角形

视频\02\使用绝对坐标绘制正三角形.avi
案例\02\正三角形.dwg

本实例主要讲解通过坐标输入方式，来进行正三角形的绘制，其操作步骤如下：

Step 01 正常启动 AutoCAD 2014 软件，在“快速访问”工具栏中单击“保存”按钮，将文件保存为“案例\02\正三角形.dwg”文件。

Step 02 刚进入工作界面，图形区域满栅格显示，如图 2-79 所示，在命令行输入“SE”命令，打开“草图设置”对话框，在“捕捉与栅格”选项中，设置栅格 *x*、*y* 轴间距为 10，并取消选择“显示超出界限的栅格”复选框，然后单击“确定”按钮，如图 2-80 所示。

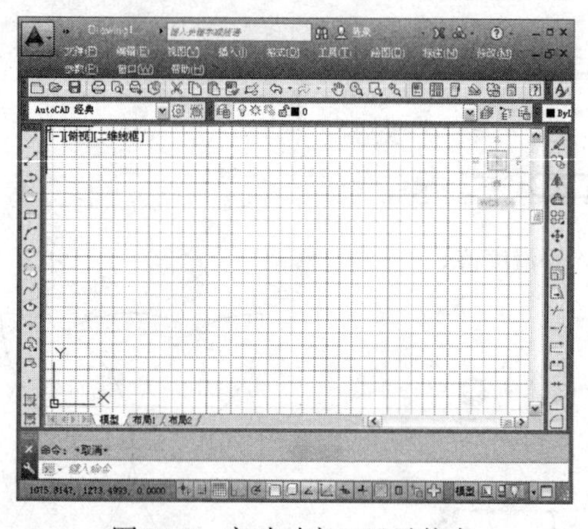

图 2-79　启动时窗口显示状态

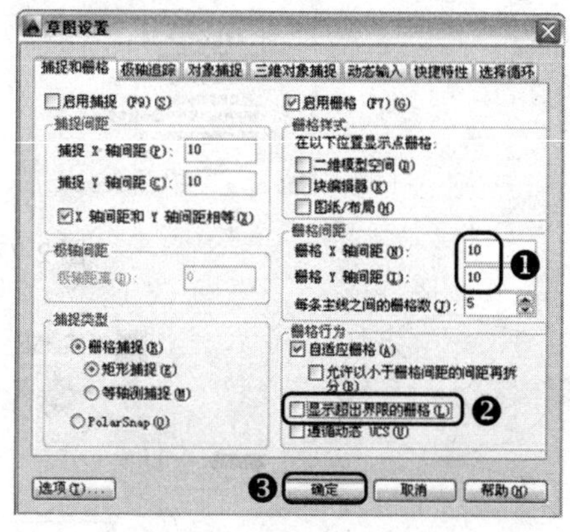

图 2-80　“草图设置”对话框

Step 03 设置栅格以后，栅格将以“原点坐标”开始显示，并每格间距为 10mm，如图 2-81 所示。

Step 04 在键盘上按 F12 键关闭动态输入，执行“直线”命令（L），命令行提示为“指定第一个点:”，此时，在命令行输入（10，10），然后按空格键，从而确定起点。

Step 05 此时，命令行提示为“指定下一个点:”，在命令行输入（40，0），然后按空格键，从而确定第二点。

Step 06 命令行提示为“指定下一个点：”，输入（@30<120），然后按空格键，从而确定第三点。

Step 07 此时，命令行提示为“指定下一点或 [闭合(C)/放弃(U)]：”，选择“闭合(C)”或者输入（10，10）与起点闭合，从而完成等边三角形的绘制，如图 2-82 所示。

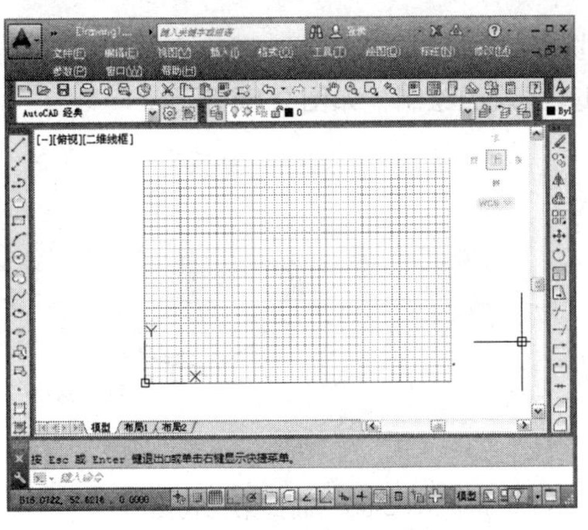

图 2-81　设置栅格后显示效果

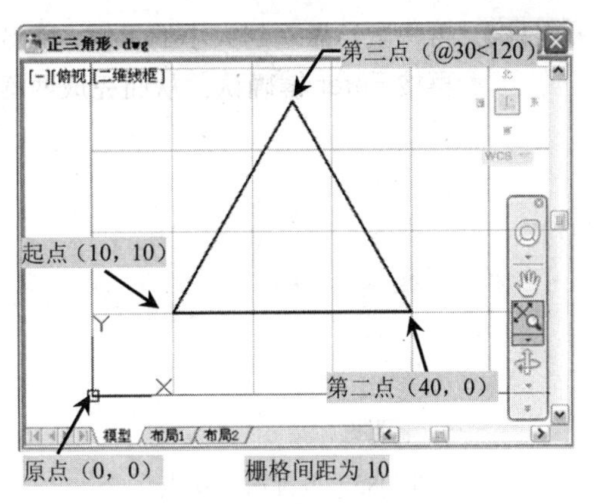

图 2-82　使用绝对坐标绘制的三角形

Step 08 至此，正三角形绘制完成，按 Ctrl+S 组合键进行保存。

2.6.2　深入训练——利用对象捕捉绘制圆的切线

本实例以启用对象捕捉，来绘制圆的外切线，其操作步骤如下：

Step 01 正常启动 AutoCAD 2014 软件，在"快速访问"工具栏上单击"保存"按钮，将文件保存为"案例\02\圆切线.dwg"文件。

Step 02 单击"绘图"面板中的"圆"按钮，在绘图区域任意绘制两个圆，如图 2-83 所示。

Step 03 在命令行输入"SE"，打开"草图设置"对话框，切换到"对象捕捉"选项，勾选"启用对象捕捉（F3）"和"切点"，然后单击"确定"按钮，如图 2-84 所示。

图 2-83　绘制圆

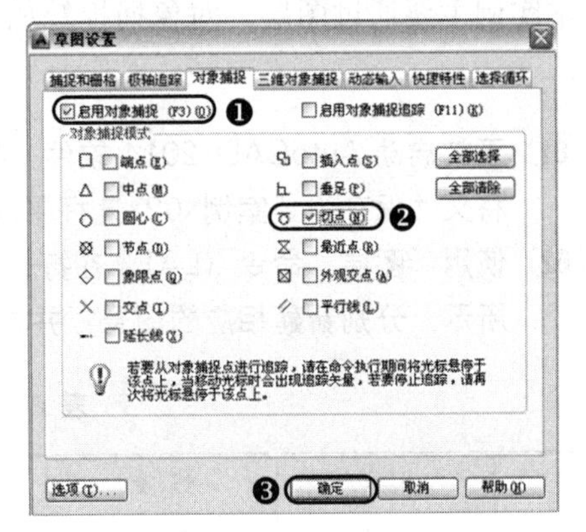

图 2-84　"草图设置"对话框

Step 04 单击"绘图"面板中的"直线"按钮，鼠标靠近到小圆的右下侧，待出现"切点"标记时单击鼠标，从而确定直线的起点，如图 2-85 所示。

Step 05 再将鼠标靠近到大小的下侧，待出现“切点”标记时左击鼠标，确定直线的第二点，再按 Enter 键确认，从而完成两圆相切直线段的绘制，如图 2-86 所示。

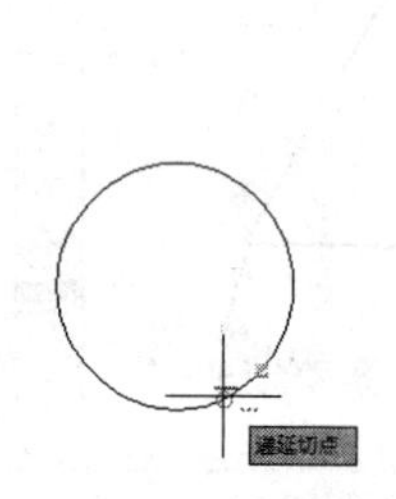

图 2-85　捕捉第一切点

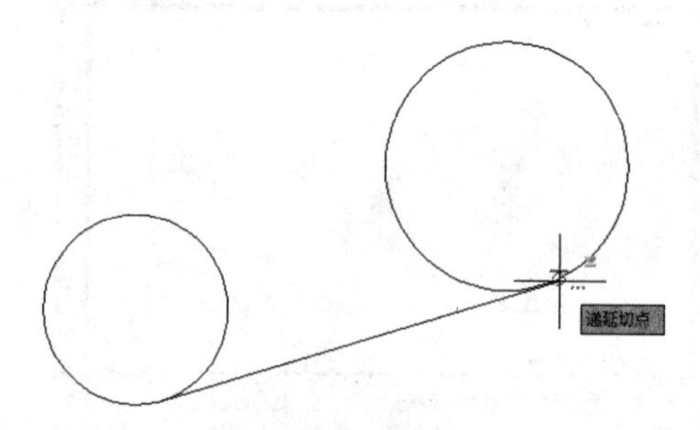

图 2-86　捕捉第二切点

Step 06 按照前面两步相同的方法，绘制另外一条两圆的相切直线段，如图 2-87 所示。

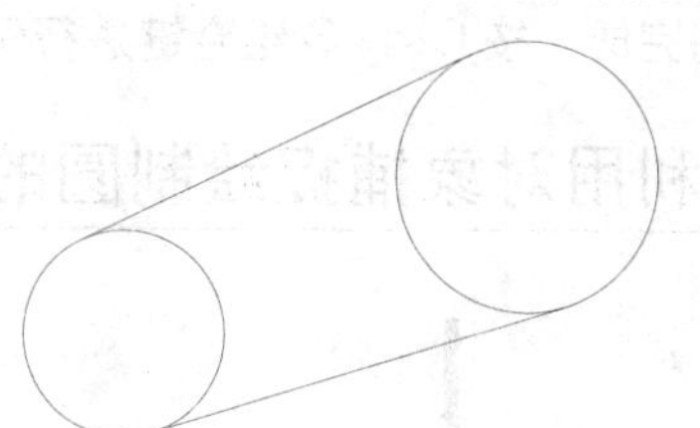

图 2-87　绘制切线的效果

Step 07 至此，圆切线已经绘制完成，按 Ctrl+S 组合键进行保存。

2.6.3　熟能生巧——绘制连杆平面图

视频\02\连杆平面图的绘制.avi
案例\02\连杆平面图.dwg

本实例主要通过图层、对象捕捉等相关知识，进行连杆平面图的绘制，其操作步骤如下：

Step 01 正常启动 AutoCAD 2014 软件，在“快速访问”工具栏中单击“保存”按钮，将文件保存为“案例\02\连杆平面图.dwg”文件。

Step 02 使用“图层”命令（LA），在打开的“图层特性管理器”选项板中，按照如表 2-1 所示，分别新建相应的图层；并将“中心线”图层置为当前，如图 2-88 所示。

表 2-1　图层设置

序 号	图层名	线 宽	线 型	颜 色	打印属性
1	中心线	默 认	中心线（Center）	红 色	打 印
2	粗实线	0.30mm	实线（Continuous）	黑 色	打 印
3	尺寸标注	默 认	实线（Continuous）	绿 色	打 印

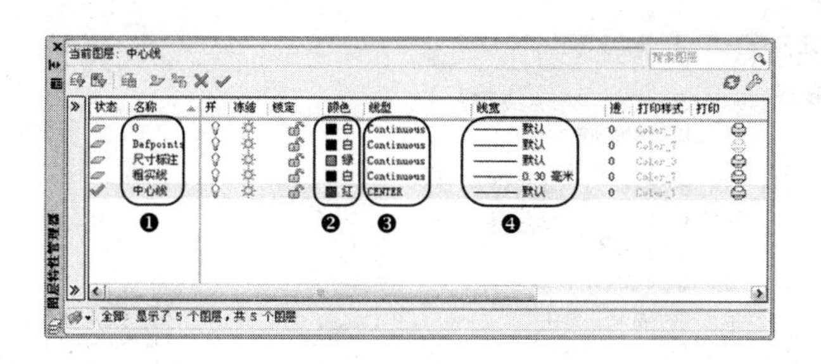

图 2-88　新建图层

Step 03 单击“绘图”面板中的“直线”按钮，在绘图区域任意位置指定一点，作为直线的起点，再输入“@110，0”，即绘制长 110 的水平线段，如图 2-89 所示。

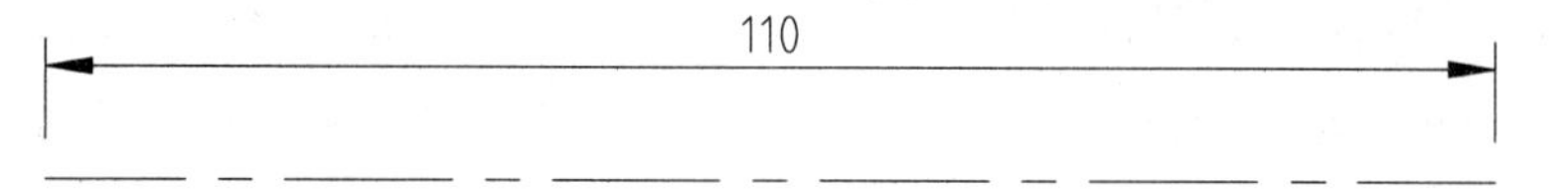

图 2-89　绘制水平线段

Step 04 使用“草图设置”命令（SE），在“草图设置”对话框的“对象捕捉”选项卡中，勾选“端点”选项，如图 2-90 所示。

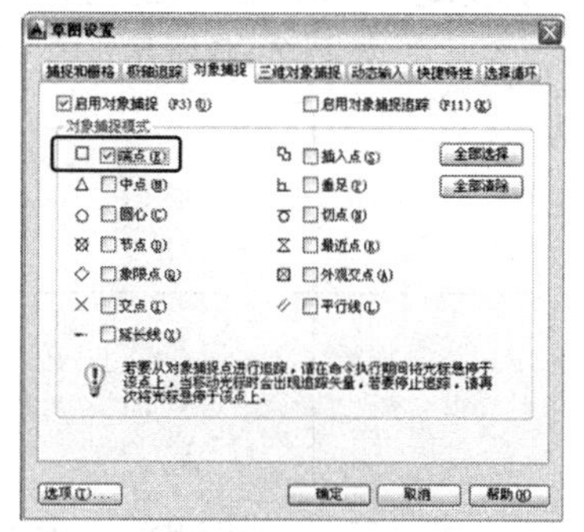

图 2-90　勾选“端点”选项

Step 05 单击“绘图”面板中的“直线”按钮，输入“捕捉自”命令（From），根据命令行的提示，捕捉水平线段的左端点作为基点，输入“@28，26”，确定直线的起点；再输入“28，-26”，绘制完成高 52 的垂直线段，如图 2-91 所示。

Step 06 单击“绘图”面板中的“直线”按钮，输入“捕捉自”命令（From），根据命令行的提示，捕捉水平线段的右端点作为基点，输入“@-16，15”，确定直线的起点；再输入“-16，-15”，绘制完成高 30 的垂直线段，如图 2-92 所示。

图 2-91　绘制垂直线段　　　　图 2-92　绘制垂直线段

Step 07 使用“草图设置”命令（SE），在“草图设置”对话框的“对象捕捉”选项卡中，勾选“交点”选项，如图 2-93 所示。

Step 08 在“图层”面板的“图层”下拉列表中，将“粗实线”图层置为“当前”，如图 2-94 所示。

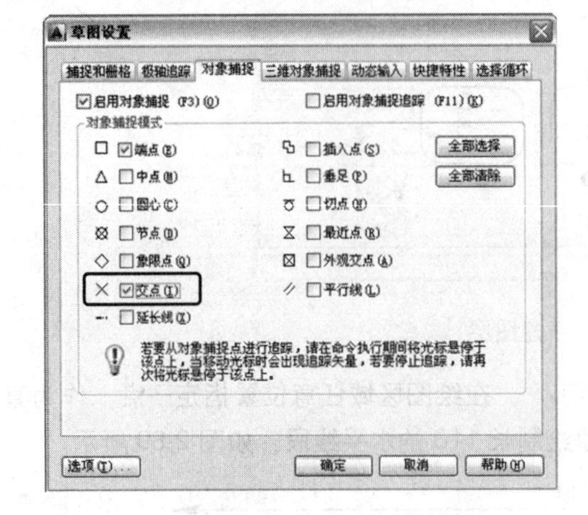

图 2-93　勾选“交点”选项

图 2-94　置换图层

Step 09 单击“绘图”面板中的“圆”按钮，捕捉右侧中心线的交点作为圆心，绘制直径为 13 的圆，如图 2-95 所示。

Step 10 再次单击“圆”按钮，分别捕捉交点作为圆心，绘制直径为 20、28、42 的圆，如图 2-96 所示。

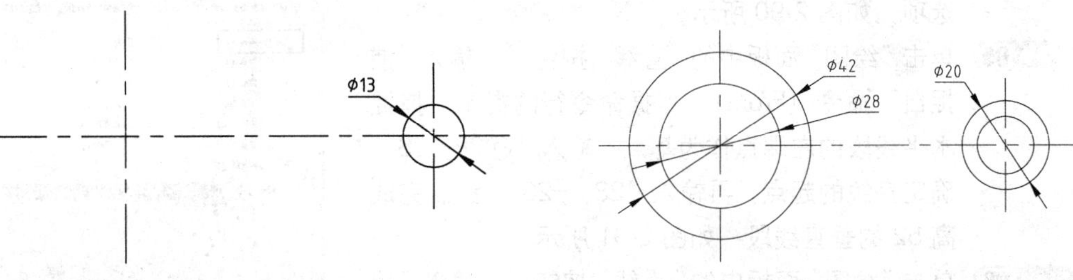

图 2-95　绘制圆

图 2-96　绘制圆

Step 11 使用“草图设置”命令（SE），在“草图设置”对话框的“对象捕捉”选项卡中，勾选“切点”选项，如图 2-97 所示。

Step 12 单击“绘图”面板中的“直线”按钮，鼠标靠近到左侧外圆的右上侧，待出现“递延切点”标记时单击鼠标，从而确定直线的起点，如图 2-98 所示。

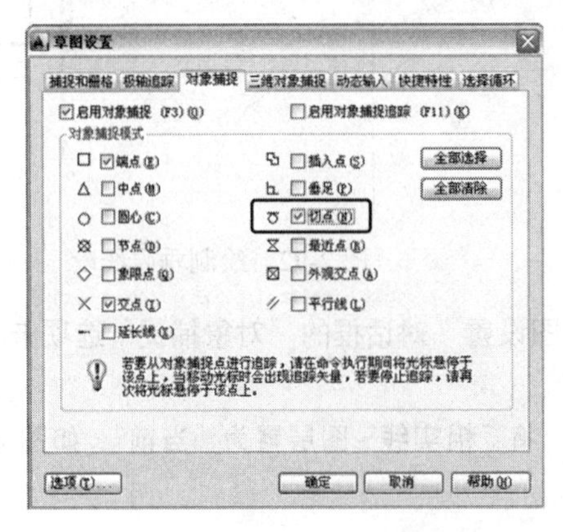

图 2-97　勾选“切点”选项

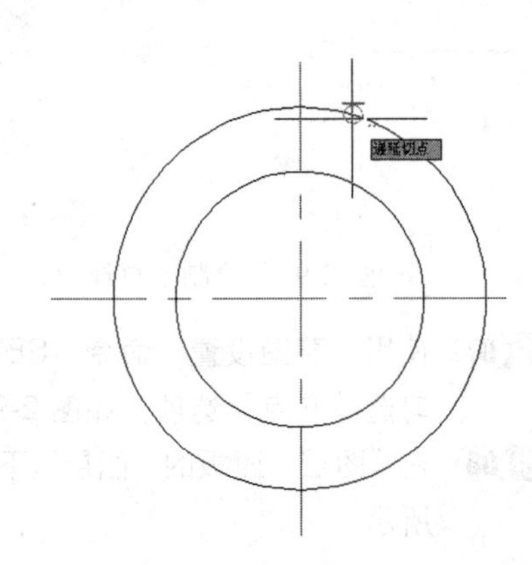

图 2-98　捕捉第一切点

Step 13 再将鼠标靠近到右侧外圆的左上侧，待出现"递延切点"标记时单击鼠标，确定直线的第二点，如图 2-99 所示；再按 Enter 键确认，从而绘制完成两圆之间的相切线段，如图 2-100 所示。

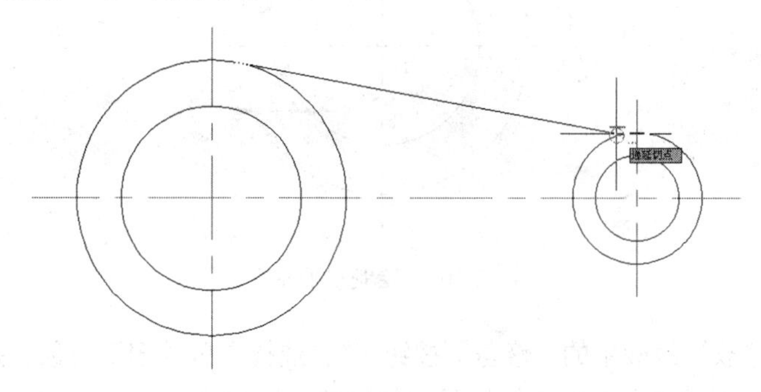

图 2-99　捕捉第二切点

Step 14 按照前面两步相同的方法，绘制两圆底侧的相切线段，如图 2-101 所示。

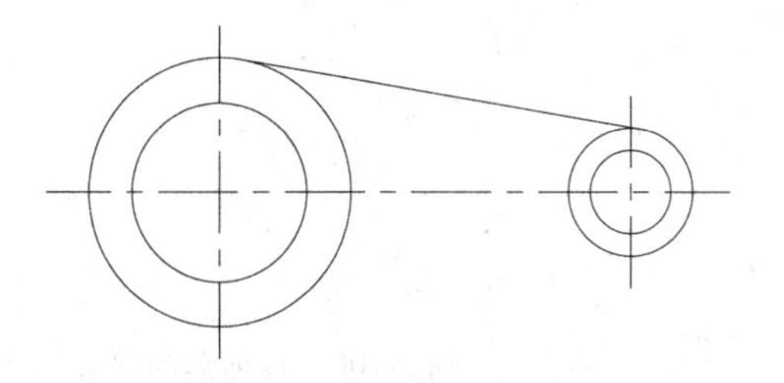

图 2-100　绘制的切线效果

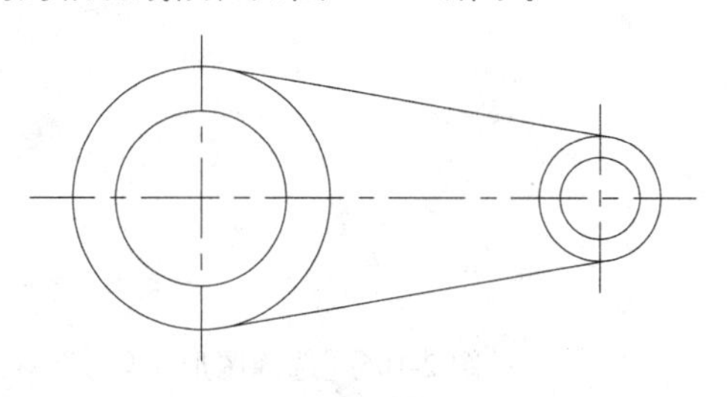

图 2-101　绘制的切线

Step 15 按下 F8 键，打开"正交"模式。

Step 16 单击"绘图"面板中的"直线"按钮，输入"捕捉自"（From），根据命令行的提示，捕捉左侧线段的交点作为基点，输入"@18，4"，确定直线的第一点，如图 2-102 所示；鼠标垂直向下，输入 8，这样垂直线段就绘制完成，如图 2-103 所示。

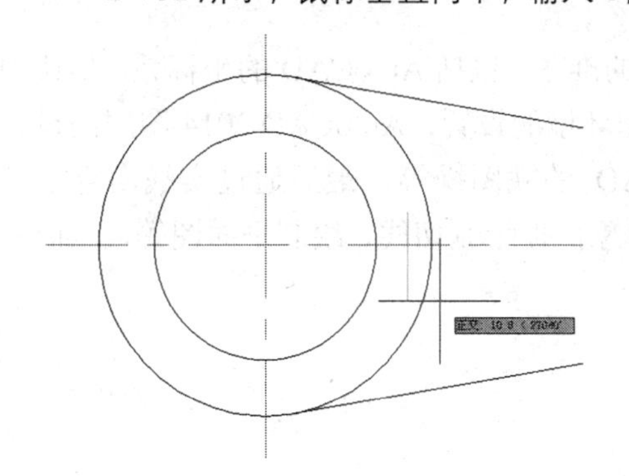

图 2-102　确定直线的第一点

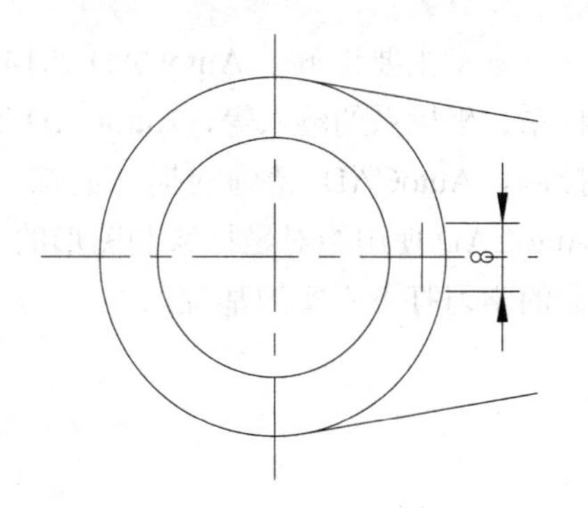

图 2-103　绘制的垂直线段

Step 17 单击"绘图"面板中的"直线"按钮，捕捉上一步绘制垂直线段的上端点和下端点，分别向左绘制长 5 的水平线段，如图 2-104 所示。

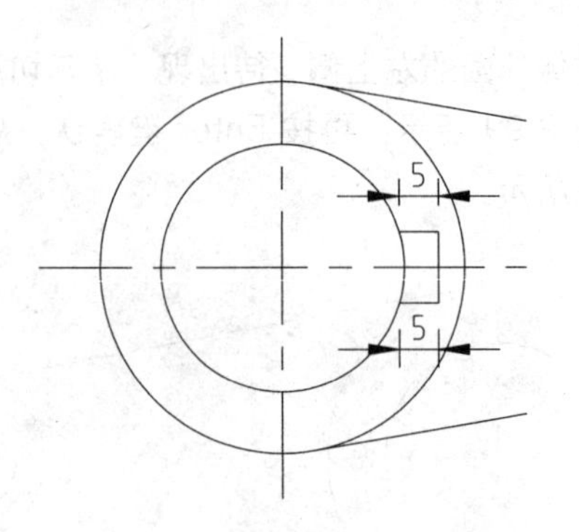

图 2-104　绘制水平线段

Step 18 单击“修改”面板中的“修剪”按钮 -/--，选择左侧的图形对象，如图 2-105 所示；然后再分别单击需要修剪的线段，其修剪后的效果，如图 2-106 所示。

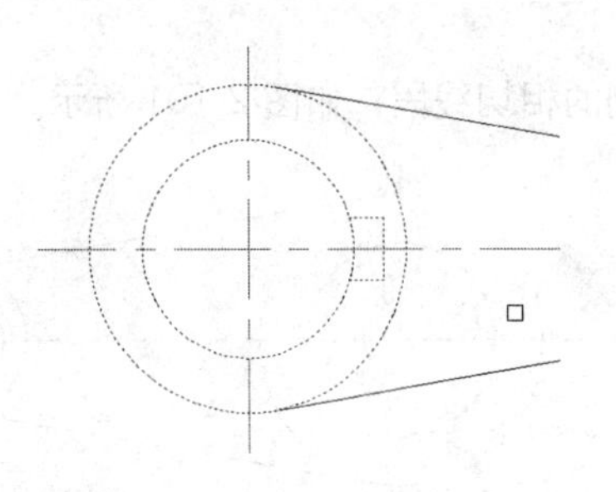

图 2-105　选择图形对象

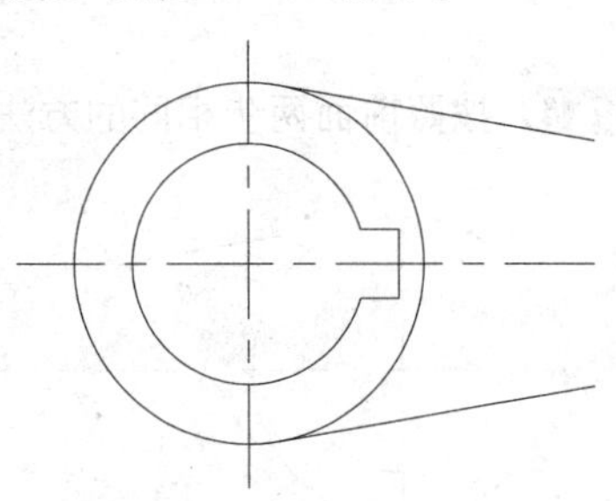

图 2-106　修剪后的效果

Step 19 至此，连杆平面图已经绘制完成，按 Ctrl+S 组合键进行保存。

2.7 本章小结

本章主要讲解了 AutoCAD 2014 绘图前的准备，包括 AutoCAD 的坐标系，如认识坐标系、坐标系的输入等，AutoCAD 2014 绘图环境的设置，AutoCAD 2014 图层的设置与控制，AutoCAD 精确捕捉与追踪，AutoCAD 的视图操等，最后通过实战演练来学习 AutoCAD 使用绝对坐标绘制图形的方法、对象捕捉绘制切线、绘制平面图等，从而为后面的学习打下坚实的基础。

第3章 二维图形的绘制

在 AutoCAD 中，所有图形都是由点、线等最基本的元素构成的，AutoCAD 2014 提供了一系列绘图命令，利用这些命令可以绘制常见的图形。

内容要点

- 绘制点对象和直线类图形
- 绘制圆、圆弧、椭圆等圆类图形
- 绘制构造线、多线、多段线、样条曲线
- 利用复制、镜像、阵列、偏移复制绘图
- 绘制矩形和正多边形

3.1 基本图形元素的绘制

AutoCAD 中基本图形元素包括点、直线、矩形、圆等。

3.1.1 点

在 AutoCAD 中，绘制点的命令包括“POINT（点）”、“DIVIDE（定数等分）”命令和“MEASURE（定距等分）”，点的绘制相当于在图纸的指定位置放置一个特定的点符号，它起到辅助工具作用。

1. 设置点样式

在使用点命令绘制点图形时，一般要对当前点的样式和大小进行设置。用户可以通过以下几种方法来设置点样式：

✧ 命令行：在命令行执行“Ddptype”命令。

✧ 面板：在“常用”标签下的“实用工具”面板中单击“点样式”按钮，如图 3-1 所示。

执行“点样式”命令后，将弹出“点样式”对话框，在该对话框中，可在 20 种点样式中选择所需要的点样式图标。点的大小可在“点大小”文本框中设置，根据需要选择“相对于屏幕设置大小”和“按绝对单位设置大小”单选按钮，如图 3-2 所示。

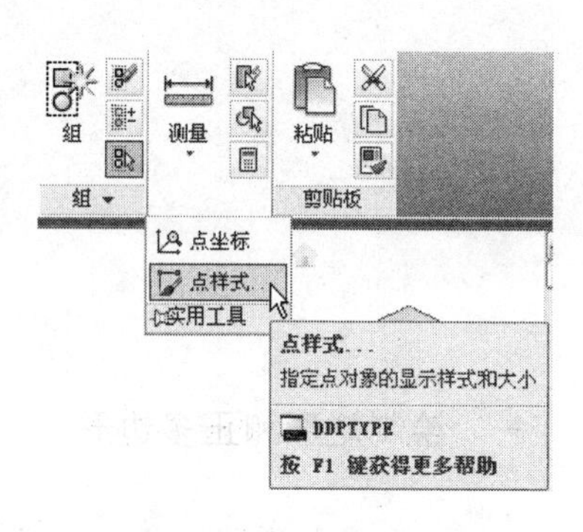

图 3-1　单击“点样式”按钮

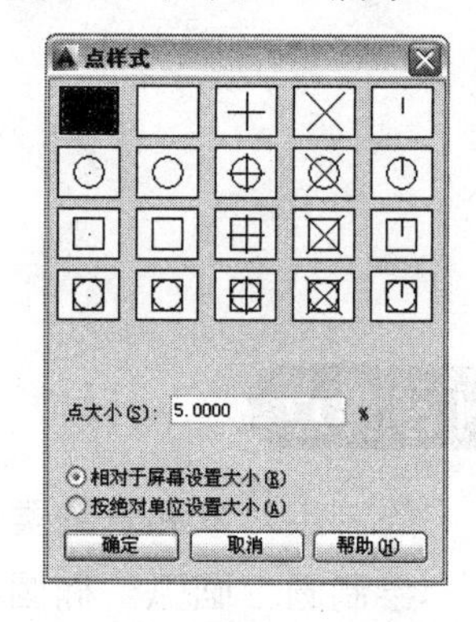

图 3-2　“点样式”对话框

经验分提示享——通过参数来设置点样式和大小

除了可以在“点样式”对话框中设置点样式外，也可以使用“PDMODE”和“PDSIZE”参数来设置点样式和大小。

Note

2. 单点和多点

在 AutoCAD 2014 中，绘制单点命令的方法如下：

✧ 命令行：在命令行中输入或动态输入“POINT”命令（快捷键为 PO）。

启动单点命令后，命令行提示“指定点：”，此时，用户在绘图区中单击鼠标左键即可在指定位置绘制点。在 AutoCAD 2014 中，绘制多点命令的方法如下：

✧ 面板：在“绘图”面板中单击“多点”按钮，如图 3-3 所示。

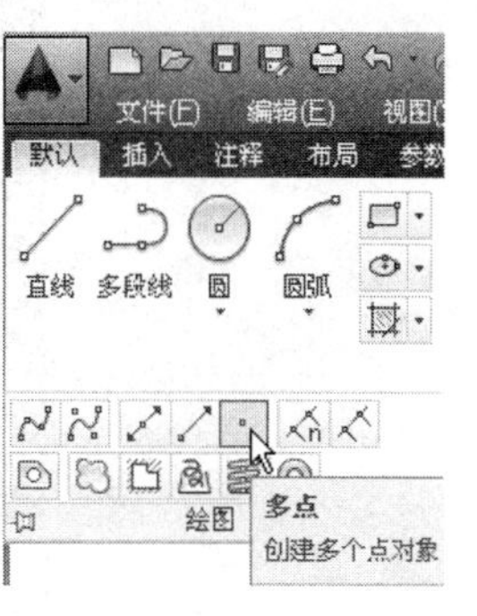

图 3-3　单击【多点】按钮

执行多点命令后，命令行提示“指定点：”，此时，用户使用鼠标在视图中单击鼠标即可创建多个点对象。

提示与技巧

执行“多点”命令后，可以在绘图区连续绘制多个点，直到按下 Esc 键才可以终止操作。

3. 定数等分点

使用“定数等分”命令能够在某一图形上以等分数目创建点或插入块，被等分的对象可以是直线、圆、圆弧、多段线等。可以通过以下方式执行“定数等分”命令：

✧ 面板：单击“绘图”面板中的“定数等分”按钮。

✧ 命令行：在命令行中输入或动态输入“Divide”命令（快捷键为 Div）。

例如，要将一条长 2000 的线段等分为 5 段。首先单击“绘图”面板中的“定数等分”按钮，或者在命令行中输入“Div”命令，提示“选择要定数等分的对象：”时，选择该线段，然后在“输入线段数目或[块（B）]：”提示下，输入要等分的数目 5，即可将 2000 的线段等分为 5 段，如图 3-4 所示。

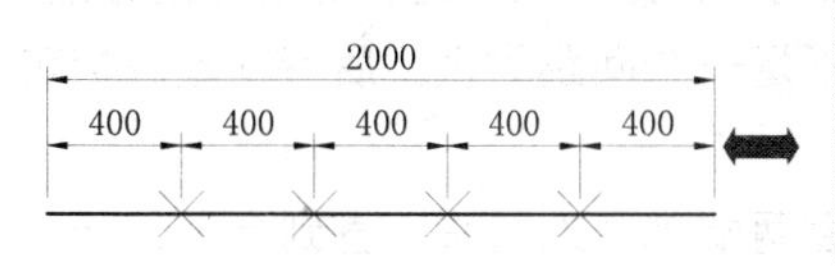

命令: Divide	\\ 启动定数等分点命令
选择要定数等分的对象:	\\ 选择直线对象
输入线段数目或 [块(B)]: 5	\\ 输入等分数 5

图 3-4　定数等分对象

若在“定数等分”对象以后，在图形中可能没有发现图形的变化与等分的点，用户可在“常用”选项卡的“实用工具”面板中单击“点样式”按钮，在“点样式”对话框里选择易于观察的点样式即可，如图 3-5 所示。

经验分提示享——等分点的作用

使用“定数等分”命令创建的点对象，主要用作其他图形的捕捉点，生成的点标记只是起到等分测量的作用，而并非将图形断开。

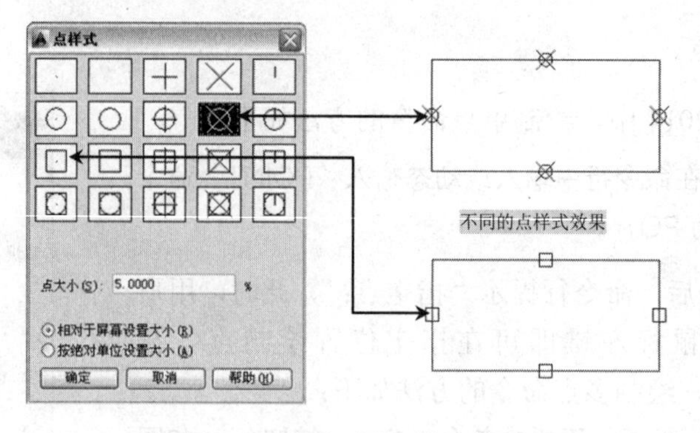

图 3-5　设置不同点样式效果

4. 定距等分点

定距等分“Measure”命令可以在指对象上等距离创建点或图块对象。可以定距等分的对象包括圆弧、圆、椭圆、椭圆弧、多段线和样条曲线。通过以下方式执行“定距等分”命令。

- ✧ 面板：单击“绘图”面板中的“定距等分”按钮。
- ✧ 命令行：在命令行中输入或动态输入“Measure”命令（快捷键为 Me）。

启动该命令后，根据如下命令行提示选择对象，再输入等分的距离即可。

```
命令: _measure                //启动“定距等分”命令
选择要定距等分的对象:          //选择被等分的对象
指定线段长度或 [块(B)]:       //输入指定等分距离
```

例如，要将一条长 2000 的线段按照间距 600 进行等分。首先执行定距等分点命令，提示“选择要定数等分的对象:”，选择该线段的左端或右端，然后在“指定线段长度:”提示下，输入要间距值为 600，其操作步骤如图 3-6 所示。

经验分享——定提示距与定数等分的区别

“定距等分”与“定数等分”命令的操作方法基本相同，都是对图形进行有规律的分隔，但前者是按指定间距插入点或图块，直到余下部分不足一个间距为止；后者则是按指定段数等分图形。

在“定距等分”插入图形块时，将以输入的距离长度两端来插入图块，直到余下部分不足一个间距为止，如上图末端距离为 200。

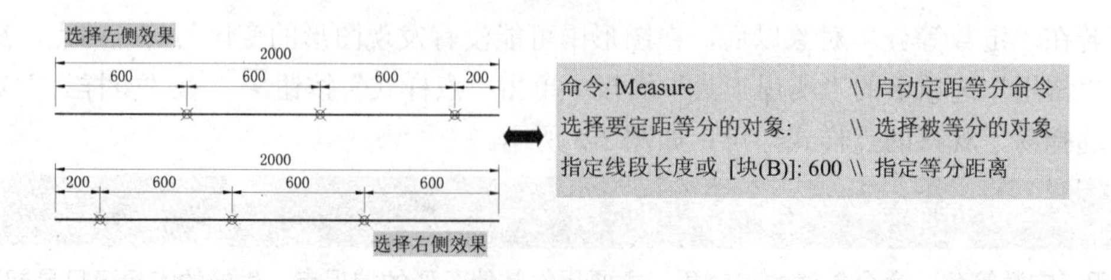

图 3-6　定距等分

3.1.2 直线

绘制直线段的命令是“Line”，该命令是最基本、最简单的直线型绘图命令。用户可以通过以下几种方法来执行“直线”命令：

✧ 面板：在“绘图”面板中单击“直线”按钮。
✧ 命令行：在命令行中输入或动态输入“Line”命令（快捷键为L）。

启动该命令后，根据命令提示指定直线的起点和下一点，即可绘制出一条直线段，再按下Enter键进行确定，完成直线的绘制。

```
命令：_line                              //启动“直线”命令
指定第一点：                              //鼠标单击第一点
指定下一点或 [放弃(U)]：                  //单击第二点或输入距离
指定下一点或 [放弃(U)]：                  //可以继续指定点或者放弃
指定下一点或 [闭合(C)/放弃(U)]：//可以选择继续绘制、闭合图形、放弃等选项
```

在绘制直线的过程中，各选项的提示如下：

✧ 指定第一点：要求用户指定线段的起点。
✧ 指定下一点：要求用户指定线段的下一个端点。
✧ 闭合（C）：在绘制多条线段后，如果输入C并按下空格键进行确定，则最后一个端点将与第一条线段的起点重合，从而组成一个封闭图形。
✧ 放弃（U）：输入U并按下空格键进行确定，则最后绘制的线段将被取消。

经验提示分享——精确绘制直线

利用AutoCAD 2014绘制工程图时，线段长度的精确度是非常重要的。当使用“LINE”命令绘制图形时，可通过输入“相对坐标”或“极坐标”，并配合使用“对象捕捉”功能，确定直线的端点，从而快速绘制具有一定精确长度的直线。

3.1.3 矩形

使用“矩形命令（RECTANG）”，可以通过指定两个对角点的方式绘制矩形，当两角点形成的边长相同时，则生成正方形，执行“矩形”命令有如下三种方法。

用户可以通过以下几种方法来执行“矩形”命令：

✧ 面板：在“绘图”面板中单击“矩形”按钮。
✧ 命令行：在命令行中输入或动态输入“RECTANG”命令（快捷键为REC）。

启动命令后，其命令提示如下：

```
命令：_rectang                                        //启动“矩形”命令
指定第一个角点或 [倒角(C)/标高(E)/圆角(F)/厚度(T)/宽度(W)]：
                                                      //指定第一个角点
指定另一个角点或 [面积(A)/尺寸(D)/旋转(R)]：          //指定第二个角点
```

在矩形的命令提示行中，各选项说明如下：

✧ 倒角（C）：可以绘制一个带有倒角的矩形，这时，必须指定两个倒角的距离。指定两个倒角的距离后，命令行会提示“指定第一个角点或 [倒角(C)/标高(E)/圆角(F)/厚度(T)/宽度(W)]:”，选择一种方法完成矩形的绘制，如图 3-7 所示。

✧ 标高（E）：可以指定矩形所在的平面高度，该选项一般用于三维绘图，如图 3-8 所示。

✧ 圆角（F）：可以绘制一个带有圆角的矩形，这时必须指定圆角半径，如图 3-9 所示。

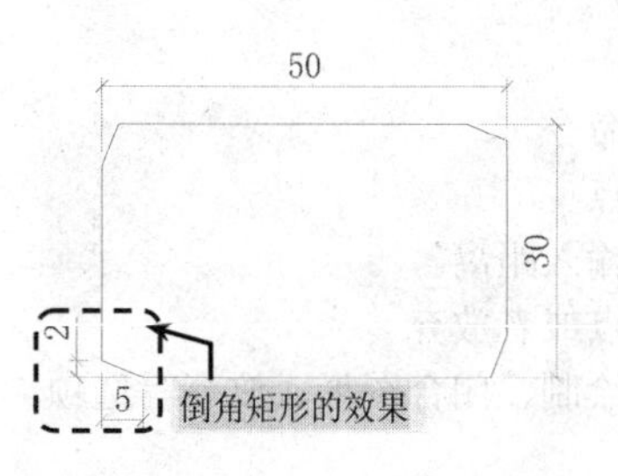

图 3-7　绘制“倒角”矩形

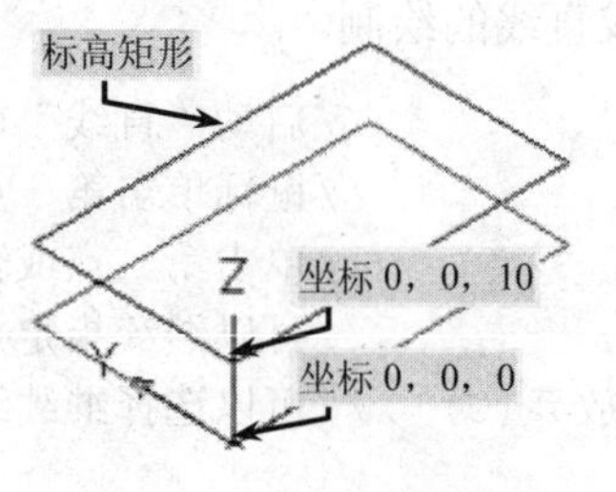

图 3-8　绘制“标高”矩形

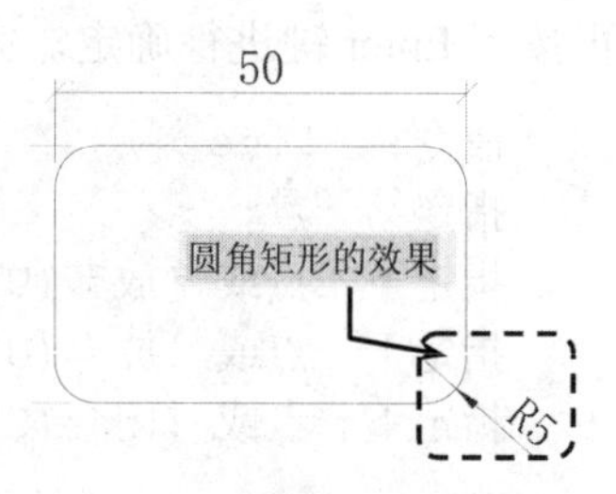

图 3-9　绘制“圆角”矩形

✧ 厚度（T）：设置具有一定厚度的矩形，此选项也是用于三维绘图，如图 3-10 所示。

✧ 宽度（W）：设置矩形的线宽，如图 3-11 所示。

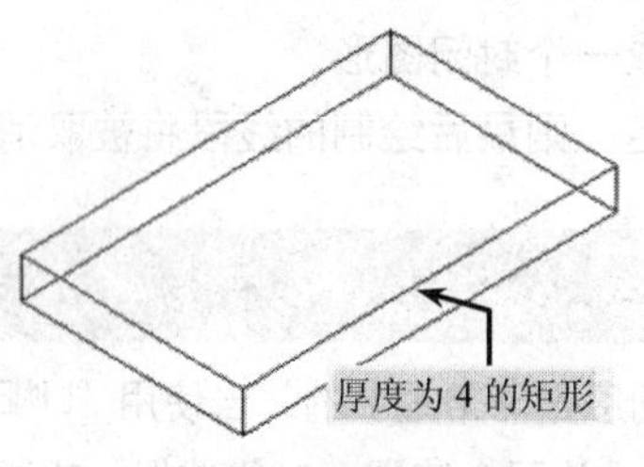

图 3-10　绘制“厚度”矩形

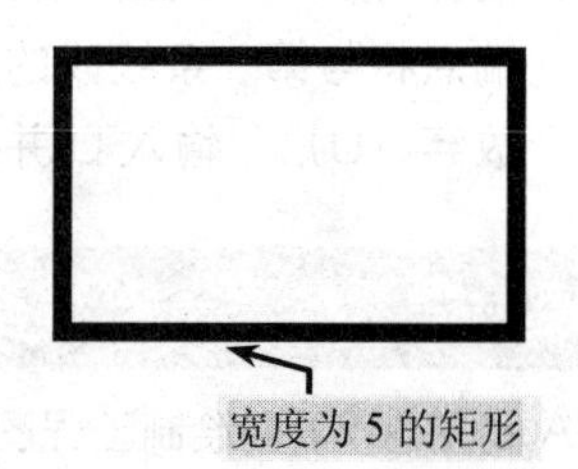

图 3-11　绘制“线宽”矩形

✧ 面积（A）：通过指定矩形的面积来确定矩形的长或宽。

✧ 尺寸（D）：通过指定矩形的宽度、高度和矩形另一角点的方向来确定矩形。

✧ 旋转（R）：通过指定矩形旋转的角度来绘制矩形。

经验分享——矩形的特性

矩形命令绘制的多边形是一条多段线，如果要单独编辑某一条边，需要执行“分解”命令（X），将其分解后，才能进行操作。另外，由于矩形命令所绘制出的矩形是一个整体对象，所以它与执行“直线”命令（L）所绘制的矩形对象不同。

3.1.4　多边形

多边形是由 3～1024 条等长的封闭线段构成的，其默认的正多边形边数为 4，用户可以通过系统变量“POLYSIDES”来设置默认的边数。

用户可以通过以下几种方法来执行“多边形”命令：

- ✧ 面板：在“绘图”面板中单击“多边形”按钮⬠。
- ✧ 命令行：在命令行中输入或动态输入“polygon”命令（快捷键为 POL）。

启动命令后，根据如下提示进行操作。

```
命令: _polygon                                    //启动“多边形”命令
输入侧面数 <4>:                                   //默认边数为 4
指定正多边形的中心点或 [边(E)]:                   //鼠标指定多边形绘制的中心点
输入选项 [内接于圆(I)/外切于圆(C)] <I>: I         //选择各选项
指定圆的半径:                                     //输入多边形半径或鼠标单击指定
```

执行正多边形命令过后，其命令提示行中各选项的含义如下：

- ✧ 中心点：指定某一个点，作为正多边形的中心点，当然，也可以是坐标原点（0，0）。
- ✧ 边（E）：通过两点来确定其中一条边长绘制多边形。
- ✧ 内接于圆（I）：指定以正多边形内接圆的半径，绘制正多边形，如图 3-12 所示。
- ✧ 外切于圆（C）：指定以正多边形外切圆的半径，绘制正多边形，如图 3-13 所示。

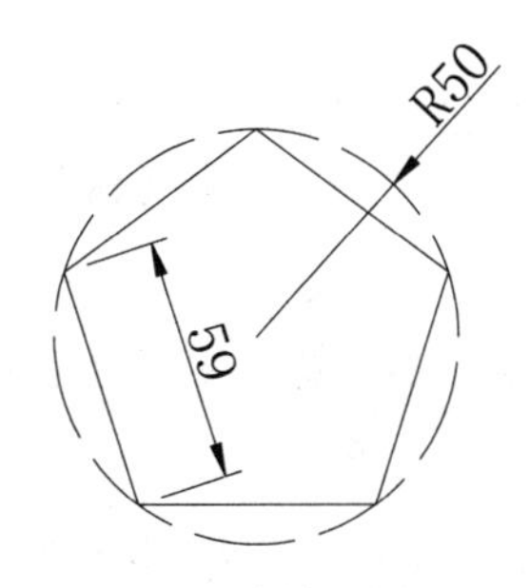

图 3-12　内接于圆

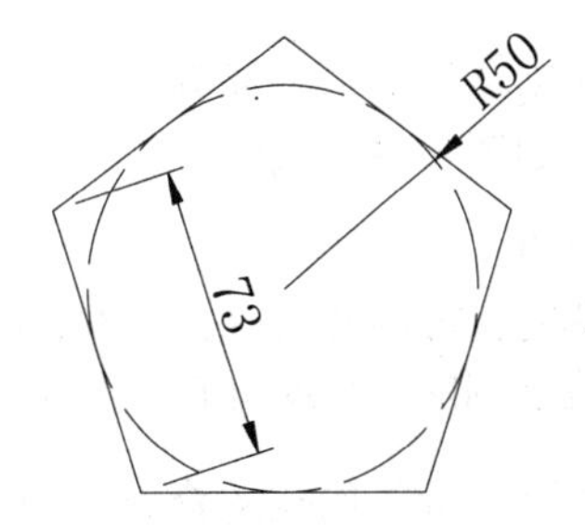

图 3-13　外切于圆

经验分享—提示—内接于圆与外切于圆的区别

在上面的例子中，均以半径为 50 的圆为基准，分别通过“内接于圆”和“外切于圆”的方式，绘制一个正五边形；分别测量一条边长进行对比，读者可以自行多练习绘制。

经验分享——绘制旋转的多边形

如果需要绘制旋转的正多边形，只需要在输入圆半径时，输入相应的极坐标即可，如输入@50<45，如图 3–14 所示。

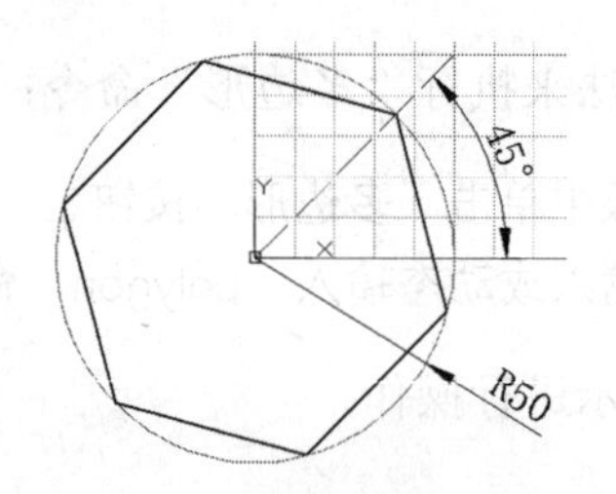

图 3-14 绘制旋转正多边形

3.1.5 绘制圆

利用圆命令可以绘制任意大小的圆图形。通过指定圆心、半径、直径、圆周上或其他对象上的点的不同组合。

用户可以通过以下几种方法来执行“圆”命令：

- ✧ 面板：在“绘图”面板中单击“圆”，将出现一级联命令，如图 3-15 所示。
- ✧ 命令行：在命令行中输入或动态输入“Circle”命令（快捷键为“C”）。

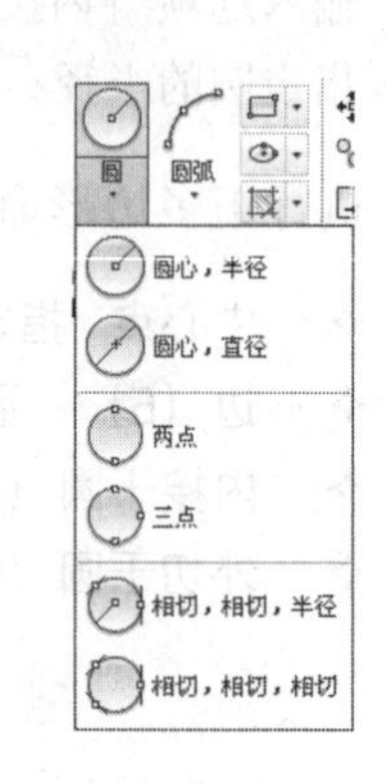

图 3-15 圆级联命令

启动该命令后，根据如下提示进行操作，绘制一半径为 25 的圆，如图 3-16 所示。

```
命令:_circle                              //启动“圆”命令
指定圆的圆心或 [三点(3P)/两点(2P)/切点、切点、半径(T)]://指定圆心点
指定圆的半径或 [直径(D)]: 25              //输入圆的半径值
```

执行“圆”的相关命令，分别有 6 种圆的不同画法，每种方式的具体含义如下：

- ✧ 圆心、半径：指定圆心点，然后输入圆的半径值即可。
- ✧ 圆心、直径：指定圆心点，然后输入圆的直径值即可，其命令行提示，如图 3-17 所示。

```
命令:_circle                              //启动“圆”命令
指定圆的圆心或 [三点(3P)/两点(2P)/切点、切点、半径(T)]://指定圆心点
指定圆的半径或 [直径(D)]: D               //选择“直径（D）”选项
指定圆的直径或: 50                        //输入圆的直径值
```

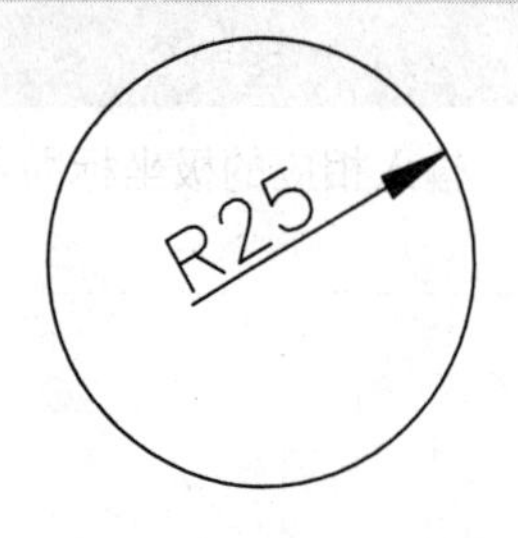

图 3-16 “半径”绘圆

图 3-17 “直径”绘圆

✧ 两点（2P）：指定两点来绘制一个圆，相当于这两点的距离就是圆的直径，如图 3-18 所示。

```
指定圆上的第一个端点:          //指定捕捉圆的第一个点
指定圆上的第二个端点:          //指定捕捉圆的第二个点
```

✧ 三点（3P）：指定三点来绘制一个圆，如图 3-19 所示。

```
指定圆上的第一个点:            //指定捕捉圆的第一个点
指定圆上的第二个点:            //指定捕捉圆的第二个点
指定圆上的第三个点:            //指定捕捉圆的第三个点
```

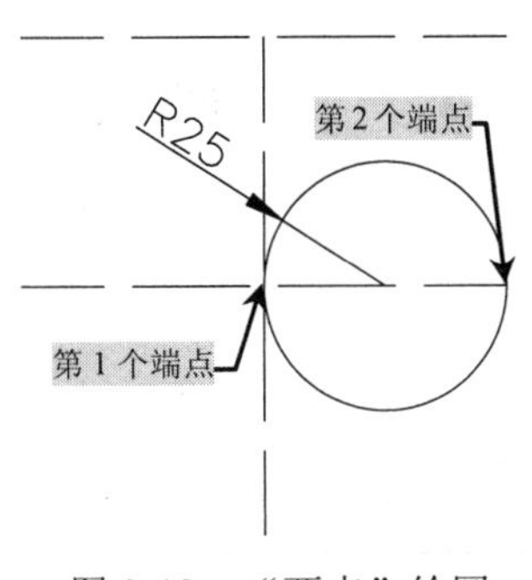

图 3-18　“两点”绘圆

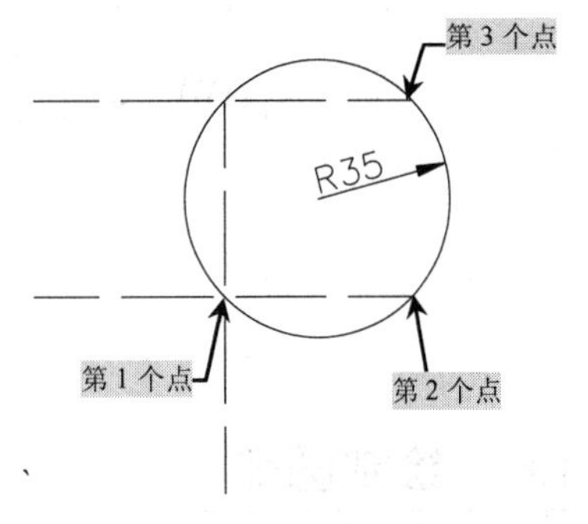

图 3-19　“三点”绘圆

✧ 切点、切点、半径（T）：与已知两个对象相切，并输入半径来值来绘制的圆。其命令行提示如下，绘制的效果如图 3-20 所示。

```
指定对象与圆的第一个切点:           //捕捉第一个切点
指定对象与圆的第二个切点:           //捕捉第二个切点
指定圆的半径: 20                    //输入圆的半径值
```

✧ 相切、相切、相切（A）：和三个已知对象相切来确定圆。其命令行提示如下，绘制的效果如图 3-21 所示。

```
命令: _circle
指定圆的圆心或 [三点(3P)/两点(2P)/切点、切点、半径(T)]://启动“圆”命令
_3p 指定圆上的第一个点: _tan 到        //指定圆的第一个切点
指定圆上的第二个点: _tan 到            //指定圆的第二个切点
指定圆上的第三个点: _tan 到            //指定圆的第三个切点
```

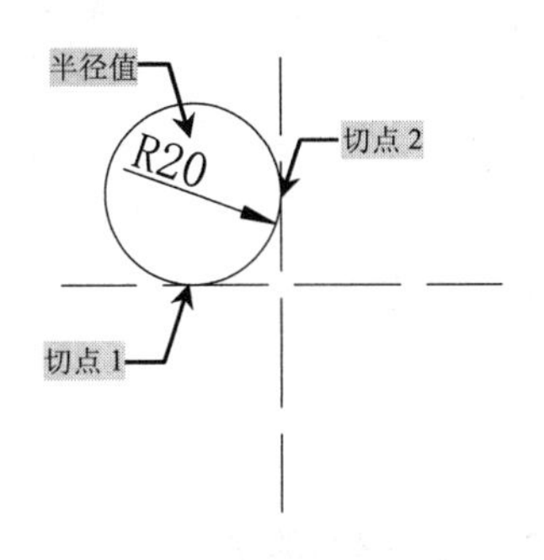

图 3-20　相切、相切、半径

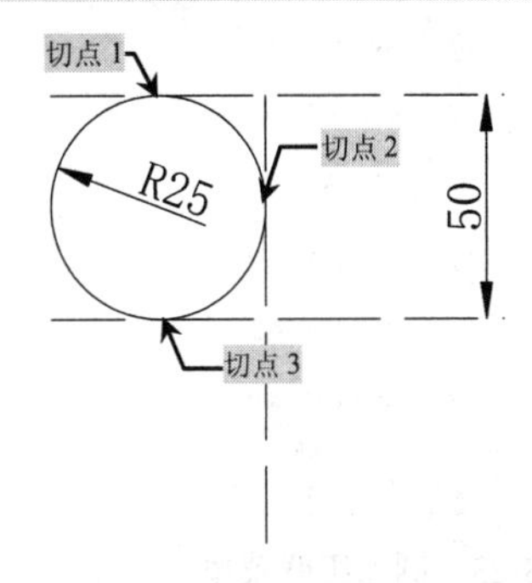

图 3-21　相切、相切、相切

经验分享——通经验过象限点改变圆的大小

用户在绘制好圆对象以后，发现不是想要的效果，或大或小时，可以选中圆对象，此时，会出现五个夹点，任意单击除圆心外的夹点，单击以后此夹点会以红色显示，向外或者向内拖动鼠标，圆将随着鼠标的拖动放大或者缩小，输入指定的半径值，即可绘制当前输入半径值的圆。如图 3–22 所示，圆的半径为 100，选中并拖动圆的右象限点，输入新半径值为 150，则将半径 100 的圆修改为半径为 150 的圆。

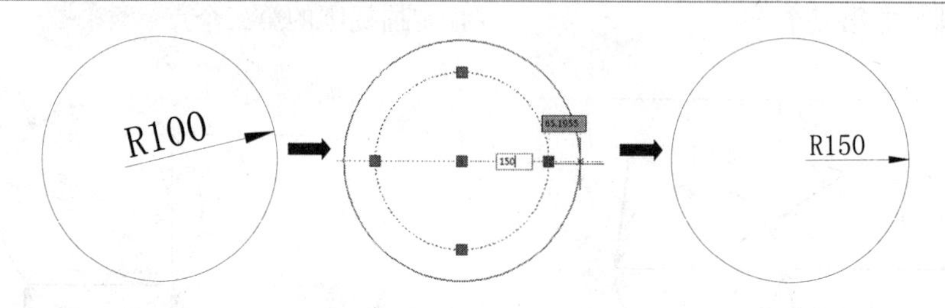

图 3-22　修改圆的半径

3.1.6　绘制圆弧

绘制圆弧的方法很多，可以通过起点、方向、中点、包角、终点、弦长等参数进行确定。用户可以通过以下几种方法来执行“圆弧”命令。

✧　面板：在“绘图”面板中单击“圆弧”按钮。
✧　命令行：在命令行中输入或动态输入“ARC”命令（快捷键为 A）。

在“圆弧”下拉菜单中，会出现如图 3-23 所示的级联菜单。提供了多种绘制圆弧的方式，如图 3-24 所示。

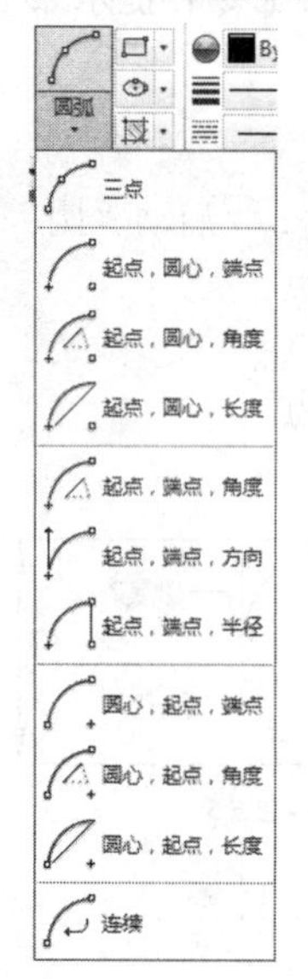

图 3-23　圆弧级联菜单

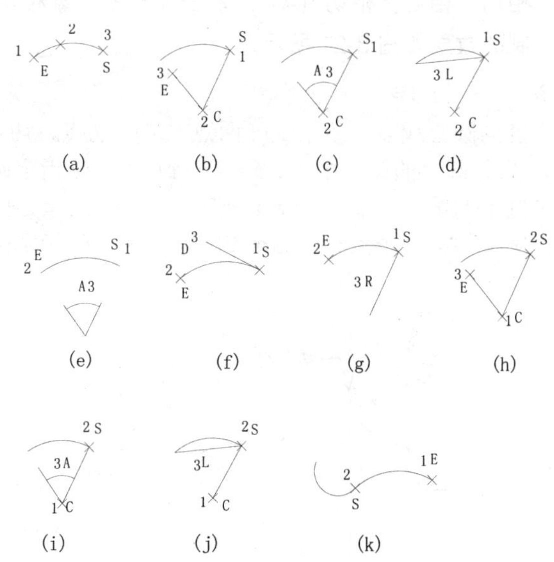

图 3-24　绘制圆弧的方式

- 三点（P）：给定三个点绘制一段圆弧，需要指定圆弧的起点，通过第二个点和端点。
- 起点、圆心、端点（S）：指定圆弧的起点、圆心和端点来绘制。
- 起点、圆心、角度（T）：指定圆弧的起点、圆心和角度来绘制。要在“指定包含角：”提示下输入角度值。如果当前环境设置逆时针为角度方向，并输入正的角度值，则所绘制的圆弧是从起始点绕圆心沿逆时针方向给出，如果输入负角度值，则沿顺时针方向绘制圆弧。
- 起点、圆心、长度（A）：指定圆弧的起点、圆心和弦长绘制圆弧，此时，所给的弦长不得超过起点到圆心距离的两倍。另外，在命令行的“指定弦长“提示下，所输入的值如果是负值，则该值的绝对值将作为对应整圆的空缺部分圆弧的弦长。
- 起点、端点、角度（N）：指定圆弧的起点、端点和角度绘制。
- 起点、端点、方向（D）：指定圆起的起点、端点和方向来绘制。当命令行显示“指定圆弧的起点切向：”提示时，可以移动鼠标动态地确定圆弧在起始点外的切线方向与水平方向的夹角。
- 起点、端点、半径（R）：指定圆起点、端点和半径绘制圆弧。
- 圆心、起点、端点（C）：指定圆心、起点和端点来绘制圆弧。
- 圆心、起点、角度（E）：指定圆心、起点和圆弧所对应的角度绘制圆弧。
- 圆心、起点、长度（L）：指定圆心、起点及圆弧所对应的弦长来绘制圆弧。
- 继续（O）：选择此命令时，在命令行提示“指定圆弧的起点[圆心（C）]：”时，直接按下 Enter 键，系统将以最后一次绘制的线段或圆弧过程中的最后一点作为新圆弧的起点，以最后所绘制线段的方向或圆弧终止点处的切线方向为新圆弧在起始点外的切线方向，然后再指定一点，就可以绘制出一个新的圆弧。

经验分享——圆弧的曲率方向

用户在绘制圆弧时，注意圆弧的曲率是遵循逆时针方向的，所以，在选择指定圆弧两个端点和半径模式时，需要注意端点的指定顺序，否则，有可能导致圆弧的凹凸形状与预期的相反。

跟踪练习——绘制太极图

视频\03\绘制太极图.avi
案例\03\太极图.dwg

本实例讲解太极图的绘制方式，使用户掌握圆弧的执行方式，其操作步骤如下：

Step 01 正常启动 AutoCAD 2014 软件，在“快速访问”工具栏中单击“保存”按钮，将其保存为“案例\03\太极图.dwg”文件。

Step 02 在“绘图”面板的“圆”下拉菜单中，单击“圆心，半径”按钮，在图形区域指定中心点，输入半径为 100，绘制圆结果，如图 3-25 所示。

Step 03 在“绘图”面板的“圆弧”下拉菜单中，单击“起点、端点、半径”按钮，命令提示“指定圆弧的起点或 [圆心(C)]:”捕捉圆上侧象限点为起点，再捕捉圆心为端点，拖动鼠标，输入半径值为 50，如图 3-26 所示，绘制圆弧效果，如图 3-27 所示。

Step 04 再次单击“圆弧”→“起点、端点、半径”按钮，捕捉大圆下侧象限点为第一点，再捕捉圆心为第二点，拖动鼠标，输入半径为 50，绘制圆弧结果，如图 3-28 所示。

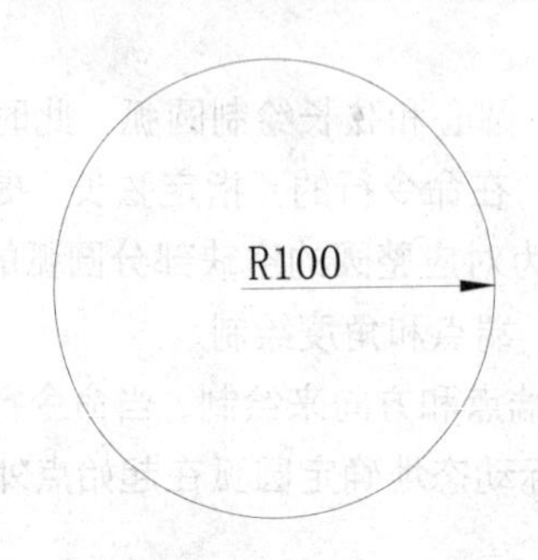

图 3-25　绘制圆

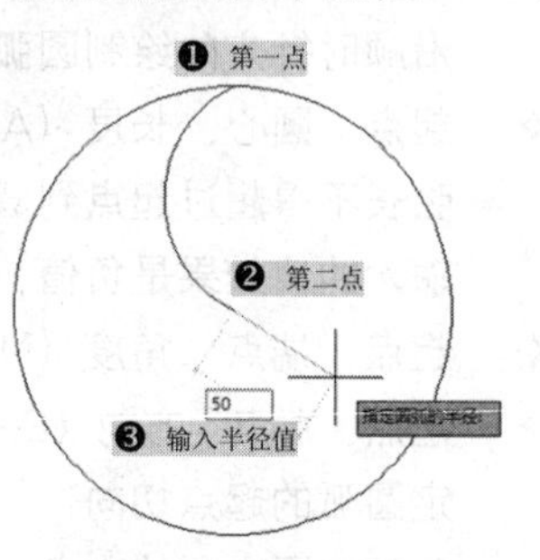

图 3-26　执行“圆弧”命令

图 3-27　绘制上圆弧

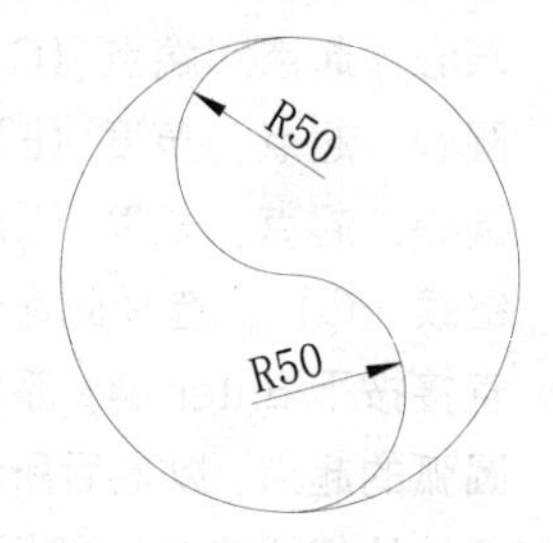

图 3-28　绘制上、下圆弧效果

Step 05 在“绘图”面板的“圆”下拉菜单中，单击“圆心，半径”按钮，分别捕捉两个圆弧的圆心，绘制半径为 10 的两个圆，如图 3-29 所示。

Step 06 单击“绘图”面板中的“图案填充”按钮，在新增的“图案填充创建”面板中，选择样例为“SOLID”，然后在单击“拾取点”按钮，如图 3-30 所示。

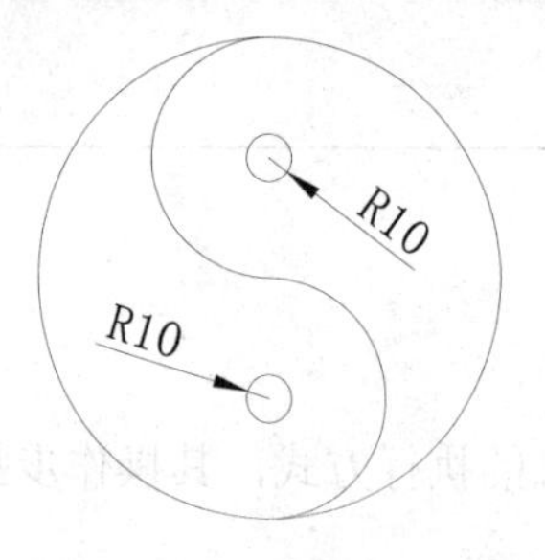

图 3-29　绘制小圆

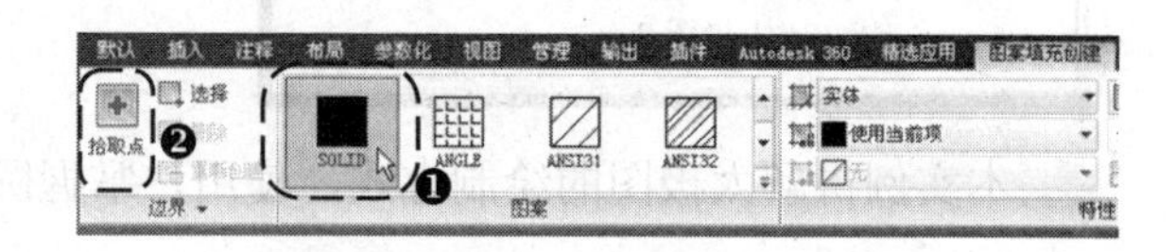

图 3-30　执行“填充”命令

Step 07 以圆弧为界限的左半部分，单击鼠标，如图 3-31 所示，然后在上侧小圆内部单击鼠标，如图 3-32 所示，按下空格键确定，得到填充效果，如图 3-33 所示。

图 3-31 拾取左半圆弧

图 3-32 拾取小圆内部

图 3-33 填充结果

Step 08 至此，太极图已经绘制完成，按 Ctrl+S 组合键进行保存。

3.1.7 绘制椭圆

利用椭圆命令可以绘制任意形状的椭圆和椭圆弧图形。用户可以通过以下几种方法来执行“椭圆”命令：

- ✧ 面板：单击“绘图”面板中的“椭圆”按钮。
- ✧ 命令行：在命令行中输入或动态输入“ELLIPSE”命令（快捷键为 EL）。

当单击“椭圆”按钮后，其命令提示行如下：

```
命令: _ellipse                          //启动“椭圆”命令
指定椭圆的轴端点或 [圆弧(A)/中心点(C)]: //选择绘制椭圆的选项
```

在“椭圆”下拉菜单中会出现级联菜单，为画椭圆的三种方法，以及椭圆弧命令，如图 3-34 所示。

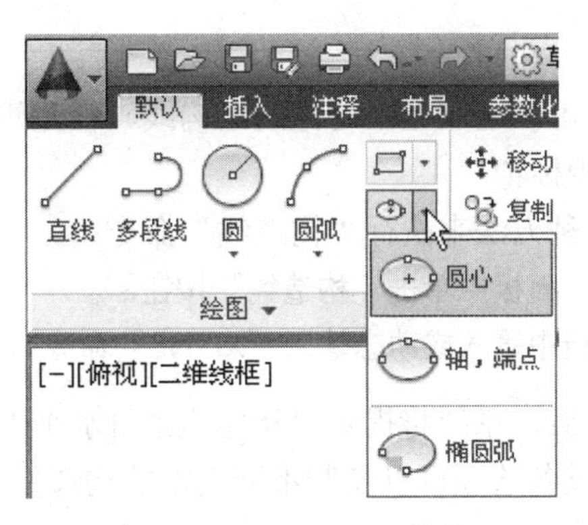

图 3-34 椭圆的级联菜单

- ✧ “圆心（C）”：表示先指定椭圆的中心点，再指定椭圆的两个轴端点画椭圆，绘制椭圆的步骤和效果如图 3-35 所示。
- ✧ “轴、端点（E）”：表示先指定一条轴的两个端点，再指定另一条轴端点画椭圆。

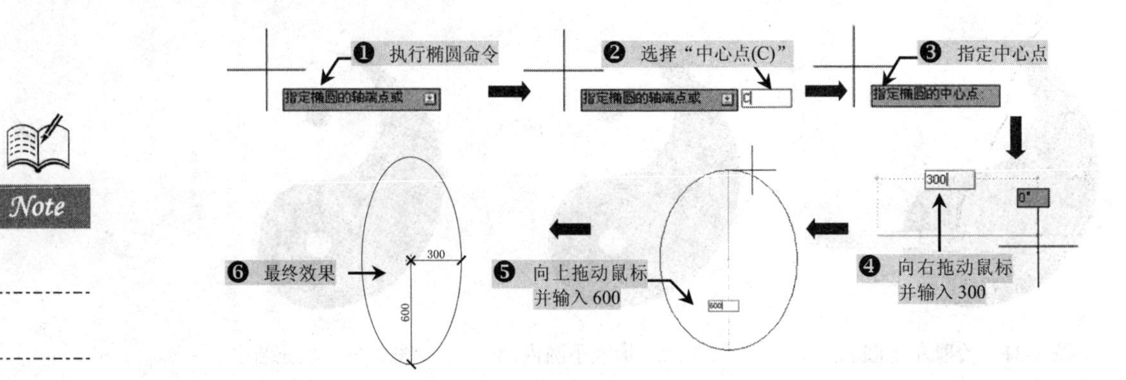

图 3-35　绘制椭圆

✧　当直接单击“椭圆弧”按钮时，命令行提示为“指定椭圆弧的轴端点或 [中心点(C)]:”这时可直接绘制圆弧，其命令行提示如下：

```
命令: _ellipse
指定椭圆的轴端点或 [圆弧(A)/中心点(C)]: _a //执行椭圆弧命令
指定椭圆弧的轴端点或 [中心点(C)]:             //鼠标指定并单击
```

3.2 复杂二维图形的绘制

本节所讲的属于直线类对象，包括直线、射线和构造线，虽然这些对象都属于线型，但在 AutoCAD 中的绘制方法却各不相同。

3.2.1 构造线

使用“XLINE”命令可以绘制无限延伸的结构线，在建筑绘图中，常作图形绘制过程中的中轴线，如基准坐标轴。

用户可以通过以下几种方法来执行“构造线”命令：

✧　面板：在“绘图”面板中单击“构造线”按钮。

✧　命令行：在命令行中输入或动态输入“XLINE”命令（快捷键为 XL）。

执行“XLINE”命令后，系统将提示“指定点或 [水平(H)/垂直(V)/角度(A)/二等分(B)/偏移(O)]:”选项，通过各选项可以绘制不同类型的构造线，如图 3-36 所示。

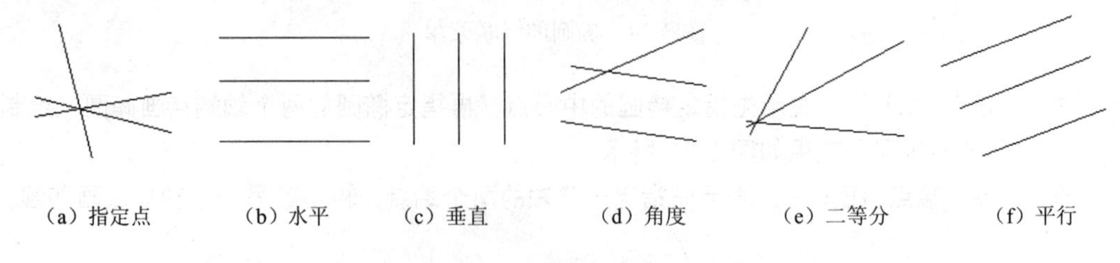

（a）指定点　（b）水平　（c）垂直　（d）角度　（e）二等分　（f）平行

图 3-36　不同类型的构造线

执行“XLINE”命令时，命令行中各个选项的含义如下：

- ✧ 指定点：用于指定构造线通过的一点，通过两点来确定一条构造线。
- ✧ 水平（H）：用于绘制一条通过选定点的水平参照线。
- ✧ 垂直（V）：用于绘制一条通过选定点的垂直参照线。
- ✧ 角度（A）：用于以指定的角度创建一条参照线，选择该选项后，系统将提示“输入参照线角度（0）或[参照（R）]：”，这时可以指定一个角度或输入R，选择“参照”选项，其命令行提示如下：

```
指定点或 [水平(H)/垂直(V)/角度(A)/二等分(B)/偏移(O)]:A
输入构造线的角度 (0) 或 [参照(R)]: //指定输入的角度
```

- ✧ 二等分（B）：用于绘制角度的平分线。选择该选项后，系统将提示“指定角的顶点、角的起点、角的端点”，根据需要指定角的点，从而绘制出该角的角平分线，命令行提示如下：

```
指定点或 [水平(H)/垂直(V)/角度(A)/二等分(B)/偏移(O)]:B
指定角的顶点:                     //指定平分线的顶点
指定角的起点:                     //指定角的起点位置
指定角的端点:                     //指定角的终点位置
```

- ✧ 偏移（O）：用于创建平行于另一个对象的参照线，其命令行提示如下：

```
指定点或 [水平(H)/垂直(V)/角度(A)/二等分(B)/偏移(O)]:O
指定偏移距离或[通过（T）]〈通过〉:    //指定偏移的距离
选择直线对象:                     //选择要偏移的直线对象
指定哪侧偏移:                     //指定偏移的方向
```

3.2.2 射线

射线是绘图空间中起始于指定点并且无限延伸的直线，射线仅向一个方向上延伸。可以通过以下几种方法来执行“射线”命令：

- ✧ 面板：在“绘图”面板中单击“射线”按钮。
- ✧ 命令行：在命令行中输入或动态输入“RAY”命令。

执行上述命令后，提示“指定起点:”，鼠标在图形区域任意指定一点 A，提示“指定通过点:”，在图形区域任意指定方向 B，确定一条射线，继续提示“指定通过点:”，鼠标继续单击 C、D、E、F，则以前面指定点 A 为起点，完成多条射线的绘制，如图 3-37 所示。

```
命令: _ray 指定起点:              //启动命令并指定起点 A
指定通过点:                       //指定 B 方向绘制射线
指定通过点:                       //指定 C 方向绘制射线
指定通过点:                       //指定 D 方向绘制射线
指定通过点:                       //指定 E 方向绘制射线
指定通过点:                       //指定 F 方向绘制射线
```

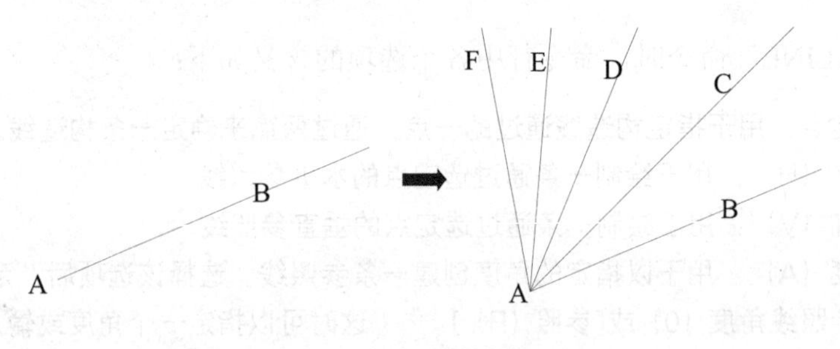

图 3-37　绘制射线

经验分享——提示绘制指定角度的射线

用户在绘制射线的指定通过点时，如果要使其保持一定的角度，最后采用输入点极坐标的方式进行绘制，可以输入不为零的任意长度数。

3.2.3　多段线

多段线是一种由线段和圆弧组成的，可以有不同线宽的多段线。可以通过以下几种方法来执行“多段线”命令：

✧　面板：在“绘图”面板中单击“多段线”按钮。
✧　命令行：在命令行中输入或动态输入“PLINE”命令（快捷键为 PL）。

启动命令后，其命令提示行如下：

```
命令:_pline                          //启动命令
指定起点:                            //鼠标单击起点位置
当前线宽为 0.0000
指定下一个点或 [圆弧(A)/半宽(H)/长度(L)/放弃(U)/宽度(W)]:
                                     //指定点或者选择其中选项
指定下一点或 [圆弧(A)/闭合(C)/半宽(H)/长度(L)/放弃(U)/宽度(W)]:
```

在命令提示行中，各选项的含义说明如下：

✧　圆弧（A）：从绘制的直线方式切换到绘制圆弧方式，其命令提示行如下，绘制的圆弧效果，如图 3-38 所示。

```
指定圆弧的端点或[角度(A)/圆心(CE)/方向(D)/半宽(H)/直线(L)/半径(R)/第二个点(S)/放弃(U)/宽度(W)]:
```

✧　半宽（H）：设置多段线的 1/2 宽度，用户可分别指定多段线的起点半宽和终点半宽，如图 3-39 所示。

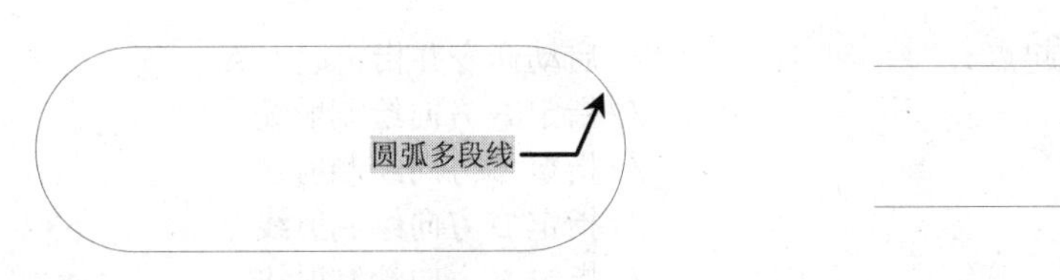

图 3-38　圆弧多段线　　　　图 3-39　半宽多段线

- ✧ 长度（L）：指定绘制直线段的长度。
- ✧ 放弃（U）：删除多段线的前一段对象，从而方便用户及时修改在绘制多段线过程中出现的错误。
- ✧ 宽度（W）：设置多段线的不同起点和端点宽度，如图 3-40 所示。

当用户设置了多段线的宽度时，可通过“FILL”变量来设置是否对多段线进行填充。如果设置为“开（ON）”，则表示填充，若设置为“关（OFF），则表示不填充，如图 3-41 所示。

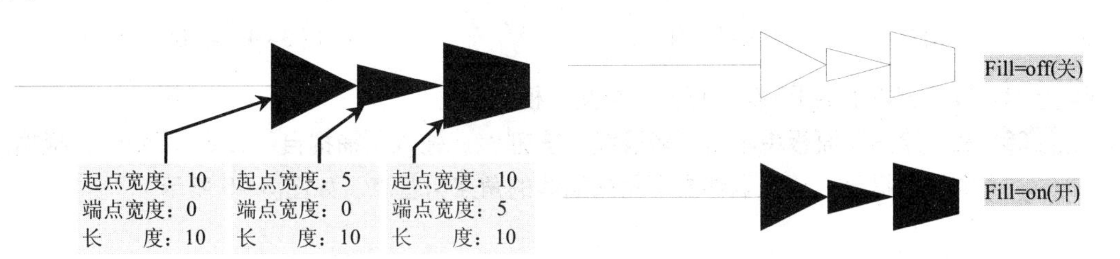

图 3-40　绘制不同宽度的多段线　　　　图 3-41　是否填充的效果

- ✧ 闭合（C）：与起点闭合，并结束命令。当多段线的宽度大于 0 时，若想绘制闭合的多段线，一定要选择“闭合（C）”选项，这样才能使其完全闭合，否则，即使起点与终点在重合，也会出现缺口现象，如图 3-42 所示。

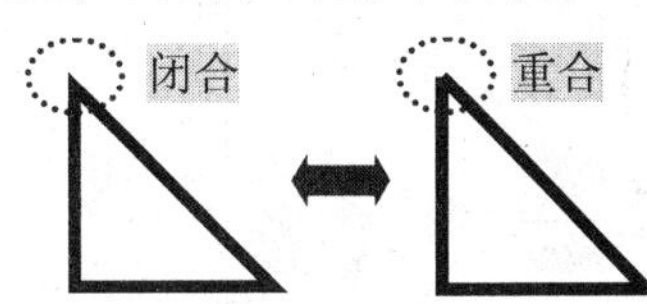

图 3-42　起点与终点是否闭合

跟踪练习——绘制天花造型

视频\03\利用多段线绘制天花造型.avi
案例\03\天花造型.dwg

本实例在“案例\04\墙体”基础上，使用多段线命令绘制室内天花造型，其操作步骤如下：

Step 01 正常启动 AutoCAD 2014 软件，在“快速访问”工具栏上单击“打开”按钮，将“案例\03\墙体.dwg”文件打开，如图 3-43 所示。

Step 02 单击“另存为”按钮，将文件另存为“案例\03\天花造型.dwg”文件。

Step 03 在“绘图”面板中单击“矩形”按钮，绘制 450×450 的矩形，如图 3-44 所示。

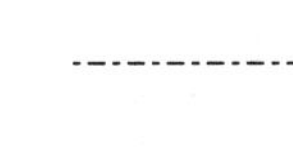

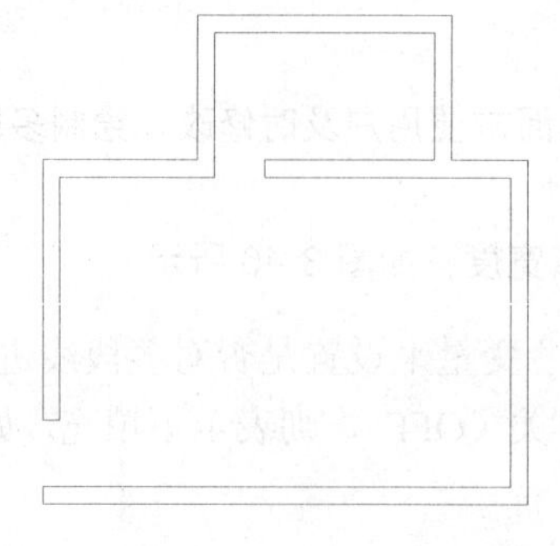

图 3-43　打开的素材文件

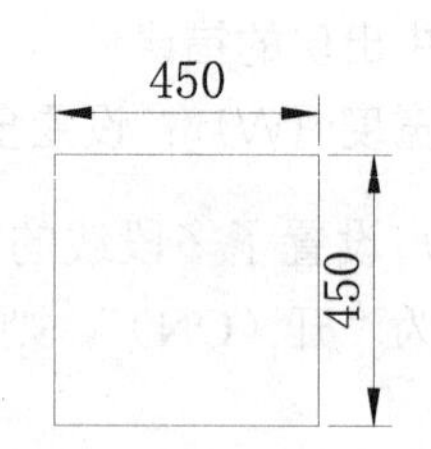

图 3-44　绘制矩形

Step 04 按下键盘上的 F8 键，打开“正交”模式。

Step 05 在“绘图”面板中单击“多段线”按钮，输入“捕捉自”命令（From），根据命令行的提示，捕捉墙体右下角内墙体的角点为基点，如图 3-45 所示。

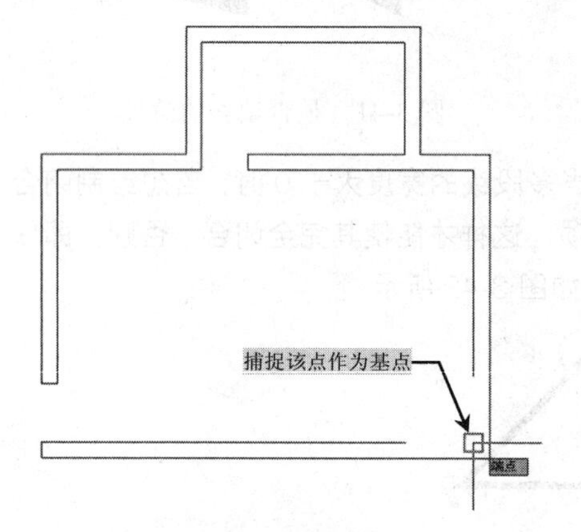

图 3-45　捕捉基点

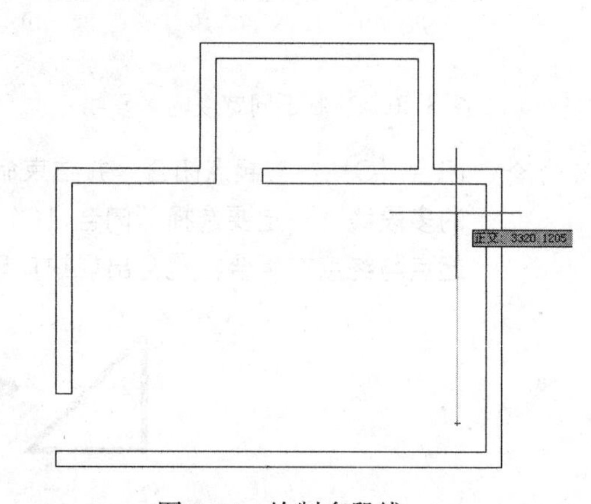

图 3-46　绘制多段线

经验分享——“捕捉自（From）”功能

“捕捉自”功能使用相对坐标，指定下一个应用点，它不能单独使用，是用来在辅助绘制图形时，更加准确地确定下一个应用点的位置。

即执行绘图命令后，在命令行中输入“From”命令，再捕捉一基点，然后输入相对坐标，从而得到绘制图形的起点。

Step 06 向上拖动鼠标，输入距离为 3320，如图 3-46 所示，按空格键确定第一条线段后，鼠标向左指引绘制方向，并输入距离为 3015，确定第二条线段，然后鼠标继续向下拖动。此时，命令行提示“指定下一点或 [圆弧(A)/闭合(C)/半宽(H)/长度(L)/放弃(U)/宽度(W)]:”，选择“圆弧（A）”选项，此时线段被转换成了圆弧，并输入距离 3320，如图 3-47 所示，按下空格键，再根据命令提示选择“闭合（CL）”，完成多段线的绘制，如图 3-48 所示。

```
命令:_pline                                //启动“多段线”命令
指定起点: FROM 基点: <偏移>: @-450,450     //得到多段线的起点
```

当前线宽为 0.0000
指定下一个点或 [圆弧(A)/半宽(H)/长度(L)/放弃(U)/宽度(W)]： <正交 开> 3320
//向上拖动鼠标并输入长度 3320
指定下一点或 [圆弧(A)/闭合(C)/半宽(H)/长度(L)/放弃(U)/宽度(W)]： 3015
//向左拖动鼠标输入长度 3015
指定下一点或 [圆弧(A)/闭合(C)/半宽(H)/长度(L)/放弃(U)/宽度(W)]： A
指定圆弧的端点或[角度(A)/圆心(CE)/闭合(CL)/方向(D)/半宽(H)/直线(L)/半径(R)/第二个点(S)/放弃(U)/宽度(W)]： 3320
指定圆弧的端点或[角度(A)/圆心(CE)/闭合(CL)/方向(D)/半宽(H)/直线(L)/半径(R)/第二个点(S)/放弃(U)/宽度(W)]： CL

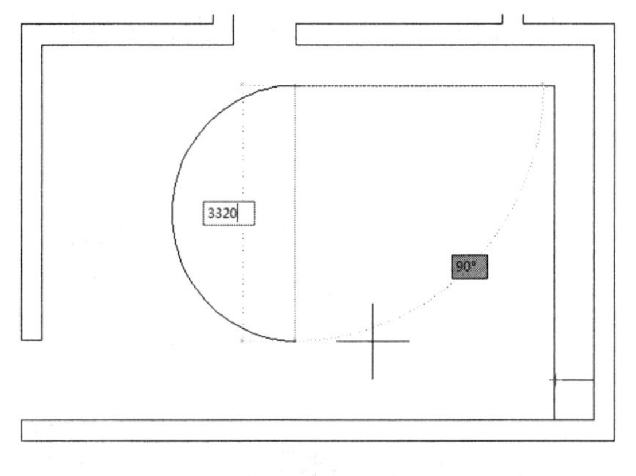

图 3-47　转换圆弧

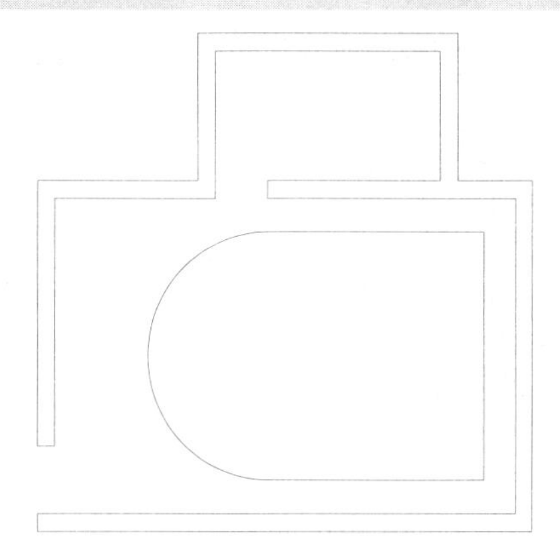

图 3-48　绘制的结果

Step 07 在“修改”面板中单击“偏移”按钮，输入偏移距离为 150，然后选择多段线对象，并向内指引偏移方向，偏移结果，如图 3-49 所示。

Step 08 选中偏移后的多段线对象，在“特性”面板的“线型”下拉框里选择“虚线线型”，从而转换成灯带效果，如图 3-50 所示。

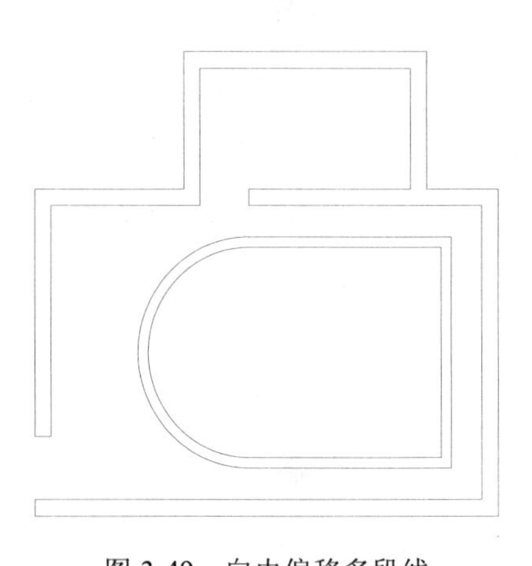

图 3-49　向内偏移多段线

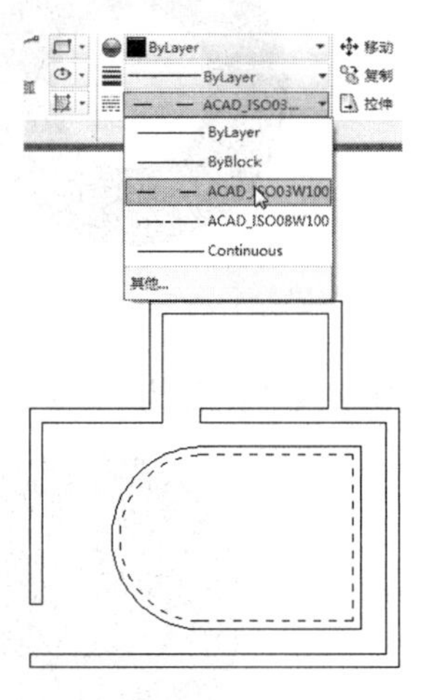

图 3-50　绘制天花造型

Step 09 至此，天花造型已经绘制完成，按 Ctrl+S 组合键进行保存。

3.2.4 圆环

AutoCAD 中提供了圆环的命令，圆环由两条圆弧多段线组成，两条圆弧多段线首尾相接而形成圆形。多段线的宽度由指定的内、外直径决定，即只须指定它的内、外直径和圆心，即可完成多个相同性质的圆环图形对象的绘制。

- ✧ 命令行：输入或动态输入“Donut”命令（快捷键为 DO）。
- ✧ 面板：在“常用”标签下的“绘图”面板中单击“圆环”按钮◎。

启动圆环命令后，根据如下提示进行操作，即可使用其命令绘制圆环，如图 3-51 所示。

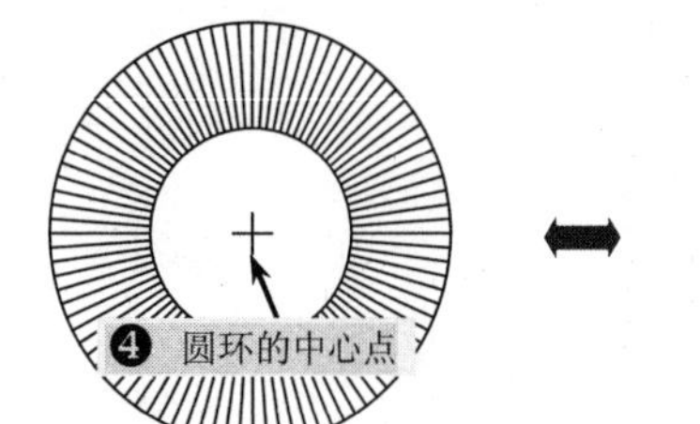


```
命令:_donut ❶                                \\ 执行圆环命令
指定圆环的内径:10 ❷                          \\ 输入圆环内径值
指定圆环的外径:20 ❸                          \\ 输入圆环外径值
指定圆环的中心点或 <退出>:
```

图 3-51　绘制的圆环

使用系统变量 FILL 可以控制圆环是否填充，具体方法如下，图例如图 3-52～图 3-53 所示。

```
命令:_fill                                  //启动填充模式命令
输入模式 [开(ON)/关(OFF)] <开>: ON          //选择“ON”表示填充
```

图 3-52　填充的圆环

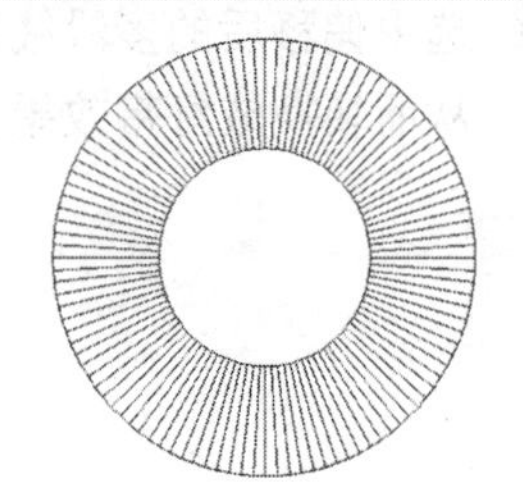

图 3-53　不填充的圆环

若指定圆环内径为 0，则可绘制一个实心圆，如图 3-54 所示。

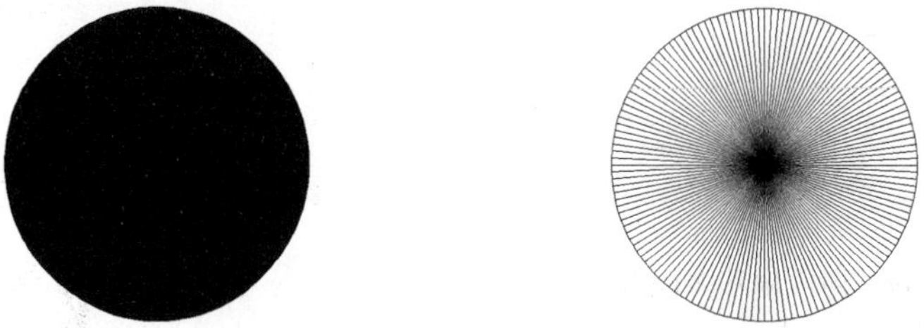

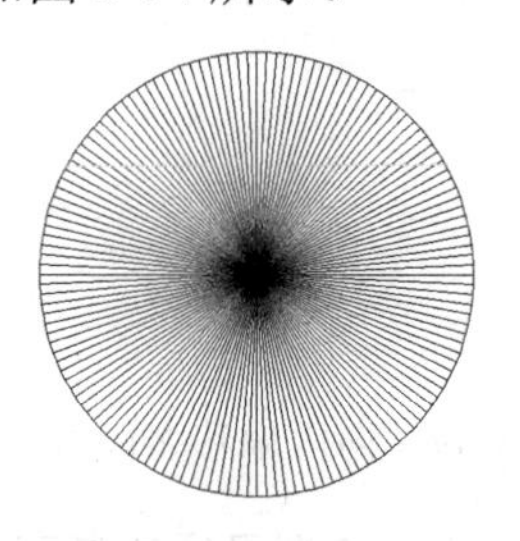

图 3-54　实心圆的效果

3.2.5 样条曲线

样条曲线是一种特殊的线段，用于绘制曲线，平滑度比圆弧好，它通过或接近指定点的拟合曲线。

在 AutoCAD 中使用的样条曲线为非一致有理 B 样条曲线（NURBS），使用 NURBS 曲线能够在控制点之间产生一条光滑的曲线，如图 3-55 所示。样条曲线可用于绘制形状不规则的图形，如绘制地图或汽车曲面轮廓线等。

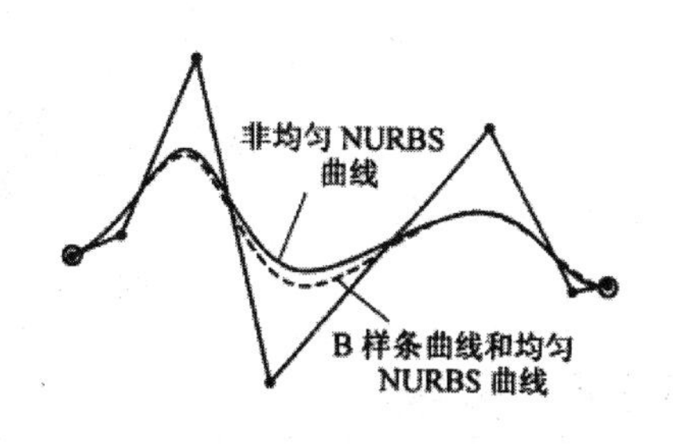

图 3-55　样条曲线

在 AutoCAD 中绘制样条曲线，用户可以通过以下几种方法来执行“样条曲线”命令：

✧ 面板：在“绘图”面板中单击“样条曲线”按钮。
✧ 命令行：在命令行中输入或动态输入“SPLINE”命令（快捷键为 SPL）。

执行样条曲线“SPLINE”命令后，在绘制样条曲线的过程中，将出现如下提示信息：

```
命令:_spline
当前设置: 方式=拟合　　节点=弦
指定第一个点或 [方式(M)/节点(K)/对象(O)]:
输入下一个点或 [起点切向(T)/公差(L)]:
输入下一个点或 [端点相切(T)/公差(L)/放弃(U)]:
输入下一个点或 [端点相切(T)/公差(L)/放弃(U)/闭合(C)]:
```

在样条曲线命令提示行中，各选项的具体含义如下：

✧ 方式（M）：该选项可以选择样条曲线为拟合点或控制点。
✧ 节点（K）：选择该选项后，其命令行提示为“输入节点参数化[弦(C)/平方根(S)/统一(U)]:”，从而根据相关方式来调整样条曲线的节点。
✧ 对象（O）：由一条多段线拟合生成样条曲线。
✧ 指定起点切向（T）：指定样条曲线起始点处的切线方向。
✧ 公差（L）：此选择用于设置样条曲线的拟合公差。这里的拟合公差指的是实际样条曲线与输入的控制点之间所允许偏移距离的最大值。公差越小，样条曲线与拟合点越接近。当给定拟合公差时，绘出的样条曲线不会全部通过各个控制点，但一定通过起点和终点。

经验分享提示——通过夹点修改样条曲线

当用户绘制的样条曲线不符合要求时，或者指定的点不到位，这时，用户可选择该样条曲线，再使用鼠标捕捉相应的夹点来改变即可，如图 3-56 所示。

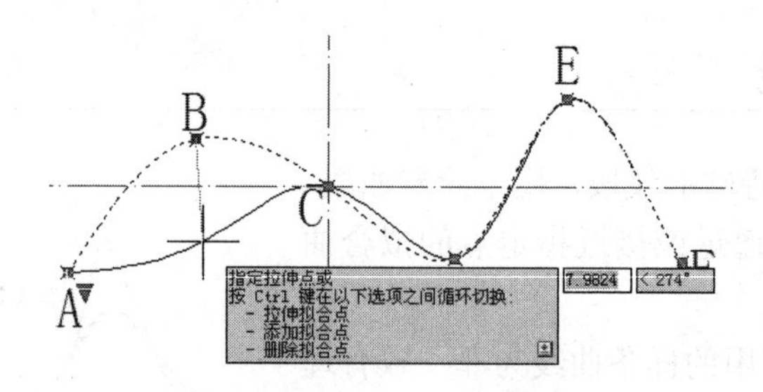

图 3-56　通过夹点来编辑样条曲线

3.2.6　多线

多线是一种组合图形，由许多条平行于线组合而成，各条平行线之间的距离和数目可以随意调整。多线的用途很广，而且能够极大提高绘图效率。多线一般用于电子线路图、建筑墙体的绘制等。

1. 绘制多线

“多线”命令（Mline）可以绘制任意多条平行线的组合图形，用户可以通过以下几种方法来执行“多线”命令。

✧　命令行：在命令行中输入或动态输入“Mline”命令（快捷键为 ML）。

启动该命令后，根据如下提示进行操作：

```
命令:_mline                              //调用多线命令
当前设置: 对正 = 上, 比例 = 20.00, 样式 = STANDARD
                                         //显示当前的多线的设置情况
指定起点或 [对正(J)/比例(S)/样式(ST)]: //绘制多线并进行设置
```

在多线命令提示行中，各选项的具体说明如下：

✧　对正(J)：用于指定绘制多线时的对正方式，共有三种对正方式：“上（T）”是指从左向右绘制多线时，多线上最上端的线会随着鼠标移动；“无（Z）”是指多线的中心将随着鼠标移动；“下（B）”是指从左向右绘制多线时，多线上最下端的线会随着鼠标移动。其三种对正方式的效果比较，如图 3-57 所示。

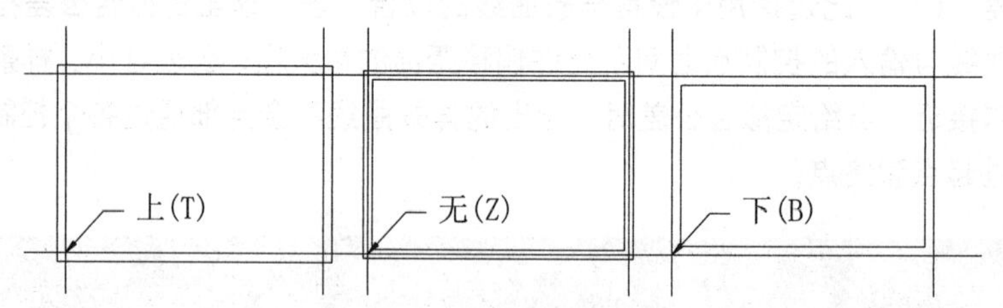

图 3-57　不同的对正方式

✧　比例(S)：此选项用于设置多线的平行线之间的距离。可输入 0、正值或负值，输入 0 时各平行线重合，输入负值时，平行线的排列将倒置。其不同比例的多线效果比较，如图 3-58 所示。

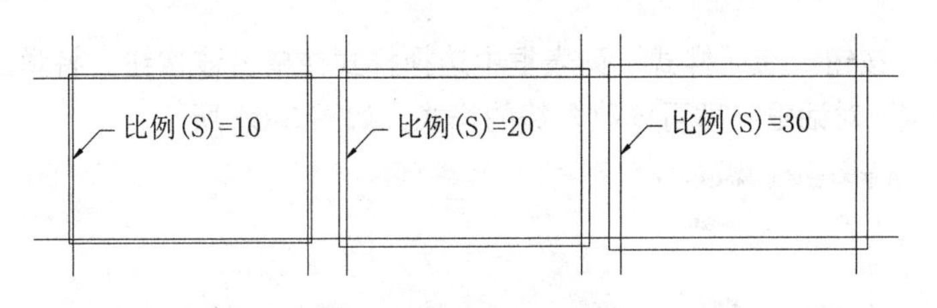

图 3-58 不同的比例因子

✧ 样式(ST)：此选项用于设置多线的绘制样式。默认的样式为标准型（Standard），用户可根据提示输入所需多线样式名。

经验分享——多线宽度的计算

用户在绘制施工图的过程中，如果需要使用多线的方式来绘制墙体对象，这时，用户可以通过设置多线的不同比例来设置墙体的厚度。例如，选择的标准型多线样式（STANDARD）时，由于其上下偏移距离为（0.5，−0.5），多线的间距为 1；这时若要绘制 120mm 厚的墙体对象，可以设置多线的比例为 120；同样，若要绘制 240mm 厚的墙体对象，设置多线比例为 240 即可。当然，用户也可以通过重新建立新的多线样式来设置不同的多线。

2. 创建与修改多线样式

在平常的使用中，有时候两条平行线的多线可能并不能满足要求，这就需要对多线的样式进行重新设置和定义，可以通过以下几种方法来执行“多线样式”命令（MLSTYLE）。

✧ 命令行：在命令行中输入或动态输入“MLSTYLE”命令。

启动“多线样式”命令之后，将弹出“多线样式”对话框，如图 3-59 所示。下面将“多线样式”对话框中各功能按钮的含义说明如下：

✧ “样式”列表框：显示已经设置好或加载的多线样式。
✧ “置为当前”按钮：将“样式”列表框中所选择的多线样式设置为当前模式。
✧ “新建”按钮：单击该按钮，将弹出“创建新的多线样式”对话框，从而可以创建新的多线样式，如图 3-60 所示。

图 3-59 “多线样式”对话框

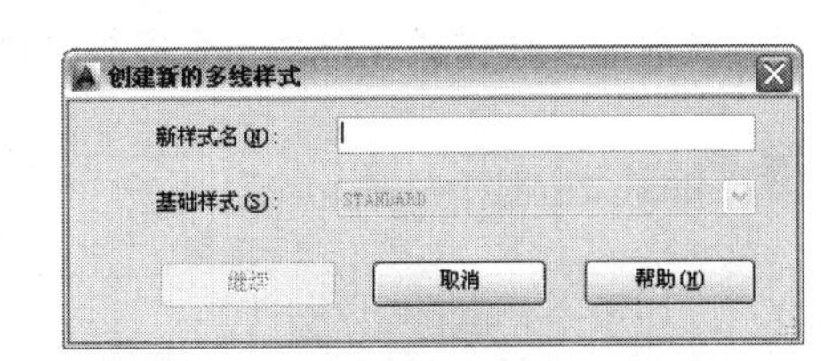

图 3-60 “创建新的多线样式”对话框

Note

✧ “修改”按钮：在“样式”列表框中选择样式并单击该按钮，将弹出“修改多线样式：XX”对话框，即可修改多线的样式，如图 3-61 所示。

图 3-61 “修改多线样式：XX”对话框

在“修改多线样式：XX”对话框中，各选项的含义说明如下：

✧ “说明”：对新建的多线样式的补充说明。
✧ “起点”、“端点”：勾选该复选框，则绘制的多线首尾相连接。
✧ “角度”：平行线之间端点的连线的角度偏移。
✧ “填充颜色”：多线中平等线之间是否填充颜色。
✧ “显示连接”：勾选该复选框，则绘制的多线是互相连接的。
✧ “图元”区域中：单击白色显示框中的偏移、颜色、线型下的各个数据或样式名，可在下面相应的各选项中修改其特性。“添加”与“删除”两个按钮用于添加和删除多线中的某一单个平行线。

注意

若当前文档中已经绘制了多线样式，就不能对该多线样式进行修改。

✧ “重命名”按钮：将“样式”列表框中所选择的样式重新命名。
✧ “删除”按钮：将“样式”列表框中所选择的样式删除。
✧ “加载”按钮：单击该按钮，将弹出如图 3-62 所示的“加载多线样式”对话框，从而可以将更多的多线样式加载到当前文档中。
✧ “保存”按钮：单击该按钮，将弹出如图 3-63 所示的“保存多线样式”对话框，将当前的多线样式保存为一个多线文件（*.mln）。

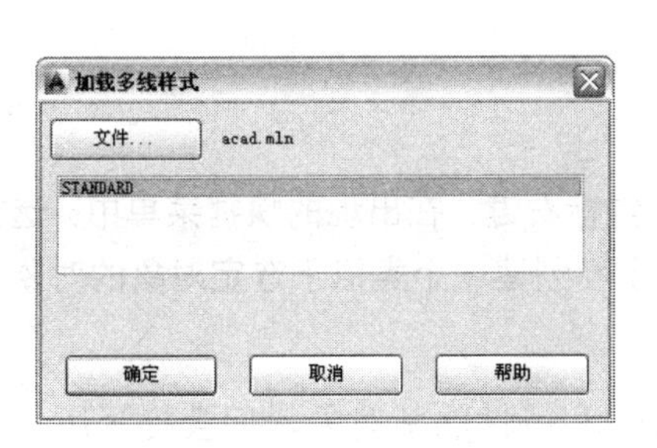

图 3-62　“选择线型”对话框

图 3-63　“保存多线样式”对话框

经验分享——多线的封口样式

在“新建多线样式”对话框中，用户可以在“说明”中输入对多线样式的说明，在“封口”中选择起点和终点的闭合形式，有直线、外弧和内弧三种形式，它们的区别如图 3-64 所示，其中，内弧封口必须由 4 条及 4 条以上的直线组成。

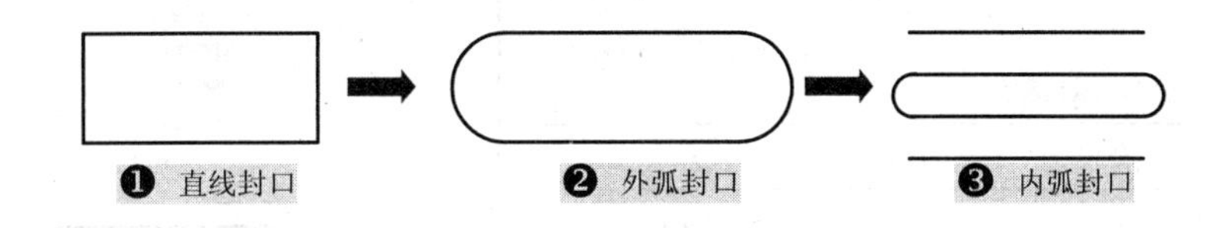

图 3-64　三种封口形式效果

3.2.7　添加选定对象

创建具有与选定对象相同的对象类型和常规特性的新对象。即在所选择的对象基础上，再创建一个类似于选定对象的图形对象。其执行方式有以下几种方法：

✧ 工具栏：在“视图”标签下的“用户界面”面板中，单击“工具栏”按钮，在出现的下拉列表中选择“AutoCAD”命令，再选择“绘图”选项，如图 3-65 所示；此时在绘图窗口中，将出现“绘图”工具栏，单击“添加选定对象”按钮，如图 3-66 所示。

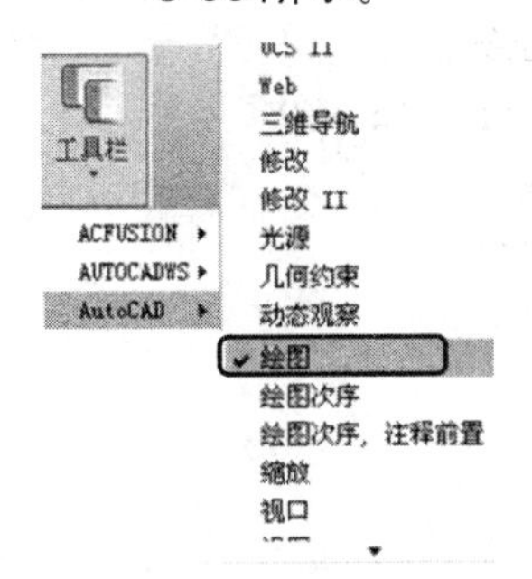

图 3-65　选择“绘图”

图 3-66　“绘图”工具栏

✧ 命令行：在命令行中输入或动态输入“ADDSELECTED”命令，命令行提示如下：

```
命令：ADDSELECTED        //启动命令
选择对象：
所选择对象相同的命令
```

✧ 快捷菜单：选择新对象所基于的对象；单击鼠标右键，在出现的快捷菜单中，选择“添加选定对象”命令；按照命令行的提示，创建一个类似于选定对象的对象，如图 3-67 所示。

该命令用于创建具有与原始对象相同的对象类型和特性的新对象，但会提示用户指定大小、位置和其他特性。某些对象具有受支持的特殊特性，如表 3-1 所示。

表 3-1　支持的对象特性

序号	对象类型	支持的特殊特性
1	渐变色	渐变色名称、颜色 1、颜色 2、渐变色角度、居中
2	文字、多行文字、属性定义	文字样式、高度
3	标注（线性、对齐、半径、直径、角度、弧长和坐标）	标注样式、标注比例
4	公差	标注样式
5	引线	标注样式
6	多重引线	多重引线样式、全局比例
7	表	表格样式
8	图案填充	图案、比例、旋转
9	块参照、外部参照	名称
10	参考底图（DWF、DGN、图像和 PDF）	名称

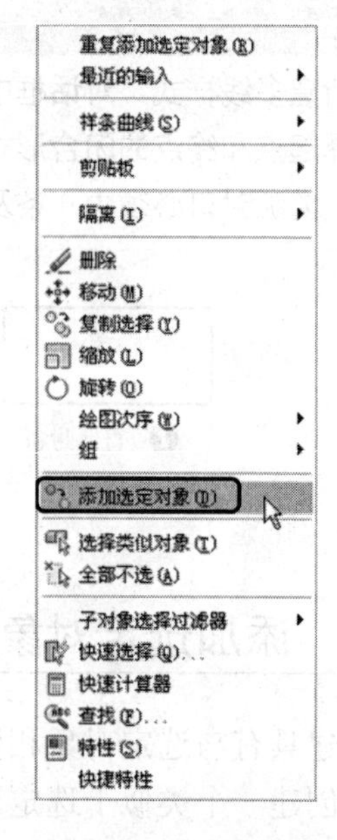

图 3-67　快捷菜单

例如，选择一个圆，新对象将采用该圆的相关特性，包含其颜色为“红色”、图层为“图层 1”、线型为“ACAD_IS004W100”、线宽为“0.40mm”；新绘制的圆对象也具有源对象的特性，效果如图 3-68 所示，命令行提示如下：

```
命令：_addselected _.circle //重复执行“圆”命令
指定圆的圆心或 [三点(3P)/两点(2P)/切点、切点、半径(T)]：2P
                            //设置绘制圆的方式
指定圆直径的第一个端点：      //指定大圆的上象限点
指定圆直径的第二个端点：      //指定大圆的圆心点
```

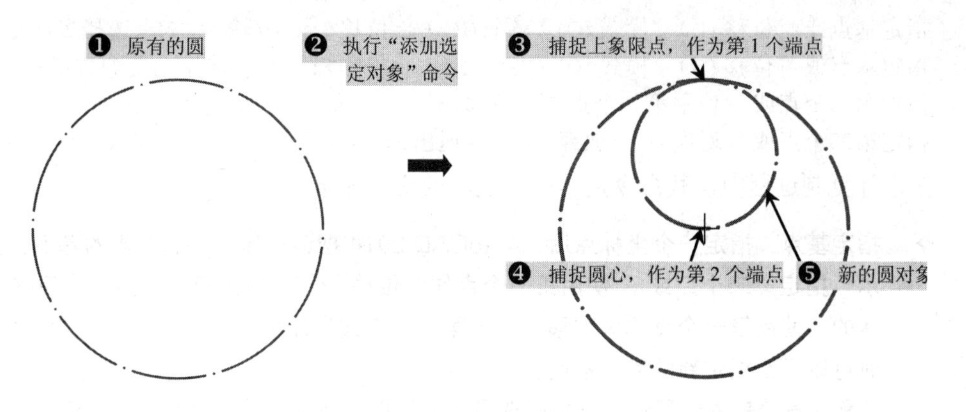

图 3-68 添加一个圆

Note

3.3 利用复制方式快速绘图

本节将详细介绍 AutoCAD 2014 的复制、镜像、阵列、偏移等命令，利用这些命令，可以方便地编辑、复制图形。

3.3.1 复制图形

复制命令可以将选中的对象复制到任意指定的位置，可以进行单个复制，也可以进行多重连续复制。可以通过以下几种方式来执行“复制”命令。

- ✧ 面板：在“修改”面板中单击“复制”按钮。
- ✧ 命令行：在命令行中输入或动态输入“COPY”命令（快捷键为 CO）。
- ✧ 快捷菜单：选择要复制的对象，在绘图区右击鼠标，在弹出的快捷菜单中选择“复制”选项。

执行上述命令后，根据如下提示进行操作，即可复制选择的图形对象，如图 3-69 所示。

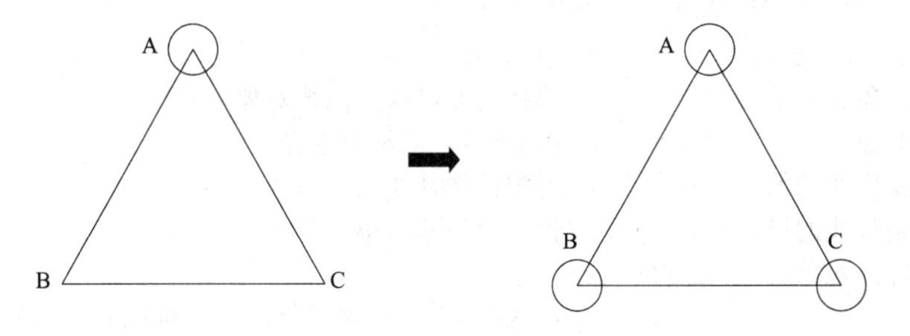

图 3-69 带基点多次复制

```
命令： _copy                    //启动复制命令
选择对象：找到一个              //选中需要复制的圆
选择对象：                      //按 Enter 键确定
当前设置： 复制模式 = 单个      //默认复制模式
```

Note

```
指定基点或 [位移(D)/模式(O)/多个(M)] <位移>:m //输入"M"选择多次复制
指定基点或 [位移(D)/模式(O)/多个(M)] <位移>:  //指定圆心为复制的基点
指定第二个点或 <使用第一个点作为位移>:          //捕捉第一点 B
指定第二个点或 [退出(E)/放弃(U)] <退出>:       //捕捉第二点 C
```

在进行复制过程中，其命令提示中各选项的说明如下：

✧ 指定基点：指定一个坐标点后，AutoCAD 2014 把该点作为复制对象的基点，并提示"指定第二个点或 <使用第一个点作为位移>:"，指定第二个点后，系统将默认的"使用第一个点作为位移"，则第一个点被当作相对于 *X*、*Y*、*Z* 的位移，这时可以不断指定新的点，从而实现多重复制。

✧ 位移：直接输入位移值，表示以选择对象的拾取点为基准，以拾取点坐标为移动方向纵横比，移动指定位移后所确定的点为基点。

✧ 模式：控制是否自动重复该命令，即确定复制模式是单个还是多个。选择该项后，系统提示"复制模式选项 [单个(S)/多个(M)]："，若选择"单个(S)"选项，则只能执行一次复制命令；选择"多个(M)"选项则能执行多次复制命令。

提示

在等距离复制图形时，指定一个的坐标基点后，系统将默认"使用第一个点作为位移"，把该点作为复制对象的基点，因此，输入的距离是以原始图形位置来计算的。

3.3.2 镜像图形

在绘图过程中，经常会遇到一些对称图形，AutoCAD 2014 提供了图形镜像功能，只需绘出对称图形的一部分，然后利用"MIRROR"命令复制出对称的另一部分图形。可以通过以下几种方式来执行"镜像"命令：

✧ 面　板：在"修改"面板中单击"镜像"按钮。

✧ 命令行：在命令行中输入或动态输入"Mirror"命令（快捷键为 MI）。

启动镜像命令后，根据如下提示进行操作：

```
命令：_mirror               //启动镜像命令
选择对象：找到一个           //选择需要镜像的图形对象
选择对象：                   //按 Enter 键结束选择
指定镜像线的第一点：         //指定镜像基线第一点 A
指定镜像线的第二点：         //指定镜像基线第二点 B
要删除源对象吗？[是(Y)/否(N)] <N>: n
                             //输入"N"保留源对象，"Y"则删除源对象
```

Note

经验分享——镜像文字

在 AutoCAD 2014 中镜像文字的时，可以通过控制系统变量“Mirrtext”的值来控制对象的镜像方向。

在“镜像”命令中，其系统变量默认值为“0”，则文字方向不镜像，即文字可读；在执行“镜像”命令之前，先执行“Mirrtext”，设其值为“1”，然后再执行“镜像”命令，镜像出的文字变得不可读，如图 3-70 所示。

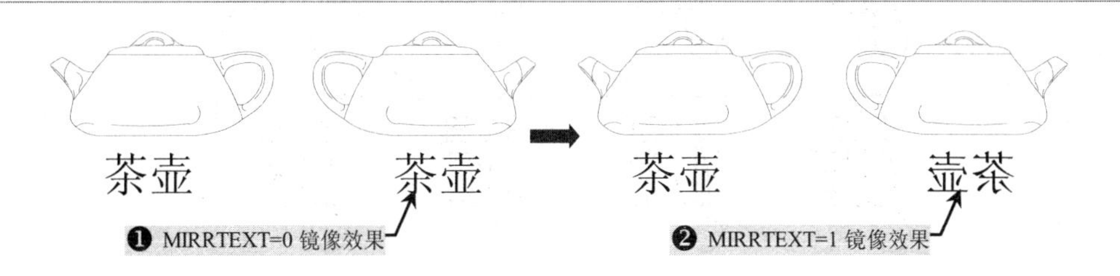

图 3-70　镜像的不同方式

3.3.3　阵列图形

阵列命令是按指定方式排列的多个对象副本。系统提供“矩形阵列”、“环形阵列”、“路径阵列”三种阵列选项，可以通过以下几种方式来执行“阵列”命令。

- ✧ 面板：在“修改”面板中单击“阵列”按钮。
- ✧ 命令行：在命令行中输入或动态输入“Array”命令（快捷键为 Ar）。

启动阵列命令后，根据如下提示进行操作：

```
命令:_array                                    //启动“阵列”命令
选择对象：找到一个                              //选择阵列对象
选择对象：
输入阵列类型 [矩形(R)/路径(PA)/极轴(PO)]       //选择阵列方式
```

在执行“阵列”命令过程中，其提示行中各选项的含义如下：

- ✧ 矩形（R）：以矩形方式来复制多个相同的对象，并设置阵列的行数及行间距、列数及列间距，如图 3-71 所示。

```
类型 = 矩形  关联 = 是                                   //矩形阵列
选择夹点以编辑阵列或 [关联(AS)/基点(B)/计数(COU)/间距(S)/列数(COL)/行数(R)/层数(L)/退出(X)] <退出>: R
输入行数数或 [表达式(E)] <4>: 3                          //输入行数
指定 行数 之间的距离或 [总计(T)/表达式(E)] : 500         //输入行距
选择夹点以编辑阵列或 [关联(AS)/基点(B)/计数(COU)/间距(S)/列数(COL)/行数(R)/层数(L)/退出(X)] <退出>: COL      //选择“列数（COL）”
输入列数数或 [表达式(E)] <4>: 4                          //输入列数
指定 列数 之间的距离或 [总计(T)/表达式(E)] : 500         //输入列距
```

选择夹点以编辑阵列或 [关联(AS)/基点(B)/计数(COU)/间距(S)/列数(COL)/行数(R)/层数(L)/退出(X)] <退出>: ×取消×

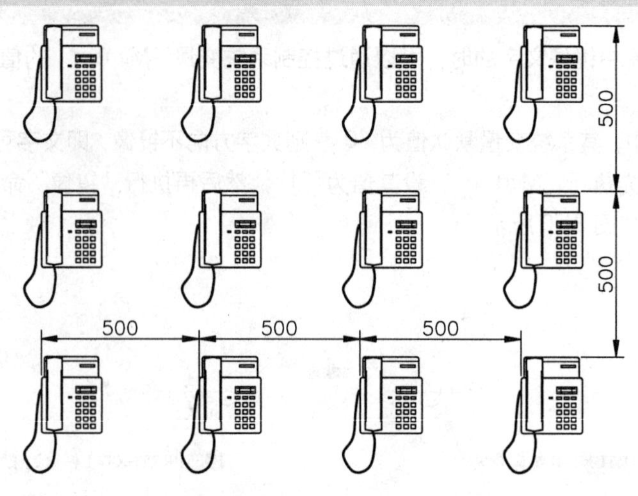

图 3-71 矩形阵列

✧ 路径（PA）：以指定的中心点来进行环形阵列，并设置环形阵列的数量及填充角度。

类型 = 路径 关联 = 是 //路径阵列
选择路径曲线： //选择阵列围绕路径
选择夹点以编辑阵列或 [关联(AS)/方法(M)/基点(B)/切向(T)/项目(I)/行(R)/层(L)/对齐项目(A)/Z 方向(Z)/退出(X)] <退出>: ×取消× //选择各选项

✧ 极轴（PO）：沿着指定的路径曲线创建阵列，并设置阵列的数量（表达式）或方向，如图 3-72 所示。

类型 = 极轴 关联 = 是 //极轴阵列
指定阵列的中心点或 [基点(B)/旋转轴(A)]： //指定阵列环绕中心点
选择夹点以编辑阵列或 [关联(AS)/基点(B)/项目(I)/项目间角度(A)/填充角度(F)/行(ROW)/层(L)/旋转项目(ROT)/退出(X)] <退出>: ×取消× //选择各选项

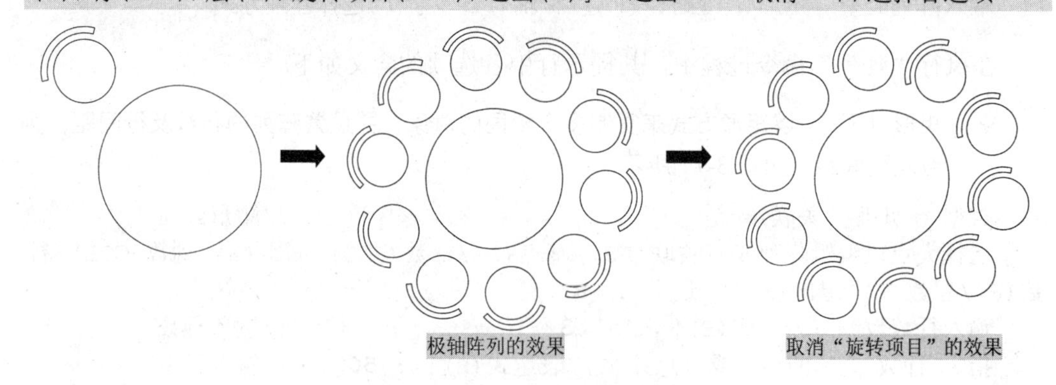

图 3-72 极轴阵列

经验分享——“关联”的巧用

在进行阵列操作时，如果阵列后的对象还需要再次进行阵列编辑，则设为“关联”状态；如果需要对阵列的个别对象进行再次编辑，则设置将默认的“关联”方式取消，其对比效果如图 3-73 所示。

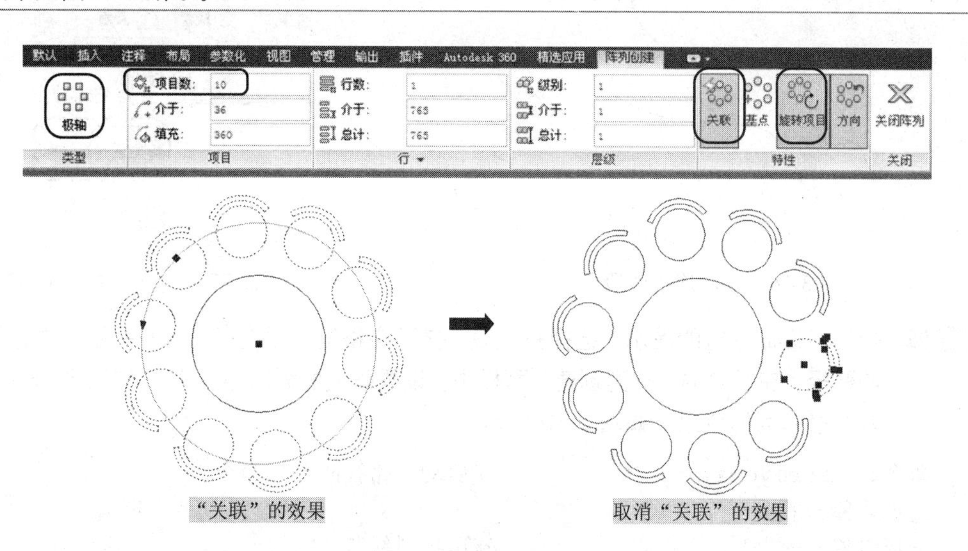

图 3-73　“关联”效果的对比

跟踪练习——铺设林荫小路

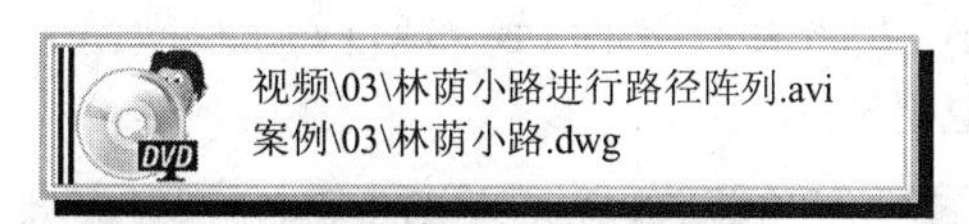

本实例以圆桌为极轴阵列中心，对其周围的椅子进行极轴阵列，其操作步骤如下：

Step 01 正常启动 AutoCAD 2014 软件，在“快速访问”工具栏中单击“保存”按钮，将其保存为“案例\03\林荫小路.dwg”文件。

Step 02 执行“样条曲线”命令（SPL），绘制一样条曲线，如图 3-74 所示。

Step 03 执行“偏移”命令（O），将样条曲线向右偏移 50mm，如图 3-75 所示。

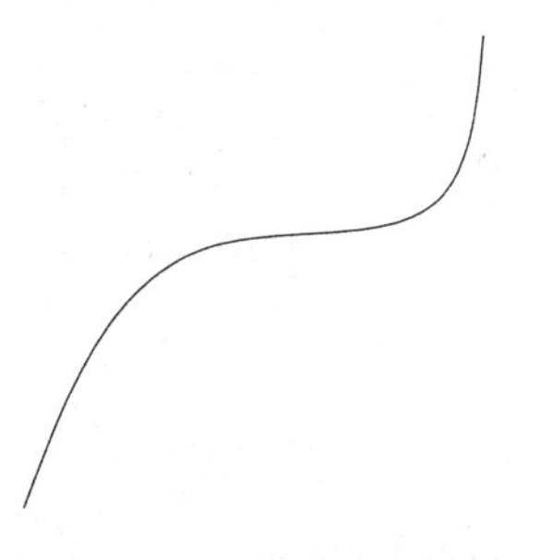

图 3-74　绘制样条曲线

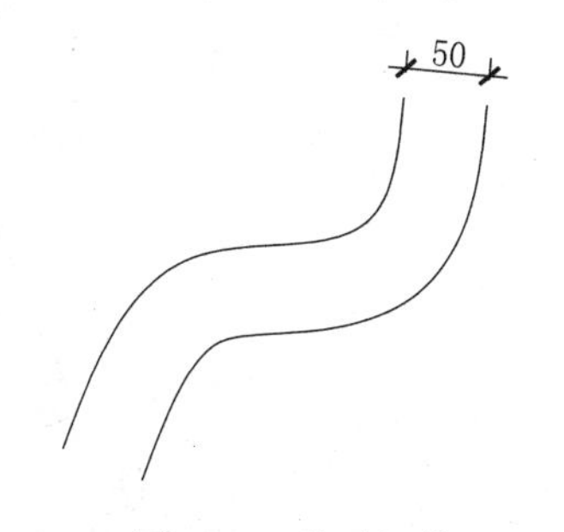

图 3-75　偏移操作

Step 04 执行“直线”命令（L），在样条曲线的下端点位置，绘制连接的线段，如图 3-76 所示。

Step 05 在“修改”面板中的“阵列”下拉列表中单击“路径阵列”按钮，如图 3-77 所示。

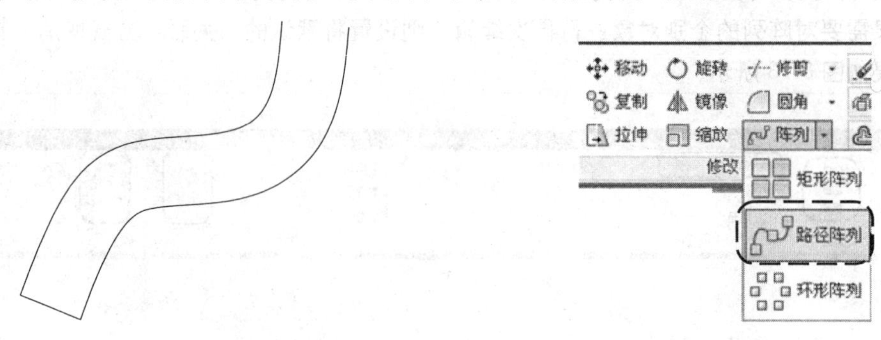

图 3-76　绘制连接线段　　　　图 3-77　启动“路径阵列”

Step 06 根据下面命令行的提示，选择斜线段，按下空格键；再选择“样条曲线”作为阵列的路径，在新增的“阵列创建”面板中，设置阵列的列间距为 15，如图 3-78 所示；其路径阵列的效果，如图 3-79 所示。

```
命令: _arraypath                    //启动“路径阵列”命令
选择对象: 找到一个
选择对象:                           //选择斜线段
类型 = 路径  关联 = 是
选择路径曲线:                       //选择样条曲线
选择夹点以编辑阵列或 [关联(AS)/方法(M)/基点(B)/切向(T)/项目(I)/行(R)/层(L)/对齐项目(A)/Z 方向(Z)/退出(X)] <退出>:
选择夹点以编辑阵列或 [关联(AS)/方法(M)/基点(B)/切向(T)/项目(I)/行(R)/层(L)/对齐项目(A)/Z 方向(Z)/退出(X)] <退出>:
```

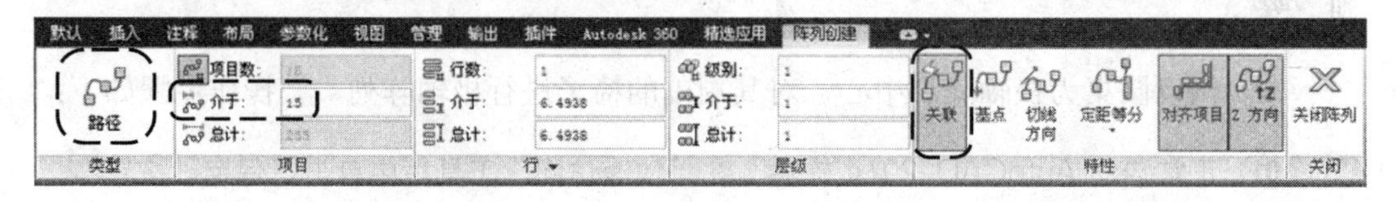

图 3-78　新增“阵列创建”面板

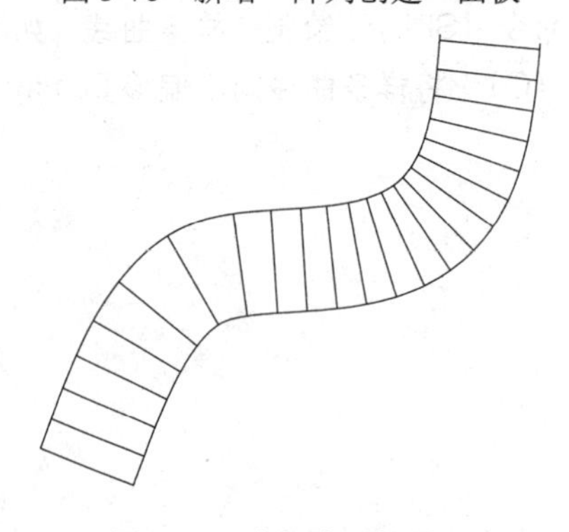

图 3-79　路径阵列的效果

经验分享——阵列的命令方式

在执行阵列命令过程中，可使用命令的方式，快速进行某一方式的阵列操作。其中，矩形阵列（arrayrect）、路径阵列（arraypath）、极轴阵列（arraypolar）。并且“修改”面板中的“环形阵列”等同于命令行中的“极轴阵列”。

Step 07 至此，小区的林荫小路铺设完成，按Ctrl+S组合键进行保存。

3.3.4 偏移图形

使用偏移命令可以将选定的图形对象以一定的距离增量值单方向复制一次，可以通过以下几种方式来执行“偏移”命令：

- ✧ 面板：在“修改”面板中单击“偏移”按钮。
- ✧ 命令行：在命令行中输入或动态输入“OFFSET”命令（快捷键为O）。

执行偏移命令后，命令行的提示如下：

```
命令:_offset                                          //启动命令
指定偏移距离或 [通过(T)/删除(E)/图层(L)] :               //输入偏移距离
选择要偏移的对象，或 [退出(E)/放弃(U)] <退出>:            //选择图形对象
指定要偏移的那一侧上的点，或 [退出(E)/多个(M)/放弃(U)] <退出>:
                                                      //鼠标单击偏移方向
```

在偏移对象的过程中，其命令中各选项的含义说明如下：

- ✧ 指定偏移矩离：选择要偏移的对象后，输入偏移距离以复制对象，如图3-80所示。

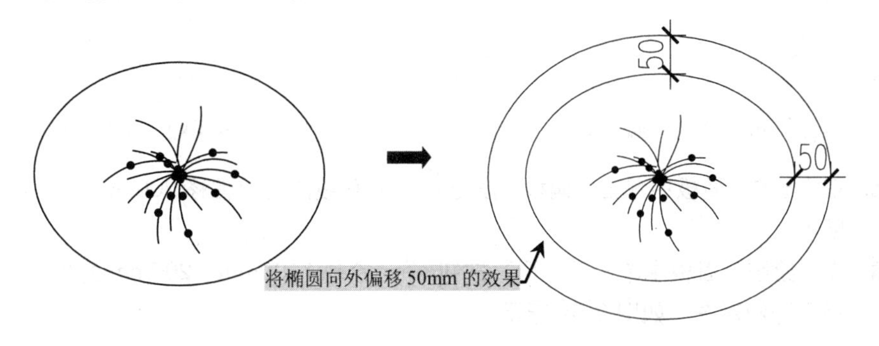

图3-80 偏移的效果

- ✧ 通过(T)：选择对象后，通过指定一个通过点来偏移对象，这样偏移复制出的对象经过通过点。
- ✧ 删除(E)：用于确定是否在偏移后删除源对象。
- ✧ 图层(L)：选择此项，命令行提示“输入偏移对象的图层选项[当前(C)/源(S)]<当前>：”，确定偏移对象的图层特性。

3.4 实战演练

Note

3.4.1 初试身手——绘制立面电视机

视频\03\立面电视机的绘制.avi
案例\03\立面电视机.dwg

首先绘制矩形，并执行偏移命令来向内偏移，从而形成立面电视轮廓，再绘制斜线段并偏移，从而形成电视屏效果，最后再绘制矩形、直线和偏移线段，从而完成立面电视柜效果，其操作步骤如下：

Step 01 正常启动 AutoCAD 2014 软件，在“快速访问”工具栏中单击“保存”按钮，将其保存为“案例\03\立面电视.dwg”文件。

Step 02 在“绘图”面板中单击“矩形”按钮，绘制 1100mm×800mm 的矩形。

Step 03 在“修改”面板中单击“偏移”按钮，输入偏移距离为 40，然后选择矩形对象，鼠标向中间指引偏移方向，从而将矩形向内偏移，如图 3-81 所示。

Step 04 在“绘图”面板中单击“直线”按钮，非正交模式状态下，在矩形内部绘制斜线段，如图 3-82 所示。

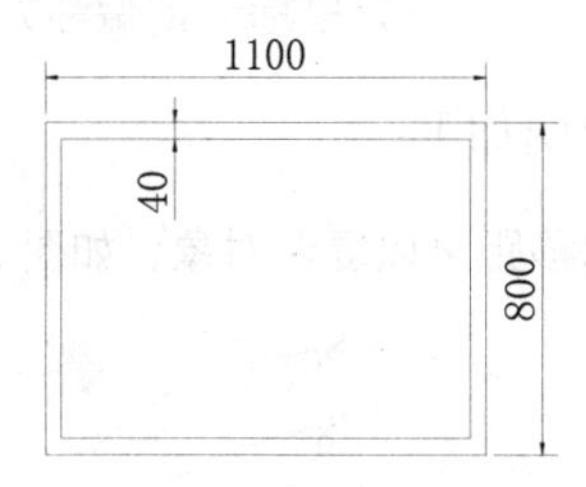

图 3-81　绘制和偏移矩形

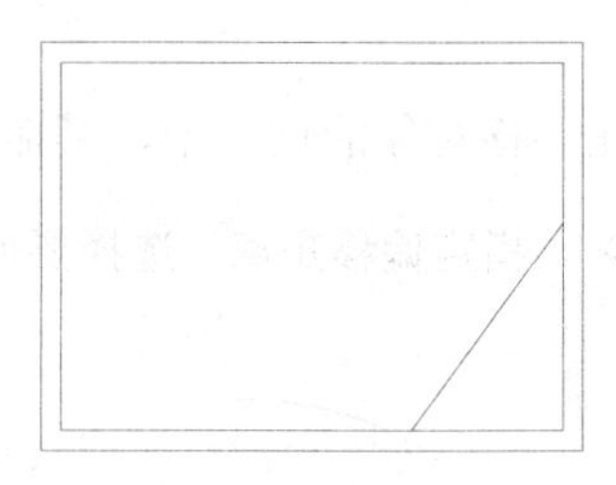

图 3-82　绘制斜线

Step 05 在“修改”面板中单击“偏移”按钮，将斜线向左上偏移 200 和 200，如图 3-83 所示。

Step 06 在“绘图”面板中单击“矩形”按钮，绘制 1100mm×200mm 的矩形，与前面矩形下侧对齐，如图 3-84 所示。

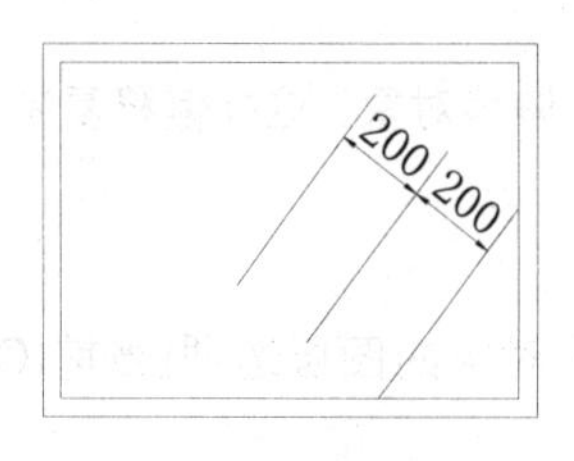

图 3-83　偏移线段

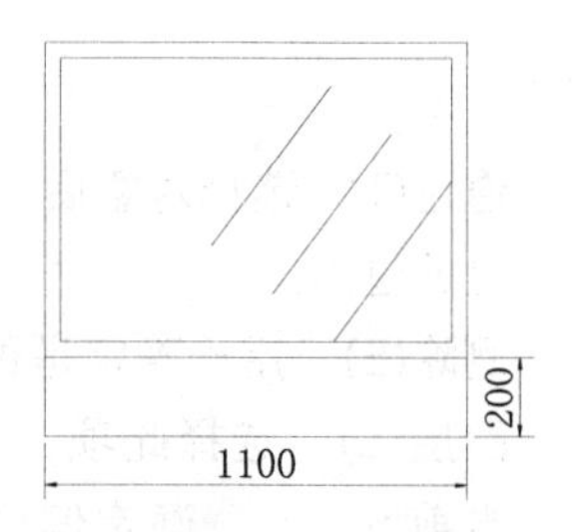

图 3-84　绘制矩形

Note

Step 07 在“绘图”面板中单击“直线”按钮，按F8键打开正交模式，捕捉上一步所绘制的矩形上、下水平中点，从而绘制垂直线段，如图3-85所示。

Step 08 在“修改”面板中单击“偏移”按钮，将垂直线段向左、右侧各偏移100和100，如图3-86所示。

Step 09 在“绘图”面板中单击“圆”按钮，在如图3-87所示位置，绘制半径为50的圆。

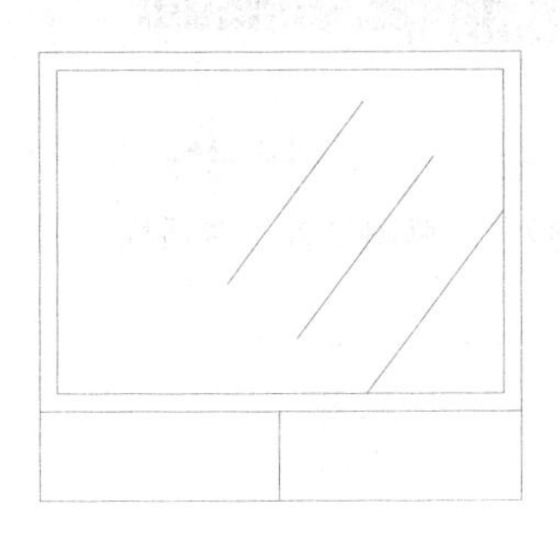
图3-85 绘制垂直线段

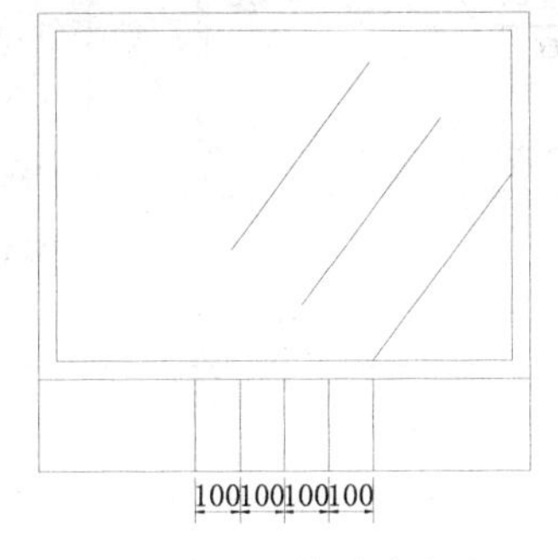

图3-86 偏移线段

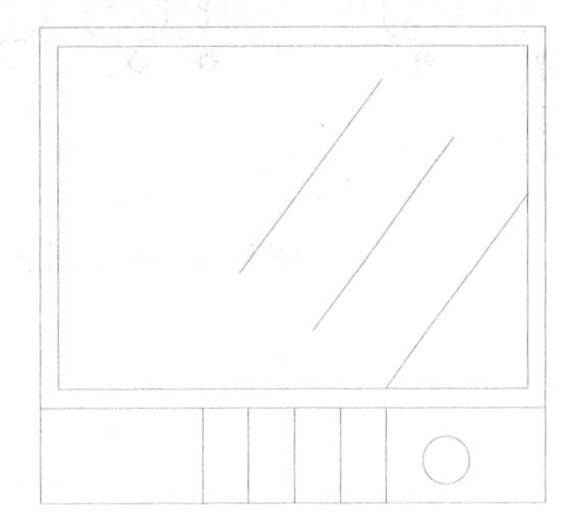
图3-87 绘制圆

Step 10 至此，立面电视已经绘制完成，按Ctrl+S组合键进行保存。

3.4.2 深入训练——绘制三孔连杆平面图

视频\03\三孔连杆平面图的绘制.avi
案例\03\三孔连杆平面图.dwg

本实例主要通过图层、直线、圆、偏移、阵列等命令，进行三孔连杆平面图的绘制，其操作步骤如下：

Step 01 正常启动AutoCAD 2014软件，在“快速访问”工具栏中单击“保存”按钮，将文件保存为“案例\03\三孔连杆平面图.dwg”文件。

Step 02 使用“图层”命令（LA），在打开的“图层特性管理器”选项板，按照如表3-2所示，分别新建相应的图层，并将“中心线”图层置为当前，如图3-88所示，

表3-2 图层设置

序号	图层名	线宽	线型	颜色	打印属性
1	中心线	默认	中心线（Center）	红色	打印
2	粗实线	0.30mm	实线（Continuous）	蓝色	打印
3	尺寸标注	默认	实线（Continuous）	绿色	打印

Step 03 使用“设置”命令（SE），在打开的“草图设置”对话框中，选择“对象捕捉”选项卡，再勾选“端点、中点、圆心、象限点、交点”等选项，如图3-89所示。

Step 04 按下键盘上的F8键，打开“正交”模式。

Step 05 使用“直线”命令（L），绘制长117的水平线段，如图3-90所示。

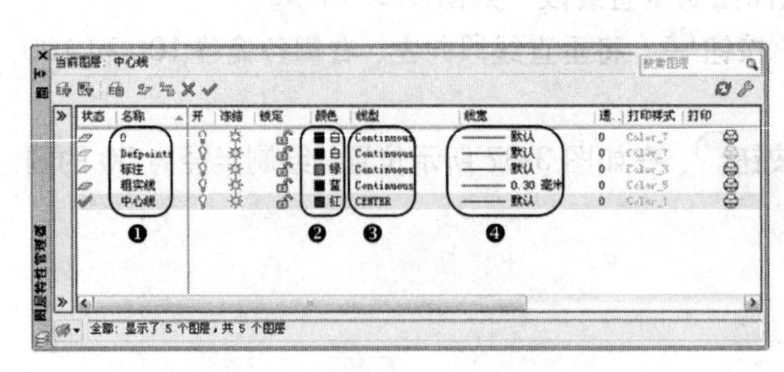

图3-88　新建图层

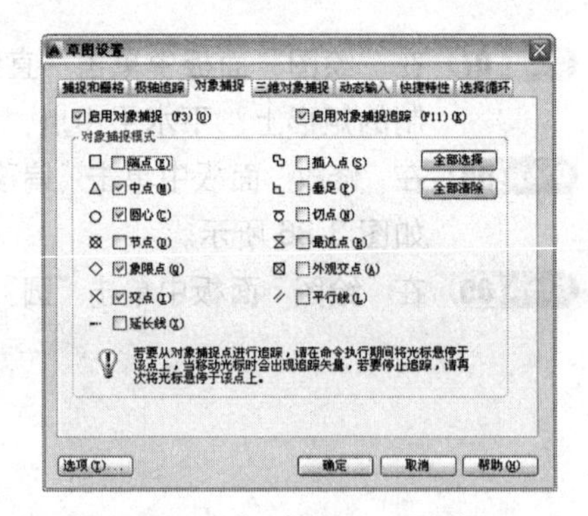

图3-89　“草图设置”对话框

图 3-90　绘制水平线段

Step 06 使用“直线”命令（L），分别绘制高 48、94、45 的垂直线段；并捕捉垂直线段的中点与水平线段重合，如图 3-91 所示。

Step 07 单击“图层”下拉列表框，将“粗实线”图层置为当前。

Step 08 使用“圆”命令（C），分别捕捉中、右端线段的交点作为圆心，绘制半径为 24 和 6 的圆，如图 3-92 所示。

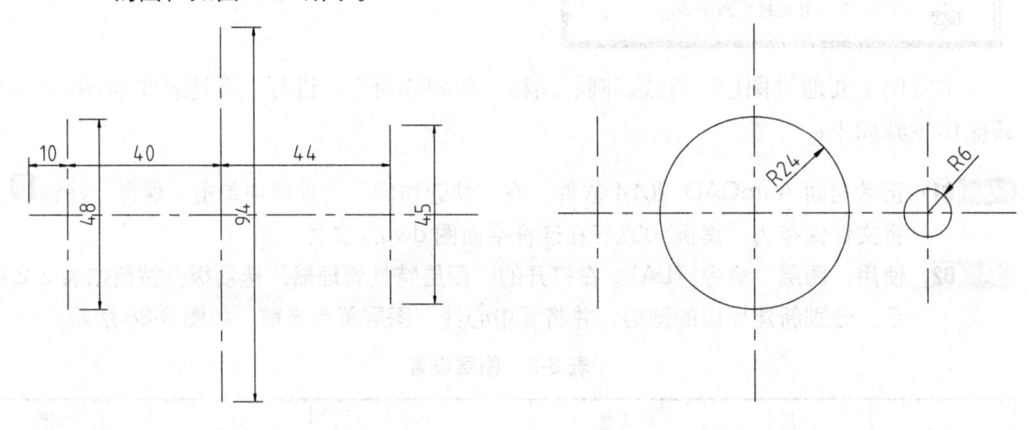

图 3-91　绘制垂直线段　　　　图 3-92　绘制的圆

Step 09 使用“偏移”命令（O），将中间的圆对象向外偏移 13，如图 3-93 所示。

Step 10 使用“圆弧”命令（Arc），捕捉右圆的圆心，绘制半径为 13 的圆弧，其命令行的提示如下，如图 3-94 所示。

```
命令:_arc                              //启动“圆弧”命令
指定圆弧的起点或 [圆心(C)]: C
指定圆弧的圆心:                        //捕捉右圆的圆心
指定圆弧的起点: 13                     //鼠标指向右圆处垂直线段
指定圆弧的端点或 [角度(A)/弦长(L)]: A
指定包含角: -180                       //输入包含角-180°
```

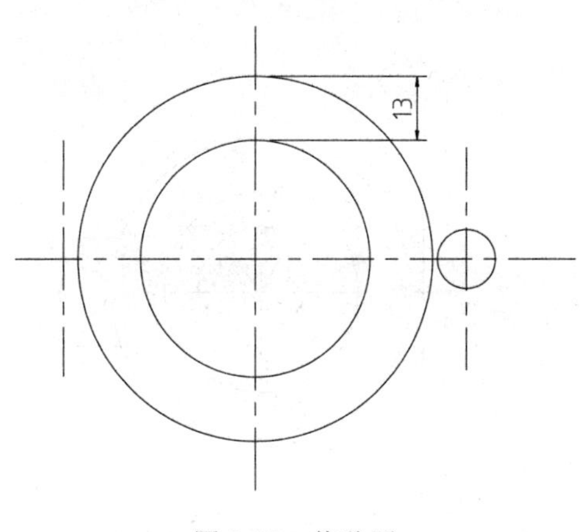

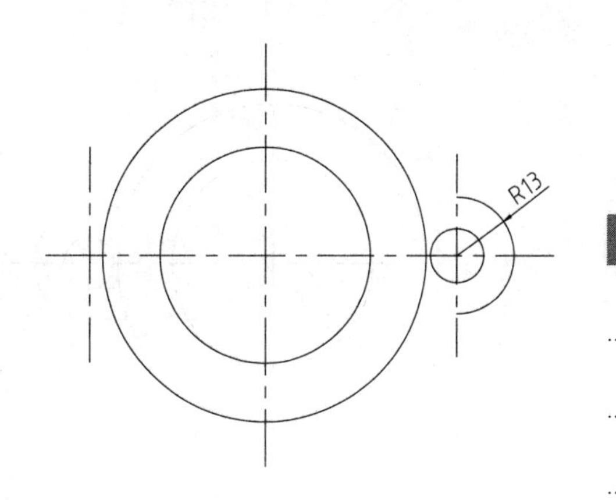

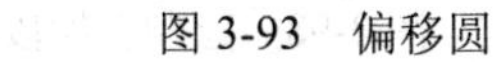

图 3-93 偏移圆

图 3-94 绘制圆弧

Step 11 使用“直线”命令（L），在右侧圆弧位置，绘制长为 9 的线段，如图 3-95 所示。

Step 12 选中图形左侧的垂直线段，将其由“中心线”转换为“粗实线”图层，如图 3-96 所示。

Step 13 使用“直线”命令（L），在左侧垂直线段位置，绘制长为 12 的线段，如图 3-97 所示。

Step 14 单击“图层”下拉列表框，将“中心线”图层置为当前。

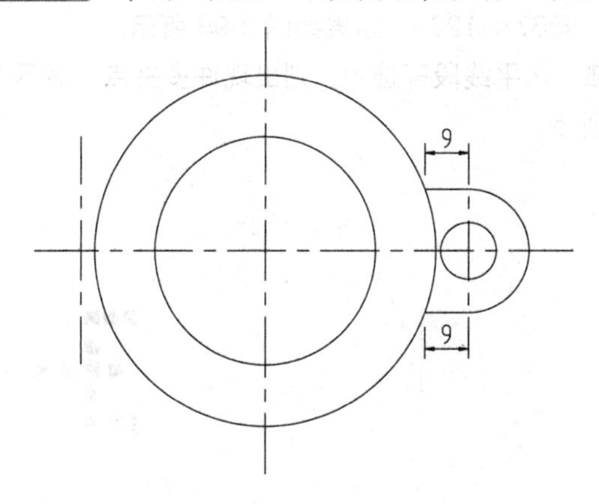

图 3-95 绘制水平线段

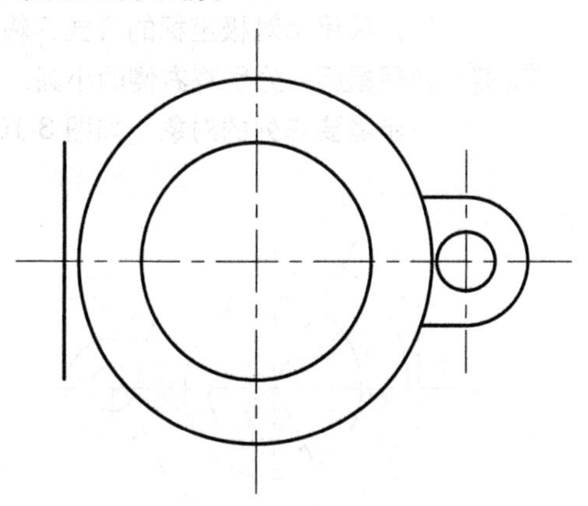

图 3-96 转换线型

提示——观察具提示有线宽的图形

由于绘制的圆、圆弧等对象属于“粗实线”图层，其具有 0.30mm 的线宽；将左侧的垂直线段转换线型。可单击底侧状态栏中的“显示/隐藏线宽”按钮，观察图形效果。

Step 15 使用“直线”命令（L），捕捉中间大圆的圆心作为直线的起点，在指定直线的长度时，采用相对极坐标的方式，输入“@67<120”，结果如图 3-98 所示。

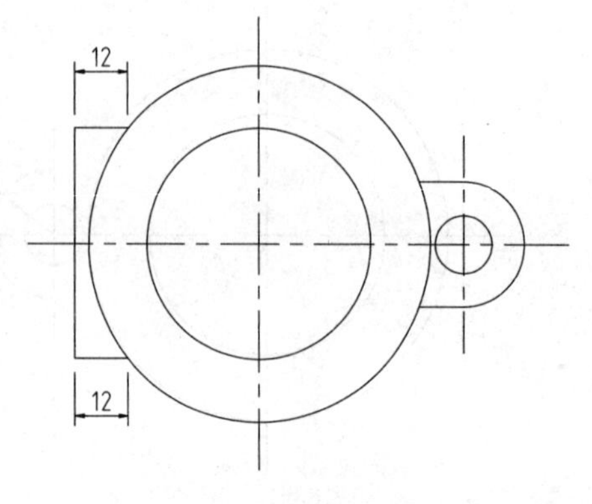

图 3-97　绘制水平线段

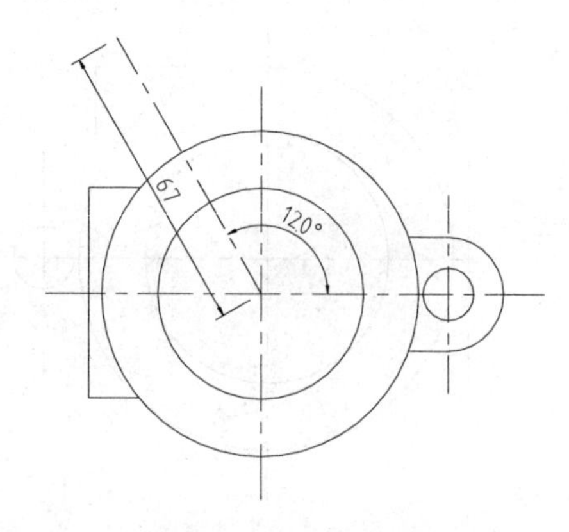

图 3-98　绘制斜线段

提示——相对极坐标提示

在输入的坐标值中，(@67<−120）是相对于本案例中的圆心点来定的，称为相对值坐标，前面有个"@"符号，是相对符号；"67"代表距离；"<120"代表角度。

Step 16 使用"直线"命令（L），捕捉中间大圆的圆心作为直线的起点，在指定直线的长度时，采用相对极坐标的方式，输入"@67<-120"，结果如图 3-99 所示。

Step 17 使用鼠标，分别将右侧的小圆、圆弧、水平线段等选中，则出现许多夹点，表示下一步需要阵列的对象，如图 3-100 所示。

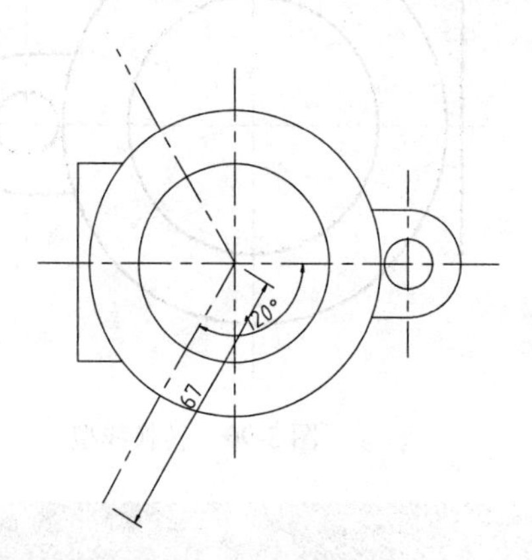

图 3-99　绘制斜线段

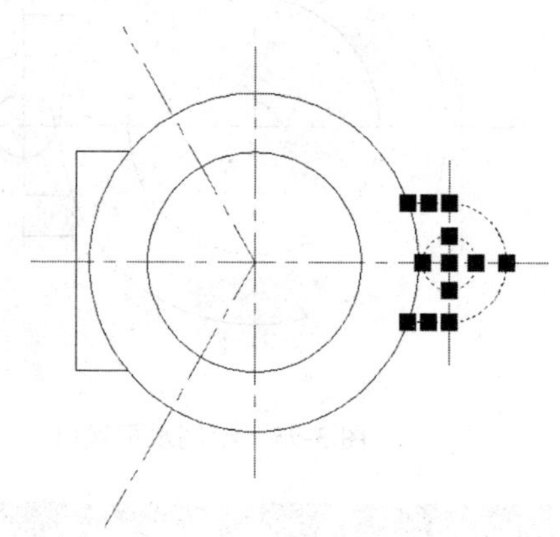

图 3-100　选中对象

Step 18 使用"阵列"命令（ARRAY），选择"极轴（PO）"选项，进行项目数为 3 的阵列操作，结果如图 3-101 所示。

```
命令:_array　找到 4 个　　　　　　　　　　　//启动"阵列"命令
输入阵列类型 [矩形(R)/路径(PA)/极轴(PO)] <极轴>: PO
类型 = 极轴　关联 = 是
指定阵列的中心点或 [基点(B)/旋转轴(A)]:　　　//捕捉中间大圆的圆心
选择夹点以编辑阵列或 [关联(AS)/基点(B)/项目(I)/项目间角度(A)/填充角度
(F)/行(ROW)/层(L)/旋转项目(ROT)/退出(X)] <退出>: I
```

输入阵列中的项目数或 [表达式(E)] <6>: **3**　　//设置阵列的个数为 3
选择夹点以编辑阵列或 [关联(AS)/基点(B)/项目(I)/项目间角度(A)/填充角度(F)/行(ROW)/层(L)/旋转项目(ROT)/退出(X)] <退出>:

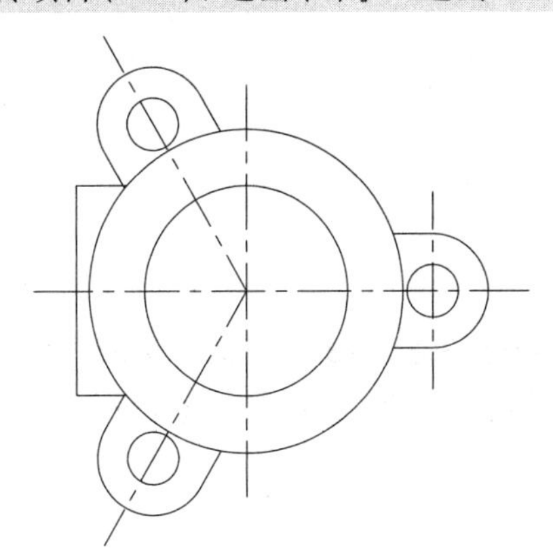

图 3-101　进行阵列的效果

Step 19 至此，三孔连杆平面图绘制完成，可按 Ctrl+S 组合键对文件进行保存。

3.4.3 实战训练——绘制洗脸盆

视频\03\绘制洗脸盆.avi
案例\03\洗脸盆.dwg

本实例讲解以椭圆绘制洗脸盆的方法，其操作步骤如下：

Step 01 正常启动 AutoCAD 2014 软件，在“快速访问”工具栏中单击“保存”按钮，将其保存为“案例\04\洗脸盆.dwg”文件。

Step 02 在“绘图”面板中单击“圆心，半径”按钮，在绘图区域随意指定圆心，并输入半径值 40，绘制一个圆，如图 3-102 所示。

Step 03 在“绘图”面板中单击“椭圆”按钮，根据命令行提示，选择“中心点(C)”选项，再捕捉上一步绘制圆的圆心为椭圆的中心点，鼠标向右拖动，输入轴端点为 200，如图 3-103 所示，然后鼠标向上拖动输入另一半轴长度为 135，如图 3-104 所示，从而绘制椭圆效果,如图 3-105 所示。

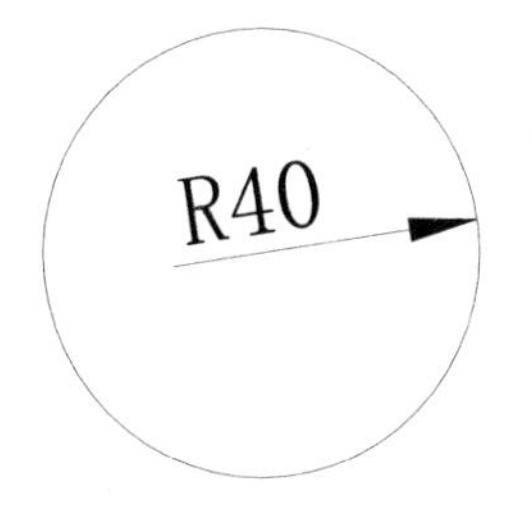

图 3-102　绘制圆

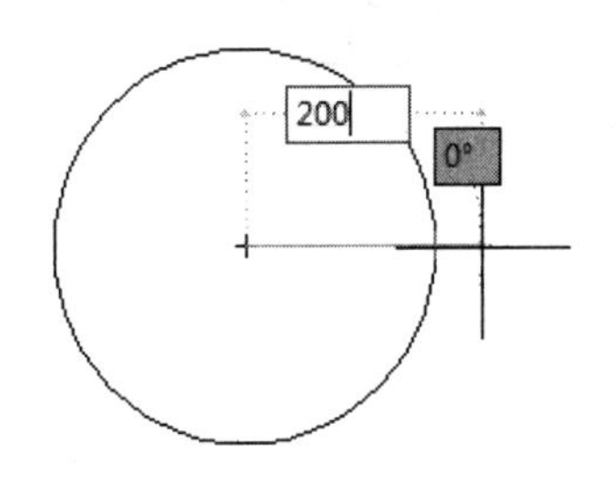

图 3-103　输入轴端点

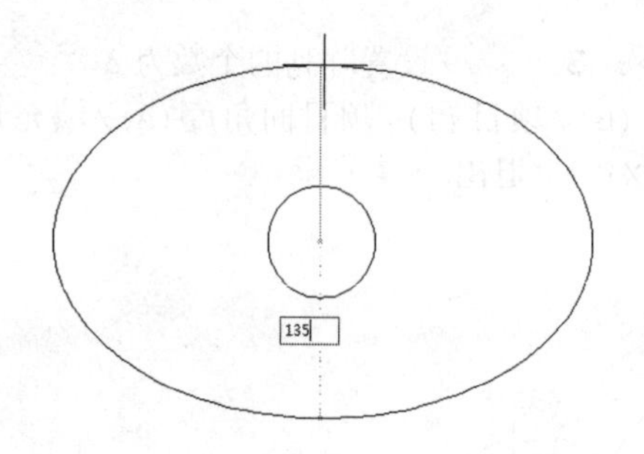

图 3-104　输入另一半轴长度

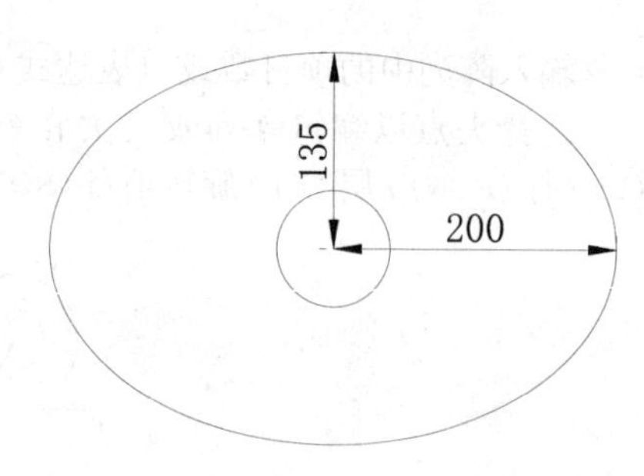

图 3-105　绘制椭圆效果

Step 04 用同样的方法，绘制出长轴为 280、短轴为 200 的椭圆对象，如图 3-106 所示。

Step 05 在“修改”面板中单击“移动”按钮，将上一步绘制的椭圆移动到前面图形相应位置，如图 3-107 所示。

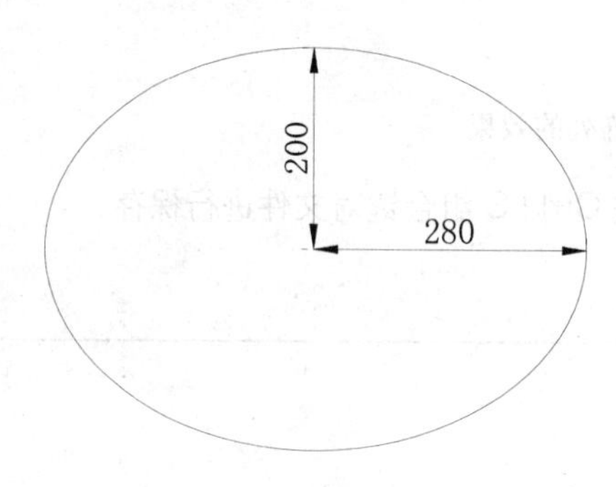

图 3-106　绘制圆弧

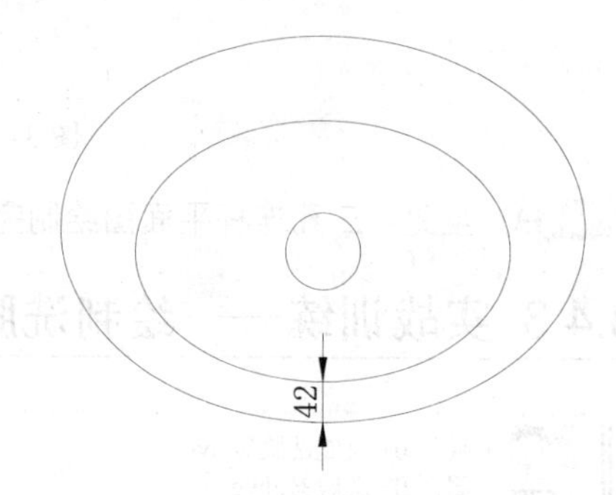

图 3-107　移动效果

Step 06 在“绘图”面板中单击“矩形”按钮，绘制 50×160 的直角矩形，如图 3-108 所示。

Step 07 在“修改”面板中单击“圆角”按钮，命令行提示“选择第一个对象或 [放弃(U)/多段线(P)/半径(R)/修剪(T)/多个(M)]:”时，选择“半径（R）”选项，输入半径为 21，提示“选择第一个对象：”时，选择矩形左垂直线段，然后再选择矩形下侧水平线段，从而将矩形进行半径为 21 的圆角操作，如图 3-109 所示。

Step 08 按空格键，系统自动继承上一操作，并保持上一步骤默认圆角值，在提示“选择第一个对象：”时，选择右侧垂直线段，在提示“选择第二个对象：”时，选择下侧水平线段，结果如图 3-110 所示。

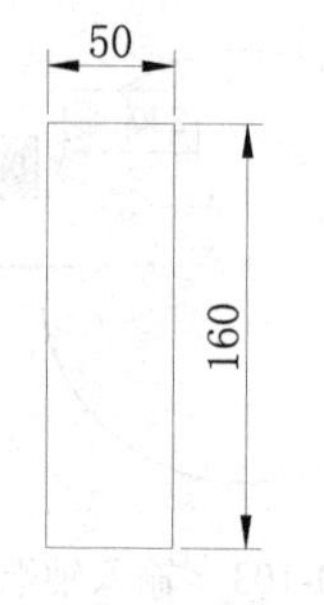

图 3-108　绘制矩形

图 3-109　圆左下侧直角

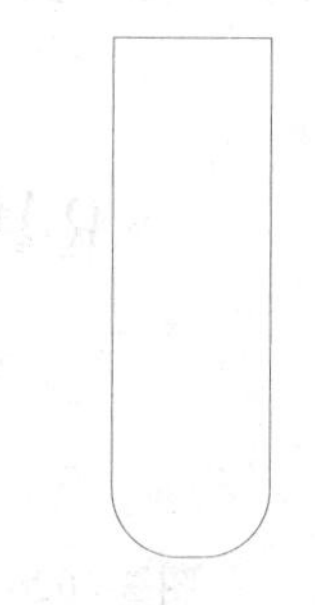

图 3-110　圆角效果

Step 09 在“修改”面板中单击“移动”按钮，将上一步绘制的圆角矩形移动到前面图形相应位置，如图 3-101 所示。

Step 10 在“绘图”面板中单击“圆心，半径”按钮，在如图 3-112 所示位置绘制半径为 20 的两个圆。

Step 11 在“修改”面板中单击“修剪”按钮，按空格键两次，然后选择椭圆和圆角矩形相交的地方，即可修剪多余的线条，结果如图 3-113 所示。

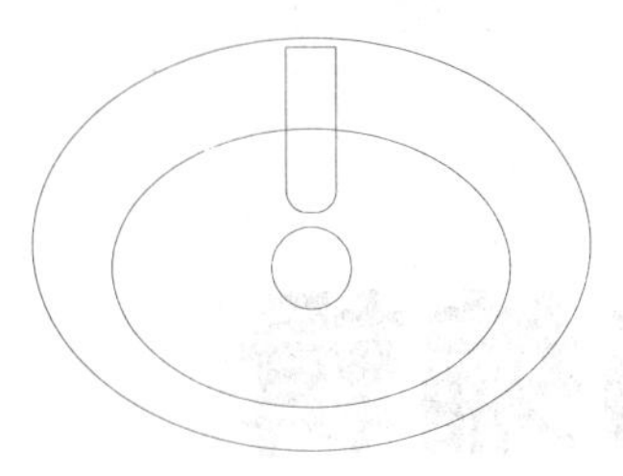

图 3-111 移动效果

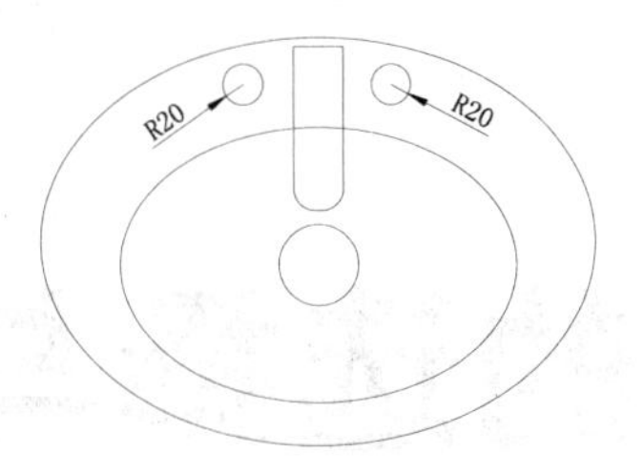

图 3-112 绘制圆

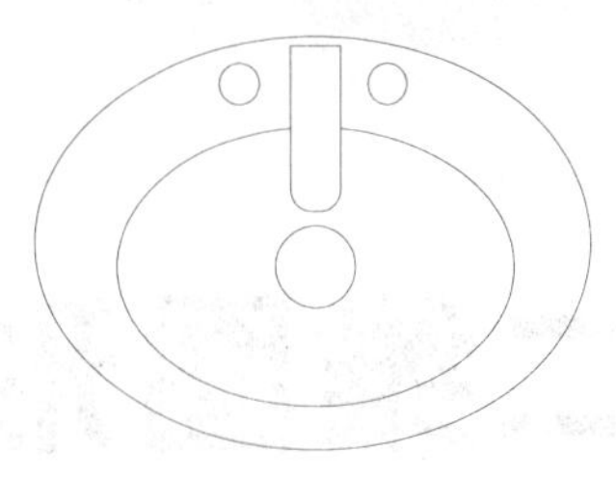

图 3-113 洗脸盆效果

Step 12 至此，洗脸盆已经绘制完成，按 Ctrl+S 组合键进行保存。

3.5 本章小结

本章主要讲解了 AutoCAD 2014 二维图形的绘制，包括 AutoCAD 的基本图形元素的绘制，如点、直线、矩形、多边形、圆、圆弧等，AutoCAD 2014 的复杂二维图形绘制，如构造线、射线、多段线、圆环、样条曲线、多线、添加选定对象等；AutoCAD 2014 利用复制方式快速绘图。最后通过实战演练来学习 AutoCAD 绘制立面电视机、绘制三孔连杆平面图、绘制洗脸盆，从而为后面的学习打下坚实的基础。

第4章 二维图形的选择与编辑

在 AutoCAD 2014 中，除了拥有大量二维图形绘制命令外，还提供了功能强大的二维图形编辑命令。正确快捷地选择要编辑的图形对象为基础，使用编辑命令对图形进行修改，使图形更精确、直观，以达到制图的最终目的。

内容要点

- ♦ 掌握选择对象与对象编组方法
- ♦ 掌握使用夹点编辑图形
- ♦ 掌握复制和删除操作
- ♦ 掌握移动和偏移操作
- ♦ 掌握旋转和镜像操作
- ♦ 掌握对齐和阵列操作
- ♦ 掌握修改对象形状的方法
- ♦ 掌握倒角和圆角操作
- ♦ 掌握打断、合并与分解操作

4.1 选择对象的基本方法

在 AutoCAD 中，绘制和编辑一些图形对象时，都需要选择对象，而 AutoCAD 2014 提供了多种选择对象的方式，下面就分别来进行讲解。

4.1.1 设置选择对象模式

AutoCAD 2014 中，系统用虚线亮显表示所选的对象，这些对象就构成了选择集，包括单个对象，也可以包括复杂的对象编组。要设置选择集，用户可以通过“选项”对话框进行设置。

- ✧ 面板：在“视图”标签下的“用户界面”面板中单击“箭头”按钮↘，如图 4-1 所示。
- ✧ 命令行：在命令行中输入“OPTIONS”命令（快捷键为 OP）。
- ✧ 快捷菜单：在绘图区的空白区域右击鼠标，弹出快捷菜单如图 4-2 所示，选择选项（O）命令。

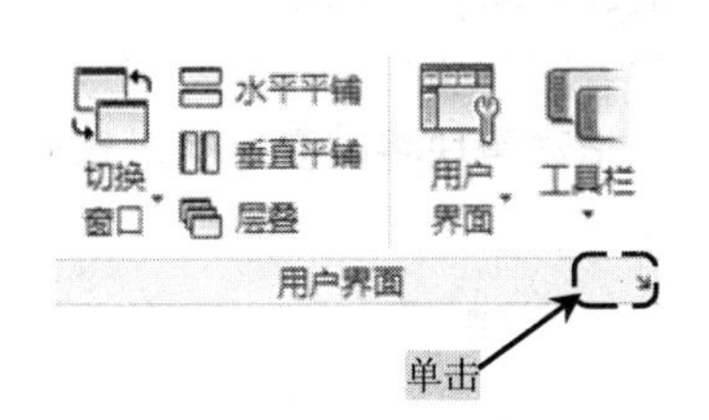

图 4-1 面板中执行

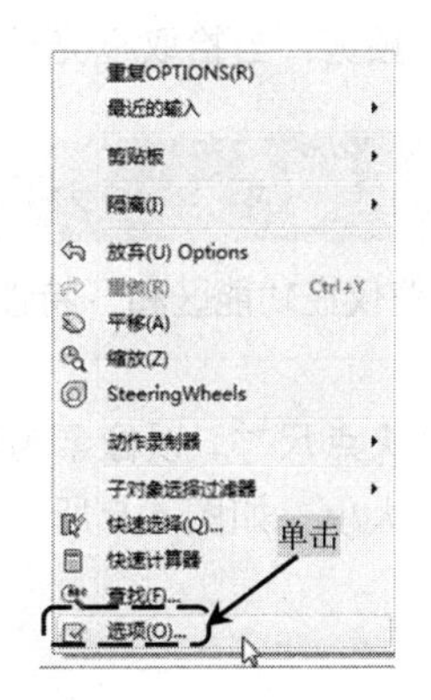

图 4-2 图形区域执行

启动“选项”命令后，将弹出“选项”对话框，切换到“选择集”选项，就可以通过各选项来对“选择集”进行设置，如图 4-3 所示。各选项的含义如下：

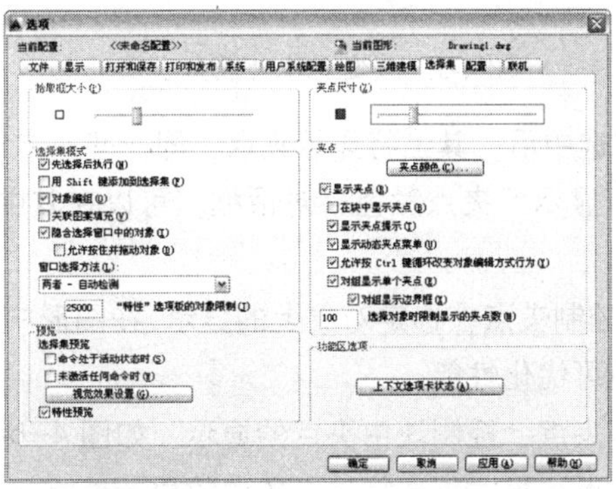

图 4-3 “选项”对话框

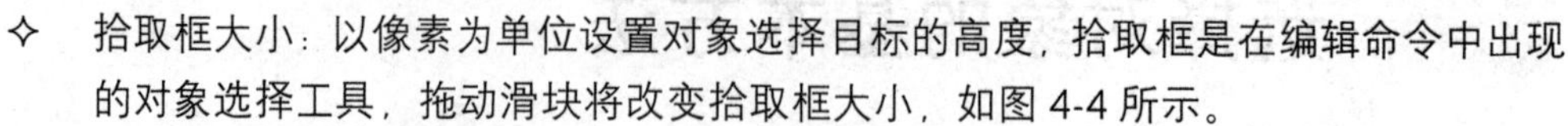

在“选择集”选项卡中，各选项的含义如下：

- ✧ 拾取框大小：以像素为单位设置对象选择目标的高度，拾取框是在编辑命令中出现的对象选择工具，拖动滑块将改变拾取框大小，如图 4-4 所示。

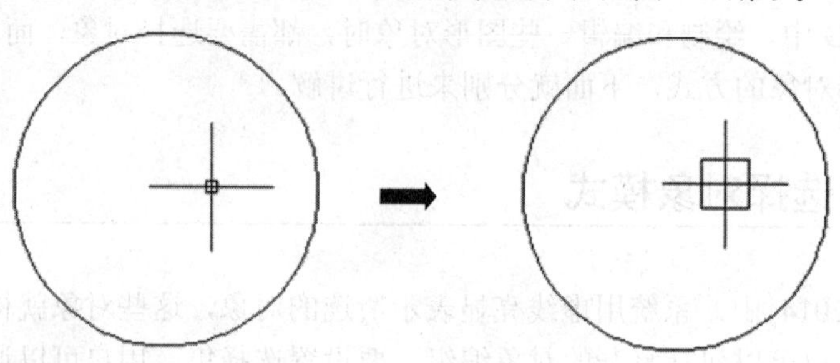

图 4-4　改变拾取框大小效果

- ✧ 选择集模式：控制与对象选择方法相关的设置。
- ✧ 窗口选择方法：使用下拉列表来更改“Pickdrag”系统变量的设置。
- ✧ “特性”选项板中的对象限制：确定可以使用“特性”和“快捷特性”选项板限制一次更改的对象数。
- ✧ 预览：当拾取框光标滚动过对象时，亮显对象。

提示

特性预览仅在功能区和“特性”选项板中显示，在其他选项板中不可用。

- ✧ 夹点尺寸：以像素为单位设置夹点框的大小，拖动滑块将改变选择对象显示的夹点大小，如图 4-5 所示。

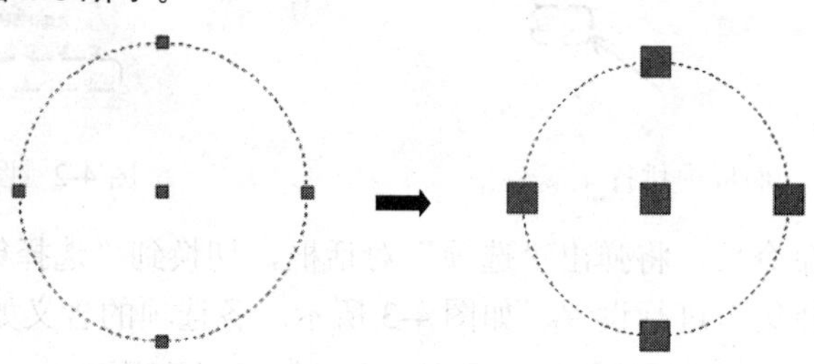

图 4-5　改变对象夹点大小效果

- ✧ 夹点：在对象被选中后，其上将显示夹点，即一些小方块，如图 4-5 所示。
  - ✓ 夹点颜色：显示“夹点颜色”对话框，可以在其中指定不同夹点状态和元素的颜色。
  - ✓ 显示夹点：控制夹点在选定对象上的显示。在图形中显示夹点会明显降低性能。清除此选项可优化性能。
  - ✓ 在块中显示夹点：控制块中夹点的显示，如图 4–6 所示，为打开和关闭“在块中显示夹点”模式下选择块对象的效果。

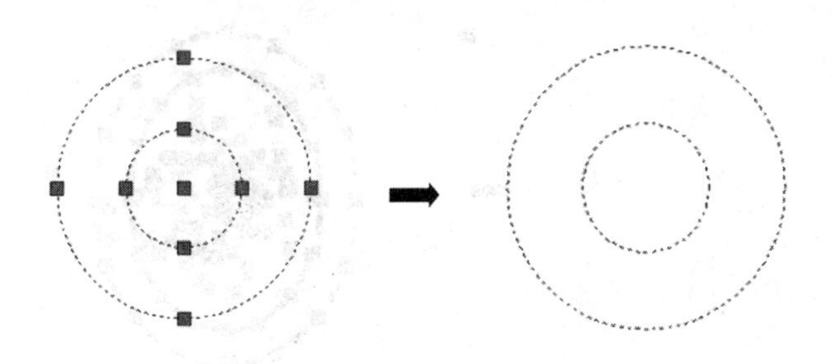

图 4-6　打开、关闭“在块中显示夹点”效果

- ✓ 显示夹点提示：当光标悬停在支持夹点提示的自定义对象夹点上时，显示夹点的特定提示。此选项对标准对象无效。
- ✓ 显示动态夹点菜单：控制在将鼠标悬停在多功能夹点上时动态菜单的显示。
- ✓ 允许按 Ctrl 键循环改变对象编辑方式行为：允许多功能夹点的按 Ctrl 键循环改变对象编辑方式行为。
- ✓ 对组显示单个夹点：显示对象组的单个夹点。
- ✓ 对组显示边界框：围绕编组对象的范围显示边界框。
- ✓ 选择对象时限制显示的夹点数：选择集包括的对象多于指定数量时，不显示夹点。有效值的范围为 1～32767。默认设置是 100。

✧ 功能区选项：单击“上下文选项卡状态”按钮，将显示“功能区上下文选项卡状态选项”对话框，从而可以为功能区上下文选项卡的显示进行设置，如图 4-7 所示。

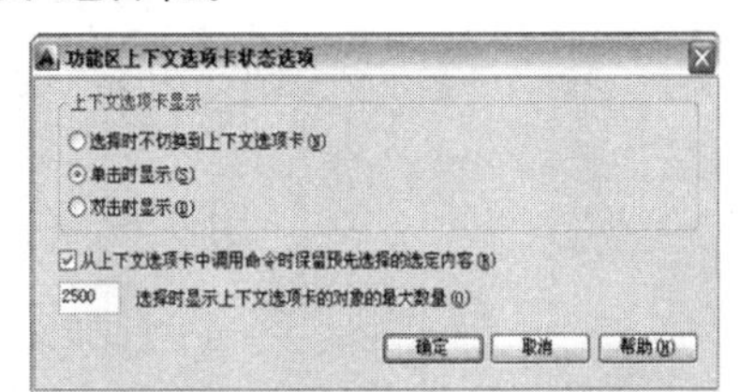

图 4-7　“功能区上下文选项卡状态选项”对话框

4.1.2　选择对象

选择，就是依次用鼠标单击，选中需要选择的图形对象，如图 4-8 所示。

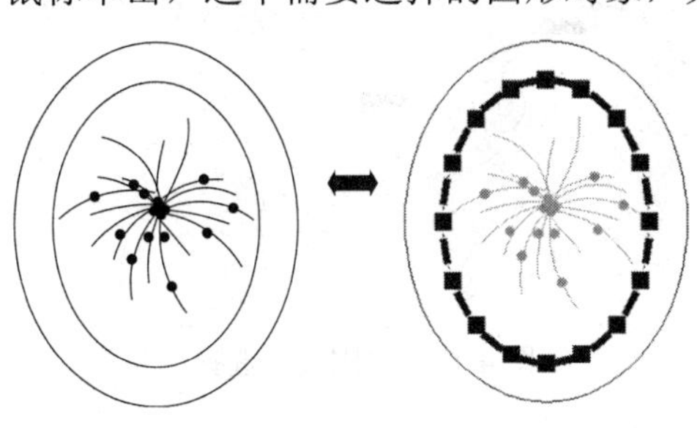

图 4-8　“选择”选择

4.1.3　框选对象

框选，就是拖动鼠标在需要选择的所有图形的位置周围，画一绿色矩形边框，这样，矩形内的所有对象均被选中，如图 4-9 所示。

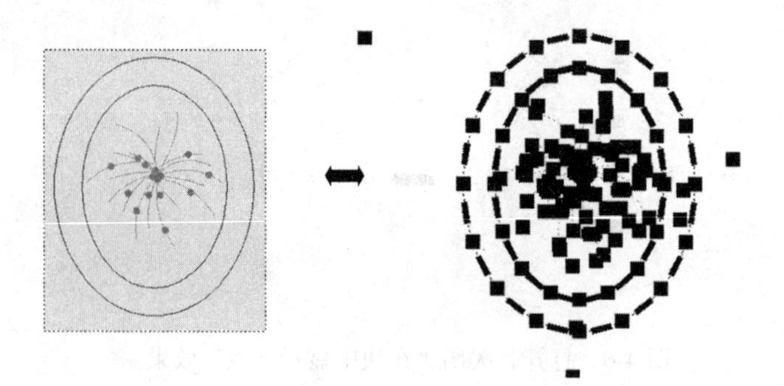

图 4-9 “框选”选择

4.1.4 栏选对象

栏选，就是拖动鼠标形成任意线段，但凡与此线相交的所有的图形对象均被选中，如图 4-10 所示。

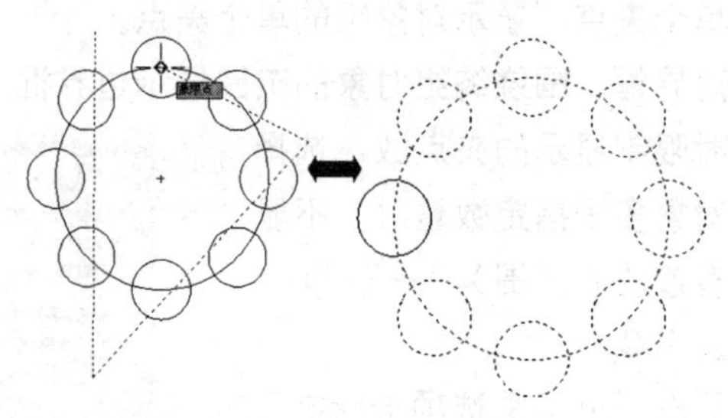

图 4-10 “栏选”选择

4.1.5 围选对象

围选，就是拖动鼠标形成任意封闭多边形，但凡全部在其多边形窗口之内的图形对象皆被选中，如图 4-11 所示。

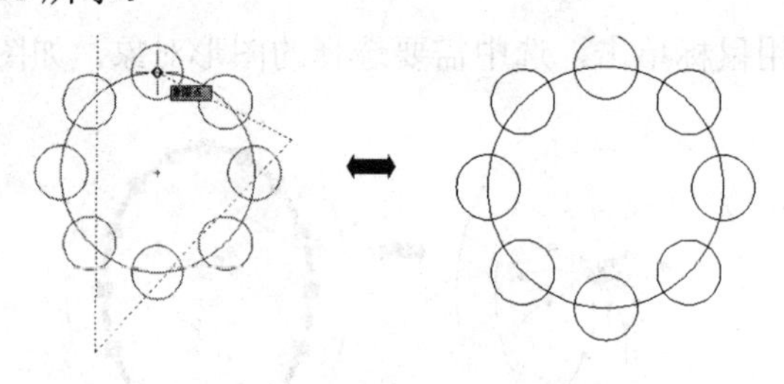

图 4-11 “围选”选择

4.1.6 快速选择

在 AutoCAD 2014 中提供了快速选择功能，运用该功能可以一次性选择绘图区中具有某一属性的所有图形对象（如具有相同的颜色、图层、线型、线宽等）。用户可以通过以两种方法来启动“快速选择”命令：

✧　快捷菜单：当命令行处于等待状态时，右击鼠标，在弹出的菜单中选择“快速选择”命令，如图 4-12 所示。

✧　命令行：在命令行中输入或动态输入“Qselect”命令。

启动“快速选择”命令后，弹出“快速选择”对话框，如图 4-13 所示。

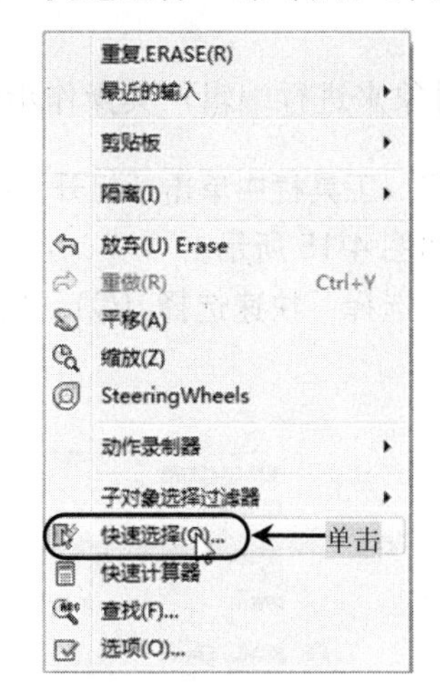

图 4-12　快捷菜单

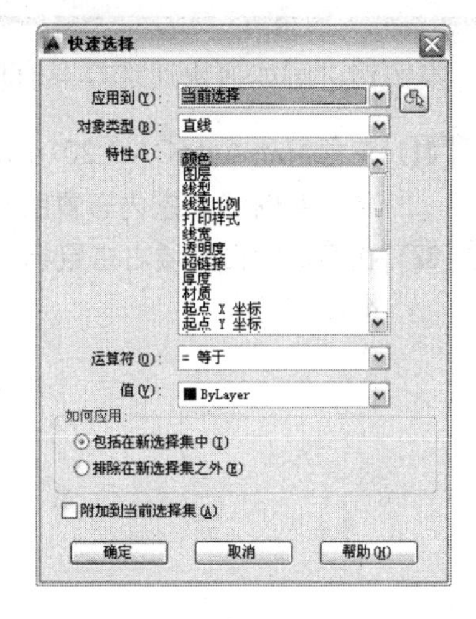

图 4-13　“快速选择”对话框

用户可以根据所要选择目标的属性，一次性选择绘图区中具有该属性的所有对象，如图 4-14 所示。

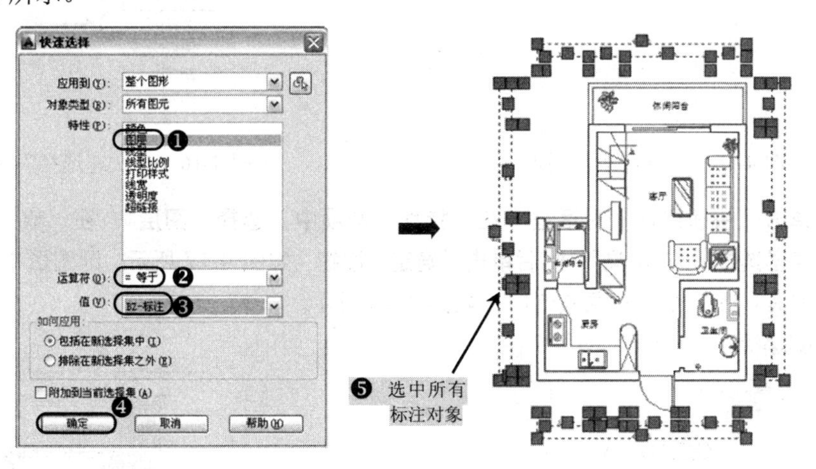

图 4-14　快速选择效果

要使用快速选择功能对图形进行选择，可以在“快速选择”对话框的“应用到”下拉列表中选择要应用到的图形，或者单击右侧的按钮。

回到绘图区中选择需要的图形，然后右击鼠标返回到“快速选择”对话框中，在“特性”列表框内选择“图层”特性，在“值”下拉列表中选择图层名，然后单击“确定”按钮即可。

跟踪练习——删除图形中所有的家具对象

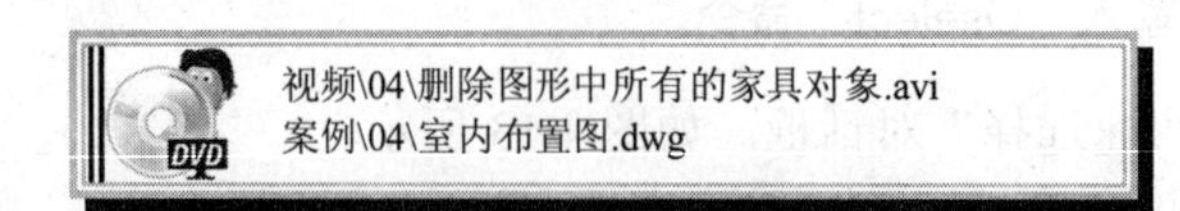

本实例讲解如何快速选择具有同一属性的图形对象来进行编辑，其操作步骤如下：

Step 01 正常启动 AutoCAD 2014 软件，在“快速访问”工具栏中单击“打开”按钮，将“案例\04\室内布置图.dwg”文件打开，如图 4-15 所示。

Step 02 在图形空白区域右击鼠标，在弹出快捷菜单中选择“快速选择（Q）”选项，如图 4-16 所示。

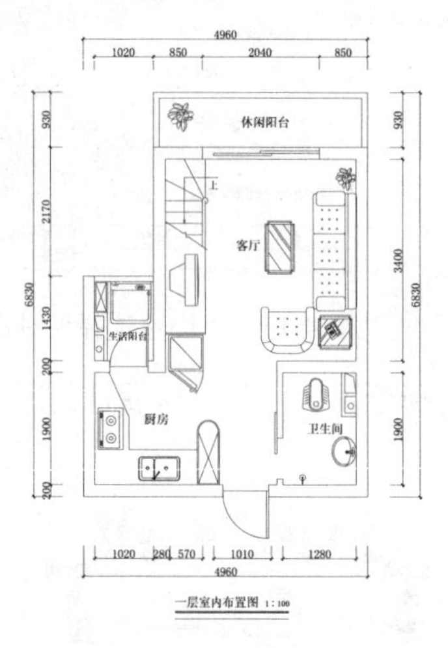

图 4-15　打开的素材图形

图 4-16　“快速选择”选项

Step 03 弹出“快速选择”对话框，在“特性”选项中，选择“图层”，在“值”选项下拉表里选择“JJ-家具”，然后单击“确定”按钮，如图 4-17 所示，则图形中所有“JJ-家具”图层相应对象被选中，如图 4-18 所示。

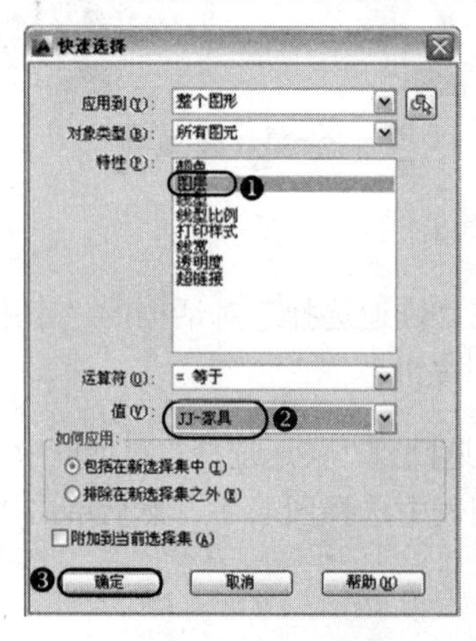

图 4-17　设置选择对象

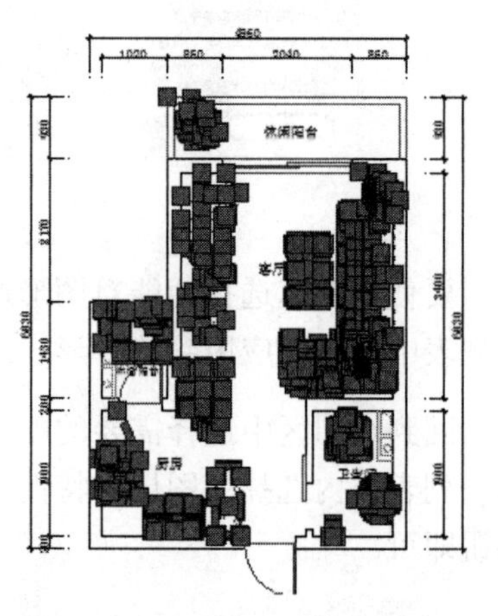

图 4-18　选中的“家具”对象

Note

Step 04 执行“删除”命令（E），或者按 Delete 键，将选中对象删除，结果如图 4-19 所示。

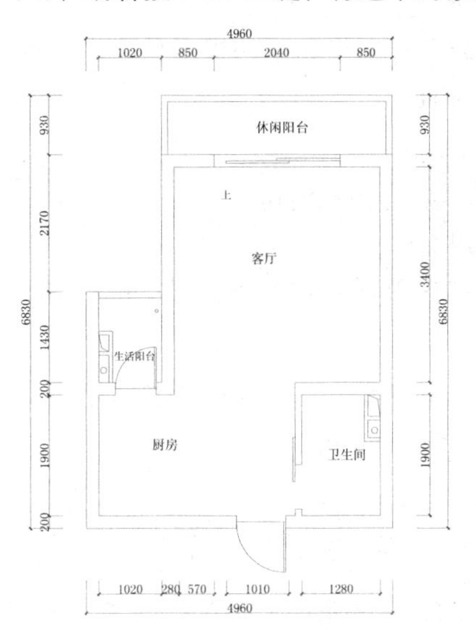

图 4-19　删除结果

经验分享——选择类似对象

用户还可以使用鼠标选择图形中的对象，然后右击鼠标，在弹出快捷菜单中选择“选择类似对象”，则图形中相同属性的图形都被选中，如图 4-20 所示。

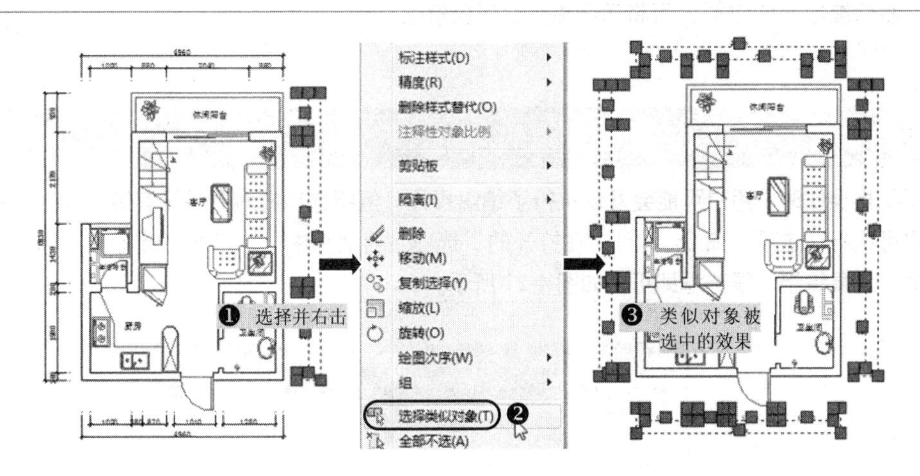

图 4-20　选择类似对象

4.1.7　编组

当把若干个对象定义为选择集，并让它们在以后的操作中始终作为一个整体，可以给这个选择集命名并保存起来，这个对象选择集就是对象组，通过以下几种方式来执行“编组”命令。

✧　面板：在“常用”标签下的“组”面板中单击“编组”按钮。

✧ 命令行：在命令行中输入或动态输入“Group”命令（快捷键为 G）。

执行上述命令后，在命令行出现如下的提示信息，从而可以为对象进行编组，并设置组名称，并进行相关组说明。

Note

```
命令:_group                                                //执行“编组”命令
选择对象或 [名称(N)/说明(D)]:n                             //选择“名称”项
输入编组名或 [?]: 组 1                                      //输入名称
选择对象或 [名称(N)/说明(D)]:指定对角点: 找到三个           //选择对象
组“组 1”已创建。                                          //创建组对象
```

用户可以使用多种方式编辑编组，包括更改其成员资格、修改其特性、修改编组的名称和说明，以及从图形中将其删除。

经验分享——提示编组的命名

即使删除了编组中的所有对象，但编组定义依然存在。如果用户输入的编组名与前面输入的编组名称相同，则在命令行中出现“编组×××已经存在”的提示信息。

经验分享——提示—编组的分解

若要将组对象进行解散，需选择要解除编组的对象，然后在“常用”选项卡的“组”面板单击“解除编组”按钮，可将已经编组的对象解散。

经验分享——解决无法编组的问题

对于编组操作时，用户可能会发现执行了编组操作，但所选择的对象并没有进行编组。这时用户可执行“选项”命令（OP），在打开的“选项”对话框中，切换至“选择集”选项卡，选择“对象编组”复选框即可，如图 4-21 所示。

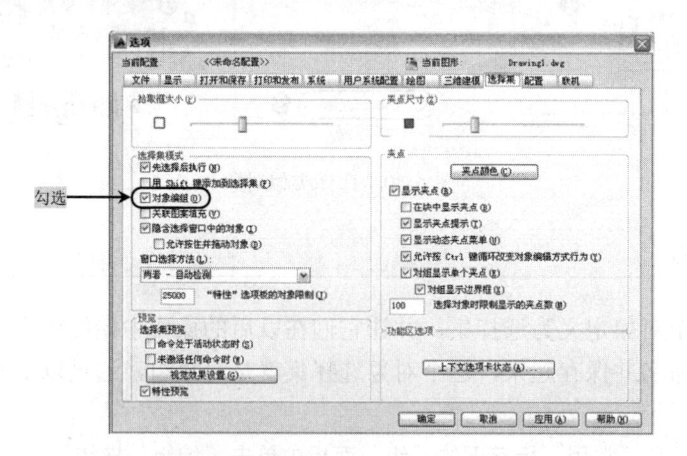

图 4-21 勾选“对象编组”复选框

Note

4.2 改变图形位置

本节将详细介绍 AutoCAD 2014 的移动、旋转命令，利用这些命令，可以方便地编辑绘制的图形。

4.2.1 移动

移动操作是在指定的方向上按指定距离移动对象，其移动的对象并不改变其方向和大小；用户可以通过坐标和对象捕捉的方式，来精确的移动对象。

在 AutoCAD 中，用户可以通过以下几种方式来执行“移动”命令。

✧ 面板：在“修改”面板中单击“移动”按钮✥。
✧ 命令行：在命令行中输入或动态输入“MOVE”命令（快捷键为 M）。

执行“移动”命令（M）后，根据如下提示进行操作，即可将指定的对象进行移动。

```
命令：_move                                   //启动“移动”命令
选择对象：                                     //选择需要移动的图形对象
指定基点或 [位移(D)] <位移>：                  //鼠标指定移动基点
指定第二个点或 <使用第一个点作为位移>：
                                    \\指定目标位置或输入位移距离，按空格键确定
```

跟踪练习——绘制组合床

视频\04\绘制组合床.avi
案例\04\组合床.dwg

本实例主要讲解使用移动命令来绘制组合床，其操作步骤如下：

Step 01 正常启动 AutoCAD 2014 软件，在“快速访问”工具栏上单击“打开”按钮，将“案例\04\组合床.dwg”文件打开，如图 4-22 所示。

图 4-22　打开的图形

Note

Step 02 在“修改”面板中单击“移动”按钮，按F3键打开“捕捉”模式，同时关闭正交，根据命令行提示，选择矮柜为移动对象，并按空格键确定，系统提示“指定基点：”，此时捕捉矮柜左下侧角点，单击鼠标确定基点，然后移动鼠标到床的右下角点，如图4-23所示的位置，然后单击鼠标即可。

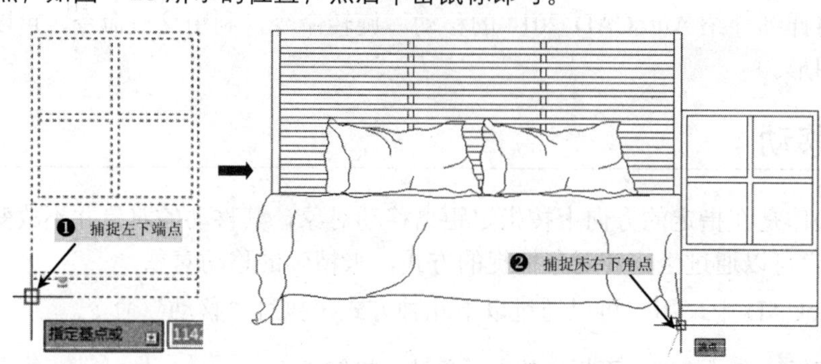

图 4-23 移动矮柜

Step 03 根据同样的方法，使用“移动”命令，将木马、书本和台灯放置的位置，如图4-24所示。

图 4-24 组合床效果

Step 04 至此，组合床已经绘制完成，按Ctrl+S组合键进行保存。

经验分享——精确移动对象

在进行移动操作的时候，可以进行具体尺寸的移动。例如，要将一个矩形水平向右移动“50”，执行“移动”命令（M），根据命令行提示，选择矩形左下角为基点，打开正交模式，水平向右移动光标指引矩形移动的方向，然后输入移动距离“50”，最后按空格键确定，如图4-25所示。

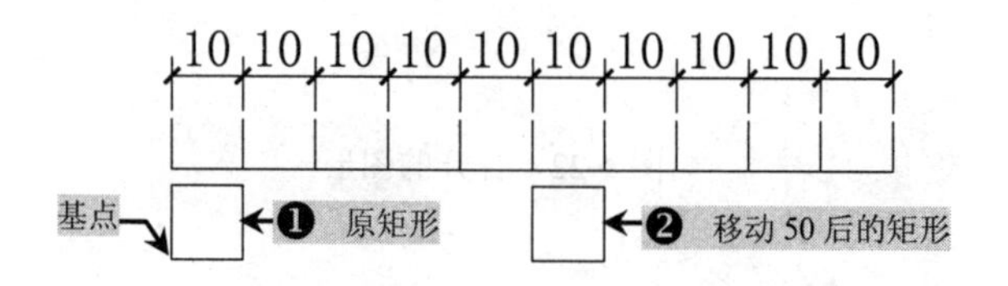

图 4-25 移动距离

Note

4.2.2　旋转

该命令将选中的对象绕指定的基点进行旋转，可选择转角方式、复制旋转和参照方式旋转对象。可以通过以下几种方式来执行“旋转”命令。

✧　面板：在“修改”面板中单击“旋转”按钮。

✧　命令行：在命令行中输入或动态输入“ROTATE”命令（快捷键为 RO）。

启动旋转命令后，根据如下提示进行操作：

```
命令: _rotate                                //启动“旋转”命令
UCS 当前的正角方向: ANGDIR=逆时针 ANGBASE=0 //当前旋转的方向为逆时针
选择对象:                                    //指定旋转的图形对象
指定基点:                                    //指定相应基点
指定旋转角度，或 [复制(C)/参照(R)]           //输入旋转角度
```

提示——旋转的角度

“旋转”命令可以输入 0°～360° 的任意角度值旋转对象，以逆时针为正，顺时针为负；也可以指定基点，拖动对象到第二点来旋转对象。

在执行旋转命令过程中，其命令提示行中各选项的含义如下：

✧　指定旋转角度：输入旋转角度，系统自动按逆时针方向转动。

✧　复制(C)：选择该项后，系统提示“旋转一组选定对象”，将指定的对象复制旋转，如图 4-26 所示。

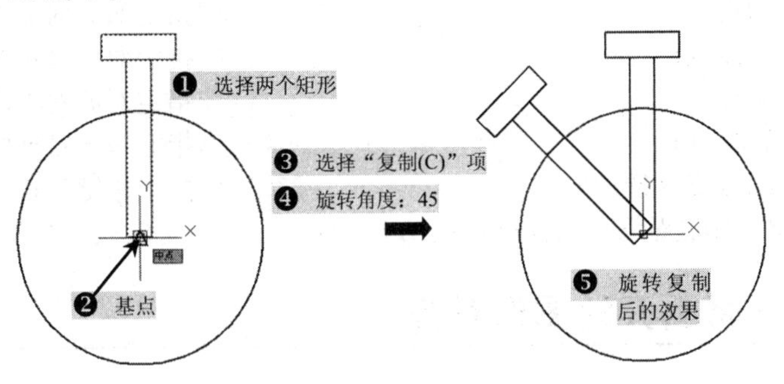

图 4-26　旋转复制操作

✧　参照(R)：以某一指定角度为基准，进行旋转，其命令行提示如下，如图 4-27 所示。

```
指定旋转角度，或 [复制(C)/参照(R)] : r//启动参照功能
指定参照角 <0>: 30:                 //可输入角度，或者选择起点与终点来确定角度
指定新角度或 [点(P)]:45             //指定以参照角度为基准的旋转角度
```

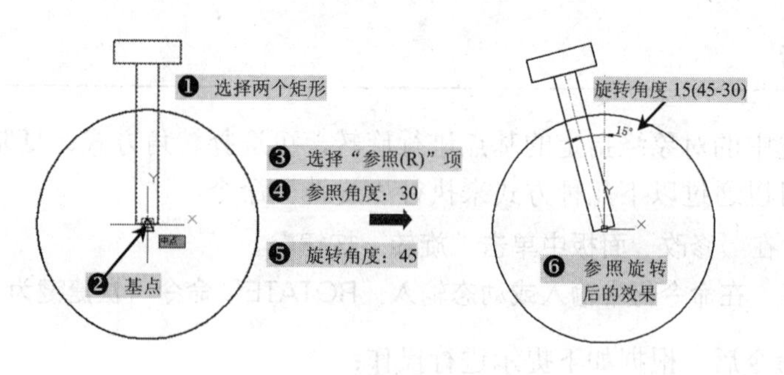

图 4-27　参照旋转对象

4.2.3　对齐

可以通过移动、旋转或倾斜对象来使该对象与另一个对象对齐。可以通过以下几种方式来执行“对齐”命令：

✧　面板：单击“修改”面板中的“对齐”按钮。

✧　命令行：在命令行中输入或动态输入“ALIGN”命令（快捷键为 AL）。

启动该命令后，根据如下提示进行操作，选择要对齐的对象，指定一个源点，然后指定相应的目标点，按 Enter 键确定，如果要旋转对象，请指定第二个源点，则选定的对象将从源点移动到目标点，如果指定了第二点和第三点，则这两点将旋转并倾斜选定的对象。

```
命令: _align                                   //启动“对齐”命令
选择对象:                                      //选择要对齐的对象
指定第一个源点:                                //指定对齐对象的点
指定第一个目标点:                              //指定对齐目标的点
指定第二个源点:                                //指定对齐对象的第二点
指定第二个目标点:                              //指定对齐目标的第二点
指定第三个源点或 <继续>:                       //按空格键确认
是否基于对齐点缩放对象? [是(Y)/否(N)] <否>: Y //选择“是 (Y)”确定对齐操作
```

跟踪练习——将断开的图形对齐

视频\04\将断开的图形对齐.avi
案例\04\连叉.dwg

本实例以断开的“连叉”图形为例子，通过对齐操作将连叉图形连接起来，其操作步骤如下：

Step 01　正常启动 AutoCAD 2014 软件，在“快速访问”工具栏上单击“打开”按钮，将“案例\04\连叉.dwg”文件打开，如图 4-28 所示。

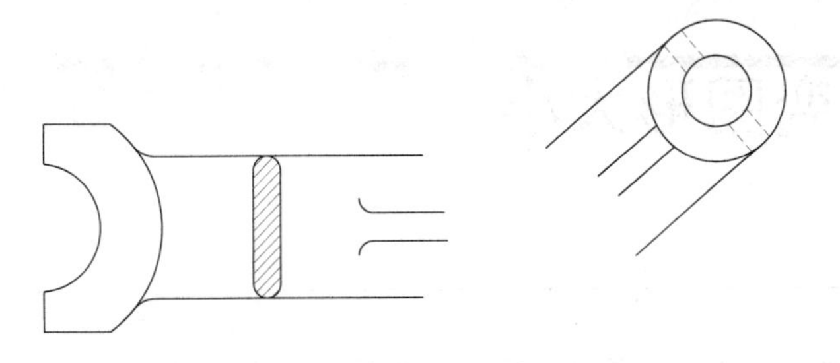

图 4-28　打开的图形

Step 02 在“修改”面板中单击“对齐”按钮，根据如下命令提示，选择右侧图形，然后指定 A 点为第一个源点并单击鼠标，再单击目标对象 B 点为指定的第一个目标点；继续单击鼠标，右侧图形 C 点为第二个源点，再单击 D 点为第二个目标点，如图 4-29 所示，按下空格键，命令行提示“是否基于对齐点缩放对象？[是(Y)/否(N)] <否>:”，选择是（Y）选项，从而将断开的两个对象对齐，如图 4-30 所示。

```
命令: _align                                    //启动“对齐”命令
选择对象:                                       //选择要对齐的对象
指定第一个源点:                                 //指定对齐对象的点
指定第一个目标点:                               //指定对齐目标的点
指定第二个源点:                                 //指定对齐对象的第二点
指定第二个目标点:                               //指定对齐目标的第二点
指定第三个源点或 <继续>:                        //按空格键确认
是否基于对齐点缩放对象? [是(Y)/否(N)] <否>: Y    //选择“是（Y)”确定对齐操作
```

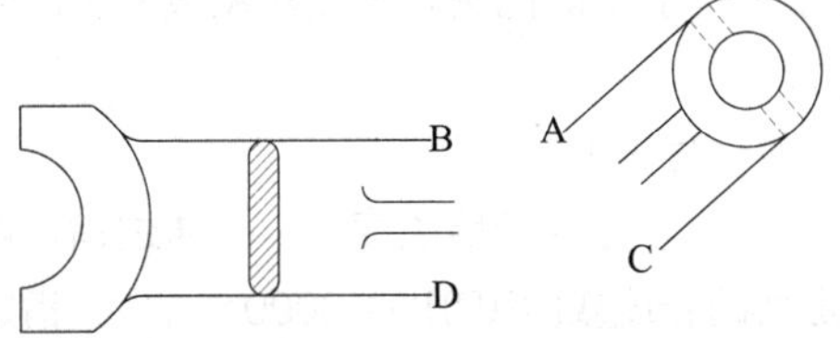

图 4-29　分别捕捉对齐的点

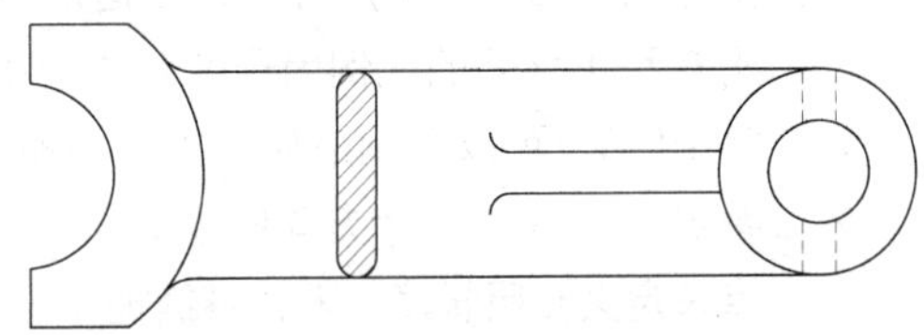

图 4-30　对齐效果

经验分享——对象的交叉对齐

如果用户在捕捉对齐的源点和目标点，出现交叉对齐的情况时，系统自动按照交叉方式进行对齐操作，并进行缩放和移动等。如图 4-31 所示是 AD 点对齐和 BC 点对齐的效果。

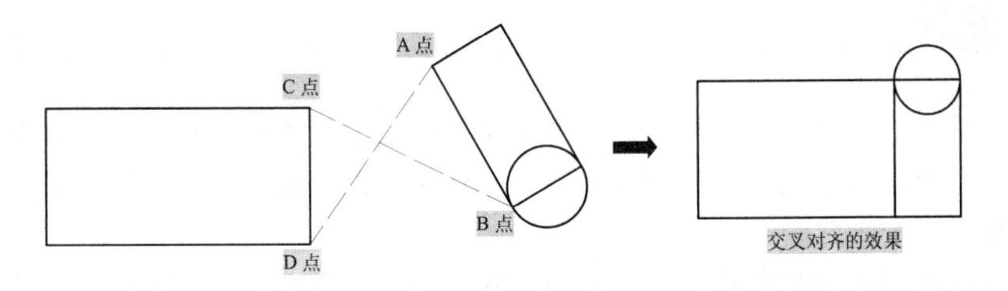

图 4-31　交叉对齐

4.3 改变图形大小

Note

4.3.1 缩放

使用缩放命令，可以将对象按指定的比例因子改变实体的尺寸大小，从而改变对象的尺寸，但不改变其状态。可以把整个对象或者对象的一部分沿 X、Y、Z 方向以相同比例放大或缩小，由于三个方向的缩放率相同，因此，保证了缩放实体的形状不变。

在 AutoCAD 中，用户可以通过以下几种方式来执行“缩放”命令。

✧ 面板：在“修改”面板中的单击“缩放”按钮。

✧ 命令行：在命令行中输入或动态输入“SCALE”命令（快捷键为 SC）。

启动命令后，其命令提示行如下：

```
命令: _scale                                  //启动“缩放”命令
选择对象:                                     //选择需要缩放的对象
选择对象:                                     //按 Enter 键结束选择
指定基点:                                     //指定缩放的中心点
指定比例因子或 [复制(C)/参照(R)]:0.5          //设置缩放的比例
```

✧ 在执行缩放命令过程中，其命令提示行中各选项的含义如下：

✧ 指定比例因子：用户可以直接指定缩放因子，大于 1 的比例因子使对象放大，而介于 0 和 1 之间的比例因子使对象缩小。

✧ 复制(C)：可以复制缩放对象、即缩放对象时，保留原对象。

✧ 参照(R)：采用参考方向缩放对象时，系统提示：“指定参照长度：”，通过指定两点来定义参照长度，系统继续提示：“指定新的长度或[点(P)]<1.0000>：”，指定新长度，按 Enter 键，若新长度值大于参考长度值，则放大对象；否则，缩小对象。

经验分享——“Scale”命令与“Zoom”命令的区别

“Scale”命令与“Zoom”命令的区别：前者可改变实体的尺寸大小，后者只可缩放图形显示区域实体，并不改变实体尺寸值。

4.3.2 拉伸

使用“拉伸”命令，可以按指定的方向和角度拉长或缩短实体，也可以调整对象大小，使其在一个方向上或按比例增大或缩小；还可以通过移动端点、顶点或控制点来拉伸某些对象。

该命令选择对象时只能使用交叉窗口方式，当对象有端点在交叉窗口的选择范围外时，交叉窗口内的部分将被拉伸，交叉窗口的端点将保持不动。

如果对象是文字、块或圆时，不会被拉伸，当对象整体在交叉窗口选择范围内时，它们只可以移动，而不能被拉伸。

在 AutoCAD 中，用户可以通过以下几种方式来执行“拉伸”命令：

✧　面板：在“修改”面板中单击“拉伸”按钮。

✧　命令行：在命令行中输入或动态输入“STRETCH”命令（快捷键为 S）。

启动拉伸命令后，其命令提示行如下：

```
命令: _stretch                                  //启动“拉伸”命令
以交叉窗口或交叉多边形选择要拉伸的对象……
选择对象:                                        //交叉框选范围的对象
选择对象:                                        //按 Enter 键结束选择
指定基点或 [位移(D)] <位移>:                      //捕捉拉伸的基点位置
指定第二个点或 <使用第一个点作为位移>:             //指定第二点或者输入距离
```

跟踪练习——调整单人床为双人床

本实例通过对单人床执行拉伸命令，使单人床快速改变大小，使用户掌握“拉伸”命令在绘图过程中的灵活运用，其操作步骤如下：

Step 01 正常启动 AutoCAD 2014 软件，在“快速访问”工具栏上单击“打开”按钮，将“案例\04\单人床.dwg”文件打开，如图 4-32 所示。

Step 02 单击“另存为”按钮，将文件另存为“案例\04\双人床.dwg”文件。

Step 03 在“修改”面板中单击“拉伸”按钮，根据命令行提示，从右至左交叉选择大矩形左边三条线段，如图 4-33 所示，并按空格键确定，系统提示“指定基点:”，选择左垂直线段中点，如图 4-34 所示，打开正交模式，向左拖动鼠标指引拉伸的方向，然后输入拉伸距离“600”，如图 4-35 所示，最后按空格键确定即可，拉伸效果如图 4-36 所示。

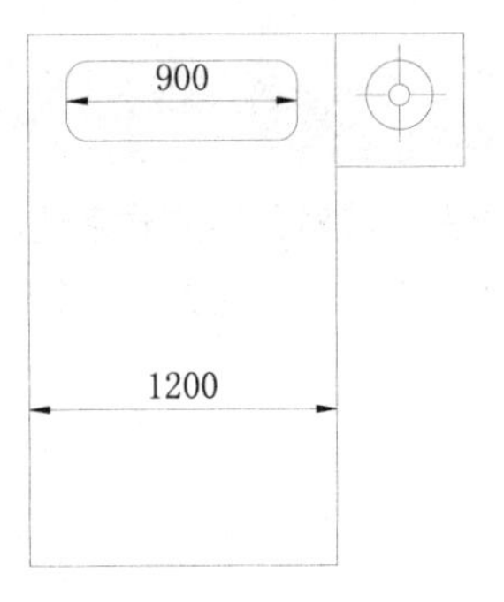

图 4-32　打开图形

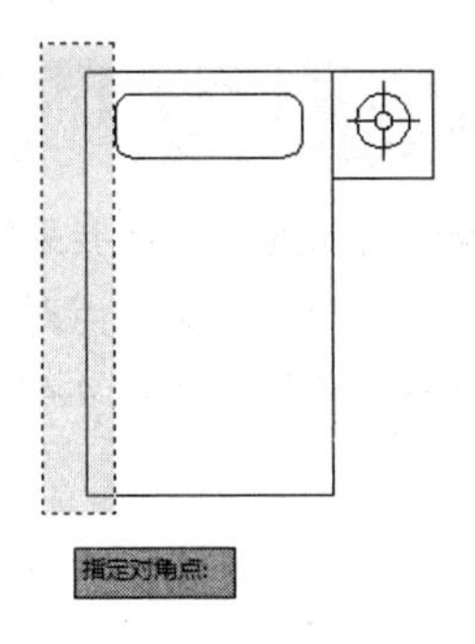

图 4-33　拉伸步骤 1

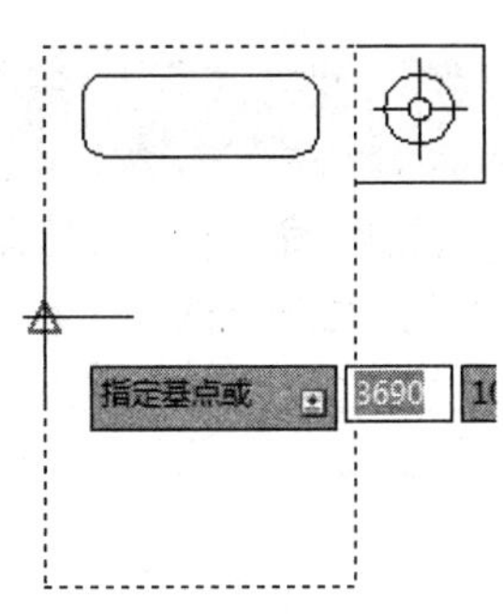

图 4-34　拉伸步骤 2

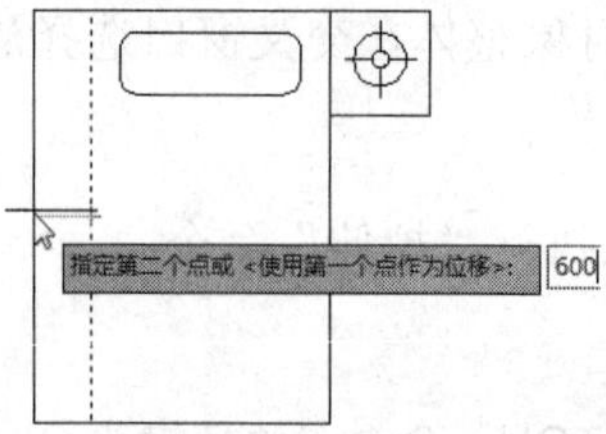

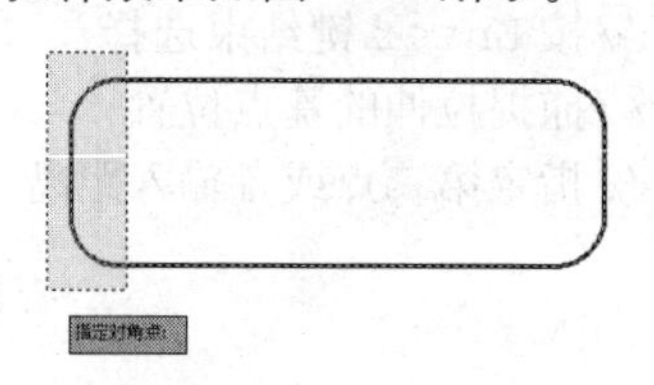
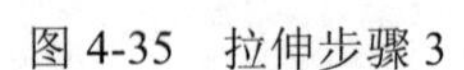

图 4-35　拉伸步骤 3

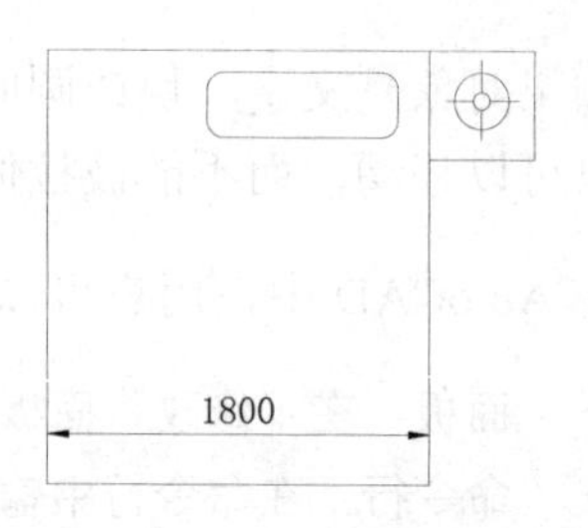

图 4-36　拉伸效果

Step 04 在“修改”面板中单击“拉伸”按钮，同样，框选枕头圆角矩形左侧部分，如图 4-37 所示，捕捉左垂直中点，打开正交模式，向右拖动鼠标，输入拉伸距离 200，拉伸效果如图 4-38 所示。

图 4-37　拉伸步骤 3

图 4-38　拉伸效果

Step 05 在“修改”面板中单击“镜像”按钮，选择枕头和床头柜对象，指定床水平中线为轴，此时左侧显示预览，如图 4-39 所示，然后按空格键确定，则镜像效果，如图 4-40 所示。

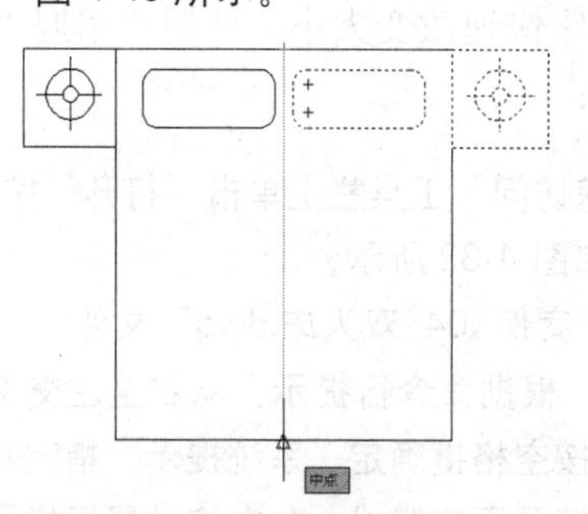

图 4-39　镜像步骤

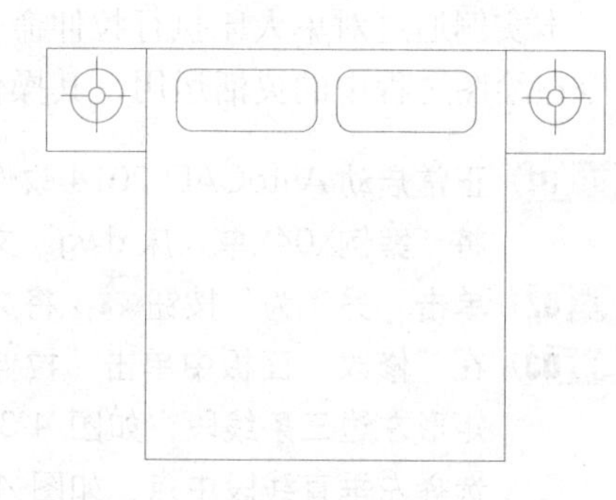

图 4-40　镜像结果

Step 06 至此，双人床已经绘制完成，按 Ctrl+S 组合键，进行保存。

经验分享——拉伸对象的选择和拉伸的角度

执行“拉伸”命令时，在选择拉伸的对象时，一定要采用从右向左拉选对象的方式来选择对象，否则，拉伸不成功。另外，在指定拉伸的第二点对象时，如果不是以正交方式进行水平或垂直拉伸，则拉伸的图形对象会扭曲变形，如图 4-41 所示。

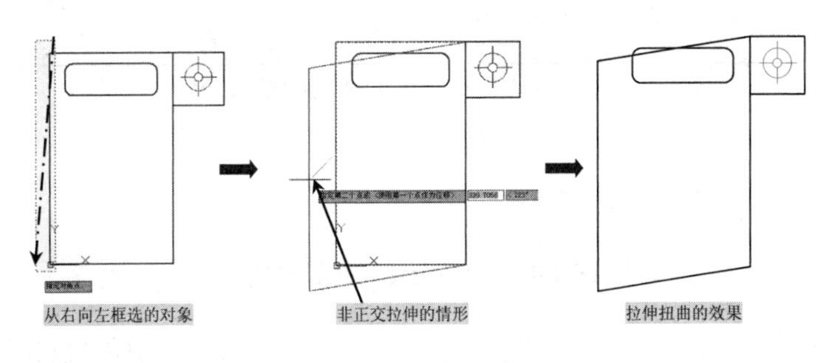

图 4-41　非正交拉伸效果

4.3.3　拉长

使用“拉长”命令，可以改变非闭合直线、圆弧、非闭合多段线、椭圆弧和非闭合样条曲线的长度，也可以改变圆弧的角度。

用户可以通过以下几种方式来执行“拉长”命令。

- ✧ 面板：在“修改”面板中单击“拉长”按钮。
- ✧ 命令行：输入或动态输入“LENGTHER”命令（快捷键为 LEN）。

执行“拉长”命令后，根据命令行的提示，即可进行拉长操作，如图 4-42 所示。

```
命令：_lengther                                        //执行“拉长”命令
选择对象或 [增量(DE)/百分数(P)/全部(T)/动态(DY)]：  //选择要拉长的对象
选择对象或 [增量(DE)/百分数(P)/全部(T)/动态(DY)]：DE
                                                       //选择“增量(DE)”选项
选择要修改的对象或 [放弃(U)]：                         //单击要拉长对象的一端
```

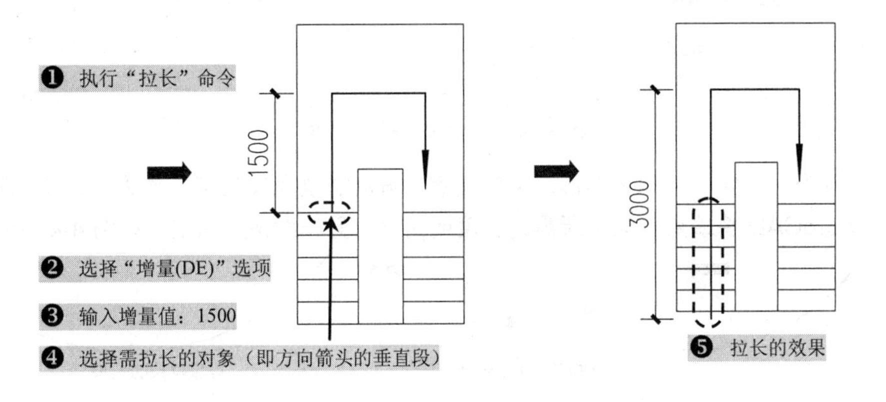

图 4-42　“增量”拉长对象

执行命令后，各选项的含义如下：

- ✧ “增量（DE）”：指以增量方式修改对象的长度，该增量从距离选择点最近的端点处开始测量。
- ✧ “百分数（P）”：指以总长的百分比值进行拉长或缩短对象，长度的百分数值必须为正且非零，如图 4-43 所示。

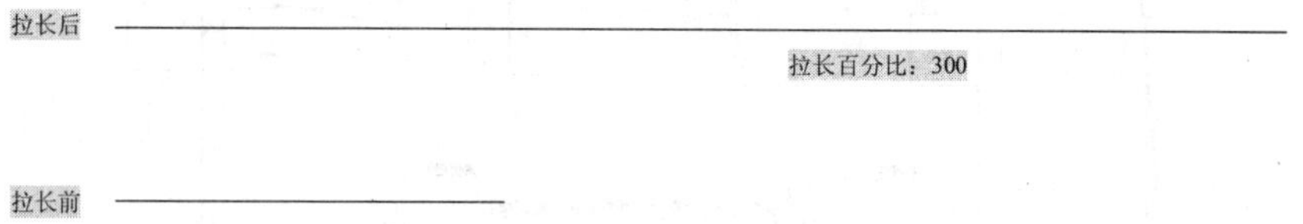

拉长后

拉长百分比：300

拉长前

图 4-43 “百分比”拉长对象

```
命令:_lengther                                          //执行“拉长”命令
选择对象或 [增量(DE)/百分数(P)/全部(T)/动态(DY)]:  //选择要拉长的对象
选择对象或[增量(DE)/百分数(P)/全部(T)/动态(DY)]:P\\选择“百分数(P)”选项
输入长度百分数 <100.000>: 200                          //输入长度百分数
选择要修改的对象或 [放弃(U)]:                          //单击要拉长对象的一端
选择要修改的对象或 [放弃(U)]:
```

专业技能分享——拉长中使用“百分比”的注意事项：

当长度百分比小于 100 时，将缩短对象；反之，则拉长对象。

- “全部（T）”：可通过指定对象的新长度或新角度，来改变其总长度。如果指定的新长度（角度）小于对象原来的长度（角度），那么，原对象将被缩短；反之，则被拉长，如图 4-44 所示。

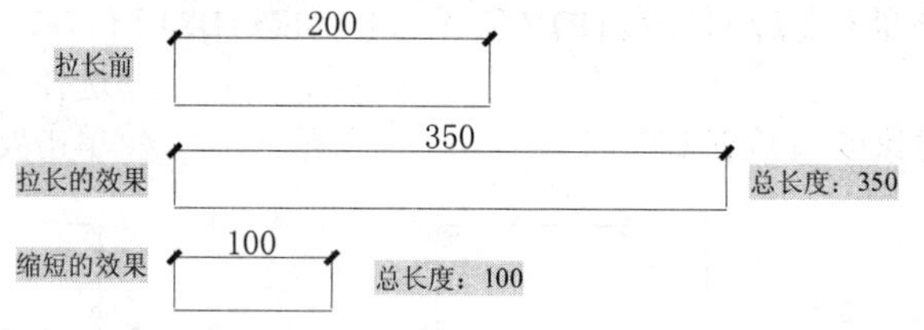

图 4-44 “全部”拉长对象

- “动态（DY）”：根据图形对象的端点位置动态改变其长度。激活“动态”选项后，AutoCAD 将端点移动到所需的长度或角度，另一端保持固定，如图 4-45 所示。

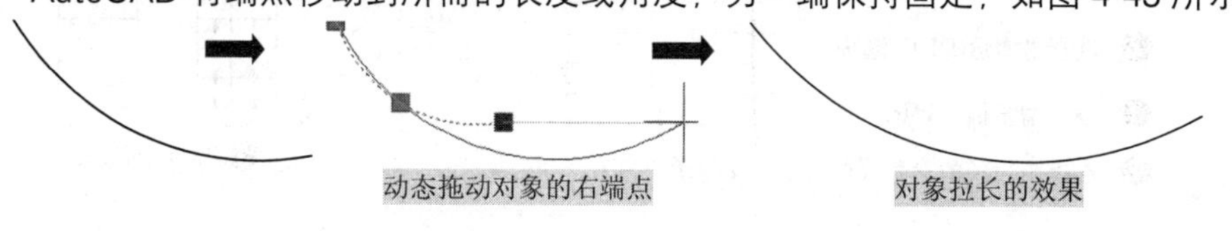

图 4-45 “动态”拉长对象

4.4 改变图形形状

本节将详细介绍 AutoCAD 2014 的删除、修剪、延伸、倒角、圆角等命令，利用这些命令，可以方便地编辑、绘制图形。

4.4.1　删除

删除命令主要用于删除图形的某部分，启动该命令的方法如下：

- ✧ 面板：在“修改”面板中单击“删除”按钮。
- ✧ 命令行：在命令行中输入或动态输入“ERASE”命令（快捷键为 E）。

执行命令后，可以先选择对象，然后调用删除命令；也可以先调用删除命令，然后再选择对象。当选择多个对象时，多个对象都被删除；若选择的对象属于某个对象组，则该对象组的所有对象都被删除。

4.4.2　修剪

使用“TRIM”命令可以通过指定的边界对图形对象进行修剪，运用该命令可以修剪的对象包括直线、圆、圆弧、射线、样条曲线、面域、尺寸、文本，以及非封闭的2D或3D多段线等对象；用户修剪的边界可以是除图块、网格、三维面、轨迹线以外的任何对象。可以通过以下几种方式来执行“修剪”命令。

- ✧ 面板：在“修改”面板中单击“修剪”按钮。
- ✧ 命令行：在命令行中输入或动态输入“TRIM”命令（快捷键为 TR）。

启动该命令后，其命令提示行如下：

```
命令:_trim                                  //启动“修剪”命令
当前设置:投影=UCS，边=无
选择剪切边...
选择对象或 <全部选择>:                       //鼠标选择一个或多个对象
选择对象:                                    //按空格键确定
选择要修剪的对象，或按住 Shift 键选择要延伸的对象，或[栏选(F)/窗交(C)/投
影(P)/边(E)/删除(R)/放弃(U)]:               //选择剪切部分对象
```

命令提示行中部选项的具体含义说明如下：

- ✧ 栏选(F)：用于修剪与选择栏相交的所有对象，选择栏是一系列临时线段，它们是用两个或多个栏选点指定的。
- ✧ 窗交(C)：用于通过指定窗交对角点修剪图形对象。
- ✧ 投影(P)：用于确定修剪操作的空间，主要是指三维空间中的两个对象的修剪，此时，可以将对象投影到某一平面上进行修剪操作。
- ✧ 边(E)：用于确定修剪边的隐含延伸模式。

经验分享——修剪与延伸命令的转换

在进行修剪操作时按住 Shift 键，可转换为执行“延伸”(Extend) 命令。当选择要修剪的对象时，若某条线段未与修剪边界相交，则按住 Shift 键后单击该线段，可将其延伸到最近的边界。

4.4.3 延伸

Note

使用“Extend”命令可以将直线、弧和多段线等图元对象的端点延长到指定的边界，通常可以使用“延伸”命令的对象包括圆弧、椭圆弧、直线、非封闭的 2D 和 3D 多段线等。有效的边界对象有圆弧、块、圆、椭圆、浮动的视口边界、直线、多段线、射线、面域、样条曲线、构造线及文本等对象。

在 AutoCAD 中，用户可以通过以下几种方式来执行“延伸”命令：

✧ 面板：在“修改”面板中单击“延伸”按钮--/。

✧ 命令行：在命令行中输入或动态输入“Extend”命令（快捷键为 EX）。

执行延伸操作后，系统提示中的各项含义与修剪操作中的命令相同。延伸一个相关的线形尺寸标注时，完成延伸操作后，其尺寸会自动修正。有宽度的多段线以中心作为延伸的边界线。

提示

用户在执行“延伸”命令后，按空格键两次，然后直接选择对象要延伸的端点（如在上一步的上、下水平线左端点单击鼠标），同样可以延伸，但在延伸目标中间有多个对象时，则此方法需要多次选择，才能达到目标位置，如图 4-46 所示。

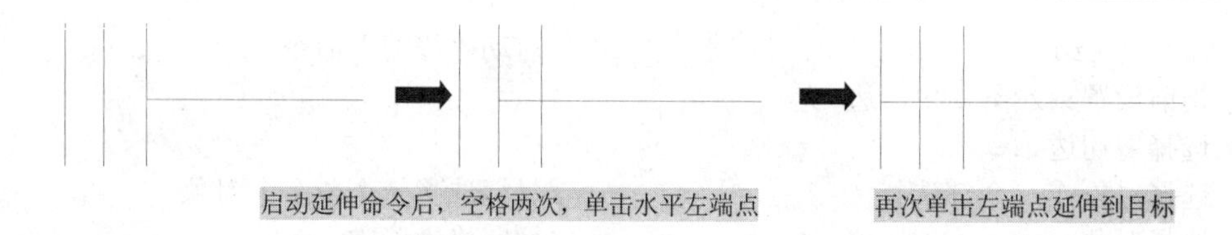

图 4-46 延伸不同方式

经验分享——延伸边界和对象的选择

使用延伸命令时，一次可选择多个实体作为边界，选择被延伸实体时应选取靠近边界的一端，否则，会出现错误。选择要延伸的实体时，应该从拾取框靠近延伸实体边界的一端来选择目标。

4.4.4 倒角

使用“倒角”命令可以通过延伸或修剪的方法，用一条斜线连接两个非平行的对象，使用该命令执行倒角操作时，应先设定倒角距离，再指定倒角线。可以通过以下几种方式来执行“倒角”命令：

✧ 面板：在“修改”面板中的“圆角”下拉列表中单击“倒角”按钮◺。

✧ 命令行：在命令行中输入或动态输入“CHAMFER”命令（快捷键为 CHA）。

启动该命令后，命令提示如下：

```
命令:_chamfer        //启动“倒角”命令
(“修剪”模式) 当前倒角距离 1 = 0.0000，距离 2 = 0.0000
                     //默认距离为 0，则倒直角
选择第一条直线或 [放弃(U)/多段线(P)/距离(D)/角度(A)/修剪(T)/方式(E)/
多个(M)]:            //直接选择倒角第一条直线，或者根据需要选择其中的选项
选择第二条直线，或按住 Shift 键选择直线以应用角点或 [距离(D)/角度(A)/方
法(M)]:              //选择倒角另一直线，完成倒角
```

在执行“倒角”命令过程中，其命令行中部分选项含义如下：

✧ 多段线（P）：将对多段线每个顶点处的相交直线段作倒角处理，倒角将成为多段线新的组成部分。
✧ 距离（D）：设置选定边的倒角距离值，选择该选项后，系统继续提示指定第一个倒角距离和指定第二个倒角距离。
✧ 角度（A）：该选项通过第一条线的倒角距离和第二条线的倒角角度设定倒角距离，选择该选项后，命令行中提示指定第一条直线的倒角长度和第一条直线倒角角度。
✧ 修剪（T）：该选项用来确定倒角时是否对相应的倒角边进行修剪，选择该选项后，命令行中提示“输入并执行修剪模式选项[修剪（T）\不修剪（N）<修剪>]”。

提示与技巧

使用“倒角”命令只能对直线、多段线进行倒角，不能对弧、椭圆弧进行倒角。

4.4.5 圆角

使用“圆角”命令可以用一段指定半径的圆弧将两个对象连接在一起，还能将多段线的多个顶点一次性圆角，使用此命令前应先设定圆弧半径，再进行圆角。

使用“圆角”命令可以选择性地修剪或延伸所选对象，以便更好地圆滑过渡，该命令可以对直线、多段线、样条曲线、构造线、射线等进行处理，但是不能对圆、椭圆和封闭的多段线等对象进行圆角。

在 AutoCAD 中，用户可以通过以下几种方式来执行“圆角”命令：

✧ 面板：在“修改”面板中单击“圆角”按钮。
✧ 命令行：在命令行中输入或动态输入“FILLET”命令（快捷键为 F）。

启动命令后，其命令行的提示如下：

```
命令:_fillet                       //启动“圆角”命令
当前设置: 模式 = 不修剪，半径 = 0.0000
选择第一个对象或 [放弃(U)/多段线(P)/半径(R)/修剪(T)/多个(M)]: R 指定圆
角半径 <0.0000>: R
```

```
                          //选择“半径（R）”选项
指定圆角半径 <0.0000>: 50       //指定圆角的半径
选择第一个对象或 [放弃(U)/多段线(P)/半径(R)/修剪(T)/多个(M)]:
选择第二个对象，或按住 Shift 键选择对象以应用角点或 [半径(R)]:
```

Note

命令行的提示中，部分选项的含义如下：

- ✧ 半径(R)：用于输入连接圆角的圆弧半径。
- ✧ 修剪(T)：在“输入修剪模式选项 [修剪(T)/不修剪(N)] <修剪>:”的提示下，输入“N”表示不进行修剪，输入“T”表示进行修剪。

提示与技巧

在 AutoCAD 中，其圆角半径值默认为 0；例如：将对象进行半径为 50 的圆角操作；当再次进行圆角半径操作时，系统的默认半径则变为 50。或者在命令行使用 FILLETRAD 变量，输入新的半径值，系统将半径值保存起来，变成当前文件的默认圆角半径。

4.5 其他修改命令

4.5.1 打断

使用“打断”命令可以将对象从某一点处断开，从而将其分成两个独立对象。执行该命令后，可将直线、圆弧、圆、多段线、椭圆、样条曲线，以及圆环等对象进行打断，但块、标注和面域等对象不能进行打断。

打断命令可以删除对象在指定点之间的部分，即可部分删除对象或将对象分解成两部分。对直线而言，用打断命令可以从中间截去一部分，使直线变成两条线段；对圆或椭圆而言，将剪掉一段圆弧。

在 AutoCAD 中，用户可以通过以下几种方式来执行“打断”命令。

- ✧ 面板：在“修改”面板中单击“打断”按钮。
- ✧ 命令行：在命令行中输入“Break”命令（快捷键为 BR）。

执行打断命令后，命令行提示如下：

```
命令: _break                    //执行“打断”命令
选择对象:                       //选择要打断的对象及位置
指定第二个打断点 或 [第一点(F)]://在要打断的第二点位置单击
```

跟踪练习——打断圆对象

视频\04\打断圆对象.avi
案例\04\打断圆.dwg

Note

本实例讲解“打断”命令的执行方式，其操作步骤如下：

Step 01 正常启动 AutoCAD 2014 软件，单击“保存”按钮，将其保存为“案例\04\打断圆.dwg”。

Step 02 在“绘图”面板中单击“圆”按钮，在图形区域随意绘制一个圆，如图 4-47 所示。

Step 03 单击“修改”面板下“三角”按钮，在展开的工具栏中单击“打断”按钮，选择圆形对象，即在选择对象时，鼠标指定的位置默认为打断的第一个点，如图 4-48 所示。

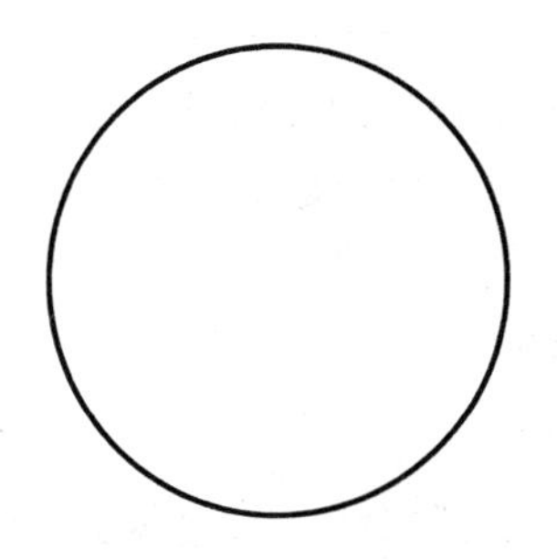

图 4-47　绘制圆

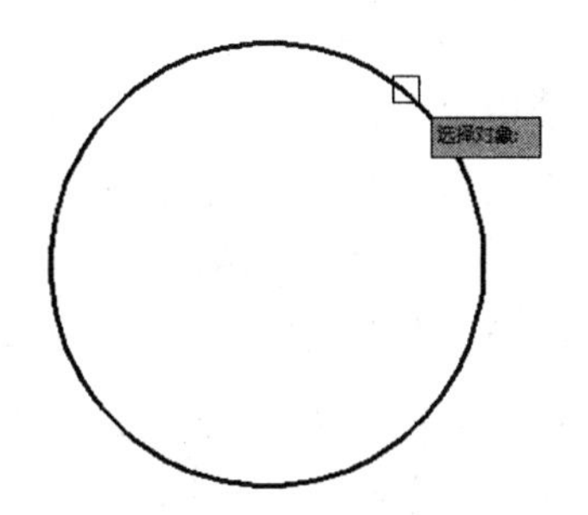

图 4-48　指定第一点

Step 04 当命令行提示“指定第二个打断点 或 [第一点(F)]:”时，十字光标在圆对象上指定第二个点，如图 4-49 所示，打断圆形后的效果，如图 4-50 所示。

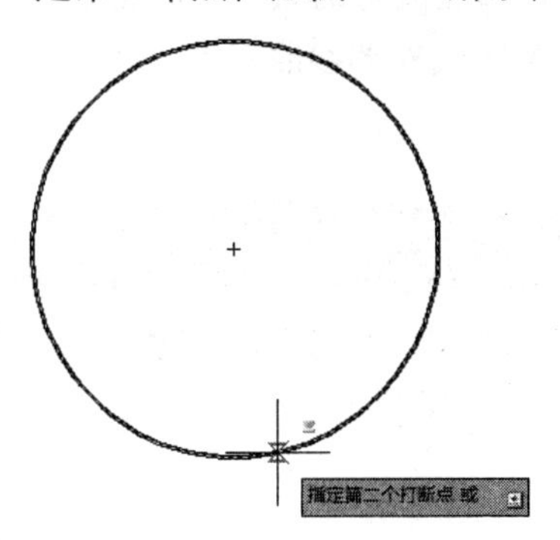

图 4-49　指定第二点

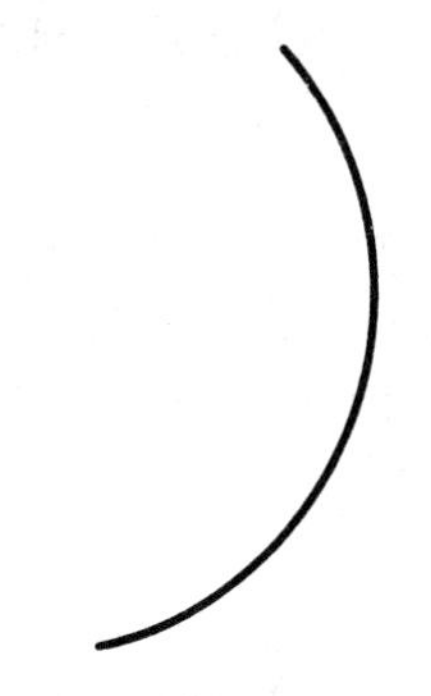

图 4-50　打断效果

Note

经验分享——打断点的选择

当对圆或圆弧对象，执行“打断”操作时，将删除其中一部分，则删除掉从第一点以逆时针方向旋转到第二点之间的圆弧。

在执行打断命令的过程中，在“选择对象：”的提示下，用选择的方法选择对象，在“指定第二个打断点 或 [第一点(F)]：”的提示下，直接输入@并按下空格键，则第一断开点与第二断开点是同一点。或者单击“修改”面板中“打断于点”按钮，在一点打断选定的对象，只是将对象分成两部分而已，而不删除对象。其有效的对象包括直线、开放的多段线和圆弧。但是不能在一点打断闭合的对象，如圆。如图 4-51 所示。

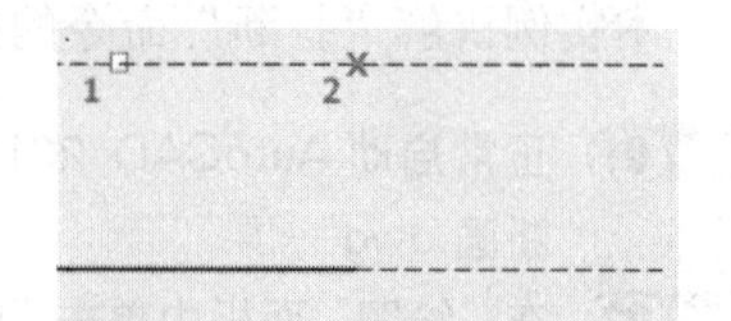

图 4-51　打断于点的效果

4.5.2　分解

使用“分解”命令，可以将多个组合实体分解为单独的图元对象，组合对象即由多个基本对象组合而成的复杂对象。外部参照作为整体不能被分解。例如，使用“分解”命令可以将矩形分解成线段，将图块分解为单个独立的对象等。

在 AutoCAD 中，用户可以通过以下几种方式来执行“分解”命令。

- ✧ 面板：在“修改”面板中单击“分解”按钮。
- ✧ 命令行：在命令行中输入或动态输入“EXPLODE”命令（快捷键为 X）。

执行分解命令后，AutoCAD 提示选择操作对象，用鼠标选择方式中的任意一种方法选择操作对象，然后按空格键确定即可。

使用“EXPLODE”命令分解带属性的图块后，属性值将消失，并被还原为“属性定义”的选项，但是使用“MINSERT”命令插入的图块或外部参照对象，不能用“X”命令分解。

经验分享——多段线的分解

具有一定宽度的多段线被分解后，AutoCAD 将放弃多段线的任何宽度和切线信息，分解后的多段线的宽度、线型、颜色将变为当前图层属性，如图 4-52 所示。

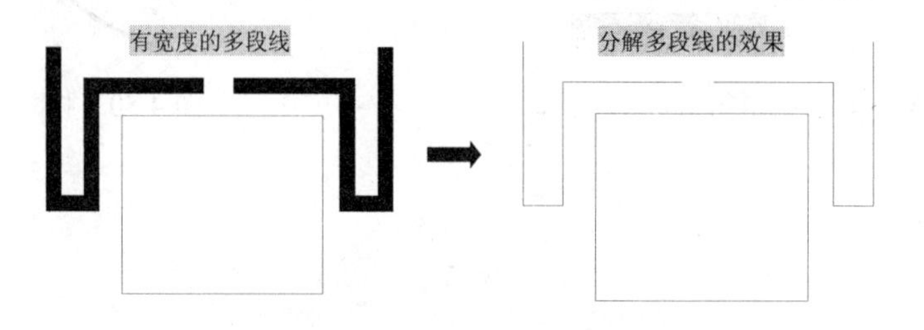

图 4-52　有宽度多段线的分解

4.5.3 合并

使用“合并”命令可以合并相似的对象，以形成一个完整的对象。在 AutoCAD 中，用户可以通过以下几种方式来执行“合并”命令。

- ✧ 面板：在“修改”面板中单击“合并”按钮。
- ✧ 命令行：在命令行中输入或动态输入“Join”命令（快捷键为 J）。

启动命令后，其命令行提示如下：

```
命令: _join                              //执行“合并”命令
选择源对象或要一次合并的多个对象:          //选择要合并的第一个对象
选择要合并的对象:                         //选择要合并的另一个对象
选择要合并的对象:                         //按 Enter 键结束选择
```

使用“合并”命令进行合并操作时，可以合并的对象包括直线、多段线、圆弧、椭圆弧、样条曲线等，但是要合并的对象必须是相似的对象，且位于相同的平面上，每种类型的对象均有附加限制，其附加限制如下：

- ✧ 直线：直线对象必须共线，即位于同无限长的直线上，它们之间可以有间隙，如图 4-53 所示，合并效果如图 4-54 所示。

图 4-53　合并前两条线段　　　　图 4-54　合并后效果

- ✧ 多段线：对象可以是直线、多段线或圆弧。对象之间不能有间隙，并且必须位于与 UCS 的 *X*、*Y* 平面平行的同一平面上。
- ✧ 圆弧：圆弧对象必须位于同一假设的圆上，它们之间可以有间隙，使用“闭合”选项可将源圆弧转换成圆，分别如图 4-55 和 4-56 所示。

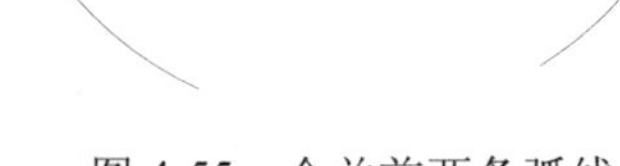

图 4-55　合并前两条弧线　　　　图 4-56　合并后效果

- ✧ 椭圆弧：椭圆弧必须位于同一椭圆上，它们之间可以有间隙。使用“闭合”选项可将源椭圆弧闭合成完整的椭圆。
- ✧ 样条曲线：样条曲线和螺旋对象必须相接（端点对端点），合并样条曲线的结果是单个样条曲线。

经验分享——圆弧或椭圆弧的合并

合并两条或多条圆弧、椭圆弧时，从源对象开始按逆时针方向合并圆弧或椭圆弧。

4.6 复杂图形的编辑

在 AutoCAD 中，用户可以使用不同类型的夹点和夹点模式以其他方式重新塑造、移动或操纵对象。相对其他编辑命令而言，使用夹点功能修改图形更方便、快捷。

4.6.1 编辑多段线

多段线编辑命令可以对多段线进行编辑，以满足用户的不同需求。在 AutoCAD 环境中，用户可以通过以下几种方法来执行“编辑多段线”命令。

- ✧ 面板：在“修改”面板中的单击“编辑多段线”按钮。
- ✧ 命令行：在命令行中输入或动态输入“Pedit”命令（快捷键为 Pe）。
- ✧ 快捷菜单：选择需要编辑的多段线，并右击鼠标，在出现的快捷菜单上选择“多段线”→“编辑多段线”命令，如图 4-57 所示。

当执行“编辑多段线”命令过后，其命令行将给出如下提示，或者在视图中出现相应的快捷菜单，如图 4-58 所示。

```
命令:_pedit                                    //调用编辑多段线命令
选择多段线或 [多条(M)]:                        //选择要编辑的多段线对象
输入选项 [打开(O)/合并(J)/宽度(W)/编辑顶点(E)/拟合(F)/样条曲线(S)/非曲线化(D)/线型生成(L)/反转(R)/放弃(U)]:  //根据要求设置各个选项
```

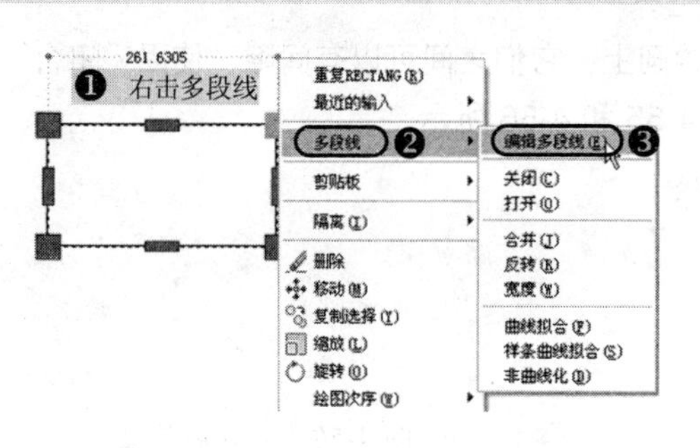

图 4-57 编辑多段线

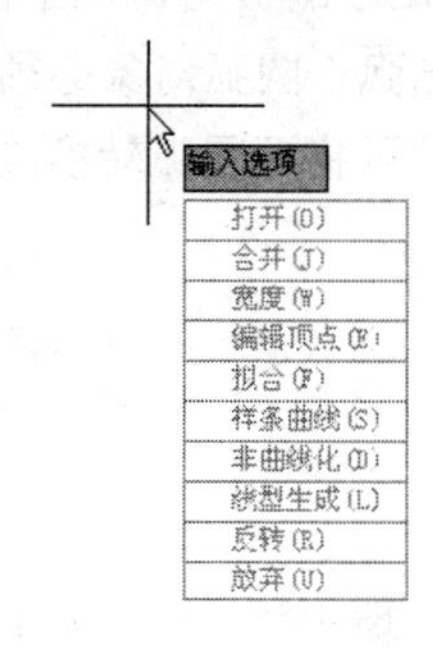

图 4-58 编辑多段线的选项

在“编辑多段线”的部分选项中，其具体说明如下：

- ✧ 合并(J)：用于合并直线段、圆弧或者多段线，使所选对象成为一条多段线。合并的前提是各段对象首尾相连。
- ✧ 宽度(W)：可以修改多段线的线宽，这时系统提示“指定所有线段的新宽度:”，然后输入新的宽度即可，如图 4-59 所示。
- ✧ 拟合(F)：将多段线的拐角用光滑的圆弧曲线连接，如图 4-60 所示。

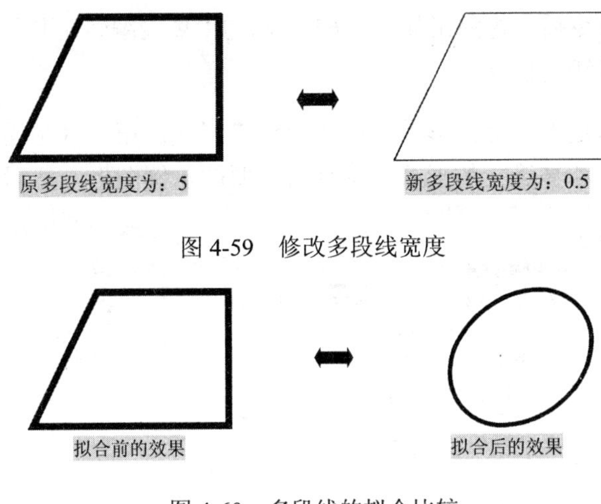

图 4-59　修改多段线宽度

图 4-60　多段线的拟合比较

✧ 样条曲线(S)：创建样条曲线的近似线，如图 4-61 所示。

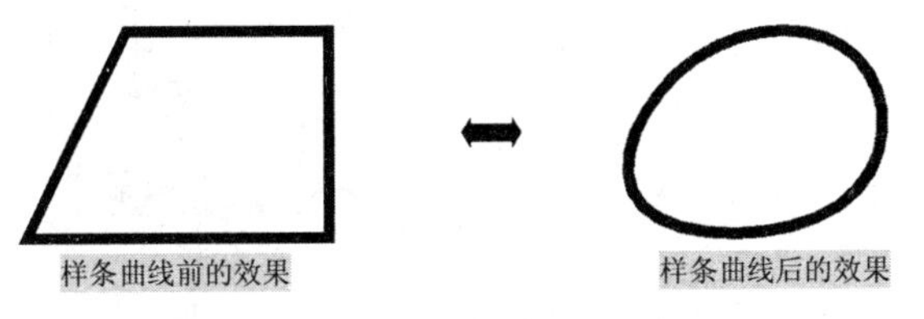

图 4-61　多段线的样条曲线比较

✧ 非曲线化(D)：删除由拟合或样条曲线插入的其他顶点并拉直所有多段线线段，即拟合(F)和样条曲线(S)选项的相反操作，如图 4-62 所示。

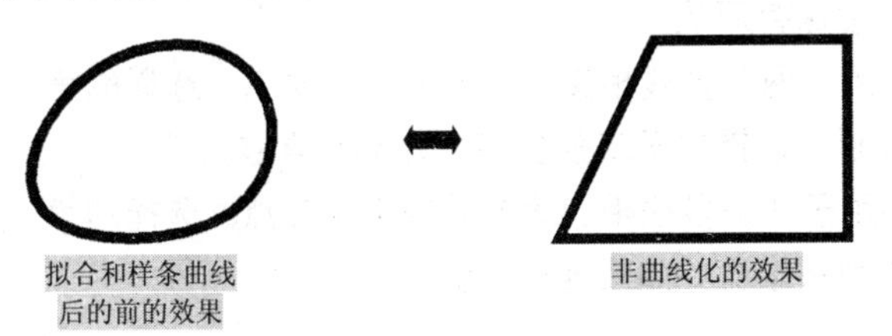

图 4-62　多段线的非曲线化

✧ 线型生成(L)：此选项用于控制多段线的线性生成方式开关，用户也可以分别指定所绘对象的起点半宽和端点半宽。

4.6.2　编辑多线

在 AutoCAD 2014 中所绘制的多线对象，可通过编辑多线不同交点方式来修改多线，以完成对各种绘制的需要。

用户可以通过以下几种方法来执行“编辑多线”命令。

✧ 命令行：在命令行中输入或动态输入“MLEDIT”命令。

✧ 快捷键：直接双击需要编辑的多线对象。

执行编辑多线命令后，将弹出如图 4-63 所示的“多线编辑工具”对话框。通过对话框可以创建或修改多线的模式。

对话框中第 1 列是十字交叉形式；第 2 列是 T 形式；第 3 列是拐角结合点的节点；第 4 列是多线被剪切和被连接的形式。选择所需要的示例图形，然后在图中选择要编辑的多线即可。

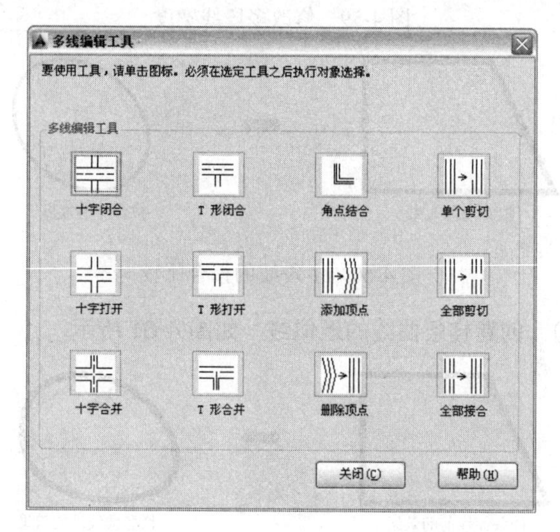

图 4-63 “多线编辑工具”对话框

在该对话框中，有 12 种图标可以进行选择，下面对各个图标进行介绍：

✧ 十字闭合：用于两条多线相交为闭合的十字交点。选择的第一条多线被修剪，选择的第二条多线保存原状。

✧ 十字打开：用于两条多线相交为打开的十字交点。选择的第一条多线的内部和外部元素都被打断，选择的第二条多线的外部元素被打断。

✧ 十字合并：用于两条多线相交为合并的十字交点。选择的第一条多线和第二条多线的外部元素都被修剪，如图 4-64 所示。

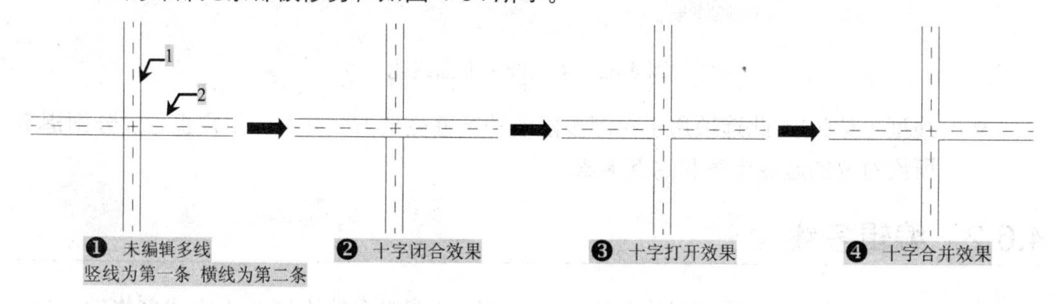

图 4-64 十字闭合、打开和合并的区别

✧ T 形闭合：用于两条多线相交闭合的 T 形交点。选择的第一条多线被修剪，第二条保持原状。

✧ T 形打开：用于两条多线相交为打开的 T 形交点。选择的第一条多线被修剪，第二条多线与第一条相交的外部元素被打断。

✧　T形合并：用于两条多线相交为合并的T形交点。选择的第一条多线的内部元素被打断，第二条多线与第一条相交的外部元素被打断，如图4-65所示。

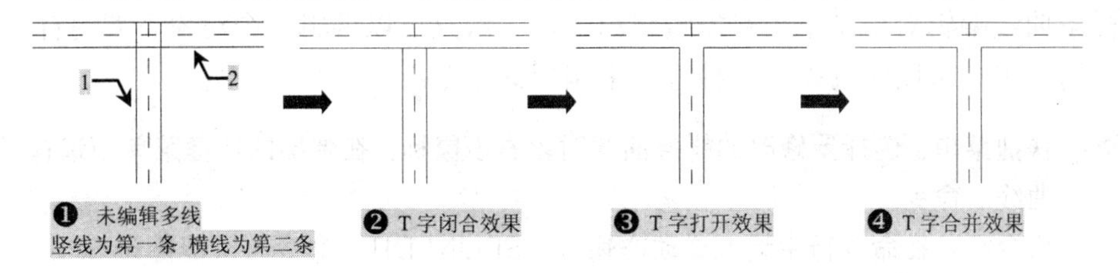

图4-65　T字闭合、打开和合并的区别

✧　角点结合：用于两条多线上添加一个顶点，如图4-66所示。
✧　添加顶点：用于在多线上添加一个顶点，如图4-67所示。

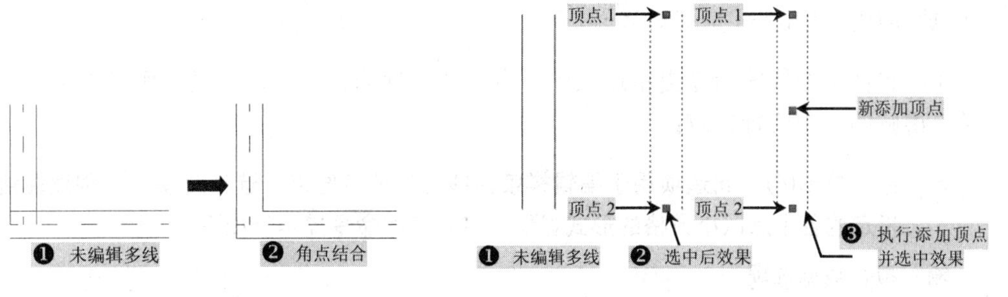

图4-66　角点结合　　　　图4-67　添加顶点

✧　删除顶点：用于将多线上的一个顶点删除，如图4-68所示。
✧　单个剪切：通过指定两个点使多线的一条线被打断。
✧　全部剪切：用于通过指定两个点使多线的所有线打断。
✧　全部结合：用于被全部剪切的多线全部连接，如图4-69所示。

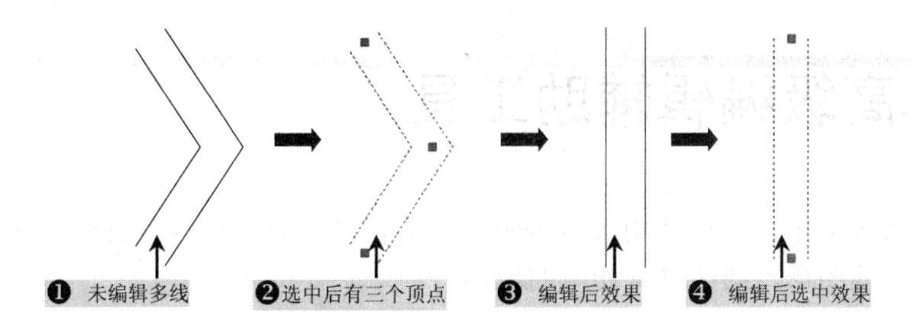

图4-68　删除顶点

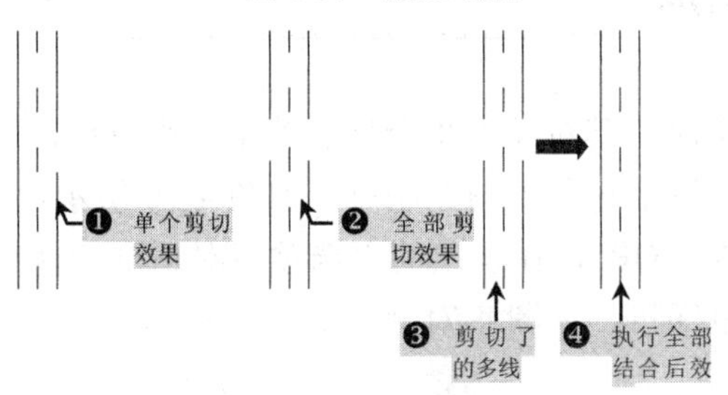

图4-69　单个剪切、全部剪切和全部结合

4.6.3 编辑样条曲线

Note

样条曲线编辑命令是单个对象编辑命令，一次只可以编辑一个对象。要对样条曲线进行编辑，用户可以通过以下几种方式来调用该命令：

- ✧ 快捷菜单：选择要修改的样条曲线对象右击鼠标，在弹出的快捷菜单中选择“样条曲线”命令。
- ✧ 命令行：在命令行中输入或动态输入“SPLINEDIT”命令（快捷键为SPE）。
- ✧ 执行样条曲线的编辑命令后，命令行出现以下提示：

```
命令：SPLINEDIT
选择样条曲线:                    //提示选择要编辑的样条曲线对象
输入选项 [闭合(C)/合并(J)/拟合数据(F)/编辑顶点(E)/转换为多段线(P)/反转(R)/放弃(U)/退出(X)] <退出>:
```

在编辑样条曲线的命令提示选项中，有一些选项的含义在前面已经作了讲解，下面针对未讲解的选项进行讲解：

- ✧ 拟合数据(F)：此选项用于编辑样条曲线通过的某些点，选择此项后，创建曲线是指定的各个点以小方格的形式显示，其相关的命令提示行如下：

```
输入拟合数据选项
[添加(A)/闭合(C)/删除(D)/扭折(K)/移动(M)/清理(P)/切线(T)/公差(L)/退出(X)] <退出>:
```

- ✧ 编辑顶点(E)：此选项用于移动样条曲线上当前的控制带。它与“拟合数据”中的“移动”选项含义相同。
- ✧ 转换为多段线(P)：此选项可以将样条曲线转换为多段线。

4.7 高级编辑辅助工具

在 AutoCAD 中，可以使用夹点编辑、快捷特性、对象特性、特性匹配等高级编辑工具，对绘制的图形，快速进行相应的编辑。

4.7.1 夹点编辑图形

在选中某一图形对象时，其对象上将会显示若干个小方框，这些小方框是用来标记被选中对象的夹点，也是图形对象上的控制点，如图 4-70 所示。

可使用“选项”命令（OP），在弹出的“选项”对话框切换至“选择集”选项卡，勾选“显示夹点”复选框即可，如图 4-71 所示。

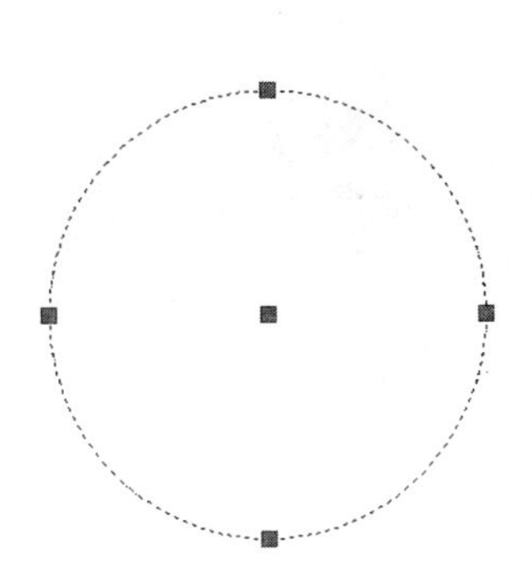

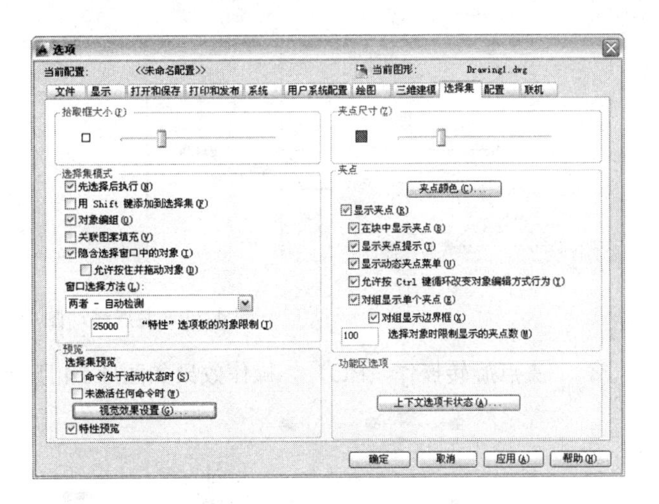

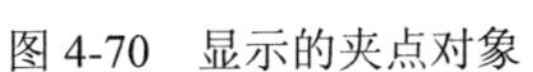

图 4-70　显示的夹点对象　　　　图 4-71　“选项→选择集”选项卡

打开钳夹功能后，不执行任何命令，只选中图形对象，并单击其某一个夹点，使之进入编辑状态，系统只自动默认为“拉伸基点”，并进入“拉伸”编辑模式；同时，还可以对其进行夹点移动（MO）、夹点旋转（RO）、夹点缩放（SC）、夹点镜像（MI）等操作。

✧　夹点拉伸操作，操作效果如图 4-72 所示。

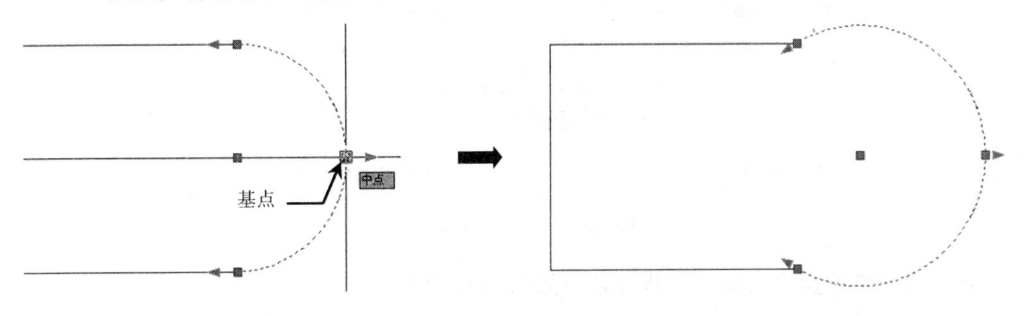

图 4-72　夹点拉伸图形

经验分享——使用夹点进行拉伸的技巧

（1）当选择对象上的多个夹点来拉伸对象时，选定夹点间对象的形状将保持原样。要选择多个夹点，请按住 Shift 键，然后选择适当的夹点。

（2）文字、块参照、直线中点、圆心和点对象上的夹点将移动对象而不是拉伸它。

（3）如果选择象限夹点来拉伸圆或椭圆，然后在输入新半径命令提示下指定距离（而不是移动夹点），此距离是指从圆心而不是从选定夹点测量的距离。

✧　夹点移动操作（MO），操作效果如图 4-73 所示。

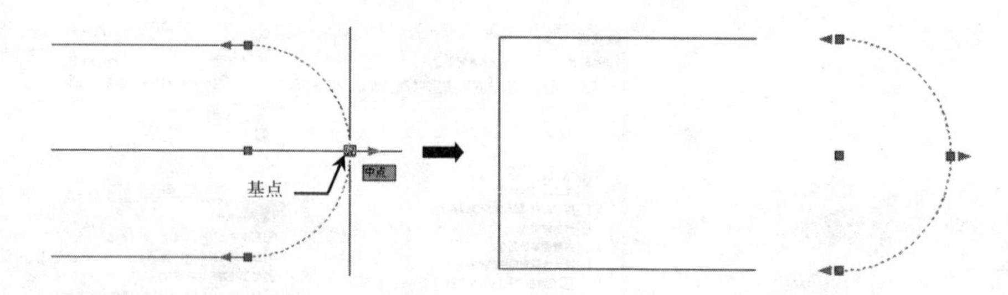

图 4-73　夹点移动图形

✧　夹点旋转操作（RO），操作效果如图 4-74 所示。

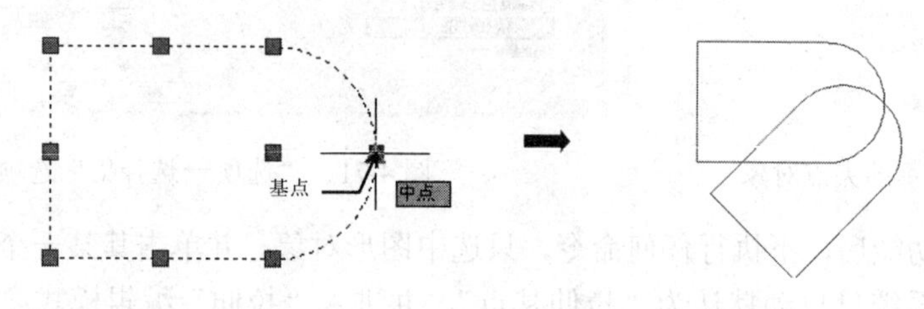

图 4-74　夹点旋转图形

✧　夹点缩放操作（SC），操作效果如图 4-75 所示。

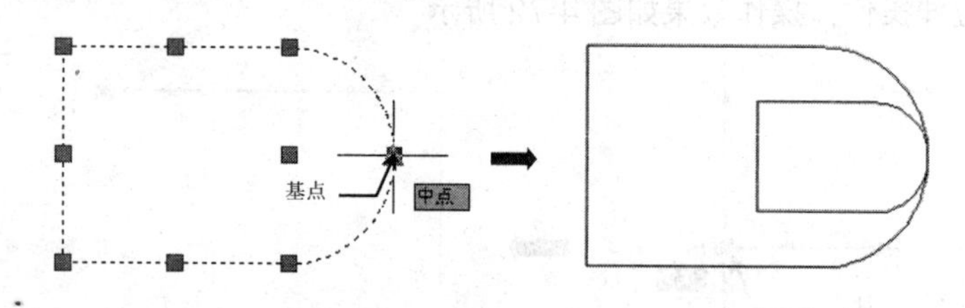

图 4-75　夹点缩放图形

✧　夹点镜像操作（MI），操作效果如图 4-76 所示。

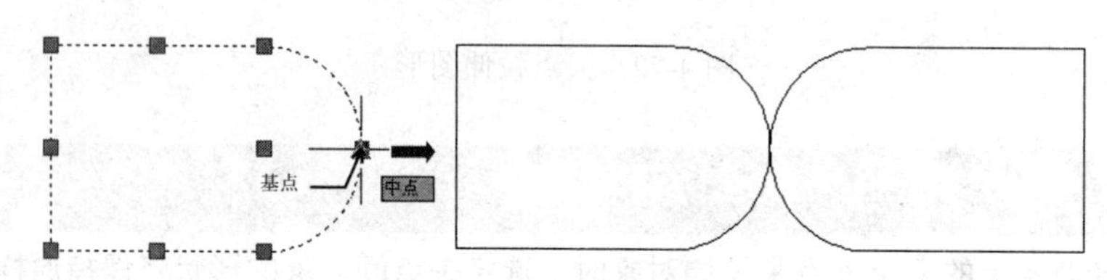

图 4-76　夹点镜像图形

经验分享——夹点编辑的含义

使用夹选择中对象后，以所选夹点为基点，默认“拉伸”所选对象；
按 1 次空格键（或 Enter 键），是以所选夹点为基点“移动”所选对象；
按 2 次空格键（或 Enter 键），是以所选夹点为基点“旋转”所选对象；
按 3 次空格键（或 Enter 键），是以所选夹点为基点“比例缩放”所选对象；
按 4 次空格键（或 Enter 键），是以所选夹点为第一点的“镜像”所选对象；
按 5 次空格键（或 Enter 键），又循环返回“拉伸”操作。

4.7.2　快速改变图形的属性

在 AutoCAD 2014 中，系统提供一个“快捷特性”，来帮助用户快速修改已绘制图形对象的简要特性。用户可以通过以下几种方法来打开对象特性的修改面板：

- ✧ 组合键：按下 Ctrl+Shift+P 组合键。
- ✧ 状态栏：单击状态栏上的按钮。
- ✧ 对话框：在“草图设置”对话框中，选择“快捷特性”选项卡，勾选复选框，如图 4-77 所示。

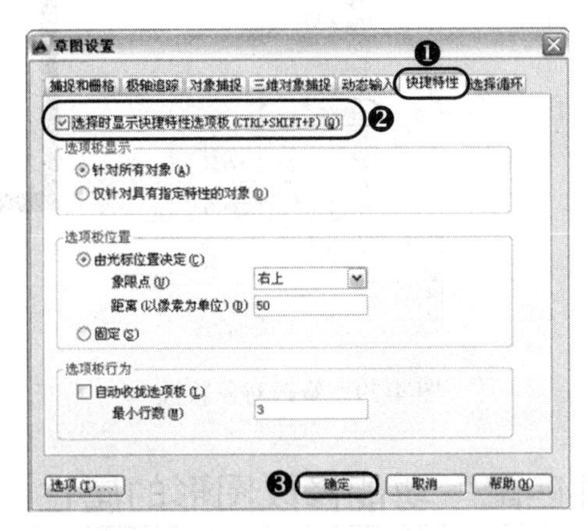

图 4-77　“草图设置→快捷特性”选项卡

当勾选“选择时显示快捷特性选项板（Ctrl+Shift+P）（Q）”复选框后，返回到绘图窗口，选中需要改变属性的图形对象，此时，则出现一些与选中图形相关的特性参数，重新设置新的参数，即可快速完成图形的属性改变，如图 4-78 所示。

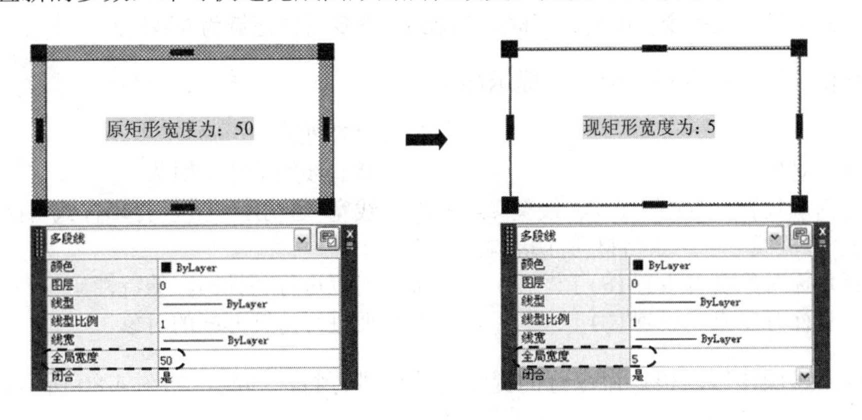

图 4-78　快速改变图形的属性

4.7.3　使用“特性”选项板修改图形的属性

在 AutoCAD 2014 中，系统提供一个“特性”面板，来帮助用户修改已绘制图形对象的特性。用户可以通过以下几种方法来打开对象特性的修改面板：

✧ 工具栏：在“标准”工具栏中单击“特性”特性。
✧ 组合键：按 Ctrl+1 组合键。
✧ 命令行：在命令行中输入快捷键“MO”或者“PR”命令。

Note

例如，将矩形的线宽从 0 变到 10，如图 4-79 所示。

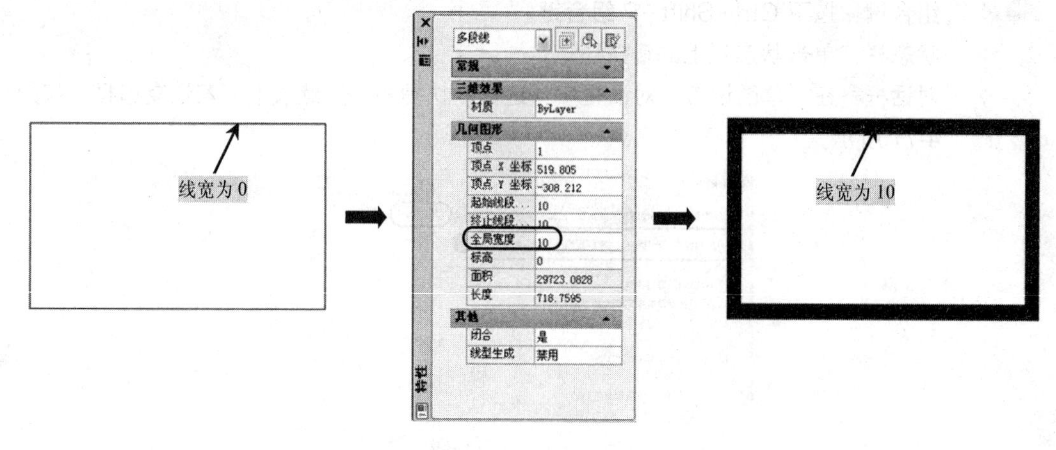

图 4-79 修改对象特性

4.7.4 使用“特性匹配”功能修改图形的属性

特性匹配是将图形对象的特性修改成源对象的特性，包括颜色、线型、样式等。用户可以通过以下的任意一种方法来执行“特性匹配”命令：

✧ 面板：在“剪贴板”面板中单击“特性匹配”按钮。
✧ 命令行：在命令行中输入“Matchprop”命令（快捷键为 MA）。

执行特性匹配命令后，命令行提示如下：

```
命令:_matchprop                    //执行“特性匹配”命令
选择源对象:                        //选择具有线宽的矩形对象
当前活动设置: 颜色 图层 线型 线型比例 线宽 透明度 厚度 打印样式 标注 文字
图案填充 多段线 视口 表格材质 阴影显示 多重引线
选择目标对象或 [设置(S)]:          //显示可以进行特性匹配的特性
选择目标对象或 [设置(S)]:          //选择要进行特性匹配的对象
```

执行上述操作后，根据命令行的提示，即可进行特性匹配，如图 4-80 所示。

在进行特性匹配时，选择“设置(S)”选项时，会弹出“特性设置”对话框，用户可以根据不同的绘图要求，勾选相应的“特性匹配”的特性选项，如图 4-81 所示。

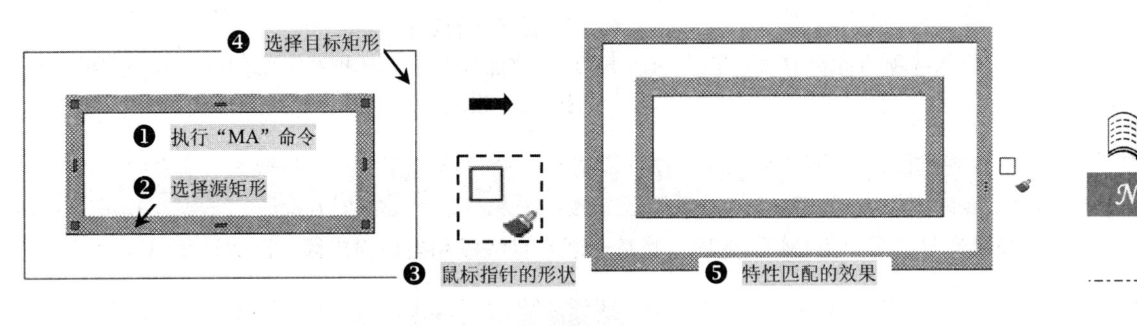

图 4-80　进行特性匹配

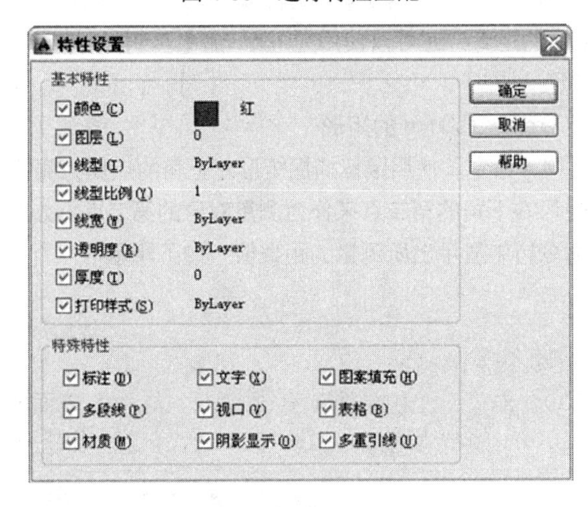

图 4-81　“特性设置”对话框

4.7.5　查询对象

在绘制图形或阅读图形的过程中，有时需要及时查询图形对象的数据，例如，对象之间的距离、建筑平面图室内面积等，为了方便这些查询工作，AutoCAD 提供了相关的查询命令。

1. 距离查询

测量选定对象或点序列的距离，执行方式如下：

✧　面板：在“实用工具”面板的“测量”下拉列表中单击“距离”按钮。
✧　命令行：在命令行中输入或动态输入“Measuregeom”命令（快捷键为 Mea）。

执行上述命令后，命令行提示与操作如下：

```
命令:_measuregeom                        //执行查询命令
输入选项 [距离(D)/半径(R)/角度(A)/面积(AR)/体积(V)] <距离>:_distance
指定第一点:                              //指定第一点
指定第二个点或 [多个点(M)]:              //指定第二点
距离 = 731.7605，XY 平面中的倾角 = 0，   与 XY 平面的夹角 = 0
X 增量 = 731.7605，   Y 增量 = 0.0000，    Z 增量 = 0.0000
```

```
                    //显示查询的数据
输入选项 [距离(D)/半径(R)/角度(A)/面积(AR)/体积(V)/退出(X)] <距离>:
                    \\按 Esc 键退出
```

Note

提示

如果选择“多个点(M)”选项，将基于现在直线段和当前橡皮线，即时计算总距离。

经验分享——查询距离

测量两点、多线段之间的距离，还可以使用“Dist”命令。例如，查询矩形对角线两点间的距离，其操作步骤如下：

(1) 首先绘制一个 200mm×150mm 的矩形。

(2) 在命令行输入“DI”命令，使用鼠标捕捉矩形左上角的点作为测量对象的第一点；

(3) 使用鼠标捕捉矩形右下角的第二点来作为测量对象的第二点，如图 4-82 所示。

(4) 此时，即可在命令行中显示出所测量的距离值，如下所示：

```
命令:_DIST
指定第一点:
指定第二个点或 [多个点(M)]:
距离 = 250.0000，XY 平面中的倾角 = 323，  与 XY 平面的夹角 = 0
X 增量 = 200.0000，   Y 增量 = -150.0000，    Z 增量 = 0.0000
```

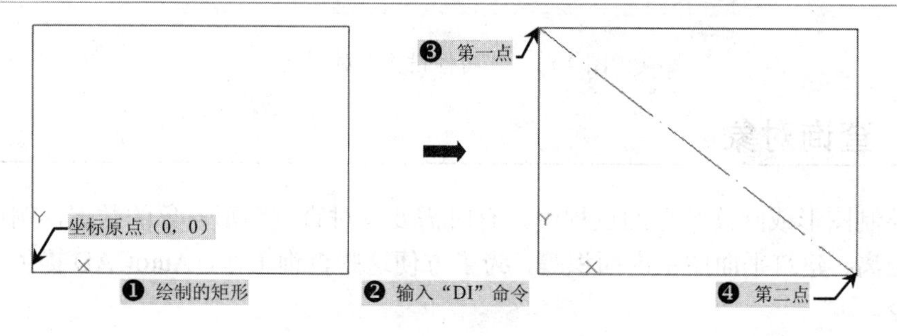

图 4-82 分别捕捉矩形的对角点

2. 面积查询

测量选定对象或点序列的面积，执行方式如下：

✧ 面板：在“实用工具”面板的“测量”下拉列表中单击“面积”。

✧ 命令行：在命令行中输入或动态输入“Measuregeom”命令（快捷键为 Mea）。

执行上述命令后，命令行提示与操作如下：

```
命令:_measuregeom                          //执行命令
输入选项 [距离(D)/半径(R)/角度(A)/面积(AR)/体积(V)] <距离>: AR
指定第一个角点或 [对象(O)/增加面积(A)/减少面积(S)/退出(X)] <对象(O)>:
                                           //指定第一点
指定下一个点或 [圆弧(A)/长度(L)/放弃(U)]:   //指定第二点
```

```
指定下一个点或 [圆弧(A)/长度(L)/放弃(U)]:  //指定第三点
指定下一个点或 [圆弧(A)/长度(L)/放弃(U)/总计(T)] <总计>: //指定第四点
指定下一个点或 [圆弧(A)/长度(L)/放弃(U)/总计(T)] <总计>: //按"Enter"键
区域 = 240953.8706, 周长 = 2122.0804 //显示查询的面积和周长
输入选项 [距离(D)/半径(R)/角度(A)/面积(AR)/体积(V)/退出(X)] <面积>:
输入选项 [距离(D)/半径(R)/角度(A)/面积(AR)/体积(V)/退出(X)] <面积>: //按Esc键退出
```

在执行面积查询的时候，其命令提示行中各选项的含义如下：

✧ 对象(O)：选择该项，用户可以使用鼠标选择闭合的多段线对象，从而计算出相应的面积及周长，其命令提示行如下：

```
命令: _measuregeom
输入选项 [距离(D)/半径(R)/角度(A)/面积(AR)/体积(V)] <距离>: AR
指定第一个角点或 [对象(O)/增加面积(A)/减少面积(S)/退出(X)] <对象(O)>: O
                                              //选择"对象"项
选择对象:   //使用鼠标选择指定的封闭多段线对象
区域 = 240953.8706, 周长 = 2122.0804 //显示所选择对象的区域及周长值
输入选项 [距离(D)/半径(R)/角度(A)/面积(AR)/体积(V)/退出(X)] <面积>:
```

✧ 增加面积(A)：选择该项，即可按照如下命令行提示来选择多个封闭对象，并显示出不对象的不同值和多个对象的总面积。

```
命令: _measuregeom
输入选项 [距离(D)/半径(R)/角度(A)/面积(AR)/体积(V)] <距离>: AR
指定第一个角点或 [对象(O)/增加面积(A)/减少面积(S)/退出(X)] <对象(O)>: A
指定第一个角点或 [对象(O)/减少面积(S)/退出(X)]: O
                                   //通过"对象(O)"项来选择对象
("加"模式) 选择对象:               //选择第一个对象
区域 = 240953.8706, 周长 = 2122.0804
总面积 = 240953.8706               //显示第一个对象的总面积
("加"模式) 选择对象:               //选择第二个对象
区域 = 18982.2192, 圆周长 = 488.4031
总面积 = 259936.0898               //显示第一、二个对象的总面积
("加"模式) 选择对象:               //选择第三个对象
区域 = 30671.1473, 长度 = 853.5943
总面积 = 290607.2371               //显示第一、二、三个对象的总面积
指定第一个角点或 [对象(O)/减少面积(S)/退出(X)]: *取消*
                                   //按Esc键取消
```

✧ 减少面积(S)：选择该项，用于从总面积中减去指定的面积。

跟踪练习——查询住宅使用面积

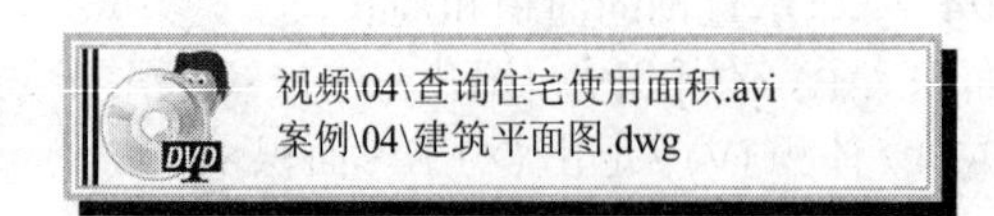

本实例讲解查询住宅使用面积的方法，让读者熟练掌握查询工具的运用，其操作步骤如下：

Step 01 正常启动 AutoCAD 2013 软件，在“快速访问”工具栏上单击“打开”按钮，将“案例\04\建筑平面图.dwg”文件打开，如图 4-83 所示。

Step 02 单击“实用工具”面板中的“测量”下拉按钮，在弹出的列表中单击“面积”按钮，如图 4-84 所示。

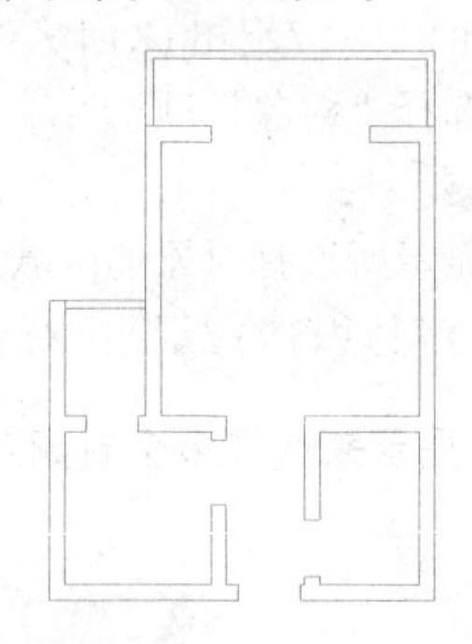

图 4-83　打开图形

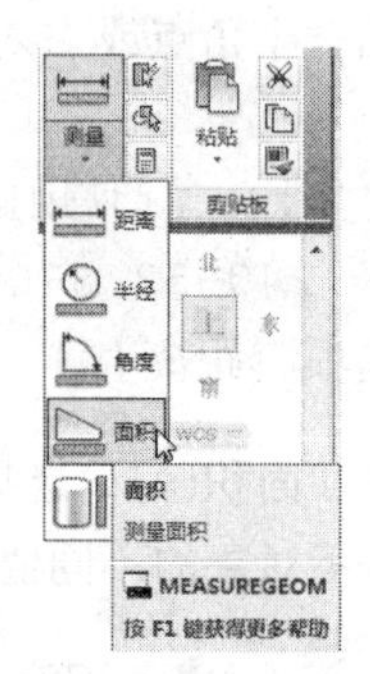

图 4-84　单击“面积”

Step 03 当命令行提示“指定第一个角点或 [对象(O)/增加面积(A)/减少面积(S)/退出(X)]：”时，指定建筑区域的第一个角点，如图 4-85 所示。

Step 04 当提示“指定下一个点或 [圆弧(A)/长度(L)/放弃(U)]：”时，指定第二个角点，如图 4-86 所示。

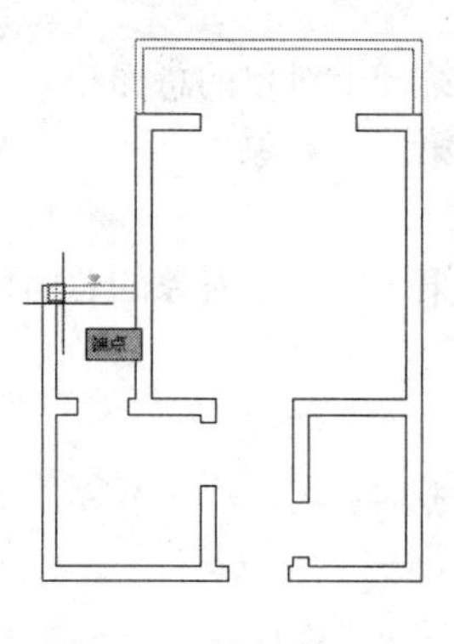

图 4-85　捕捉第一点

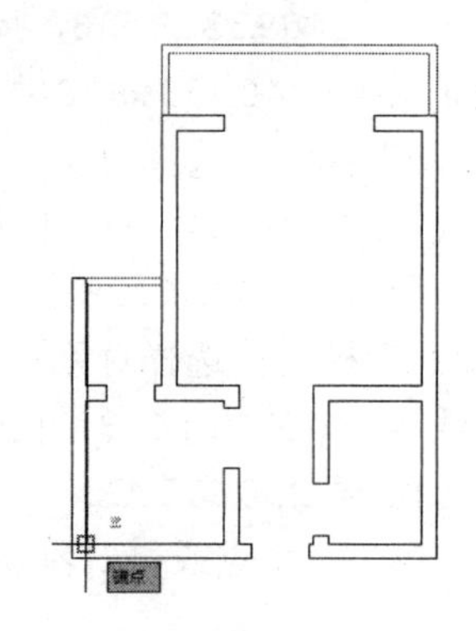

图 4-86　捕捉第二点

Step 05 指定第三点，如图 4-87 所示，将会出现一个蓝色透明区域。

Step 06 重复捕捉内墙体的角点，捕捉完后，该蓝色透明区域布满整个内墙体平面，如图 4-88 所示。

Step 07 在捕捉完成后，按下空格键确定，系统将显示测量结果，显示面积和周长的数值，完成测量结果，如图 4-89 所示。

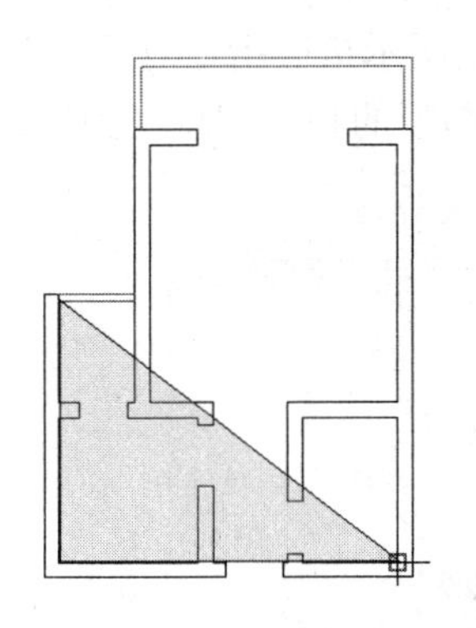

图 4-87　捕捉第三点

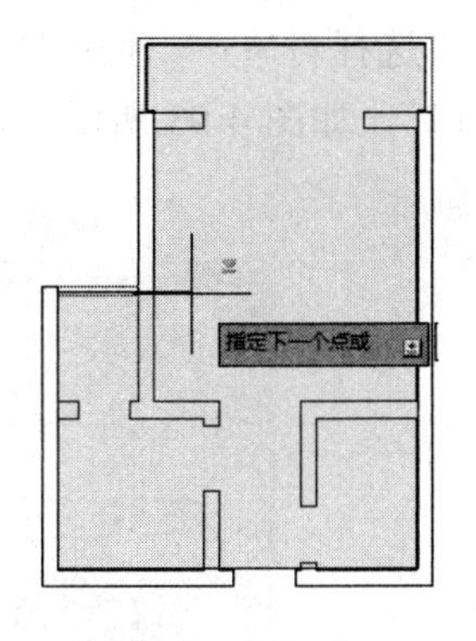

图 4-88　捕捉完效果

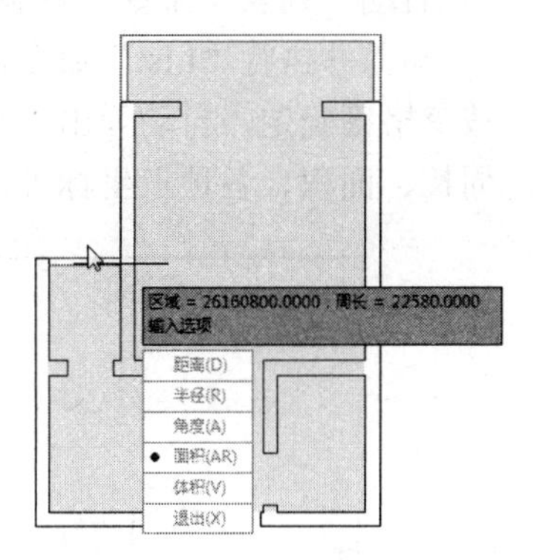

图 4-89　显示测量结果

提示

在 CAD 设置图形单位为毫米，因此，查询显示结果中，周长的单位为毫米，面积单位为平方毫米。

3. 查询点坐标

使用“ID”命令可以测量点的坐标，在命令提示下显示 *X*、*Y*、*Z* 坐标值，在对象捕捉处于启用状态时，可以选择对象同时查看功能（例如，端点、中点、圆心）的坐标。启动该命令的方法如下：

- ✧ 面板：在“实用工具”面板中单击“点坐标”按钮 点坐标。
- ✧ 命令行：在命令行中输入或动态输入“ID”命令（快捷键为 ID）。

在坐标原点位置绘制 100×100 的矩形，再执行“ID”命令，在需要查询坐标的点位置单击鼠标，如图 4-90 所示，即可测出该点的坐标，如图 4-91 所示，其命令提示如下：

```
命令: ID                                                  //启动命令
指定点:                                                   //拾取查询点
X = 100.0000     Y = 50.0000     Z = 0.0000 //显示坐标
```

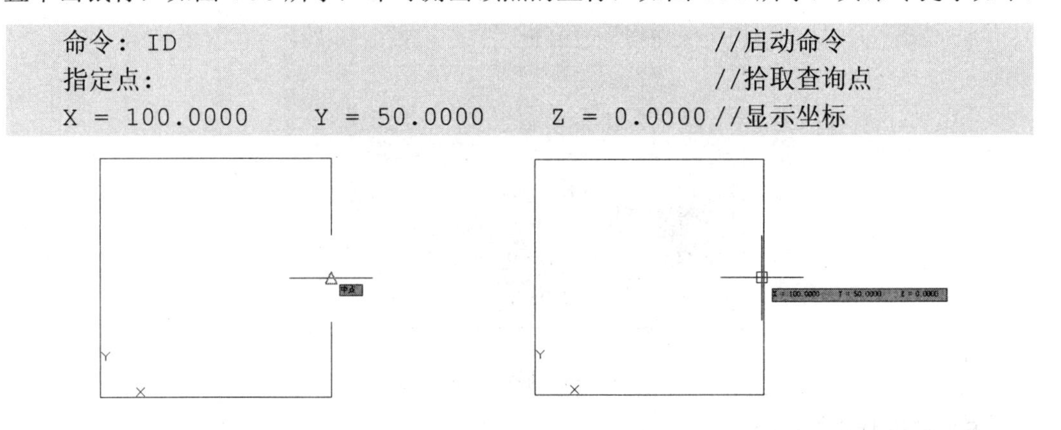

图 4-90　捕捉中点　　　　图 4-91　显示坐标值

Note

4．列表显示

启动“列表”命令，将显示对象相关信息。

输入并执行“List”命令，提示“选择对象：”，按如图 4-92 所示拾取指定对象，并按空格键确定，自动弹出“文本窗口”，如图 4-93 所示，显示图形的相应信息（图层、周长、面积、各顶点坐标等）。

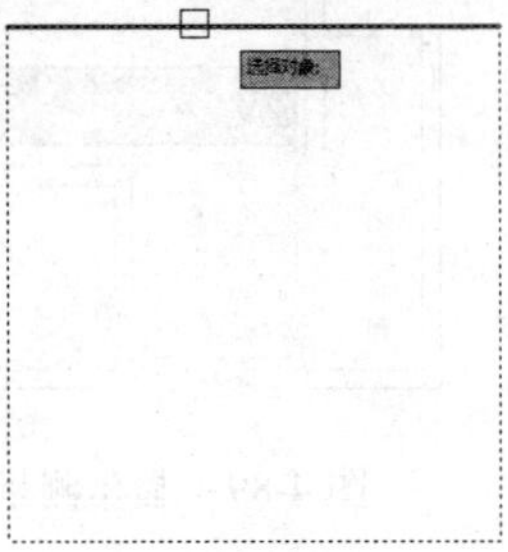

图 4-92　选择对象

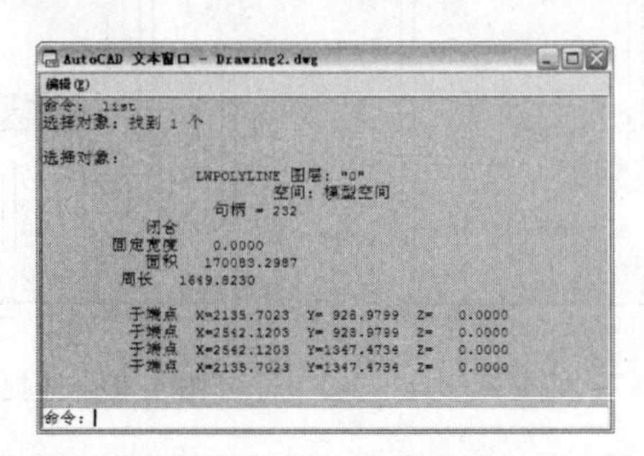

图 4-93　显示图形信息

5．查询时间

查看当前图形文件各项时间信息。执行“Time”命令，并按空格键，将弹出“文本窗口”，显示“当前时间”和“图形各项时间统计”等，如图 4-94 所示。

经验分享——关于时间的变量

DATE 变量：存储当前日期和时间。

命令： DATE

DATE = 2456312.35998914（只读）

CDATE 变量：设置日历的日期和时间。

命令：CDATE

CDATE = 20130119.08382638（只读）

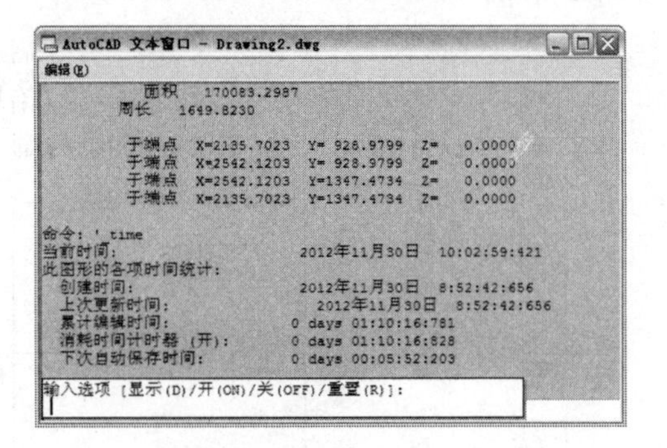

图 4-94　显示时间信息

6．查询状态

查询图形设置状态（捕捉模式、图形界限、文件大小等）。执行“Status”命令，并按空格键，将弹出“文本窗口”，显示“文件大小、图形界限、捕捉模式、当前图层和颜色”等相关图形设置状态信息，如图 4-95 所示。

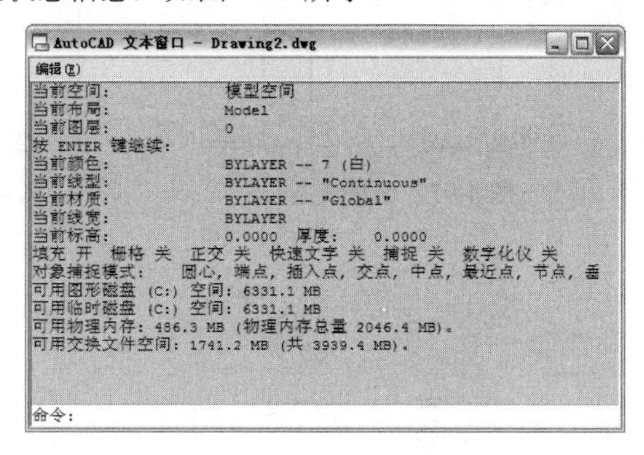

图 4-95　显示图形设置状态信息

Note

4.8 实战演练

4.8.1 初试身手——单座沙发的绘制

通过使用矩形、分解、偏移、圆角、直线等命令，绘制单座沙发，其操作步骤如下：

Step 01 正常启动 AutoCAD 2014 软件，单击“保存”按钮，将其保存为“案例\04\沙发.dwg”。

Step 02 在“绘图”面板中单击“矩形”按钮，绘制一个 1000×900 的直角矩形；在“修改”面板中单击“分解”按钮，将矩形对象进行分解，如图 4-96 所示。

Step 03 在“修改”面板中单击“偏移”按钮，将上侧水平线向下偏移 150，将两侧的垂直线段各向内偏移 200 的距离，如图 4-97 所示。

Step 04 在“修改”面板中单击“圆角”按钮，当命令行提示“选择第一个对象或 [放弃(U)/多段线(P)/半径(R)/修剪(T)/多个(M)]:”时，选择“半径（R）”选项，设置圆角半径为 250，修剪方式为“修剪（T）”，对矩形上侧两直角进行圆角操作，如图 4-98 所示。

Step 05 在“修改”面板中单击“修剪”按钮，修剪下侧多余的水平线条，如图 4-99 所示。

Step 06 再次在“修改”面板中单击“圆角”按钮，设置圆角半径为 100，修剪方式为“修剪（T）”，对图形再次进行圆操作，如图 4-100 所示。

Step 07 在“绘图”面板中单击“直线”按钮，捕捉垂直线段下侧端点绘制一条水平线段，如图 4-101 所示。

Step 08 至此，沙发已经绘制完成，按 Ctrl+S 组合键进行保存。

Note

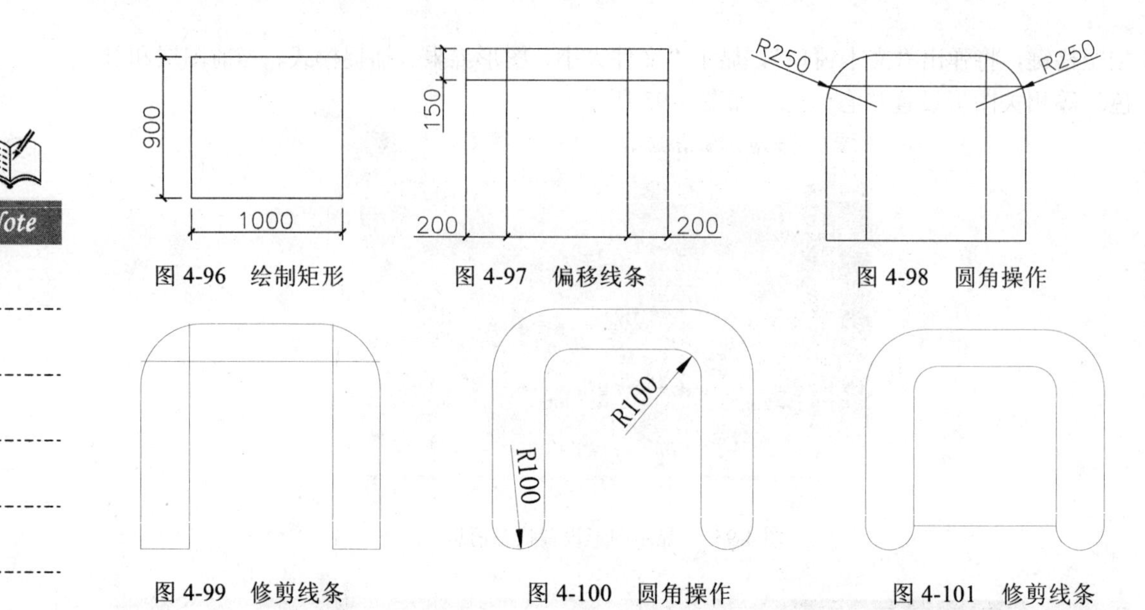

图 4-96　绘制矩形　　图 4-97　偏移线条　　图 4-98　圆角操作

图 4-99　修剪线条　　图 4-100　圆角操作　　图 4-101　修剪线条

经验分享——圆角半径为0的妙用

对于两条不平行线段，用户可以通过圆角的方式对其进行延伸并相交操作，这时应设置圆角半径为 0，如图 4-102 所示。

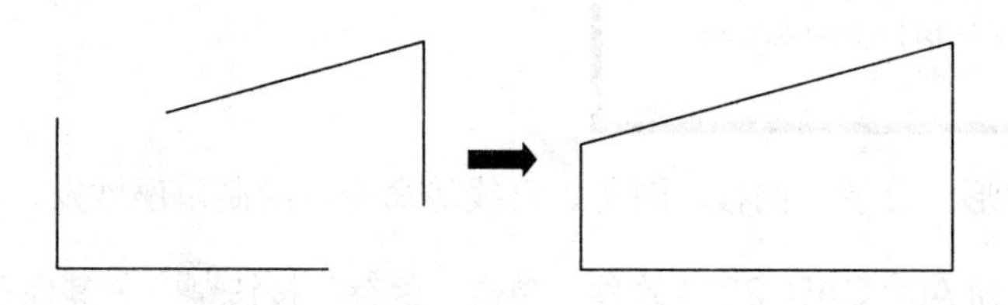

图 4-102　圆角为 0 的妙用

4.8.2　深入训练——客厅吊灯的绘制

通过使用矩形、对齐、移动、倒角、直线等命令，绘制客厅的吊灯，其操作步骤如下：

Step 01 正常启动 AutoCAD 2014 软件，单击“保存”按钮，将其保存为“案例\04\吊灯.dwg”文件。

Step 02 在“绘图”面板中单击“矩形”按钮，在图形区域分别绘制 155×125 和 65×32 的两个矩形，如图 4-103 所示。

Step 03 按 F3 键打开“对象捕捉”模式。单击“修改”面板中“对齐”按钮，选择小矩形对象，按 Enter 键；捕捉小矩形底端的水平线段中点作为源点，如图 4-104 所示；再捕捉大矩形顶端水平线段中点作为目标点，按 Enter 键，如图 4-105 所示；其对齐后的效果，如图 4-106 所示。

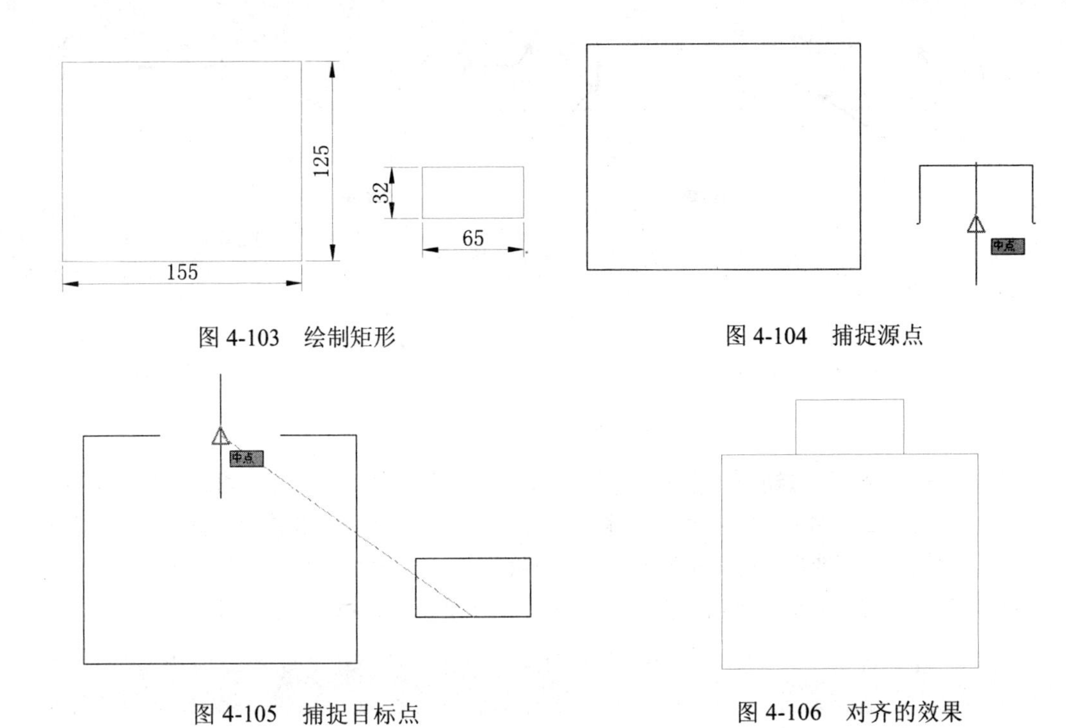

图 4-103　绘制矩形

图 4-104　捕捉源点

图 4-105　捕捉目标点

图 4-106　对齐的效果

Note

Step 04 在“修改”面板中的“圆角”下拉列表中单击“倒角”按钮。根据命令行提示，选择“距离(D)”选项，再输入第一个倒角距离为 45，并按空格键确定，输入第二个倒角距离为 115，并按空格键确定，然后根据提示分别选择第一条直线和第二条直线，如图 4-107 所示。

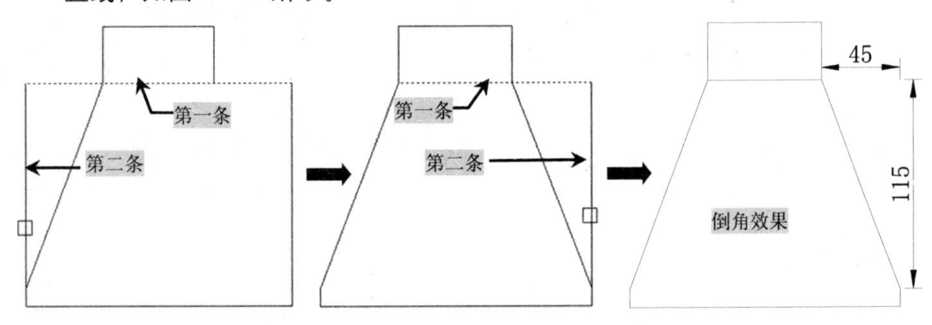

图 4-107　进行距离倒角

Step 05 同样，单击“倒角”按钮，根据命令行提示，选择“角度（A）”选项，输入第一条直线倒角长度为 23，按下空格键，输入第一条直线倒角角度为 45°，并按空格键确定，然后根据提示分别选择第一条直线和第二条直线，如图 4-108 所示。

Step 06 在“绘图”面板中单击“直线”按钮，连接倒角轮廓，如图 4-109 所示。

Step 07 在“绘图”面板中单击“矩形”按钮，在图形区域绘制 8×300 和 65×26 的矩形。

Step 08 单击“修改”面板中的“移动”按钮，将矩形放置如图 4-110 所示位置，与前面图形居中对齐。

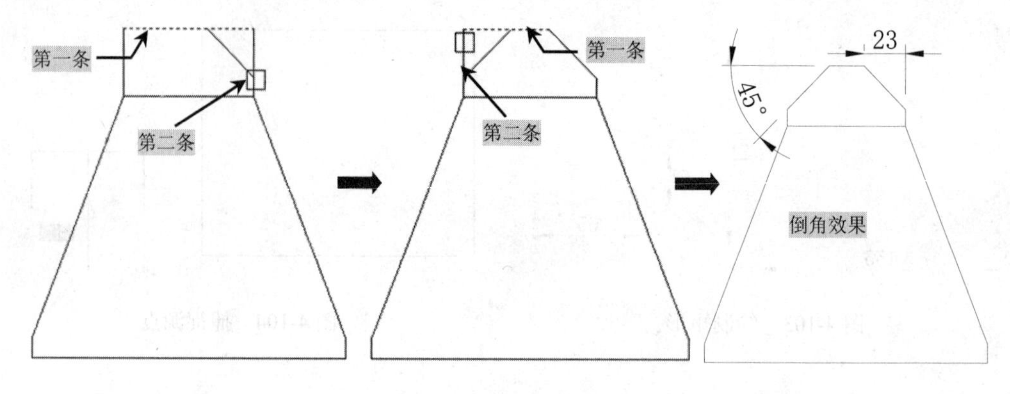

图 4-108　进行角度倒角

Step 09 单击“倒角”按钮，根据命令行提示，选择“距离(D)”选项，再输入第一个倒角距离为 26，并按空格键确定，输入第二个倒角距离为 13，并按空格键确定，然后根据提示分别选择最上侧矩形的第一条直线和第二条直线，结果如图 4-111 所示。

Step 10 在“绘图”面板中单击“直线”按钮，连接倒角轮廓，如图 4-112 所示。

经验分享提示——倒角的表示

在绘制图纸过程中，经常会遇到“N×45°”倒角，其中，“N”代表距离，执行 45° 倒角效果与距离倒角“N×N”效果相同（N 为相同距离）。

Step 11 至此，吊灯已经绘制完成，按 Ctrl+S 组合键进行保存。

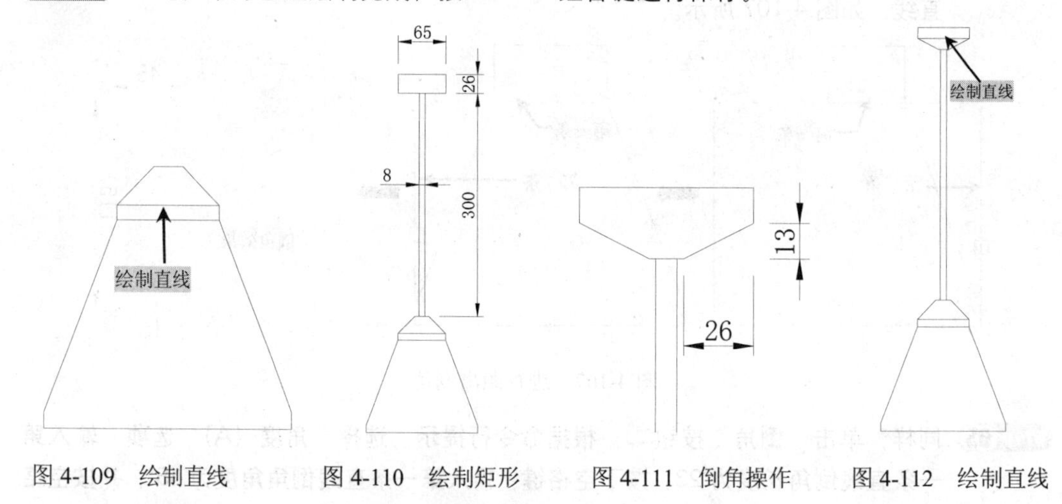

图 4-109　绘制直线　　图 4-110　绘制矩形　　图 4-111　倒角操作　　图 4-112　绘制直线

4.8.3　熟能生巧——地拼的绘制

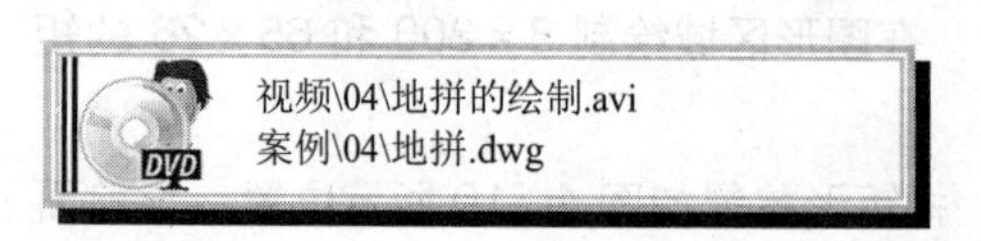

通过使用矩形、偏移、对象捕捉、旋转、修剪、直线等命令，绘制地拼图形，其操

作步骤如下：

Step 01 正常启动 AutoCAD 2014 软件，单击“保存”按钮，将其保存为“案例\04\地拼.dwg”文件。

Step 02 在“绘图”面板中单击“矩形”按钮，在图形区域绘制 2500mm×2500mm 的矩形，如图 4-113 所示。

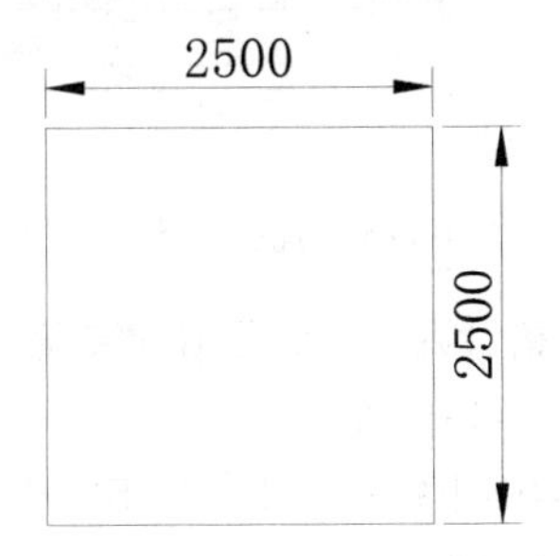

图 4-113　绘制矩形

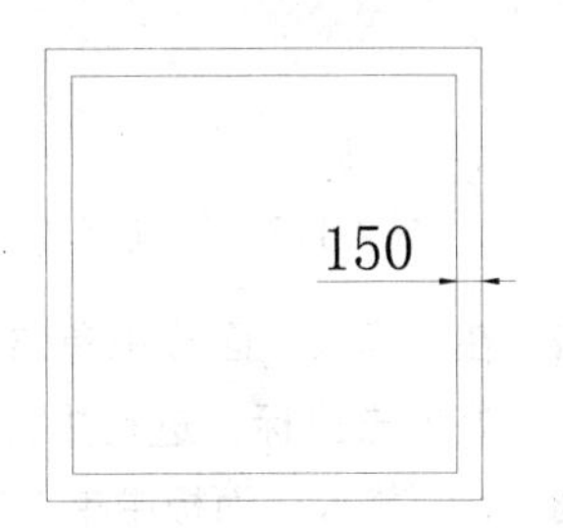

图 4-114　偏移矩形

Step 03 在“修改”面板中单击“偏移”按钮，将矩形向内偏移 150，如图 4-114 所示。

Step 04 在键盘上按 F3 键和 F11 键，打开“对象捕捉”和“对象极轴追踪”，并输入快捷命令“SE”，弹出“草图设置”对话框，在“对象捕捉”选项中，勾选“中点”，如图 4-115 所示。

Step 05 在“修改”面板中单击“旋转”按钮，选择两个矩形对象，按下空格键，系统提示“指定基点：”，使用鼠标分别捕捉矩形水平和垂直线段的中点后延着捕捉虚线拖动，在出现虚线交叉点后单击鼠标，找到矩形中点位置，如图 4-116 所示，根据命令行的提示，选择“复制（C）”选项，并输入角度 45，得到旋转复制的效果，如图 4-117 所示。

Step 06 在“绘图”面板中单击“矩形”按钮，捕捉旋转内矩形的中点，绘制一正方形，如图 4-118 所示。

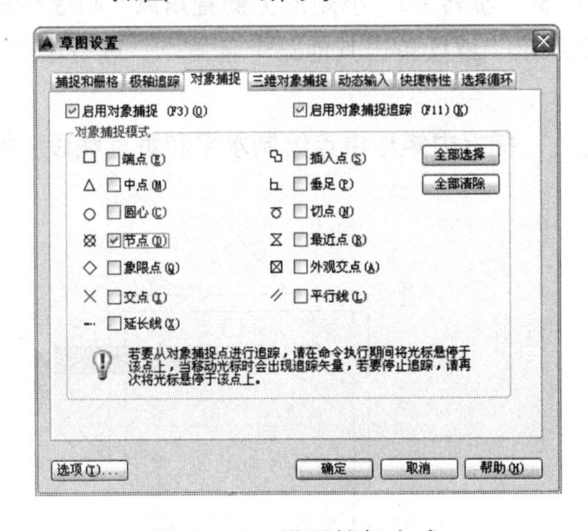

图 4-115　设置捕捉方式

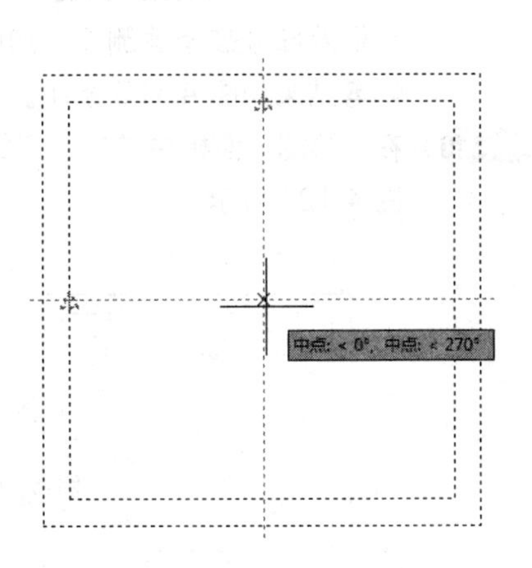

图 4-116　捕捉矩形中点

图 4-117 复制旋转效果

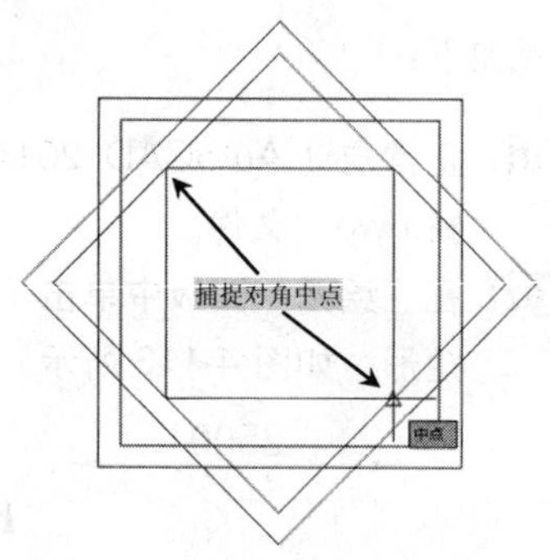

图 4-118 捕捉对角中点绘制矩形

Step 07 在"修改"面板中单击"修剪"按钮，按空格键两次，然后在需要修剪的交叉线处单击鼠标，进行相应的修剪，修剪结果如图 4-119 所示。

Step 08 在"修改"面板中单击"旋转"按钮，选择中间小矩形对象，按下空格键，同样捕捉矩形的中点，选择"复制（C）"选项，输入角度为 45，从而得到复制旋转 45°的矩形效果，如图 4-120 所示。

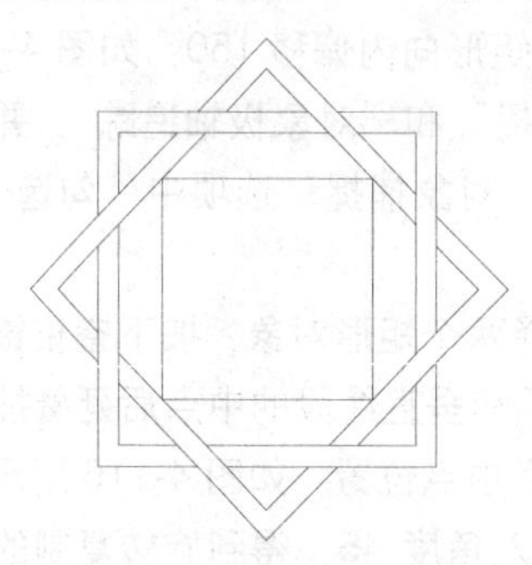

图 4-119 修剪结果

图 4-120 复制旋转小矩形

Step 09 在"修改"面板中单击"修剪"按钮，按空格键一次，鼠标选择小矩形，如图 4-121 所示，再按空格键一次，单击鼠标，旋转 45°小矩形上侧直角点，则虚线矩形框外部分被修剪删除，如图 4-122 所示，继续单击其他三个直角点，进行修剪，修剪结果如图 4-123 所示。

Step 10 在"绘图"面板中单击"直线"按钮，捕捉内矩形中点绘制水平和垂直线段，如图 4-124 所示。

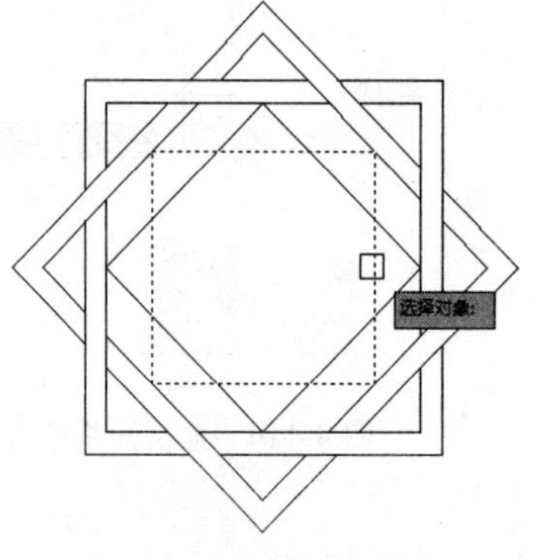

图 4-121 修剪步骤 1

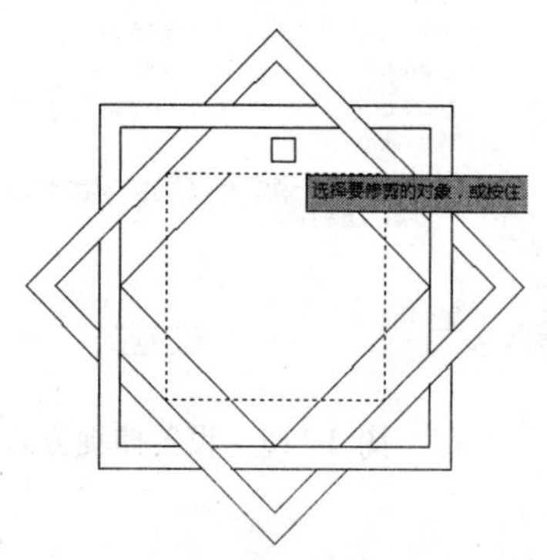

图 4-122 修剪步骤 2

图 4-123　修剪结果

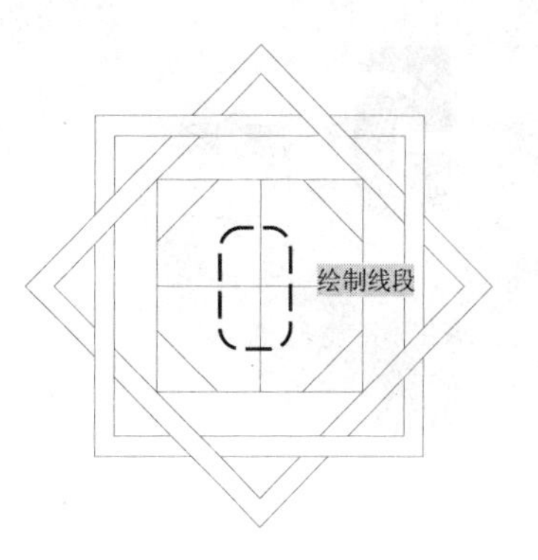

图 4-124　绘制相交线段

Step 11 至此，地拼已经绘制完成，按 Ctrl+S 组合键进行保存。

4.9 本章小结

本章主要讲解了 AutoCAD 2014 二维图形的选择与编辑，包括 AutoCAD 选择对象的基本方法，如设置选择对象模式、选择对象、框选对象、栏选对象、围选对象、快速选择、编组等，AutoCAD 2014 的改变图形形状，AutoCAD 2014 的其他修改命令，CAD 复杂图形的编辑，CAD 高级编辑辅助工具等，最后通过实战演练来学习 AutoCAD 绘制单座沙发、绘制客厅吊灯、绘制地拼，从而为后面的学习打下坚实的基础。

创建面域和图案填充

面域是用闭合的形状或环创建的二维区域，它是一个面对象；本章通过创建面域，让读者学习和掌握面域的三种逻辑运算；图案填充是用指定的图案或者线条来对图形中指定的区域进行填充，用于表达剖面、切面和不同类型物体对象的外观纹理。

内容要点

- 熟练掌握面域的创建方法
- 掌握面域对象的各种布尔运算方法
- 掌握不同类型的图案填充方法
- 掌握图案填充的编辑方法
- 掌握渐变填充的设置方法
- 掌握工具选项板的使用方法

5.1 将图形转换为面域

面域是具有边界的平面区域，内部可以包含孔。闭合的多条直线和闭合的多条曲线都是有效的选择对象。曲线包括圆弧、圆、椭圆弧、椭圆和曲线。面域可用于应用填充和着色并可以通过逻辑运算，将若干区域合并到单个复杂区域。

5.1.1 创建面域

面域是具有物理特性（如质心）的二维封闭区域，可以通过以下任意一种方法来执行“面域”命令。

✧ 面板：在“绘图”面板中单击“面域”按钮。

✧ 命令行：在命令行中输入或动态输入“Region”命令（快捷键为 Reg）。

启动命令后，根据如下命令行提示“选择对象：”，再选择内部小圆对象，如图 5-1 所示，再按 Enter 键，则系统自动将选中的图形对象转换为面域，如图 5-2 所示。

```
命令:_region                  //执行“面域”命令
选择对象: 找到 1 个
选择对象:                     //选择内小圆为面域的对象
已提取 1 个环。
已创建 1 个面域
```

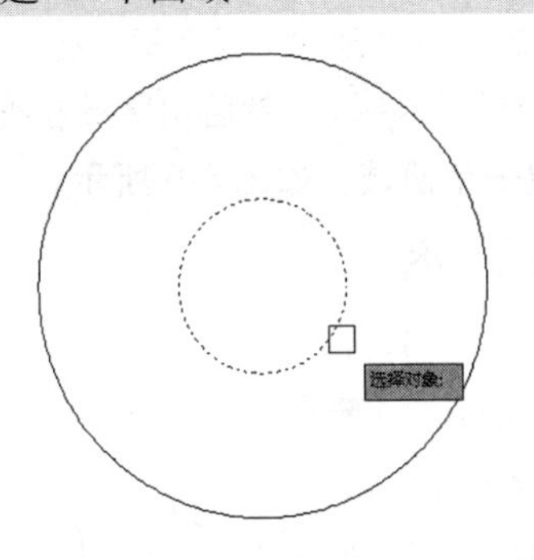

图 5-1　选择对象

图 5-2　面域结果

经验分享——提示—面域对象的分解

在 AutoCAD 中，可以把二维图形转换为面域对象；同样，也可以将面域对象进行分解，转换为二维对象：只要选择“修改”|“分解” 分解(X) 菜单命令，再选择要分解的面域对象即可。

跟踪练习——通过边界创建面域对象

本实例中，首先绘制正方形对象，再对其绕中心旋转复制 45°，再使用“边界”命令对其指定的区域进行边界面域操作，其具体操作步骤如下：

Step 01 正常启动 AutoCAD 2014 软件，在“快速访问”工具栏上单击“保存”按钮，将其保存为“案例\05\创建面域.dwg”。

Step 02 在“绘图”面板中单击“矩形”按钮，绘制 50mm × 50mm 的矩形，如图 5-3 所示。

Step 03 在“修改”面板中单击“旋转”按钮，选择矩形对象，捕捉矩形中点，再选择“复制（C）”选项，并输入旋转角度 45，旋转复制结果如图 5-4 所示。

图 5-3 绘制矩形

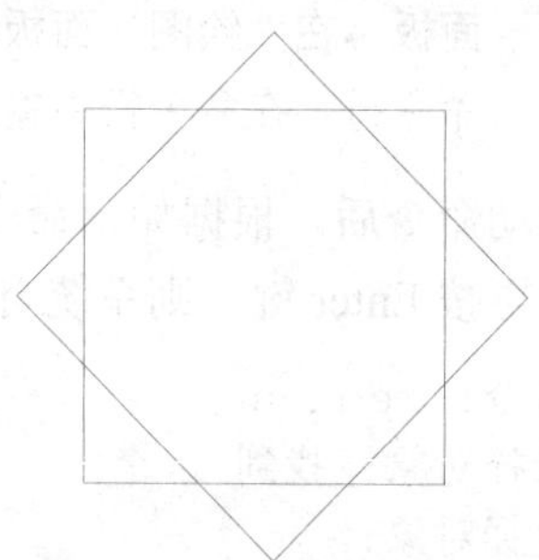

图 5-4 复制并旋转操作

Step 04 在“绘图”面板中单击“边界”按钮，弹出“边界创建”对话框，在“对象类型”下拉列表中选择“面域”，并且单击“拾取点”按钮，然后用鼠标在视图中封闭区域内单击，再按 Enter 键结束，即可创建一个面域，如图 5-5 所示。

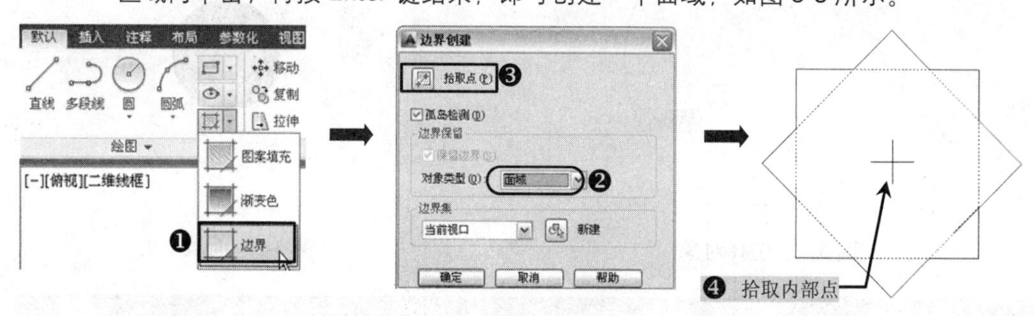

图 5-5 创建面域的步骤

Step 05 由于所创建的面域在二维线框模式下无法观察到，此时，在“视图”标签下“视觉样式”面板中单击“视觉样式”下拉列表，选择“灰度”项，如图 5-6 所示。

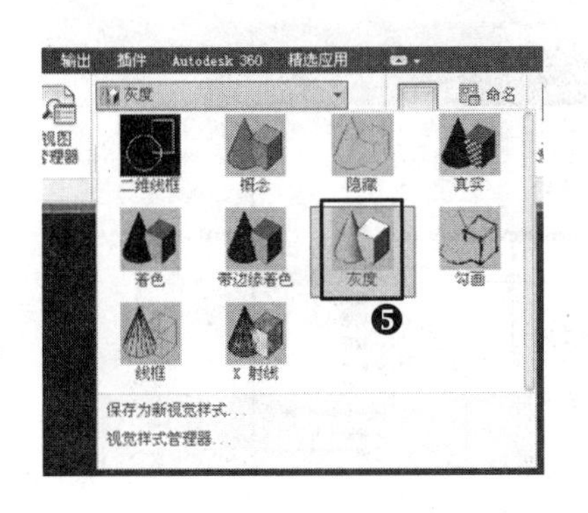

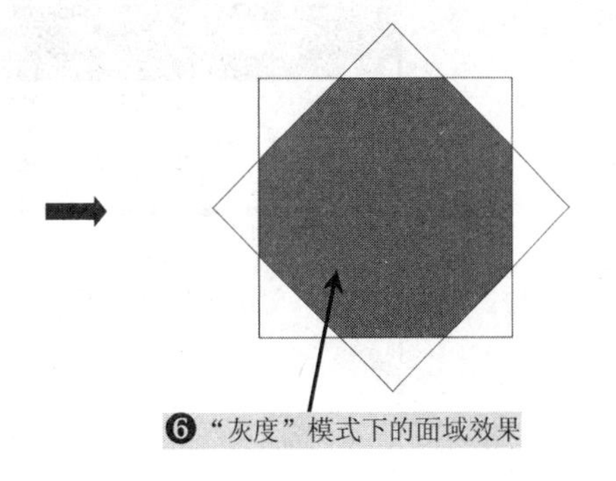

图 5-6　面域后的效果

Step 06　至此，面域创建完成，按 Ctrl+S 组合键进行保存。

经验分享——面域的显示与特性

在“二维线框”模式下，面域后的对象在外观上没有多大的改变，这时，用户可以在“视图”选项卡下的“视觉样式”中选择“灰度”项，转换模式后，再单击面域对象，在“特性”面板显示和面域相关的特性（如面积、周长等），并且从外观上发生了变化，如图 5-7 所示。

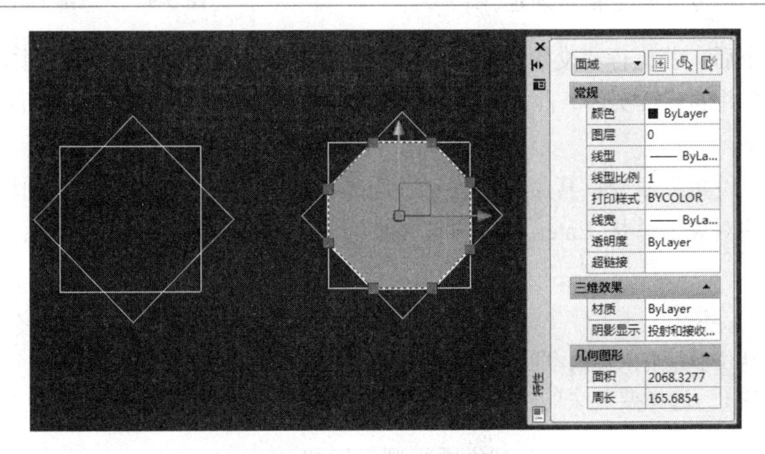

图 5-7　灰度视图下的效果

5.1.2　对面域进行逻辑运算

布尔运算是数学上的一种逻辑运算，也可以用在面域的运算中，包含并集、交集和差集三种。

经验分享——“三维工具”标签的显示

在 AutoCAD 2014 软件的“草图与注释”工作空间中，在功能区或者菜单栏空白处右击鼠标，弹出“显示选项卡”快捷窗口，再勾选“三维工具”项，即可以启动“三维工具”标签，如图 5-8 所示。

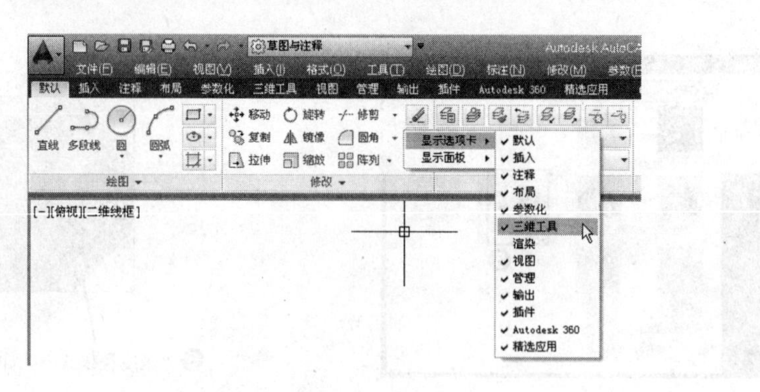

图 5-8　标签和面板的显示

在 AutoCAD 中，可以通过以下几种方式来执行“布尔运算”命令。

✧ 面板：在“三维工具”标签下的“实体编辑”面板中单击“并集”按钮、“差集”按钮、“交集”按钮，如图 5-9 所示。

✧ 命令行：在命令行中输入“UNION”（并集）、“SUBTRACT”（差集）、“INTERSECT”（并集）命令，按空格键确定。

图 5-9　“三维工具”标签

启动命令后，若执行“交集”和“并集”命令，其命令行提示“选择对象:”，则选择要相交或者合并的三维实体、曲面或面域对象，并按 Enter 键，系统将会对所选的对象作交集和并集计算。

若执行“差集”命令，其命令行提示“选择要从中减去的实体曲面和面域:”，则选择执行减操作的对象，并按 Enter 键，再选择要减去的对象，按 Enter 键结束，其命令提示如下所示：

```
命令: _subtract                                    //执行“差集”命令
选择要从中减去的实体、曲面和面域……                //选择减去对象
选择对象:  选择要减去的实体、曲面和面域……          //选择被减去对象
```

例如，对一个圆和一个矩形对象进行逻辑运算。

Step 01 执行“圆”（C）和“矩形”（REC）等命令，分别绘制一个圆和一个矩形，并进行相交放置，如图 5-10 所示。

Step 02 在“绘图”面板中单击“面域”按钮，将矩形和圆对象进行面域，图 5-11 所示为面域前选中图形的效果，图 5-12 所示为面域后选中的效果。

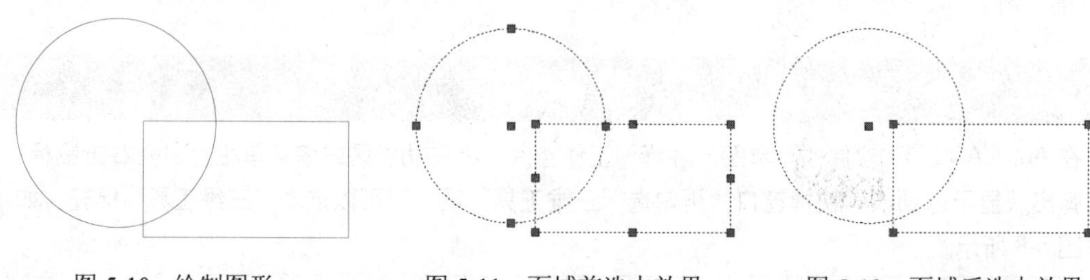

图 5-10　绘制图形　　图 5-11　面域前选中效果　　图 5-12　面域后选中效果

 执行“差集”命令（SU），根据命令行提示“选择要从中减去的实体、曲面和面域:”，选择“圆”对象，并按空格键确定；接着命令行提示“选择要减去的实体、曲面和面域:”，再选择“矩形”对象，并按空格键确定；从而完成差集操作，如图5-13所示。

Step 04 执行“并集”命令（UNI），根据命令行提示，选择整个图形对象，就得到并集的效果，如图5-14所示。

Step 05 执行“交集”命令（IN），根据命令行提示，选择整个图形对象，就得到交集的效果，如图5-15所示。

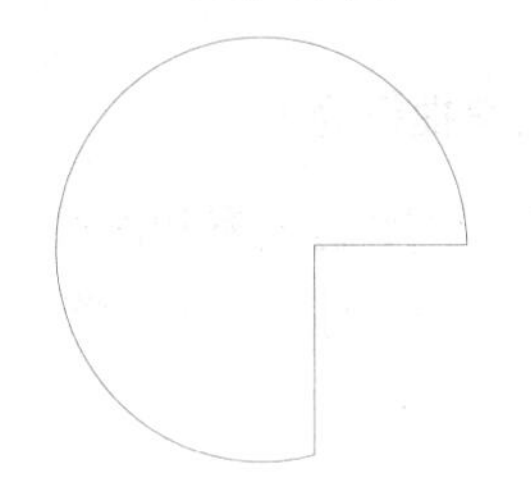

图5-13　差集效果

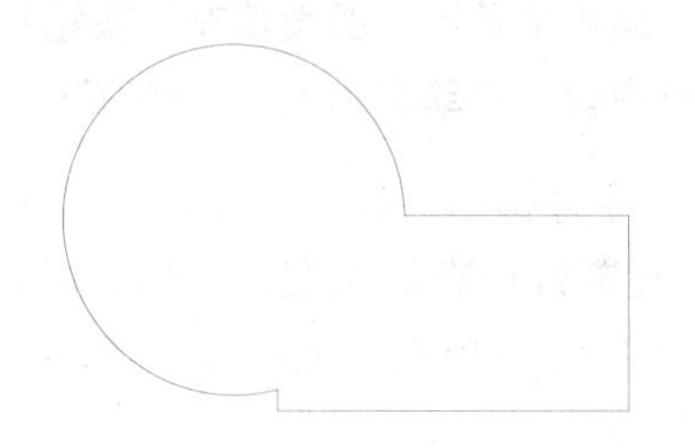

图5-14　并集效果

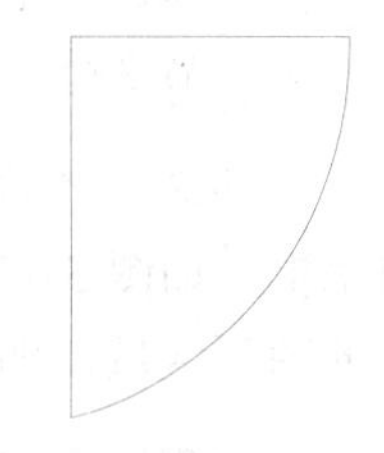

图5-15　交集效果

经验分享——布尔运算的条件

复合实体是使用以下任意命令从两个或两个以上实体、曲面或面域外中创建的:“UNI”（并集）、“SU”（差集）、“INTERSECT”（交集）。对于普通的线条图形对象无法使用布尔运算，也就是说，要想对图形进行布尔运算，必须先将普通的线条图形创建成面域。

5.2 图案填充

图案填充是指将现有对象或封闭区域，使用填充图案、纯色填充或渐变色来填充，还可以创建新的图案填充对象。

5.2.1 创建图案边界

当进行图案填充时，首先要确定图案填充的边界。定义边界的对象只能是直线、双向射线、单向射线、多段线、样条曲线、圆弧、圆、椭圆、椭圆弧、面域等，或用这些对象定义的图，而且作为边界的对象，在当前屏幕上必须全部可见。

可采用以下的方法，执行边界命令：

✧ 面板：在“绘图”面板中单击“边界”按钮。

✧ 命令行：在命令行中输入或动态输入“BOUNDARY”命令（快捷键为BO）。

图5-16　“边界创建”对话框

执行命令后，弹出“边界创建”对话框，如图 5-16 所示。该对话框可以使用由对象封闭的区域内的指定点，定义用于创建面域或多段线的对象类型、边界集和孤岛检测方法。

5.2.2 创建图案填充

在 AutoCAD 中，用户可以下任意一种方法来执行“图案填充”命令：

- ✧ 面板：在“绘图”面板中单击“图案填充”按钮。
- ✧ 命令行：在命令行中输入或动态输入“BHATCH”命令（快捷键为 H）。

启动命令之后，根据命令行提示，选择“设置（T）”项，弹出“图案填充和渐变色”对话框，如图 5-17 所示，设置好填充的图案、比例、填充原点等，再根据要求选择一封闭的图形区域，即可对其进行图案填充，如图 5-18 所示。

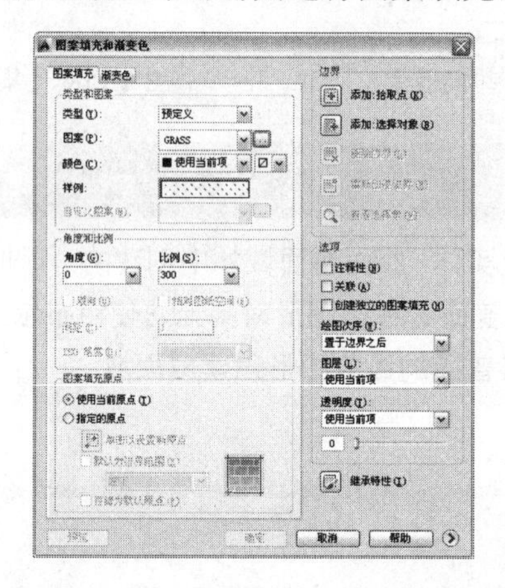

图 5-17 “图案填充和渐变色”对话框

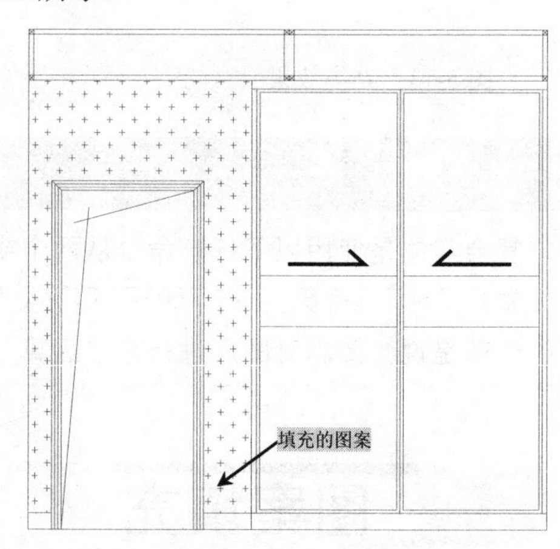

图 5-18 填充的效果

“图案填充”用来定义要应用的填充图案的外观，在“图案填充”对话框中可以设置类型、图案、角度、比例及图案填充原点等。下面就将其图案填充的主要选项进行讲解：

- ✧ “类型”：在其下拉列表框中，用户可以选择图案的类型，包括“预定义”、“用户定义”和“自定义”三个选项。
- ✧ “图案”：在其下拉列表中，可以选择填充的图案，单击其后的按钮，弹出“填充图案选项板”对话框，如图 5-19 所示，显示选择的 ANSI、ISO 和其他行业标准填充图案的预览图像。
- ✧ “颜色”：使用填充图案和实体填充的指定颜色或者背景色。
- ✧ “样例”：显示选定图案的预览图像。单击“样例”可显示“填充图案选项板”对话框。

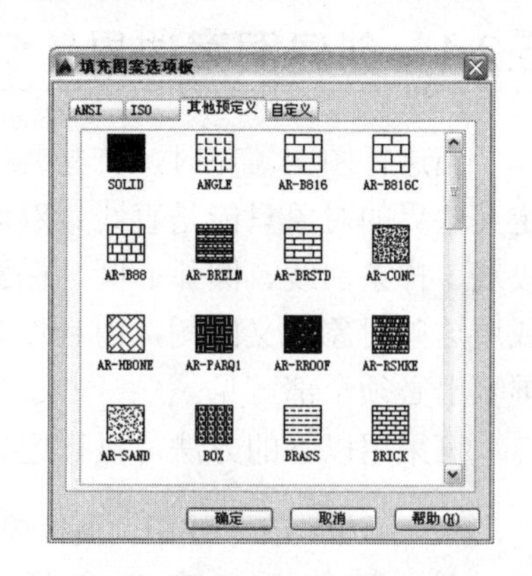

图 5-19 “填充图案选项板”对话框

◇ “自定义图案”：列出可用的自定义图案。最近使用的自定义图案将出现在列表顶部。只有将“类型”设定为“自定义”时，其“自定义图案”选项才可用。

经验分享提示——自定义填充图案的加载

由于 AutoCAD 软件自身并没有提供自定义填充图案，这时，用户应该将自定义的填充图案对象加载到 AutoCAD 安装目录下的 “support” 文件夹中，如图 5-20 所示。这时，在“填充图案选项板”的“自定义”选项卡中才能够显示出所自定义的图案对象，如图 5-21 所示。

在随书光盘“案例\05\图案填充文件”文件夹中，存放有一些自定义填充图案，用户可以将这些填充图案复制到 AutoCAD 安装目录下的 “support” 文件夹中即可。

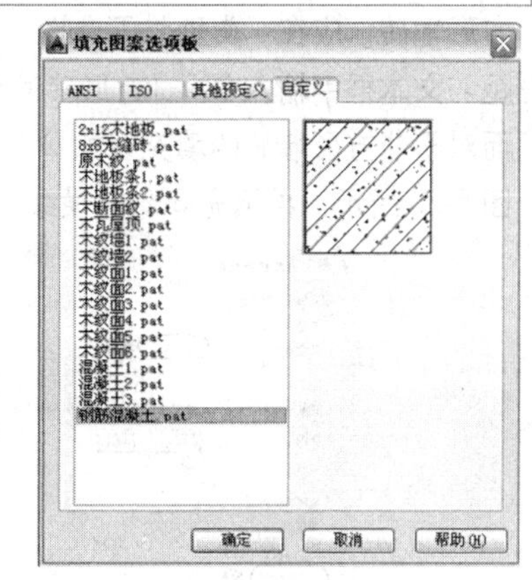

图 5-20　自定义图案的“support”文件夹　　图 5-21　“自定义”选项板

◇ 角度：指定填充图案的角度（相对当前 UCS 的 X 轴）。其下拉列表中可设置图案填充时的角度，图 5-22 所示为填充不同角度的效果。

◇ “比例”：其下拉列表中可设置图案填充的比例，图 5-23 所示为填充不同比例的效果。

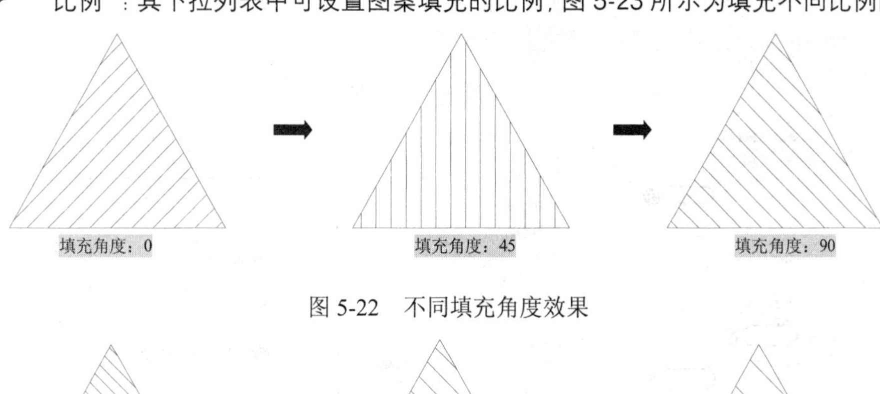

图 5-22　不同填充角度效果

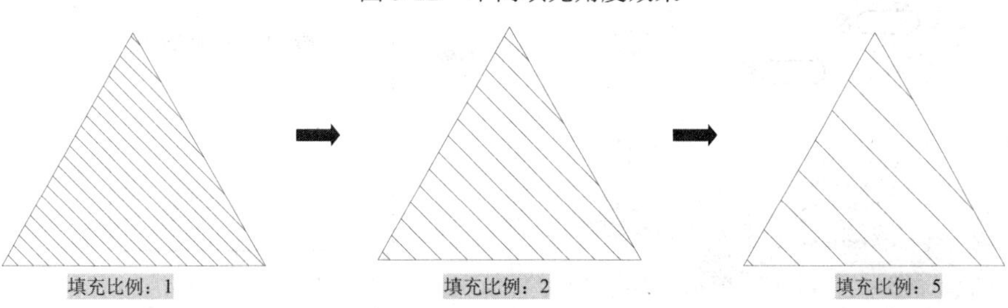

图 5-23　不同填充比例效果

- "双向"：对于用户定义的图案，绘制与原始直线成 90°角的另一组直线，从而构成交叉线。只有将"类型"设定为"用户定义"，此选项才可用。
- "相对图纸空间"：相对于图纸空间单位缩放填充图案。使用此选项可以按适合于命名布局的比例显示填充图案。该选项仅适用于命名布局。
- "间距"：指定用户定义图案中的直线间距。只有将"类型"设定为"用户定义"时，此选项才可用。

经验分享——地砖与墙砖的填充技巧

在绘制室内地材图过程中，对地砖的布置时，就可以应用"用户定义"图案。如 600×600 方形地砖，应在"类型"下选择"用户定义"项，再选择"双向"复选框，再在下侧的"间距"文本框中输入 600（方形砖的尺寸）即可，如图 5-24 所示。

而对于非方形墙砖的填充（如 200×300），这时就可以先填充 200 的纵线（旋转 90°），如图 5-25 所示；再填充 300 的横线（填充对象为四周的边界对象），如图 5-26 所示。

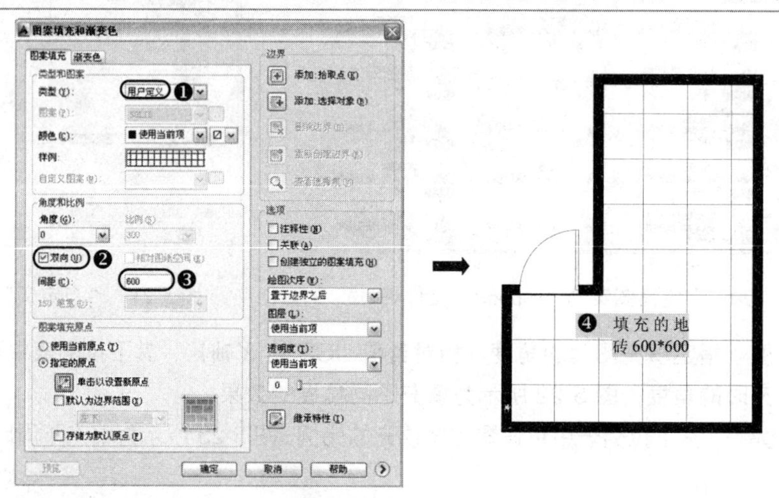

图 5-24　填充的方形地砖

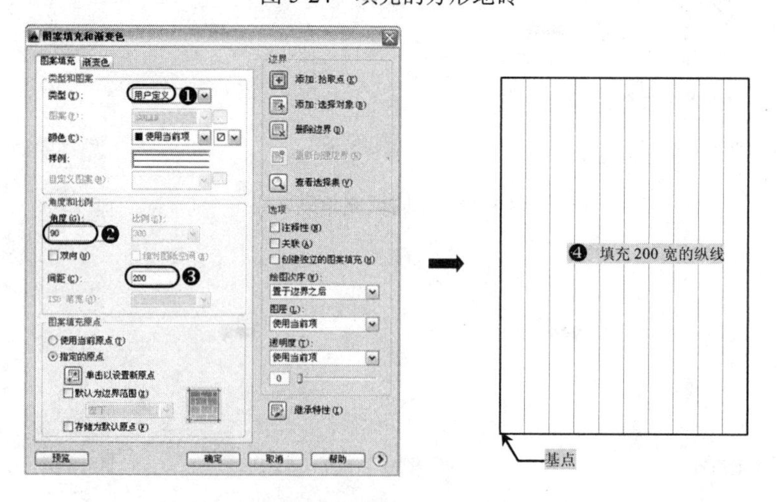

图 5-25　填充 200 宽的纵线

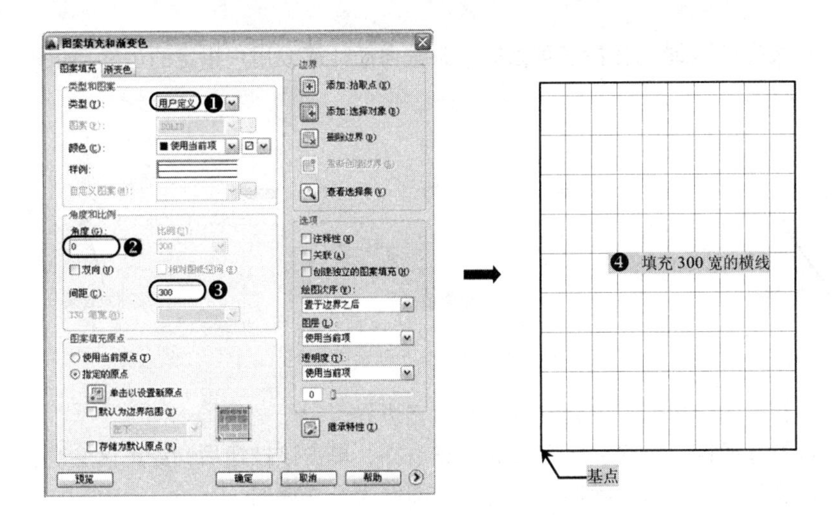

图 5-26　填充 300 宽的横线

- ✧ “ISO 笔宽”：基于选定笔宽缩放 ISO 预定义图案。只有将“类型”设定为“预定义”，并将“图案”设定为一种可用的 ISO 图案时，此选项才可用。
- ✧ “使用当前原点”：选择该单项，则图案填充时使用当前 UCS 的原点作为原点。
- ✧ “指定原点”：选择该单项，可以等闲设置图案填充的原点。
- ✧ “单击以设置新原点”：选择该单项，并单击其前的按钮，可用鼠标在绘图区指定原点。
- ✧ “默认为边界范围”：勾选该筛选框，可在其后的下拉列表中选择原点为图案边界“左上”“左下”“右上”“右下”中的任意一项。
- ✧ “存储为默认原点”：选择该单项，将重新设置的新原点，保存为默认原点。
- ✧ “添加拾取点”：以拾取点的形式来指定填充区域的边界，单击按钮，系统自动切换至绘图区，在需要填充的区域内任意指定一点，出现虚线区域被选中，如图 5-27 所示，再按空格键，得到填充效果，如图 5-28 所示。

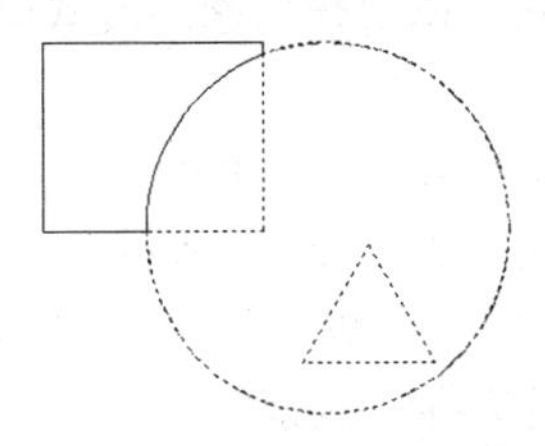

图 5-27　添加拾取区域

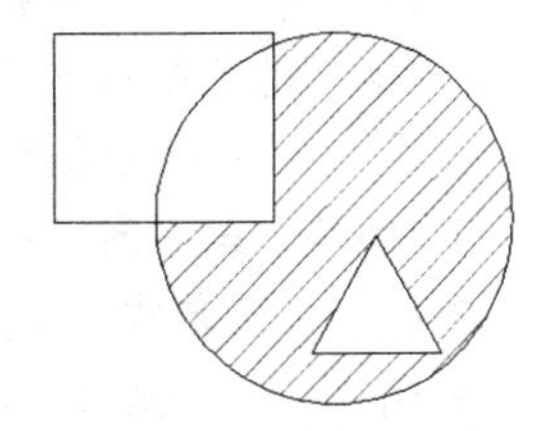

图 5-28　填充结果

- ✧ “添加选择对象”：单击按钮，系统自动切换至绘图区，在需要填充的对象上单击鼠标，如图 5-29 所示，确定填充效果，如图 5-30 所示。

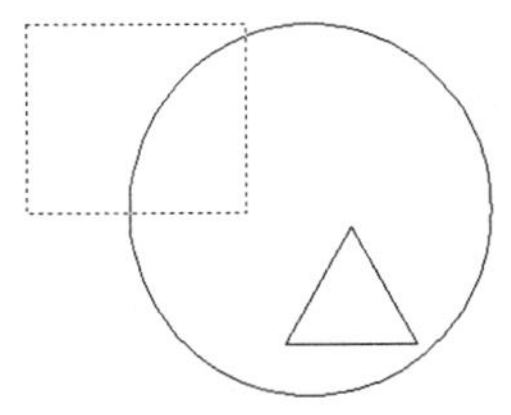

图 5-29　选择矩形对象

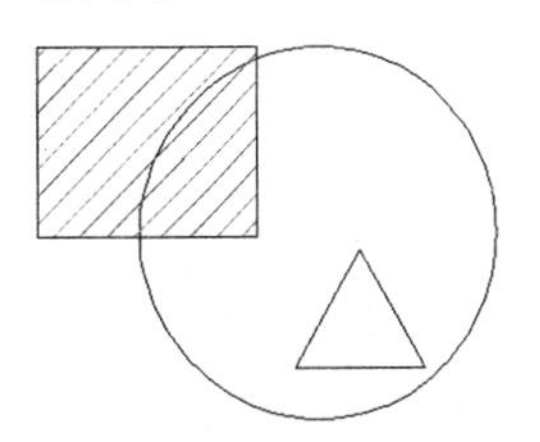

图 5-30　填充结果

✧ “删除边界”：单击该按钮可以取消系统自动计算或用户指定的边界，如图 5-31 所示。

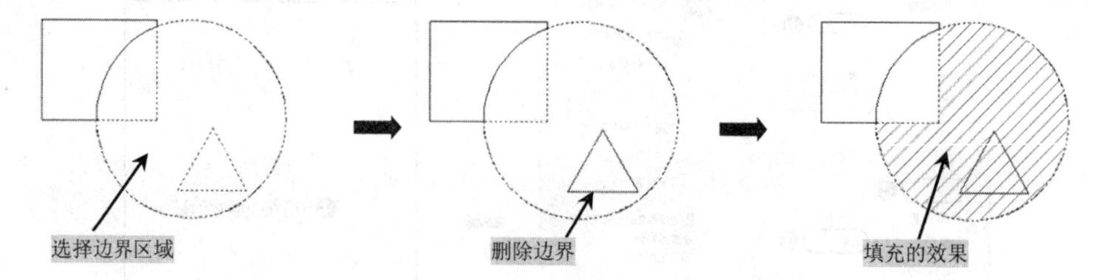

图 5-31　删除边界填充图形

✧ “重新创建边界”：重新设置图案填充边界。
✧ “查看选择集”：查看已定义的填充边界。单击该按钮后，绘图区会亮显共边线。
✧ “注释性”：勾选该筛选框，则填充图案为可注释的。
✧ “关联”：勾选该行复选框，则其创建边界时随之更新图案和填充。
✧ “创建独立的图案填充”：勾选该复选框，则创建的填充图案为独立的。
✧ “绘图次序”：其下拉列表中，用户可以选择图案填充的绘图顺序。即可放在图案填充边界及所有其他对象之后或之前。
✧ “透明度”：用户可设置其填充图案的透明度。
✧ “继承特性”：单击该按钮，可将现有的图案填充或填充对象的特性应用到其他图案填充或填充对象中。
✧ “孤岛检测”：在进行图案填充时，将位于总填充区域内的封闭区域称为孤岛，如图 5-32 所示。在使用“BHATCH”命令填充时，AutoCAD 系统允许用户以拾取点的方式确定填充边界，即在希望填充的区域内任意拾取一点，系统会自动确定出填充边界，同时也确定该边界内的岛。如果用户以选择对象的方式填充边界，则必须确切地选取这些岛。

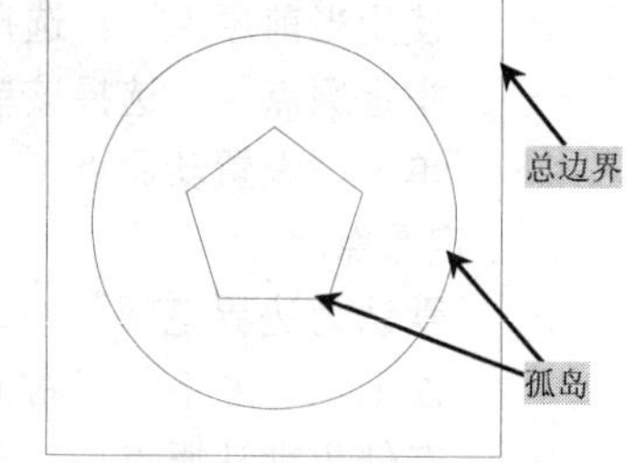

图 5-32　内部孤岛

✧ “普通”：用普通填充方式填充图形时，是从最外层的外边界向内边界填充，即第一层填充，第二层则不填充，如此交替进行填充，如图 5-33 所示。
✧ “外部”：该方式只填充从最外边界第一边界之间的区域，如图 5-34 所示。
✧ “忽略”：该方式将忽略最外层边界的其他任何边界，从最外层边界向内填充全部图形，如图 5-35 所示。

图 5-33　普通填充

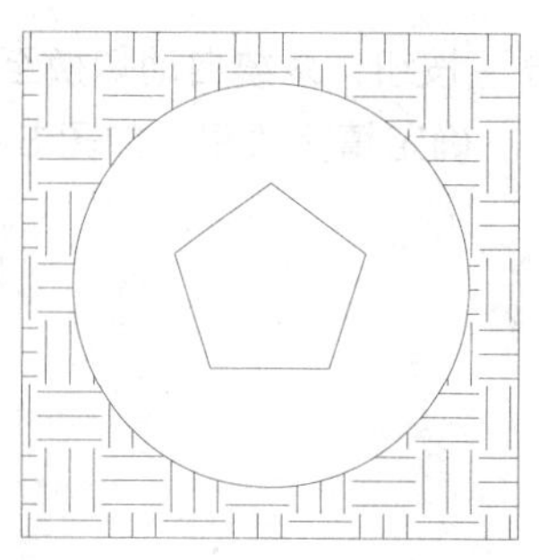

图 5-34　外部填充

图 5-35　忽略填充

Note

✧ “保留边界”：勾选该复选框，可将填充边界以对象的形式保留，并可以从“对象类型”的下拉列表框中选择填充边界的保留类型。

✧ “边界集”：在其下拉列表中，用户可以定义填充边界的对象集，默认“当前视口”中所有可见对象确定其填充边界，也可以单击“新建”按钮，在绘图区重新指定对象类定义边界集。之后，“边界集”其下拉列表中显示为“现在集合”选项。

✧ “公差”：用户可以在其后的文本框内设置允许间隙大小，默认值为0时，这时对象是完全封闭的区域。在该参数范围内，可以将一个几乎封闭的区域看作一个闭合的填充边界。

✧ “使用当前源点”：选择该选项，在用户使用“继承特性”创建的图案填充时继承图案填充原点。

✧ “用源图案填充源点”：选择该选项，在用户使用“继承特性”创建的图案填充时，继承源图案填充原点。

5.2.3 继承特性

继承特性是指继承填充图案的样式、颜色、比例等所有属性。在“图案填充和渐变色”对话框中，其右下侧有一个“继承特性”按钮，该按钮可以使选定的图案填充对象对指定的边界进行填充，如图5-36所示。

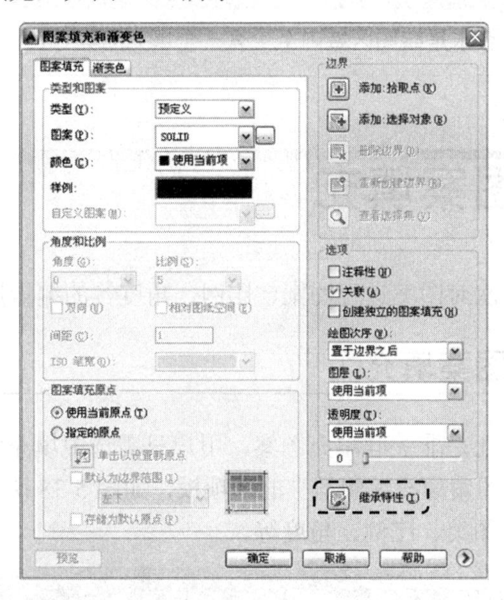

图5-36 “图案填充和渐变色”选项板

单击“继承特性”按钮后，将返回到绘图区域，提示用户选择一个填充图案，如图5-37所示，相关命令行的提示如下：

```
命令：_hatch                                   //执行“图案填充”命令
拾取内部点或 [选择对象(S)/设置(T)]: T   //输入选项，打开“图案填充和渐变色”对话框，单击“继承特性”按钮
继承特性：名称<CORK>，比例<1>，角度<270>
```

Note

```
拾取内部点或 [选择对象(S)/设置(T)]: //在床铺位置内部拾取一点
选择图案填充对象:
拾取内部点或 [选择对象(S)/设置(T)]: 正在选择所有对象……
正在选择所有可见对象……
正在分析所选数据……
正在分析内部孤岛……
拾取内部点或 [选择对象(S)/设置(T)]: //单击“关闭图案填充编辑器”按钮
```

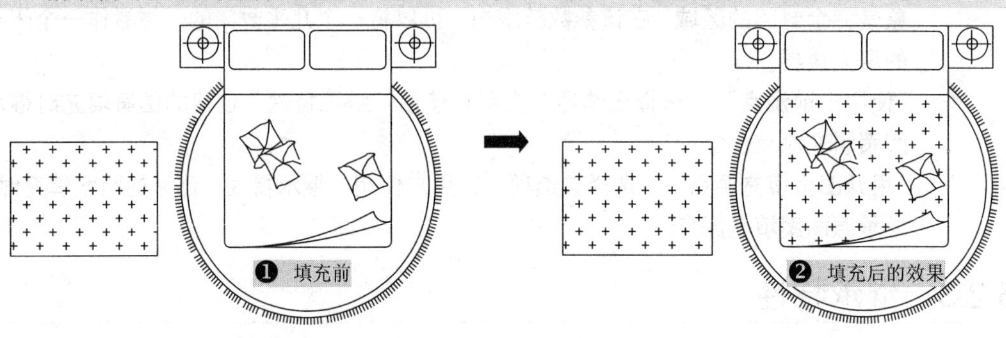

图 5-37 图案填充

经验分享——使用“继承特性”的条件

使用继承特性的功能，要求是绘图区域内至少有一个填充图案存在。

5.3 编辑图案填充

对图案填充后，可以再次对图案进行图案、比例、角度等的编辑操作。

5.3.1 快速编辑图案填充

无论关联填充图案还是非关联填充图案，用户只需选中填充的图案对象，在视图上侧的面板区，将新增“图案填充编辑器”的选项板，如图 5-38 所示，用户可以在此重新设置填充的区域、填充图案、比例、角度等。

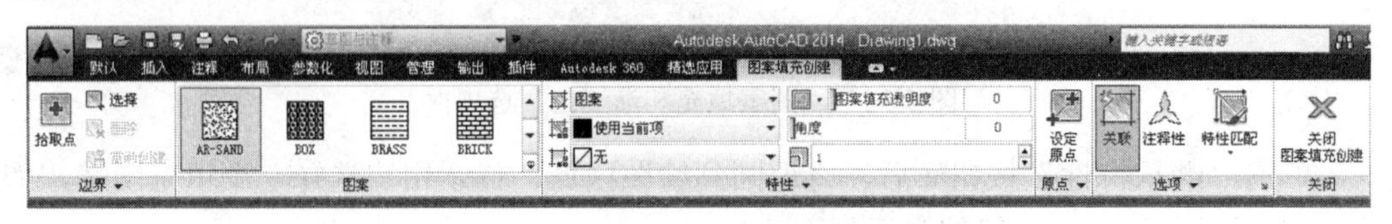

图 5-38 “图案填充编辑器”选项板

Auto CAD 将关联图案填充对象作为一个块处理，它的夹点只有一个，位于填充区域的外接矩形的中心点上。

经验分享——填充边界的编辑

如果要对图案填充本身的边界轮廓直接进行夹点编辑，则要执行“OP”命令，在弹出的“选项”对话框中勾选“在块中显示夹点”和“关联图案填充”选项，如图 5-39 所示，就可以选择边界进行编辑。

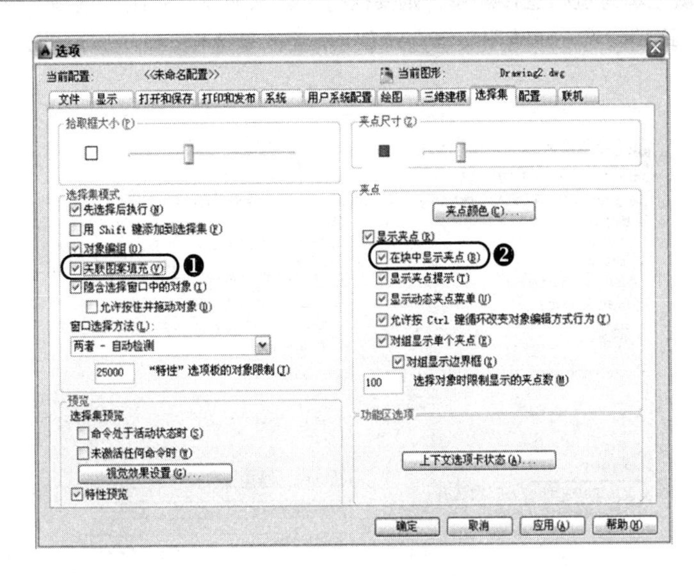

图 5-39　设置选项

在“修改”面板中单击“编辑图案填充”按钮；或者执行“HATCHEDIT”命令（快捷键为 HE），根据命令行的提示，选择需要编辑的填充图案。

完成选择后，将打开“图案填充编辑”对话框，通过该对话框可以修改现有填充图案的属性，包括更换图案、比例、角度等，如图 5-40 所示。

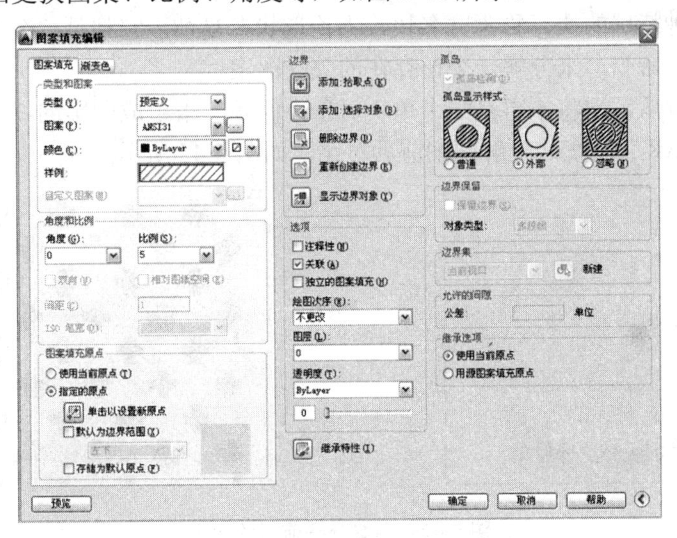

图 5-40　“图案填充编辑”对话框

经验分享——测量填充的间距

在绘制地面铺贴图时，常常会标注填充图形的间距（例如，地砖、墙砖的长、宽度等），来预算铺贴成本等。AutoCAD 将关联图案填充对象作为一个块处理，它的夹点只有一个，因此，用鼠标捕捉不到端点进行测量。

如果要对图案填充本身进行直接测量，则要执行“OP”命令，弹出“选项”对话框，切换到“绘图”选项，取消勾选“忽略图案填充对象”前面的复选框，就可以对填充图案捕捉编辑，如图 5-41 所示。

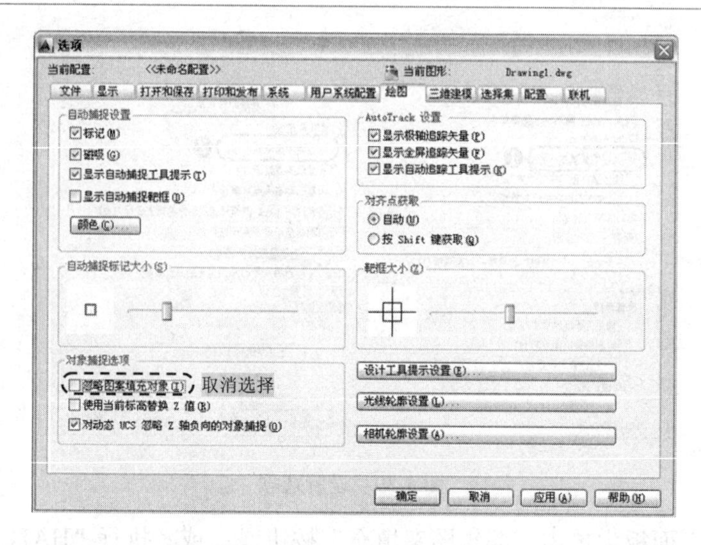

图 5-41　忽略图案填充对象

5.3.2　分解图案

图案是一种特殊的块，称为匿名块，无论形状多复杂，它都是一个单独的对象。可以使用“分解”命令，来分解一个已存在的关联图案。

图案被分解后，它将不再是一个单一对象，而是一组组成图案的线条。例如，在矩形内填充“CORK”图案，分解图案前后对比，如图 5-42 所示。

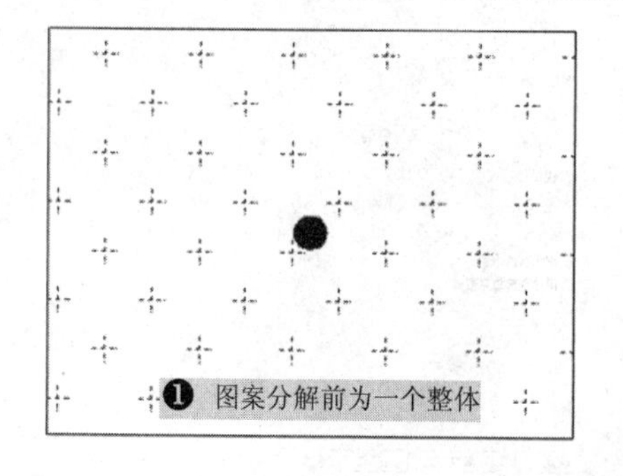

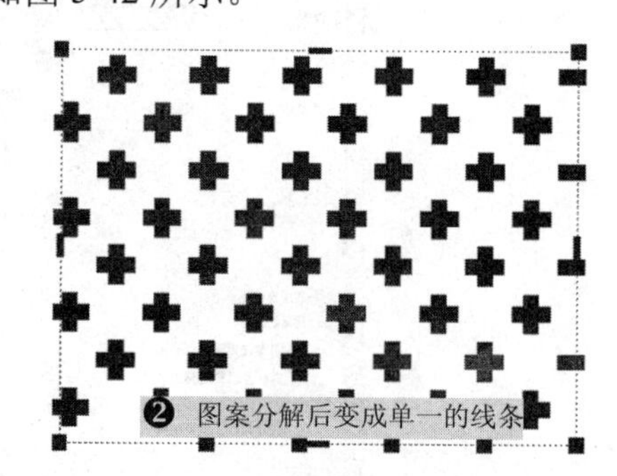

图 5-42　图案分解前后的效果

Note

经验分享——分解后的图案

分解后的图案失去了与图形的关联性，变成了单一线条，因此，将无法使用“编辑图案填充”命令（HE），再次进行编辑操作。

5.3.3　设置填充图案的可见性

对图形进行图案填充操作后，由于打印机要花很长时间填充对象的内部，可使用系统变量控制其图案的可见性。以简化显示和打印，从而提高效率。

在命令行可执行“FILL”命令，来控制填充图案的可见与否，即填充的图案可以显示出来，也可以不显示出来。执行该命令后，其命令行的相关提示如下：

```
命令:_fill      //执行命令
输入模式 [开(ON)/关(OFF)] <开>: OFF
               //输入选项，ON 表示显示填充图案；OFF 表示不显示填充图案
```

或者在命令行执行“FILLMODE”命令，其命令行的相关提示如下：

```
命令:_fillmode //执行命令
输入 FILLMODE 的新值 <0>: 1
               //输入选项，1 表示显示填充图案；0 表示不显示填充图案
```

技巧与提示

执行“FILL”命令之后，用户会发现之前填充的图案未发生变化。此时，需要立即执行“重生成”命令（Regen），这样才能观察到填充图案显示或隐藏后的效果；打印图形时，才能打印或不打印填充图案。

5.3.4　修剪填充图案

在 AutoCAD 中，用户可以按照修剪任何其他对象的方法来修剪填充图案。

同样执行“修剪”命令（TR），或者单击“修改”面板中的“修剪”按钮，将矩形与圆对象相交的图案，修剪掉，其对比如图 5-43 所示。

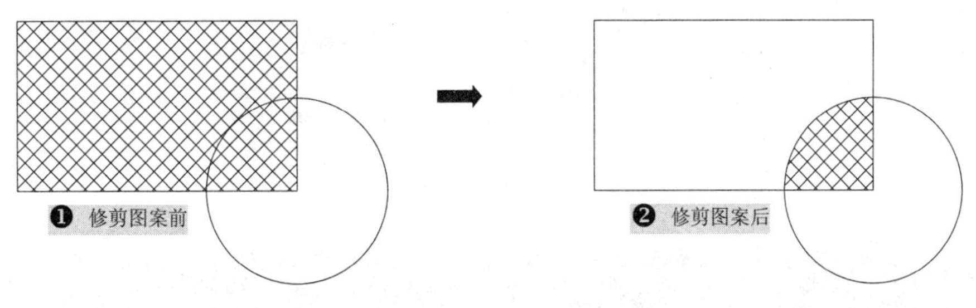

图 5-43　图案修剪前后的效果

5.4 填充渐变色

渐变色填充就是使用渐变色填充封闭区域或选定对象。渐变色填充属于实体图案填充，能够体现光照在平面上产生的过渡颜色效果。采用以下的方法执行渐变色填充命令：

✧ 面板：在“绘图”面板中单击“渐变色”按钮。

✧ 命令行：在命令行中输入或动态输入“Gradient”命令。

执行命令后，在面板中将新增“图案填充创建”选项板，如图 5-44 所示。

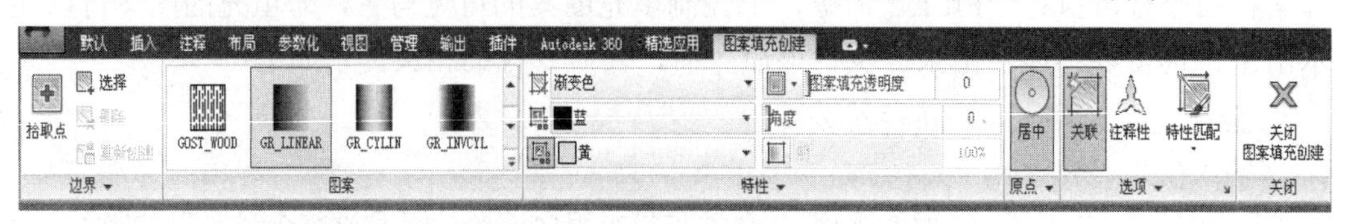

图 5-44 “图案填充创建”选项板

或者执行“渐变色”命令后，在命令选择提示下，选择“设置（T）”选项，将弹出“图案填充和渐变色”对话框，其“渐变色”选项卡用来定义要应用的渐变填充的外观，可以设置颜色和方向等，其选项卡界面，如图 5-45 所示。各主要选项的含义说明如下。

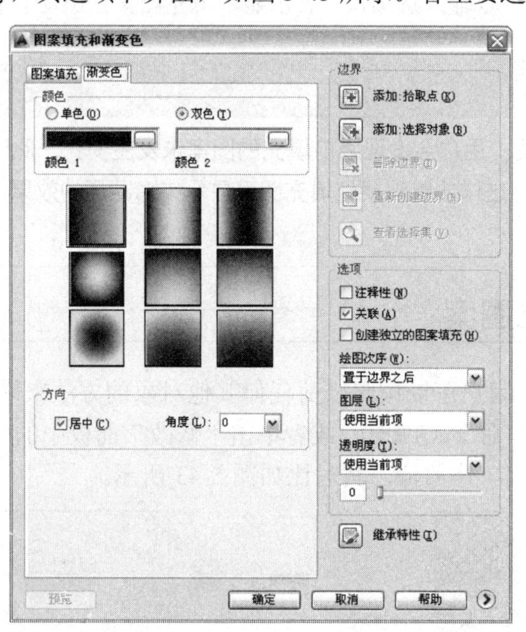

图 5-45 “渐变色”选项卡

技巧与提示

执行“Gradient”（渐变色）命令后，系统会打开“图案填充和渐变色”对话框，与“图案填充（H）”使用同一个对话框。

5.4.1　创建单色渐变填充

这种填充方法，就是使用一种颜色的不同灰度之间的过渡进行填充。执行“渐变色”命令（Gradient），在打开的“图案填充和渐变色”对话框中，选择“单色”单选按钮，表示应用单色对所选择的对象进行渐变填充，如图 5-46 所示。

选择了单色渐变后，还需要选择一种渐变样式，AutoCAD 提供了 9 种渐变样式，如图 5-47 所示。

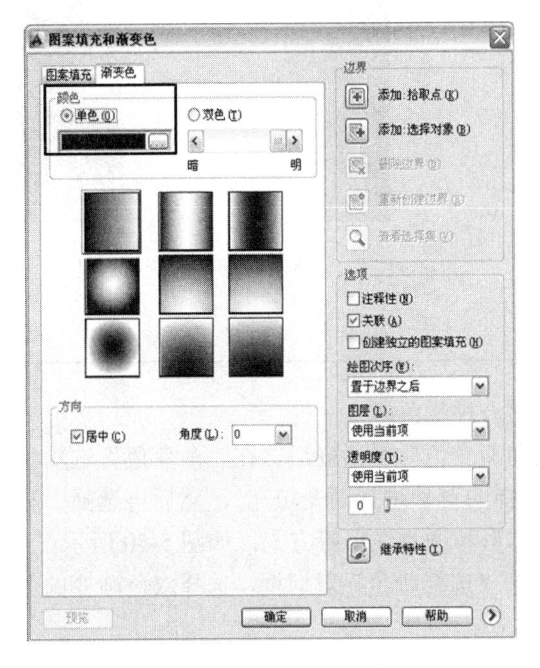

图 5-46　选择“单色”按钮

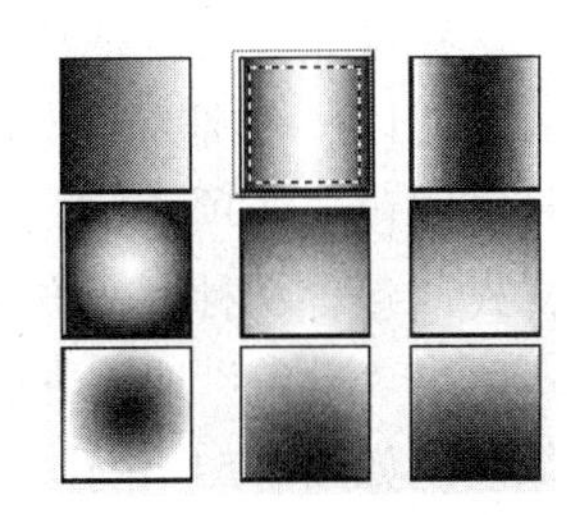

图 5-47　渐变样式

技巧与提示

在单色渐变中，默认的填充颜色为蓝色。

例如，在一矩形内进行单色渐变的填充。首先在“图案填充和渐变色”对话框中，选择第 1 行第 2 个样式作为渐变填充样式，然后单击“添加：拾取点”按钮，如图 5-48 所示。

系统回到绘图区域，在矩形内左击鼠标，然后按 Enter 键返回“图案填充和渐变色”对话框，单击“确定”按钮，结果如图 5-49 所示。

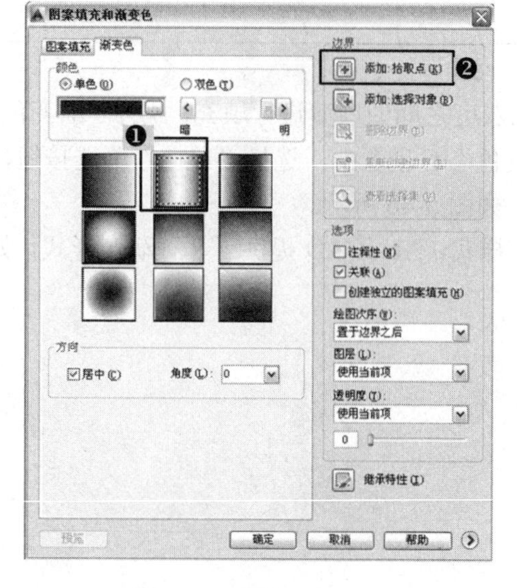

图 5-48 选择渐变样式

图 5-49 单色渐变的效果

5.4.2 创建双色渐变填充

这种填充方式就是从一种颜色过渡到另一种颜色。

下面以一个圆为例，打开“图案填充和渐变色”对话框后，在“渐变色”选项卡中选择“双色”选项，(表示应用双色对所选择的对象进行渐变填充)，然后再选择一种填充样式，包含 9 种渐变方式，包括线形、球形和抛物线形等方式，如图 5-50 所示。

单击“单色”选项下面的按钮，打开“选择颜色”对话框，选择双色渐变的第一种颜色，如图 5-51 所示。

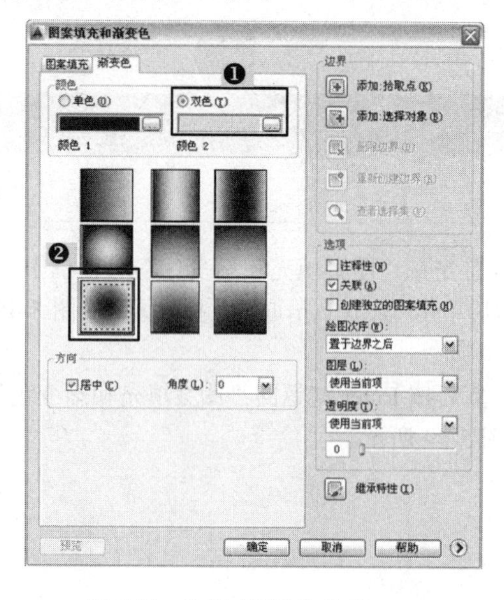

图 5-50 选择“双色”按钮

图 5-51 选择第一种颜色

单击“双色”选项下面的[...]按钮，打开“选择颜色”对话框，选择双色渐变的第二种颜色，如图 5-52 所示。

完成设置后，在“图案填充和渐变色”对话框中，单击“添加：拾取点”按钮，系统回到绘图区域，在圆图形内单击鼠标，填充的结果，如图 5-53 所示。

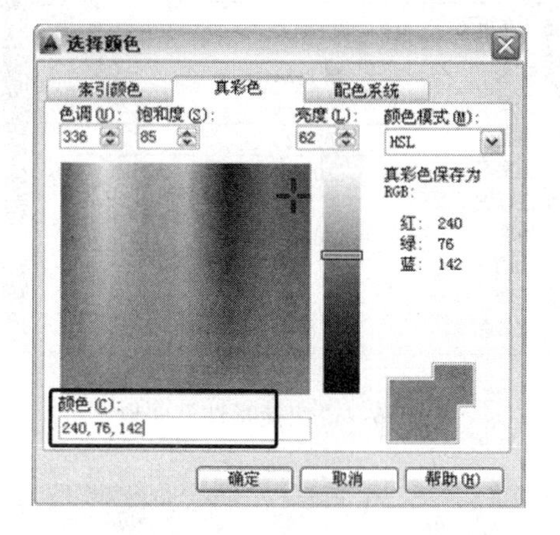

图 5-52　选择第二种颜色

图 5-53　填充渐变的效果

经验分享——角度渐变

“角度”下拉列表框：表示在该下拉列表框中选择角度，此角度为渐变色倾斜的角度，不同的渐变色填充如图 5-54 所示。

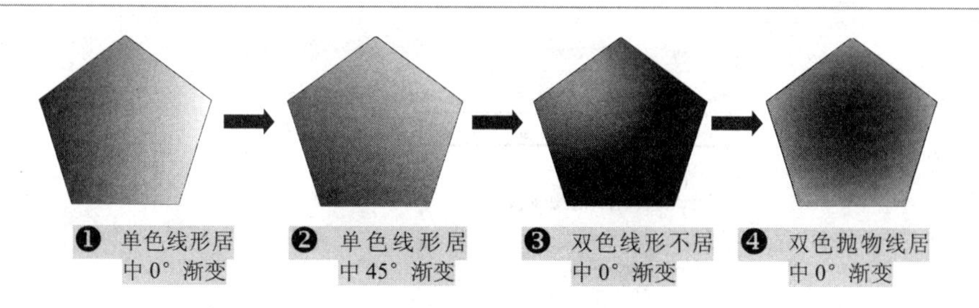

图 5-54　不同渐变填充效果

5.4.3　通过“快捷特性”修改渐变填充

通过“快捷特性”面板，也可以修改渐变填充的属性。当选中填充图案后，右击鼠标，在弹出的菜单中选择“快捷特性”命令，如图 5-55 所示。

在“快捷特性”面板中，可以修改填充图案的图层、颜色、类型、角度、比例等，如图 5-56 所示。

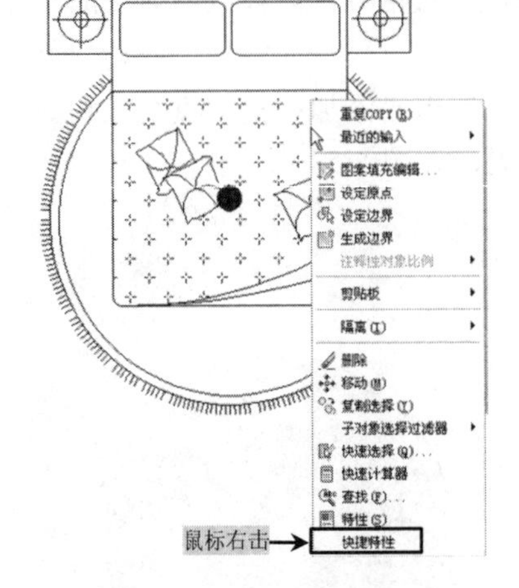

图 5-55　选择“快捷特性”命令

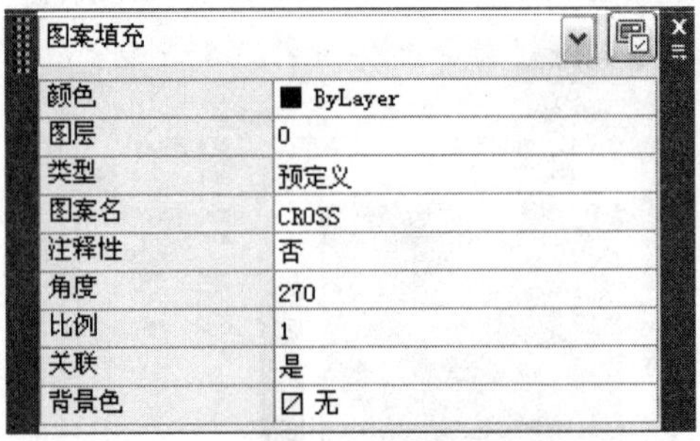

图案填充	
颜色	■ ByLayer
图层	0
类型	预定义
图案名	CROSS
注释性	否
角度	270
比例	1
关联	是
背景色	☒ 无

图 5-56　“快捷特性”面板

经验分享——使用快捷键

在底侧的状态栏中单击“快捷特性”按钮，使其由灰色变成高亮色显示，然后在需要编辑的填充图案上单击鼠标，快速出现“快捷特性”面板。

或者使用“SE”命令，在打开的“草图设置”对话框中，选择“快捷特性”选项卡，勾选“选择时显示快捷特性选项板（Ctrl+Shift+P）”复选框，单击“确定”按钮，如图 5-57 所示。选择需要编辑的填充图案，也可快速出现“快捷特性”面板，进行相应的编辑。

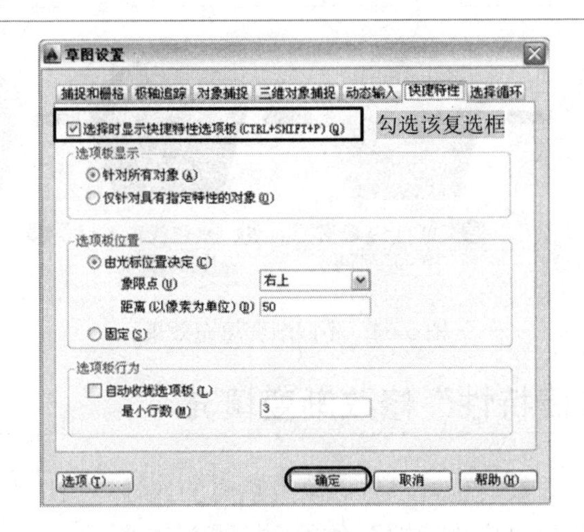

图 5-57　“草图设置”对话框

5.5 工具选项板

AutoCAD 2014 增强了工具选项板功能，它提供了一种用来组织、共享和放置块、图案填充及其他工具的有效方法。

如果向图形中添加块或填充图案，只需将其从工具选项板中拖曳至图形中即可。用户可以用任意一种方法来打开“工具选项板”窗口：

✧ 面板：单击“视图”选项卡的“选项板”面板中“工具选项板”按钮。

✧ 命令行：在命令行中输入或动态输入“Toolpalettes”命令。

✧ 快捷键：按 Ctrl+3 组合键。

执行该命令后，系统将打开工具选项板，如图 5-58 所示。工具选项板中有很多选项卡，每个选项卡中都放置了不同的块或填充图案。

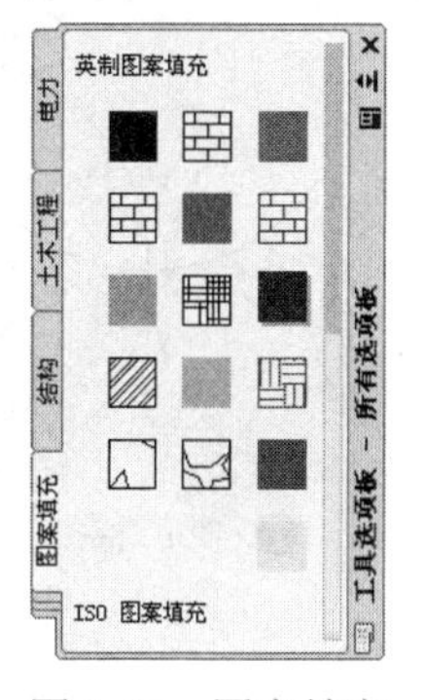

图 5-58　图案填充

Note

5.5.1　工具选项板简介

工具选项板中包含了很多选项卡，这些选项卡中集成了很多命令、工具、样例。例如，在“绘图”选项卡中集成了常用的一些绘图命令；“土木工程”选项卡中有很多土木工程制图需要的图块；“机械”选项卡中有很多常用的机械样例，如图 5-59 所示。

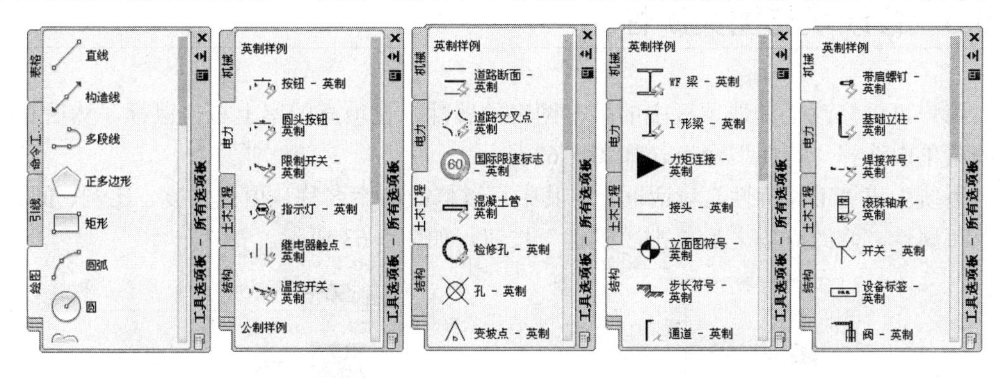

图 5-59　常用的工具选项板

默认情况下，工具选项板不会显示所有选项卡，如果要调出隐藏的选项卡，可以在选项卡列表的最下端右击鼠标，然后在弹出的菜单中选择相应的选项，如图 5-60 所示。

5.5.2　通过工具选项板填充图案

通过工具选项板填充图案的前提是绘图区域内存在封闭图形。

首先应打开工具选项板，然后调出“图案填充”选项卡，接着单击选择一个填充图案不放，然后拖曳到封闭的图形内，释放鼠标后就可以完成填充，如图 5-61 所示。

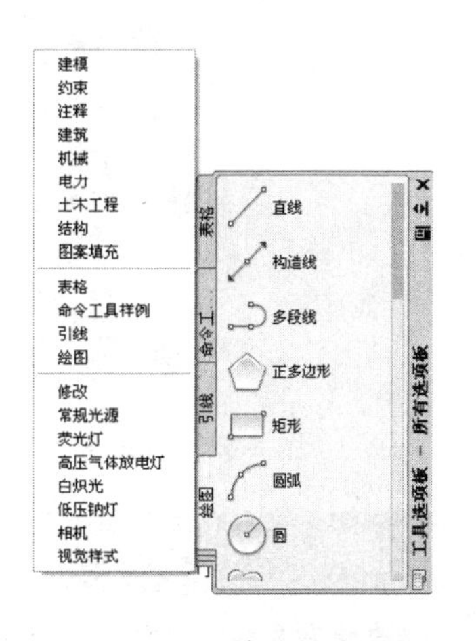

图 5-60　调出隐藏的选项卡

Note

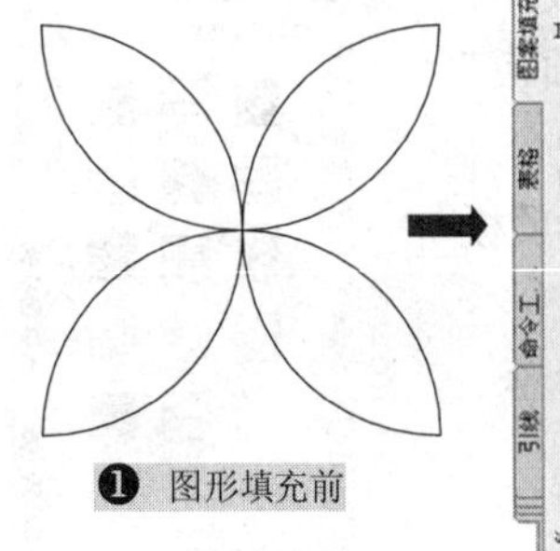

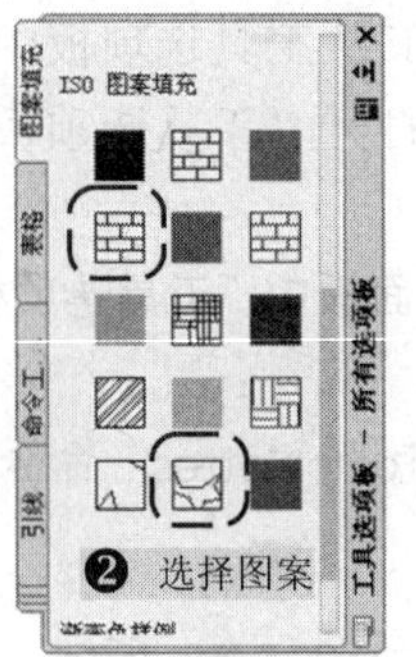

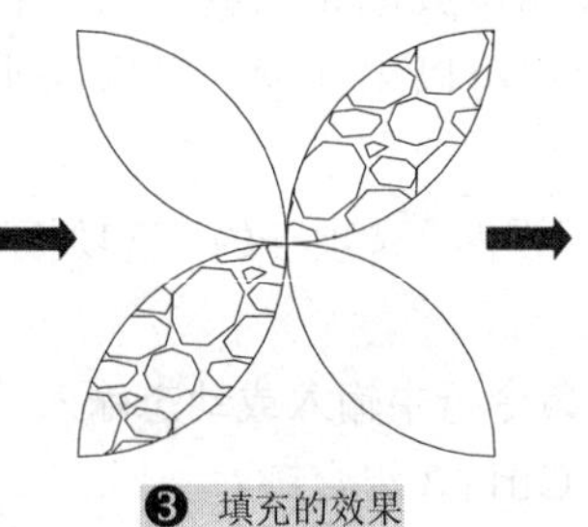

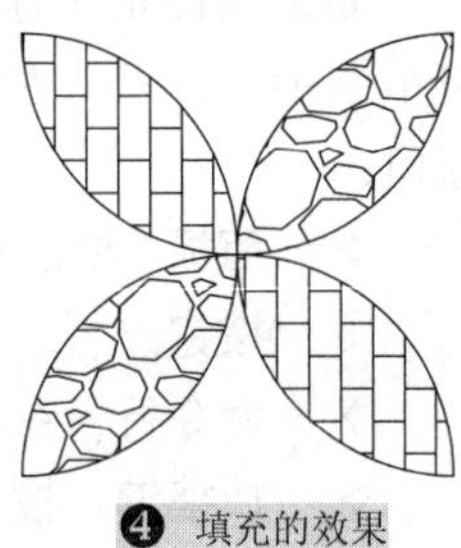

图 5-61　填充图案

提示——图案填充的技巧

在拖曳填充图案的过程中，光标上面将附着填充图案的缩略图。

在使用工具选项板填充图案时，如果所填充图案的比例不适合填充区域，需要修改比例，可通过前面学习的编辑方法，修改图案的比例值，从而适合图形的需要。

5.5.3　修改填充图案属性

用户可以修改工具选项板中的填充图案的属性，在填充图案上右击鼠标，然后在弹出的菜单中选择“特性”命令，如图 5-62 所示。

系统弹出“工具特性”对话框，在其中可以修改图案名称、填充角度、比例、间距、颜色等属性，修改完毕之后单击“确定”按钮，如图 5-63 所示。

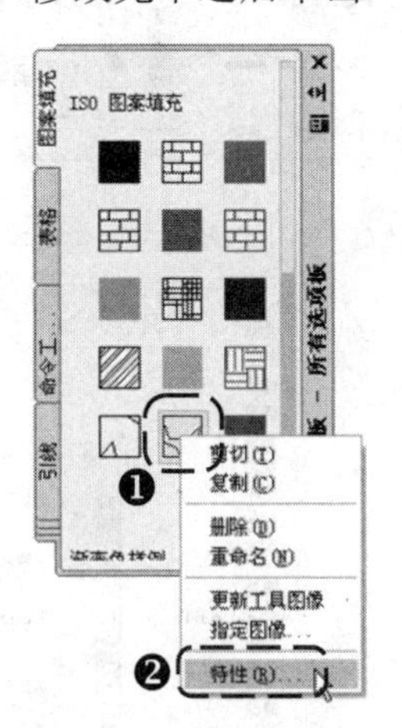

图 5-62　填充图案的特性

图 5-63　工具特性

提示

在修改填充图案的属性时，用户一定要根据实际绘图需要进行修改，不可随意修改。

5.5.4　自定义工具选项板

用户可以自定义工具选项板，例如，在工具选项板上添加自己常用的图案或者图块，下面介绍几种自定义工具选项板的方法：

第 1 种：按 Ctrl+2 组合键，打开“设计中心”选项板，把其中的图块从设计中心拖曳到工具选项板上，如图 5-64 所示。

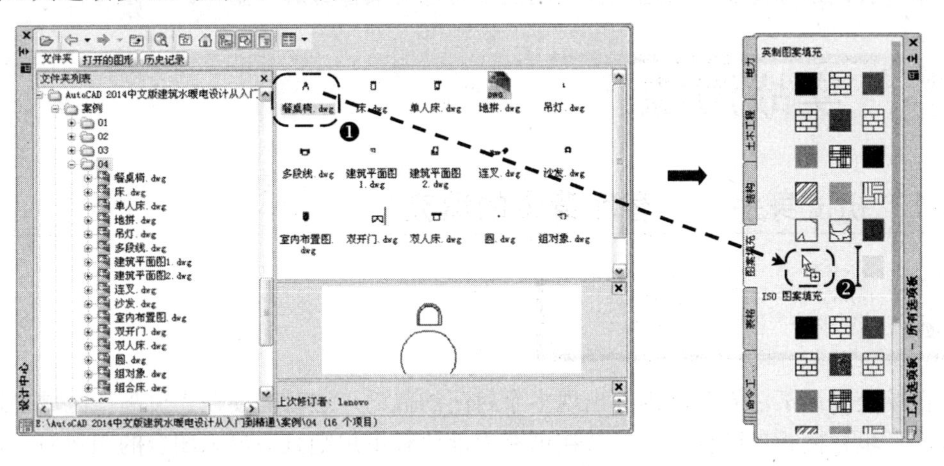

图 5-64　通过“设计中心”自定义工具选项板

提示与技巧

在拖曳图块的过程中，要一直按住鼠标左键不放，待进入工具选项板之后，选择一个合适的位置，然后松开鼠标左键即可。

第 2 种：使用“剪切”、“复制”和“粘贴”功能，可以把一个选项卡的图案转移到另一个选项卡中，例如，将“图案填充”选项中的图案转移到“机械”选项卡中，如图 5-65 所示。

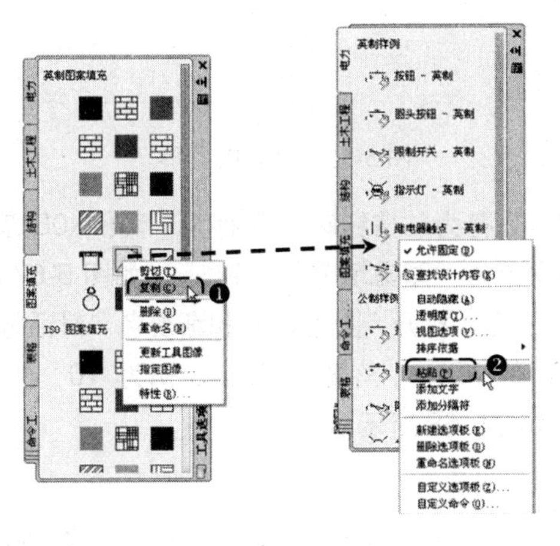

图 5-65　通过“剪切/复制+粘贴”自定义工具选项板

Note

提示与技巧

在图 5–47 所示的菜单均为右键菜单，左边的菜单是用鼠标右键单击“Ar–conc”图案弹出的，右边的菜单是用鼠标右键单击选项板空白区域弹出的。

第 3 种：鼠标拖曳工具选项板中的图案可以对其位置进行重排。

5.6 实战演练

5.6.1 初试身手——客厅背景的填充

视频\05\客厅背景的填充.avi
案例\05\客厅背景的填充.dwg

在填充图形某边界时，内部出现多个封闭的孤岛，这时需要在“孤岛”区域中选择“外部”填充模式来进行填充；若在填充内部比较不规则且边界未闭合的图案时，可以执行矩形或者多段线来勾出封闭的区域，再进行填充，其操作步骤如下：

Step 01 正常启动 AutoCAD 2014 软件，在“快速访问”工具栏上单击“打开”按钮，将“案例\05\客厅立面图.dwg”素材文件打开，如图 5-66 所示。

图 5-66　打开的图形

Step 02 单击工具栏中的“另存为”按钮，另存为“案例\05\客厅背景的填充.dwg”。

Step 03 在“绘图”面板中单击“图案填充”按钮，如图 5-67 所示，根据命令行提示，选择“设置（T）”选项，打开“图案填充和渐变色”对话框，设置类型为“预定义”，选择样例为“AR-RROOF”，角度为 45，比例为 10，然后单击对话框中的“添加拾取点”按钮，如图 5-68 所示。

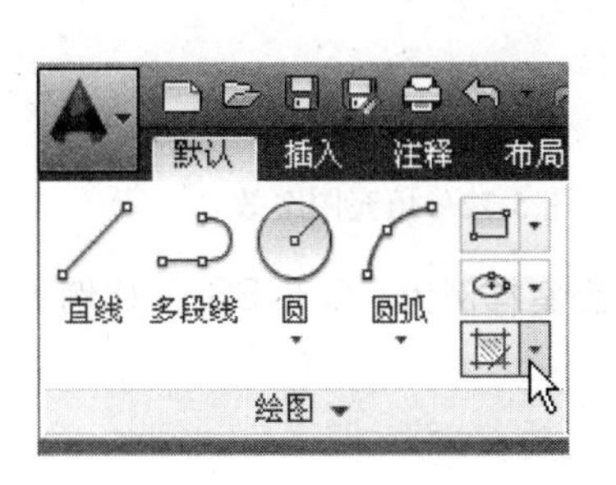

图 5-67 单击按钮

图 5-68 设置参数

Step 04 进入绘图区，然后选择如图 5-69 所示的虚线区域。

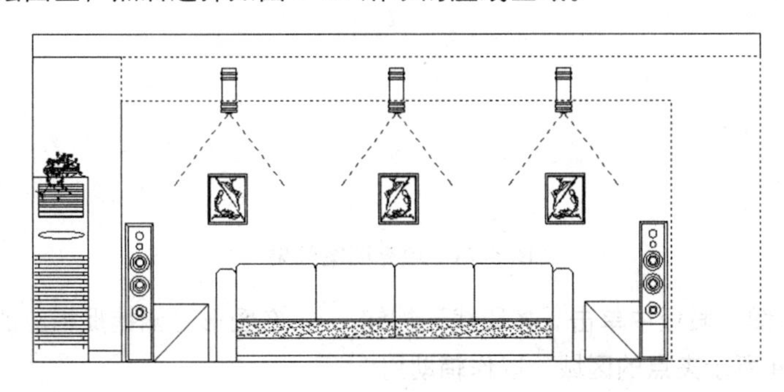

图 5-69 选择填充区域

Step 05 按下空格键，返回“图案填充和渐变色”对话框，单击“预览”按钮，其预览效果如图 5-70 所示。

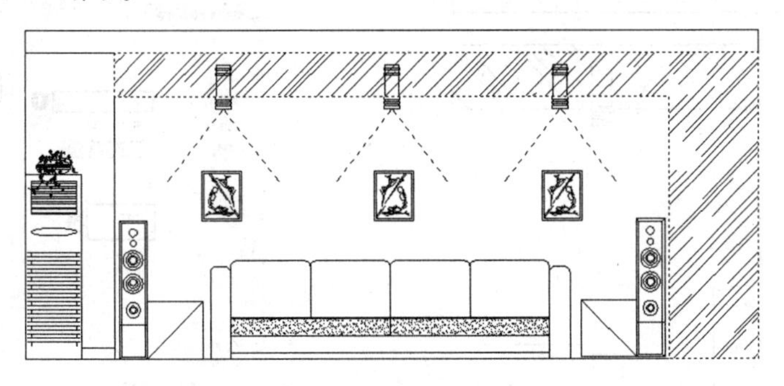

图 5-70 预览填充效果

Step 06 按下空格键，再返回“图案填充和渐变色”对话框，单击右下角的“隐藏“按钮，展开被隐藏的部分，然后在“孤岛”区域中选择“外部”选项，如图 5-71 所示，然后单击“确定“按钮，得到效果如图 5-72 所示。

Note

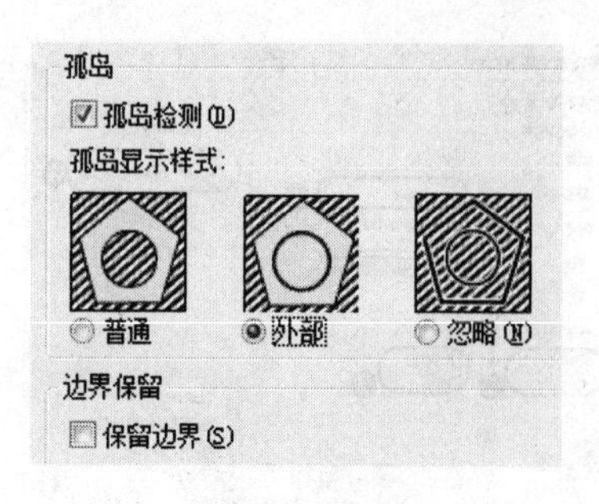

图 5-71 选择“外部”选项

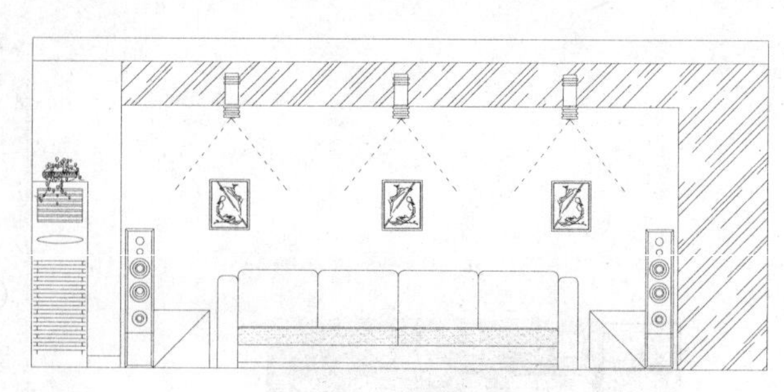

图 5-72 填充图案效果

Step 07 用同样的方法，填充沙发背景图形区域，图案样例为“CROSS”，比例为 10，填充效果如图 5-73 所示。

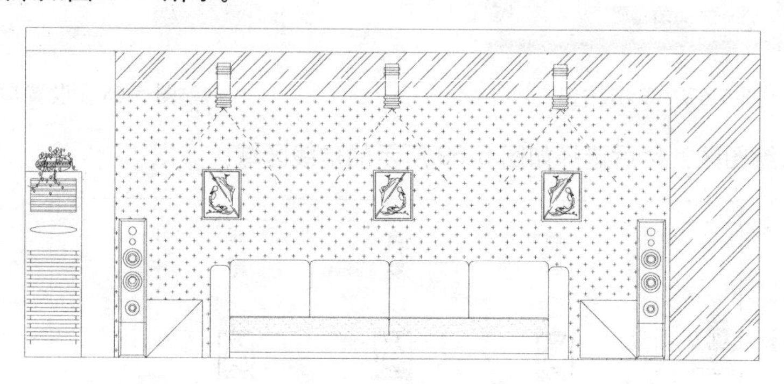

图 5-73 填充图案效果

Step 08 在“绘图”面板中单击“多段线”按钮，在图形左侧捕捉相应的端点，绘制如图 5-74 所示夹点的区域，以作辅助用。

Step 09 在“绘图”面板中单击“图案填充”按钮，选择“设置（T）”项，则打开“图案填充和渐变色”对话框，选择样例为“AR-SAND”，比例为 1，再单击“选择对象”对象按钮，如图 5-75 所示。

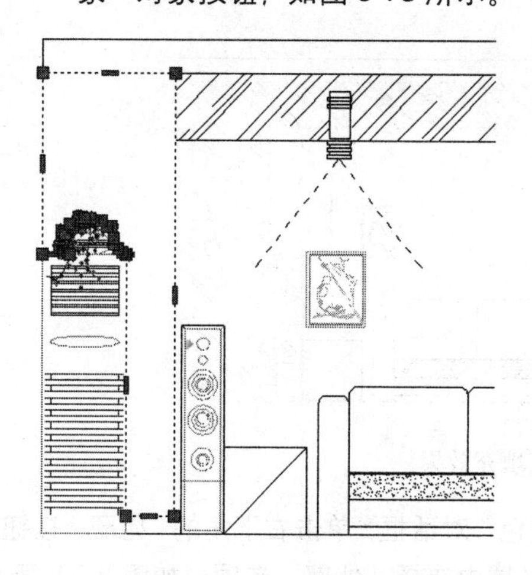

图 5-74 绘制多段线区域

图 5-75 设置填充图案

Step 10 在绘图区，选择绘制的多段线对象，并单击“确定”按钮；最后在绘图区中“删除”绘制的辅助多段线，最终效果如图 5-76 所示。

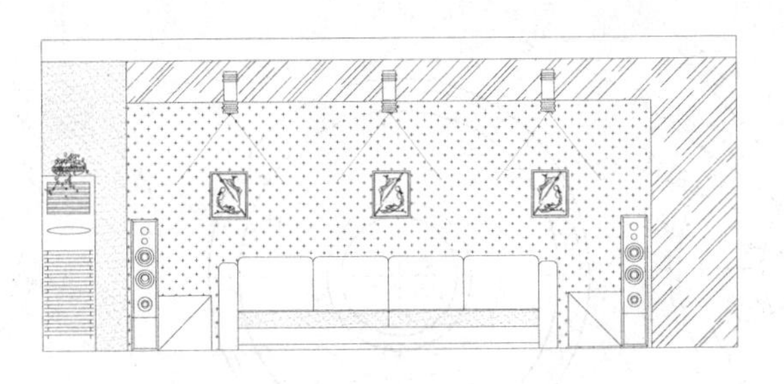

图 5-76 最终效果

Step 11 至此，客厅背景填充完成，用户可按 Ctrl+S 组合键对文件进行保存。

5.6.2 深入训练——齿轮零件图的绘制

视频\05\齿轮零件图的填充.avi
案例\05\齿轮零件图.dwg

首先调用案例下的“机械样板.dwt”样板；使用直线，绘制齿轮的中心线；使用圆、直线、修剪等命令，绘制齿轮；再使用直线、偏移、修剪等命令，绘制剖面图；最后对剖面图进行图案填充，其操作步骤如下：

Step 01 正常启动 AutoCAD 2014 软件，单击“快速访问”工具栏中“打开”按钮，将“案例\05\机械样板.dwt”样板文件打开，得到一空白文件。

Step 02 再单击工具栏中的“另存为”按钮，另存为“案例\05\齿轮零件图.dwg”，如图 5-77 所示。

Step 03 在“图层”下拉列表框中，将“中心线”图层置为当前，如图 5-78 所示。

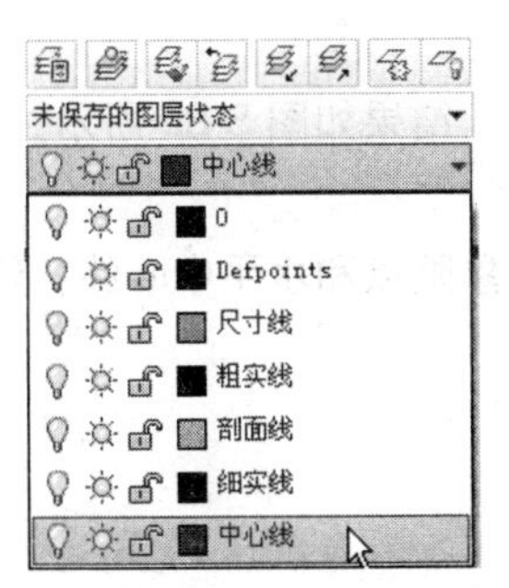

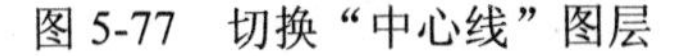

图 5-77 切换“中心线”图层

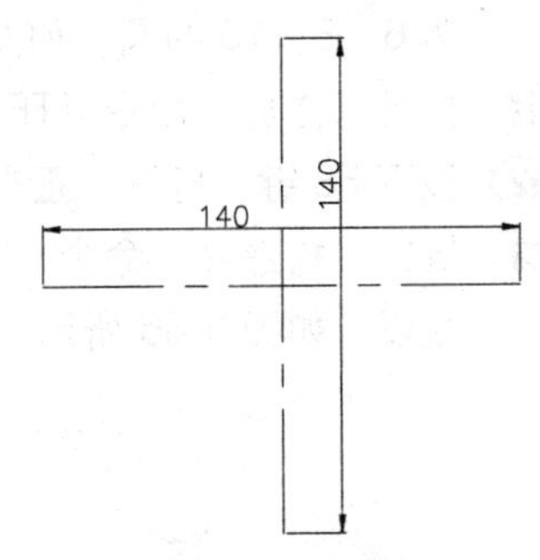

图 5-78 绘制中心线

Step 04 按下 F3 键，打开“对象捕捉”功能。执行“直线”命令（L），分别绘制长度为 140 且互相垂直的线段，如图 5-79 所示。

Step 05 在“图层”下拉列表框中，将“粗实线”图层置为当前。

Step 06 执行“圆”命令（C），分别捕捉直线的交点作为圆心，绘制直径为 40、50、70、111、126 和 132 的圆，如图 5-80 所示。

Step 07 选中由内向外数，第 3、5 个圆对象，将其线型由“粗实线”转换为“中心线”图层，如图 5-81 所示。

Step 08 执行“圆”命令（C），捕捉圆心，绘制直径为 118 的圆，如图 5-82 所示。

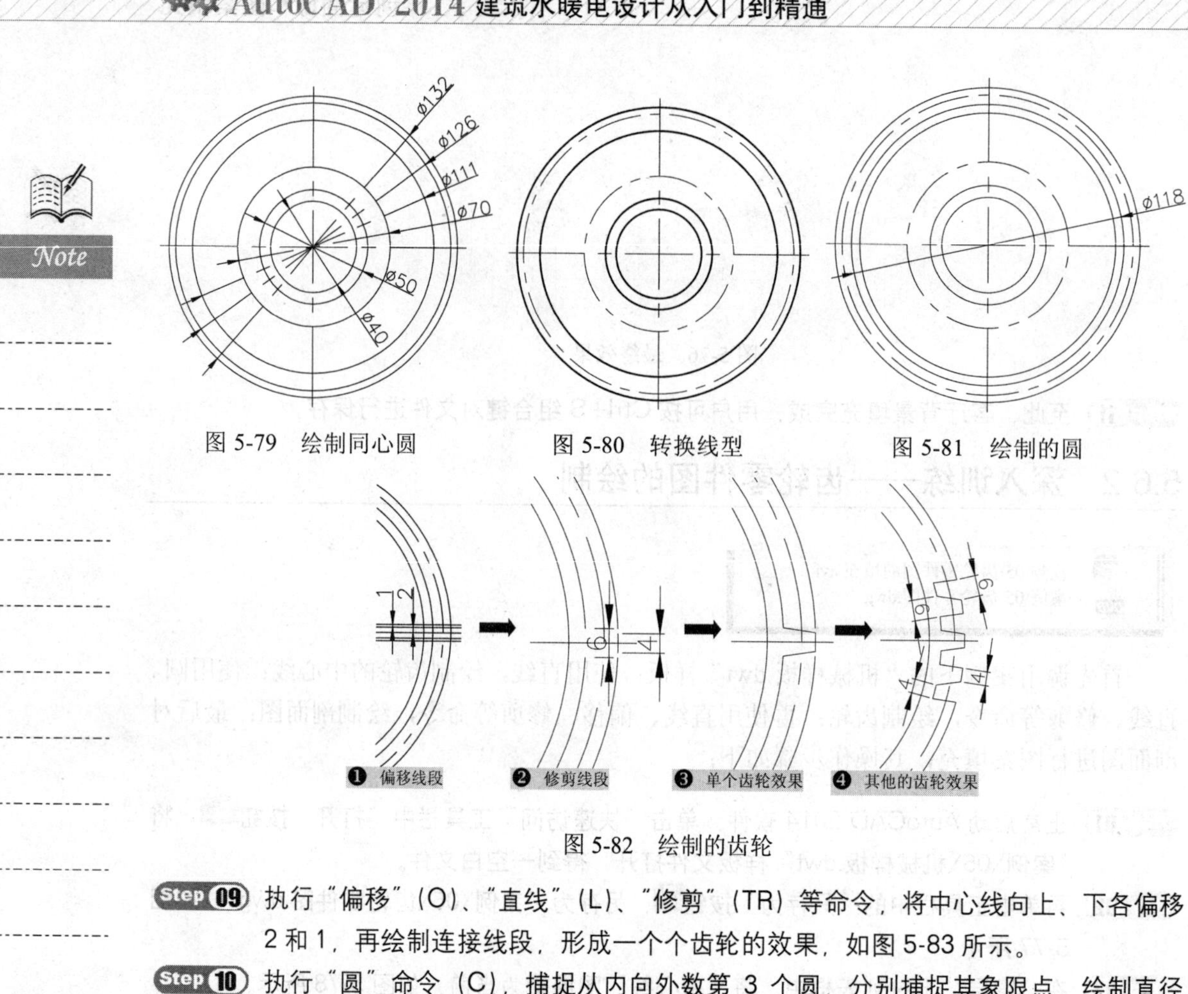

图 5-79　绘制同心圆

图 5-80　转换线型

图 5-81　绘制的圆

图 5-82　绘制的齿轮

Step 09 执行“偏移”（O）、“直线”（L）、“修剪”（TR）等命令，将中心线向上、下各偏移 2 和 1，再绘制连接线段，形成一个个齿轮的效果，如图 5-83 所示。

Step 10 执行“圆”命令（C），捕捉从内向外数第 3 个圆，分别捕捉其象限点，绘制直径为 6、8、10 的圆，如图 5-84 所示。

Step 11 执行“修剪”命令（TR），修剪掉多余的对象，结果如图 5-85 所示。

Step 12 按下 F8 键，打开“正交”模式。

Step 13 执行“构造线”命令（XL），分别过圆的底侧象限点和水平中心线，绘制水平投影线段，如图 5-86 所示。

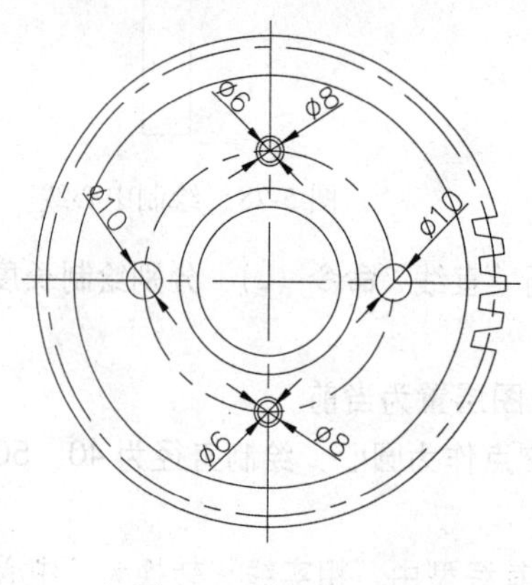

图 5-83　绘制小圆

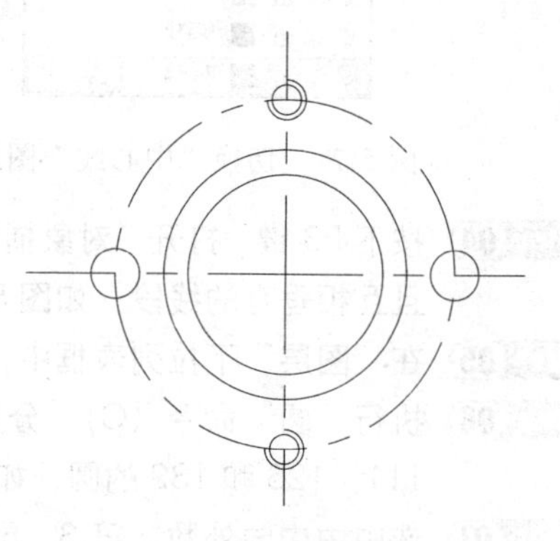

图 5-84　修剪线段

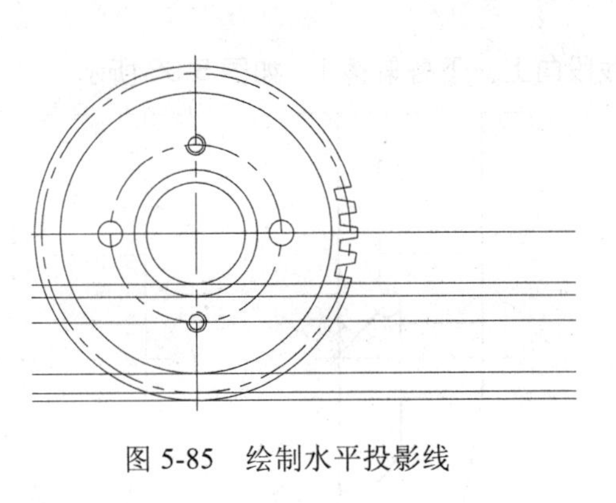

图 5-85 绘制水平投影线

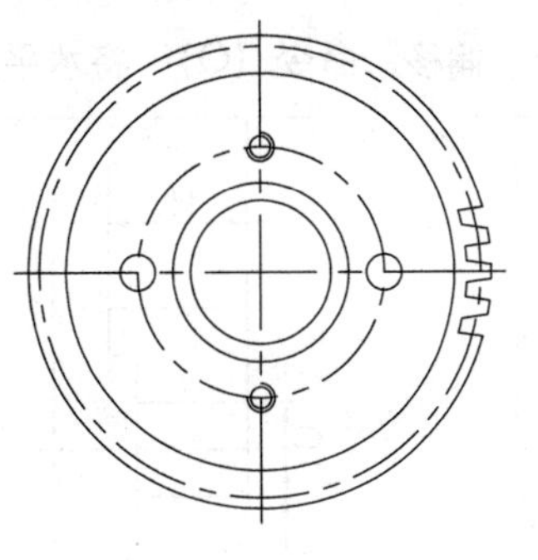

图 5-86 绘制和修剪线段

Step 14 执行“构造线”命令（XL），分别绘制距离为 21 的垂直构造线；再执行“修剪”命令（TR），修剪掉多余的线段，结果如图 5-87 所示。

Step 15 将部分水平线段转换为“中心线”图层，并使用“夹点编辑”的方式，向左、右各拉长一点，以区分中心线与粗实线，如图 5-88 所示。

Step 16 执行“偏移”（O）、“修剪”（TR）等命令，偏移和修剪线段，结果如图 5-89 所示。

Step 17 执行“直线”（L）和“修剪”（TR）等命令，绘制斜线段，如图 5-90 所示。

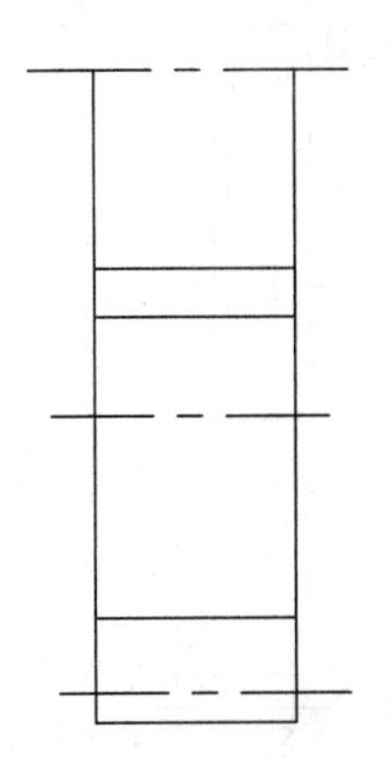

图 5-87 转换线型

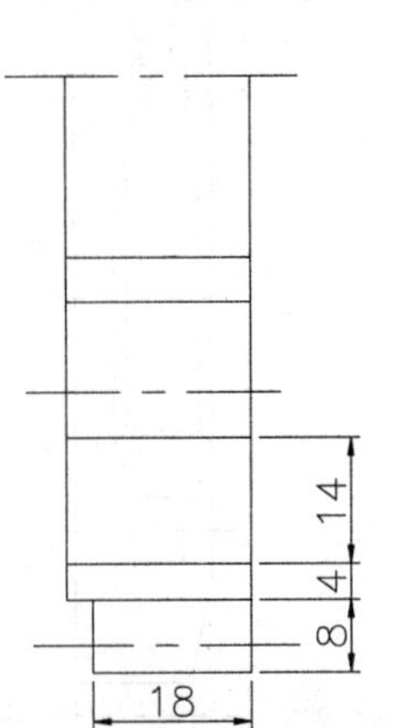

图 5-88 偏移线段

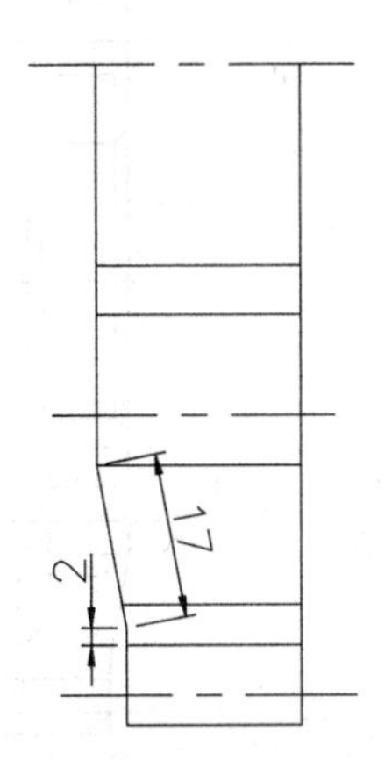

图 5-89 绘制斜线段

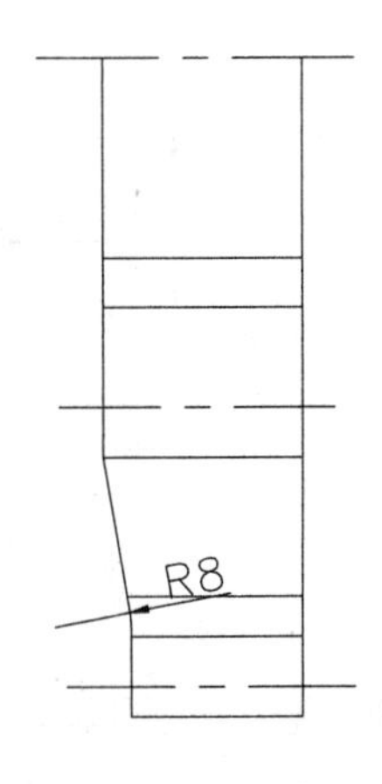

图 5-90 进行圆角

Step 18 执行“圆角”命令（F），对斜线段位置进行半径为 8 的圆角操作，如图 5-91 所示。

Step 19 执行“圆角”命令（F），进行半径为 8 的圆角操作；再执行“偏移”命令（O），将左侧的垂直线段向右偏移 12，如图 5-92 所示。

Step 20 执行“偏移”命令（O），将左侧的垂直线段向右偏移 15；并修剪掉多余的线段，结果如图 5-93 所示。

Step 21 执行“圆角”命令（F），进行半径为 2 的圆角操作；如图 5-94 所示。

Step 22 执行“倒角”命令（CHA），设置“修剪”方式为“N”，即“不修剪”，其倒角距离为 2，结果如图 5-95 所示。

Step 23 执行“直线”命令（L），在图形上侧倒角位置，绘制高为 20 的垂直线段，如图 5-96 所示。

Step 24 执行“镜像”命令（MI），选择绘制的图形，选择顶侧的水平线段为镜像轴线，将图形向上镜像一份，如图 5-97 所示。

Note

Step 25 执行“偏移”命令（O），将水平线段向上、下各偏移 1，如图 5-98 所示。

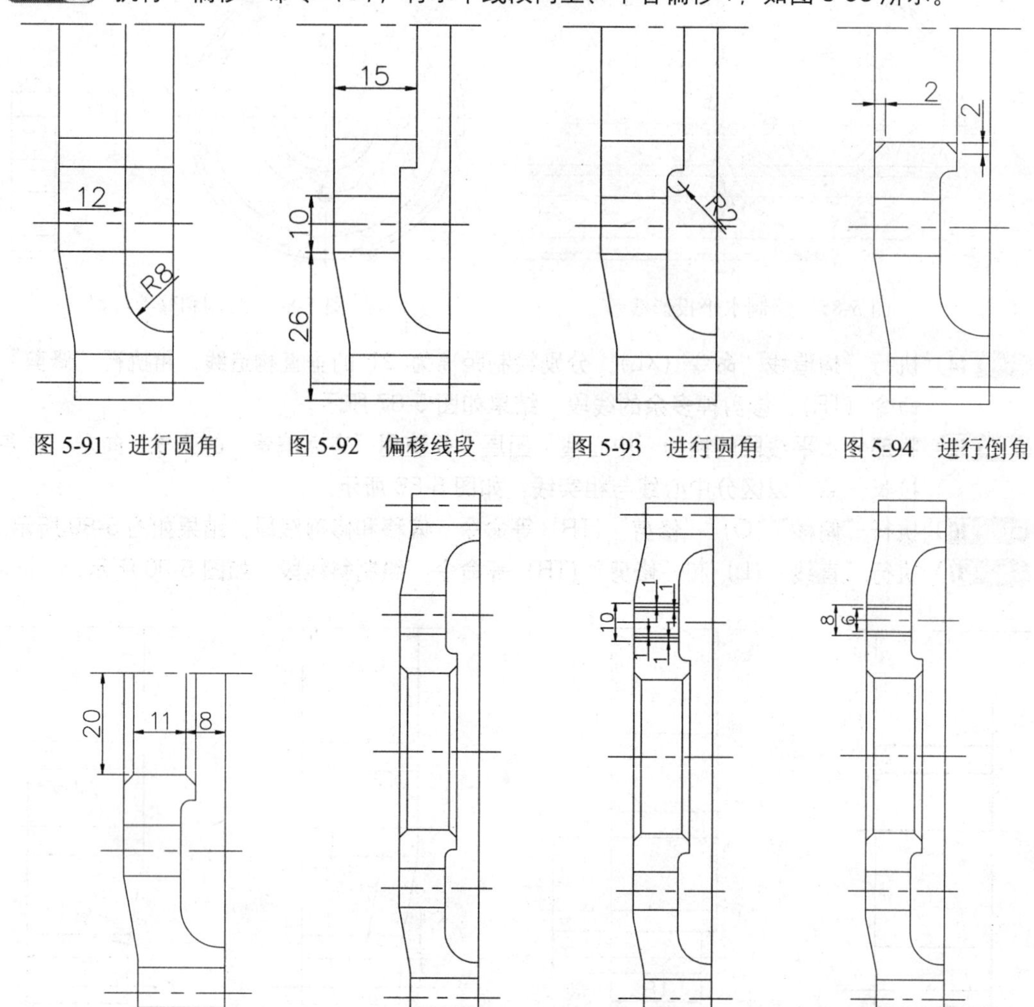

图 5-91　进行圆角　　图 5-92　偏移线段　　图 5-93　进行圆角　　图 5-94　进行倒角

图 5-95　绘制线段　　图 5-96　进行镜像　　图 5-97　偏移线段　　图 5-98　删除线段

Step 26 执行“删除”命令（E），删除掉多余的线段，使其间距为 6 和 8，如图 5-99 所示。

Step 27 在“图层”下拉列表框中，将“剖面线”图层置为当前。

Step 28 执行“图案填充”命令（H），在新增的“图案填充创建”面板中，选择图案“ANSI31”，设置比例为 1，如图 5-100 所示；填充后的剖面效果如图 5-101 所示。

Step 29 至此，齿轮零件图绘制完成，其最终效果如图 5-102 所示。用户可按 Ctrl+S 组合键对文件进行保存。

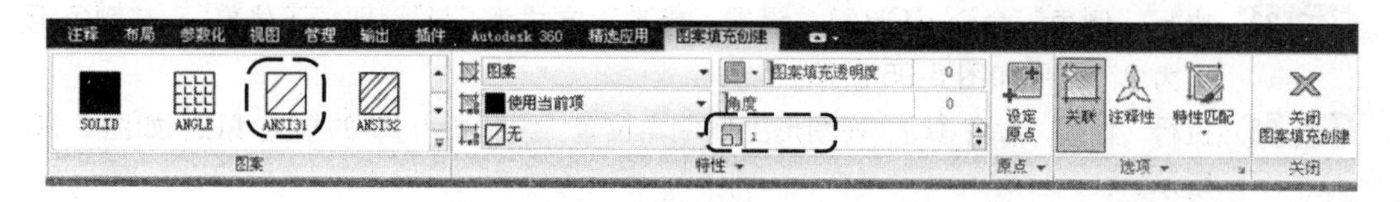

图 5-99　“图案填充创建”面板

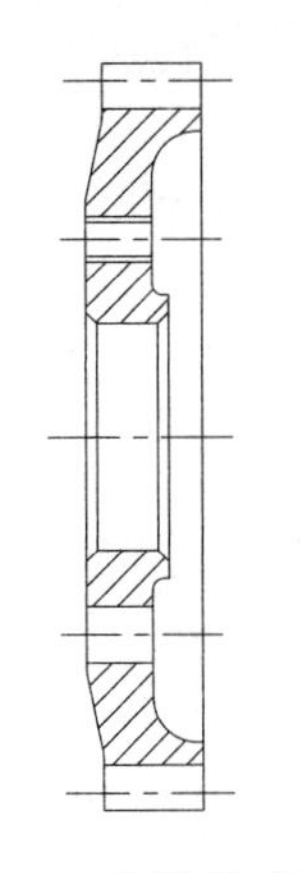

图 5-100　图案填充

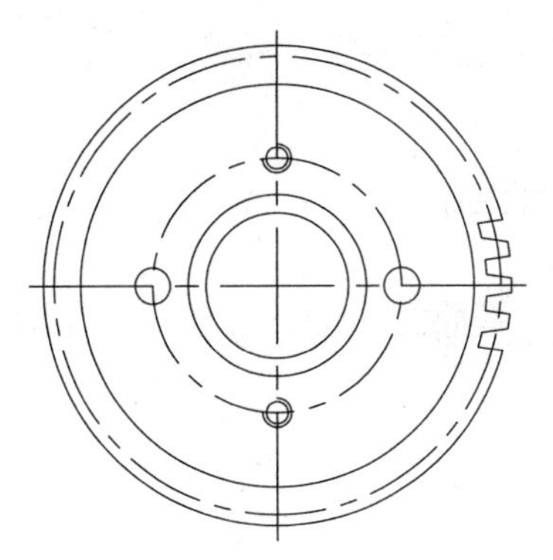

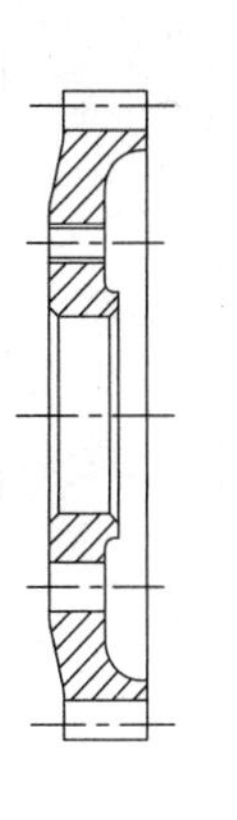

图 5-101　填充后的剖面效果

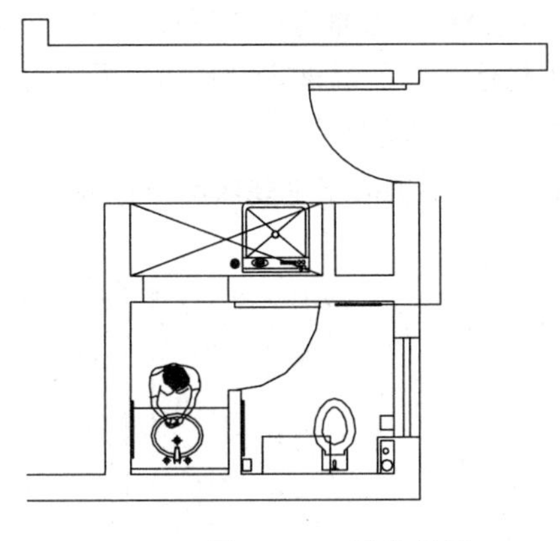

图 5-102　最终效果

5.6.3　熟能生巧——卫生间大样图的绘制

视频\05\卫生间大样图的填充.avi
案例\05\卫生间大样图.dwg

首先调用“卫生间平面图.dwg”文件，使用构造线命令，绘制垂直引申线段；再使用构造线、修剪、偏移、矩形等命令，绘制大样图的轮廓；再插入相应的图块，填充不同的图案，从而完成卫生间大样图的绘制。

Step 01 正常启动 AutoCAD 2014 软件，单击“快速访问”工具栏中“打开”按钮，将“案例\05\卫生间平面图.dwg”文件打开，如图 5-103 所示。

Step 02 单击工具栏中的“另存为”按钮，另存为“案例\05\卫生间大样图.dwg”。

Step 03 在“图层”下拉列表中，选择“辅助线”作为当前图层。

Step 04 在键盘上按 F8 键，切换到“正交”模式。

Step 05 使用“构造线”命令（XL），捕捉端点，绘制垂直引申线段，如图 5-104 所示。

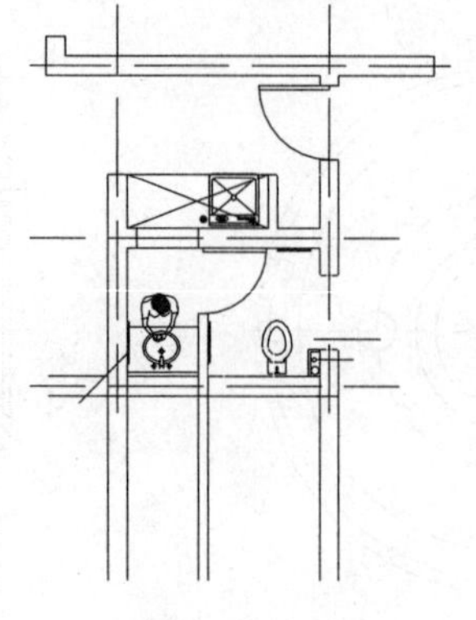

图 5-103　绘制引申线段

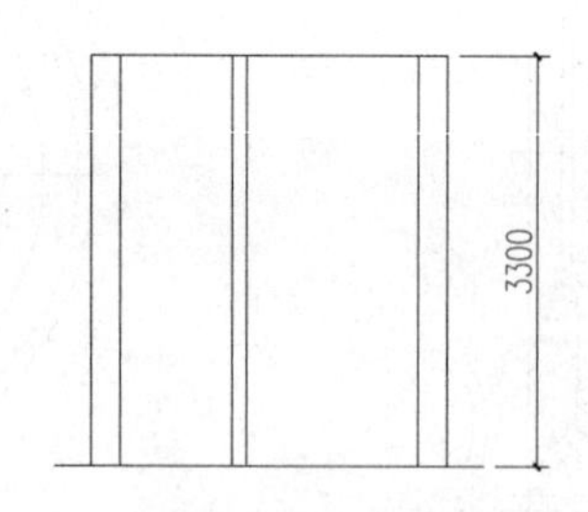

图 5-104　偏移及修剪线段

Step 06 使用“构造线”命令（XL），过垂直引申线段，绘制一水平构造线；再使用“偏移”命令（O），将水平构造线向上偏移 3300mm；再使用“修剪”命令（TR），修剪掉多余的线段，结果如图 5-105 所示。

Step 07 使用“偏移”命令（O），将顶侧的水平线段向下各偏移 100mm、500mm 和 1500mm，如图 5-106 所示。

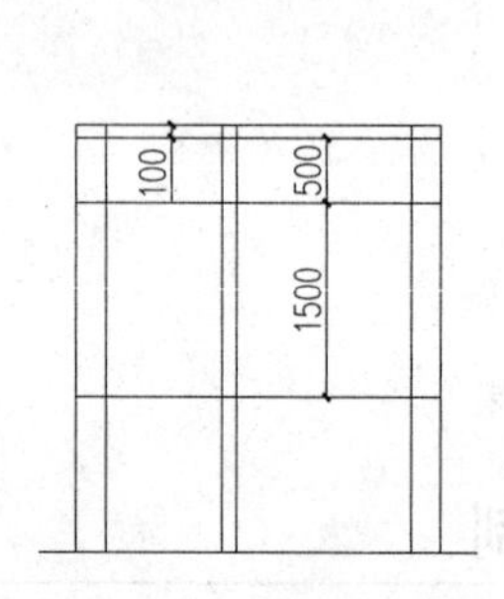

图 5-105　偏移水平线段

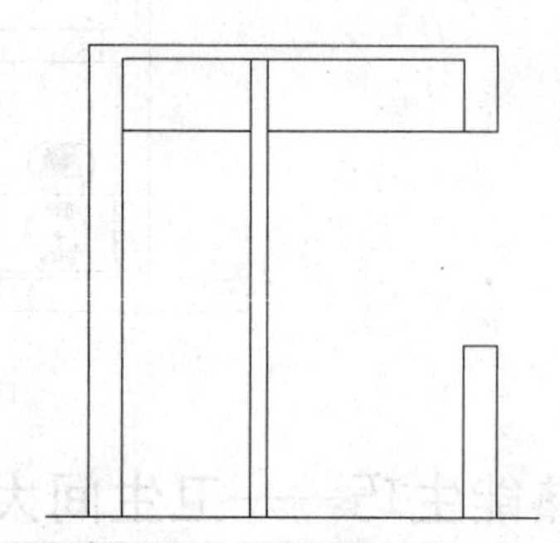

图 5-106　修剪多余的线段

Step 08 使用“修剪”命令（TR），修剪掉多余的线段，结果如图 5-107 所示。

Step 09 选中如图 5-108 所示的线段，再单击“图层”下拉列表，将线段由“辅助线”图层转换为“墙体”图层。

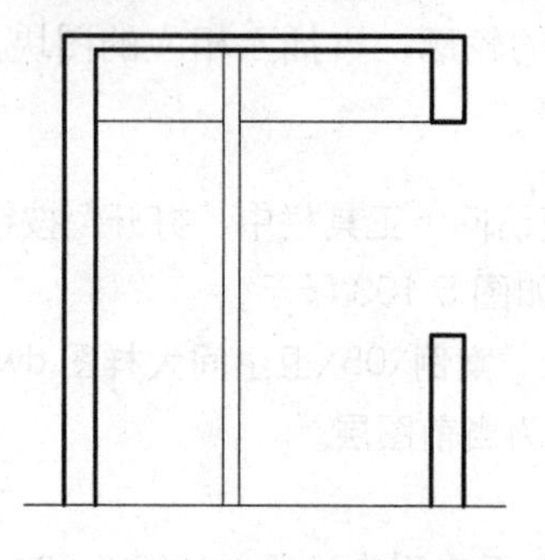

图 5-107　转换“墙体”图层

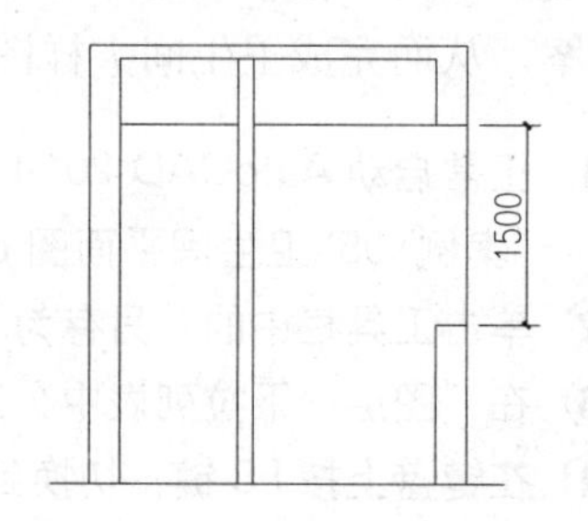

图 5-108　绘制垂直线段

Step 10 在“图层”下拉列表中，选择“门窗”作为当前图层。

Step 11 再使用“直线”命令（L），在右侧位置绘制高为 1500mm 的垂直线段，结果如图 5-109 所示。

Step 12 使用“偏移”命令（O），向左各偏移 90mm、60mm 和 90mm，表示窗对象，如图 5-110 所示。

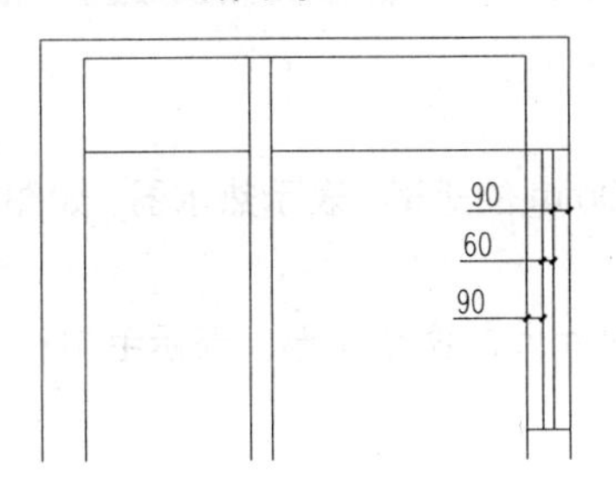

图 5-109　绘制的窗

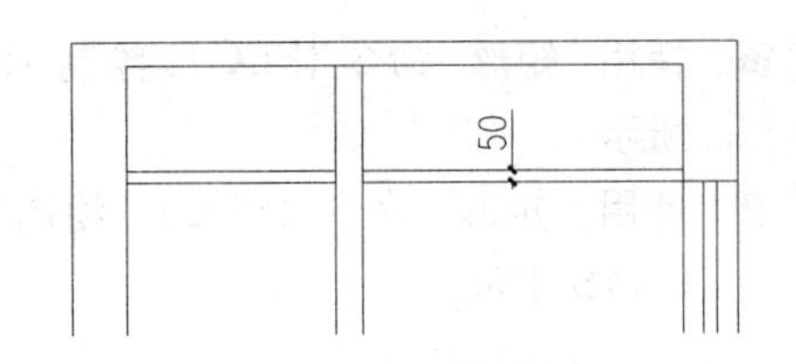

5-110　偏移水平线段

经验分享——绘制窗体

当所绘制的图形中其窗对象较少时，可以采用直线和偏移的方式；也可达到前面章节中使用的“多线”命令所绘制的窗效果。
对于绘制单个或少量的窗，读者可根据自己的习惯，灵活掌握绘制方法。

Step 13 使用“偏移”命令（O），将窗对象位置处的水平线段向上偏移 50mm，表示吊顶处安装吸顶灯带，如图 5-111 所示。

Step 14 使用“图层”命令（LA），将打开“图层特性管理器”选项板，单击“新建图层”按钮，并命名为“设施”，颜色为“绿色”；最后单击“置为当前”，将新建的“设施”置为当前图层，如图 5-112 所示。

图 5-111　新建“设施”图层

Step 15 使用“插入”命令（I），将打开“插入”对话框，如图 5-112 所示；将事先准备好的“案例\05”文件夹下的“花洒.dwg、坐便器.dwg”等图块，插入到相应的位置，如图 5-113 所示。

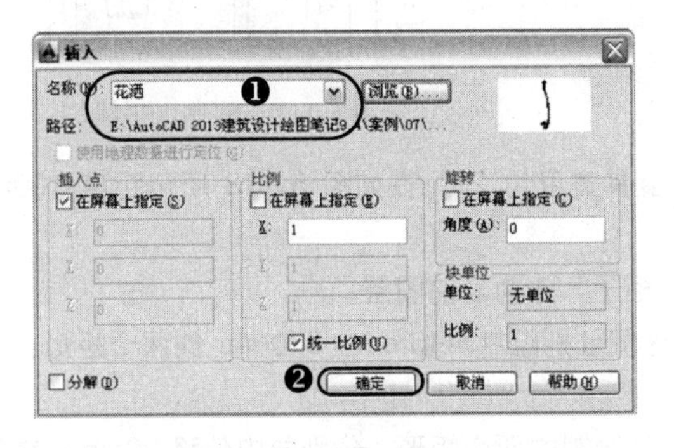

图 5-112　“插入”对话框

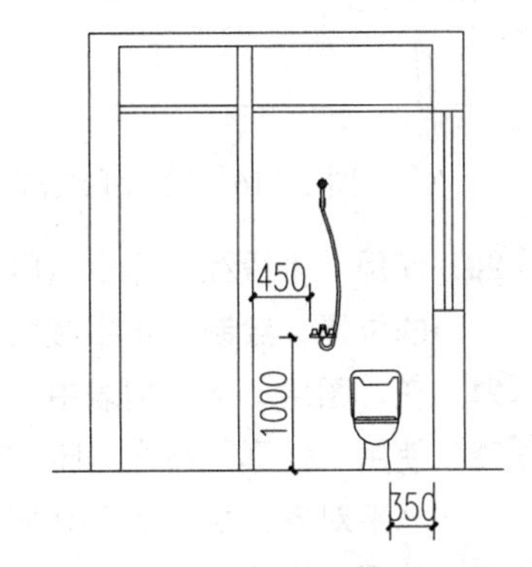

图 5-113　插入的图块

提示与技巧

这里的"插入块"(I)命令，在第 7 章节将做详细讲解。

Note

Step 16 使用"矩形"命令(REC)，绘制 750mm×340mm 的矩形，表示热水器，如图 5-114 所示。

Step 17 使用"矩形"命令(REC)，绘制 100mm×30mm 的两个矩形，表示毛巾杆，如图 5-115 所示。

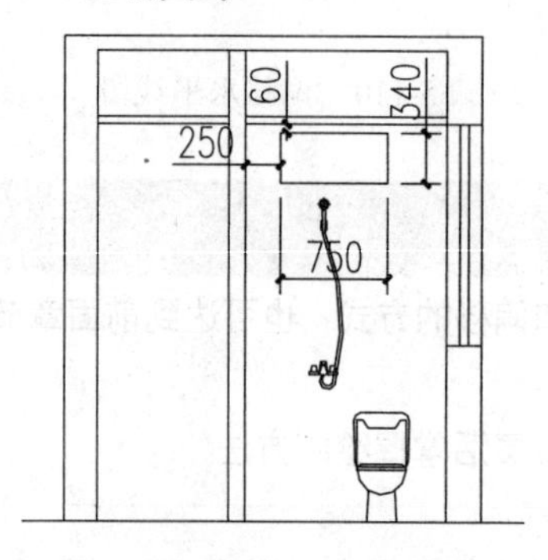

图 5-114 绘制热水器

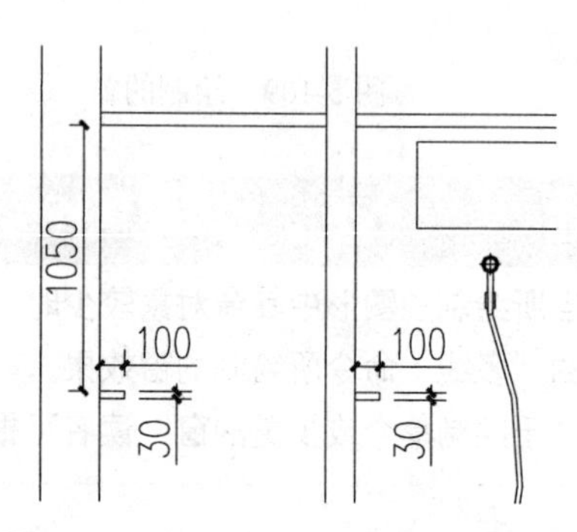

图 5-115 绘制毛巾杆

Step 18 使用"多段线"命令(PL)，按照如图 5-116 所示的尺寸，绘制一多段线对象，表示手纸盒。

Step 19 使用"偏移"命令(O)，将上侧吸顶带处的水平线段向下各偏移 300mm、20mm、15mm、1365mm、40mm、160mm、40mm 和 610mm，结果如图 5-117 所示。

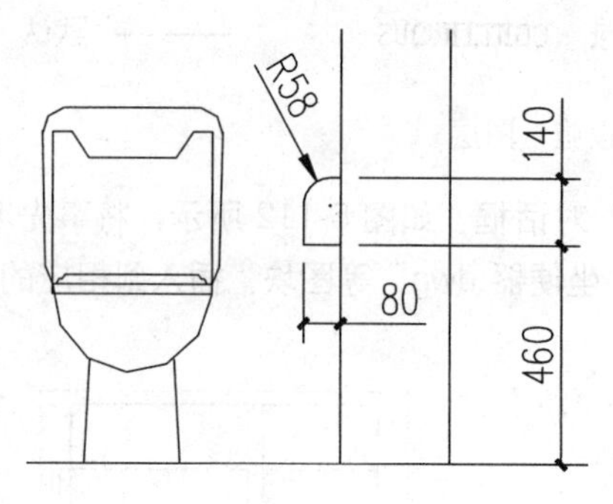

图 5-116 绘制手纸盒

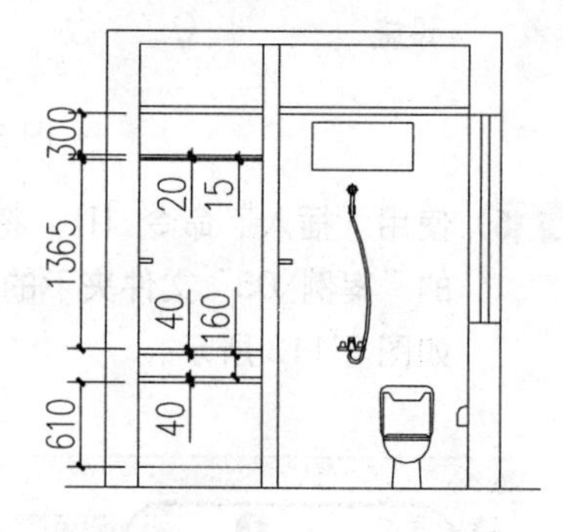

图 5-117 偏移水平线段

Step 20 使用"多段线"命令(PL)，设置其宽度为 20，在如图 5-118 所示距离 1000mm 的位置，绘制一水平线段。

Step 21 在"图层"下拉列表中，选择"柜子"作为当前图层。

Step 22 使用"矩形"命令(REC)，在底侧分别绘制 440mm×570mm 的两个矩形，并且水平对齐，如图 5-119 所示。

Step 23 使用"偏移"命令(O)，将上一步绘制的两个矩形，分别向内偏移 20mm，结果如图 5-120 所示。

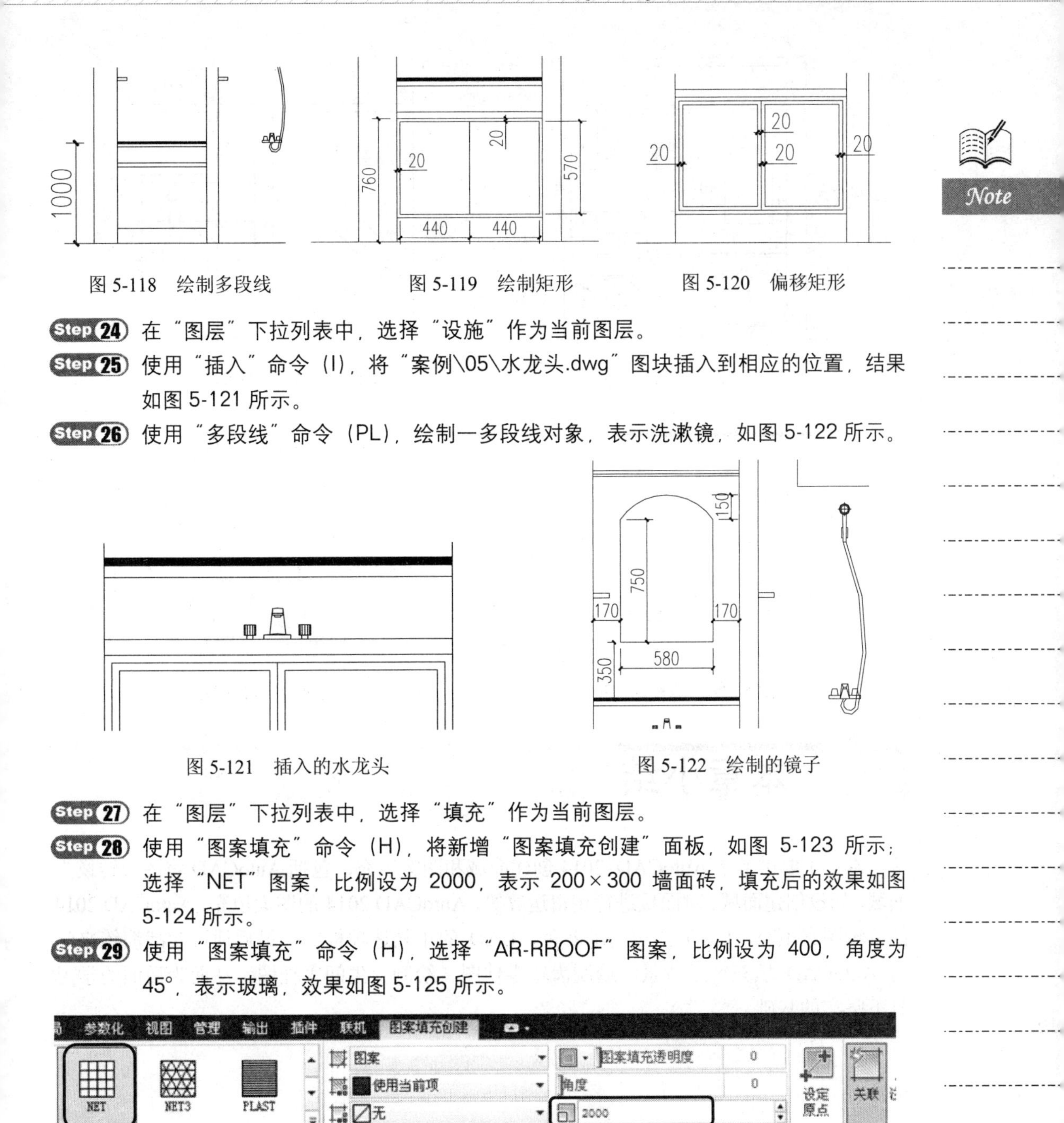

图 5-118 绘制多段线　　图 5-119 绘制矩形　　图 5-120 偏移矩形

Step 24 在“图层”下拉列表中，选择“设施”作为当前图层。

Step 25 使用“插入”命令（I），将“案例\05\水龙头.dwg”图块插入到相应的位置，结果如图 5-121 所示。

Step 26 使用“多段线”命令（PL），绘制一多段线对象，表示洗漱镜，如图 5-122 所示。

图 5-121 插入的水龙头　　图 5-122 绘制的镜子

Step 27 在“图层”下拉列表中，选择“填充”作为当前图层。

Step 28 使用“图案填充”命令（H），将新增“图案填充创建”面板，如图 5-123 所示；选择“NET”图案，比例设为 2000，表示 200×300 墙面砖，填充后的效果如图 5-124 所示。

Step 29 使用“图案填充”命令（H），选择“AR-RROOF”图案，比例设为 400，角度为 45°，表示玻璃，效果如图 5-125 所示。

图 5-123 “图案填充创建”面板

Step 30 使用“图案填充”命令（H），选择“LINE”图案，比例设为 500，填充置物柜，其效果如图 5-126 所示。

Step 31 至此，卫生间大样图绘制完成，其最终效果如图 5-127 所示，可按 Ctrl+S 组合键对文件进行保存。

Note

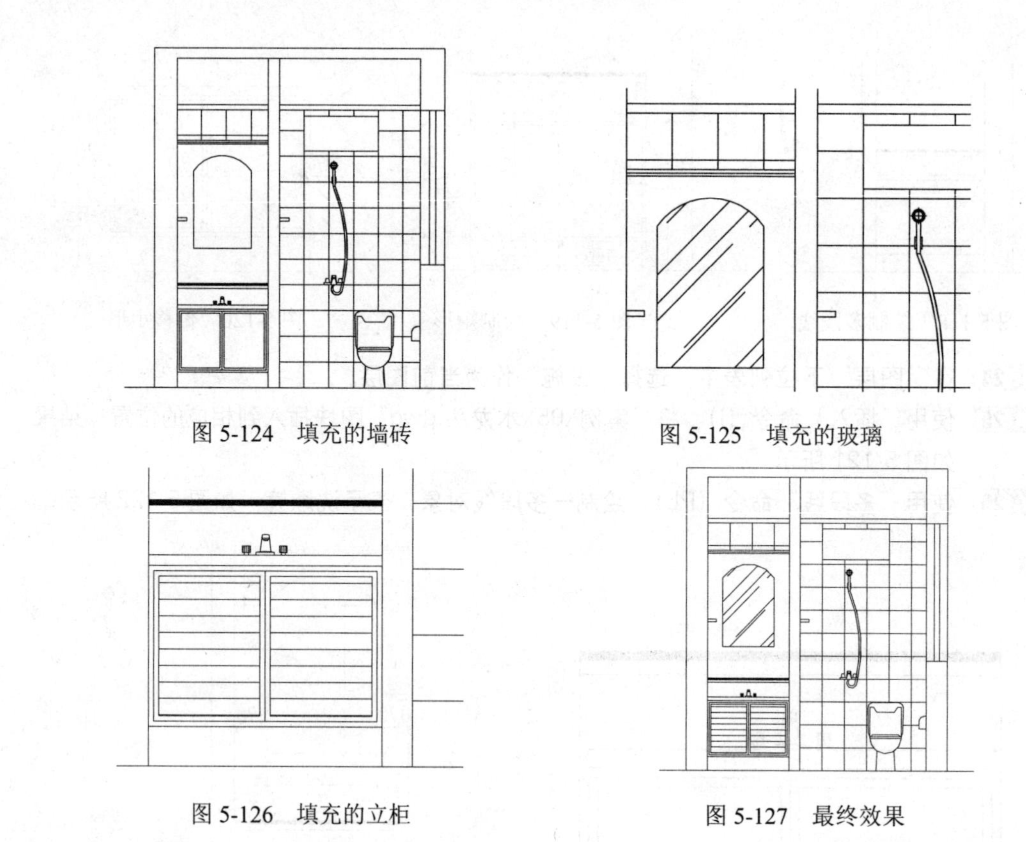

图 5-124　填充的墙砖

图 5-125　填充的玻璃

图 5-126　填充的立柜

图 5-127　最终效果

5.7 本章小结

本章主要讲解了 AutoCAD 2014 创建面域和图案填充，包括 AutoCAD 将图形转换为面域，如设创建面域、对面域进行逻辑运算等，AutoCAD 2014 的图案填充，AutoCAD 2014 的编辑图案填充，CAD 的填充渐变色，CAD 的工具选项板等。最后通过实战演练来学习 AutoCAD 填充客厅背景、绘制齿轮零件图、绘制卫生间大样图，从而为后面的学习打下坚实的基础。

创建文字与表格

在 AutoCAD 中可以设置多种文字样式，以便于各种工程图的注释及标的需要，而要创建文字对象，可以通过单行文字和多行文字两种方式，当创建了文字对象过后，用户可以通过双击文字对象，进入到在位编辑状态下修改文字内容，或者通过“特性”面板和“文字编辑器”面板来进行修改文字内容。

同样，AutoCAD 中也可以设置表格的样式，并且以制定的表格样式来创建表格对象，并对其表格的单元格进行并合与分割等操作，以及设置表格属性及文字属性。另外，还可以在表格中进行公司的计算。

内容要点

- 掌握文字样式的创建方法
- 掌握表格样式的创建方法
- 掌握单行文字和多行文字的输入方法
- 掌握表格的编辑和表格内容的输入方法
- 掌握文字内容的编辑与特性的设置方法
- 掌握表格中公式的计算方法

6.1 设置文字样式

Note

在 AutoCAD 中输入文字过程中，图形中的任何文字都有其自身的样式，所以文字样式在 AutoCAD 中是一种快捷、方便的文字注释方法，它可以设置字体、大小、倾斜角度、方向和其他文字特征。

6.1.1 创建文字样式

在 AutoCAD 2014 软件中，除了默认的“Standard”文字样式外，用户可以创建所需的文字样式。用户可以通过以下任意一种方式来创建文字样式：

- ✧ 面板 1：在“常用”标签下的“注释”面板中单击“文字样式”按钮，如图 6-1 所示。
- ✧ 面板 2：在“注释”标签下的“文字”面板中，单击右下角的“文字样式”按钮。
- ✧ 命令行：在命令行中输入“Style”命令，然后按 Enter 键。

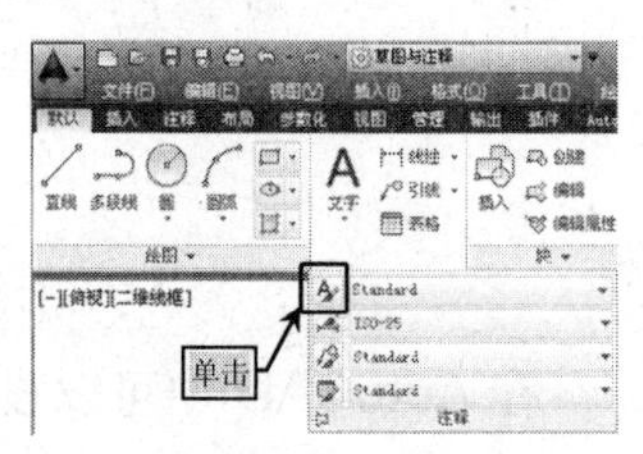

图 6-1　单击“文字样式”按钮

执行上述命令后，系统弹出“文字样式”对话框，如图 6-2 所示。单击“新建”按钮，将弹出“新建文字样式”对话框，如图 6-3 所示，在“样式名”文本框中输入样式的名称，然后单击“确定”按钮开始新建文字样式。

图 6-2　“文字样式”对话框

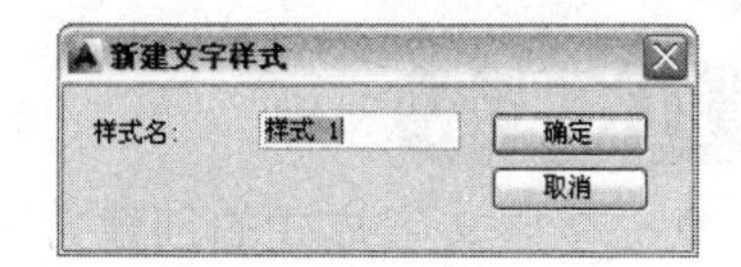

图 6-3　“新建文字样式”对话框

经验与分享——文字样式的命名

在“样式名”文本框中输入的文字样式名称，不能与已经存在的样式名称重复。文字样式名称最长可达 255 个字符，其中包括字母、数字和特殊字符，如没有符号（$）、下划线（_）和连字符（-）等。如果不输入文字样式名，应用程序自动将文字样式命名为“样式 n”，其中“n”表示从 1 开始的数字。

在删除文字样式的操作中，不能对默认的“Standard”和“Annotative”文字样式进行删除。

Note

在“文字样式”对话框中，各选项的功能与含义如下：

✧ “样式”列表框：用来显示图形中的样式列表，列表框中的“STANDARD”为系统默认的文字样式，用户可以创建一个新的文字样式或修改文字样式，以满足绘图的要求。
✧ “字体”选项组：用来更改样式的字体。
✧ “大小”选项组：用来更改文字的大小。

提示与技巧——文字样式字体的选择

在“字体”选项组中，用可以选择文字的字体及样式。字体分为两种，一种是 Windows 提供的字体，即“TruType”类型的字体；另一种是 AutoCAD 特有的字体（扩展名.shx）。AutoCAD 提供了符合标注要求的字体形文件：“gbenor.shx”、“gbeitc.shx”和“gbcbig.shx”文件；其中，“gbenor.shx”和“gbeitc.shx”文件分别用于标注直体和斜体字母与数字；“gbcbig.shx”则用于标注中文。

图 6-4 所示为文字的各种效果。

标准 宋体 AutoCAD中各种文字效果比较
标准 黑体 **AutoCAD中各种文字效果比较**
标准 楷体 AutoCAD中各种文字效果比较
宽度因子：1.2 AutoCAD中各种文字效果比较
倾斜：30度 *AutoCAD 中各种文字效果比较*
颠倒 AutoCAD中各种文字效果比较
反向 AutoCAD中各种文字效果比较

图 6-4 文字的各种效果

经验分享——文字样式的命名

在输入新建文字样式的名字时，文字样式名称最长可达 255 个字符，其中包括字母、数字和特殊字符，如美元符号（$）、下划线（_）和连字符（-）等。如果不输入文字样式名，系统自动将文字样式命名为“样式 n”，其中，*n* 表示从 1 开始的数字。

6.1.2 应用文字样式

在“文字样式”对话框中，设置好“图内说明”文字样式的相关参数后，单击底侧的“应用”按钮；再单击右侧的“置为当前”按钮，这样，“图内说明”则成了当前的文字样式，最后单击“关闭”按钮，如图 6-5 所示。

Note

经验分享——注释性与非注释性的区别

在“文字样式”对话框中，有一个“注释性”复选框，当勾选该复选框，可以创建注释性文字对象，为图形中的说明和标签使用注释性文字，该样式设置了文字在图纸上的高度，如当前注释比例将自动确定文字在模型空间视口或图纸空间视口中的显示大小，而非注释性则是相反的，如在将现有的非注释文字的注释性特性更该为“是”，用户就可将文字更改为注释性文字。

6.1.3 重命名文字样式

如果需要对其文字样式进行重命名，需要在“文字样式”对话框中，首先选中将要重命名的文字样式，按下 F2 键；或者用鼠标不连续双击，待该文本框呈编辑状态时，输入新的样式名称“文字标注”，从而完成文字样式的重命名操作，如图 6-6 所示。

图 6-5 将“文字样式”置为当前

图 6-6 重命名“文字样式”

提示与技巧——使用Rename命令进行重命名

在命令行输入“Rename”命令并按 Enter 键，则弹出“重命名”对话框，在“命名对象”列表框中选择“文字样式”选项，此时，在右侧的“项数”列表框内出现了所有的文字样式；再选择“图内说明”，单击“重命名为 (R)：”按钮右侧的文本框，输入新的文字样式名称“轴号文字”，如图 6-7 所示。

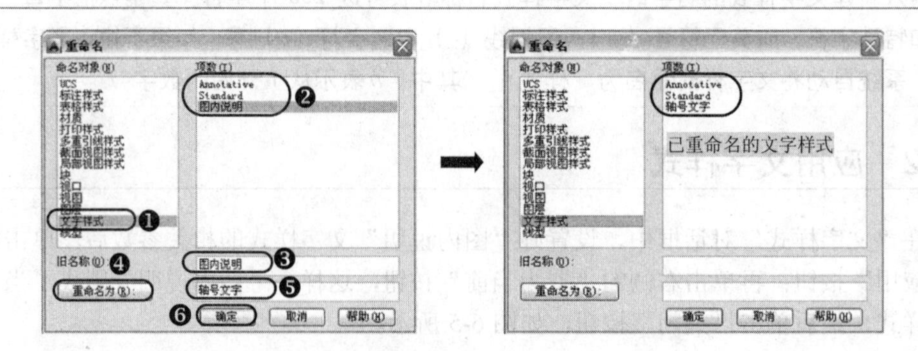

图 6-7 “重命名”对话框

提示与技巧

不能对“Standard（标准）”文字样式进行重命名。

6.1.4　删除文字样式

用户可以将不需要的文字样式删除。在“文字样式”对话框中，首先选中将要删除的文字样式，然后单击“删除”按钮；或者右击鼠标，在打开的快捷菜单中选择“删除”，即可删除掉文字样式，如图 6-8 和图 6-9 所示。

图 6-8　删除“文字样式”

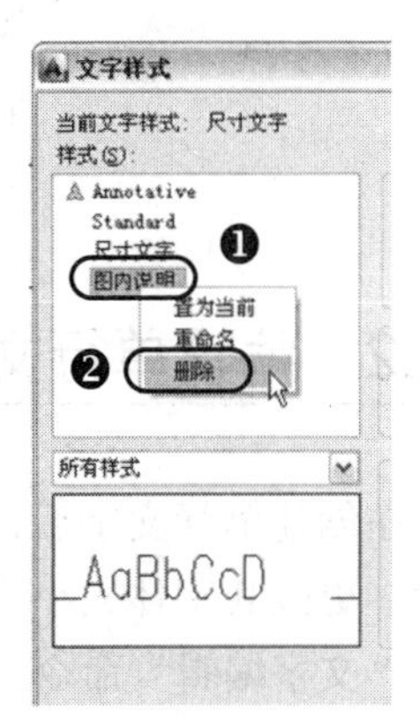

图 6-9　快捷菜单方式

提示与技巧——文字样式的删除

不能对“Standard（标准）”文字样式进行删除。而对于当前的文字样式和已经被引用的文字样式则不能被删除，但可以重命名。

6.2　创建与编辑单行文字

输入文字又称为创建文字标注，即可添加图形文字，用于表达各种信息，如技术要求、设计说明、标题栏信息和标签等，而文字的输入又分为单行文字和多行文字两种。

6.2.1　单行文字

单行文字可以用来创建一行或多行文字，所创建的每行文字都是独立的、可被单独编辑的对象，用户可以通过以下任意一种方式来执行“单行文字”命令。

- ✧ 面板 1：在“常用”标签下的“注释”面板中单击“单行文字”按钮A。
- ✧ 面板 2：在“注释”标签下的“文字”面板中单击“单行文字”按钮A
- ✧ 命令行：在命令行中输入“DTEXT”命令（快捷键为 DT）并按 Enter 键。

执行上述命令后，根据命令行提示如下，即可创建单行文字，如图 6-10 所示。

```
命令:_dtext                                   //执行“单行文字”命令
当前文字样式: “轴号”  文字高度: 2.5000  注释性: 否
指定文字的起点或 [对正(J)/样式(S)]:           //指定文字的起点
指定高度 <2.5000>: <正交 开> 500              //指定文字的高度
指定文字的旋转角度 <0>:                       //在光标闪烁处输入文字
```

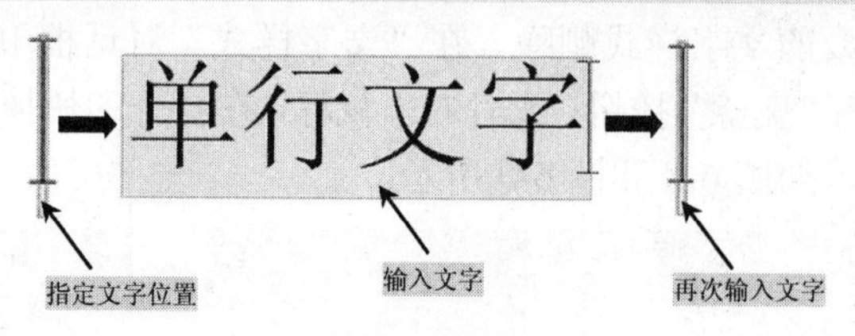

图 6-10　创建单行文字

6.2.2　编辑单行文字

在创建单行文字后，可以对其内容、特性等进行编辑，如要更改文字内容，调整其位置，更改其字体大小等，以满足精确绘图的需要，用户可以通过以下任意一种方式来执行“文字编辑”命令。

- ✧ 鼠标键：选中需要编辑的文字对象，右击鼠标，在快捷菜单中选择“编辑”命令，如图 6-11 所示。
- ✧ 鼠标键：直接双击需要编辑的文字对象。
- ✧ 命令行：在命令行中输入“DDEDIT”（快捷键 ED）。

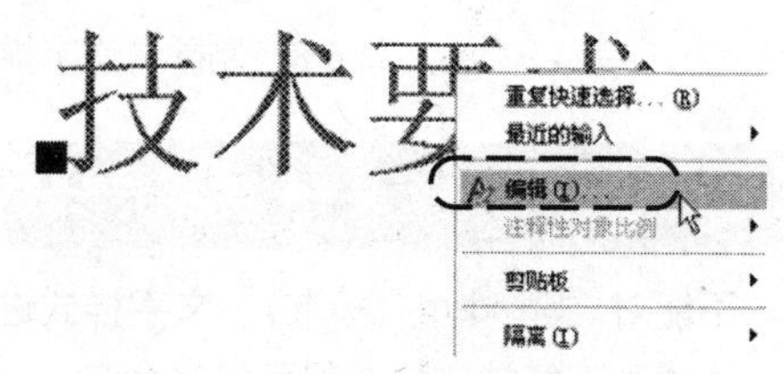

图 6-11　选择“编辑”命令

执行上述命令后，命令行提示如下：

```
命令:DDEDIT                  //执行“文字编辑”命令
注释对象或 [放弃(U)]:        //指定需要被编辑的文本对象
```

当选择需要被重新编辑的文本对象后，即可进入编辑状态，然后输入相应的文字内容即可，如图 6-12 所示。

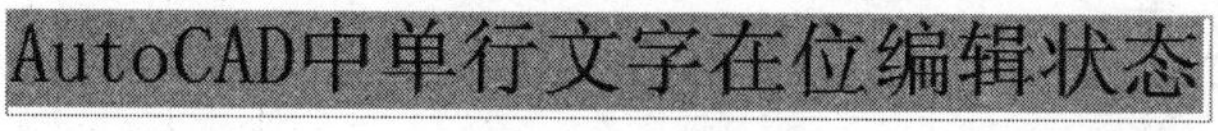

AutoCAD中单行文字在位编辑状态

图 6-12　单行文字的在位编辑

6.2.3　输入特殊符号

在实际绘图过程中，有时需要标注一些特殊符号，此时，可使用“单行文字”命令

中的字符功能，可以非常方便地创建一些如度数、直径符号、正负号等特殊符号。

由于这些符号不能直接从键盘上输入，在 AutoCAD 中提供了一些控制码，用来实现这些要求，控制码用两个百分号（%%）加一个字符构成，常用的控制码如表 6-1 所示。

表 6-1　AutoCAD 中常用控制码

输入代号	符号	输入代号	符号
%%c	φ（直径）	\u+00B2	²（平方）
%%d	°（度数）	\u+00B3	³（立方）
%%p	±（正负符号）	\u+2082	₂（下标）
%%u	（下划线）	%%134	≤（小于等于）
%%O	（上划线）	%%135	≥（大于等于）

6.2.4　文字对正方式

文字的对正，是指文字的哪一位置与插入点对齐，文字的对正方式是基于如图 6-13 所示的 4 条参考线而言，这 4 条参考线分别为顶线、中线、基线和底线。另外，文字的各种对正方式，如图 6-14 所示。

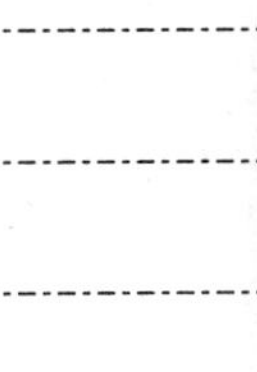

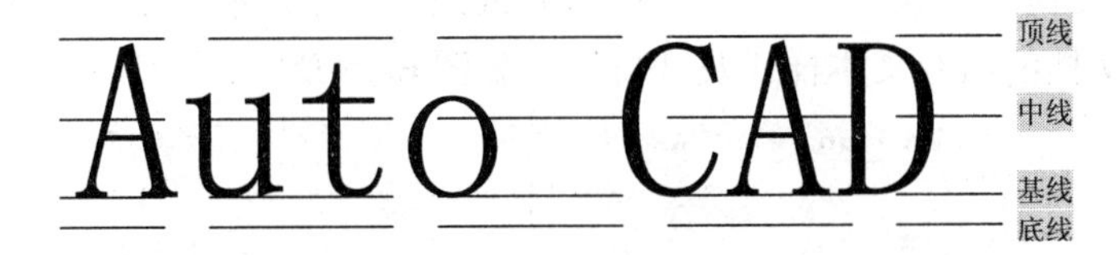

图 6-13　文本对正参考线

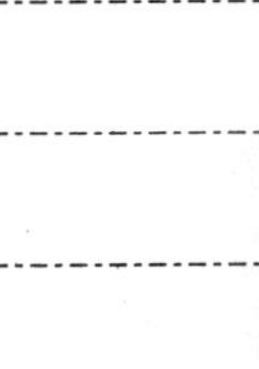

图 6-14　文字的对正方式

执行“文字对正”命令的方法以如下几种：

✧　面板：在“注释”选项卡下的“文字”面板中单击“对正”按钮。

✧　命令行：在命令行中输入“Justifytext”命令，并按 Enter 键。

执行命令后，其命令行中各选项的含义如下：

✧　“指定文字的起点”：在此提示下，直接在绘图区屏幕上点取一点作为文本的起始点。命令行的提示如下：

Note

```
指定高度 <2.5000>:              //确定文本的高度
指定文字的旋转角度 <90>:         //确定文本的倾斜角度
输入文字:                       //输入文本
输入文字:                       //继续输入文本或按 Enter 键，结束单行文字命令
```

提示与技巧

如果在文字样式中已定义了字体高度或旋转角度，那么，在命令行中就不会出现相关的信息提示，AutoCAD 会按照文字样式中定义的字高或角度来创建文字。

✧ “对正”：在上面的提示下输入“（对正）J”选项，用来确定文本的对齐方式，对齐方式决定文本的哪一部分与所选的插入点对齐。选择此选项，命令行的提示如下：

```
输入选项[对齐(A)/布满(F)/居中(C)/中间(M)/右对齐(R)/左上(TL)/中上(TC)/右上(TR)/左中(ML)/正中(MC)/右中(MR)/左下(BL)/中下(BC)/右下(BR)]:
```

✧ “样式”：用来选择已被定义的文字样式，选择该项后，命令行出现如下提示：

```
输入样式名或 [?] <Standard>:  //输入文字样式名
```

用户可直接在命令行输入“？”，并按下 Enter 键，系统将弹出“Auto CAD 文本窗口”，显示当前文档的所有文本样式及其特性，如图 6-15 所示。

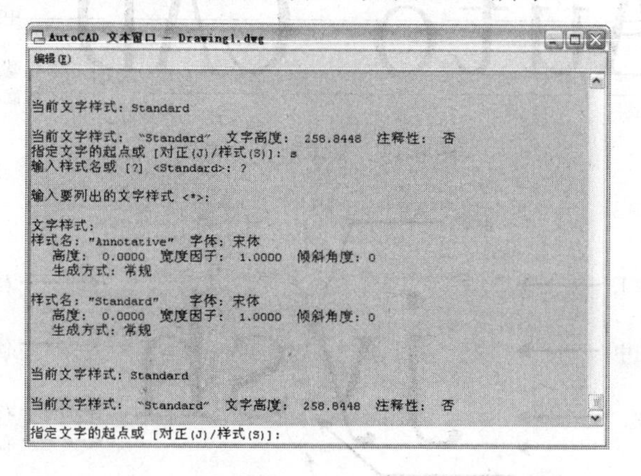

图 6-15　显示视图中显示的所有文本样式

6.3 创建与编辑多行文字

6.3.1　多行文字

多行文字是一种易于管理与操作的文字对象，可以用来创建两行或两行以上的文字，而每行文字都是独立的、可被单独编辑的整体。用户可以通过以下任意一种方式来输入多行文字：

- ✧ 面板 1：在“常用”标签下的“注释”面板中单击“多行文字”按钮A。
- ✧ 面板 2：在“注释”标签下的“文字”面板中单击“多行文字”按钮A。
- ✧ 命令行：在命令行中输入“MTEXT”命令（快捷键为“MT”），并按 Enter 键。

执行上述命令后，根据如下命令行提示确定其文字矩形编辑框，将会弹出“文字格式”工具栏，根据要求设置格式及输入文字内容，然后单击“确定”按钮。

```
命令: _mtext                          //执行“多行文字”命令
当前文字样式: "STANDARD"  文字高度: 500  注释性: 否
指定第一角点:                          //指定文字第一角点
指定对角点或 [高度(H)/对正(J)/行距(L)/旋转(R)/样式(S)/宽度(W)/栏(C)]:
                                       //指定第二角点
```

当前 AutoCAD 软件环境处在“草图与注释”空间模式下，此时用户创建多行文字时，则在面板区显示“文字编辑器”标签，其中包含了“样式”、“格式”、“段落”、“插入”、“拼写检查”、“工具”和“选项”、“关闭”等 8 个功能面板，如图 6-16 所示。

图 6-16　“文字编辑器”标签

在“文字编辑器”标签中，各主要的功能面板的说明介绍如下：

- ✧ “文字样式”面板：包括样式、注释性和文字高度。样式为多行文字对象应用文字样式。默认情况下，“标注”文字样式处于活动状态。
- ✧ “格式”面板：包括粗体、斜体、下划线、上划线、字体、颜色、倾斜角度、追踪和宽度因子。使用鼠标单击“格式”面板上的倒三角按钮，将显示出更多的选项，如图 6-17 所示。
- ✧ “段落”面板：包括多行文字、段落、行距、编号和各种对齐方式，单击“对正”按钮，显示“文字对正”下级菜单，并且有 9 个对齐选项可用，如图 6-18 所示；单击“行距”按钮，同时显示出系统拟定的行距选项，也可以选择“更多”项来做一些设置，如图 6-19 所示。

图 6-17　“格式”面板

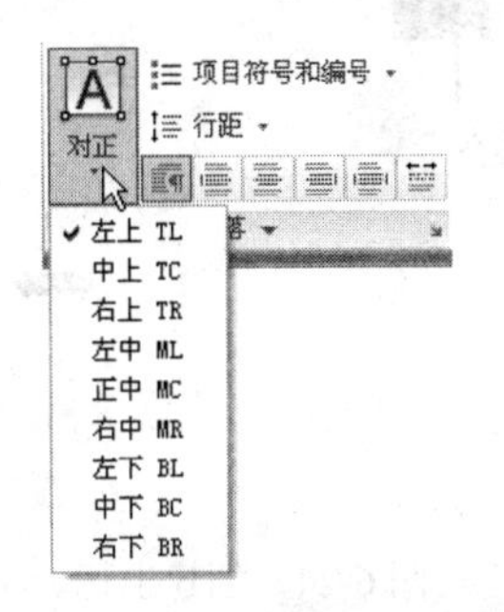

图 6-18　“对正”菜单

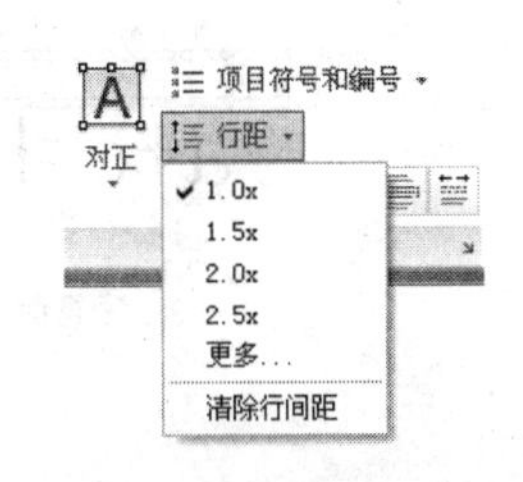

图 6-19　“行距”菜单

Note

✧ “插入”面板：包括符号、列和字段。单击“列”按钮，会显示出如图 6-20 所示的“分栏/列”菜单；单击“符号”@按钮显示出如图 6-21 所示的“符号”菜单；单击“字段”按钮，显示出如图 6-22 所示的“字段”对话框。

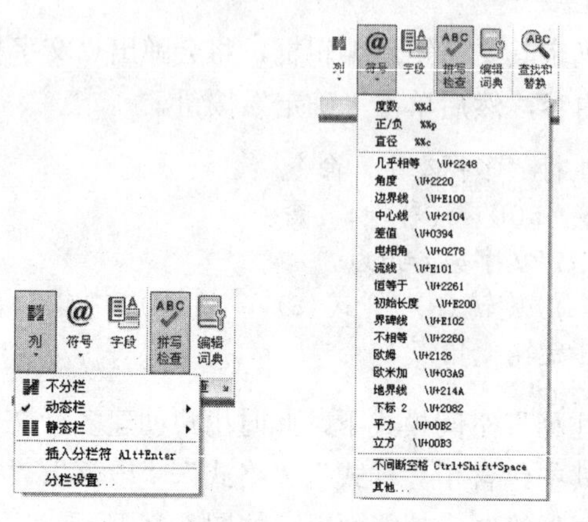

图 6-20 “分栏/列”菜单 图 6-21 “符号”菜单

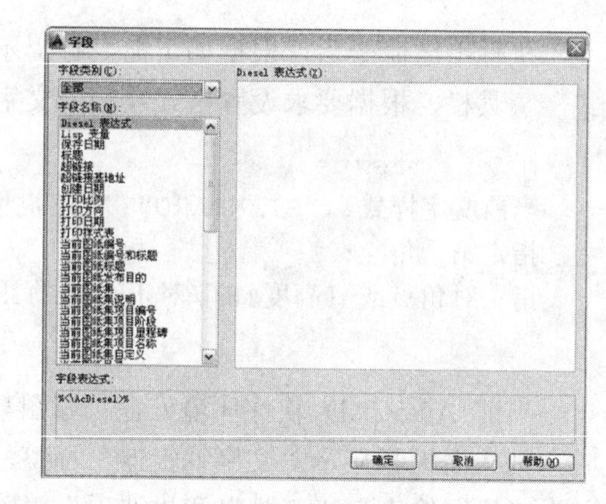

图 6-22 “字段”对话框

✧ “选项”面板：包括查找和替换、拼写检查、放弃、重做、标尺和选项等设置项。

✧ “堆叠”按钮：是数学中分子/分母的形式，期间使用符号“\”和“^”来分隔，然后选择这一部分文字，再单击该按钮即可，其示意图如图 6-23 所示。

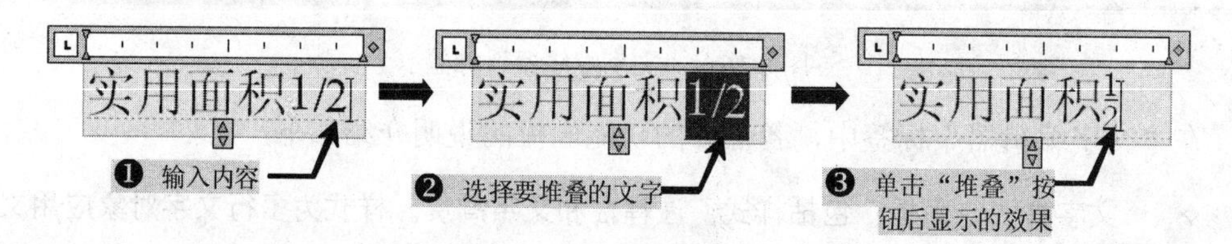

图 6-23 堆叠效果

经验分享——上标、下标的创建

除了以上堆叠的效果外，还可以创建上标和下标效果，如图 6-24 所示。

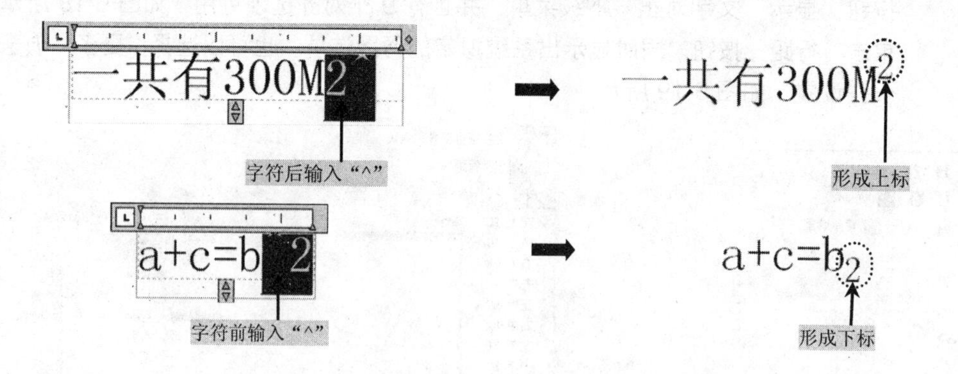

图 6-24 创建上标、下标

6.3.2　编辑多行文字

在创建多行文字后，可以对其内容、特性等进行编辑，如要更改文字内容，调整其位置，更改其字体大小等，以满足精确绘图的需要。

用户可以通过以下任意一种方式来执行“文字编辑”命令：

✧　鼠标键1：选中需要编辑的文字对象，右击鼠标，在快捷菜单中选择“编辑多行文字”命令，如图6-25所示。

✧　鼠标键2：直接双击需要编辑的文字对象。

✧　命令行：在命令行中输入“DDEDIT”命令（快捷键为ED）。

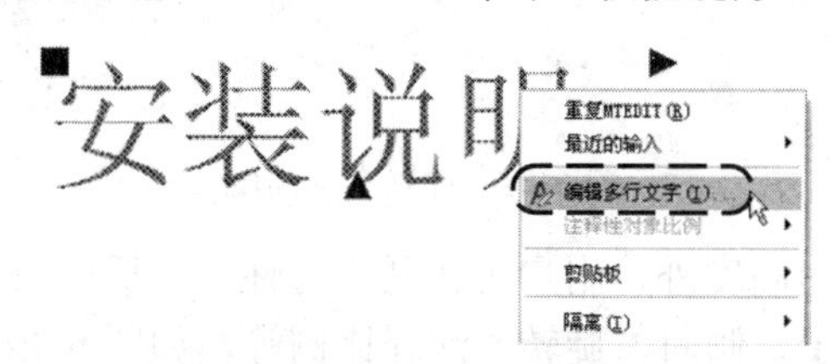

图6-25　选择“编辑多行文字”命令

执行上述命令后，在面板中将新增“文字编辑器”面板，如图6-26所示。即可进入编辑状态，然后输入相应的文字内容即可，最后单击“关闭文字编辑器”按钮，如图6-27所示。

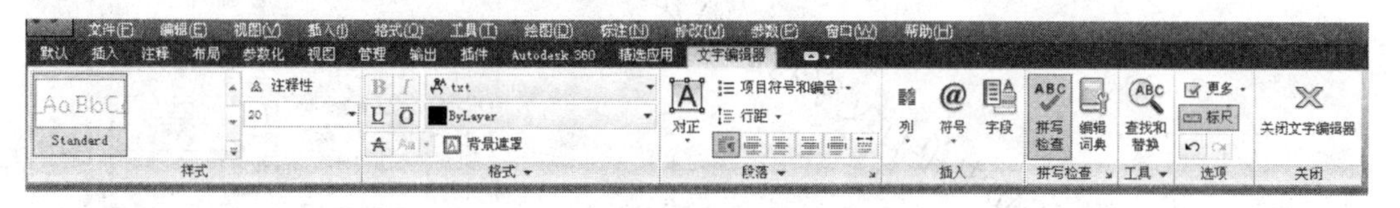

图6-26　“文字编辑器”面板

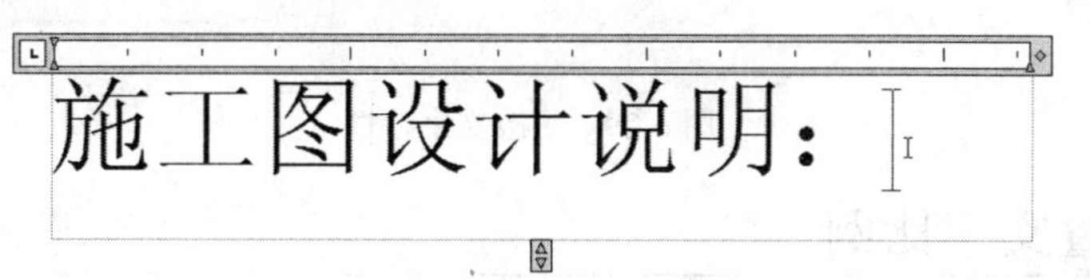

图6-27　多行文字的在位编辑

6.3.3　通过“特性”选项板修改文字

对于所创建的单行文字对象，如果要改变其单行文字大小，可先选择该文本对象，再按Ctrl+1级合键打开“特性”面板，然后在其中改变“高度”值即可，如图6-28所示。

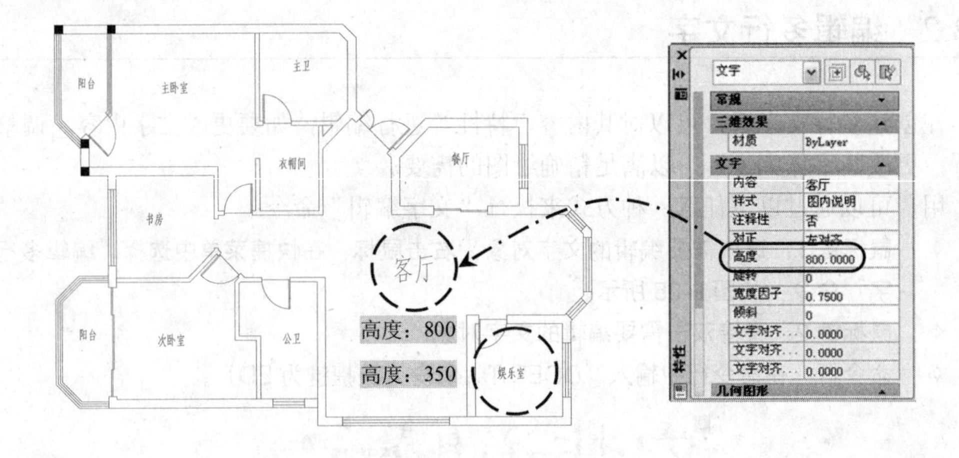

图 6-28　设置文字高度

除了改变单行文字的高度外，用户可在其“特性”面板中对单行文字进行更多特性的设置，如设置宽度因子、倾斜、旋转、注释比例等，如图 6-29 所示。

原始文本 AutoCAD中单行文字特性的设置

文本高度：3 AutoCAD中单行文字特性的设置

倾斜：30 度 *AutoCAD中单行文字特性的设置*

宽度因子：0.7 AutoCAD中单行文字特性的设置

旋转：30 度 AutoCAD中单行文字特性的设置

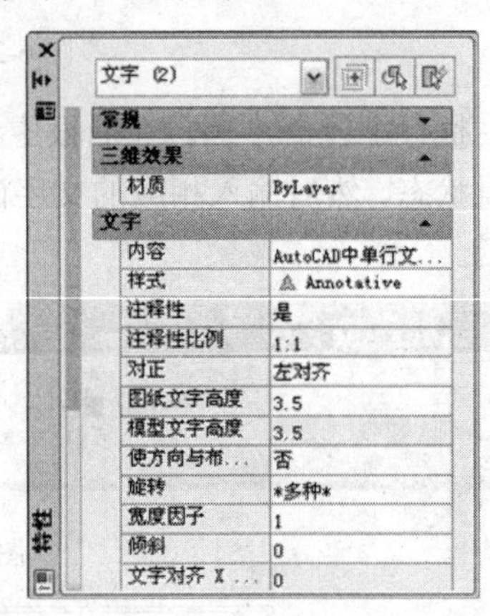

图 6-29　更改文字特性

6.3.4　设置文字比例

在 AutoCAD 中，使用“（比例）”命令（Scaletext），即可对选中的文字进行缩放。执行“文字比例”命令的方法以如下几种：

✧　面板：在“注释”标签下的“文字”面板中单击“缩放”按钮。

✧　命令行：在命令行中输入“Scaletext”命令，并按 Enter 键。

相比较而言，对于多行文字，想要修改文字的大小比例，通过“文字编辑器”显然要方便一些。因此，“Scaletext”命令主要用于调整单行文字的比例。

执行“Scaletext”命令，根据命令行的如下提示，缩放对比结果，如图 6-30 所示。

```
命令: _scaletext 找到一个        //执行“文字缩放”命令输入缩放的基选择项
[现有(E)/左对齐(L)/居中(C)/中间(M)/右对齐(R)/左上(TL)/中上(TC)/右上(TR)/左中(ML)/正中(MC)/右中(MR)/左下(BL)/中下(BC)/右下(BR)] <现有>: E
```

```
指定新模型高度或 [图纸高度(P)/匹配对象(M)/比例因子(S)] <196.2451>: S
指定缩放比例或 [参照(R)] <0.5>: 0.5
一个对象已更改
```

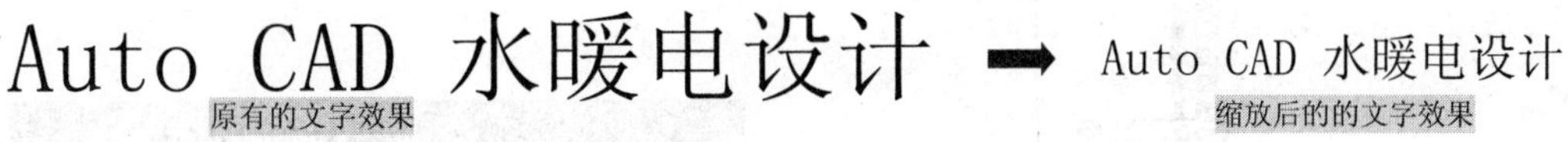

Note

Auto CAD 水暖电设计 ➡ Auto CAD 水暖电设计

原有的文字效果　　缩放后的的文字效果

图 6-30　进行文字缩放

6.3.5　向多行文字添加背景

为了在看起来很复杂的图形环境中突出文字，可以向多行文字添加不透明的背景，下面以设置“洋红色”背景为例进行讲解。

Step 01 在命令行输入“MT”命令，并按 Enter 键，然后确定文字的输入区域，接着在新增的“文字编辑器”面板中，选择“轴号文字”文字样式；在下面的文本输入框中，输入文字“Auto CAD 水暖电设计”，如图 6-31 所示。

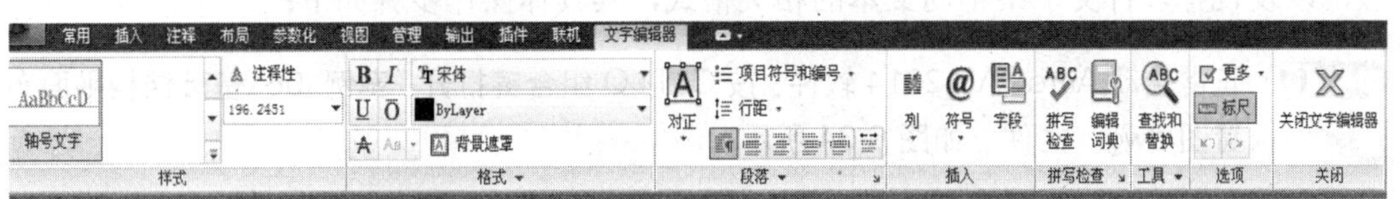

图 6-31　输入多行文字

Step 02 在“文字编辑器”面板中，选择“背景遮罩”，将打开“背景遮罩”对话框，勾选“使用背景遮罩（M）”选项；并在“填充颜色”下拉列表中选择“洋红”；最后单击“确定”按钮，如图 6-32 所示。

提示

勾选“使用图形背景颜色”选项，表示设置文字背景颜色与图形背景颜色一致。

Step 03 关闭“背景遮罩”对话框，返回“文字编辑器”面板，单击“关闭文字编辑器”按钮，完成背景设置，其文字效果，如图 6-33 所示。

Note

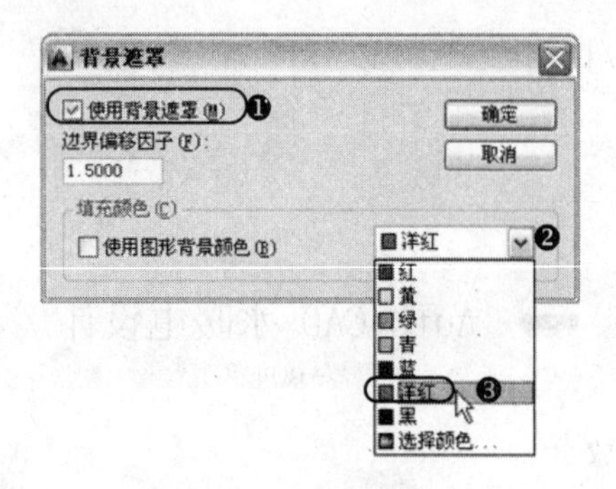

图 6-32 “背景遮罩”对话框

Auto CAD 水暖电设计

图 6-33 添加背景的文字效果

6.3.6 跟踪练习——为建筑结构图添加设计说明

视频\06\建筑结构设计说明的注释.avi
案例\06\基础结构设计说明.dwg

通过本实例的操作，让用户掌握文字样式的创建和设置，再讲解多行文字的使用方法，以及设置多行文字中不同文本的相关格式，其具体操作步骤如下：

Step 01 正常启动 AutoCAD 2014 软件，按 Ctrl+O 组合键打开“案例\06\基础结构平面布置图.dwg”文件，如图 6-34 所示。

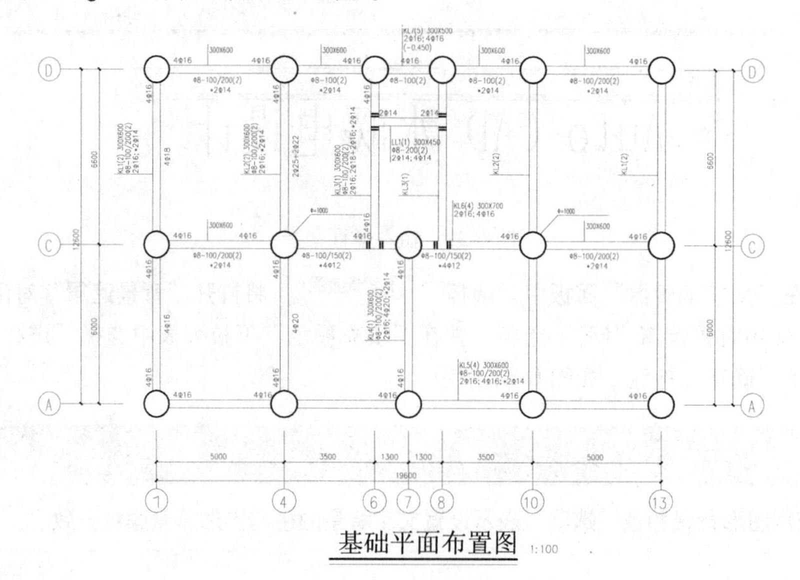

图 6-34 打开的文件

Step 02 在“常用”选项卡下的“注释”面板中单击“文字样式”按钮，将弹出“文字样式”对话框，在“样式”列有中显示出当前已有的多个文字样式，选择“宋体”文字样式，并单击“新建”按钮，然后在弹出的“新建文字样式”文本框中输入“说明”，最后单击“确定”按钮，如图 6-35 所示。

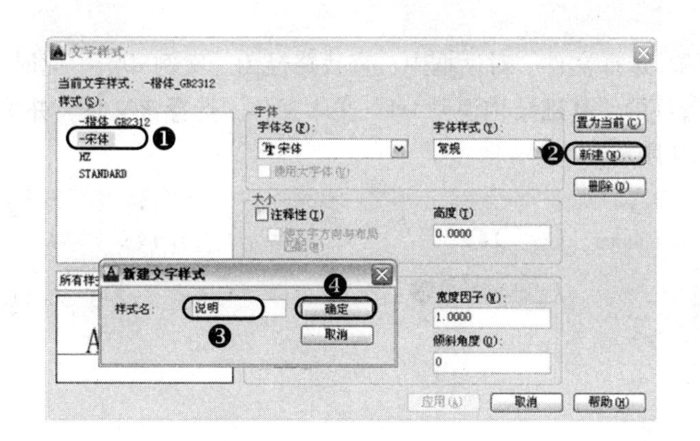

图 6-35　新建文字样式

Step 03 此时，可在“样式”列表框中显示出已经新建的文字样式“说明”，这时这需要设置高度为 350，然后依次单击“应用”、“置为当前”和“关闭”按钮，如图 6-36 所示。

Step 04 这时，用户在“注释”选项卡的“文字”面板中可以看出当前的文字样式为“说明”，如图 6-37 所示。

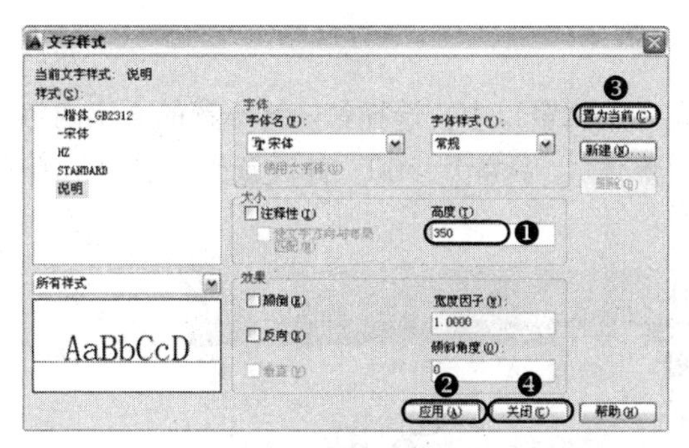

图 6-36　设置文字样式

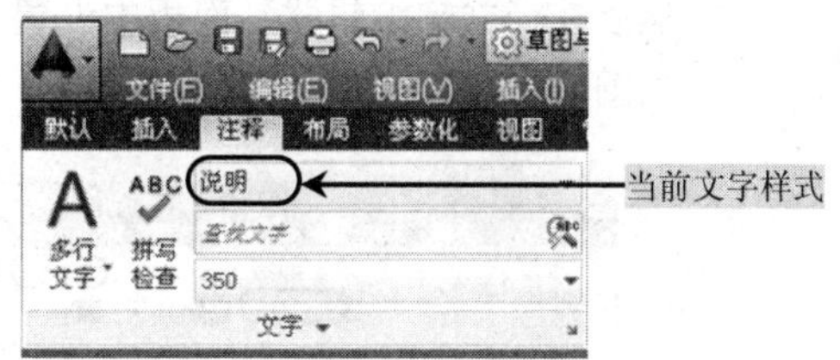

图 6-37　当前的文字样式

Step 05 在“绘图”面板中单击“多行文字”按钮 A，根据提示，在图形的右侧区域拖动一个矩形区域后，在面板区将显现“文字编辑器”面板，并显示当前文字样式、字体及高度等，以及在下侧将显示一个有效宽度的文本编辑窗口，此时右击鼠标，将弹出一快捷菜单，选择“输入文字”命令，如图 6-38 所示。

图 6-38　多行文字编辑窗口

Note

Step 06 在弹出的"选择文件"对话框中，查找路径为"案例\06"，此时，在其下将显示有事先准备好的"基础结构说明.txt"文本文件，选择该文件，并单击"打开"按钮，如图 6-39 所示。

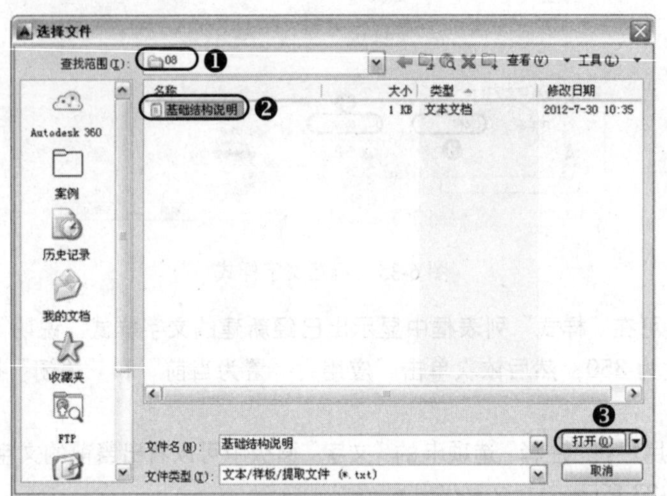

图 6-39 选择文件

Step 07 此时，将文本文件中的内容置入到文本编辑窗口中，选择第一行标题的文字内容，然后在"文字编辑器"面板中设置"黑体"，字高为 500，并设置为"居中"项，如图 6-40 所示。

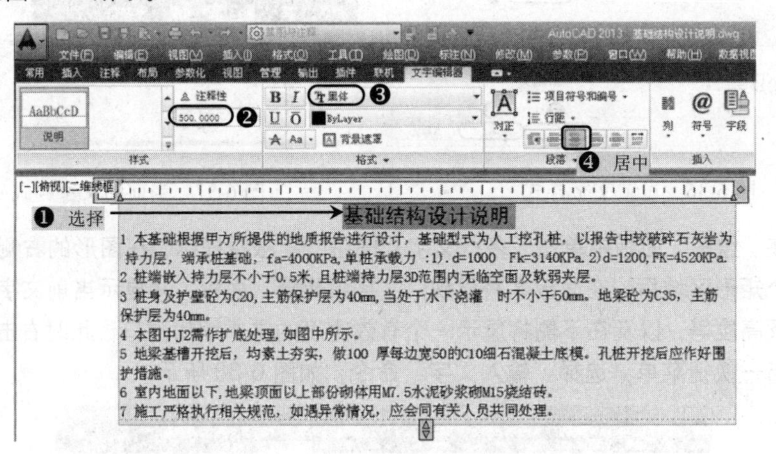

图 6-40 设置标题文字

Step 08 选择文本窗口的其他文字信息内容，单击"段落"面板右下角"箭头"按钮，在随后弹出的"段落"对话框中设置第一行缩进 800，然后单击"确定"按钮，如图 6-41 所示。

Step 09 至此，其基础结构的设计说明已经操作完成，其最终的视图效果，如图 6-42 所示，然后在键盘上按 Shift+Ctrl+S 组合键，将该文件另存为"案例\06\基础结构设计说明.dwg"文件。

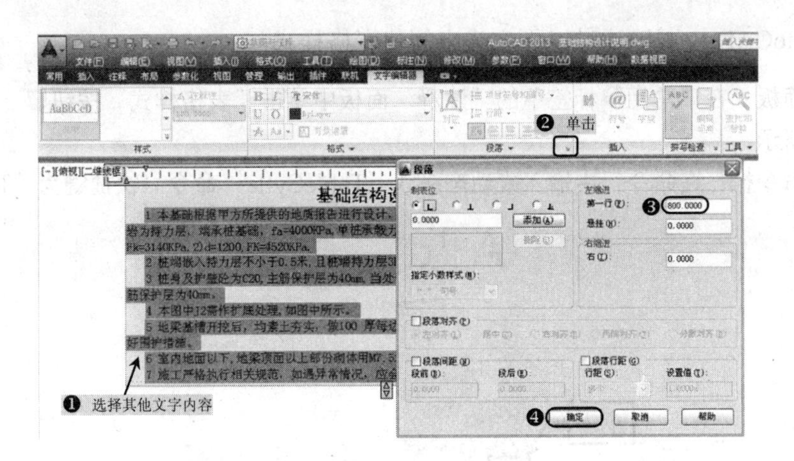

图 6-41　设置段落格式

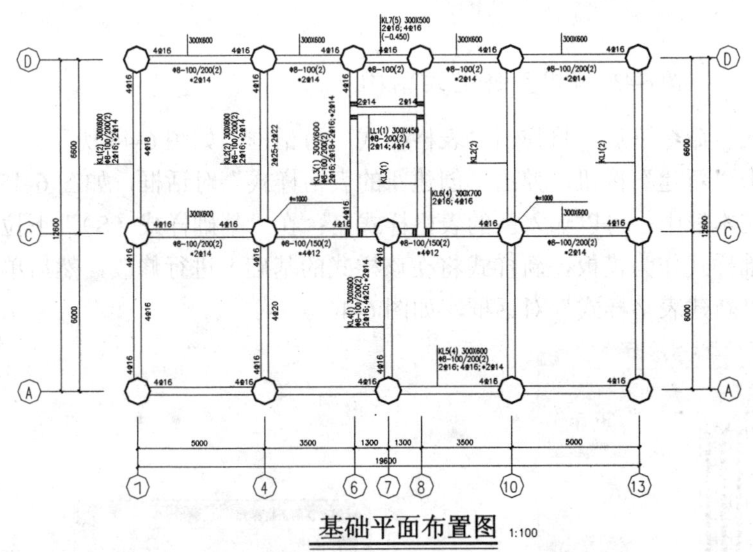

基础结构设计说明

1 本基础根据甲方所提供的地质报告进行设计，基础型式为人工挖孔桩，以报告中较破碎石灰岩为持力层，端承桩基础，f_a=4000kPa，单桩承载力：

(1) d=1000　F_k=3140KPa。

(2) d=1200，F_k=4520KPa。

2 桩端嵌入持力层不小于0.5m，且桩端持力层3D范围内无临空面及软弱夹层。

3 桩身及护壁砼为C20，主筋保护层为40mm，当处于水下浇灌时不小于50mm。地梁砼为C35，主筋保护层为40mm。

4 本图中J2需作扩底处理，如图6-42所示。

5 地梁基槽开挖后，均素土夯实，做100 厚每边宽50的C10细石混凝土底模。孔桩开挖后应作好围护措施。

6 室内地面以下，地梁顶面以上部份砌体用M7.5水泥砂浆砌M15烧结砖。

7 施工严格执行相关规范，如遇异常情况，应会同有关人员共同处理。

图 6-42　设置好的文字说明

6.4　创建与设置表格样式

表格是由包含注释（以文字为主，也包含多个块）的单元构成的矩形阵列。表格也作为一种信息的简洁表达方式，常用于如材料清单、零件尺寸一览表等有许多组件的图形对象中。

6.4.1　创建表格样式

表格外观由表格样式控制，用户可以使用默认表格样式“Standard”，也可以创建自己的表格样式。表格也作为一种信息的简洁表达方式，常用于如材料清单、零件尺寸一览表等有许多组件的图形对象中。

Note

在 AutoCAD 中可以通过以下方式来创建表格样式：

✧ 面板：在“常用”标签下的“注释”面板中单击“表格样式”按钮，如图 6-43 所示。

✧ 命令行：在命令行中输入或动态输入“TableSytle”命令（快捷键为“TS”）。

图 6-43　单击“表格样式”按钮

执行上述“表格样式”命令过后，将弹出“表格样式”对话框，如图 6-44 所示。

在该对话框中，单击“新建”按钮，弹出“创建新的表格样式”对话框，如图 6-45 所示。在“新样式名”文本框中，可以输入新的表格样式名；在“基础样式（S）”下拉列表框中，选择一种基础样式作为模板，新样式将在该样式的基础上进行修改，然后单击“继续”按钮，弹出“新建表格样式”对话框，如图 6-46 所示。

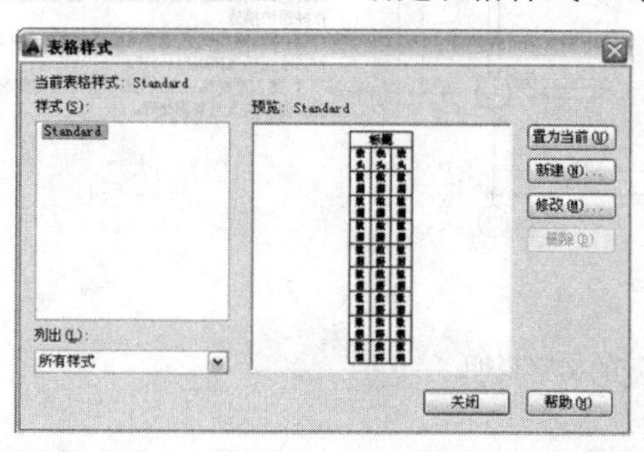

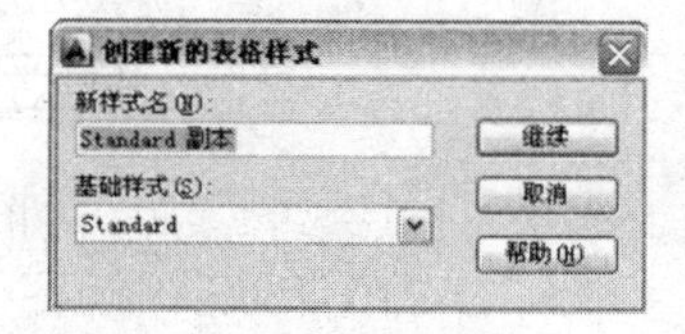

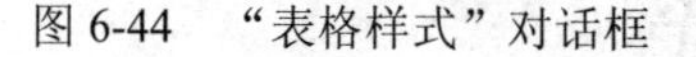

图 6-44　“表格样式”对话框　　图 6-45　“创建新的表格样式”对话框

在“新建表格样式”对话框中，可以设置数据、列表题和标题的样式。

✧ 在“起始表格”选项区域中单击“选择起始表格”按钮，选择绘图窗口中以创建的表格作为新建表格样式的起始表格，单击其右边的按钮，可取消选择。在“基本”选项区域的“表格方向”下拉列表框中选择表格的生成方向，有“向上”和“向下”两种方式。其下的白色区域为表格的预览区域。

✧ 表格的单元样式有标题、表头、数据三种，其中在“单元样式”下拉列表中，依次选择三种单元，如图 6-47 所示，可以通过“常规”、“文字”和“边框”三个选项卡，对每种单元样式进行设置。

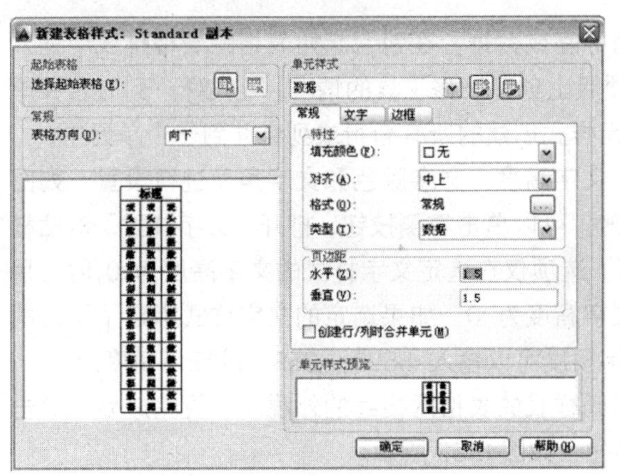

图 6-46　“新建表格样式”对话框

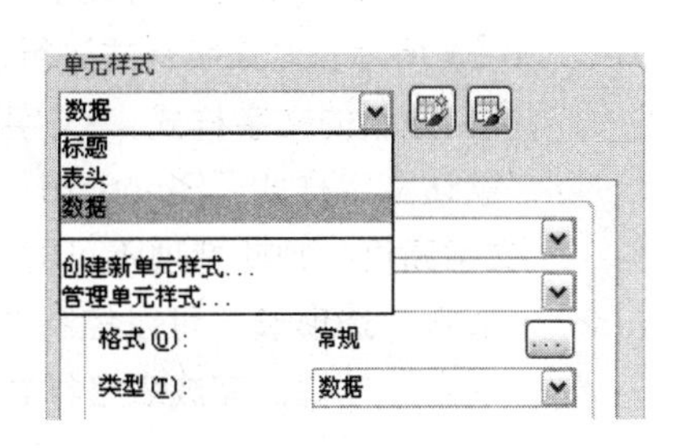

图 6-47　单元样式下拉列表

✧ 单击“创建新单元样式”按钮，弹出“创建新单元样式”对话框，如图 6-48 所示，创建一个新的单元样式。单击“继续”按钮，在“单元样式”下拉列表中添加一个新的单元样式。

✧ 单击“管理单元样式”按钮，弹出“管理单元样式”对话框，如图 6-49 所示，可以新建、重命名和删除单元样式。

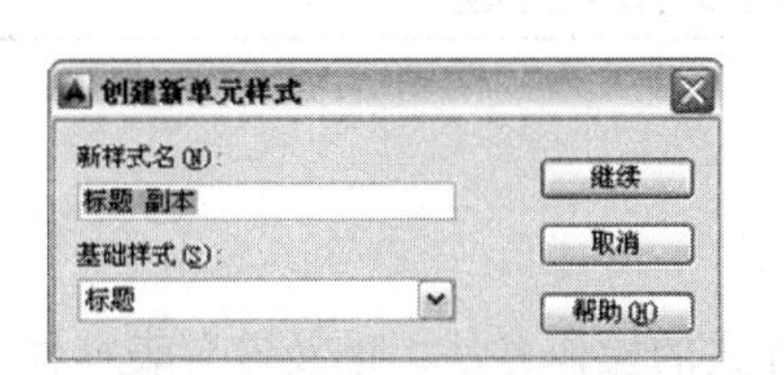

图 6-48　“创建新单元样式”对话框

图 6-49　“管理单元样式”对话框

✧ “常规”选项卡，可以对填充颜色、对齐方式、格式、类型和页边距进行设置。单击“格式”右侧的按钮，弹出“表格单元样式”对话框，如图 6-50 所示，从中可以进一步定义格式选项。

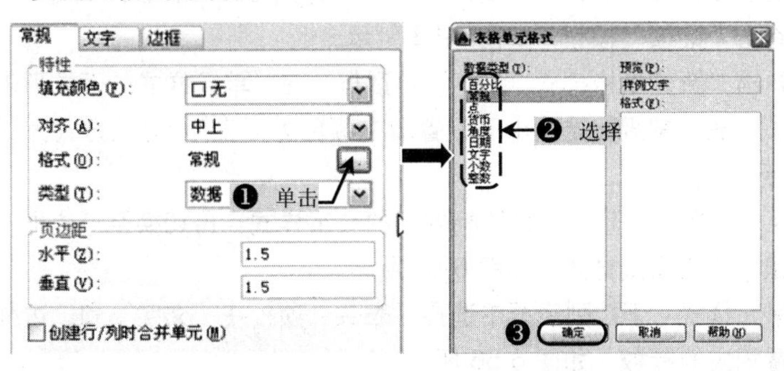

图 6-50　“表格单元样式”对话框

Note

✧ “类型”主要是将单元样式指定为标签或数据，在包含起始表格的表格样式中插入默认文字时使用，用于在工具选项版上创建表格工具的情况。“创建行/列时合并单元”复选框，表示将使用当前单元样式创建的所有新行或列合并到一个单元中。

✧ “文字”选项卡可以对文字样式、文字高度、文字颜色和文字角度进行设置，如图6-51所示。对文字样式进行设置时，可以单击右侧按钮，打开“文字样式”对话框并创建新的文字样式。“文字高度”选项仅在选定文字样式的文字高度为0时可用(默认文字样式“Standard”、文字高度为0。如果选定的文字样式指定了固定的文字高度，则此选项不可同。文字角度可以输入-359°～359°的任何角度。

✧ “边框”选项卡，可以控制当前单元样式的表格网格线的外观。设置完成后，单击“确定”按钮，完成表格样式的创建，如图6-52所示。

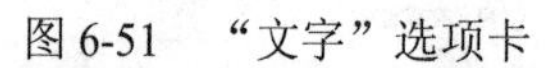

图 6-51　“文字”选项卡

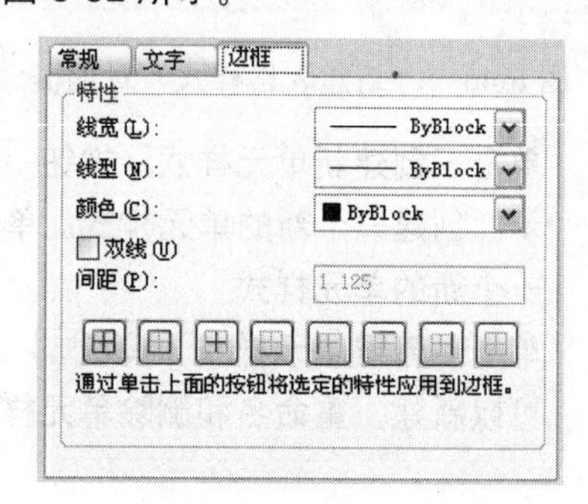

图 6-52　“边框”选项卡

6.4.2 跟踪练习——室内设计表格样式的创建

视频\06\室内设计表格样式的创建.avi
案例\06\室内设计的表格样式.dwg

通过本实例的操作，让用户掌握创建表格样式的操作方法，以及设置表格样式的步骤，其具体操作步骤如下：

Step 01 正常启动AutoCAD 2014软件，在“常用”标签下的“注释”面板中单击“表格样式”按钮，系统弹出“表格样式”对话框，单击“新建”按钮，系统弹出“弹出新的表格样式”对话框，用户可以在“样式名称”栏输入新建表格样式的名称，然后单击“继续”按钮，如图6-53所示。

Step 02 此时弹出“新建表格样式：XXX”对话框，在“单元样式”下拉列表框中选择“标题”项，在“常规”选项卡下设置填充颜色为“青”，对正方式为“正中”，如图6-54所示。

Step 03 切换至“文字”选项下，设置标题栏的文字样式；再切换至“边框”选项卡下，设置标题栏的边模式样式，如图6-55所示。

Step 04 在“单元样式”下拉列表框中选择“表头”项，在“文字”和“边框”选项卡下分别设置相应的参数，如图6-56所示。

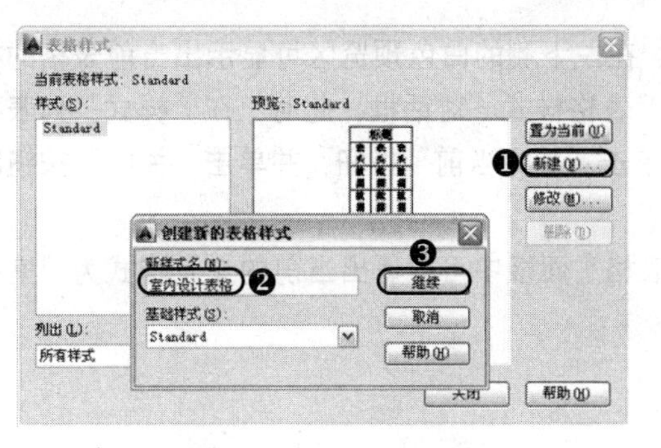

图6-53　新建表格样式

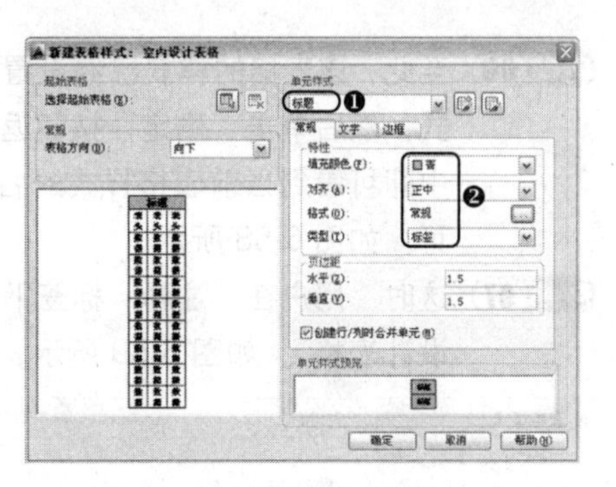

图6-54　设置表格标题栏样式1

图 6-55　设置表格标题栏样式 2

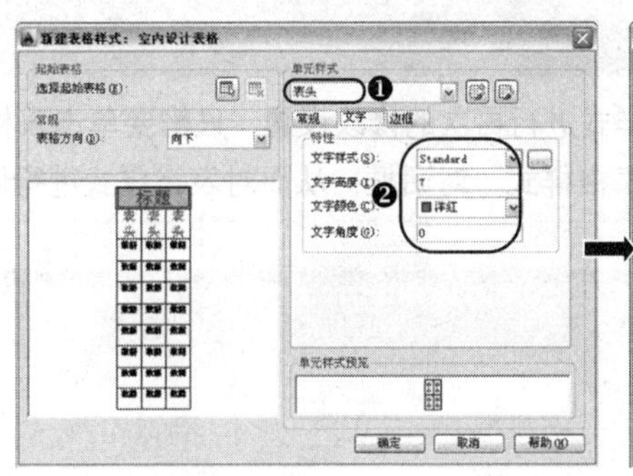

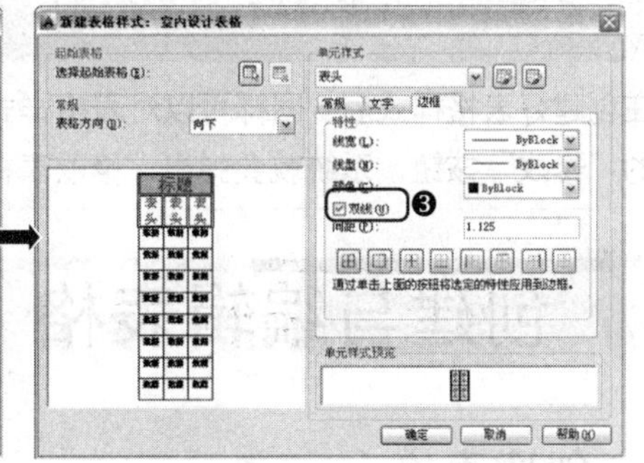

图 6-56　设置表格表头栏样式

Step 05 同样，设置表格的数据项样式，如图 6-57 所示。

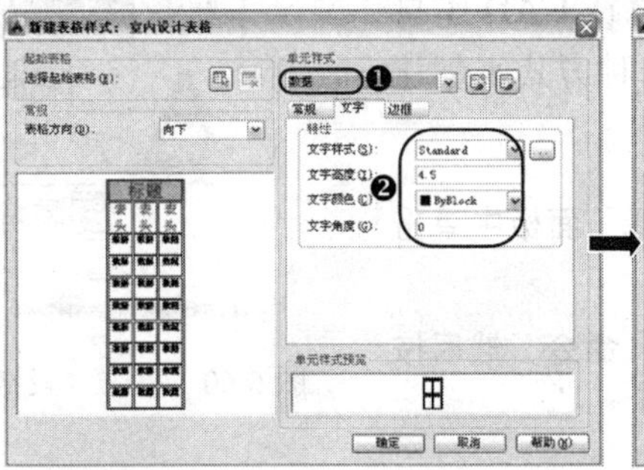

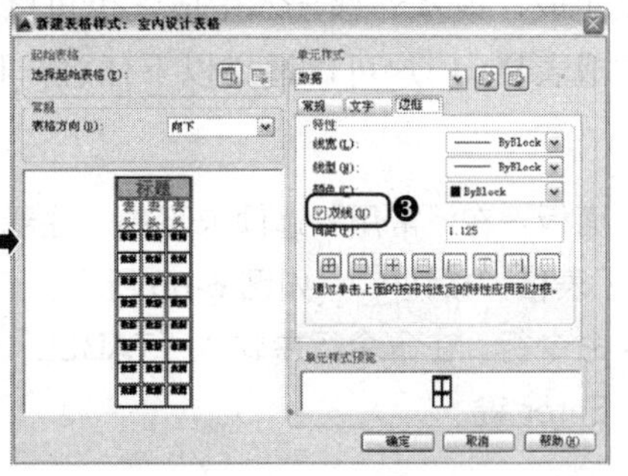

图 6-57　设置表格数据栏样式

Note

Step 06 至此，该表格的样式已经设置完毕，在左下侧的白色预览区可显示出当前表格的样式，然后单击“确定”按钮返回到“表格样式”对话框，此时，在“样式”列表框中即可看到当前表格样式的名称，单击“置为当前”按钮，并单击“关闭”按钮即可，如图 6-58 所示。

Step 07 这时，用户在“注释”标签下的“表格”面板中可以看出当前的文字样式为“室内设计表格”，如图 6-59 所示。

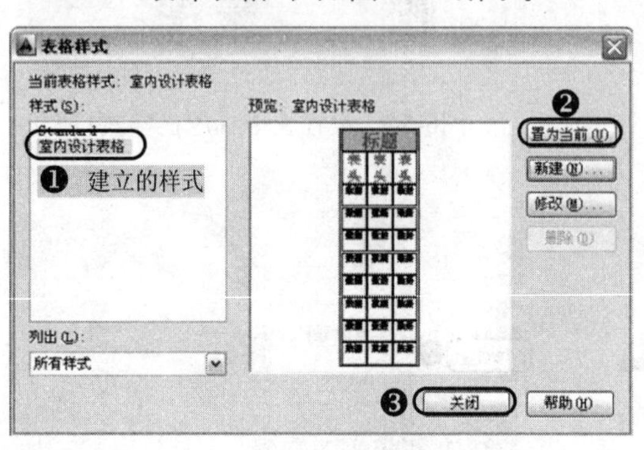

图 6-58 建立好的文表格样式

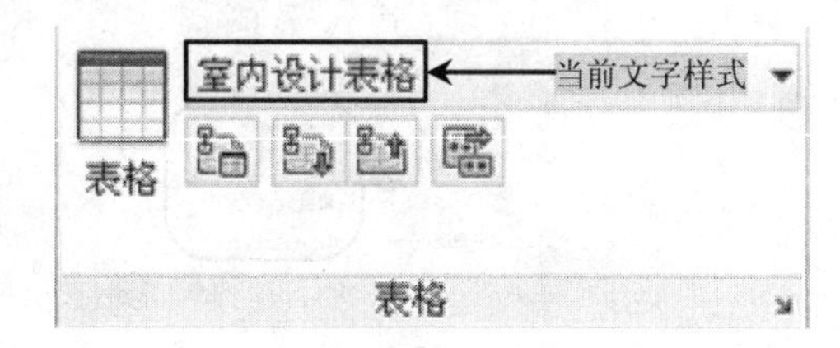

图 6-59 当前表格样式

Step 08 至此，该表格样式已经创建完毕，按 Ctrl+S 组合键将该文件保存为“案例\06\室内设计的表格样式.dwg”文件。

提示与技巧——表格样式的修改

用户在创建好表格样式后，同样可以对表格样式进行再次的修改设置，只需要单击表格样式右侧的“修改”按钮，系统就会弹出“修改表格样式”对话框，从而对表格样式进行修改。

6.5 创建与编辑表格

6.5.1 创建表格

在 AutoCAD 2014 中，表格可以从其他软件中复制再粘贴过来生成，或从外部导入生成，也可以在 CAD 中直接创建生成表格。用户可以通过以下任意一种方式来创建表格：

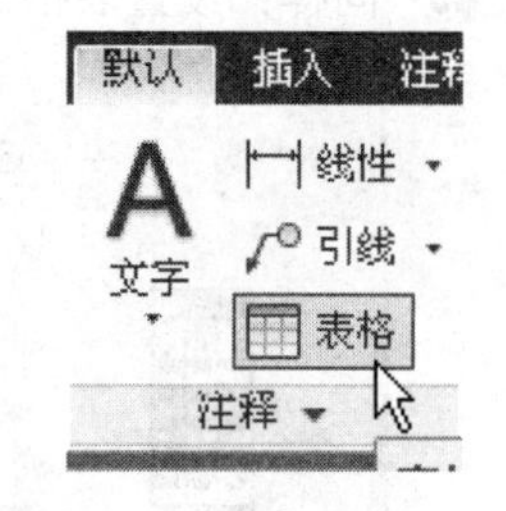

图 6-60 单击“表格”按钮

- ✧ 面板：在“常用”选项卡下的“注释”面板中单击“表格”按钮，如图 6-60 所示。
- ✧ 命令行：在命令行中输入“TABLE”命令，然后按 Enter 键。

执行“表格”命令后，系统将打开“插入表格”对话框，设置列数为4，行数为8，列宽为100，行高为4，然后单击“确定”按钮，即可创建一个表格，如图6-61所示。

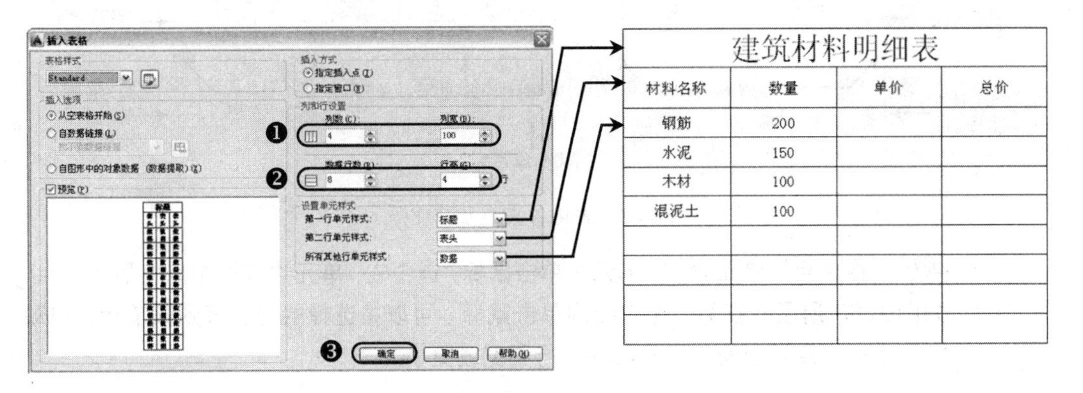

图6-61 创建表格

在“插入表格”对话框中，部分选项的功能与含义如下：

✧ “表格样式”下拉列表框：可选择已被创建的表格样式，或者单击其后的按钮，打开“表格样式”对话框，新建需要的表格样式。
✧ “从空表格开始（S）”单选钮：选择该单选钮，可以插入一个空的表格。
✧ “自数据链接（L）”单选钮：选择该单选钮，则可通过从外部导入数据来创建表格。
✧ “自图形中的对象数据（数据提取）（X）”单选钮：选择该旋钮，则可通过从可输出到表格或外部文件的图形中提取数据来创建表格。
✧ “指定插入点（I）”单选钮：选择该单选钮，可在绘图区中指定的点处插入固定大小的表格。
✧ “指定窗口（W）”单选钮：选择该单选钮，可在绘图区中通过移动表格的边框来创建任意大小的表格。

经验与分享——表格行数的设置

在图6–61中，可以发现绘制的表格共有10行，但开始设置的行数为8行，为何会出现多两行的现象呢？其实，多出的两行分别是标题行和表头行，而之前设置的8行指的是表格的数据行。所以数据行、表头行和标题行加起来，一共有10行。

6.5.2 编辑表格

当表格创建完成后，用户可以对表格进行剪切、复制、删除、移动、缩放和旋转等简单操作，还可以均匀调整表格的行列大小，删除所有特性替代。

当选择“输出”命令时，还可以打开“输出数据”对话框，以“.csv”格式输出表格中的数据。用户在编辑表格时，可以通过以下几种方式来操作：

✧ 单击该表格上的任意网格线以选中该表格，然后通过夹点修改该表格，如图 6-62 所示。

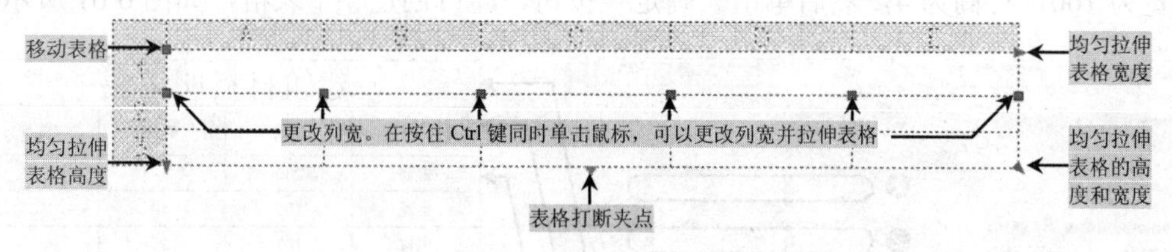

图 6-62　表格各夹点及其作用

✧ 编辑表格单元的单元时，在单元内单击鼠标，选中它，单元边框的中点将显示夹点，如图 6-63 所示。在另一个单元内单击鼠标，可以将选择的内容移到该单元，拖动单元上的夹点可以使单元及其列、行更宽或更小。

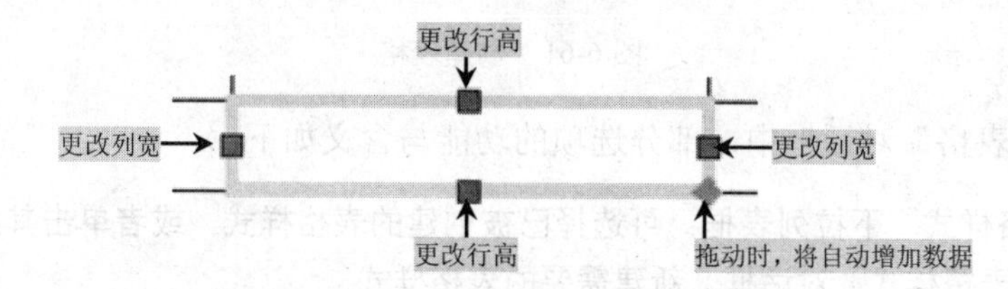

图 6-63　单元的各夹点及其作用

✧ 在表格单元内部单击时，将显示“表格”工具栏，如图 6-64 所示。

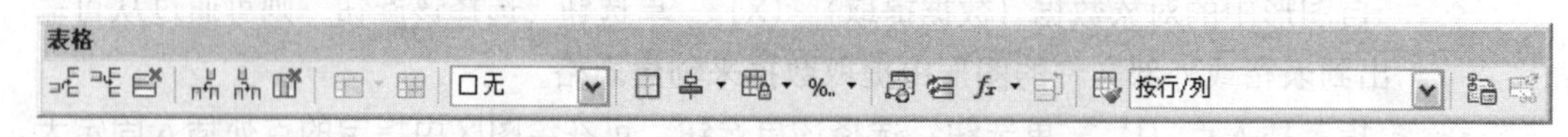

图 6-64　“表格”工具栏

在 AutoCAD“草图与注释”空间进行绘制表格，那么，将会出现如图 6-65 所示的面板。

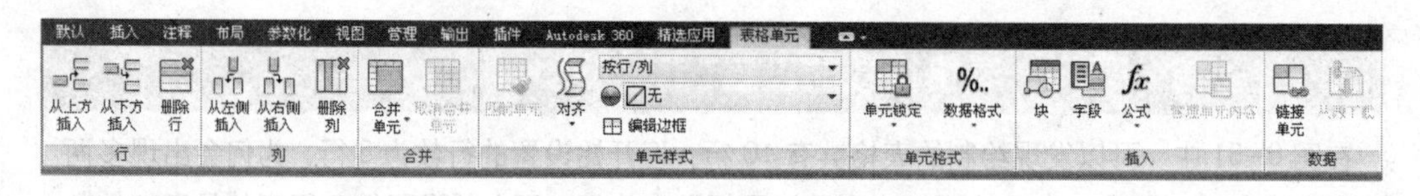

图 6-65　“表格单元”面板

经验与分享——重复执行上一个操作

选择单元后，也可以右击鼠标，然后使用快捷菜单上的选项来插入或删除列和行。合并相邻单元或进行其他修改，选择单元后，可以使用 Ctrl+Y 组合键重复上一个操作。

6.5.3　在表格中使用公式

在 AutoCAD 表格单元中，可以包含使用其他表格单元中的值进行计算公式。用户在选定表格单元后，可以通过“表格”工具栏及快捷菜单插入公式，也可以打开在位文字编辑器，然后在表格单元中手动输入公式。

在公式中，可以通过单元格的列字母和行号引用单元格，这跟 Excel 中的表格表示是一样的。

在选中的单元格的同时，将显示“表格单元”标签，从而可以借助该标签栏对 AutoCAD 的表格进行多项操作，如图 6-66 所示。

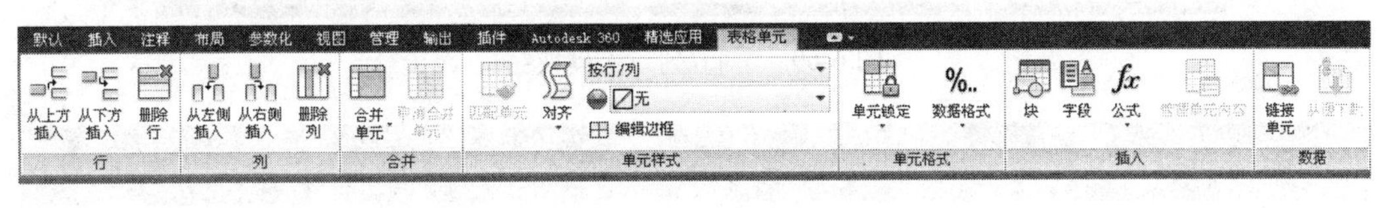

图 6-66 “表格单元”标签

- ✧ 输入公式：公式必须以等号（=）开始；用于求和、求平均值和计数的公式将忽略空单元格，以及为解析数据值的单元格；如果在算术表达式中的任何单元格为空，或者包括非数据，则其他公式将显示错误（#）。
- ✧ 复制单元格：在表格中将一个公式复制到其他单元格时，范围会随之更改，以反映新的位置。
- ✧ 绝对引用：如果在复制和粘贴公式中，不希望更改单元格地址，应在地址的列或行处添加一个“$”符号。例如，如果输入“$E7”，则列会保持不变，但行会更改；如果输入“E7”，则列和行都保持不变。

6.5.4 在表格中填写文字

表格创建完成之后，用户可以在标题栏、表头行和数据行中输入文字。方法是双击单元格，打开“文字格式”编辑器，然后就可以设置文字属性并输入相应的文字，如图 6-67 所示。

在输入文字的时候，用户可采用上、下、左、右方向键或者按 Tab 键，来切换需要编辑的单元格。在单元格中输入文字时，单元格的高、宽度会随着文字的高、宽度而自动变化，如图 6-68 所示。

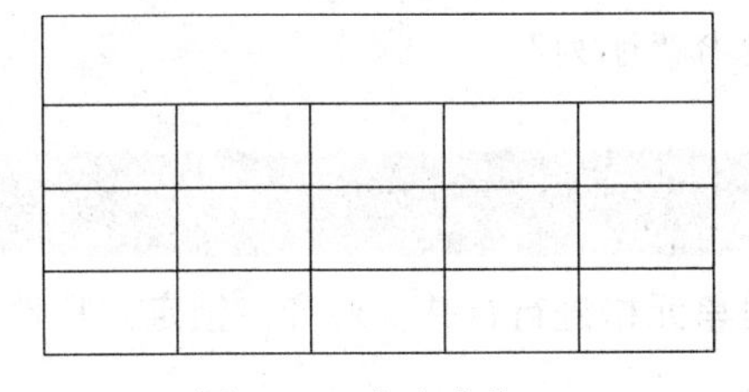

图 6-67 空白表格

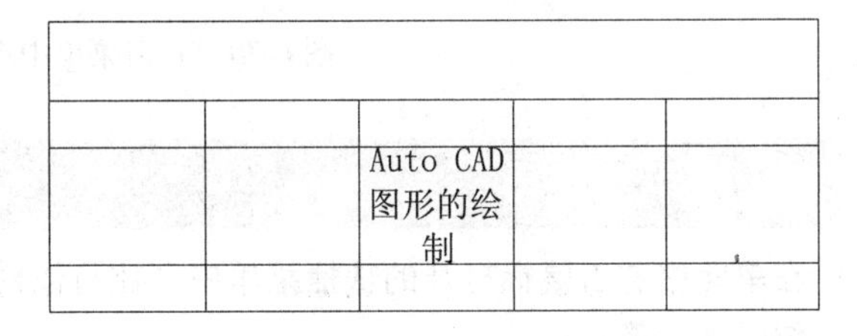

图 6-68 填写文字后的表格

6.5.5 向表格中添加行/列

在表格的某个单元格内单击鼠标，在新增“表格单元”标签的左侧，分别有“行”、

“列”面板，然后直接单击这些“工具”按钮，就可以插入相应的行和列，如图 6-69 所示，右击菜单中选择“行/列”如图 6-70 所示。

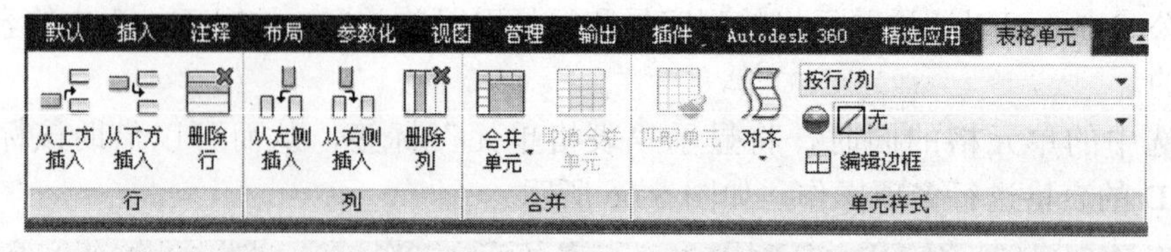

图 6-69 “行/列”工具按钮

提示与技巧

单击一次单元格，将新增“表格单元”面板；单击 2 次单元格，将新增“文字编辑器”面板，添加或修改文字。

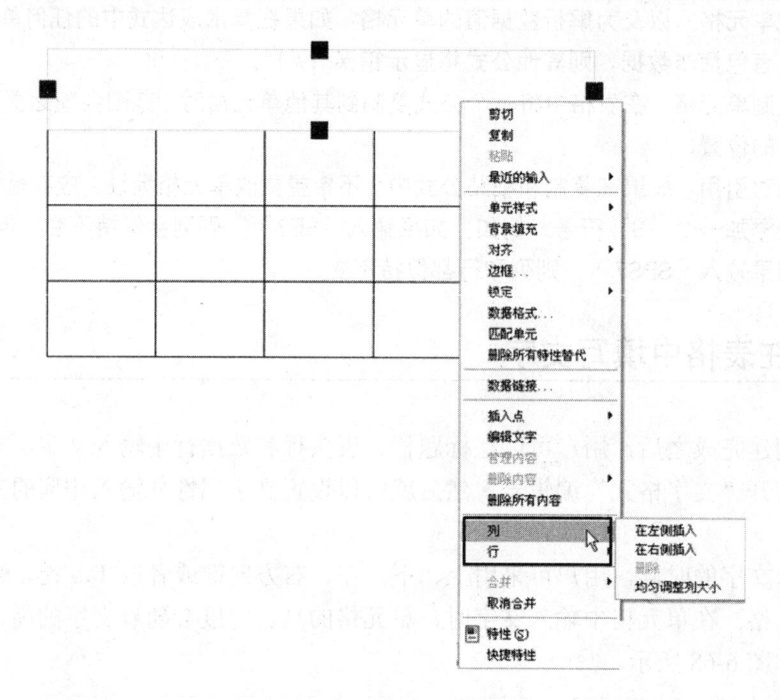

图 6-70 右击菜单中选择“行/列”

提示与技巧

在单元格右击鼠标打开的快捷菜单中，还可以对单元格进行合并、对齐、锁定、特性，编辑文字等。

6.6 实战演练

6.6.1 初试身手——创建“轴号”文字样式

视频\06\轴号文本的创建.avi
案例\06\轴号文本.dwg

如果要创建“轴号”文字样式，在这里我们将要用实际的辅助练习的文字进行操作，操作步骤如下：

Step 01 首先启动 AutoCAD 2014 软件，按 Ctrl+S 组合键，将该空白文件保存为“案例\06\轴号文本.dwg”文件。

Step 02 在“常用”标签下的“注释”面板中单击“文字样式”按钮，弹出“文字样式”对话框，再单击“新建”按钮，将弹出“新建文字样式”窗口，在“样式名”文本框中输入“轴号”，如图 6-71 所示。

Step 03 当单击“确定”按钮过后，在“字体名”组合列表框中选择“compler.shx”字体，在“高度”文本框中输入 5，然后单击“应用”、“置为当前”和“取消”按钮即可，如图 6-72 所示。

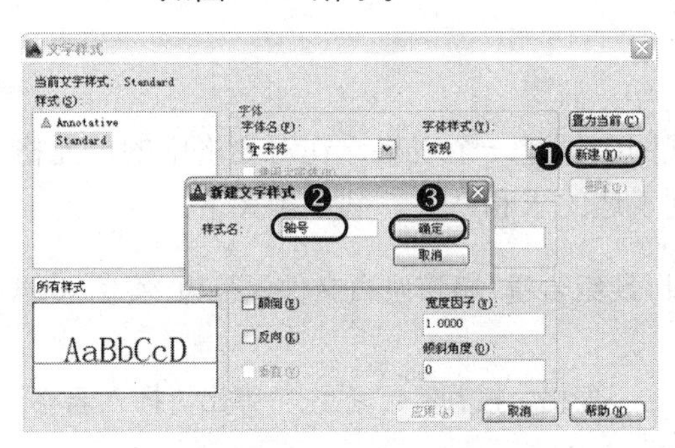

图 6-71　新建文字样式名称

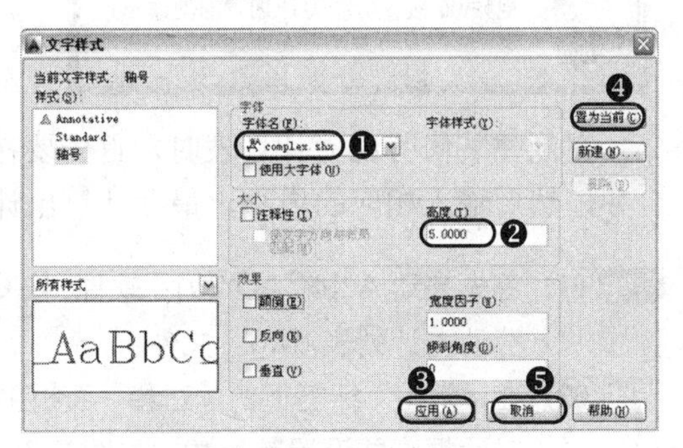

图 6-72　设置文字样式的格式

经验分享——建筑轴标的规定

在建筑制图过程中，经常会对其建筑图进行轴号的标注，而为了使建筑图纸更加规范，所以应设置建筑轴号的字体为“complex.shx”，其字体大小为“5”。而建筑轴号的圆圈大小，其标准直径为 8mm。

Step 04 在“常用”标签下的“绘图”面板中单击“圆”按钮，在视图中绘制半径为 4mm 的圆，如图 6-73 所示。

Step 05 在“常用”标签下的“注释”面板中单击“单行文字”按钮，然后按照如下命令行提示，在圆内输入文字“A”，图 6-74 所示。

```
命令: _dtext                                    //执行“单行文字”命令
当前文字样式: “轴号”  文字高度: 5.0000  注释性: 否
指定文字的起点或 [对正(J)/样式(S)]: J  //选择“对正 (J)”选项
输入选项 [对齐(A)/布满(F)/居中(C)/中间(M)/右对齐(R)/左上(TL)/中上(TC)/
右上(TR)/左中(ML)/正中(MC)/右中(MR)/左下(BL)/中下(BC)/右下(BR)]: MC
                                                //选择“正中 (MC)”项
指定文字的中间点:                               //捕捉圆心点并单击
指定文字的旋转角度 <0>:                         //按回车键
                                                //输入文字“A”
```

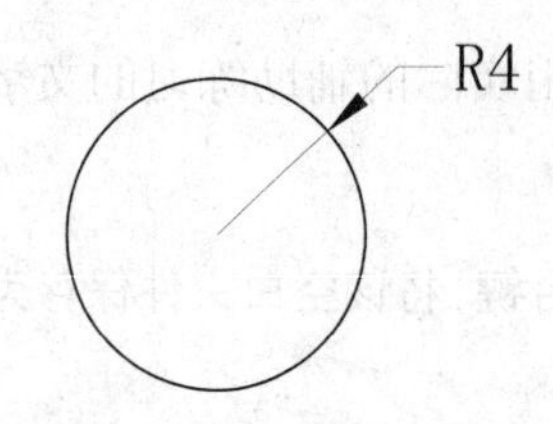

图 6-73 绘制圆

图 6-74 输入的文字

Step 06 至此，该轴号文本属性图块已经定义完毕，按 Ctrl+S 组合键进行保存。

6.6.2 深入训练——装修劳动力计划表的创建

在创建装修劳动力计划表时，首先要在视图中创建一个表格，在对表格中的单元格合并，然后输入相应的内容，最后计算出计划表达的求和结果。其步骤如下：

Step 01 首先启动 AutoCAD 2014 软件，按 Ctrl+S 组合键，将该空白文件保存为“案例\06\劳动力计划表.dwg”文件。

Step 02 在“常用”标签下的“注释”面板中单击“表格”按钮，系统将弹出“插入表格”对话框，并设置其参数，如图 6-75 所示。

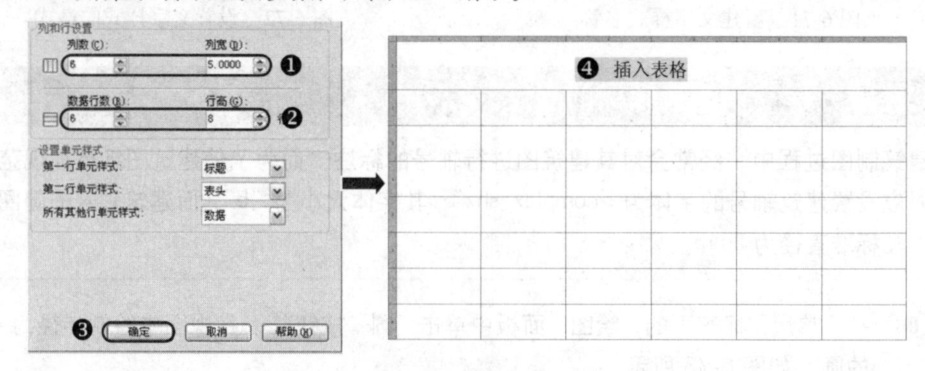

图 6-75 插入表格

Step 03 按照如图 6-76 所示的要求合并单元格，使之符合设计要求。

Step 04 然后在指定的单元格内输入相应的文字内容，效果如图6-77所示。

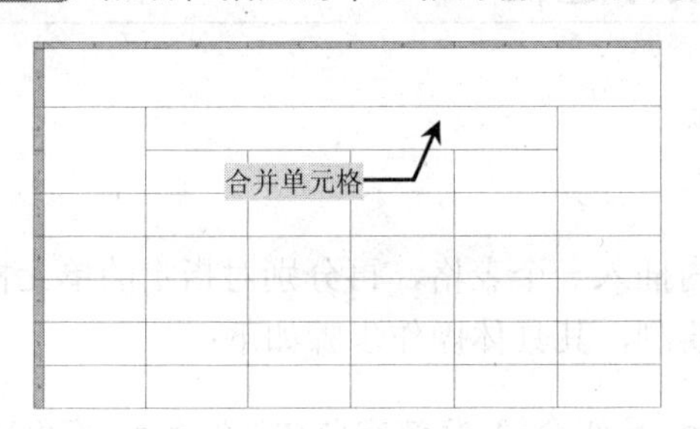

图6-76 合并单元格

	A	B	C	D	E	F
1	装修劳动力计划表					
2	工种名称	工程进度情况				小计
3		基础工程	主体工程	安装工程	屋面工程	
4	木工	30	5	20	30	
5	砖工	25	35	20	50	
6	抹灰工	10	20	20	40	
7	普工	20	60	30	10	
8	钢筋工	15	30	10	10	

图6-77 输入文字内容

Step 05 选择"F4"单元格，在"表格单元"选项卡下的"插入"面板中单击"公式"按钮 *fx*，选择"求和"选项，然后在命令行提示下分别选择"B4"和"E4"单元格，此时，在F4单元格中显示"=Sum（B4：E4)"，然后按Ctrl+Enter组合键确定，即可计算出求和结果，如图6-78所示。

	A	B	C	D	E	F
1	装修劳动力计划表					
2	工种名称	工程进度情况				小计
3		基础工程	主体工程	安装工程	屋面工程	
4	木工	30	5	20	30	85
5	砖工	25	35	20	50	
6	抹灰工	10	20	20	40	
7	普工	20	60	30	10	
8	钢筋工	15	30	10	10	

=Sum(B4:E4)
❶ 显示求和公式
❷ 显示求和结果

图6-78 求和计算

Step 06 选择"F4"单元格，拖动右下角夹点，将其拖至"F8"单元格处，将快速分别计算出相应的单元格的求和结果，如图6-79所示。

	A	B	C	D	E	F
1	装修劳动力计划表					
2	工种名称	工程进度情况				小计
3		基础工程	主体工程	安装工程	屋面工程	
4	木工	30	5	20	30	85
5	砖工	25	35	20	50	130
6	抹灰工	10	20	20	40	90
7	普工	20	60	30	10	120
8	钢筋工	15	30	10	10	65

❶ 选择该夹点
❷ 将夹点拖至此处
❸ 快速计算并显示结果

图6-79 快速求和计算

Step 07 至此，该装修劳动力计划表已创建完成，按Ctrl+S组合键进行保存。

经验分享——Excel表格复制到CAD的方法

用户如果要将Excel中的表格复制到AutoCADk，可以采用以下三步：

（1）在Excel中选中表格，并按Ctrl+C组合键将其复制到内存中。

（2）打开并切换至AutoCAD环境中，按Ctrl+V组合键进行粘贴操作。

（3）调整其大小并移动到需要位置即可。

6.6.3 熟能生巧——绘制建筑图纸标题栏

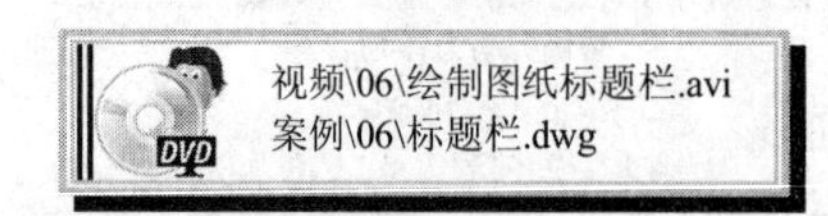

在绘制标题栏之前，首先要在绘图区域内插入一个表格，再分别对指定的单元格合并，并输入相应的文字，从而完成标题栏的绘制，其具体操作步骤如下：

Step 01 首先启动 AutoCAD 2014 软件，按 Ctrl+S 组合键，将该空白文件保存为"案例\06\标题栏.dwg"文件。

Step 02 在"常用"标签下的"注释"面板中单击"表格"按钮，系统将弹出"插入表格"对话框，并设置其参数，如图 6-80 所示。

Step 03 在绘图区域内指定一点单击，从而形成表格对象，如图 6-81 所示。

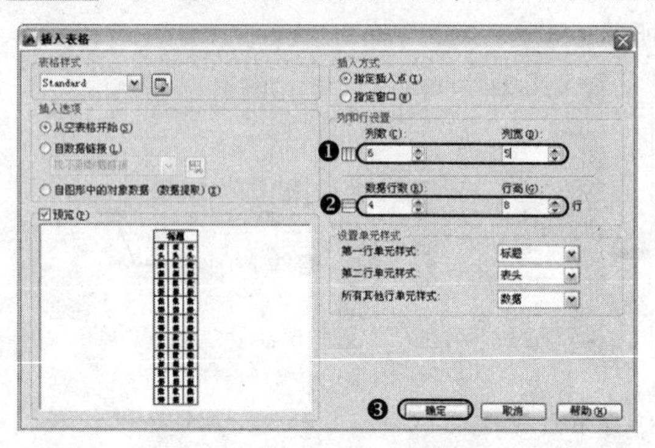

图 6-80 "插入表格"对话框

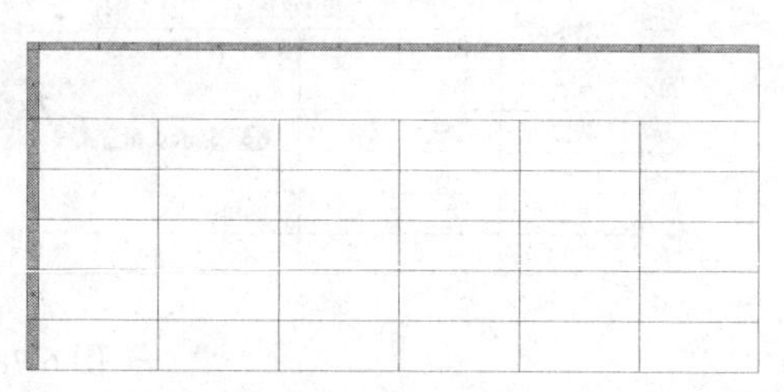

图 6-81 插入表格

Step 04 在指定所要合并的单元格，单击鼠标在弹出的快捷菜单中，选择合并选项的下拉菜单中"按行"项，如图 6-82 所示。

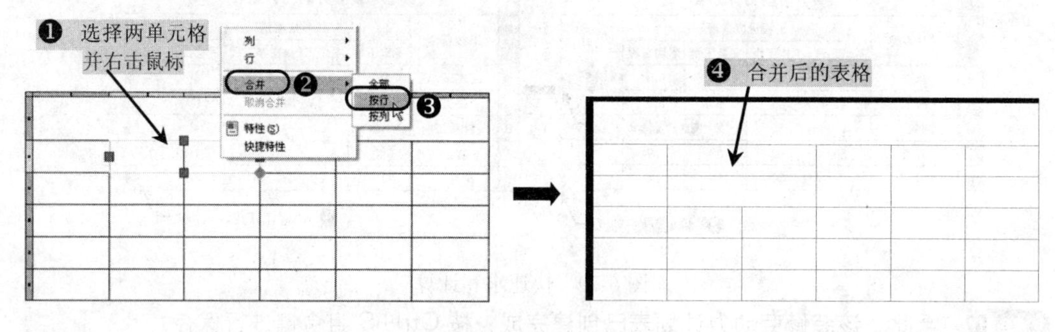

图 6-82 合并单元格

Step 05 双击鼠标，选中单元格，使之呈现文字输入的状态，输入文字对象，并设置文字大小为 0.5，如图 6-83 所示。

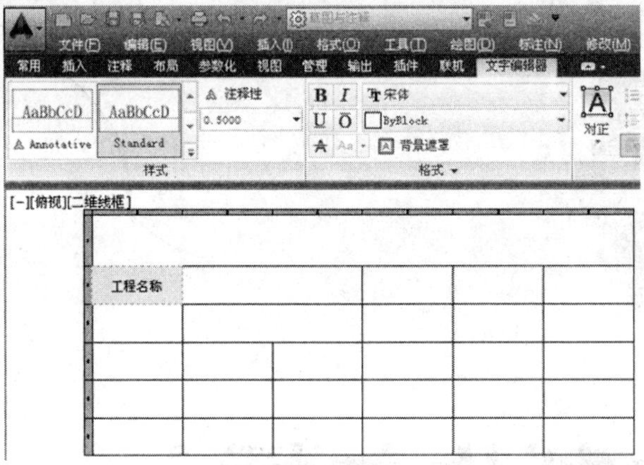

图 6-83　输入文字

Step 06 输入所有所需的文字后，按 Ctrl+Enter 组合键结束即可，完成标题栏的绘制，如图 6-84 所示。

工程名称				设计	
单项名称				负责人	
设计单位		建设单位		图号	
施工单位		制图		比例	
监理单位		审核		日期	

图 6-84　最终的效果

Step 07 至此，该标题栏的绘制已完成，按 Ctrl+S 组合键进行保存。

6.7 本章小结

本章主要讲解了 AutoCAD 2014 创建文字与表格，包括 AutoCAD 设置文字样式，如创建文字样式、应用文字样式、重合名文字样式、删除文字样式等，AutoCAD 2014 的创建与编辑单行文字，AutoCAD 2014 的创建与编辑多行文字，CAD 的创建与设置表格样式，CAD 的创建与编辑表格等，最后通过实战演练来学习 AutoCAD 创建“轴号”文字样式、创建装修劳动力计划表、绘制建筑图纸标题栏，从而为后面的学习打下坚实的基础。

第7章

图块的制作与插入

在 AutoCAD 2014 中，如果图形中有大量相同或相似的内容，或所绘制的图形与已有的图形相同，则可以把需要重复绘制的图形创建成块，在需要绘制图形的地方直接插入；也可以将已有的图形文件直接插入到当前图形中，从而提高绘图效率。另外，用户可以根据需要为块创建属性，用来指定块的名字、用途及设计信息等。

在绘制图形时，如果一个图形需要参照其他图形或图像来绘制，而又希望能节省存储空间，这时则可以使用 AutoCAD 的外部参照功能，把已有的图形文件或图像以参照的方式插入到当前图形中。如果一个所需要对象是另一个文件中的一部分，可使用设计中心来完成。

内容要点

- 掌握图块的创建与插入方法
- 掌握图块的修改方法
- 掌握图块属性的创建和提取方法
- 掌握动态图块的创建方法

7.1 创建和插入图块

图块（简称为块）是由多个对象组成的集合并具有块名。通过建立图块可以将多个对象作为一个整体来操作，可以随时将图块作为单个对象插入到当前图形中的指定位置。

7.1.1 定义块

块的定义就是将图形中选定的一个或几个实体组合成一个整体，并未其取名保存，这样它就被视作一个实体在图形中随时进行调用和编辑。可以通过以下任意一种方式来执行“创建图块”命令：

✧ 面板1：在“常用”标签下的“块”面板中单击“创建”按钮，如图7-1所示。

✧ 面板2：在“插入”标签下的“块定义”面板中单击“创建 块”按钮，如图7-2所示。

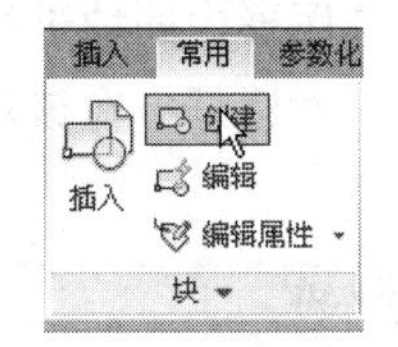

图7-1　单击“创建”按钮

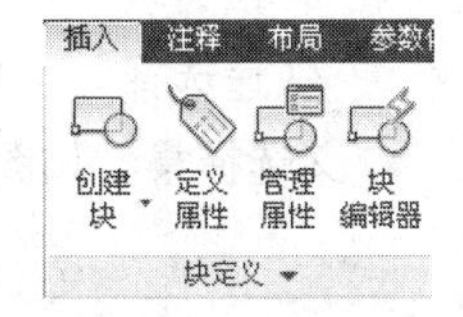

图7-2　单击“创建块”按钮

✧ 命令行：在命令行中输入“BLOCK”命令（快捷键为B）。

执行上述命令后，将打开“块定义”对话框，如图7-3所示。

图7-3　“块定义”对话框

各主要选项的功能与含义如下：

✧ “名称”文本框：在此框中输入块的名称，最多可使用255个字符。当名称中有多个块时，则可以在其下列表框中选择已有的块。

✧ “基点”选项组：设置块的插入基点位置。用户可以直接在“X”、“Y”、“Z”文本框中输入，也可以单击“拾取点”按钮，切换到绘图窗口并选择基点。一般情况下，基选择在块的对称中心、左下角或其他有特征的位置。

Note

经验分享——图块基点

在定义块对象时，应指定块的基点位置，在插入该块的过程中，就可以围绕基点旋转；旋转角度为 0 的块，将根据创建时使用的“UCS”定向。如果输入的是一个三维基点，则按照指定标高插入块。

可在命令行输入“Base”命令；或者单击“常用”标签下的“块”面板中“设置基点”按钮，都可重新设置当前图形的基点。

- ✧ “对象”选项组：设置组成块的对象。选项组中部分选项含义如下：
  - ✓ “在屏幕上指定”：用于指定新块中要包含的对象，以及选择创建块以后是保留或删除选定的对象还是将该对象换成块引用。
  - ✓ “保留”：创建块以后，将选定对象保留在图形中，用户选择此方式可以对各实体进行单独编辑、修改，而不会影响其他实体。
  - ✓ “转换为块”：创建块以后，将选定对象转换成图形中的块进行引用。
  - ✓ “快速选择”：单击该按钮将打开“快速选择”对话框，在该对话框中可以定义选择集，如图 7-4 所示。

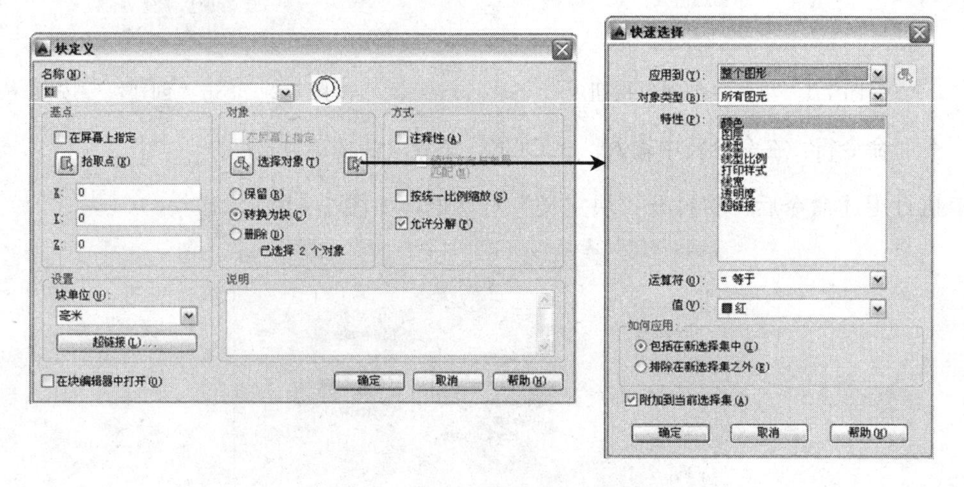

图 7-4 打开“快速选择”对话框

- ✧ “方式”选项组：设置组成块的对象的显示方式。
- ✧ “设置”选项组：用于设置块的单位和分解控制，以及对块进行相关的说明。
- ✧ “块单位”：从 AutoCAD 设计中心拖动块时，指定缩放块的单位。
- ✧ “超链接”：单击该按钮，将打开“插入超链接”对话框，在此可以插入超链接的文档，如图 7-5 所示。
- ✧ “说明“文本框：在该文本框中输入对图块进行相关说明的文字。

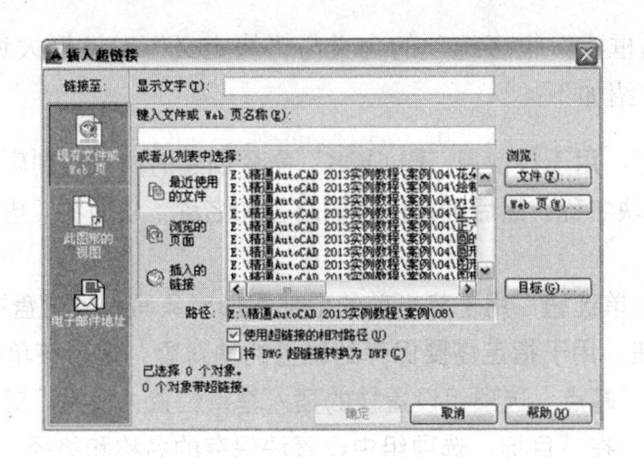

图 7-5 “插入超链接”对话框

经验分享——内部的应用范围

创建块时，必须先绘出要创建快的对象。如果新块的名称与已定义的块名称相同，系统将显示“警告”对话框，要求用户重新定义块的名称。另外，使用“BLOCK”命令，创建的块（内部图块）只能由块所在的当前图形文件使用，而不能由其他图形文件使用。如果希望在其他图形文件中也使用此块，则需要使用“WBLOCK”命令来创建块。

7.1.2 创建外部图块

在 AutoCAD 2014 中，用户可以将图块进行存盘操作（即写块操作），从而能在任何一个文件中使用。用户可以通过以下任意一种方式来执行“创建外部图块”命令：

✧ 面板：在“插入”标签下的“块定义”面板中单击“写块”按钮，如图 7-6 所示。

✧ 命令行：在命令行中输入“WBLOCK”命令（快捷键为 W）。

执行块存盘“W”命令后，就可以将所选择的图形对象以图形文件的形式单独保存在计算机上，系统将弹出如图 7-7 所示的“写块”对话框。

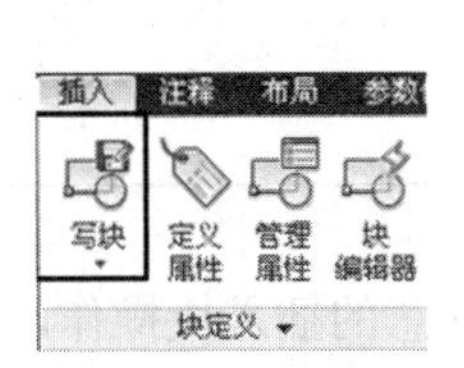

图 7-6 “写块”按钮

图 7-7 “写块”对话框

Note

在“写块”对话框中，很多选项的含义与“块定义”对话框大致相同，下面将一些其他未讲解的选项介绍如下：

- ✧ “块”单选钮：用于将使用“BLOCK”命令创建的块写入到磁盘中，可在其下拉列表框中选择块名称，然后确定保存的路径和名称，从而将“虚拟”图块保存为实体图块。
- ✧ “整个图形”单选钮：用于将当前的全部图形对象写入到磁盘中。
- ✧ “对象”按钮：用于指定需要保存到磁盘的块对象。选择该单选钮时，用户可以根据需要使用“基点”选项组设置块的插入基点位置，使用“对象”选项组来设置组成块的对象。在“目标”选项组中设置块保存的名称和路径。
- ✧ “文件名和路径”文本框：用于输入块文件的名称和保存位置，用户也可以单击其后的[...]按钮，使用打开的“浏览文件夹”对话框来设置文件的保存位置。
- ✧ “插入单位”下拉列表框中：用于选择从 AutoCAD 设计中心中拖动块时的缩放单位。

经验分享——将“虚拟”图块保存为实体图块

如果用户要通过“BLOCK”命令方式所定义的图块保存在磁盘上，那么，这时用户就应在“源”区域中选择“块”单选钮，并在其后的下拉列表中选择指定的块对象，然后确定保存的路径和名称即可，从而将“虚拟”图块保存为实体图块。

7.1.3 图块颜色、线型、线宽

在 AutoCAD 中，一般在 0 图层创建图块，这样插入后的图块可随所在图层的颜色、线型等特性而变化，即图块具有图层的继承性。

Bylayer 设置就是在绘图时把当前颜色、当前线型或当前线宽设置为“Bylayer”。如果当前颜色（当前线型或当前线宽）使用“Bylayer”设置，则所绘对象的颜色（线型或线宽）与所在图层的图层颜色（图层线型或图层线宽）一致，所以“Bylayer”设置又称为随层设置。

Byblock 设置就是在绘图时把当前颜色、当前线型或当前线宽设置为“Byblock”。如果当前颜色使用“Byblock”设置，则所绘对象的颜色为“白色（White）”；如果当前线型使用“Byblock”设置，则所绘对象的线型为“实线（Continuous）”；如果当前线宽使用“Byblock”设置，则所绘对象的线宽为“默认线宽（Default）”，一般默认线宽为 0.25mm，默认线宽也可以重新设置，“Byblock”设置又称为随块设置。

7.1.4 插入图块

当在图形文件中定义了图块后，即可在内部文件中进行任意的插入块操作，还可以改变所插入图块的比例和选中角度。用户可以通过以下任意一种方式来执行“插入块”命令：

- ✧ 面板1：在“常用”标签下的“块”面板单击“插入”按钮。
- ✧ 面板2：在“插入”标签下的“块”面板单击“插入”按钮。
- ✧ 命令行：在命令行中输入“INSERT”命令（快捷键为I）。

执行上述命令后，将打开“插入”对话框，如图7-8所示，各主要选项的功能与含义如下：

- ✧ “名称”：在该文本框中可以输入要插入的块名，或在其下拉列表框中选择要插入的块对象的名称。
- ✧ “浏览”：用于浏览文件。单击该按钮，将打开“选择图形文件”对话框，用户可在该对话框中选择要插入的外部块文件名，如图7-9所示。

图7-8　“插入”对话框

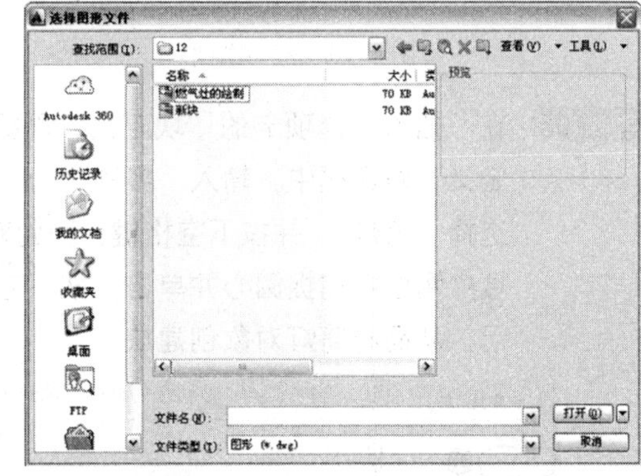

图7-9　“选择图形文件”对话框

- ✧ “路径”：用于显示插入外部块的路径。
- ✧ 插入点区域：用于选择图块基点在图形中的插入位置。
- ✧ 比例区域：用于控制插入图块的大小。
- ✧ 旋转区域：用于控制图块在插入图形中时改变的角度。

7.1.5　跟踪练习——等分插入筒灯

本实例中，首先绘制矩形对象，再绘制圆和直线段以此作为筒灯对象，并将绘制好的筒灯对象创建为图块对象，再执行定数等分命令，将创建好的图块对象等分插入在矩形上，其操作步骤如下：

Step 01 正常启动AutoCAD 2014软件，在“快速访问”工具栏上单击“保存”按钮，将其保存为“案例\07\等分插入筒灯.dwg”文件。

Step 02 单击“绘图”面板中的“矩形”按钮，在“指定第一个角点：”提示时，使用鼠标在视图中的任意一位置单击，然后在“指定另一个角点：”提示时，在键盘上输入（@3000，2000），并按回车键，从而绘制3000×2000的矩形，如图7-10所示。

Note

Step 03 单击“绘图”面板中的“圆”按钮，绘制半径为 75 的圆。

Step 04 单击“绘图”面板中的“直线”按钮，分别捕捉圆上、下、左、右侧象限点，绘制垂直和水平的线段，从而绘制好筒灯对象，如图 7-11 所示。

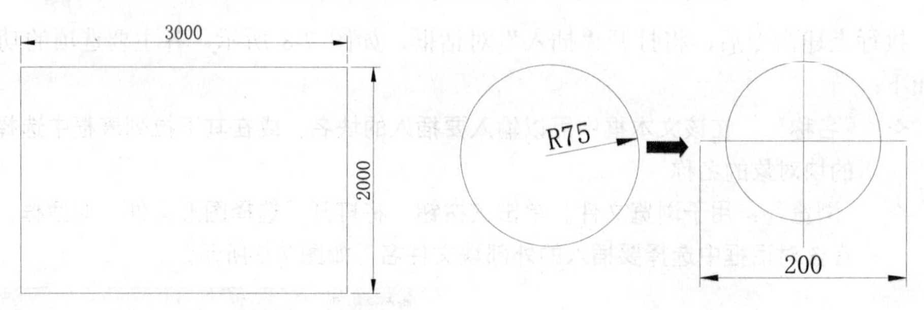

图 7-10　绘制矩形　　　　图 7-11　绘制筒灯

Step 05 在“插入”选项卡的“块定义”面板中，单击“创建块”按钮，在弹出的“块定义”对话框中，输入“名称”为“D”，单击“选择对象”按钮，回到绘图区域，选择“筒灯”，并按下空格键，回到对话框中，再单击“添加拾取点”，回到绘图区域中用鼠标捕捉圆心并单击，按下空格键，然后单击“确定”按钮，如图 7-12 所示，从而将筒灯对象创建块。

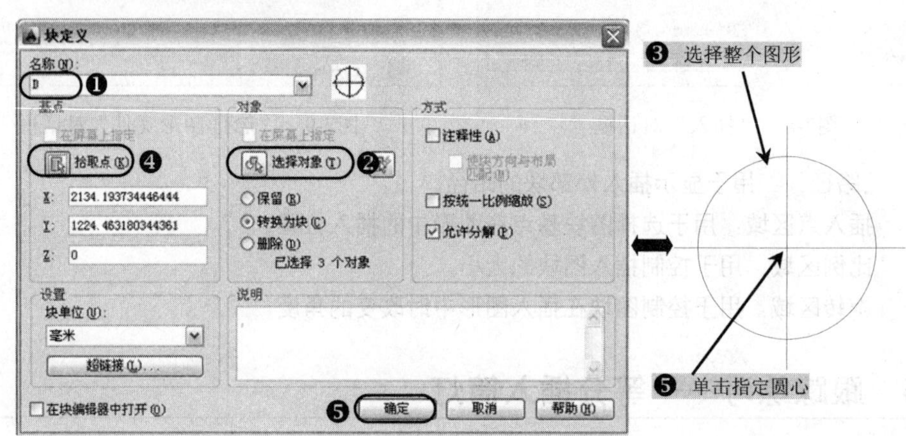

图 7-12　创建块

Step 06 单击“绘图”面板中的“定数等分”按钮，选择矩形对象，根据命令行提示选择“块（B）”选项，按空格键确定，再输入创建好的块名“D”，并按 Enter 键确定，输入定数等分数目为 10，从而完成对筒灯的布置，其命令提示如下，效果如图 7-13 所示。

```
命令:_divide                                  //执行定数等分命令
选择要定数等分的对象:                          //选择矩形对象
输入线段数目或 [块(B)]: b                      //选择“块（B）”选项
输入要插入的块名: d //输入创建好的筒灯块名“D”
是否对齐块和对象?[是(Y)/否(N)] <Y>:            //按空格键确定
输入线段数目: 10                               //输入等分的数目
```

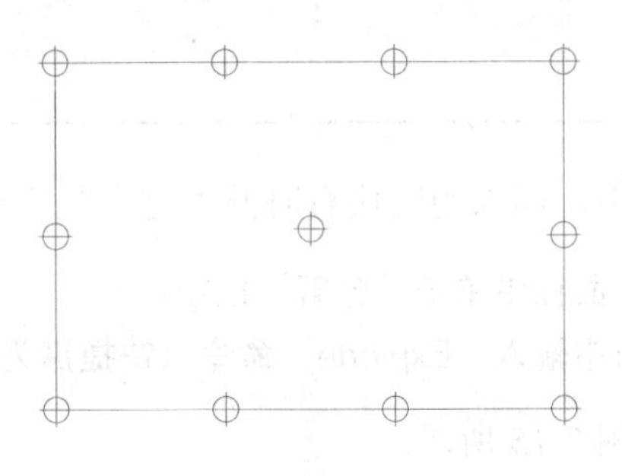

图 7-13 等分插入块效果

经验分享——间隔插入图块

若选择“块（B）”选项时，表示在测量点处插入指定的块，在等分点处，按当前点样式设置绘制测量点，最后一个测量段的长度不一定等于指定分段的长度。在等分图形对象之前，若不存在插入块时，需要修改点的默认样式，将其修改成在绘图区易于可见。另外，在输入等分对象的数量时，其输入值为 2～32767。

Step 07 至此，筒灯布置完成，按 Ctrl+S 组合键进行保存。

7.2 修改图块

与其他 CAD 图形文件相同，图块也可以进行修改，主要有重命名、分解和重定义图块等编辑操作。

7.2.1 重命名图块

创建图块后，可根据需要对其进行重命名操作。对于外部图块，直接更改其文件名即可；而对于内部图块，则可使用重命名命令来更改。执行方式如下：

✧ 命令行：在命令行中输入“Rename”命令（快捷键为 Ren）。

执行上述命令后，将弹出“重命名”对话框，如图 7-14 所示，在其中即可对图块进行重命名操作。

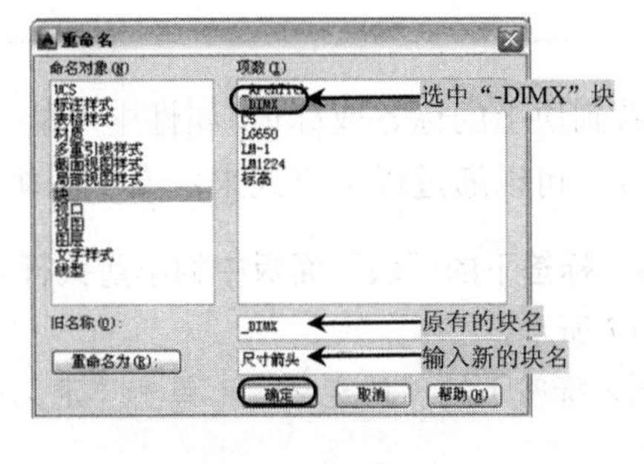

图 7-14 “重命名”对话框

7.2.2 分解图块

在对图块的实际应用中，插入的图块有时并不完全是需要的图形。执行方式如下：

- ✧ 面板：在“修改”面板中单击“分解”按钮。
- ✧ 命令行：在命令行中输入“Explode”命令（快捷键为 X）。

执行上述命令后，如图 7-15 所示。

- ✧ 在完成图块分解后，可以将其重新定义为新的图块，重新创建图块的方法与创建图块的方法基本相同。使用“Block”命令重新定义图块，在完成创建时，将弹出如图 7-16 所示的对话框，询问用户是否替换原有图块，选择“替换现有的***内容”选项，即可重新定义图块。

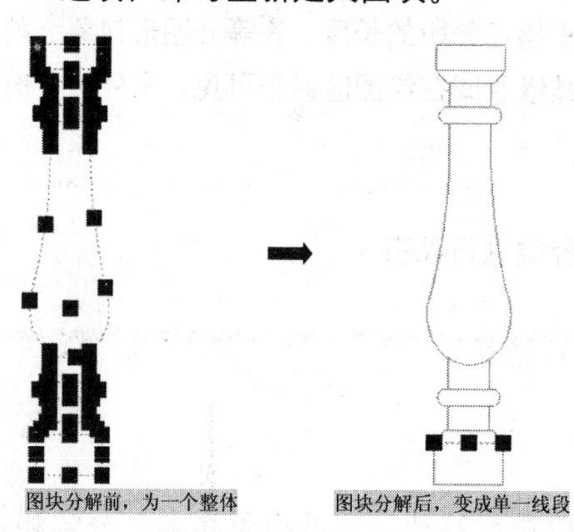

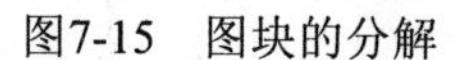

图7-15　图块的分解

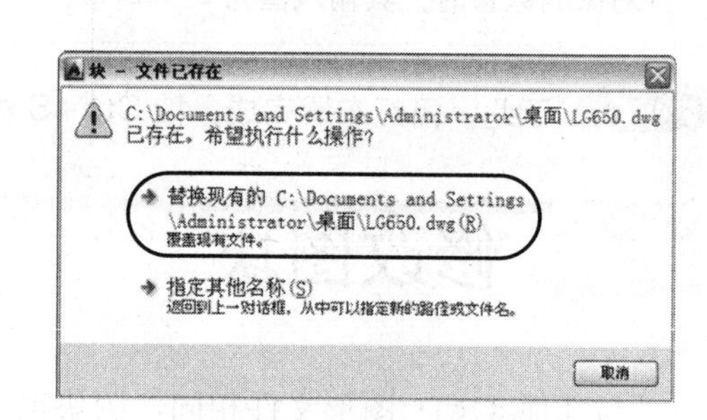

图7-16　“提示”对话框

7.3 图块属性

图块的属性是附属于块的非图形信息，是块的组成部分，可包含在块定义中的文字对象。在定义一个图块时，属性必须提前定义而后选定。通常，属性用于在块的插入过程中进行自动注释。

7.3.1 定义块属性

块的属性是将数据附着到块上的标签或标记，属性中可能包含的数据包括零件编号、价格、注释和物主的名称等。可以通过以下方式来定义“图块的属性”。

- ✧ 面板 1：在“常用”标签下的“块”面板中的小箭头符号 块▾，单击“定义属性”按钮，如图 7-17 所示。
- ✧ 面板 2：在“插入”标签下的“块定义”，单击“定义属性”按钮，如图 7-18 所示。
- ✧ 命令行：在命令行中输入“ATTDEF”命令（快捷键为 ATT）。

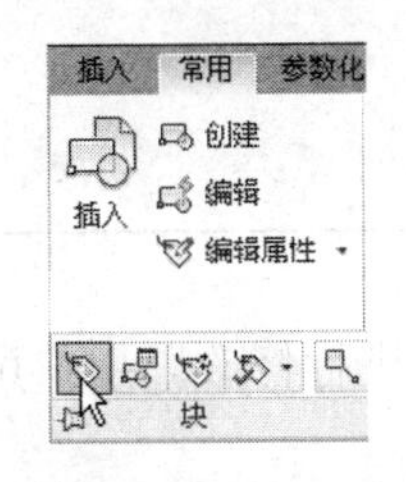

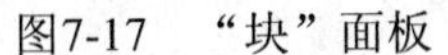

图7-17　“块”面板

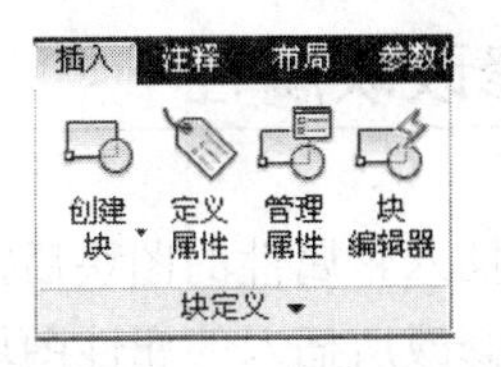

图7-18　“块定义”面板

执行上述命令后，将打开“属性定义”对话框，如图 7-19 所示。在“属性定义”对话框中，各选项的功能与含义如下。

✧ “模式“选项组：用于设置属性的模式。
  ✓ “不可见”复选框：表示插入块后是否显示其属性值。
  ✓ “固定”复选框：设置属性是否为固定值。当为固定值时。插入块后该属性值不再发生变化。
  ✓ “验证”复选框：用于验证所输入的属性值是否正确。
  ✓ “预设”复选框：用于设置是否将属性值直接预设成为它的默认值。
  ✓ “锁定位置”复选框：用于固定插入块的坐标位置。
  ✓ “多行”复选框：用于使用多段文字来标注块的属性值。

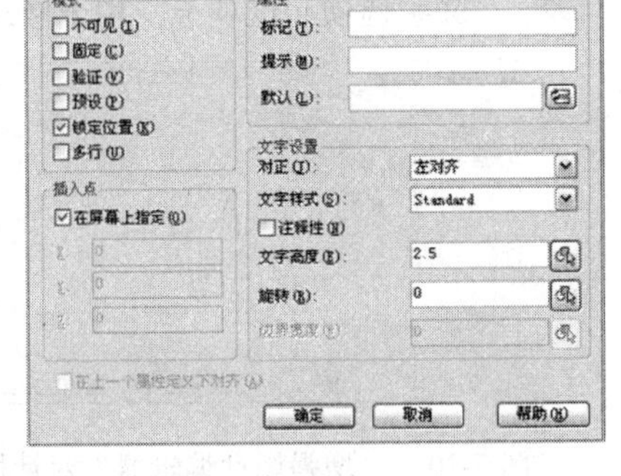

图 7-19　“属性定义”对话框

✧ “插入点”选项组：用于设置属性值的插入点，即属性文字排列的参照点。用于可直接在“X”、“Y”、“Z”文本框中输入点的坐标。
✧ “属性”选项组：用于定于块的属性。
  ✓ “标记”文本框：用用于输入属性的标记。
  ✓ “提示”文本框：用于输入插入块时系统显示的提示信息。
  ✓ “默认”文本框：用于输入属性的默认值。
✧ “文字设置”选项组：用于设置属性文字的格式，包括“对正”方式、“文字样式”、“高度”以及“旋转角度”等。
✧ “在上一个属性定义下对齐”复选框：可为当前属性采用上一个属性的文字样式、字高、旋转角度，且另起一行，按上一个属性的对其方式排列。

设置好“属性定义”对话框中的各项内容后，单击对话框中的“确定”按钮，系统将完成一次属性定义。用户可根据以上方法为块定义多个属性。

7.3.2 修改块属性

当用户插入带属性的图块后，可对其图块的属性进行修改。用户可以通过以下任意一种方式来修改所插入的属性图块：

✧ 命令行：在命令行中输入"DDEDIT"命令。
✧ 鼠标键：直接双击带属性块的对象。

执行上述命令后，将打开"增强属性编辑器"对话框，如图 7-20 所示。各主要选项的功能与含义如下：

✧ "属性"选项卡：其列表框显示了块中每个属性的标识、提示和值。在列表框中选择某一属性后，"值"文本框中将显示出与该属性对于的属性值，用户可通过它来修改属性值。
✧ "文字选项"选项卡：用于修改属性文字的格式，该选项卡如图 7-21 所示。

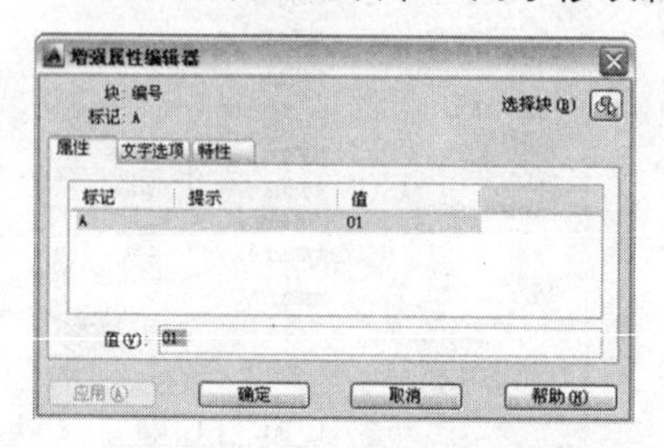

图 7-20 "增强属性编辑器"对话框

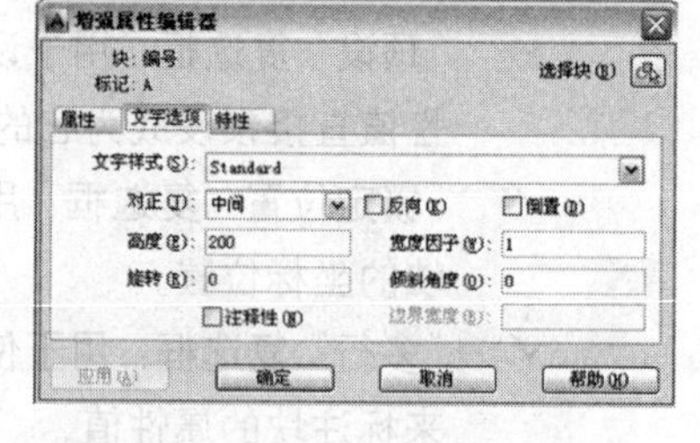

图 7-21 "文字选项"选项卡

✧ "特性"选项卡：用于修改属性文字的图层、线宽、线型、颜色及打印样式等，该选项卡如图 7-22 所示。
✧ "选择块"按钮：可以切换到绘图窗口并选择要编辑的块对象。
✧ "应用"按钮：确定已经的修改。

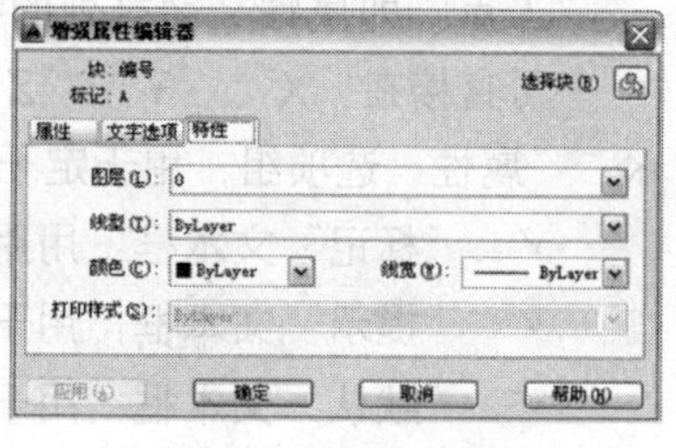

图 7-22 "特性"选项卡

7.3.3 编辑块属性

如果用户需要对所创建的属性块进行编辑，则用户可以通过以下方式来进行属性块的编辑：

✧ 面板：在"常用"标签下的"块"面板中，单击"编辑属性"按钮在下拉菜单中单击按钮 编辑属性，此菜单中有单个和多个两种命令。
✧ 命令行：在命令行中输入"ATTEDIT"命令（快捷键为 ATE）。

执行上述命令后，将打开“编辑属性”对话框，在其中输入要修改的内容，然后单击“确定”按钮，则该属性将发生相应的变化，如图 7-23 所示。

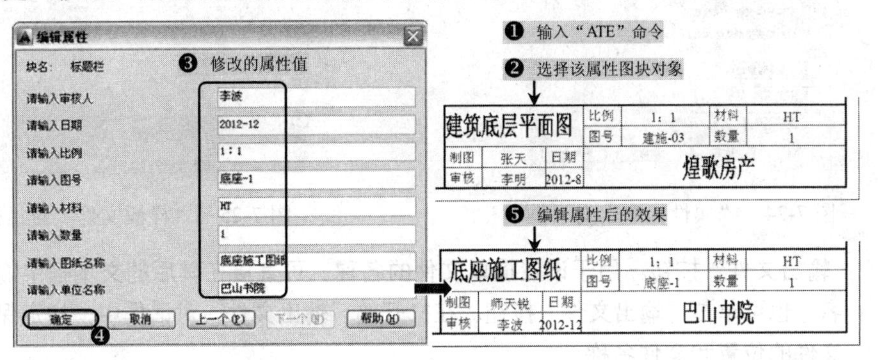

图 7-23 编辑块属性的方法

7.3.4 提取块属性

在 AutoCAD 2014 中属性的提取主要有两种方式：一是使用“ATTEXT”命令提取；二是用“数据提取”向导提取属性。下面就将这两种提取方法进行讲解。

1. 使用“ATTEXT”命令提取

直接在命令行中输入“ATTEXT”命令，即可打开“属性提取”对话框，并立即可提取块属性的数据，如图 7-24 所示。

在“属性提取”对话框中，各选项的功能与含义如下：

- ✧ “文件格式”选项区域：设置数据提取的文件格式。用户可在 CDF、SDF、DXF 三种文件格式中选择，单选相应的按钮即可。
- ✧ “逗号分隔文件格式（CDF）”单选按钮：CDF（Conmma Delimited File）文件是.TXT 类型的数据文件，是一种文本文件。该文件把每个块及其属性以记录的形式提取，其中，每个记录的字段由逗号分隔符隔开，字符串的定界符默认为单引号对。
- ✧ “空格分隔文件格式（SDF）”单选按钮：SDF（Space Delimited File）文件是.TXT 类型的数据文件，也是一种文本文件。该文件把每个块及其属性以记录的形式提取，但在每个记录的字段使用空格分隔符，记录中每个字段占有预先规定的宽度（每个字段的格式由样板文件规定）。
- ✧ “DXF 格式提取文件（DXF）”单选按钮：DXF（Drawing Interchange File，即图形交换文件）格式与 AutoCAD 的标准图形交换文件格式一致，文件类型为.DXF。
- ✧ “选择对象”按钮：选择块对象。单击此按钮，AutoCAD 将切换到绘图窗口，用户可选择带有属性的块对象，按 Enter 键后返回“属性提取”对话框。
- ✧ “样板文件”按钮：用于样板文件。用户可直接在“样板文件”按钮后的文本框中输入样板文件的名称；也可单击“样板文件”按钮，在打开的“样板文件”对话框中选择样板文件，如图 7-25 所示。

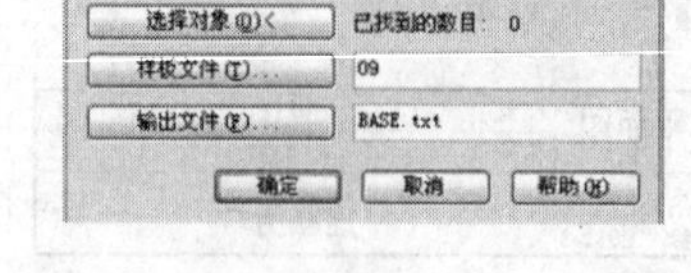

图 7-24 “属性提取”对话框

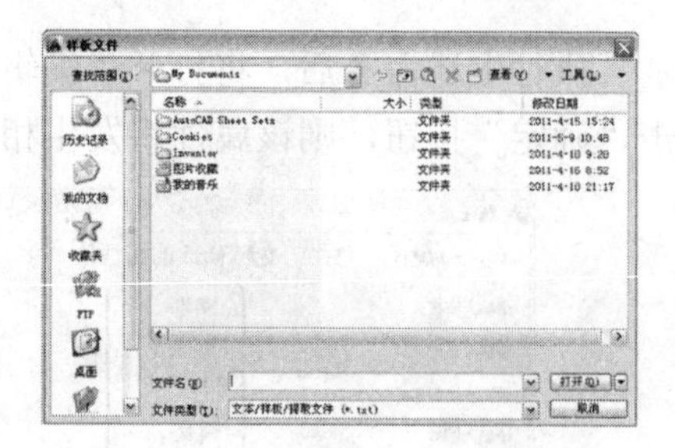

图 7-25 “样板文件”对话框

✧ “输出文件”按钮：用于设置提取文件的名称。可直接在其后的文本框中输入文件名，也可单击“输出文件”按钮，在打开的“输出文件”对话框中，指定保存数据文件的位置和文件名称。

2. 使用“数据提取”向导提取

用户可以通过以下几种方法来打开“数据提取”对话框，将以向导的形式帮助提取图形中块的属性数据：

✧ 面板：在“插入”标签下的“链接和提取”面板中单击“提取数据”按钮。
✧ 命令行：在命令行中输入“EATTEXT”命令。

在执行“数据提取”命令后，按照如下操作步骤，可提取前面所定义块的属性数据：

Step 01 在“插入”标签下的“链接和提取”面板中单击“提取数据”按钮，将打开“数据提取”向导中的“数据提取—开始”对话框，单击“创建新数据提取”单选按钮，新建一个“提取”作为样板文件，单击“下一步”，如图 7-26 所示。

Step 02 在打开的“将数据提取另存为”对话框中,选定文件保存的路径和名字，如图 7-27 所示。

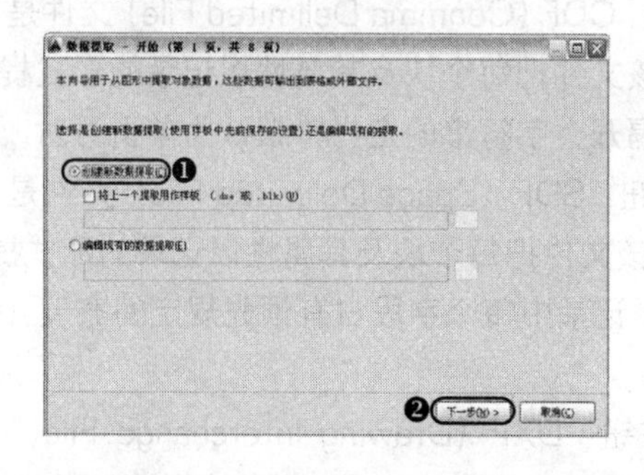

图 7-26 “数据提取—开始”对话框

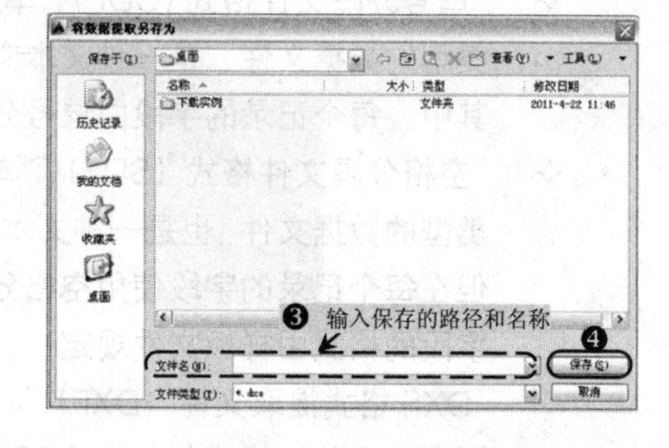

图 7-27 “将数据提取另存为”对话框

Step 03 在打开的“数据提取—定义数据源”对话框中，选择“当前图形中选择对象”单选按钮，然后单击后面的按钮，在图形中选择需要提取属性的块，单击“下一步”，如图 7-28 所示。

Step 04 在打开的“数据提取—选择对象”对话框的“对象”列表中，勾选提取数据的对象，这里选择的是“BASE”，此时对话框右侧可以预览该对象，单击“下一步”，如图 7-29 所示。

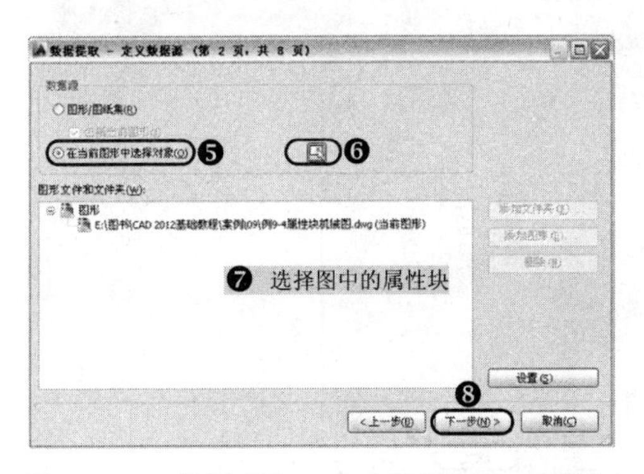

图 7-28　“数据提取—定义数据源”对话框

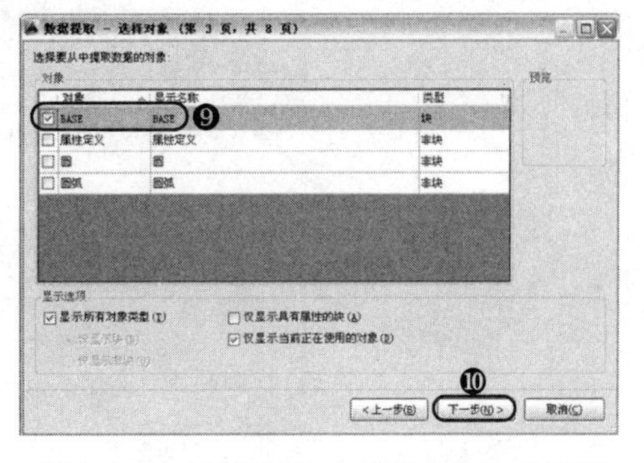

图 7-29　“数据提取—选择对象”对话框

Step 05 在打开的“数据提取—选择特性”对话框的“类别过滤器”列表中，勾选对象特性，此处勾选的是“常规”和“属性”两个选项，单击“下一步”，如图 7-30 所示。

Step 06 在打开的“数据提取—优化数据”对话框中，可重新设置数据的排列顺序，这里不做修改，单击“下一步”，如图 7-31 所示。

图 7-30　“数据提取—选择特性”对话框

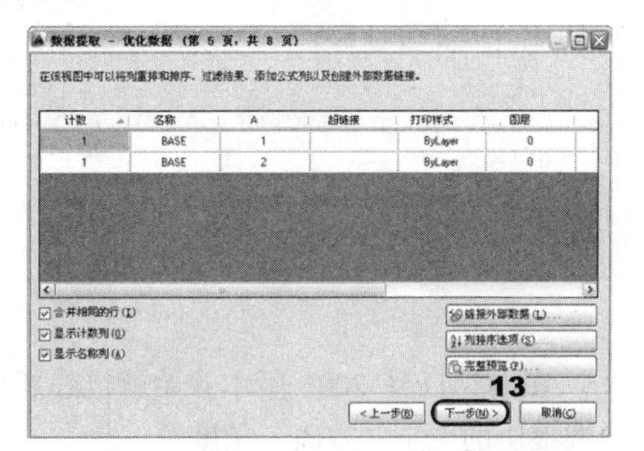

图 7-31　“数据提取—优化数据”对话框

Step 07 在打开的“数据提取—输出”对话框中，勾选“将数据提取处理表插入图形”复选框，然后单击“下一步”，如图 7-32 所示。

Step 08 在打开的“数据提取—表格样式”对话框中，可以设置存放数据的表格样式，这里选择默认样式，单击“下一步”按钮，如图 7-33 所示。

Step 09 此时属性数据提取完毕，在打开的“数据提取－完成”对话框，单击“下一步”即可，如图 7-34 所示。

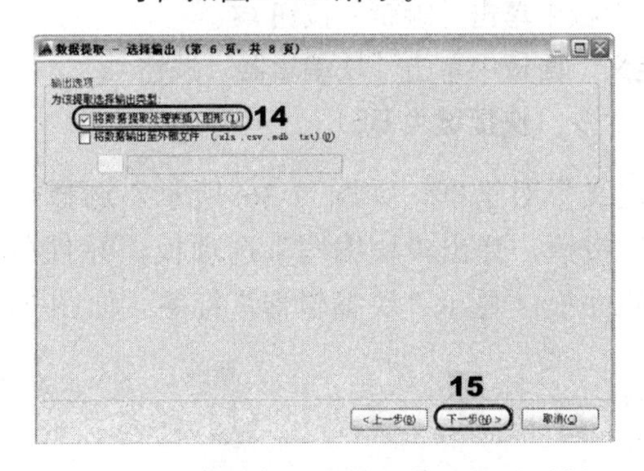

图 7-32　“数据提取—选择输出”对话框

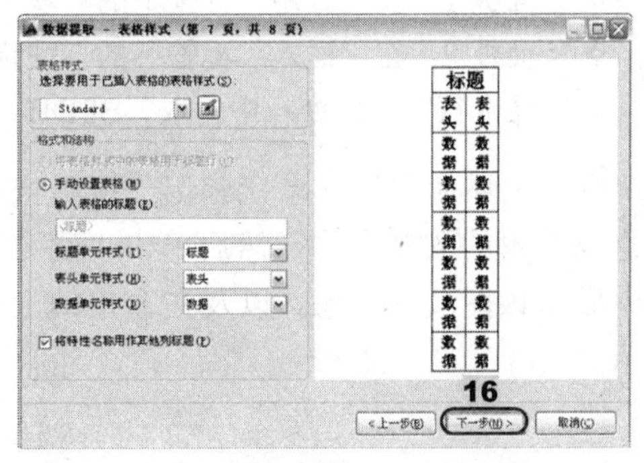

图 7-33　“数据提取—表格样式”对话框

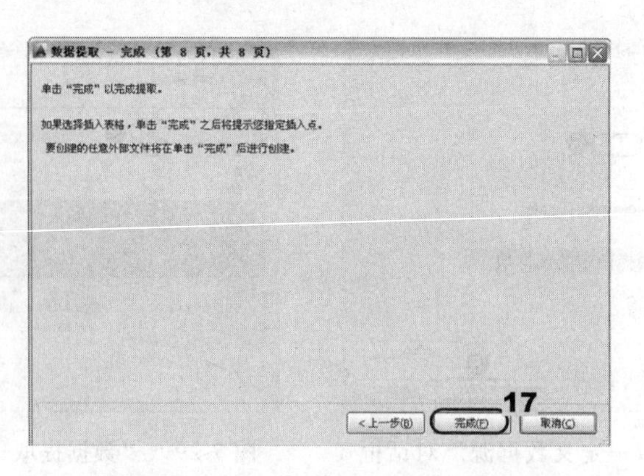

图 7-34 “数据提取—完成”对话框

Step 10 指定插入点，此时提取的属性数据在绘图窗口，如图 7-35 所示。

计数	名称	A	超链接	打印样式	图层	线宽	线型	线型比例	颜色
1	BASE	1		ByLayer	0	ByLayer	ByLayer	1.0000	ByLayer
1	BASE	2		ByLayer	0	ByLayer	ByLayer	1.0000	ByLayer

图 7-35 提取的属性数据

7.4 动态图块

AutoCAD 从 2006 版本开始就已经新增了动态块功能，用户可以根据绘图需要方便地调整块的大小、方向、角度等。

经验分享——动态图块的特点

动态块具有灵活性和智能性，用户在操作时可以通过自定义的夹点或自定义特性来操作动态块，可以对图块中的几何图形进行修改、添加、删除、旋转等操作。

用户可以通过以下方式执行“动态块”命令。

- ✧ 面板 1：在“常用”标签下的“块”面板中单击“编辑”按钮。
- ✧ 面板 2：在“插入”标签下的“块定义”面板中单击“块编辑器”按钮。
- ✧ 命令行：在命令行中输入“BEDIT”命令（快捷键为 BE）。

执行上述命令后，系统弹出“编辑块定义”对话框，如图 7-36 所示，选择需要创建或编辑的图块名称，然后单击“确定”按钮，弹出“块编写”选项板，并且在视图中显示该图块的对象，以及在窗口的上侧面板区显示“块编辑器”标签，如图 7-37 所示。

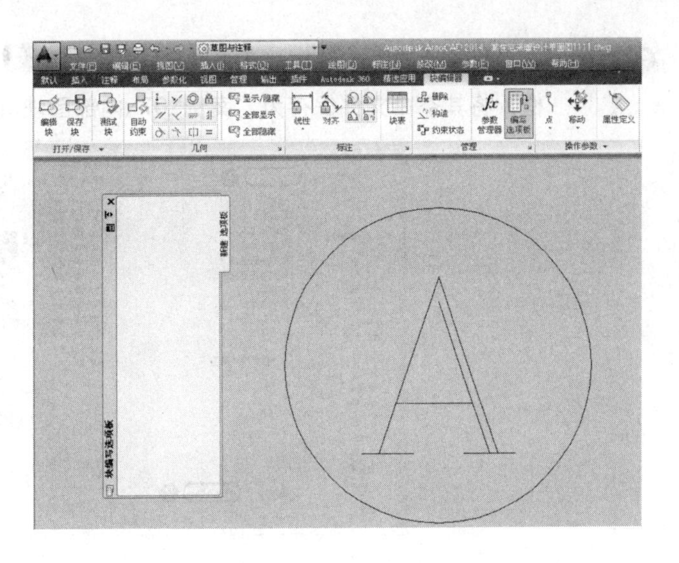

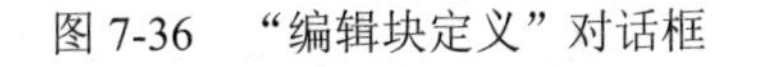

图 7-36　“编辑块定义”对话框　　　　图 7-37　“块编写”选项板

7.5　实战演练

7.5.1　初试身手——定义“组合沙发”内部图块

将打开图形文件中指定的对象保存为外部图块，其操作步骤如下：

Step 01 正常启动 AutoCAD 2014 软件，系统自动创建一个新的空白文件“Drawing1.dwg”。

Step 02 在“快速访问”工具栏中单击“打开”按钮，将“案例\07\一层平面布置图.dwg”文件打开，如图 7-38 所示。

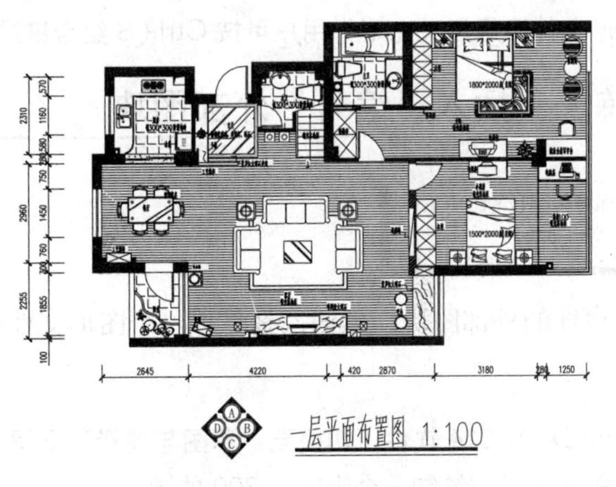

图 7-38　打开的文件

Step 03 在“快速访问”工具栏中单击“另存为”按钮，系统弹出“保存图形文件”对话框，将其空白文件保存为“案例\07\内部图块.dwg”文件，如图 7-39 所示。

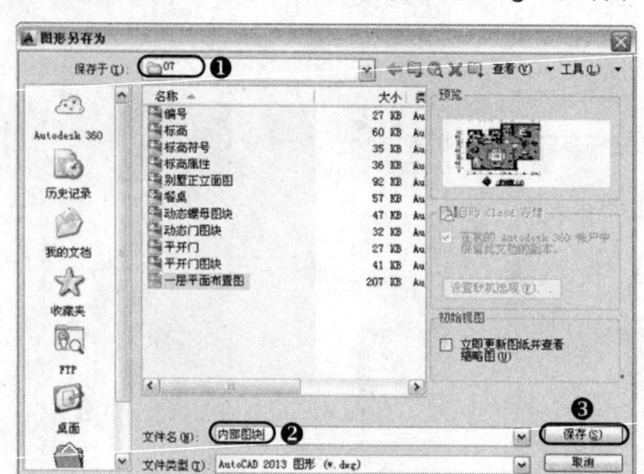

图 7-39　另存图形文件

Step 04 在“常用”标签下的“块”面板中单击“创建”按钮，弹出“块定义”对话框，然后按照如图 7-40 所示对其进行定义块操作。

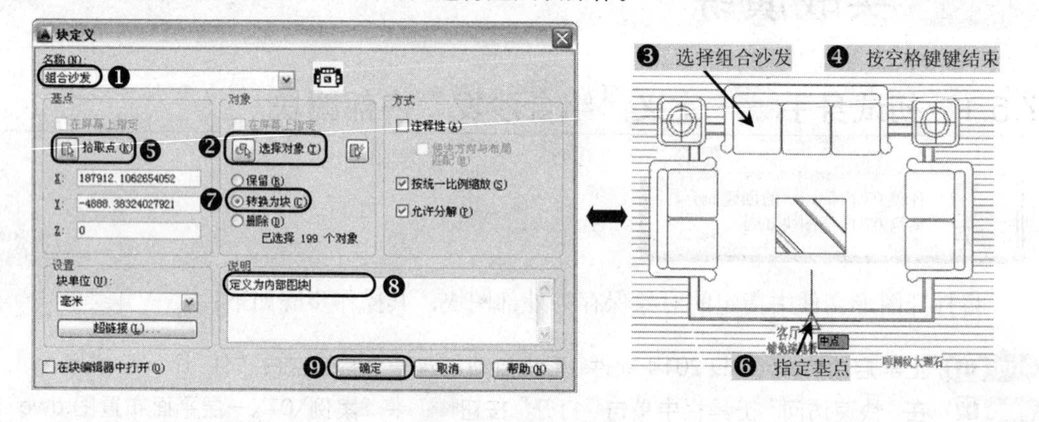

图 7-40　块定义操作

Step 05 至此，该图形文件已经定义完毕，用户可按 Ctrl+S 组合键进行保存。

7.5.2　深入训练——插入“编号”外部图块

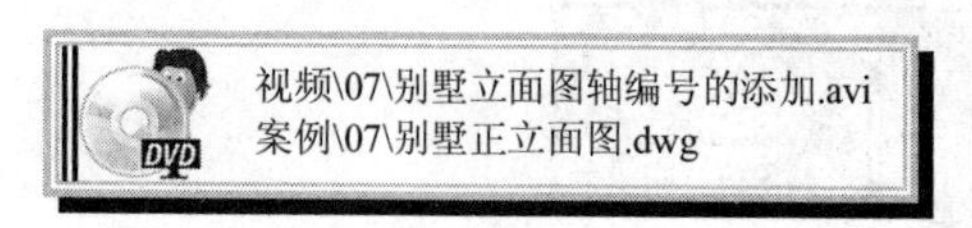

首先创建一个带属性的外部图块；再插入到另外一个图形文件中的指定位置，其操作步骤如下：

Step 01 正常启动 AutoCAD 2014 软件，切换至“草图与注释”空间，打开一空白文件。

Step 02 使用“圆”命令（C），绘制一个半径为 300 的圆。

Step 03 在“常用”标签下的“块”面板中的“小箭头”符号 块▼ 中，单击“定义属性”按钮，将弹出“属性定义”对话框，然后按照如图 7-41 所示，对其进行属性定义的操作。

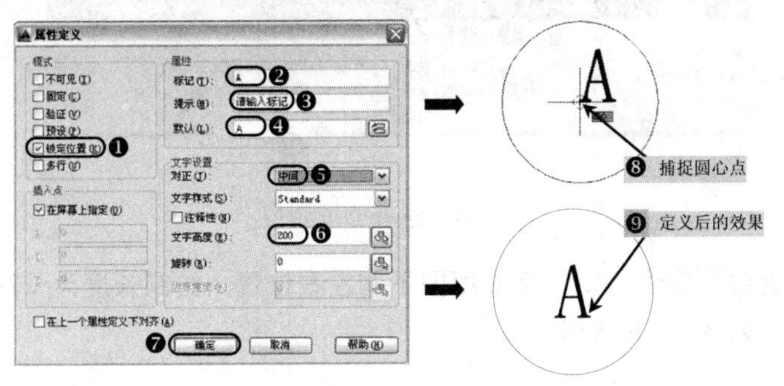

图 7-41 定义块属性

Step 04 在命令行中执行“写块”命令（W），将打开“写块”对话框，将其保存为“案例\07\编号.dwg”文件，如图 7-42 所示。

Step 05 这样，带属性的块就创建好了。

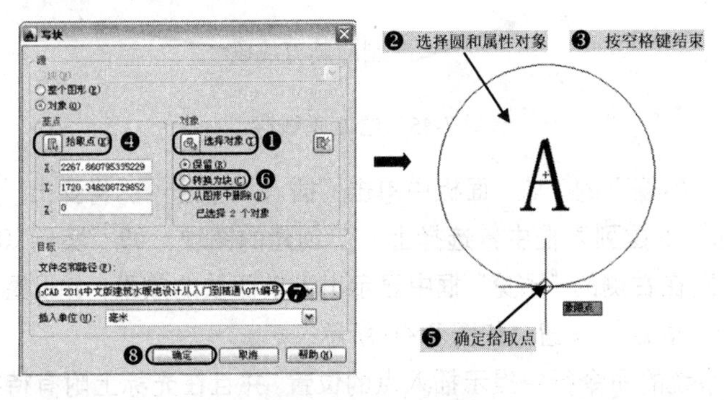

图 7-42 “写块”对话框

Step 06 在“快速访问”工具栏中单击“打开”按钮，将“案例\07\别墅正立面图.dwg”文件打开，如图 7-43 所示。

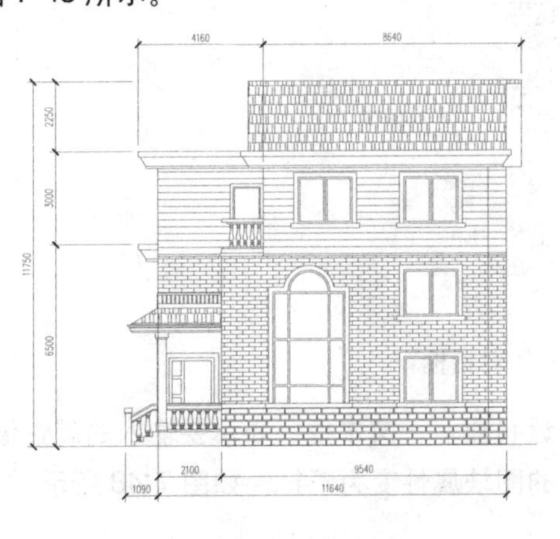

图 7-43 打开的文件

Step 07 在“常用”标签下的“图层”面板中，选择“文字标注”图层作为当前图层，如图7-44所示。

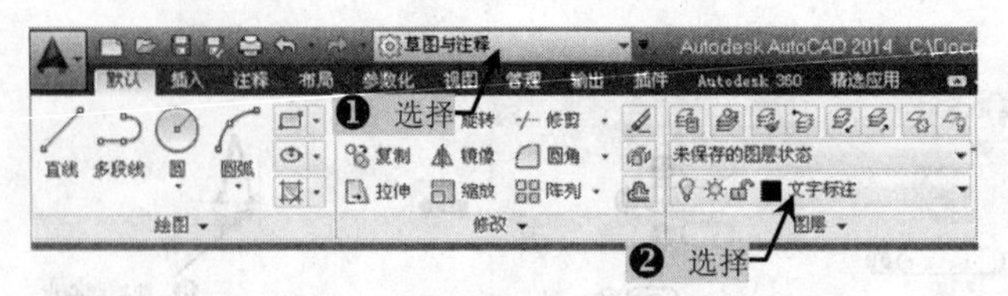

图 7-44　选择当前图层

Step 08 执行“直线”命令（L），在立面图下侧左右位置，绘制长度为 2700mm 的两条垂直线段，如图 7-45 所示。

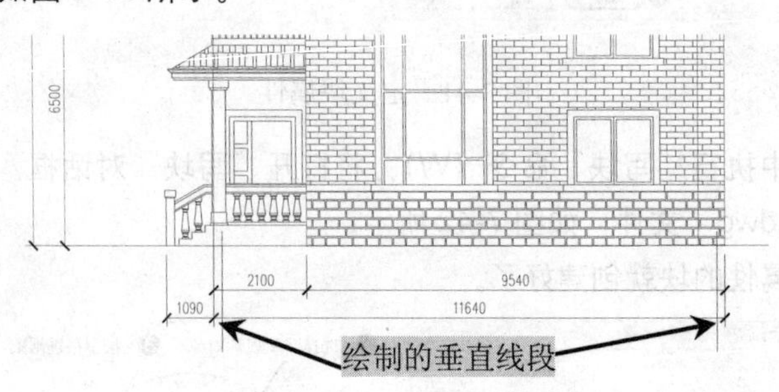

图 7-45　绘制垂线段

Step 09 在“常用”标签下的“块”面板中单击“插入”按钮，将弹出“插入块”对话框。

Step 10 在“名称”下拉列表框中，选择上一步创建的图块，即“案例\07\编号.dwg”图块对象，则在右侧的“预览”框中显示出当前图块的效果，并设置统一比例为 800，然后单击“确定”按钮，如图 7-46 所示。

Step 11 此时，在系统的命令行中提示插入点的位置，并且在光标上附有待插入的图块对象，将鼠标移动至前面左侧所绘制垂线段的下侧端点并单击，如图 7-47 所示。

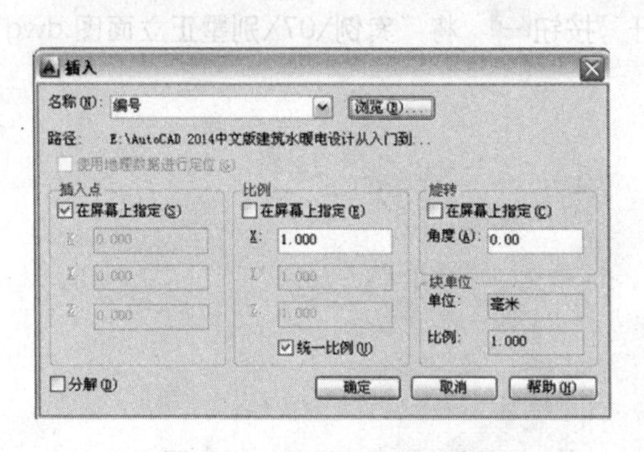

图 7-46　“插入”对话框

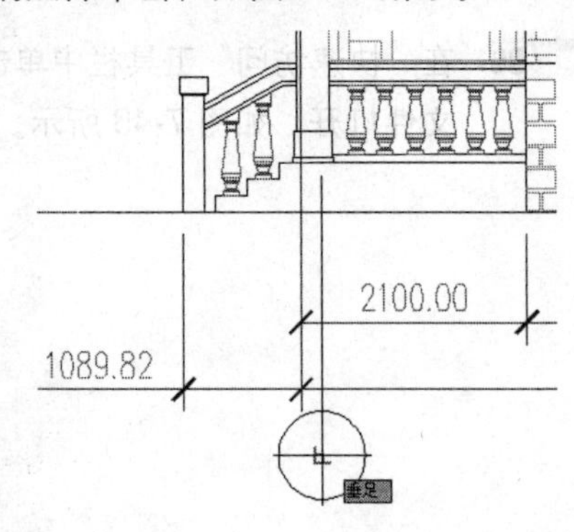

图 7-47　指定插入点

Step 12 此时，在光标附近将显示一文本框，表示要输入的属性值，在此输入“1”并按回车键，则所插入的图块属性变为“1”，如图 7-48 所示。

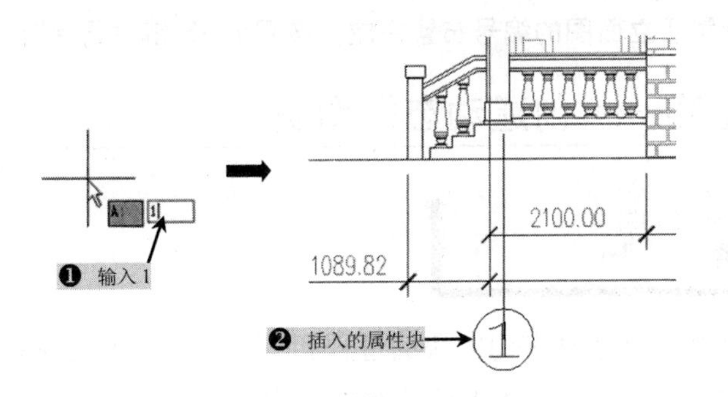

图 7-48　输入属性值

Step 13 执行“移动”命令（M），选择上一步所插入的属性块对象，再捕捉圆的上侧象限点作为基点，再捕捉垂线段的下侧端点作为目标点，从而移动属性图块对象，如图 7-49 所示。

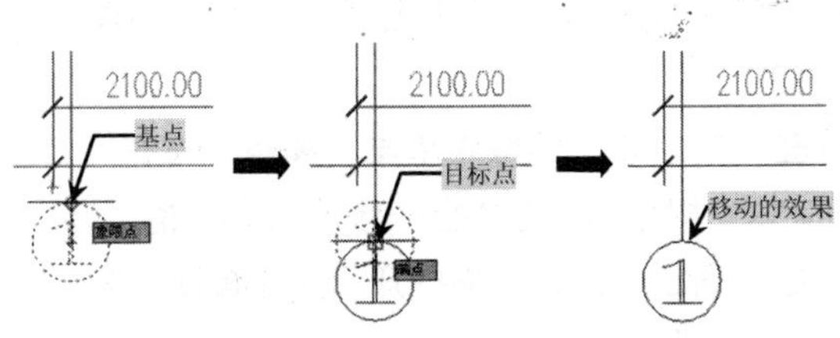

图 7-49　移动的属性图块

Step 14 执行“复制”命令（CO），将上一步的属性图块对象水平向右进行复制到右侧垂线段上，如图 7-50 所示。

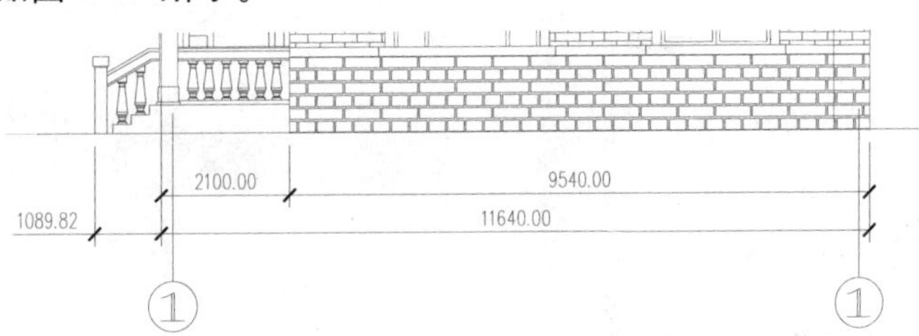

图 7-50　复制的属性图块

Step 15 使用鼠标双击右侧的属性图块，将弹出“增强属性编辑器”对话框，在“值”文本框中输入“7”，然后单击“确定”按钮，则右侧图块的属性值变为“7”，如图 7-51 所示。

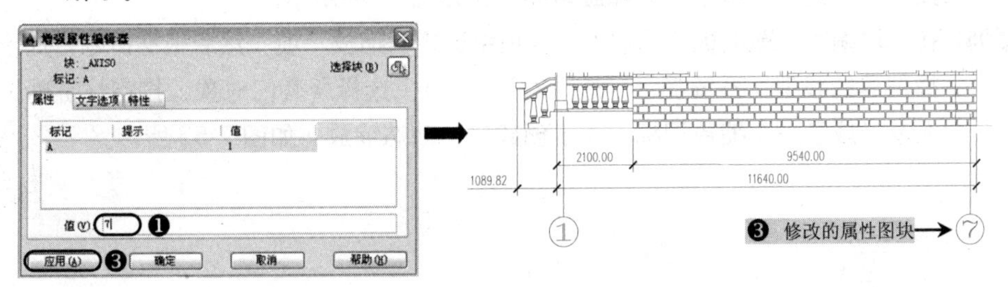

图 7-51　修改的属性值

Step 16 至此，别墅正立面图的编号布置完成，按 Ctrl+S 键进行保存。

7.5.3 熟能生巧——创建动态门图块

本实例详细介绍了创建动态门图块的过程和方法，让读者能掌握到创建动态图块的方法和步骤，从而能更好地学习AutoCAD软件，其操作步骤如下：

Step 01 正常启动 AutoCAD 2014 软件，系统自动创建一个空白文件。执行“矩形”（REC）、“直线”（L）和“圆弧”（ARC）等命令，绘制门宽为 900mm 的平面门对象，如图 7-52 所示。

Step 02 执行“创建块”命令（B），将门对象创建为图块，创建图块的名称为“门”。

图7-52　绘制平面门

Step 03 在“常用”标签下的“块”面板中单击“编辑”按钮，打开“编辑块定义”对话框，选择上一步所定义好的“门”块对象，并单击“确定”按钮，将打开“块编辑器”窗口，同时在视图中打开门图块对象，如图 7-53 所示。

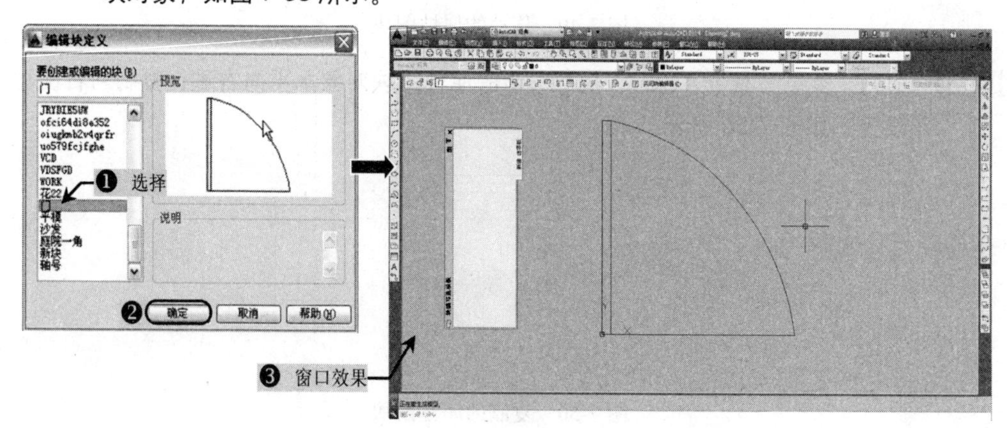

图 7-53　打开块编辑器窗口

Step 04 在“块编写”选项板中的“参数”选项中选择“线性”和“旋转”项，根据命令行提示，创建一个线性参数和旋转参数，如图 7-54 所示。

Step 05 在“块编写”选项板的“动作”选项中选择“缩放”项，然后根据命令行提示，选择创建的线型，系统提示“选择对象：”时，选择所有门对象，按空格键确定，从而就形成了一个缩放图标，表示创建好了动态缩放，如图 7-55 所示。

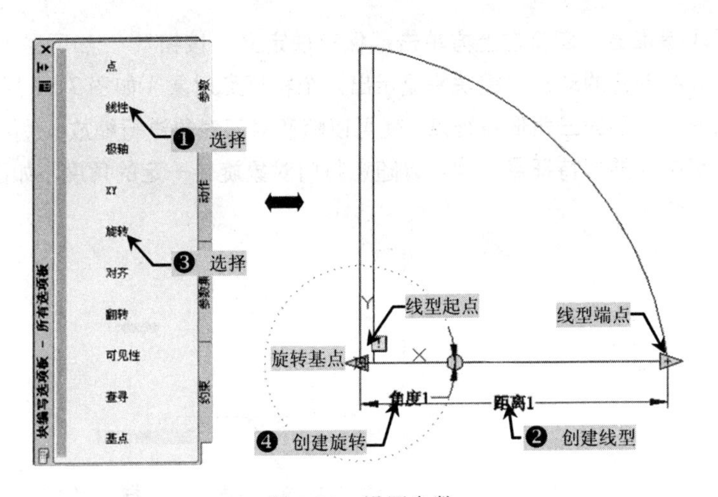

图 7-54　设置参数

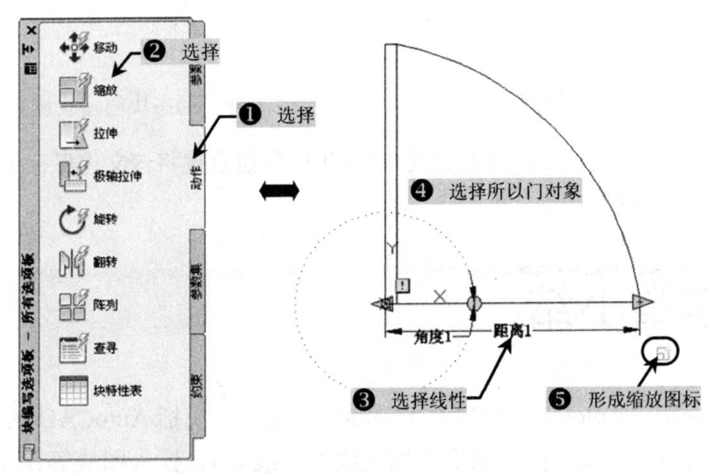

图 7-55　创建动态缩放

Step 06 用同样的方法，再给门对象创建一个动态旋转，如图 7-56 所示。

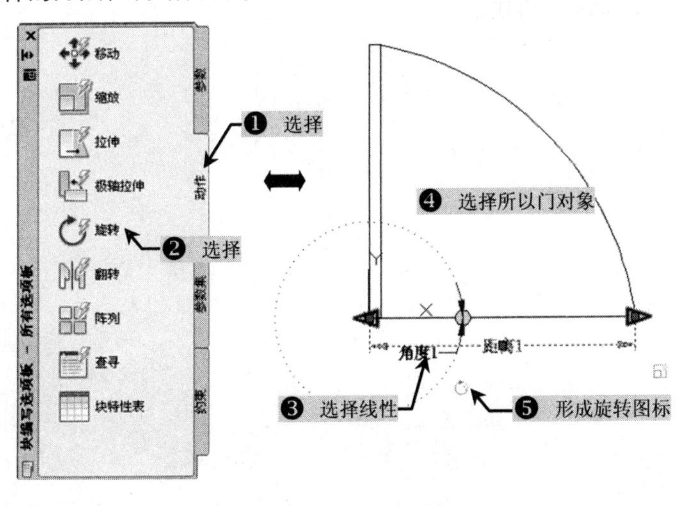

图 7-56　创建动态旋转

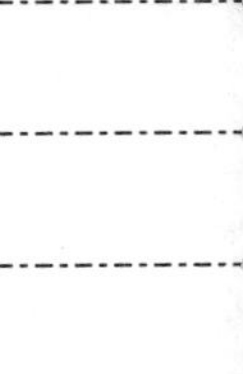

Step 07 在“块编辑器”窗口左上方单击“保存块定义”按钮，然后退出块编辑器，这时，选中创建的动态门图块将显示出几个特征点对象，如图 7-57 所示。

Step 08 拖动图中右侧的三角形特征点，就可以随意对门对象进行缩放；关闭“正交”模式，选择图中的圆形特征点，就可以随意将门对象旋转一定的角度，如图 7-58 所示。

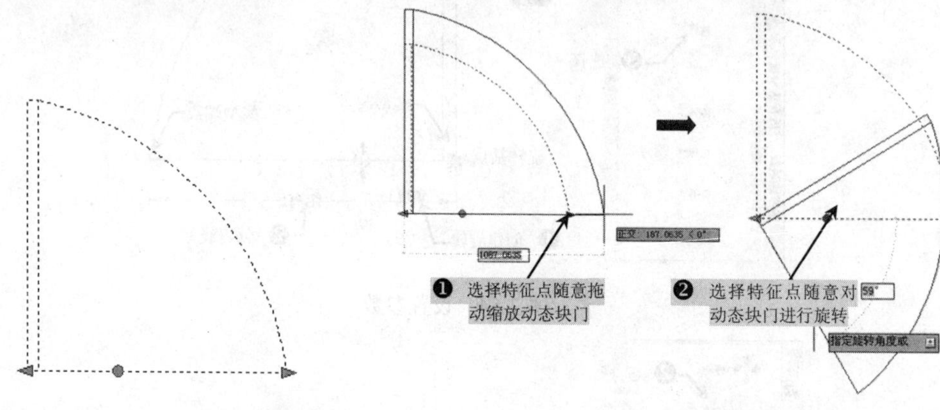

图 7-57 选中创建好的动态门效果

图 7-58 动态块的缩放和旋转

Step 09 至此，创建动态门图块绘制完成，按 Ctrl+S 组合键将该文件保存为“案例\07\动态门图块.dwg”。

7.6 本章小结

本章主要讲解了 AutoCAD 2014 图块的制作与插入，包括 AutoCAD 的创建和插入图块，如定义块、创建外部图块、图块颜色（线型、线宽）、插入图块等，AutoCAD 2014 的修改图块，AutoCAD 2014 的图块属性，CAD 的动态图块等，最后通过实战演练来学习 AutoCAD 定义“组合沙发”内部图块、插入“编号”外部图块、创建动态门图块，从而为后面的学习打下坚实的基础。

参数化绘图

自 AutoCAD 2010 版本以来，增加了新功能——参数化，无疑使 AutoCAD 用来绘图时更能接近“设计”的思维模式，使之真正从“电子图板”转向“计算机辅助设计”。

内容要点

- 掌握几何约束的方法
- 掌握几何约束的设置
- 掌握标注约束的方法
- 掌握标注约束的设置
- 掌握自动约束的方法

在 AutoCAD 2014 版本的“草图与注释”模式下，在顶部的“参数化”选项板中，分别有“几何”、“标注”、“管理”三个面板，如图 8-1 所示。

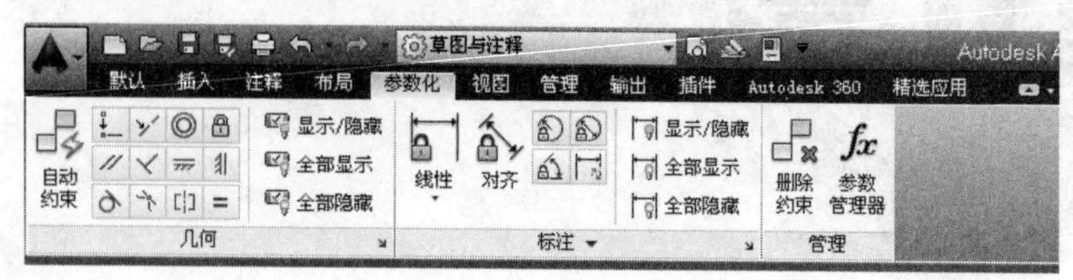

图 8-1 “参数化”选项板

8.1 几何约束

在 AutoCAD 中，几何是建立绘图对象的几何特性（如要求某一直线具有固定的角度），或是两个或更多图形对象的关系类型（如要求几个圆弧具有相同的半径）。利用几何约束可指定绘图对象必须遵守的条件，或与其他图形对象必须维持的关系。

在“视图”标签下的“用户界面”面板中，单击“工具栏”按钮，在出现的下拉列表中选择“AutoCAD”命令，再选择“几何约束”选项，如图 8-2 所示；此时，在绘图窗口中，将出现“几何约束”工具栏，效果如图 8-3 所示。

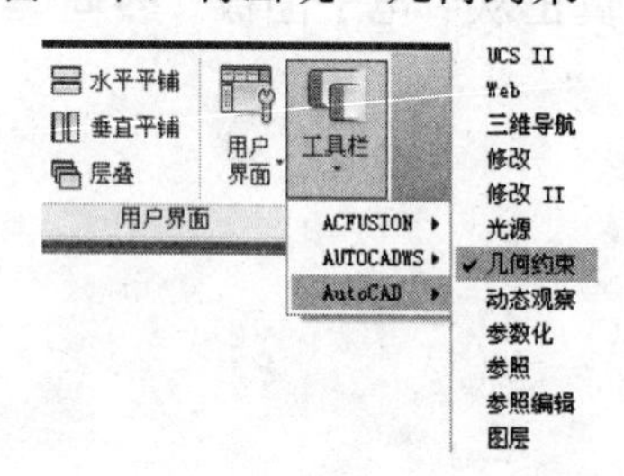

图 8-2 选择“几何约束”

图 8-3 “几何约束”工具栏

8.1.1 重合约束

“重合约束（GcCoincident）”：约束两个点使其重合，或约束一个点使其位于曲线（曲线延长线）上，可以使对象上的约束与某个对象重合，也可以使其与另一对象上的约束重合，如图 8-4 所示。

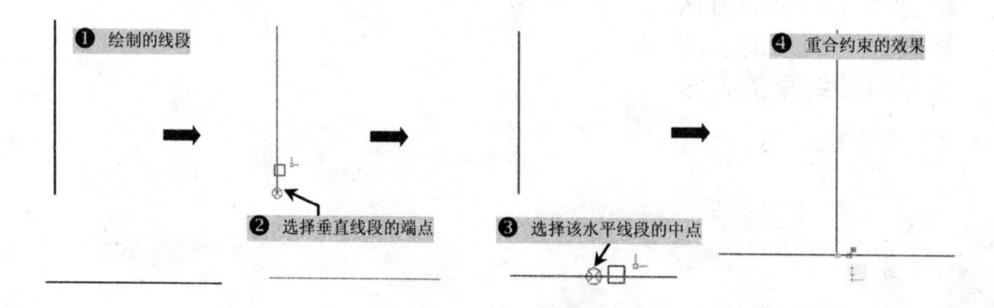

图 8-4 重合约束

经验分享——重合点的确定

根据具体情况，选择线段的端点、中点；选择不同的点，得到的重点约束效果也将相同。选择第二个约束点时，底侧水平线段左、右端点的效果，如图 8-5 和图 8-6 所示。

Note

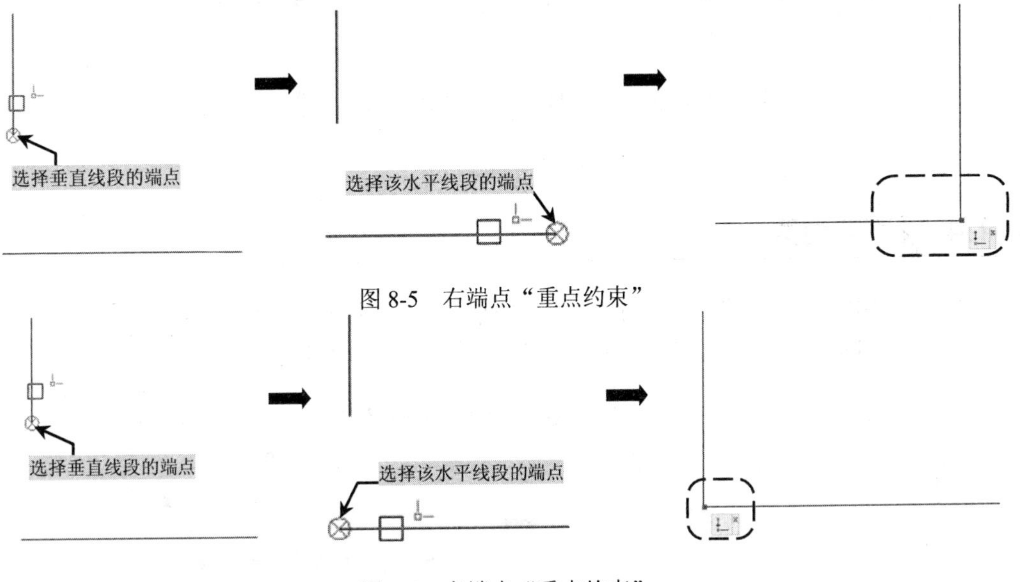

图 8-5　右端点“重点约束”

图 8-6　左端点“重点约束”

8.1.2　共线约束

“共线约束（GcCollinear）”：使两条或多条线段直线沿同一直线方向，使它们共线，如图 8-7 所示。

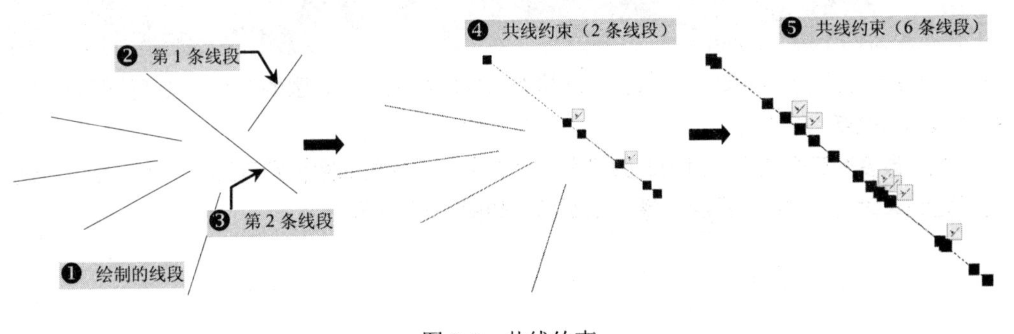

图 8-7　共线约束

8.1.3　同心约束

“同心约束（GcConcentric）”：将两个圆弧、圆或椭圆约束到同一个中心点，结果与将重合约束应用于曲线的中心点所产生的效果相同，如图 8-8 所示。

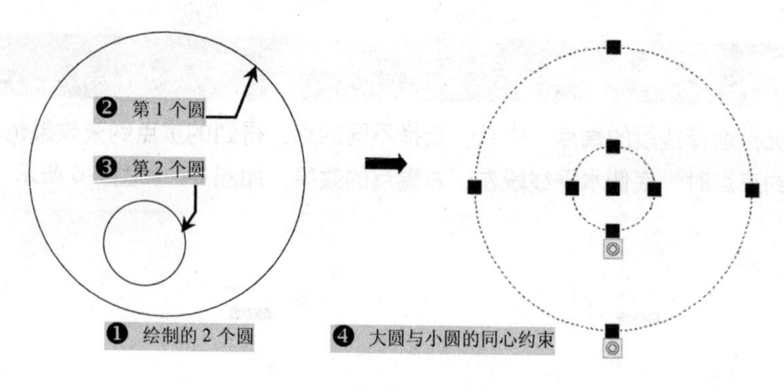

图 8-8 同心约束

8.1.4 固定约束

"固定约束（GcFix）"：将几何约束应用于一对对象时，选择对象的顺序，以及选择每个对象的点可能会影响对象彼此间的放置方式，如图 8-9 所示。

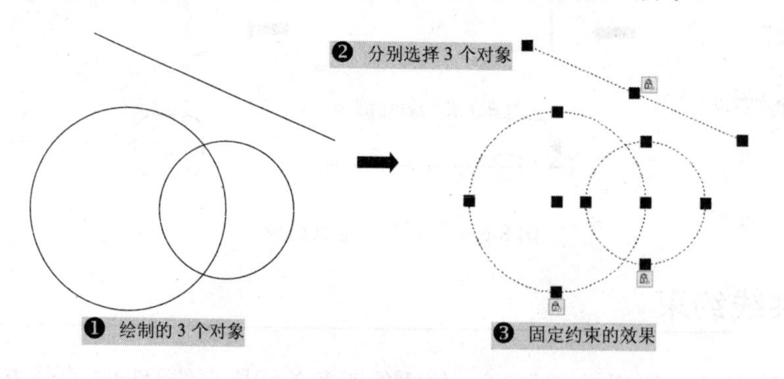

图 8-9 固定约束

经验分享

在选择对象进行固定约束时，一般会自动拾取对象的特征点，如圆的圆心、圆弧的圆心、端点、线段的中点、端点等。

一条线段最多有三个约束，封闭的圆只有一个约束，而开放的圆弧则有三个约束，当再次进行固定约束时，会弹出"约束"警示对话框，如图 8-10 所示。

图 8-10 "约束"对话框

8.1.5 平行约束

“平行约束（GcParallel）”：使选定的直线位于彼此平行的位置，平行约束在两个对象之间应用，如图 8-11 所示。

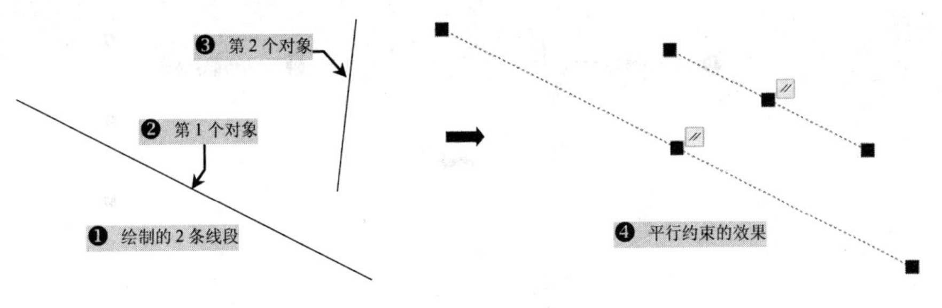

图 8-11 平行约束

8.1.6 垂直约束

“垂直约束（GcPerpendicular）”：使选定的直线位于彼此垂直的位置，垂直约束在两个对象之间应用，如图 8-12 所示。

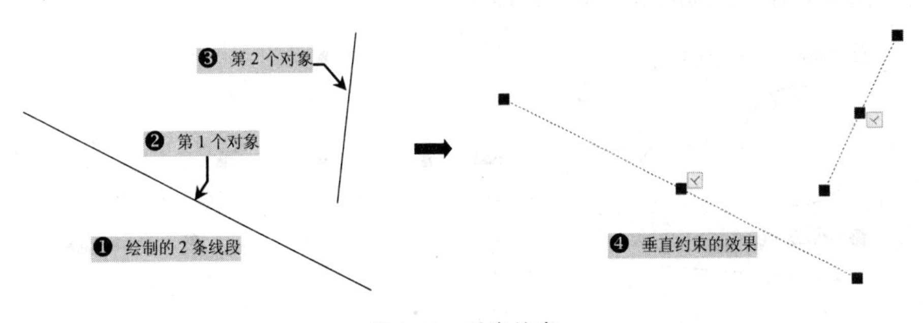

图 8-12 垂直约束

8.1.7 水平约束

“水平约束（GcHorizontal）”：使直线或点位于与当前坐标系 X 轴平行的位置，默认选择类型为“对象”，如图 8-13 所示。

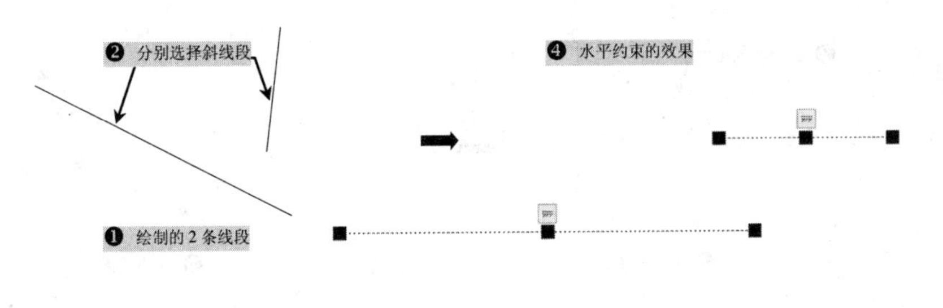

图 8-13 水平约束

8.1.8 竖直约束

“竖直约束（GcVertical）”：使直线或点位于与当前坐标系 Y 轴平行的位置，如图 8-14 所示。

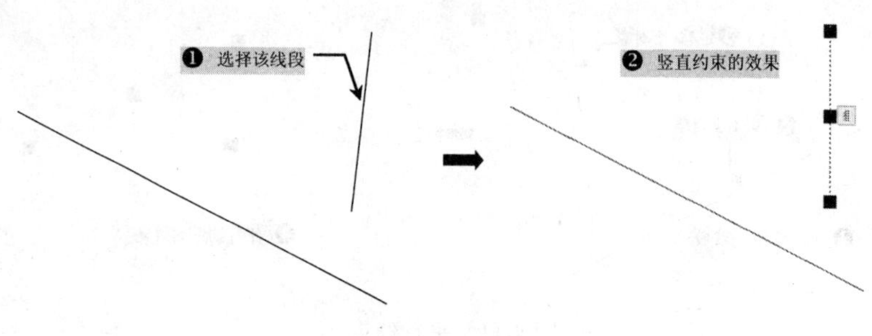

图 8-14 竖直约束

8.1.9 相切约束

“相切约束（GcTangent）”：将两条曲线约束为保持彼此相切或其延长线相切，相切约束在两个对象之间应用，如图 8-15 所示。

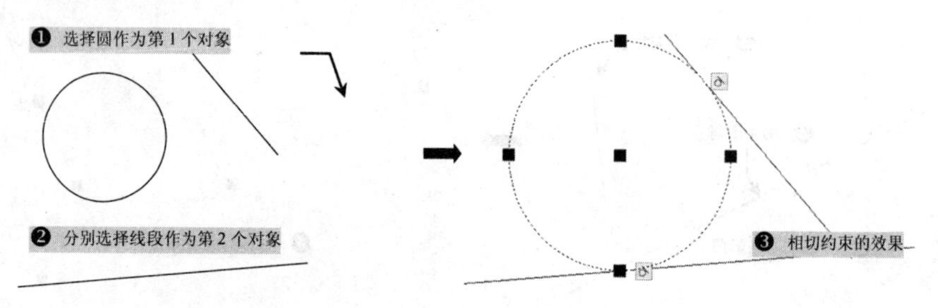

图 8-15 相切约束

8.1.10 平滑约束

“平滑约束（GcSmooth）”：将样条曲线约束为连续，并与其他样条曲线、直线、圆弧或多段线保持连续性，如图 8-16 所示。

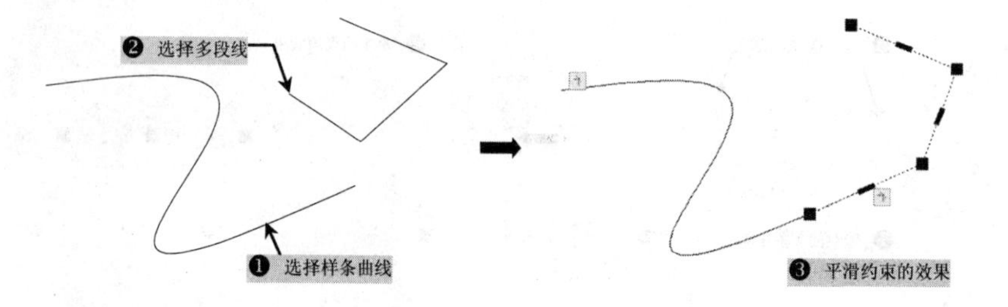

图 8-16 平滑约束

经验分享

在选择对象的特征点进行平滑约束时，选择不同的约束点，其约束的效果也不相同，如图 8-17 所示。

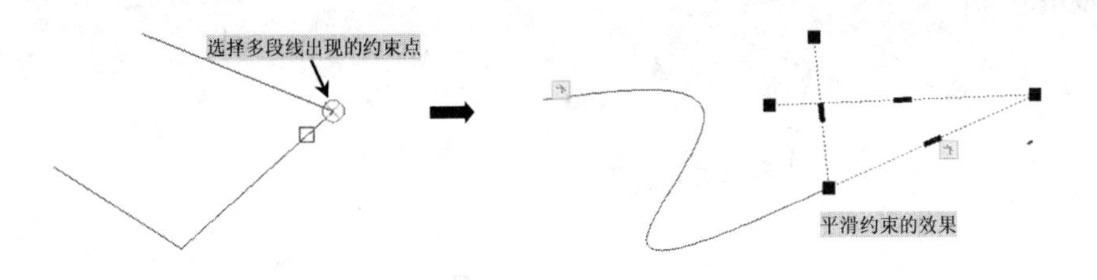

图 8-17　平滑约束

8.1.11　对称约束

“对称约束（GcSymmetric）”：使选定对象受对称约束，相对于选定直线对称，如图 8-18 所示。

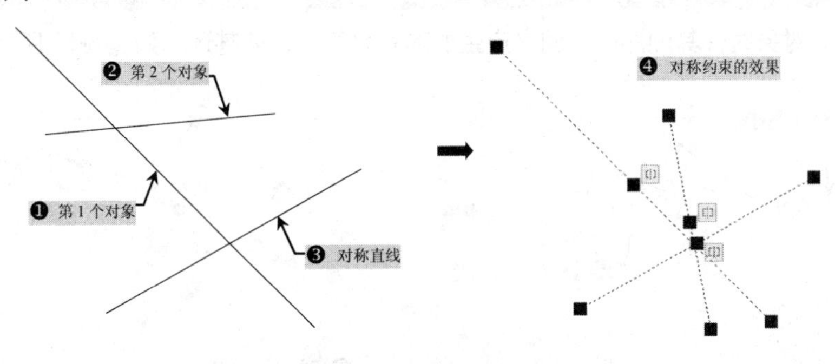

图 8-18　对称约束

经验分享——对称约束的顺序

选择第 1、2 对象时，其顺序的不同，产生的约束效果则相差甚远，如图 8-19 所示。

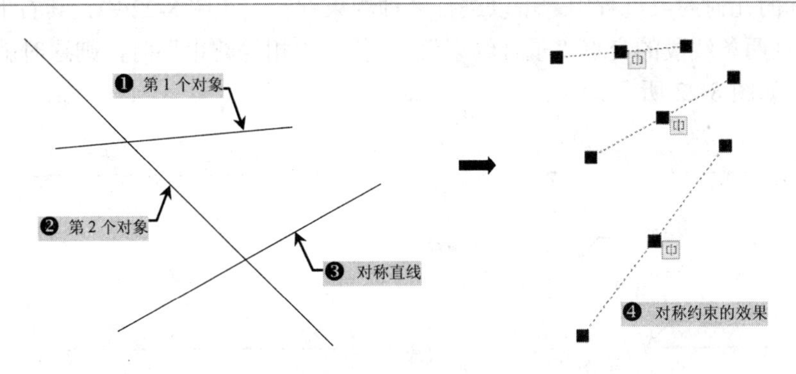

图 8-19　对称约束

8.1.12 相等约束

"相等约束（GcEqual）"＝：将选定圆弧和圆的尺寸重新调整为半径相同，将选定直线的尺寸重新调整为长度相同，如图 8-20 所示。

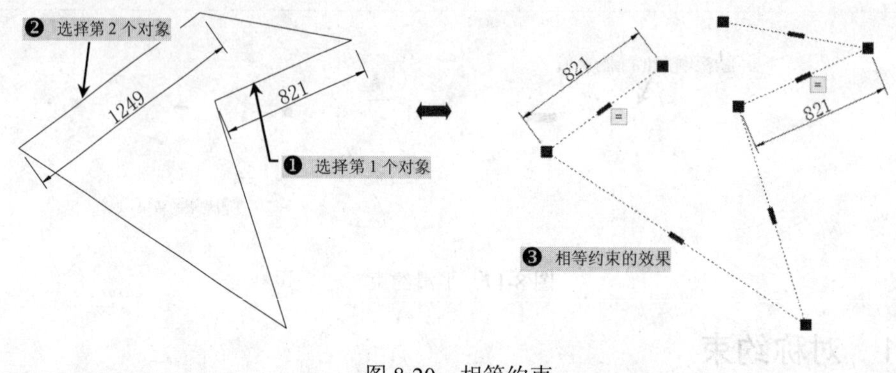

图 8-20 相等约束

经验分享——相等约束的顺序

选择第 1、2 对象时，其顺序的不同，产生的约束效果则相差甚远，如图 8-21 所示。

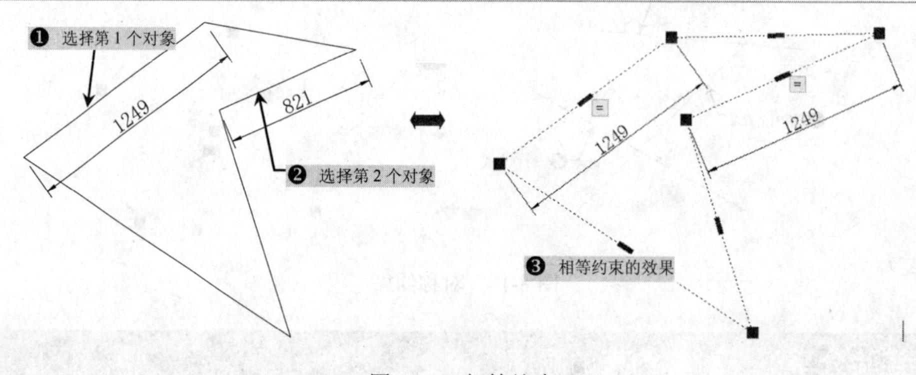

图 8-21 相等约束

在实际的几何约束过程中，可以进行多种约束并存。在图 8-22 中，其右下角点"固定约束"，且两条线段的交点"重合约束"；再使用"相等约束"时，则这时就变成了平行四边形，如图 8-22 所示。

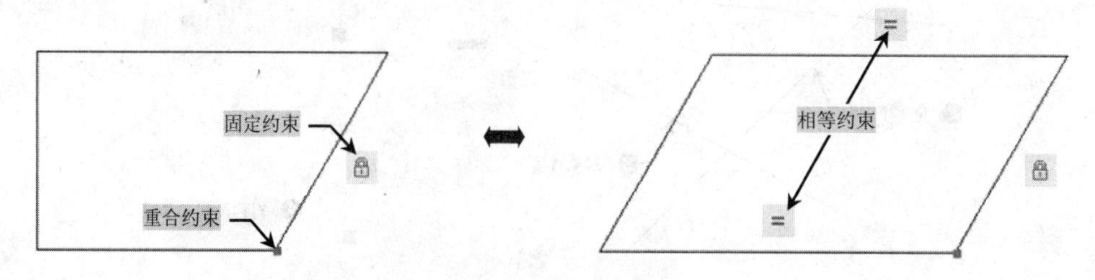

图 8-22 多种约束的效果

Note

8.1.13 设置几何约束

系统提供了可选择十多种几何约束类型，能够辅助定位不同要求的图形对象。用户可以通过以下任意一种方式来打开“约束设置”面板时行设置，如图 8-23 所示。

- ✧ 工具栏：在“参数化”的工具面板上单击“约束设置”（ ）按钮。
- ✧ 命令行：在在命令提示栏内输入“ConstraintSettings”命令，并按 Enter 键。

图 8-23 “几何约束”选项卡

“约束设置”中的“几何”选项卡中，部分选项的功能和含义如下：

- ✧ “推断几何约束”：创建和编辑几何图形时推断几何约束。
- ✧ “仅为处于当前平面的对象显示约束”：勾选该复选框则为当前平面上受几何约束的对象显示约束栏。
- ✧ “将约束应用于选定对象后显示的约束栏”：“手动应用”约束或使用“Autoconstrain”命令，进行显示相关的“约束”栏。

经验分享——Constraintrelax变量

在编辑对象时，Constraintrelax 变量用于控制，约束是处于强制实行状态还是释放状态。默认值为 0。

变量值=0 时，编辑对象时，该对象上的约束将被保持。

变量值=1 时，编辑对象时，该对象上的约束将被释放。

8.2 标注约束

建立尺寸约束可以限制图形对象几何对象的大小，也就是在草图上标注尺寸相似，同样设置尺寸标注丝，与此同时，也会建立相应的表达式。不同的是，可以在后续的编辑工作中实现尺寸的参数化驱动。

在“视图”标签下的“用户界面”面板中，单击“工具栏”按钮，在出现的下拉

列表中选择“AutoCAD”命令，再选择“标注约束”选项，如图 8-24 所示；此时在绘图窗口中，将出现“标注约束”工具栏，效果如图 8-25 所示。

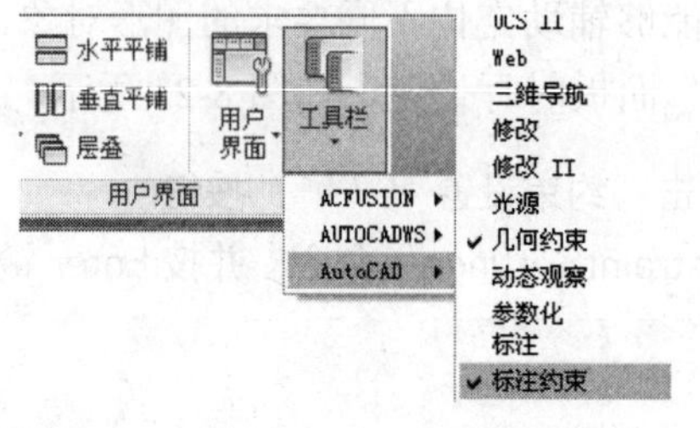

图 8-24　选择“标注约束”

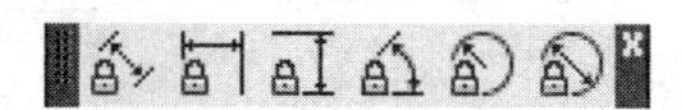

图 8-25　“标注约束”工具栏

8.2.1　水平约束

“水平约束（DcHorizontal）”：约束对象两点之间或不同对象的两点之间 *X* 方向的距离，如图 8-26 所示。

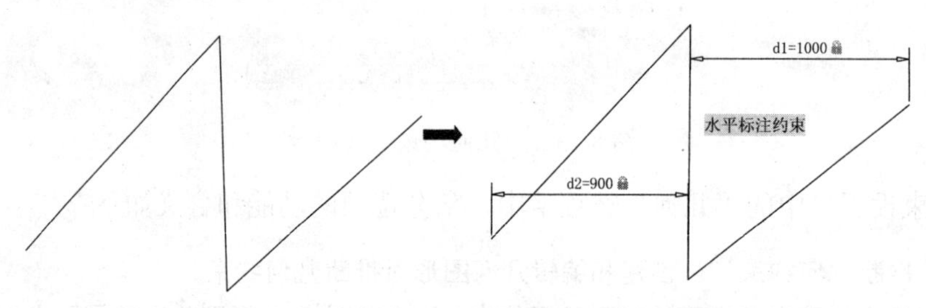

图 8-26　“水平约束”

经验分享——标注约束值的修改

在进行标注约束时，会自动出现一些标注数值，可以默认为“约束值”，或者在出现的文本框中，输入新的数值，按 Enter 键，即标注约束上的数值为新输入的数值。

8.2.2　竖直约束

“竖直约束（DcVertical）”：约束对象两点之间或不同对象的两点之间 *Y* 方向的距离，如图 8-27 所示。

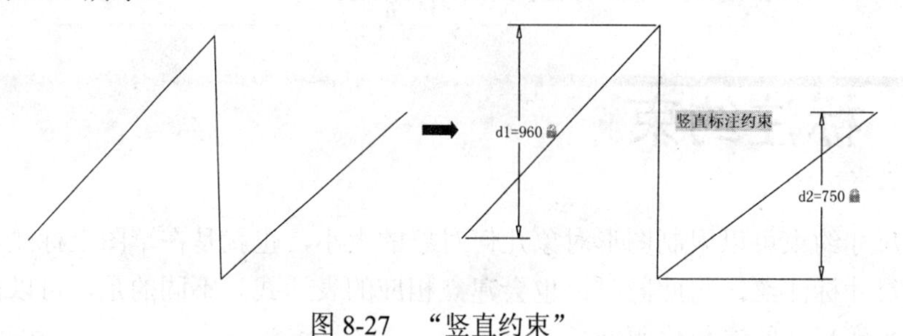

图 8-27　“竖直约束”

8.2.3　对齐约束

“对齐约束（DcAligned）”：约束对象两点之间或不同对象的两点之间的距离，如图 8-28 所示。

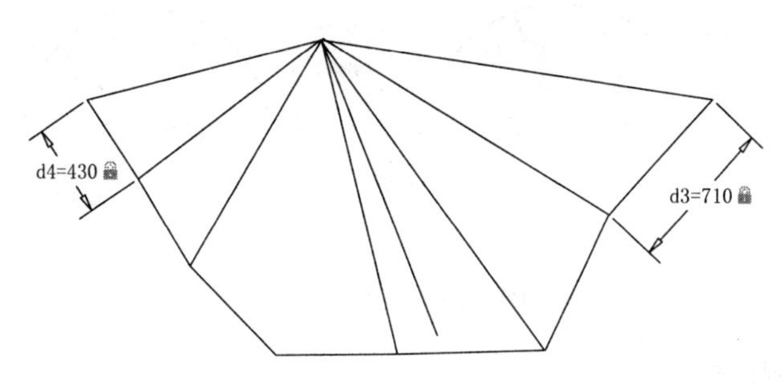

图 8-28　“对齐约束”

8.2.4　半径约束

“半径约束（DcRadius）”：约束圆或圆弧的半径。

绘制半径为 500 的圆，执行“半径约束”操作，设置其半径约束值为 480，如图 8-29 所示。

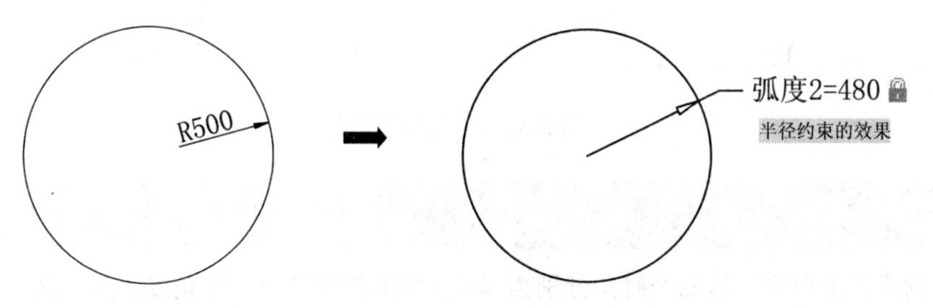

图 8-29　“半径约束”

经验分享——半径约束

对前面半径为 500 的圆进行半径约束后，再使用“半径标注”命令（DRA），此时，标注的半径值发生了变化，其值为约束后“R480”，而不是之前的“R500”，如图 8-30 所示。

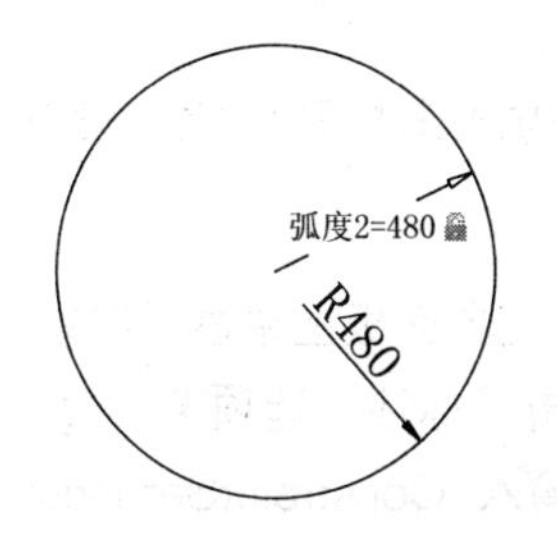

图 8-30　约束后的半径尺寸标注

8.2.5 直径约束

“直径约束（DcDiameter）”：约束圆或圆弧的直径。其约束可参照半径约束的方法，如图 8-31 所示。

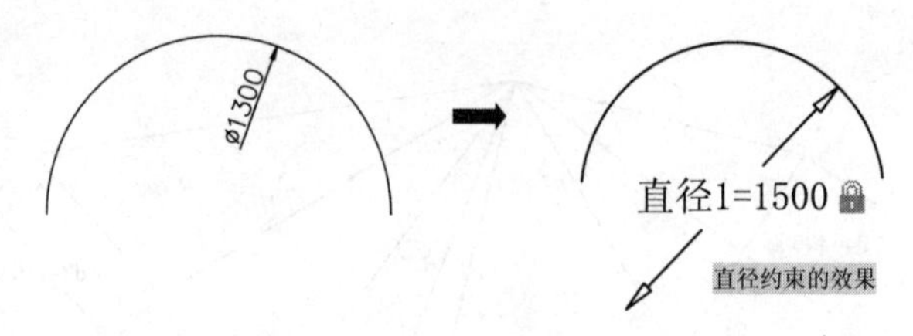

图 8-31 “直径约束”

8.2.6 角度约束

“角度约束（DcAngular）”：约束对象之间的任意角度，如图 8-32 所示。

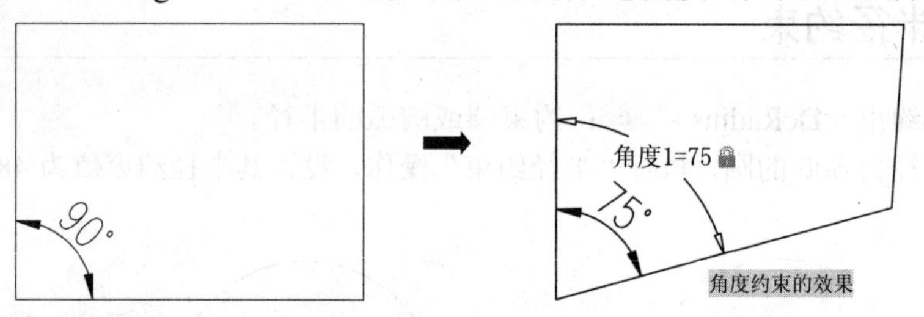

图 8-32 “角度约束”

经验分享——角度约束

例如，对于矩形对象，其四个对角分别为 90°，如果约束其中一个角度，随即发生形状上的变化，变成一个多边形。在进行约束时，一定要慎重，根据实际的绘图需要。

8.2.7 设置标注约束

标注约束控制设计的大小和比例，而设置尺寸约束可控制显示“标注约束”时的配置，它主要可以约束对象之间或对象上点之间的距离及角度。

用户可以通过以下任意一种方式来打开“约束设置”面板时行设置，如图 8-33 所示。

图 8-33 “标注”选项卡

- ✧ 工具栏：在“参数化”的工具面板上单击“约束设置”（）按钮后再单击“标注”选项卡。
- ✧ 命令行：在命令提示栏内输入“ConstraintSettings”，并按 Enter 键。

"标注"选项卡中各选项的功能含义如下：

✧ "标注名称格式"：下拉列表框中为"应用标注约束"时显示的文字指定的格式。
✧ "为注释性约束显示锁定图标"复选框：勾选该复选框表示已应用"注释性约束"的对象显示锁定图标。
✧ "为选定对象显示隐藏的动态约束"复选框：勾选该复选框表明显示选定时已设置为隐藏的"动态约束"。

8.3 自动约束

用户可以通过以下任意一种方式来打开"自动约束"的对话框并时行设置，如图8-34所示。

图8-34 "自动约束"选项卡

✧ 工具栏：在"参数化"的工具面板上单击"约束设置"（）按钮后再单击"自动约束"选项卡。
✧ 命令行：在命令提示栏内输入"Constrainsettings"，并按Enter键，弹出的"约束设置"对话框中单击"自动约束"选项卡。

"自动约束"对话框中各选项的功能和含义如下：

✧ "约束类型"：在列表框中显示自动约束的类型及优先级。可以通过单击"上移"和"下移"按钮来调整优先级的先后顺序，单击"✔"图标选择或去掉某种类型的约束作为"自动约束"类型。
✧ "相切对象必须共用同一交点"：勾选该复选框指定两条曲线必须共用一个点（在距离公差内设置）应用相切约束。
✧ "垂直对象必须共用同一交点"：勾选该复选框便指定直线必须相交或一条直线的端点必须与另一条直线或直线的端点重合（在距离内设置）。
✧ "距离"：设置可接受的距离公差值。
✧ "角度"：设置可接受的角度公差值，如图8-35所示。

Note

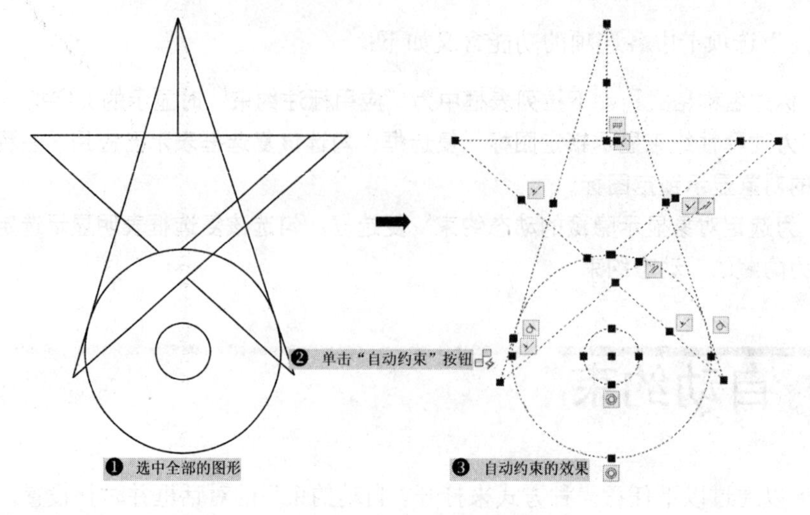

图 8-35 自动约束的效果

8.4 实战演练

8.4.1 初试身手——花朵的绘制

视频\08\花朵的几何约束.avi
案例\08\花朵.dwg

在花瓣的绘制中，首先执行圆命令，绘制 4 个半径相同的圆；然后使用"相切约束"使之两两相切；再执行修剪命令，将多余的圆弧进行修剪；最后在中心位置绘制一个小圆，表示花心，从而完成花瓣的绘制。用户可按照如下步骤来操作：

Step 01 在 AutoCAD 2014 环境中，在 AutoCAD 2014 环境中，按 Ctrl+S 组合键，将打开的空白文件，保存为"案例\08\花朵.dwg"文件。

Step 02 执行"圆"命令（C），绘制 4 个半径为 100mm 的圆，如图 8-36 所示。

Step 03 单击"几何约束"工具栏上的"相切" 按钮，使绘制的圆两两相切，如图 8-37 所示。

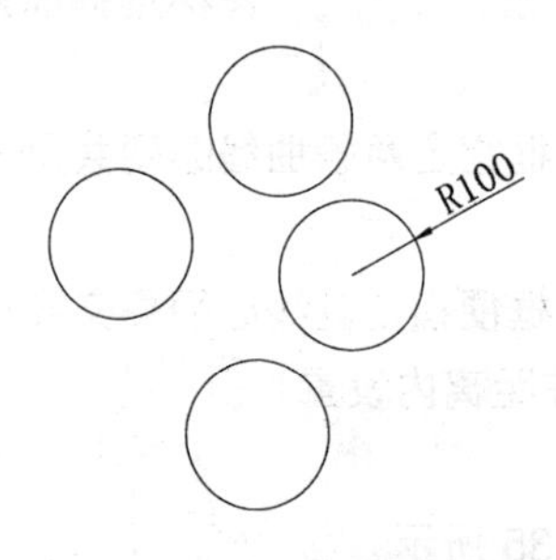

图 8-36 绘制的圆

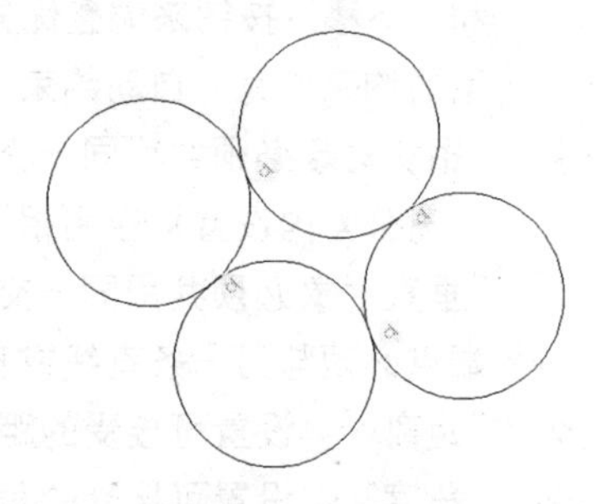

图 8-37 两两相切

Step 04 执行"修剪"命令（TR），修剪多余的线段，如图 8-38 所示。

Step 05 执行"圆"命令（C），在花瓣的中心的适当位置，绘制半径为 50mm 的圆，如图 8-39 所示。

图 8-38　修剪线段的效果

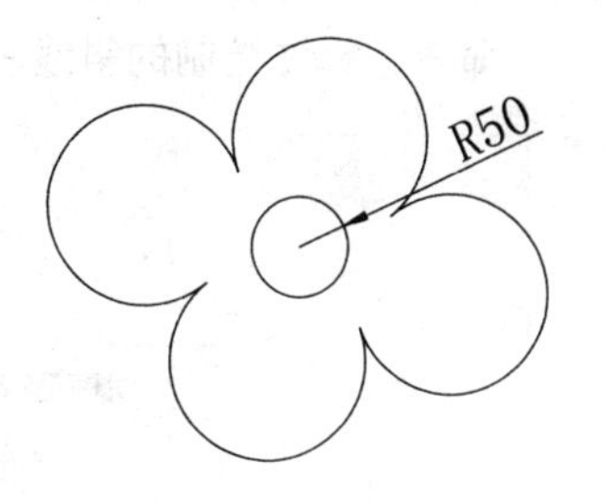

图 8-39　绘制的花心

Step 06 至此，图形绘制完成，用户可按 Ctrl+S 组合键对文件进行保存。

8.4.2　深入训练——零件平面图的绘制

在绘制零件平面图时，首先绘制多段线，然后开启"极轴追踪"功能，绘制斜线段；并执行圆、矩形、直线命令，绘制圆、矩形和直线段；最后执行镜像命令，向右镜像绘制的图形对象，从而完成零件平面图的绘制，用户可按照如下步骤来操作：

Step 01 在 AutoCAD 2014 环境中，按 Ctrl+S 组合键，将打开的空白文件，保存为"案例\08\零件平面图.dwg"文件。

Step 02 在键盘上按下 F8 键，打开"正交"模式。执行"直线"命令（L），绘制多段线，如图 8-40 所示。

Step 03 执行"草图设置"命令（SE），选择"极轴追踪"选项卡，勾选"启用极轴追踪"复选框，增量角设为 60°。如图 8-41 所示。

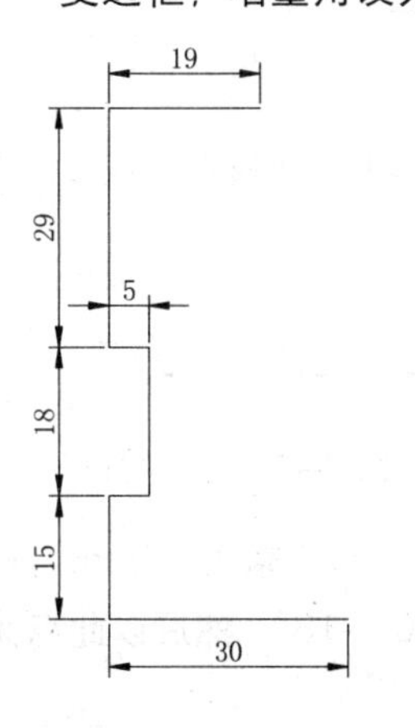

图 8-40　绘制多段线

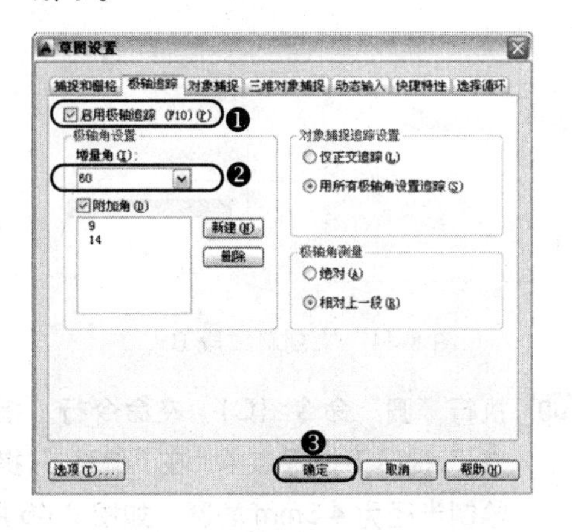

图 8-41　"极轴追踪"选项卡

Step 04 按下 F8 键关闭“正交”模式。执行“直线”命令（L），绘制斜线段，待出现一提示信息的绿色斜线段，如图 8-42 所示。

Step 05 单击“参数化”标签中“标注”面板中“对齐约束”按钮，启动“对齐约束”命令，标注绘制的斜线段 A，并将其标注的数据修改为 14，如图 8-43 所示。

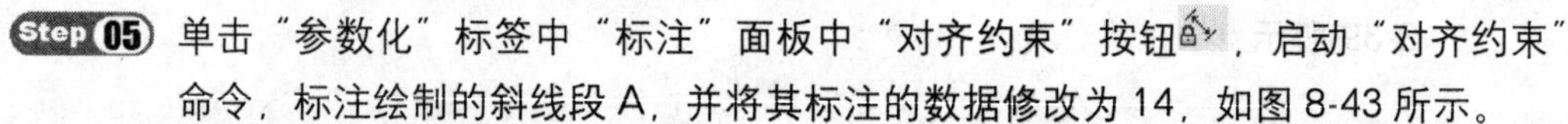

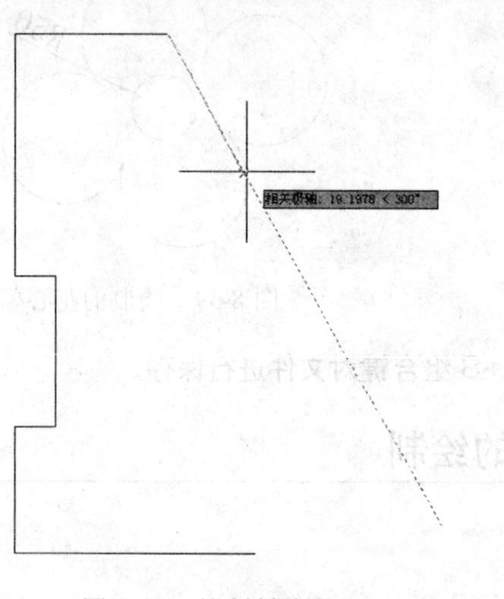

图 8-42 绘制斜线段 A

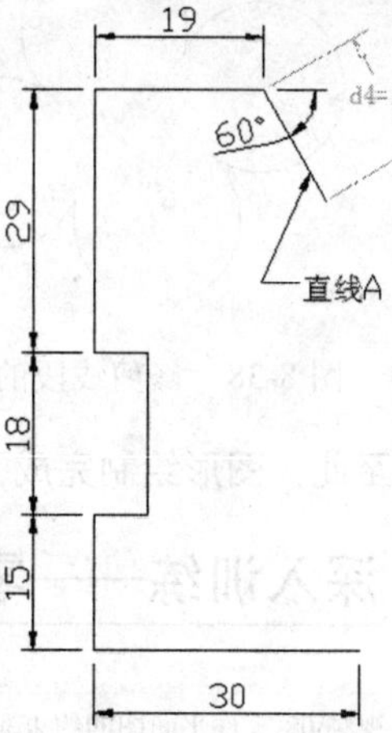

图 8-43 对齐约束

Step 06 参照前面设置增量的方法，重新设置增量角 50°；执行“直线”命令（L），绘制斜线 B，如图 8-44 所示。

Step 07 单击“参数化”标签中“标注”面板中“对齐约束”按钮，启动“对齐约束”命令，标注绘制的斜线段，将标注的数据修改为 10，如图 8-45 所示。

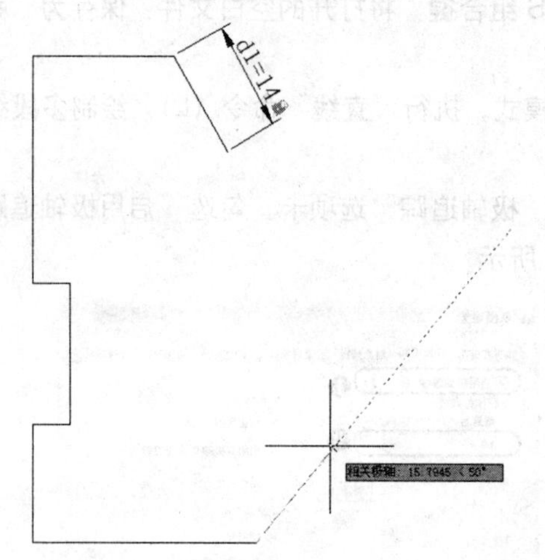

图 8-44 绘制斜线段 B

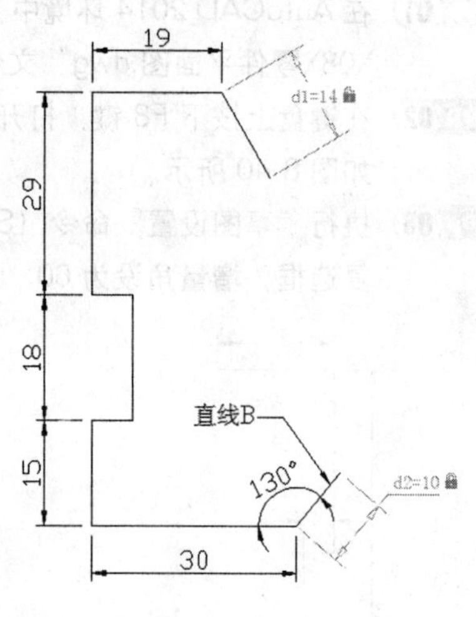

图 8-45 对齐约束

Step 08 执行“圆”命令（C），在命令行“指定圆的圆心：”提示下输入“from”，在“基点：”提示下捕捉点 A，在“偏移：”提示下输入“@10，-13”，然后以此点为圆心，绘制半径为 4.5mm 的圆，如图 8-46 所示。

Step 09 执行“矩形”命令（REC），在命令行“指定第一个角点:”提示下输入“from”，在“基点:”提示下捕捉点 B，在“偏移:”提示下输入“@9, 0”，再输入第二个角点的坐标值“@7, -24”，绘制的矩形效果，如图 8-47 所示。

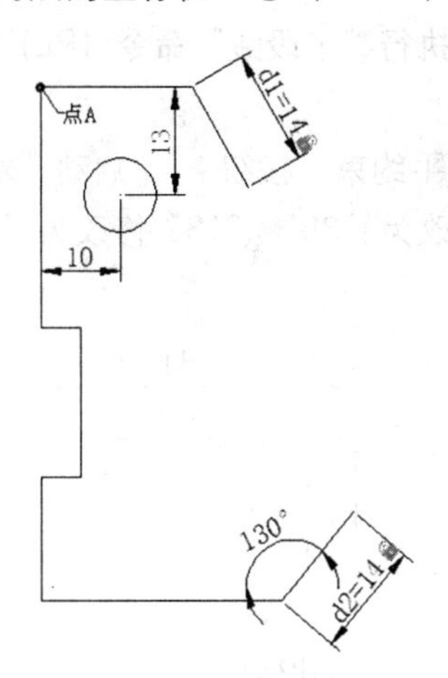

图 8-46　绘制圆

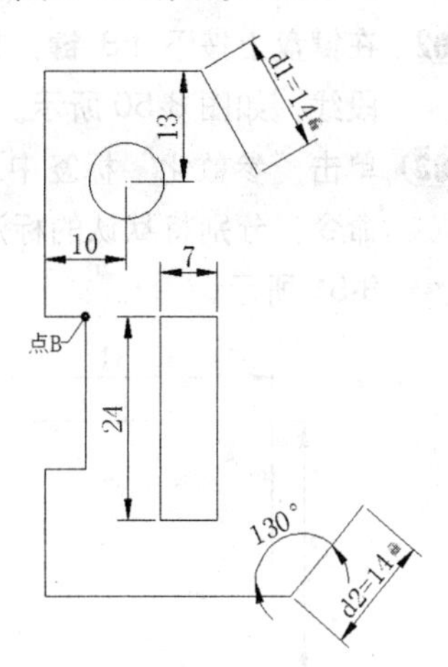

图 8-47　绘制矩形

Step 10 按下 F8 键打开“正交”模式。执行“镜像”命令（MI），捕捉点 C，鼠标向上，出现一垂直辅助轴线，框选左边所有的图形对象，向右镜像一份，结果如图 8-48 所示。

Step 11 执行“直线”命令（L），在图形上端绘制长 26 的水平连接线段，如图 8-49 所示。

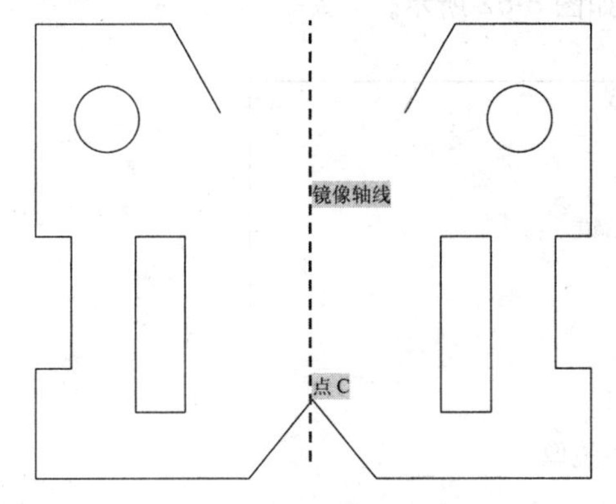

图 8-48　向右镜像

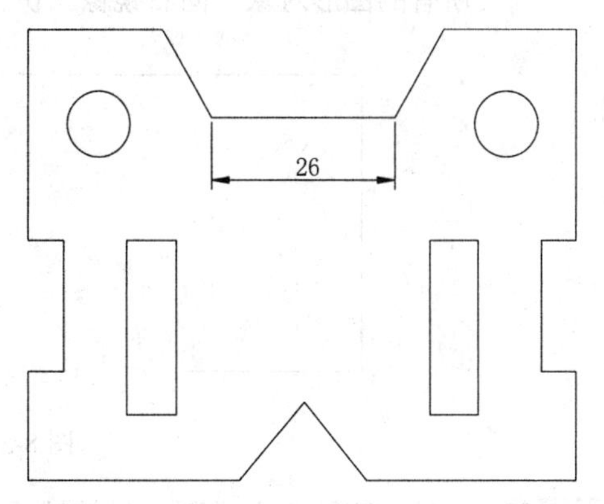

图 8-49　绘制水平线段

Step 12 至此，图形绘制完成，用户可按 Ctrl+S 组合键对文件进行保存。

8.4.3　熟能生巧——洗面盆的绘制

视频\08\洗面盆的约束.avi
案例\08\洗面盆.dwg

使用“多段线”、“标注约束”、“镜像命令”，绘制洗面盆的轮廓；再将案例下的图块，插入并分解，进行几何相关约束，从而完成洗面盆的绘制。用户可按照如下步骤来操作：

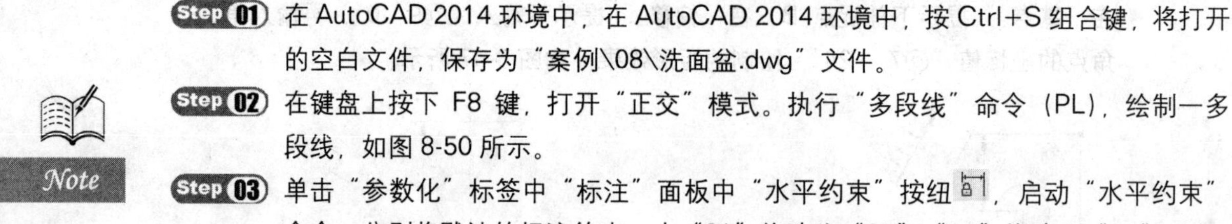

Step 01 在 AutoCAD 2014 环境中，在 AutoCAD 2014 环境中，按 Ctrl+S 组合键，将打开的空白文件，保存为“案例\08\洗面盆.dwg”文件。

Step 02 在键盘上按下 F8 键，打开“正交”模式。执行“多段线”命令（PL），绘制一多段线，如图 8-50 所示。

Step 03 单击“参数化”标签中“标注”面板中“水平约束”按钮，启动“水平约束”命令，分别将默认的标注约束，由“31”修改为“35”，“13”修改为“15”，如图 8-51 所示。

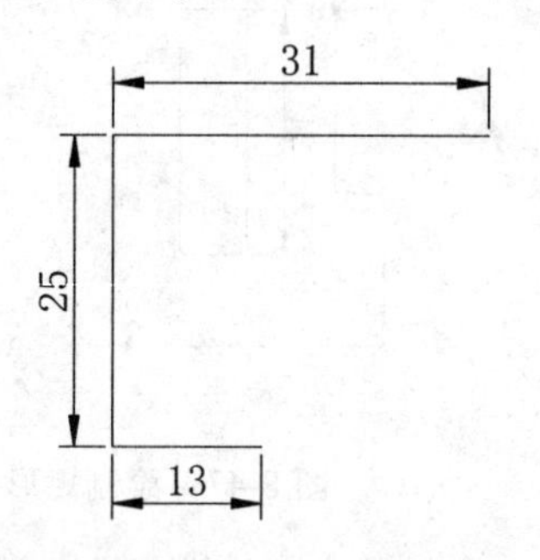

图 8-50　绘制的多段线

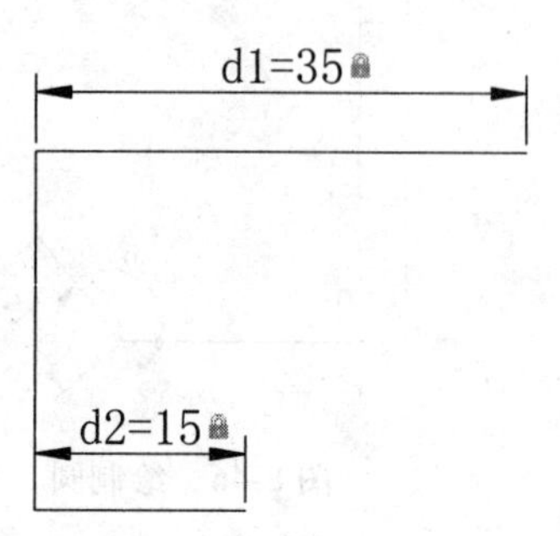

图 8-51　水平约束

Step 04 执行“镜像”命令（MI），捕捉点 O，鼠标向下，出现一垂直辅助轴线，框选左边所有的图形对象，向右镜像一份，结果如图 8-52 所示。

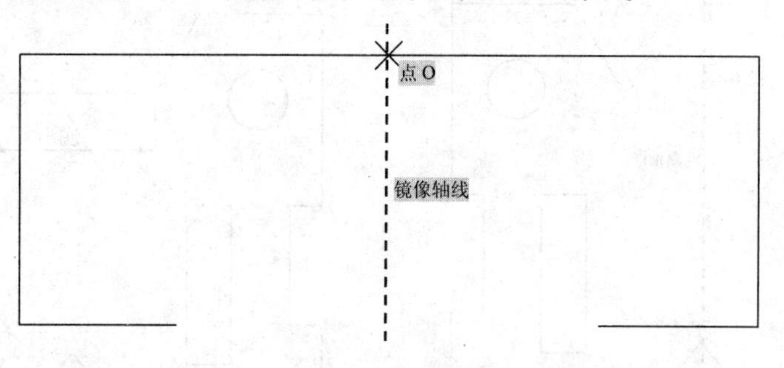

图 8-52　向右镜像

Step 05 执行“圆”命令（C），继续捕捉上一步镜像用的点 O，作为圆心，绘制半径为 32 的圆，如图 8-53 所示。

Step 06 执行“修剪”命令（TR），修剪掉多余的圆对象，结果如图 8-54 所示。

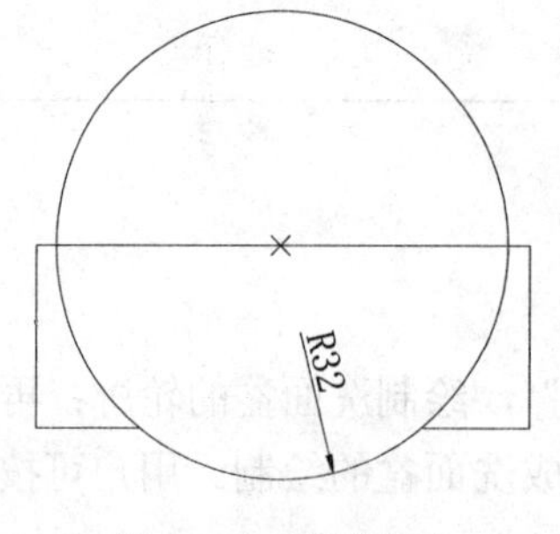

图 8-53　绘制的圆

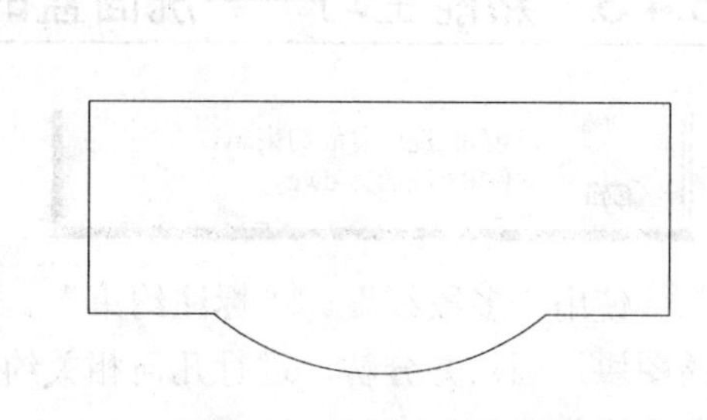

图 8-54　修剪多余的线段

Step 07 单击“参数化”标签“几何”面板中“平行约束”按钮⫽，启动“平行约束”命令，对图形左、右的垂直线段进行约束，如图 8-55 所示。

Step 08 单击“几何”面板中“垂直约束”按钮，启动“垂直约束”命令，进行垂直约束，效果如图 8-56 所示。

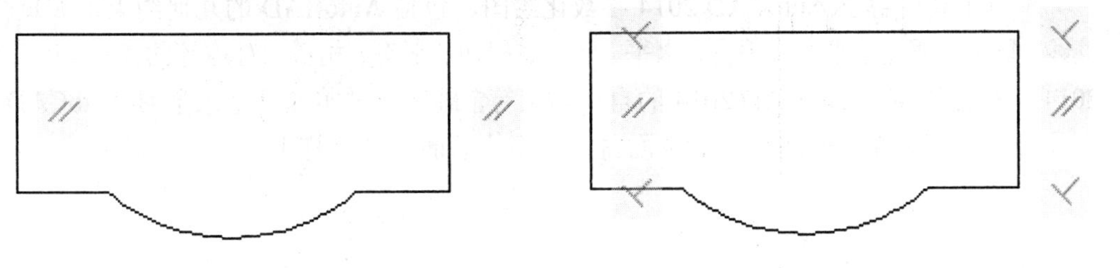

图 8-55 平行约束　　　　图 8-56 垂直约束

Step 09 继续将“几何”面板中“相等约束”按钮=、“固定约束”功能启动，对图形进行约束，效果如图 8-57 所示。

Step 10 执行“插入块”命令（I），在打开的“插入”对话框中，如图 8-58 所示；单击“浏览”按钮，将“案例\08”文件夹下的“图块.dwg”，插入到图形的适当位置，如图 8-59 所示。

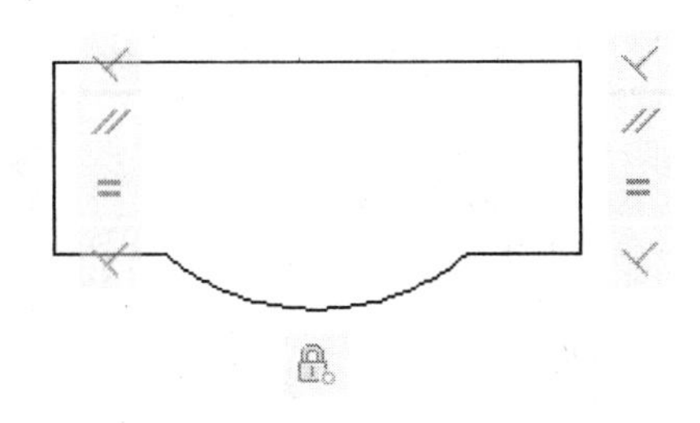

图 8-57 多重约束

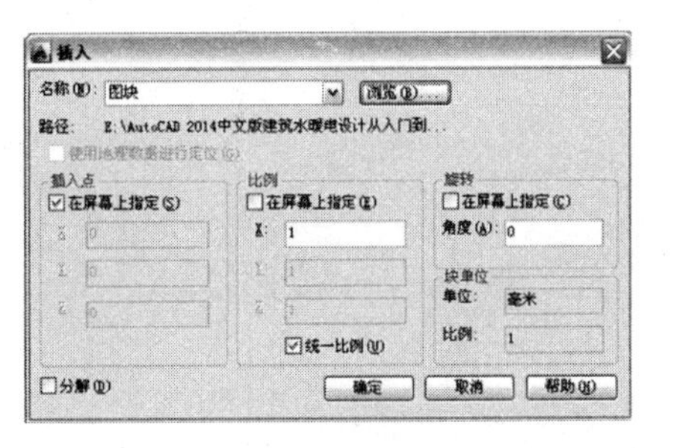

图 8-58 “插入”对话框

Step 11 执行“分解”命令（X），将插入的图块进行分解。

Step 12 再单击“几何”面板中“相切约束”按钮按钮，启动“相切约束”，对分解后的图形，表示洗面盆水龙头的图形，进行相切约束，效果如图 8-60 所示。

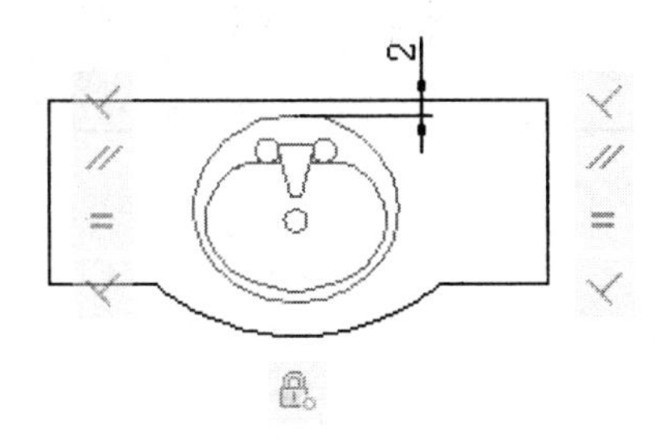

图 8-59 插入图块

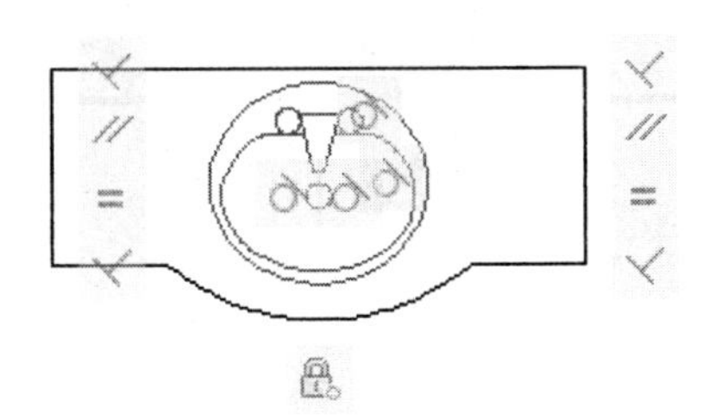

图 8-60 相切约束

Step 13 至此，图形绘制完成，用户可按 Ctrl+S 组合键对文件进行保存。

8.5 本章小结

Note

本章主要讲解了 AutoCAD 2014 参数化绘图，包括 AutoCAD 的几何约束，如重合、共线、同心、固定、平行、垂直、水平、竖直、相切、平滑、相等、对称等约束，AutoCAD 2014 的标注约束，AutoCAD 2014 的自动约束等，最后通过实战演练来学习 AutoCAD 绘制花朵、绘制零件平面图、绘制洗面盆，从而为后面的学习打下坚实的基础。

图形对象的尺寸标注

在 AutoCAD 2014 中，尺寸标注是用户经常用到的功能，本章将向用户介绍有关尺寸标注的基本概念、尺寸标注的组成，以及创建尺寸标注的步骤，为以后创建尺寸标注打下基础。

内容要点

- ♦ 了解尺寸标注的规则与组成
- ♦ 掌握尺寸标注样式的创建与设置方法
- ♦ 掌握各种尺寸标注工具的使用方法
- ♦ 掌握形位公差标注的使用方法
- ♦ 掌握多重引线的标注与编辑方法
- ♦ 掌握标注样式及尺寸标注对象的修改方法

9.1 尺寸标注的组成与规定

Note

尺寸标注可以精确地反映图形对象各部分的大小及其相互关系，尺寸标注是建筑设计和机械图样中必不可少的内容，是使用图纸指导施工的重要依据。尺寸标注包括基本尺寸标注、文字标注、尺寸公差、形位公差和表面粗糙度等内容。

9.1.1 尺寸标注的规定

在我国的“工程制图国家标准”中，对尺寸标注的规则做出了一些规定，要求尺寸标注必须遵守以下基本规则：

- ✧ 物体的真实大小应以图形上所标注的尺寸数值为依据，与图形的显示大小和绘图的精确度无关。
- ✧ 图形中的尺寸以毫米为单位时，不需要标注尺寸单位的代号或名称。如果采用其他单位，则必须注明尺寸单位的代号或名称，如度、厘米、英寸等。
- ✧ 图形中所标注的尺寸为图形所表示物体的最后完工尺寸，如果是中间过程的尺寸（如在涂镀前的尺寸等），则必须另加说明。
- ✧ 物体的每一尺寸，一般只标注一次，并应标注在最能清晰反映该结构的视图上。

尺寸标注是向图形中添加测量注释的过程。系统提供了 5 种基本的标注类型：线性标注、径向标注、角度标注、坐标标注和弧长标注，这 5 种标注类型包含了所有尺寸标注命令。

线性标注可以创建尺寸线水平、垂直和对齐的线性标注。包含线性标注、对齐标注、基线标注、连续标注和倾斜标注等命令。

- ✧ 径向标注：包含半径标注、直径标注、折弯标注等命令。
- ✧ 角度标注：用来测量两条直线或三个点之间的角度，包含角度标注命令。
- ✧ 坐标标注：用来测量原点到测量点的坐标值，包含坐标标注命令。
- ✧ 弧长标注：用于测量圆弧或多段线弧线段上的距离，包含弧长标注命令。

9.1.2 尺寸标注的组成

一个完整的尺寸标注由尺寸界线、延伸线、箭头符号和尺寸文字等 4 部分组成，如图 9-1 所示。尺寸标注的关键数据，其余参数由预先设定的标注系统变量来自动提供并完成标注，从而简化了尺寸标注的过程。

- ✧ 尺寸界线：是指图形对象尺寸的标注范围，它以延伸线为界，两端带有箭头。尺寸线与被标注的图形平行。尺寸线一般是一条线段，有时也可以是一条圆弧。

- ✧ 延伸线（超出尺寸界线）：是指从被标注的图形对象到尺寸线之间的直线，也表示尺寸线的起止和终止。
- ✧ 箭头符号（尺寸起止符号）：位于尺寸线两端，用来表明尺寸线的起止位置，AutoCAD 2014 提供了多种多样的终端形式，通常在机械制图中习惯以箭头来表示尺寸终端，而建筑制图中则习惯以短斜线来表示。用户也可以根据自己的需要自行设置终端形式。
- ✧ 尺寸文字：表示被标注图形对象的标注尺寸数值，该数值不一定是延伸线之间的实际距离值，可以对标注文字进行文字替换。尺寸文字既可以放在尺寸线之上，也可以放在尺寸线之间，如果延伸线内放不下尺寸文本时，系统会自动将其放在延伸线外面。

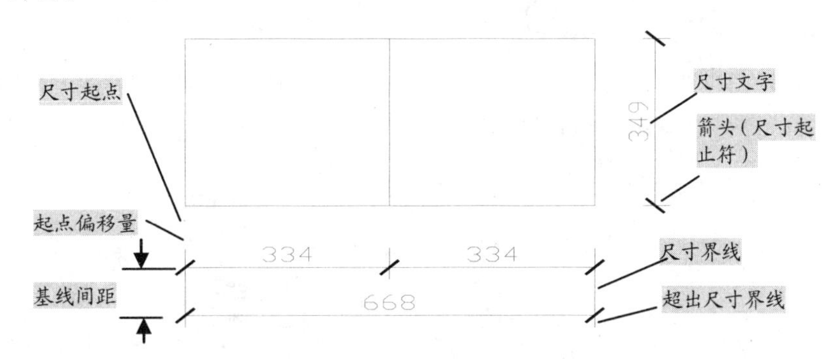

图 9-1　AutoCAD 尺寸标注的组成

经验分享——尺寸数据的准确性

由于尺寸标注命令可以自动测量所标注图形的尺寸，所以用户绘图时应尽量准确，这样可以减少修改尺寸文字所花费的时间，从而加快绘图的速度。

9.2 创建与设置标注样式

在对图形对象进行标注时，可以使用系统中已经定义的标注样式，也可以创建新的标注样式来适应不同风格或类型的图纸。

9.2.1 打开标注样式管理器

用户在标注尺寸之前，第一步要建立标注样式，如果用户不建立标注样式而直接进行标注，系统可使用默认的“Standard”样式。可以通过“标注样式管理器”对话框进行设置。打开“标注样式管理器”对话框，可通过以下几种方法：

- ✧ 面板 1：在“注释”标签下的“标注”面板中单击右下角的“标注样式”按钮，如图 9-2 所示。

✧ 面板 2：在“常用”标签下的“注释”面板中，单击“注释▾”，在出现的下拉列表中，选择“标注样式”按钮，如图 9-3 所示。

✧ 命令行：在命令行中输入“DimStyle”命令（快捷键为 D）。

执行上述命令后，系统弹出“标注样式管理器”对话框，如图 9-4 所示。

图 9-2 单击“标注样式”按钮

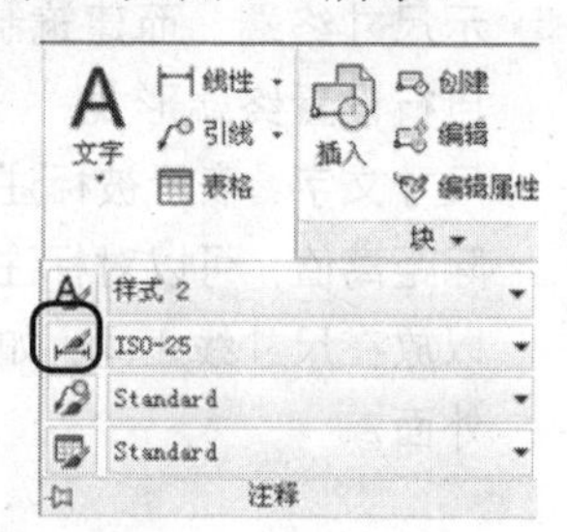

图 9-3 单击“标注样式”按钮

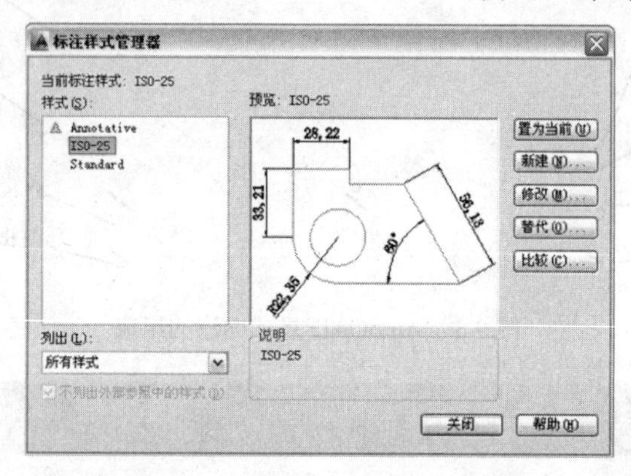

图 9-4 “标注样式管理器”对话框

在“标注样式管理器”对话框中，部分选项的含义如下：

✧ “新建”按钮：单击该按钮，将打开“创建新标注样式”对话框，可以创建新的标注样式。

✧ “修改”按钮：单击该按钮，将打开“修改当前样式”对话框，可以修改标注样式。

✧ “替代”按钮：单击该按钮，将打开“替代当前样式”对话框，可以设置标注样式的临时替代样式。

✧ “比较”按钮：单击该按钮，将打开“比较标注样式”对话框，可以比较两种标注样式的特性，也可以列出一种样式的多有特性，如图 9-5 所示。

✧ “帮助”按钮：单击该按钮，将打开“AutoCAD 2014 帮助”窗口，在此可以查找到需要的帮助信息，如图 9-6 所示。

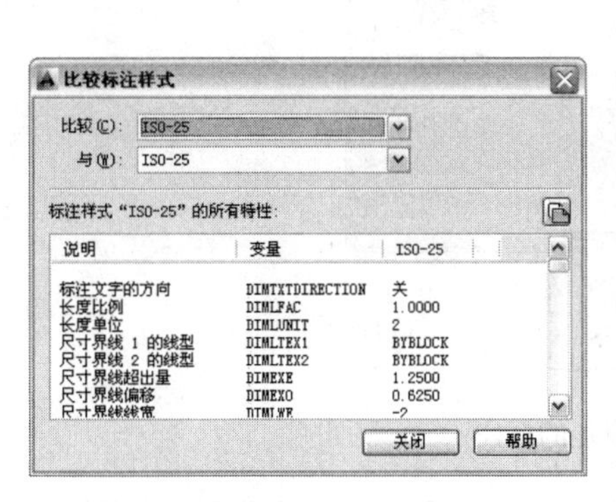

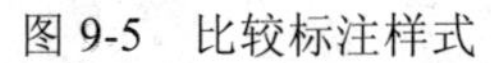

图 9-5　比较标注样式　　　　图 9-6　帮助窗口

9.2.2　创建标注样式

在“标注样式管理器”对话框中单击“新建”按钮后，打开“创建新标注样式”对话框，如图 9-7 所示，在该对话框中可以创建新的标注样式。其中部分选项的含义如下：

✧ 基础样式：在该下拉列表中，可以选择一种基础样式，在该样式的基础上进行修改，从而建立新样式，如图 9-8 所示。

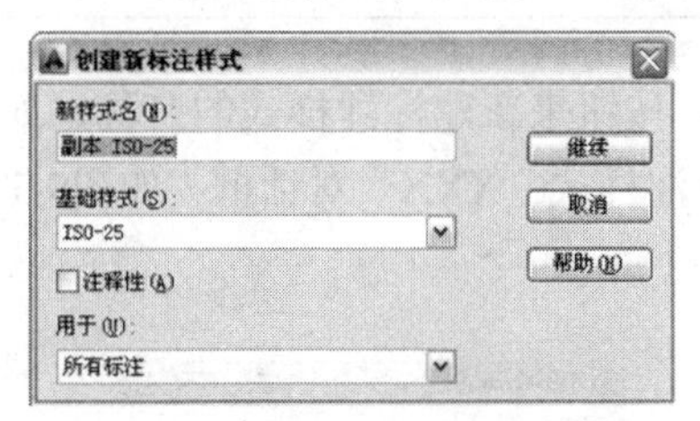

图 9-7　“新建标注样式”对话框　　　　图 9-8　选择基础样式

经验分享——尺寸基础样式的选择

指定基础样式时，选择与新建样式参数相近的样式，可以减少后面对标注样式参数的修改量。

✧ 用于：可以限定所选标注格式只用于某种确定的标注形式，用户可以在下拉列表框中选取所要限定的标注形式，如图 9-9 所示。

✧ 注释性：勾选是否运用注释性。

✧ 继续：单击此按钮，可以打开“新建标注样式”对话框，从而可以进行设置和修改标注样式的相关参数。

Note

图 9-9　选取限定的标注

提示与技巧

在创建一个标注样式后，在该样式的基础上还可以创建具有一些限定的标注样式，如角度标注、直径标注、半径标注。

如果当前标注样式已设置的“箭头”为“建筑标记”，“文字对齐”为“与尺寸线对齐”；需要再创建“角度标注”样式，其“箭头”为“实心闭合”，“文字对齐”为“水平”，在当前标注样式下，进行角度标注时，则箭头方式和文字对齐方式为上述所设置的效果。

9.2.3　设置标注样式

在“标注样式管理器”对话框中单击“新建”按钮来新建标注样式的名称，如图9-10所示，然后单击“继续”按钮，即可弹出“新建标注样式：XXX”对话框，如图9-11所示。

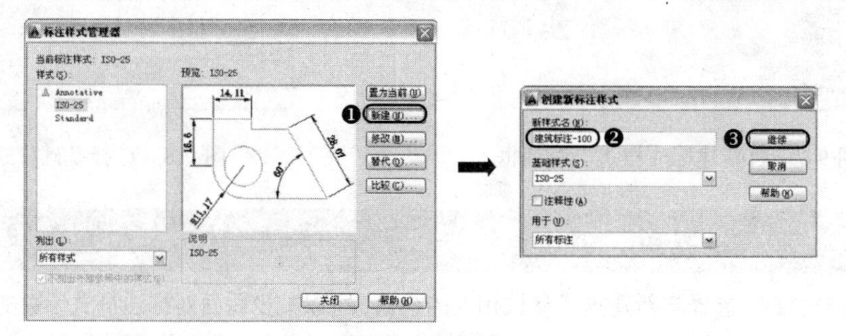

图 9-10　新建标注样式名称

在随后打开的“新建标注样式：XXX”对话框中，用户可以通过“线”、“符号和箭头”、“文字”、“调整”、“主单位”、“换算单位”和“公差”等7个选项来进行各项参数的设置。

1．线

在“线”选项卡中，可以设置标注内的尺寸线与尺寸界线的形式与特性，如图 9-11所示，各选项的功能与含义如下：

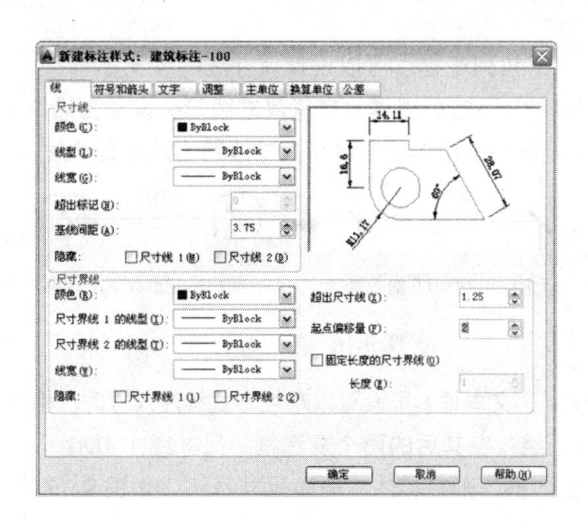

图 9-11　“新建标注样式：XXX”对话框

（1）在“尺寸线”选项组中，主要用于设置尺寸线的特性。

✧ “颜色（C）”下拉列表框：可以设置尺寸线的颜色，如图 9-12 所示。可以是随层（ByLayer）、随块（ByBlock），或者是其他颜色。若选择“选择颜色”项，系统将打开“选择颜色”对话框，用户可以通过该对话框来设置尺寸线的颜色，如图 9-13 所示。

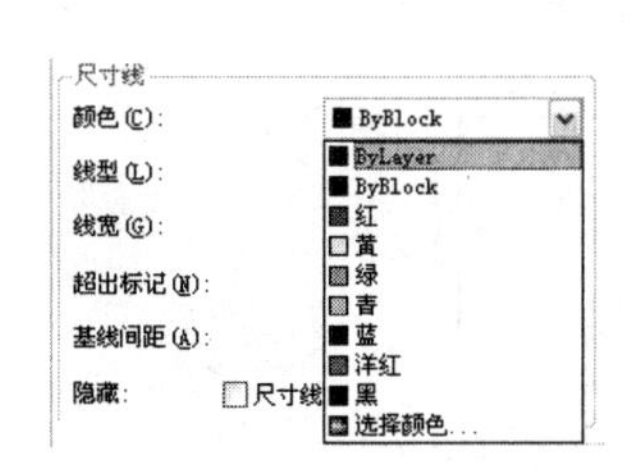

图 9-12　“颜色”下拉列表框

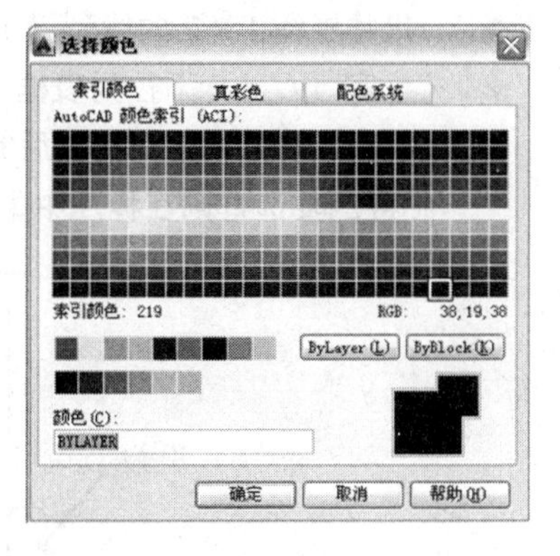

图 9-13　“选择颜色”对话框

✧ “线型（L）”下拉列表框：可以设置尺寸线的线型，如图 9-14 所示。单击下拉列表框中的最后一项“其他”，将打开“选择线型”对话框，用户也可以通过该对话框来设置并加载需要的线型，如图 9-15 所示。

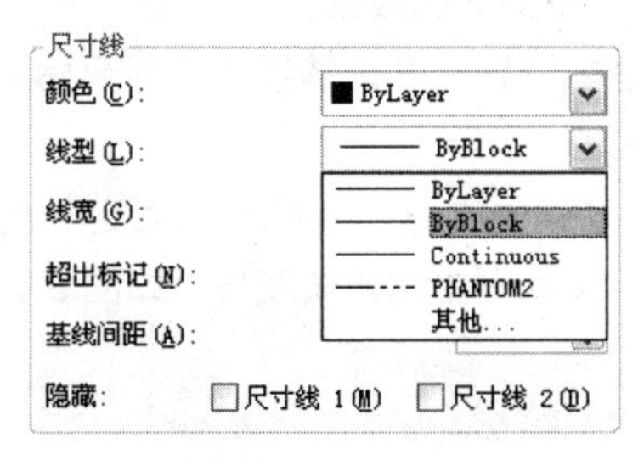

图 9-14　“线型”下拉列表框

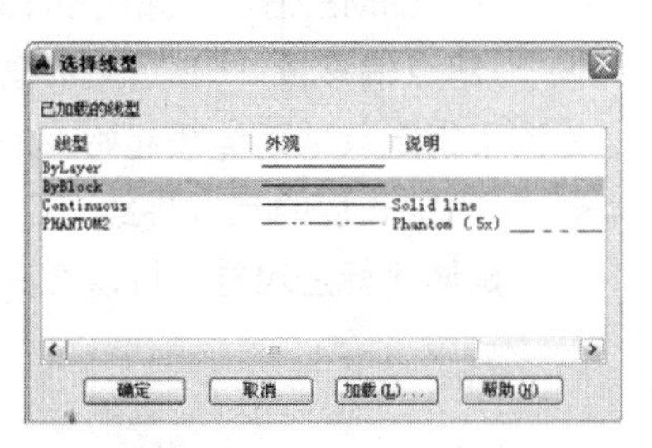

图 9-15　“选择线型”对话框

✧ “线宽（G）”下拉列表框：可以设置尺寸线的线宽。

✧ “超出标记（N）”下拉列表框：当将尺寸线箭头设置为短斜线、短波线，或尺寸线上无箭头时，可利用该微调框来调整尺寸线超出尺寸延伸线的距离，如图 9-16 所示。

图 9-16　超出标记图

✧ “基线间距（A）”文本框：可设置以基线方式标注尺寸时，相邻两尺寸线之间的距离。

✧ “隐藏”复选框组：在其后的两个复选框“尺寸线 1（M）”、“尺寸线（D）”中，勾选相应的复选框，则在标注中隐藏尺寸基线，如图 9-17 所示。

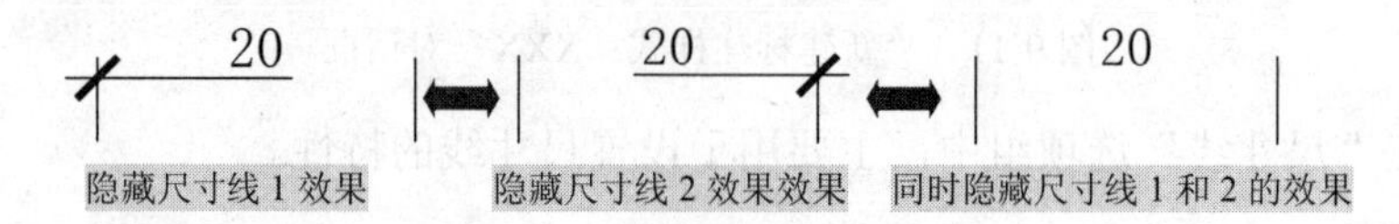

图 9-17　隐藏尺寸线

（2）在“尺寸界线”选项组中，主要用于确定尺寸界线的特性。

✧ “颜色（R）”下拉列表框：主要用于设置尺寸界线的颜色。

✧ “尺寸界线 1／2 的线型（I）”下拉列表框：此两项用于设置尺寸线的线型。

✧ “线宽（W）”下拉列表框：可以设置尺寸界线的线宽。

✧ “隐藏”复选框组：在其后的两个复选框“尺寸界线 1”、“尺寸界线 2”中，勾选相应的复选框则在标注中隐藏尺寸界线，如图 9-18 所示。

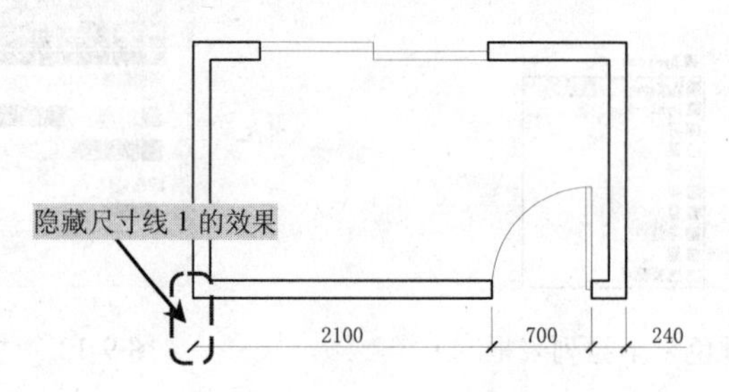

图 9-18　隐藏尺寸界线 1 效果

✧ “超出尺寸线（X）”文本框：用于确定延伸线超出尺寸线的距离，对应的尺寸变量是“DIMEXE”，如图 9-19 所示，超出尺寸线是 2 的效果。

✧ “起点偏移量（F）”文本框：可在其微调框中设置尺寸延伸线的实际起始点，相对于指定尺寸延伸线起始点的偏移量，如图 9-20 所示。

✧ “固定长度的尺寸界线（O）”复选框：勾选该复选框，系统将以固定长度的尺寸延伸线标注尺寸，可以在其下面的“长度”文本框中输入长度值，如图 9-21 所示。

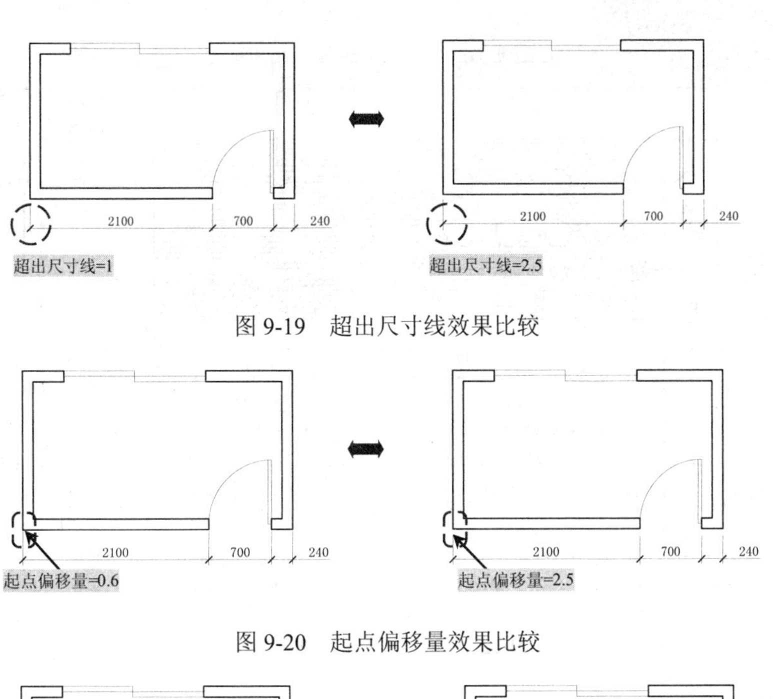

图 9-19　超出尺寸线效果比较

图 9-20　起点偏移量效果比较

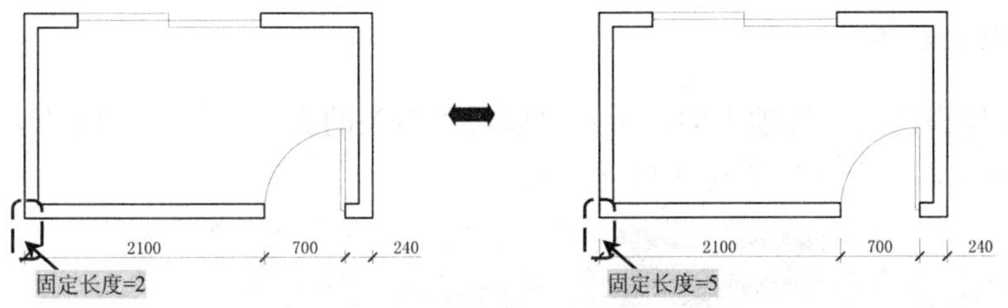

图 9-21　不同的固定长度效果比较

Note

经验分享——室内施工图的尺寸标注规定

在绘制室内装潢施工图过程中，尺寸界线用细实线绘制，一般应与被标注的长度垂直，其一端应离开图样轮廓线 2～3mm（起点偏移量），另一端宜超出尺寸线 2～3mm；尺寸线也用细实线绘制，并与被标注长度平行，图样本身的图线不能用作尺寸线；尺寸起止符号一般用中粗斜短线绘制，其倾斜方向与尺寸界线成顺时针 45°，长度宜为 2～3mm，在轴测图中，尺寸起止符号一般用圆点表示；尺寸数字一般应依据其方向注写在靠近尺寸线的上方中部，尺寸数字的书写角度与尺寸线一致。图形对象的真实大小以图面标注的尺寸数据为准，与图形的大小及准确度无关。图样上的尺寸单位，除标高及总平面以米(m)为单位外，其他必须以毫米（mm）为单位。

尺寸适宜标注在图样轮廓以外，不宜与图线、文字及符号等相交。图线不得穿过尺寸数字，不可避免时，应将尺寸数字处的图线断开。图样轮廓线以外的尺寸界线，距图样最外轮廓之间的距离，不宜小于 10mm。平行排列的尺寸线的间距，宜为 7～10mm，并应保持一致。互相平行的尺寸线，较小的尺寸应距离轮廓线较近，较大的尺寸，距离轮廓线较远。尺寸标注的数字应距尺寸线 1～1.5mm，其字高为 2.5mm(在 A0、A1、A2 图纸)或字高 2mm(在 A3、A4 图纸)，如图 9-22 所示。

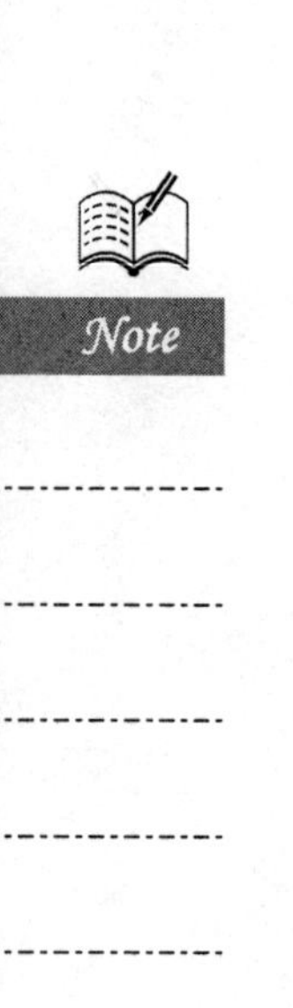

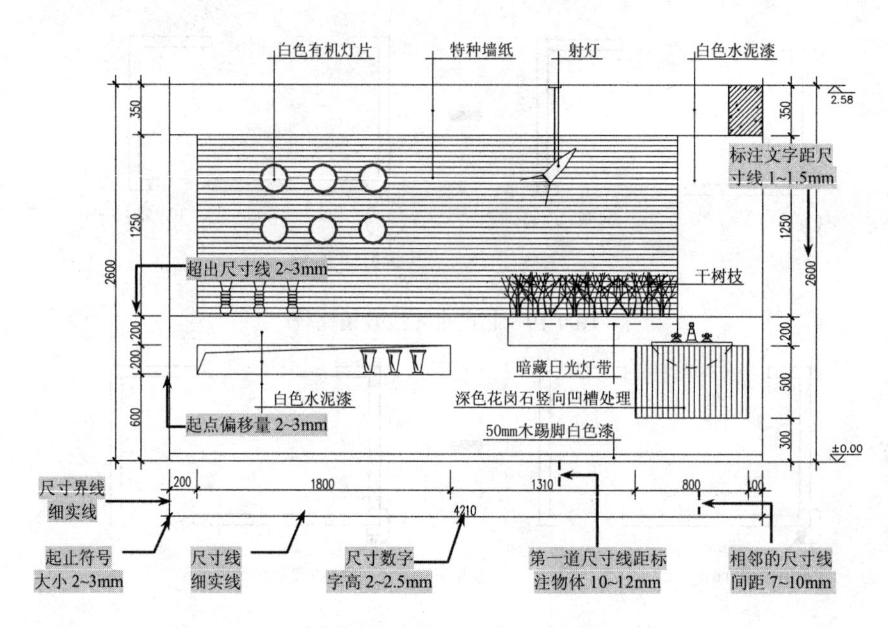

图 9-22　尺寸标注的组成及规格

2．符号和箭头

在“符号和箭头”选项卡中，用户可以设置箭头的类型、大小，以及引线类型等，如图 9-23 所示，各个选项的功能与含义如下：

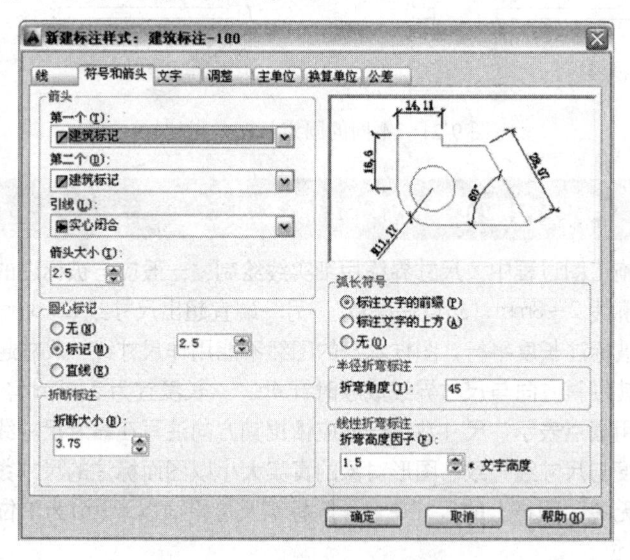

图 9-23　“符号和箭头”选项卡

Step 01 在“箭头”选项组中，用于设置尺寸箭头的形式。

✧ “第一个（T）/第二个（D）”下拉列表框：可以指定标注中尺寸线起点与终点的箭头，如图 9-24 所示。图 9-25 所示为不同箭头样式的效果比较。

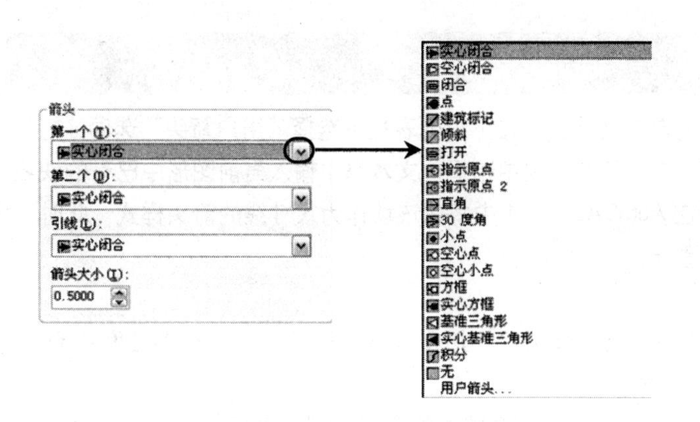

图 9-24　“箭头”类型的下拉列表框

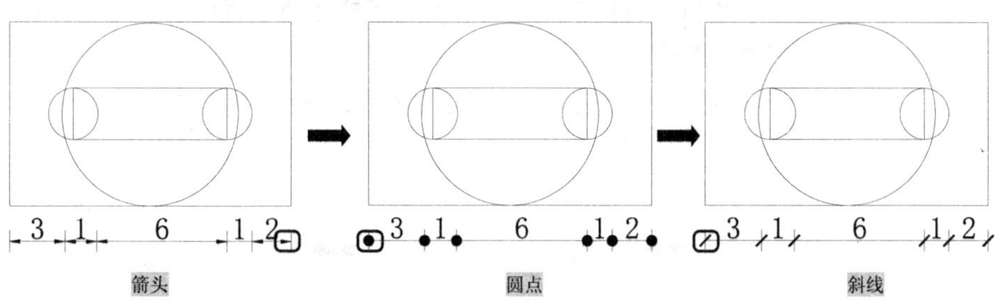

图 9-25　不同的箭头标记效果

✧ “引线（L）”下拉列表框：可以指定标注尺寸的引线类型，如图 9-26 所示。

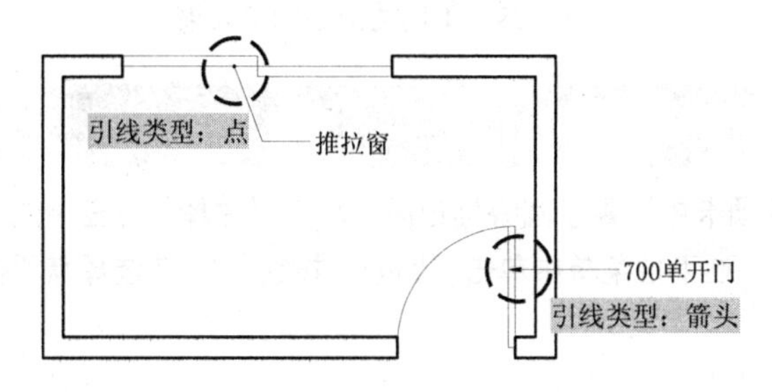

图 9-26　不同引线类型效果比较

✧ “箭头大小（I）”文本框：可在其微调框中设置箭头的大小，如图 9-27 所示。

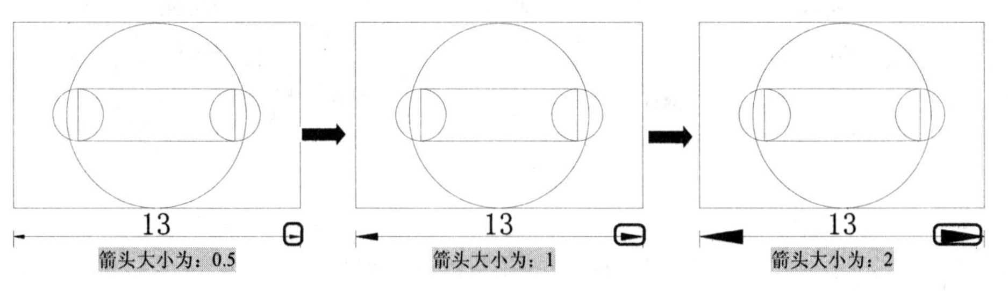

图 9-27　不同的箭头大小的效果

经验分享——自定义箭头形式

用户还可以使用自定义箭头。在下拉列表框中选择“用户箭头”选项，打开“选择自定义箭头块”对话框，在“从图形块中选择”文本框中输入当前图形中已有的块名，然后单击“确定”按钮，则在 AutoCAD 2014 中将以该块作为尺寸线的箭头样式，此时，块的插入基点与尺寸线的端点重合。

Step 02 在“圆心标记”选项组，用于设置半径标注、直径标注和中心标注中的中心标记、中心线形式。

- ✧ “无（N）”单选钮：选择该单选钮，则没有任何标记。
- ✧ “标记（M）”单选钮：选择该单选钮，可对圆或圆弧创建圆心标记，并在其后的“大小”文本框中设置标记的大小。
- ✧ “直线（E）”单选钮：选择该单选钮，可对圆或圆弧绘制中心线，如图 9-28 所示。

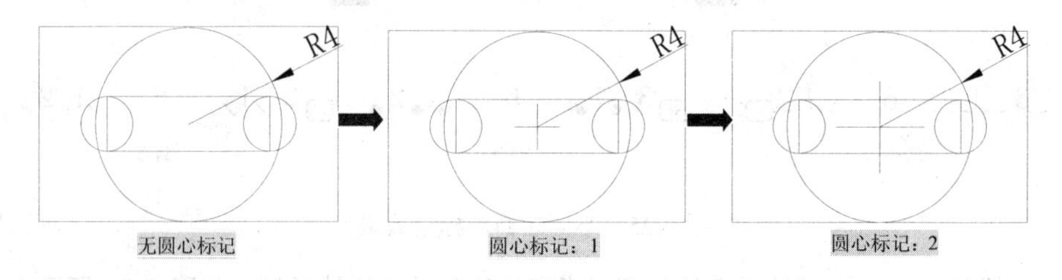

图 9-28　不同的圆心标记效果

经验分享——圆心的标记

在“符号和箭头”选项卡中设置了圆心标记后，单击“注释”标签下的“标注”面板中单击“小箭头”按钮，在下拉菜单中单击“圆心”按钮，在选择需要被标注的圆或圆弧，就会显示圆心标记。

Step 03 在“折断标注”选项组中，主要用于设置“折断大小（B）”选项，可在其中的文本框中设置标注折断的尺寸架线被打断的长度，如图 9-29 所示。

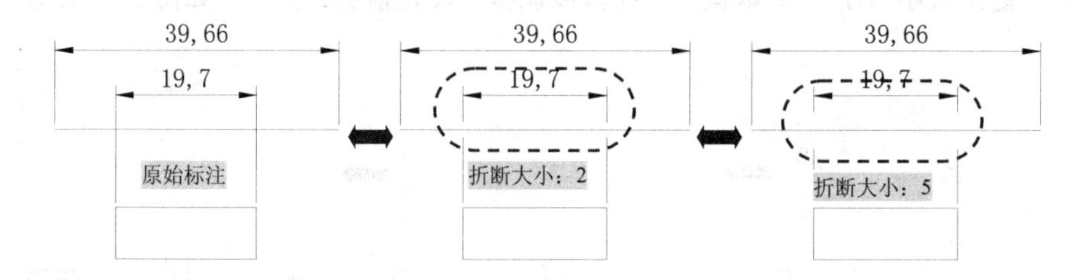

图 9-29　不同的折断标记效果

Step 04 在“弧长符号”选项组中，主要用于设置“标注文字的前缀（P）”、“标注文字的上方（A）”和“无（O）”选项，可选择其中一项设置弧长符号的显示位置，如图 9-30 所示。

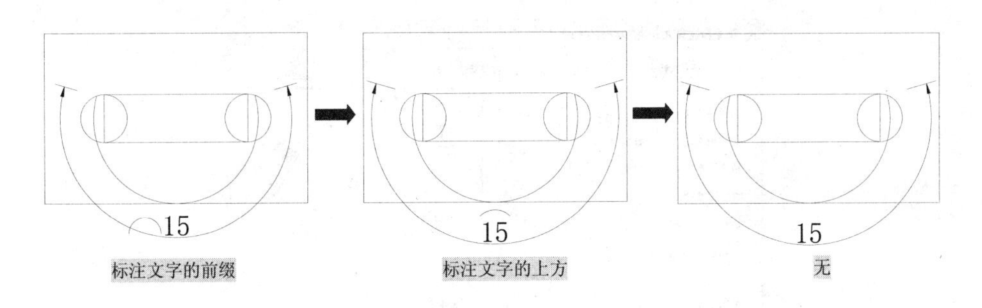

图 9-30　不同的弧长符号标记效果

Step 05 在“半径折弯标注”选项组中，主要用于设置“折弯角度（J）”选项，在其后的文本框中输入角度值，可设置标注圆弧半径时标注线的折弯角度，如图 9-31 所示。

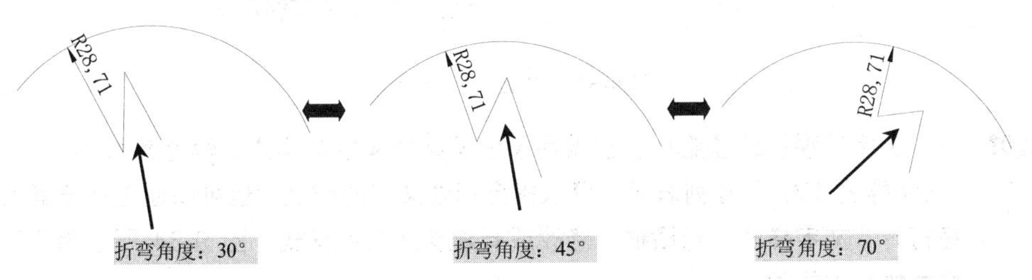

图 9-31　不同的半径折弯标记效果

Step 06 在“线性折弯标注”选项组中，主要用于设置“线性折弯标注（P）”选项，在其下的文本框中输入比例值，可设置折弯标注被打断时折弯线的高度，如图 9-32 所示。

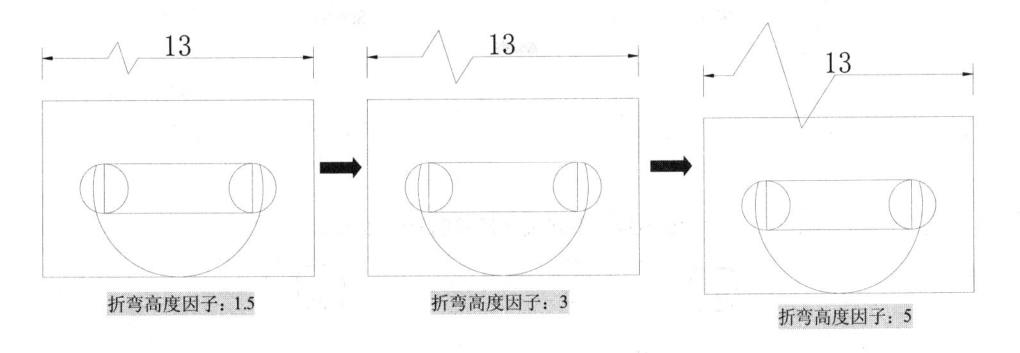

图 9-32　不同的线性折弯标注

3．文字

在“文字”选项卡中，可以设置文字的各项参数，如文字样式、颜色、高度、位置、对齐方式等，如图 9-33 所示，其各个选项的功能与含义如下：

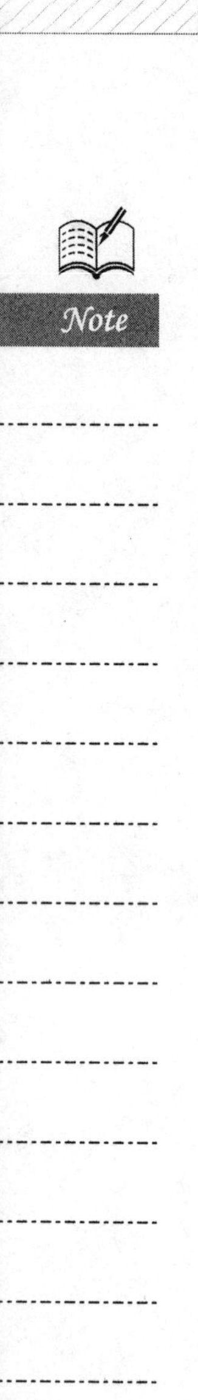

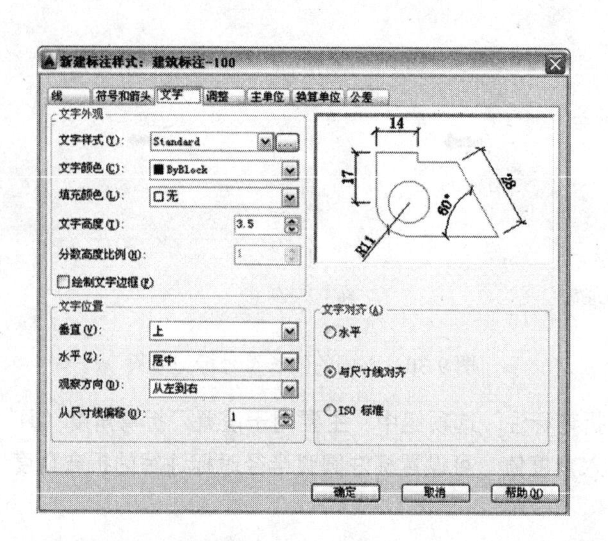

图 9-33 “文字”选项卡

Step 01 在“文字外观”选项组中，主要用于设置标准文字的样式、颜色及大小。

✧ “文字样式（Y）”拉列表框：可以指定标注文字的样式。也可以通过单击其后的按钮打开“文字样式”对话框，修改或新建标注文字样式。图 9-34 所示为不同文字样式的标注效果。

✧ “文字颜色（C）”下拉列表框：可以设置标注文字的颜色，如图 9-35 所示。

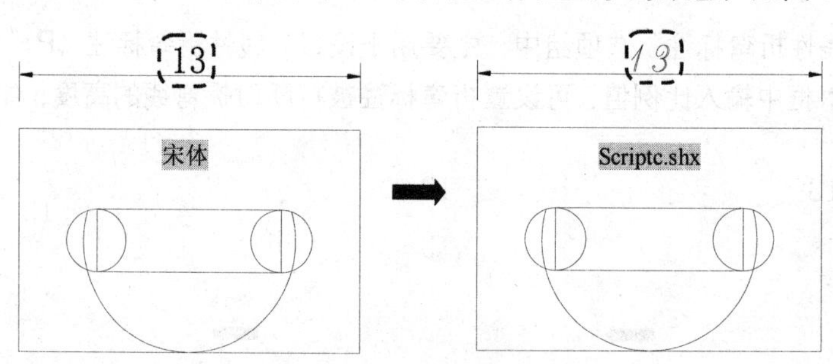

图 9-34 不同文字样式的标注效果

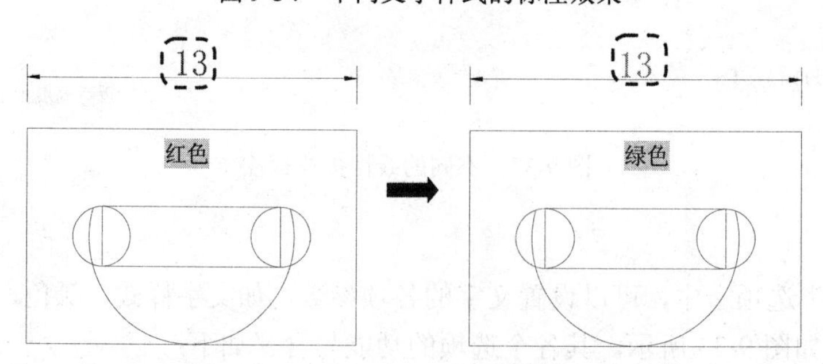

图 9-35 不同文字颜色的标注效果

✧ “填充颜色（L）”下拉列表框：可以设置标注文字填充的颜色，如图 9-36 所示。

✧ “文字高度（T）”文本框：通过在其后的微调框中输入数据指定标注文字的高度，也可以使用“DIMTXT”命令来设置，如图 9-37 所示。

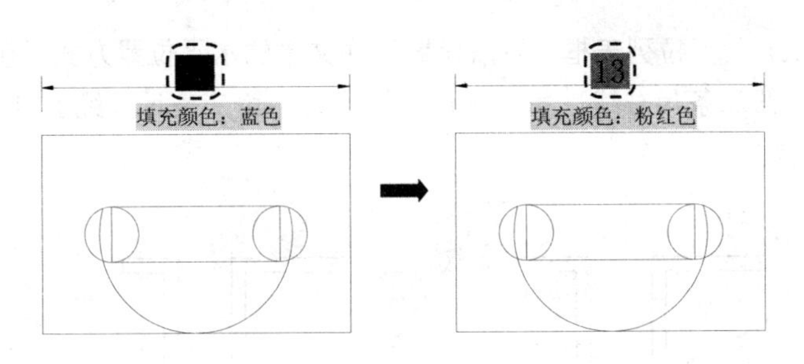

图 9-36　不同文字填充颜色的标注效果

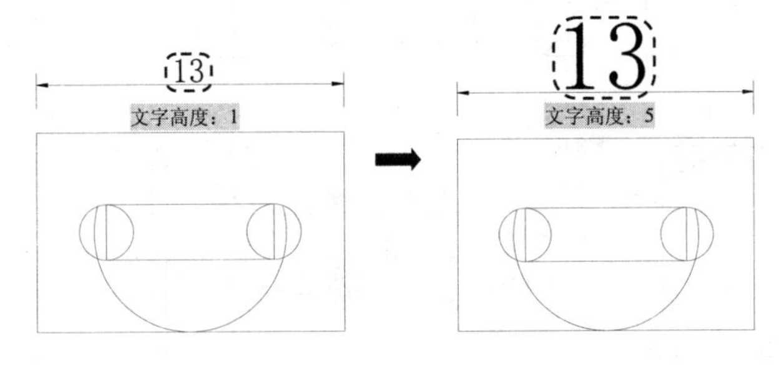

图 9-37　不同文字高度的效果

✧ “分数高度比例（H）”文本框：在采用分数制的情况下用于表示尺寸数值。

✧ “绘制文字边框（F）”复选框：勾选该复选框将给标注文字加上边框，如图 9-38 所示。

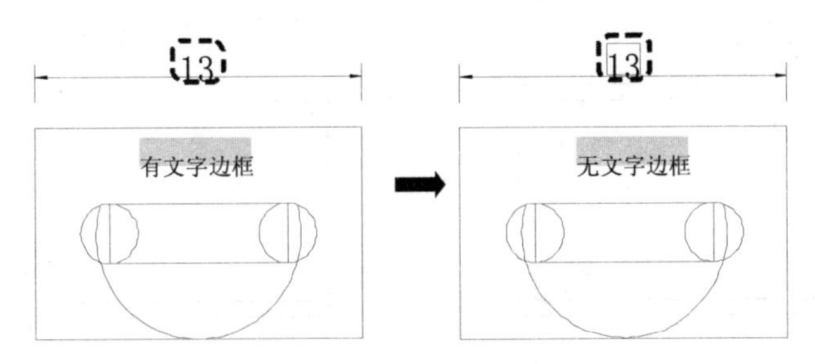

图 9-38　绘制文字边框的效果

Step 02 在“文字位置”选项组中，主要用于设置标注文字的位置。

✧ “垂直（V）”下拉列表框：可以设置标注文字的垂直位置方法，包括居中、上、外部、JIS、5 个选项如图 9-39 所示。

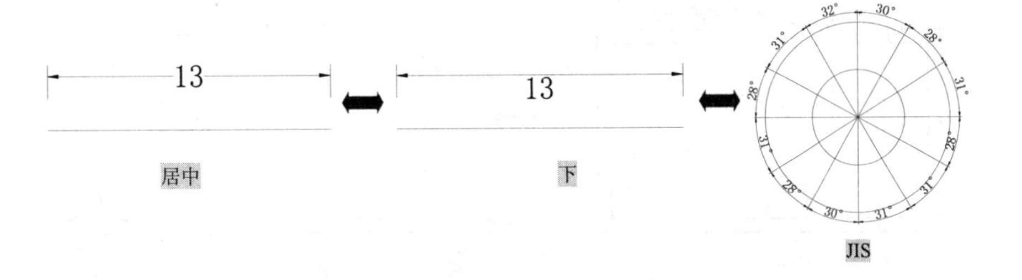

图 9-39　文字垂直方向的对齐方向

✧ “水平（Z）”下拉列表框：可以设置标注文本的水平位置方式，包括居中、第一条尺寸线、第二条尺寸线、第一条尺寸线上方、第二条尺寸线上方 5 个选项，如图 9-40 所示。

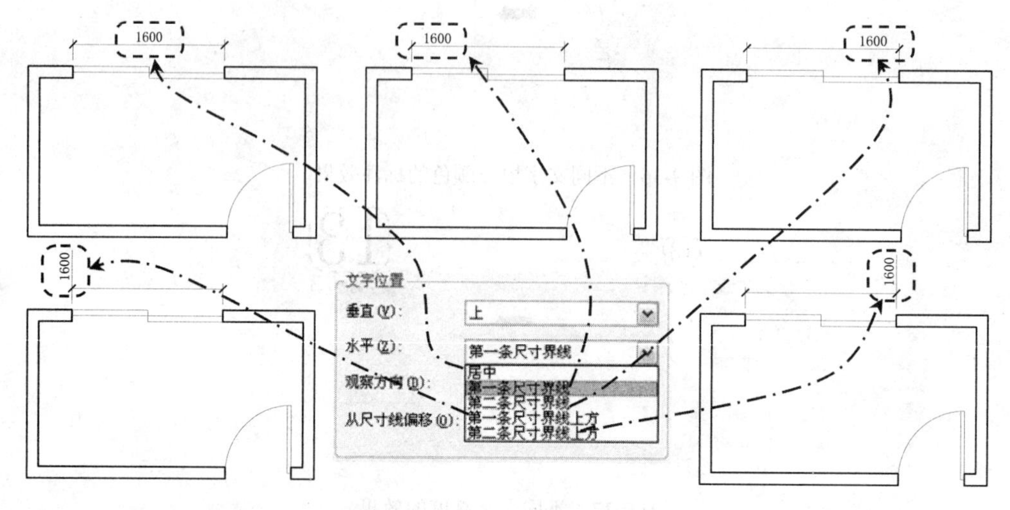

图 9-40　文字水平方向的对齐方向

✧ “观察方法（D）”下拉列表框：可以选择文字的观察方向，包括从左到右和从右到左，如图 9-41 所示。

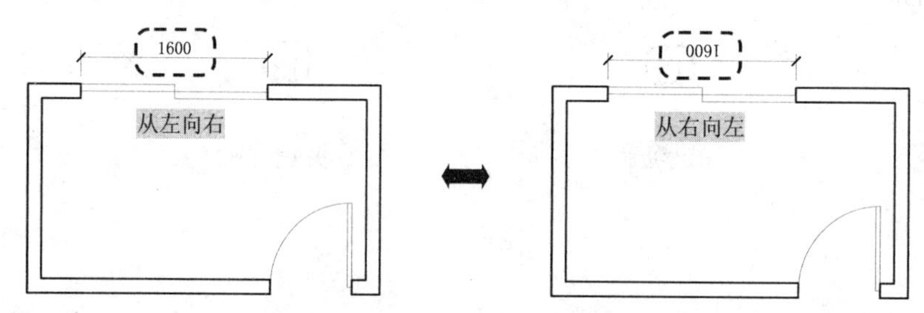

图 9-41　文字水平方向的对齐方向

✧ “从尺寸线偏移（O）”文本框：在其后的微调框中指定标注文字与尺寸线之间的偏移距离，若标注文字在尺寸线之间，则表示断开处尺寸端点与尺寸文字的间距，如图 9-42 所示。

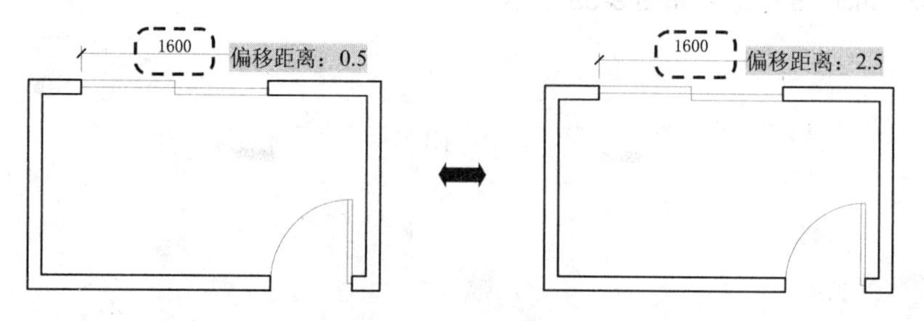

图 9-42　文字的偏移距离

Step 03 在“文字对齐”选项组中，主要用于设置“水平”、“与尺寸线对齐”、“ISO 标准”选项，选择其中任意一项设置标注文字的对其方式，如图 9-43 所示。

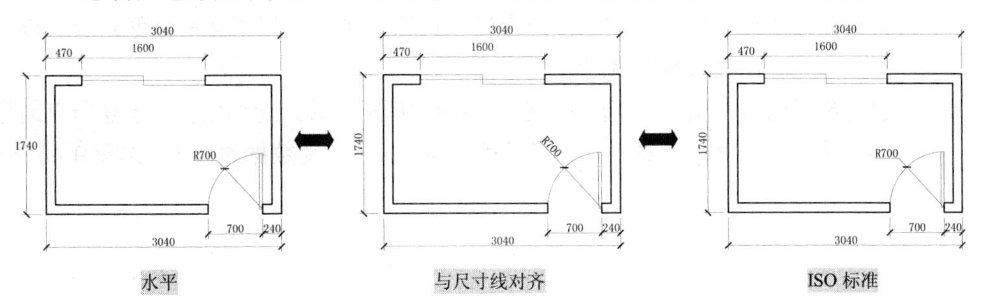

图 9-43　文字对齐方式

Note

4. 调整

在“调整”选项卡中，可以对标注文字、尺寸线及比例等进行修改与调整，如图 9-44 所示，其各个选项的功能含义如下：

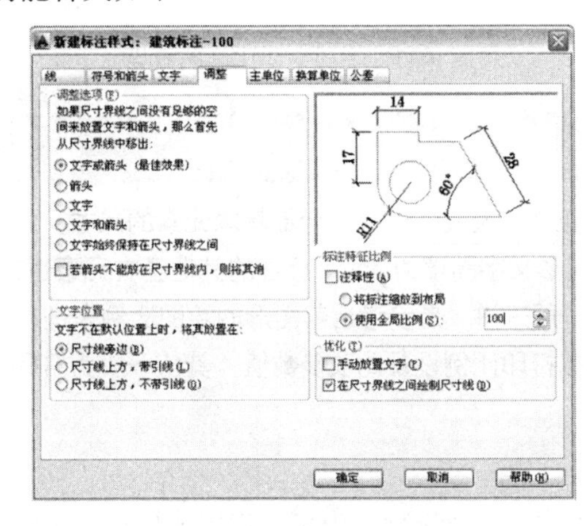

图 9-44　“调整”选项卡

（1）在“调整选项”选项组中，当尺寸界线之间没有足够的空间，但又需要放置标注文字与箭头时，可以设置将文字或箭头衣橱到尺寸线的外面。

- ✧ “文字或箭头”（最佳效果）：按照最佳效果自动移出文本或箭头。
- ✧ “箭头”单选钮：指定尺寸界线间距离不足以放下箭头时，箭头放在尺寸界线外。
- ✧ “文字”单选钮：将文字移出尺寸界线外。
- ✧ “文字和箭头”单选钮：当尺寸界线间距离不足以放下文字和箭头时，文字和箭头放在尺寸界线外。
- ✧ “文字始终保持在延伸线之间”单选钮：始终将文字放在延伸线之间。
- ✧ “若箭头不能放在延伸线内，则将其消除”复选框：当延伸线内没有足够的空间时，则自动隐藏箭头。

（2）在“文字位置”选项组中，可以设置当文字不在默认位置上时，将会放置的位置是“尺寸线旁边”、“尺寸线上方，带引线”、“尺寸线上方，不带引线”中的哪一种。

（3）在“标注特征比例”选项组中，用于设置注释性文本及全局比例因子。

✧ “注释性（A）”复选框：勾选该复选框，则标注具有注释性。

✧ “将标注缩放到布局”单选钮：选择该单选钮，系统将根据当前模型空间视口与布局空间之间的比例来确定比例因子。

✧ “使用全局比例（S）”单选钮：在其后的微调框中输入比例值，可调整所有的标注比例，包括文字和箭头的大小及高度等，但它并不改变数据的大小，如图 9-45 所示。

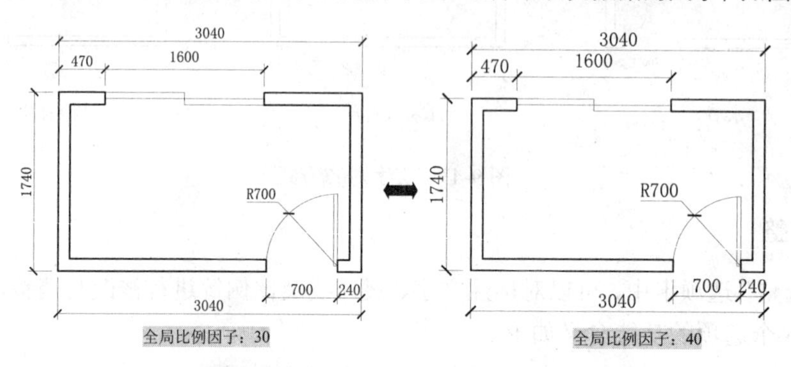

图 9-45　不同全局比例的效果

经验分享——全局比例因子的妙用

全局比例因子的作用是整体放大或缩小标注全部基本元素的尺寸，如文字高度为 3.5，全局比例因子调为 100，则图形文字高度为 350，标注的其他基本元素也被放大 100 倍。

全局比例因子的设置，一般来讲，是参考当前图形的绘图比例来进行设置的。在模型空间中进行尺寸标注时，应根据打印比例设置此项参数值，其值一般为打印比例的倒数。

5. 主单位

在“主单位”选项卡中，在该选项卡中可以设置线性标注于角度标注。线性标注包括单位格式、精度、舍入、测量单位比例、消零等。角度标注暴扣单位格式、精度、消零，如图 9-46 所示。

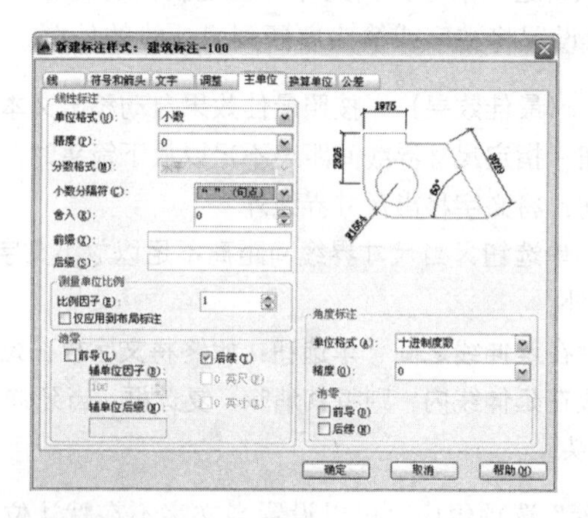

图 9-46　“主单位”选项卡

（1）在“线性标注”选项组中，可以设置线型标注的格式和精度。

✧ “单位格式”文本框：用来显示或设置基本尺寸的单位格式，包括“科学”、“小数”、“工程”、“建筑”和“分数”等选项，如图 9-47 所示。

✧ “精度”文本框：用来控制除角度型尺寸标注之外的尺寸精度。

✧ “分数格式”文本框：用来设置分数型尺寸文本额书写格式，包括“对角”、“水平”和“非堆叠”栅格选项。

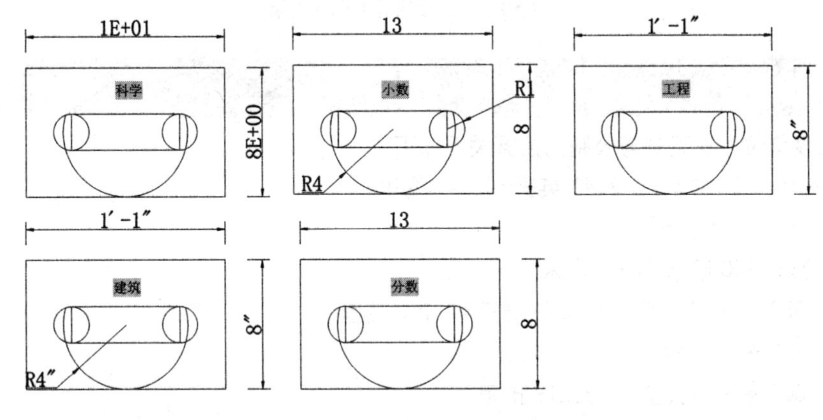

图 9-47　不同格式的单位

✧ “小数分隔符（C）”文本框：用来设置小数点分割符格式，包括“句点（.）”、“逗点（，）”和“空格”三个选项，如图 9-48 所示。

图 9-48　小数分隔符

✧ “舍入”文本框：用户可在该微调框中输入一个数值（除角度外）作为尺寸数字的舍入值。

✧ “前缀、后缀”文本框：用户可在该文本框中输入尺寸文本的前缀和后缀，如图 9-49 所示。

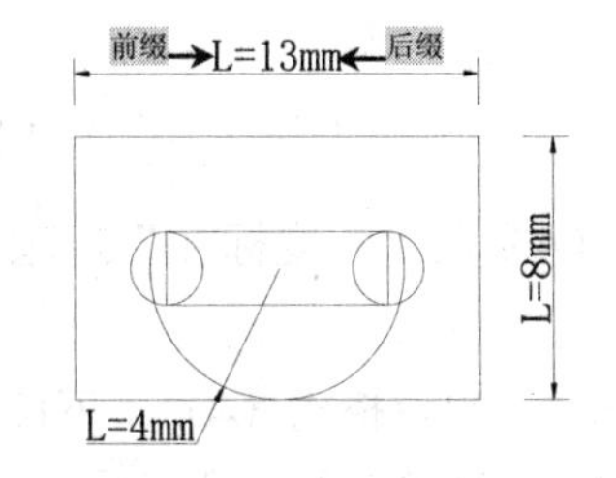

图 9-49　标注的前缀与后缀的显示

（2）在“测量单位比例”选项组中，主要用于设置测量尺寸时的比例因子，以及布局标注的效果。

✧ “比例因子”文本框：在该文本框中输入比例因子，可以对测量尺寸进行缩放。在视图中绘制 500×200 的图形，在进行尺寸标注时，若按 1:1000 的比例绘制图形，那么可在此微调框中输入“1000”；如果按 2:1 的比例绘制图形，那么可在此微调框中输入“0.5”，如图 9-50 所示。

✧ “仅应用到布局标注”复选框：勾选该复选框，则设置的比例因子只应用到布局标注，而不对绘图区的标注产生影响。

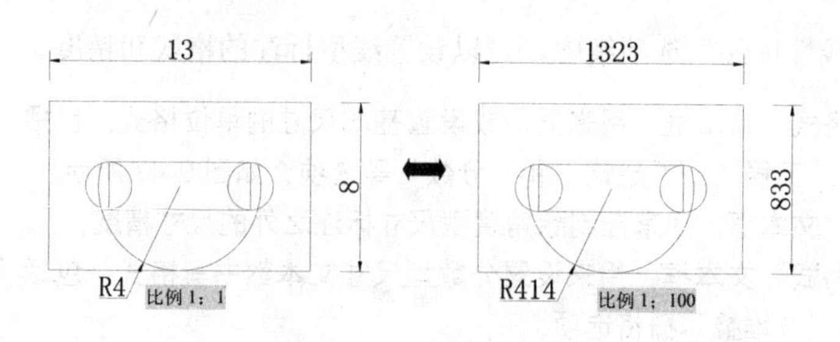

图 9-50　不同比例因子的效果

经验分享——常用长度单位的换算关系

常用的长度单位，其英制与公制的换算关系如下：

1 千米（公里）=2 市里=0.6241 英里=0.540 海里

1 米=3 市尺=3.281 英尺

1 米=10 分米=100 厘米=1000 毫米

1 海里=1.852 千米（公里）=3.074 市里=1.150 英里

1 市尺=0.333 米=1.094 英尺

1 英里=1.609 千米（公里）=3.219 市里

1 英尺=12 英寸=0.914 市尺

（3）在“清零”选项组中，主要用于设置“前导”、“后续”选项，设置是否显示尺寸标注中的“前导”零和“后续”零，如图 9-51 所示。

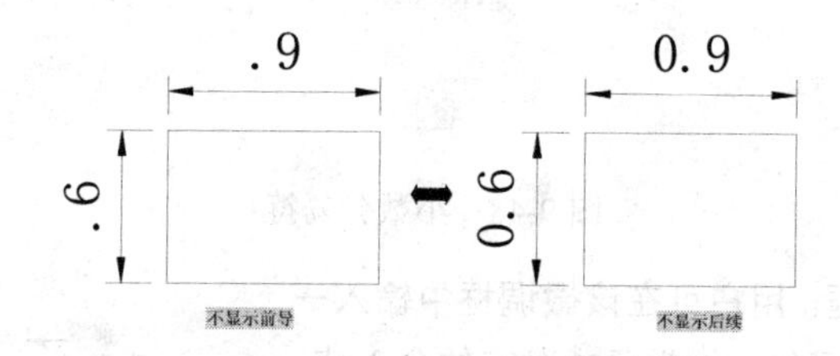

图 9-51　前导零与后续零的显示

（4）在“角度标注”选项组中，用于设置标注角度时采用的角度单位，以及是否清零。

✧　“单位格式（A）”下拉列表框：可以指定角度标注的格式，如图 9-52 所示。

✧　“精度”下拉列表框：可以设置角度标注的尺寸精度。

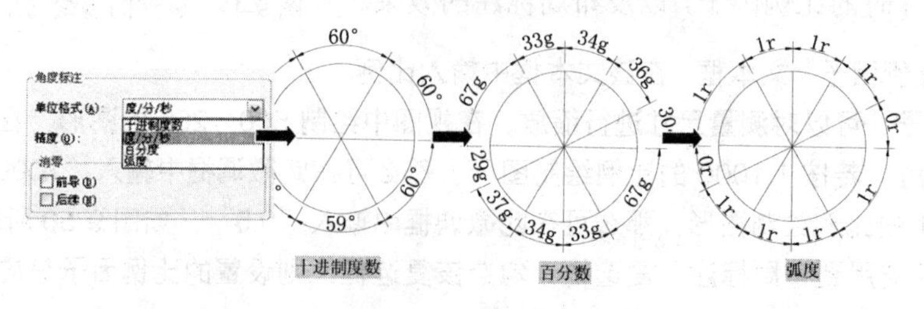

图 9-52　单位格式

✧ “前导（L）、后续（T）”复选框：用于设置是否显示角度标注中的“前导”零和“后续”零。

6. 单位换算

在“换算单位”选项卡中，可以设置换算单位的格式，如图 9-53 所示，其各个选项的功能与含义如下。

（1）“显示换算单位”复选框，可以设置是否标注公制或英制双套尺寸单位。选中该复选框，表明用户采用公制和英制双套单位来标注尺寸；若取消选中该复选框，表明用户只采用公制单位标注尺寸，如图 9-54 所示。

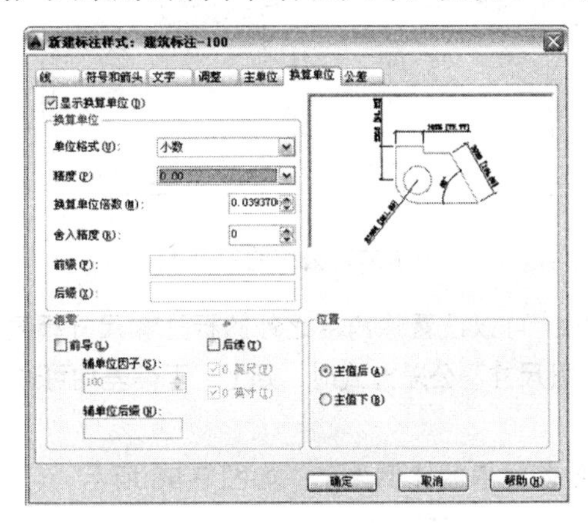

图 9-53 “换算单位”选项卡

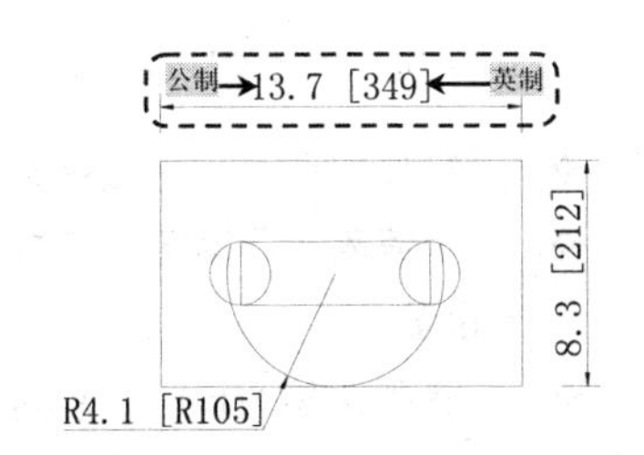

图 9-54 显示换算单位

（2）在“换算单位”选项组中，用户可以设置“单位格式”、“精度”、“换算单位倍数”、“舍入精度”、“前缀”、“后缀”、等选项。其中的“换算单位倍数”用于设置单位的换算率。

（3）在“位置”选项组中，用于设置换算单位的放置位置，即“主值后”和“主值下”两种，如图 9-55 所示。

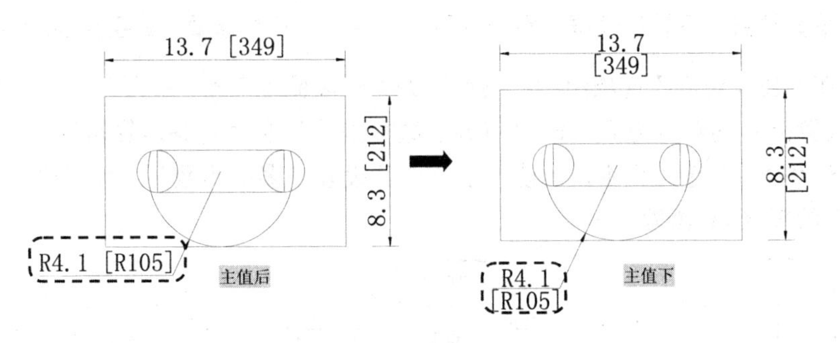

图 9-55 单位的放置位置

7. 公差

在“公差”选项卡中，如图 9-56 所示，可以设置尺寸公差的有关特征参数。其各个选项的功能与含义如下。

Note

（1）在“公差格式”选项组中，用于设置公差的标注方式。

✧ “方式（M）”下拉列表框：可以确定尺寸公差的形式，包括对称、极限偏差、极限尺寸和基本尺寸，如图 9-57 所示。

图 9-56 “公差”选项卡

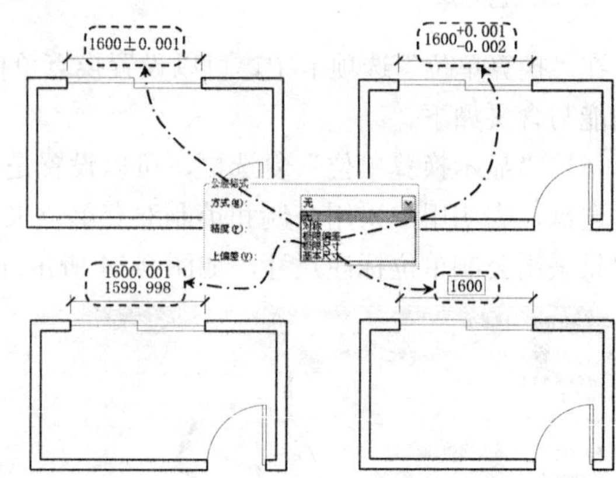

图 9-57 公差的显示方式

✧ “精度（P）”下拉列表框：下拉列表框：可以设置除角度之外的标注额尺寸精度。

✧ “上偏差、下偏差”文本框：当选择“极限尺寸”公差方式时，则上、下偏差均可进行设置。

✧ “高度比例（H）”文本框：用于设置公差数值的比例大小，如图 9-58 所示。

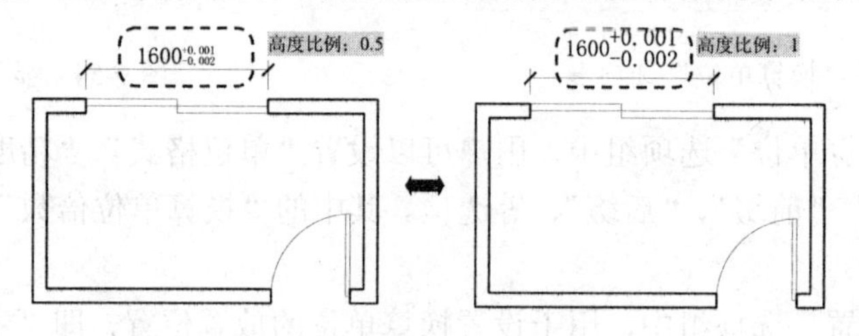

图 9-58 设置公差比例大小

✧ “垂直位置”下拉列表框：用于设置上、中、下三种选项，如图 9-59 所示。

（2）在“公差对齐”选项组中，当设置为“极限偏差”和“极限尺寸”公差方式时，可以用于设置公差的对齐方式，即“对齐小数分隔符”和“对齐运算符”。

（3）在“消零”选项组中，当设置了公差并设置了多位小数后，可以将公差“前导”和“后续”的零（0）消除。

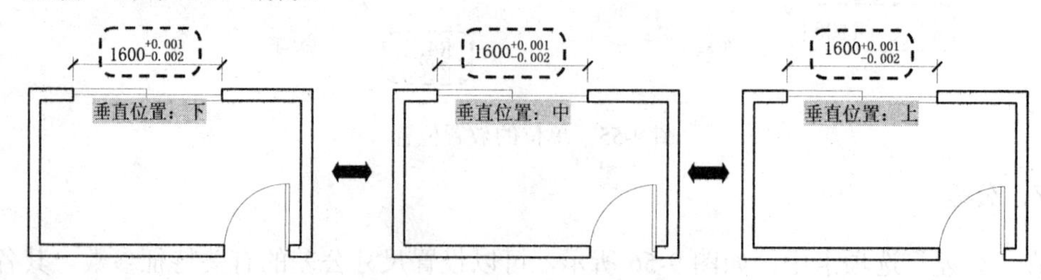

图 9-59 公差垂直对齐方式

跟踪练习——创建室内标注样式

视频\09\室内标注样式的创建.avi
案例\09\室内标注样式.dwg

本实例通过讲解室内施工图标注样式的创建过程，让读者能够熟练掌握和运用创建标注样式的方法和步骤，从而提高绘图效率。

Step 01 正常启动 AutoCAD 软件，按 Ctrl+S 组合键，将该空白文档保存为“案例\09\室内标注样式.dwg”文件。

Step 02 在“注释”选项卡的“标注”面板中单击右下角的“标注样式”按钮，打开“标注样式管理器”对话框，如图 9-60 所示。

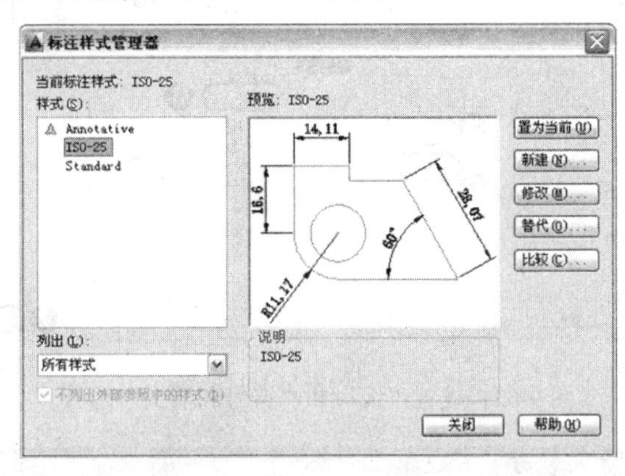

图 9-60　标注样式管理器

Step 03 单击“新建”按钮，打开“创建新标注样式”对话框，输入新建标注样式的名称为“室内设计-100”，再单击“继续”按钮，打开“新建标注样式：室内设计-100”对话框，如图 9-61 所示。

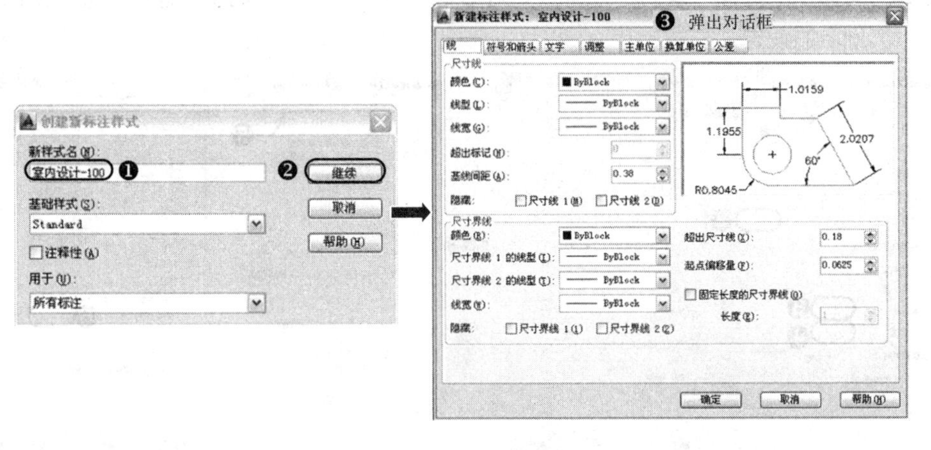

图 9-61　创建新标注样式

Note

经验分享——标注样式的命名

标注样式的命名要遵守“有意义和易识别”的原则，如“1—100 平面”表示该标注样式是用于标注 1:100 绘图比例的平面图，又如“1—50 大样”表示该标注样式是用于标注大样图的尺寸。

Step 04 依次选择“室内标注样式”对话框中的“线”、“符号和箭头”选项卡，进行如图 9-62 所示的设置。

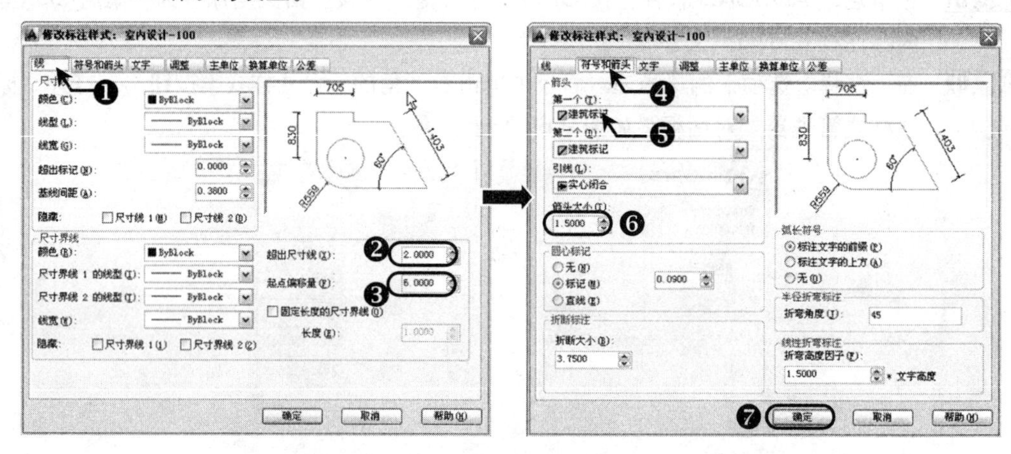

图 9-62　设置“线”和“符号和箭头”选项

经验分享——标注尺寸线随块

通常情况下，对尺寸标注线的颜色、线型、线宽无需进行特别的设置，采用 AutoCAD 默认的“ByBlock”（随块）即可。

Step 05 同样依次选择“室内标注样式”对话框中的“文字”、“调整”选项，进行如图 9-63 所示的设置。

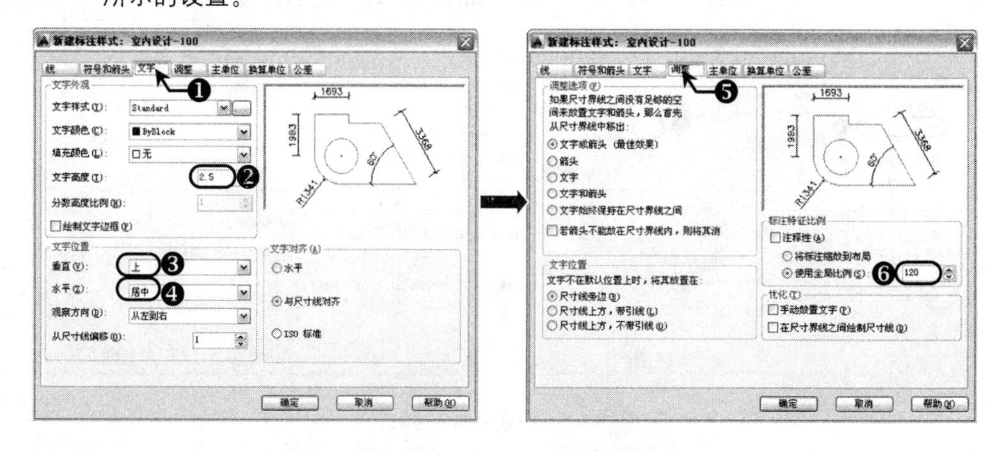

图 9-63　设置“文字”和“调整”选项

Note

经验分享——尺寸标注的文字为0

在进行“文字”参数设置中，只有在设置文字样式中的高度为 0 时，尺寸标注样式中的“文字高度”才可以设置。

Step 06 最后选择“室内标注样式”对话框中的“主单位”选项，进行如图 9-64 所示的设置，并默认“换算单位”和“公差”的设置。

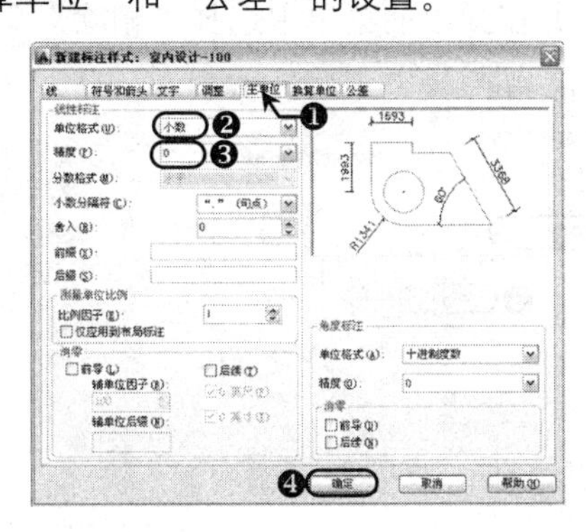

图 9-64　设置“主单位”选项

Step 07 至此，室内施工图的标注样式基本设置完成，按 Ctrl+S 组合键进行保存。

9.3 修改标注样式

除了新建标注样式之外，还可以修改已有的标注样式，或者删除不需要的标注样式，修改后的标注效果立即反映到当前图形的尺寸标注效果中。

1. 修改标注样式

在“标注样式管理器”对话框中，在左侧的“样式”列表中选择要修改的样式，然后单击“修改”按钮 修改(M)...，接着就可以对标注样式进行修改，如图 9-65 所示。

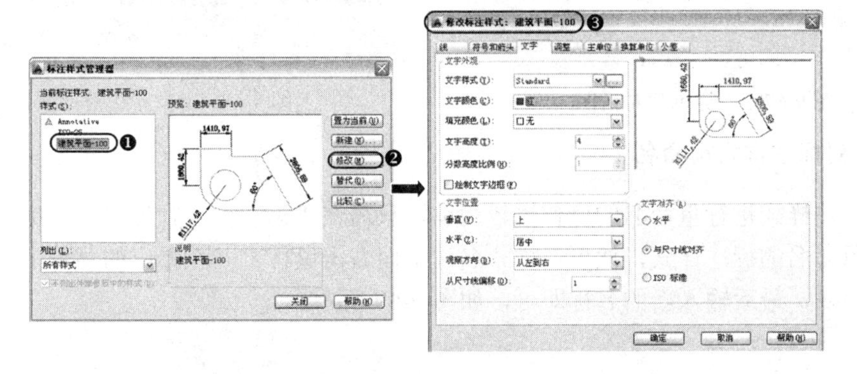

图 9-65　修改标注样式

提示与技巧

修改标注样式与新建标注样式的操作相同，不再赘述。

Note

2．删除标注样式

在“标注样式管理器”对话框中，左侧的“样式”列表中选择要修改的样式，然后在该样式名称上右击鼠标，并在弹出的菜单中选择“删除”命令，如图 9-66 所示。

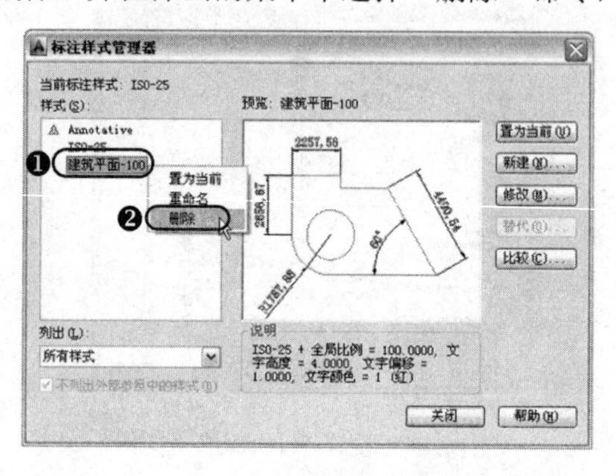

图 9-66　删除标注样式

提示与技巧

可以选中需要删除的标注样式，按下键盘上的 Delete 键进行删除。

选择“删除”命令后，将弹出一个“标注样式—删除标注样式”对话框，提示用户是否删除，选择“是（Y）”即可，如图 9-67 所示。

当前标注样式不能被删除，如果试图删除当前标注样式，系统会出现一个“提示”对话框，如图 9-68 所示。

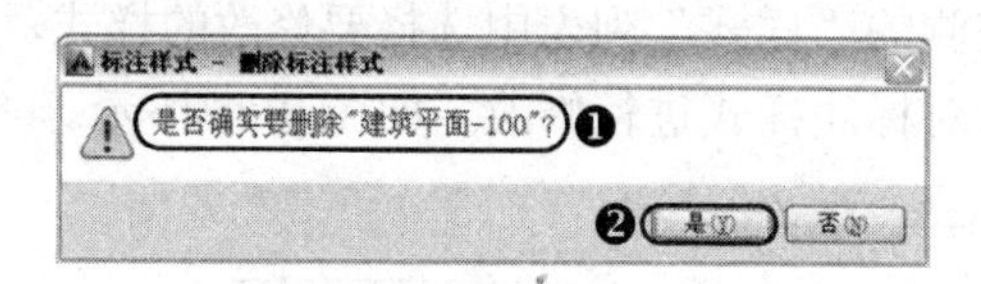

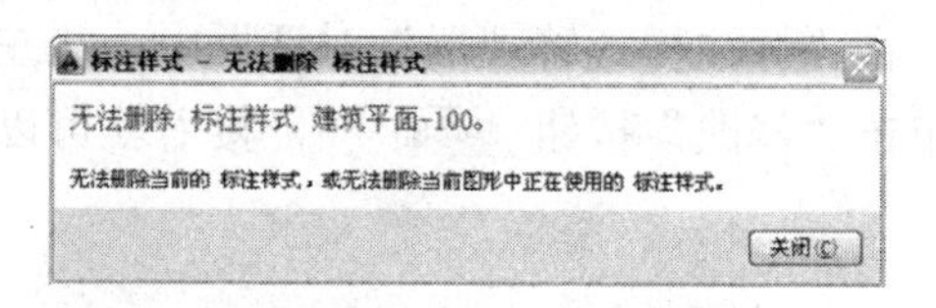

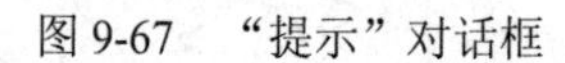

图 9-67　“提示”对话框　　图 9-68　“提示”对话框

3．对标注样式重命名

对标注样式进行重命名的操作也较简单，只需在“标注样式管理器”对话框中，选择需要重命名的标注样式，然后在样式名称上面右击鼠标，并在弹出的菜单中选择“重命名”命令，最后输入新的名称即可，如图 9-69 所示。

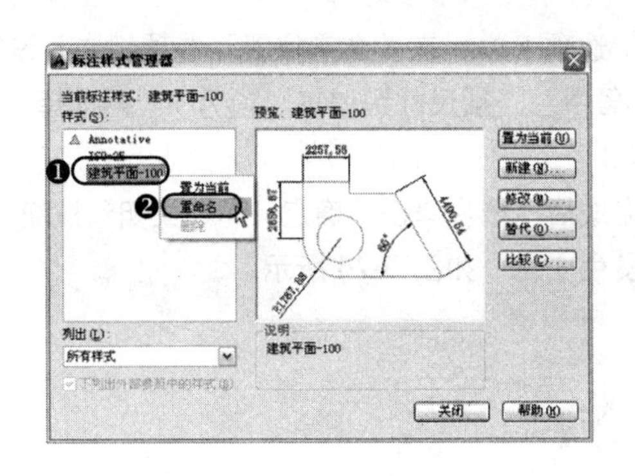

图 9-69　重命名标注样式

下面以机械剖面图为例，进行标注样式修改的知识讲解。

跟踪练习——机械标注样式的修改

视频\09\机械标注样式的修改.avi
案例\09\机械剖面图.dwg

首先打开事先准备好的机械剖面图对象，再通过修改“机械”标注样式中的箭头、文字位置和对齐方式等参数后，则当前视图的尺寸标注效果即会发生变化，其具体操作步骤如下：

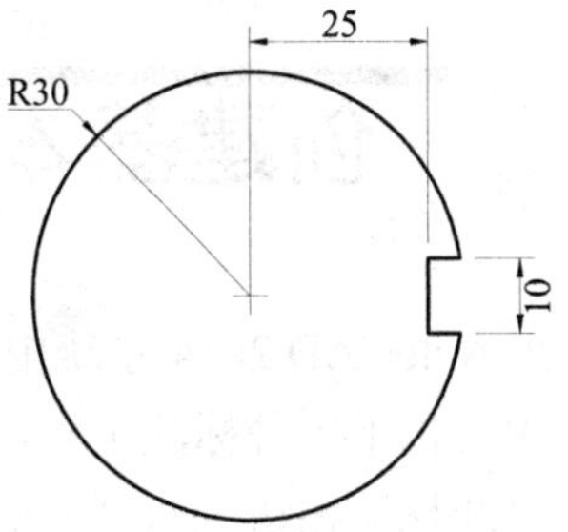

图 9-70　打开的文件

Step 01 正常启动 AutoCAD 2014 软件，在“快捷访问”工具栏中单击“打开”按钮，将“案例\09\机械剖面图.dwg”文件打开，如图 9-70 所示。

Step 02 在“注释”标签下的“标注”面板中单击右下角的“标注样式”按钮，即可打开如图 9-71 所示的“标注样式管理器”对话框，在“样式”列表中选择“机械”样式，再在右侧单击“修改”按钮。

Step 03 随后弹出“修改标注样式：机械”对话框，切换至“符号和箭头”选项卡中，设置“箭头”样式为“空心闭合”，如图 9-72 所示。

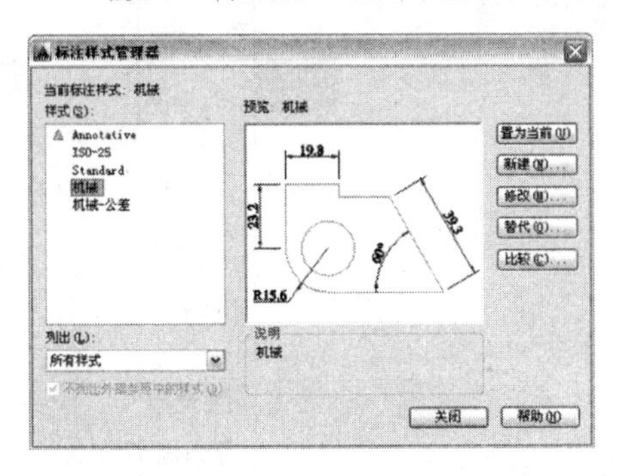

图 9-71　标注样式管理器

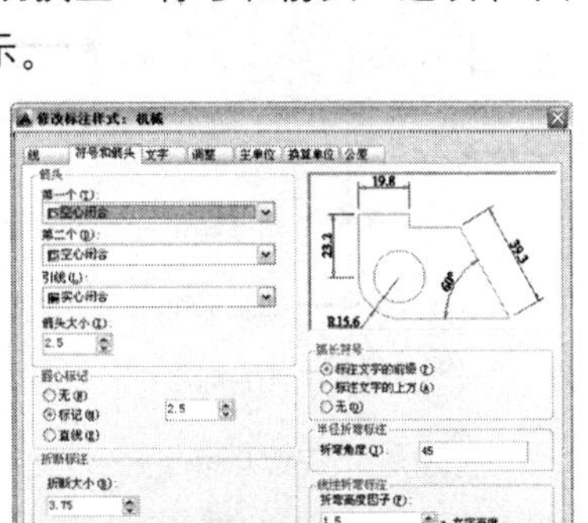

图 9-72　修改箭头

Step 04 切换至“文字”选项卡中，在“文字位置”选项组中，设置“垂直”项为“上”，“水平”项为“居中”，“从尺寸线偏移”项为 1，再选择“与尺寸线对齐”单选项，如图 9-73 所示。

Step 05 标注样式修改完成后，依次单击“确定”和“关闭”按钮，则当前的机械剖面图的尺寸标注效果发生变化，如图 9-74 所示。

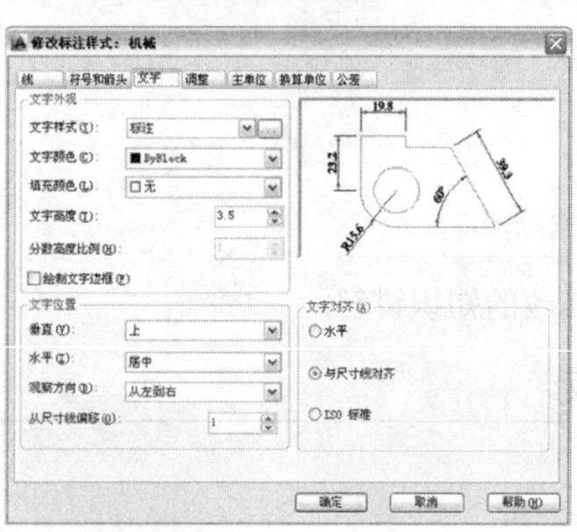

图 9-73　修改文字

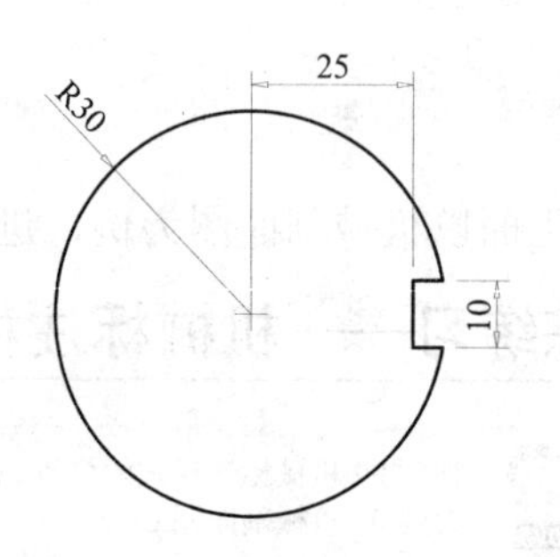

图 9-74　修改样式后的效果

9.4 创建基本尺寸标注

在 AutoCAD 2014 系统中，“草图与注释”空间模式，在“注释”标签下的“标注”面板中提供了各种标注工具，如图 9-75 所示。或者在“常用”标签下的“注释”面板，选择“线性”按钮，将出现一些常用的尺寸标注，如图 9-76 所示。

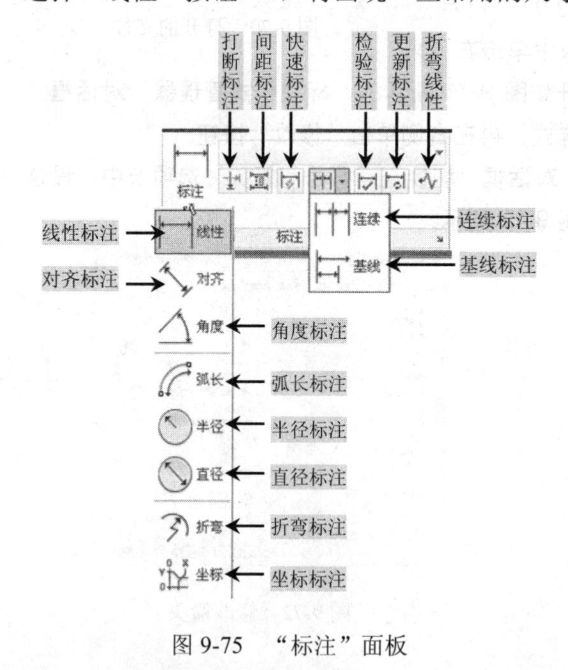

图 9-75　“标注”面板

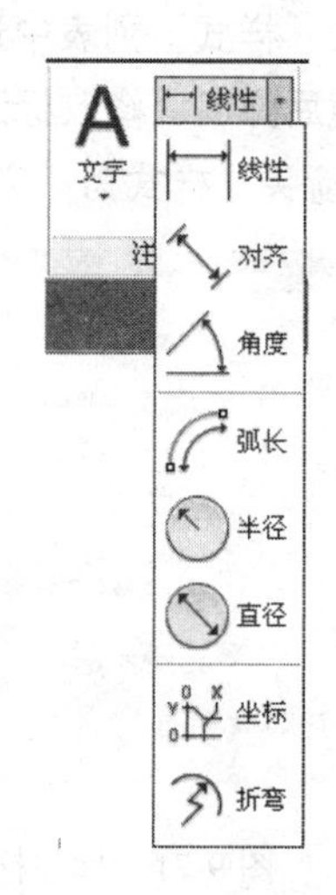

图 9-76　“注释”面板

在 AutoCAD 2014 绘图中，直线型尺寸标注是绘图中最常见的标注方式，其中，包括线性标注、对齐标注、基线标注、连续标注等方式。

Note

9.4.1 线性标注

在 AutoCAD 2014 中，使用线性标注可以标注长度类型的尺寸，用于标注垂直、水平和旋转的线性尺寸，线性标注可以水平、垂直或对齐放置。创建线性标注时，可以修改文字内容、文字角度或尺寸线的角度。

用户可以通过以下任意一种方式来执行“线性标注”命令。

✧ 面板1：在“常用”标签下的“注释”面板中单击“线性”按钮⊢⊣。

✧ 面板2：在“注释”标签下的“标注”面板中单击“线性”按钮⊢⊣。

✧ 命令行：在命令行中输入“Dimlinear”命令（快捷键为 DLI）。

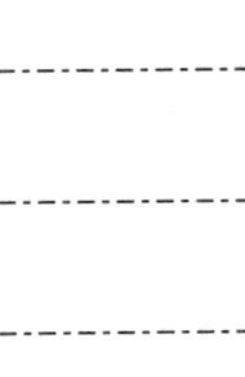

调用线性标注命令后，可用于标注 *XY* 平面中两个点之间水平或垂直的距离测量值，并通过指定点或选择一个对象来实现，其命令行如下，其标注示意图如图 9-77 所示。

```
命令: _dimlinear                        //执行“线性标注”命令
指定第一个尺寸界线原点或 <选择对象>:    //选择第一点
指定第二条尺寸界线原点:                  //选择第二点
指定尺寸线位置或
[多行文字(M)/文字(T)/角度(A)/水平(H)/垂直(V)/旋转(R)]:
                                        //指定尺寸线位置
标注文字 = 450                          //显示当前标注尺寸
```

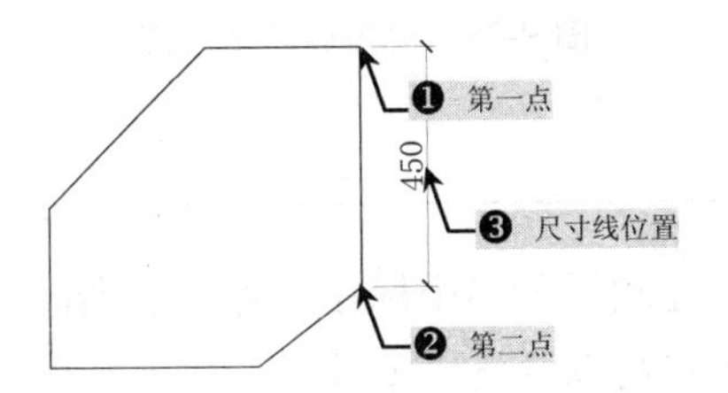

图 9-77 线性标注示意图

经验分享——选择对象进行线型标注

当执行“线性标注”命令后，可以按 Enter 键后，选择要进行标注的对象，从而不需要指定第一点和第二点即可进行线性标注操作。如果选择的对象为斜线段，这时，根据确定尺寸线位置来确定标注的是水平距离或垂直距离。

9.4.2 对齐标注

对齐标注是线性标注的一种形式，其尺寸线始终与标注对象保持平行；若是标注圆弧，则对齐尺寸标注的尺寸线与圆弧的两个端点所连接的弦保持平行。在对齐标注中，尺寸线平行于尺寸界线原点连成的直线。用户选定对象并指定对齐标注的位置后，将自

动生成尺寸界线。

用户可以通过以下任意一种方式来执行“对齐标注”命令：

- ✧ 面板 1：在“常用”标签下的“注释”面板中的单击“对齐”按钮。
- ✧ 面板 2：在“注释”标签下的“标注”面板中的单击“对齐”按钮。
- ✧ 命令行：在命令行中输入“Dimaligned”命令，其快捷键为 DAL。

调用对齐标注命令后，可用于标注 *XY* 平面中的两个点之间的距离测量值，并通过指定点或选择一个对象来实现，其命令行如下，其标注示意图如图 9-78 所示。

```
命令: _dimaligned                        //执行“线性标注”标注命令
指定第一个尺寸界线原点或 <选择对象>: //选择第一点
指定第二条尺寸界线原点:                //选择第二点
指定尺寸线位置或
[多行文字(M)/文字(T)/角度(A)]:         //指定尺寸线位置
标注文字 = 67                            //显示当前标注尺寸
```

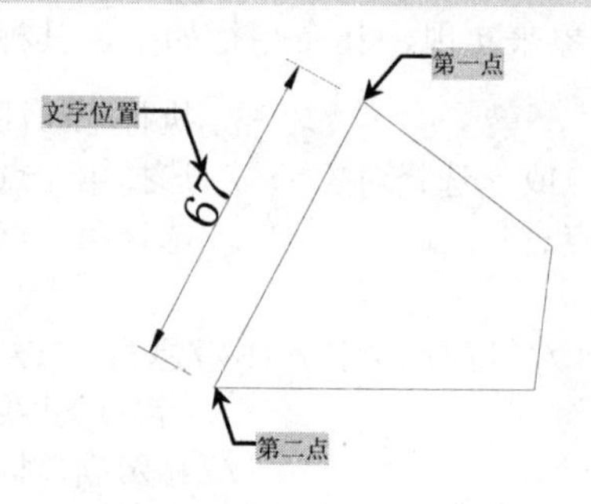

图 9-78　对齐标注示意图

9.4.3　基线标注

基线标注是自同一基线处测量的多个标注，可以从当前任务最近创建的标注中以增量的方式创建基线标注。用户可以通过以下几种方式来执行“基线标注”命令：

- ✧ 面板：在“注释”标签下的“标注”面板中单击“基线”按钮。
- ✧ 命令行：在命令行中输入“Dimbaseline”，其快捷键命令为 DBA。

调用基线标注命令后，其命令提示行如下，其标注示意图如图 9-79 所示。

```
命令: DIMBASELINE                                  //执行“基线标注”命令
指定第二条尺寸界线原点或 [放弃(U)/选择(S)] <选择>:
                                                   //选择第二条尺寸线原点
标注文字 = 4462                                    //显示测量数值
指定第二条尺寸界线原点或 [放弃(U)/选择(S)] <选择>:
                                                   //按 Esc 键退出
```

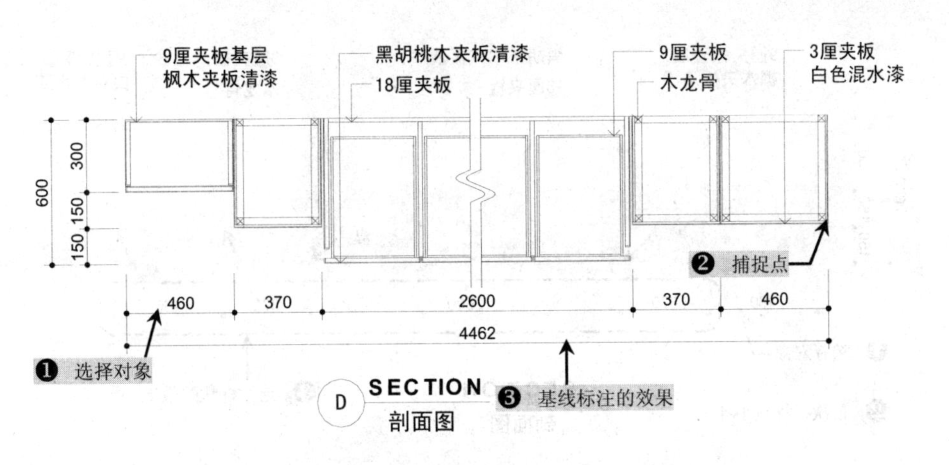

图 9-79　基线标注示意图

经验分享——基线间距的设置

在基线标注之前，应首先设置好合适的基线间距，避免尺寸线之间重叠。用户可以在设置尺寸标注样式时，在“线”选项卡的“基线间距”文本框中输入相应的数值来进行调整，如图 9-80 所示。

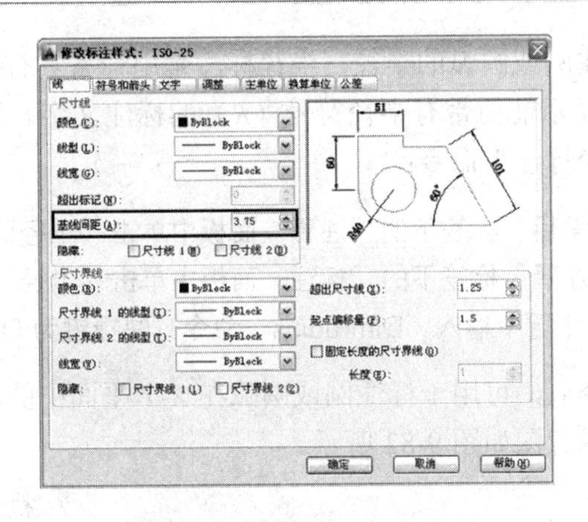

图 9-80　设置基线间距值

9.4.4　连续标注

连续标注是首尾相连的多个标注，在创建基线或连续标注之前，必须创建线性、对齐或角度标注。用户可以通过以下几种方式来执行“连续标注”命令：

✧ 面板：在“注释”标签下的“标注”面板中单击“连续”按钮。
✧ 命令行：在命令行中输入“Dimcontinue”命令（快捷键为 DCO）。

调用连续标注命令后，即可根据之前的标注对象为基础，或者按照选择的标注对象为基础，进行连续标注操作，其标注示意图如图 9-81 所示。

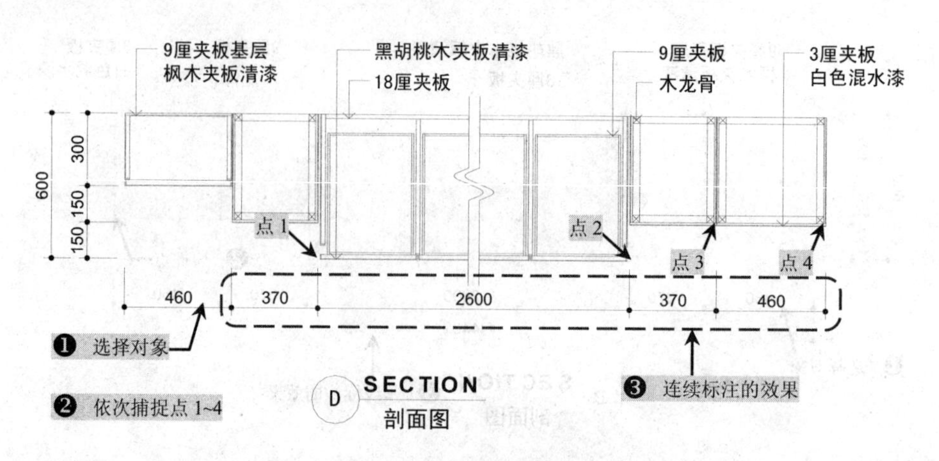

图 9-81　连续标注示意图

经验分享——基线和连续标的起点

基线标注和连续标注都是从上一个尺寸界线处测量的，除非指定另一点作为原点。

9.4.5　半径标注

半径标注用于标注圆或圆弧的半径，半径标注是由一条具有指向圆或圆弧的箭头的半径尺寸线组成，并显示前面带有半径符号（*R*）的标注文字。用户可以通过以下任意一种方式来执行"半径标注"命令：

✧　面板 1：在"常用"标签下的"注释"面板中单击"半径"按钮。
✧　面板 2：在"注释"标签下的"标注"面板中单击"半径"按钮。
✧　命令行：在命令行中输入"Dimradius"命令（快捷键为 DRA）。

调用半径标注命令后，可用于标注圆或圆弧在 *X-Y* 平面中的圆或圆弧的半径值，其命令行如下，其标注示意图如图 9-82 所示。

```
命令: DIMRADIUS                                    //执行"半径标注"命令
选择圆弧或圆:                                       //选择要标注的对象
标注文字 = 300                                     //显示当前标注的半径值
指定尺寸线位置或 [多行文字(M)/文字(T)/角度(A)]:     //确定尺寸线位置
```

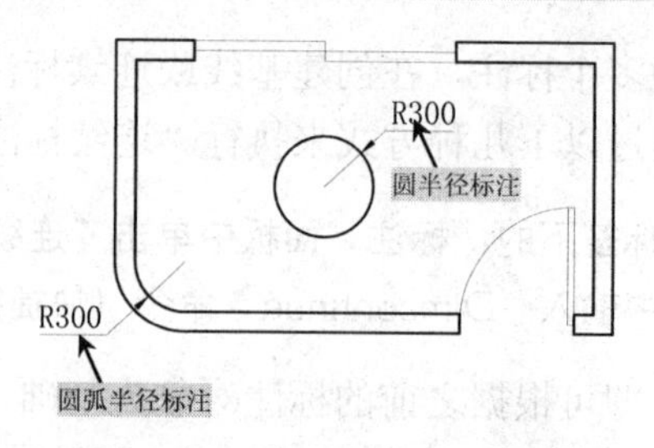

图 9-82　半径标注示意图

Note

经验分享——半径符号（R）的输入

细心的用户可能会发现，在进行半径标注时，在其标注的数值前有一半径符号“R”。当通过“多行文字(M)”或“文字(T)”选项重新确定尺寸文字时，只有给输入的尺寸文字加前缀“R”才能标出半径尺寸符号，否则没有此符号。

9.4.6　直径标注

直径标注用于标注圆或圆弧的直径，直径标注是由一条具有指向圆或圆弧的箭头的直径尺寸线，并显示前面带有直径显示符号（ϕ）的标注文字。用户可以通过以下任意一种方式来执行“直径标注”命令。

- ✧ 面板 1：在“常用”标签下的“注释”面板中单击“直径”按钮。
- ✧ 面板 2：在“注释”标签下的“标注”面板中单击“直径”按钮。
- ✧ 命令行：在命令行中输入“Dimdiameter”命令（快捷键为 DDI）。

调用直径标注命令后，可用于标注圆或圆弧在 *X-Y* 平面中的圆或圆弧的直径值，其命令行如下，其标注示意图如图 9-83 所示。

```
命令：_dimdiameter                                  //执行“直径标注”命令
选择圆弧或圆:                                        //选择标注对象
标注文字 = 630                                      //显示直径标注值
指定尺寸线位置或 [多行文字(M)/文字(T)/角度(A)]:      //确定尺寸线位置
```

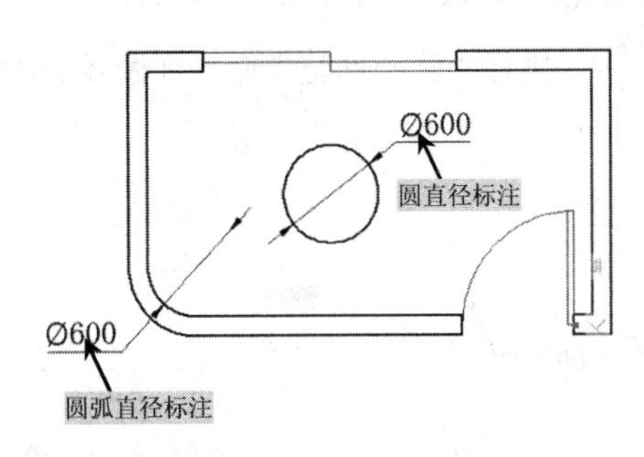

图 9-83　直径标注示意图

经验分享——直径符号（ϕ）的输入

当用户进行了直径标注过后，这时用户可以在“特性”面板中修改标注的直径值，而直径符号（ϕ）的输入，在 AutoCAD 中则为“%%C”，如图 9-84 所示。

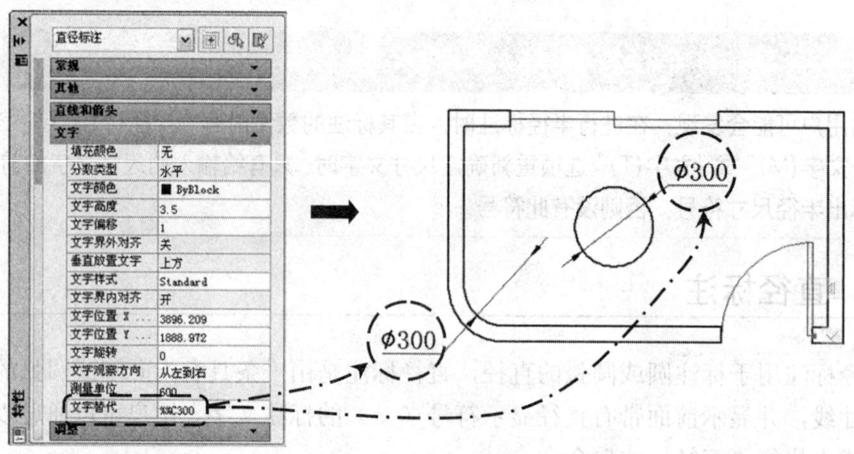

图 9-84　修改直径值

9.4.7　圆心标记

圆心标记用于指定的圆弧画出圆心符号，其标记可以为短十字线，也可以是中心线。用户可以通过以下任意一种方式来执行“圆心标记”命令：

✧　面板：在“注释”标签下的“标注”面板中单击“圆心标记”按钮⊕。
✧　命令行：在命令行中输入“Dimcented”命令（快捷键为 DCN）。

调用圆心标注命令后，可对圆弧、圆和椭圆等对象在 X-Y 平面中进行圆心标记，其命令行如下，其标注示意图如图 9-85 所示。

```
命令: _dimcenter  //执行“圆心标记”命令（圆弧和圆）
选择圆弧或圆:
```

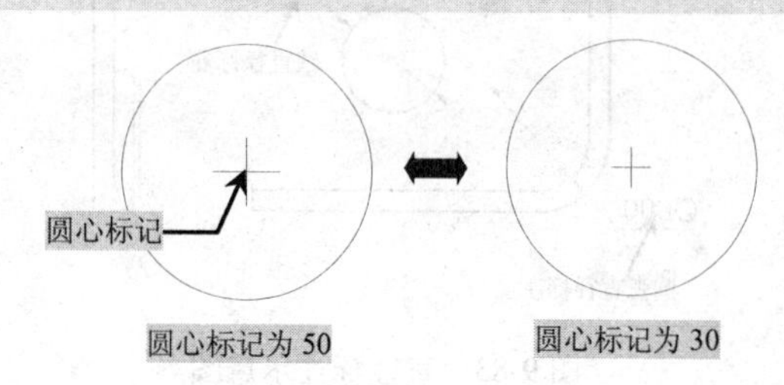

图 9-85　圆心标记示意图

经验分享——圆心标记大小变量的修改

圆心标注的形式可以由系统变量“DIMCEN”设定。当此变量值大于 0 时，作圆心标记，且此值是圆心标记线长度的 1/2；当此变量值大于 0 时，则将画出中心线，且此值是圆心处小十字线长度的 1/2。

Note

9.5 创建其他尺寸标注

在各种工程图中，特别是一些机械工程图中，经常会遇到对其圆或圆弧进行的半径或直径标注，同时还可以使用圆心标注来指定其圆心位置点。

9.5.1 角度标注

角度标注是用于标注两条不平行直线之间的角度、圆和圆弧的角度或三点之间的角度。用户可以通过以下方式来执行“角度标注”命令。

- ✧ 面板 1：在“常用”标签下的“注释”面板中单击“角度”按钮△。
- ✧ 面板 2：在“注释”标签下的“标注”面板中单击“角度”按钮△。
- ✧ 命令行：在命令行中输入“Dimangular”命令（快捷键为 DAN）。

调用角度标注命令后，根据如下命令行提示依次指定第一、二点位置，并确定尺寸线的位置，从而标注出角度值，如图 9-86 所示。

```
命令: _dimangular
                //执行“角度标注”命令
选择圆弧、圆、直线或 <指定顶点>:
                //选择圆对象指定第一点
指定角的第二个端点: //指定第二点
指定标注弧线位置或 [多行文字(M)/文字(T)/角度(A)/象限点(Q)]:
                //确定尺寸线位置
标注文字 = 92   //显示角度值
```

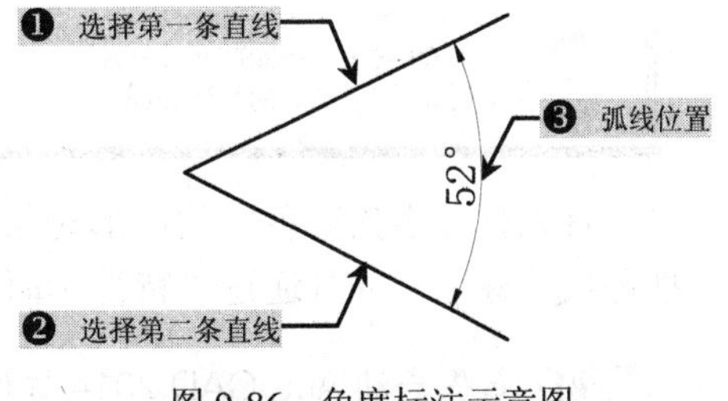

图 9-86　角度标注示意图

经验分享——不同标注位置显示不同角度值

在进行角度标注时，若指定尺寸线位置的不同，其角度标注的对象也将不同，如图 9-87 所示。

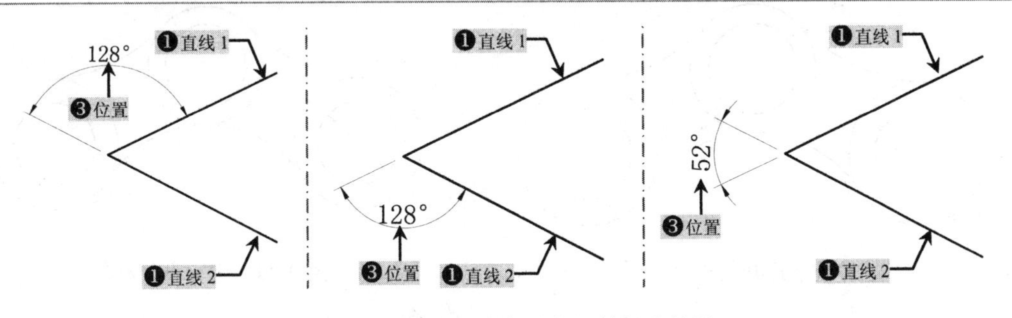

图 9-87　指定不同标注位置的标注效果

9.5.2 弧长标注

"弧长"标注是用户测量圆弧或多段线弧线段上的距离，在标注文本的前面将显示圆弧符号。用户可以通过以下方式来执行"弧长标注"命令：

- ✧ 面板 1：在"常用"标签下的"注释"面板中单击"弧长"按钮。
- ✧ 面板 2：在"注释"标签下的"标注"面板中单击"弧长"按钮。
- ✧ 命令行：在命令行中输入"Dimarc"命令（快捷键为 DAR）。

调用弧长标注命令后，可对圆弧和圆等对象在 *X-Y* 平面中的弧长标注，其命令行如下，其标记示意图如图 9-88 所示。

```
命令：_dimarc              //执行"弧长标注"命令
选择弧线段或多段线圆弧段：
                           //选择弧长标注对象
指定弧长标注位置或 [多行文字(M)/文字(T)/角度(A)/部分(P)/引线(L)]：   //确定标注位置
标注文字 = 443             //显示标注值
```

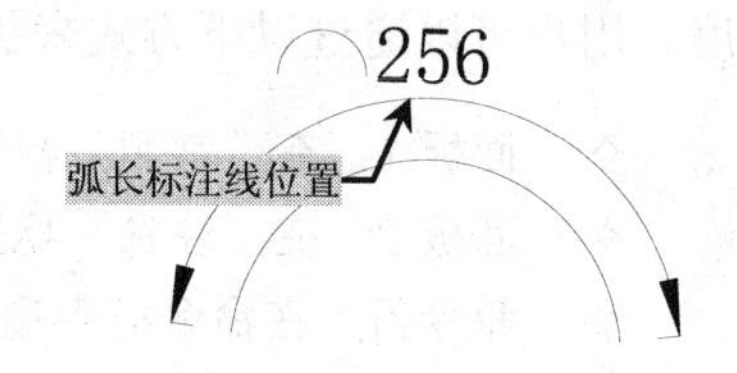

图 9-88 弧长标注示意图

跟踪练习——对圆形垫圈的尺寸标注

视频\09\对圆形垫圈的尺寸标注.avi
案例\09\圆形垫圈的标注.dwg

首先打开事先准备好的图形对象，然后分别对其进行直径、半径、折弯、圆心、线性等尺寸标注，并且通过"特性"面板来修改标注的文字，其具体操作步骤如下：

Step 01 首先启动 AutoCAD 2014 软件，按 Ctrl+O 键打开文件"案例\09\圆形垫圈.dwg"文件，如图 9-89 所示。

Step 02 在"图层"面板的"图层控制"下拉列表框中选择"DIM"图层作为当前图层。

Step 03 在"注释"标签下的"标注"面板中单击"直径标注"按钮，对图形左侧的两个同心圆进行直径标注，如图 9-90 所示。

图 9-89 打开的素材文件

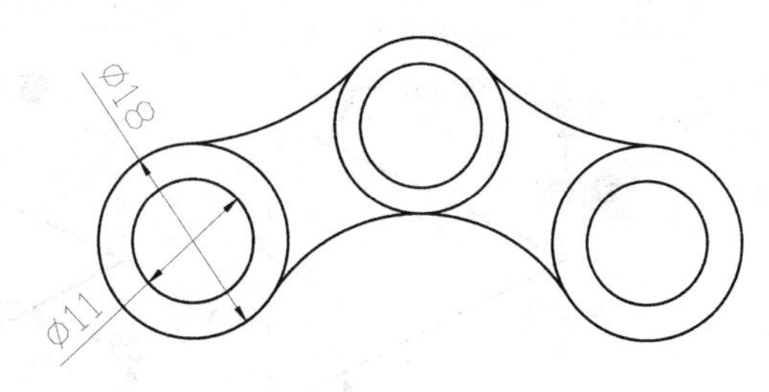

图 9-90 进行直径标注

Step 04 在“标注”面板中单击右下角的 按钮，从弹出的“标注样式管理器”对话框中单击“修改”按钮，这时弹出“修改标注样式：习题”对话框，切换至“文字”选项卡，然后选择“ISO 标准”单选项，则当前所标注直径对象的对齐方式为“ISO 标准”，如图 9-91 所示。

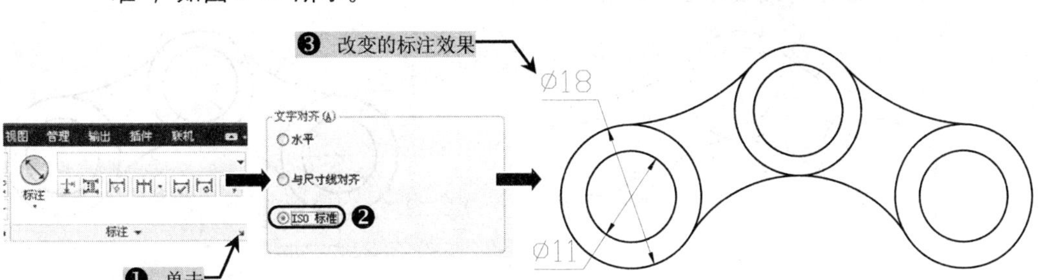

图 9-91　改变标注对齐方式

Step 05 按 Ctrl+1 键打开“特性”面板，选择ϕ18 的直径标注对象，然后在“文字替代”文本框中输入“%%C18-3”，并按回车键，则图形中的标注文字进行了替换；同样，对ϕ11 的直径标注对象也替换为“%%C11-3”，如图 9-92 所示。

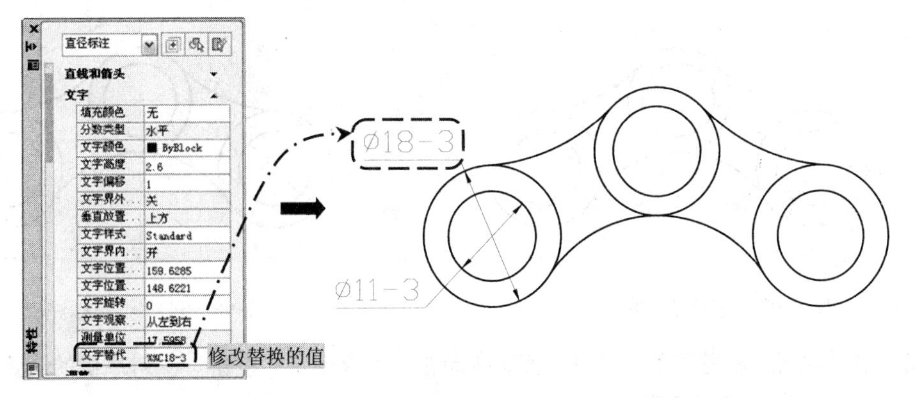

图 9-92　编辑标注文字

Step 06 在“注释”标签下的“标注”面板中单击“半径标注”按钮，对图形左上侧的圆弧进行半径标注，如图 9-93 所示。

Step 07 在“注释”标签下的“标注”面板中单击“半径折弯标注”按钮，对图形下侧的圆弧进行半径折弯标注，如图 9-94 所示。

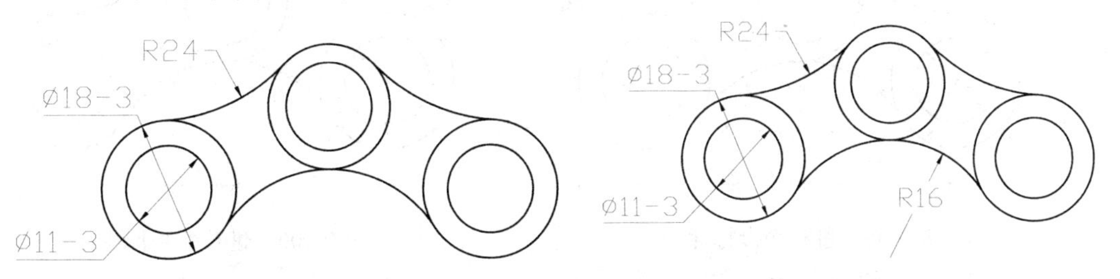

图 9-93　进行半径标注　　图 9-94　进行折弯标注

Note

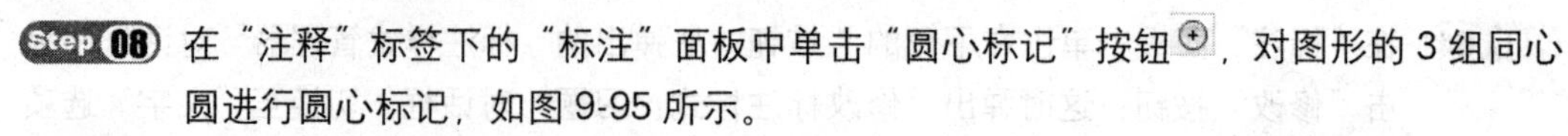

Step 08 在“注释”标签下的“标注”面板中单击“圆心标记”按钮⊕，对图形的3组同心圆进行圆心标记，如图9-95所示。

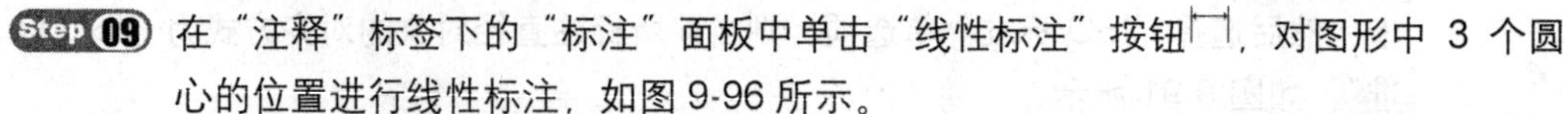

Step 09 在“注释”标签下的“标注”面板中单击“线性标注”按钮，对图形中3个圆心的位置进行线性标注，如图9-96所示。

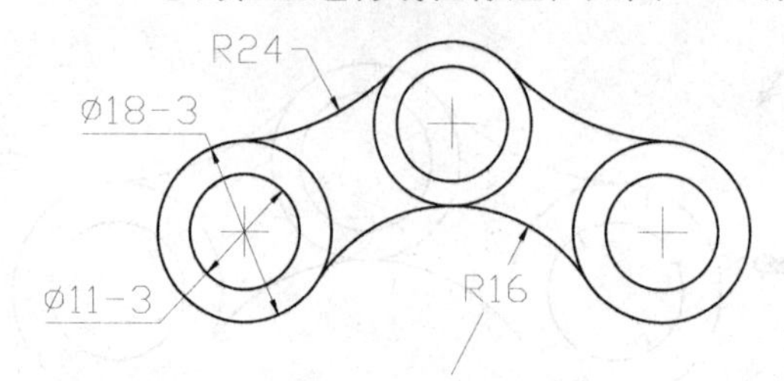

图 9-95　进行圆心标记

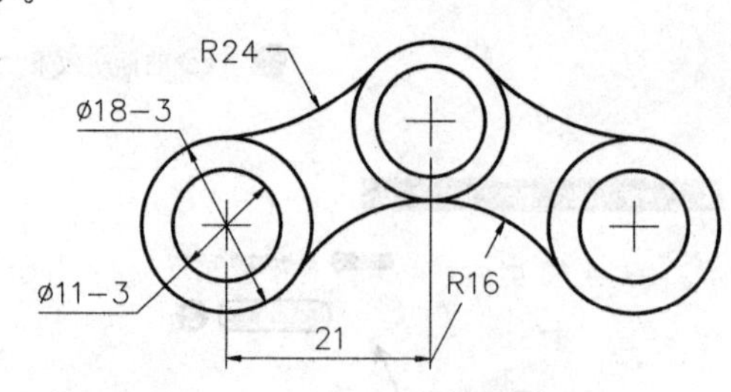

图 9-96　进行线性标注

Step 10 在“注释”标签下的“标注”面板中单击“连续标注”按钮，进行连续标注，如图9-97所示。

Step 11 在“注释”标签下的“标注”面板中单击“对齐标注”按钮，进行对齐标注，如图9-98所示。

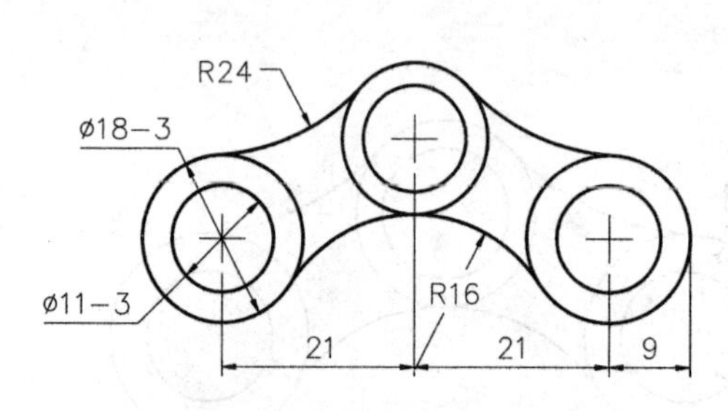

图 9-97　进行连续标注

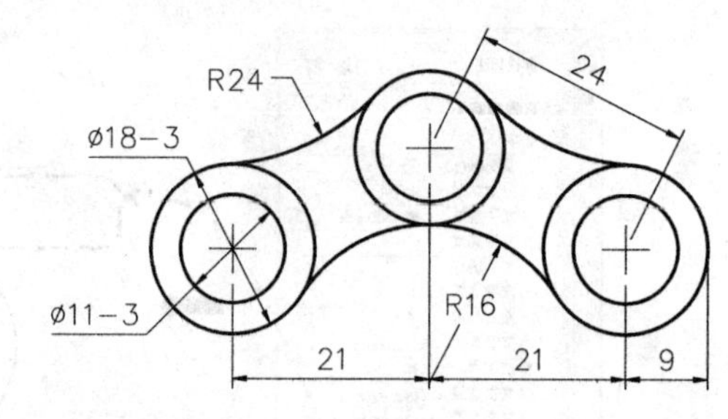

图 9-98　进行对齐标注

Step 12 在“注释”标签下的“标注”面板中单击“角度标注”按钮，对底侧的圆弧进行角度标注，如图9-99所示。

Step 13 在“注释”标签下的“标注”面板中单击“弧长标注”按钮，对右上侧的圆弧进行弧长标注，如图9-100所示。

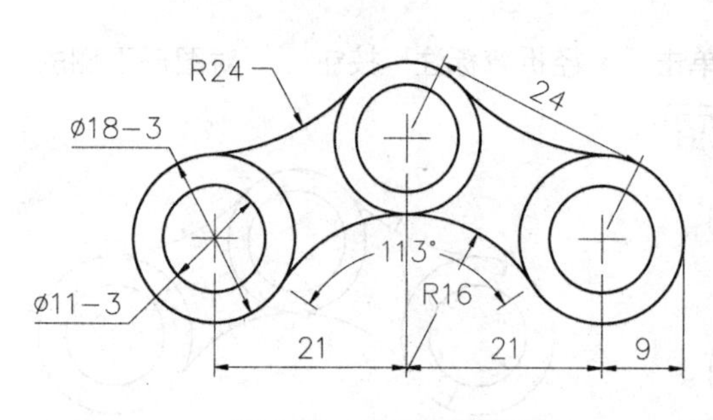

图 9-99　进行角度标注

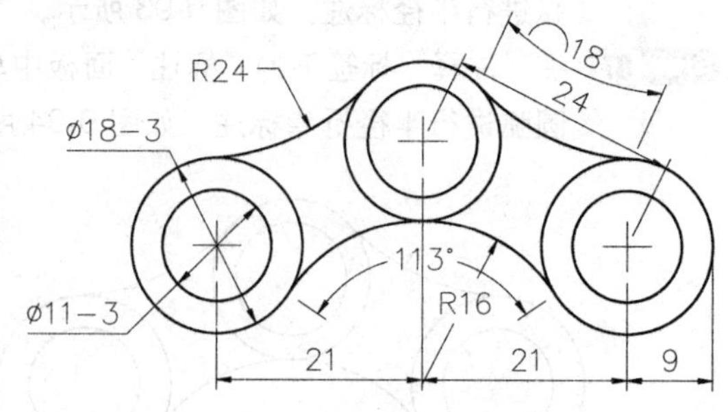

图 9-100　进行弧长标注

Step 14 至此，该圆形垫圈图形的尺寸标注已完成，按Ctrl+Shift+S组合键进行保存，并命令为“案例\09\圆形垫圈的标注.dwg”。

9.5.3　快速标注

“快速标注”用于快速地标注多个对象间的水平尺寸或垂直尺寸，是一种比较常用的复合标注。

用户可以通过以下方式来执行“快速标注”命令：

✧　面板：在“注释”标签下的“标注”面板中单击“快速标注”按钮。

✧　命令行：在命令行中输入“Qdim”命令。

执行“快速标注”命令后，根据如下提示，分别选择需要标注的几何图形，如图 9-101 所示；即可对图形对象进行快速标注，结果如图 9-102 所示。

```
命令: Qdim                                     //执行“快速标注”命令
关联标注优先级 = 端点
选择要标注的几何图形: 找到 1 个                    //选择对象 1
选择要标注的几何图形: 找到 1 个, 总计 2 个          //选择对象 2
选择要标注的几何图形: 找到 1 个, 总计 3 个          //选择对象 3
选择要标注的几何图形: 找到 1 个, 总计 4 个          //选择对象 4
选择要标注的几何图形: 找到 1 个, 总计 5 个          //选择对象 5
选择要标注的几何图形:
指定尺寸线位置或 [连续(C)/并列(S)/基线(B)/坐标(O)/半径(R)/直径(D)/基准点(P)/编辑(E)/设置(T)] <连续>:
```

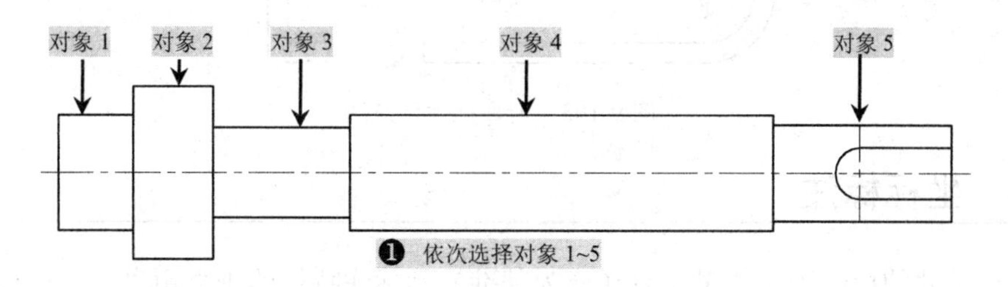

图 9-101　选择标注的几何图形

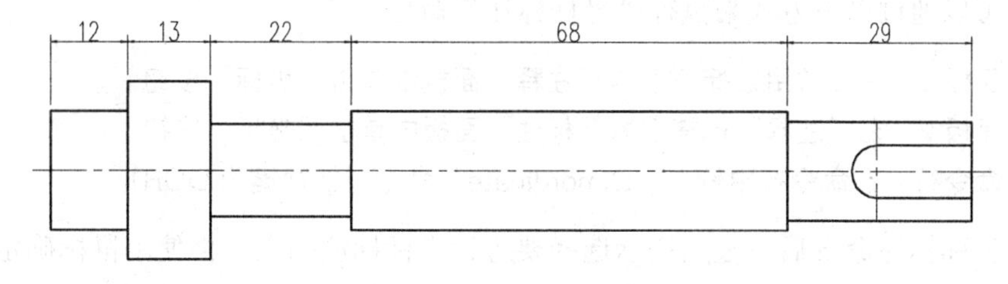

图 9-102　快速标注

9.5.4　折弯标注

折弯标注是 AutoCAD 2014 中提供的一种特殊半径标注方式，因此，又称为“缩放的半径标注”，通常有线性折弯标注、半径折弯标注。用户可以通过以下任意一种方式来

执行“折弯标注”命令：

- ✧ 面板 1：在“常用”标签下的“注释”面板中单击“折弯”按钮。
- ✧ 面板 2：在“注释”标签下的“标注”面板中单击“折弯”按钮。
- ✧ 命令行：在命令行中输入“Dimjogged”命令（快捷键为 DJO）。

调用折弯标注命令后，可用于标注圆弧和圆等对象在 *XY* 平面中的折弯标注值，其命令行如下，其标注示意图如图 9-103 所示。

```
命令: dimjogged      //执行“折弯标注”命令（圆弧和圆）
选择圆弧或圆:         //选择折弯标注对象
指定图示中心位置:      //指定折弯的中心位置
标注文字 = 315        //显示折弯标注值
指定尺寸线位置或 [多行文字(M)/文字(T)/角度(A)]:
指定折弯位置:         //指定尺寸位置
```

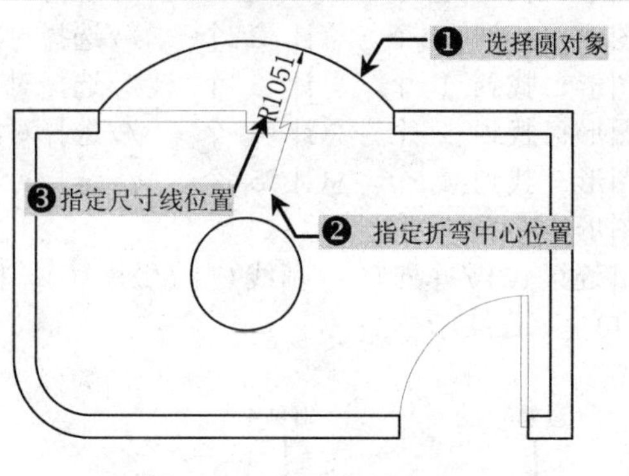

图 9-103 折弯标注示意图

9.5.5 坐标标注

坐标尺寸的标注则是测量原点（成为基准）到标注特征的垂直距离。这种标注可以保持特征点与基准点的精确偏移量，从而避免增大误差。

用户可以通过以下方式来执行“坐标标注”命令：

- ✧ 面板 2：在“常用”标签下的“注释”面板中单击“坐标”按钮。
- ✧ 面板 2：在“注释”标签下的“标注”面板中单击“坐标”按钮。
- ✧ 命令行：在命令行中输入“Dimordinate”命令（快捷键为 DOR）。

调用坐标标注命令后，根据提示选择要进行坐标标注的点，再使用鼠标确定是进行 *X* 或 *Y* 值标注即可，如图 9-104 所示。

```
命令:dimordinate    //执行“坐标标注”命令
指定点坐标:          //指定需要进行坐标标注的点对象
指定引线端点或 [X 基准(X)/Y 基准(Y)多行文字(M)/文字(T)/角度(A)]:
                    //选择需要的选项
标注文字 = 20        //显示坐标标注文字
```

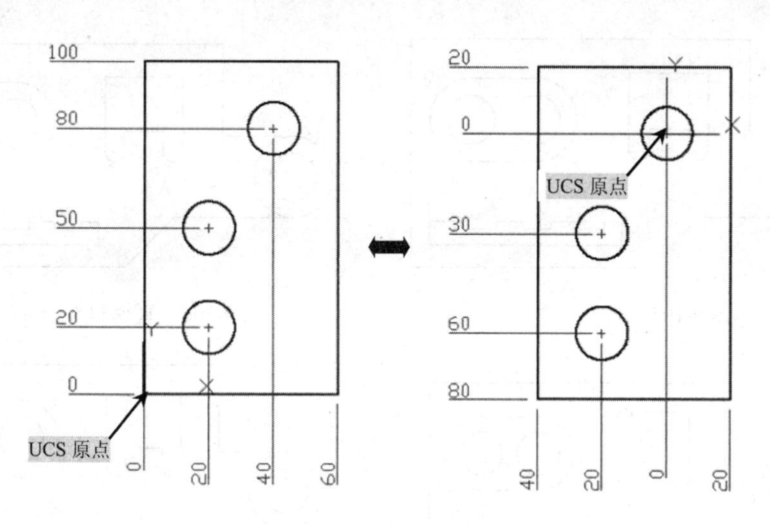

图 9-104　坐标标注效果

经验分享——不同原点的坐标标注

AutoCAD 使用当前 UCS 的绝对坐标值确定坐标值。在创建坐标标注之前，通常需要重设 UCS 原点与基准相符。如图 9-90 所示，通过设置不同 UCS 坐标原点，其测量的坐标标注效果不同。

跟踪练习——对图形进行尺寸标注

视频\09\机械图形的标注.avi
案例\09\机械图形的标注.dwg

首先打开事先准备好的图形对象，然后分别对其进行直径、半径、折弯、圆心、线性等尺寸标注，并且通过“特性”面板来修改标注的文本值，其具体操作步骤如下：

Step 01 首先启动 AutoCAD 2014 软件，按 Ctrl+O 键打开文件“案例\09\机械图形.dwg”文件，如图 9-105 所示。

Step 02 在“图层”面板的“图层控制”下拉列表框中，选择“DIM”图层作为当前图层。

Step 03 在“注释”标签下的“标注”面板中单击“直径标注”按钮和“半径标注”按钮，对图形的圆角或圆对象分别进行直径和半径的标注，如图 9-106 所示。

Step 04 在“注释”标签下的“标注”面板中单击“线性标注”按钮，对图形左下侧的指定点进行线型标注，如图 9-107 所示。

Step 05 在“注释”标签下的“标注”面板中单击“连续标注”按钮，系统自动以上一步所进行的线型标注作为基础，然后分别使用鼠标在指定需要标注的位置单击，从而完成连续标注，如图 9-108 所示。

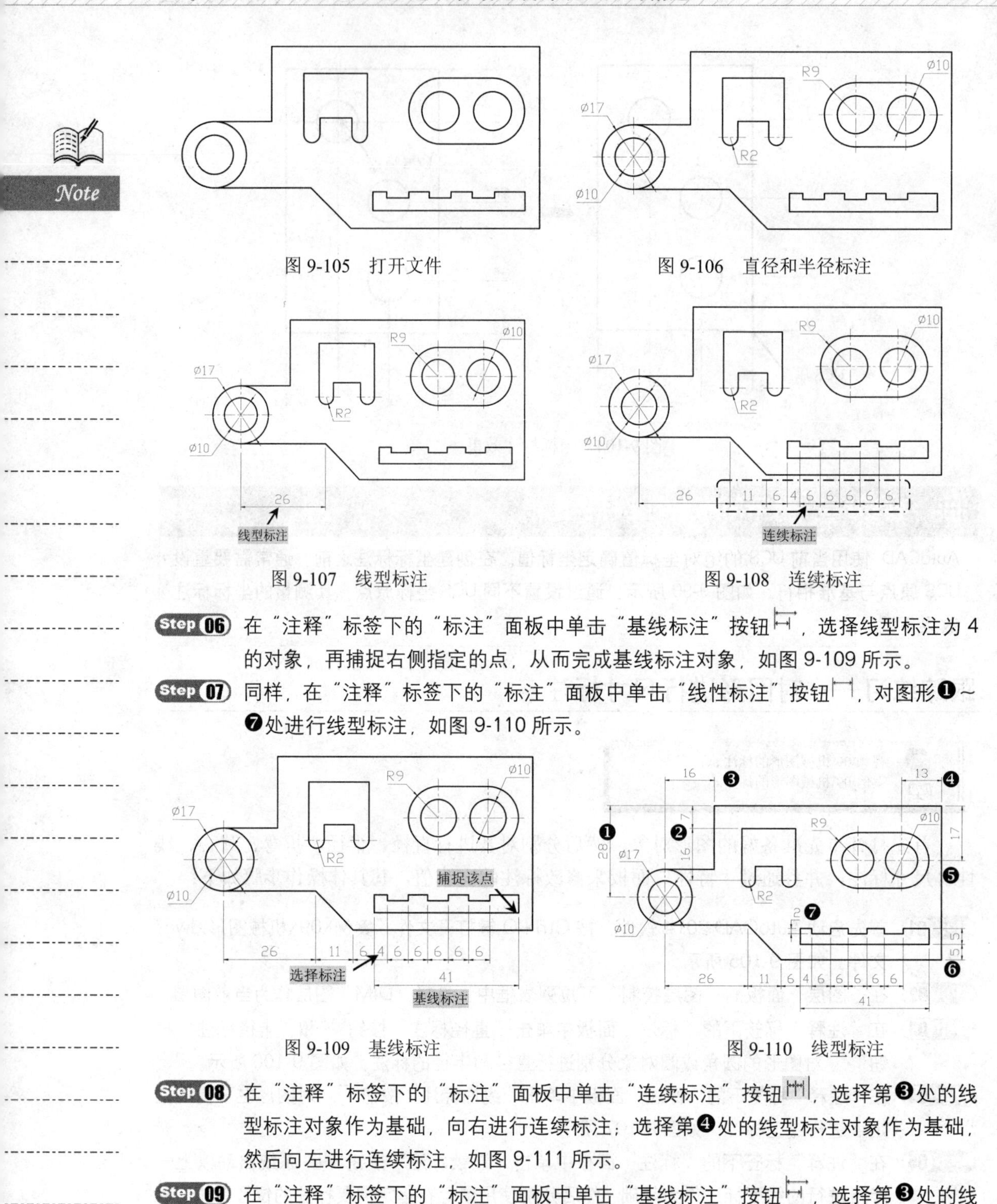

图 9-105　打开文件

图 9-106　直径和半径标注

图 9-107　线型标注

图 9-108　连续标注

Step 06 在“注释”标签下的“标注”面板中单击“基线标注”按钮，选择线型标注为 4 的对象，再捕捉右侧指定的点，从而完成基线标注对象，如图 9-109 所示。

Step 07 同样，在“注释”标签下的“标注”面板中单击“线性标注”按钮，对图形❶～❼处进行线型标注，如图 9-110 所示。

图 9-109　基线标注

图 9-110　线型标注

Step 08 在“注释”标签下的“标注”面板中单击“连续标注”按钮，选择第❸处的线型标注对象作为基础，向右进行连续标注；选择第❹处的线型标注对象作为基础，然后向左进行连续标注，如图 9-111 所示。

Step 09 在“注释”标签下的“标注”面板中单击“基线标注”按钮，选择第❸处的线型标注对象作为基础，向右进行基续标注；选择第❺处的线型标注对象作为基础，向下进行基线标注，如图 9-112 所示。

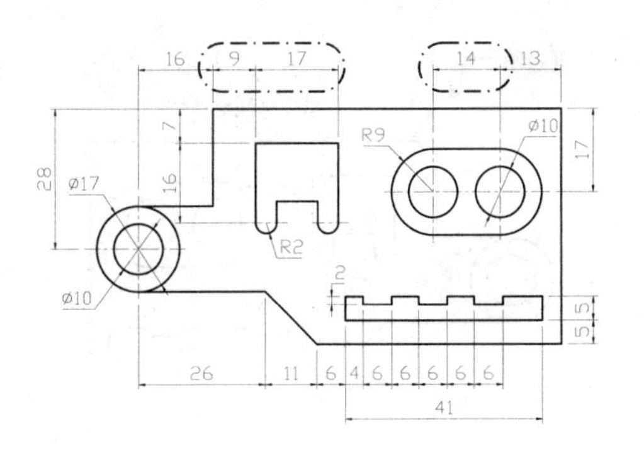

图 9-111　连续标注

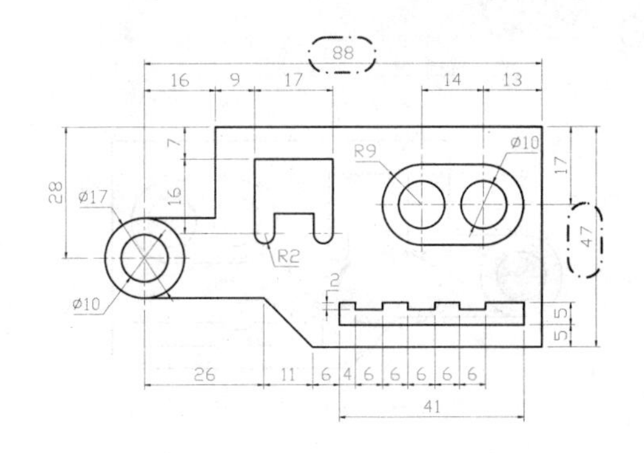

图 9-112　基线标注

Step 10 在“注释”标签下的“标注”面板中单击“角度标注”按钮，在图形的左下侧进行角度标注，如图 9-113 所示。

Step 11 在命令行中输入“UCS”命令，再使用鼠标捕捉图形左侧的圆心点位置，再按回车键确定，从而将当前 UCS 坐标原点置于该原心点位置，如图 9-114 所示。

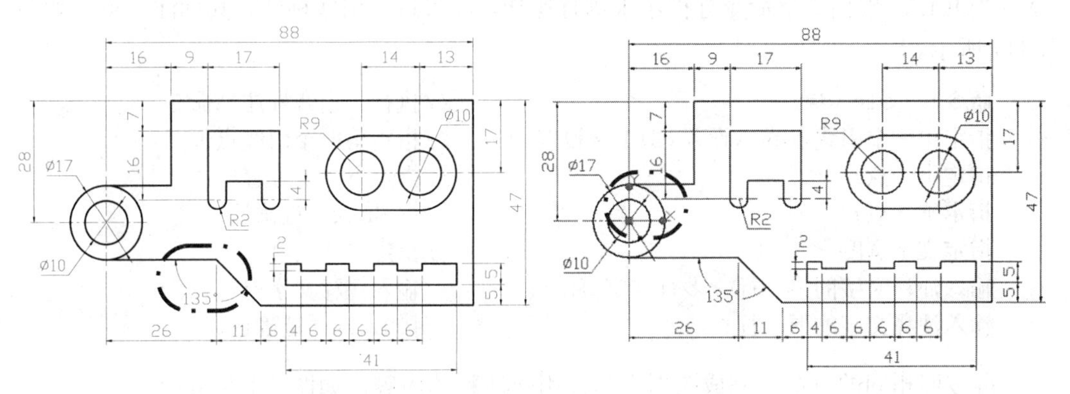

图 9-113　角度标注　　图 9-114　设置 UCS 坐标原点

Step 12 在“注释”标签下的“标注”面板中单击“坐标标注”按钮，使用鼠标捕捉下侧夹角为 135 度的位置，从而来对其进行 *x*、*y* 方向的坐标标注，其 *x* 轴为 26，*y* 轴为 9，如图 9-115 所示。

Step 13 至此，该机械图形的尺寸已经标注完成，按 Ctrtl+Shift+S 组合键将该文件另存为“案例\09\机械图形的标注.dwg”文件。

经验分享——选择参照标注要点

用户在进行基线标注和连续标注时，如果需要重新选择作为参照的标注对象时，应注意选择的位置关系，如果选择不当，就容易出现错误标注的情况，图 9-116 所示为错误选择参照标注对象的效果。

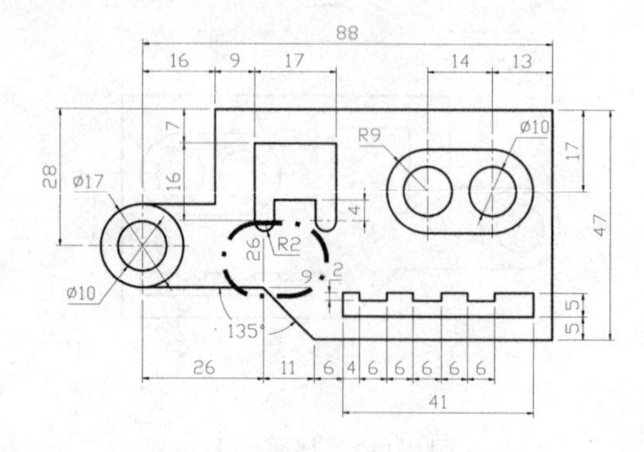

图 9-115　坐标标注

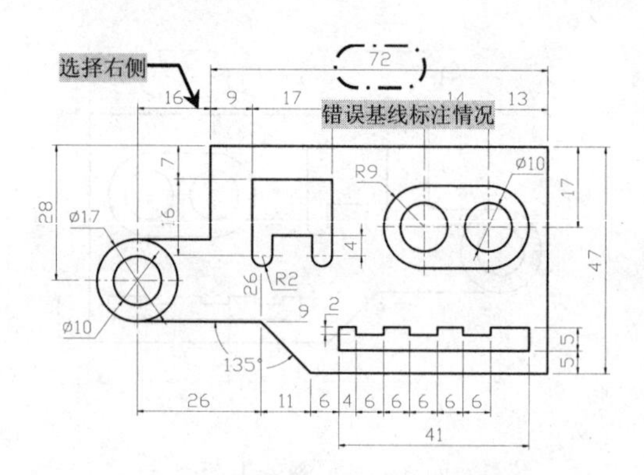

图 9-116　错误基线标注情况

9.5.6　引线注释

在 AutoCAD 2014 环境中，用户直接在命令行中输入“引线注释”命令的快捷键命令为“QLE”，根据如下命令行提示来进行操作，即可进行引线标注，其标注示意图如图 9-117 所示。

```
命令: _qleader                                    //执行“引线标注”命令
指定第一个引线点或 [设置(S)] <设置>:               //指定第一个引线点位置
指定下一点:                                       //指定下一点位置
指定下一点:                                       //按 Enter 键确认
指定文字宽度 <0.0000>:                             //指定文字高度
输入注释文字的第一行 <多行文字(M)>:                 //输入注释文字内容
输入注释文字的下一行:                               //按 Enter 键确认
```

再按照相同的方法，完成图形中其他引线注释的内容，如图 9-118 所示。

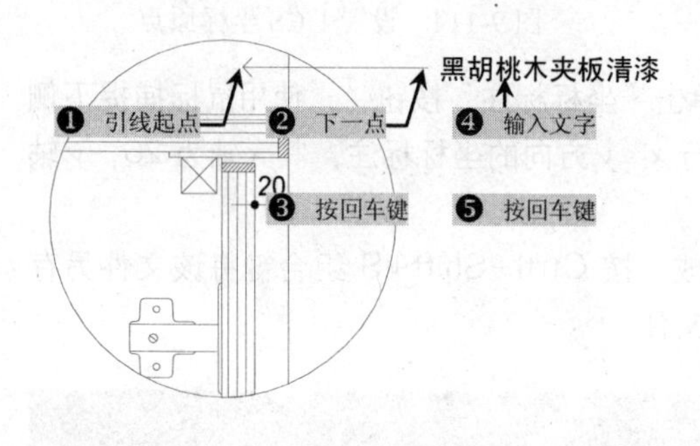

图 9-117　引线注释示意图

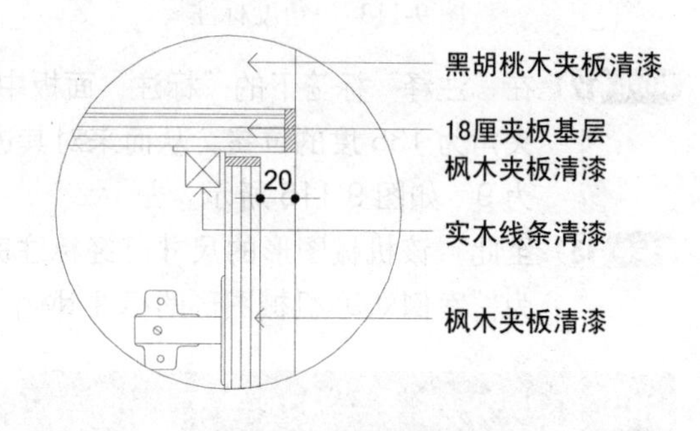

图 9-118　引线注释效果

在进行引线注释过程中，如果用户选择“设置(S)”项，将打开“引线设置”对话框，从而可以设置注释的类型、多行文字的选项、引线样式、引线点数、箭头样式及角度、多行文字附着位置等，如图 9-119～图 9-121 所示。

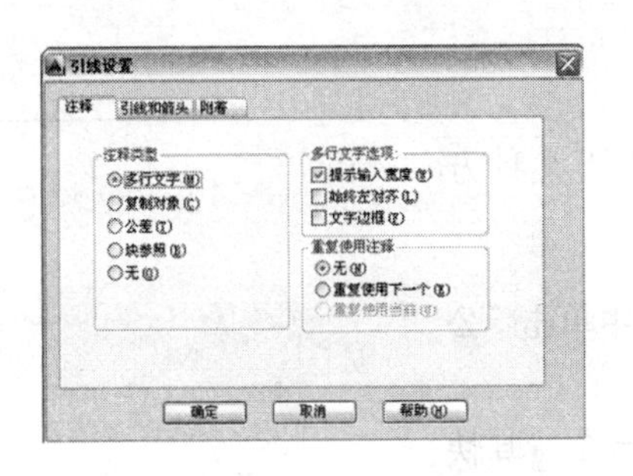

图 9-119　“注释”选项卡

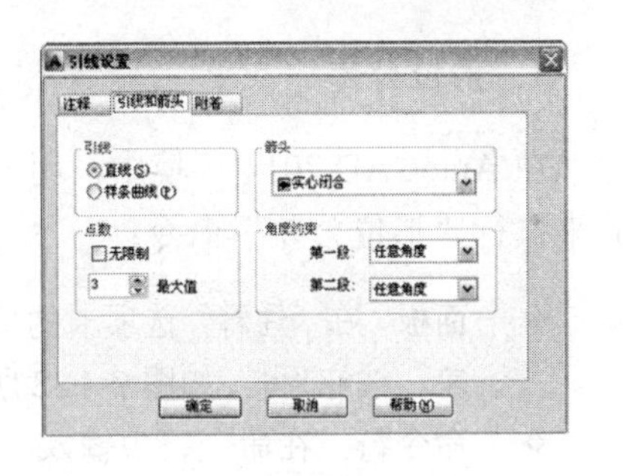

图 9-120　“引线和箭头”选项卡

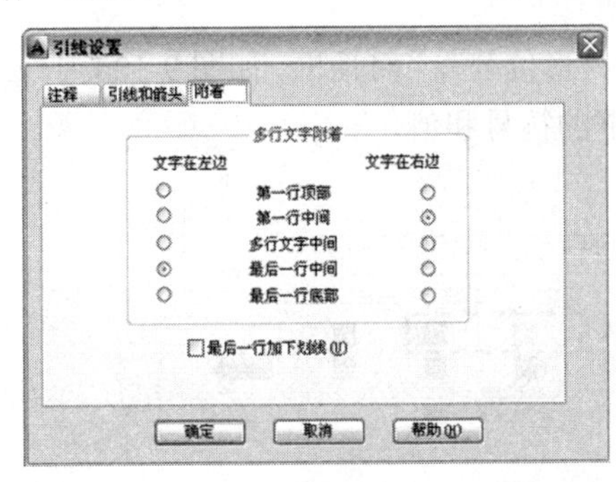

图 9-121　“附着”选项卡

9.5.7　形位公差标注

在机械工程图中，经常使用“形位公差”命令来对图形特性进行形状、轮廓、方向、位置和跳动的允许偏差等进行标注，可以通过特性控制框来添加形位公差，这些框中包含单个标注的所有公差信息。

经验分享——形位公差的特征控制框结构

特征控制框至少由两个组件组成，第一个特征控制框包含一个几何特征符号，表示应用公差的几何特征，例如，位置、轮廓、形状、方向和跳动。形为公差控制直线、平面度、圆度和圆柱度；轮廓控制直线和表面，如图 9-122 所示。

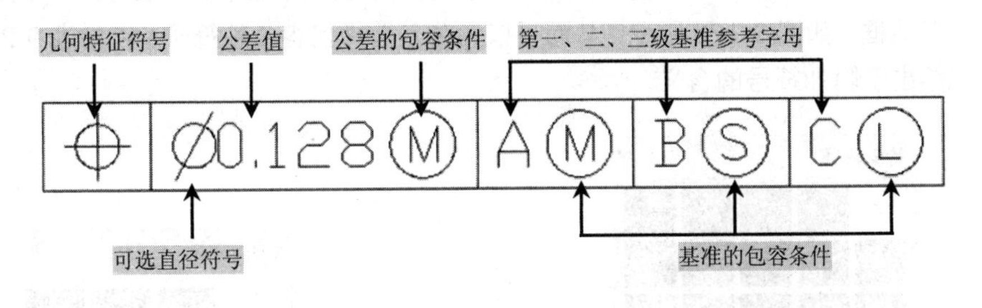

图 9-122　特征控制框架

Note

1．形位公差

在 AutoCAD 2014 环境中，用户可以通过以下几种方式来执行“形位公差”命令：

- ✧ 面板：在“注释”选项卡的“标注”面板中单击“公差”按钮，如图 9-123 所示。
- ✧ 命令行：在命令行中输入“Tolerace”命令（其快捷键为“TOL”）。

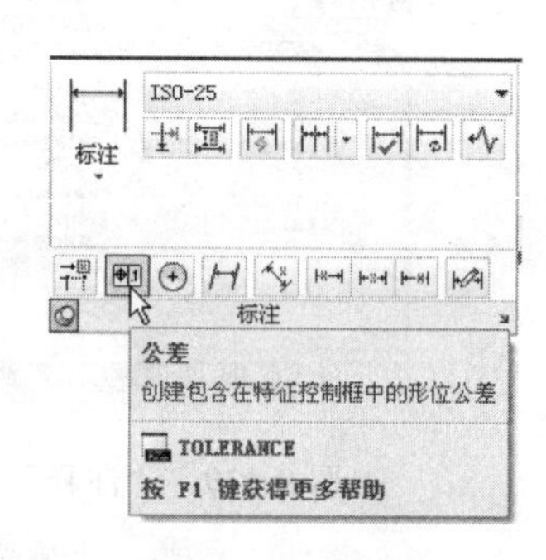

图 9-123　单击【公差”按钮

执行公差命令后，弹出“形位公差”对话框，如图 9-124 所示，可以指定特性控制框的符号和值。

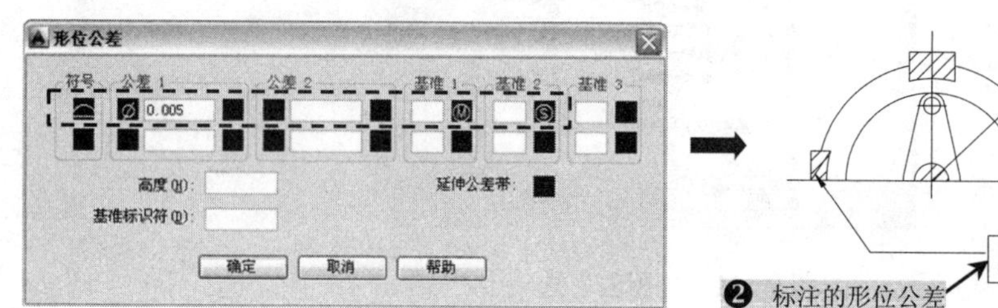

图 9-124　形位公差标注示意图

2．形位公差符号的含义

在“形位公差”对话框中，涉及到符号、公差、基准标识符、高度、标识符和延伸公差带等各选项参数，其参数的含义说明如下：

- ✧ “符号”选项组：显示或设置所要标注形位公差的符号。单击该选项组中的“图标”框，打开“特征符号”对话框，如图 9-125 所示。在该对话框中，用户可直接单击某个形位公差代号的“图样”框，以选择相应的形位公差几何特征符号。在如表 9-1 所示中给出了特征符号的含义。
- ✧ “公差 1”和“公差 2”选项组：表示 AutoCAD 将在形位公差值前加注直径符号“ϕ”。在中间的文本框中可以输入公差值，单击该列后面的“图样”框，打开“附加符号”对话框，如图 9-126 所示，从而可以为公差选择包容条件符号。在如表 9-2 所示中给出了附加符号的含义。

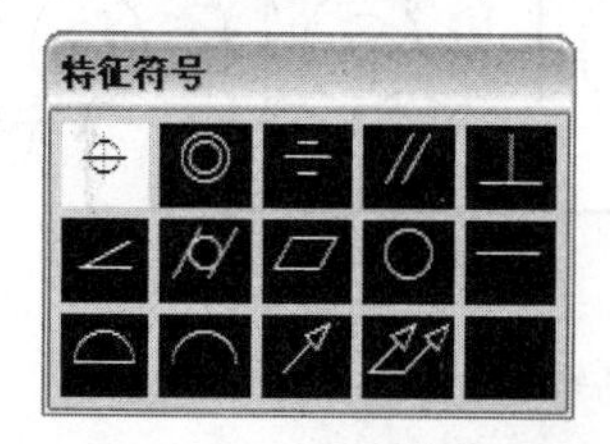

图 9-125　“特征符号”对话框

图 9-126　“附加符号”对话框

表 9-1　形位公差符号及其含义

符　号	含　义	符　号	含　义
—	直线度	○	圆度
⌒	线轮廓度	⌓	面轮廓度
//	平行度	⊥	垂直度
⌯	对称度	◎	同轴度
⌭	圆柱度	∠	倾斜度
▱	平面度	⌖	位置度
↗	圆跳度	⌰	全跳度

表 9-2　附加符号及其含义

符　号	含　义
Ⓜ	材料的一般状况
Ⓛ	材料的最大状况
Ⓢ	材料的最小状况

- ✧ "基准 1"、"基准 2"、"基准 3"选项组：设置基准的有关参数，用户可在相应的文本框中输入相应的基准代号。
- ✧ "高度"文本框：可以输入投影公差带的值。投影公差带控制固定垂直部分延伸区的高度变化，并以位置公差控制公差精度。
- ✧ "延伸公差带"：除指定位置公差外，还可以指定延伸公差（又称为投影公差），以使公差更加明确。例如，使用延伸公差控制嵌入零件的垂直公差带。延伸公差符号（Ⓟ）的前面是高度值，指定最小的延伸公差带。延伸公差带的高度和符号出现在特征控制框下的边框中。
- ✧ "基准标识符"文本框：创建由参照字母组成的基准标识符号。

9.5.8　多重引线标注

在"视图"标签下的"用户界面"面板中，单击"工具栏"按钮，在出现的下拉列表中选择"AutoCAD"命令，再选择"多重引线"选项，如图 9-127 所示；此时在绘图窗口中，将出现"多重引线"工具栏，效果如图 9-128 所示。

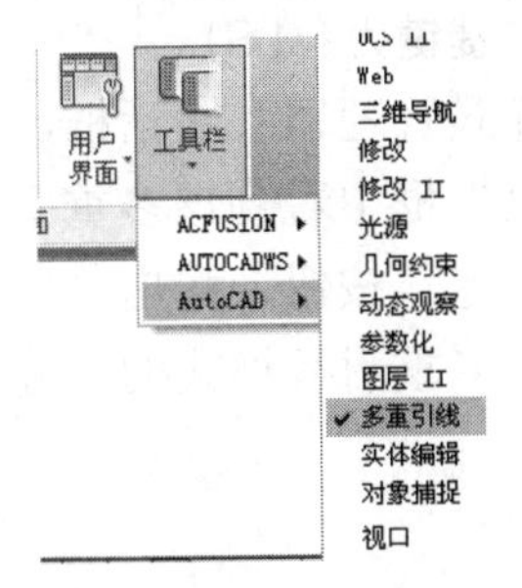

图 9-127　选择"多重引线"

图 9-128　"多重引线"工具栏

在“注释”标签下的“引线”面板、“多重引线”工具栏，都可打开“多重引线样式”对话框，如图 9-129 所示。

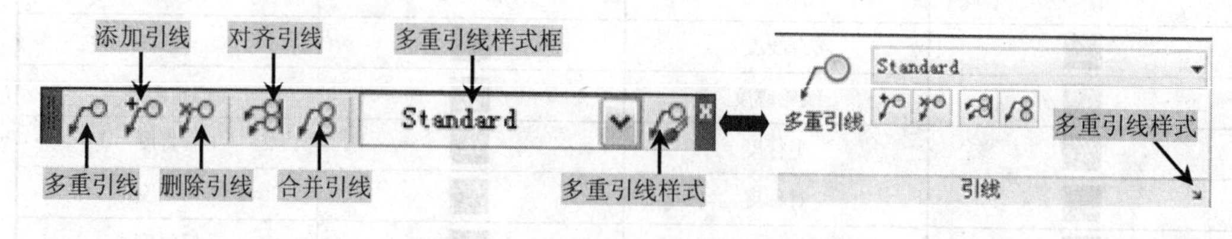

图 9-129 “多重引线”工具栏和面板

经验分享——引线的结构

引线对象是一条线或样条曲线，其一端带有箭头，另一端带有多行文字对象或块。在某些情况下，有一条短水平线（又称为基线）将文字或块和特征控制框连接到引线上，如图 9-130 所示。

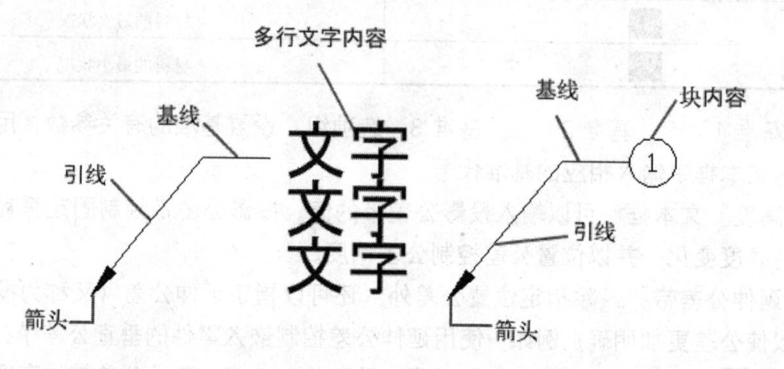

图 9-130 引线的结构

1. 创建多重引线样式

用户可以创建与标注、表格和文字中样式类似的多重引线样式，还可以将这些样式转换为工具，并将其添加到工具选项板中，便于用户能够快速访问。

用户可以通过以下几种方式来执行“多重引线样式”命令：

✧ 面板：在“注释”标签下的“引线”面板中单击“多重引线样式”按钮↘。

✧ 工具栏：在“引线”工具栏中单击“多重引线样式”按钮。

✧ 命令行：在命令行中输入“MleaderStyle”命令（快捷键为 MLS）。

执行“多重引线样式”命令后，将弹出“多重引线样式管理器”对话框，在“样式”列表框中列出已有多重引线样式，并在右侧的“预览”框中看到该多重引线样式的效果。如果用户要创建新的多重引线样式，可单击“新建”按钮，弹出“创建新多重引线样式”对话框，在“新样式名”文本框中输入新的多重引线样式的名称，如图 9-131 所示。

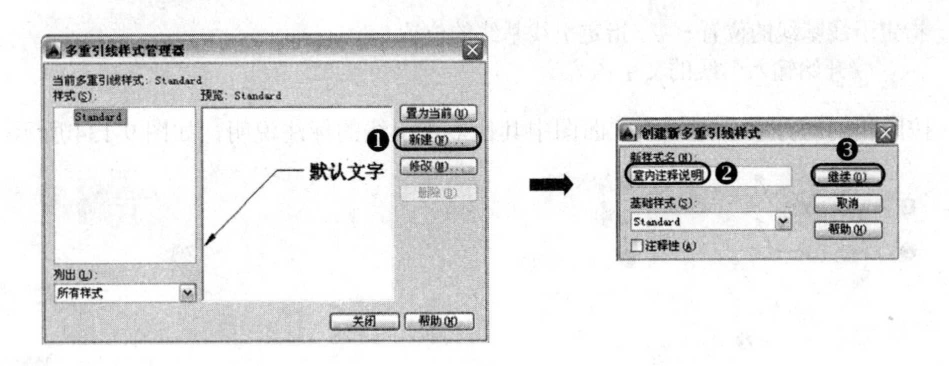

图 9-131　创建新的多重引线样式

当单击“继续”按钮后，系统将弹出“修改多重引线样式：XXX”对话框，用户可以根据需要来对其引线格式、结构和内容进行设置或修改，如图 9-132 所示。

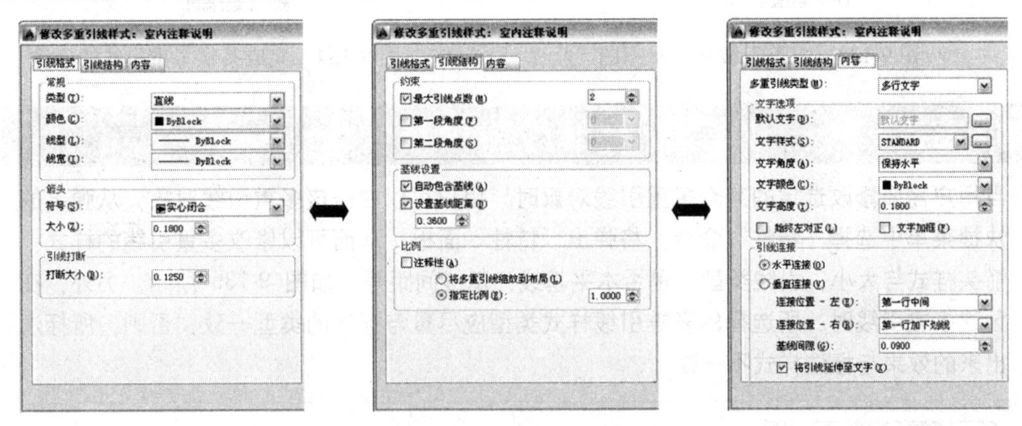

图 9-132　修改多重引线样式

2. 修改多重引线

当用户创建了多重引线样式过后，就可以通过此样式来创建多重引线，并且可以根据需要来修改多重引线。

在 AutoCAD 2014 环境中，用户可以通过以下几种方式来创建或修改多重引线：

✧　面板：在“注释”标签下的“引线”面板中单击“多重引线”按钮。
✧　工具栏：在“引线”工具栏上单击“多重引线”按钮。
✧　命令行：在命令行中输入“Mleader”命令（快捷键为 MLE）。

启动多重引线命令之后，用户根据如下的提示信息进行操作，即可对图形对象进行多重引线标注，如图 9-133 所示（用户可打开“案例\09\多重引线示例.dwg”文件进行操作）。

```
命令：_mleader                              //启动多重引线命令
指定引线箭头的位置或 [引线基线优先(L)/内容优先(C)/选项(O)] <选项>:
                                            //指定箭头位置或设置选项
指定下一点:                                  //指定下一点位置
```

指定引线基线的位置： //指定引线基线的位置
　　//开始输入引线的文字内容

按照相同的方法，完成该立面图中其他多重引线的标注说明，如图 9-134 所示。

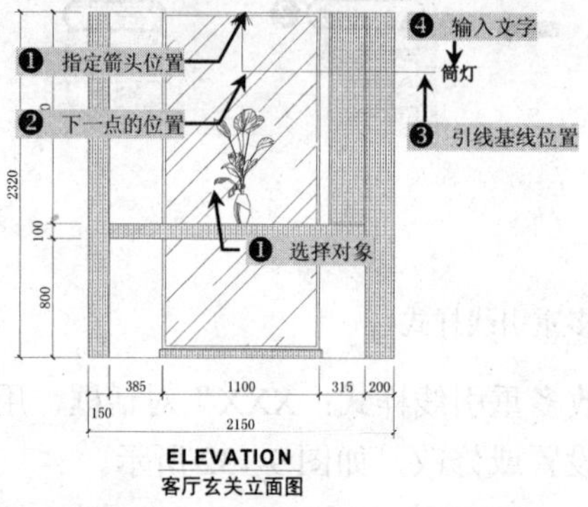

图 9-133　多重引线标注示意图 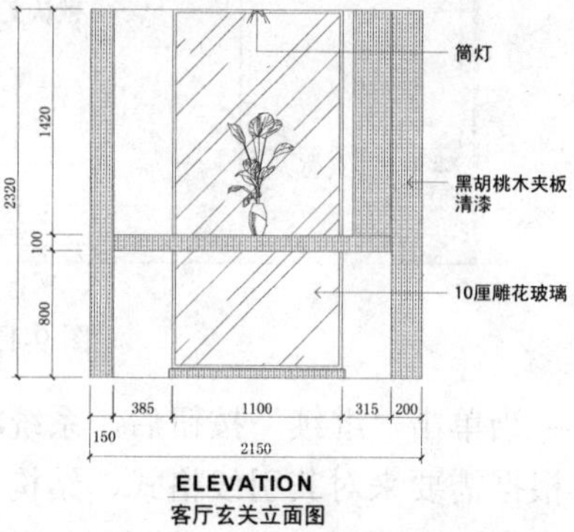　　　　图 9-134　完成其他多重引线的标注

经验分享——通过“特性”修改多重引线

当用户需要修改选定的某个多重引线对象时，用户可以右击该多重引线对象，从弹出的快捷菜单中选择“特性”命令，将弹出“特性”面板，从而可以修改多重引线的样式、箭头样式与大小、引线类型、是否水平基线、基线间距等，如图 9-135 所示。另外，在创建多重引线时，所选择的多重引线样式类型应尽量与标注的类型一致，否则，所标注出来的效果与标注样式不一致。

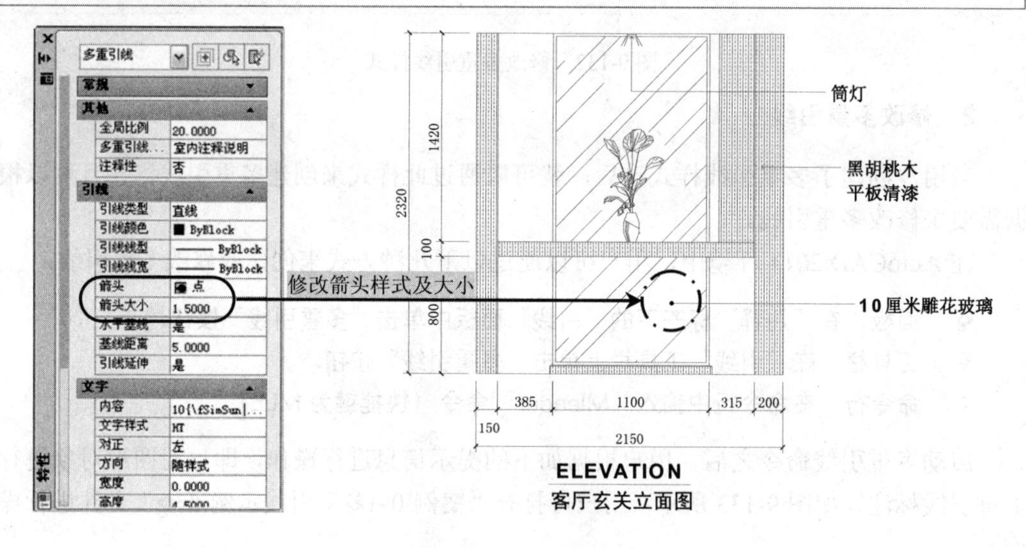

图 9-135　修改选择的多重引线

3．添加多重引线

当同时引出几个相同的部分的引出线时，可采取互相平行或画成集中于一点的放射线，那么这时就可以采用添加多重引线的方法来操作。

在“引线”面板中单击“添加多重引线”按钮，根据如下提示选择已有的多重引线，然后依次指定引出线箭头的位置即可，如图 9-136 所示。

选择多重引线：　　　　//使用鼠标选择已有的多重引线
找到一个　　　　　　　//显示已选择多重引线的数量
指定引线箭头的位置：　//指定多重引线箭头的位置

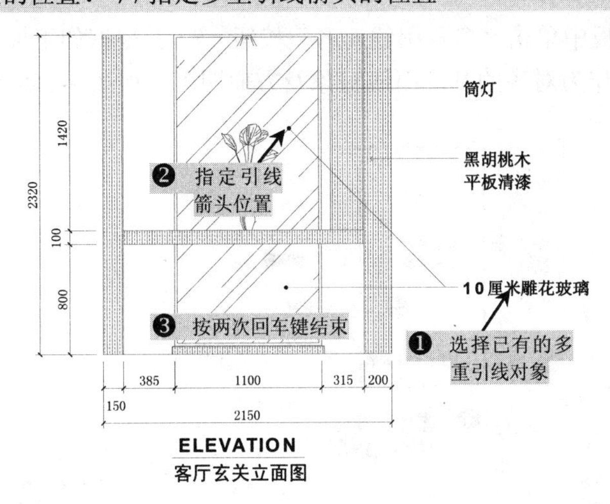

图 9-136　添加多重引线示意图

4．删除多重引线

如果用户在添加了多重引线过后，又觉得不符合需要，这时可以将多余的多重引线删除。

在“引线”面板中单击“删除多重引线”按钮，根据如下提示选择已有的多重引线，然后依次指定引出线箭头的位置即可，如图 9-137 所示。

选择多重引线：　　　　//使用鼠标选择已有的多重引线
找到一个　　　　　　　//显示已选择多重引线的数量
指定要删除的引线：　　//选择需要删除的引线

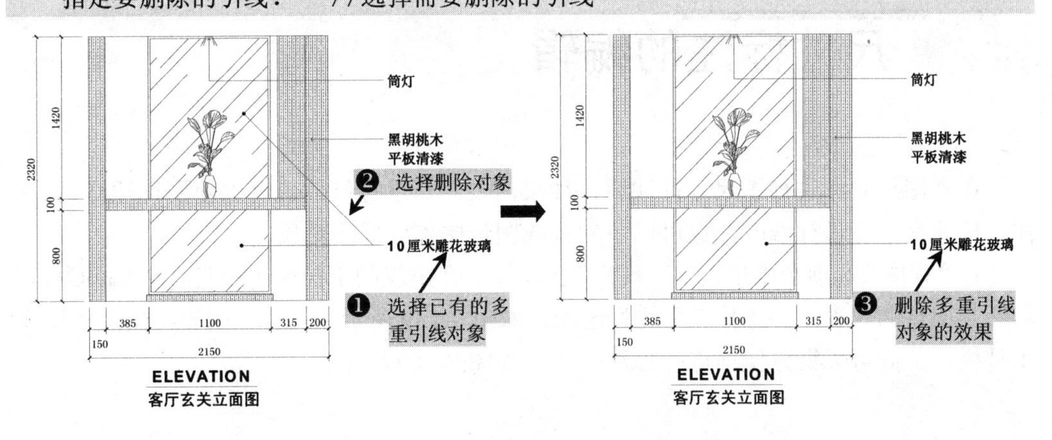

图 9-137　删除多重引线示意图

5. 对齐多重引线

当一个图形中有多处引线标注时，如果没有对齐操作，图形不规范，也不符合要求，这时可以通过 AutoCAD 提供的多重引线对齐功能来操作，所需要的多个多重引线以某个引线为基准进行对齐操作。

在“引线”面板中单击“多重引线对齐”按钮，并根据如下提示选择要对齐的引线对象，再选择要作为对齐的基准引线对象及方向即可，如图 9-138 所示。

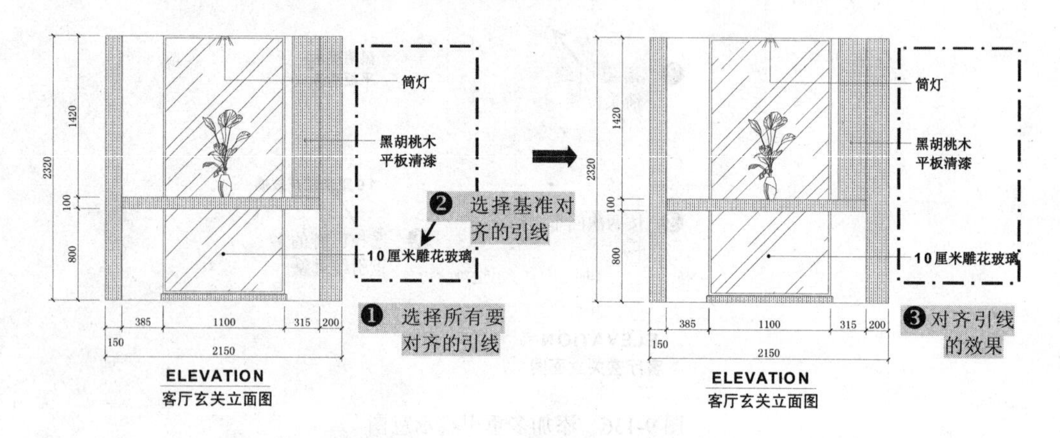

图 9-138 对齐多重引线示意图

```
命令: _mleaderalign                     //启动多重引线对齐命令
选择多重引线: 找到一个, 总计三个         //选择多个要对齐的引线对象
选择多重引线:                           //按 Enter 键结束选择
当前模式: 使用当前间距                   //显示当前的模式
选择要对齐到的多重引线或 [选项(O)]:      //选择要对齐到的引线
指定方向:                               //使用鼠标来指定对齐的方向
```

9.6 尺寸标注的编辑

在对图形对象进行了尺寸标注后，如果需要对其进行修改，可以使用标注样式、标注、标注文字等进行修改，也可以单独修改图形中部分标注对象。

在“视图”选项卡中单击“工具栏”按钮，在出现的下拉列表中选择“AutoCAD”，然后在出现的列表中，选择“标注”选项，如图 9-139 所示。将在绘图窗口出现“标注”工具栏，从而可以很方便地进行标注操作，如图 9-140 所示。

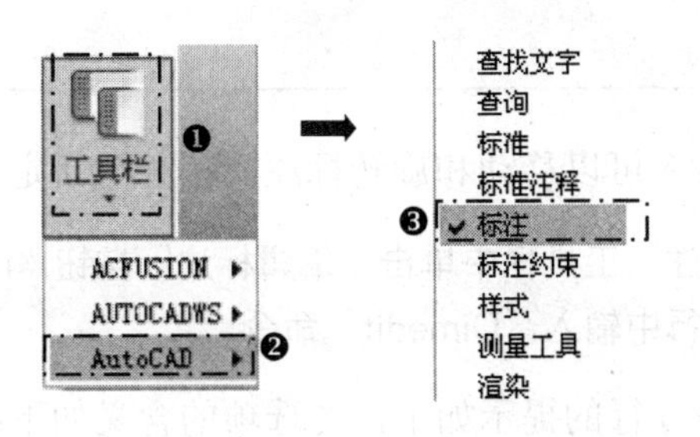

图 9-139　选择“标注”选项

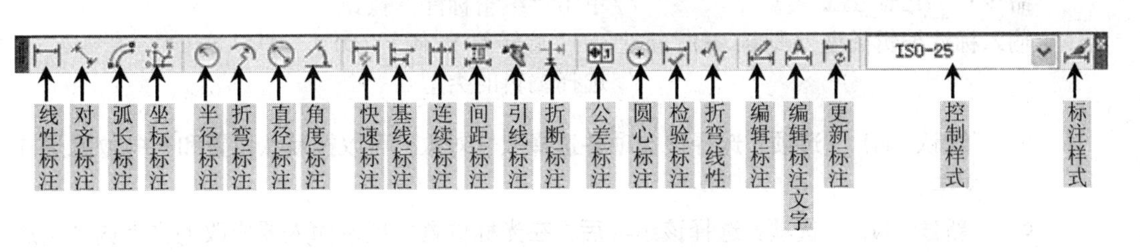

图 9-140　“标注”工具栏

9.6.1　编辑标注文字

使用编辑标注文字命令可以移动和旋转标注文字并重新定位尺寸线：

✧　工具栏：在“标注”工具栏中单击“编辑标注文字”按钮。

✧　命令行：在命令行中输入“DimTedit”命令。

执行该命令后，其命令行的提示如下：

```
命令: Dimtedit            //单击“编辑标注文字”命令
选择标注:
为标注文字指定新位置或 [左对齐(L)/右对齐(R)/居中(C)/默认(H)/角度(A)]:
                          //选择编辑的类型
```

其命令行包含了5个选项，其中，“角度”选项用于调整文字的角度，“左对齐”、“右对齐”、“居中”选项用于调整文字在尺寸线上的位置，“默认”选项则用于将标注文字移回默认位置，如图 9-141 所示。

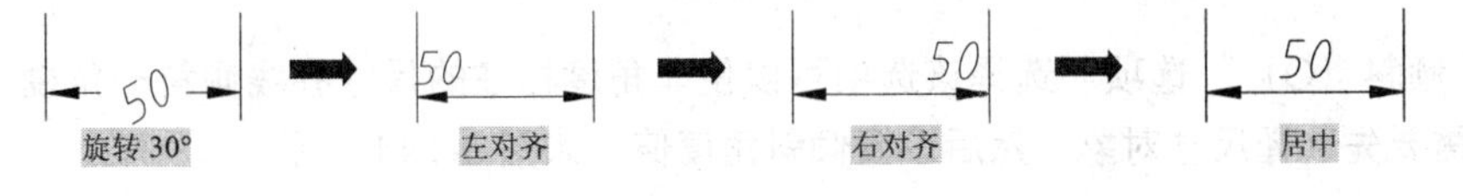

图 9-141　编辑标注文字的效果

经验分享——标注文字的编辑

在编辑标注文字时，可以直接单击“标注”面板中的“文字角度”、“左对正”、“居中对正”、“右对正”按钮，快速进行单一的编辑操作。

9.6.2 编辑标注

使用编辑标注文字命令可以移动和旋转标注文字并重新定位尺寸线：

✧ 工具栏：在“标注”工具栏中单击“编辑标注”按钮。
✧ 命令行：在命令行中输入“Dimedit”命令。

执行该命令后，其命令行的提示如下，各选项的含义如下：

```
命令：_dimedit                //单击“编辑标注”按钮
输入标注编辑类型 [默认(H)/新建(N)/旋转(R)/倾斜(O)] <默认>:
                              //选择编辑的类型
```

✧ “默认（H）”选项：选择该选项并选择尺寸对象，可以按默认位置和方向放置尺寸文字。
✧ “新建（N）”选项：选择该选项后，在光标位置将提示输入要修改的文字内容，然后按“回车”键，在“选择对象：”提示下选择要编辑的尺寸对象，再按回车键结束，则所选择标注对象的文字已经被修改，如图 9-142 所示。

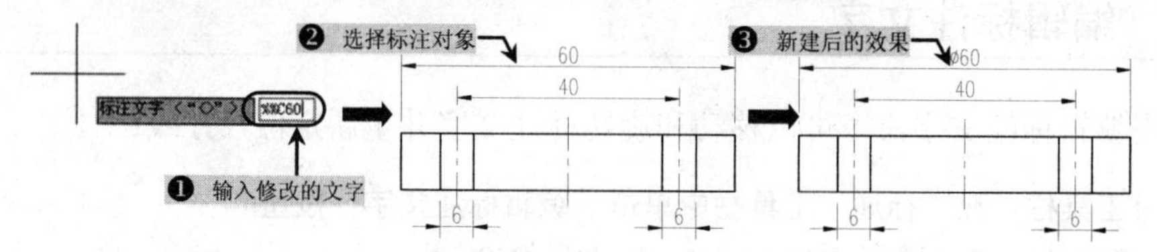

图 9-142 新建标注对象

✧ “旋转（R）”选项：选择该选项可以将尺寸文字旋转一定的角度，同样是先设置角度值，然后选择尺寸对象，如图 9-143 所示。

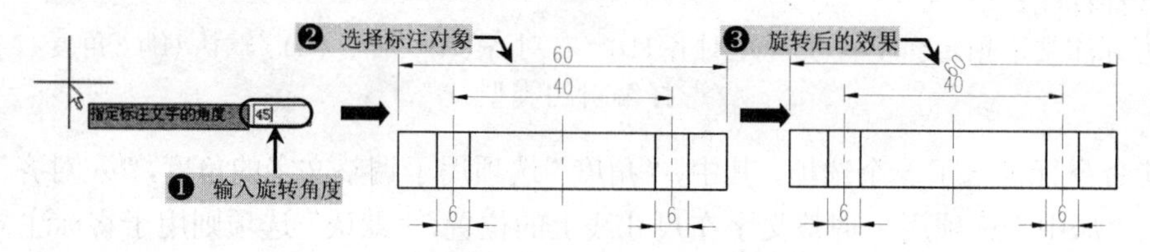

图 9-143 旋转标注文字对象

✧ “倾斜（O）”选项：选择该选项可以使非角度标注的尺寸界线倾斜一角度。这时需要先选择尺寸对象，然后设置倾斜角度值，如图 9-144 所示。

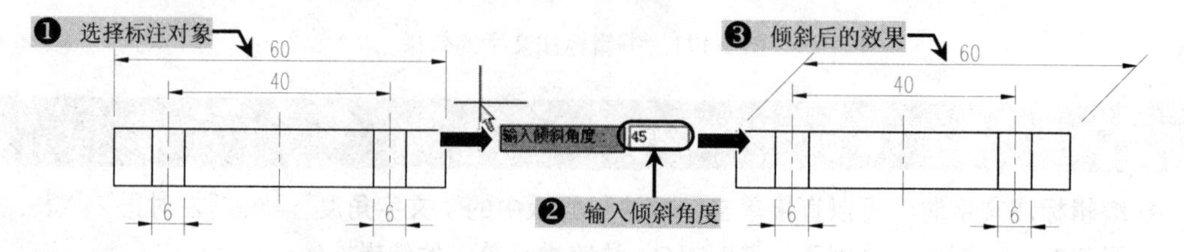

图 9-144 倾斜标注对象

Note

经验分享——“标注”面板中的“倾斜”

单击“注释”标签下“标注”面板中的“倾斜”按钮，也可对线性标注进行一定角度的旋转操作。

9.6.3 更新标注

利用尺寸更新命令，可以实现两个尺寸样式之间的互换，即将已标注的尺寸新的尺寸样式显示出来。尺寸更新命令作为改变尺寸样式的工具，可使标注的尺寸样式灵活多样，从而满足各种尺寸标注的需要，而无需对尺寸进行反复修改。

用户可以通过以下任意一种方式来进行“更新标注”命令：

- ✧ 面板：在“注释”标签下的“标注”面板中单击“更新”按钮。
- ✧ 工具栏：在“标注”工具栏中单击“更新”按钮。
- ✧ 命令行：在命令行中输入“--Dimstyle”命令。

执行“更新标注”命令后，其命令提示行将显示如下选项，各选项的含义说明如下：

```
命令：_-dimstyle
当前标注样式：机械　注释性：否
输入标注样式选项[注释性(AN)/保存(S)/恢复(R)/状态(ST)/变量(V)/应用(A)/?] <恢复>:
```

9.7 实战演练

9.7.1 初试身手——起重钩的标注

视频\09\起重钩的标注.avi
案例\09\起重钩的标注.dwg

首先打开事先准备好的起重钩图形，再使用“线性”、“半径”、“直径”、“基线”等标注命令，对图形进行尺寸标注，其具体操作步骤如下：

Step 01 正常启动AutoCAD 2014软件，在“快捷访问”工具栏中单击“打开”按钮，将“案例\09\起重钩.dwg”素材文件打开，如图9-145所示。

Step 02 使用“标注样式”命令（ST），打开“标注样式管理器”对话框，然后单击“新建”按钮新建(N)...，新建一个标注样式，如图9-146所示。

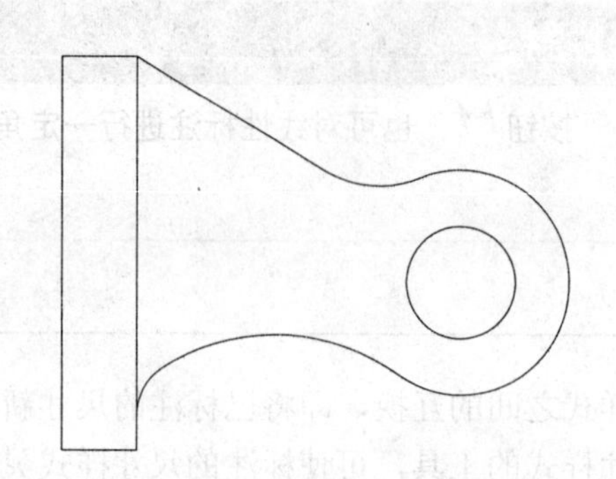

图 9-145　打开的素材文件

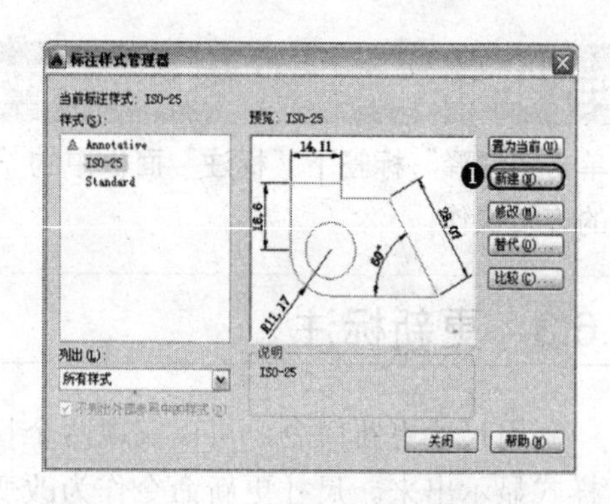

图 9-146　“标注样式管理器”对话框

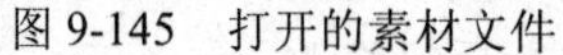

Step 03 在“创建新标注样式”对话框中，将新样式命名为“尺寸标注”，然后选择“基础样式”为“ISO-25”，如图 9-147 所示。

Step 04 单击“继续”按钮，打开“新建标注样式：尺寸标注”对话框，然后在“主单位”选项卡中设置“精度”为“0.0”，“小数分隔符”为“.句点”，如图 9-148 所示。

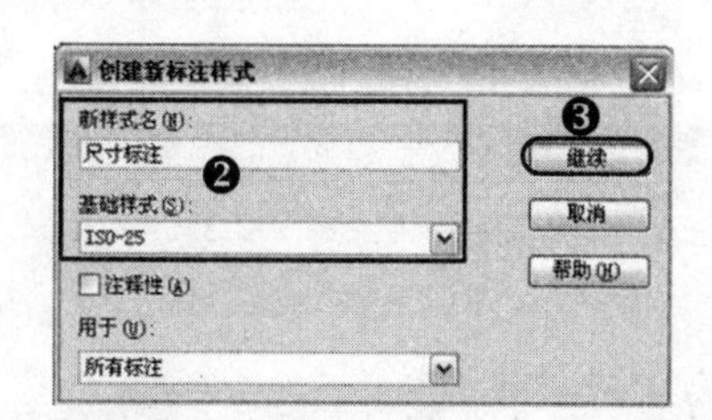

图 9-147　定义标注样式名称

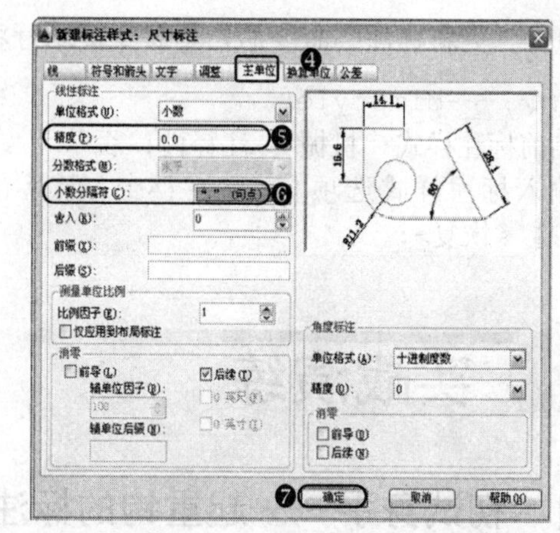

图 9-148　设置标注样式参数

Step 05 完成设置后，单击“确定”按钮，返回到“标注样式管理器”对话框，然后在样式列表中选择新建的“尺寸标注”样式，并单击“置为当前”按钮；最后关闭“标注样式管理器”对话框，如图 9-149 所示。

Step 06 使用“线性标注”命令（DLI），捕捉图形左侧的垂直线段，进行线性标注，如图 9-150 所示。

Step 07 重复使用“线性标注”命令（DLI），进行其他的线性标注，如图 9-151 所示。

Step 08 使用“基线标注”命令（DBA），选择左侧的“35”的线性标注，进行“15”的尺寸标注，如图 9-152 所示。

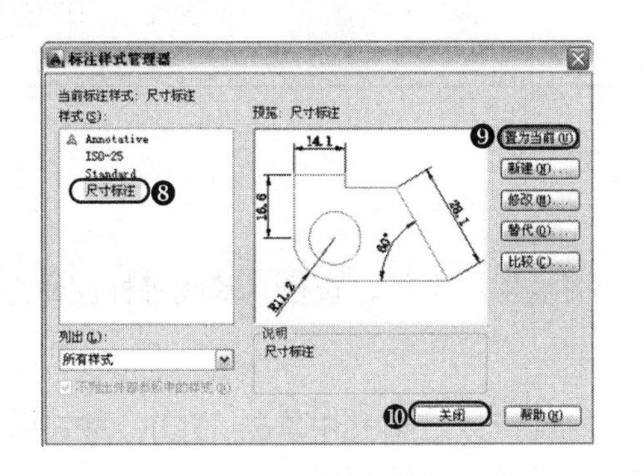

图 9-149　“尺寸标注”置为当前

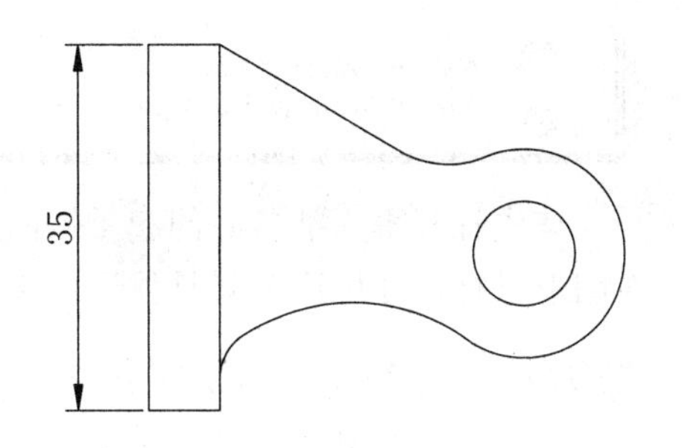

图 9-150　线性标注

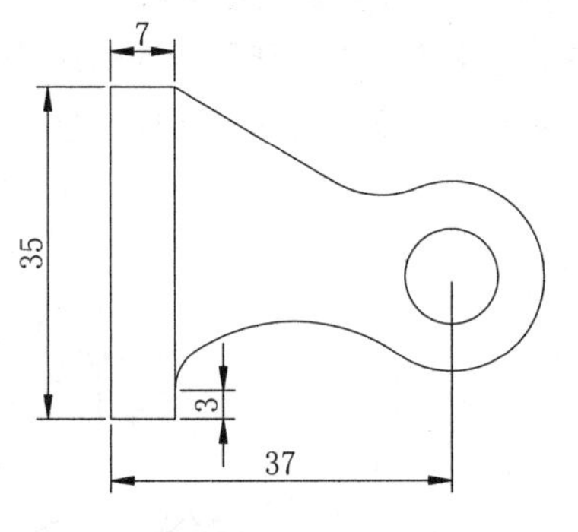

图 9-151　线性标注

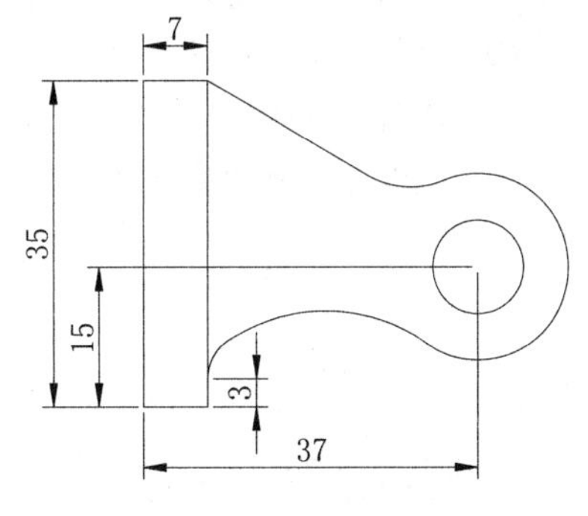

图 9-152　基线标注

Note

经验分享——重复执行上一命令

按 Enter 键或空格键，可快速重复执行上一命令。

Step 09 使用“半径标注”命令（DRA），分别选择圆弧对象，进行半径标注，如图 9-153 所示。

Step 10 使用“直径标注”命令（DDI），选择右侧的圆对象，进行直径标注，如图 9-154 所示。

Step 11 至此，起重钩图形标注完成，用户可按 Ctrl+Shift+S 组合键，将文件另存为“案例\09\起重钩的标注.dwg”。

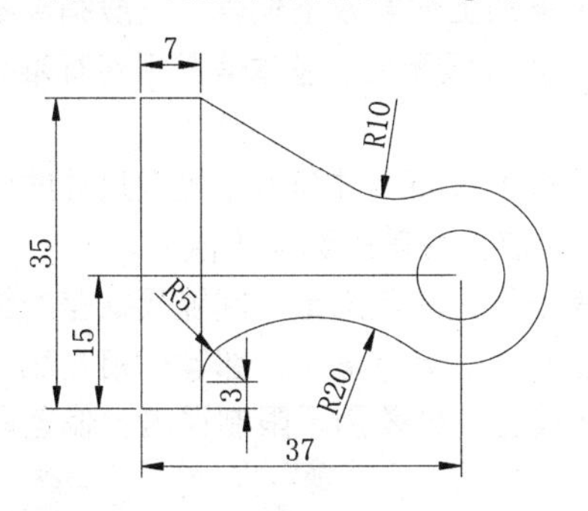

图 9-153　半径标注

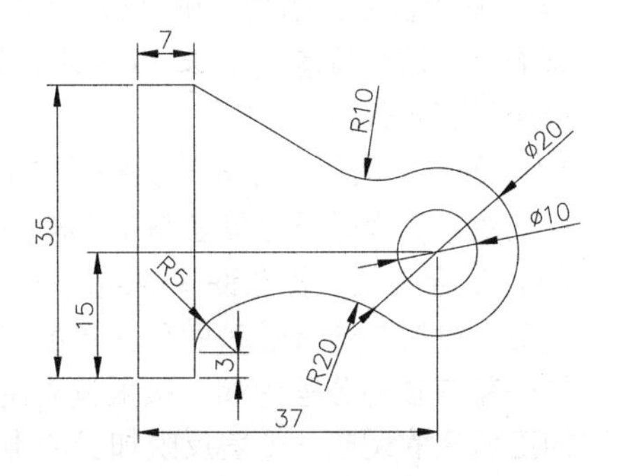

图 9-154　直径标注

9.7.2 深入训练——吊钩的标注

Note

视频\09\吊钩的标注.avi
案例\09\吊钩的标注.dwg

首先打开事先准备好的起重钩图形，再使用线性、半径、直径、基线等标注命令，对图形进行尺寸标注，其具体操作步骤如下：

Step 01 正常启动 AutoCAD 2014 软件，在“快捷访问”工具栏中单击“打开”按钮，将“案例\09\吊钩.dwg”素材文件打开，如图 9-155 所示。

Step 02 执行“对齐标注”命令（DAL），进行对齐标注，如图 9-156 所示。

Step 03 使用“编辑标注”命令（ED），选择对齐标注文字，在“65”后面输入“+3^-2”内容，选中“+3^-2”，再右击鼠标，在弹出的列表中选择“堆叠”选项，表示极限偏差，其效果如图 9-157 所示。

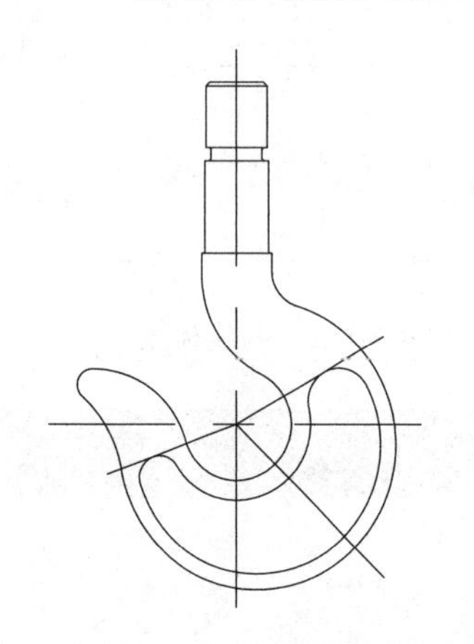

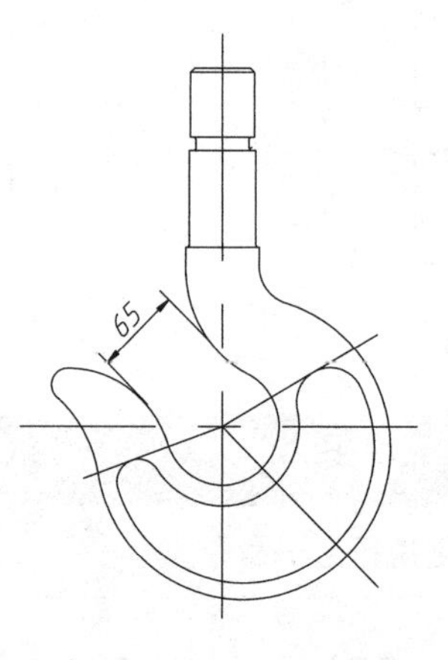

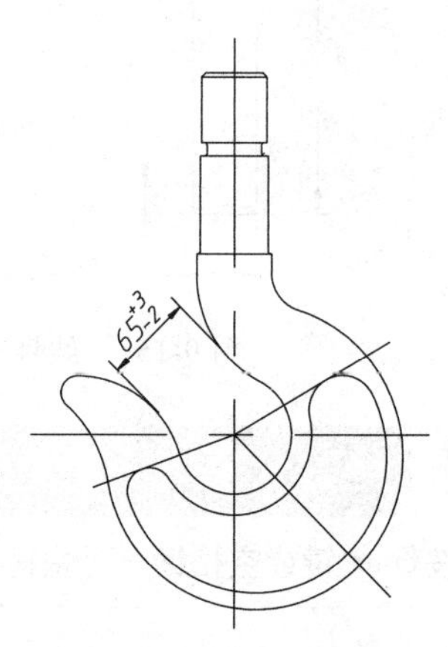

图 9-155 打开的素材文件　　图 9-156 对齐标注　　图 9-157 编辑标注

经验分享——偏差的含义

（1）极限偏差，分为上偏差和下偏差，指最大或最小极限尺寸减去基本尺寸所得的代数差。可以大于、小于或等于零，用于限制实际偏差。

（2）基本偏差：指用以确定公差带相对于零线位置的上偏差或下偏差，一般指离零线距离最近的那个偏差。除 JS 和 js 外，基本偏差与公差等级无关。基本偏差已经标准化，可以通过查表获得。

（3）公差：指尺寸允许的变动量。公差数值等于最大极限尺寸与最小极限尺寸的代数差的绝对值，也等于上偏差与下偏差的代数差的绝对值。公差永远为正值。

（4）配合公差：指允许间隙或过盈的变动量。等于最大间隙与最小间隙代数差的绝对值或最小过盈与最大过盈的代数差的绝对值。配合公差永远为正值。都等于相互配合的孔的公差与轴的公差的和。极限偏差用于限制实际偏差，公差用于限制误差；偏差取决于加工机床的调整，公差反映加工的难易程度。

Step 04 使用"标注样式"命令（D），单击"新建" 新建(N)... 按钮，选择基础样式为"GB-35"，在"用于"下拉列表中选择"角度标注"选项，再单击"继续"按钮，如图 9-158 所示；将打开"新建标注样式：GB-35：角度"对话框，在"文字"选项卡的"文字对齐"区域，选择"水平"选项，如图 9-159 所示；返回到"标注样式管理器"对话框，如图 9-160 所示。

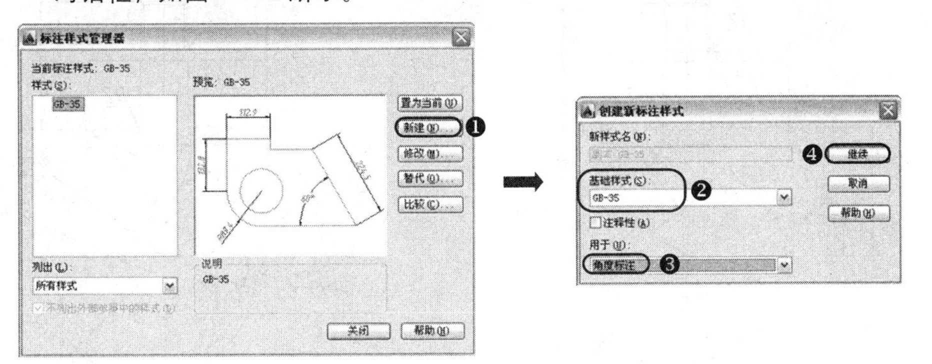

图 9-158　新建"角度标注"

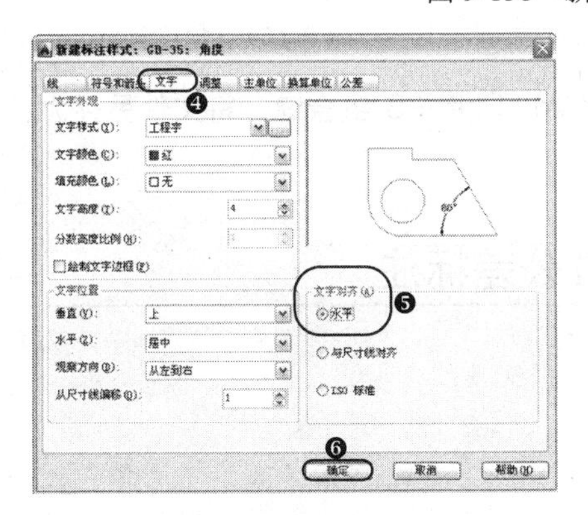

图 9-159　设置文字对齐

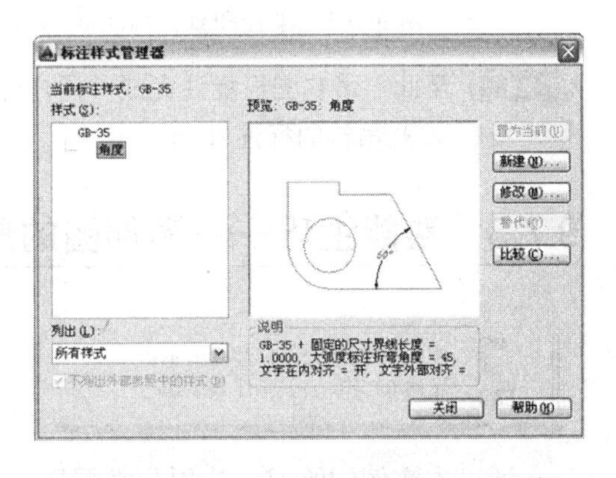

图 9-160　"标注样式管理器"对话框

Step 05 使用相同的设置方法，设置"半径"和"直径"标注样式，效果如图 9-161 所示。

Step 06 使用"线性标注"（DLI）和"编辑标注"（ED）等命令，对图形进行尺寸标注，结果如图 9-162 所示。

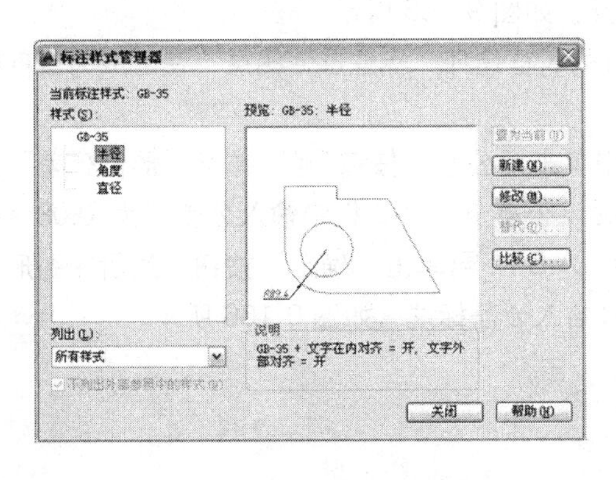

图 9-161　设置半径和直径样式

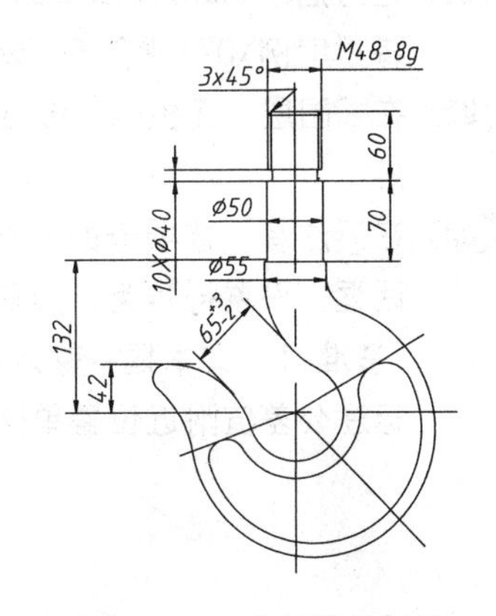

图 9-162　进行线性标注

Step 07 使用“半径标注”（DRA）和“直径标注”（DDI）等命令，对图形进行标注，效果如图 9-163 所示。

Step 08 使用“角度标注”命令（DAN），对图形进行角度标注，效果如图 9-164 所示。

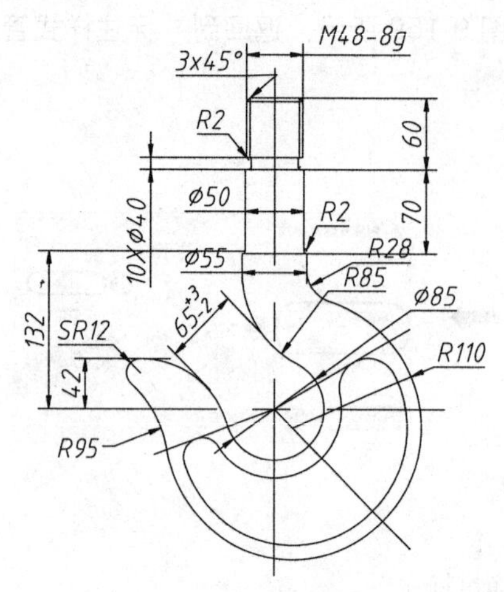

图 9-163 半径和直径标注　　图 9-164 角度标注

Step 09 至此，吊钩图形标注完成，用户可按 Ctrl+Shift+S 组合键，将文件另存为“案例\09\吊钩的标注.dwg”。

9.7.3 熟能生巧——零件图的形位公差标注

视频\09\形位公差标注实例.avi
案例\09\形位公差标注效果.dwg

通过本实例的练习，让用户掌握形位公差各个特征值的设置方法，并讲解不同形位公差的标注方法，以及形位公差标注引线的位置确定，然后详细讲解基准符号的绘制、定义图块、插入图块的方法。

Step 01 正常启动 AutoCAD 2014 软件，在“快捷访问”工具栏中单击“打开”按钮，将“案例\09\零件图.dwg”文件打开，如图 9-165 所示。

Step 02 在“图层”面板的“图层控制”下拉列表框选择“标注层”图层，使之成为当前图层。

Step 03 在“注释”选项卡的“标注”面板中单击“公差”按钮，弹出“形位公差”对话框，设置符号为“圆跳度”，在“公差 1”文本框中输入公差值为 0.08，在“基准 1”文本框中输入基准符号为“A-B”，再单击“确定”按钮，然后在图形要标注公差值附近位置单击鼠标，即可插入公差标注，如图 9-166 所示。

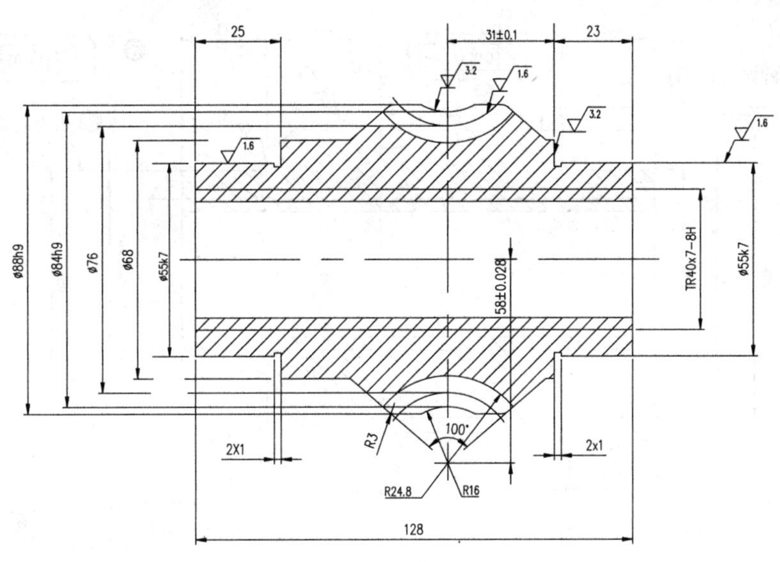

图 9-165　打开的素材文件

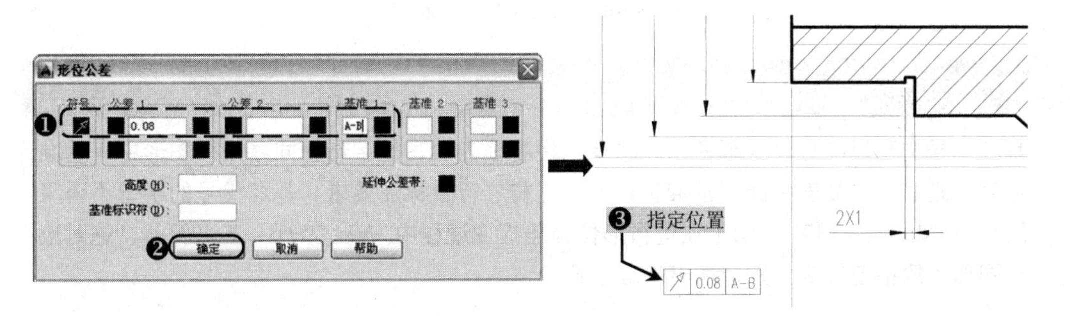

图 9-166　形位公差标注

Step 04 要使形位公差标注对象准确的定位于某一位置，这时可以使用“直线”和“引线标注”等命令，来指定形位公差的标注位置，如图 9-167 所示。

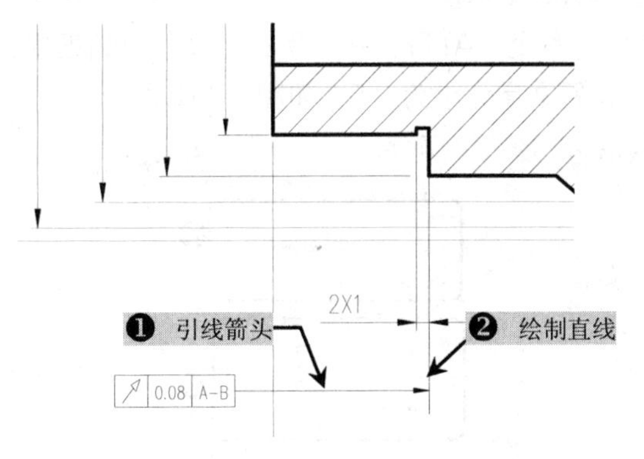

图 9-167　指定形位公差位置

Step 05 按照相同的方法，对图形中❶～❷处进行“圆跳度”形位公差的标注，在❸处进行“同轴度”形位公差标注，如图 9-168 所示。

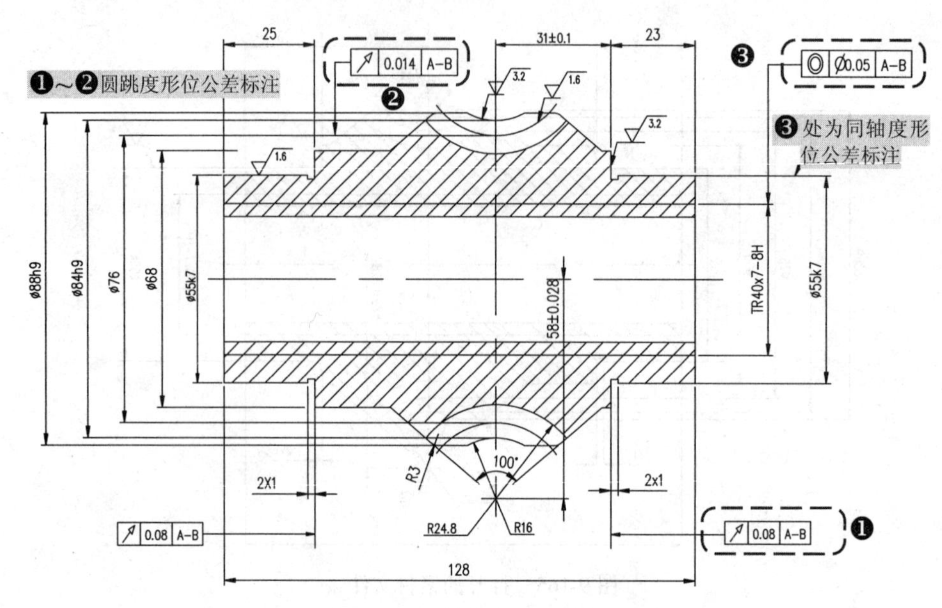

图 9-168　其他形位公差标注

经验分享——基准符号与基准位置的关系

基准代号的字母应与公差框格第三格及以后各格内填写的字母相同，如果图形中有基准符号，则在形位公差中要有基准标识符，这样才符合标注要求。基准代号的字母不得采用E、I、J、M、O和P。由于在进行形位公差标注过程中，有“A—B”基准符号，这时应在图形中的指定位置分别标注出基准位置。

Step 06 执行“多段线（PL）、直线（L）、圆（C）”等命令，在视图的空白位置绘制-基准符号，其上侧水平多段线宽为 0.2，长度为 7mm，垂直线段长度为 5mm，圆直径为 7mm，如图 9-169 所示。

Step 07 执行“属性定义”命令（ATT），在“属性定义”对话框中，设置“对正（J）”方式为“布满”，设置文字大小为 3.5，如图 9-170 所示。

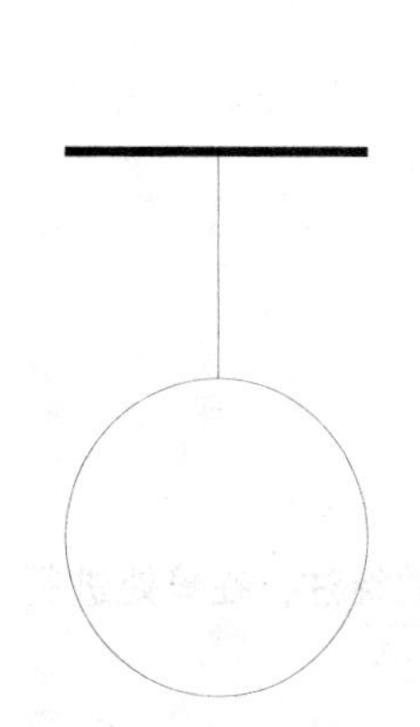

图 9-169　绘制基准符号

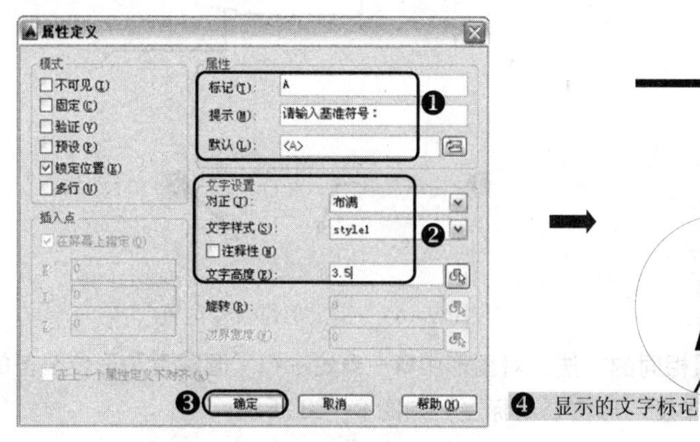

图 9-170　“属性定义”

Step 08 使用“块定义”命令（B），在“块定义”对话框中，定义图块名称为“JZH”，如图9-171所示。

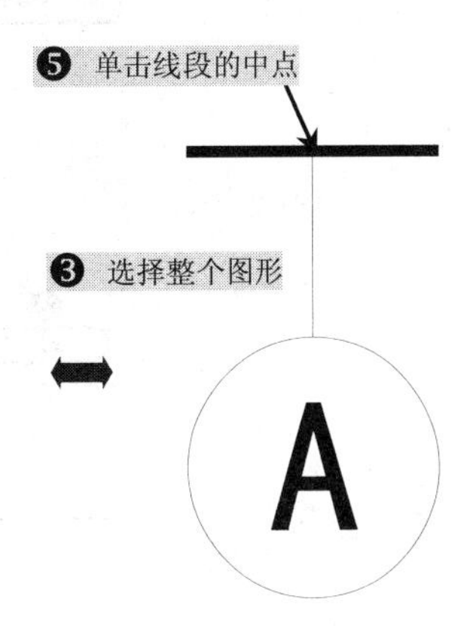

图9-171　保存为图块

Step 09 执行“插入块”命令（I），在“插入”对话框中，如图9-172所示；选择上一步定义的“JZH”图块，分别插入到❶、❷相应的位置，如图9-173所示。

图9-172　“插入”对话框

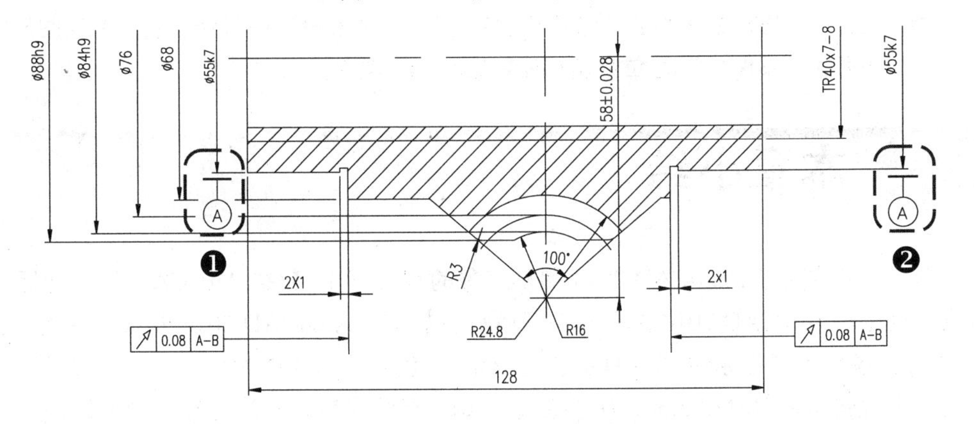

图9-173　插入的图块

Step 10 执行“编辑属性”命令（ATE），选择左侧的“JZH”图块作为块参照，在打开的“编辑属性”对话框中，输入属性值为“B”，如图9-174所示；其最终效果如图9-175所示。

图 9-174 “编辑属性”对话框

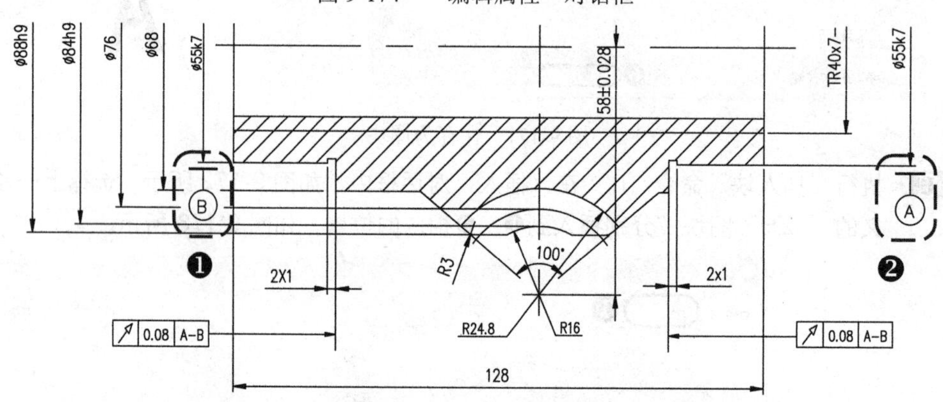

图 9-175 修改后的属性块

经验分享——解决基准符号压线问题

在左侧所复制的基准符号时，其基准符号对象“压住”了原有的尺寸界线，这时用户可以单击“修改”面板中的“打断”按钮，将被“压住”了的尺寸界线作打断处理。

Step 11 至此，该图形的形位公差已经标注完成，按 Shift+Ctrl+S 组合键，将该图形对象另存为“案例\09\形位公差标注效果.dwg”文件。

9.8 本章小结

本章主要讲解了 AutoCAD 2014 图形对象的尺寸标注，包括 AutoCAD 的尺寸标注的组成与规定，AutoCAD 2014 的创建与设置标注样式，AutoCAD 2014 的修改标注样式，CAD 的创建基本尺寸标注，CAD 的创建其他尺寸标注，CAD 的尺寸标注的编辑等。最后通过实战演练来学习 AutoCAD 标注起重钩、标注吊钩、标注零件图的形位公差，从而为后面的学习打下坚实的基础。

图形的输入/输出与布局打印

在 AutoCAD 2014 中，可以将图形对象输出为其他对象，也可以将其他对象输入到 AutoCAD 环境中进行编辑。图形对象在打印之前，应设置好布局视口、打印绘图仪、打印样式、页面设置等，然后才进行打印输出，以便符合要求需求。

内容要点

- 掌握图形对象的输入与输出方法
- 掌握图纸的布局方法
- 掌握打印绘图仪与样式列表的设置方法
- 掌握打印页面的设置与打印方法

Note

10.1 图形的输入和输出

将 AutoCAD 中绘制的图形对象，除了可以保存为.dwg 格式的文件外，还可以将其输出为其他格式的文档格式，以便其他软件调用；同时，用户也可以在 AutoCAD 环境中调用其他软件绘制的文件来使用。

10.1.1 输出图形

在 AutoCAD 2014 环境中，用户可以将图形文件（.dwg 格式）以其他文件格式输出并保存，其操作方法如下：

- ✧ 面板：在“输出”标签下的“输出为 dwf/pdf”面板中，选择相应的选项即可，如图 10-1 所示。
- ✧ 菜单浏览器：单击窗口的最左上角大“A”按钮，会出现下拉菜单，选择“输出”命令，如图 10-2 所示。
- ✧ 命令行：在命令行中输入“Export”命令，其快捷键命令为 Exp。

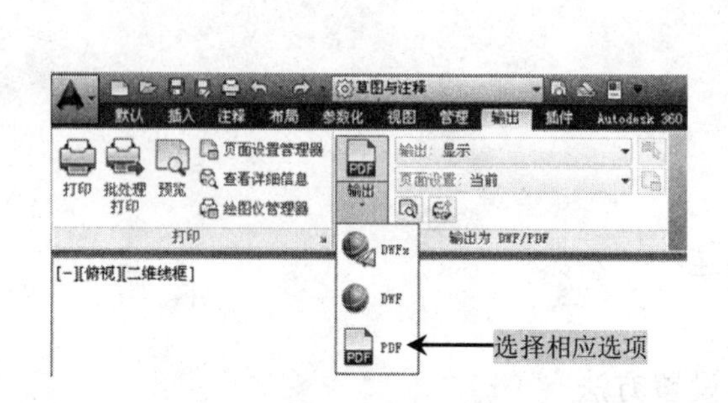

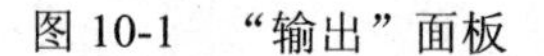

图 10-1 “输出”面板

图 10-2 “输出”菜单选项

启动命令，打开“输出数据”对话框，在“文件类型”下拉列表框中选择文件的输出类型，如图元文件、ACIS、平板印刷、封装 PS、DXX 提取、位图等，然后单击“保存”按钮，将切换到绘图窗口中，可以选择需要以指定格式保存的对象，如图 10-3 所示。

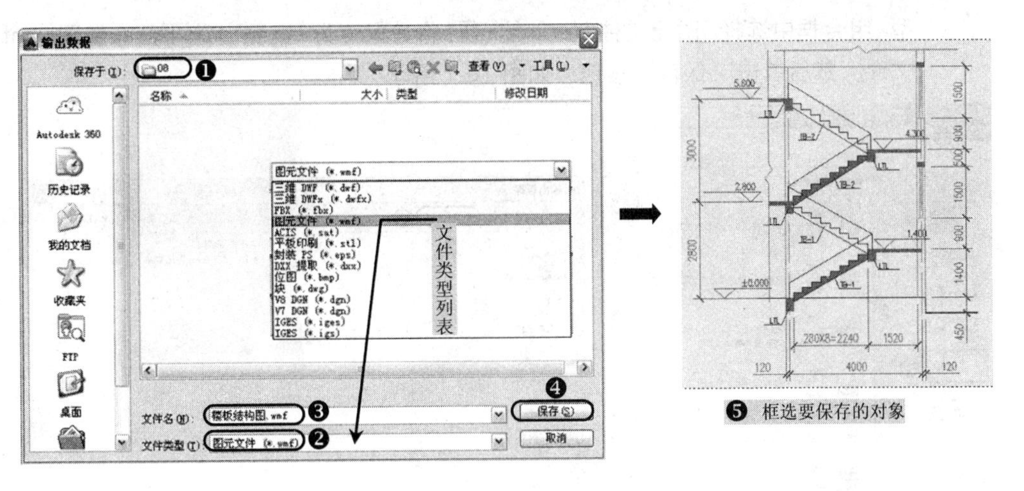

图 10-3　输出图形

跟踪练习——WMF 文件的输出

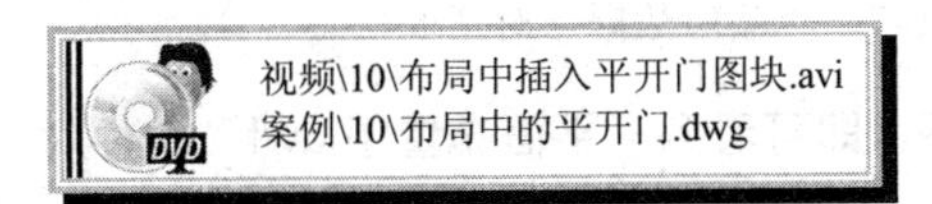

图元文件，其扩展名包括“.wmf”和“.emf”两种，属于矢量类图形，是由简单的线条和封闭线条（图形）组成的矢量图，其主要特点是文件非常小，可以任意缩放而不影响图像质量。要将AutoCAD文件输出为“.wmf”格式，用户可按照如下步骤来操作：

Step 01 在 AutoCAD 2014 环境中，按 Ctrl+O 键打开“案例\10\平面布置图.dwg”文件，如图 10-4 所示。

Step 02 使用鼠标框选整个图形对象，使之成为选中状态，如图 10-5 所示。

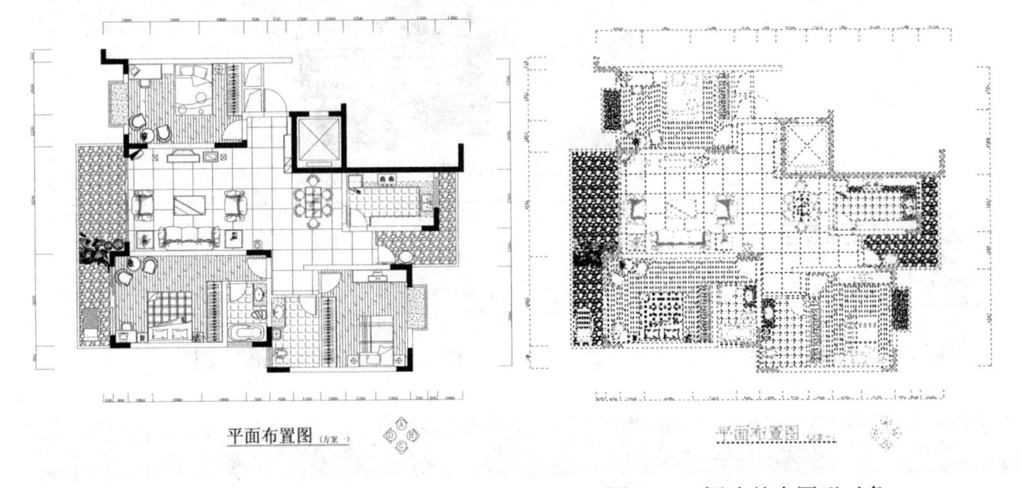

图 10-4　打开的文件　　　图 10-5　框选整个图形对象

Step 03 单击窗口的最左上角大“A”按钮，会出现下拉菜单，选择“输出”命令，选择“其他格式”命令，如图 10-6 所示；将弹出“输出数据”对话框，在“文件类型”组合框中选择“图元文件(*.wmf)”项，将其保存为“案例\10\平面布置图.wmf”文件，然后单击“保存”按钮，如图 10-7 所示。

Note

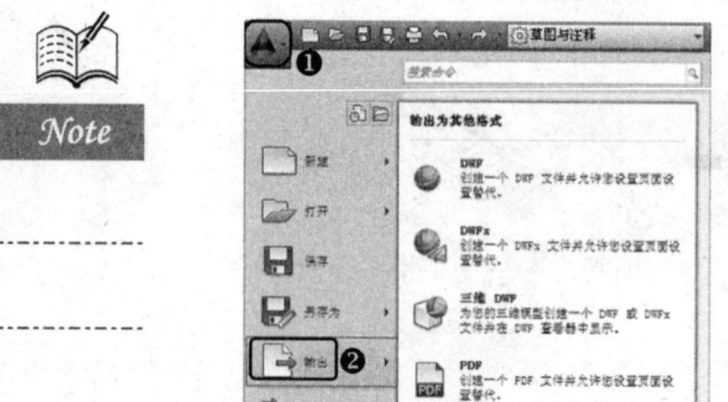

图 10-6 选择“输出”命令

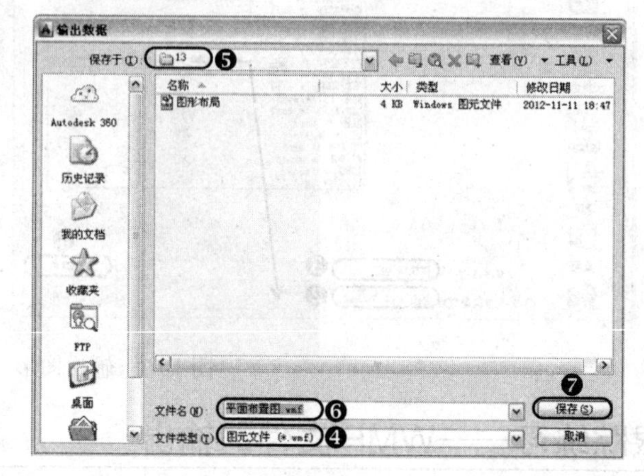

图 10-7 “输出数据”对话框

Step 04 此时，在附赠光盘的“案例\10”文件夹下，即可看到“平面布置图.dwf”文件对象，如图 10-8 所示。

Step 05 用户双击“平面布置图.dwf”文件，即可通过图片查看器打开该图元文件，如图 10-9 所示。

图 10-8 “.wmf”图形

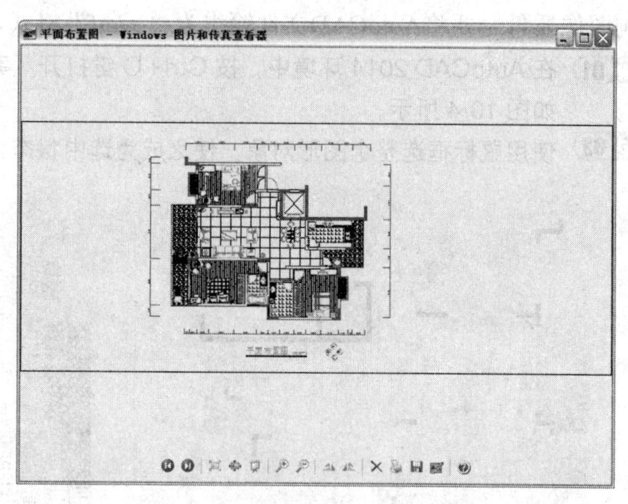

图 10-9 查看“.wmf”文件

经验分享——输出的文件格式及相关命令

调用输出命令后，将弹出“输出数据”对话框，可以选择指定的类型进行输出，如图 10-10 所示。

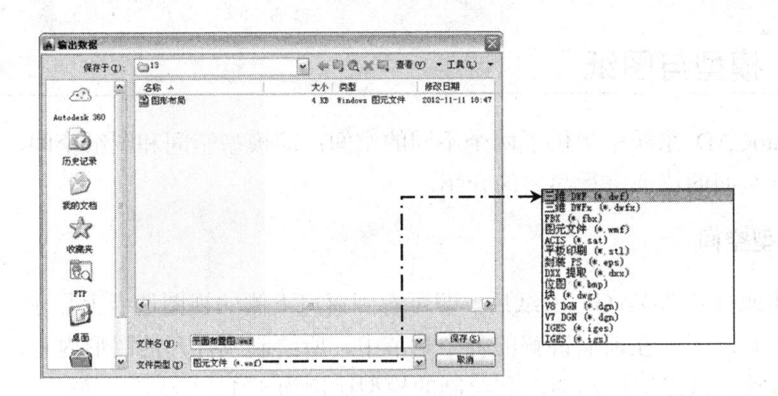

图 10-10　“输出数据”对话框

10.1.2　输入图形

在 AutoCAD 2014 环境中，同样可以将其他格式的文件输入其中。那么，调用输入命令有如下方式：

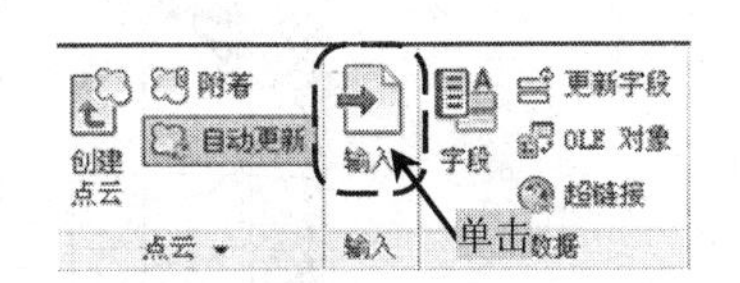

图 10-11　单击【输入”按钮

- ✧ 面板：在“插入”标签下的“输入”面板中单击“输入”按钮，如图 10-11 所示。
- ✧ 命令行：在命令行中输入“Import”命令（快捷键为 Imp）。

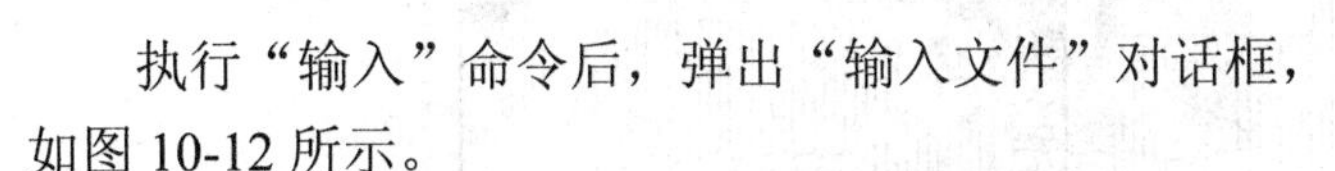

执行“输入”命令后，弹出“输入文件”对话框，如图 10-12 所示。

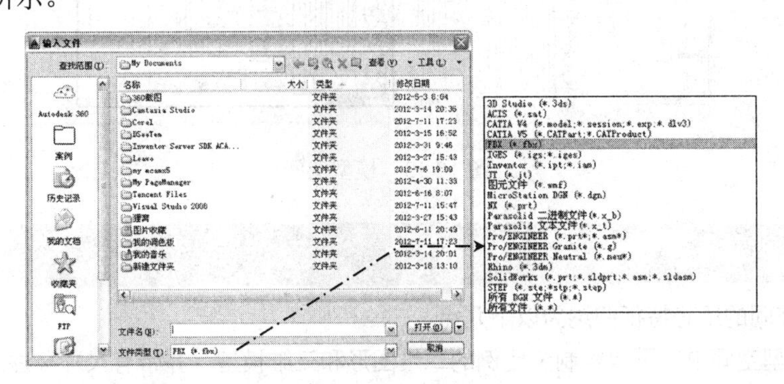

图 10-12　“输入文件”对话框

10.2　图纸的布局

用户在 AutoCAD 中创建好所需的图形后，即可对其进行布局打印。用户可以创建多种布局，每个布局都代表一张单独需要打印出来的图纸。

10.2.1　模型与图纸

Note

在 AutoCAD 系统中提供了两个不同的空间：即模型空间和图纸空间，下面分别针对两个不同空间的特征进行简要的介绍。

1. 模型空间

在新建或打开“DWG”图纸后，即可看到窗口下侧的视图选卡上显示“模型”、“布局 1”和“布局 2”。在前面讲解的各个章节中，所绘制或打开的图形内容，都是在模型空间中进行绘制或编辑操作的，其绘制的模型比例为 1:1。

使用“模型”选项卡，可以将绘图区域拆分成一个或多个相邻的矩形视图，称为模型空间视口。在大型或复杂的图形中，显示不同的视图可以缩短在单一视图中缩放或平移的时间，而且在一个视图中出现的错误可能会在其他视图中表现出来，如图 10-13 所示。

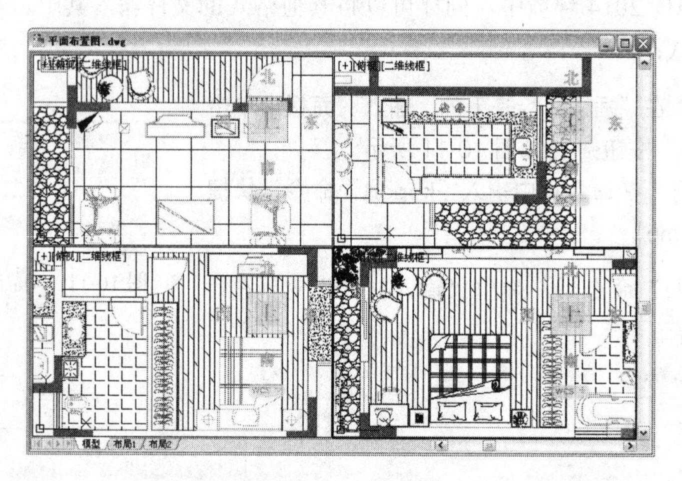

图 10-13　模型空间

经验分享——模型空间的特征

针对模型空间的所有特征归纳为以下几点：

（1）在模型空间中，可以绘制全比例的二维图形和三维模型，并带有尺寸标注。

（2）模型空间中，每个视口都包含对象的一个视图。例如，设置不同的视口会得到俯视图、正视图、侧视图和立体图等。

（3）用“VPORTS”命令创建视口和视口设置，并可以保存起来，以备后用。

（4）视口是平铺的，不能重叠，彼此相邻。

（5）在某一时刻只有一个视口处于激活状态，十字光标只能出现在一个视口中，并且也只能编辑该活动的视口(平移、缩放等)。

（6）只能打印活动的视口；如果“UCS”图标设置为“ON”，该图标就会出现在每个视口中。

（7）系统变量“MAXACTVP”决定了视口的范围是 2～64。

2. 图纸空间

在 AutoCAD 中，图纸空间是以布局的形式来使用的。一个图形文件可包含多个布局，每个布局代表一张单独的打印输出图纸，主要用于创建最终的打印布局，而不用于绘图或设计工作。在绘图区域底部选择“布局 1”选项卡，就能查看相应的布局，也就是指的图纸空间，如图 10-14 所示。

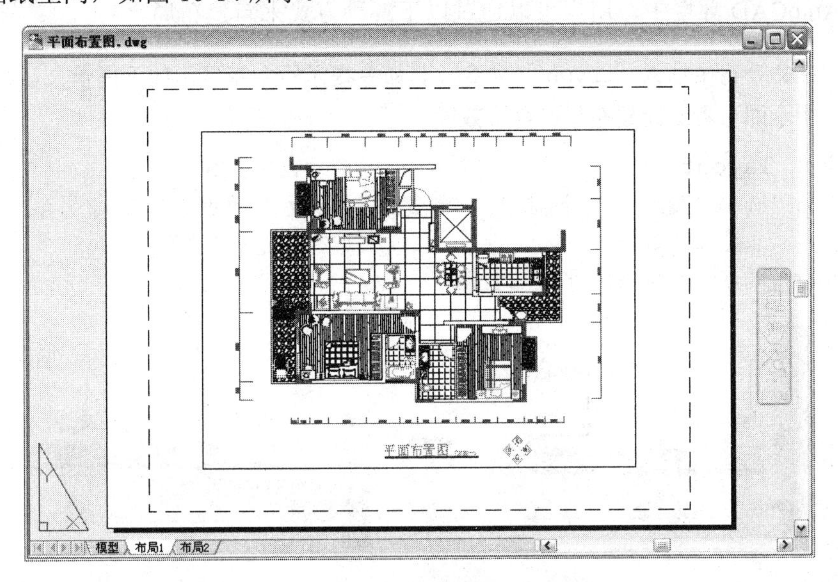

图 10-14　布局空间

经验分享——图纸空间的特征

针对图纸空间的所有特征归纳为以下几点：

（1）“VPORTS”、“PS”、“MS”、和“VPLAYER”命令处于激活状态（只有激活了“MS”命令后，才可使用“PLAN”、“VPOINT”和“DVIEW”命令）。

（2）视口的边界是实体。可以删除、移动、缩放、拉伸视口。

（3）视口的形状没有限制。例如，可以创建圆形视口、多边形视口或对象等。

（4）视口不是平铺的，可以用各种方法将它们重叠、分离。

（5）每个视口都在创建它的图层上，视口边界与层的颜色相同，但边界的线型总是实线。出图时如不想打印视口，可将其单独置于一图层上，冻结即可。

（6）可以同时打印多个视口。

（7）十字光标可以不断延伸，穿过整个图形屏幕，与每个视口无关。

（8）可以通过“MVIEW”命令打开或关闭视口；SOLVIEW 命令创建视口或者用“VPORTS”命令恢复在模型空间中保存的视口。

（9）在打印图形且需要隐藏三维图形的隐藏线时，可以使用“MVIEW 命令”并选择“隐藏(H)”选项，然后拾取要隐藏的视口边界即可。

（10）系统变量“MAXACTVP”决定了活动状态下的视口数是“64”。

10.2.2 新建布局

用户在建立新图形的时候，AutoCAD 会自动建立一个“模型”选项卡和两个“布局”选项卡（即 Layout1 和 Layout1）。其“模型”不能删除，也不能重命名；而“布局”选项卡用来编辑打印图形的图纸，其个数没有限制，且可以重命名。

在 AutoCAD 环境中，用户可以通过以下三种方式来新建布局。

Step 01 在命令行中输入“Layout”命令，其命令提示行中将显示如下提示，从如图 10-15 所示即可看出新建布局的前后效果。

```
命令: _layout                                    //启动布局命令
输入布局选项 [复制(C)/删除(D)/新建(N)/样板(T)/重命名(R)/另存为(SA)/设置(S)/?] <设置>: _N          //选择新建(N)选项
输入新布局名 <布局 3>:平面布置图                  //输入新的布局名称
```

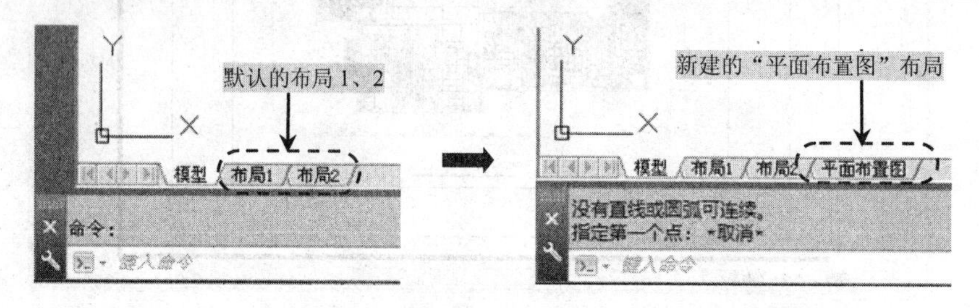

图 10-15　新建布局前后的效果

Step 02 右击鼠标，绘图区域底部“模型”，从弹出的快捷菜单中，选择“新建布局”命令，此时系统将自动创建以“布局 1”、“布局 2”、“布局 3”、“布局 4”等方式对布局进行命名，如图 10-16 所示。

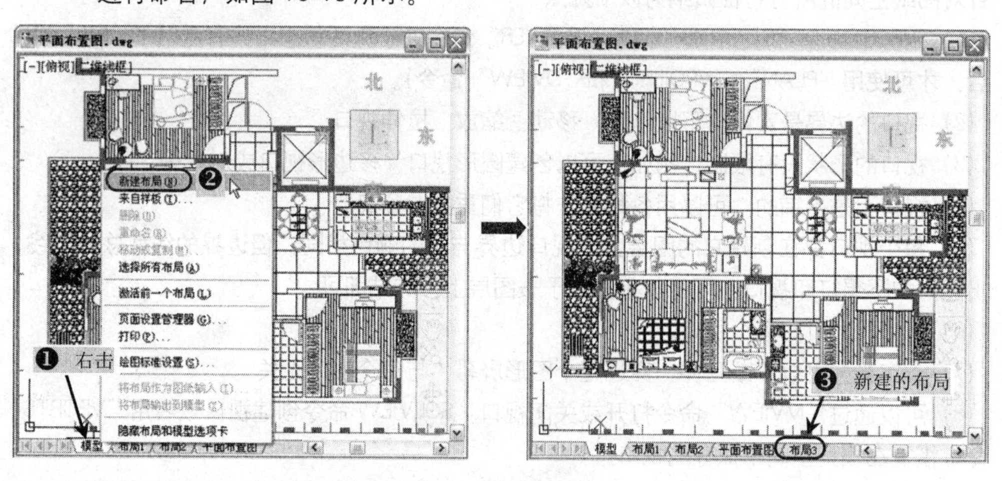

图 10-16　新建布局

Step 03 在“布局”标签下的“布局”面板中单击“新建”按钮，然后按照如下命令行的提示来创建新的布局名称：

```
命令: _layout
输入布局选项 [复制(C)/删除(D)/新建(N)/样板(T)/重命名(R)/另存为(SA)/设置(S)/?] <设置>: _new
输入新布局名 <布局 3>: 楼梯详图  //单击“新建”按钮直接输入新的布局名
```

Note

10.2.3　使用样板创建布局

在 AutoCAD 2014 中，用户可通过系统提供的样板来创建布局。它是基于样板、图形或图形交换文件中出现的布局去创建新的布局选项卡。用户可以通过以下三种方式来使用样板文件创建布局：

- ✧ 面板：在“布局”标签下的“布局”面板中单击“从样板”按钮。
- ✧ 命令行：在命令行中输入“Layout”命令，并选择“样板（T）”选项。
- ✧ 快捷菜单：右击鼠标绘图区域底部“模型”处，从弹出的快捷菜单中选择“来自样板”命令。

启动“样板（T）”命令后，将弹出“从文件选择样板”对话框，在文件列表中选择相应的样板文件，并依次单击“打开”和“确定”按钮，即可通过选择的样板文件来创建新的布局，如图 10-17 所示。

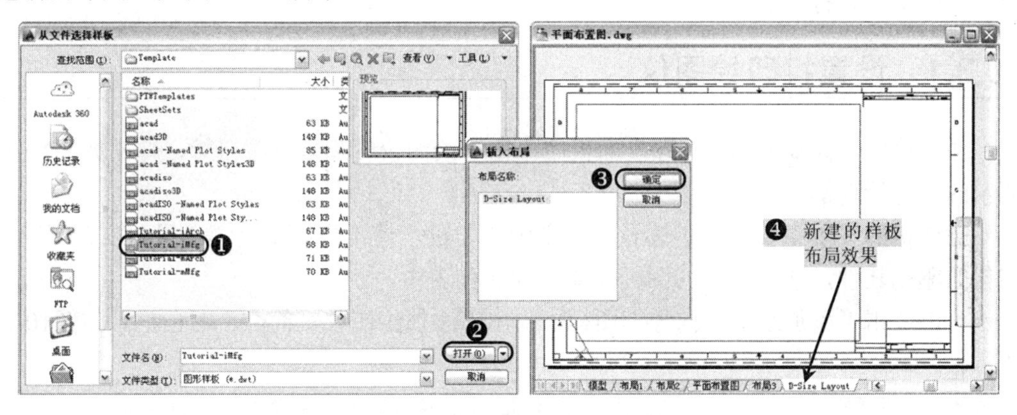

图 10-17　使用样板来创建布局

10.2.4　使用布局向导创建布局

在命令行中输入“LayoutWizard”命令，或者选择“插入”|“布局”|“布局向导”菜单命令，将弹出“创建布局—***”对话框，用户可以按照向导的方式来创建布局，包括输入布局名称、设置打印机、设置图纸尺寸、设置图纸方向、定义标题栏、定义视口、拾取位置等，如图 10-18 所示。

Note

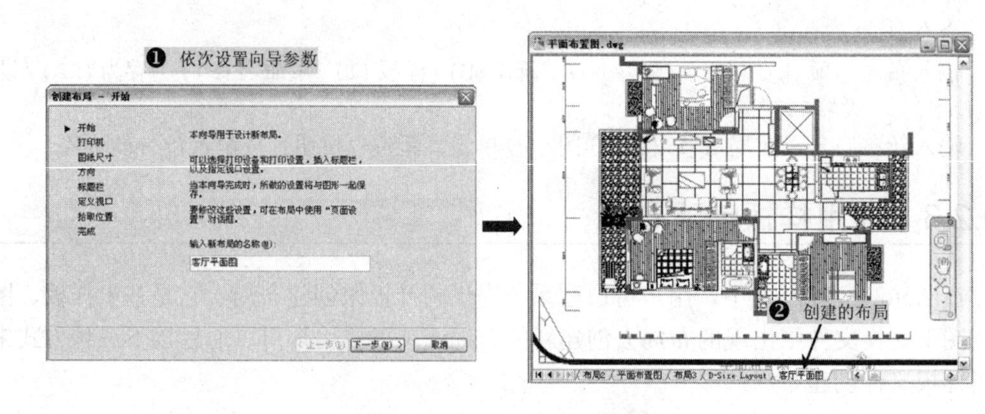

图 10-18　使用向导来创建布局

10.3 设置打印样式

完成图形的绘制后，剩下的操作便是图形输出和打印，使用AutoCAD强大的打印输出功能，可以将图形输出到图纸上，也可以将图形输出为其他格式的文件，并支持多种类型的绘图仪和打印机。

10.3.1 设置打印绘图仪

在“输出”标签下的“打印”面板中单击“绘图仪管理器”按钮，弹出如图10-19所示的资源管理器。

打印机的设置主要决定于读者所选用的打印机，通常情况下，读者只要安装了随机销售的驱动软件，该打印机的图标即被添加到列表中。

可以双击“添加绘图仪向导”图标，弹出“添加绘图仪—简介”对话框，如图10-20所示。

图 10-19　资源管理器

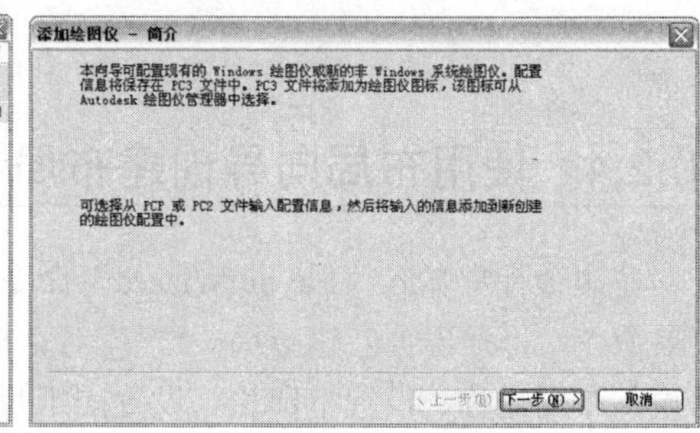

图 10-20　“添加绘图仪-简介”对话框

单击“下一步”按钮，弹出“添加绘图仪－开始”对话框，如图 10-21 所示。在该对话框中有三个选项：“我的电脑”可以将“.DWG”文件传输到其他类型的文件以供其他软件使用；“网络绘图仪服务器”适用于多台计算机共用一台打印机的工作环境；“系统打印机”适用于打印机直接连接在计算机上的个人用户。

依次单击“下一步”按钮，并根据要求进行相应的设置，完成绘图仪的设置，如图 10-22～图 10-26 所示。

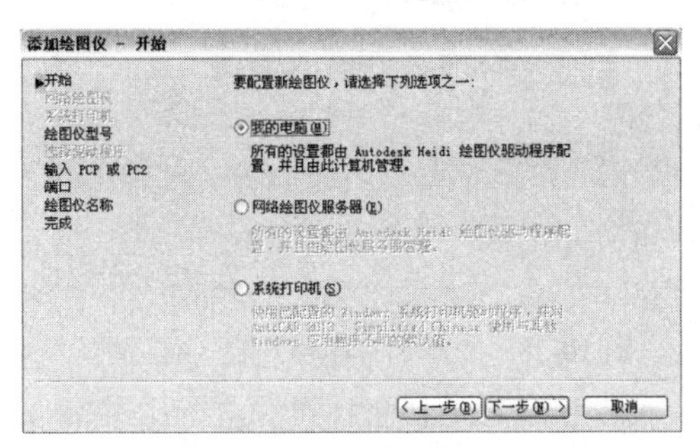

图 10-21　开始

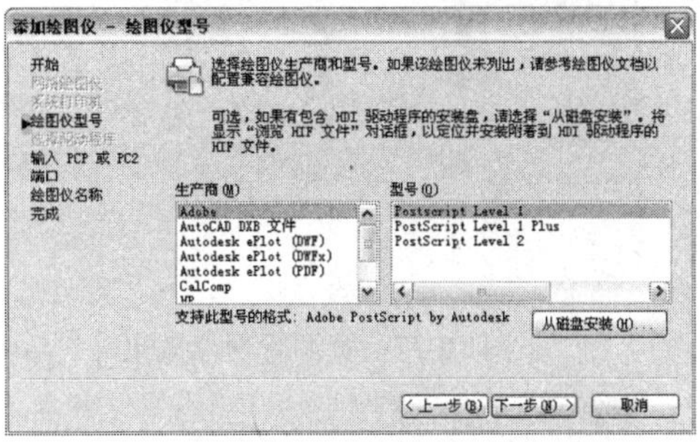

图 10-22　绘图仪型号

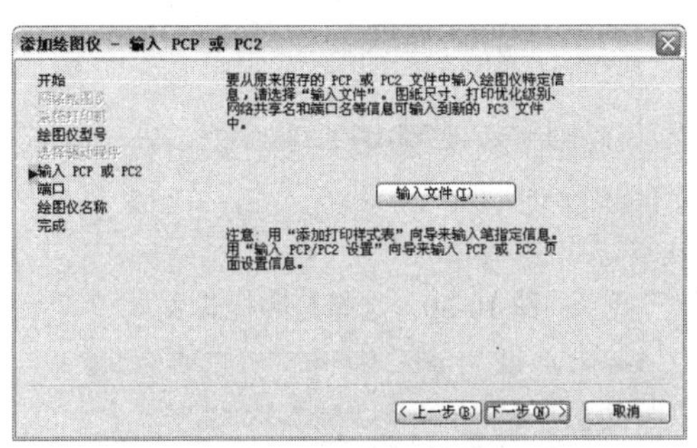

图 10-23　输入 PSP 或 PC2

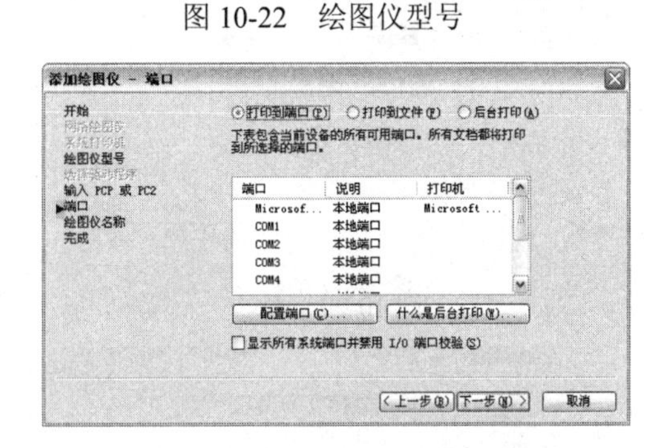

图 10-24　端口

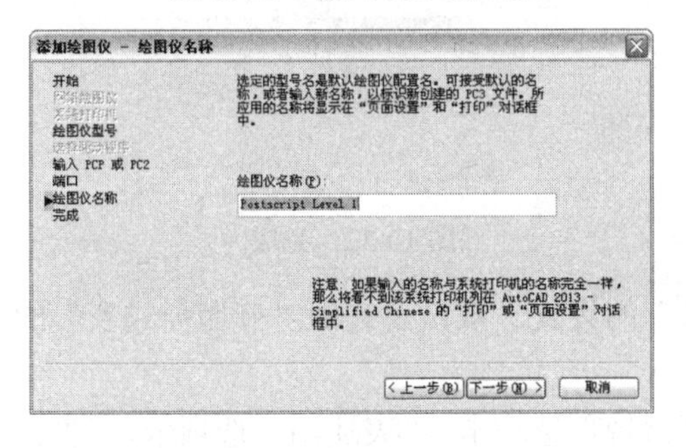

图 10-25　绘图仪名称

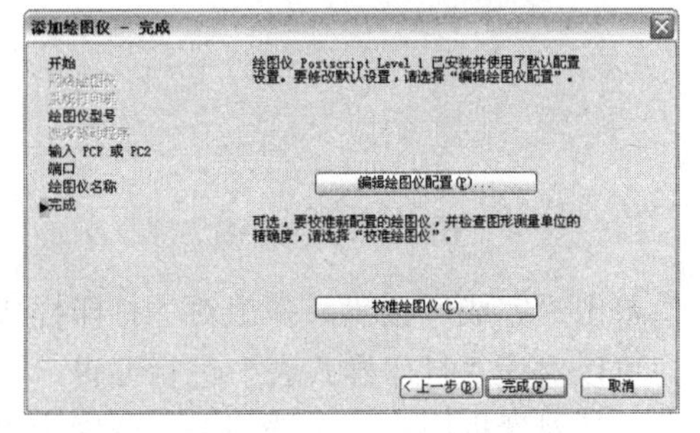

图 10-26　完成

10.3.2　设置打印样式列表

单击窗口的最左上角大“A”按钮，在出现下拉列表中，选择“打印”命令，再选择“管理打印样式”命令，弹出如图 10-27 所示的资源管理器，该命令可以添加新的打印样式表，包含并可定义能够指定给对象的打印样式。

用户可以双击“添加打印样式表向导”图标，弹出“添加打印样式表”对话框，然后依次单击“下一步”按钮，并进行相应的设置，即可完成打印样式的设置，如图 10-28～图 10-32 所示。

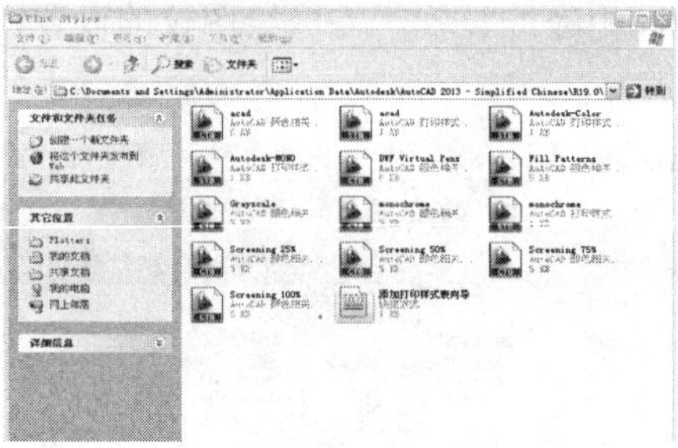

图 10-27　资源管理器效果

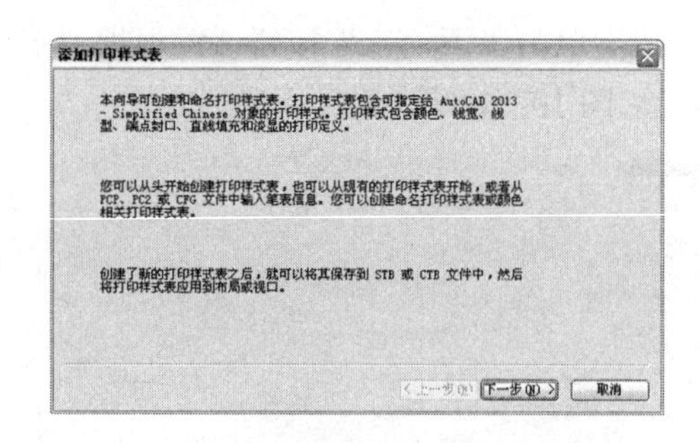

图 10-28　“添加打印样式表”对话框

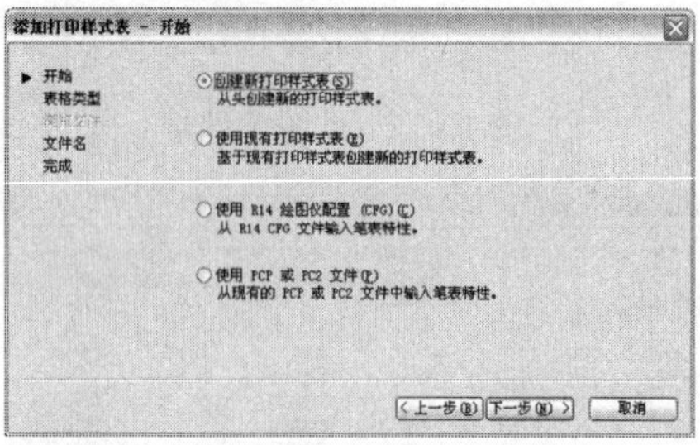

图 10-29　开始

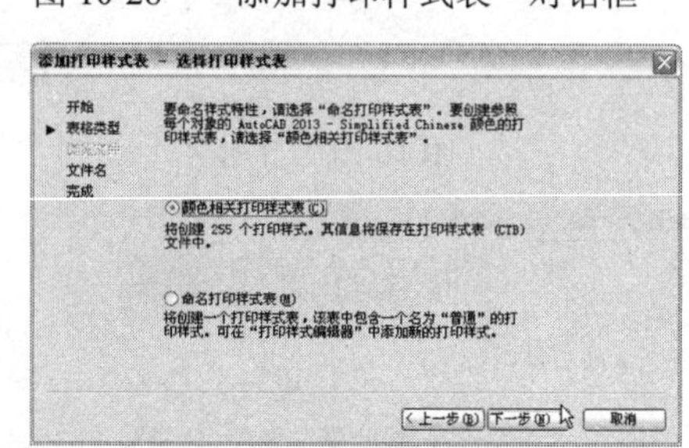

图 10-30　选择打印样式表

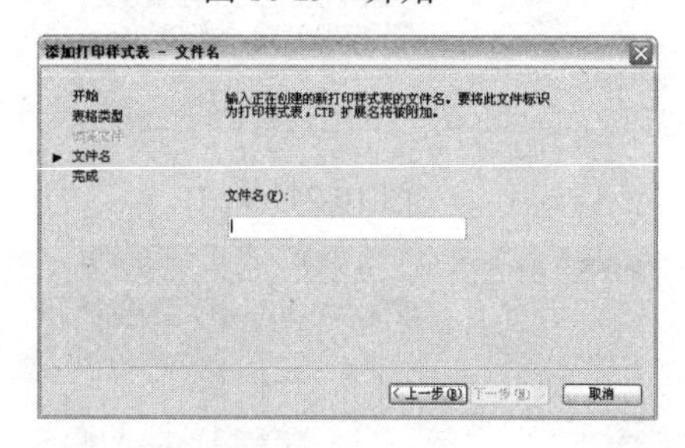

图 10-31　文件名

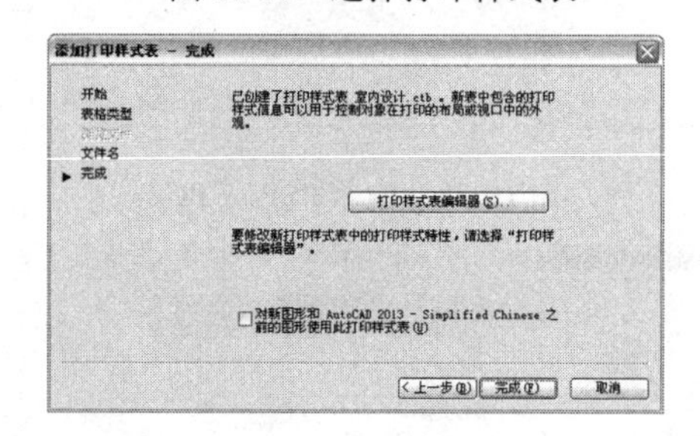

图 10-32　完成

单击“完成”按钮，弹出对“打印样式”的设置。双击新建的“打印样式表”的图标，可以对该“打印样式表”进行编辑。

在该对话框中有三个选项卡，分别为“常规”选项卡、“表述图”选项卡，“表格视图”选项卡，如图 10-33 所示，该对话框可以显示和设置打印样式表的说明文字等基本信息，以及全部打印样式的设置参数。

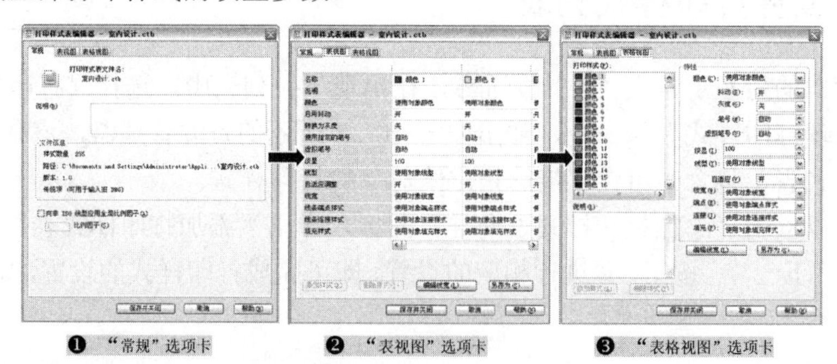

图 10-33　“打印样式表编辑器”对话框

10.4 布局的页面设置

Note

绘制图形的最终目标是打印输出，按照图纸来施工，因此，应考虑最终输出的图形是否能满足用户的需要。

10.4.1 创建与管理页面设置

可采用以下的方法，打开“页面设置管理器”对话框：

- ✧ 面板：在“输出”标签下的“打印”面板中单击“页面设置管理器”按钮。
- ✧ 命令行：在命令行中输入“PageSetup”命令，其快捷键命令为 Page。

执行命令后，弹出“页面设置管理器”对话框，如图 10-34 所示。

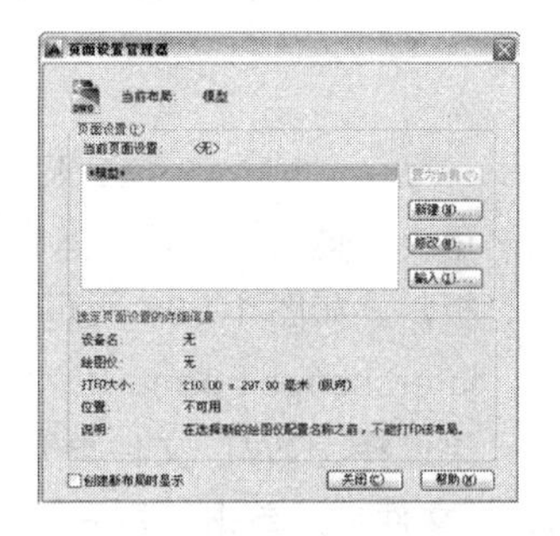

图 10-34　“页面设置管理器”对话框

在对话框中，“当前布局”列出要应用页面设置的当前布局，如果从图纸集管理器打开“页面设置”管理器，则显示当前图纸集的名称，如果从某个布局打开“页面设置”管理器，则显示当前布局的名称。

“页面设置”显示当前页面设置，将另一个不同的页面设置为当前页面，创建新的页面设置，修改现有页面设置，以及从其他图纸中输入页面设置。

- ✧ 单击“置为当前”按钮，可将所选页面设置为当前布局的当前页面设置，不能将当前布局设置为“当前页面”设置。
- ✧ 单击“新建”按钮，弹出“新建页面—设置”对话框，如图 10-35 所示，从中可以为新建页面设置输入名称、并指定要使用的“基础页面”设置。
- ✧ 单击“确定”按钮，弹出“页面设置—模型”对话框，如图 10-36 所示。

图 10-35　“新建页面—设置”对话框

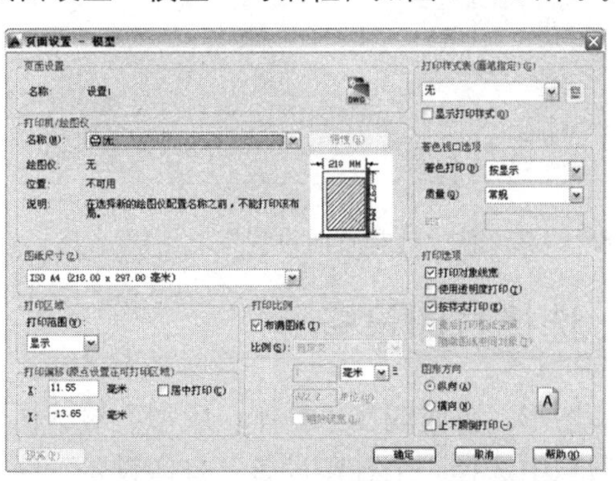

图 10-36　“页面设置—模型”对话框

Note

✧ 单击"修改"按钮，弹出"页面设置—设置 1"对话框，如图 10-37 所示，从中可以编辑所选页面设置的设置。

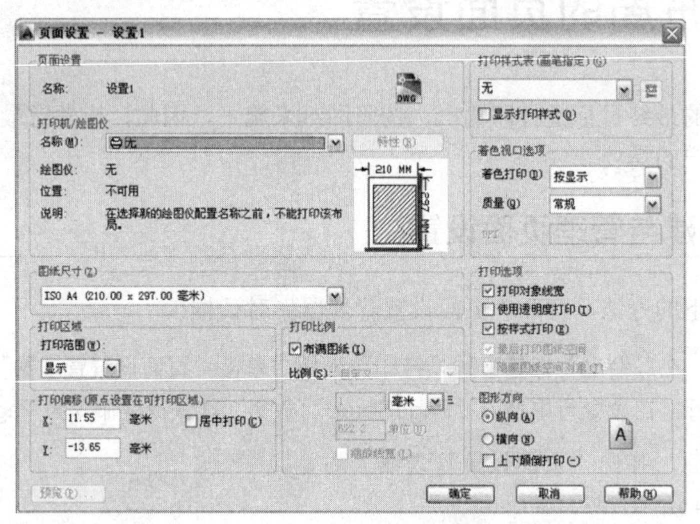

图 10-37 "页面设置—设置 1"对话框

✧ 单击"输入"按钮，弹出"从文件选择页面设置"选项面板（标准文件选择选项面板），如图 10-38 所示，从中可以选择图形格式（DWG）、"DWT"或"Draing Interchange Format(DXF)"TM 文件，从这些文件中输入一个或多个页面设置。如果选择".DWT"文件类型，"从文件选择页面设置"选项面板中将自动打开"Template"文件夹。单击"打开"，将显示"输入页面设置"选项面板，如图 10-39 所示。

图 10-38 "从文件中选择页面设置"对话框

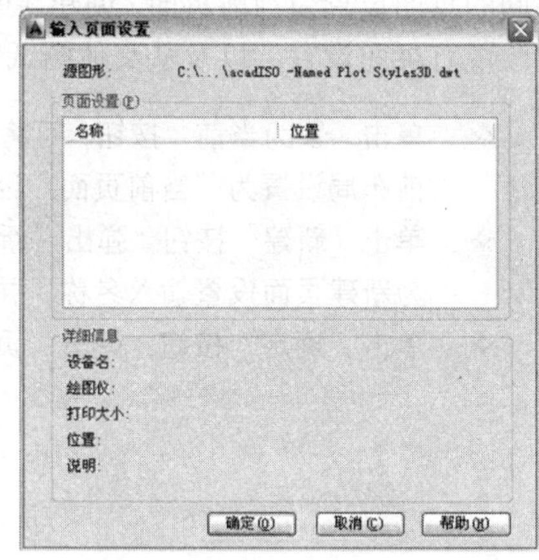

图 10-39 "输入页面设置"对话框

10.4.2 选择打印设备

要打印图形，首先应在"打印—模型"对话框中，如图 10-40 所示；在"打印机/绘图仪"参数栏中选择一个打印设备，打印设备一般是指打印机，如图 10-41 所示。

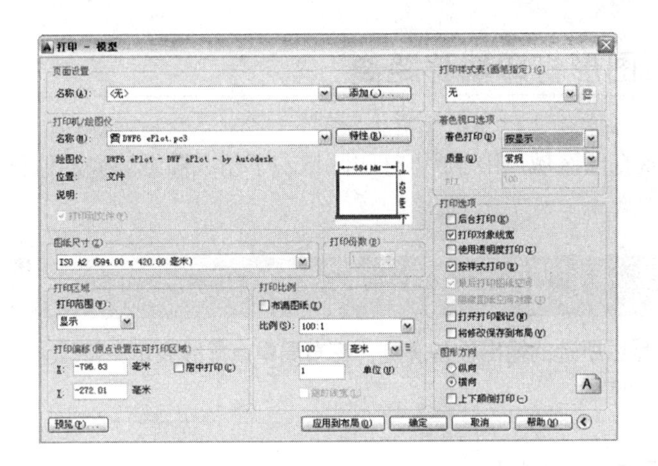

图 10-40　“打印—模型”对话框

10.4.3　选择图纸尺寸

“图纸尺寸”下拉列表提供了所选打印设备可用的标准图纸，用户可以从中选择一个合适的图纸尺寸打印当前图形，如图 10-42 所示。

> **提示**
>
> 选择的打印设备不同，其“图纸尺寸”下拉列表中的数据也不一样，用户可以选择打印设备的默认图纸尺寸或自定义图纸尺寸。如果未选择打印设备，将显示全部标准尺寸的图纸。如果所选择打印设备不支持布局中选定的图纸尺寸，系统将显示警告。

10.4.4　设置打印区域

设置打印区域，是指定要打印的图形范围，用户可以在“打印范围”下拉列表中选择要打印的图形区域，如图 10-43 所示。

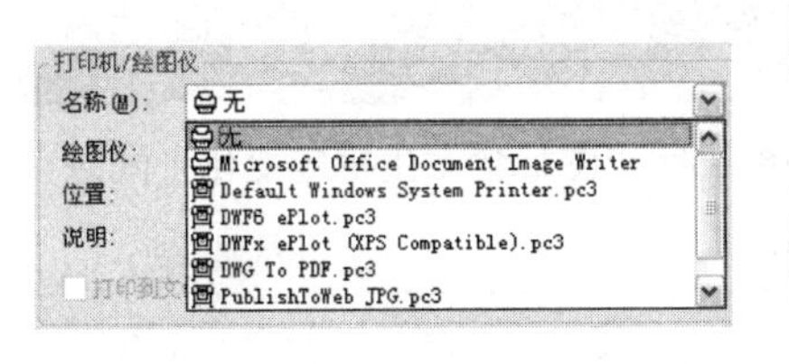

图 10-41　选择打印设备

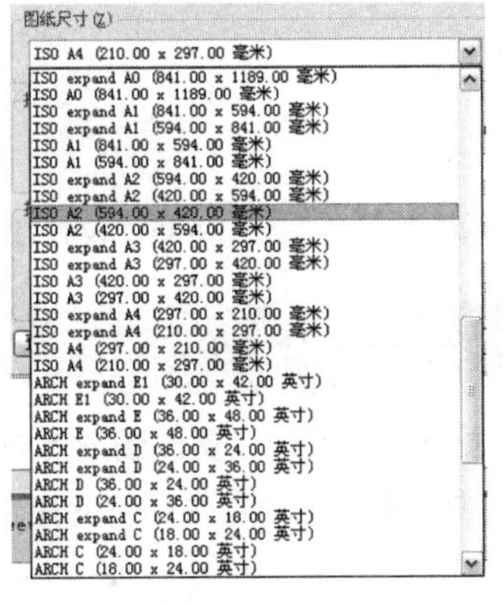

图 10-42　选择图纸尺寸

图 10-43　设置打印范围

10.4.5 设置图形打印偏移距离

用户可以设置打印区域，相对于可打印区域左下角或图纸边界的偏移距离，如图 10-44 所示。

> **提示**
>
> 图纸的可打印区域由所选的输出设备决定，在布局中以虚线表示，修改为其他输出设备时，可能会修改可打印区域。

10.4.6 设置打印比例

在打印图形时，用户可以在“打印比例”参数栏中设置打印比例，从而控制图形单位与打印单位之间的相对尺寸，如图 10-45 所示。

> **提示**
>
> 打印布局时，默认缩放比例为 1:1，从“模型”空间打印时，默认设置为“布满图纸”，该选项可以缩放打印图形以布满所选图纸尺寸，并在“比例”参数框中显示自定义的缩放比例因子。

10.4.7 设置打印方向

用户可以在“图纸方向”参数栏中，指定图形在图纸上的打印方向，如图 10-46 所示。

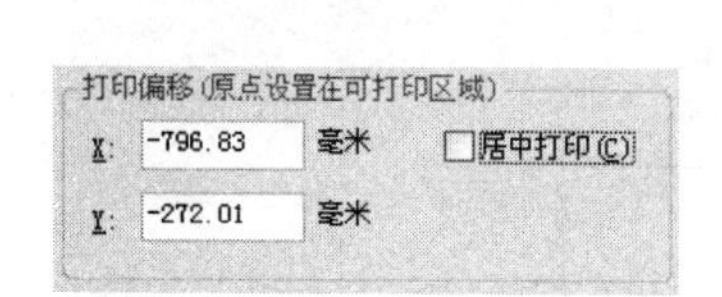

图 10-44　设置偏移距离

图 10-45　设置打印比例

图 10-46　设置图形方向

> **提示**
>
> 字母图标 A 代表图形在图纸上的方向，更改图形方向时，字母图标会发生相应变化，同时，“打印机/绘图仪”区域中的图标也会发生相应的变化。

10.4.8　设置着色打印

在“着色视口选项”参数栏中，可以指定着色和渲染视口的打印方式，并确定它们的分辨率大小，如图 10-47 所示。

10.4.9　保存打印设置

用户可以在“布置设置”参数中单击“添加”按钮添加(.)...，从而将“打印”对话框中的当前参数设置保存到命名页面设置，如图 10-49 所示。

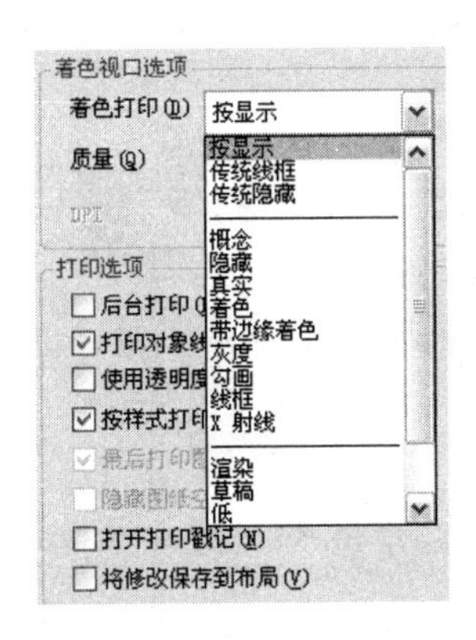

图 10-47　设置着色打印

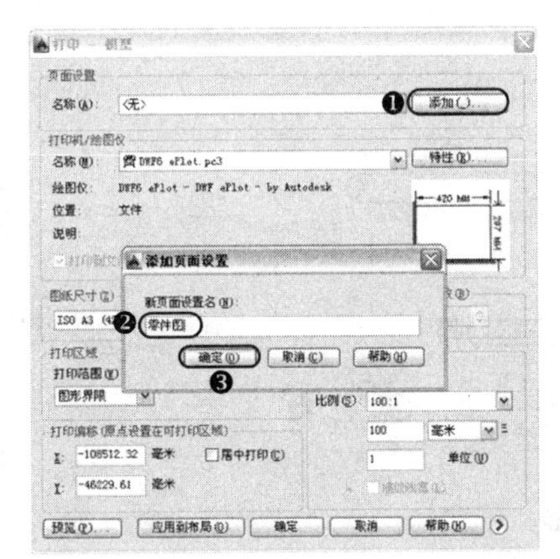

图 10-48　保存打印设置

提示

用户可使用“Page”命令，在打开的“页面设置管理器”对话框中，修改已保存的页面设置。

10.5　打印出图

AutoCAD 可以在两种不同的环境下工作，即模型空间和图纸空间，因此，即可以从模型空间输出图形，也可以从图纸空间输出图形。

当设置好打印页面设置后，便可以执行打印预览和打印，单击“预览”按钮，预览效果如图 10-49 所示。

若要退出预览状态，可直接按Esc键返回到“页面设置”对话框中。如重新设置打印比例为1:50，再单击“预览”按钮，则预览效果如图10-50所示。

若预览后得到预想的效果，按 Esc 键返回到“页面设置”对话框中，单击“打印”对话框即可进行打印输出。

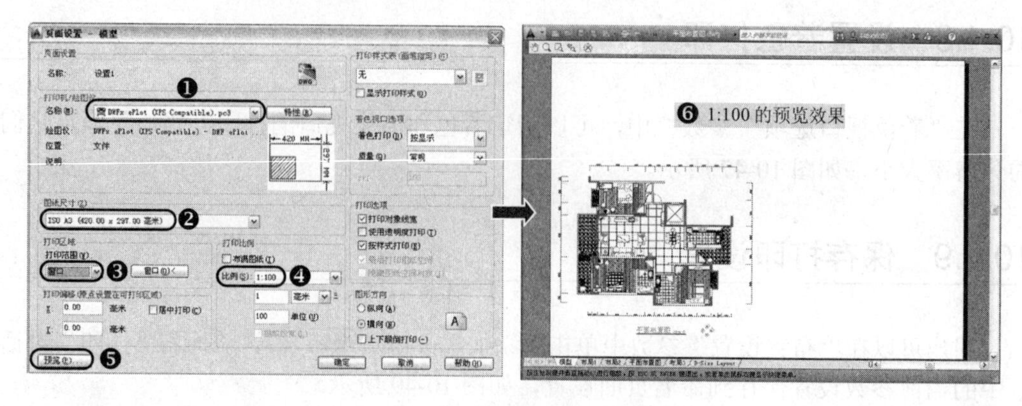

图 10-49　设置打印参数并预览

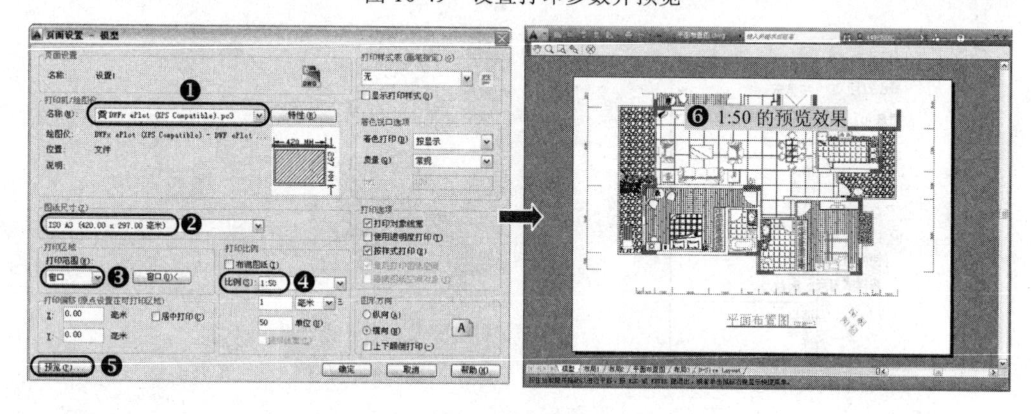

图 10-50　修改打印参数并预览

10.6 本章小结

本章主要讲解了 AutoCAD 2014 图形的输入/输出与布局打印，包括 AutoCAD 图形的输入和输出，AutoCAD 2014 图纸的布局，如模型与图纸、新建布局、使用样式板创建布局、使用布局向导创建布局，AutoCAD 2014 的设置打印样式，CAD 布局的页面设置与打印出图等。

给排水图例的绘制

本章主要讲解绘制一些常用的建筑给排水图例，包括管件图例、阀门图例、洗脸盆图例、马桶图例、给排水配件图例等，使读者迅速掌握使用 AutoCAD 2014 绘制一些给排水常用图例的绘制流程，以及给排水图例的相关知识点。

内容要点

- 学习绘制管道及管道附件图例
- 学习绘制阀门图例
- 学习绘制消防设施图例
- 学习绘制小型给水排水构筑物图例
- 学习绘制仪表图例
- 学习绘制管件图例
- 学习绘制给水配件图例
- 学习绘制卫生设备图例
- 学习绘制给水排水设备图例

11.1 管道及管道附件图例的绘制

Note

在绘制建筑给排水平面图及系统图的过程中，需要用到很多的管道图例及管道附件图例，下面讲解一些常用的管道及管道附件图例的绘制过程。

11.1.1 绘制给水及排水管

视频\11\绘制给水及排水图例.avi
案例\11\给水及排水管.dwg

首先新建并保存一个新的".dwg"文件，再结合执行"多段线"、"直线"、"修剪"、"多行文字"等绘图命令进行给水管及排水管图例的绘制。

Step 01 启动 AutoCAD 2014 软件，系统将自动新建一个".dwg"文件，选择"文件→保存"菜单命令，将其新文件保存为"案例\11\给水及排水管.dwg"文件。

Step 02 执行"多段线"命令（PL），将多段线的起点及端点宽度为设置为 20，命令行提示下：

```
命令：PLINE↙
指定起点：（指定多段线的起点）
当前线宽为 0.0000
指定下一个点或 [圆弧(A)/半宽(H)/长度(L)/放弃(U)/宽度(W)]:W↙
指定起点宽度<0.000>：20↙
指定端点宽度<0.000>：20↙
指定下一个点或 [圆弧(A)/半宽(H)/长度(L)/放弃(U)/宽度(W)]：（指定多段线的下一点）
```

Step 03 设置好多段线的线宽后，在绘图区中绘制一条 1000mm 长的水平多段线，如图 11-1 所示。

Step 04 执行"直线"命令（L），在绘制的水平多段线的中间位置绘制一条垂直线段；再执行"偏移"命令（O），将绘制的垂直线段分别向左及向右各偏移 50mm，如图 11-2 所示。

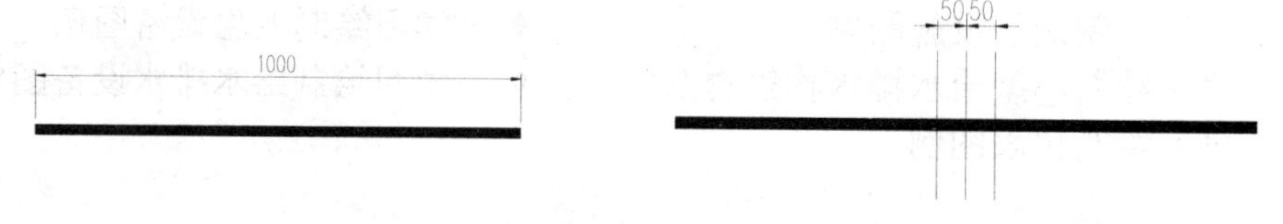

图 11-1 绘制多段线

图 11-2 绘制线段

Step 05 执行"修剪"命令（TR），将偏移的两条垂直线段的中间一段修剪，并将绘制的三条垂直线段删除，如图 11-3 所示。

图 11-3　修剪多段线并删除线段

Step 06 执行“多行文字”命令（MT），在绘图区中拉出一个文本框，在弹出的“文字格式”对话框中选择文字样式为“standard”，设置字体为“宋体”，文字高度为 80，颜色为“黑色”，输入字母“J”，如图 11-4 所示。

Step 07 绘制“排水管”图例，执行“复制”命令（CO），将绘制的给水管图例向下复制一个，然后修改其中的文字“J”为“W”，如图 11-5 所示。

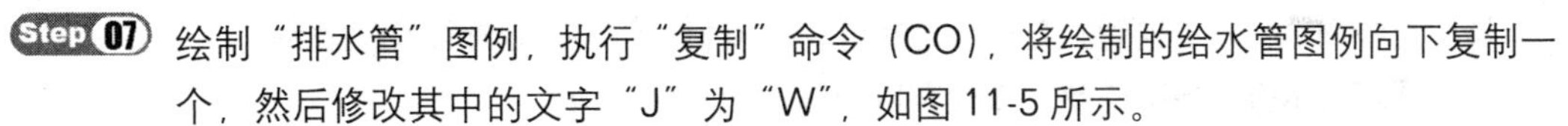

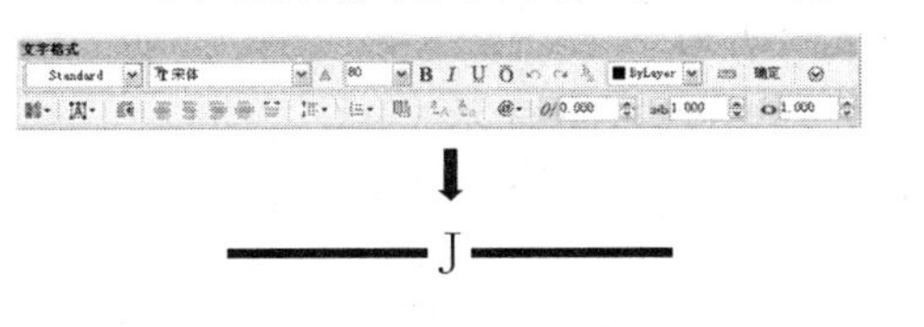

图 11-4　输入文字

W

图 11-5　复制图形并修改文字内容

Step 08 执行“格式→线型”菜单命令，在打开的“线型管理器”对话框下单击右侧的“加载”按钮，然后在弹出的“加载或重载线型”对话框下，选择“DASHED”线型，再依次单击对话框下侧的“确定”按钮，如图 11-6 所示。

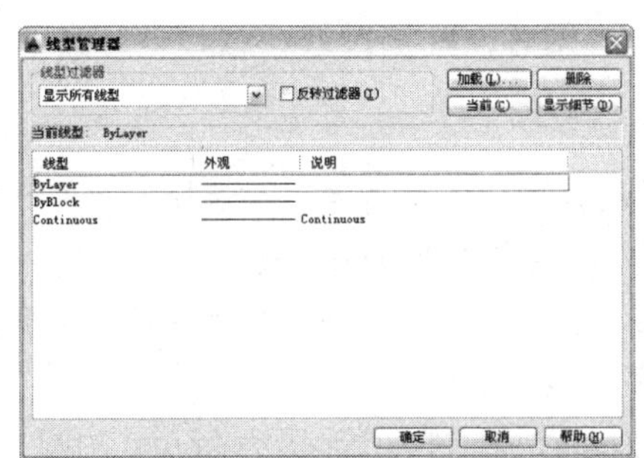

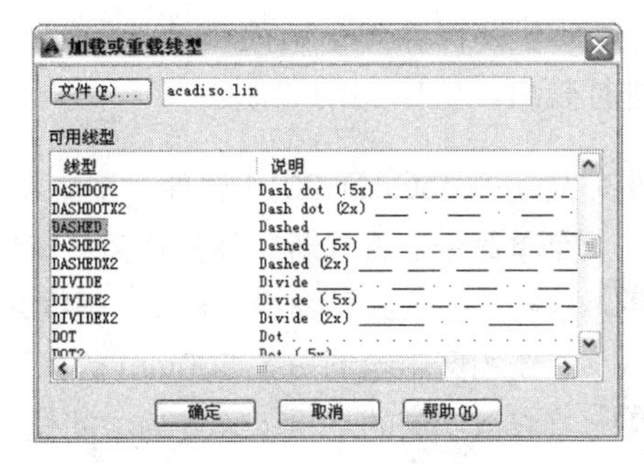

图 11-6　加载线型

Step 09 选择文字“W”左侧及右侧的水平多短线，然后右击鼠标，选择“特性”选项，在弹出的“特性”面板下，设置水平线段的线型为“DASHED”，设置线型比例为 6，如图 11-7 所示。

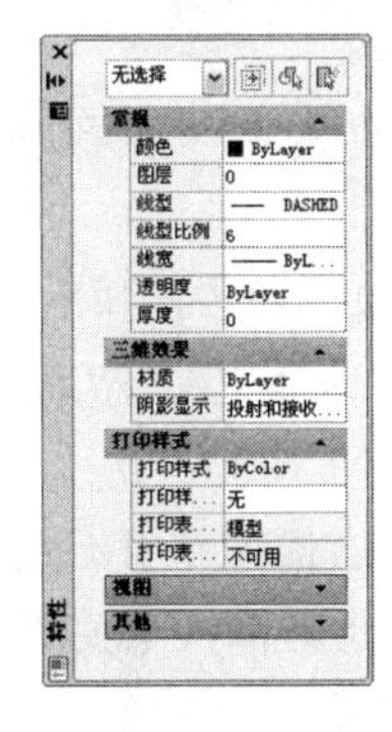

W

图 11-7　修改线型

Step 10 至此，该给水及排水管图例已经绘制完成，在键盘上按 Ctrl+S 组合键对其文件进行保存。

Note

专业技能—管径的表达方法应符合的规定

（1）管径的单位为 mm。
（2）水煤气输送钢管（镀锌或非镀锌）、铸铁管等管材，管径宜以公称直径 DN 表示。
（3）无缝钢管、焊接钢管（直缝或螺旋缝）等管材，管径宜以外径 DW 表示。
（4）建筑给水排水塑料管材，管径宜以公称外径的 dn 表示。
（5）钢筋混凝土（或混凝土）管，管径宜以外径 d 表示。
（6）复合管、结构壁塑料管等管材，管径应按产品标准的方法表示。
（7）当设计中均采用公称直径 DN 表示管径时，应有公称直径 DN 与相应产品规格对照表。

11.1.2 绘制管道立管

视频\11\绘制管道立管图例.avi
案例\11\管道立管.dwg

首先新建并保存一个新的“.dwg”文件，再结合执行多段线、圆、多行文字等绘图命令进行管道立管图例的绘制。

Step 01 启动 AutoCAD 2014 软件，系统将自动新建一个 dwg 文件，选择“文件→保存”菜单命令，将其新文件保存为“案例\11\管道立管.dwg”文件。

Step 02 执行“多段线”命令（PL），根据命令行提示指定多段线的起点及端点宽度为 20，在绘图区中绘制一条 500mm 的水平多段线，如图 11-8 所示。

Step 03 接着以绘制的水平多段线的中间位置为圆心，绘制一个半径为 25mm 的圆，然后执行“修剪”命令（TR），将圆内的多段线进行修剪，如图 11-9 所示。

图 11-8 绘制多段线

图 11-9 绘制圆并修剪线段

Step 04 执行“多段线”命令（PL），在上一步绘制的图例旁边绘制一条 500mm 的垂直线段，如图 11-10 所示。

Step 05 执行“多行文字”命令（MT），在绘图区中拉出一个文本框，在弹出的“文字格式”对话框中选择文字样式为“standard”，设置字体为“宋体”，文字高度为 50，颜色为“黑色”。

Step 06 执行“直线”命令（L），在前面绘制的管道的上方或右侧绘制引出线，再执行“多行文字”命令（MT），按照上一步的设置在引出线的上方加入相关的文字说明，再在管道的下方或右侧加入相关文字说明，图 11-11 所示。

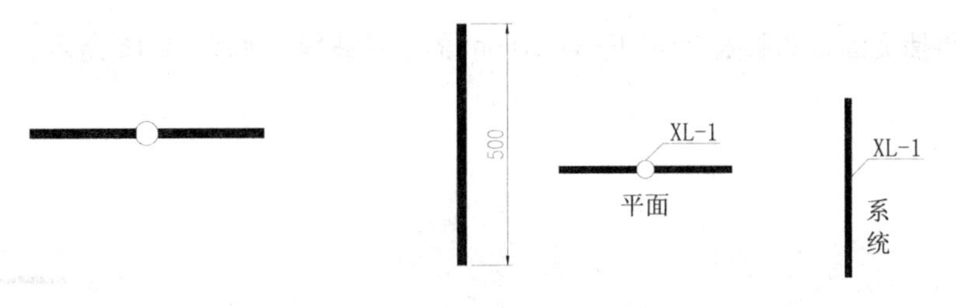

图 11-10　绘制多段线　　　图 11-11　添加文字说明

提示

标注的文字中"X"为管道类别，"L"为立管，"1"为编号，"平面"表示平面图图例，"系统"表示系统图例。

Step 07 至此，该管道立管图例已经绘制完成，在键盘上按 Ctrl+S 组合键对其文件进行保存。

专业技能—管径的标注方法应符合的规定

（1）单根管道时，管径应按图 11-12 的方式标注。
（2）多根管道时，管径应按图 11-13 的方式标注。

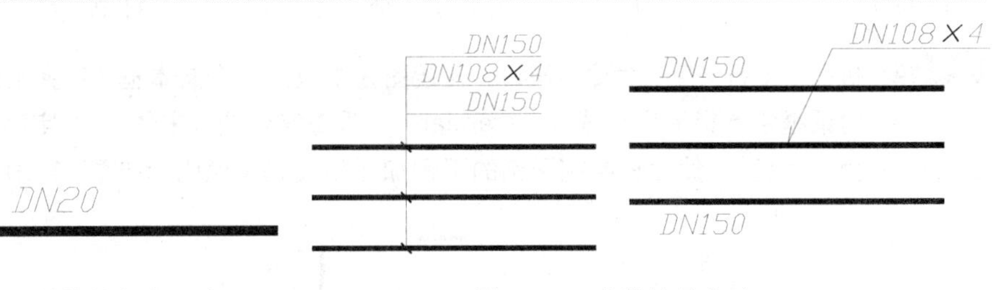

图 11-12　单管管径表示法　　　图 11-13　多管管径表示

11.1.3　绘制圆形地漏

视频\11\绘制圆形地漏图例.avi
案例\11\圆形地漏.dwg

首先新建并保存一个新的".dwg"文件，再执行圆、图案填充、多段线、直线、修剪等绘图命令进行圆形地漏图例的绘制。

Step 01 启动 AutoCAD 2014 软件，系统将自动新建一个".dwg"文件，选择"文件→保存"菜单命令，将其新文件保存为"案例\11\圆形地漏.dwg"文件。

Step 02 执行"圆"命令（C），绘制一个半径为 30mm 的圆，如图 11-14 所示。

Step 03 执行"图案填充"命令（H），对圆填充"ANSI31"图案、比例为"2"的图案填充，如图 11-15 所示。

Step 04 执行"多段线"命令（PL），根据命令行提示指定多段线的起点及端点宽度为 5；

再捕捉圆右侧象限点绘制一条 50mm 的水平线段，如图 11-16 所示。

Note

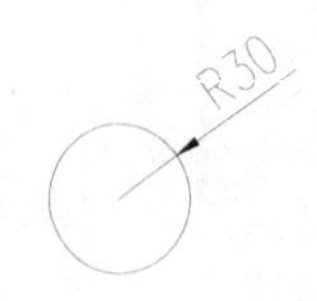

图 11-14　绘制圆

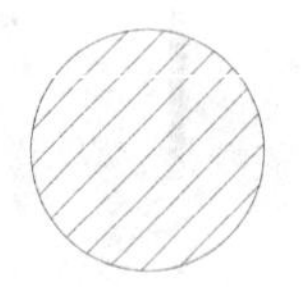

图 11-15　填充图案

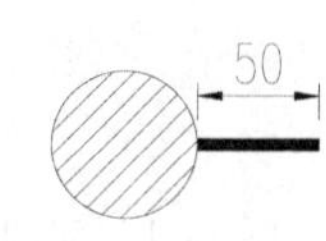

图 11-16　绘制多段线

Step 05 执行“直线”命令（L），绘制一条长度为 80mm 的水平直线段，再执行“圆”命令（C），捕捉上一步绘制的水平直线段的中点为圆心，绘制一个半径为 60mm 的圆，如图 11-17 所示。

Step 06 执行“修剪”命令（TR），将圆的上半部分修剪掉，如图 11-18 所示。

Step 07 执行“多段线”命令（PL），根据命令行提示指定多段线的起点及端点宽度为 5，捕捉半圆的下侧中点向下绘制一条长度为 500mm 的垂线段，如图 11-19 所示。

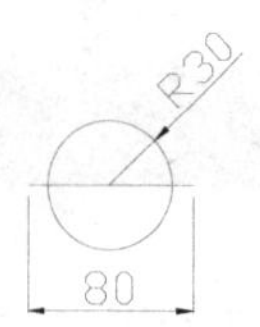

图 11-17　绘制水平线段及圆

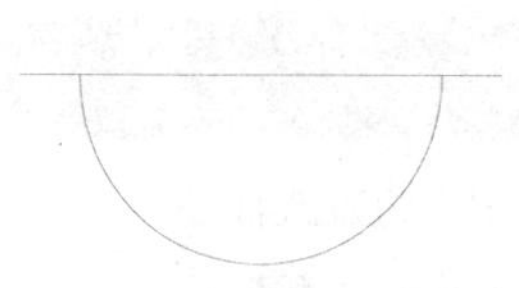

图 11-18　修剪圆

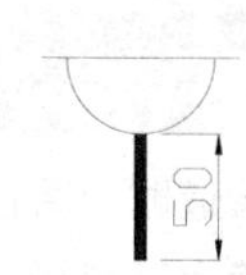

图 11-19　绘制多段线

Step 08 执行“多行文字”命令（MT），在绘图区中拉出一个文本框，在弹出的“文字格式”对话框中选择文字样式为“standard”，设置字体为“宋体”，文字高度为 20，颜色为“黑色”，然后在绘制图例的下侧加入相关文字说明，如图 11-20 所示。

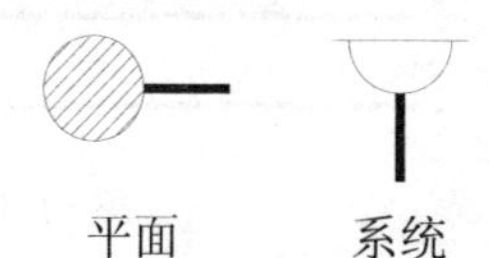

图 11-20　添加文字说明

Step 09 至此，该圆形地漏图例已经绘制完成，在键盘上按 Ctrl+S 组合键对其文件进行保存。

专业技能—地漏简介

地漏是连接排水管道系统与室内地面的重要接口，作为住宅中排水系统的重要部件，性能好坏直接影响室内空气的质量，对卫浴间的异味控制非常重要。

11.2 管件图例的绘制

在绘制建筑给排水平面图及系统图的过程中，需要用到很多的管件图例，下面讲解一些常用的管件图例的绘制过程。

11.2.1 绘制 S 形存水弯

视频\11\绘制 S 形存水弯图例.avi
案例\11\S 形存水弯.dwg

首先新建并保存一个新的".dwg"文件，再结合执行多段线、圆角等绘图命令进行 S 形存水弯图例的绘制。

Step 01 启动 AutoCAD 2014 软件，系统将自动新建一个".dwg"文件，选择"文件→保存"菜单命令，将其新文件保存为"案例\11\S 形存水弯.dwg"文件。

Step 02 执行"多段线"命令（PL），将多段线的起点及端点宽度为设置为 50，命令行提示如下。

```
命令：PLINE↙
指定起点：（指定多段线的起点）
当前线宽为 0.0000
指定下一个点或 [圆弧(A)/半宽(H)/长度(L)/放弃(U)/宽度(W)]:W↙
指定起点宽度<0.000>：50↙
指定端点宽度<0.000>：50↙
指定下一个点或 [圆弧(A)/半宽(H)/长度(L)/放弃(U)/宽度(W)]：（指定多段线的下一点）
```

Step 03 设置好多段线的线宽后，在绘图区中绘制相应的多段线对象，如图 11-21 所示。

Step 04 执行"圆角"命令（F），对绘制的多段线的相应端点进行圆角操作，圆角半径为 150，如图 11-22 所示。

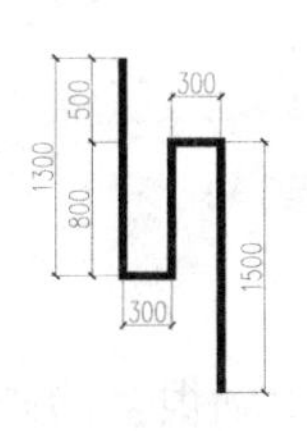

图 11-21 绘制多段线

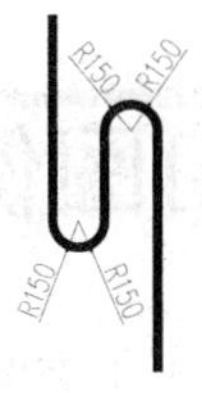

图 11-22 圆角操作

Step 05 至此，该 S 形存水弯图例已经绘制完成，在键盘上按 Ctrl+S 组合键对其文件进行保存。

11.2.2 绘制 P 形存水弯

视频\11\绘制 P 形存水弯图例.avi
案例\11\P 形存水弯.dwg

首先新建并保存一个新的".dwg"文件，再结合执行多段线、圆角等绘图命令进行 P 形存水弯图例的绘制。

Note

Step 01 启动 AutoCAD 2014 软件，系统将自动新建一个“.dwg“文件，选择“文件→保存”菜单命令，将其新文件保存为“案例\11\P 形存水弯.dwg”文件。

Step 02 执行“多段线”命令（PL），将多段线的起点及端点宽度设置为 50，命令行提示如下：

```
命令：PLINE↙
指定起点：（指定多段线的起点）
当前线宽为 0.0000
指定下一个点或 [圆弧(A)/半宽(H)/长度(L)/放弃(U)/宽度(W)]:W↙
指定起点宽度<0.000>：50↙
指定端点宽度<0.000>：50↙
指定下一个点或 [圆弧(A)/半宽(H)/长度(L)/放弃(U)/宽度(W)]：（指定多段线的下一点）
```

Step 03 设置好多段线的线宽后，在绘图区中绘制相应的多段线对象，如图 11-23 所示。

Step 04 执行“圆角”命令（F），对绘制的多段线的相应端点进行圆角操作，圆角半径为 200，如图 11-24 所示。

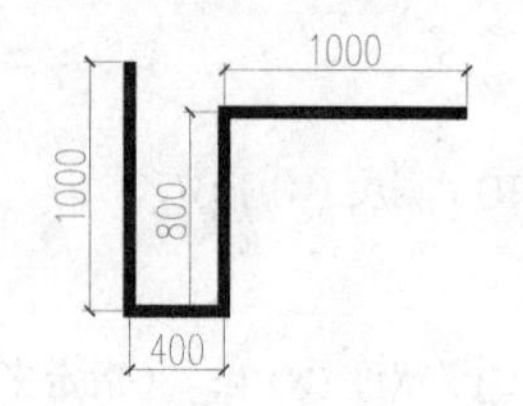

图 11-23　绘制多段线

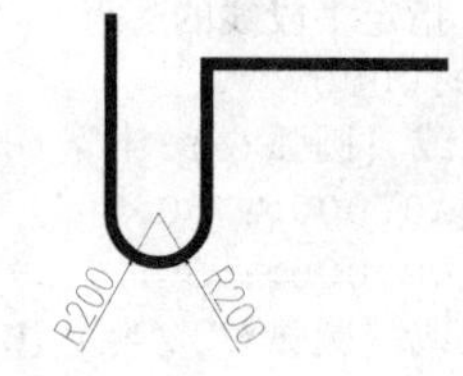

图 11-24　圆角操作

Step 05 至此，该 P 形存水弯图例已经绘制完成，在键盘上按 Ctrl+S 组合键对其文件进行保存。

11.3 阀门图例的绘制

在绘制建筑给排水平面图及系统图的过程中，需要用到很多的阀门图例，下面讲解一些常用的阀门图例的绘制过程。

11.3.1 绘制截止阀

视频\11\绘制截止阀图例.avi
案例\11\截止阀.dwg

首先新建并保存一个新的“.dwg”文件，再结合执行直线、圆、图案填充等绘图命令进行截止阀图例的绘制。

Step 01 启动 AutoCAD 2014 软件，系统将自动新建一个“.dwg“文件，选择“文件→保存”菜单命令，将其新文件保存为“案例\11\截止阀.dwg”文件。

Step 02 执行“直线”命令（L），绘制一条长度为 600mm 的水平直线段，如图 11-25 所示。

Step 03 执行“圆”命令（C），以上一步绘制的水平直线段的中点为圆心，绘制一个半径为 65mm 的圆，如图 11-26 所示。

500

图 11-25 绘制水平直线段

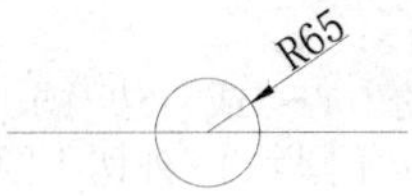

R65

图 11-26 绘制圆对象

Step 04 执行“直线”命令（L），捕捉上一步绘制圆的上侧象限点垂直向上绘制一条长度为 130mm 的垂线段，然后在垂线段的上侧绘制一条长度为 120mm 的水平直线段，如图 11-27 所示。

Step 05 执行“图案填充”命令（H），为绘制的圆内填充“NET3”图案，填充比例为 4，如图 11-28 所示。

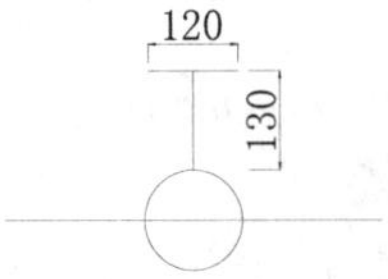

120
130

图 11-27 绘制水平或垂线段

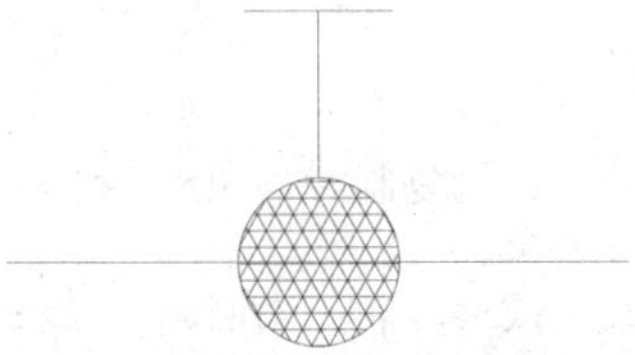

图 11-28 填充图案

Step 06 至此，该截止阀图例已经绘制完成，在键盘上按 Ctrl+S 组合键对其文件进行保存。

专业技能—截止阀简介

截止阀又称为截门阀，属于强制密封式阀门，所以在阀门关闭时，必须向阀瓣施加压力，以强制密封面不泄漏。当介质由阀瓣下方进入阀门时，操作力所需要克服的阻力，是阀杆和填料的摩擦力与由介质的压力所产生的推力，关阀门的力比开阀门的力大，所以阀杆的直径要大，否则，会发生阀杆顶弯的故障。按连接方式分为三种：法兰连接、丝扣连接、焊接连接。从自密封的阀门出现后，截止阀的介质流向就改由阀瓣上方进入阀腔，这时在介质压力作用下，关阀门的力小，而开阀门的力大，阀杆的直径可以相应地减少。同时，在介质作用下，这种形式的阀门也较严密。我国阀门“三化给”曾规定，截止阀的流向，一律采用自上而下。

11.3.2 绘制三通阀

视频\11\绘制三通阀图例.avi
案例\11\三通阀.dwg

首先新建并保存一个新的“.dwg”文件，再结合执行正多边形、旋转、多段线等绘图命令进行三通阀图例的绘制。

Step 01 启动 AutoCAD 2014 软件，系统将自动新建一个“.dwg“文件，选择“文件→保存”菜单命令，将其新文件保存为“案例\11\三通阀.dwg”文件。

Note

Step 02 执行“正多边形”命令（POL），根据命令行提示绘制一个内接于圆，半径为 60mm 的正三角形，命令行提示与操作如下。

```
POLYGON↙
输入侧面数 <4>: 3↙                                   //输入多边形侧面数
指定正多边形的中心点或 [边(E)]:                        //在绘图区中任意指定一点
输入选项 [内接于圆(I)/外切于圆©] <I>: i↙               //选择“内接于圆”选择
指定圆的半径: 60↙            //输入内接圆的大小，其绘制的正三角形如图 11-29 所示
```

Step 03 执行“旋转”命令（RO），根据命令行提示将上一步绘制的正三角形旋转复制一个，命令行提示与操作如下。

```
命令: RO↙
ROTATE
UCS 当前的正角方向:  ANGDIR=逆时针  ANGBASE=0
选择对象: 找到 1 个↙                                  //选择上一步绘制的正三角形
选择对象:
指定基点:                                            //指定上一步绘制的正三角形的
上侧顶点
指定旋转角度，或 [复制©/参照®] <0>: c↙                //选择“复制（C）”选项
旋转一组选定对象。
指定旋转角度，或 [复制©/参照®] <0>: -90↙
                            //输入旋转角度值，其旋转复制后的效果如图 11-30 所示
```

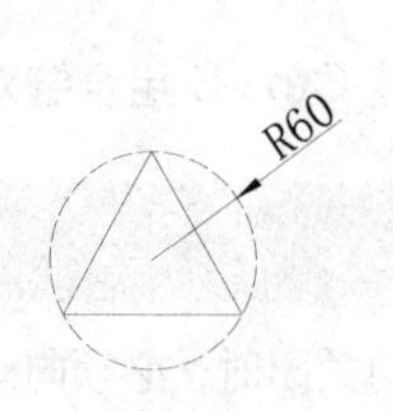

图 11-29　绘制正多边形

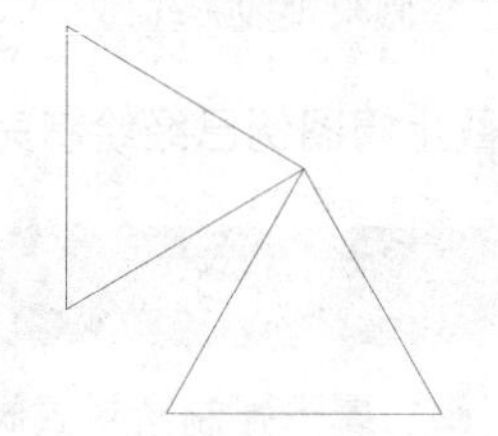

图 11-30　旋转复制正多边形

Step 04 使用同样的方法，将正三角形向右水平旋转复制 90°，从而复制一个正三角形，如图 11-31 所示。

Step 05 执行“多段线”命令（PL），根据命令行提示设置多段线的起点及端点宽度为 10，然后分别捕捉正三角形相应边上的中点绘制适当长度的水平或垂直多段线，如图 11-32 所示。

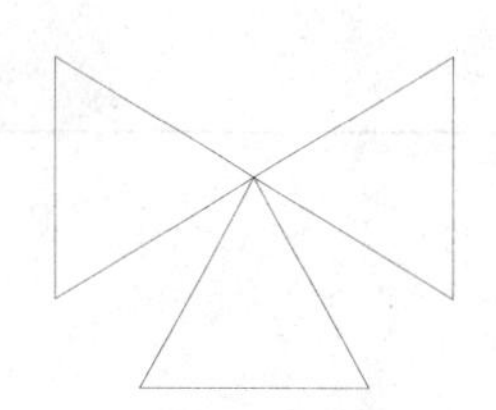

图 11-31　旋转复制正多边形

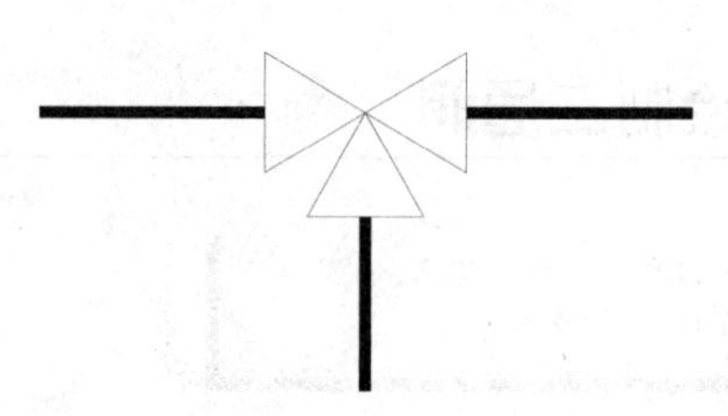

图 11-32　三通阀图例

Step 06 至此，该三通阀图例已经绘制完成，在键盘上按 Ctrl+S 组合键对其文件进行保存。

专业技能—三通阀简介

三通阀阀体有三个口，一进两出，（左进，右和下出）和普通阀门不同的是底部有一出口，当内部阀芯在不同位置时，出口不同，如阀芯在下部时，左右相通，如阀芯在上部时，右出口被堵住，左和下口通。因为左口和右口不在一条水平线上。当高加紧急解列时，阀门关闭，给水走旁路。

11.4 给水配件图例的绘制

在绘制建筑给排水平面图及系统图的过程中，需要用到很多的给水配件图例，下面讲解一些常用的给水配件图例的绘制过程。

11.4.1 绘制水龙头

视频\11\绘制水龙头图例.avi
案例\11\水龙头.dwg

首先新建并保存一个新的".dwg"文件，再结合执行多段线、圆、直线等绘图命令进行水龙头图例的绘制。

Step 01 启动 AutoCAD 2014 软件，系统将自动新建一个".dwg"文件，选择"文件→保存"菜单命令，将其新文件保存为"案例\11\水龙头.dwg"文件。

Step 02 执行"多段线"命令（PL），在绘图区中绘制一条多段线对象，命令行提示如下：

```
命令: PL↙
PLINE
指定起点:                                    //在绘图区中指定一点为多段线起点
当前线宽为 50.0000↙
指定下一个点或 [圆弧(A)/半宽(H)/长度(L)/放弃(U)/宽度(W)]: 600↙
//鼠标向右输入多段线长度为 600
指定下一点或 [圆弧(A)/闭合(C)/半宽(H)/长度(L)/放弃(U)/宽度(W)]: A
指定圆弧的端点或
[角度(A)/圆心(CE)/闭合(CL)/方向(D) /半宽(H)/直线(L)/半径®/第二个点(S)/放弃(U)/宽度(W)]: CE↙                     //选择"圆心(CE)"选项
指定圆弧的圆心: 200↙                          //输入圆弧的圆心大小 200
指定圆弧的端点或 [角度(A)/长度(L)]: A↙          //选择"角度(A)"选项
指定包含角: -90↙        //输入包含角大小为-90 度，其绘制的多段线效果如图 11-33 所示
```

Step 03 执行"圆"命令（C），捕捉上一步绘制的多段线水平方向上的一点为圆心，绘制一个半径为 70mm 的圆，如图 11-34 所示。

Step 04 执行"直线"命令（L），捕捉圆上的象限点向上绘制一条适当长度的垂线段，再在

Note

垂线段的上侧绘制一条水平线段，如图 11-35 所示。

图 11-33　绘制多段线

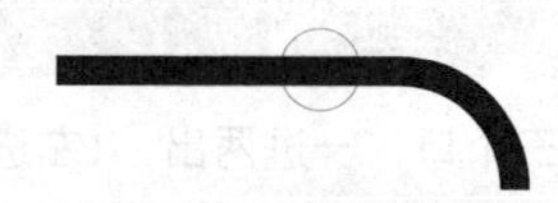

图 11-34　绘制圆对象

Step 05 执行“图案填充”命令（H），为绘制的圆填充“SOLID”图案，如图 11-36 所示。

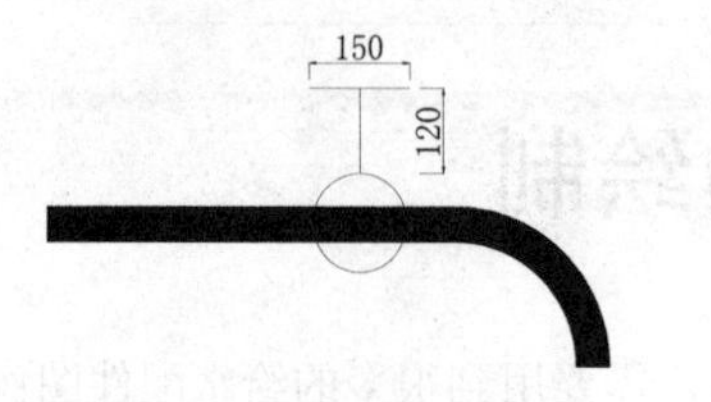

图 11-35　绘制直线段

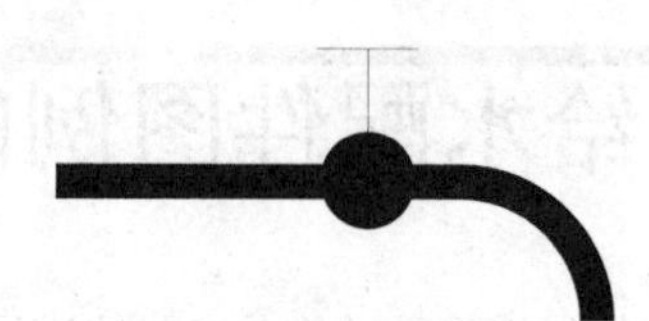

图 11-36　填充图案

Step 06 至此，该水龙头图例已经绘制完成，在键盘上按 Ctrl+S 组合键对其文件进行保存。

专业技能—水龙头简介

水龙头是水嘴的通俗称谓，用来控制水流的大小开关，有节水的功效。水龙头的更新换代速度非常快，从老式铸铁工艺发展到电镀旋钮式的，又发展到不锈钢单温单控的，现在许多家庭中，用的是不锈钢双温双控龙头，还出现了厨房组合式龙头。现在，越来越多的消费者选购水龙头，都会从材质、功能、造型等多方面来综合考虑。

11.4.2　绘制蹲便器脚踏开关的绘制

视频\11\绘制蹲便器脚踏开关.avi
案例\11\蹲便器脚踏开关 dwg

首先新建并保存一个新的“.dwg”文件，再结合执行多段线、圆、直线、矩形等绘图命令进行蹲便器脚踏开关图例的绘制。

Step 01 启动 AutoCAD 2014 软件，系统将自动新建一个“.dwg“文件，选择“文件→保存”菜单命令，将其新文件保存为“案例\11\蹲便器脚踏开关.dwg”文件。

Step 02 执行“多段线”命令（PL），根据命令行提示指定多段线的起点及端点宽度为 30，然后在绘图区中绘制一条 500mm 的水平多段线，如图 11-37 所示。

Step 03 执行“圆”命令（C），以绘制的水平多段线上的相应点为圆心绘制一个半径为 50mm 的圆，如图 11-38 所示。

图 11-37　绘制多段线

图 11-38　绘制圆

Step 04 执行“图案填充”命令（H），对绘制的圆执行“图案填充”命令，填充的图案为“SOLID”，将其圆填充为黑色实心，如图 11-39 所示。

Step 05 执行“直线”命令（L），捕捉绘制的圆上相应端点绘制两条适当长度的线段，如图 11-40 所示。

Step 06 执行“矩形”命令（REC），绘制一个大小为 200mm×50mm 的矩形，并将其移动到相应的位置，如图 11-41 所示。

图 11-39 填充图案　　图 11-40 绘制相应线段　　图 11-41 绘制矩形

Step 07 至此，该蹲便器脚踏开关图例已经绘制完成，在键盘上按 Ctrl+S 组合键对其文件进行保存。

11.5 卫生设备图例的绘制

在绘制建筑给排水平面图及系统图的过程中，需要用到很多的卫生设备图例，下面讲解一些常用的卫生设备图例的绘制过程。

11.5.1 绘制马桶

视频\11\绘制马桶图例.avi
案例\11\马桶.dwg

首先新建并保存一个新的“.dwg”文件，再执行矩形、直线、修剪、椭圆、偏移、圆弧等绘图命令进行马桶图例的绘制。

Step 01 启动 AutoCAD 2014 软件，系统将自动新建一个“.dwg“文件，选择“文件→保存”菜单命令，将其新文件保存为“案例\11\马桶.dwg”文件。

Step 02 执行“矩形”命令（REC），绘制一个 550mm×255mm 大小的矩形。

Step 03 执行“分解”、“偏移”、“直线”、“修剪”、“矩形”、“圆角”等命令，绘制相应的马桶水箱轮廓，以及绘制马桶开水阀，从而完成马桶水箱的绘制，如图 11-42 所示。

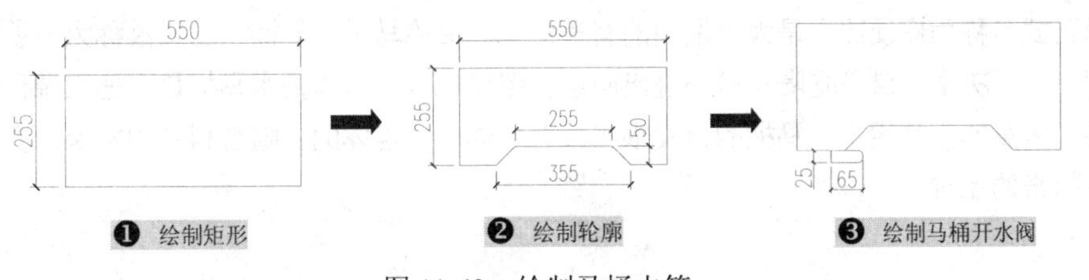

图 11-42 绘制马桶水箱

Note

Step 04 执行“椭圆”命令（EL），绘制一个 380mm×600mm 大小的椭圆。

Step 05 执行“直线”命令（L），过左右两侧的象限点绘制一条水平线段；在执行“偏移”命令（O），将其水平线段向上偏移 180mm 及 30mm。

Step 06 执行“直线”命令（L），绘制相应的直线段；执行“修剪”命令（TR），将多余的圆弧进行修剪；再执行“圆弧”命令（ARC），绘制半径为 190mm 的两段圆弧。

Step 07 执行“偏移”命令（O），将圆弧向内偏移 75mm，从而完成马桶盖的绘制，如图 11-43 所示。

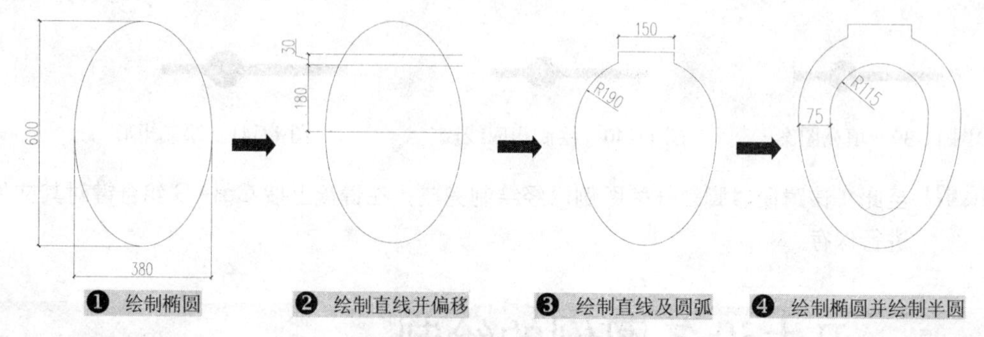

图 11-43　绘制马桶盖

Step 08 执行“移动”命令（M），将绘制的马桶盖移动到马桶水箱的中点位置。

Step 09 执行“圆弧”命令（ARC），在左侧绘制半径为 315mm 的圆弧；再执行“镜像”命令（MI），将其圆弧进行水平镜像，如图 11-44 所示。

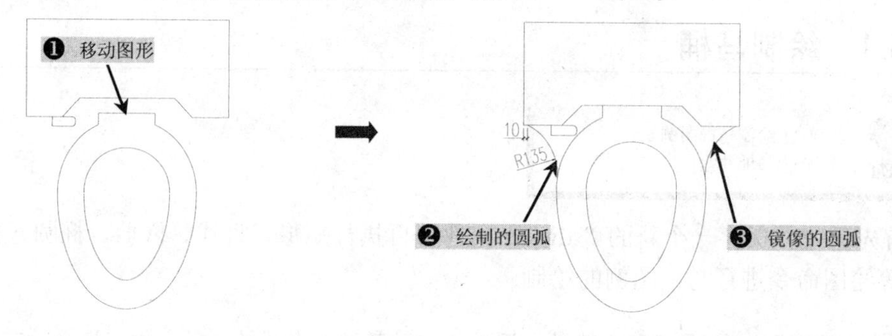

图 11-44　绘制马桶盖并绘制圆弧

Step 10 至此，该马桶图例已经绘制完成，在键盘上按 Ctrl+S 组合键对其文件进行保存。

专业技能—马桶简介

马桶正式名称为座便器，是大小便用的有盖的桶。俗称马子。马桶的发明被称为一项伟大的发明，它解决了人自身吃喝拉撒的进出问题，但是也有人认为抽水马桶是万恶之源，因为它消耗了大量的生活用水。马桶的分类很多，有分体的，连体的。随着科技的发展，还出现了许多新奇的品种。

11.5.2 绘制洗脸盆

视频\11\绘制洗脸盆图例.avi
案例\11\洗脸盆.dwg

Note

首先新建并保存一个新的“.dwg”文件，再执行圆、直线、偏移、修剪、矩形、镜像等绘图命令进行洗脸盆图例的绘制。

Step 01 启动 AutoCAD 2014 软件，系统将自动新建一个“.dwg“文件，选择“文件→保存”菜单命令，将其新文件保存为“案例\11\洗脸盆.dwg”文件。

Step 02 执行“圆”命令（C），绘制一个直径为 395mm 的圆。

Step 03 执行“直线”命令（L），过下侧象限点绘制一条水平线段；再执行“偏移”命令（O），将其水平线段向上偏移 335mm。

Step 04 执行“修剪”命令（TR），将多余的圆弧进行修剪和删除，如图 11-45 所示。

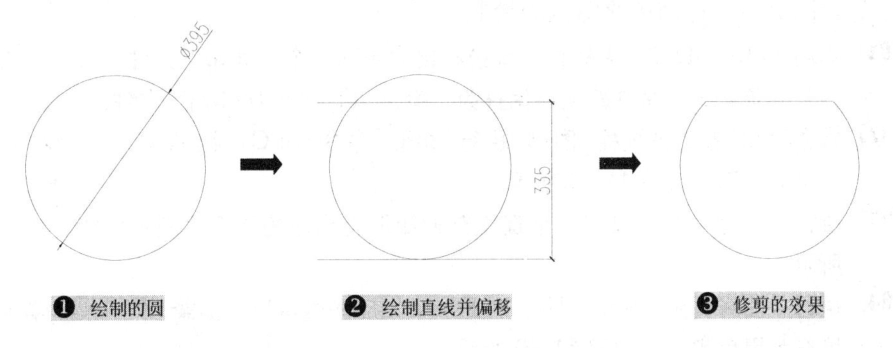

图 11-45　绘制圆并修剪

Step 05 执行“矩形”命令（REC），绘制 40mm × 150mm 的矩形，并放置在图形对象的中间位置；再执行“修剪”命令（TR），将多余的直线段进行修剪。

Step 06 执行“圆”命令（C），绘制直径为 55mm 的圆，且放置在矩形的左侧；再执行“镜像”命令（MI），将该圆进行水平镜像。

Step 07 执行“圆”命令（C），绘制直径为 495mm 的圆，且放置在相应的位置，从而完成整个洗脸盆的绘制，如图 11-46 所示。

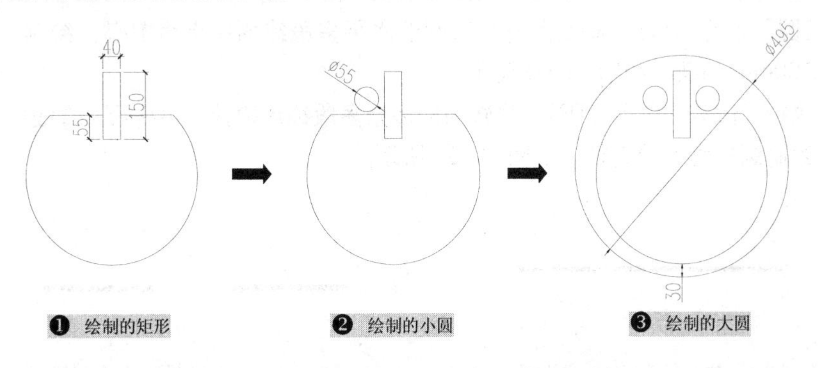

图 11-46　绘制的圆并进行修剪

Step 08 至此，该洗脸盆图例已经绘制完成，在键盘上按 Ctrl+S 组合键对其文件进行保存。

Note

11.6 消防设施图例的绘制

在绘制建筑给排水平面图及系统图的过程中，需要用到很多的消防设施图例，下面讲解一些常用的消防设施图例的绘制过程。

11.6.1 绘制消火栓

视频\11\绘制消火栓图例.avi
案例\11\消火栓.dwg

首先新建并保存一个新的“.dwg”文件，再执行矩形、直线、图案填充、圆、旋转、多段线等绘图命令进行消火栓图例的绘制。

Step 01 启动 AutoCAD 2014 软件，系统将自动新建一个“.dwg“文件，选择“文件→保存”菜单命令，将其新文件保存为“案例\11\消火栓.dwg”文件。

Step 02 首先绘制“室内消火栓”图例，执行“矩形”命令（REC），绘制一个 600mm × 200mm 大小的矩形，如图 11-47 所示。

Step 03 执行“直线”命令（L），捕捉绘制的矩形上相应的端点绘制对角线，如图 11-48 所示。

Step 04 执行“图案填充”命令（H），对图形中相应的区域执行图案“SOLID”填充，将其填充为黑色实心，如图 11-49 所示。

图 11-47 绘制矩形

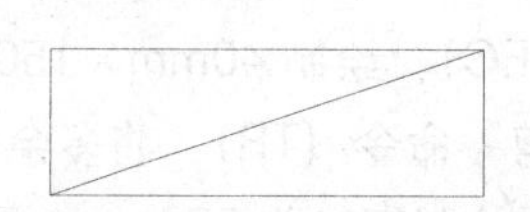

图 11-48 绘制对角线

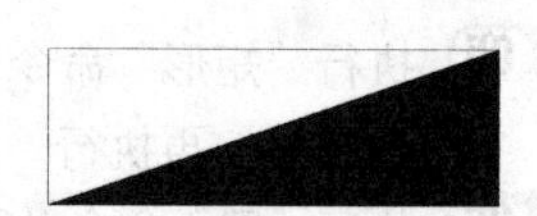

图 11-49 填充图案

Step 05 接下来绘制“室外消火栓”图例，执行“多段线”命令（PL），根据命令行提示设置多段线的线宽为 15，在绘图区中绘制一条长度为 800mm 的水平多段线，再执行“圆”命令（C），捕捉上一步绘制的水平多段线的中点为圆心，绘制一个半径为 100mm 的圆，如图 11-50 所示。

Step 06 执行“修剪”命令（TR），将圆内的多余多段线删除掉，再执行“直线”命令（L），绘制圆的垂直向直径，如图 11-51 所示。

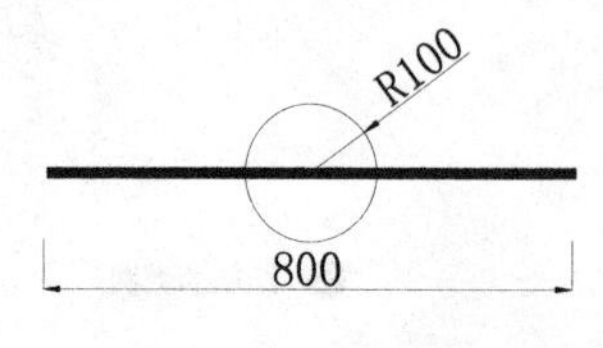

图 11-50 绘制多段线及圆

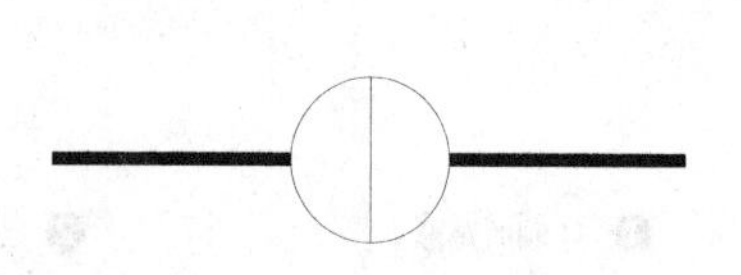

图 11-51 修剪图形并绘制线段

Step 07　执行“旋转”命令（RO），根据命令行提示选择上一步绘制的垂线段的中点为旋转基点，将其选择 135 度，再执行“直线”命令（L），在圆的上侧绘制两条线段，如图 11-52 所示。

Step 08　执行“图案填充”命令（H），为圆的内部相应位置填充““SOLID”填充，将其填充为黑色实心，如图 11-53 所示。

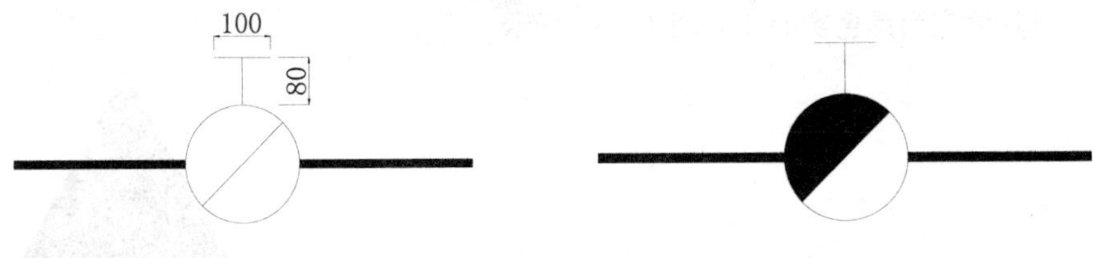

图 11-52　旋转图形并绘制线段　　　　图 11-53　填充图案

Step 09　至此，该消火栓图例已经绘制完成，在键盘上按 Ctrl+S 组合键对其文件进行保存。

专业技能—消火栓简介

消防栓是一种固定消防工具。 主要作用是控制可燃物、隔绝助燃物、消除着火源。消防系统包括室外消火栓系统，室内消火栓系统，灭火器系统，有的还会有自动喷淋系统，水炮系统，气体灭火系统，火探系统，水雾系统等。消防栓主要供消防车从市政给水管网或室外消防给水管网取水实施灭火，也可以直接连接水带、水枪出水灭火。所以，室外消火栓系统也是扑救火灾的重要消防设施之一。

11.6.2　绘制推车式灭火器

视频\11\绘制推车式灭火器图例.avi
案例\11\推车式灭火器.dwg

首先新建并保存一个新的“.dwg”文件，再执行正多边形、圆、镜像、图案填充等绘图命令进行推车式灭火器图例的绘制。

Step 01　启动 AutoCAD 2014 软件，系统将自动新建一个“.dwg“文件，选择“文件→保存”菜单命令，将其新文件保存为“案例\11\推车式灭火器 dwg”文件。

Step 02　执行“正多边形”命令（POL），根据命令行提示绘制一个内接于圆，半径为 200mm 的正三角形，如图 11-54 所示。

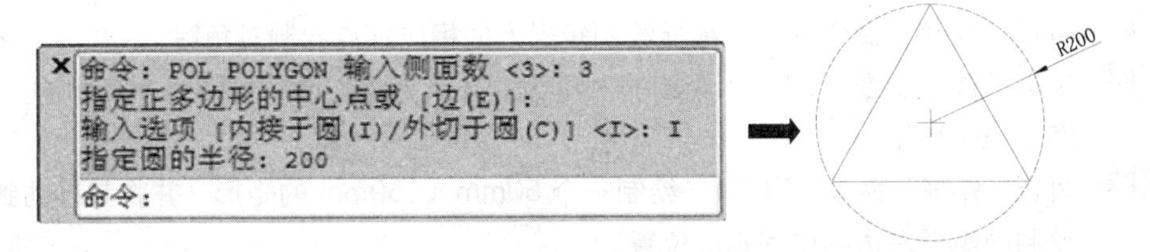

图 11-54　绘制正多边形

Note

Step 03 执行“圆”命令（C），捕捉三角形的底边相应节点绘制一个适当大小的圆，并移动圆到相应的位置，如图 11-55 所示。

Step 04 然后以绘制的等边三角形底边中点为镜像轴对绘制的圆进行“镜像”复制，如图 11-56 所示。

Step 05 执行“图案填充”命令（H），对绘制的等边三角形内部区域填充“SOLID”图案，将其填充为黑色实心，如图 11-57 所示。

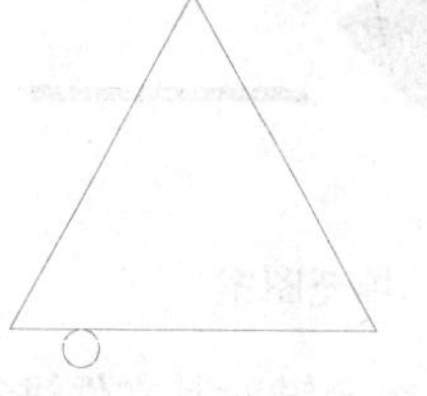

图 11-55　绘制圆

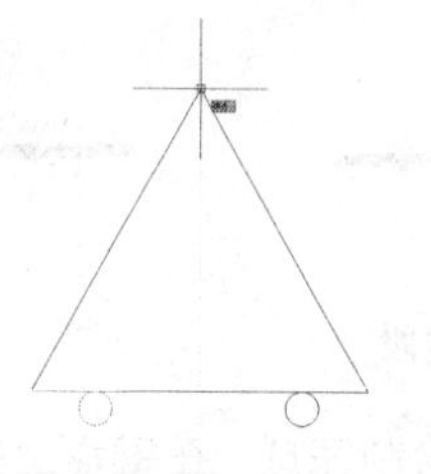

图 11-56　镜像复制圆

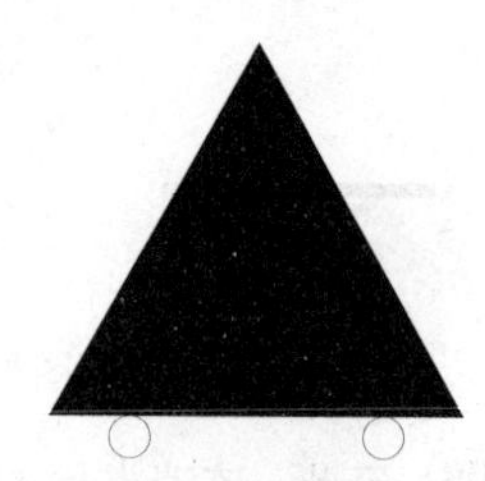

图 11-57　填充图案

Step 06 至此，该推车式灭火器图例已经绘制完成，在键盘上按 Ctrl+S 组合键对其文件进行保存。

11.7 小型给排水构筑物图例的绘制

在绘制建筑给排水平面图及系统图的过程中，需要用到很多的小型给水排水构筑物图例，下面讲解一些常用的小型给水排水构筑物图例的绘制过程。

11.7.1 绘制矩形化粪池

视频\11\绘制矩形化粪池图例.avi
案例\11\矩形化粪池.dwg

首先新建并保存一个新的“.dwg”文件，再执行矩形、直线、圆、多段线、图案填充、多行文字等绘图命令进行矩形化粪池图例的绘制。

Step 01 启动 AutoCAD 2014 软件，系统将自动新建一个“.dwg“文件，选择“文件→保存”菜单命令，将其新文件保存为“案例\11\矩形化粪池.dwg”文件。

Step 02 执行“矩形”命令（REC），绘制一个 600mm×300mm 的矩形。

Step 03 执行“直线”命令（L），捕捉绘制矩形上的相应端点绘制对角线。

Step 04 执行“圆”命令（C），以绘制的对角线的交点为圆心绘制半径为 50mm 的圆，如图 11-58 所示。

Step 05 执行“矩形”命令（REC），绘制一个 50mm×150mm 的矩形，并将其移动到前面绘制的矩形左边的中间相应位置。

Step 06 执行“多段线”命令（PL），根据命令行提示指定多段线的起点及端点宽度为 20，然后捕捉绘制的矩形相应边的中点向左及向右绘制一条 300mm 的水平多段线，如图 11-59 所示。

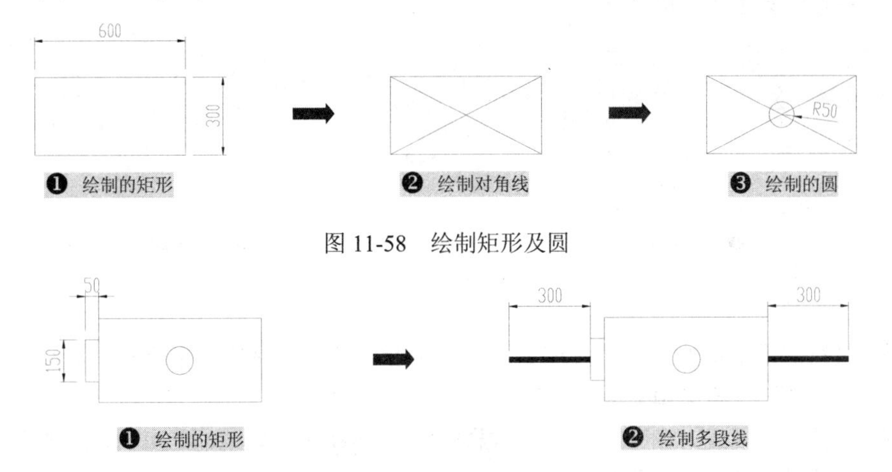

图 11-58　绘制矩形及圆

图 11-59　绘制矩形及多段线

Step 07 执行“直线”命令（L），在绘制的左侧水平多段线上方绘制一个箭头符号。

Step 08 执行“图案填充”命令（H），对绘制的箭头相应区域执行“图案填充”命令，填充的图案为“SOLID”，将其填充为黑色实心，如图 11-60 所示。

图 11-60　绘制箭头符号及填充图案

Step 09 执行“多行文字”命令（MT），设置好字体大小后在绘制的图形右侧相应位置输入文字“HC”（注：HC 为化粪池代号），如图 11-61 所示。

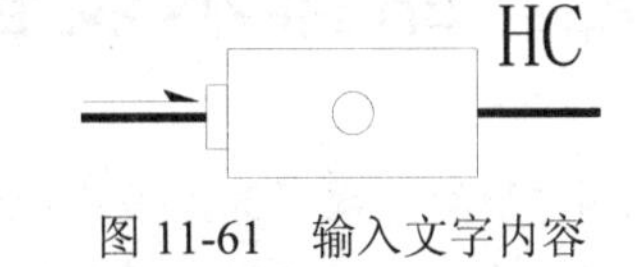

图 11-61　输入文字内容

Step 10 至此，该矩形化粪池图例已经绘制完成，在键盘上按 Ctrl+S 组合键对其文件进行保存。

11.7.2　绘制水表

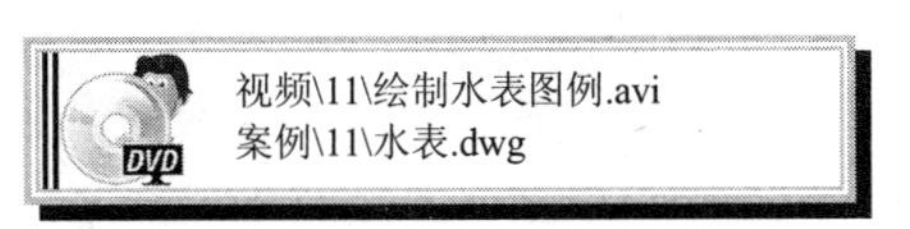

首先新建并保存一个新的“.dwg”文件，再执行矩形、直线、图案填充、多段线等绘图命令进行水表图例的绘制。

Step 01 启动 AutoCAD 2014 软件，系统将自动新建一个“.dwg“文件，选择“文件→保存”菜单命令，将其新文件保存为“案例\11\水表.dwg”文件。

Step 02 执行“矩形”命令（REC），绘制一个 500mm × 300mm 大小的矩形。

Step 03 执行“直线”命令（L），捕捉绘制矩形左侧边上下端点及右侧边上中点绘制两条斜线段，如图 11-62 所示。

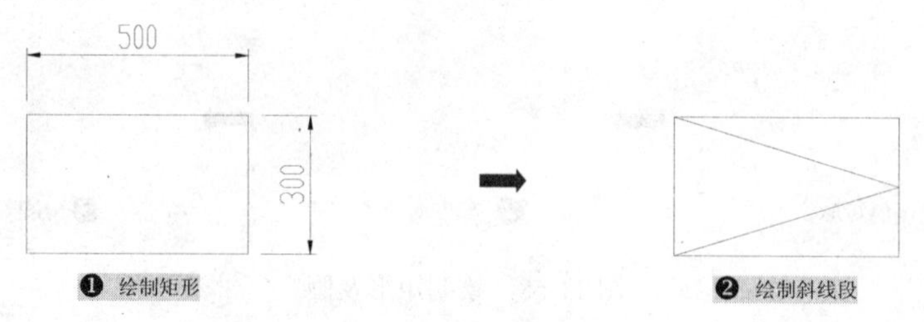

图 11-62　绘制矩形及斜线段

Step 04 执行“图案填充”命令（H），对矩形中相应的区域进行图案填充，填充的图案为“SOLID”，将其填充为黑色实心。

Step 05 执行“多段线”命令（PL），根据命令行提示指定多段线的起点及端点宽度为 30，然后捕捉绘制的矩形边上的中点向左及向右绘制一条 500mm 的水平多段线，如图 11-63 所示。

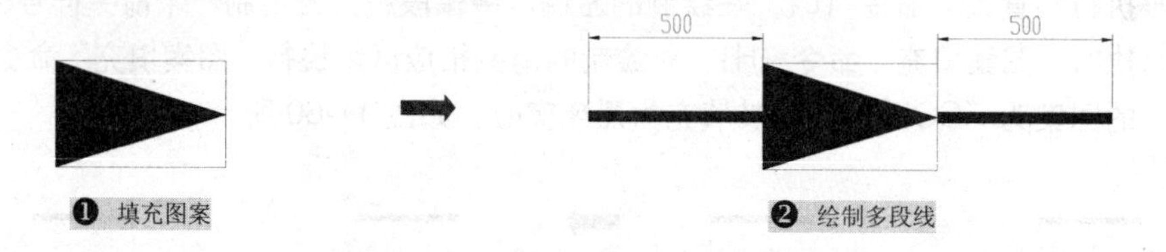

图 11-63　填充图案及绘制多段线

Step 06 至此，该水表图例已经绘制完成，在键盘上按 Ctrl+S 组合键对其文件进行保存。

11.8 给排水设备图例的绘制

在绘制建筑给排水平面图及系统图的过程中，需要用到很多的给排水设备图例，下面讲解一些常用的给排水设备图例的绘制过程。

11.8.1 绘制快速管式热交换器

视频\11\绘制快速管式热交换器图例.avi
案例\11\快速管式热交换器.dwg

首先新建并保存一个新的“.dwg”文件，再执行多段线、圆角、直线等绘图命令进行快速管式热交换器图例的绘制。

Step 01 启动 AutoCAD 2014 软件，系统将自动新建一个“.dwg“文件，选择“文件→保存”菜单命令，将其新文件保存为“案例\11\快速管式热交换器.dwg”文件。

Step 02 执行“多段线”命令（PL），根据命令行提示指定多段线的起点及端点宽度为 20，在绘图区中绘制相应的多段线，如图 11-64 所示。

Step 03 执行“圆角”命令（F），对绘制的多段线相应的端点执行圆角操作，圆角半径分别为 40 及 50，如图 11-65 所示。

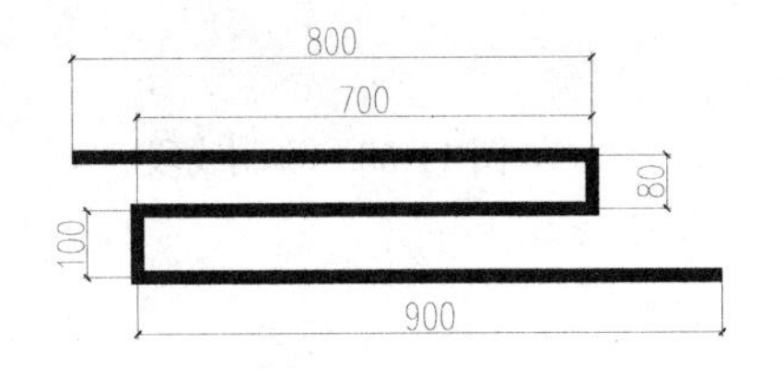

图 11-64　绘制多段线

图 11-65　圆角操作

Step 04 执行“直线”命令（L），在绘制的多段线的相应位置绘制适当长度的水平或垂直线段线段，并将绘制的线段进行复制，将其移动到图形中相应的位置，如图 11-66 所示。

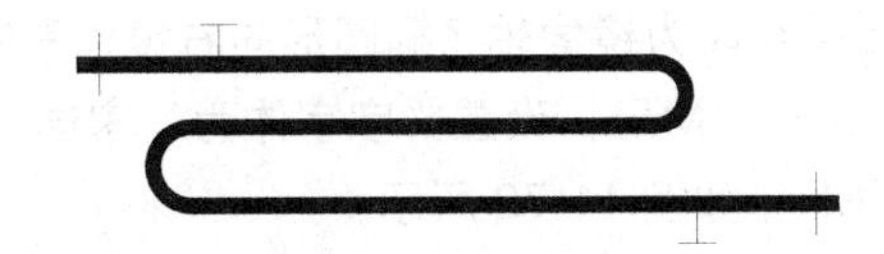

图 11-66　绘制相应线段

Step 05 至此，该快速管式热交换器图例已经绘制完成，在键盘上按 Ctrl+S 组合键对其文件进行保存。

11.8.2　绘制搅拌器

视频\11\绘制搅拌器图例.avi
案例\11\搅拌器.dwg

首先新建并保存一个新的“.dwg”文件，再执行矩形、直线、圆、椭圆、镜像、多行文字等绘图命令进行搅拌器图例的绘制。

Step 01 启动 AutoCAD 2014 软件，系统将自动新建一个“.dwg“文件，选择“文件→保存”菜单命令，将其新文件保存为“案例\11\搅拌器.dwg”文件。

Step 02 执行“矩形”命令（REC），绘制一个 1000mm × 300mm 的矩形，如图 11-67 所示。

Step 03 执行“直线”命令（L），在矩形的内部绘制两条对角线，然后以对角线的交点为起点垂直向上绘制一条长度为 500mm 的垂线段，如图 11-68 所示。

Step 04 执行“圆”命令（C），以垂线段的上侧端点为圆心绘制一个半径为 180mm 的圆，如图 11-69 所示。

Step 05 执行“修剪”命令（TR），将圆内多余的线段修剪掉，然后将下侧的两条对角线删除掉，如图 11-70 所示。

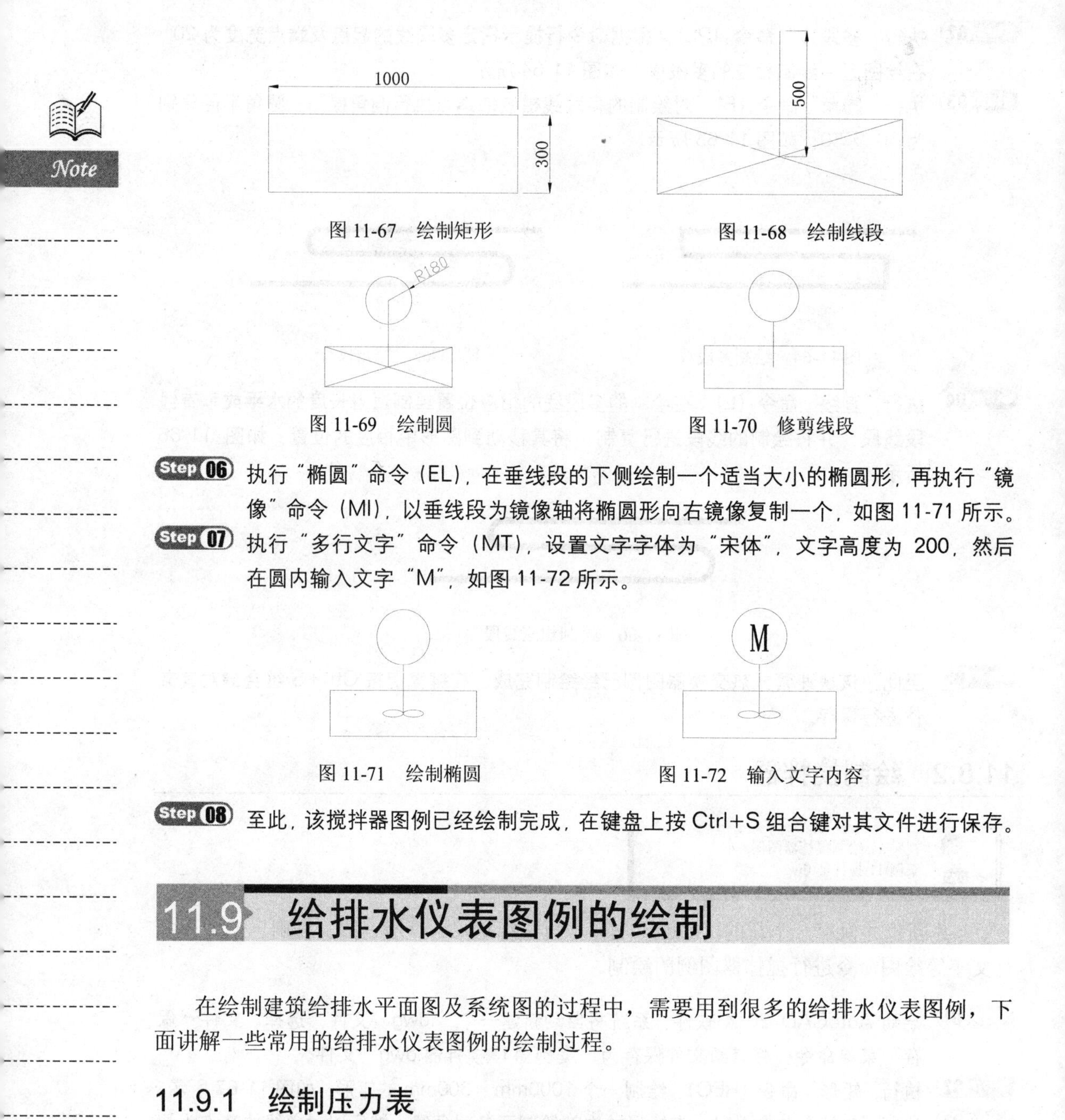

图 11-67 绘制矩形

图 11-68 绘制线段

图 11-69 绘制圆

图 11-70 修剪线段

Step 06 执行“椭圆”命令（EL），在垂线段的下侧绘制一个适当大小的椭圆形，再执行“镜像”命令（MI），以垂线段为镜像轴将椭圆形向右镜像复制一个，如图 11-71 所示。

Step 07 执行“多行文字”命令（MT），设置文字字体为“宋体”，文字高度为 200，然后在圆内输入文字“M”，如图 11-72 所示。

图 11-71 绘制椭圆

图 11-72 输入文字内容

Step 08 至此，该搅拌器图例已经绘制完成，在键盘上按 Ctrl+S 组合键对其文件进行保存。

11.9 给排水仪表图例的绘制

在绘制建筑给排水平面图及系统图的过程中，需要用到很多的给排水仪表图例，下面讲解一些常用的给排水仪表图例的绘制过程。

11.9.1 绘制压力表

视频\11\绘制压力表图例.avi
案例\11\压力表.dwg

首先新建并保存一个新的“.dwg”文件，再执行圆、直线、图案填充等绘图命令进行压力表图例的绘制。

Step 01 启动 AutoCAD 2014 软件，系统将自动新建一个“.dwg“文件，选择“文件→保存”菜单命令，将其新文件保存为“案例\11\压力表.dwg”文件。

Step 02 执行“圆”命令（C），绘制一个半径为 40mm 的圆。

Step 03 接着执行“直线”命令（L），在绘制的圆内绘制一个箭头符号。

Step 04 执行“图案填充”命令（H），对绘制的箭头内部执行“图案填充”命令，填充的图案为“SOLID”，将其填充为黑色实心，如图 11-73 所示。

图 11-73　绘制压力表一

Step 05 执行“直线”命令（L），在绘制的圆的下方绘制一条适当长度的垂直线段。

Step 06 执行“圆”命令（C），捕捉绘制的垂直线段上的相应点，绘制半径为 5mm 的圆，并对绘制的圆执行“SOLID”的图案填充，将其填充为黑色实心。

Step 07 执行“直线”命令（L），捕捉上一步绘制的圆上相应的点绘制相应的水平及垂直线段，如图 11-74 所示。

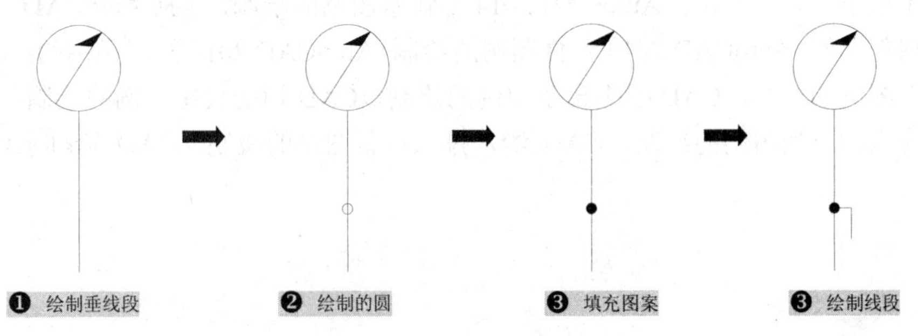

图 11-74　绘制压力表二

Step 08 至此，该压力表图例已经绘制完成，在键盘上按 Ctrl+S 组合键对其文件进行保存。

11.9.2　绘制温度计

视频\11\绘制温度计图例.avi
案例\11\温度计.dwg

首先新建并保存一个新的“.dwg”文件，再执行多段线、直线等绘图命令进行温度计图例的绘制。

Step 01 启动 AutoCAD 2014 软件，系统将自动新建一个“.dwg“文件，选择“文件→保存”菜单命令，将其新文件保存为“案例\11\温度计.dwg”文件。

Step 02 执行“多段线”命令（PL），根据命令行提示指定多段线的起点及端点宽度为 3，然后在绘制区中绘制一个 50mm × 150mm 的矩形，如图 11-75 所示。

Step 03 执行“直线”命令（L），捕捉矩形上的相应端点绘制对角线，如图 11-76 所示。

Step 04 执行“直线”命令（L），捕捉对角线的交点向下绘制一条长度为 200mm 的垂直线段，然后将绘制的对角线删除掉，如图 11-77 所示。

Note

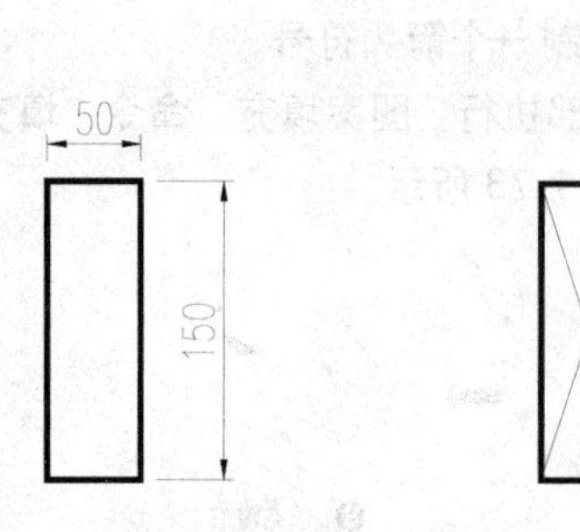

图 11-75　绘制多段线　　图 11-76　绘制对角线

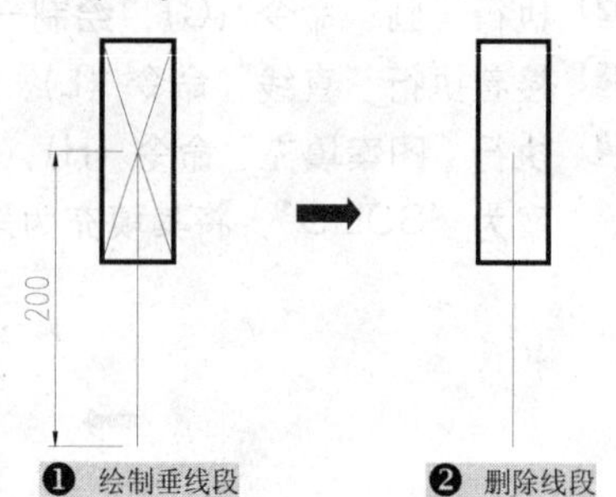

图 11-77　绘制垂线段

Step 05 至此，该温度计图例已经绘制完成，在键盘上按 Ctrl+S 组合键对其文件进行保存。

11.10 本章小结

在本章中，主要讲解了 AutoCAD 2014 给排水图例的绘制，包括 AutoCAD 绘制管道及管道附件图例，AutoCAD 2014 管件图例的绘制，AutoCAD 2014 阀门图例的绘制，CAD 给水配件图例的绘制，CAD 卫生设备图例的绘制，CAD 消防设施图例的绘制，CAD 小型给水排水构筑物图例的绘制，CAD 给水排水设备图例的绘制，CAD 给排水仪表图例的绘制等。

给水工程施工图的绘制

本章以某十层商住楼的给水施工图为例，详细讲解了商住楼标准层给水平面布置图和商住楼给水系统图的绘制方法，包括设置绘图环境、绘制给水设备图例、绘制给水管线、进行文字标注说明等，从而让读者能够更加系统、全面地掌握建筑给水施工图的绘制方法及相关知识要点。

内容要点

- 绘制商住楼标准层给水平面图
- 绘制商住楼给水系统图

12.1 绘制商住楼标准层给水平面图

Note

视频\12\绘制商住楼标准层给水平面图.avi
案例\12\商住楼标准层给水平面图.dwg

本节以某地十层商住楼为例，讲解该商住楼标准层给水平面图的绘制流程，使用户掌握建筑给水平面图的绘制方法及相关的知识点，其绘制完成的该商住楼标准层给水平面图如图 12-1 所示。

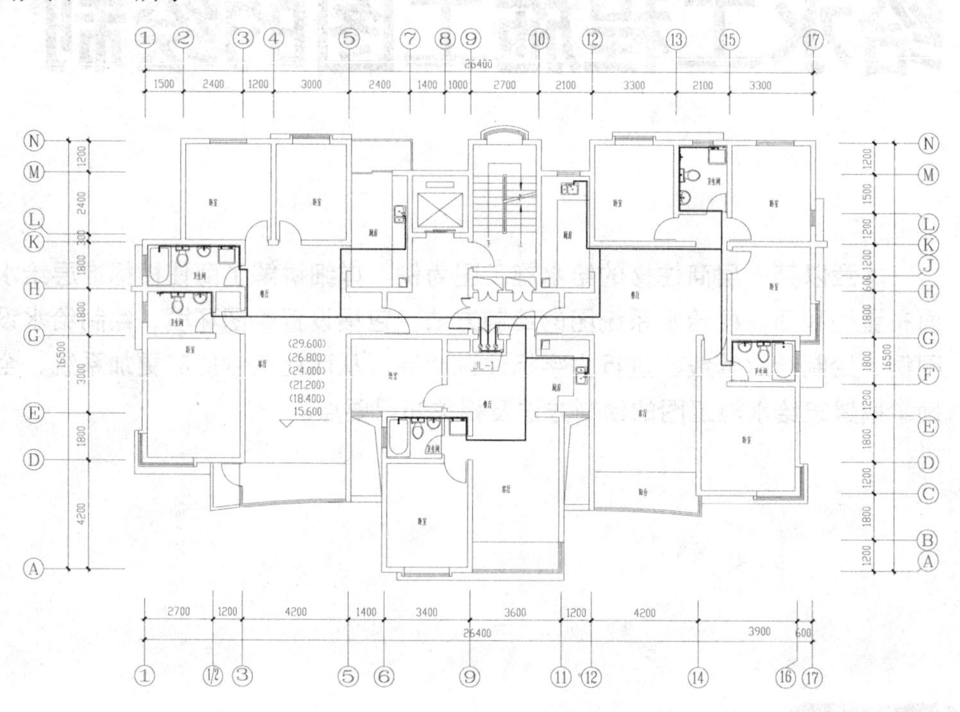

商住楼标准层给水平面图1:100

图 12-1　商住楼标准层给水平面图

专业技能—室内给水平面图概述

室内给水平面图是以建筑平面图为基础（建筑平面以细线画出）表明给水管道、用水设备、器材等平面位置的图样。其主要反映下列内容：

（1）表明房屋的平面形状及尺寸，用水房间在建筑中的平面位置。

（2）表明室外水源接口位置，底层引入管位置及管道直径等。

（3）表明给水管道的主管位置、编号、管径，支管的平面走向、管径及有关平面尺寸等。

（4）表明用水器材和设备的位置、型号及安装方式等。

12.1.1　设置绘图环境

Note

在绘制该商住楼标准层的给水平面图之前，首先应设置其绘图的环境，其中包括打开并另存文件、新建相应图层等。

Step 01 启动 AutoCAD 2014 软件，接着执行“文件→打开”菜单命令，打开本书配套光盘“案例\12\商住楼标准层平面图 dwg”文件，如图 12-2 所示。

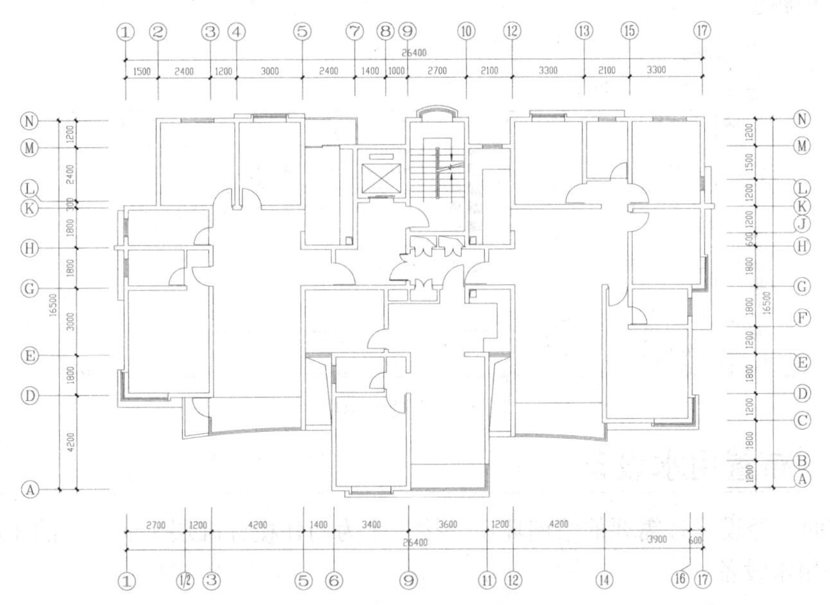

商住楼标准层平面图 1:100

图 12-2　打开商住楼标准层平面图

Step 02 执行“文件→另存为”菜单命令，将文件另存为“案例\12\商住楼标准层给水平面图.dwg”。

Step 03 双击图形下侧的图名“商住楼标准层平面图”，将其修改为“商住楼标准层给水平面图”，如图 12-3 所示。

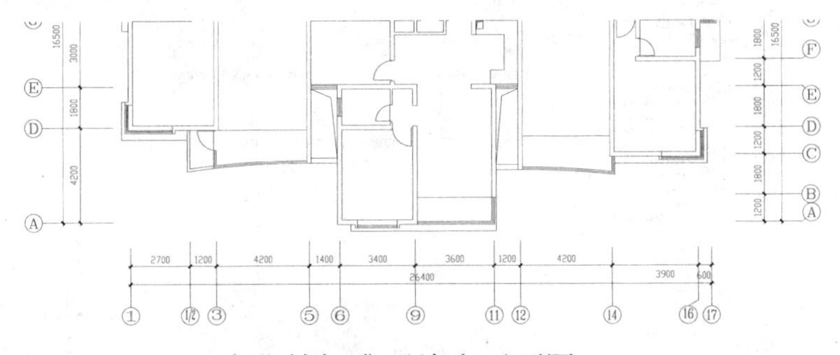

商住楼标准层给水平面图 1:100

图 12-3　修改图名

Note

Step 04 在“图层”工具栏上，单击“图层特性管理器”按钮，如图 12-4 所示。

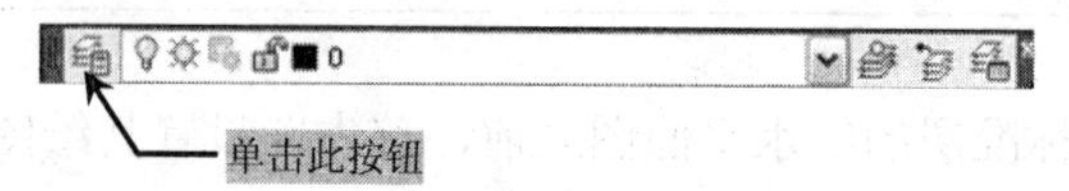

图 12-4　单击“图层特性管理器”按钮

Step 05 在打开的“图层特性管理器”面板下，建立如图 12-5 所示的图层，并设置好图层的颜色。

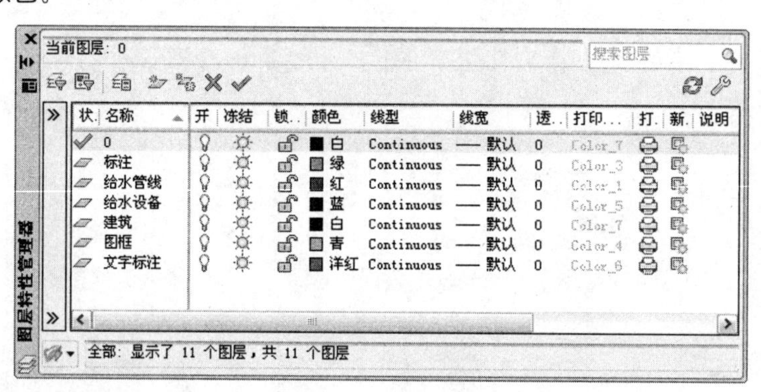

图 12-5　设置图层

12.1.2　布置用水设备

在前面已经设置好需要的绘图环境，接下来为商住楼标准层平面图内的相应位置布置相应的用水设备。

Step 01 执行“格式→图层”菜单命令，在弹出的“图层特性管理器”对话框中将“给水设备”图层设置为当前图层，如图 12-6 所示。

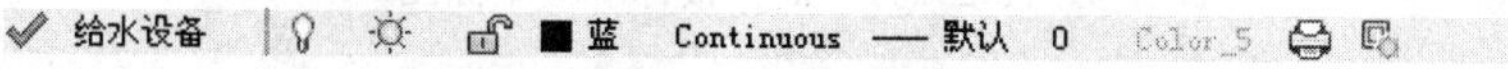

✓ 给水设备 | 蓝 Continuous —— 默认 0 Color_5

图 12-6　设置图层

Step 02 选择“工具→选项板→设计中心”菜单命令，打开“设计中心”窗口，如图 12-7 所示。

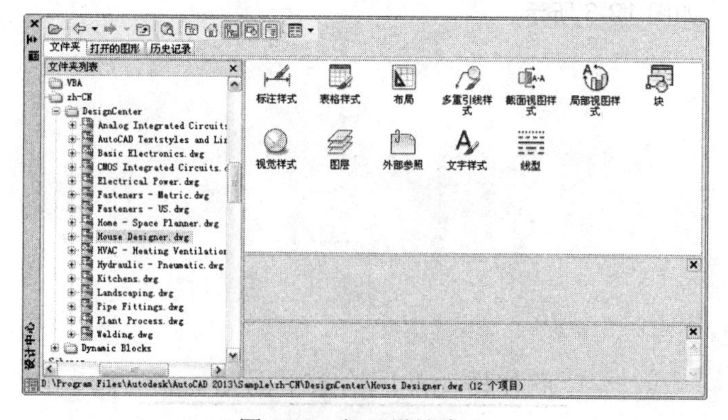

图 12-7　打开设计中心

提示

在 AutoCAD 设计中心中为我们提供了大量的“块”，在以后的绘图中用户可以直接调用，这样就大大节省了绘图的时间，提高了绘图效率；用户也可以自己根据需要绘制一些模块，存入指定的位置，以备以后我们绘图过程中需要使用模块时直接调用。

Step 03 在打开窗口的“文件夹列表”子菜单下双击“House Designer.dwg”文件，然后在右边的窗口中双击“块”，出现如图 12-8 所示的内容。

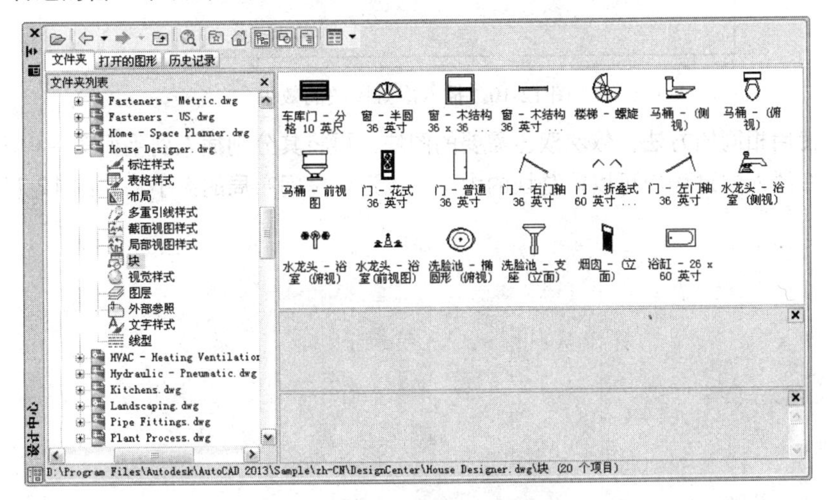

图 12-8　打开的模块

Step 04 双击右边图框中的“浴缸-26×60 英寸”图块对象，在弹出的“插入”对话框的角度右侧的文本框中输入角度值“-90”，然后单击下侧的“确定”按钮，如图 12-9 所示。

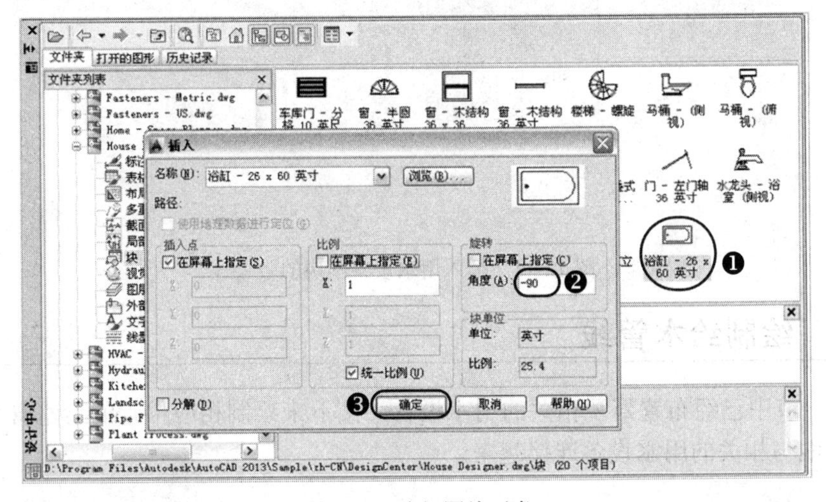

图 12-9　选择图块对象

Step 05 指定相应的基点，将插入的“浴缸-26×60 英寸”图块对象移动到平面图左侧的卫生间中的相应位置处，如图 12-10 所示。

Note

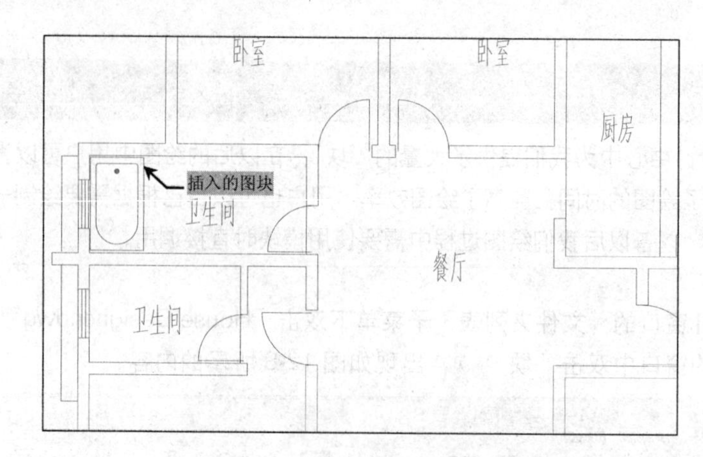

图 12-10　插入浴缸图块的效果

Step 06 使用相同的方法，依次双击需要的图块，再将其分别插入到平面图中相应位置处，在插入的过程中可以调整块的大小，以适应房间布局的大小，如图 12-11 所示。

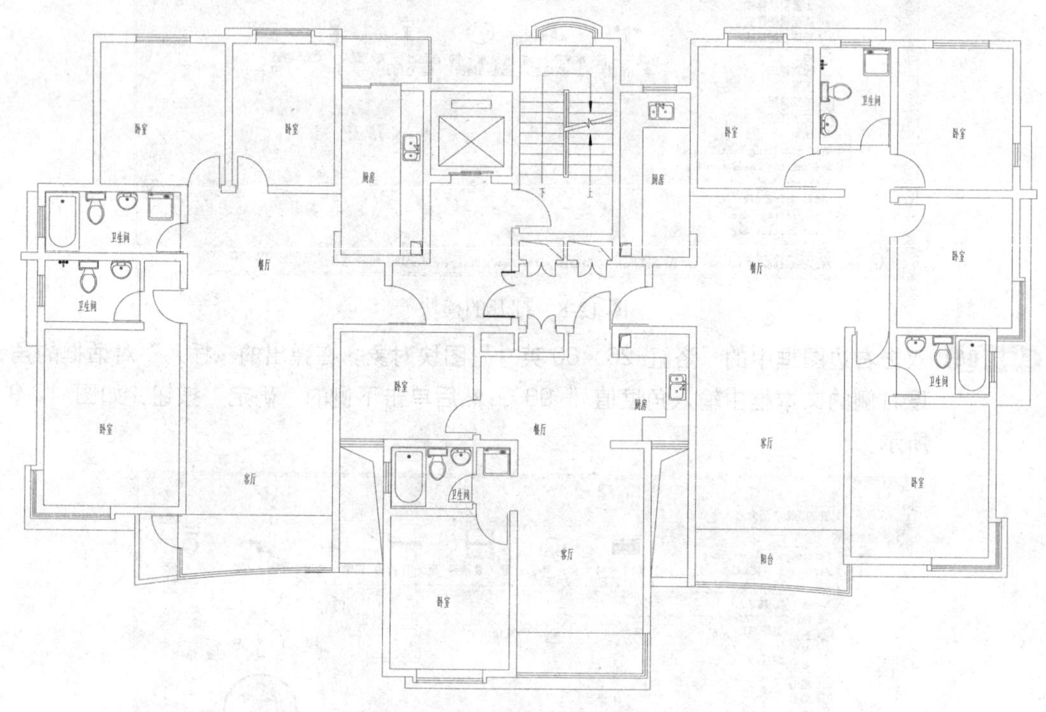

图 12-11　插入用水设备图块的效果

12.1.3　绘制给水管线

在前一节中已经布置好了相关的用水设备，接下来绘制相应位置的给水管线，然后将给水管线与相关的用水设备连接起来。

Step 01 执行“格式→图层”菜单命令，在弹出的“图层特性管理器”对话框中将“给水管线”图层设置为当前图层，如图 12-12 所示。

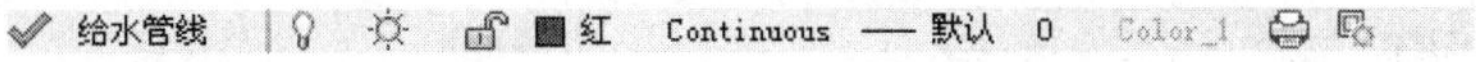

给水管线　红　Continuous　—— 默认　0　Color_1

图 12-12　设置图层

Step 02 绘制“水表”图例，执行“圆”命令（C），绘制一个半径为 80mm 的圆，如图 12-13 所示。

Step 03 执行“直线”命令（L），在绘制的圆内绘制一个箭头符号，如图 12-14 所示。

Step 04 执行“图案填充”命令（H），为绘制的箭头符号内部填充“SOLID”图案，如图 12-15 所示。

图 12-13　绘制圆

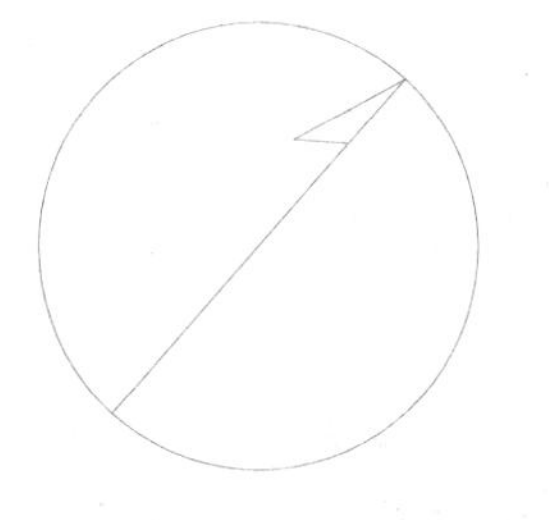

图 12-14　绘制箭头

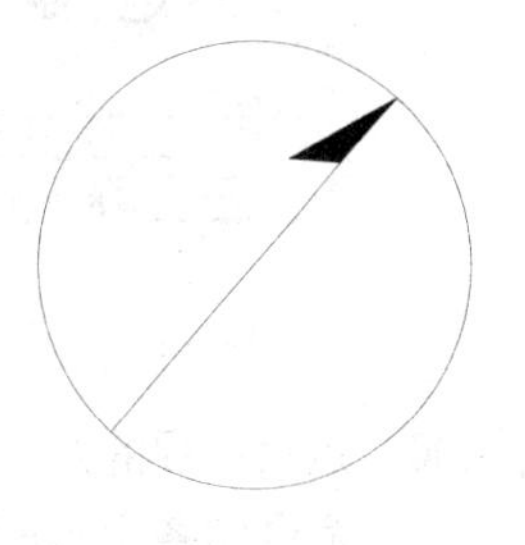

图 12-15　填充图案

Step 05 执行“圆”命令（C），绘制一个半径为 60mm 的圆作为给水立管。

Step 06 结合执行“复制”命令（CO）及“移动”命令（M），将绘制的水表及给水立管布置到平面图中的相应位置处，如图 12-16 所示。

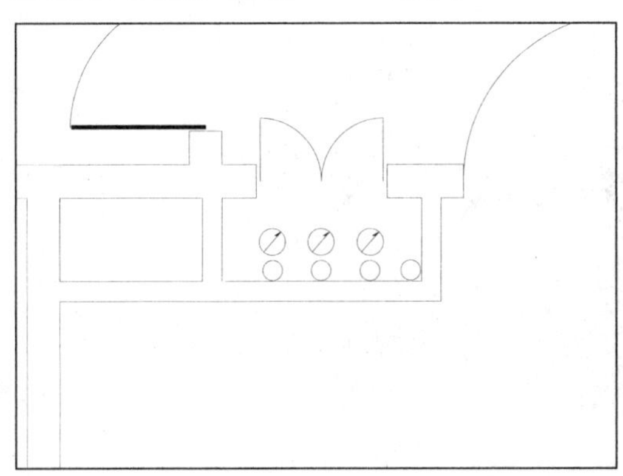

图 12-16　布置水表及给水立管

Step 07 执行“格式→点样式”命令，选择一种点样式，然后设置点大小为“50”单位，并设置为“按绝对单位设置大小（A）”，再单击“确定”按钮，完成点样式的设置，如图 12-17 所示。

Step 08 由于给水龙头一般在用水设备的中点处，所以可以启用捕捉的方法辅助绘图，设置捕捉可以用鼠标右键单击状态栏中的“对象捕捉”按钮，在打开的关联菜单中选择“设置”命令。

Step 09 接着在打开的“草图设置”对话框中，勾选“启用对象捕捉（F3）”复选框，并单击右侧的“全部选择”按钮，再单击“确定”按钮，如图 12-18 所示。

Note

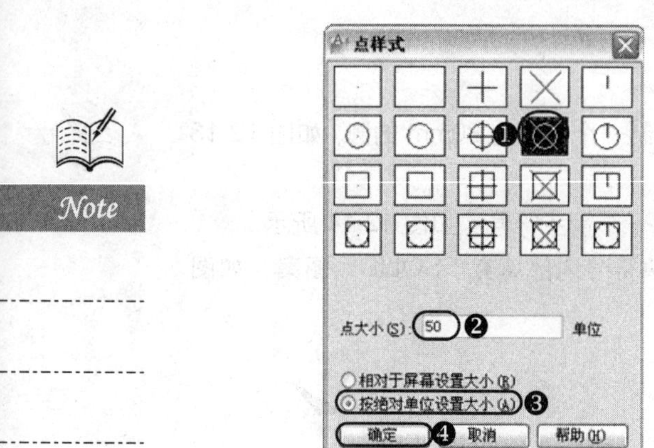

图 12-17　设置点样式

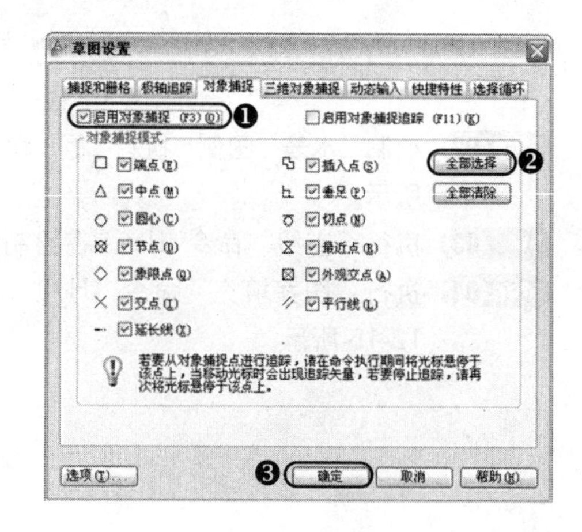

图 12-18　捕捉设置

Step 10 运用捕捉的方式捕捉各用水设备给水点的中心处；再执行“绘图→点→多点”菜单命令给各用水设备绘制给水点，如图 12-19 所示。

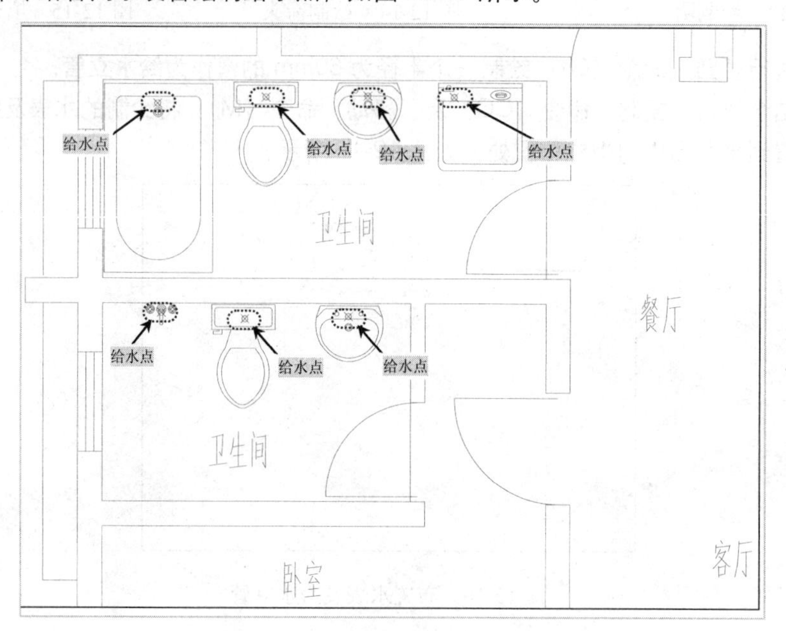

图 12-19　绘制给水点

Step 11 执行“多段线”命令（PL），根据命令行提示设置多段线的起点及端点宽度为 30。

Step 12 按照本工程给水管线的布局及设计要求，绘制出水表井的给水立管引出的，分别连接至平面图左侧卫生间的洗衣机、洗脸盆、马桶、浴缸的一条连接线路，以及下侧卫生间的洗脸盆、马桶、淋浴器的一条连接线路，如图 12-20 所示。

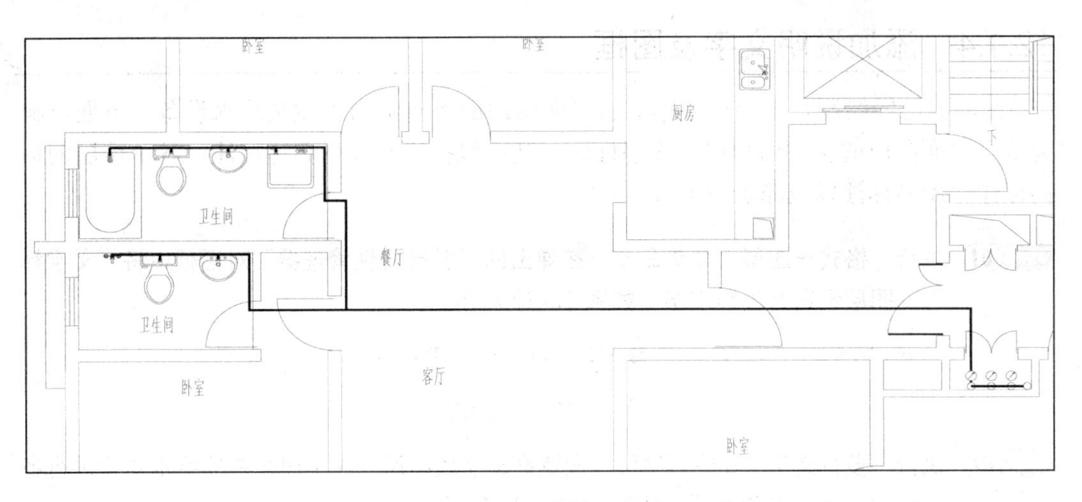

图 12-20　绘制给水管线

Step 13 使用相同的方法，分别绘制其他位置用水设备的给水点及连接给水管线，如图 12-21 所示。

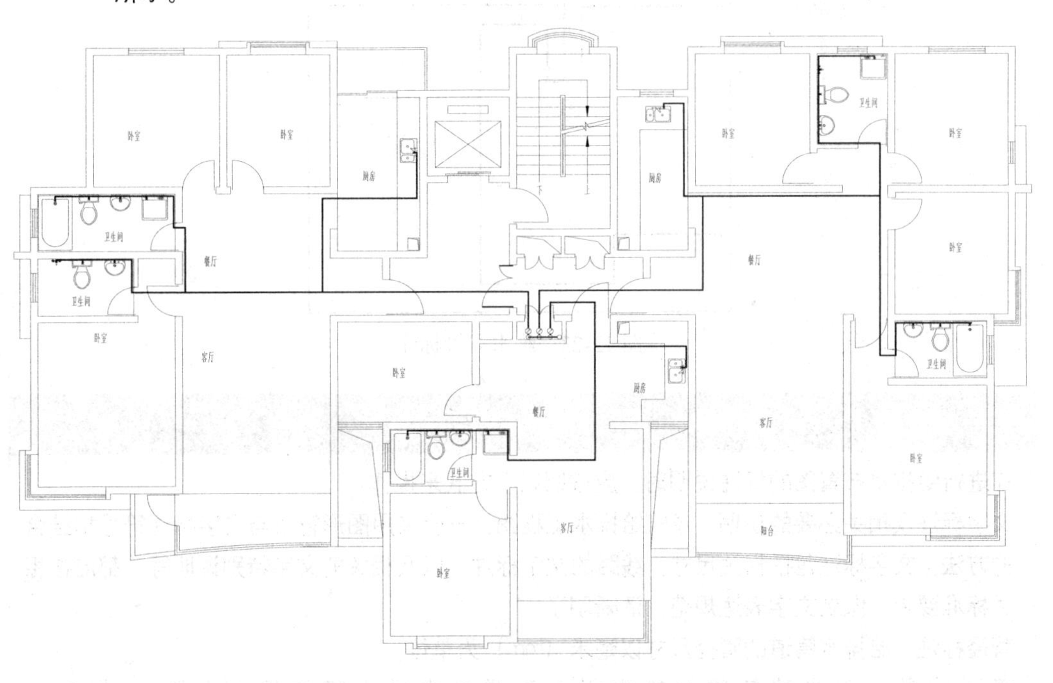

图 12-21　绘制给水点及给水管线

提示

对于确定线宽的方法有很多，管道的宽度也可以在设定图层性质时确定，这时管线用“Continus”线型绘制，给水管用 0.25mm 的线宽，排水管用 0.30mm 的线宽，用“点”表示用水点。但是如果对于初学者来说在各步骤中可能对线宽的具体尺寸把握不好，所以在这时候根据实际效果来输入线宽可能比较直观。

12.1.4 添加说明文字及图框

Note

在前面已经绘制好了商住楼标准层平面图内的所有给水管线及给水设备，下面讲解为给水平面图内的相关内容进行文字标注，其中包括给水立管名称标注、各个楼层的标高标注、图名标注以及添加图框等。

Step 01 执行“格式→图层”菜单命令，在弹出的“图层特性管理器”对话框中将“文字标注”图层设置为当前图层，如图 12-22 所示。

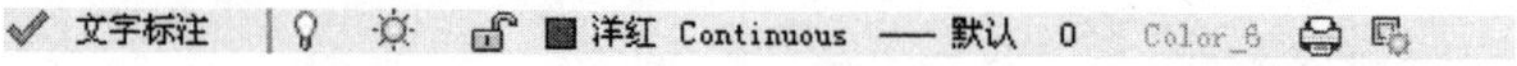

✓ 文字标注 | 洋红 Continuous —— 默认 0 Color_6

图 12-22 设置图层

Step 02 执行“多行文字”命令（MT），设置好文字大小后，对平面图中的给水立管进行名称标注，标注名称为“JL-1”，如图 12-23 所示。

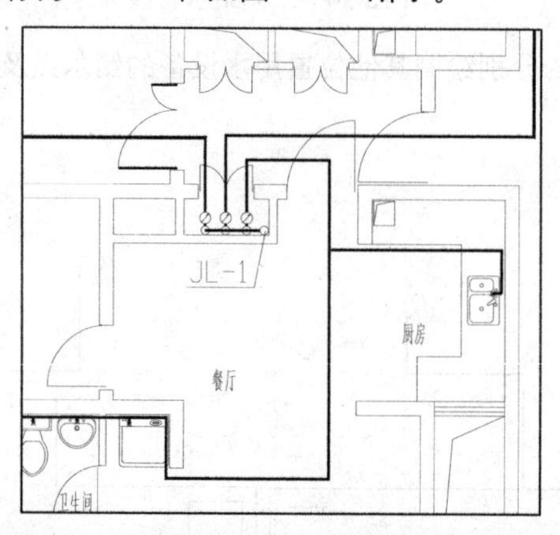

图 12-23 给水立管标注

专业技能—给水排水布置图的标注说明

在进行给排水布置图的标注说明时，应按照以下方式来操作：

文字标注及相关必要的说明：建筑给排水工程图，一般采用图形符号与文字标注符号相结合的方法，文字标注包括相关尺寸、线路的文字标注，以及相关的文字特别说明等，都应按相关标准要求，做到文字表达规范、清晰明了。

管径标注：给排水管道的管径尺寸以毫米（mm）为单位。

管道编号：①当建筑物的给水引入管或排水排出管的根数大于 1 根时，通常用汉语拼音的首字母和数字对管道进行标号。②对于给水立管及排水立管，即指穿过一层或多层的竖向给水或排水管道，当其根数大于 1 根时，也应采用汉语拼音首字母及阿拉伯数字对其进行编号，如“JL—2”表示 2 号给水立管，“J”表示给水，“PL—6”则表示 6 号排水立管，“P”表示排水。

标高：对于建筑平面图来说，在同一标准层上可以同时表示出各个层的标高，这样更加直观。

尺寸标注：建筑的尺寸标注共三道，第一道是细部标注，主要是门窗洞的标注，第二道是轴网标注，第三道是建筑长宽标注。

Step 03 执行“直线”命令（L），绘制如图 12-24 所示的标高符号；再执行“多行文字”命令（MT），在标高符号上添加标高文字，如图 12-25 所示。

图 12-24　绘制标高符号　　　　图 12-25　添加标高文字

Step 04 执行“移动”命令（M），将绘制的标高符号及文字移动到平面图中相应的位置处，如图 12-26 所示。

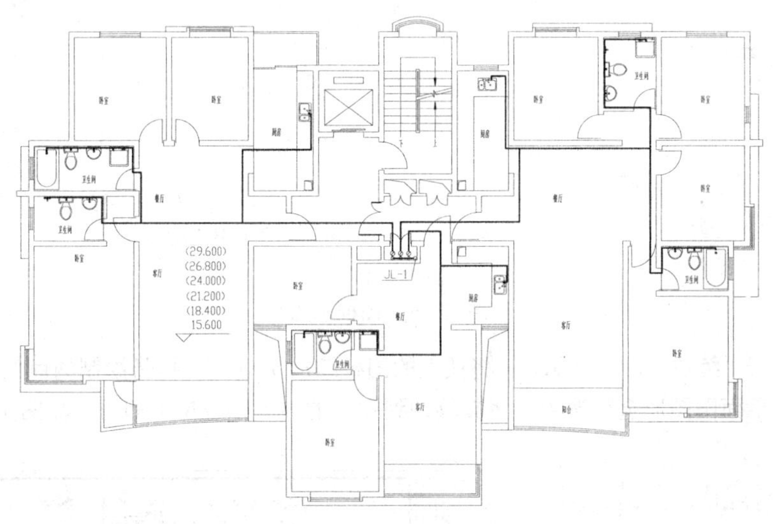

图 12-26　添加标高的效果

Step 05 将当前图层设置为“图框”图层，再执行“插入”命令（I），将“案例\12\A3 图框.dwg”图块文件插入到绘图区中的空白位置，如图 12-27 所示。

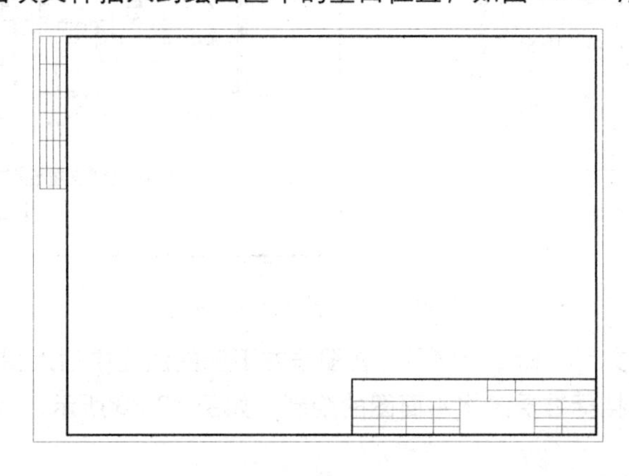

图 12-27　插入的图框

专业技能—图纸幅面要求

所有建筑图纸的幅面应符合如表 12-1 所示的相应规定，其图框示意如图 12—28 所示。

表 12-1　图纸幅面规格　　（单位：mm）

基本幅面代号	0	1	2	3	4
bxL	841×1189	594×841	420×594	297×420	210×297
c	10	10	10	5	5
a	25	25	25	25	25

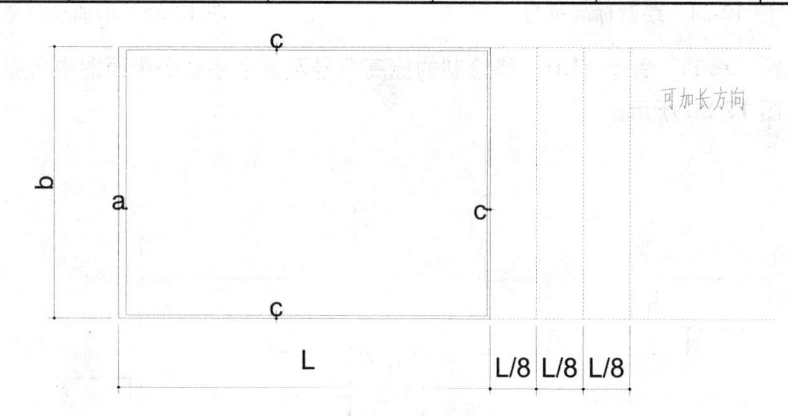

图 12-28　图框示意

Step 06 执行“缩放”命令（SC），将插入的图框缩放 100 倍，再将绘制的商住楼标准层给水平面图图形全部选中，将其移动到图框的中间相应位置即可，如图 12-29 所示。

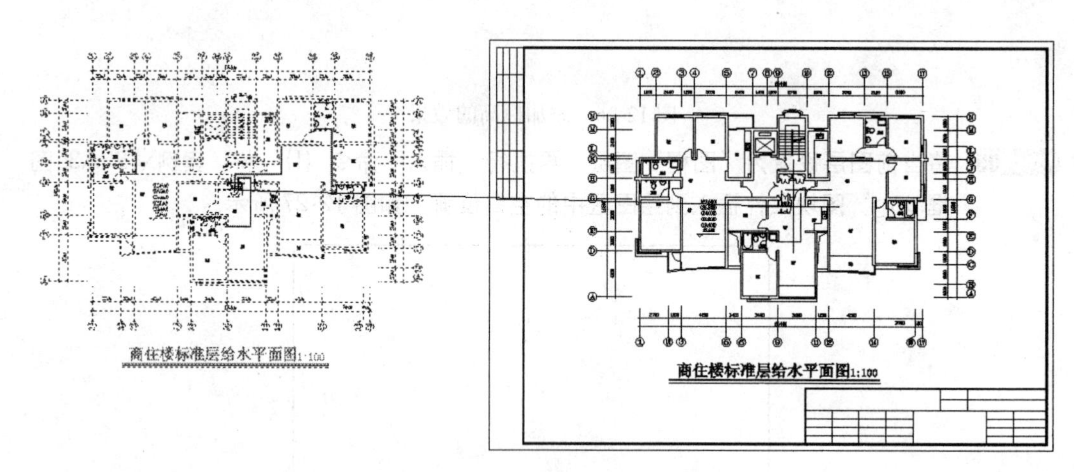

图 12-29　移动给水平面图图形

Step 07 执行“多行文字”命令（MT），在图框右下侧的图签中输入相关的文字内容，从而完成该商住楼标准层给水平面图的绘制，如图 12-30 所示。

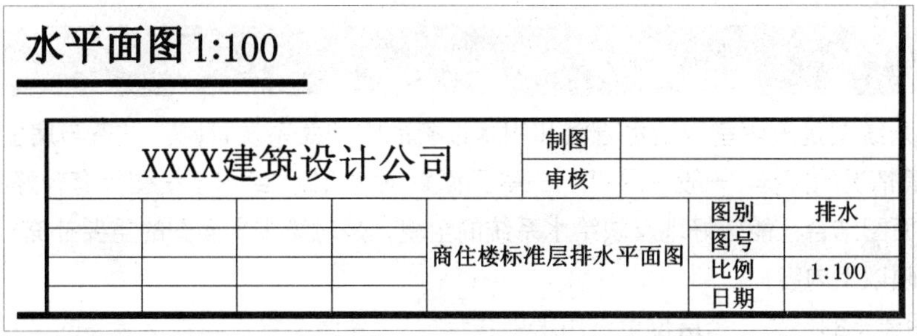

水平面图 1:100

XXXX建筑设计公司					制图	
					审核	
				商住楼标准层排水平面图	图别	排水
					图号	
					比例	1:100
					日期	

图 12-30　添加平面图图框

Step 08 至此，该商住楼标准层给水平面图已经绘制完成，然后按 Ctrl+S 组合键将该文件进行保存。

12.2 绘制商住楼给水系统图

视频\12\绘制商住楼给水系统图.avi
案例\12\商住楼给水系统图.dwg

本节仍以某地十层商住楼为例，介绍该商住楼整栋大楼给水系统图的绘制流程，使用户掌握建筑给水系统图的绘制方法，以及相关的知识点，其绘制完成的该商住楼给水系统图，如图 12-31 所示。

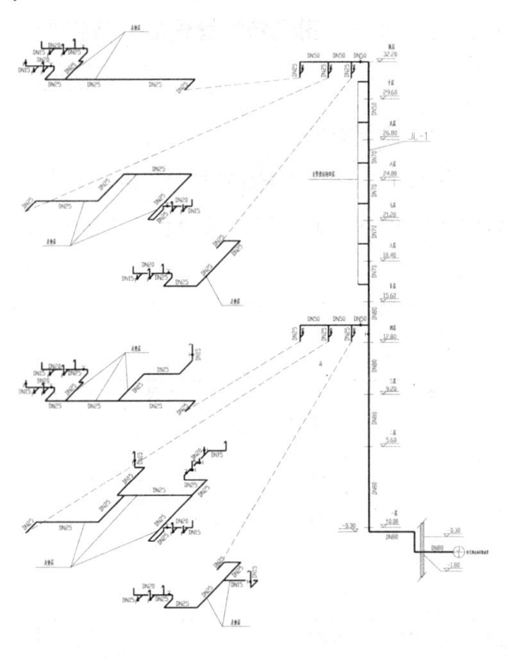

图 12-31　商住楼给水系统图

专业技能—室内给提示水系统图概述

室内给水系统图是表明室内给水管网和用水设备的空间关系及管网、设备与房屋的相对位置、尺寸等情况的图样，一般采用 45° 三等正面斜轴测绘制。给水系统图具有较好的立体感，与给水平面图结合，能较好地反映给水系统的全貌，是对给水平面图的重要补充。

其主要反映以下内容：

（1）表明建筑的层高、楼层位置（用水平线示意）、管道及管件与建筑层高的关系等，如设有屋面水箱或地下加压泵站，则还应表明水箱、泵站等内容。

（2）表明给水管网及用水设备的空间关系（前后、左右、上下），以及管道的空间走向等。

（3）表明控水器材、配水器材、水表、管道变径等位置及管道直径，以及安装方法等，通常用 DN 表示（公称直径）。

（4）表明给水系统图的编号。

12.2.1 设置绘图环境

在绘制该商住楼的给水系统图之前，首先应设置绘图的环境，其中包括新建文件、另存文件、新建图层等。

Step 01 启动 AutoCAD 2014 应用程序，系统自动新建一个空白文件。

Step 02 执行“文件→另存为”菜单命令，将文件另存为“案例\12\商住楼给水系统图.dwg”文件。

Step 03 在“图层”工具栏上，单击“图层特性管理器”按钮，如图 12-32 所示。

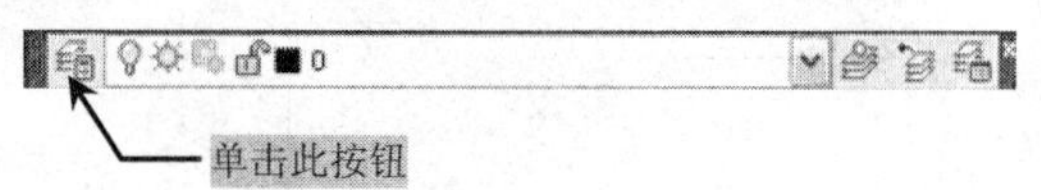

图 12-32 单击“图层特性管理器”按钮

Step 04 在打开的“图层特性管理器”面板下，建立如图 12-33 所示的图层，并设置好图层的颜色。

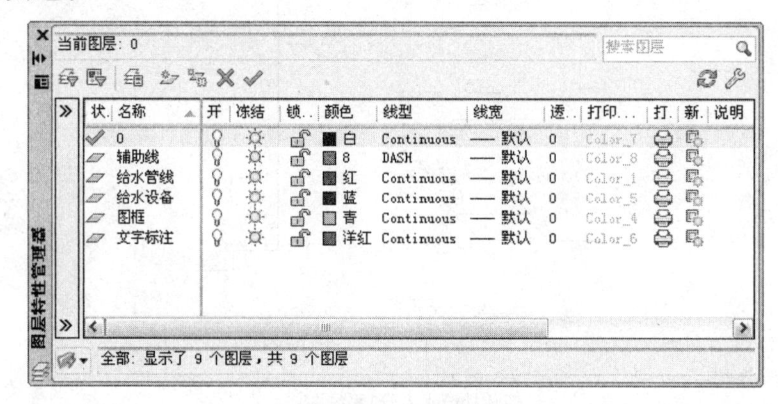

图 12-33 设置图层

12.2.2　绘制给水主管线

在前一节中已经设置好了绘图的环境，接下来讲解管道标号，以及给水主要管线的绘制过程。

Note

Step 01 执行“格式→图层”菜单命令，在弹出的“图层特性管理器”对话框中将“给水管线”图层设置为当前图层，如图 12-34 所示。

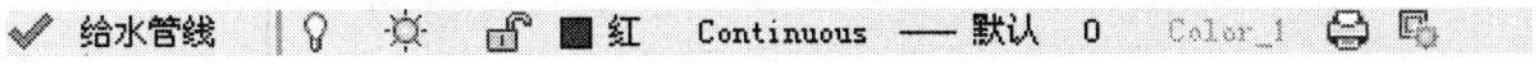

给水管线
红
Continuous
默认
0
Color_1

图 12-34　设置图层

Step 02 绘制“管道标号”符号，执行“圆”命令（C），绘制一个半径为 400mm 的圆，再执行“直线”命令（L），捕捉圆的左右侧象限点绘制圆的水平向直径，如图 12-35 所示。

Step 03 执行“多行文字”命令（MT），设置好文字的大小后，在圆的上下侧半圆中分别输入文字“J”及“1”，如图 12-36 所示。

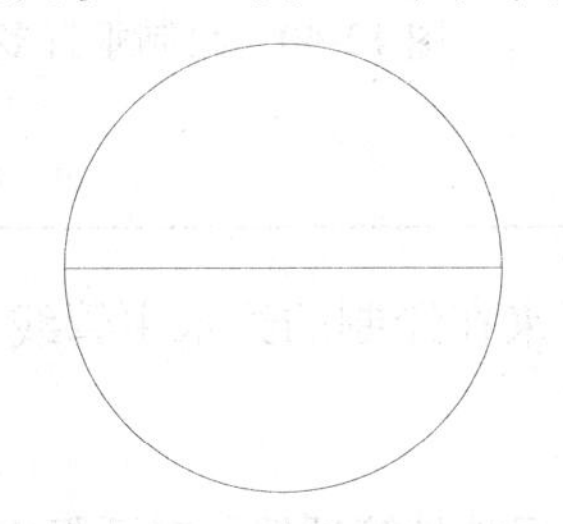

图 12-35　绘制圆及线段

J
1

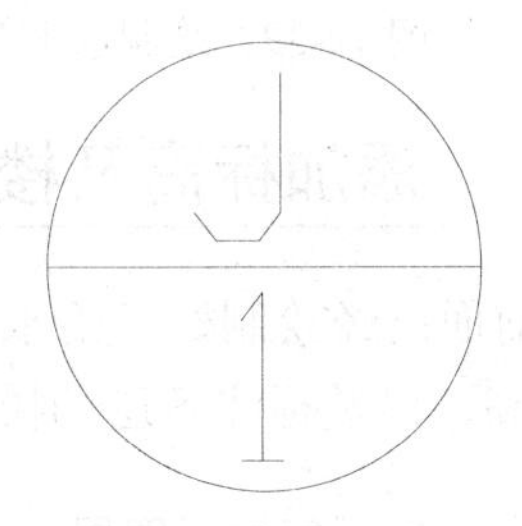

图 12-36　输入文字

Step 04 执行“多段线”命令（PL），设置多段线的起点及端点宽度为 90，指定前面绘制的管道标号上的一点为起点，按键盘上的 F8 键打开正交模式，然后将光标水平向左在命令行中输入“2800”确定为点 1，如图 12-37 所示。

Step 05 光标垂直向上在命令行中输入“1400”确定为 2，如图 12-38 所示。

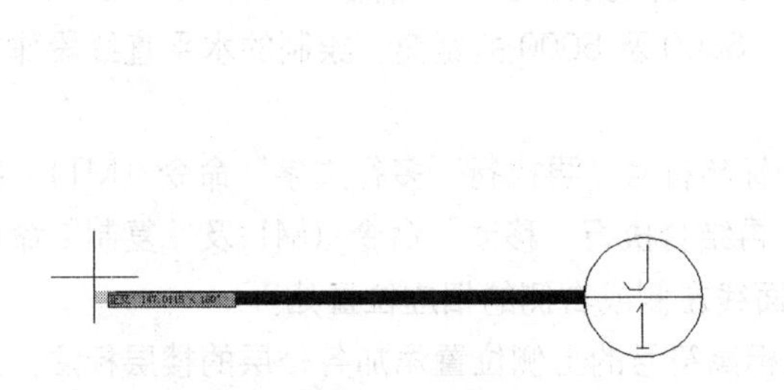

J
1

图 12-37　绘制水平多段线

正交: 166.5999 < 90°
J
1

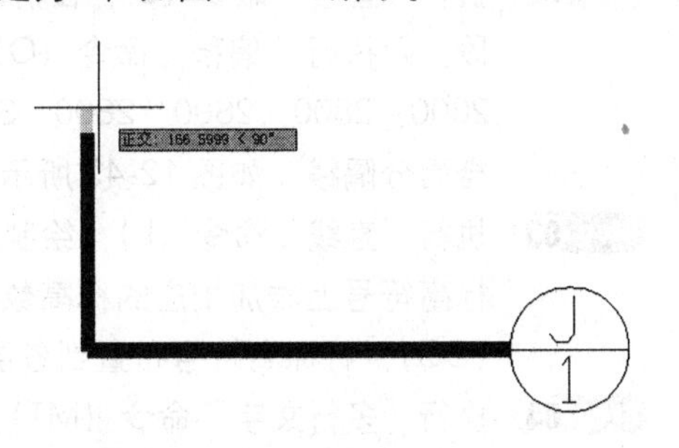

图 12-38　绘制垂直多段线

Step 06 光标水平向左在命令行中输入“3200”确定为 3，如图 12-39 所示。

Step 07 光标垂直向上在命令行中输入“32500”确定为 4，如图 12-40 所示。

Note

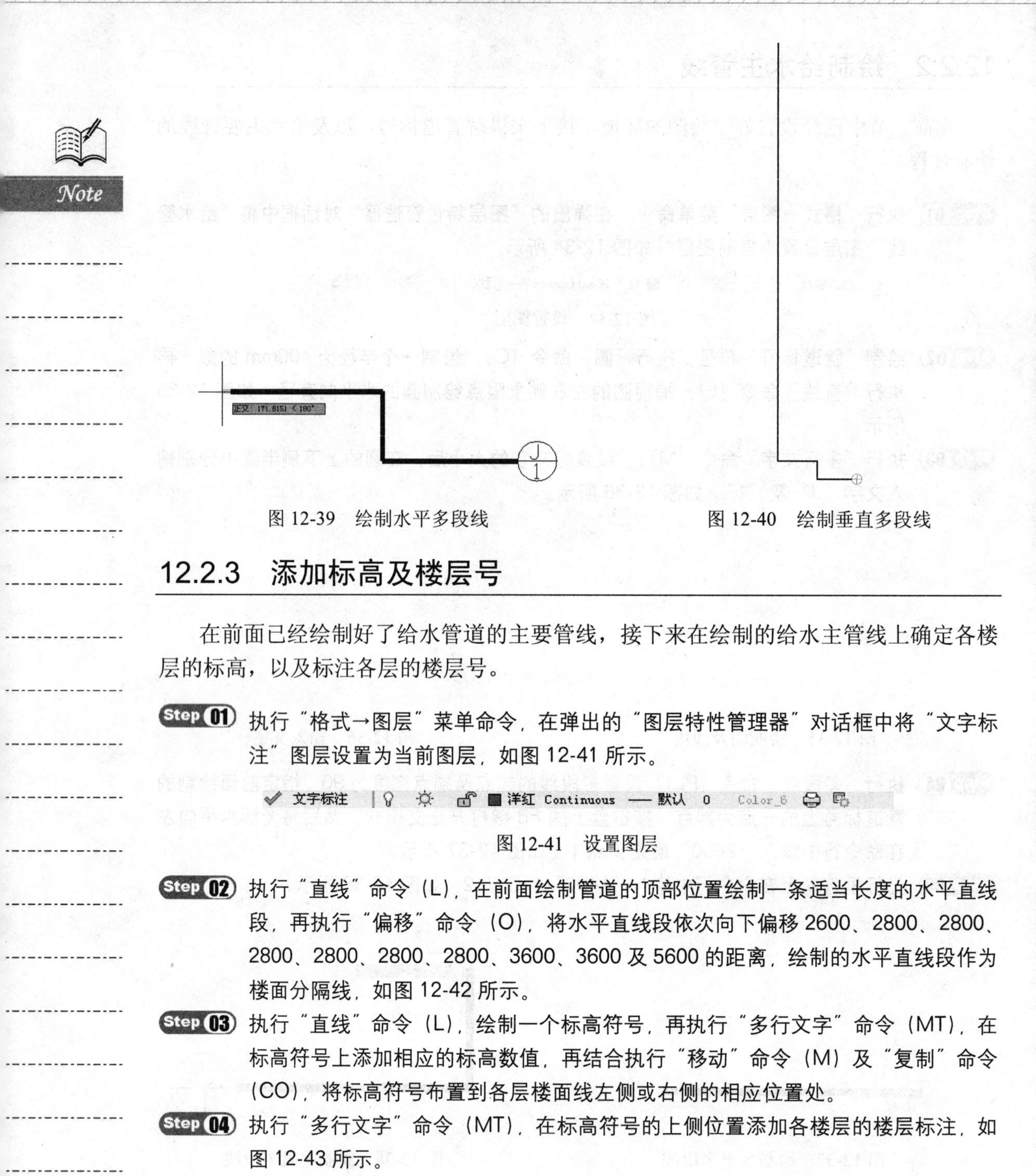

图 12-39　绘制水平多段线　　　　图 12-40　绘制垂直多段线

12.2.3　添加标高及楼层号

在前面已经绘制好了给水管道的主要管线，接下来在绘制的给水主管线上确定各楼层的标高，以及标注各层的楼层号。

Step 01 执行“格式→图层”菜单命令，在弹出的“图层特性管理器”对话框中将“文字标注”图层设置为当前图层，如图 12-41 所示。

文字标注　洋红 Continuous —— 默认 0 Color_6

图 12-41　设置图层

Step 02 执行“直线”命令（L），在前面绘制管道的顶部位置绘制一条适当长度的水平直线段，再执行“偏移”命令（O），将水平直线段依次向下偏移 2600、2800、2800、2800、2800、2800、2800、3600、3600 及 5600 的距离，绘制的水平直线段作为楼面分隔线，如图 12-42 所示。

Step 03 执行“直线”命令（L），绘制一个标高符号，再执行“多行文字”命令（MT），在标高符号上添加相应的标高数值，再结合执行“移动”命令（M）及“复制”命令（CO），将标高符号布置到各层楼面线左侧或右侧的相应位置处。

Step 04 执行“多行文字”命令（MT），在标高符号的上侧位置添加各楼层的楼层标注，如图 12-43 所示。

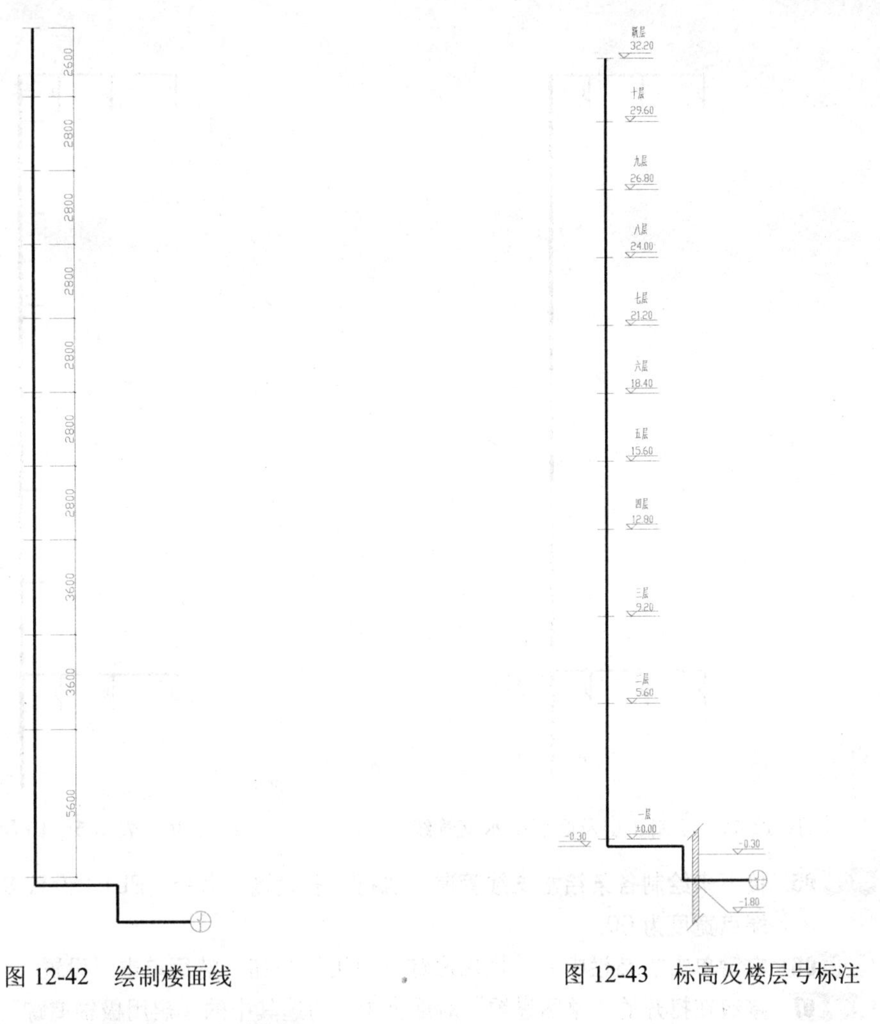

图 12-42　绘制楼面线　　　　图 12-43　标高及楼层号标注

12.2.4　绘制各层给水支管线

在确定好各楼层的标高及楼层号后，接下来绘制连接各层用水设备的管道支管线。

Step 01 执行“格式→图层”菜单命令，在弹出的“图层特性管理器”对话框中将“给水管线”图层设置为当前图层，如图 12-44 所示。

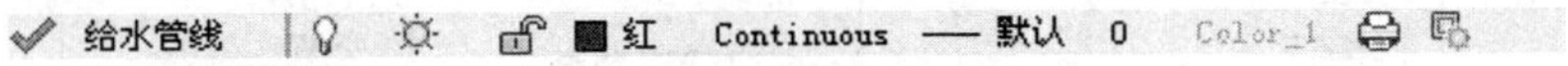

✔ 给水管线　红　Continuous　—— 默认　0　Color_1

图 12-44　设置图层

Step 02 执行“多段线”命令（PL），根据命令行提示设置多段线的起点及端点宽度为 60。

Step 03 根据给水平面图识读各支管线的连接空间关系及具体尺寸，首先绘制出商住楼 4 层及跃层的给水支管线，如图 12-45 所示。

Step 04 由于该商住楼的 5～10 层的给水支管线同 4 层的给水支管线是一样的，所以在这里不需要对其进行绘制，用户可执行“多段线”命令（PL），绘制一条适当长度的水平多段线作为 5～10 层的给水支管线就可以了，然后在旁边用文字加以说明，如图 12-46 所示。

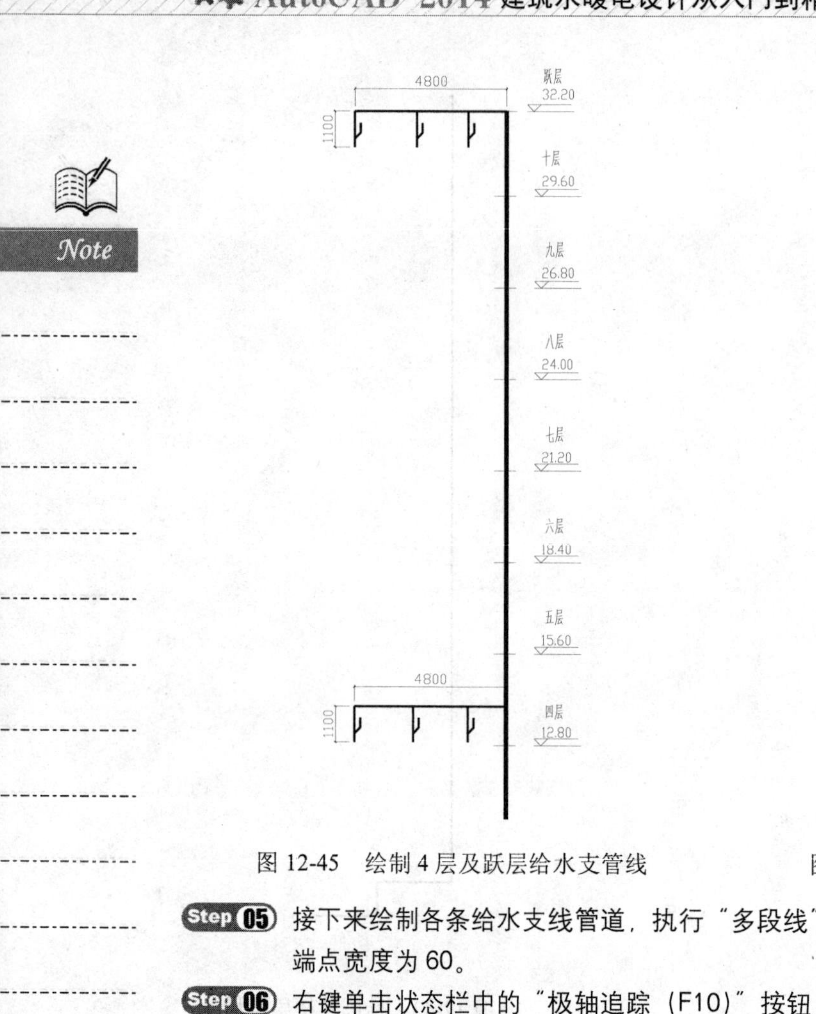

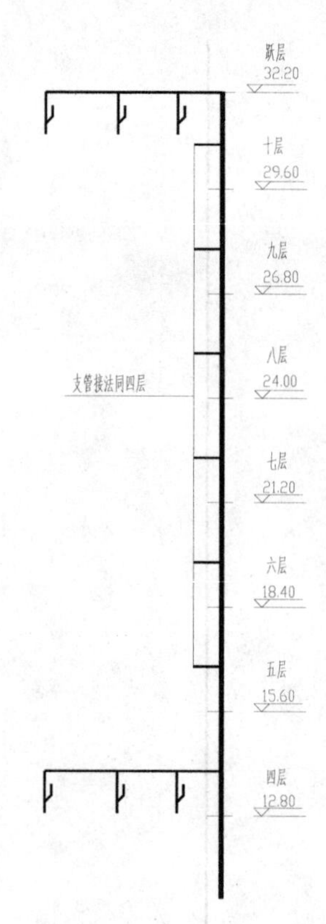

图 12-45　绘制 4 层及跃层给水支管线　　　　图 12-46　表示 5～10 层给水支管线

Step 05 接下来绘制各条给水支线管道，执行“多段线”命令（PL），设置多段线的起点及端点宽度为 60。

Step 06 右键单击状态栏中的“极轴追踪（F10）”按钮，然后单击“设置”。

Step 07 接着在打开的“草图设置”对话框中，勾选其中的“启用极轴追踪”，在“增量角”下拉列表框中选择“45”，在“对象捕捉追踪设置”选项组中选择“用所有极轴角设置追踪”单选项，在“极轴角测量”选项组中选择“绝对”单选项，单击“确定”按钮，如图 12-47 所示。

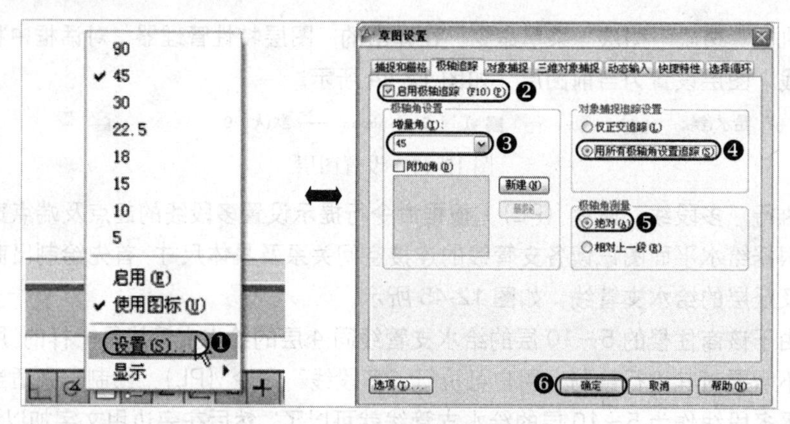

图 12-47　设置极轴追踪

Step 08 设置多段线的线宽及极轴追踪功能以后，根据给水支管线的布局及设计要求，首先绘制出一条给水支管线，其操作步骤如图 12-48 所示。

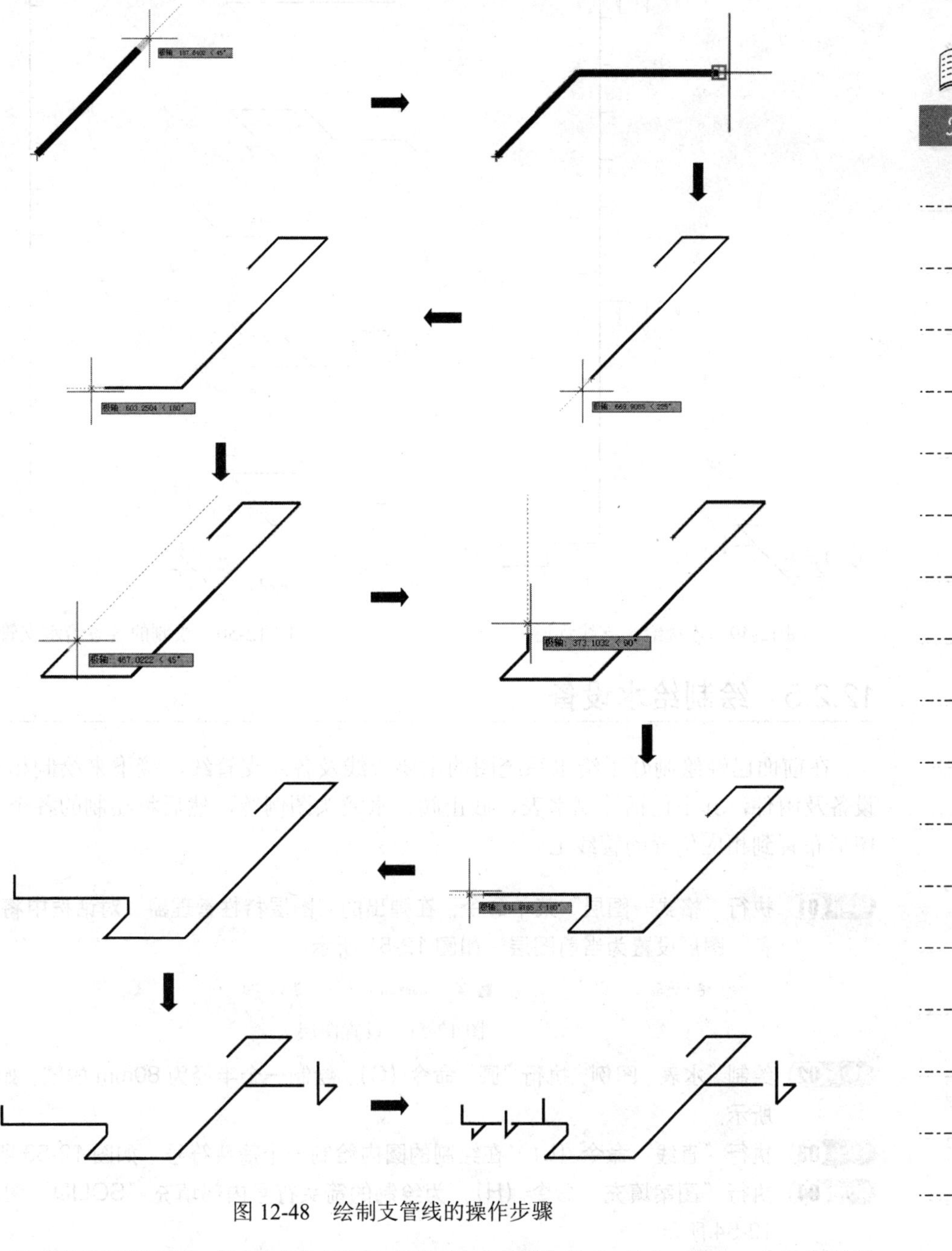

图 12-48 绘制支管线的操作步骤

Step 09 将当前图层设置为“辅助线”图层，再执行“直线”命令（L），将上一步绘制的给水支管线与立管上的相应管道连接起来，如图 12-49 所示。

Step 10 使用同样的方法，绘制出其他位置的给水支线管道并将其与给水立管上的相应管道连接起来，如图 12-50 所示。

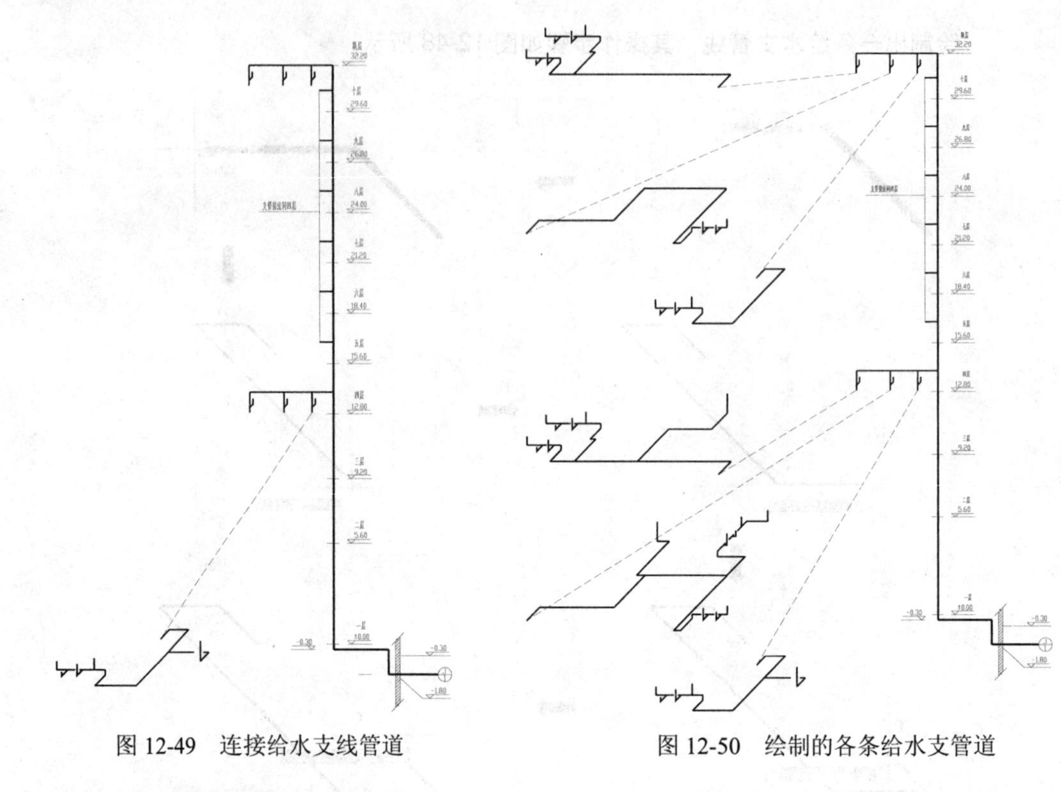

图 12-49　连接给水支线管道　　　　图 12-50　绘制的各条给水支管道

12.2.5　绘制给水设备

在前面已经绘制好了给水系统图的主要管线及各层支管线，接下来绘制相应的用水设备及附件，其中包括绘制水表、截止阀、水龙头图例等，然后将绘制的各个给水设备图形布置到相应位置的管线上。

Step 01 执行“格式→图层”菜单命令，在弹出的“图层特性管理器”对话框中将“给水设备”图层设置为当前图层，如图 12-51 所示。

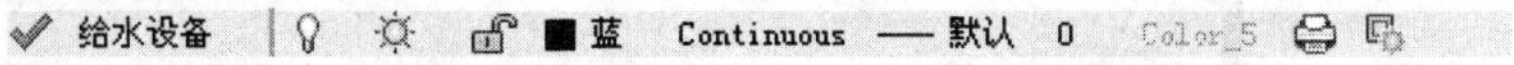

给水设备　蓝　Continuous　——　默认　0　Color_5

图 12-51　设置图层

Step 02 绘制“水表”图例，执行“圆”命令（C），绘制一个半径为 80mm 的圆，如图 12-52 所示。

Step 03 执行“直线”命令（L），在绘制的圆内绘制一个箭头符号，如图 12-53 所示。

Step 04 执行“图案填充”命令（H），为绘制的箭头符号内部填充“SOLID”图案，如图 12-54 所示。

Step 05 绘制“截止阀”图例，执行“直线”命令（L），绘制一条长度为 300mm 的水平直线段，再以水平直线段的中点为起点向下绘制一条长度为 220mm 的垂直线段，如图 12-55 所示。

Step 06 执行“圆”命令（C），以上一步绘制的垂直线段的下侧端点为圆心，绘制一个半径为 90mm 的圆，如图 12-56 所示。

Step 07 执行“图案填充”命令（H），为上一步绘制的圆内填充“SOLID”图案，将其填充为黑色实心，如图 12-57 所示。

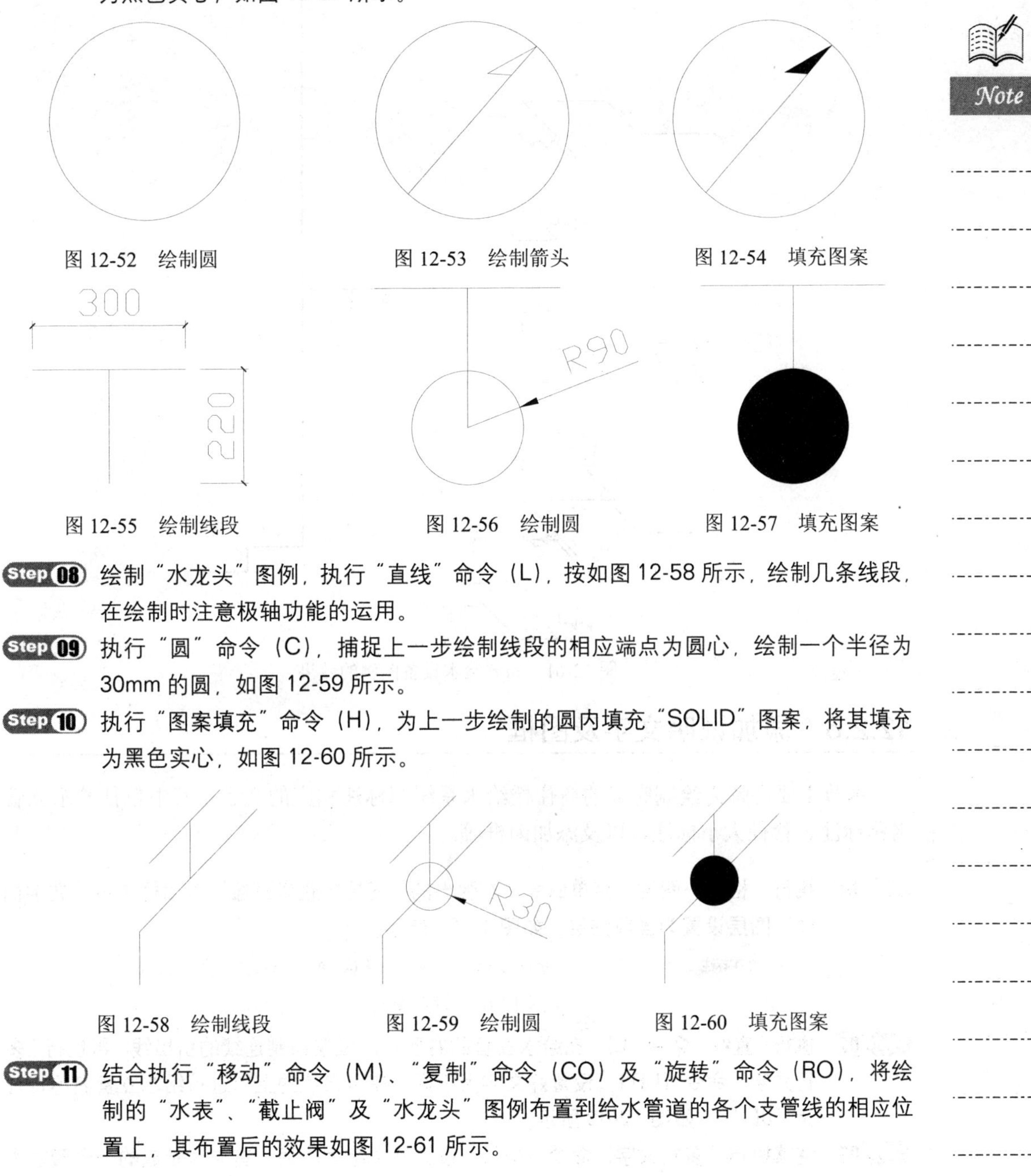

图 12-52 绘制圆　　图 12-53 绘制箭头　　图 12-54 填充图案

图 12-55 绘制线段　　图 12-56 绘制圆　　图 12-57 填充图案

Step 08 绘制“水龙头”图例，执行“直线”命令（L），按如图 12-58 所示，绘制几条线段，在绘制时注意极轴功能的运用。

Step 09 执行“圆”命令（C），捕捉上一步绘制线段的相应端点为圆心，绘制一个半径为 30mm 的圆，如图 12-59 所示。

Step 10 执行“图案填充”命令（H），为上一步绘制的圆内填充“SOLID”图案，将其填充为黑色实心，如图 12-60 所示。

图 12-58 绘制线段　　图 12-59 绘制圆　　图 12-60 填充图案

Step 11 结合执行“移动”命令（M）、“复制”命令（CO）及“旋转”命令（RO），将绘制的“水表”、“截止阀”及“水龙头”图例布置到给水管道的各个支管线的相应位置上，其布置后的效果如图 12-61 所示。

Note

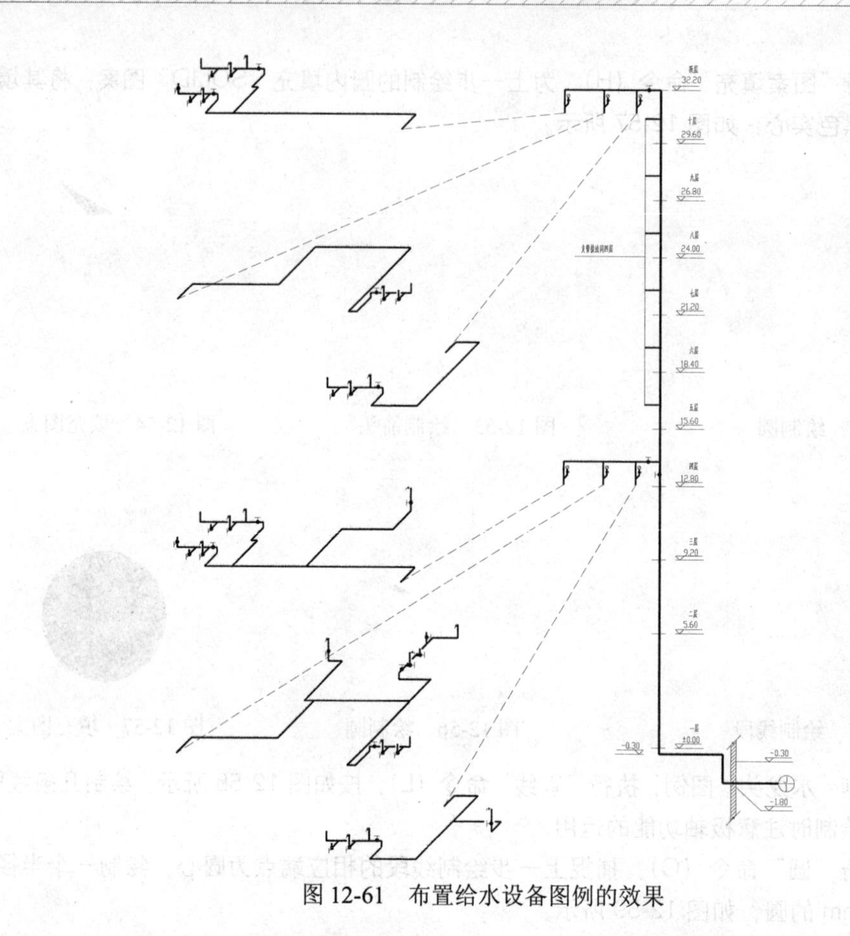

图 12-61　布置给水设备图例的效果

12.2.6　添加说明文字及图框

本节主要讲解为绘制完成的商住楼给水系统图标注相应的文字，其中包括给水立管名称标注、管径大小标注，以及添加图框等。

Step 01 执行“格式→图层”菜单命令，在弹出的“图层特性管理器”对话框中将“文字标注”图层设置为当前图层，如图 12-62 所示。

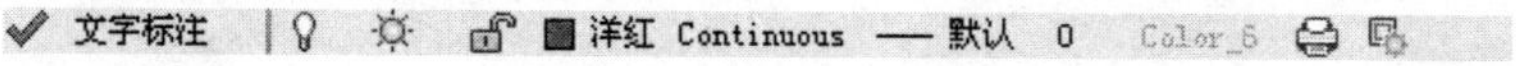

✔ 文字标注　洋红 Continuous —— 默认 0 Color_6

图 12-62　设置图层

Step 02 执行“直线”命令（L），在给水立管的右侧相应位置绘制连续的引出线，再执行“多行文字”命令（MT），设置好文字大小后，在引出线的上方进行给水立管名称标注为“JL-1”，如图 12-63 所示。

Step 03 继续执行“多行文字”命令（MT），设置好文字大小后，首先对管道的一个管径大小进行“管径标注”，如图 12-64 所示。

Step 04 结合执行“移动”命令（M）、“复制”命令（CO）及“旋转”命令（RO），将上一步的管径标注文字复制到需要标注的相应管道上，在逐一双击文字，根据需要进行文字内容的修改，其标注后的效果如图 12-65 所示。

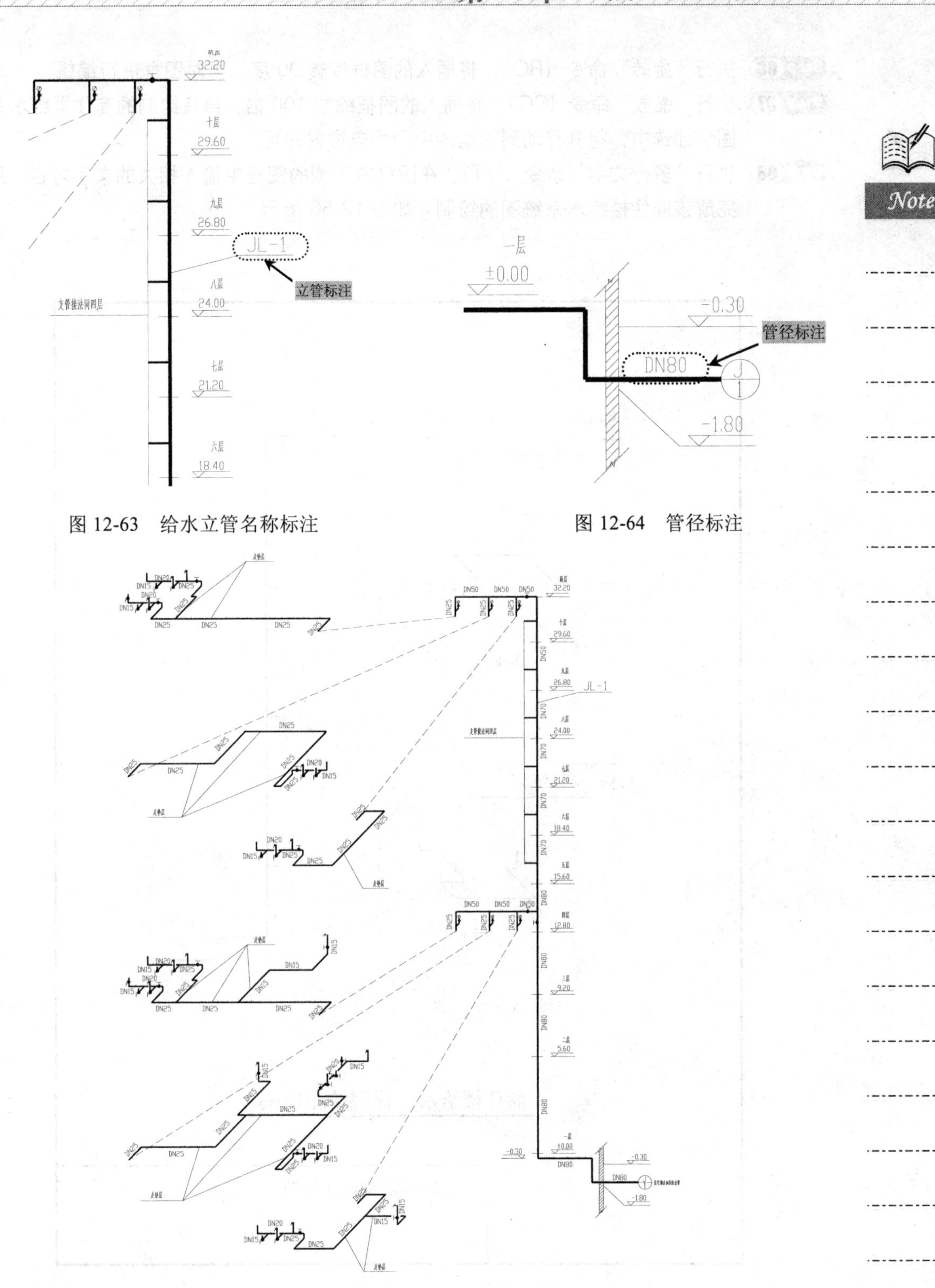

图 12-63　给水立管名称标注　　　　图 12-64　管径标注

图 12-65　文字标注完成后的效果

Step 05 将当前图层设置为“图框”图层，再执行“插入”命令（I），将“案例\12\A3 图框.dwg”图块文件插入到绘图区中的空白位置。

Step 06 执行“旋转”命令（RO），将插入的图框旋转 90 度，再对图框进行编辑。

Step 07 执行“缩放”命令（SC），将插入的图框缩放 100 倍，再将绘制的商住楼给水系统图全部选中，将其移动到图框的中间相应位置即可。

Step 08 执行“多行文字”命令（MT），在图框右下侧的图签中输入相关的文字内容，从而完成该商住楼给水系统图的绘制，如图 12-66 所示。

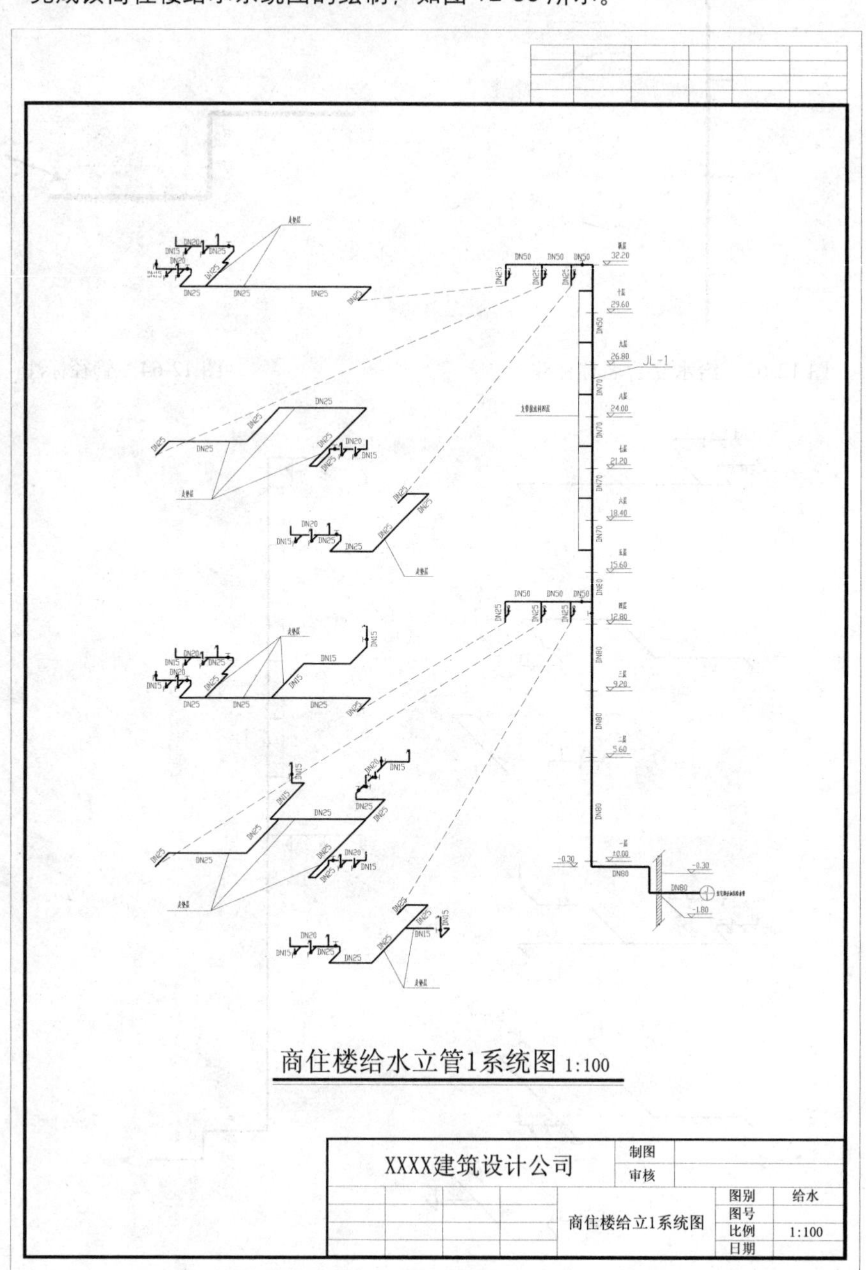

图 12-66　添加平面图图框

Step 09 至此，该商住楼给水立管 1 的系统图已经绘制完成，然后按 Ctrl+S 组合键将该文件进行保存。

12.3 本章小结

在本章中，主要讲解了 AutoCAD 2014 给水工程施工图的绘制，包括 AutoCAD 绘制商住楼标准层给水平面图，如设置绘图环境、布置用水设备、绘制给水管线、添加说明文字及输入框等，AutoCAD 2014 绘制商住楼给水系统图，如设置绘图环境、绘制给水主管线、添加标高及楼层号、绘制各层给水支管线、绘制给水设备、添加说明文字及图框等。

Note

排水工程施工图的绘制

在前一章中我们讲解了某商住楼的给水平面图，以及给水系统图的绘制，在本章中我们将继续讲解怎样绘制商住楼的排水平面图、排水系统图，以及排水工程的相关知识点。通过本章的学习，使读者迅速掌握建筑排水工程的 CAD 制图方法，以及相关的排水工程专业性的知识点。

内容要点

- 绘制商住楼标准层排水平面图
- 绘制商住楼排水系统图

13.1 绘制商住楼标准层排水平面图

视频\13\绘制商住楼标准层排水平面图.avi
案例\13\商住楼标准层排水平面图.dwg

本节以某地十层商住楼为例，介绍该商住楼标准层的排水平面图的绘制流程，使读者掌握建筑排水平面图的绘制方法，以及相关的知识点。其绘制的该商住楼标准层排水平面图，如图 13-1 所示。

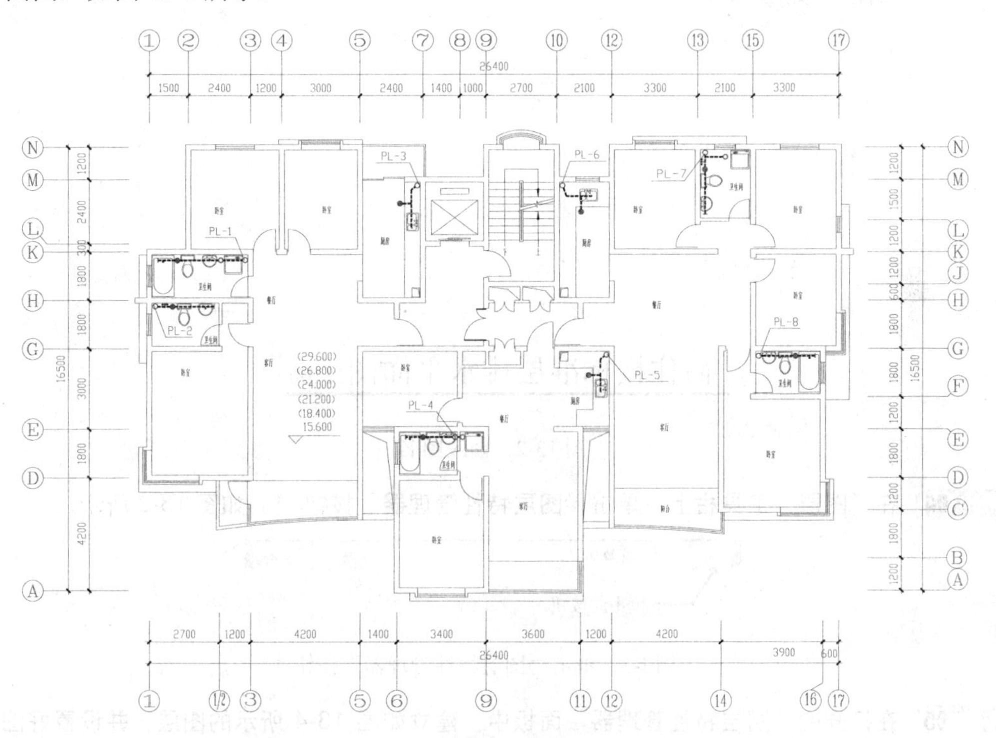

商住楼标准层排水平面图1:100

图 13-1 商住楼标准层排水平面图

专业技能—室内排水平面图概述

排水平面图是以建筑平面图为基础画出的，其主要反映卫生洁具、排水管材、器材的平面位置、管径及安装坡度要求等内容，图中应注明排水位置的编号。对于不太复杂的排水平面图，通常和给水平面图画在一起，组成建筑给排水平面图。

13.1.1　设置绘图环境

在绘制该商住楼标准层的排水平面图之前，首先应设置绘图的环境，其中包括打开并另存文件、新建图层等。

Step 01 启动 AutoCAD 2014 软件，接着执行“文件→打开”菜单命令，打开本书配套光盘“案例\13\商住楼标准层平面图.dwg”文件。

Step 02 执行“文件→另存为”菜单命令，将文件另存为“案例\13\商住楼标准层排水平面图.dwg”。

Step 03 双击图形下侧的图名“商住楼标准层平面图”，将其修改为“商住楼标准层排水平面图”，如图 13-2 所示。

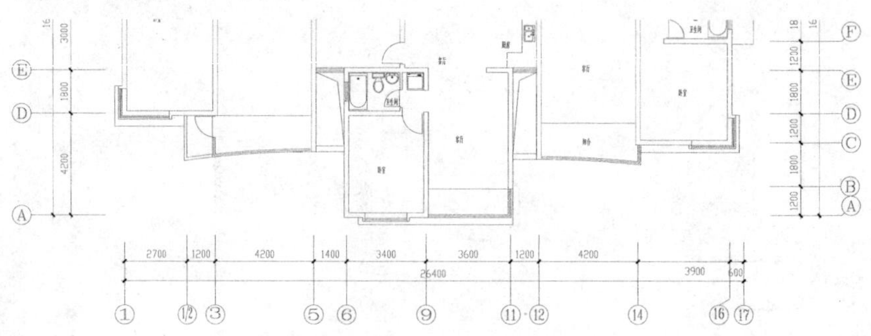

商住楼标准层排水平面图1:100

图 13-2　修改图名

Step 04 在“图层”工具栏上，单击“图层特性管理器”按钮，如图 13-3 所示。

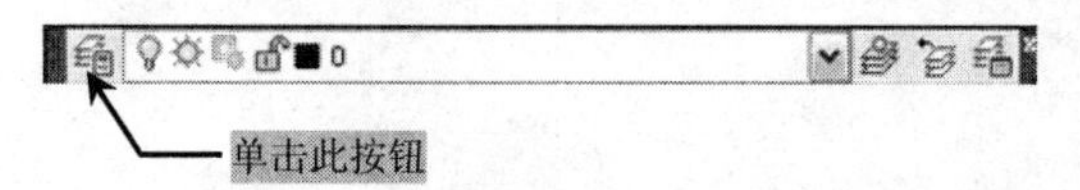

图 13-3　单击“图层特性管理器”按钮

Step 05 在打开的“图层特性管理器”面板中，建立如图 13-4 所示的图层，并设置好图层的颜色。

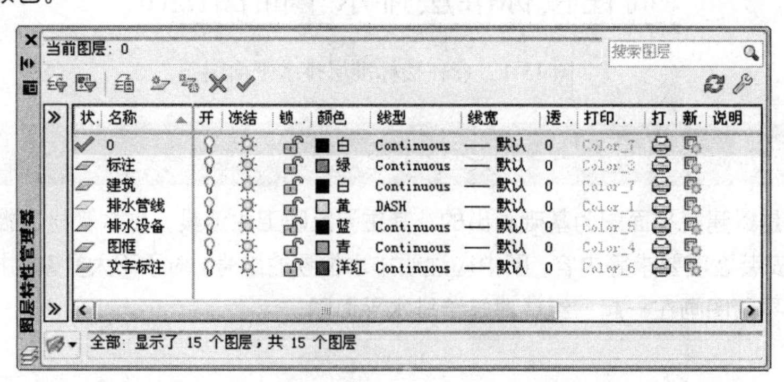

图 13-4　设置图层

13.1.2　绘制排水设备

前一节中已经设置好了绘图的环境，接下来进行排水设备的绘制，其中包括绘制排水立管、圆形地漏、洗衣机专用地漏等，然后将绘制的排水设备布置到平面图中相应的位置处。

Step 01 执行“格式→图层”菜单命令，在弹出的“图层特性管理器”对话框中将“排水设备”图层设置为当前图层，如图 13-5 所示。

✔ 排水设备 | 蓝 Continuous —— 默认 0 Color_5

图 13-5　设置图层

Step 02 绘制“排水立管”图例，执行“圆”命令（C），绘制一个半径为 100mm 的圆，如图 13-6 所示。

Step 03 执行“偏移”命令（O），将绘制的圆向内偏移 10mm 的距离，如图 13-7 所示。

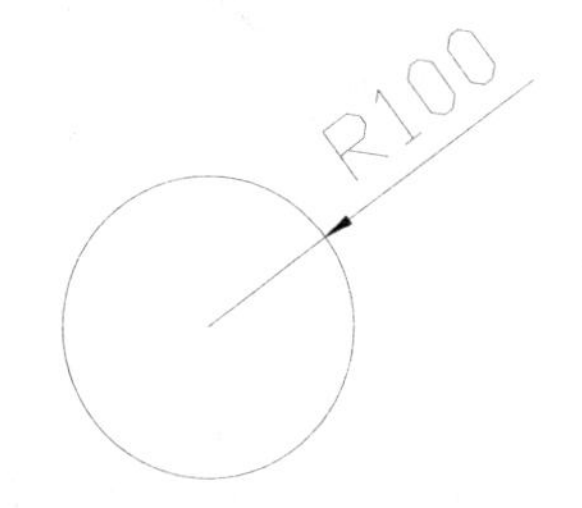

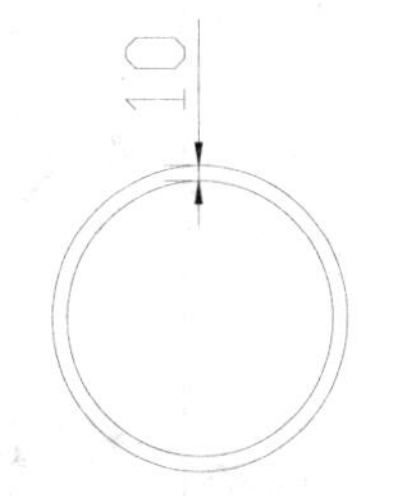

图 13-6　绘制圆　　图 13-7　排水立管图例

Step 04 绘制“圆形地漏”图例，执行“圆”命令（C），绘制一个半径为 100mm 的圆，如图 13-8 所示。

Step 05 执行“图案填充”命令（H），为绘制的圆内填充“ANST31”图案，比例为 6，如图 13-9 所示。

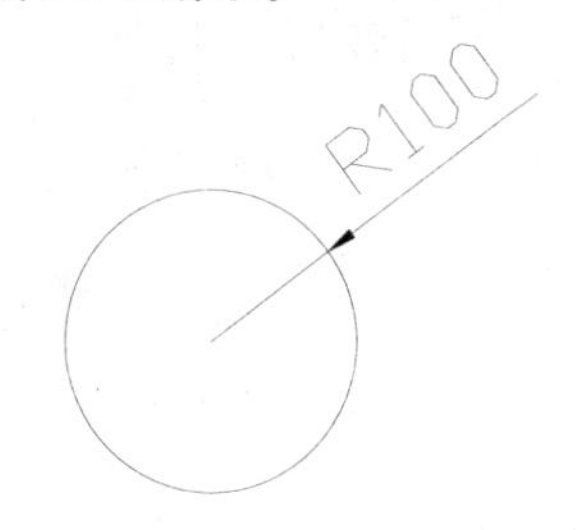

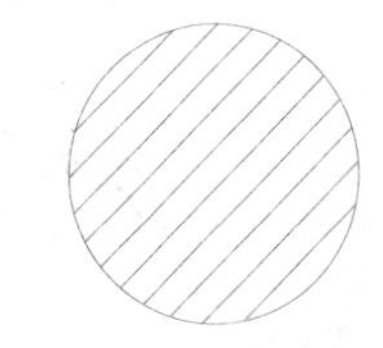

图 13-8　绘制圆　　图 13-9　圆形地漏图例

Step 06 绘制“洗衣机专用地漏”图例，执行“圆”命令（C），绘制一个半径为 100mm 的圆，如图 13-10 所示。

Step 07 执行“偏移”命令（O），将绘制的圆向内偏移 25mm 的距离，如图 13-11 所示。

Step 08 执行“直线”命令（L），捕捉外侧圆上相应的象限点绘制圆的水平及垂直向直径，如图 13-12 所示。

Step 09 执行“修剪”命令（TR），将圆内多余的线段修剪掉，如图 13-13 所示。

图 13-10　绘制圆

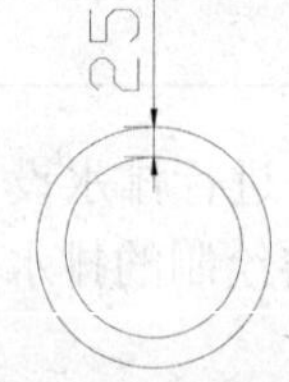

图 13-11　偏移圆

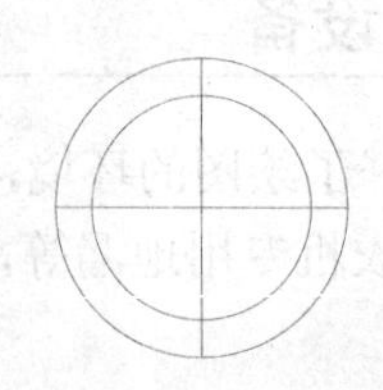

图 13-12　绘制线段

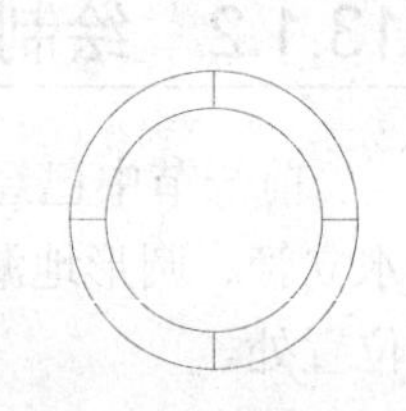

图 13-13　修剪线段

Step 10 结合执行"移动"命令（M）及"复制"命令（CO），将绘制的排水设备图例布置到平面图中左侧的两个卫生间及上侧的厨房中，其布置后的效果如图 13-14 所示。

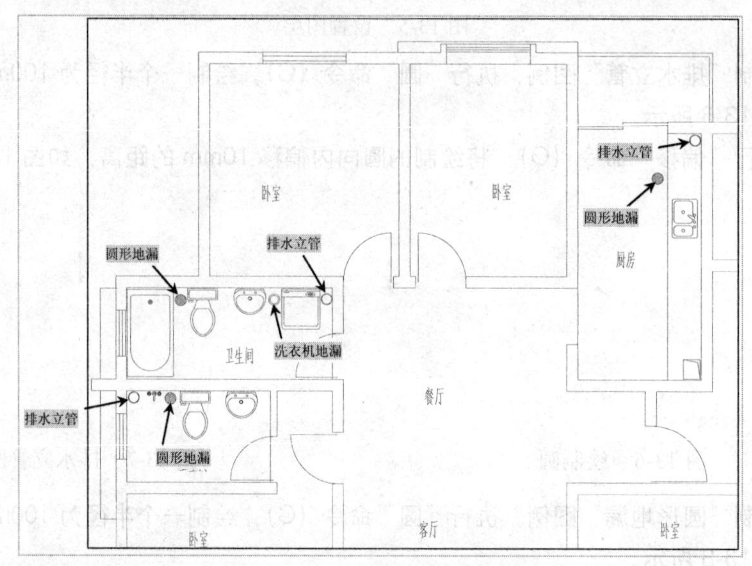

图 13-14　布置排水设备图例

Step 11 使用相同的方法，在其他位置的卫生间及厨房中布置相关的排水设备图例，其布置后的效果如图 13-15 所示。

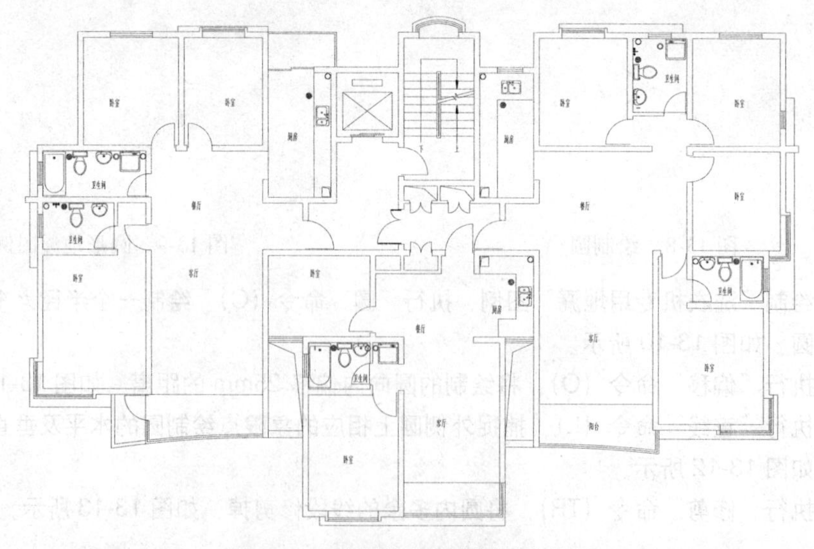

图 13-15　布置排水设备图例的效果

> **提示**
>
> 由于该图形区域比较大，用户可查看“案例\13\商住楼标准层排水平面图.dwg”进行排水设备图例的布置。

Note

13.1.3　绘制排水管线

前一节中已经绘制好了平面图中相应位置的排水设备，接下来进行排水管线的绘制，然后将绘制的排水管线与相应的排水设备连接起来。

Step 01 执行“格式→图层”菜单命令，在弹出的“图层特性管理器”对话框中将“排水管线”图层设置为当前图层，如图 13-16 所示。

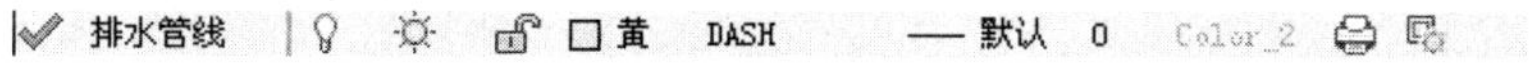

排水管线　黄　DASH　—— 默认　0　Color_2

图 13-16　设置图层

Step 02 执行“多段线”命令（PL），根据命令行提示将多段线的起点及端点的宽度设置为 50。

Step 03 选择“格式→线型”菜单命令，在打开的对话框中将线型比例设置为 500，然后单击下方的“确定”按钮，从而完成线型比例的设置，如图 13-17 所示。

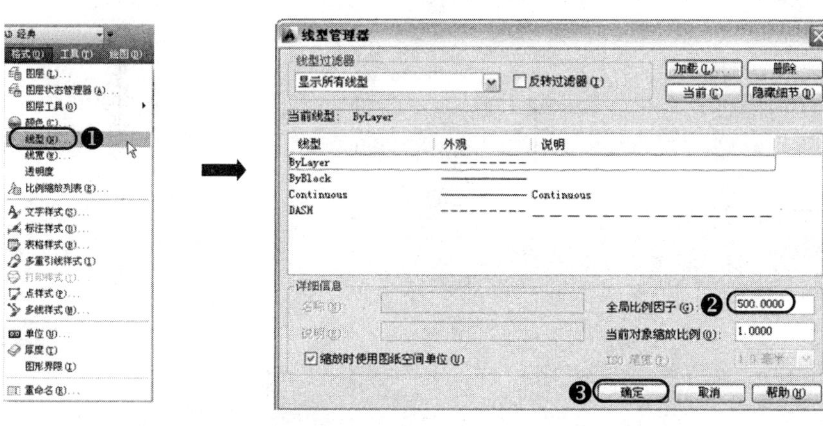

图 13-17　设置线型比例

Step 04 设置好多段线的线宽及线型比例以后，按照排水管线的布局设计要求，绘制出平面图左侧两个卫生间中的排水管线，并将排水管线与排水设备连接起来。

Step 05 结合执行“直线”命令（L）及“偏移”命令（O），绘制两条同样长度的线段作为管堵，然后将其布置到管道的相应位置处，如图 13-18 所示。

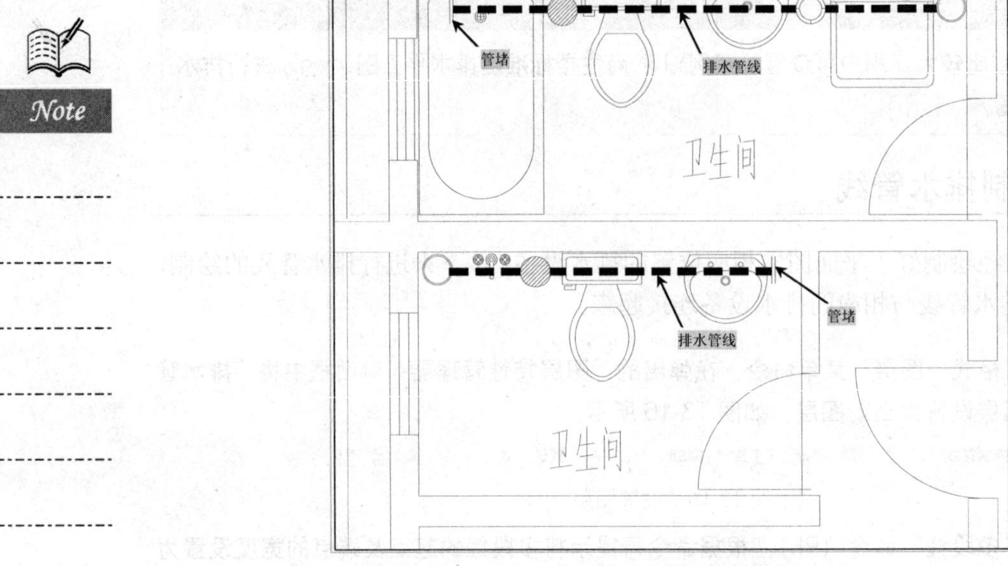

图 13-18　绘制排水管线及管堵

Step 06 使用相同的方法，绘制其他卫生间及厨房中的排水管线及管堵，其绘制完成的效果如图 13-19 所示。

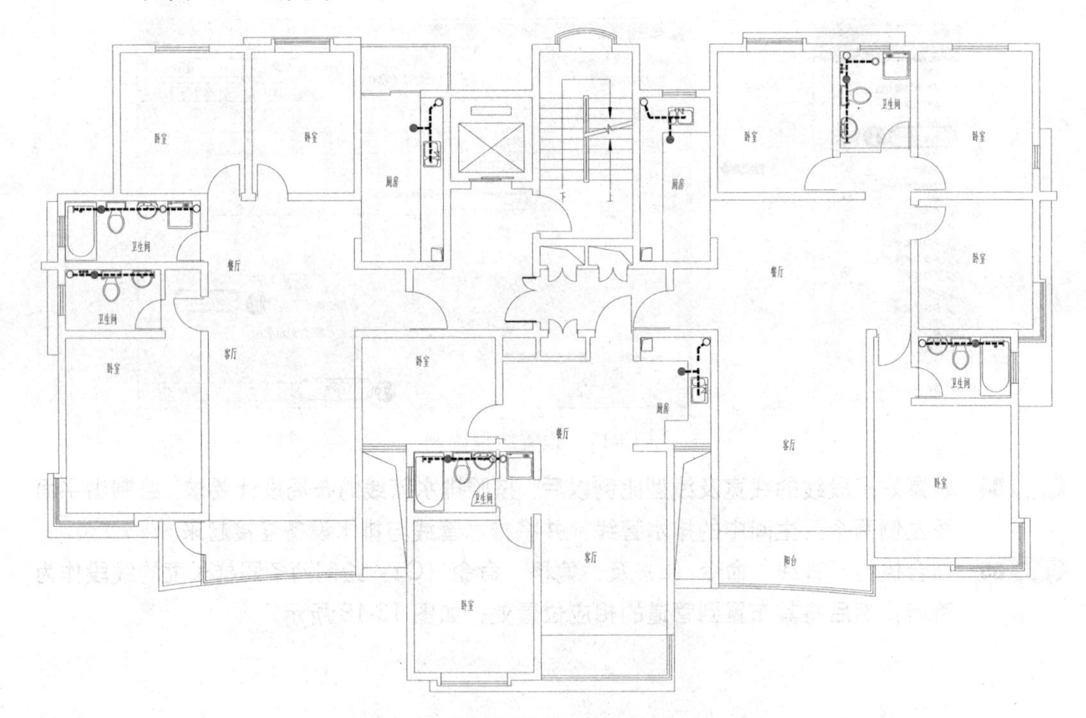

图 13-19　绘制其他位置的排水管线及管堵

提示

由于该图形区域比较大，用户可查看“案例\13\商住楼标准层排水平面图.dwg”来进行排水管线的绘制。

Note

13.1.4　添加说明文字及图框

前面已经绘制好了商住楼标准层平面图内的所有排水管线及排水设备，接下来讲解为排水平面图内的相关内容进行文字标注，其中包括排水立管名称标注、排水管管径标注，以及标注图名及添加图框等。

Step 01 执行“格式→图层”菜单命令，在弹出的“图层特性管理器”对话框中将“文字标注”图层设置为当前图层，如图 13-20 所示。

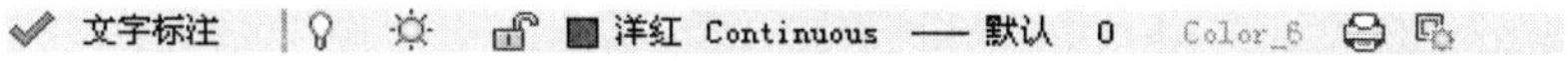

文字标注　洋红　Continuous　—— 默认　0　Color_6

图 13-20　设置图层

Step 02 执行“直线”命令（L），绘制如图 13-21 所示的标高符号；再执行“多行文字”命令（MT），在标高符号上添加标高文字，如图 13-22 所示。

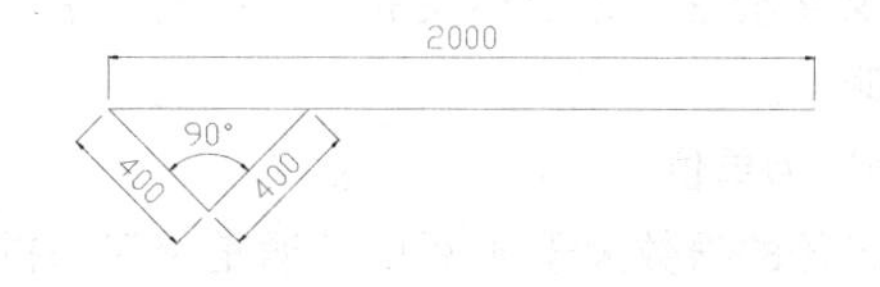

图 13-21　绘制标高符号

(29.600)
(26.800)
(24.000)
(21.200)
(18.400)
15.600

图 13-22　添加标高文字

Step 03 执行“直线”命令（L），在图中布置有排水立管的位置绘制连续的引出线，再执行“多行文字”命令（MT），设置好文字大小后，对平面图中的排水立管进行名称标注，标注名称分别为“PL-1”、“PL-2”、“PL-3”、“PL-4”、“PL-5”、“PL-6”、“PL-7”、“PL-8”、“PL-9”，然后将前面绘制的标高符号移动到图形中的相应位置处，如图 13-23 所示。

Note

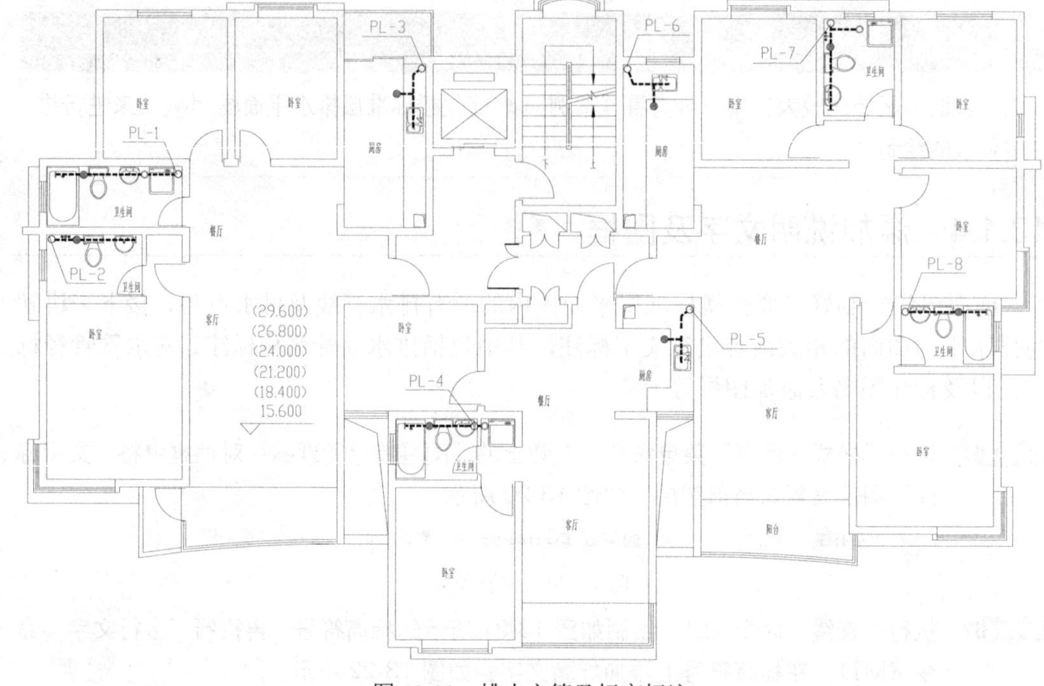

图 13-23　排水立管及标高标注

专业技能提示—给水排水布置图的标注说明

在进行给排水布置图的标注说明时，应按照以下方式来操作：

文字标注及相关必要的说明：建筑给排水工程图，一般采用图形符号与文字标注符号相结合的方法，文字标注包括相关尺寸、线路的文字标注，以及相关的文字特别说明等都应按相关标准要求，做到文字表达规范、清晰明了。

管径标注：给排水管道的管径尺寸以毫米（mm）为单位。

管道编号：①当建筑物的给水引入管或排水排出管的根数大于 1 根时，通常用汉语拼音的首字母和数字对管道进行标号。②对于给水立管及排水立管，即指穿过一层或多层的竖向给水或排水管道，当其根数大于 1 根时，也应采用汉语拼音首字母及阿拉伯数字对其进行编号，如“JL–2”表示 2 号给水立管，“J”表示给水，“PL–6”则表示 6 号排水立管，“P”表示排水。

标高：对于建筑平面图来说，在同一标准层上可以同时表示各个层的标高，这样更加直观。

尺寸标注：建筑的尺寸标注共三道，第一道是细部标注，主要是门窗洞的标注，第二道是轴网标注，第三道是建筑长宽标注。

Step 04 将当前图层设置为“图框”图层，再执行“插入”命令（I），将“案例\13\A3 图框.dwg”图块文件插入到绘图区中的空白位置，如图 13-24 所示。

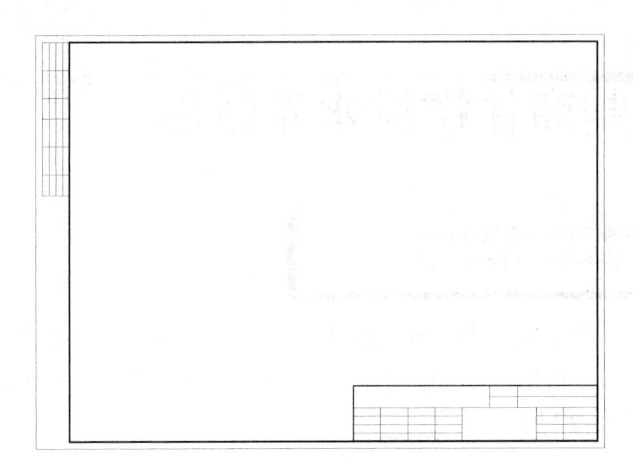

图 13-24 插入的图框

Step 05 执行“缩放”命令（SC），将插入的图框缩放100倍，再将绘制的商住楼标准层排水平面图图形全部选中，将其移动到图框的中间相应位置即可，如图13-25所示。

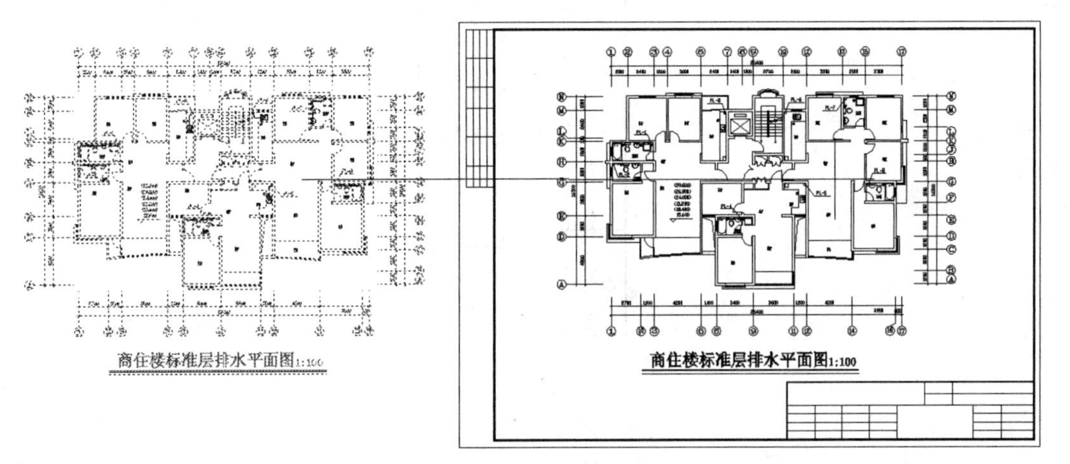

图 13-25 移动排水平面图图形

Step 06 执行“多行文字”命令（MT），在图框右下侧的图签中输入相关的文字内容，从而完成该商住楼标准层排水平面图的绘制，如图13-26所示。

水平面图1:100

XXXX建筑设计公司					制图	
					审核	
				商住楼标准层排水平面图	图别	排水
					图号	
					比例	1:100
					日期	

图 13-26 添加平面图图框

Step 07 至此，该商住楼标准层排水平面图已经绘制完成，然后按Ctrl+S组合键将该文件进行保存。

Note

13.2 绘制商住楼排水系统图

视频\13\绘制商住楼排水系统图.avi
案例\13\商住楼排水系统图.dwg

本节仍以前一节中的某地十层商住楼为例，介绍该商住楼排水系统图的绘制流程，使用户掌握建筑排水系统图的绘制方法，以及相关的知识点。其绘制的该商住楼标准层排水系统图，如图 13-27 所示。

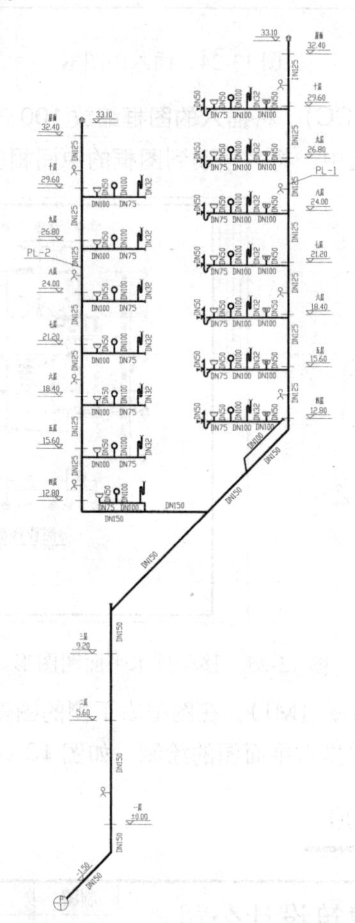

商住楼排水立管1系统图 1:100

图 13-27　商住楼标准层排水系统图

专业技能—室内排水系统图概述

排水系统图采用 45° 三等正面斜轴测画出，表明排水管材的标高、管径大小、管件及用水设备下接管的位置，管道的空间相对关系、系统图的编号等内容。

13.2.1　设置绘图环境

在绘制该商住楼的排水系统图之前，首先应设置绘图的环境，其中包括新建文件、另存文件、新建图层等。

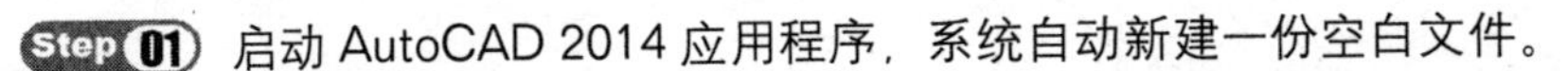

Step 01 启动 AutoCAD 2014 应用程序，系统自动新建一份空白文件。

Step 02 执行“文件→另存为”菜单命令，将文件另存为“案例\13\商住楼排水系统图.dwg”文件。

Step 03 在“图层”工具栏上，单击“图层特性管理器”按钮，如图 13-28 所示。

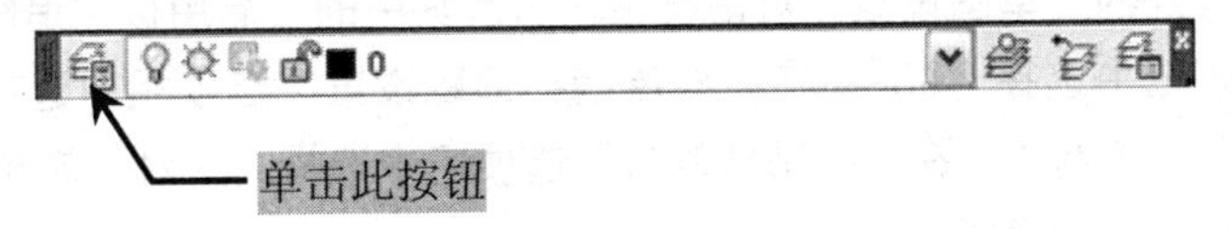

图 13-28　单击“图层特性管理器”按钮

Step 04 在打开的“图层特性管理器”面板下，建立如图 13-29 所示的图层，并设置好图层的颜色。

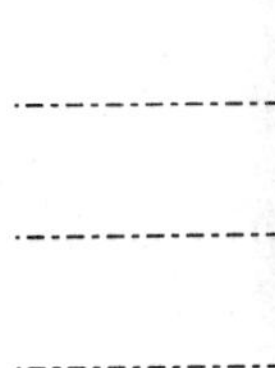

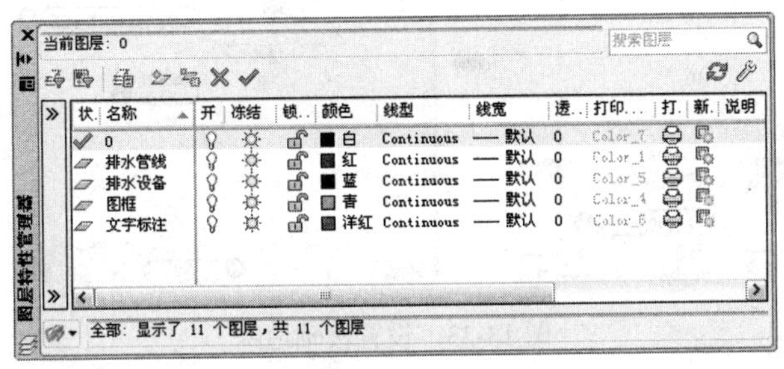

图 13-29　设置图层

13.2.2　绘制排水主管线

前一节中已经设置好了绘图的环境，接下来绘制排水系统图的管道标号及排水主管线。

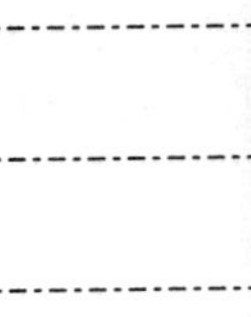

Step 01 执行“格式→图层”菜单命令，在弹出的“图层特性管理器”对话框中将“排水管线”图层设置为当前图层，如图 13-30 所示。

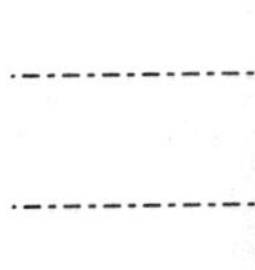

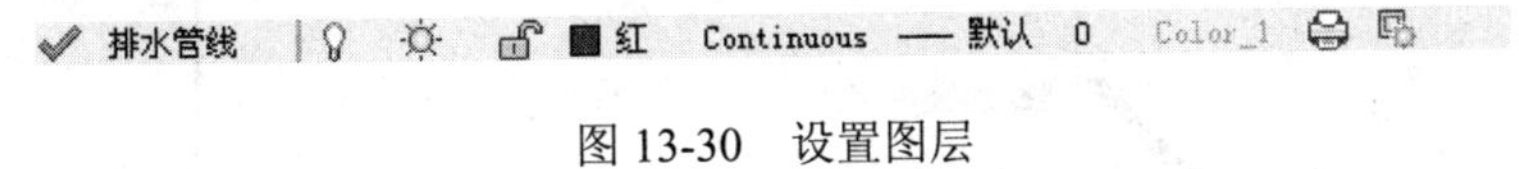

图 13-30　设置图层

Step 02 绘制“管道标号”符号，执行“圆”命令（C），绘制一个半径为 400mm 的圆，再执行“直线”命令（L），捕捉圆的左右侧象限点绘制圆的水平向直径，如图 13-31 所示。

Step 03 执行“多行文字”命令（MT），设置好文字的大小后，在圆的上下侧半圆中分别输入文字“P”及“1”，如图 13-32 所示。

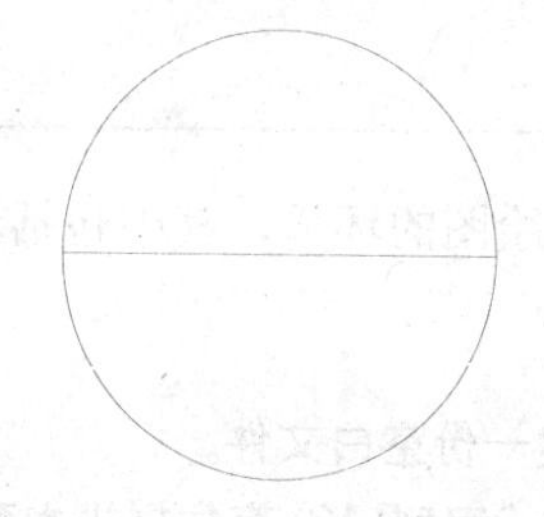

图 13-31　绘制圆

图 13-32　输入文字

Step 04 右键单击状态栏中的“极轴追踪（F10）”按钮，然后单击“设置”。

Step 05 接着在打开的“草图设置”对话框中，勾选其中的“启用极轴追踪”，在“增量角”下拉列表框中选择“45”，在“对象捕捉追踪设置”选项组中选择“用所有极轴角设置追踪”单选项，在“极轴角测量”选项组中选择“绝对”单选项，单击“确定”按钮，如图 13-33 所示。

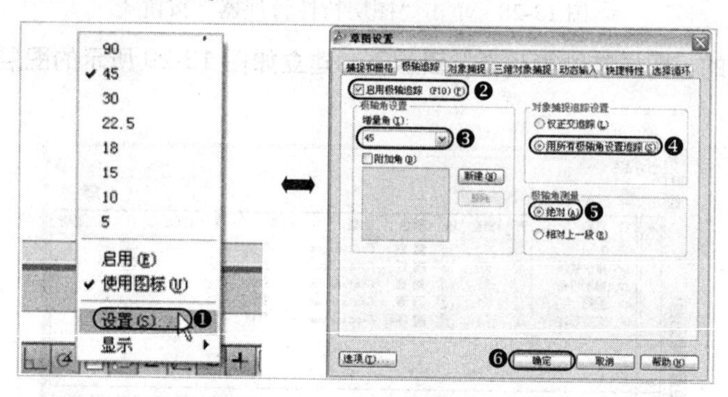

图 13-33　设置极轴追踪

Step 06 执行“多段线”命令（PL），设置多段线的起点及端点宽度为 90，指定前面绘制的管道标号上的一点为起点，然后将光标放在 45°的追踪线上，在命令行中输入“3500”确定为点 1，如图 13-34 所示。

Step 07 将光标垂直向上，在命令行中输入“13000”确定为点 2，如图 13-35 所示。

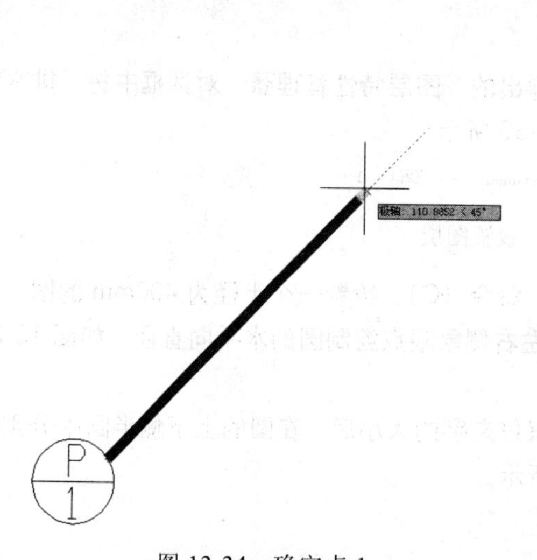

图 13-34　确定点 1

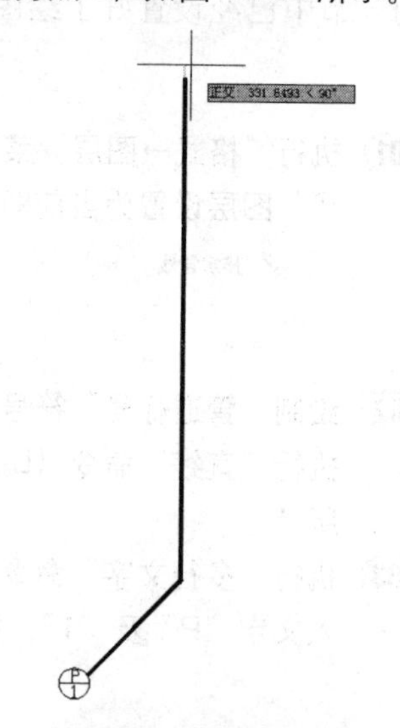

图 13-35　确定点 2

Note

Step 08 将光标放在45°的追踪线上，在命令行中输入“13000”确定为点3，如图13-36所示。

Step 09 将光标垂直向上，在命令行中输入“21150“确定为点4，从而完成该段排水管道的绘制，如图13-37所示。

Step 10 使用相同的方法，在前面绘制的管道上绘制出另一条排水支管道，如图13-38所示。

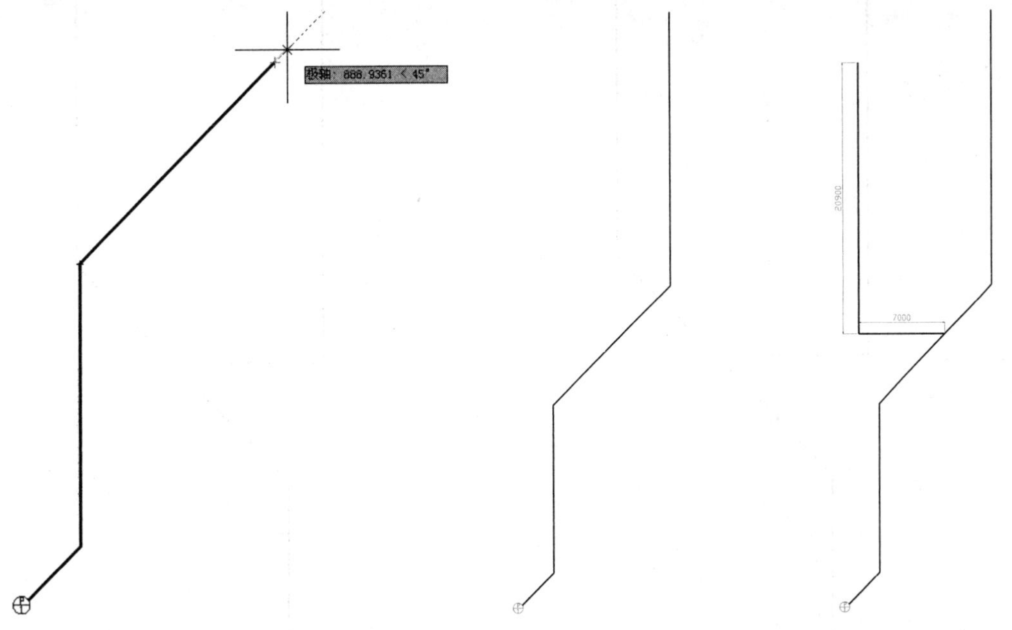

图13-36　确定点3　　图13-37　确定点4　　图13-38　绘制排水支管道

13.2.3　添加标高及楼层号

前面已经绘制好了排水系统图的主管线，接下来在绘制的排水主管线上确定各楼层的标高以及标注各层的楼层号。

Step 01 执行“格式→图层”菜单命令，在弹出的“图层特性管理器”对话框中将“文字标注”图层设置为当前图层，如图13-39所示。

✔ 文字标注　洋红 Continuous —— 默认 0　Color_6

图13-39　设置图层

Step 02 结合执行“直线”命令（L）及“偏移”命令（O），在管道的多个位置绘制一条水平直线段作为楼面线，表示不同楼层的高度，如图13-40所示。

Step 03 执行“直线”命令（L），绘制一个标高符号，再执行“多行文字”命令（MT），在标高符号上添加相应的标高数值，再结合执行“移动”命令（M）及“复制”命令（CO），将标高符号布置到各层楼面线的左侧或右侧的相应位置处。

Step 04 执行“多行文字”命令（MT），在标高符号的上侧位置添加各楼层的楼层标注，如图13-41所示。

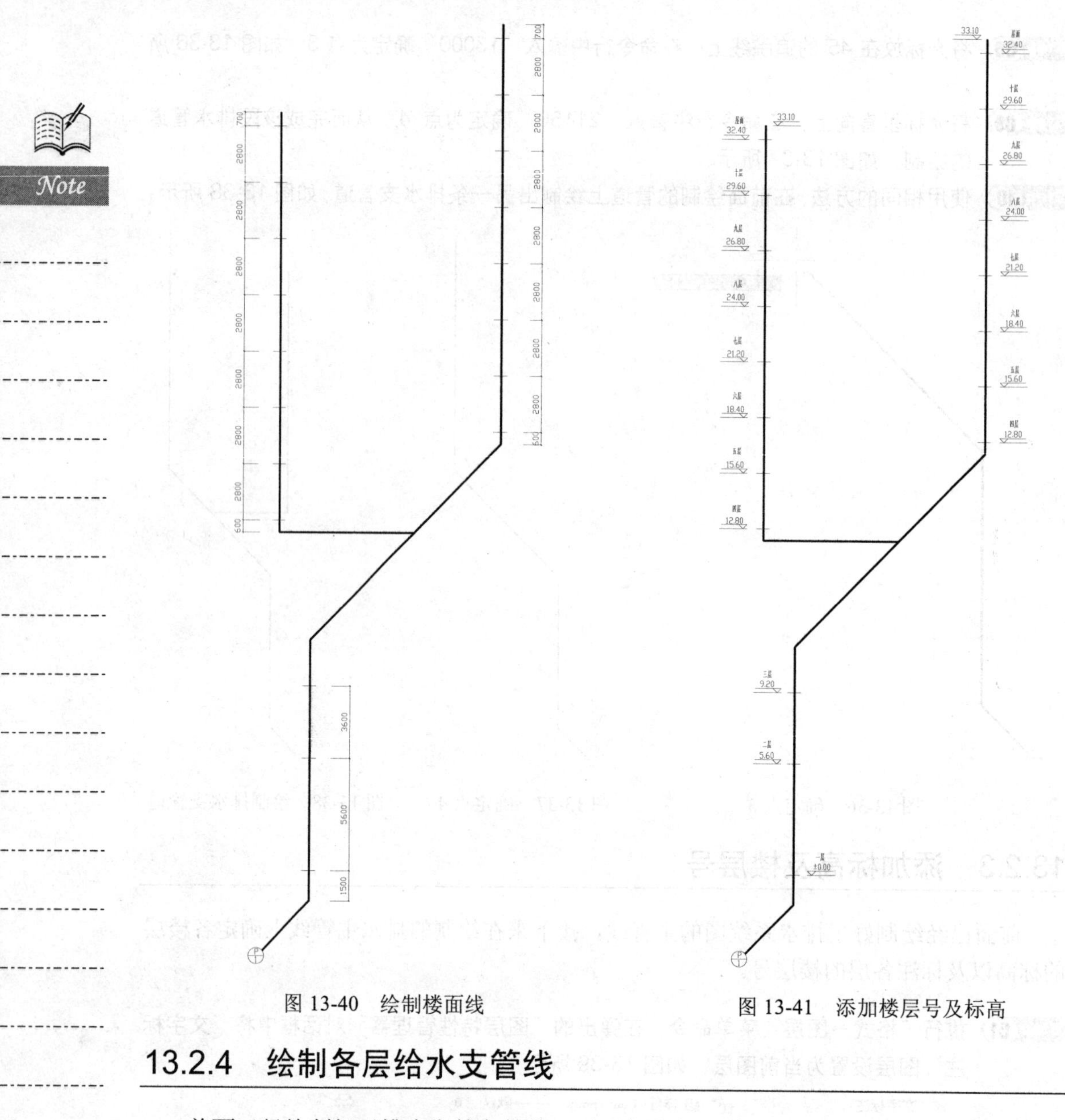

图 13-40 绘制楼面线

图 13-41 添加楼层号及标高

13.2.4 绘制各层给水支管线

前面已经绘制好了排水立管主管线，以及标注好了各层的标高、楼层号，接下来讲解排水主管线上的各楼层支管线的绘制。

Step 01 执行“格式→图层”菜单命令，在弹出的“图层特性管理器”对话框中将“排水管线”图层设置为当前图层，如图 13-42 所示。

✔ 排水管线	💡	☼	🔓	■ 红	Continuous	—— 默认	0	Color_1	🖨	🗔

图 13-42 设置图层

Step 02 执行“多段线”命令（PL），根据命令行提示设置多段线的起点及端点宽度为 60。

Step 03 根据排水平面图识读各支管线的连接空间关系及具体尺寸，首先绘制出商住楼 4 层及 5 层的排水管道支管线，如图 13-43 所示。

Step 04 由于商住楼的 5 层至 10 层的排水支管线是一样的，所以只需要对其进行竖向复制即可，打开“正交”功能，再执行“复制”命令（CO），将商住楼的 5 层排水支管线选中，以商住楼 5 层的楼面线中点为移动复制的基点，然后将其移动复制到 6 层至 10 层楼面线的中点处，如图 13-44 所示。

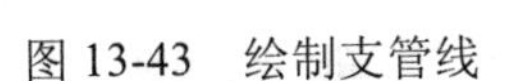

图 13-43　绘制支管线

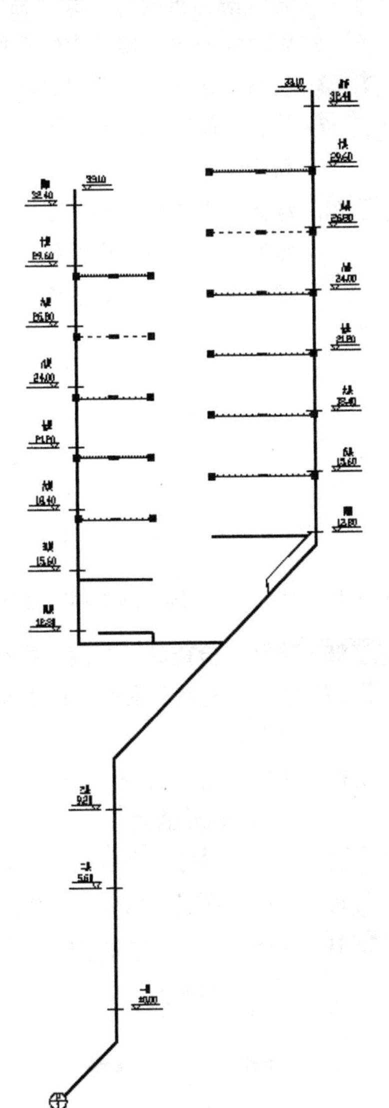

图 13-44　复制各层支管线

13.2.5　绘制排水设备

本节主要讲解相应的排水设备的绘制，其中包括绘制圆形地漏、洗衣机专用地漏、检查口、然后插入相应的图例列表，并将相应的排水设备布置到平面图中相应的位置处。

Step 01 执行“格式→图层”菜单命令，在弹出的“图层特性管理器”对话框中将“排水设备”图层设置为当前图层，如图 13-45 所示。

✔ 排水设备 | 💡 ☼ 🔓 ■ 蓝 Continuous —— 默认 0 Color_5 🖨

图 13-45 设置图层

Note

Step 02 绘制“圆形地漏”图例，执行“直线”命令（L），绘制一条长度为 480mm 的水平直线段，再执行“圆”命令（C），以水平直线段的中点为圆心，绘制一个半径为 80mm 的圆，如图 13-46 所示。

Step 03 执行“修剪”命令（TR），将圆的上半圆修剪掉，如图 13-47 所示。

Step 04 执行“偏移”命令（O），将圆上的水平直线段向上偏移 45mm 的距离，如图 13-48 所示。

Step 05 绘制“洗衣机地漏”图例，执行“复制”命令（CO），将前面绘制的圆形地漏图例复制一个，再结合执行“直线”命令（L）及“偏移”命令（O），在下半圆的内侧绘制多条线段，如图 13-49 所示。

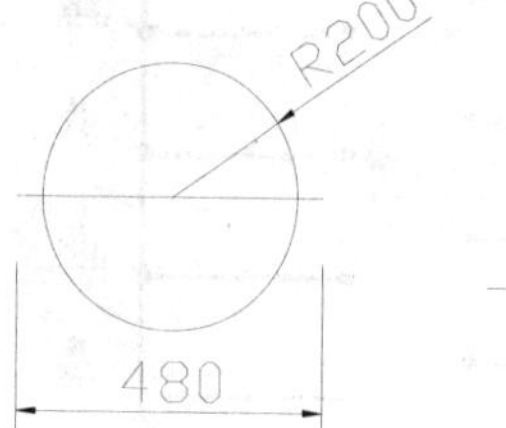

图 13-46 绘制线段及圆

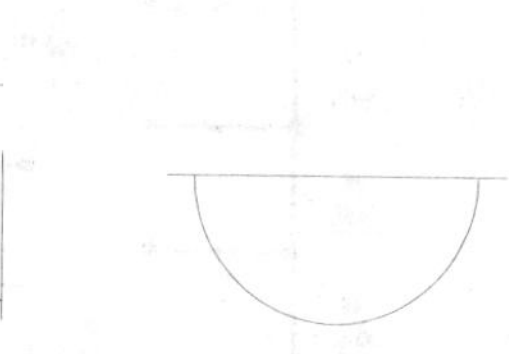

图 13-47 修剪圆

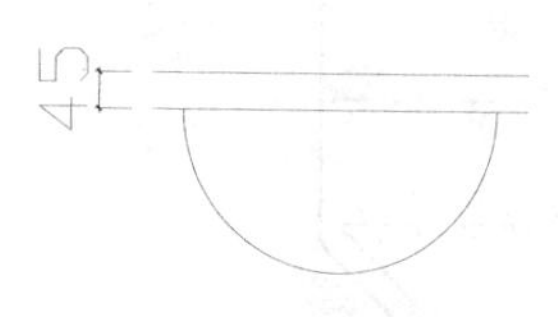

图 13-48 偏移线段

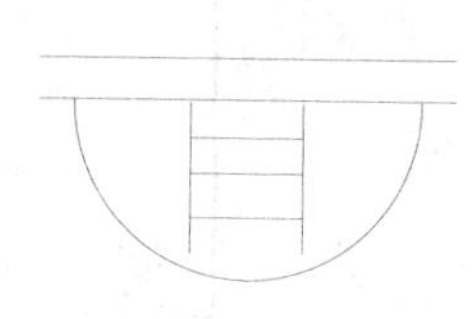

图 13-49 洗衣机地漏

Step 06 绘制“检查口”图例，执行“圆”命令（C），绘制一个半径为 110mm 的圆。

Step 07 执行“直线”命令（L），捕捉圆下侧的象限点垂直向下绘制一条长度为 315mm 的竖直线段。

Step 08 执行“圆”命令（C），以上一步绘制的竖直线段的末端点为圆心，绘制一个半径为 155mm 的圆。

Step 09 执行“直线”命令（L），捕捉上一步绘制圆的左右两侧象限点绘制一条水平线段。

Step 10 执行“修剪”命令（TR），将下侧圆的下半部分修剪掉，并将多余的线段删除掉。

Step 11 执行“直线”命令（L），在竖直线段的左侧绘制一条适当长度的水平直线段，如图 13-50 所示。

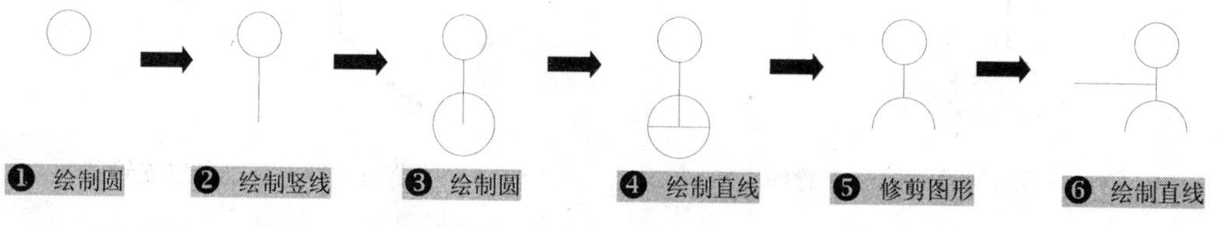

图 13-50 绘制检查口图例

Step 12 在本排水系统图中还有许多其他的排水设备图例，在这里就不再进行讲解绘制了，读者可以执行“插入”命令（I），将“案例\13\排水设备图例.dwg”文件插入到绘图区中。插入的图块文件如图 13-51 所示。

Step 13 执行“分解”命令（X），将插入的图块对象分解；再结合执行“移动”命令（M）、“复制”命令（CO）及“旋转”命令（RO），将插入的各个排水设备图例布置到各条排水支管线上的相应位置处，如图 13-52 所示。

排水设备图例	
	浴缸排水
	检查口
	圆形地漏
	马桶下水
	洗脸盆下水
	洗衣机地漏
	通气帽

图 13-51　插入的图块

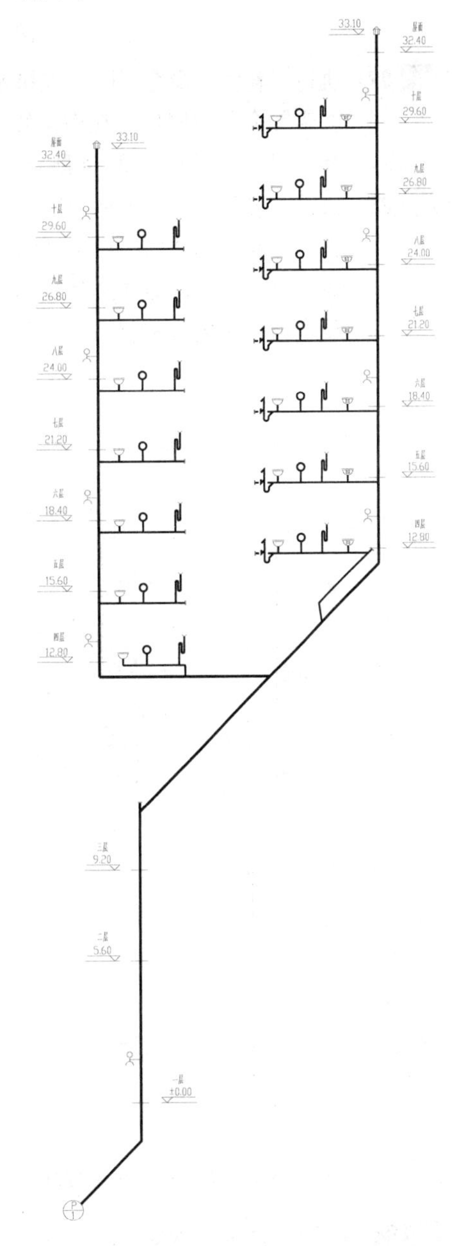

图 13-52　布置排水设备的效果

13.2.6　添加说明文字及图框

前面已经绘制好了商住楼的排水管道系统图，下面讲解为其标注相关的文字内容，其中包括排水立管名称标注、排水管管径标注，以及标注图名、添加图框等。

Step 01 执行“格式→图层”菜单命令，在弹出的“图层特性管理器”对话框中将“文字标注”图层设置为当前图层，如图 13-53 所示。

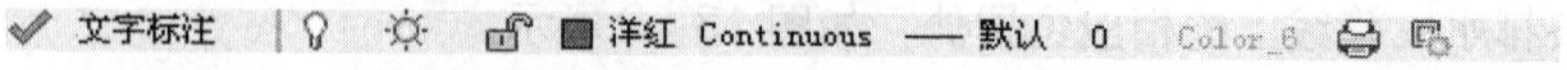

✔ 文字标注 ■ 洋红 Continuous —— 默认 0 Color_6

图 13-53 设置图层

Note

Step 02 执行“直线”命令（L），在排水立管的相应位置绘制连续的引出线，再执行“多行文字”命令（MT），在引出线的上方对其进行排水立管名称标注，分别为“PL-1”及“PL-2”，如图 13-54 所示。

Step 03 执行“多行文字”命令（MT），设置多字体的大小后，首先对管道的一个管径大小进行“管径标注”，再结合执行“复制”命令（CO）、“移动”命令（M）及“旋转”命令（RO），将标注文字复制到需要标注的相应位置上，在逐一双击文字，根据需要进行文字内容的修改。其标注后的效果如图 13-55 所示。

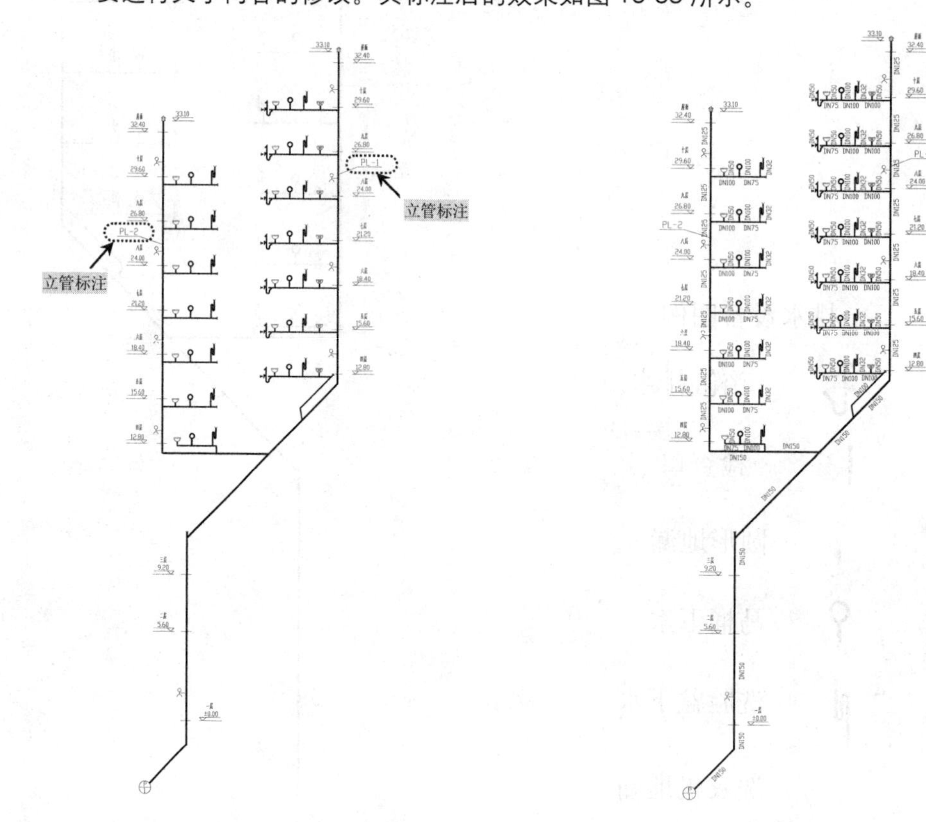

图 13-54 排水立管名称标注

图 13-55 管径大小标注

Step 04 执行“直线”命令（L），绘制一个标高符号，如图 13-56 所示。

Step 05 执行“多行文字”命令（MT），在绘制的标高符号上输入文字“-1.50”，如图 13-57 所示。

Step 06 执行“旋转”命令（RO），将标高符号与标高文字选中后，将其旋转 45°，如图 13-58 所示。

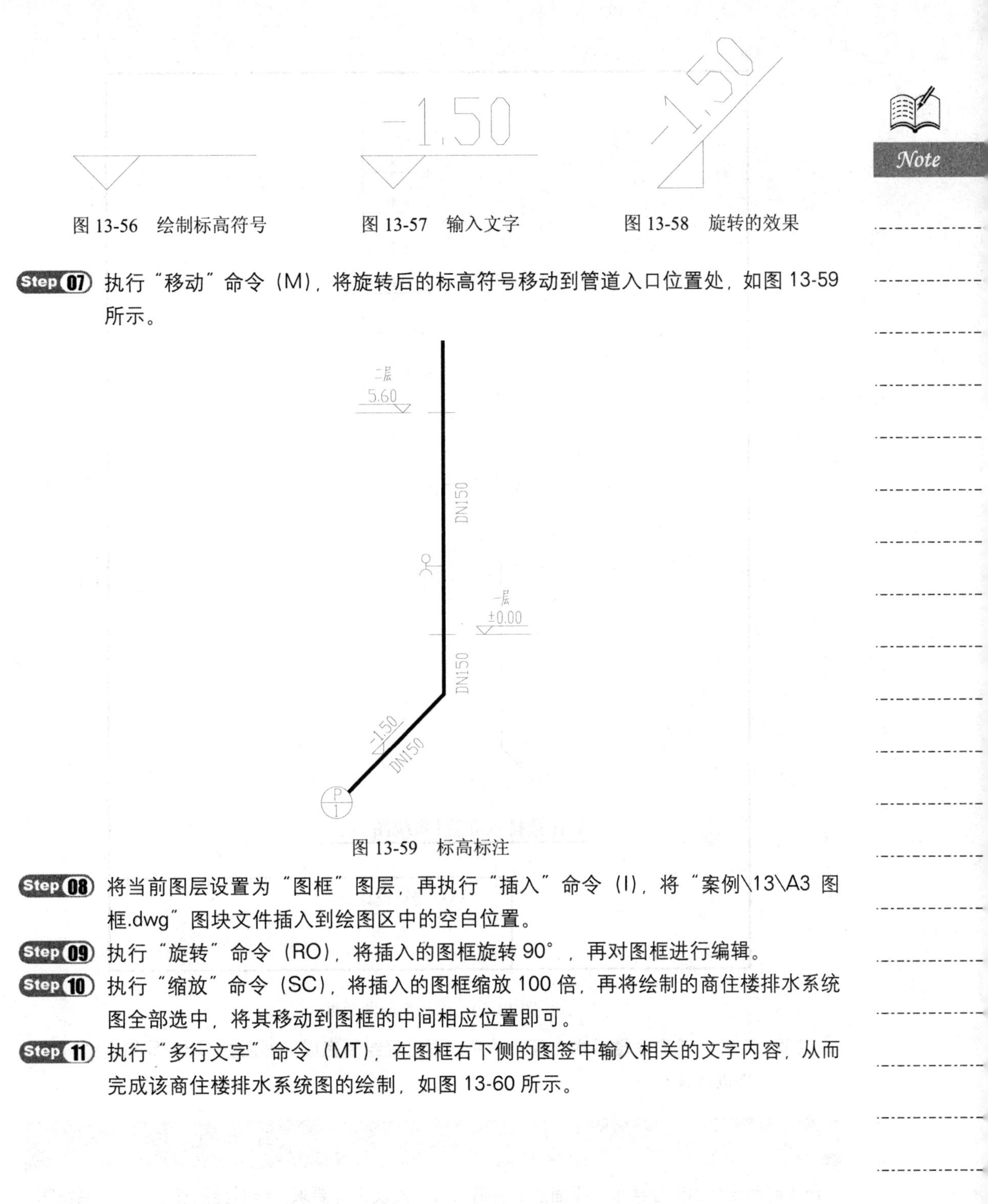

图 13-56　绘制标高符号　　图 13-57　输入文字　　图 13-58　旋转的效果

Step 07 执行“移动”命令（M），将旋转后的标高符号移动到管道入口位置处，如图 13-59 所示。

图 13-59　标高标注

Step 08 将当前图层设置为“图框”图层，再执行“插入”命令（I），将“案例\13\A3 图框.dwg”图块文件插入到绘图区中的空白位置。

Step 09 执行“旋转”命令（RO），将插入的图框旋转 90°，再对图框进行编辑。

Step 10 执行“缩放”命令（SC），将插入的图框缩放 100 倍，再将绘制的商住楼排水系统图全部选中，将其移动到图框的中间相应位置即可。

Step 11 执行“多行文字”命令（MT），在图框右下侧的图签中输入相关的文字内容，从而完成该商住楼排水系统图的绘制，如图 13-60 所示。

Note

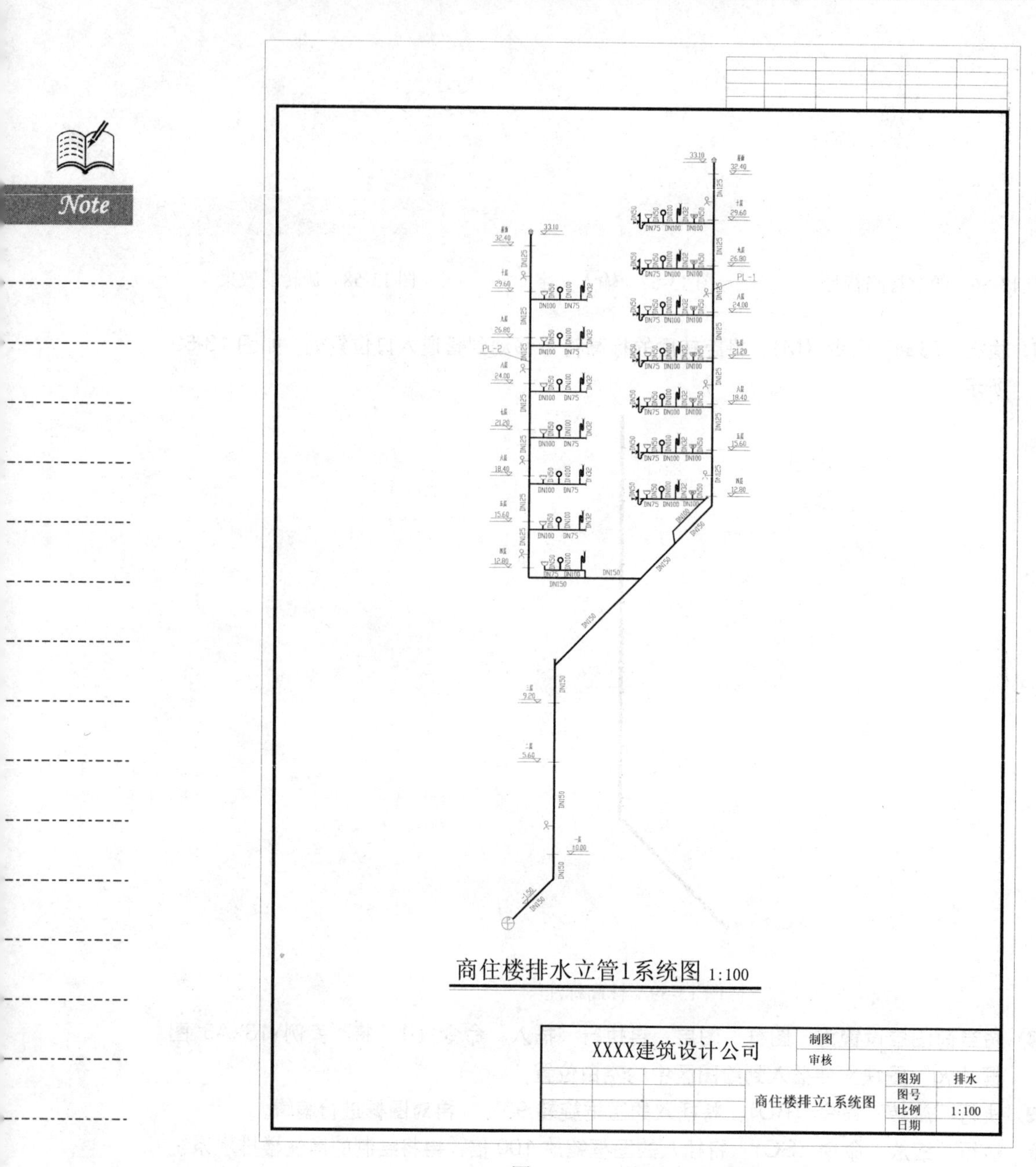

图 13-60　添加平面图图框

Step 12　至此，该商住楼排水立管 1 的系统图已经绘制完成，然后按 Ctrl+S 组合键将该文件进行保存。

提示

识读前面绘制的商住楼排水平面图的管道连接布局及设计要求，参照绘制管道“P1”系统图的方法，绘制出管道“P2”、“P3”、“P4”、“P5”、“P6”、“P7”及“P8”的排水管道系统图，其绘制完成的效果如图 13-61 所示。

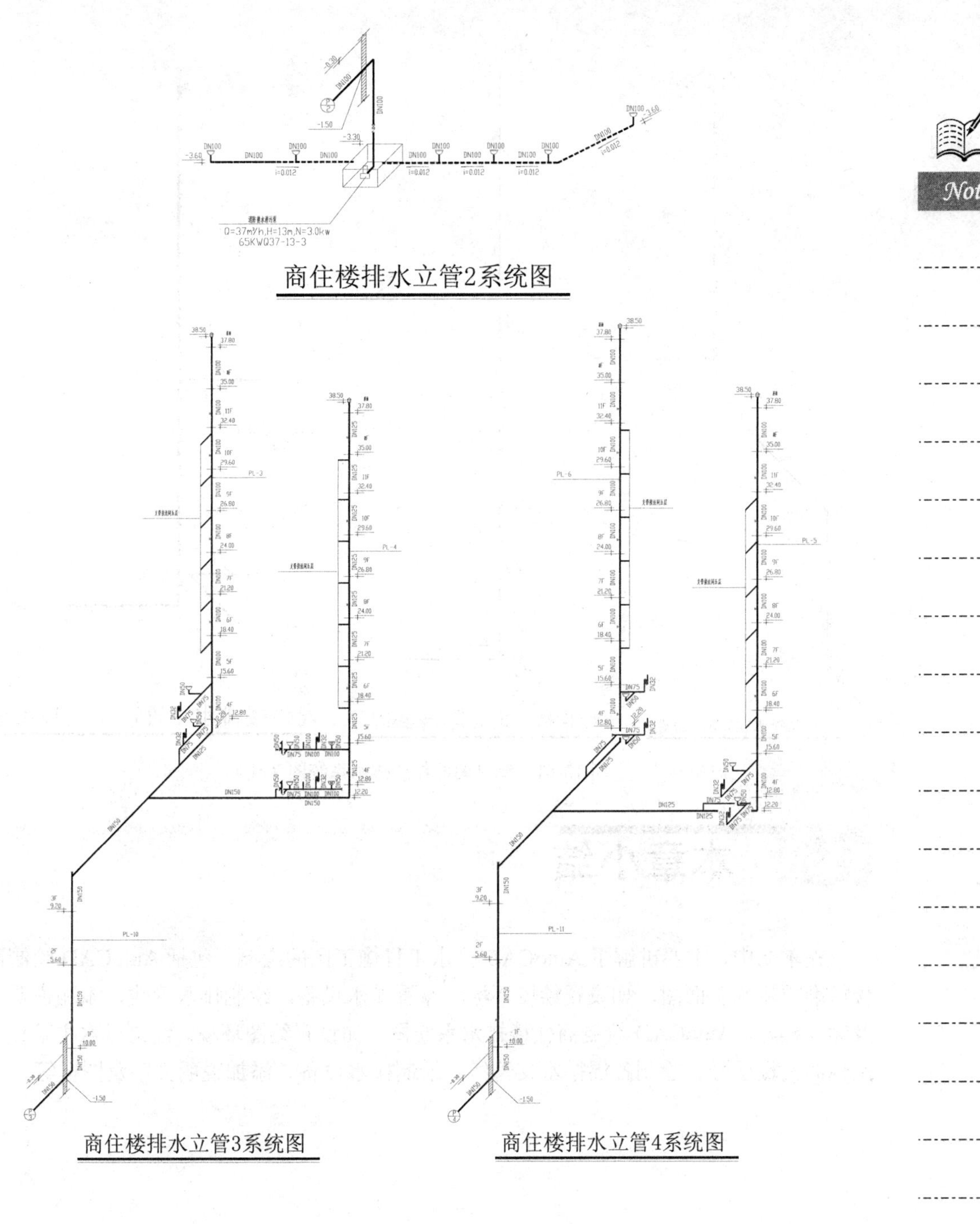

图 13-61 绘制的商住楼排水系统图

Note

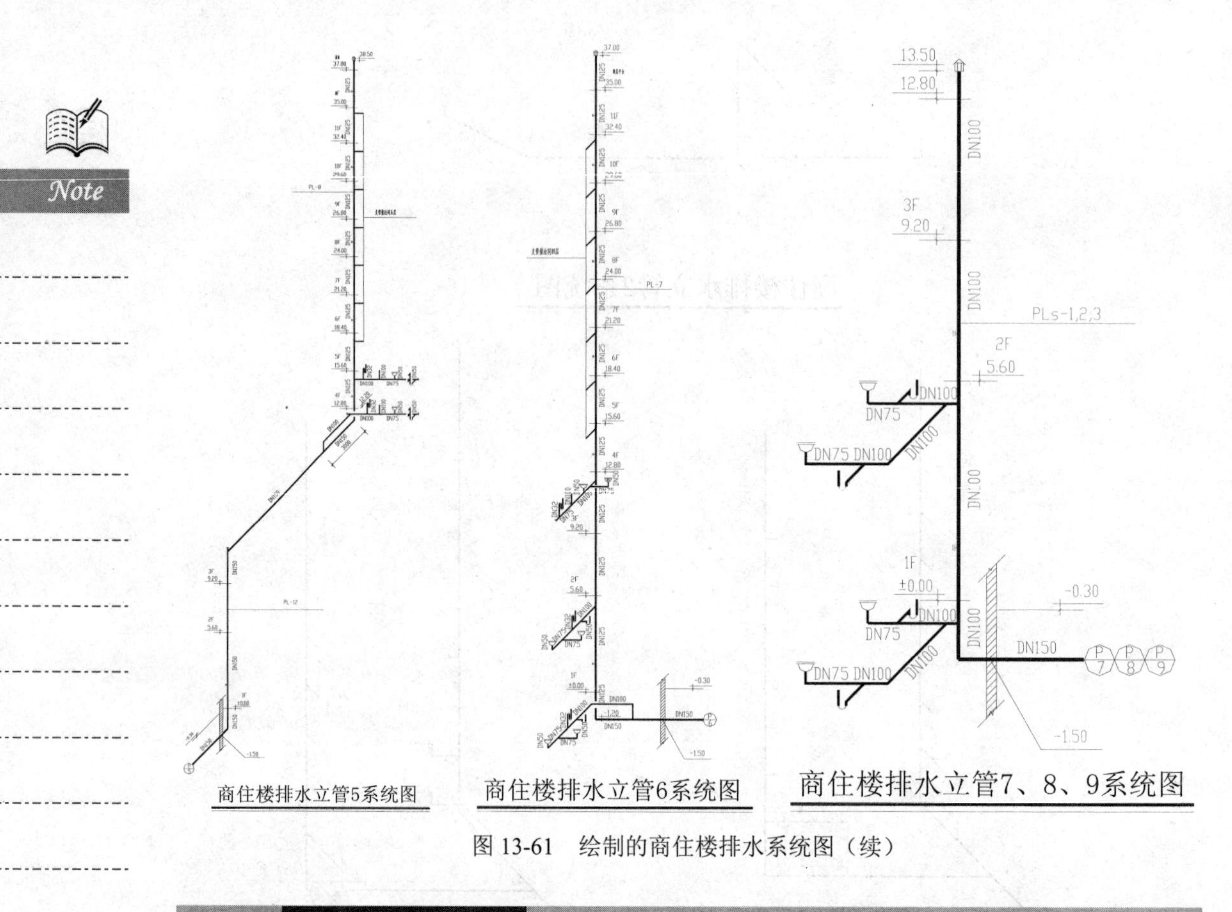

图 13-61　绘制的商住楼排水系统图（续）

13.3 本章小结

在本章中，主要讲解了 AutoCAD 排水工程施工图的绘制，包括 AutoCAD 绘制商住楼标准层排水平面图，如设置绘图环境、布置排水设备、绘制排水管线、添加说明文字及输入框等，AutoCAD 绘制商住楼排水系统图，如设置绘图环境、绘制排水主管线、添加标高及楼层号、绘制各层排水支管线、绘制排水设备、添加说明文字及图框等。

第14章 消防工程施工图的绘制

建筑消防工程，就是在建筑物内部，用于在火灾发生时能够及时发现、确认、扑救火灾的设施。建筑消防系统包括五个部分：建筑防火设计、火灾自动报警系统、建筑灭火系统、消防排烟系统和消防控制室。

本章以某教学楼的消防施工图为例，详细讲解了其消防平面布置图和消防系统图的绘制方法，包括设置绘图环境、绘制消防图例设备、布置消防设施、绘制消防管线、进行文字标注说明等，从而让读者能够更加系统、全面地掌握建筑消防施工图的绘制方法。

内容要点

- 绘制教学楼首层消防平面图
- 绘制教学楼消防系统图

Note

14.1 绘制教学楼首层消防平面图

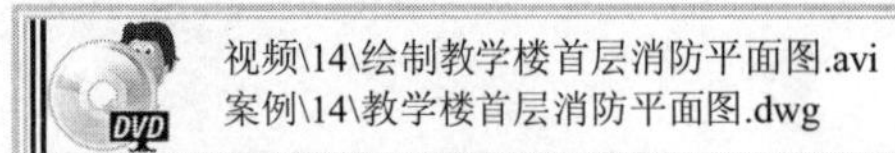

视频\14\绘制教学楼首层消防平面图.avi
案例\14\教学楼首层消防平面图.dwg

本节以某地四层教学楼为例，介绍该教学楼首层消防平面图的绘制流程，使用户掌握建筑消防平面图的绘制方法，以及相关的知识点，其绘制的该教学楼首层消防平面图，如图 14-1 所示。

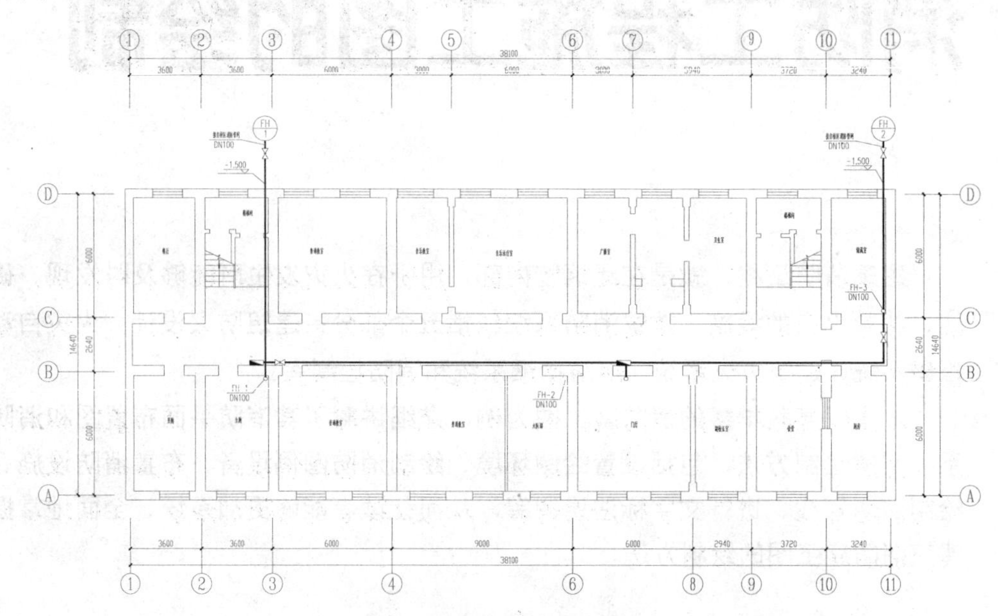

教学楼首层消防平面图1:100

图 14-1　教学楼首层消防平面图

专业技能—室提示内消火栓系统的组成

室内消火栓系统由水枪、水龙带、消火栓、消防管道、消防水池、水箱、增压设备等组成。消防水枪喷口直径有 13mm、16mm、19mm 三种；水龙带采用麻织或橡胶制成，其直径有 50mm 和 65mm 两种，长度一般有 15m、20m、25m 三种规格；消火栓有单出口和双出口两种，直径为 50mm 或 65mm。13mm 口径的水枪应配 50mm 直径的水龙带和消火栓；16mm 口径的水枪可配 50mm 或 65mm 的水龙带和消火栓；19mm 口径的水枪应配 65mm 直径的水龙带和消火栓。

14.1.1　设置绘图环境

在绘制该教学楼的首层消防平面图之前，首先应设置绘图的环境，其中包括打开并另存文件、新建图层等。

Step 01 启动 AutoCAD 2014 软件，接着执行“文件→打开”菜单命令，打开本书配套光盘“案例\14\教学楼首层平面图.dwg”文件，如图 14-2 所示。

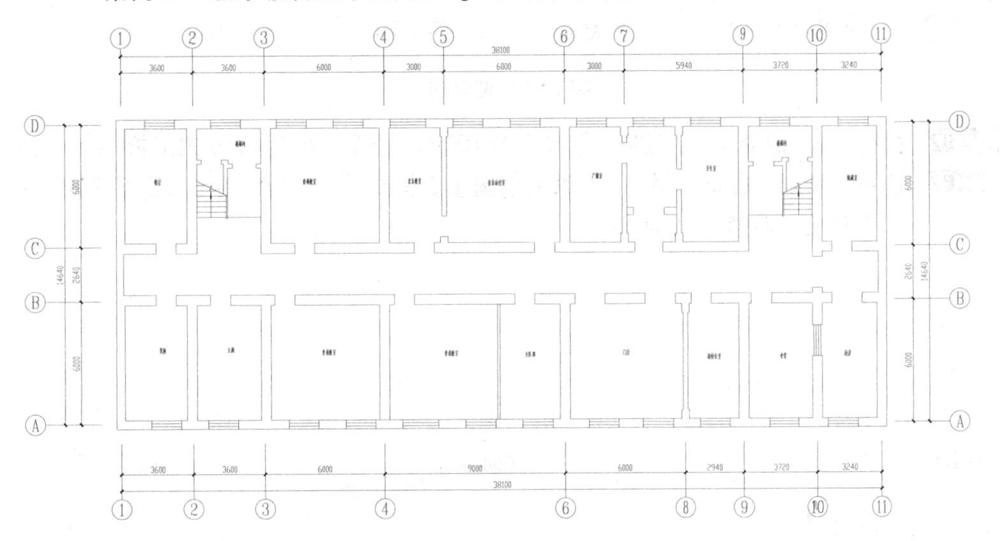

图 14-2　打开“教学楼首层平面图”文件

Step 02 执行“文件→另存为”菜单命令，将文件另存为“案例\14\教学楼首层消防平面图.dwg”。

Step 03 在“图层”工具栏上，单击“图层特性管理器”按钮，如图 14-3 所示。

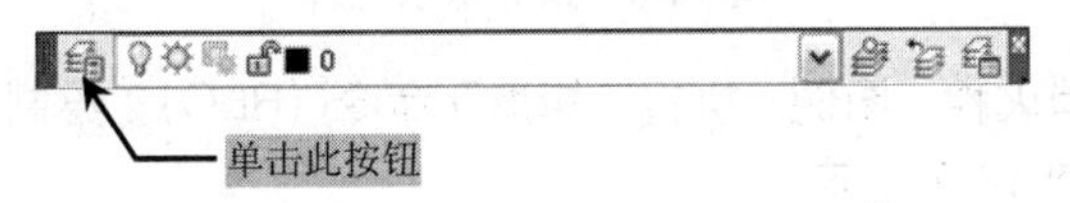

图 14-3　单击“图层特性管理器”按钮

Step 04 在打开的“图层特性管理器”面板下，建立如图 14-4 所示的图层，并设置好图层的颜色。

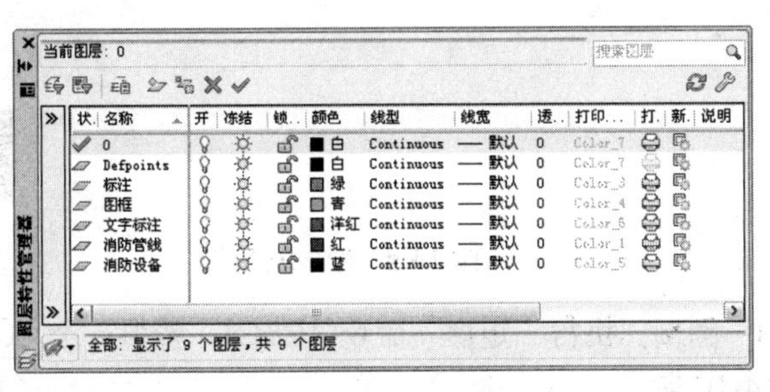

图 14-4　设置图层

14.1.2 绘制消防设备

前面已经设置好了绘图的环境，接下来进行消防设备的绘制，其中包括绘制给水立管、室内消火栓、闸阀、管道标号等。

Step 01 执行“格式→图层”菜单命令，在弹出的“图层特性管理器”对话框中将“消防设备”图层设置为当前图层，如图 14-5 所示。

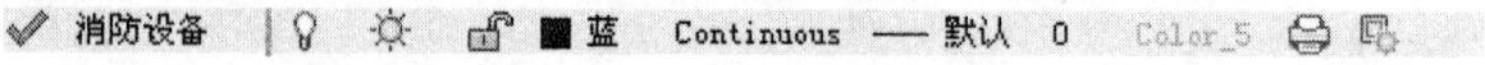

✓ 消防设备 | 蓝 Continuous —— 默认 0 Color_5

图 14-5 设置图层

Step 02 执行“圆”命令（C），绘制一个半径为 100mm 的圆，用来作为室内消防“给水立管”。

Step 03 执行“复制”命令（CO），将绘制的圆多次复制后，然后将其布置到平面图中相应的位置处，如图 14-6 所示。

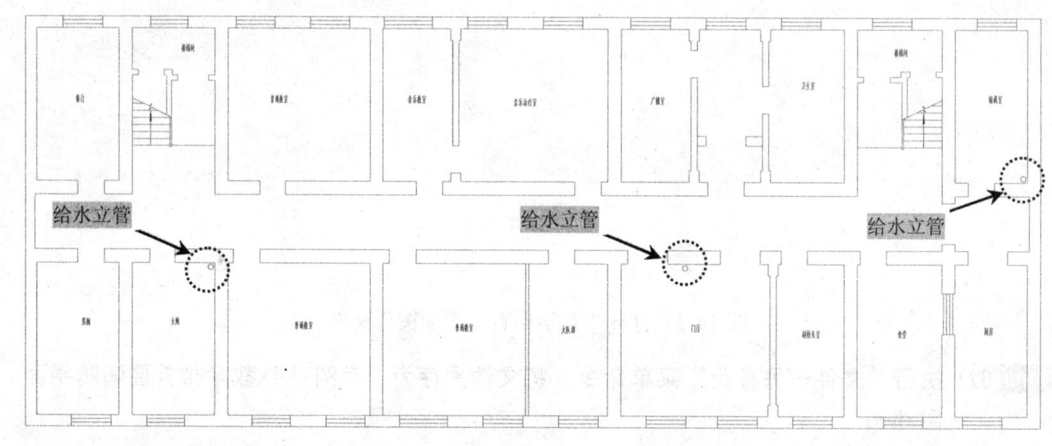

图 14-6 绘制给水立管

Step 04 绘制“室内消火栓”图例，执行“矩形”命令（REC），绘制一个 700mm×240mm 的矩形，如图 14-7 所示。

Step 05 执行“直线”命令（L），捕捉矩形上的相应端点绘制一条对角线，如图 14-8 所示。

Step 06 执行“图案填充”命令（H），为矩形的下侧相应区域填充“SOLID”图案，如图 14-9 所示。

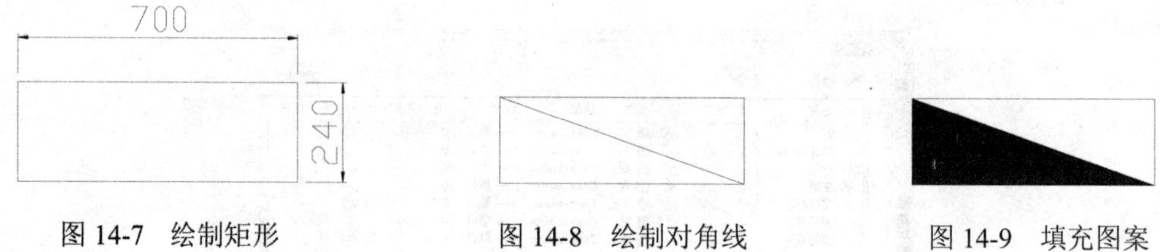

图 14-7 绘制矩形　　图 14-8 绘制对角线　　图 14-9 填充图案

Step 07 绘制“闸阀”图例，执行“矩形”命令（REC），绘制一个 500mm×300mm 的矩形，如图 14-10 所示。

Step 08 执行“直线”命令（L），捕捉矩形上的相应端点绘制两条对角线，如图 14-11 所示。

Step 09 执行“分解”命令（X），将绘制的矩形分解，然后将矩形的上下侧水平边删除，如图 14-12 所示。

Step 10 执行“直线”命令（L），在对角线的交点处绘制一条适当长度的垂线段，如图 14-13 所示。

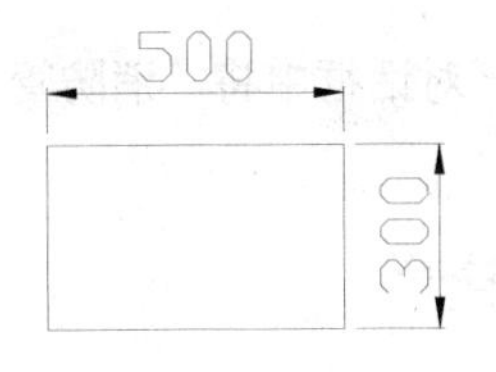

图 14-10　绘制矩形

图 14-11　绘制对角线

图 14-12　删除线段

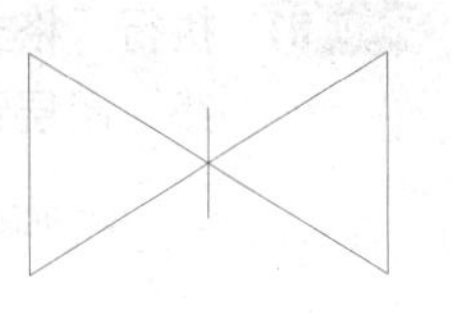

图 14-13　绘制垂线段

Step 11 绘制“管道标号”符号，执行“圆”命令（C），绘制一个半径为 600mm 的圆，如图 14-14 所示。

Step 12 执行“直线”命令（L），捕捉圆的左右侧圆弧上的象限点绘制一条水平直径，如图 14-15 所示。

Step 13 执行“多行文字”命令（MT），设置好文字大小后，在圆的内部输入相关的文字内容，如图 14-16 所示。

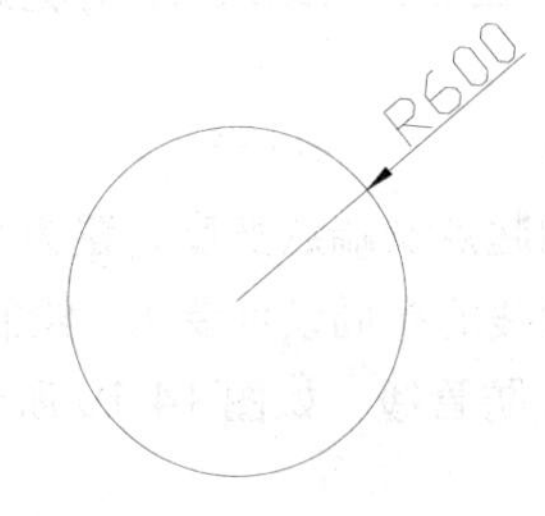

图 14-14　绘制圆

图 14-15　绘制水平直径

图 14-16　输入文字

Step 14 执行“复制”命令（CO），将前面绘制的管道标号复制一个，并修改下侧的文字“1”为“2”，然后将其布置到平面图上侧相应的位置处，如图 14-17 所示。

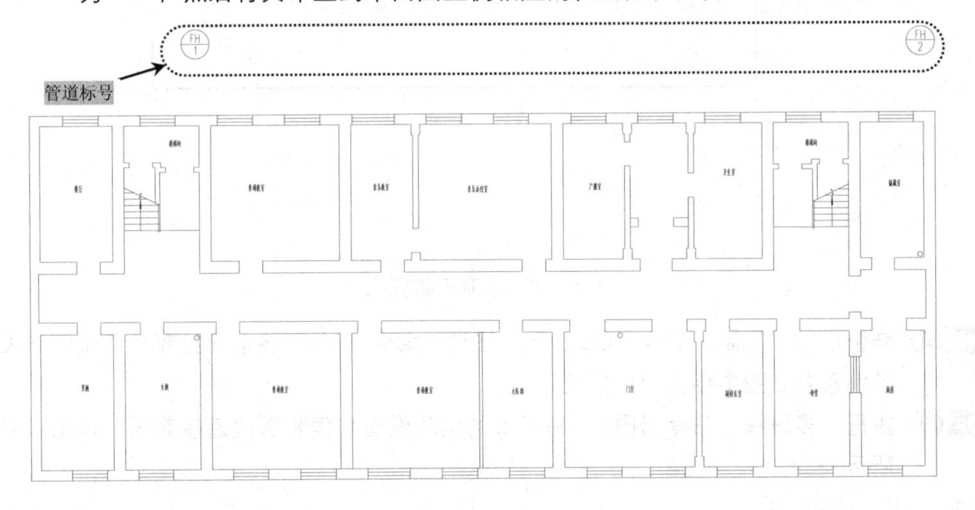

图 14-17　布置管道标号

Note

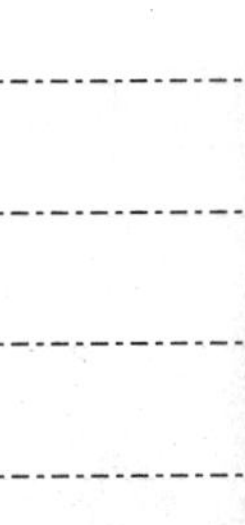

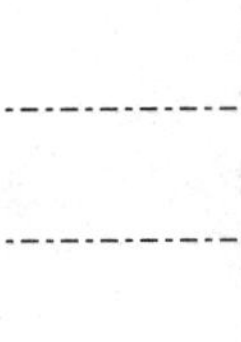

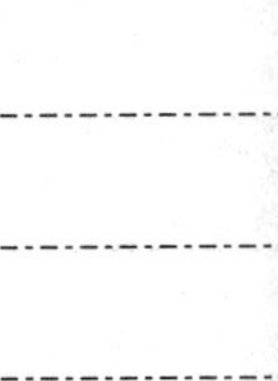

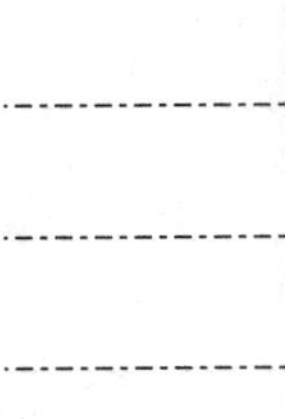

14.1.3 绘制消防管线

Note

前面已经绘制好了所有的消防设备，接下来绘制平面图中的消防管线，并将前面绘制的消防设备布置到平面图中相应的位置处。

Step 01 执行“格式→图层”菜单命令，在弹出的“图层特性管理器”对话框中将“消防管线”图层设置为当前图层，如图 14-18 所示。

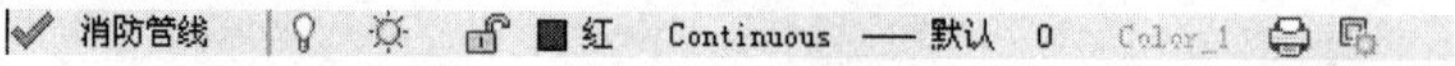

消防管线				红	Continuous	—— 默认	0	Color_1		

图 14-18 设置图层

专业技能—消防给水管线的绘制要求

（1）给水管线一般用粗实线表示，可采用“直线”或“多段线”命令来进行绘制。在这里为了便于观察采用具有一定宽度的“多段线”来进行绘制，如采用“直线”命令来进行管线绘制时，需要先设置当前图层的线宽。

（2）绘制管线前应注意其安装走向及方式，一般可顺时针绘制，由立管（或入口）作为起始点，然后将各消防设备连接起来。

Step 02 执行“多段线”命令（PL），根据命令行提示将多段线的起点及端点宽度设置为 60。

Step 03 设置好多段线的线宽以后，接着按照教学楼首层消防管线的布局设计要求，绘制出从室外管道编号引入的，连接室内各消防给水立管的消防管线，如图 14-19 所示。

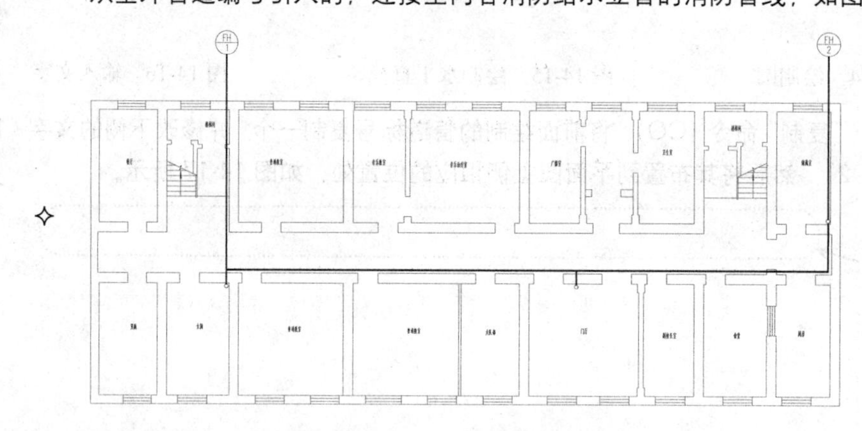

图 14-19 绘制消防管线

Step 04 结合执行“复制”命令（CO）及“移动”命令（M），将前面绘制的各个消防设备图例布置到图中相应的位置处。

Step 05 执行“多段线”命令（PL），将布置的消防设备与消防管线连接起来，如图 14-20 所示。

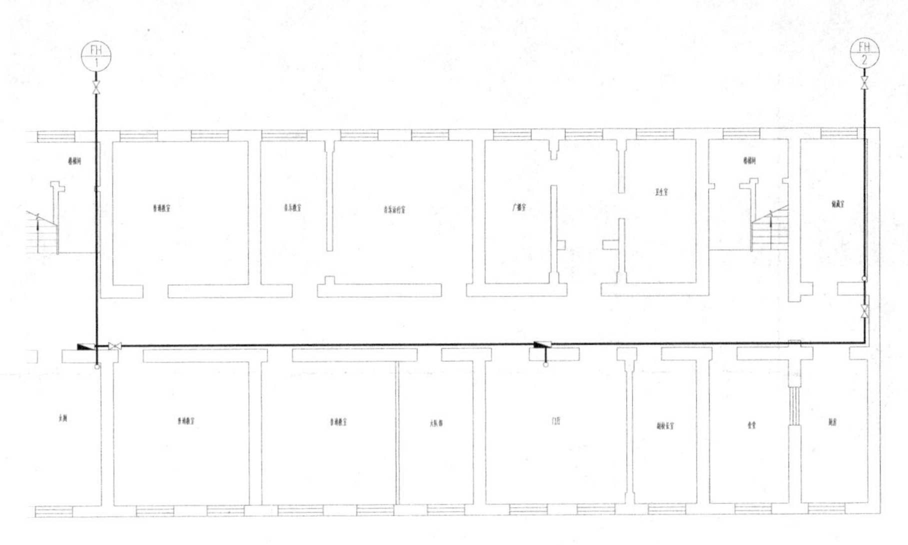

图 14-20　连接消防设备

14.1.4　添加说明文字及图框

前面已经绘制好了教学楼首层平面图内的所有消防管线及消防设备，接下来讲解为绘制的消防平面图添加相关的文字标注说明、标注图名，以及添加平面图图框。

Step 01 执行“格式→图层”菜单命令，在弹出的“图层特性管理器”对话框中将“文字标注”图层设置为当前图层，如图 14-21 所示。

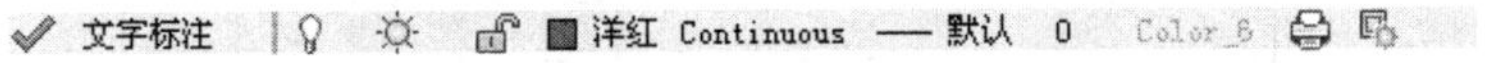

✔ 文字标注 ■洋红 Continuous —— 默认 0 Color_6

图 14-21　设置图层

Step 02 执行“多行文字”命令（MT），设置好文字大小以后，对平面图中的 3 根消防给水立管进行名称标注，标注的名称分别为“FH-1”、“FH-2”、“FH-3”；再在下侧进行“管径大小”标注，管径的大小为 100mm，用“DN100”来进行表示。

Step 03 结合执行“直线”命令（L）及“多行文字”命令（MT），在管道的入口位置进行管道标高标注及相关的文字说明标注，效果如图 14-22 所示。

Step 04 执行“多行文字”命令（MT），在图形的下侧进行“图名及比例标注”，再结合执行“多段线”命令（PL）及“直线”命令（L），在图形的下侧绘制两条水平直线段，效果如图 14-23 所示。

Step 05 将当前图层设置为“图框”图层，再执行“插入”命令（I），将“案例\14\A3 图框.dwg”图块文件插入到绘图区中的空白位置。

Step 06 执行“缩放”命令（SC），将插入的图框缩放 100 倍，再将绘制的教学楼首层消防平面图图形全部选中，将其移动到图框的中间相应位置即可。

Step 07 执行“多行文字”命令（MT），在图框右下侧的图签中输入相关的文字内容，从而完成该教学楼首层消防平面图的绘制，如图 14-24 所示。

Note

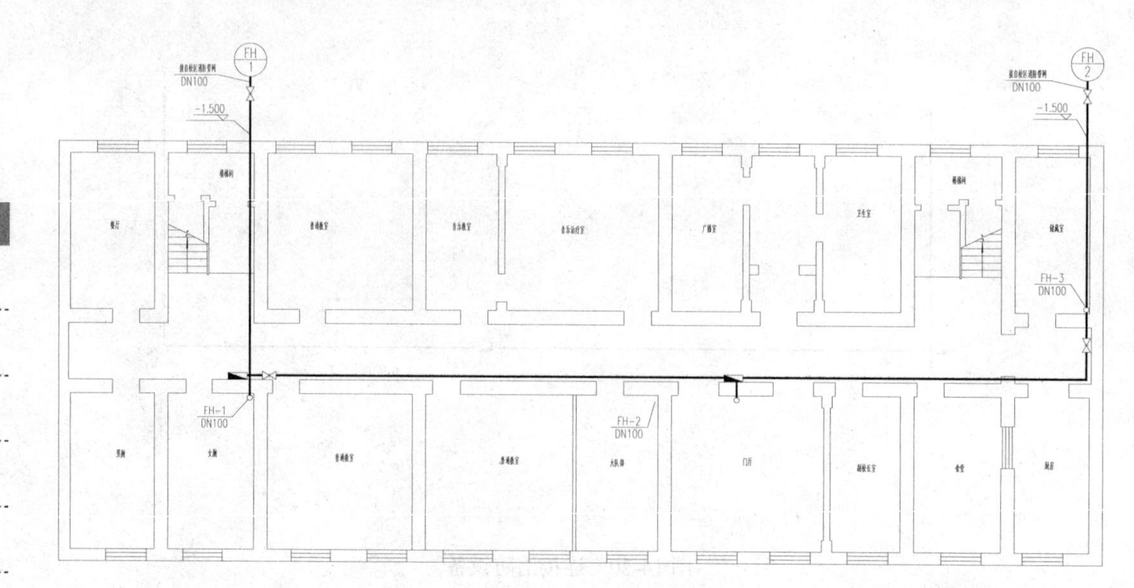

图 14-22　标注的效果

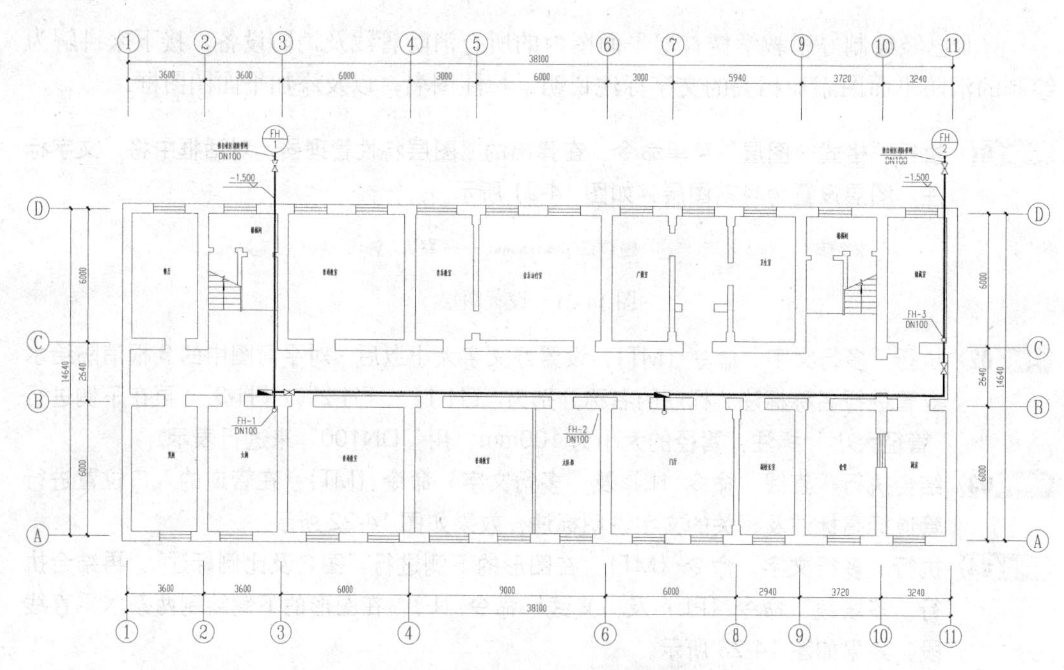

图 14-23　标注图名及比例的效果

Step 08 至此，该教学楼的首层消防平面图已经绘制完成，然后按 Ctrl+S 组合键将该文件进行保存。

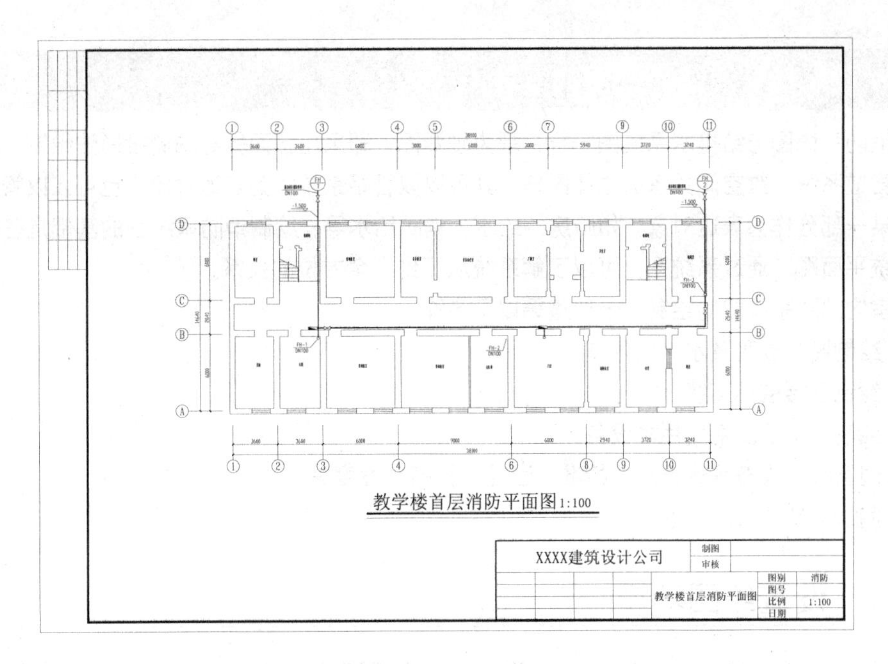

图 14-24　添加平面图图框

14.2 绘制教学楼消防系统图

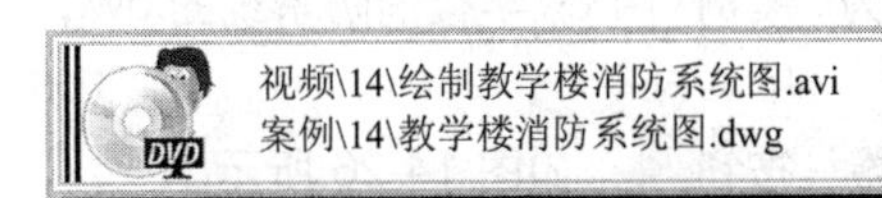

本节以前一节中的某四层教学楼为例，介绍该教学楼的消防系统图的绘制流程，使读者掌握建筑消防系统图的绘制方法，以及相关的知识点，其绘制的该四层教学楼消防系统图如图 14-25 所示。

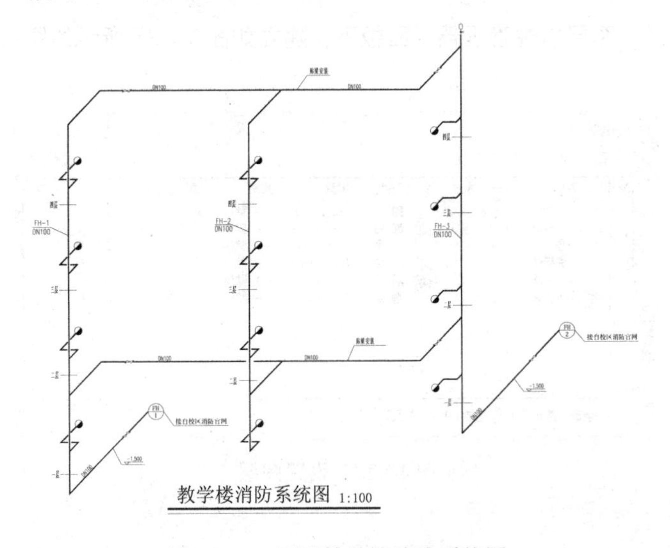

图 14-25　四层教学楼消防系统图

Note

专业技能—消防系统图的概述

室内消防系统图与给排水系统图一样，都为轴测图，即采用正面斜等轴测投影法绘制，能够反映管道系统三维空间关系的立体图样，其可以以管路系统作为表达对象，也可以以管线系统的某一部分作为表达对象，如厨房的给水、消防给水等。绘制消防系统图的基础是各层消防系统平面图，通过系统图，可以了解系统从下到上全方位的关系。

建筑室内消防系统图的绘制，一般遵循以下步骤：

（1）绘制竖向立管及水平向管道。

（2）绘制各楼层标高线。

（3）绘制各支管及附属用水设备。

（4）对管线、设备等进行尺寸标准（管径、标高、坡度等）。

（5）附加必要的文字说明。

14.2.1 设置绘图环境

在绘制该教学楼的消防系统图之前，首先应设置绘图的环境，其中包括新建文件、另存文件、新建图层等。

Step 01 启动 AutoCAD 2014 应用程序，系统自动新建一个空白文件。

Step 02 执行“文件→另存为”菜单命令，将文件另存为“案例\14\教学楼消防系统图.dwg”文件。

Step 03 在“图层”工具栏上，单击“图层特性管理器”按钮，如图 14-26 所示。

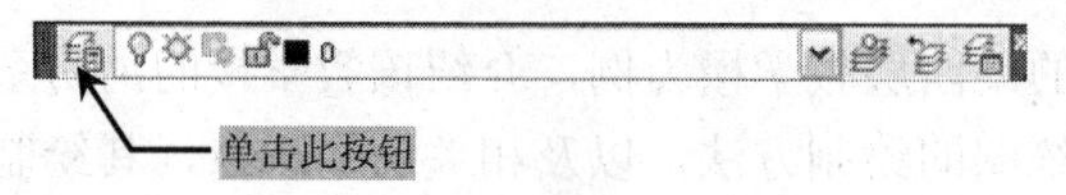

图 14-26 单击“图层特性管理器”按钮

Step 04 在打开的“图层特性管理器”面板下，建立如图 14-27 所示的图层，并设置好图层的颜色。

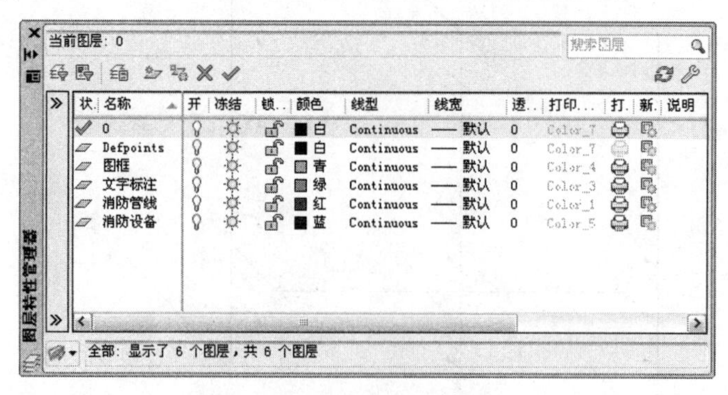

图 14-27 设置图层

14.2.2　绘制消防给水管线

前面已经设置好了绘图的环境，接下来进行消防给水管线的绘制，其中包括绘制消防管道标号及相关的消防给水管线等。

Step 01 执行"格式→图层"菜单命令，在弹出的"图层特性管理器"对话框中将"消防管线"图层设置为当前图层，如图 14-28 所示。

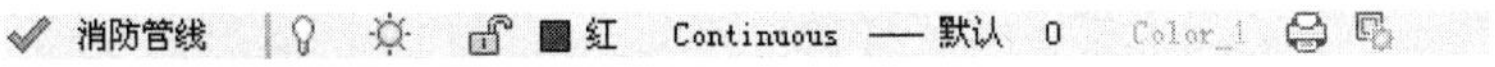

✓ 消防管线 | 红 Continuous —— 默认 0 Color_1

图 14-28　设置图层

Step 02 绘制"管道标号"符号，执行"圆"命令（C），绘制一个半径为 600mm 的圆，如图 14-29 所示。

Step 03 执行"多行文字"命令（MT），设置好字体大小后，在圆内输入相关的文字内容，如图 14-30 所示。

Step 04 右击状态栏中的"极轴追踪（F10）"按钮，在弹出的关联菜单下选择"设置"命令。

Step 05 接着在打开的"草图设置"对话框中，勾选其中的"启用极轴追踪"；在"增量角"下拉列表框中选择 45；在"对象捕捉追踪设置"选项组中选择"用所有极轴角设置追踪"单选项；在"极轴角测量"选项组中选择"绝对"单选项；最后单击下方的"确定"按钮，从而完成"极轴追踪"功能的设置，如图 14-31 所示。

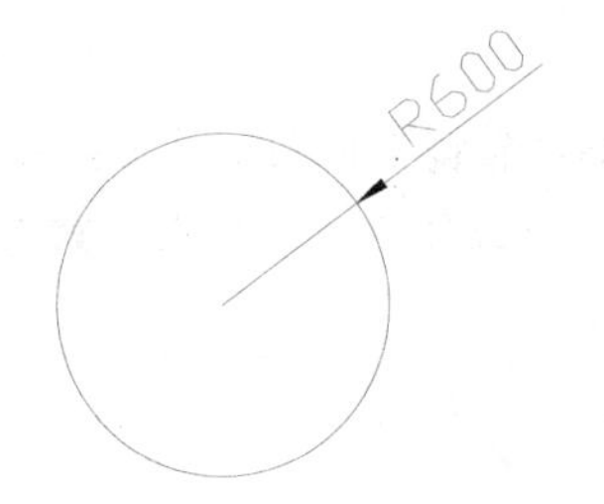

图 14-29　绘制圆

图 14-30　输入文字

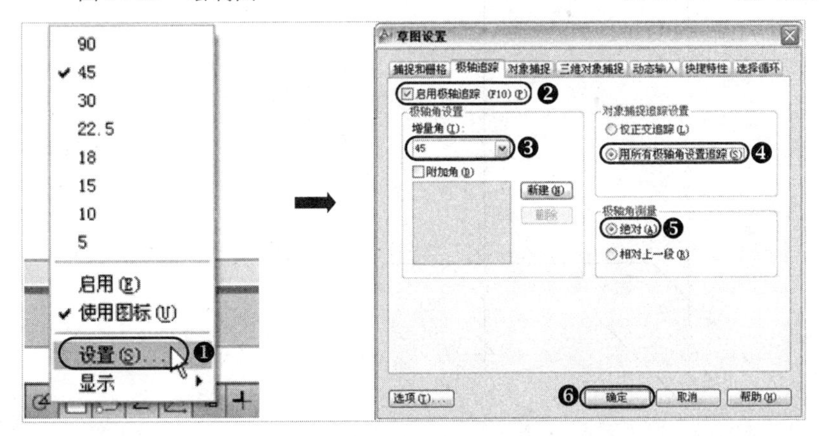

图 14-31　设置极轴追踪

Note

Step 06 执行“多段线”命令（PL），根据命令行提示将多段线的起点及端点宽度设置为 60。

Step 07 绘制消防给水主管线，执行“多段线”命令（PL），由前面绘制的管道标号上一点为起点，由左及右、自下而上绘制、其水平竖向尺寸由给水管道布置的平面尺寸及标高来确定。其绘制的消防给水主管线如图 14-32 所示。

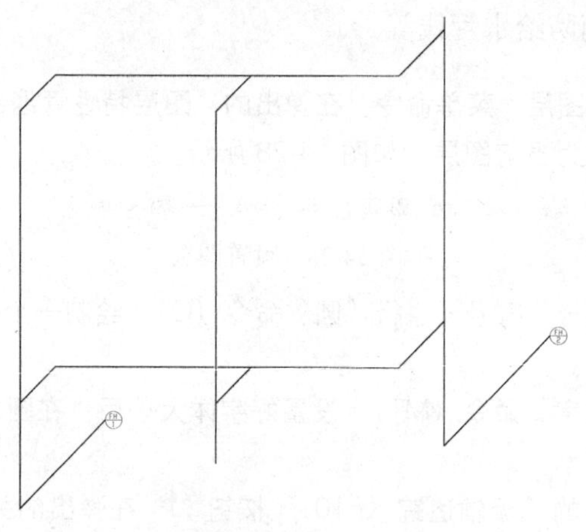

图 14-32 绘制给水主管线

提示

用户在绘制消防给水管线的时候，应注意使用前面设置的“极轴追踪”功能来绘制管道相应位置的弯曲部分。

Step 08 继续执行“多段线”命令（PL），根据消防给水管道平面图识读各支管线的空间连接关系与具体尺寸来进行给水支管线的绘制，其绘制的消防给水支管线如图 14-33 所示。

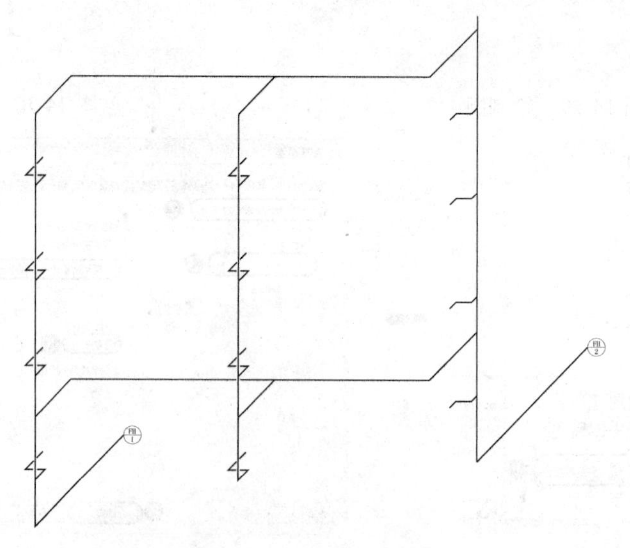

图 14-33 绘制给水支管线

Step 09 执行“直线”命令（L），在各个给水立管的±0.000 标高处绘制一条适当长度的水平线段表示楼面线；再执行“偏移”命令（O），将绘制的楼面线复制到给水管的相应位置处，表示出不同楼层的标高位置，如图 14-34 所示。

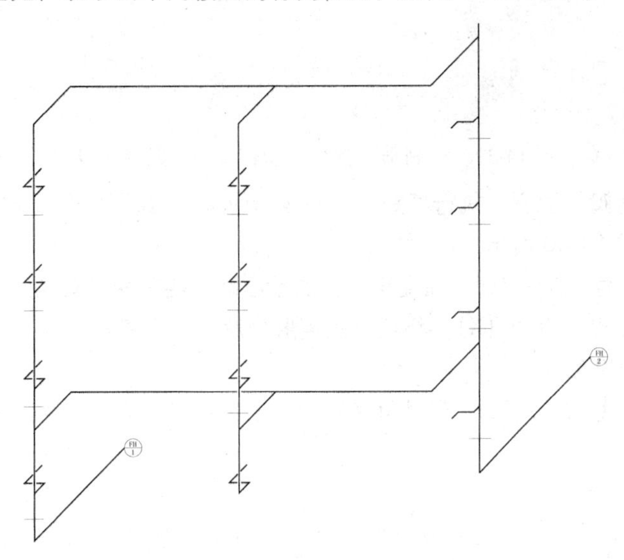

图 14-34　绘制各层楼面线

14.2.3　绘制消防设备

前面已经绘制好了教学楼消防系统图的各层给水管线，接下来进行相关消防设备的绘制，其中包括绘制室内消火栓、闸阀、自动排气阀等，然后将绘制的相关消防设备布置到消防管线上的相应位置处。

Step 01 执行“格式→图层”菜单命令，在弹出的“图层特性管理器”对话框中将“消防设备”图层设置为当前图层，如图 14-35 所示。

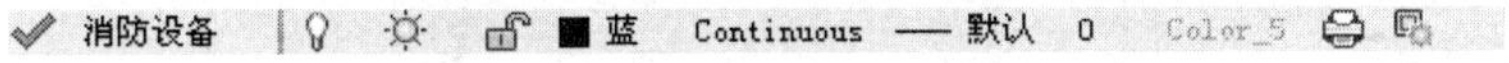

✓ 消防设备 | 蓝 Continuous —— 默认 0 Color_5

图 14-35　设置图层

Step 02 绘制“室内消火栓”图例，执行“圆”命令（C），绘制一个半径为 300mm 的圆，如图 14-36 所示。

Step 03 执行“直线”命令（L），捕捉圆上的上下侧象限点绘制圆的垂直直径，如图 14-37 所示。

Step 04 执行“旋转”命令（RO），以上一步绘制垂线段的中点为旋转基点，将垂直线段旋转 315°，如图 14-38 所示。

Step 05 执行“图案填充”命令（H），为圆的右侧相应位置填充“SOLID”图案，将其填充为黑色实心，如图 14-39 所示。

Note

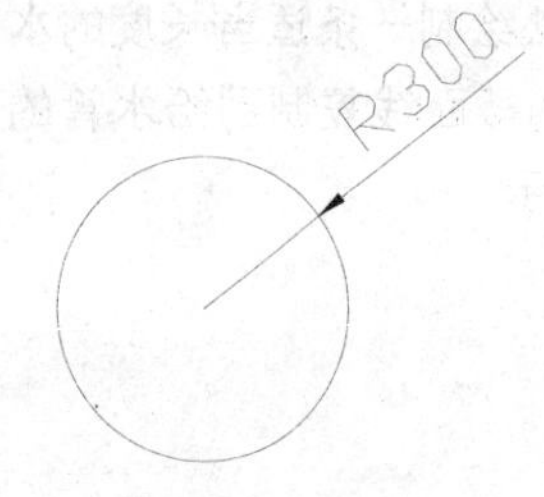

图 14-36 绘制圆

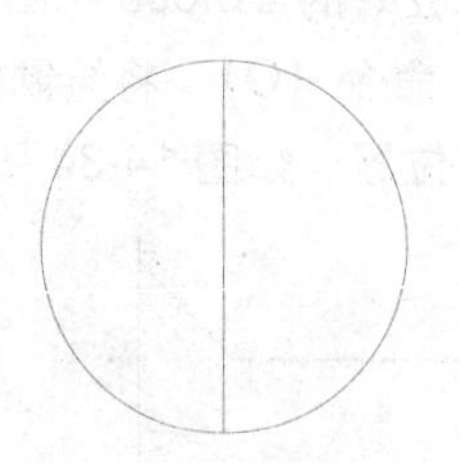
图 14-37 绘制垂直直径

图 14-38 旋转线段

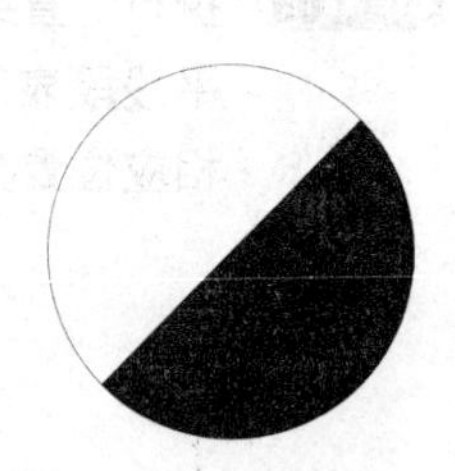
图 14-39 填充图案

Step 06 绘制“闸阀”图例，执行“矩形”命令（REC），绘制一个 500mm×300mm 的矩形，如图 14-40 所示。

Step 07 执行“直线”命令（L），捕捉矩形上的相应端点绘制两条对角线，如图 14-41 所示。

Step 08 执行“分解”命令（X），将绘制的矩形分解，然后将矩形的上下侧水平边删除掉，如图 14-42 所示。

Step 09 执行“直线”命令（L），在对角线的交点处绘制一条适当长度的垂线段，如图 14-43 所示。

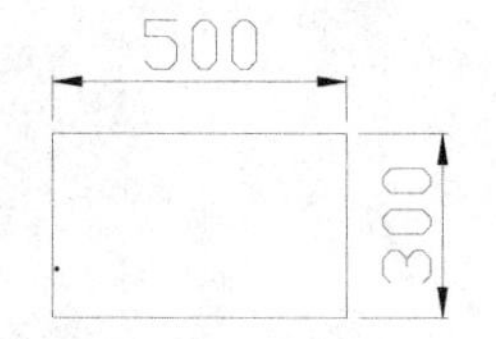

图 14-40 绘制矩形

图 14-41 绘制对角线

图 14-42 删除线段

图 14-43 绘制垂线段

Step 10 绘制“自动排气阀”图例，执行“矩形”命令（REC），绘制一个 270mm×260mm 的矩形，如图 14-44 所示。

Step 11 执行“圆”命令（C），捕捉矩形的下侧水平边中点为圆心，绘制一个半径 135mm 的圆，如图 14-45 所示。

Step 12 执行“修剪”命令（TR），对图形的相应位置进行修剪操作，如图 14-46 所示。

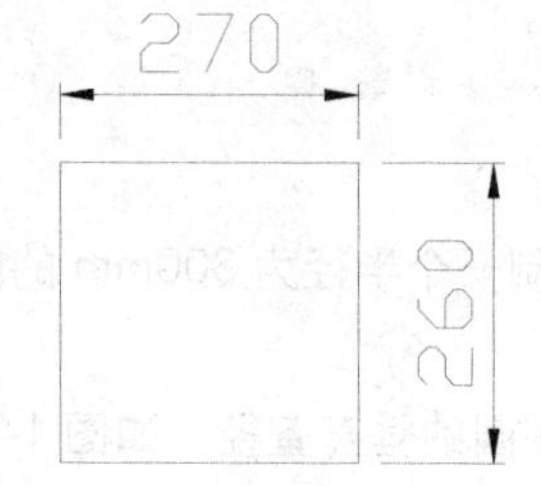

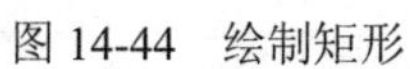
图 14-44 绘制矩形

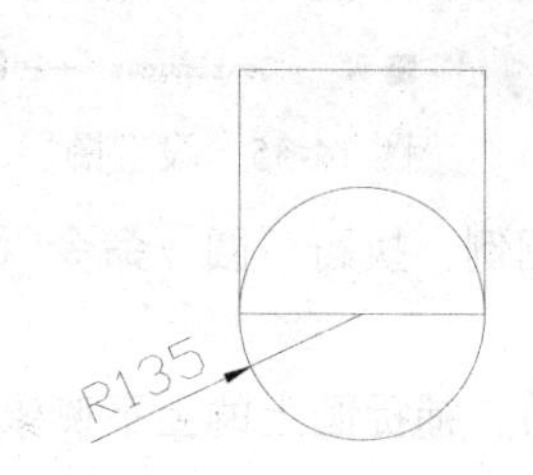

图 14-45 绘制圆

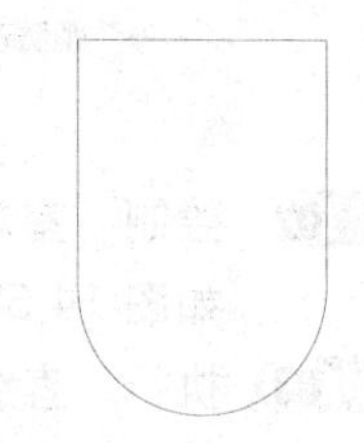
图 14-46 编辑图形

Step 13 执行“直线”命令（L），捕捉矩形的上侧水平边中点垂直向上绘制一条长度为 120mm 的垂线段，再在圆弧的下侧绘制一条长度为 380mm 的垂线段，如图 14-47 所示。

Step 14 执行“圆”命令（C），捕捉下侧垂线段上的一点绘制一个半径为 60mm 的圆，如图 14-48 所示。

Step 15 执行“图案填充”命令（H），为圆填充“SOLID”图案，如图 14-49 所示。

Step 16 执行“直线”命令（L），在圆的右侧分别绘制一条水平及垂线段，如图 14-50 所示。

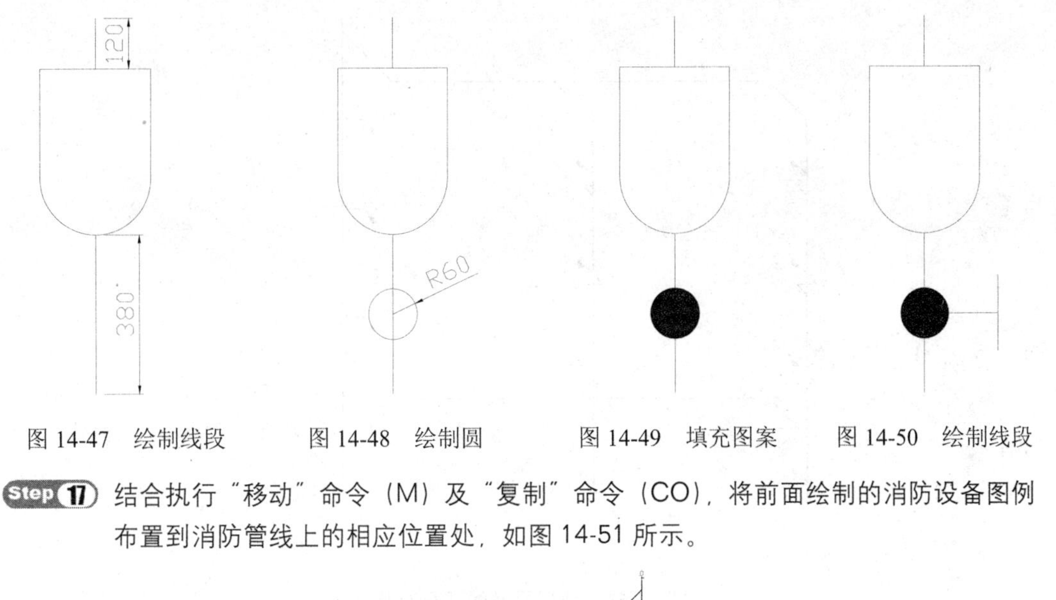

120
380

图 14-47 绘制线段

R60

图 14-48 绘制圆

图 14-49 填充图案

图 14-50 绘制线段

Step 17 结合执行“移动”命令（M）及“复制”命令（CO），将前面绘制的消防设备图例布置到消防管线上的相应位置处，如图 14-51 所示。

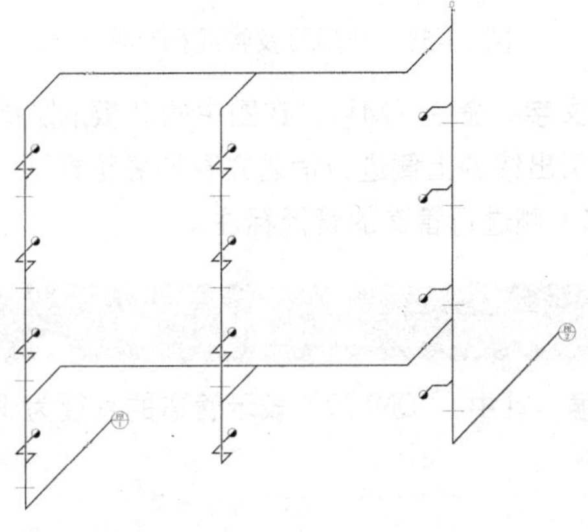

图 14-51 布置消防设备图例

14.2.4 添加说明文字及图框

前面已经绘制好了教学楼消防系统图的所有消防管线及消防设备，接下来讲解为绘制的消防系统图添加相关的文字标注说明，标注图名，以及添加平面图图框。

Step 01 执行“格式→图层”菜单命令，在弹出的“图层特性管理器”对话框中将“文字标注”图层设置为当前图层，如图 14-52 所示。

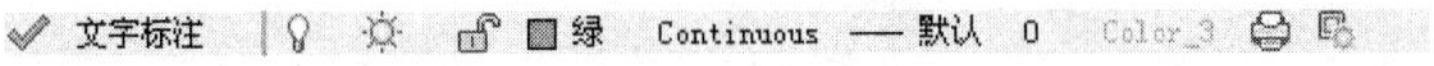

文字标注
绿
Continuous
默认
0
Color_3

图 14-52 设置图层

Step 02 执行“多行文字”命令（MT），设置好文字样式以后，在楼面线的左侧进行楼层号的标注，再在管道的入口相应位置上进行管线的标高标注。其标注后的效果如图 14-53 所示。

Note

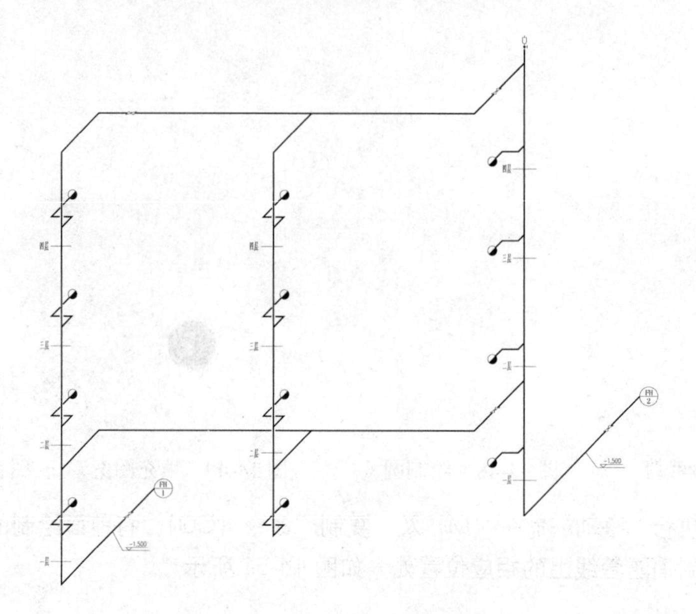

图 14-53　楼层号及管线标高标注

Step 03　继续执行“多行文字”命令（MT），在图中的 3 根消防给水立管的左侧绘制连续的引出线，然后在引出线的上侧进行消防立管的名称标注，分别为“FH-1”、“FH-2”、“FH-3”，再在其下侧进行管道的管径标注。

提示

在对管径进行标注的时候，其中，“DN100”表示管道的直径为 DN100，即管道的直径大小为 100mm。

Step 04　继续执行“多行文字”命令（MT），为图中的其他管道位置进行管径标注，再在管道的相应位置添加文字说明标注，如图 14-54 所示。

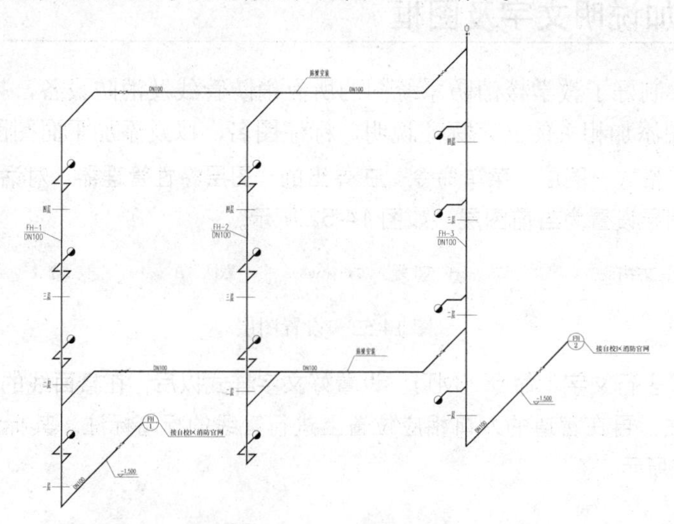

图 14-54　标注的效果

Step 05 将当前图层设置为“图框”图层，再执行“插入”命令（I），将“案例\14\A3 图框.dwg”图块文件插入到绘图区中的空白位置。

Step 06 执行“缩放”命令（SC），将插入的图框缩放 100 倍，再将绘制的教学楼消防系统图图形全部选中，将其移动到图框的中间相应位置即可。

Step 07 执行“多行文字”命令（MT），在图框右下侧的图签中输入相关的文字内容，从而完成该教学楼消防系统图的绘制，如图 14-55 所示。

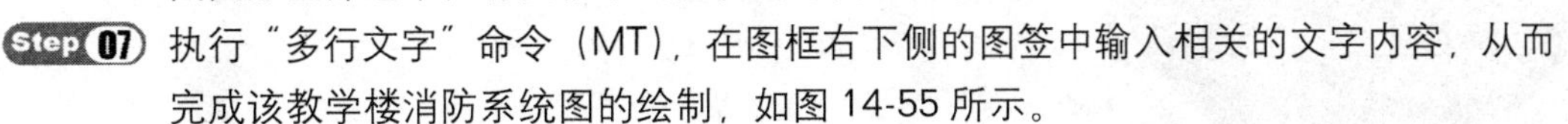

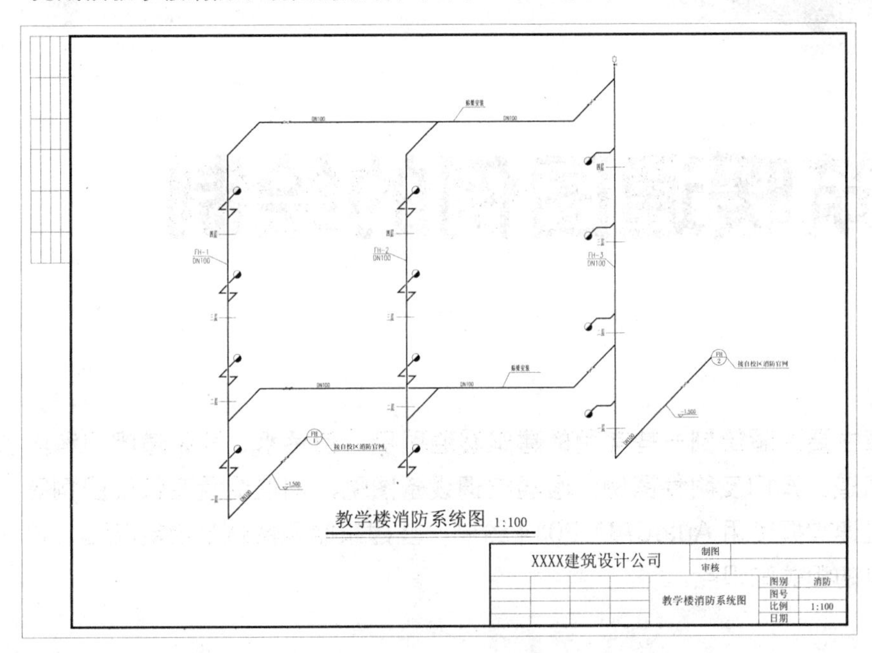

图 14-55 添加平面图图框

Step 08 至此，该教学楼的消防给水系统图已经绘制完成，然后按 Ctrl+S 组合键将该文件进行保存。

14.3 本章小结

在本章中，主要讲解了 AutoCAD 2014 消防工程施工图的绘制，包括 AutoCAD 绘制教学楼首层消防平面图，如设置绘图环境、布置消防设备、绘制消防管线、添加说明文字及输入框等，AutoCAD 2014 绘制教学楼消防系统图，如设置绘图环境、绘制消防给水管线、绘制消防设备、添加说明文字及图框等。

建筑暖通图例的绘制

本章主要讲解绘制一些常用的建筑暖通图例，包括水、气管道阀门和附加图例，风道、阀门及附件图例，暖通空调设备图例，调控装置及仪表图例等，使读者迅速掌握使用 AutoCAD 2014 绘制一些建筑暖通图例的绘制流程，以及暖通图例的相关知识点。

内容要点

- 学习水、气管道阀门和附件图例的绘制
- 学习风道、阀门及附件图例的绘制
- 学习暖通空调设备图例的绘制
- 学习调控装置及仪表图例的绘制

Note

15.1 绘制水、气管道阀门和附件图例

在绘制建筑暖通平面图及系统图的过程中，需要用到很多的水、气管道阀门和附件图例。下面讲解一些常用的水、气管道阀门和附件图例的绘制过程。

15.1.1 绘制截止阀

视频\15\绘制截止阀.avi
案例\15\截止阀.dwg

首先新建并保存一个新的".dwg"文件，再结合执行矩形、直线、分解等绘图命令进行截止阀图例的绘制。

Step 01 启动 AutoCAD 2014 软件，系统将自动新建一个".dwg"文件，选择"文件→保存"菜单命令，将其新文件保存为"案例\15\截止阀.dwg"文件。

Step 02 执行"矩形"命令（REC），绘制一个 300mm×200mm 的矩形，如图 15-1 所示。

Step 03 执行"直线"命令（L），捕捉矩形上相应的端点绘制对角线，如图 15-2 所示。

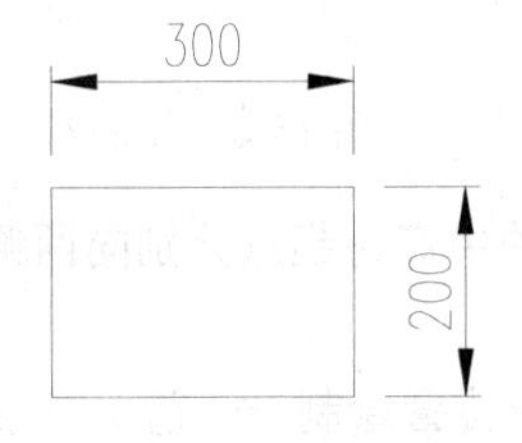

图 15-1　绘制矩形

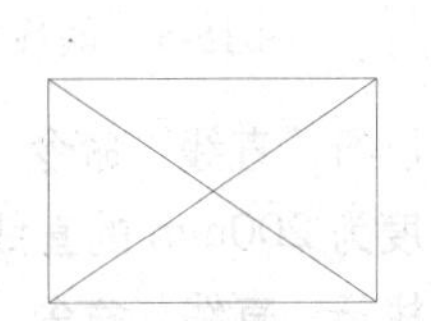

图 15-2　绘制对角线

Step 04 执行"分解"命令（X），将前面绘制的矩形分解，然后将矩形的上下两条边删除掉，如图 15-3 所示。

Step 05 执行"直线"命令（L），并单击"对象捕捉"命令按钮，在矩形左右两边中点处分别向外绘制一条长为 300mm 的直线，从而完成截止阀图例的绘制如图 15-4 所示。

图 15-3　分解图形并删除线段

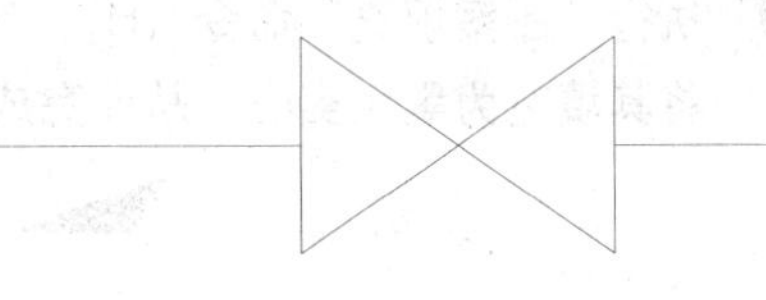

图 15-4　截止阀图例

Step 06 至此，该截止阀图例已经绘制完成，在键盘上按 Ctrl+S 组合键对其文件进行保存。

15.1.2 绘制止回阀

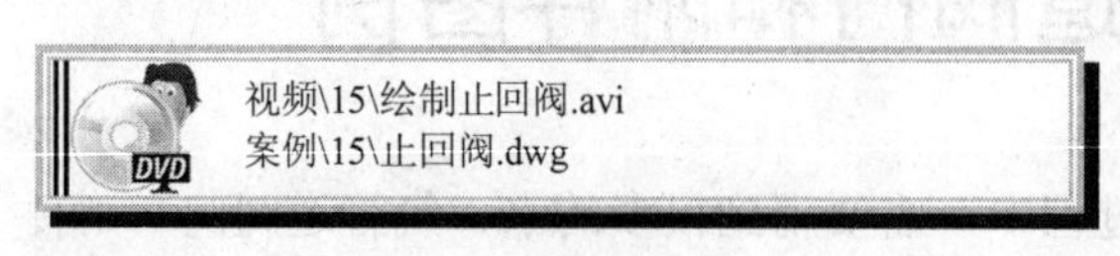

首先新建并保存一个新的".dwg"文件，再结合执行直线、偏移、图案填充等绘图命令进行止回阀图例的绘制。

Step 01 启动 AutoCAD 2014 软件，系统将自动新建一个".dwg"文件，选择"文件→保存"菜单命令，将其新文件保存为"案例\15\止回阀.dwg"文件。

Step 02 执行"直线"命令（L），绘制一条长为 100mm 的垂直线段。

Step 03 执行"偏移"命令（O），将绘制的垂直线段向右偏移 200mm，从而复制了一条相同的垂直线段，如图 15-5 所示。

Step 04 执行"直线"命令（L），捕捉绘制的两条垂直线段上相应的点绘制对角线，如图 15-6 所示。

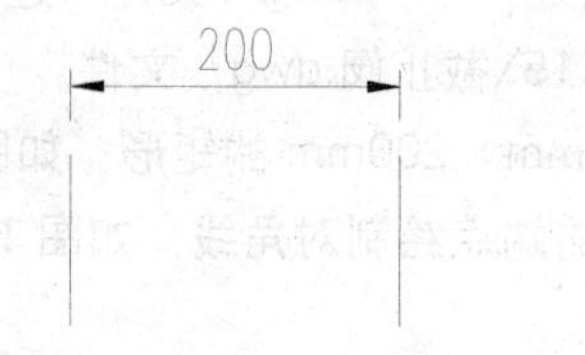

图 15-5 偏移线段

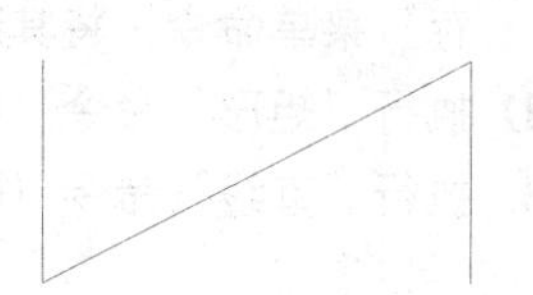

图 15-6 绘制对角线

Step 05 执行"直线"命令（L），分别以所画两条垂线的中点为起点分别向两侧绘制一条长度为 200mm 的直线，如图 15-7 所示。

Step 06 执行"直线"命令（L），在绘制图形的上侧相应位置绘制一个箭头符号，如图 15-8 所示。

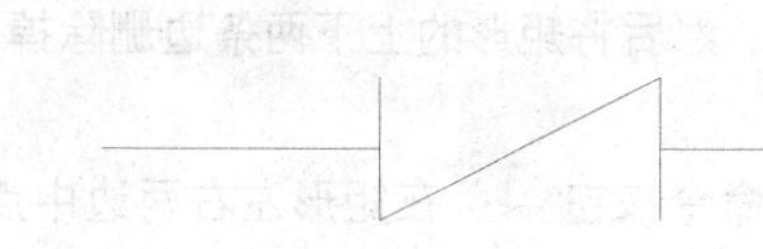

图 15-7 绘制直线段

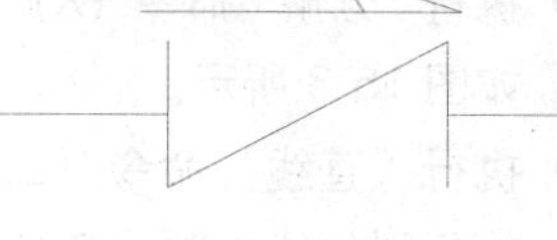

图 15-8 绘制箭头符号

Step 07 执行"图案填充"命令（H），对绘制的箭头符号内部相应位置执行图案填充命令，将其填充为黑色实心，从而完成止回阀图例的绘制如图 15-9 所示。

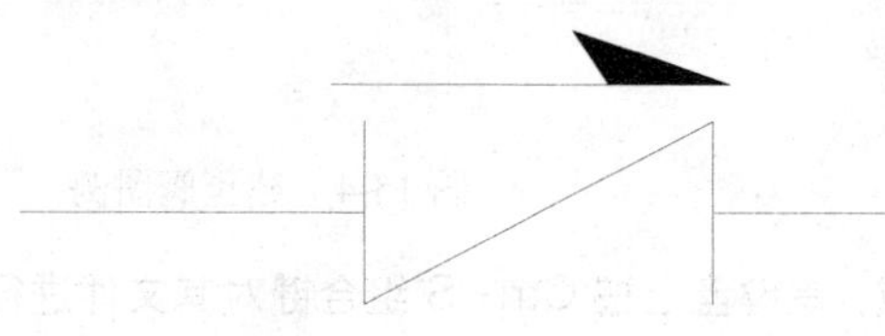

图 15-9 止回阀图例

Step 08 至此，该止回阀图例已经绘制完成，在键盘上按 Ctrl+S 组合键对其文件进行保存。

15.1.3　绘制三通阀

Note

视频\15\绘制三通阀.avi
案例\15\三通阀.dwg

首先新建并保存一个新的“.dwg”文件，再结合执行多边形、旋转、直线等绘图命令进行三通阀图例的绘制。

Step 01 启动 AutoCAD 2014 软件，系统将自动新建一个“.dwg“文件，选择“文件→保存”菜单命令，将其新文件保存为“案例\15\三通阀.dwg”文件。

Step 02 执行“多边形”命令（POL），根据命令行提示绘制一个内接于圆、半径为 60mm 的正三角形，如图 15-10 所示。

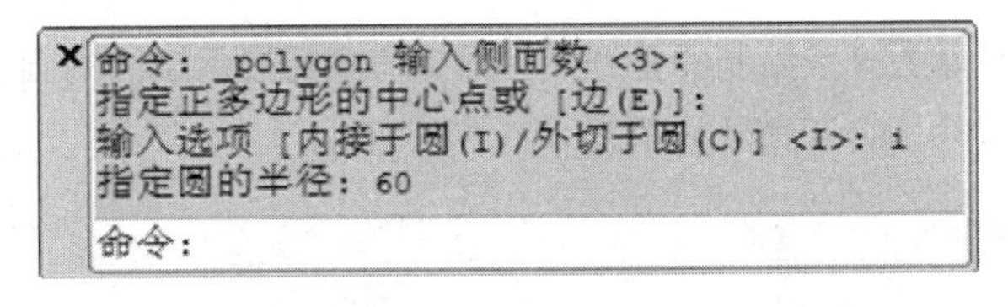

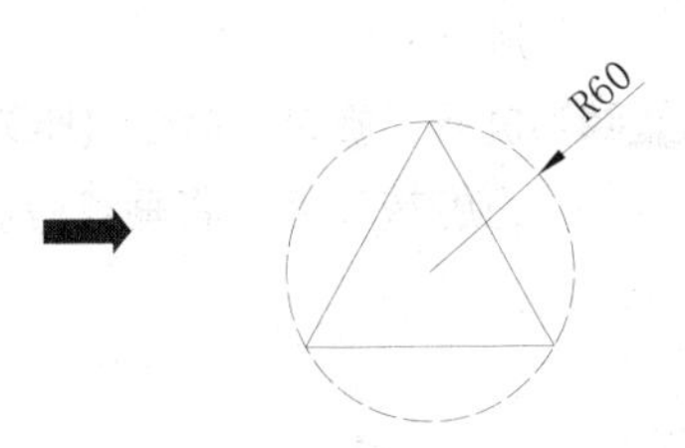

图 15-10　绘制正三角形

Step 03 执行“旋转”命令（RO），根据命令行提示以上一步绘制的正三角形的顶点为基点，水平向左复制旋转-90°，从而复制一个正三角形如图 15-11 所示。

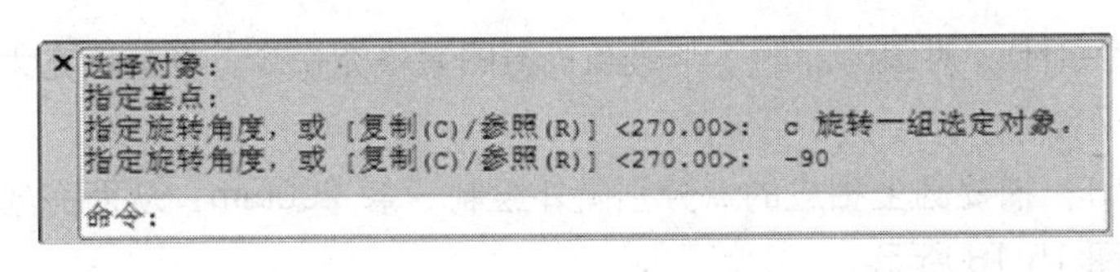

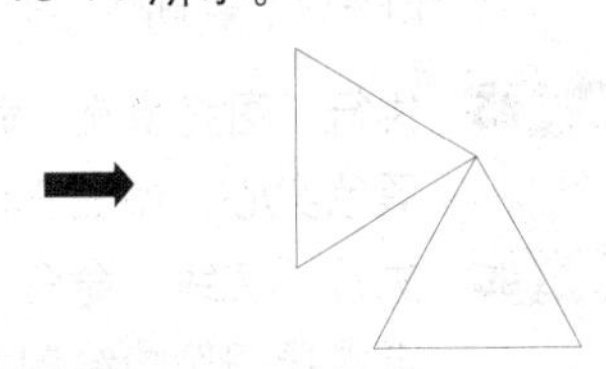

图 15-11　旋转复制正三角形

Step 04 使用同样的方法，将正三角形向右水平复制旋转 90°，从而复制一个三角形如图 15-12 所示。

Step 05 执行“直线”命令（L），并单击“对象捕捉”命令按钮，捕捉前面旋转复制的两个正多边形相应边上的中点分别向外绘制一条长为 200mm 的直线，从而完成三通阀图例的绘制如图 15-13 所示。

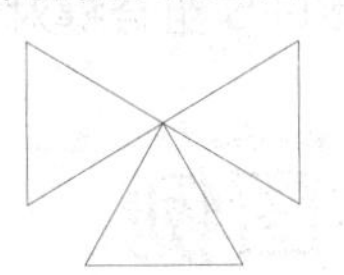

图 15-12　旋转复制正三角形

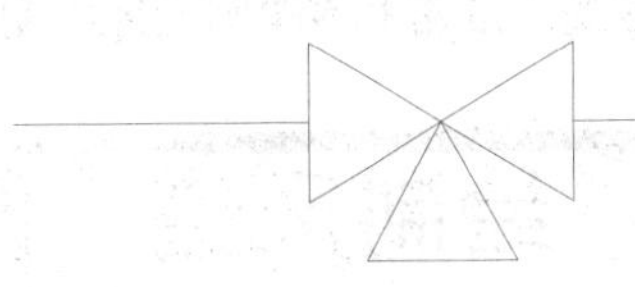

图 15-13　三通阀图例

Step 06 至此，该三通阀图例已经绘制完成，在键盘上按 Ctrl+S 组合键对其文件进行保存。

15.1.4 绘制疏水器

Note

视频\15\绘制疏水器.avi
案例\15\疏水器.dwg

首先新建并保存一个新的“.dwg”文件，再结合执行圆、直线、旋转、图案填充等绘图命令进行疏水器图例的绘制。

Step 01 启动 AutoCAD 2014 软件，系统将自动新建一个“.dwg“文件，选择“文件→保存”菜单命令，将其新文件保存为“案例\15\疏水器.dwg”文件。

Step 02 执行“圆”命令（C），绘制一个半径为 50mm 的圆，如图 15-14 所示。

Step 03 执行“直线”命令（L），捕捉圆上的相应象限点绘制圆的垂直向直径，如图 15-15 所示。

Step 04 执行“旋转”命令（RO），选择上一步绘制的垂线段，根据命令行提示以圆的圆心为旋转基点，将垂线段旋转 315°，如图 15-16 所示。

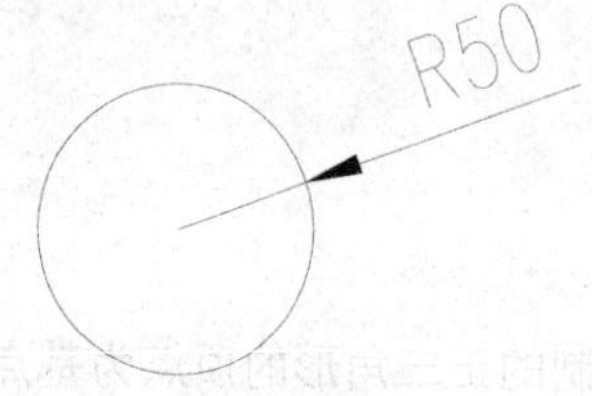

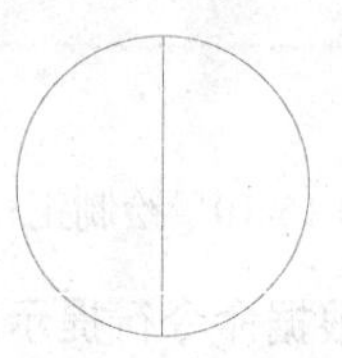

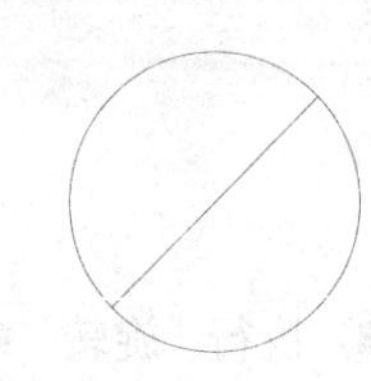

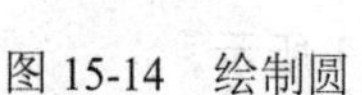

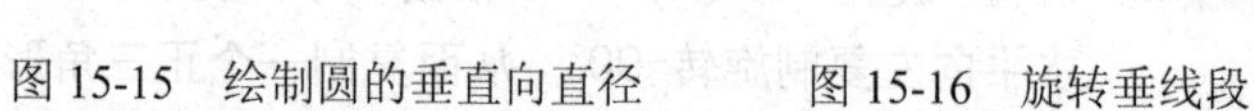

图 15-14 绘制圆　　图 15-15 绘制圆的垂直向直径　　图 15-16 旋转垂线段

Step 05 执行“图案填充”命令（H），对圆内部的下半边圆执行图案填充命令，将其填充为黑色实心，如图 15-17 所示。

Step 06 执行“直线”命令（L），捕捉圆上相应的点分别向外绘制一条 200mm，从而完成疏水器图例的绘制如图 15-18 所示。

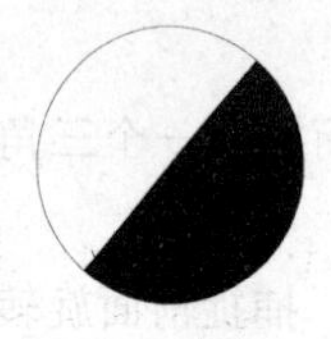

图 15-17 填充图案

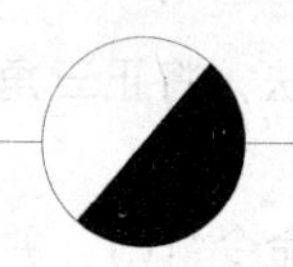

图 15-18 疏水器图例

Step 07 至此，该疏水器图例已经绘制完成，在键盘上按 Ctrl+S 组合键对其文件进行保存。

15.2 绘制风道、阀门及附件图例

在绘制建筑暖通平面图及系统图的过程中，需要用到很多的风道、阀门及附件图例。下面讲解一些常用的风道、阀门及附件图例的绘制过程。

15.2.1　绘制矩形风管

视频\15\绘制矩形风管.avi
案例\15\矩形风管.dwg

首先新建并保存一个新的“.dwg”文件，再结合执行直线、偏移、多行文字等绘图命令进行矩形风管图例的绘制。

Step 01 启动 AutoCAD 2014 软件，系统将自动新建一个“.dwg“文件，选择“文件→保存”菜单命令，将其新文件保存为“案例\15\矩形风管.dwg”文件。

Step 02 执行“直线”命令（L），绘制一条长为 300mm 的水平线段。

Step 03 执行“偏移”命令（O），将绘制的水平线段向下偏移 50mm，如图 15-19 所示。

Step 04 执行“直线”命令（L），在绘制的两条水平线段的左侧绘制一个折断符号；再将绘制的折断符号水平向右复制一个，如图 15-20 所示。

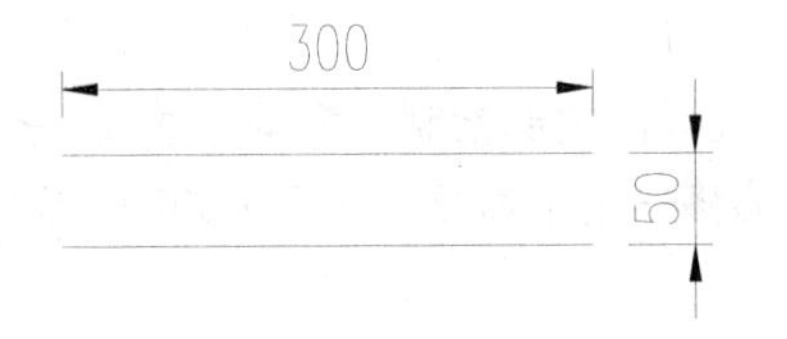

图 15-19　绘制水平线段并向下偏移

图 15-20　绘制折断符号

Step 05 执行“多行文字”命令（MT），在弹出的“文字”对话框中选择文字样式为“standard”，设置字体为“宋体”，文字高度为 20，颜色为“黑色”，在绘制的图形的中间位置输入文字“***×**** ”，从而完成矩形风管图例的绘制如图 15-21 所示。

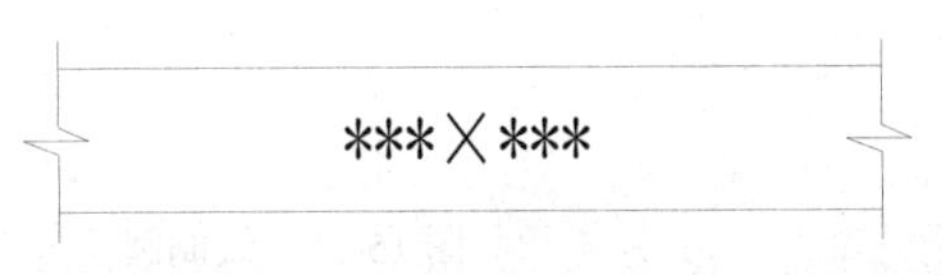

图 15-21　矩形风管

提示

标注的文字“***×***”，表示绘制的矩形风管的“宽（mm）×高（mm）”。

Step 06 至此，该矩形风管图例已经绘制完成，在键盘上按 Ctrl+S 组合键对其文件进行保存。

15.2.2　绘制止回风阀

视频\15\绘制止回风阀.avi
案例\15\止回风阀.dwg

首先新建并保存一个新的“.dwg”文件，再结合执行“直线”、“偏移”、“圆”、“镜像”等绘图命令进行止回风阀图例的绘制。

Note

Step 01 启动 AutoCAD 2014 软件，系统将自动新建一个“.dwg”文件，选择“文件→保存”菜单命令，将其新文件保存为“案例\15\止回风阀.dwg”文件。

Step 02 执行“直线”命令（L），绘制一条长为 300mm 的水平线段。

Step 03 执行“偏移”命令（O），将绘制的水平线段向下偏移 150mm，如图 15-22 所示。

Step 04 执行“直线”命令（L），在绘制的两条水平线段的左侧绘制一个折断符号；再将绘制的折断符号水平向右复制一个，如图 15-23 所示。

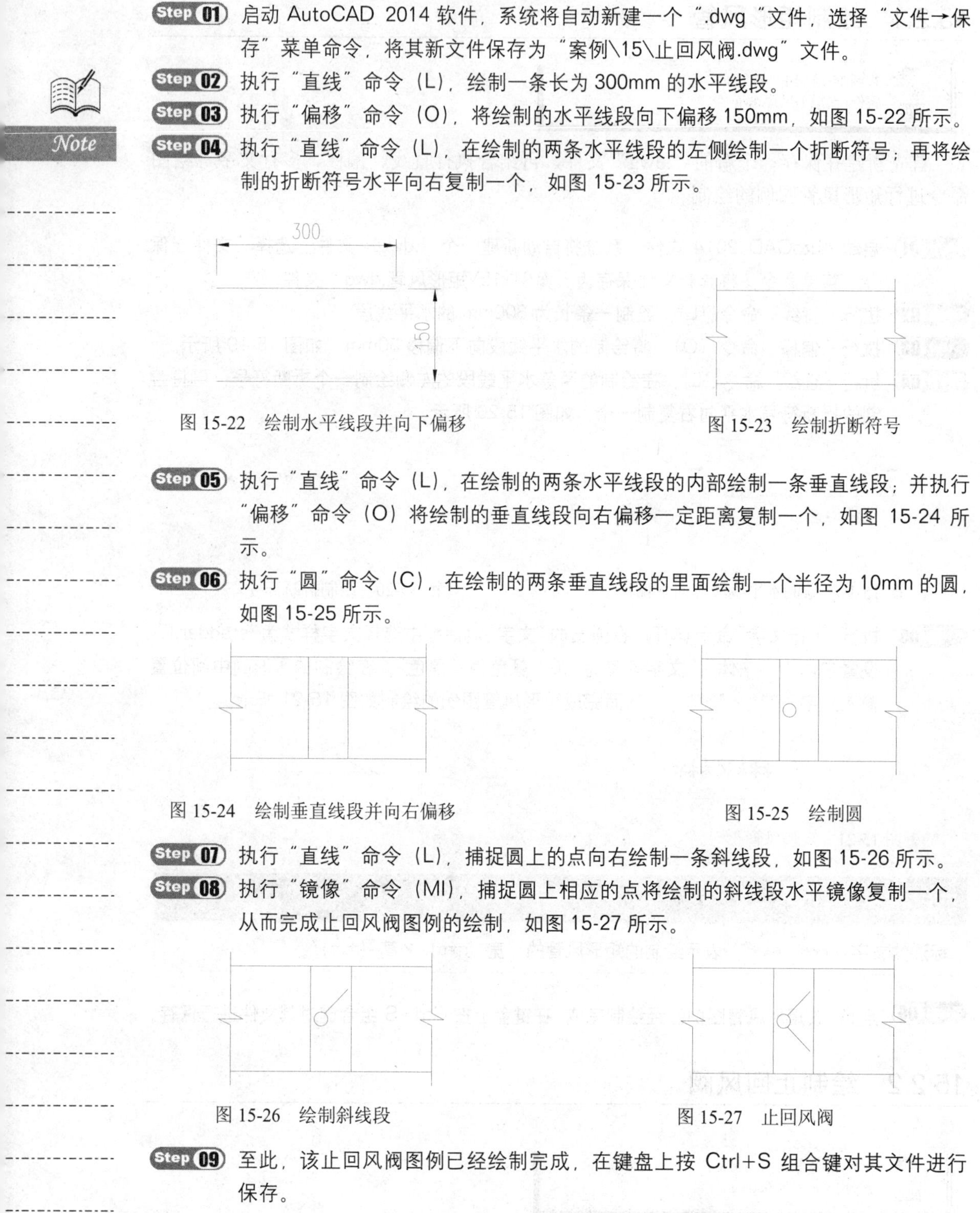

图 15-22 绘制水平线段并向下偏移

图 15-23 绘制折断符号

Step 05 执行“直线”命令（L），在绘制的两条水平线段的内部绘制一条垂直线段；并执行“偏移”命令（O）将绘制的垂直线段向右偏移一定距离复制一个，如图 15-24 所示。

Step 06 执行“圆”命令（C），在绘制的两条垂直线段的里面绘制一个半径为 10mm 的圆，如图 15-25 所示。

图 15-24 绘制垂直线段并向右偏移

图 15-25 绘制圆

Step 07 执行“直线”命令（L），捕捉圆上的点向右绘制一条斜线段，如图 15-26 所示。

Step 08 执行“镜像”命令（MI），捕捉圆上相应的点将绘制的斜线段水平镜像复制一个，从而完成止回风阀图例的绘制，如图 15-27 所示。

图 15-26 绘制斜线段

图 15-27 止回风阀

Step 09 至此，该止回风阀图例已经绘制完成，在键盘上按 Ctrl+S 组合键对其文件进行保存。

15.2.3　绘制蝶阀

视频\15\绘制蝶阀.avi
案例\15\碟阀.dwg

首先新建并保存一个新的“.dwg”文件，再结合执行直线、偏移、圆、图案填充等绘图命令进行蝶阀图例的绘制。

Step 01 启动 AutoCAD 2014 软件，系统将自动新建一个“.dwg“文件，选择“文件→保存”菜单命令，将其新文件保存为“案例\15\蝶阀.dwg”文件。

Step 02 执行“直线”命令（L），绘制一条长为 300mm 的水平线段。

Step 03 执行“偏移”命令（O），将绘制的水平线段向下偏移 150mm，如图 15-28 所示。

Step 04 执行“直线”命令（L），在绘制的两条水平线段的左侧绘制一个折断符号；再将绘制的折断符号水平向右复制一个，如图 15-29 所示。

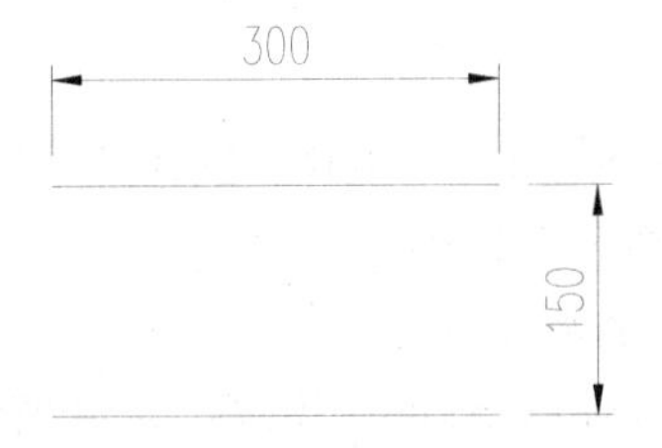

图 15-28　绘制水平线段并向下偏移

图 15-29　绘制折断符号

Step 05 执行“直线”命令（L），在绘制的两条水平线段的内部绘制一条垂直线段；并执行“偏移”命令（O）将绘制的垂直线段向右偏移一定距离复制一个如图，15-30 所示。

Step 06 执行“圆”命令（C），在绘制的两条垂直线段的里面绘制一个半径为 10mm 的圆，如图 15-31 所示。

图 15-30　绘制垂直线段并向右偏移

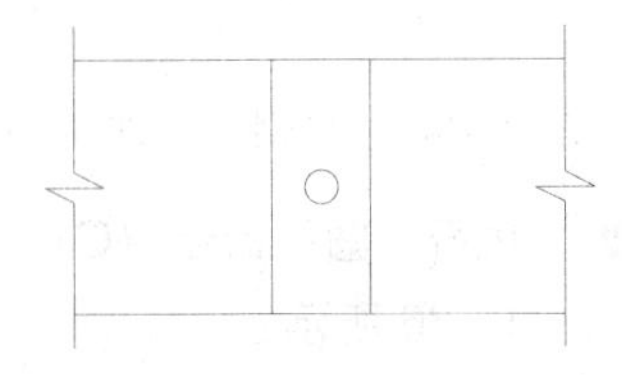

图 15-31　绘制圆

Step 07 执行“直线”命令（L），过圆的圆心绘制一条垂直线段；再执行“旋转”命令（RO），将绘制的垂直线段顺时针旋转 45°，如图 15-32 所示。

Step 08 执行“图案填充”命令（H），对绘制的圆执行“图案填充”命令，将其填充为黑色实心，从而完成蝶阀图例的绘制，如图 15-33 所示。

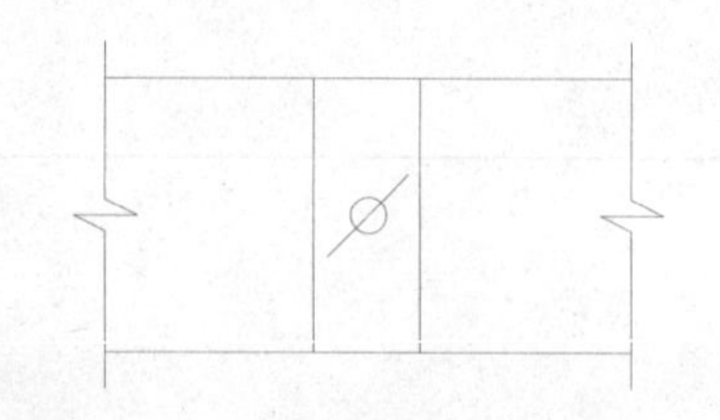

图 15-32　绘制垂直线段并旋转

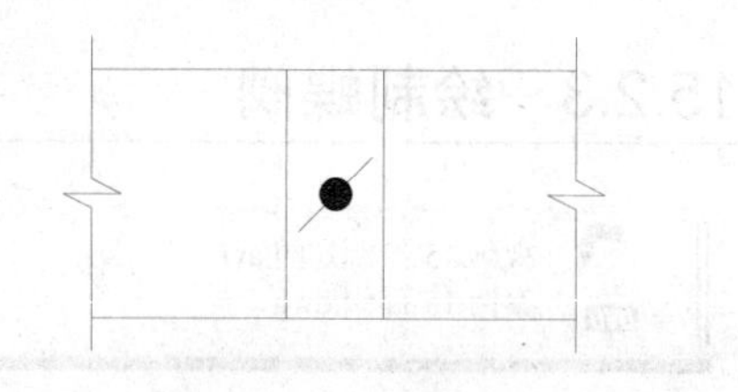

图 15-33　蝶阀图例

Step 09　至此，该蝶阀图例已经绘制完成，在键盘上按 Ctrl+S 组合键对其文件进行保存。

15.2.4　绘制圆形风口

视频\15\绘制圆形风口.avi
案例\15\圆形风口.dwg

首先新建并保存一个新的“.dwg”文件，再结合执行“直线”、“偏移”、“圆”等绘图命令进行圆形风口图例的绘制。

Step 01　启动 AutoCAD 2014 软件，系统将自动新建一个“.dwg“文件，选择“文件→保存”菜单命令，将其新文件保存为“案例\15\圆形风口.dwg”文件。

Step 02　执行“直线”命令（L），绘制一条长为 300mm 的水平线段。

Step 03　执行“偏移”命令（O），将绘制的水平线段向下偏移 50mm，如图 15-34 所示。

Step 04　执行“直线”命令（L），在绘制的两条水平线段的左侧绘制一个折断符号；再将绘制的折断符号水平向右复制一个，如图 15-35 所示。

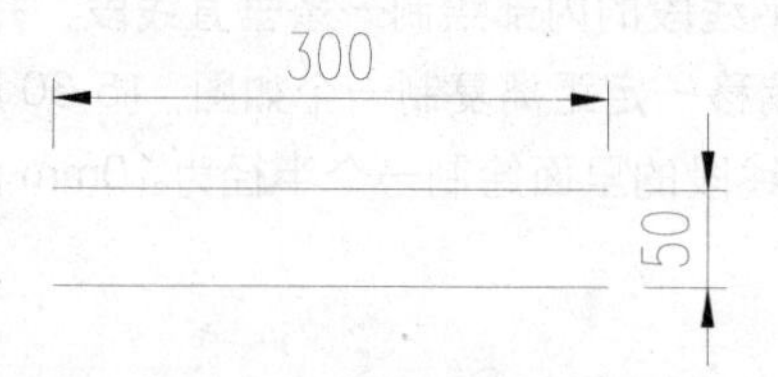

图 15-34　绘制水平线段并向下偏移

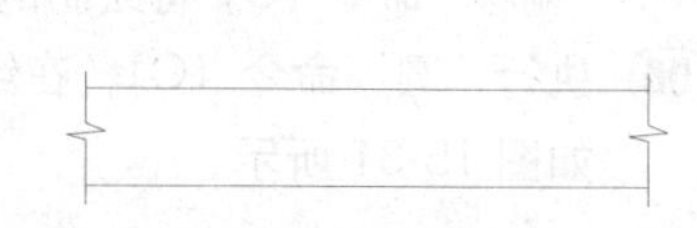

图 15-35　绘制折断符号

Step 05　执行“圆”命令（C），在绘制图形的中间位置绘制一个半径为 20mm 的圆，如图 15-36 所示。

Step 06　执行“直线”命令（L），过圆的圆心分别绘制一条水平及垂直线段，从而完成圆形风口图例的绘制，如图 15-37 所示。

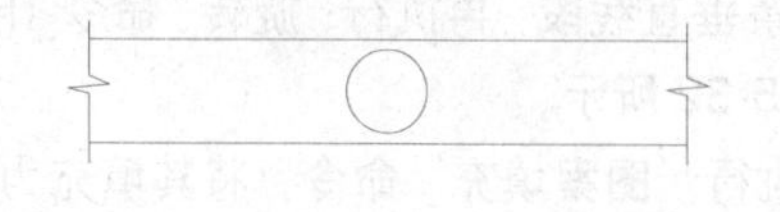

图 15-36　绘制圆

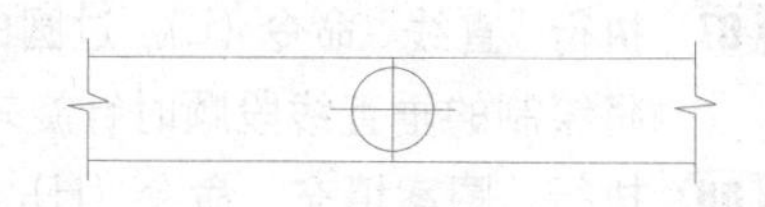

图 15-37　圆形风口图例

Step 07　至此，该圆形风口图例已经绘制完成，在键盘上按 Ctrl+S 组合键对其文件进行保存。

15.3 绘制暖通空调设备图例

在绘制建筑暖通平面图及系统图的过程中，需要用到很多的暖通空调设备图例，下面讲解一些常用的暖通空调设备图例的绘制过程。

15.3.1 绘制散热器

视频\15\绘制散热器.avi
案例\15\散热器.dwg

首先新建并保存一个新的“.dwg”文件，再结合执行“矩形”、“直线”、“圆”、“偏移”等绘图命令进行散热器图例的绘制。

Step 01 启动 AutoCAD 2014 软件，系统将自动新建一个“.dwg“文件，选择“文件→保存”菜单命令，将其新文件保存为“案例\15\散热器.dwg”文件。

Step 02 执行“矩形”命令（REC），绘制一个 400mm × 100mm 的矩形，如图 15-38 所示。

Step 03 执行“直线”命令（L），捕捉矩形右边中点为端点向右绘制一条 200mm 的水平线段，表示管线，如图 15-39 所示。

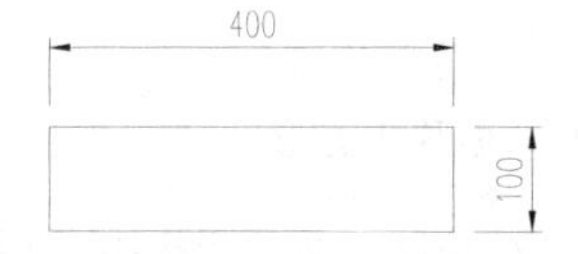

图 15-38　绘制矩形

图 15-39　绘制水平线段

Step 04 执行“圆”命令（C），捕捉水平线段上一点为圆点绘制一个半径为 30mm 的圆，如图 15-40 所示。

Step 05 执行“偏移”命令（O），将绘制的圆向内偏移 10mm，形成同心圆，从而完成散热器图例的绘制，如图 15-41 所示。

图 15-40　绘制圆

图 15-41　散热器图例

Step 06 至此，该散热器图例已经绘制完成，在键盘上按 Ctrl+S 组合键对其文件进行保存。

15.3.2 绘制散流器

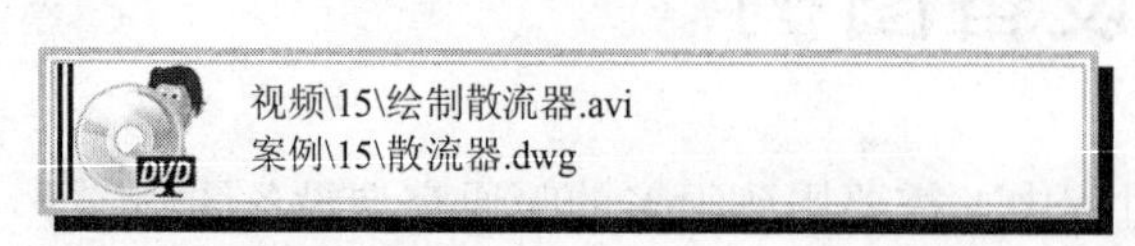

首先新建并保存一个新的".dwg"文件，再结合执行"矩形"、"直线"、"偏移"、"修剪"等绘图命令进行散流器图例的绘制。

Step 01 启动 AutoCAD 2014 软件，系统将自动新建一个".dwg"文件，选择"文件→保存"菜单命令，将其新文件保存为"案例\15\散流器.dwg"文件。

Step 02 执行"矩形"命令（REC），绘制一个 300mm × 300mm 的正方形，如图 15-42 所示。

Step 03 执行"偏移"命令（O），将正方形向内偏移 30mm，依次偏移 3 次，其偏移的效果如图 15-43 所示。

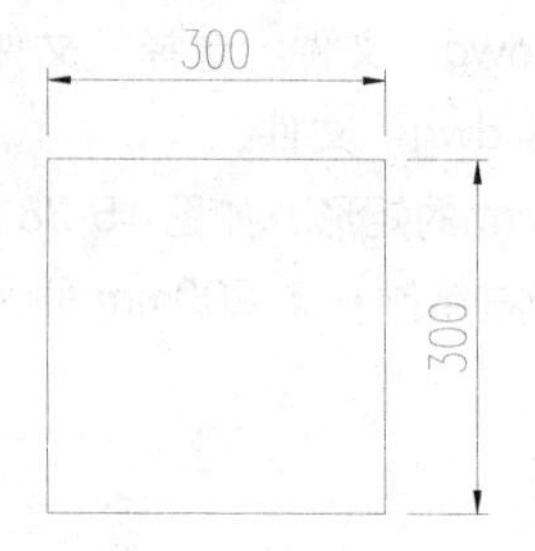

图 15-42　绘制正方形

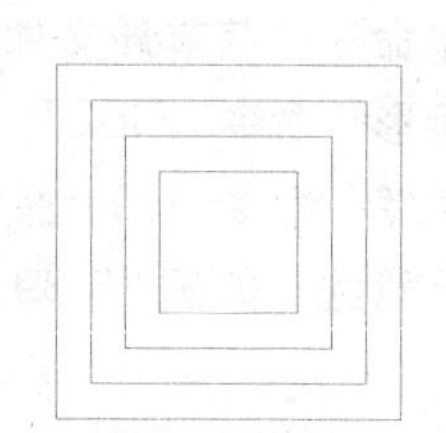

图 15-43　偏移正方形

Step 04 执行"直线"命令（L），捕捉矩形上相应的端点绘制对角线，如图 15-44 所示。

Step 05 执行"修剪"命令（TR），修剪对角线，从而完成散热器图例的绘制，如图 15-45 所示。

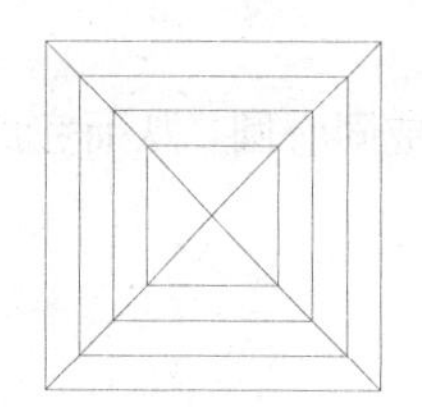

图 15-44　绘制对角线

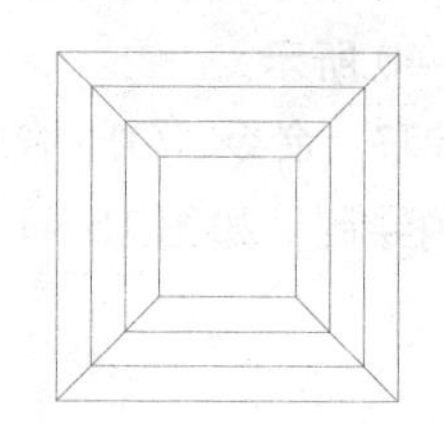

图 15-45　散流器图例

提示

使用"修剪"命令时，通常按照逐个选择的方向进行修剪，有时显得效率不高。要比较快地实现修剪的过程，可以先输入修剪命令"TR"或"TRIM"，然后按 Space 键或 Enter 键，命令行提示选择修剪对象。这时不用选择对象，继续按 Space 键或 Enter 键，系统默认选择全部对象，以快速完成修剪过程。

Step 06 至此，该散流器图例已经绘制完成，在键盘上按 Ctrl+S 组合键对其文件进行保存。

15.3.3　绘制自动排气阀

Note

视频\15\绘制自动排气阀.avi
案例\15\自动排气阀.dwg

首先新建并保存一个新的“.dwg”文件，再结合执行“矩形”、“分解”、“偏移”、“圆弧”、“直线”、“多段线”、“圆”、“图案填充”等绘图命令进行自动排气阀图例的绘制。

Step 01 启动 AutoCAD 2014 软件，系统将自动新建一个“.dwg“文件，选择“文件→保存”菜单命令，将其新文件保存为“案例\15\自动排气阀.dwg”文件。

Step 02 执行“矩形”命令（REC），绘制一个 160mm×280mm 的矩形，如图 15-46 所示。

Step 03 执行“分解”命令（X），将上一步绘制的矩形分解；再执行“偏移”命令（O），将矩形的下侧水平边向下偏移 45mm 的距离，如图 15-47 所示。

Step 04 执行“圆弧”命令（ARC），分别捕捉矩形下侧水平边的左侧端点，偏移水平线段的中点及矩形下侧水平边的右侧端点，绘制一条圆弧对象，如图 15-48 所示。

图 15-46　绘制矩形

图 15-47　偏移线段

图 15-48　绘制圆弧

Step 05 将矩形的下侧水平边及偏移边删除，再执行“直线”命令（L），捕捉矩形的上侧水平边中点向上绘制一条长度为 100mm 的垂线段；再执行“多段线”命令（PL），设置多段线的起点及端点宽度为 5，然后捕捉圆弧的中点为起点，向下绘制一条长度为 200mm 垂直线段，如图 15-49 所示。

Step 06 执行“圆”命令（C），捕捉下侧多段线上一点为圆心，绘制一个半径为 30mm 的圆，如图 15-50 所示。

Step 07 执行“直线”命令（L），在圆的右侧分别绘制一条适当长度的水平线段及垂直线段，如图 15-51 所示。

Step 08 至此，该自动排气阀图例已经绘制完成，在键盘上按 Ctrl+S 组合键对其文件进行保存。

Note

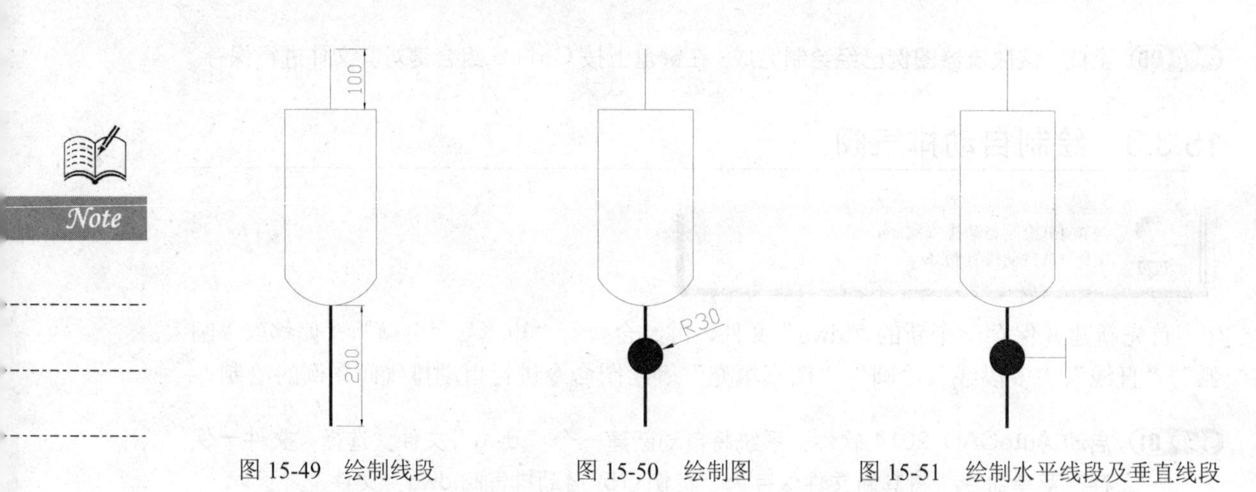

图 15-49　绘制线段　　图 15-50　绘制图　　图 15-51　绘制水平线段及垂直线段

15.3.4　绘制轴流风机

首先新建并保存一个新的“.dwg”文件，再结合执行“矩形”、“直线”、“样条曲线”、“镜像”等绘图命令进行轴流风机图例的绘制。

Step 01 启动 AutoCAD 2014 软件，系统将自动新建一个“.dwg“文件，选择“文件→保存”菜单命令，将其新文件保存为“案例\15\轴流风机.dwg”文件。

Step 02 执行“矩形”命令（REC），绘制一个 50mm × 50mm 矩形，如图 15-52 所示。

Step 03 执行“直线”命令（L），在上一步绘制的矩形左右两边的中点绘制一条适当长度的水平线段，水平线段的线型为“CENTER”，全局比例因子为 1，如图 15-53 所示。

图 15-52　绘制矩形　　图 15-53　绘制水平线段

Step 04 执行“样条曲线”命令（SPL），以绘制水平线段上相应的点为起点及结束点绘制一条样条曲线，如图 15-54 所示。

Step 05 执行“镜像”命令（MI），以绘制的水平线段为镜像轴将绘制的样条曲线镜像复制一个，从而完成轴流风机图例的绘制，如图 15-55 所示。

图 15-54　绘制样条曲线　　　　图 15-55　轴流风机

Note

Step 06 至此，该轴流风机图例已经绘制完成，在键盘上按 Ctrl+S 组合键对其文件进行保存。

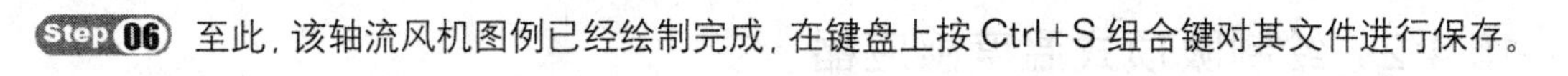

15.4 绘制调控装置及仪表图例

在绘制建筑暖通平面图及系统图的过程中，需要用到很多调控装置及仪表图例，下面讲解一些常用的调控装置及仪表图例的绘制过程。

15.4.1 绘制温度传感器

视频\15\绘制温度传感器.avi
案例\15\温度传感器.dwg

首先新建并保存一个新的“.dwg”文件，再结合执行“矩形”、“直线”、“多行文字”等绘图命令进行温度传感器图例的绘制。

Step 01 启动 AutoCAD 2014 软件，系统将自动新建一个 dwg 文件，选择“文件→保存”菜单命令，将其新文件保存为“案例\15\温度传感器.dwg”文件。

Step 02 执行“矩形”命令（REC），绘制一个 100mm×100mm 的矩形，如图 15-56 所示。

Step 03 执行“多行文字”命令（MT），在弹出的“文字”对话框中选择文字样式为“standard”，设置字体为“宋体”，文字高度为 80，颜色为“黑色”，在绘制的矩形中间位置输入文字 T，如图 15-57 所示。

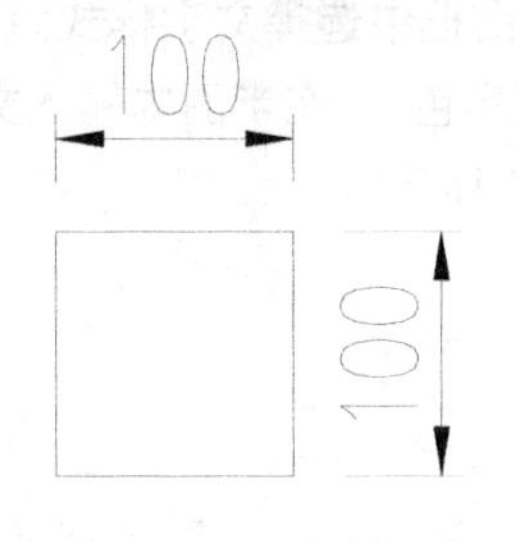

图 15-56　绘制矩形

图 15-57　输入文字

Step 04 执行“直线”命令（L），捕捉矩形的左右两边的中点，分别向外绘制一条 200mm 的水平线段，从而完成温度传感器图例的绘制，如图 15-58 所示。

图 15-58　温度传感器

Step 05 至此，该温度传感器图例已经绘制完成，在键盘上按 Ctrl+S 组合键对其文件进行保存。

15.4.2　绘制吸顶式温度感应器

视频\15\绘制吸顶式温度传感器.avi
案例\15\吸顶式温度传感器.dwg

首先新建并保存一个新的“.dwg”文件，再结合执行“直线”、“圆”、“修剪”、“多行文字”等绘图命令进行吸顶式温度感应器图例的绘制。

Step 01 启动 AutoCAD 2014 软件，系统将自动新建一个“.dwg“文件，选择“文件→保存”菜单命令，将其新文件保存为“案例\15\吸顶式温度感应器.dwg”文件。

Step 02 执行“直线”命令（L），绘制一条 200mm 的水平线段。

Step 03 执行“圆”命令（C），以上一步绘制的水平线段的中点为圆心，绘制一个半径为 80mm 的圆，如图 15-59 所示。

Step 04 执行“修剪”命令（TR），将绘制的圆的上半边圆修剪掉，如图 15-60 所示。

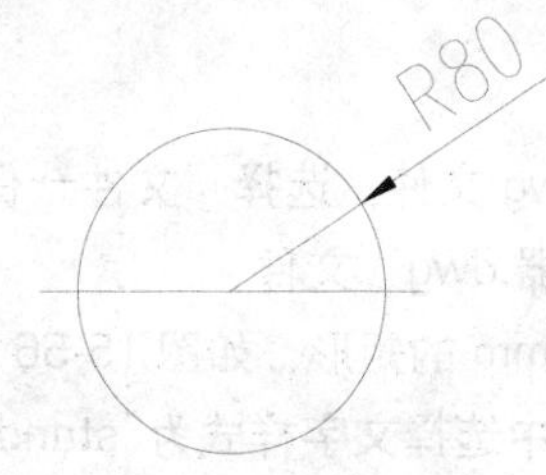

图 15-59　绘制水平线段及圆

图 15-60　修剪图形

Step 05 执行“多行文字”命令（MT），在弹出的“文字”对话框中选择文字样式为“standard”，设置字体为“宋体”，文字高度为 50，颜色为“黑色”，在半圆内输入文字 T，从而完成吸顶式温度传感器图例的绘制，如图 15-61 所示。

图 15-61　吸顶式温度传感器

Note

Step 06 至此，该吸顶式温度传感器图例已经绘制完成，在键盘上按 Ctrl+S 组合键对其文件进行保存。

15.4.3 绘制温度计

视频\15\绘制温度计.avi
案例\15\温度计.dwg

首先新建并保存一个新的“.dwg”文件，再结合执行“矩形”、“分解”、“删除”，“直线”等绘图命令进行温度计图例的绘制。

Step 01 启动 AutoCAD 2014 软件，系统将自动新建一个“.dwg“文件，选择“文件→保存”菜单命令，将其新文件保存为“案例\15\温度计.dwg”文件。

Step 02 执行“矩形”命令（REC），绘制一个 50mm × 150mm 的矩形，如图 15-62 所示。

Step 03 执行“分解”命令（X），将矩形分解；再将矩形下面的水平边删除掉，如图 15-63 所示。

Step 04 执行“直线”命令（L），捕捉矩形的上面的一条水平线段的中点，向下绘制一条 250mm 的垂直线段，从而完成温度计图例的绘制，如图 15-64 所示。

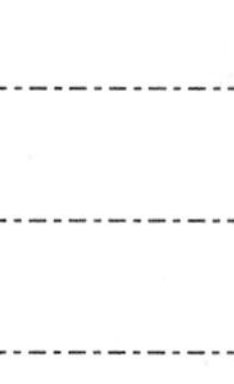

图 15-62 绘制矩形　　图 15-63 分解并删除边　　图 15-64 温度计

Step 05 至此，该温度计图例已经绘制完成，在键盘上按 Ctrl+S 组合键对其文件进行保存。

15.4.4 绘制压力表

视频\15\绘制压力表.avi
案例\15\压力表.dwg

首先新建并保存一个新的“.dwg”文件，再结合执行“圆”、“直线”、“图案填充”等绘图命令进行压力表图例的绘制。

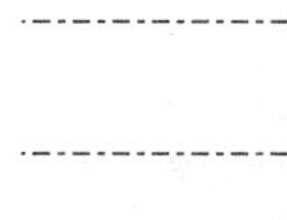

Step 01 启动 AutoCAD 2014 软件，系统将自动新建一个“.dwg“文件，选择“文件→保存”菜单命令，将其新文件保存为“案例\15\压力表.dwg”文件。

Note

Step 02 执行“圆”命令（C），绘制一个半径为 50mm 的圆，如图 15-65 所示。

Step 03 执行“直线”命令（L），在绘制的圆内绘制一个箭头符号；再执行“图案填充”命令（H），对箭头符号的内部执行图案填充命令，将其填充为黑色实心，如图 15-66 所示。

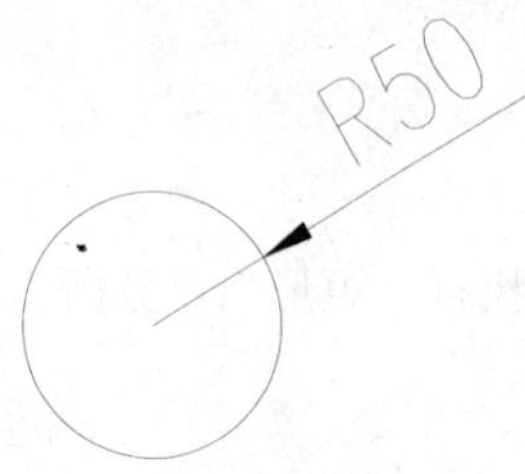

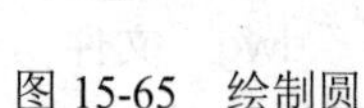

图 15-65　绘制圆

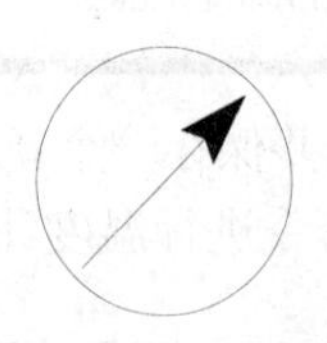

图 15-66　绘制箭头并填充图案

Step 04 执行“直线”命令（L），捕捉圆上相应的点向下绘制一条 150mm 的垂直线段，如图 15-67 所示。

Step 05 执行“圆”命令（C），捕捉绘制的垂直线段上一点为圆心，绘制一个半径为 10mm 的圆，如图 15-68 所示。

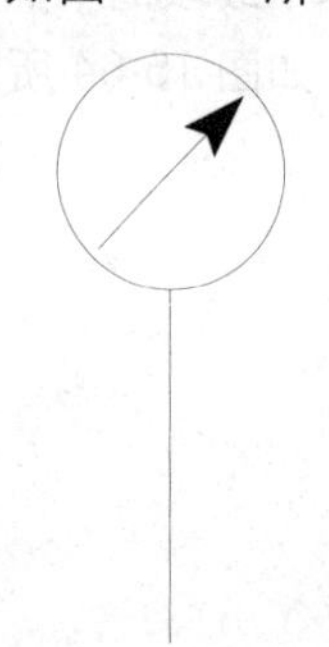

图 15-67　绘制垂直线段

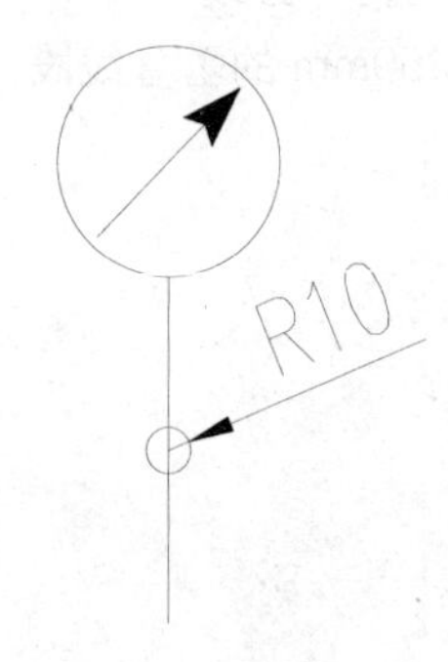

图 15-68　绘制圆

Step 06 执行“图案填充”命令（H），对绘制的圆的内部执行“图案填充”命令，将其填充为黑色实心，如图 15-69 所示。

Step 07 执行“直线”命令（L），捕捉绘制的小圆上相应的点，向右绘制一条适当长度的水平线段；再捕捉水平线段的末端点，绘制一条适当长度的垂直线段，从而完成压力表的绘制，如图 15-70 所示。

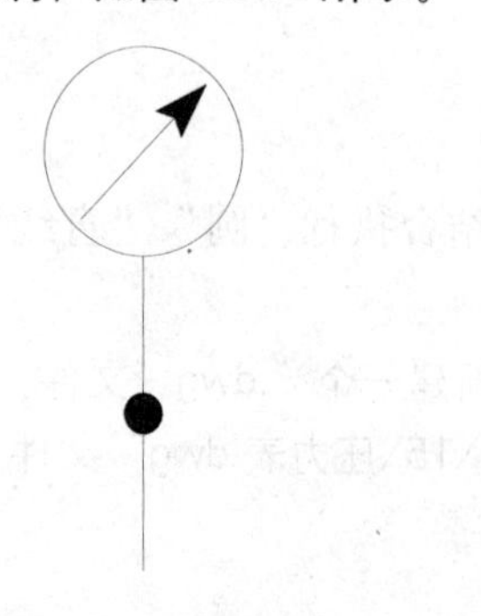

图 15-69　填充图案

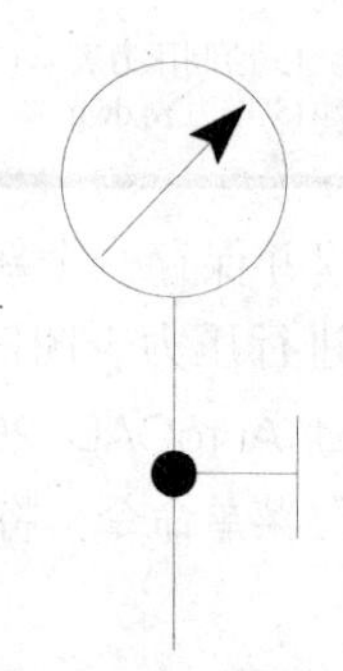

图 15-70　压力表

Step 08 至此，该压力表图例已经绘制完成，在键盘上按 Ctrl+S 组合键对其文件进行保存。

15.5 本章小结

Note

在本章中，主要讲解了 AutoCAD 2014 建筑暖通图例的绘制，包括 AutoCAD 绘制水、气管道阀门和附件图例，如绘制截止阀、绘制止回阀、绘制三通阀、绘制疏水器等，AutoCAD 2014 绘制风道、阀门及附件图例，AutoCAD 2014 绘制暖通空调设备图例，CAD 绘制调控装置及仪表图例等。

空调工程施工图的绘制

空调工程是为满足人们的生活、生产需要，改善环境条件，用人工的方法使室内的温度、相对湿度、洁净度及气流速度等参数达到一定的规范要求。通风工程是指将建筑室内污浊或有害空气排至室外（排风），并将新鲜或净化过的空气送入室内（送风），使空气达到卫生标准和生产工艺的要求。通风有自然通风及机械通风之分。目前的空调系统有集中式、半集中式和分散式三种类型。

本章首先讲解了某办公楼标准层空调平面图的绘制方法和技巧，包括建筑平面图文件的调用及修改、绘制空调机组、绘制空调送风管及回风管、绘制空调设备图例、文字标注及图框插入布置等；然后讲解了该办公楼标准层空调通风系统图的绘制方法及技巧，包括绘制组合式空调机组、空调风管的绘制、空调设备图例的绘制、文字的标注及添加图框等。

内容要点

- 绘制办公楼标准层空调平面图
- 绘制办公楼标准层空调系统图

16.1 绘制办公楼标准层空调平面图

Note

视频\16\绘制办公楼标准层空调平面图.avi
案例\16\办公楼标准层空调平面图.dwg

本节以某办公楼的标准层为例，介绍该办公楼标准层的空调平面图的绘制流程，使读者掌握建筑空调平面图的绘制方法及相关的知识点。其绘制的办公楼标准层空调平面图，如图 16-1 所示。

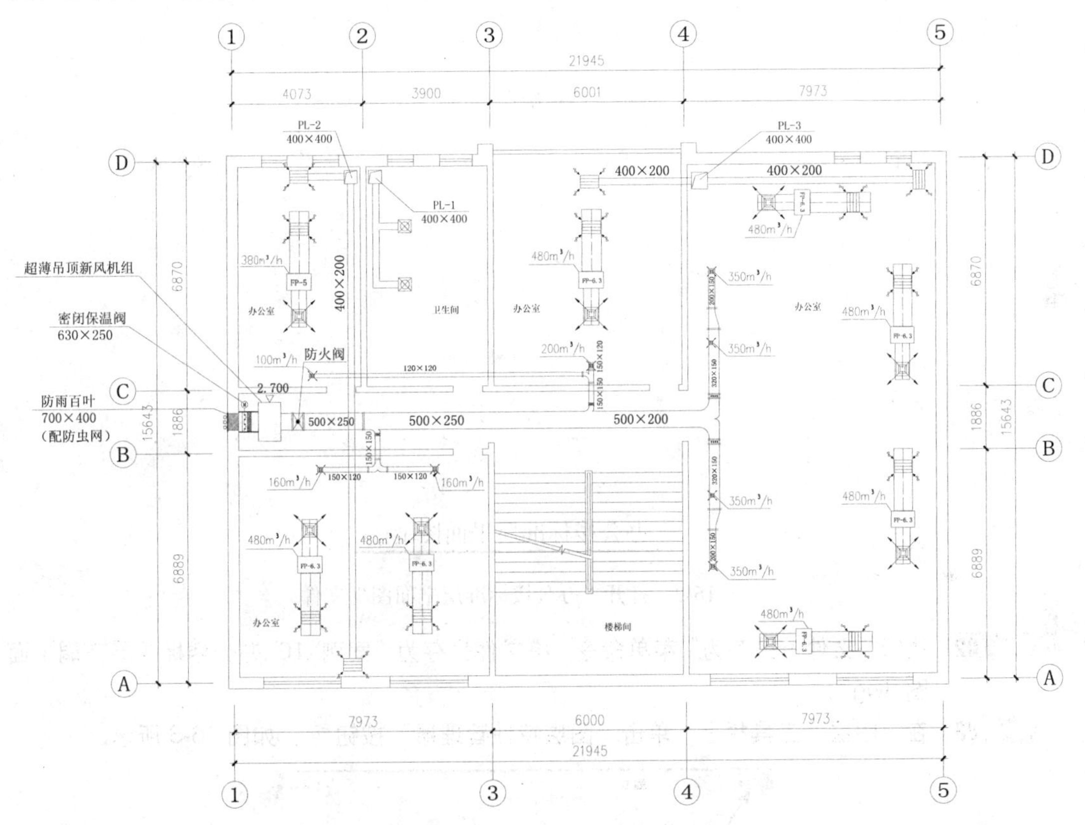

图 16-1 办公楼标准层空调平面图

专业技能——空调平面图的绘制要求

建筑室内空调系统平面图是在建筑平面图的基础上，根据建筑空调工程的表达内容及建筑空调调制图的表达方法，绘制出用于反映空调设备、风管、风口、管线等的安装平面布置状况的图样，图中应标注各种风管、管道、附件、设备等在建筑中的平面位置，以及标注风管、管道规格型号等相关数值。

16.1.1 设置绘图环境

Note

在绘制该办公楼标准层的空调平面图之前，首先应设置绘图的环境，其中包括打开并另存文件、新建图层等。

Step 01 启动 AutoCAD 2014 软件，接着执行“文件→打开”菜单命令，打开本书配套光盘“案例\16\办公楼标准层平面图.dwg”文件，如图 16-2 所示。

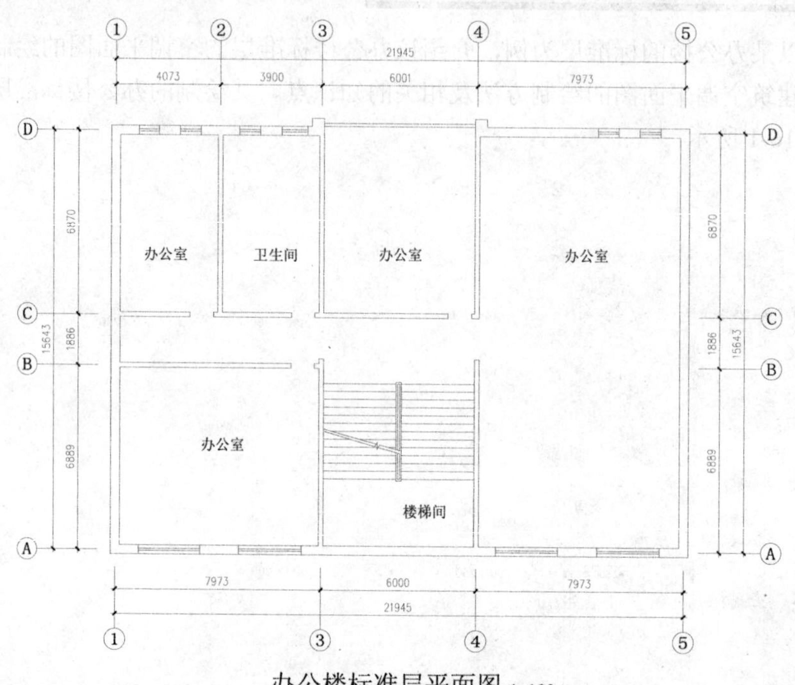

图 16-2 打开“办公楼标准层平面图”文件

Step 02 执行“文件→另存为”菜单命令，将文件另存为“案例\16\办公楼标准层空调平面图.dwg”。

Step 03 在“图层”工具栏上，单击“图层特性管理器”按钮，如图 16-3 所示。

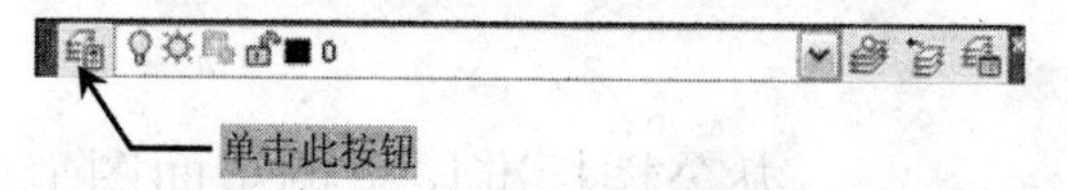

图 16-3 单击“图层特性管理器”按钮

Step 04 在打开的“图层特性管理器”面板下，建立如图 16-4 所示的图层，并设置好图层的颜色。

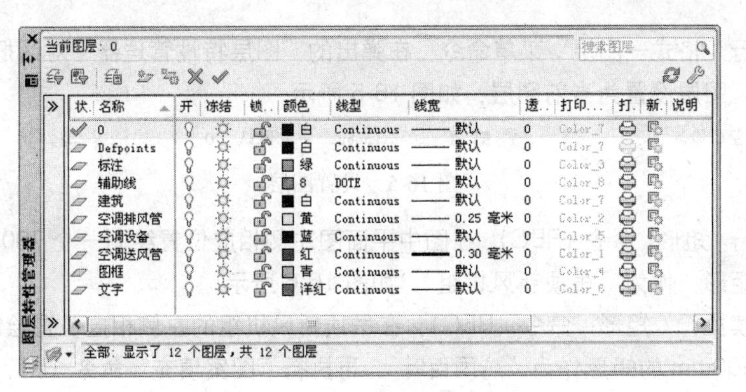

图 16-4 设置图层

专业技能—空调系统平面图概述

1．室内空调系统平面图表达的主要内容

室内空调系统平面图即室内空调系统在建筑中的平面图布置图（建筑与空调设备的平面位置关系），其主要表达了房屋内部空调设备的配置和管道的布置情况。其主要内容包括以下几种：

（1）空调设备的主要轮廓（或图例）、平面位置、编号及型号规格。

（2）风道、异径管、弯头、三通或四通管接头，风道应注明截面尺寸和平面定位尺寸。

（3）导风板、异径管、弯头、三通或四通管接头，风道应注明截面尺寸和平面定位尺寸。

（4）对两个及两个以上的不同系统进行编号。

2．设备及管线的位置关系

管道设备一般采用图形符号和标注文字的方式来表示，在建筑空调系统平面图中不表示线路及设备本身的尺寸大小形状，但必须确定其敷设和安装的位置。空调设备及管线的平面位置是根据建筑平面图的定位轴线和某些构筑物的平面图确定设备和线路布置的连接及位置关系，对于其垂直位置，即安装高度，一般采用标高、文字符号等方式来表示。

3．建筑室内空调系统平面图的绘制步骤

建筑室内空调系统平面图的绘制，应遵循以下步骤来绘制：

（1）画房屋建筑平面图（外墙、门窗、房间、楼梯等）。

（2）在室内空调工程 CAD 制图中，对于新建结构往往会由建筑专业提供建筑图，对于改建、改造则需进行建筑图绘制。

（3）画空调风管、风口图例及其在建筑图上的平面位置。

（4）画各空调管道的走向及位置。

（5）对设备、管线等进行尺寸及附加文字标注。

（6）附加必有的文字说明。

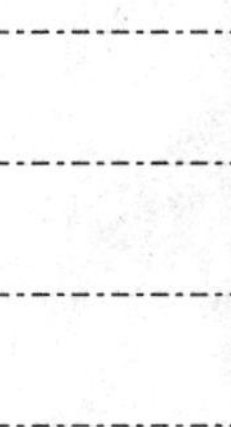
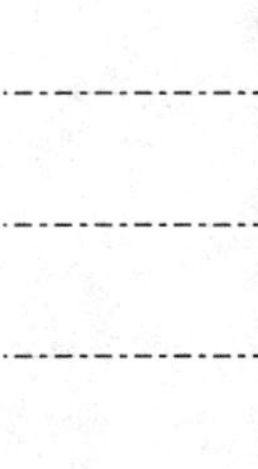
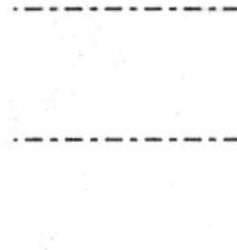

16.1.2 绘制空调机组

前面已经设置好了绘图的环境，接下来讲解空调机组图形的绘制，其中包括绘制空调机器、风管软接头及密闭保温阀等

Note

Step 01 执行“格式→图层”菜单命令，在弹出的“图层特性管理器”对话框中将“空调设备”图层设置为当前图层，如图 16-5 所示。

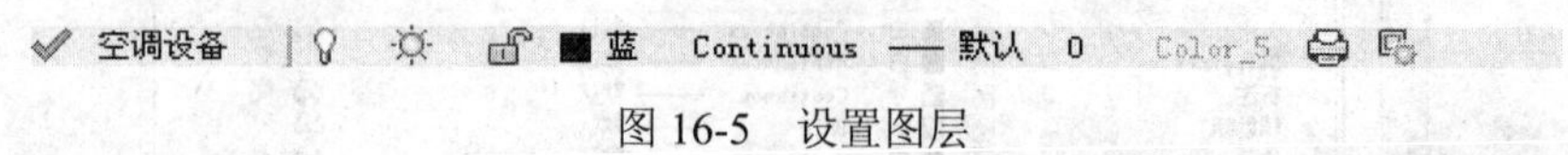

图 16-5　设置图层

Step 02 执行“矩形”命令（REC），在图中平面图左侧相应位置绘制一个 700mm × 1160mm 的矩形，作为“吊顶新风机组”，如图 16-6 所示。

Step 03 继续执行“矩形”命令（REC），在吊顶新风机组的左侧相应位置绘制一个 330mm × 500mm 的矩形作为“防雨百叶”，再执行“图案填充”命令（H），为绘制的矩形内部填充“ANST31”图案，填充比例为 8，如图 16-7 所示。

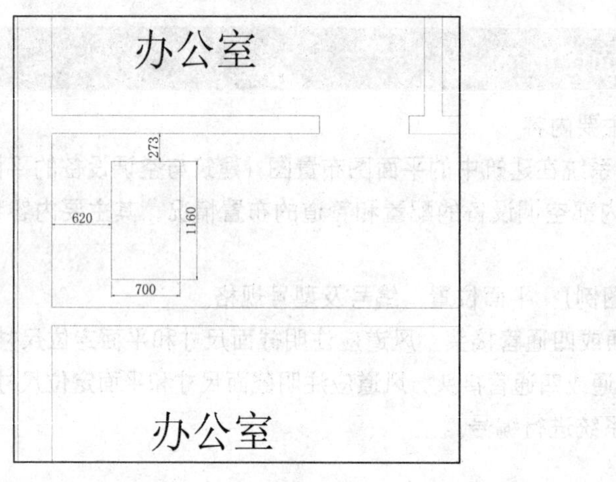

图 16-6　绘制吊顶新风机组

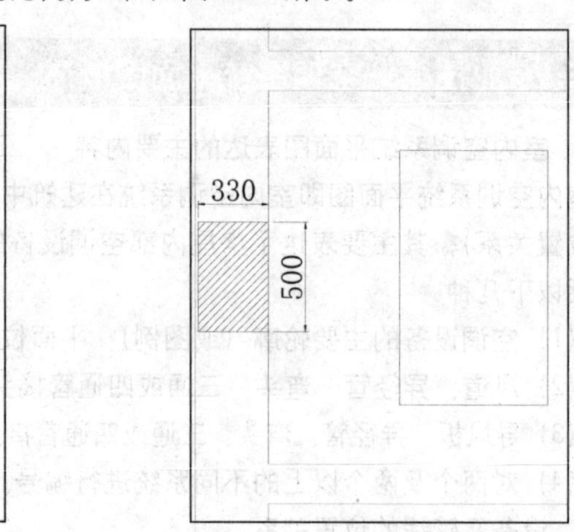

图 16-7　绘制防雨百叶

Step 04 结合执行“直线”命令（L）及“复制”命令（CO），在防雨百叶的左侧绘制几个箭头符号，作为风向指示符号，如图 16-8 所示。

Step 05 执行“多段线”命令（PL），根据命令行提示设置多段线的线宽为 20，然后将绘制的吊顶新风机组与防雨百叶连接起来，如图 16-9 所示。

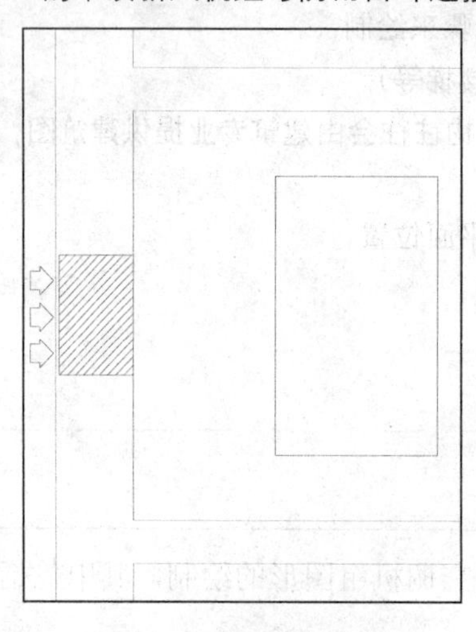

图 16-8　绘制风向指向符号

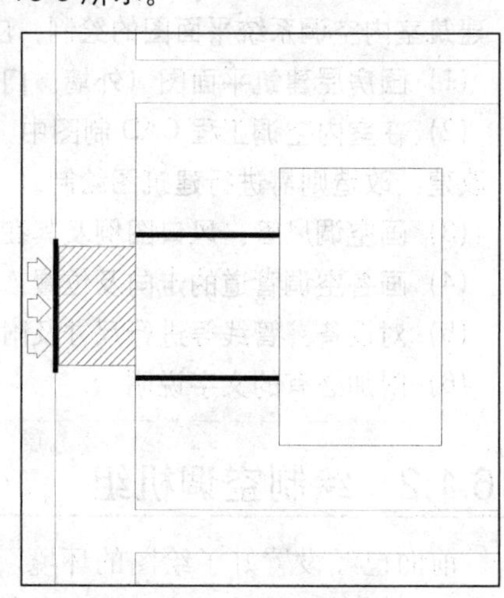

图 16-9　连接空调设备

Step 06 绘制“风管软接头”，在上一步绘制的连接线上绘制一个 120mm × 600mm 的矩形，再执行“图案填充”命令（H），为矩形的内部填充“ANSI37”图案，填充比例为 10，如图 16-10 所示。

Step 07 绘制“密闭保温阀”，在风管软接头的左侧绘制一个 160mm × 600mm 的矩形，再执行“圆”命令（C），在上一步填充图案的左侧矩形内绘制一个半径为 15mm 的圆，再执行“直线”命令（L），过圆的圆心绘制一条斜线段，如图 16-11 所示。

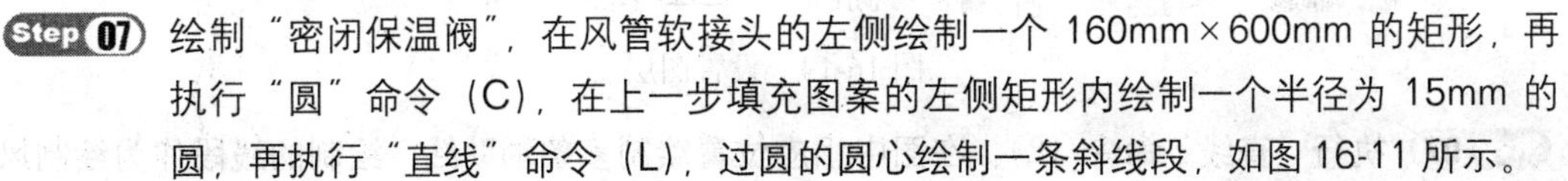

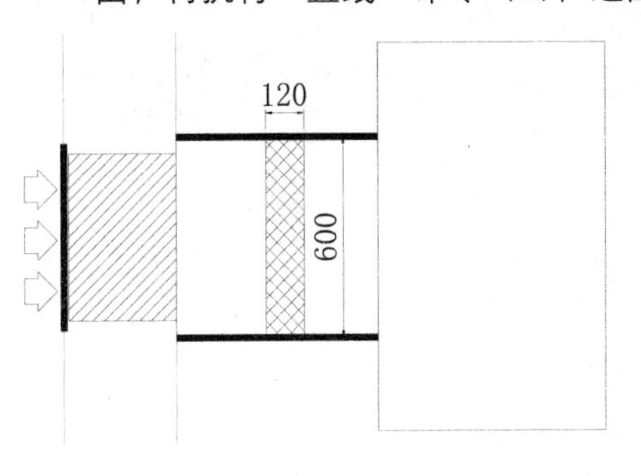

图 16-10　填充图案

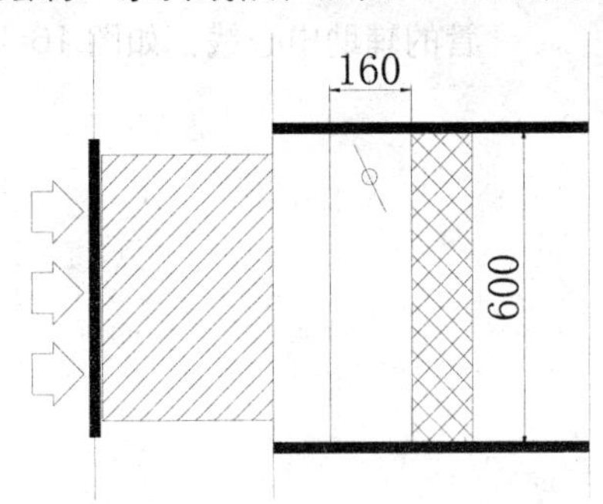

图 16-11　绘制相关图形

Step 08 执行“图案填充”命令（H），为上一步绘制的圆填充“SOLID”图案，再结合执行“镜像”命令（MI）及“复制”命令（CO），将圆及斜线段进行镜像及复制操作，如图 16-12 所示。

Step 09 执行“直线”命令（L），在密闭保温阀的上侧绘制一条引出线，再执行“圆”命令（C），在引出线的上方绘制一个半径为 100mm 的圆，再执行“多行文字”命令（MT），在圆内输入文字“M”，其中文字的字体为宋体，文字高度为 120，如图 16-13 所示。

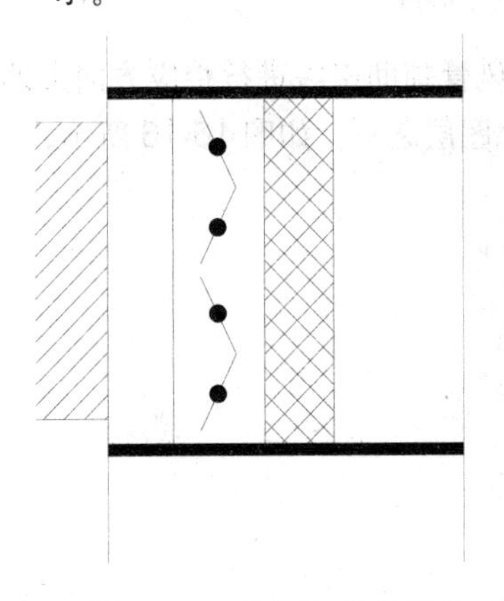

图 16-12　绘制风管软接头

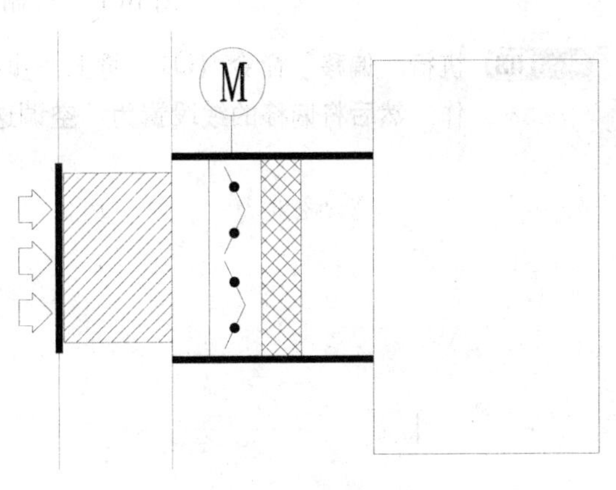

图 16-13　绘制的密闭保温阀

16.1.3　绘制空调风管

上一节中已经绘制好了空调机组的相关图形，接下来讲解空调风管的绘制过程，然后将绘制的空调风管连接到空调机组之上。

Note

Step 01 执行“格式→图层”菜单命令，在弹出的“图层特性管理器”对话框中将“辅助线”图层设置为当前图层，如图 16-14 所示。

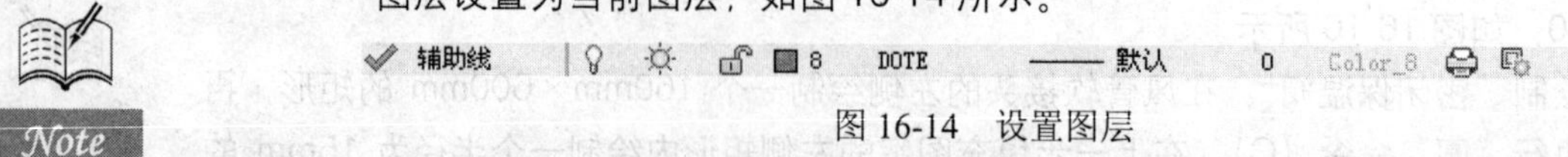

图 16-14　设置图层

Step 02 执行“直线”命令（L），在图中相应位置绘制多条辅助线，绘制的线段作为绘制风管的辅助中心线，如图 16-15 所示。

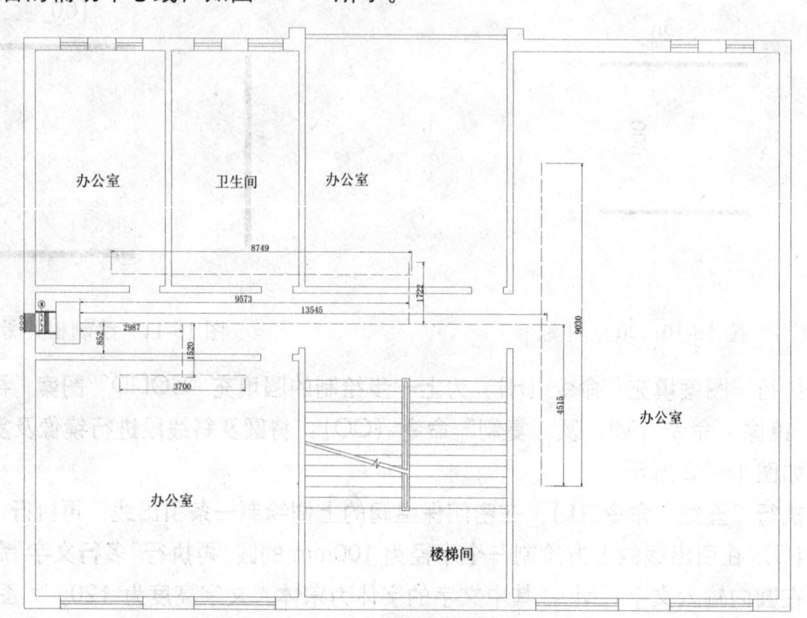

图 16-15　绘制风管辅助中心线

Step 03 执行“偏移”命令（O），将上一步绘制的风管辅助中线进行相应方向上的偏移操作，然后将偏移的线段置为“空调送风管”图层之下，如图 16-16 所示。

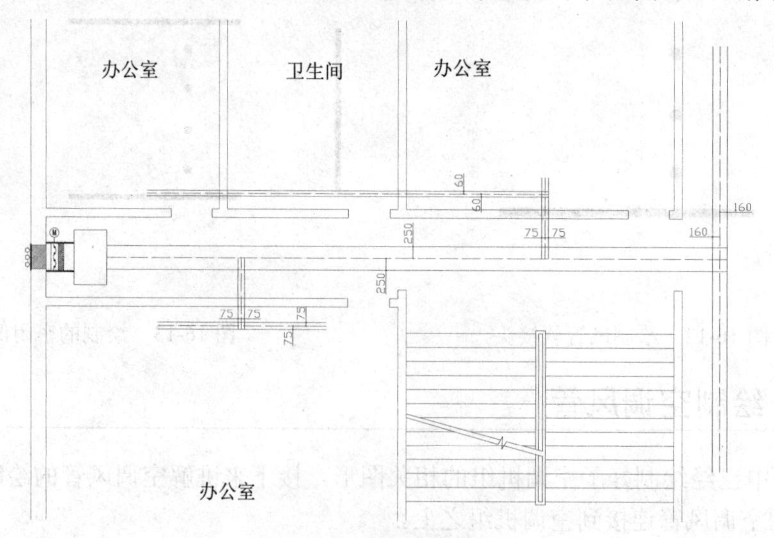

图 16-16　偏移线段的效果

Step 04 执行“直线”命令（L），将风管的末端封闭起来，如图 16-17 所示。

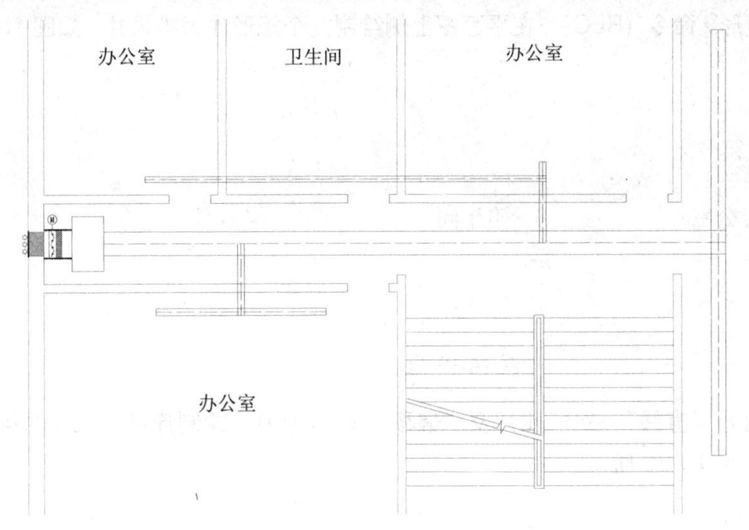

图 16-17　封闭风管末端

Step 05 结合执行“修剪”命令（TR）及“圆角”命令（F），对风管的转角位置进行编辑，如图 16-18 所示。

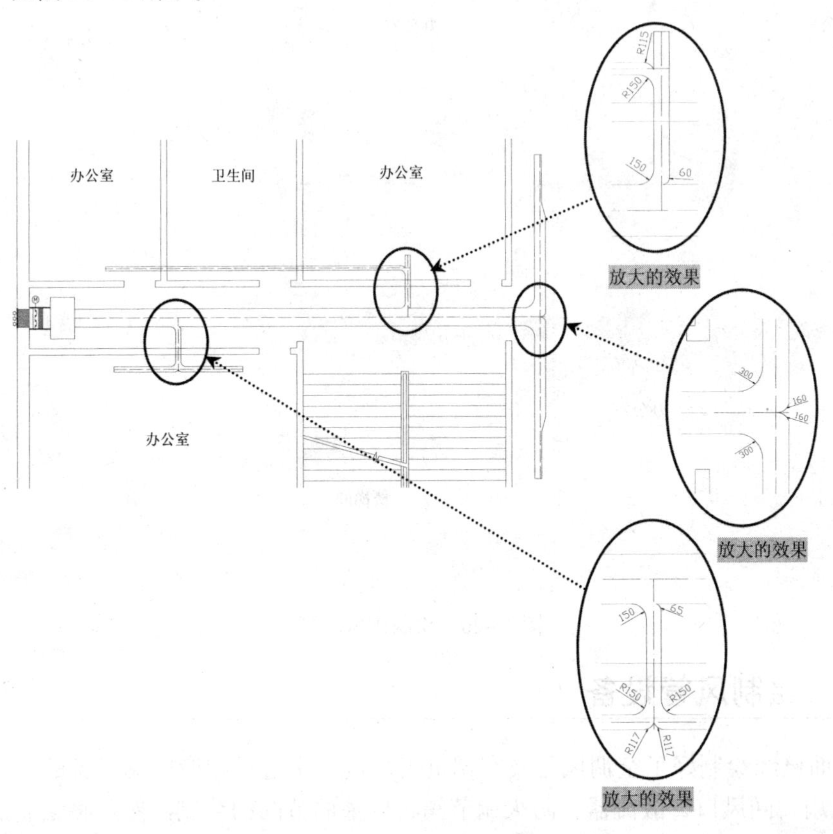

图 16-18　对风管进行圆角操作

Note

Step 06 将当前图层置为“空调排风管”图层，并将“空调送风管”图层暂时隐藏起来，执行“矩形”命令（REC），在平面图上侧绘制几个矩形作为排风井，如图16-19所示。

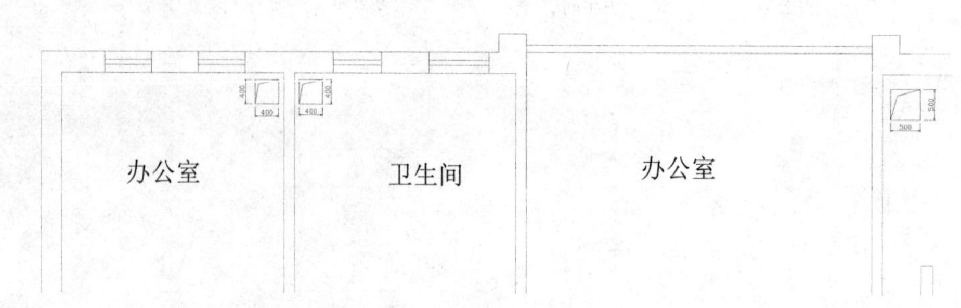

图 16-19 绘制排风井

Step 07 结合执行“直线”命令（L）及“偏移”命令（O），绘制连接排风井的排风风管图形，如图16-20所示。

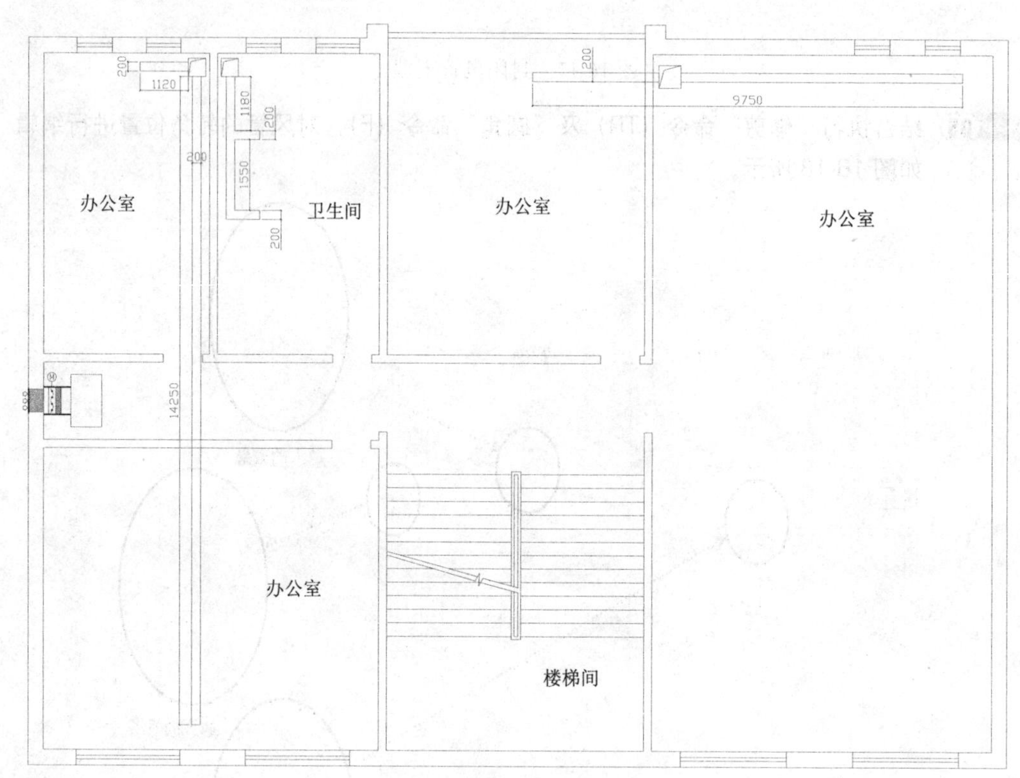

图 16-20 绘制排风风管

16.1.4 绘制风管设备

在前面已经绘制好了空调风管及空调机组，接下来进行相应空调设备的绘制，其中包括排风扇、回风口、散流器、防火调节阀、风量调节阀的绘制，然后将绘制的空调设备连接到相应位置的空调风管上。

Step 01 执行“格式→图层”菜单命令，在弹出的“图层特性管理器”对话框中将“空调设备”图层设置为当前图层，如图16-21所示。

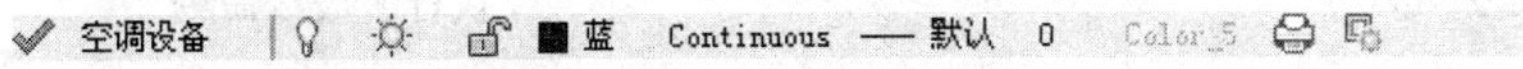

✓ 空调设备 | 蓝 Continuous —— 默认 0 Color_5

图16-21　设置图层

Step 02 绘制“排风扇”图例，执行“矩形”命令（REC），绘制一个400mm×400mm的矩形，如图16-22所示。

Step 03 执行“直线”命令（L），捕捉矩形上的相应端点绘制两条对角线，如图16-23所示。

Step 04 执行“圆”命令（C），以上一步绘制的两条对角线的交点为圆心，绘制一个半径为130mm的圆，如图16-24所示。

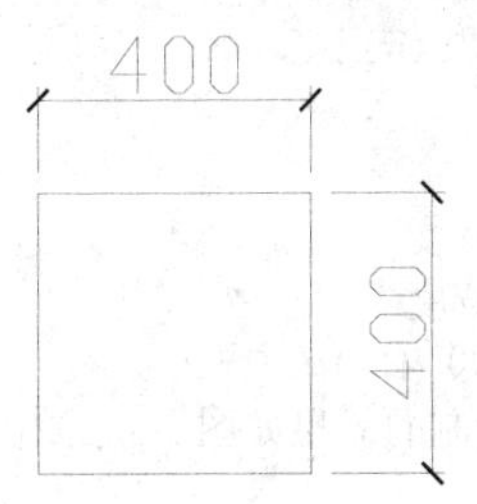

图16-22　绘制矩形

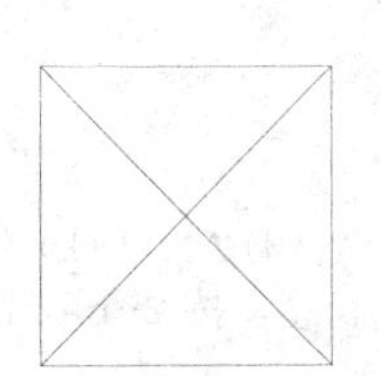

图16-23　绘制对角线

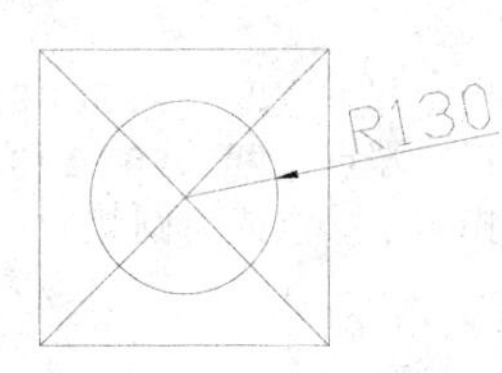

图16-24　绘制圆

Step 05 结合执行“移动”命令（M）及“复制”命令（CO），将绘制的排风扇图例布置到排风管线上的相应位置处，如图16-25所示。

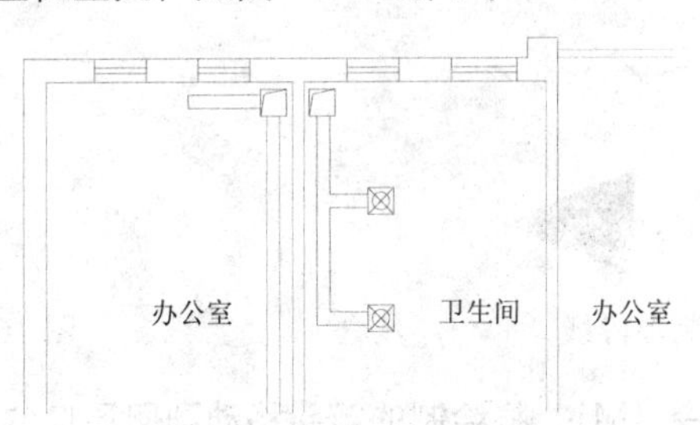

图16-25　布置排风扇

Step 06 绘制“回风口”图例，执行“矩形”命令（REC），绘制一个567mm×378mm的矩形，如图16-26所示。

Step 07 执行“分解”命令（X），将绘制的矩形分解，再执行“偏移”命令（O），将矩形的上侧水平边依次向下偏移95、95及95的距离，如图16-27所示。

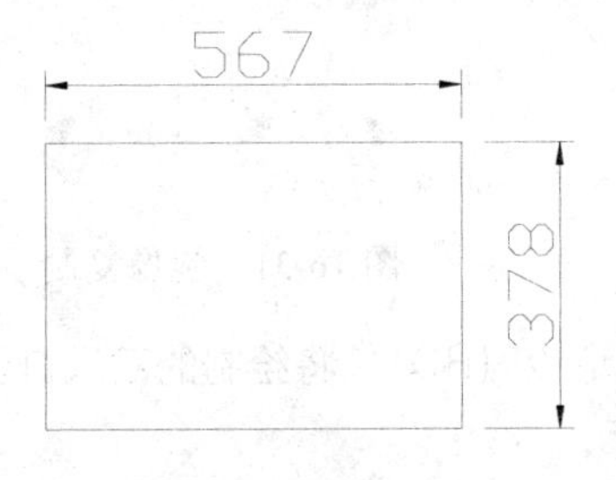

图16-26　绘制矩形

图16-27　偏移线段

Step 08 执行“多段线”命令（PL），根据命令行提示绘制一条多段线对象，命令行提示与操作如下：

```
命令：PL↙                                            //执行多段线命令
PLINE
指定起点：↙                                          //按键盘上的“F8”键切换到正交模式
当前线宽为 0.0000
指定下一个点或 [圆弧(A)/半宽(H)/长度(L)/放弃(U)/宽度(W)]: w↙
                                                     //选择“宽度（W)”选项
指定起点宽度 <0.0000>: 0↙                            //输入起点宽度
指定端点宽度 <0.0000>: 0↙                            //输入端点宽度
指定下一个点或 [圆弧(A)/半宽(H)/长度(L)/放弃(U)/宽度(W)]: 200↙
                                                     //光标向右输入长度
指定下一点或 [圆弧(A)/闭合(C)/半宽(H)/长度(L)/放弃(U)/宽度(W)]: w↙   // 选 择
“宽度（W)”选项

指定起点宽度 <0.0000>: 60↙                           //输入起点宽度
指定端点宽度 <60.0000>: 0↙                           //输入端点宽度
指定下一点或 [圆弧(A)/闭合(C)/半宽(H)/长度(L)/放弃(U)/宽度(W)]: 75↙
                    //光标向右输入长度，按 Enter 键确认，其绘制的效果如图 16-28 所示
```

Step 09 执行“样条曲线”命令（SPL），在上一步绘制的多段线上绘制一条样条曲线对象，如图 16-29 所示。

图 16-28 绘制多段线

图 16-29 绘制样条曲线

Step 10 执行“移动”命令（M），将绘制的箭头移动到回风口的左上角处，再执行“旋转”命令（RO），将箭头旋转 315°，如图 16-30 所示。

Step 11 执行“镜像”命令（MI），将箭头符号进行镜像复制操作，如图 16-31 所示。

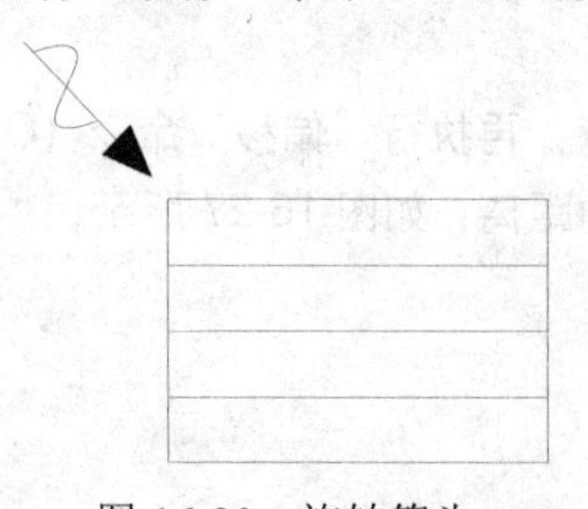

图 16-30 旋转箭头

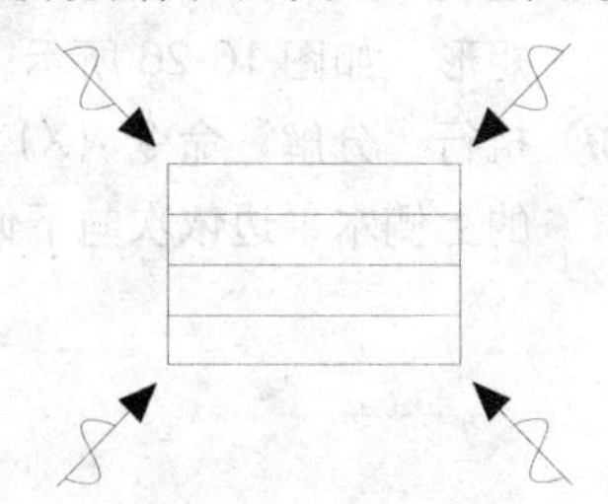

图 16-31 镜像复制

Step 12 结合执行“复制”命令（CO）及“旋转”命令（RO），将绘制的回风口图例布置到排风管上的相应位置处，如图 16-32 所示。

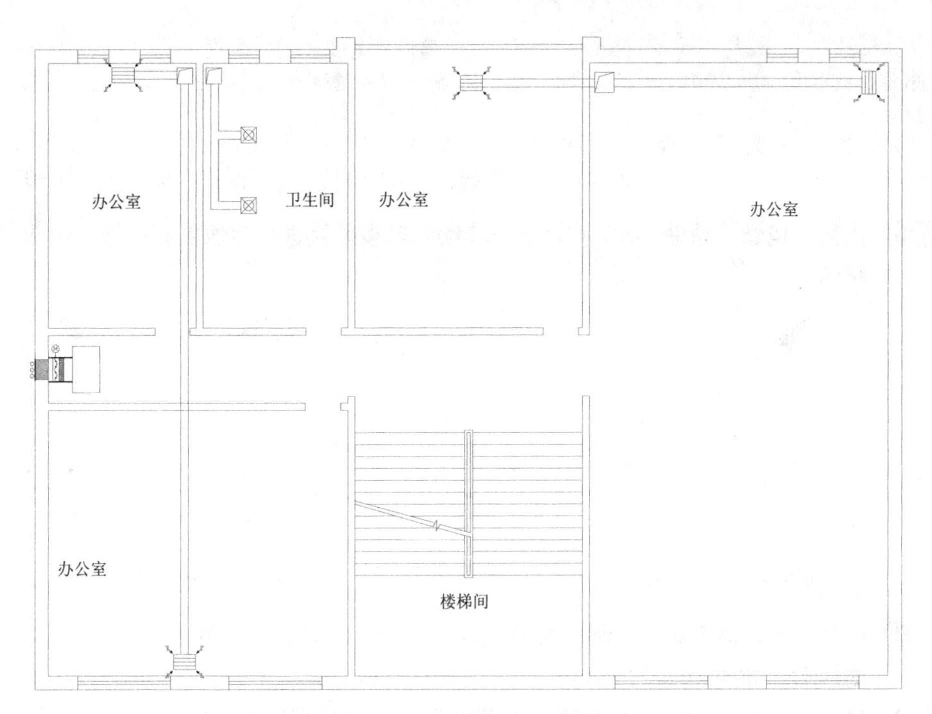

图 16-32　布置回风口图例

Step 13 绘制“散流器”图例，执行“矩形”命令（REC），绘制一个 120mm×120mm 的矩形，再执行“偏移”命令（O），将矩形分别向内偏移 20 及 15 的距离，如图 16-33 所示。

Step 14 执行“直线”命令（L），捕捉相应矩形上的点绘制 4 条斜线段，如图 16-34 所示。

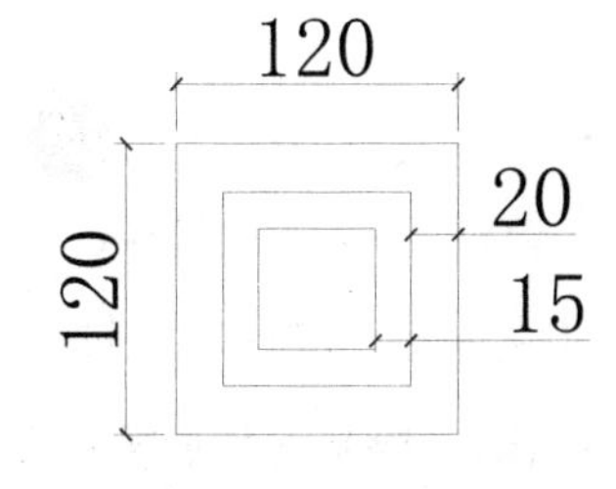

图 16-33　绘制矩形并偏移

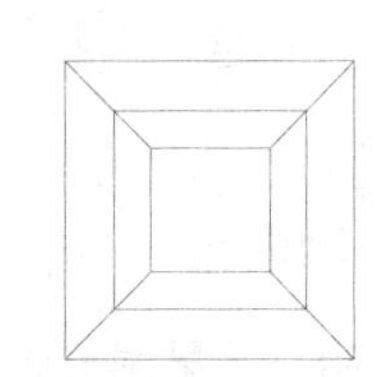

图 16-34　绘制斜线段

Step 15 执行“多段线”命令（PL），捕捉最外侧矩形的左上角端点绘制一条多段线，命令行提示与操作如下：

```
命令: PL↙                                    //执行多段线命令
PLINE
指定起点:↙                                   //捕捉最外侧矩形的左上角端点为多段线的起点
指定下一个点或 [圆弧(A)/半宽(H)/长度(L)/放弃(U)/宽度(W)]: W↙
                                             //选择“宽度（W）”选项
指定起点宽度 <160.7908>: 0↙                  //输入起点宽度
指定端点宽度 <0.0000>: 0↙                    //输入端点宽度
指定下一个点或 [圆弧(A)/半宽(H)/长度(L)/放弃(U)/宽度(W)]: @75<135↙
                                             //输入多段线的长度及角度值
指定下一点或 [圆弧(A)/闭合(C)/半宽(H)/长度(L)/放弃(U)/宽度(W)]: W↙
```

```
                                                   //选择“宽度(W)”选项
    指定起点宽度 <0.0000>: 20↙               //输入起点宽度
    指定端点宽度 <20.0000>: 0↙               //输入端点宽度
    指定下一点或 [圆弧(A)/闭合(C)/半宽(H)/长度(L)/放弃(U)/宽度(W)]:
@50<135↙                    //输入多段线的长度及角度值，其绘制的多段线如图 16-35 所示
```

Note

Step 16 执行“镜像”命令（MI），将上一步绘制的多段线进行镜像复制操作，如图 16-36 所示。

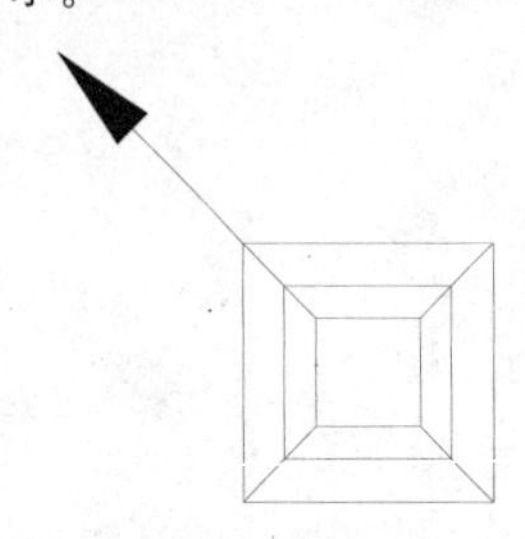

图 16-35　绘制多段线

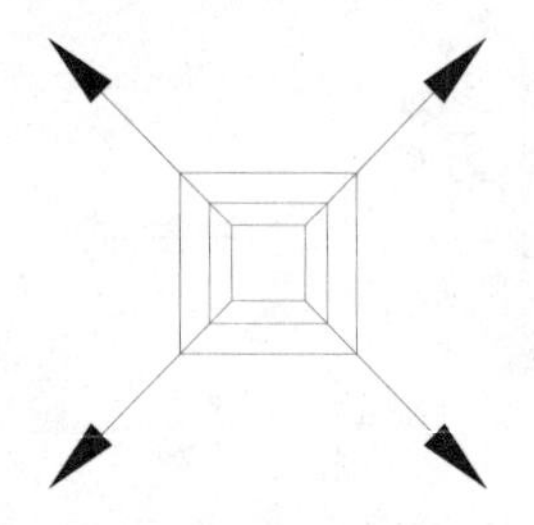

图 16-36　镜像图形

Step 17 绘制“防火调节阀”图例，执行“矩形”命令（REC），绘制一个 550mm × 300mm 的矩形，如图 16-37 所示。

Step 18 执行“分解”命令（X），将上一步绘制的矩形分解，再执行“偏移”命令（O），将矩形的左右侧垂直边分别向内偏移 40 的距离，如图 16-38 所示。

Step 19 执行“直线”命令（L），捕捉图中的相应点绘制两条斜线段，如图 16-39 所示。

Step 20 以两条斜线段的交点为圆心绘制一个半径为 60mm 的圆，再执行“图案填充”命令（H），为绘制的圆填充“SOLID”图案，如图 16-40 所示。

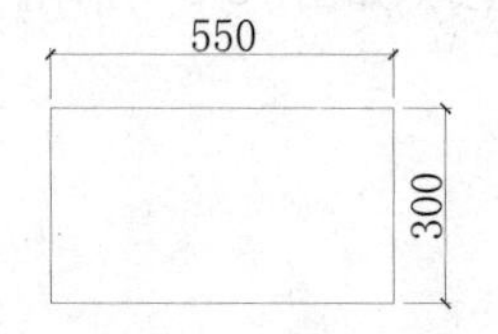

图 16-37　绘制矩形

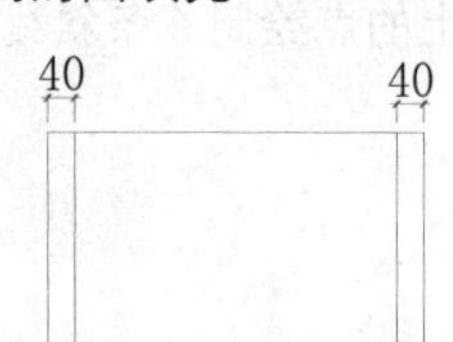

图 16-38　偏移线段

图 16-39　绘制对角线

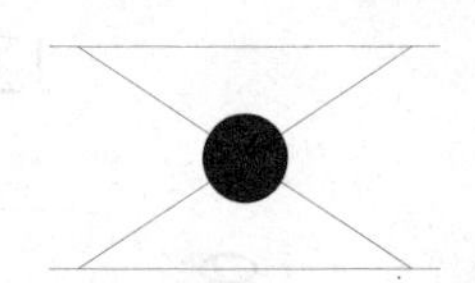

图 16-40　绘制圆并填充图案

Step 21 绘制“风量调节阀”图例，执行“直线”命令（L），绘制一条长度为400mm 的水平直线段，再执行“偏移”命令（O），将水平直线段向下偏移 100 的距离，如图 16-41 所示。

Step 22 执行“圆”命令（C），在两条水平线段的内部相应位置绘制一个半径 15mm 的圆，再执行“多段线”命令（PL），设置多段线的线宽为 5，然后过圆的圆心绘制一条适当长度的斜向多线段，如图 16-42 所示。

Step 23 执行“图案填充”命令（H），为圆的内部填充“SOLID”图案，如图 16-43 所示。

图 16-41　绘制水平线段

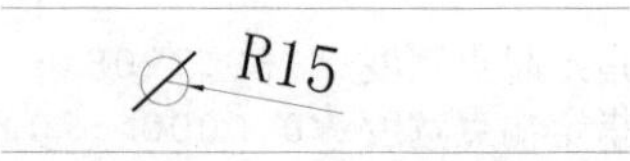

图 16-42　绘制圆及多段线

Step 24 结合执行“镜像”命令（MI）及“旋转”命令（RO），将水平线段内侧的图形进行复制，如图 16-44 所示。

图16-43　填充图案　　　　图16-44　镜像图形

Step 25 结合执行“移动”命令（M）、“复制”命令（CO）及“旋转”命令（RO），将前面绘制的相关风管设备布置到空调送风管上的相应位置处，如图 16-45 所示。

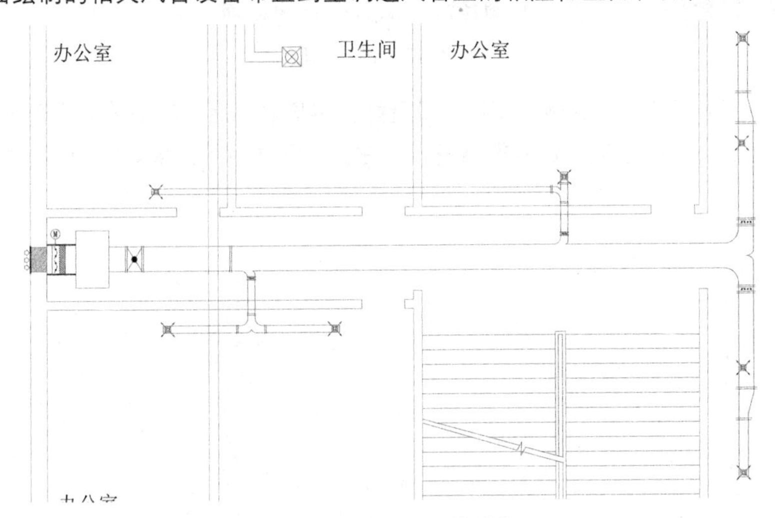

图 16-45　布置风管设备

Step 26 执行“插入”命令（I），将““案例\16\空调机组.dwg”文件插入到当前图形中，再结合执行“移动”命令（M）、“复制”命令（CO）及“旋转”命令（RO），将插入的空调机组图形布置到平面图中的相应位置处，如图 16-46 所示。

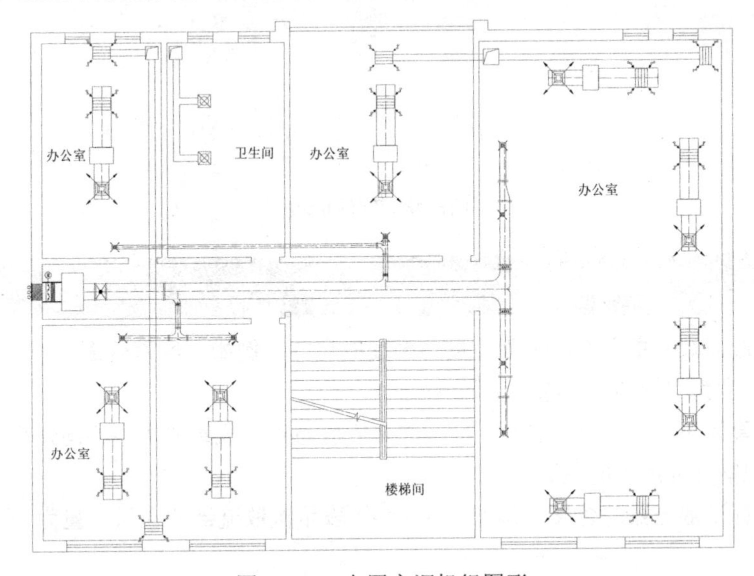

图 16-46　布置空调机组图形

16.1.5 添加说明文字及图框

Note

前面已经绘制好了办公楼标准层空调平面图的相关图形，接下来讲解为绘制的空调平面图添加相关的文字标注说明，其中包括对散流器进行标注、风管截面尺寸标注、图名标注及添加图框等。

Step 01 执行“格式→图层”菜单命令，在弹出的“图层特性管理器”对话框中将“文字”图层设置为当前图层，如图 16-47 所示。

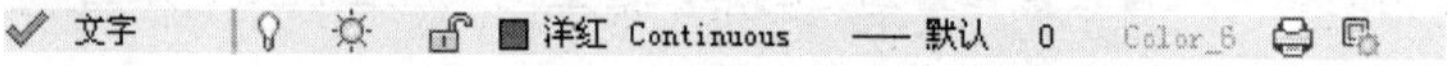

文字 洋红 Continuous —— 默认 0 Color_6

图 16-47 设置图层

Step 02 执行“多行文字”命令（MT），设置好文字样式以后，对图中的风管进行截面尺寸标注，再对图中散流器的规格进行标注，其标注后的效果如图 16-48 所示。

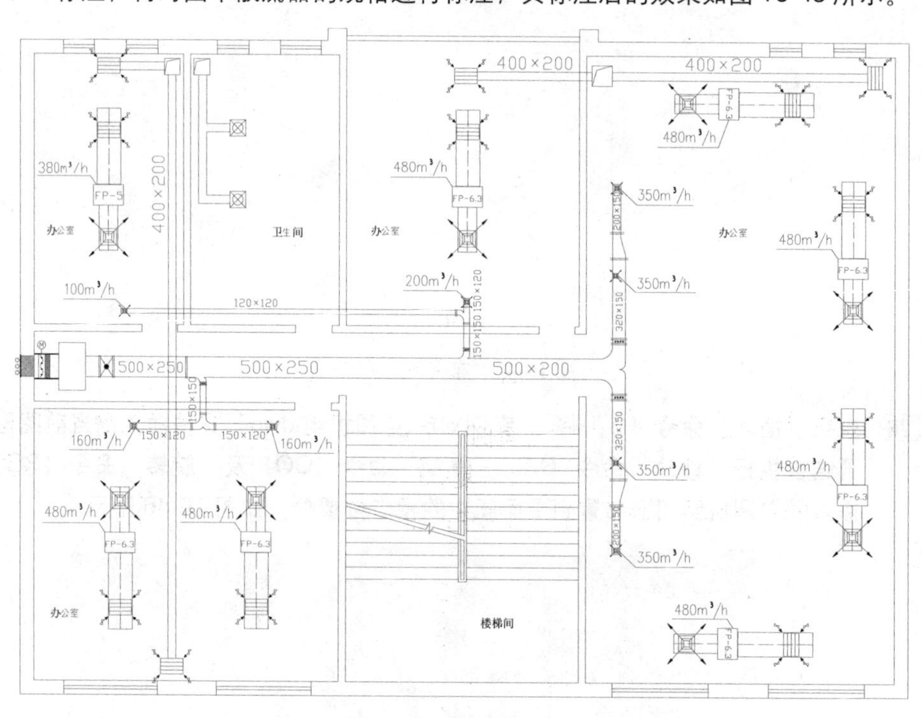

图 16-48 标注的效果

专业技能—空调风管的标注含义

（1）风管截面尺寸指风管的截面宽度与高度的尺寸，例如：风管截面 500×250 表示风管的截面宽度为 500mm，高度为 250mm。

（2）对风管截面尺寸进行标注时，标注的文字应与对应风管的水平方向保持一致，这样便于快速观察标注风管的截面尺寸。

（3）图中标注散流器的含义：例如，160m³/h 表示该散流器的送风风量为 160 立方米每小时。

Step 03 继续执行“多行文字”命令（MT），设置好文字样式以后，对图中的相关空调设备进行文字说明标注，再双击下侧的图名文字，将文字内容修改为“办公楼标准层空调平面图 1:100”，如图 16-49 所示。

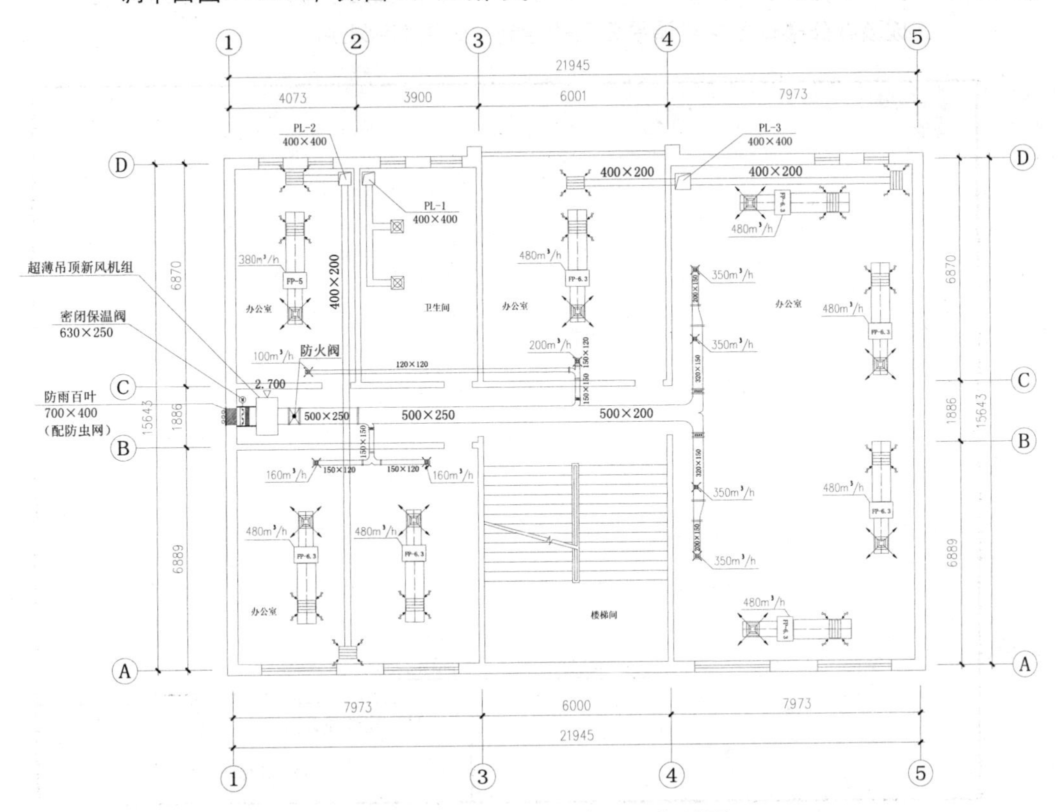

图 16-49 标注的效果

Step 04 将当前图层设置为“图框”图层，再执行“插入”命令（I），将“案例\16\A3 图框.dwg”图块文件插入到绘图区中的空白位置，如图 16-50 所示。

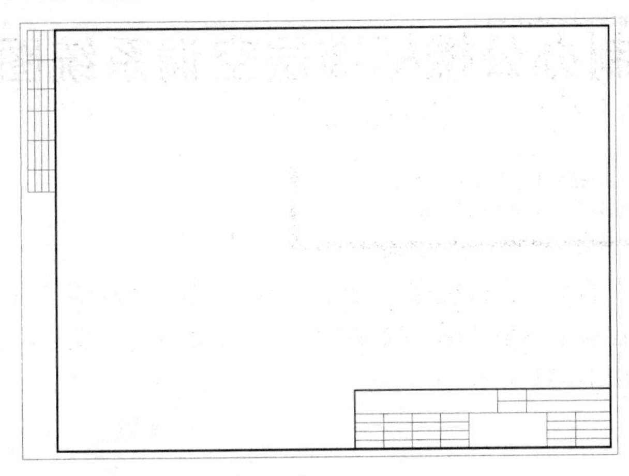

图 16-50 插入的图框

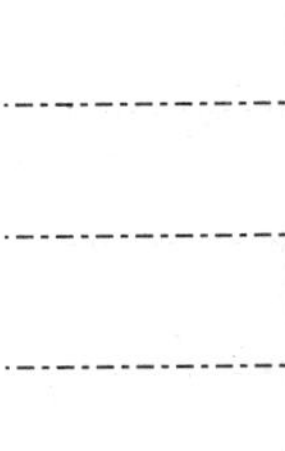

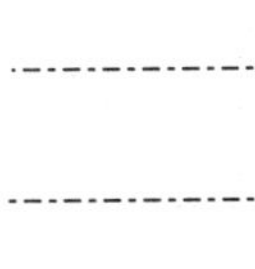

Step 05 执行“缩放”命令（SC），将插入的图框缩放 100 倍，再将绘制的办公楼标注层空调平面图图形全部选中，将其移动到图框的中间相应位置即可。

Step 06 执行“多行文字”命令（MT），在图框右下侧的图签中输入相关的文字内容，从而完成该办公楼标准层空调平面图的绘制，如图 16-51 所示。

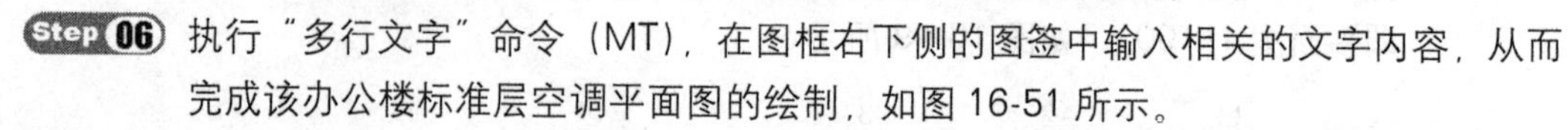

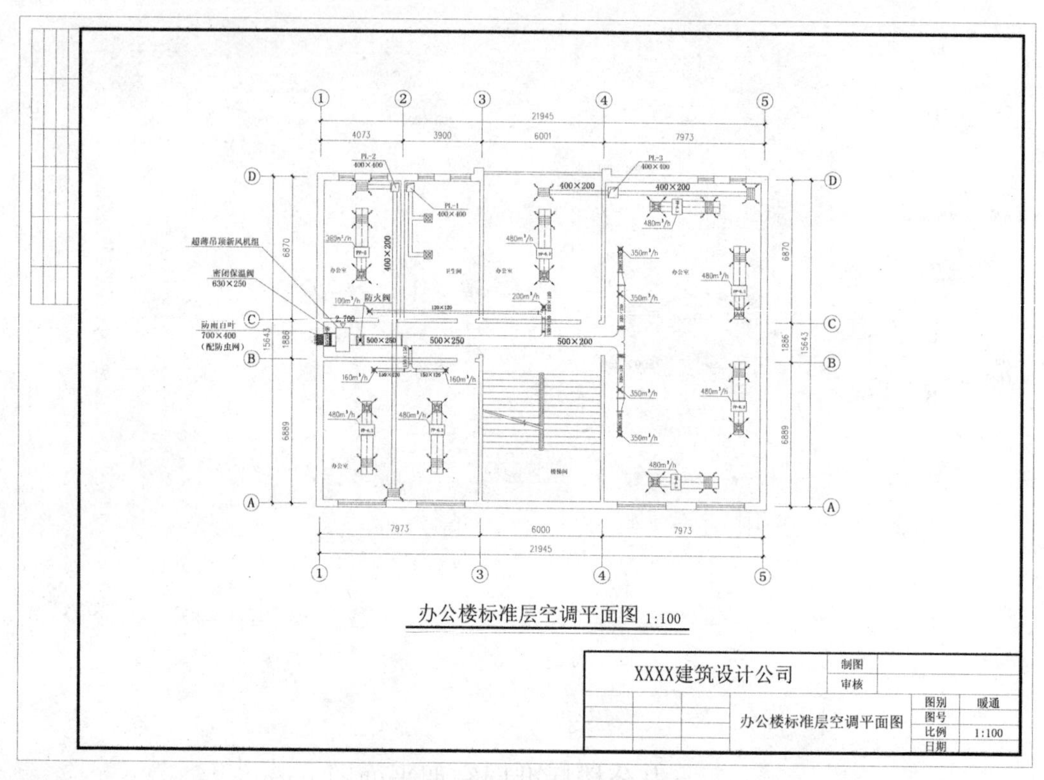

图 16-51　添加平面图图框

Step 07 至此，该办公楼的标准层空调平面图已经绘制完成，然后按 Ctrl+S 组合键将该文件进行保存。

16.2 绘制办公楼标准层空调系统图

视频\16\绘制办公楼标准层空调系统图.avi
案例\16\办公楼标准层空调系统图.dwg

本节以前一节中的某办公楼标准层为例，介绍该办公楼标准层的空调系统图的绘制流程，使读者掌握建筑空调系统图的绘制方法，以及相关的知识点，其绘制办公楼标准层空调系统图，如图 16-52 所示。

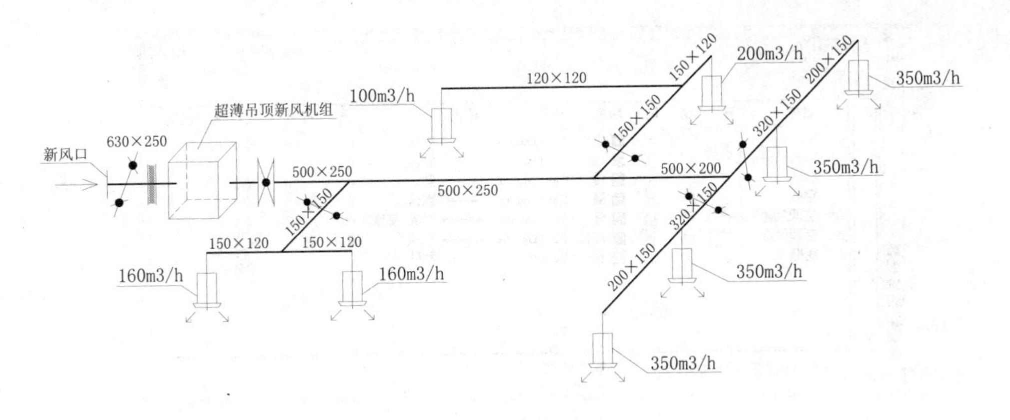

办公楼标准层空调系统图 1:100

图 16-52 办公楼标准层空调系统图

专业技能—空调系统图的绘制要求

空调系统图是根据空调系统的平面图和竖向标高，将空调系统的全部管道、设备和部件用投影的方法绘制的45°轴测图，以表明空调管道、设备、附件在空间的连接及走向、交错、高低等空间关系、而不是平面定位关系。轴测图中应标明空调系统的编号、设备部件的编号、风管的截面尺寸、设备名称及规格型号、风管的标高及材料明细表。空调工程系统图根据介质种类可分为水系统及通风系统。

16.2.1 设置绘图环境

在绘制该办公楼标准层的空调系统图之前，首先应设置绘图的环境，其中包括新建文件、另存文件、新建图层等。

Step 01 启动 AutoCAD 2014 应用程序，新建一个空白文件。

Step 02 执行“文件→另存为”菜单命令，将文件另存为“案例\16\办公楼标准层空调系统图.dwg”文件。

Step 03 在“图层”工具栏上，单击“图层特性管理器”按钮，如图 16-53 所示。

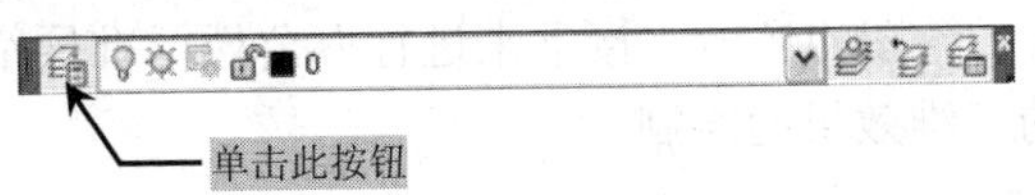

图 16-53 单击“图层特性管理器”按钮

Step 04 在打开的“图层特性管理器”面板下，建立如图 16-54 所示的图层，并设置好图层的颜色。

Note

当前图层：0

状.	名称	开	冻结	锁..	颜色	线型	线宽	透..	打印...	打.	新.	说明
✓	0				白	Continuous	—— 默认	0	Color_7			
	Defpoints				白	Continuous	—— 默认	0	Color_7			
	标注				绿	Continuous	—— 默认	0	Color_3			
	空调				蓝	Continuous	—— 默认	0	Color_5			
	空调风管				红	Continuous	—— 0.30 毫米	0	Color_1			
	空调设备				洋红	Continuous	—— 默认	0	Color_6			
	图框				青	Continuous	—— 默认	0	Color_4			

全部：显示了 7 个图层，共 7 个图层

图 16-54　设置图层

专业技能—空调系统图概述

1. 室内空调系统图表达的主要内容

室内空调系统图即室内空调系统空间布置图，其主要表达了房屋内部空调设备的配置和管道的布置及连接的空间情况。其主要内容包括图样中应表示出空调系统中空气的输送管道、设备及控制装置等全部附件、并标注设备与附件的型号规格及编号。

2. 管线位置

空调系统轴测图的布图方向一般与平面图一致，一般采用正面斜等测方法绘制，表达出管线及设备的立体空间位置关系。当管道或管道附件被遮挡时，或转弯管道变成直线等局部表达不清楚时，可不按比例绘制。管线标高一般应标注中心标高。

3. 建筑室内空调系统图的绘制，一般遵循以下步骤：

（1）绘制或插入图框。

（2）画风管（单线或双线）及设备附件（风罩、风口、阀门等）。

（3）对管线、设备等进行规格、型号、尺寸（管径、标高、坡度等）标注。

（4）附加必要的文字说明。

（5）填写图签。

16.2.2　绘制空调机组

在前面已经设置好了绘图的环境，接下来进行办公楼标准层空调系统图的绘制，本节首先讲解空调机组的三维效果的绘制。

Step 01　执行“格式→图层”菜单命令，在弹出的“图层特性管理器”对话框中将“空调”图层设置为当前图层，如图 16-55 所示。

✓ 空调				蓝	Continuous	—— 默认	0	Color_5		

图 16-55　设置图层

Step 02 右键单击状态栏中的“极轴追踪（F10）”按钮，在弹出的“关联”菜单中单击“设置”。

Step 03 在打开的“草图设置”对话框中，勾选其中的“启用极轴追踪”；在“增量角”下拉列表框中选择 45；在“对象捕捉追踪设置”选项组选择“用所有极轴角设置追踪”单选项；在“极轴角测量”选项组中选择“绝对”单选项；最后单击下方的“确定”按钮，从而完成“极轴追踪”功能的设置，如图 16-56 所示。

Step 04 执行“矩形”命令（REC），绘制一个 1900mm × 2080mm 的矩形，如图 16-57 所示。

Step 05 执行“直线”命令（L），利用前面设置的“极轴追踪”功能，分别捕捉矩形上的各个端点，向上绘制 4 条与水平方向成 45 度角的斜线段，斜线段的长度为 1000mm，如图 16-58 所示。

Step 06 执行“复制”命令（CO），将前面绘制的矩形复制一个，并移动到斜线段的上方，如图 16-59 所示。

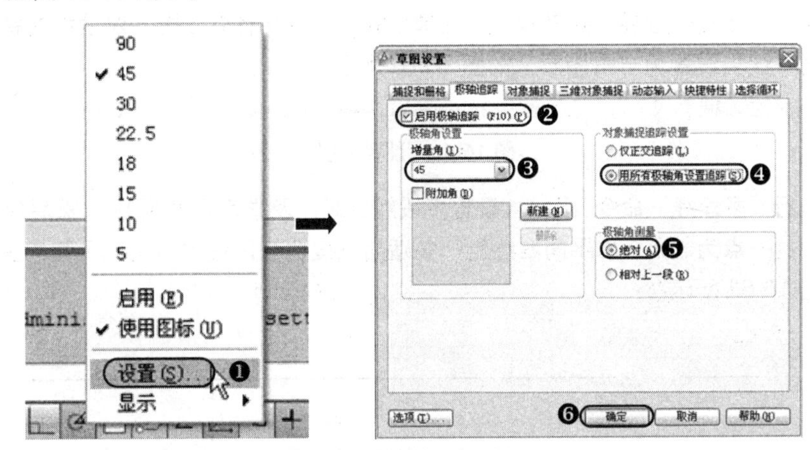

图 16-56　设置极轴追踪

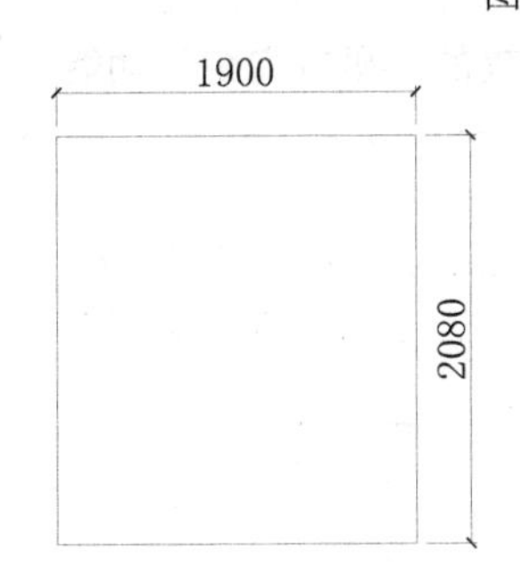

图 16-57　绘制矩形

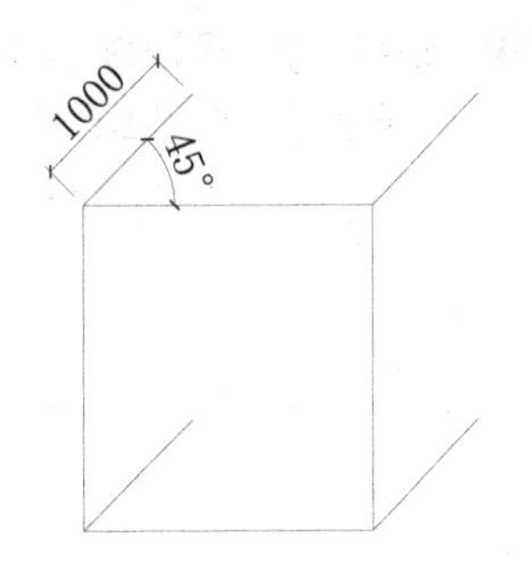

图 16-58　绘制斜线段

Step 07 执行“分解”命令（X），将上方复制的矩形分解；再将图中相应的几条线段选中，将其线型修改为“点划线”，如图 16-60 所示。

Step 08 执行“多段线”命令（PL），设置多段线的线宽为 50，在空调机的左侧绘制进风口，再执行“直线”命令（L），在进风口的左侧绘制一个箭头符号，代表风向符号，如图 16-61 所示。

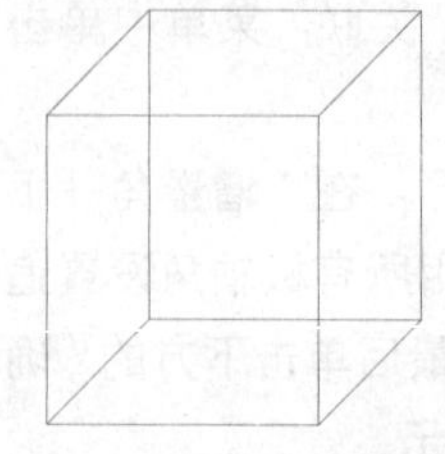

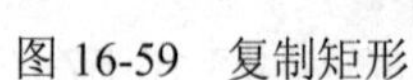
图 16-59　复制矩形

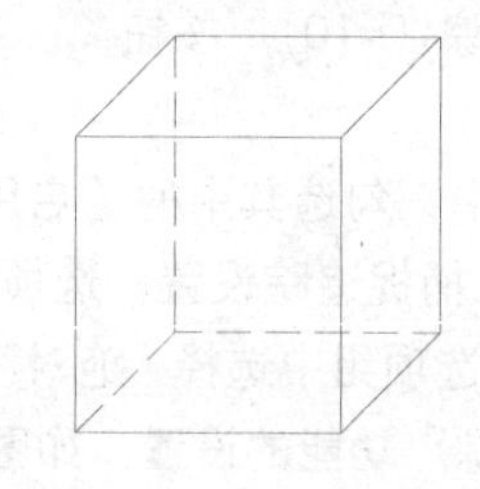

图 16-60　修改线型

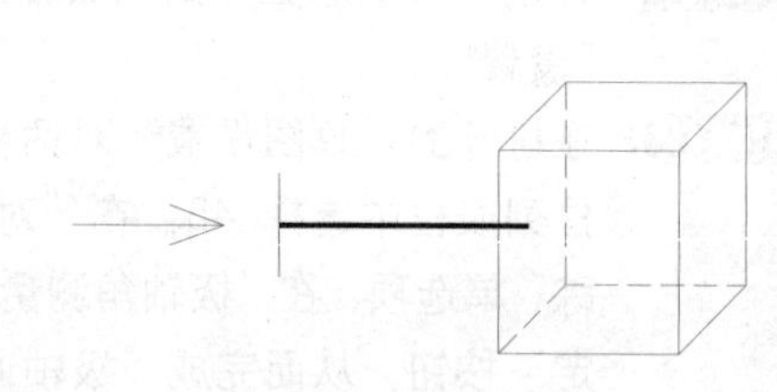

图 16-61　绘制进风口

16.2.3　绘制空调风管

在前一节中已经绘制好了空调机组，接下来讲解空调风管 45° 轴测图的绘制，然后将绘制的空调风管连接到空调机组的上方。

Step 01 执行“格式→图层”菜单命令，在弹出的“图层特性管理器”对话框中将“空调风管”图层设置为当前图层，如图 16-62 所示。

空调风管				红	Continuous	0.30...	0	Color_1		

图 16-62　设置图层

Step 02 执行“多段线”命令（PL），设置多段线的起点及端点宽度为 50，然后捕捉空调机上的一点为起点，水平向右绘制一条适当长度的多段线作为空调风管的主管线，如图 16-63 所示。

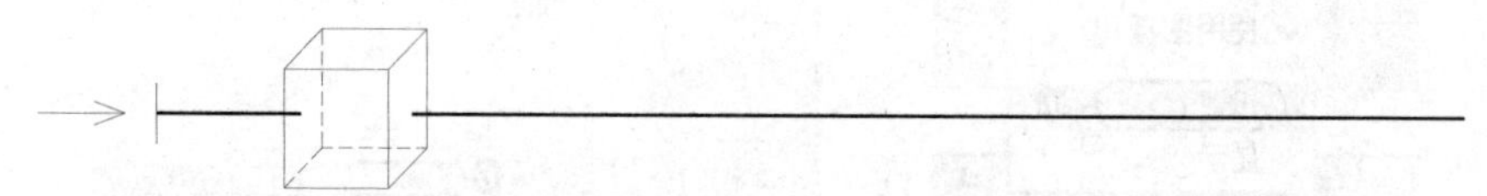

图 16-63　绘制空调风管主管线

Step 03 继续执行“多段线”命令（PL），利用前面设置的“极轴追踪”功能，绘制出空调风管各条支管线的 45° 轴测图，如图 16-64 所示。

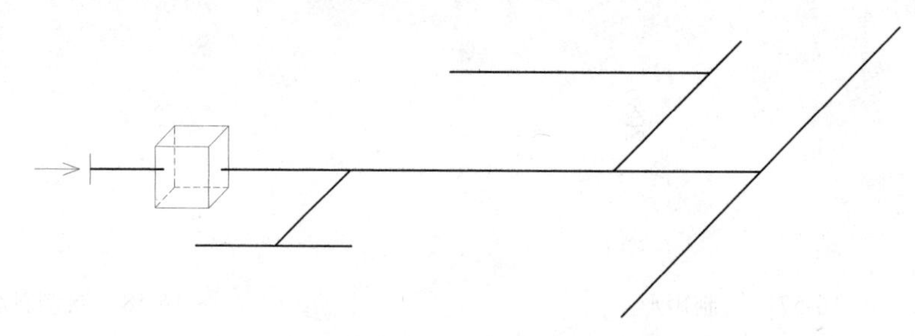

图 16-64　绘制空调风管支管线

专业技能—空调风管的绘制方法

（1）在绘制空调风管的轴测图时，应首先识读前面绘制的“办公楼标准层空调平面图”的风管走向及具体尺寸。

（2）在进行风管支管线的绘制时，可利用前面设置的“极轴追踪”功能来进行 45° 轴测图的绘制。

（3）风管可采用双线或单线法绘制。若采用双线法时，则应根据其平面图中的截面尺寸绘制，这样能形象反映出风管的空间尺度，立体感强，但制图复杂。若采用单线法时，则较简洁，可用粗线表示风管，依其平面图的走向及标高表示出其空间布置及走向，但单线法是无法表示风管的截面尺寸的，截面尺寸需额外进行标注，在采用单线法绘制风管的时候，可以以风管的中心线来表示风管。

16.2.4 绘制空调设备

前面已经绘制好了空调风管及空调机组，接下来进行相应空调设备的绘制，其中包括散流器、风量调节阀、防火调节阀、风管软接头等的绘制，然后将绘制的空调设备连接到相应位置的空调风管上。

Step 01 执行“格式→图层”菜单命令，在弹出的“图层特性管理器”对话框中将“空调设备”图层设置为当前图层，如图 16-65 所示。

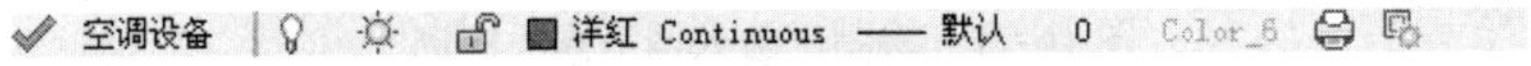

✓ 空调设备 洋红 Continuous —— 默认 0 Color_6

图 16-65 设置图层

Step 02 绘制“散流器”图例，执行“矩形”命令（REC），绘制一个 730mm × 1100mm 的矩形；再在矩形的正下方绘制一个 1080mm × 150mm 的矩形，如图 16-66 所示。

Step 03 执行“分解”命令（X），将下侧的矩形分解；再将矩形的左右两侧的垂直边分别向内偏移 100 的距离，再执行“直线”命令（L），捕捉相应的点绘制两条斜线段，然后将多余的线段删除掉，如图 16-67 所示。

Step 04 执行“直线”命令（L），在矩形的内部绘制一条中轴线，然后在其下侧绘制两个箭头符号，如图 16-68 所示。

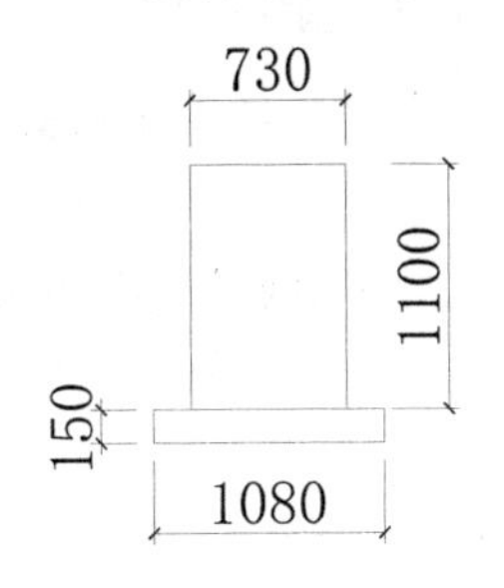

图 16-66 绘制矩形

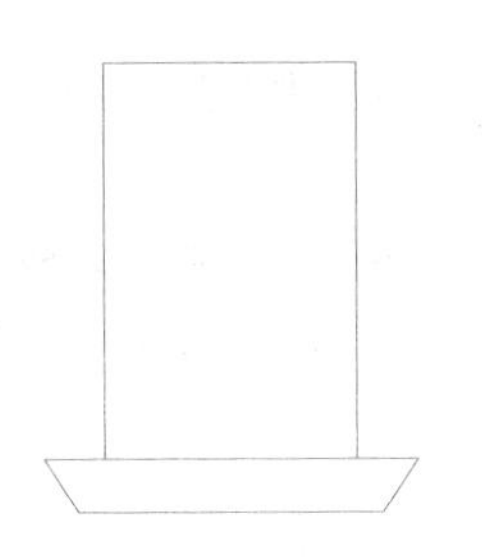

图 16-67 修改图形

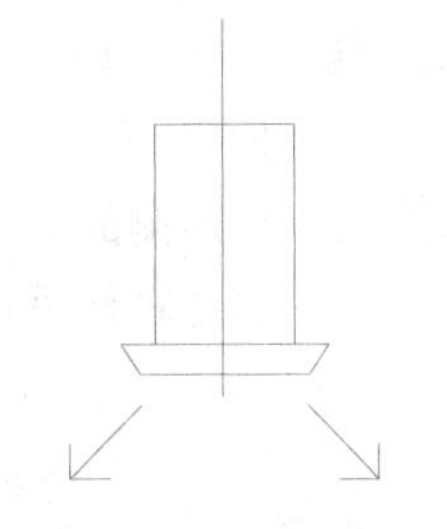

图 16-68 绘制箭头

Note

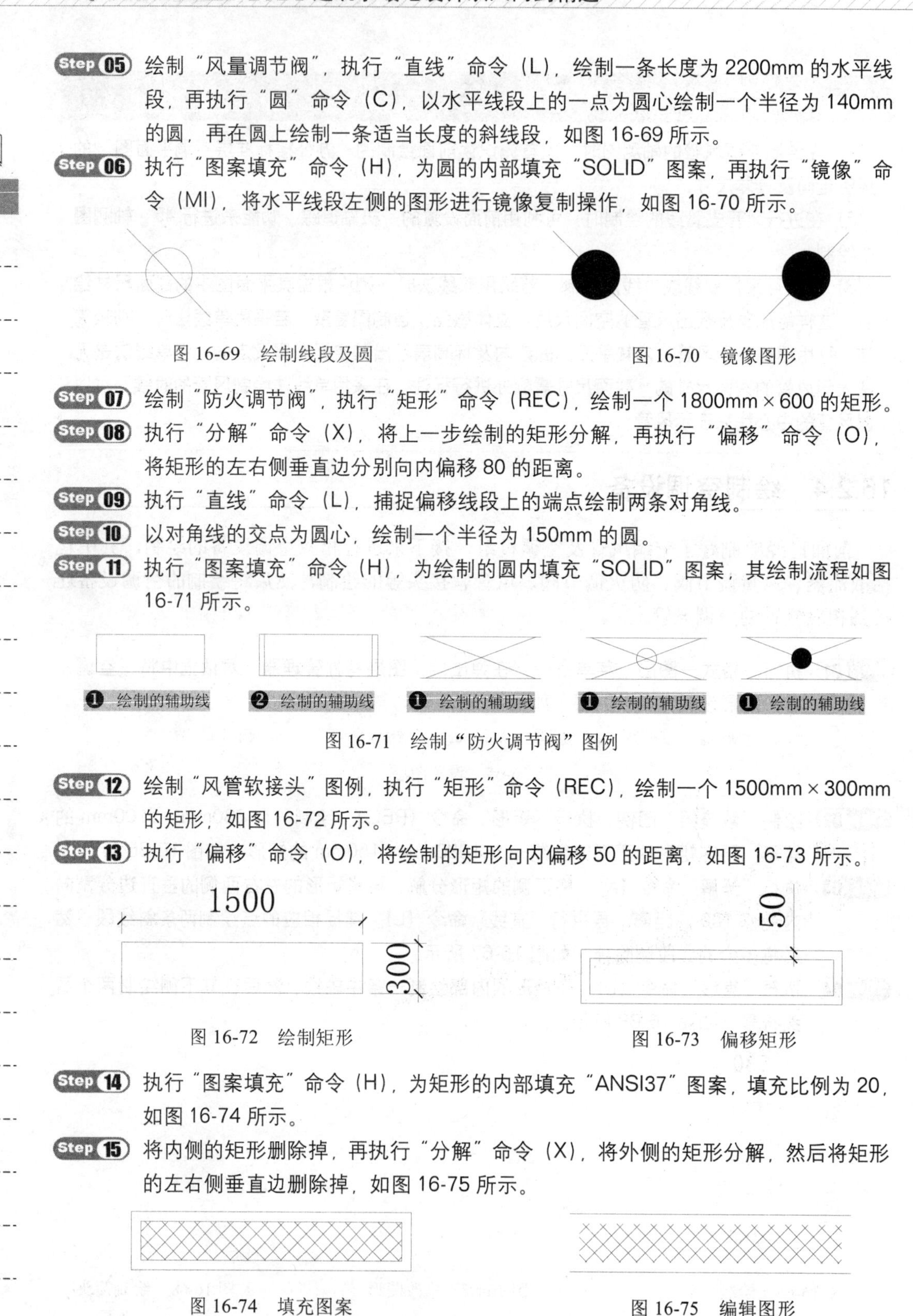

Step 05 绘制“风量调节阀”，执行“直线”命令（L），绘制一条长度为 2200mm 的水平线段，再执行“圆”命令（C），以水平线段上的一点为圆心绘制一个半径为 140mm 的圆，再在圆上绘制一条适当长度的斜线段，如图 16-69 所示。

Step 06 执行“图案填充”命令（H），为圆的内部填充“SOLID”图案，再执行“镜像”命令（MI），将水平线段左侧的图形进行镜像复制操作，如图 16-70 所示。

图 16-69　绘制线段及圆

图 16-70　镜像图形

Step 07 绘制“防火调节阀”，执行“矩形”命令（REC），绘制一个 1800mm×600 的矩形。

Step 08 执行“分解”命令（X），将上一步绘制的矩形分解，再执行“偏移”命令（O），将矩形的左右侧垂直边分别向内偏移 80 的距离。

Step 09 执行“直线”命令（L），捕捉偏移线段上的端点绘制两条对角线。

Step 10 以对角线的交点为圆心，绘制一个半径为 150mm 的圆。

Step 11 执行“图案填充”命令（H），为绘制的圆内填充“SOLID”图案，其绘制流程如图 16-71 所示。

图 16-71　绘制“防火调节阀”图例

Step 12 绘制“风管软接头”图例，执行“矩形”命令（REC），绘制一个 1500mm×300mm 的矩形，如图 16-72 所示。

Step 13 执行“偏移”命令（O），将绘制的矩形向内偏移 50 的距离，如图 16-73 所示。

图 16-72　绘制矩形

图 16-73　偏移矩形

Step 14 执行“图案填充”命令（H），为矩形的内部填充“ANSI37”图案，填充比例为 20，如图 16-74 所示。

Step 15 将内侧的矩形删除掉，再执行“分解”命令（X），将外侧的矩形分解，然后将矩形的左右侧垂直边删除掉，如图 16-75 所示。

图 16-74　填充图案

图 16-75　编辑图形

Step 16 结合执行“移动”命令（M）、“复制”命令（CO）及“旋转”命令（RO），将前面绘制的相关图例布置到空调风管上的相应位置处，如图 16-76 所示。

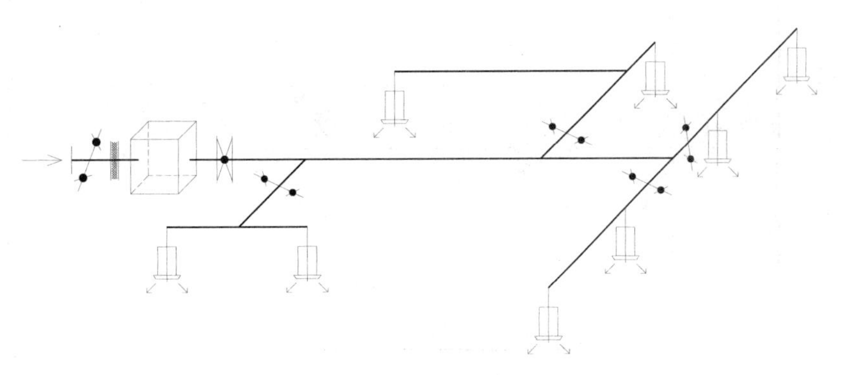

图 16-76　布置空调设备图例

16.2.5　添加说明文字及图框

前面已经绘制好了办公楼标准层空调系统图的相关图形，接下来讲解为绘制的空调系统图添加相关的文字标注说明、标注图名，以及添加平面图图框等。

Step 01 执行“格式→图层”菜单命令，在弹出的“图层特性管理器”对话框中将“标注”图层设置为当前图层，如图 16-77 所示。

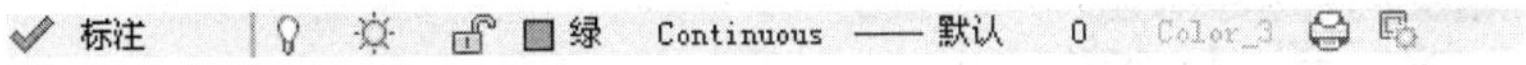

✓ 标注 | 绿 Continuous —— 默认 0 Color_3

图 16-77　设置图层

Step 02 执行“多行文字”命令（MT），设置好文字样式以后，对图中的风管进行截面尺寸标注，再对图中散流器的规格进行标注，其标注后的效果如图 16-78 所示。

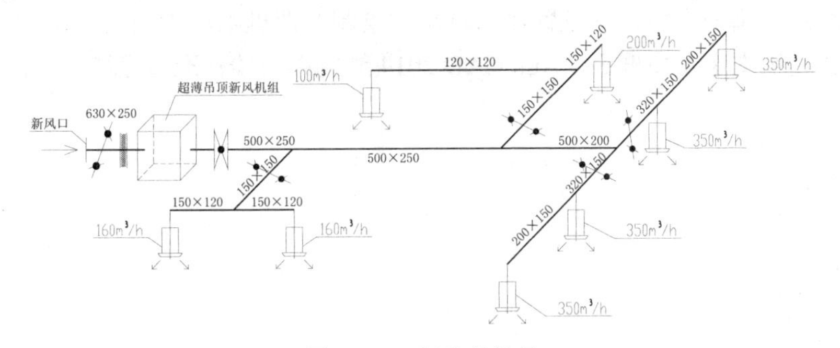

图 16-78　标注的效果

Step 03 将当前图层设置为“图框”图层，再执行“插入”命令（I），将“案例\16\A3 图框.dwg”图块文件插入到绘图区中的空白位置。

Step 04 执行“缩放”命令（SC），将插入的图框缩放 100 倍，再将绘制的办公楼标注层空调系统图图形全部选中，将其移动到图框的中间相应位置即可。

Step 05 执行“多行文字”命令（MT），在图框右下侧的图签中输入相关的文字内容，从而完成该办公楼标准层空调系统图的绘制，如图 16-79 所示。

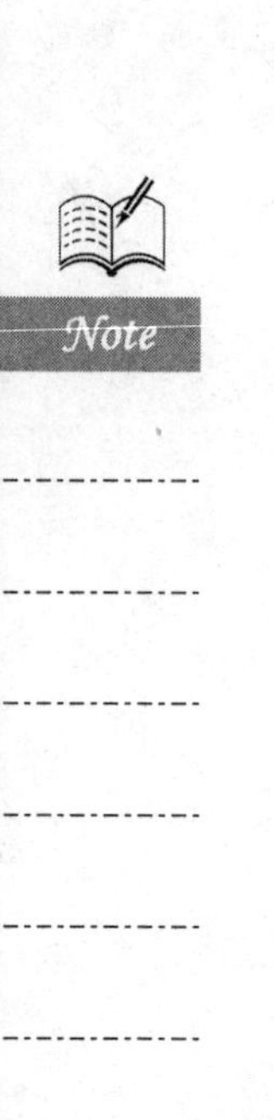

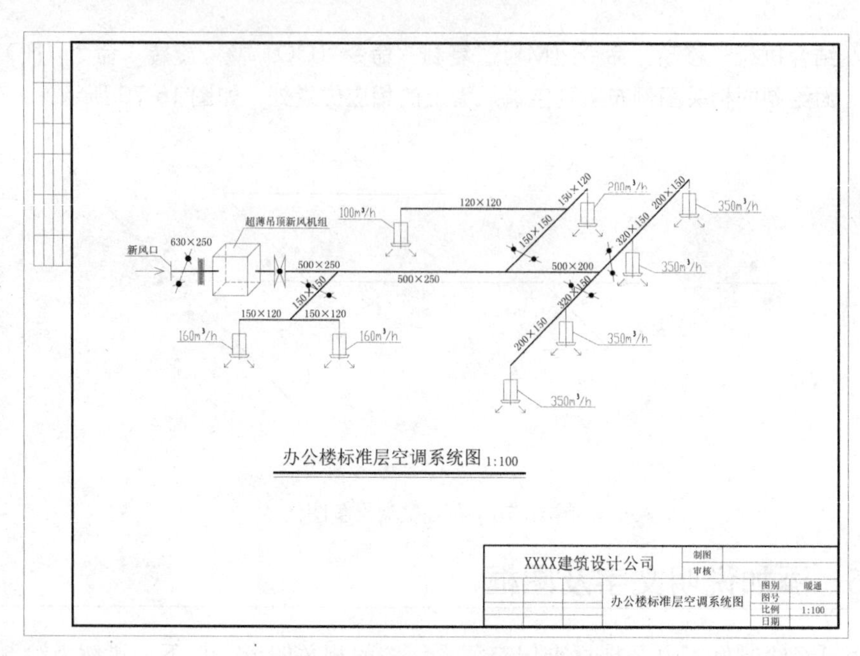

图 16-79　添加平面图图框

Step 06 至此，该办公楼的标准层空调系统图已经绘制完成，然后按 Ctrl+S 组合键将该文件进行保存。

16.3 本章小结

在本章中，主要讲解了 AutoCAD 2014 空调工程施工图的绘制，包括 AutoCAD 绘制办公楼标准层空调平面图，如设置绘图环境、绘制空调机组、绘制空调风管、绘制风管设备、添加说明文字及图框等，AutoCAD 2014 绘制办公楼标准层空调系统图等。

采暖工程施工图的绘制

采暖系统平面图是室内采暖施工图中的基本图样，其表示室内采暖管网和散热设备的平面布置及相互连接关系情况。视水平主管敷设位置的不同及工程复杂程度，采暖施工图应分楼层绘制或局部详图绘制。

本章以某住宅楼标准层平面图为例，详细讲解其采暖平面图和系统图的绘制方法。首先讲解了住宅楼标准层采暖平面图的绘制方法和技巧，包括建筑平面图的调用、绘图环境的设置、采暖设备图例的绘制、平面图采暖管线的绘制、标注说明等；然后讲解了该住宅楼标准层采暖系统图的绘制方法，包括设置绘图环境、绘制系统图的采暖图例、系统图采暖管线的绘制、文字的标注说明等；最后讲解了该住宅楼采暖立管系统图的绘制方法，其中包括设置绘图环境、绘制采暖回水管线、绘制采暖设备、添加说明文字及图框等。通过本章的学习，使读者能够系统、全面地掌握建筑采暖施工的绘制方法，以及相关的知识点。

内容要点

- 绘制住宅楼标准层采暖平面图
- 绘制住宅楼标准层采暖系统图
- 绘制住宅楼采暖立管系统图

17.1 绘制住宅楼标准层采暖平面图

Note

视频\17\绘制住宅楼标准层采暖平面图.avi
案例\17\住宅楼标准层采暖平面图.dwg

本节以某住宅楼的标准层为例，介绍该住宅楼标准层的采暖平面图的绘制流程，使读者掌握建筑采暖平面图的绘制方法，以及相关的知识点。其绘制的该住宅楼标准层采暖平面图，如图 17-1 所示。

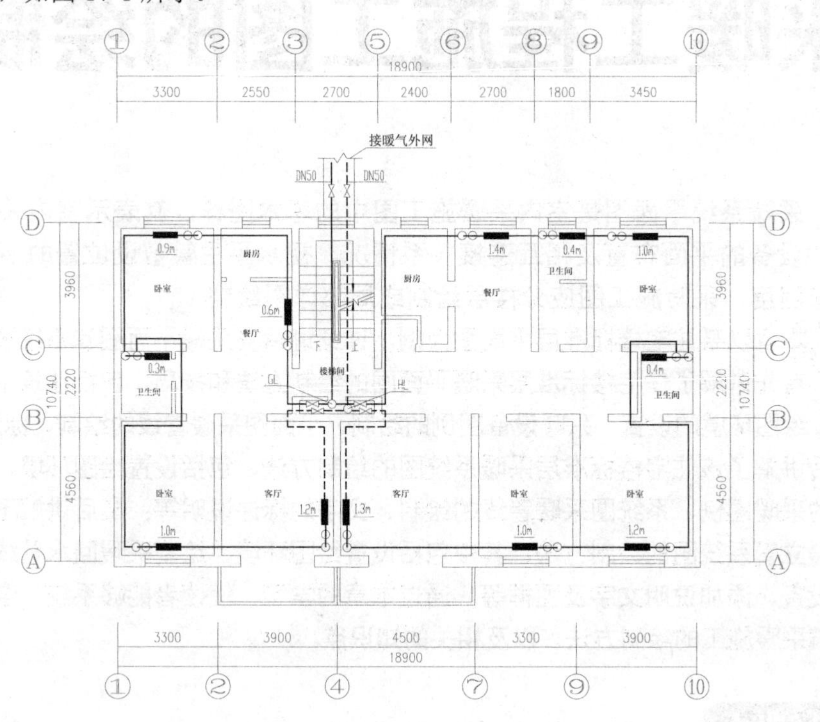

住宅楼标准层采暖平面图 1:100

图 17-1 住宅楼标准层采暖平面图

专业技能—室内采暖工程的任务

室内采暖工程的任务，即通过从室外热力管网将热媒利用室内势力管网引入至建筑内部的各个房间，并通过散热装置将热能释放出来，使室内保持适宜的温度环境，满足人们生产生活的需要。

采暖系统属于全水系统，其管网的绘制及表达方法与空调水、给排水系统类似，尤其是风机盘管系统与采暖水系统较为相近。

Note

17.1.1　设置绘图环境

在绘制该住宅楼标准层的采暖平面图之前，首先应设置绘图的环境，其中包括打开并另存文件、新建图层、设置线型比例等。

Step 01 启动 AutoCAD 2014 软件，接着执行“文件→打开”菜单命令，打开本书配套光盘“案例\17\住宅楼标准层平面图.dwg”文件，如图 17-2 所示。

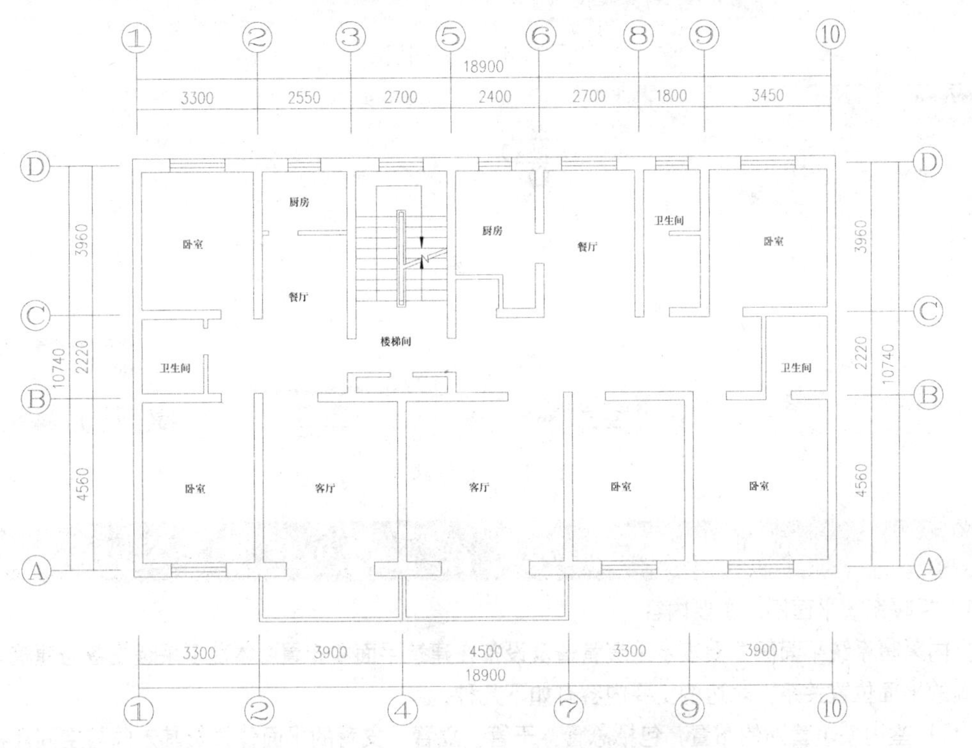

图 17-2　打开“住宅楼标准层平面图”文件

Step 02 执行“文件→另存为”菜单命令，将文件另存为“案例\17\住宅楼标准层采暖平面图.dwg”。

Step 03 在“图层”工具栏上，单击“图层特性管理器”按钮，如图 17-3 所示。

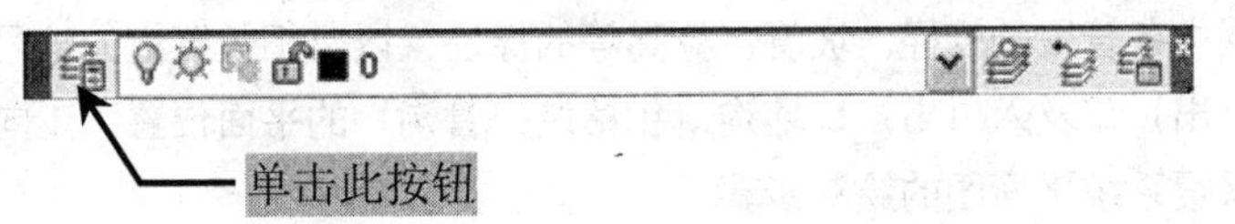

图 17-3　单击“图层特性管理器”按钮

Step 04 在打开的“图层特性管理器”面板下，建立如图 17-4 所示的图层，并设置好图层的颜色。

Step 05 执行“格式→线型”菜单命令，打开“线型管理器”对话框，然后单击右侧的“显示细节”按钮，将下方的“全局比例因子”设置为“1000”，如图 17-5 所示。

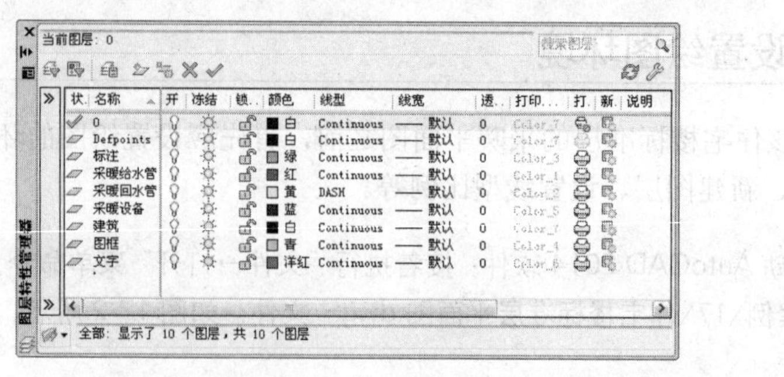

图 17-4　设置图层

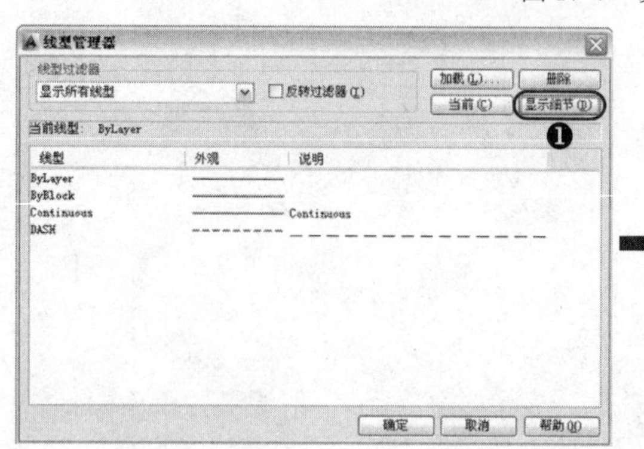

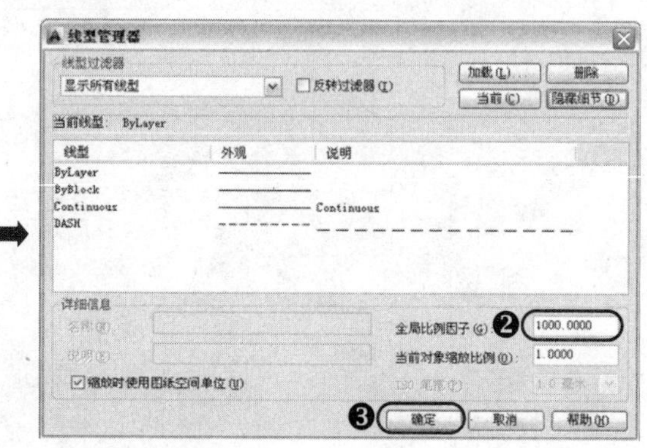

图 17-5　设置线型

专业技能—采暖系统平面图概述

1．采暖系统平面图的主要内容

室内采暖系统平面图主要表示采暖管道及设备在建筑平面中布置，体现了采暖设备与建筑之间的平面位置关系，表达的主要内容有如下几种：

（1）室内采暖管网的布置，包括总管、干管、立管、支管的平面位置及其走向与空间连接关系。

（2）散热器的平面布置、规格、数量和安装方式及其与管道的连接方式。

（3）采暖辅助设备（膨胀水箱、集气罐、疏水器等）、管道附件（阀门等）、固定支架的平面位置及型号规格。

（4）采暖管网中各管段的管径、坡度、标高等的标注，以及相关管道的编号。

（5）热媒入（出）口及入（出）口地沟（包括过门管沟）的平面位置、走向及尺寸。

2．建筑室内采暖系统平面图的绘制步骤

建筑室内采暖系统平面图的绘制，一般遵循以下步骤：

（1）插入图框并进行 CAD 基本设置（图层及样式）。

（2）建筑平面图。

（3）管道及设备在建筑平面图中的位置。

（4）散热器及附属设备在建筑平面图中的位置。

（5）标注（设备规格、管径、标高、管道编号等）。

（6）附加必要的文字说明（设计说明及附注）。

17.1.2　绘制采暖设备

在前面已经设置好了绘图的环境，接下来进行相关的采暖设备的绘制，其中包括绘制采暖给回水立管、散热器、采暖入口等。

Note

Step 01 执行“格式→图层”菜单命令，在弹出的“图层特性管理器”对话框中将“采暖设备”图层设置为当前图层，如图17-6所示。

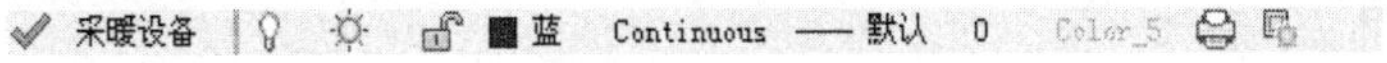

✓ 采暖设备 | 蓝 Continuous —— 默认 0 Color_5

图17-6　设置图层

Step 02 执行“圆”命令（C），在楼梯间的下侧相应位置绘制两个直径为280mm的圆，分别作为采暖给水立管及回水立管，如图17-7所示。

Step 03 执行“矩形”命令（REC），绘制一个800mm×200mm的矩形作为散热器，再执行“图案填充”命令（H），为绘制的矩形内部填充“SOLID”图案，如图17-8所示。

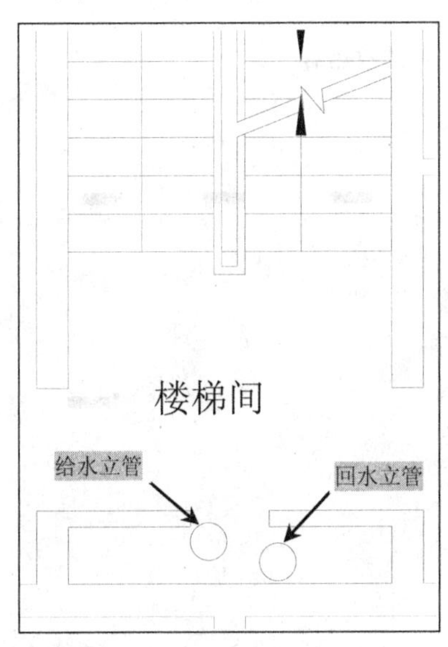

图17-7　绘制给水及回水立管

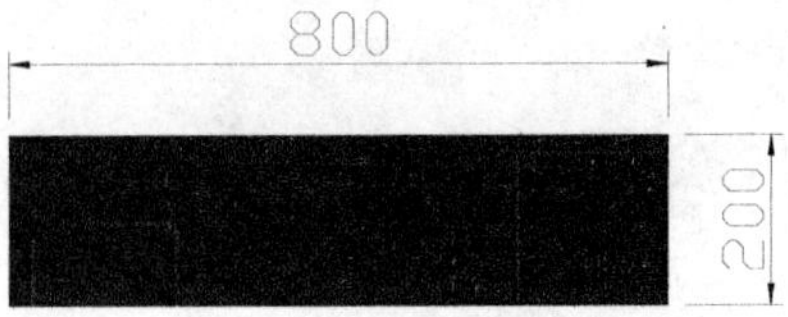

图17-8　绘制散热器

Step 04 结合执行“移动”命令（M）、“复制”命令（CO）及“旋转”命令（RO）命令，将绘制的散热器图例布置到平面图中各个房间的相应位置处，其布置后的效果如图17-9所示。

Step 05 执行“圆”命令（C），在图中布置有散热器的旁边绘制两个直径为280mm的圆，作为室内各个房间的采暖给水及回水立管，如图17-10所示。

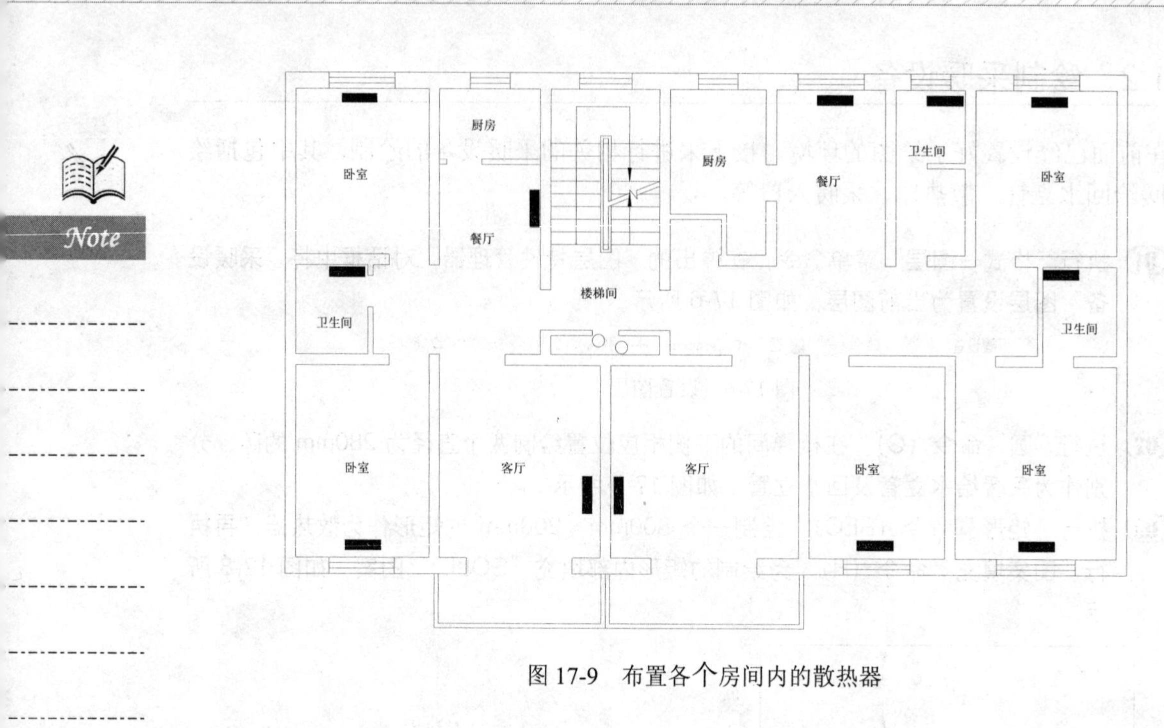

图 17-9　布置各个房间内的散热器

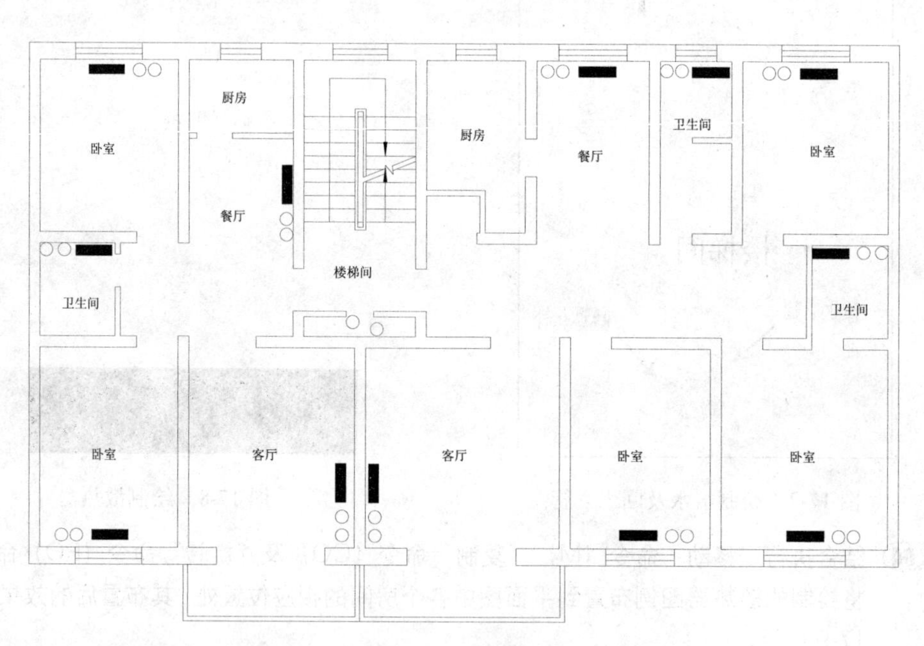

图 17-10　布置各个房间内的给回水立管

Step 06 执行"直线"命令（L），在平面图的上方相应位置绘制采暖入口，如图 17-11 所示。

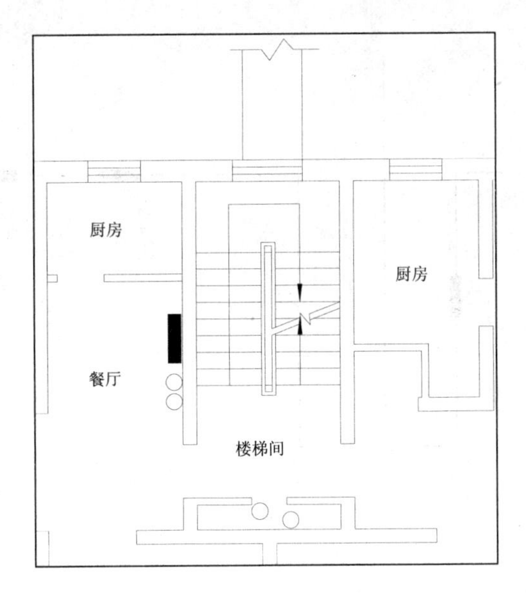

图 17-11 绘制采暖入口

Note

17.1.3 绘制采暖给回水管线

在前面已经绘制好了相关的采暖设备，其中包括绘制给水管线及绘制回水管线，然后将绘制的管线与相应的采暖设备连接起来。

Step 01 执行"格式→图层"菜单命令，在弹出的"图层特性管理器"对话框中将"采暖给水管"图层设置为当前图层，如图 17-12 所示。

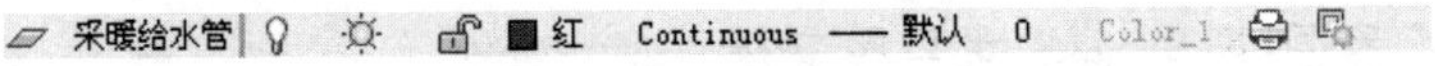

采暖给水管 红 Continuous —— 默认 0 Color_1

图 17-12 设置图层

专业技能——采暖给水管线的绘制原则

（1）给水管线一般用粗实线表示，可采用"直线"或"多段线"命令来进行绘制，在这里为了便于观察采用具有一定宽度的"多段线"来进行绘制，如采用"直线"命令来进行管线绘制时，需要先设置当前图层的线宽。

（2）绘制管线前应注意其安装走向及方式，一般可顺时针绘制，由立管（或入口）作为起始点。

Step 02 执行"多段线"命令（PL），根据命令行提示设置多段线的起点及端点宽度为 30，然后根据本例中给水管线的布局及设计要求，绘制出从"采暖入口"处引入，然后依次经过布置有散热器房间的给水管线，再将给水管线与相应的采暖给水立管连接起来，如图 17-13 所示。

Note

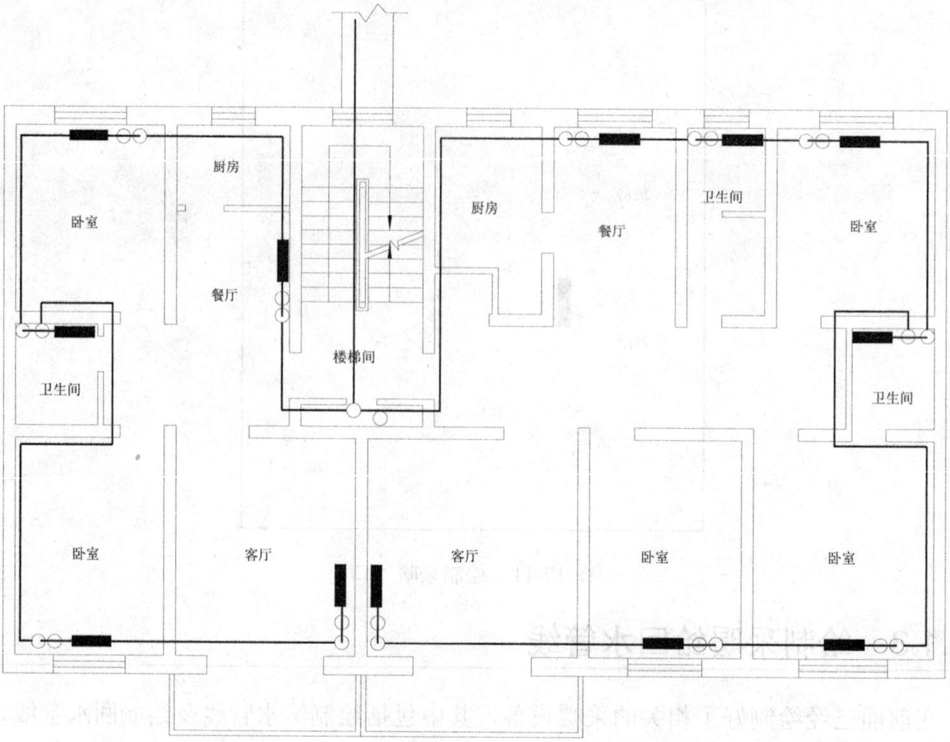

图 17-13　绘制给水管线

Step 03 执行“格式→图层”菜单命令，在弹出的“图层特性管理器”对话框中将“采暖回水管”图层设置为当前图层，如图 17-14 所示。

图 17-14　设置图层

专业技能—采暖回水管线的绘制原则

（1）回水管线一般用粗虚线表示，可采用“直线”或“多段线”命令来进行绘制，在这里为了便于观察采用具有一定宽度的“多段线”来进行绘制，如采用“直线”命令来进行管线绘制时，需要先设置当前图层的线宽。

（2）绘制管线前应注意其安装走向及方式，一般可顺时针绘制，由立管（或入口）作为起始点。

Step 04 执行“多段线”命令（PL），根据命令行提示设置多段线的起点及端点，宽度为 30，然后根据本例中回水管线的布局及设计要求，绘制出从“采暖入口”处引入，连接至相应回水立管及采暖设备的回水管线，如图 17-15 所示。

Note

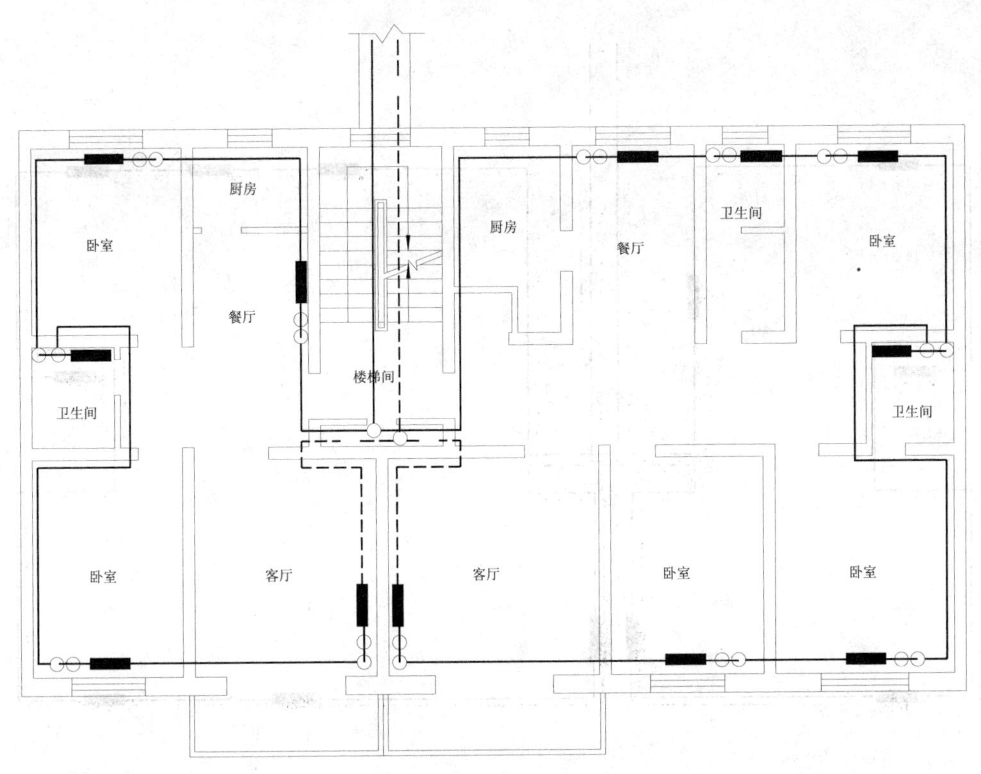

图 17-15　绘制回水管线

Step 05 将当前图层设置为“采暖设备”图层，接着绘制“截止阀”图例，执行“矩形”命令（REC），绘制一个 400mm×200mm 的矩形，如图 17-16 所示。

Step 06 执行“直线”命令（L），捕捉上一步绘制矩形上的相应端点，绘制两条对角线，如图 17-17 所示。

Step 07 执行“分解”命令（X），将绘制的矩形分解，再将矩形上下侧的水平边删除掉，从而完成截止阀图例的绘制，如图 17-18 所示。

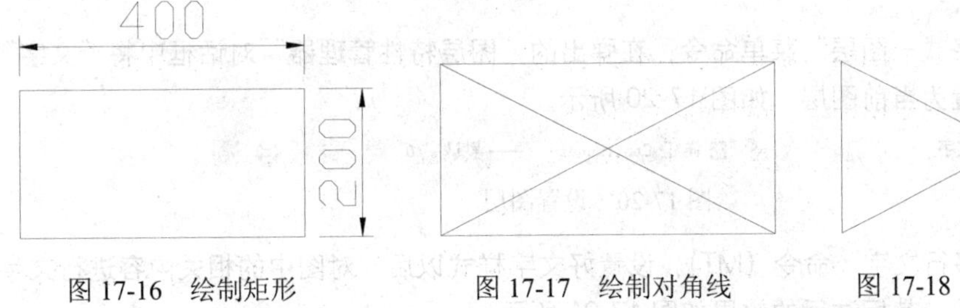

图 17-16　绘制矩形　　图 17-17　绘制对角线　　图 17-18　绘制的截止阀

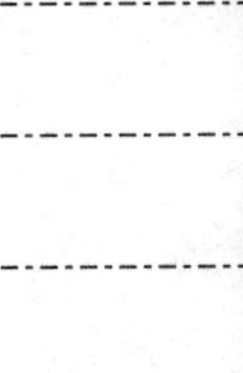

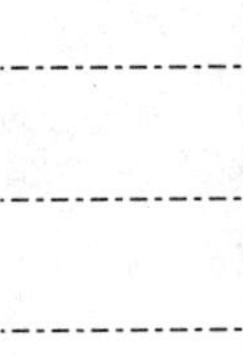

Step 08 结合执行“移动”命令（M）及“复制”命令（CO），将绘制的截止阀图例布置到相应的采暖给回水管线上，如图 17-19 所示。

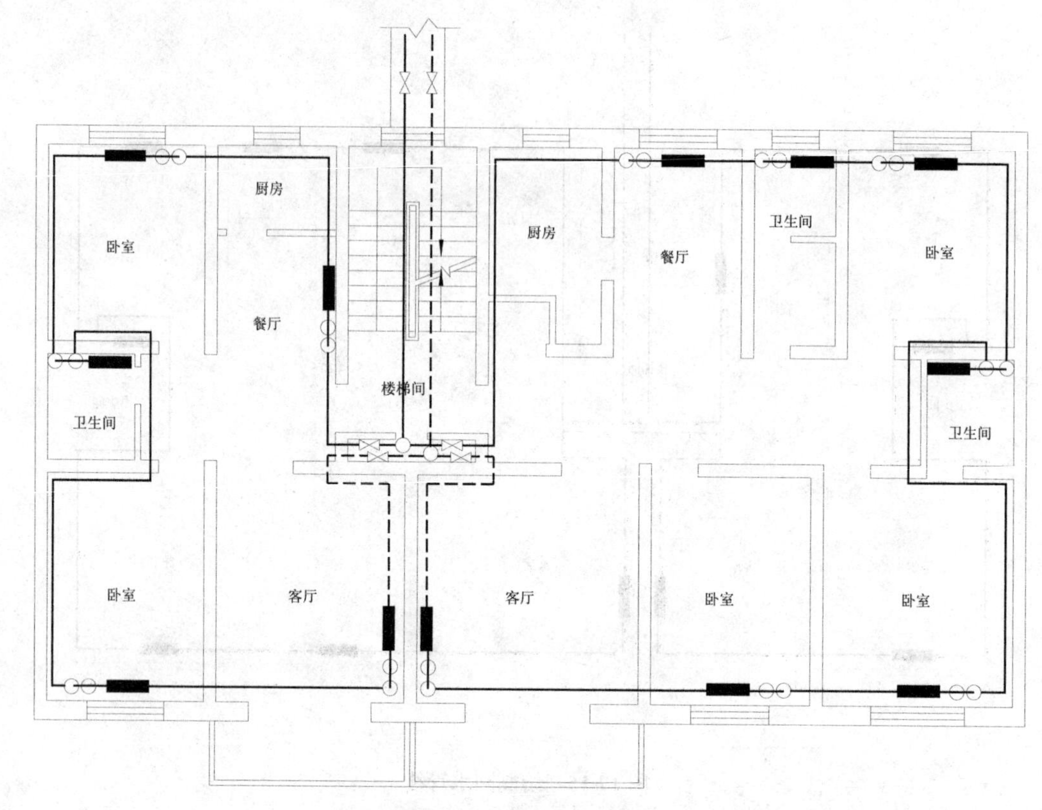

图 17-19　布置截止阀图例

17.1.4　添加说明文字及图框

在前面已经绘制好了住宅楼标准层采暖平面图的采暖设备及采暖给回水管线，接下来讲解对管道的管径进行标注，散热器的规格标注，管道接入点标注，以及图名标注，然后为其添加图框。

Step 01　执行“格式→图层”菜单命令，在弹出的“图层特性管理器”对话框中将“文字”图层设置为当前图层，如图 17-20 所示。

✓ 文字 | 洋红 Continuous —— 默认 0 Color_6

图 17-20　设置图层

Step 02　执行“多行文字”命令（MT），设置好文字样式以后，对图中的相关内容进行文字标注说明，其标注后的效果如图 17-21 所示。

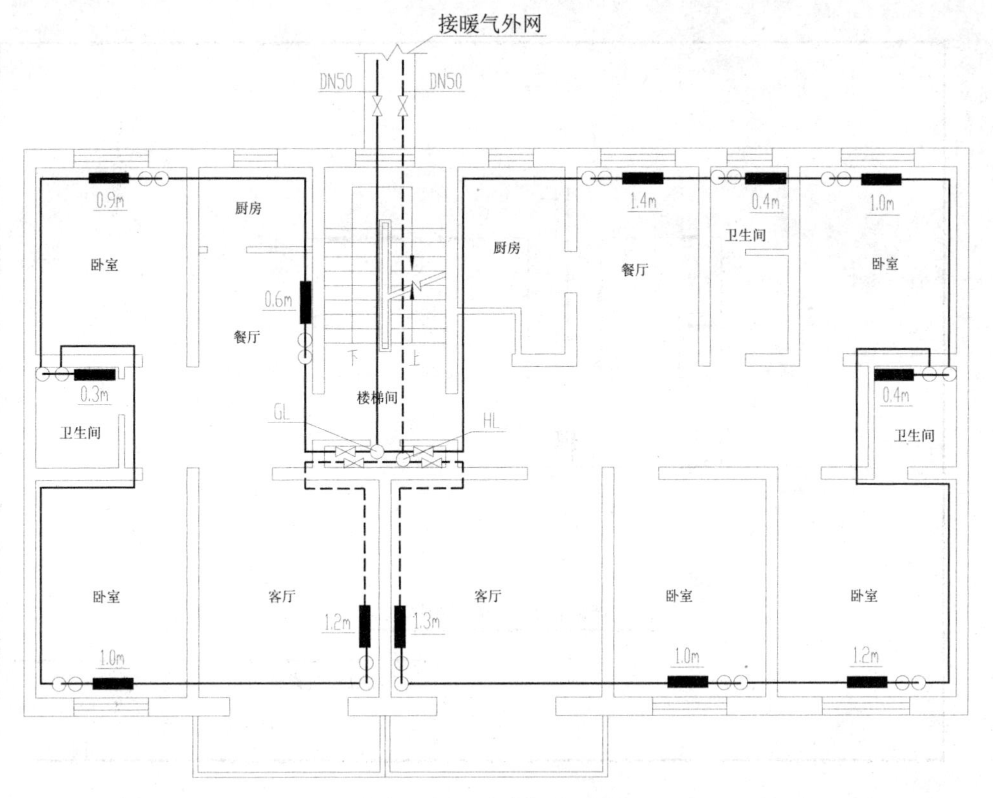

图 17-21　文字标注说明

专业技能—采暖平面图的文字标注说明

（1）在采暖入口处对采暖管的管径大小进行标注（其中用 DN50 表示管径大小为直径 50mm 的管道）。

（2）采暖给水及回水立管的名称标注（其中用 GL 表示给水立管标注，用 HL 表示回水立管标注）。

（3）在散热器的旁边对其进行安装高度的标注（例如：0.9m 表示该散热器的安装高度为 0.9m）。

Step 03 将当前图层设置为“图框”图层，再执行“插入”命令（I），将“案例\17\A3 图框.dwg”图块文件插入到绘图区中的空白位置。

Step 04 执行“缩放”命令（SC），将插入的图框缩放 100 倍，再将绘制的住宅楼标准层采暖平面图图形全部选中，将其移动到图框的中间相应位置即可。

Step 05 执行“多行文字”命令（MT），在图框右下侧的图签中输入相关的文字内容，从而完成该住宅楼标准层采暖平面图的绘制，如图 17-22 所示。

Step 06 至此，该住宅楼的标准层采暖平面图已经绘制完成，然后按 Ctrl+S 组合键将该文件进行保存。

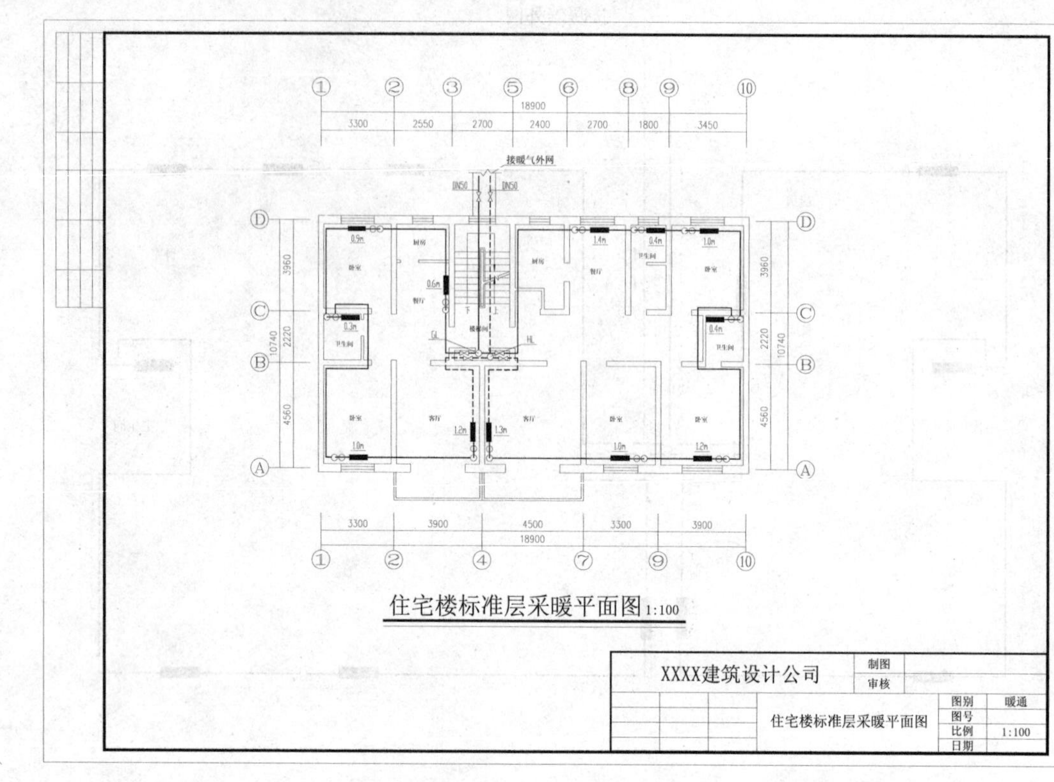

图 17-22 添加平面图图框

17.2 绘制住宅楼标准层采暖系统图

视频\17\绘制住宅楼标准层采暖系统图.avi
案例\17\住宅楼标准层采暖系统图.dwg

本节以前一节中的某住宅楼标准层为例，介绍该住宅楼标准层的采暖系统图的绘制流程，使读者掌握建筑采暖系统图的绘制方法，以及相关的知识点，其绘制完成的效果如图 17-23 所示。

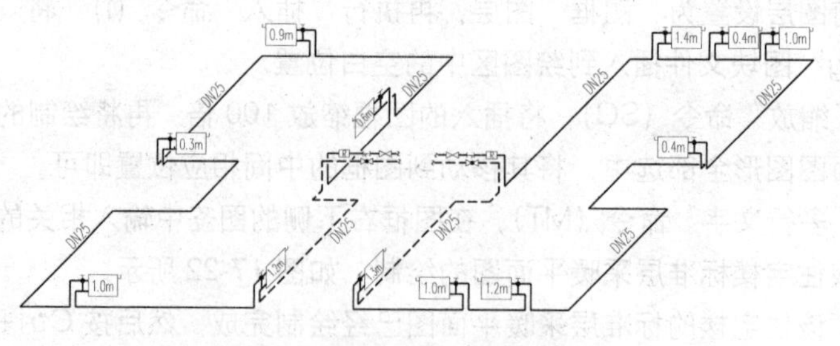

图 17-23 住宅楼标准层采暖系统图

专业技能—采暖系统图的绘制顺序

绘制系统图的轴测图空间顺序时，由平面图的左端立管为起点，由地下到地面至屋顶。顺时针，由左及右按立管编号依次顺序排列绘制。根据本章前面的采暖工程平面图可知，采暖系统共设有总供水干管、供水立管、散热器支管、散热器、回水立管、回水干管、机械加压的水泵等。供水管是把热水提供给散热器（暖气片），而回水管是把散热器降温后的水送回锅炉。在绘制时，由左及右，应从第一根立管入口开始绘制。

17.2.1　设置绘图环境

在绘制该住宅楼标准层的采暖系统图之前，首先应设置绘图的环境，其中包括新建文件、另存文件、新建图层、设置线型比例等。

Step 01 启动 AutoCAD 2014 应用程序，新建一个空白文件。

Step 02 执行“文件→另存为”菜单命令，将文件另存为“案例\17\住宅楼标准层采暖系统图.dwg”文件。

Step 03 在“图层”工具栏上，单击“图层特性管理器”按钮，如图 17-24 所示。

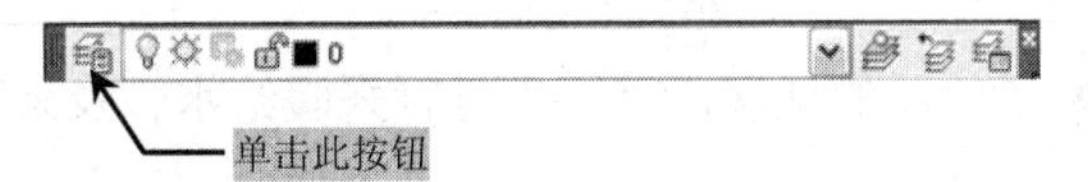

图 17-24　单击“图层特性管理器”按钮

Step 04 在打开的“图层特性管理器”面板下，建立如图 17-25 所示的图层，并设置图层的颜色。

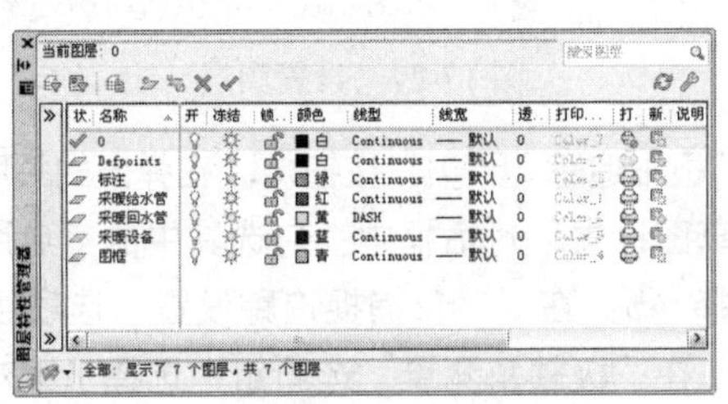

图 17-25　设置图层

Step 05 执行“格式→线型”菜单命令，打开“线型管理器”对话框，然后单击右侧的“显示细节”按钮，将下方的“全局比例因子”设置为“1000”，如图 17-26 所示。

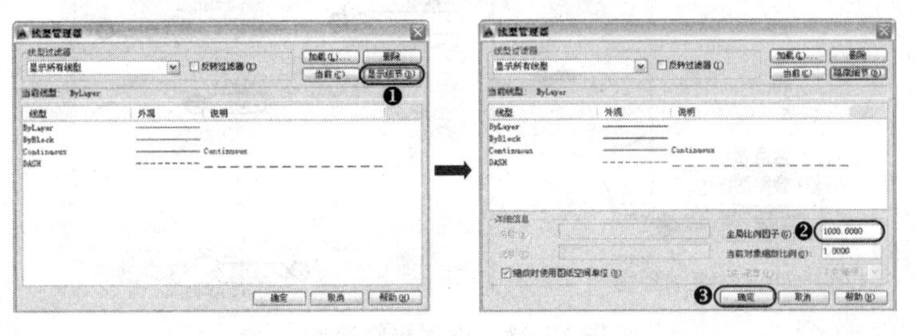

图 17-26　设置线型

Note

专业技能—采暖提示系统图概述

1．采暖系统图表达的主要内容

（1）室内采暖管网的空间布置，包括总管、干管、立管及支管的空间位置和走向及规格。

（2）散热器的空间布置和规格、数量及与管道的连接方式。

（3）采暖辅助设备（膨胀水箱、集气罐等）、管道附件（如阀门）在管道上的位置及与管道的连接方式。

（4）各管段的管径、坡度、标高等及立管的编号。

2．建筑室内采暖系统图的绘制步骤

（1）插入图框、设置好比例。

（2）根据管道在平面图中的位置，绘制管道轴测图。

（3）根据散热器及其他附属设备在平面图中的位置，绘制其立面尺寸。

（4）相关图例。

（5）标注（立管编号、管径、坡度、标高及设备规格等）。

17.2.2 绘制采暖给回水管线

在前面已经设置好了绘图的环境，接下来进行采暖给水管及采暖回水管 45° 轴测图的绘制。

Step 01 执行"格式→图层"菜单命令，在弹出的"图层特性管理器"对话框中将"采暖给水管"图层设置为当前图层，如图 17-27 所示。

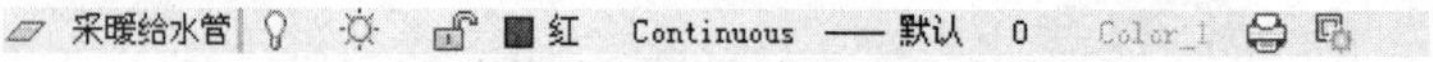

采暖给水管 红 Continuous —— 默认 0 Color_1

图 17-27 设置图层

Step 02 右击状态栏中的"极轴追踪（F10）"按钮，在弹出的关联菜单下选择"设置"命令。

Step 03 接着在打开的"草图设置"对话框中，勾选其中的"启用极轴追踪"；在"增量角"下拉列表框中选择 45；在"对象捕捉追踪设置"选项组中选择"用所有极轴角设置追踪"单选项；在"极轴角测量"选项组中选择"绝对"单选项；最后单击下方的"确定"按钮，从而完成"极轴追踪"功能的设置，如图 17-28 所示。

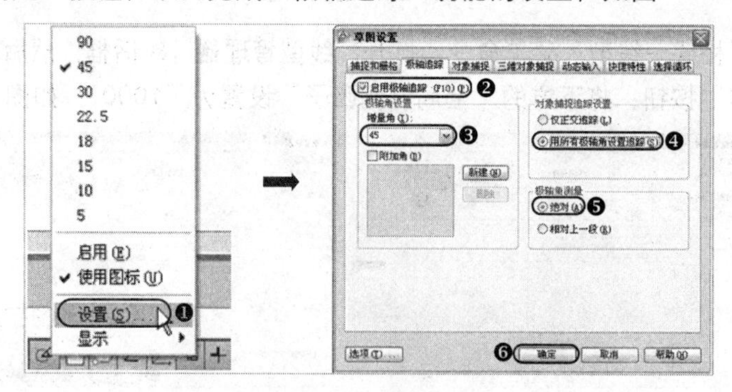

图 17-28 设置极轴追踪

Note

Step 04 执行"多段线"命令（PL），根据命令行提示将多段线的起点及端点宽度设置为"30"。

Step 05 设置好多段线的线宽以后，接着识读前面绘制的住宅楼标准层、采暖平面图中给水管线的布局走向及具体尺寸，绘制出给水管线的45°轴测图，如图17-29所示。

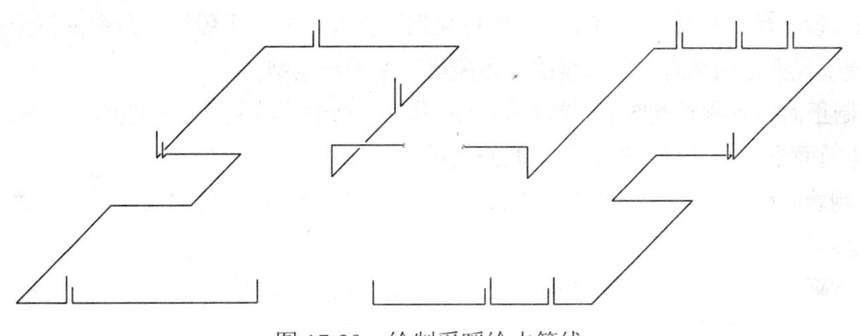

图17-29　绘制采暖给水管线

专业技能—采暖系统图给水管线的绘制

绘制采暖系统图的给水管线时，应遵循以下原则：

（1）给水管线用"粗实线"表示，一般可采用"直线"或"多段线"命令进行绘制，在这里为了便于观察采用具有一定宽度的"多段线"来进行绘制。

（2）绘制正面斜等测轴测图时，其倾斜角为45°，在进行绘制给水管线的45°轴测图的时候应注意前面设置的"极轴追踪"功能的应用。

（3）绘制管线时，注意系统图中管线长度与平面图中的管线长度的对应关系，然后进行管线的绘制。

（4）注意管线相交的位置，要让其分开，不能连接在一起。

Step 06 执行"格式→图层"菜单命令，在弹出的"图层特性管理器"对话框中将"采暖回水管"图层设置为当前图层，如图17-30所示。

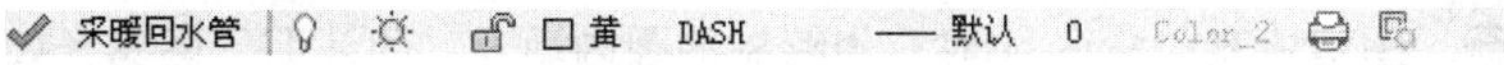

✓ 采暖回水管 | ♀ ☼ 🔓 □黄 DASH —— 默认 0 Color_2

图17-30　设置图层

Step 07 执行"多段线"命令（PL），根据命令行提示将多段线的起点及端点宽度设置为"30"。

Step 08 设置好多段线的线宽以后，接着识读前面绘制的住宅楼标准层、采暖平面图中回水管线的布局走向及具体尺寸，绘制出回水管线的45°轴测图，如图17-31所示。

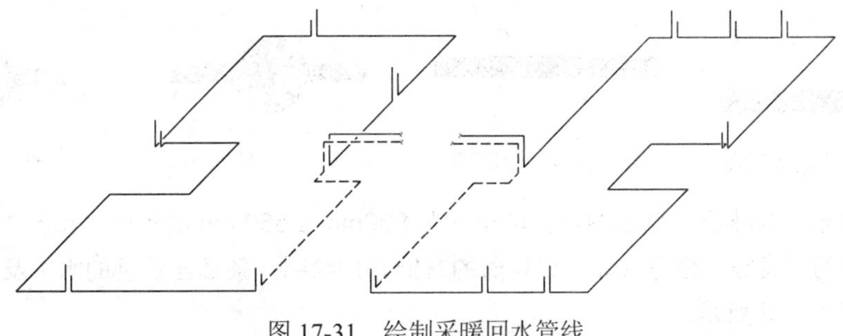

图17-31　绘制采暖回水管线

Note

专业技能—采暖系统图回水管线的绘制

绘制采暖系统图的回水管线时，应遵循以下原则：

（1）回水管线用“粗虚线”表示，一般可采用“直线”或“多段线”命令进行绘制，在这里为了便于观察采用具有一定宽度的“多段线”来进行绘制。

（2）绘制正面斜等测轴测图时，其倾斜角为 45°，再进行绘制回水管线的 45° 轴测图的时候应注意前面设置的“极轴追踪”功能的应用。

（3）绘制管线时，注意系统图中管线长度与平面图中的管线长度的对应关系，然后在进行管线的绘制。

（4）注意管线相交的位置，要让其分开，不能连接在一起。

17.2.3 绘制采暖设备

在前一节中已经绘制好了采暖给回水管线，接下来进行采暖设备的绘制，其中包括绘制截止阀、散热器、球阀、采暖装置、Y 形除垢器等，然后将绘制的采暖设备布置到采暖给回水管线相应位置处。

Step 01 执行“格式→图层”菜单命令，在弹出的“图层特性管理器”对话框中，将“采暖设备”图层设置为当前图层，如图 17-32 所示。

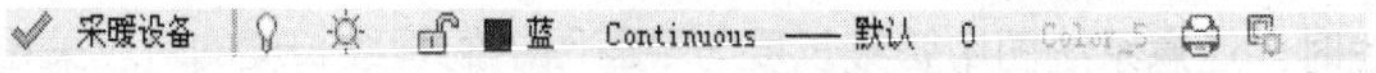

✓ 采暖设备 | 蓝 Continuous —— 默认 0 Color_5

图 17-32 设置图层

Step 02 绘制“截止阀 1”图例，执行“多段线”命令（PL），设置多段线的起点及端点宽度为“30”，然后绘制一条长度为 300mm 的水平多段线，如图 17-33 所示。

Step 03 执行“圆”命令（C），捕捉上一步绘制多段线的中点为圆心，绘制一个半径为 60mm 的圆，如图 17-34 所示。

Step 04 执行“图案填充”命令（H），为绘制的圆内填充“SOLID”图案，如图 17-35 所示。

Step 05 执行“直线”命令（L），在圆上绘制一条适当长度的垂线段及水平线段，如图 17-36 所示。

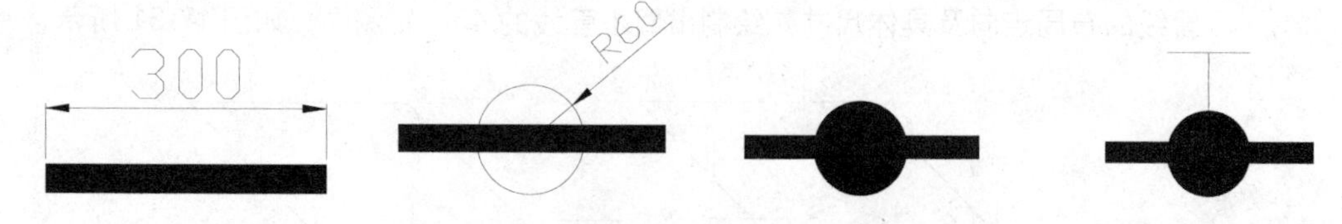

图 17-33 绘制多段线　图 17-34 绘制圆　图 17-35 填充图案　图 17-36 绘制线段

Step 06 绘制“散热器”剖面图例，绘制一个 800mm×560mm 的矩形，如图 17-37 所示。

Step 07 执行“直线”命令（L），在矩形的右侧分别绘制一条适当长度的水平及垂线段，如图 17-38 所示。

Step 08 绘制“散热器”系统（Y 轴测）图例，执行“直线”命令（L），绘制一条长度为

560mm 的垂直线段。

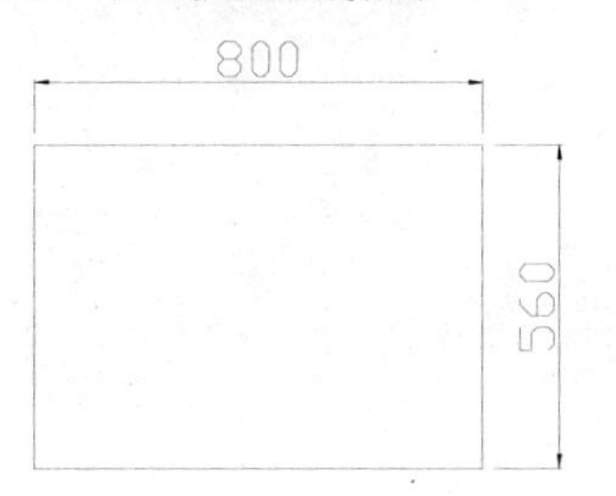

图 17-37　绘制矩形

图 17-38　绘制线段

Step 09 继续执行“直线”命令（L），利用前面设置的“极轴追踪”功能，在垂直线段的下方绘制一条与垂直线段成 45° 角的线段，如图 17-39 所示。

Step 10 执行“复制”命令（CO），捕捉相应的端点将前面绘制的垂直线段及斜线段进行复制，如图 17-40 所示。

Step 11 执行“直线”命令（L），在散热器图例的右上方绘制一条斜线段及一条垂线段，如图 17-41 所示。

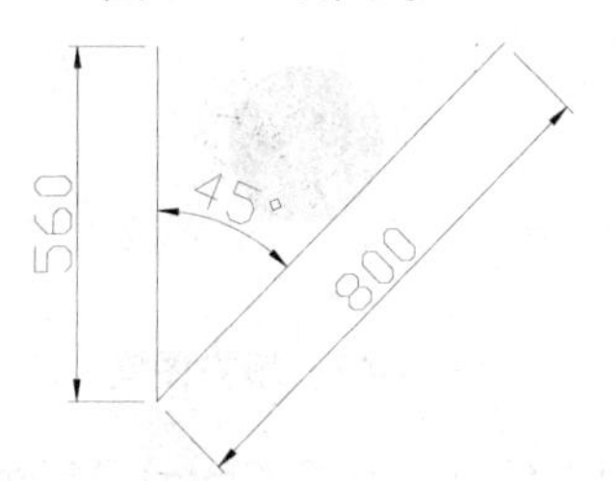

图 17-39　绘制线段

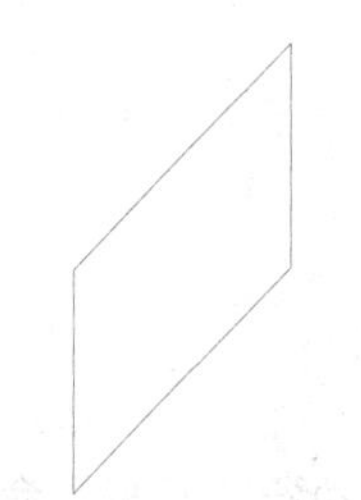
图 17-40　复制线段

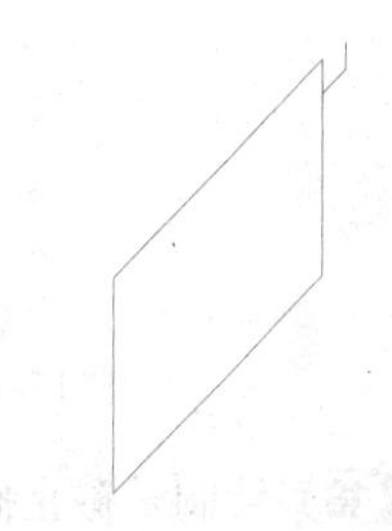
图 17-41　绘制线段

Step 12 结合执行“复制”命令（CO）及“旋转”命令（RO），将绘制的截止阀 1 及散热器图例布置到相应的采暖管线上，再绘制相应的采暖管线将其连接起来，如图 17-42 所示。

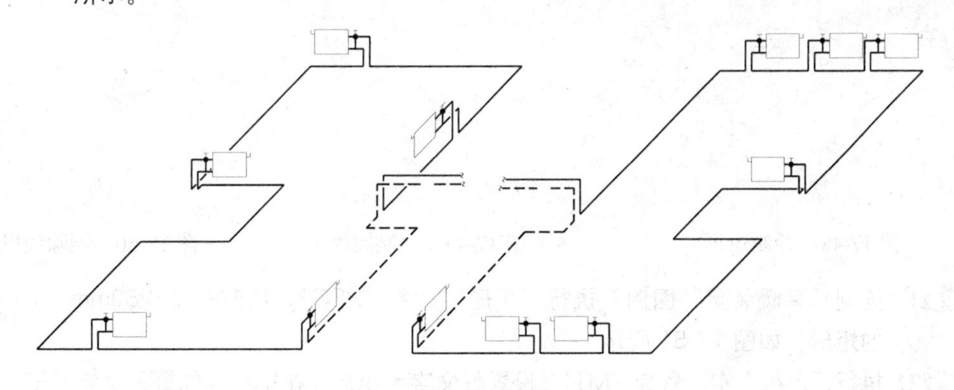
图 17-42　布置图例的效果

Step 13 绘制“球阀”图例，执行“矩形”命令（REC），绘制一个 320mm×160mm 的矩形，如图 17-43 所示。

Step 14 执行“直线”命令（L），捕捉矩形上的相应端点绘制两条对角线，如图 17-44 所示。

Step 15 执行“分解”命令（X），将绘制的矩形分解，再将矩形的上下侧水平边删除掉，如图 17-45 所示。

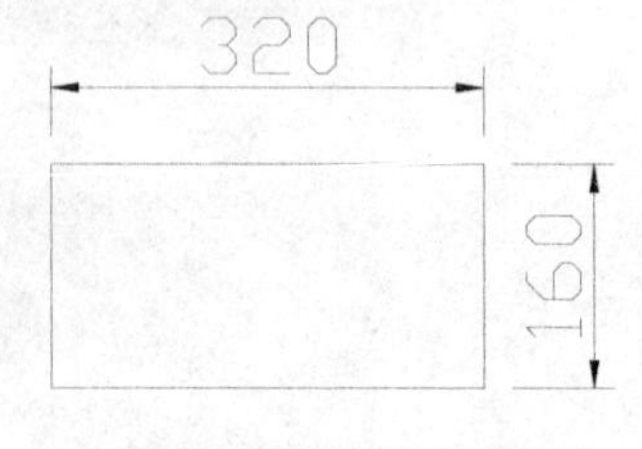

图 17-43　绘制矩形

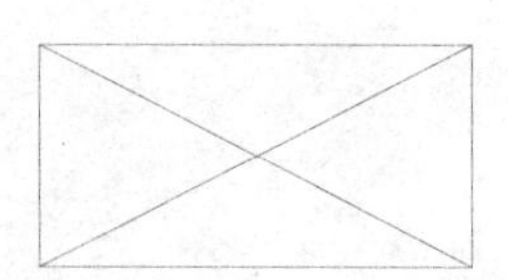

图 17-44　绘制线段

图 17-45　删除线段

Step 16 执行“圆”命令（C），捕捉两条对角线的交点为圆心，绘制一个半径为 45mm 的圆，如图 17-46 所示。

Step 17 执行“图案填充”命令（H），为绘制的圆内填充“SOLID”图案，从而完成球阀图例的绘制，如图 17-47 所示。

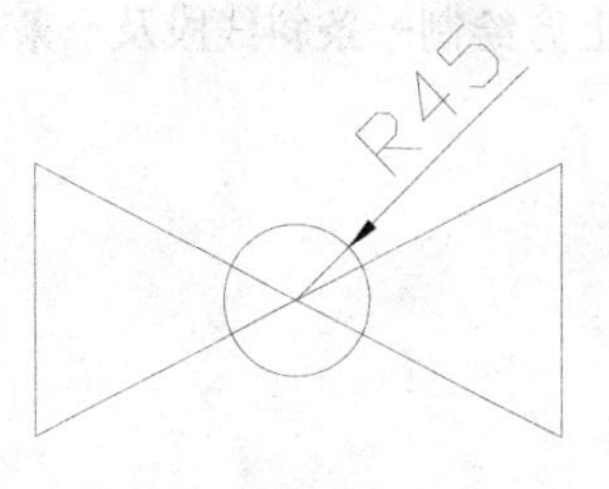

图 17-46　绘制圆

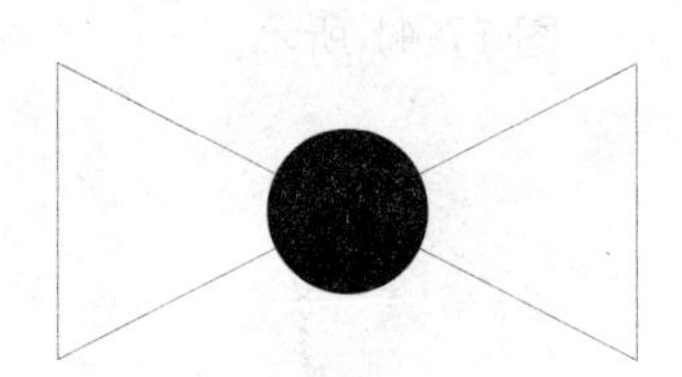

图 17-47　填充图案

Step 18 绘制“截止阀”图例，执行“矩形”命令（REC），绘制一个 320mm×160mm 的矩形，如图 17-48 所示。

Step 19 执行“直线”命令（L），捕捉矩形上的相应端点绘制两条对角线，如图 17-49 所示。

Step 20 执行“分解”命令（X），将绘制的矩形分解，再将矩形的上下侧水平边删除掉，如图 17-50 所示。

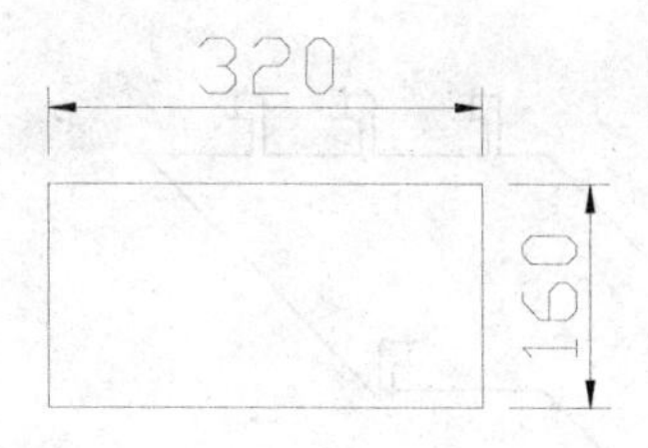

图 17-48　绘制矩形

图 17-49　绘制线段

图 17-50　删除线段

Step 21 绘制“采暖装置”图例，执行“矩形”命令（REC），绘制一个 280mm×190mm 的矩形，如图 17-51 所示。

Step 22 执行“多行文字”命令（MT），设置好文字大小后，在矩形内部输入文字“R”，如图 17-52 所示。

Step 23 绘制“Y 形除垢器”图例，执行“直线”命令（L），绘制一条长度为 140mm 的垂线段，再执行“偏移”命令（O），将垂线段向右偏移 195mm 的距离，如图 17-53 所示。

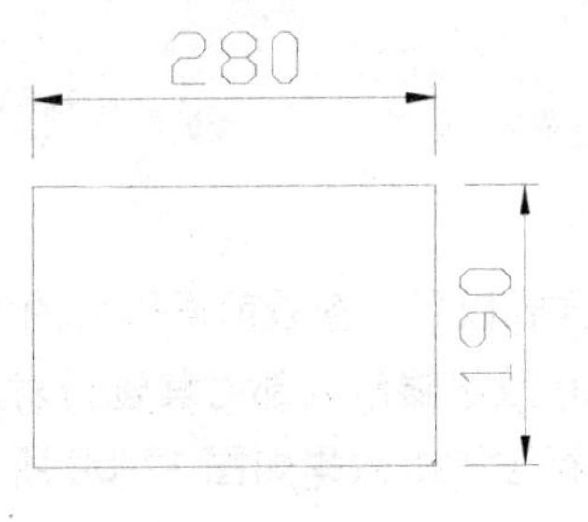

图 17-51　绘制矩形

图 17-52　输入文字内容

Step 24 执行“直线”命令（L），捕捉垂线段的中点绘制一条水平线段，如图 17-54 所示。

Step 25 继续执行“直线”命令（L），在水平线段的下侧绘制两条斜线段，如图 17-55 所示。

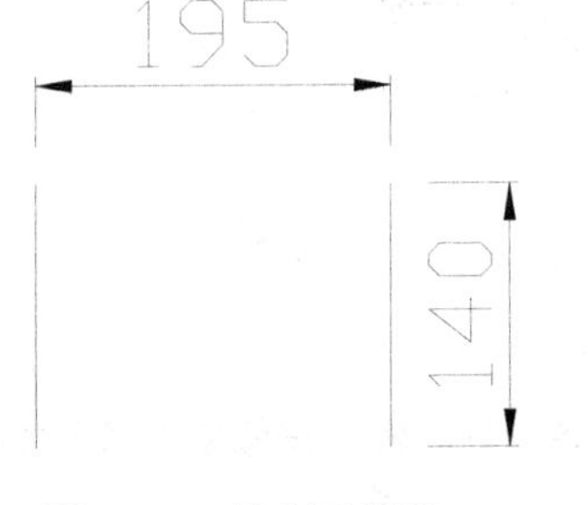

图 17-53　绘制垂线段

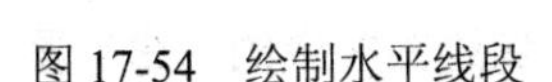

图 17-54　绘制水平线段

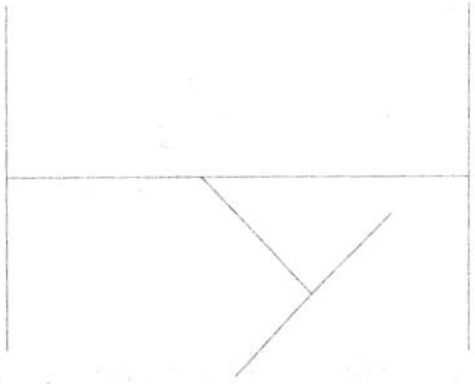

图 17-55　绘制斜线段

Step 26 执行“移动”命令（M），将绘制的图例布置到采暖入口管线上的相应位置处，如图 17-56 所示。

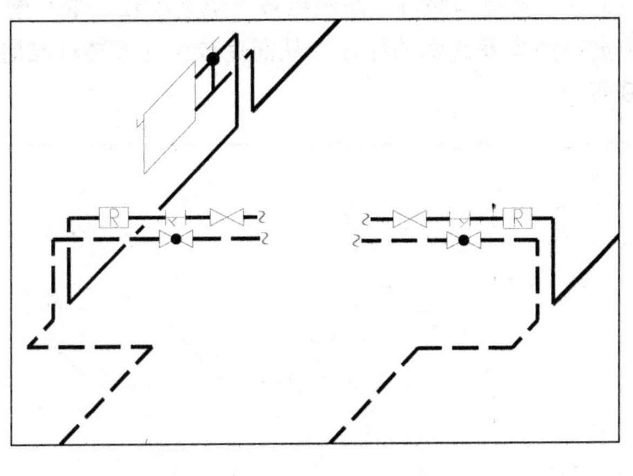

图 17-56　布置图例的效果

17.2.4　添加说明文字及图框

在绘制完该住宅楼的标准层采暖系统图之后，接下来对其进行相应的文字标注说明，其中包括管径标注、散热器标注及添加图框等。

Step 01 执行“格式→图层”菜单命令，在弹出的“图层特性管理器”对话框中，将“标注”图层设置为当前图层，如图 17-57 所示。

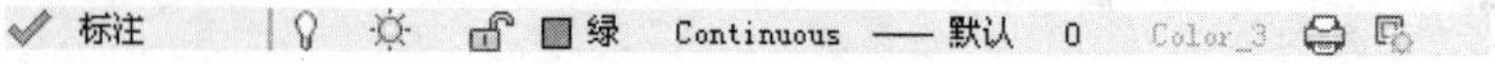

✓ 标注 ｜ 绿 Continuous —— 默认 0 Color_3

图 17-57　设置图层

Step 02 执行“多行文字”命令（MT），设置好文字样式以后，查看前面绘制的住宅楼标准层、采暖平面图对散热器的标高标注，然后在散热器的内部对其进行对应的标注，再对采暖管道各个位置的管径进行标注，其标注后的效果如图 17-58 所示。

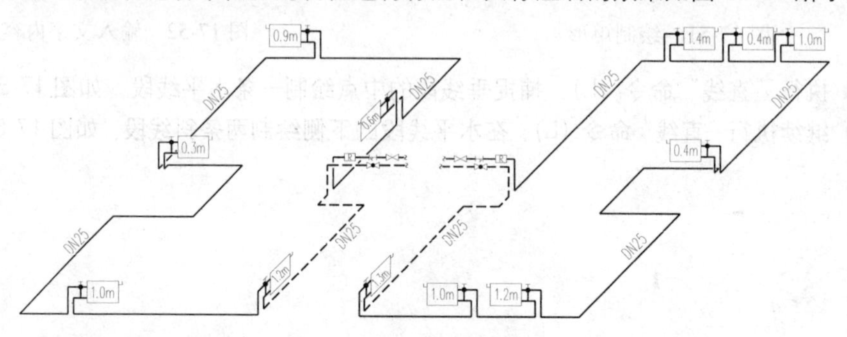

图 17-58　文字标注说明

Step 03 将当前图层设置为“图框”图层，再执行“插入”命令（I），将“案例\17\A3 图框.dwg”图块文件插入到绘图区中的空白位置。

Step 04 执行“缩放”命令（SC），将插入的图框缩放 50 倍，再将绘制的住宅楼标准层采暖系统图图形全部选中，将其移动到图框的中间相应位置即可。

Step 05 执行“多行文字”命令（MT），在图框右下侧的图签中输入相关的文字内容，再在图形的下侧进行图名及比例的标注，从而完成该住宅楼标准层采暖系统图的绘制，如图 17-59 所示。

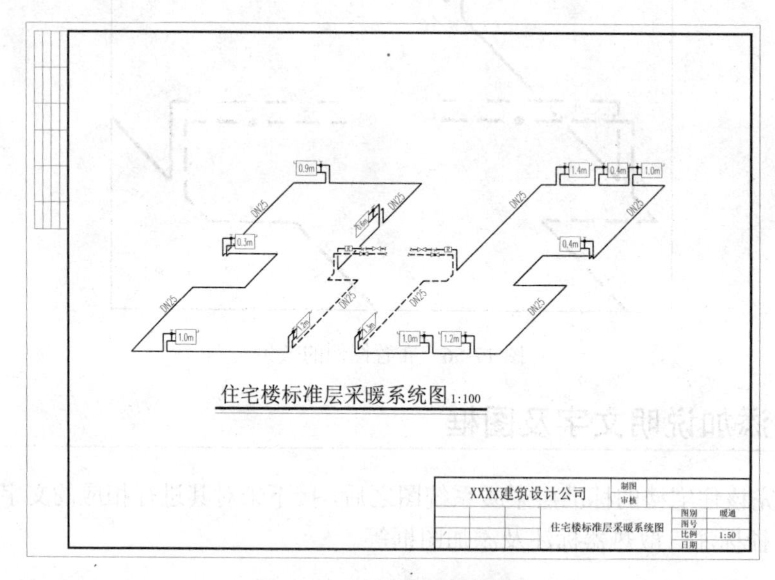

图 17-59　添加平面图图框

Step 06 至此，该住宅楼的标准层采暖系统图已经绘制完成，然后按 Ctrl+S 组合键将该文件进行保存。

17.3 绘制住宅楼采暖立管系统图

视频\17\绘制住宅楼采暖立管系统图.avi
案例\17\住宅楼采暖立管系统图.dwg

Note

本节仍以住宅楼的采暖工程为例，介绍该住宅楼采暖立管系统图的绘制流程，使读者掌握建筑采暖立管系统图的绘制方法，以及相关的知识点，其绘制完成的效果如图17-60所示。

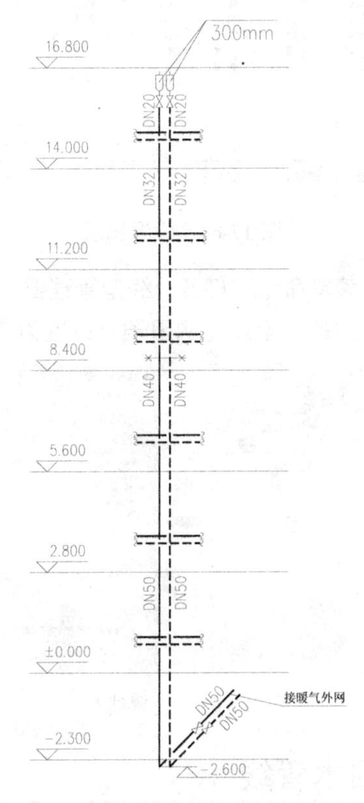

图17-60　住宅楼采暖立管系统图

17.3.1　设置绘图环境

在绘制该住宅楼的采暖立管系统图之前，首先应设置绘图的环境，其中包括新建文件、另存文件、新建图层、设置线型比例等。

Step 01 启动AutoCAD 2014应用程序，系统自动新建一个空白文件。

Step 02 执行“文件→另存为”菜单命令，将文件另存为“案例\17\住宅楼采暖立管系统图.dwg”文件。

Step 03 在“图层”工具栏上，单击“图层特性管理器”按钮，如图 17-61 所示。

单击此按钮

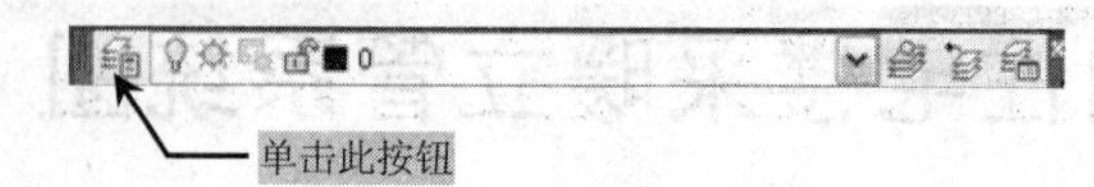

图 17-61　单击“图层特性管理器”按钮

Step 04 在打开的“图层特性管理器”面板下，建立如图 17-62 所示的图层，并设置图层的颜色。

当前图层：0
搜索图层
状. 名称 开 冻结 锁. 颜色 线型 线宽 透. 打印... 打. 新. 说明
0 白 Continuous 默认 0 Color_7
Defpoints 白 Continuous 默认 0 Color_7
标注 绿 Continuous 默认 0 Color_3
采暖给水管 红 Continuous 默认 0 Color_1
采暖回水管 黄 DASH 默认 0 Color_2
采暖设备 蓝 Continuous 默认 0 Color_5
图框 青 Continuous 默认 0 Color_4
全部：显示了 7 个图层，共 7 个图层
图层特性管理器

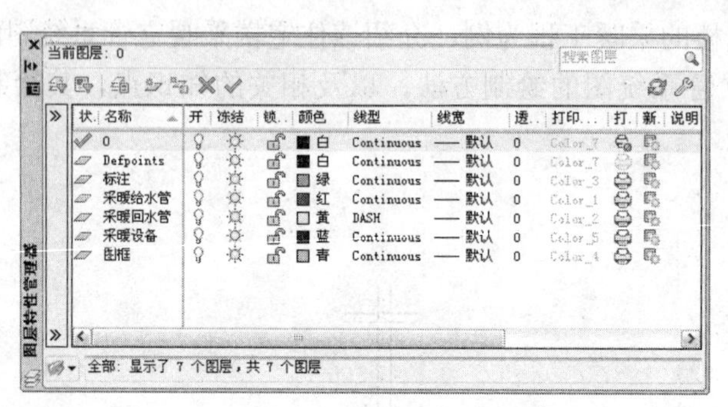

图 17-62　设置图层

Step 05 执行“格式→线型”菜单命令，打开“线型管理器”对话框，然后单击右侧的“显示细节”按钮，将下方的“全局比例因子”设置为“1000”，如图 17-63 所示。

线型管理器
显示所有线型
反转过滤器
加载
删除
当前
显示细节
当前线型：ByLayer
线型
外观
说明
ByLayer
ByBlock
Continuous
DASH
确定
取消
帮助
隐藏细节
详细信息
全局比例因子
1000.0000
当前对象缩放比例
1.0000
缩放时使用图纸空间单位

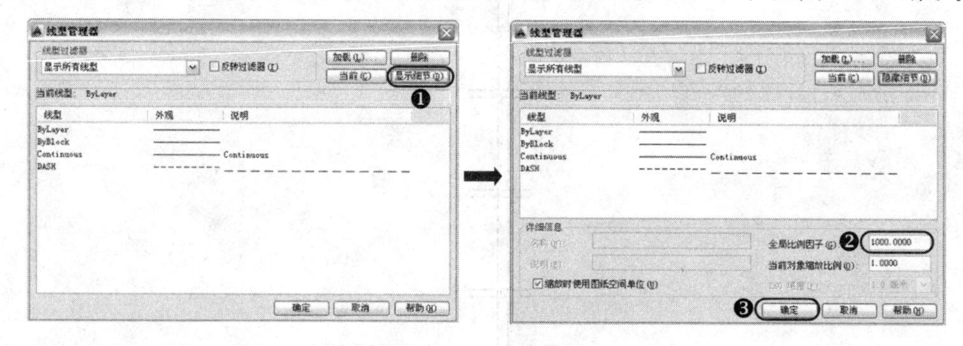

图 17-63　设置线型

17.3.2　绘制采暖给回水管线

在前面已经设置好了绘图的环境，接下来进行采暖给回水管线的绘制，然后对各楼层进行标高标注。

Step 01 执行“格式→图层”菜单命令，在弹出的“图层特性管理器”对话框中将“采暖给水管”图层设置为当前图层，如图 17-64 所示。

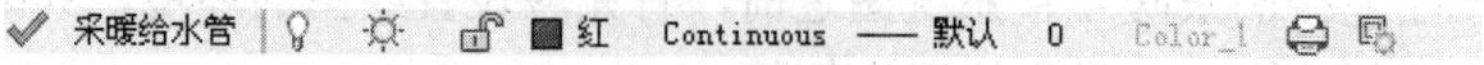

采暖给水管
红
Continuous
默认
0
Color_1

图 17-64　设置图层

Step 02 右击状态栏中的“极轴追踪（F10）”按钮，在弹出的关联菜单下选择“设置”命令。

Step 03 接着在打开的“草图设置”对话框中，勾选其中的“启用极轴追踪”；在“增量角”下拉列表框中选择“45”；在“对象捕捉追踪设置”选项组中选择“用所有极轴角设置追踪”单选项；在“极轴角测量”选项组中选择“绝对”单选项；最后单击下方的“确定”按钮，从而完成“极轴追踪”功能的设置，如图 17-65 所示。

Note

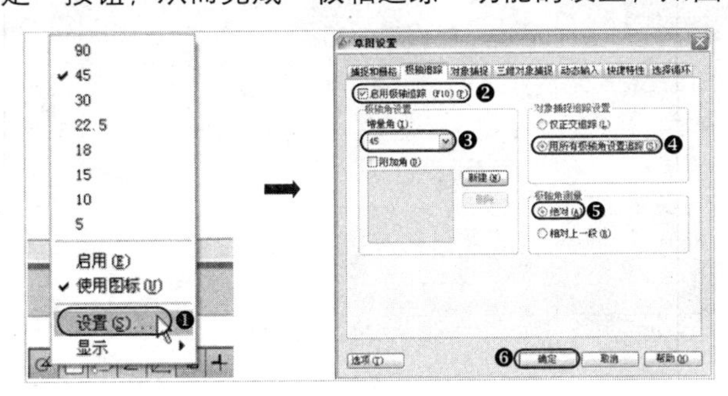

图 17-65 设置极轴追踪

Step 04 执行“多段线”命令（PL），根据命令行提示将多段线的起点及端点宽度设置为“30”。

Step 05 设置好多段线的线宽以后，根据命令行提示绘制该住宅楼的采暖给水立管线，命令行提示与操作如下：

```
命令: PL↙
指定起点:          //在绘图区中指定一点为多段线的起点
当前线宽为 30.0000
指定下一个点或 [圆弧(A)/半宽(H)/长度(L)/放弃(U)/宽度(W)]: <正交 开>19400↙
                //开启正交功能，光标向下输入多段线的长度 19400，如图 17-66 所示
指定下一点或 [圆弧(A)/闭合(C)/半宽(H)/长度(L)/放弃(U)/宽度(W)]: <正交 关> <
极轴 开> 3000↙      //关闭正交功能，开启极轴捕捉功能，光标向右上侧捕捉 45°极轴角输
入多段线的长度 3000，如图 17-67 所示
指定下一点或 [圆弧(A)/闭合(C)/半宽(H)/长度(L)/放弃(U)/宽度(W)]: ↙
                //按键盘上的 Enter 键确定，多段线绘制完成
```

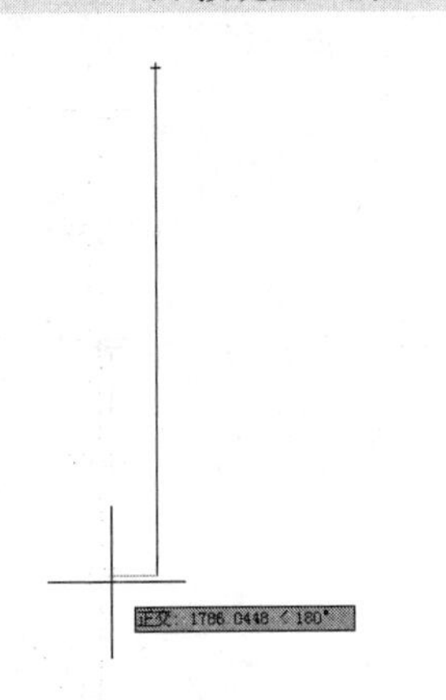

图 17-66 绘制竖向多段线

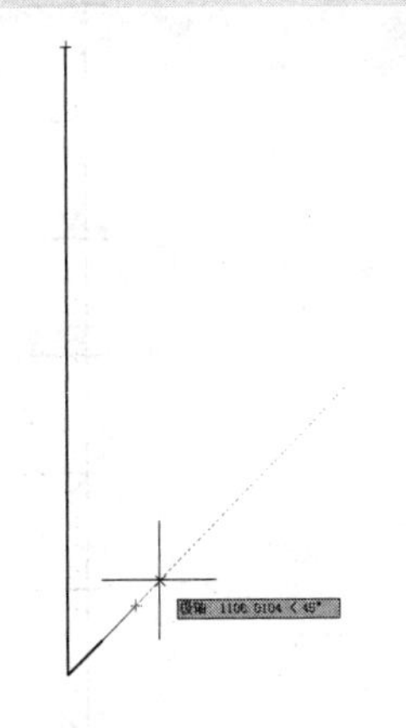

图 17-67 绘制斜向多段线

Step 06 执行“直线”命令（L），在多段线的上侧端点位置绘制一条适当长度的水平直线段作为楼层分隔线；再执行“偏移”命令（O），将绘制的水平线段依次向下偏移 2800、2800、2800、2800、2800、2800 及 2300 的距离，如图 17-68 所示。

Note

Step 07 执行“直线”命令（L），在上一步绘制的各层楼层分隔线上绘制标高符号；再执行“多行文字”命令（MT），在绘制的标高符号上对各楼层的高度进行标注，其标注后的效果如图 17-69 所示。

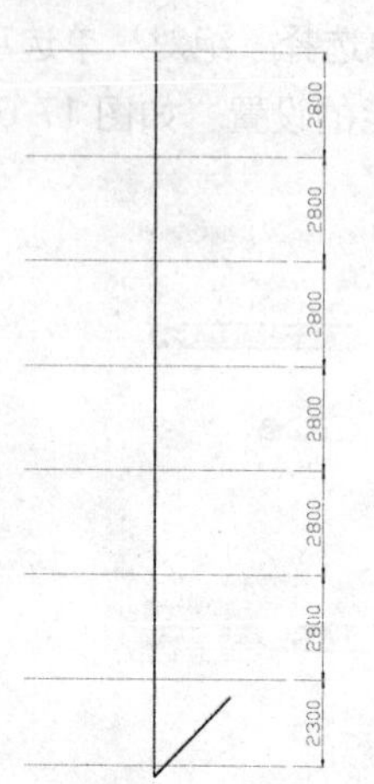

图 17-68　绘制楼层分隔线

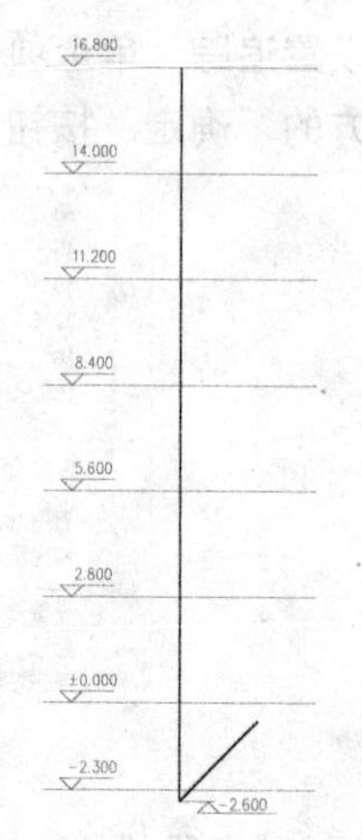

图 17-69　标注各层标高

Step 08 执行“多段线”命令（PL），在前面绘制的采暖给水立管上，绘制出各层的给水支管线，如图 17-70 所示。

Step 09 执行“偏移”命令（O），将绘制的给水立管线向右偏移 300mm 的距离，再将绘制的各层给水支管线分别向下偏移 200mm 的距离，然后将偏移的所有多段线全部置于“采暖回水管”图层之下。

Step 10 结合执行“直线”命令（L）、“偏移”命令（O）及“修剪”命令（TR），对管线相交的位置进行分离，使其隔开一段距离，如图 17-71 所示。

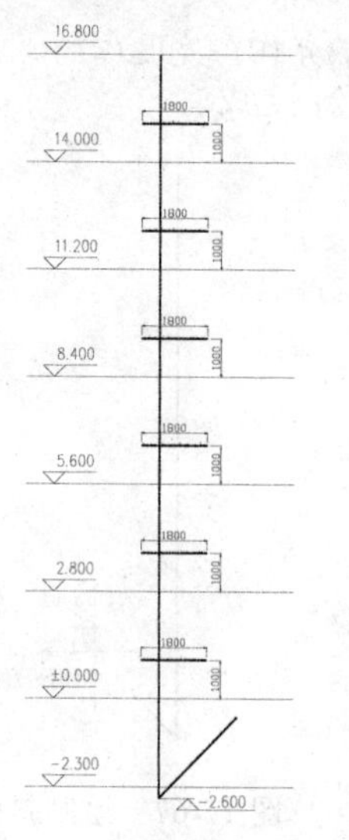

图 17-70　绘制给水支管线

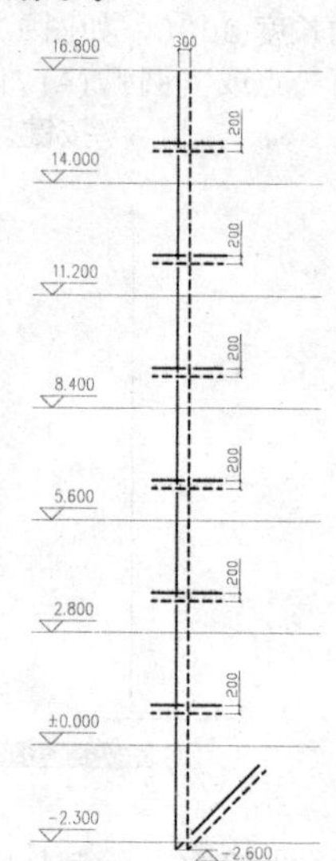

图 17-71　绘制回水立管及支管线

17.3.3 绘制采暖设备

在前面已经绘制了相应的给回水管线，接下来绘制采暖管线上的相应采暖设备，其中包括绘制截止阀、自动排气阀、固定支架等，然后将绘制的采暖设备布置到采暖管线上的相应位置处。

Step 01 执行“格式→图层”菜单命令，在弹出的“图层特性管理器”对话框中，将“采暖设备”图层设置为当前图层，如图 17-72 所示。

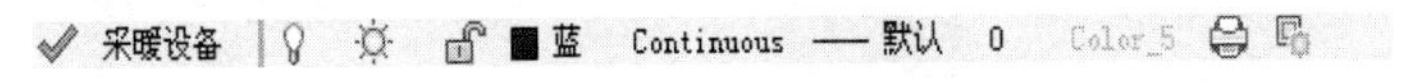

图 17-72 设置图层

Step 02 绘制“截止阀”图例，执行“矩形”命令（REC），绘制一个 330mm×190mm 的矩形，如图 17-73 所示。

Step 03 执行“直线”命令（L），捕捉矩形上的相应端点绘制两条对角线，如图 17-74 所示。

Step 04 执行“分解”命令（X），将前面绘制的矩形分解，然后将矩形的上下侧水平边删除，如图 17-75 所示。

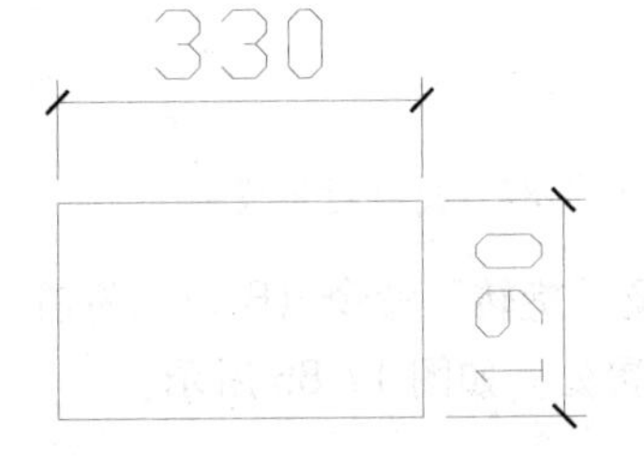

图 17-73 绘制矩形

图 17-74 绘制对角线

图 17-75 截止阀

Step 05 绘制“自动排气阀”图例，执行“矩形”命令（REC），绘制一个 200mm×330mm 的矩形，如图 17-76 所示。

Step 06 执行“圆”命令（C），以矩形的下侧水平边中点为圆心，绘制一个半径为 100mm 的圆，如图 17-77 所示。

Step 07 执行“修剪”命令（TR），对圆及矩形的相应位置进行修剪操作，如图 17-78 所示。

Step 08 执行“直线”命令（L），在前面绘制的图形上绘制两条垂线段，如图 17-79 所示。

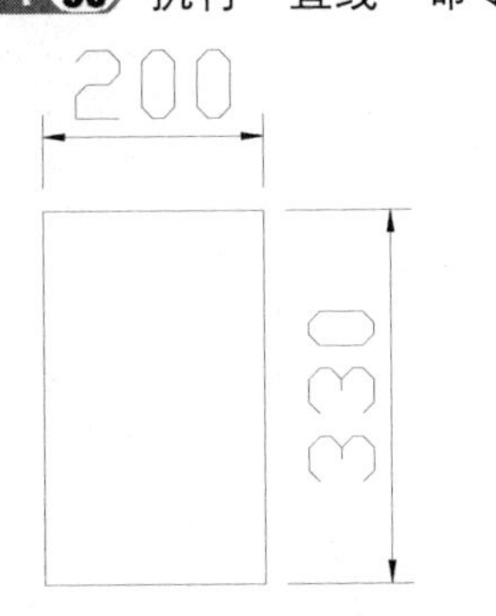

图 17-76 绘制矩形

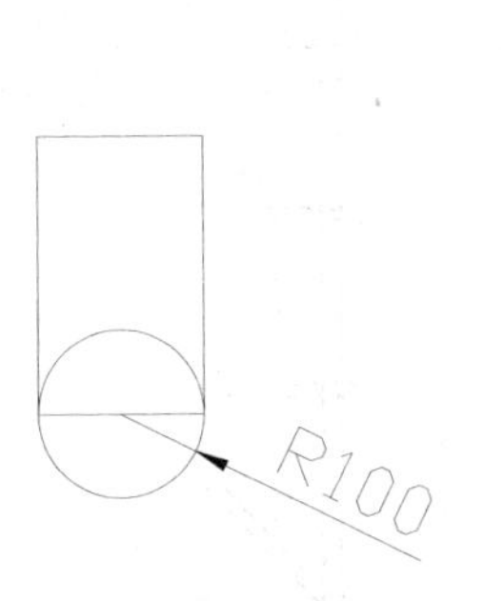

图 17-77 绘制圆

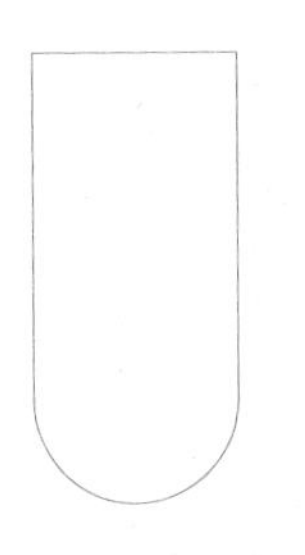

图 17-78 修剪图形

图 17-79 绘制线段

Note

Step 09 绘制“固定支架”图例，执行“矩形”命令（REC），绘制一个 175mm×175mm 的矩形，如图 17-80 所示。

Step 10 执行“直线”命令（L），捕捉矩形上的相应端点绘制两条对角线，如图 17-81 所示。

Step 11 执行“删除”命令（E），将前面绘制的矩形删除，如图 17-82 所示。

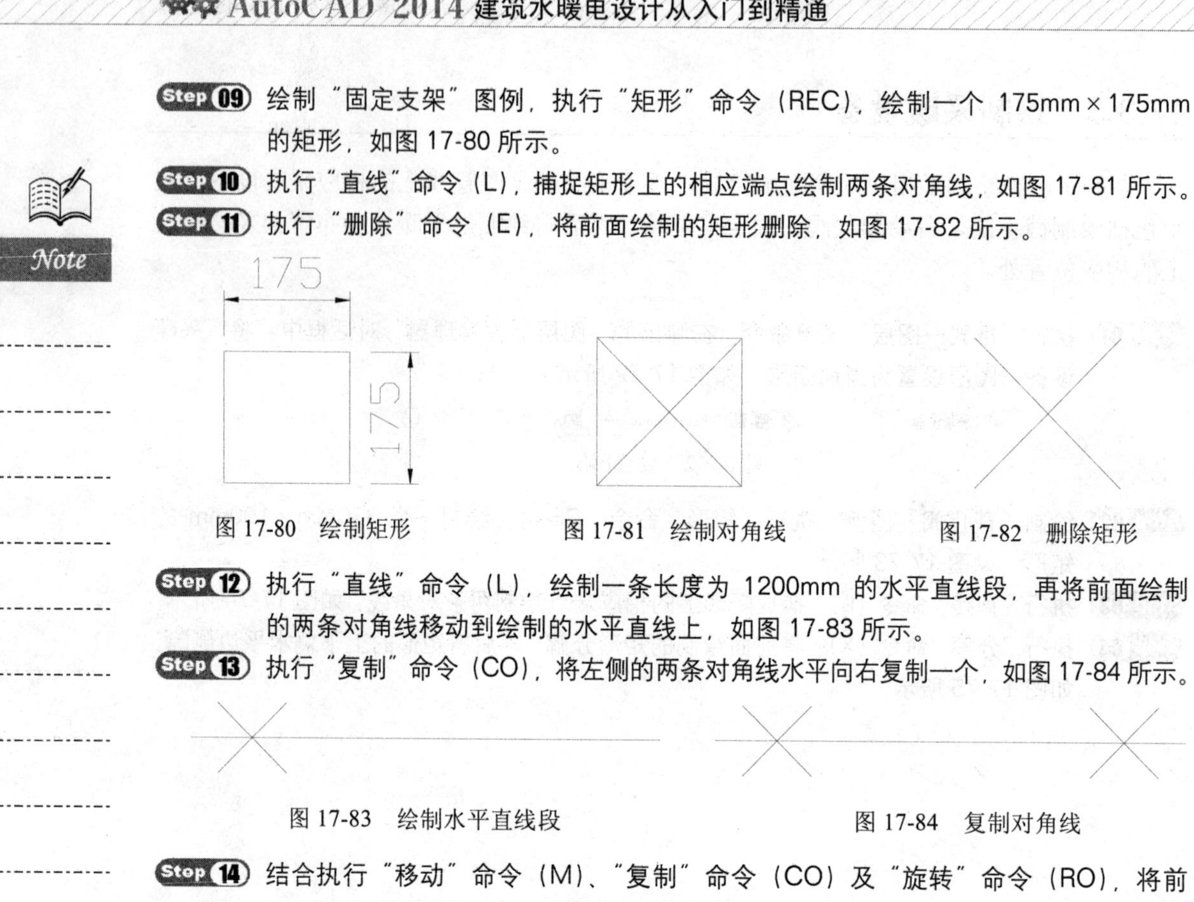

图 17-80 绘制矩形　　图 17-81 绘制对角线　　图 17-82 删除矩形

Step 12 执行“直线”命令（L），绘制一条长度为 1200mm 的水平直线段，再将前面绘制的两条对角线移动到绘制的水平直线上，如图 17-83 所示。

Step 13 执行“复制”命令（CO），将左侧的两条对角线水平向右复制一个，如图 17-84 所示。

图 17-83 绘制水平直线段　　图 17-84 复制对角线

Step 14 结合执行“移动”命令（M）、“复制”命令（CO）及“旋转”命令（RO），将前面绘制的采暖设备图例，布置到采暖管线上的相应位置处，如图 17-85 所示。

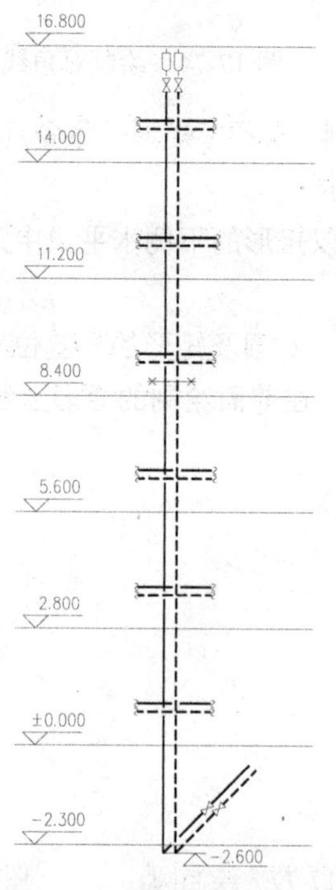

图 17-85 布置采暖设备

17.3.4　添加说明文字及图框

在绘制完住宅楼采暖立管系统图之后，接下来对其进行相应的文字标注说明，其中包括管道的管径大小标注，管道接入点标注及添加图框等。

Step 01 执行“格式→图层”菜单命令，在弹出的“图层特性管理器”对话框中，将“标注”图层设置为当前图层，如图 17-86 所示。

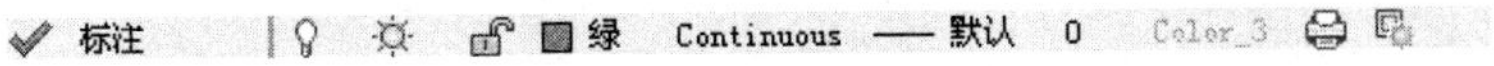

✔ 标注　绿　Continuous —— 默认　0　Color_3

图 17-86　设置图层

Step 02 执行“多行文字”命令（MT），设置好文字样式以后，对采暖管道的相应位置进行管径大小标注，以及采暖接入点标注，如图 17-87 所示。

Step 03 继续执行“多行文字”命令（MT），设置好文字大小后，在采暖立管系统图的下侧进行图名标注，再结合执行“多段线”命令（PL）及“直线”命令（L），在图名的下侧绘制两条水平的直线段，如图 17-88 所示。

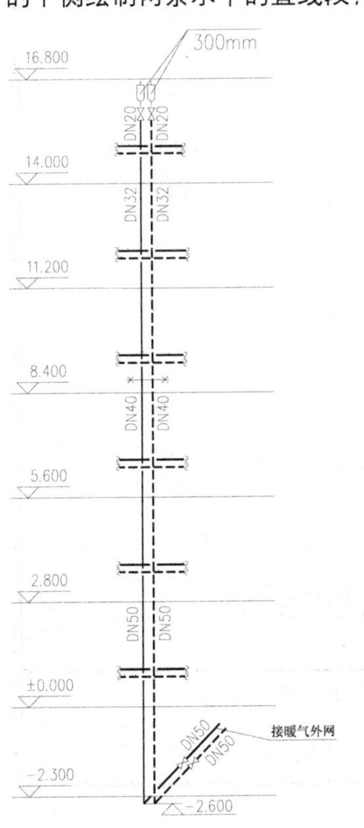

图 17-87　标注的效果

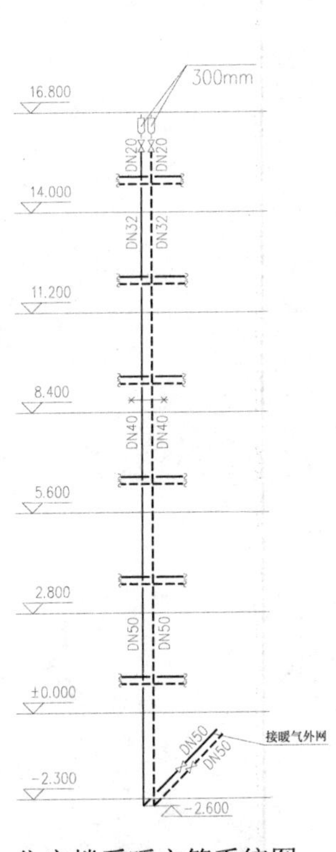

图 17-88　图名标注

Step 04 将当前图层设置为“图框”图层，再执行“插入”命令（I），将“案例\17\A3 图框.dwg”图块文件插入到绘图区中的空白位置。

Note

Step 05 执行“旋转”命令（RO），将插入的图框旋转 90°，再对图框进行编辑。

Step 06 执行“缩放”命令（SC），将插入的图框缩放 100 倍，再将绘制的住宅楼采暖立管系统图全部选中，将其移动到图框的中间相应位置即可。

Step 07 执行“多行文字”命令（MT），在图框右下侧的图签中输入相关的文字内容，从而完成该住宅楼采暖立管系统图的绘制，如图 17-89 所示。

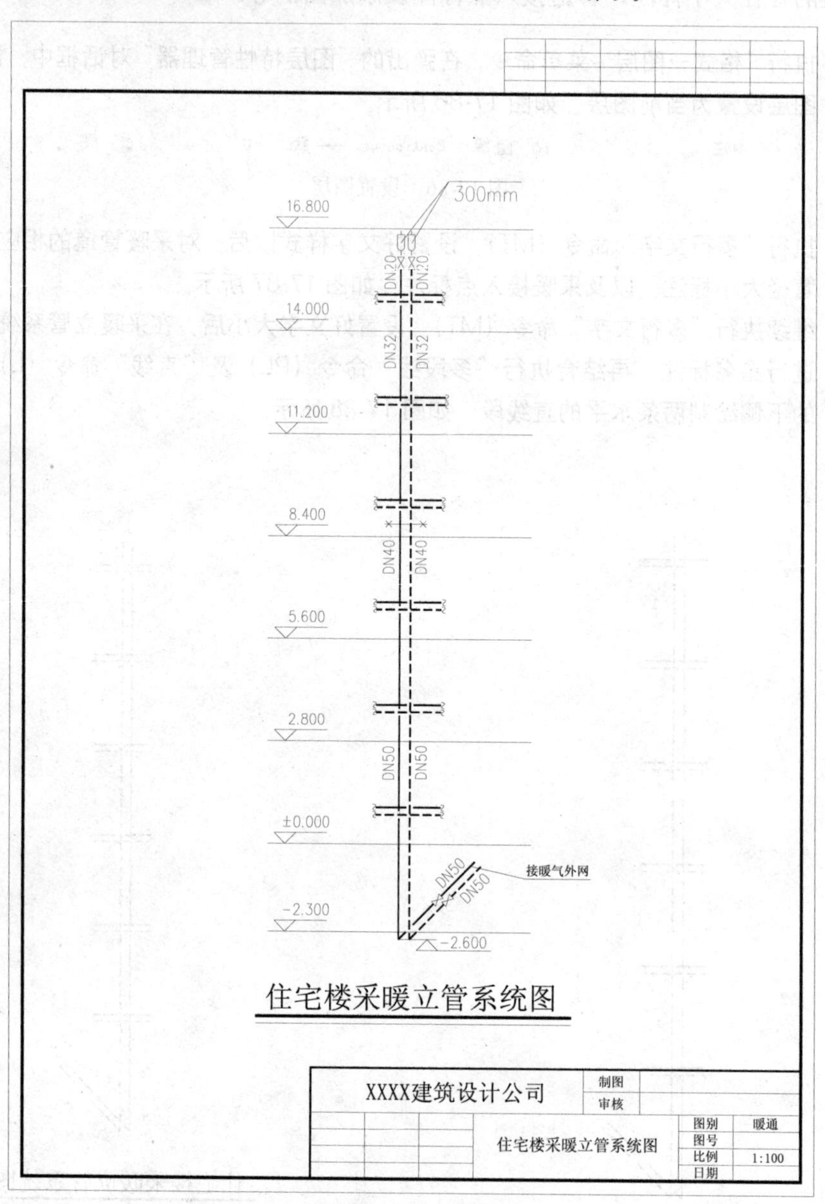

图 17-89　添加平面图图框

Step 08 至此，该住宅楼采暖立管系统图已经绘制完成，然后按 Ctrl+S 组合键将该文件进行保存。

17.4 本章小结

Note

在本章中，主要讲解了 AutoCAD 2014 采暖工程施工图的绘制，包括 AutoCAD 绘制住宅楼标准层采暖平面图，如设置绘图环境、绘制采暖设备、绘制采暖给回水管线、添加说明文字及图框等，AutoCAD 2014 绘制住宅楼标准层采暖系统图，AutoCAD 2014 绘制住宅楼采暖立管系统图等。

常用电气符号的绘制

本章主要讲解绘制一些常用的建筑电气符号的绘制，包括开关符号、配电箱符号、电阻符号、电容符号、插头符号等，使读者迅速掌握使用 AutoCAD 2014 绘制一些建筑电气符号的绘制流程，以及电气符号的相关知识点。

内容要点

- 学习开关、触点及线圈符号的绘制
- 学习电阻、电容和电感符号的绘制
- 学习灯具符号的绘制
- 学习配电箱、配线架符号的绘制
- 学习继电器、仪表和插头符号的绘制

18.1 开关、触点及线圈图例的绘制

在绘制建筑电气工程图的过程中，需要用到很多的开关、触点及线圈图例，下面讲解一些常用的开关、触点及线圈图例的绘制过程。

18.1.1 绘制单极开关

视频\18\绘制单极开关.avi
案例\18\单极开关.dwg

首先新建并保存一个新的“.dwg”文件，再结合执行圆、直线、图案填充、旋转等绘图命令进行单极开关图例的绘制。

Step 01 启动 AutoCAD 2014 软件，系统将自动新建一个“.dwg”文件，选择“文件→保存”菜单命令，将其新文件保存为“案例\18\单极开关.dwg”文件。

Step 02 执行“圆”命令（C），在绘图区中绘制一个半径为 25mm 的圆，如图 18-1 所示。

Step 03 执行“直线”命令（L），捕捉圆的圆心向右绘制一条长度为 120mm 的水平直线段，再以水平直线段的末端点为起点，向下绘制一条 38mm 的垂直线段，如图 18-2 所示。

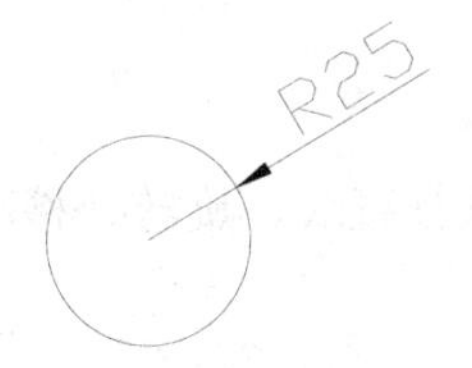

图 18-1　绘制圆

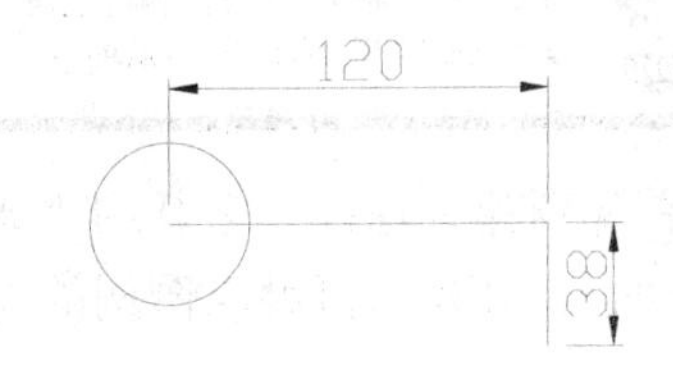

图 18-2　绘制线段

Step 04 执行“旋转”命令（RO），将绘制的两条线段选中，以绘制圆的圆心为旋转基点，将其按逆时针旋转 45°，命令行提示如下：

```
命令: RO↙
ROTATE
UCS 当前的正角方向:  ANGDIR=逆时针   ANGBASE=0
选择对象:                                          //选择绘制的两条线段
指定对角点: 找到两个
选择对象: ↙                                        //按 Enter，确定选择
指定基点:                                          //指定圆的圆心为旋转基点
指定旋转角度，或 [复制(C)/参照(R)] <0>: 45↙
                         //输入旋转角度值，按 Enter 键结束，结果如图 18-3 所示
```

Step 05 执行“图案填充”命令（H），为圆的内部填充“SOLID”图案，将圆填充为黑色实心，如图 18-4 所示。

Note

图 18-3　旋转线段

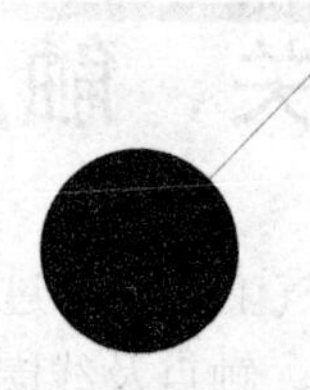

图 18-4　填充图案

Step 06 至此，该单极开关图例已经绘制完成，在键盘上按 Ctrl+S 组合键对其文件进行保存。

专业技能—开关简介

开关的词语解释为开启和关闭。指一个可以使电路开路、使电流中断或使其流到其他电路的电子元件。最常见的开关是让人操作的机电设备，其中有一个或数个电子接点。接点的“闭合”（closed）表示电子接点导通，允许电流流过；开关的“开路”（open）表示电子接点不导通形成开路，不允许电流流过。

18.2.2　绘制常开及常闭触点

视频\18\绘制常开及常闭触点.avi
案例\18\常开及常闭触点.dwg

首先新建并保存一个新的“.dwg”文件，再结合执行直线、旋转、移动等绘图命令进行动合常开及常闭触点图例的绘制。

Step 01 启动 AutoCAD 2014 软件，系统将自动新建一个“.dwg“文件，选择“文件→保存”菜单命令，将其新文件保存为“案例\18\常开及常闭触点.dwg”文件。

Step 02 右击状态栏中的“极轴追踪”按钮，然后单击“设置”。

Step 03 接着在打开的“草图设置”对话框中，勾选其中的“启用极轴追踪”，在“增量角”下拉列表框中选择“30”，在“对象捕捉追踪设置”选项组中选择“用所有极轴角设置追踪”单选项，在“极轴角测量”选项组中选择“绝对”单选项，单击“确定”按钮，如图 18-5 所示。

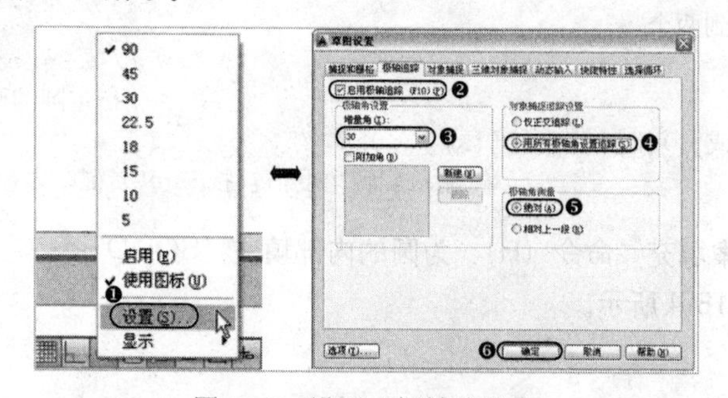

图 18-5　设置“极轴追踪”

Step 04 首先绘制“动合常开触点”，执行“直线”命令（L），绘制三条首尾相连的垂直线段（其中用点╳表示线段的分界点），如图 18-6 所示。

Step 05 执行“旋转”命令（RO），选择绘制的第 2 条垂直线段，然后以第 2 条垂直线段末端的点为基点将其逆时针旋转 30°，主要利用前面设置的“极轴追踪”功能来旋转角度，如图 18-7 所示。

Step 06 绘制“动合常闭触点”，执行“直线”命令（L），绘制三条首尾相连的垂直线段（其中用点╳表示线段的分界点），如图 18-8 所示。

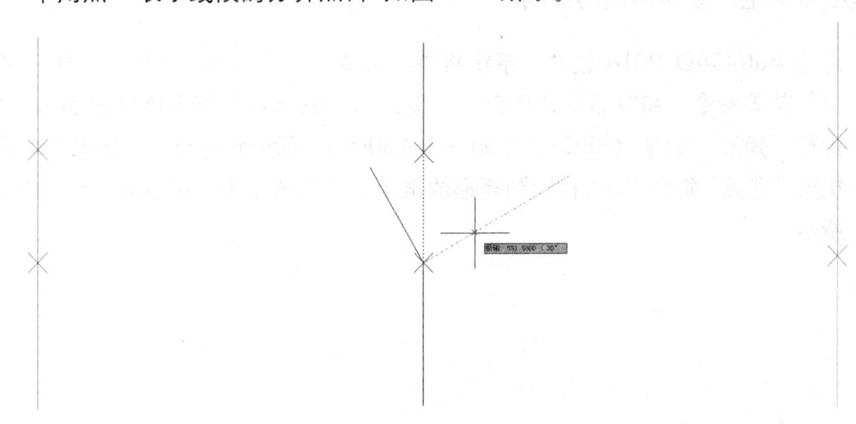

图 18-6　绘制垂线段　　图 18-7　旋转线段　　图 18-8　绘制垂线段

Step 07 执行“旋转”命令（RO），以第 2 条垂直线段的末端点为基点，将其顺时针旋转 3，如图 18-9 所示。

Step 08 执行“直线”命令（L），在绘制的第一条垂线段的右侧，绘制一条适当长度的水平直线段，如图 18-10 所示。

Step 09 执行“移动”命令，将绘制的第 1 条垂直线段和上一步绘制的水平线段选中，将其向下垂直移动一段适当的距离，如图 18-11 所示。

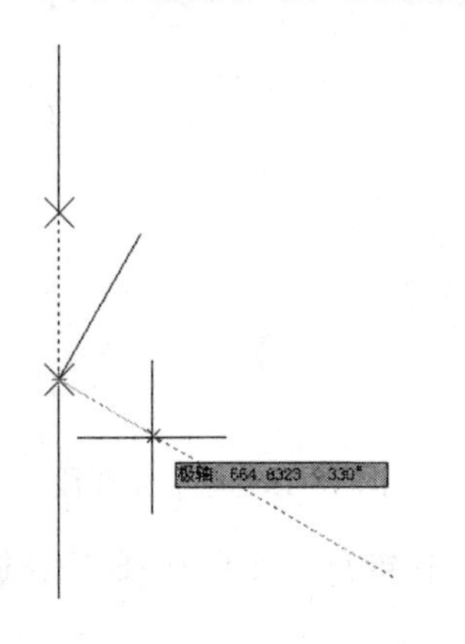

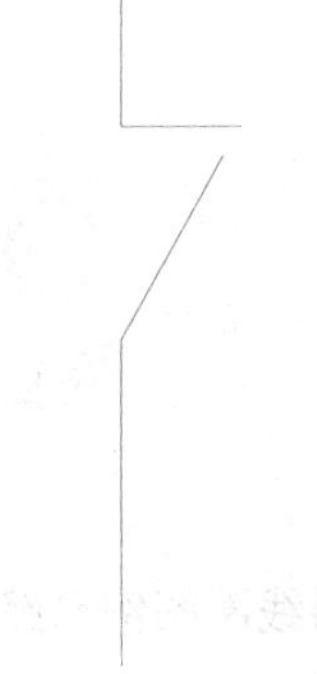

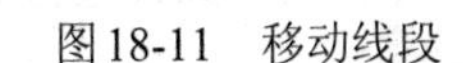

图 18-9　旋转线段　　图 18-10　绘制线段　　图 18-11　移动线段

Step 10 至此，该常开及常闭触点图例已经绘制完成，在键盘上按 Ctrl+S 组合键对其文件进行保存。

18.2.3 绘制缓慢吸合继电器线圈

视频\18\绘制缓慢吸合继电器线圈.avi
案例\18\缓慢吸合继电器线圈.dwg

首先新建并保存一个新的".dwg"文件，再结合执行矩形、直线、移动等绘图命令进行缓慢吸合继电器线圈图例的绘制。

Step 01 启动 AutoCAD 2014 软件，系统将自动新建一个".dwg"文件，选择"文件→保存"菜单命令，将其新文件保存为"案例\18\缓慢吸合继电器线圈.dwg"文件。

Step 02 执行"矩形"命令（REC），绘制一个 160mm×60mm 的矩形，如图 18-12 所示。

Step 03 执行"直线"命令（L），在绘制矩形的里面适当位置绘制一条垂直线段，如图 18-13 所示。

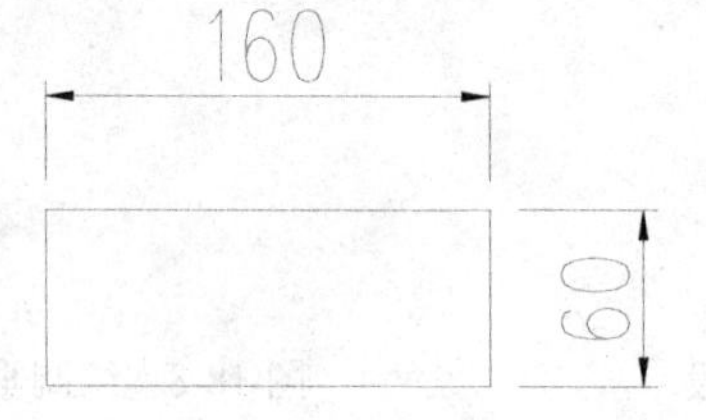

图 18-12　绘制矩形

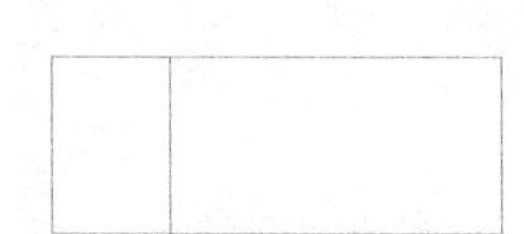

图 18-13　绘制线段

Step 04 执行"直线"命令（L），捕捉矩形及垂直线段上相应的点绘制对角线，如图 18-14 所示。

Step 05 执行"直线"命令（L），在绘制的矩形的上下相应位置绘制一条 60mm 的垂直线段，如图 18-15 所示。

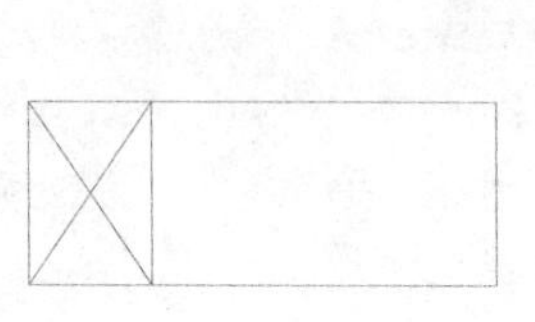

图 18-14　绘制对角线

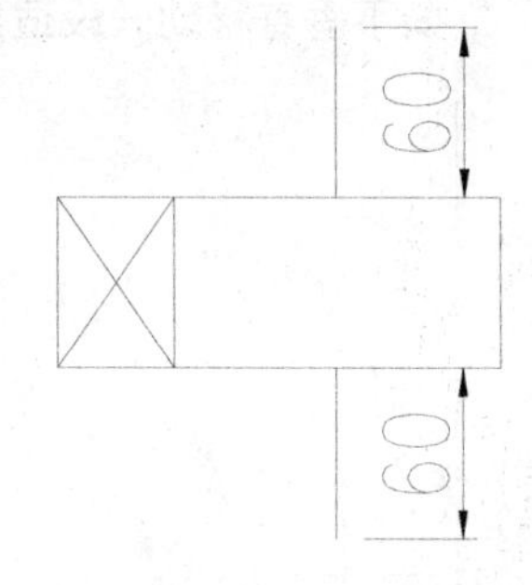

图 18-15　绘制垂线段

Step 06 至此，该缓慢吸合继电器线圈图例已经绘制完成，在键盘上按 Ctrl+S 组合键对其文件进行保存。

18.2 电阻、电容和电感图例的绘制

在绘制建筑电气工程图的过程中，需要用到很多的电阻、电容和电感图例，下面讲解一些常用的电阻、电容和电感图例的绘制过程。

18.2.1 绘制滑线式电阻器

视频\18\绘制滑线式电阻器.avi
案例\18\滑线式电阻器.dwg

首先新建并保存一个新的“.dwg”文件，再结合执行矩形、直线、多段线、多行文字等绘图命令进行滑线式电阻器图例的绘制。

Step 01 启动 AutoCAD 2014 软件，系统将自动新建一个“.dwg“文件，选择“文件→保存”菜单命令，将其新文件保存为“案例\18\滑线式电阻器.dwg”文件。

Step 02 执行“矩形”命令（REC），绘制一个 480mm × 150mm 的矩形，如图 18-16 所示。

Step 03 执行“直线”命令（L），分别以上一步绘制矩形的左右侧垂直边中点为起点，分别向左及向右绘制一条长度为 280mm 的水平线段，如图 18-17 所示。

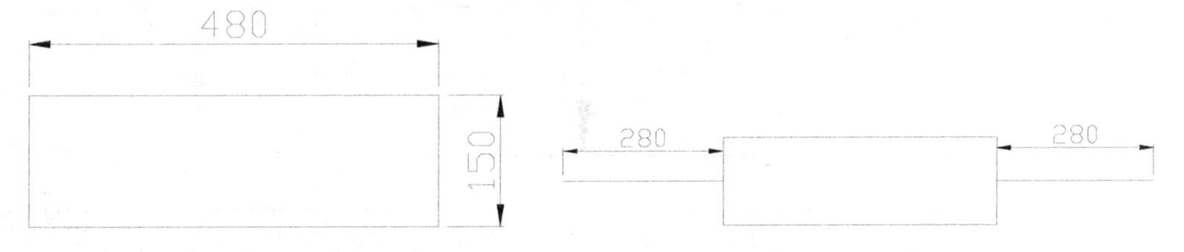

图 18-16　绘制矩形　　　　图 18-17　绘制水平直线段

Step 04 执行“多段线”命令（PL），根据命令行提示绘制多段线，命令行提示及操作如下：

```
命令: PL↙
PLINE
指定起点:                                   //捕捉右侧水平线的中点
当前线宽为 0.0000
指定下一个点或 [圆弧(A)/半宽(H)/长度(L)/放弃(U)/宽度(W)]: W↙ //选择“宽度”选项
指定起点宽度 <0.0000>: 0↙                    //输入起点宽度
指定端点宽度 <0.0000>: 0↙                    //输入端点宽度
指定下一个点或 [圆弧(A)/半宽(H)/长度(L)/放弃(U)/宽度(W)]: 280↙
                                            //鼠标光标垂直向上，输入长度为 280
指定下一点或 [圆弧(A)/闭合(C)/半宽(H)/长度(L)/放弃(U)/宽度(W)]: 380↙
                                            //鼠标光标水平向左，输入长度为 380
指定下一点或 [圆弧(A)/闭合(C)/半宽(H)/长度(L)/放弃(U)/宽度(W)]: 130↙
                                            //鼠标光标垂直向下，输入长度为 130
指定下一点或 [圆弧(A)/闭合(C)/半宽(H)/长度(L)/放弃(U)/宽度(W)]: W↙
                                            //选择“宽度（W）”选项
指定起点宽度 <0.0000>: 20↙                 //输入起点宽度
```

Note

```
指定端点宽度 <20.0000>: 0↙          //输入端点宽度
指定下一点或 [圆弧(A)/闭合(C)/半宽(H)/长度(L)/放弃(U)/宽度(W)]:
                                  //鼠标光标垂直向下捕捉矩形上的垂足点
指定下一点或 [圆弧(A)/闭合(C)/半宽(H)/长度(L)/放弃(U)/宽度(W)]: ↙
                                  //按 Enter 键结束，绘制的效果如图 18-18 所示
```

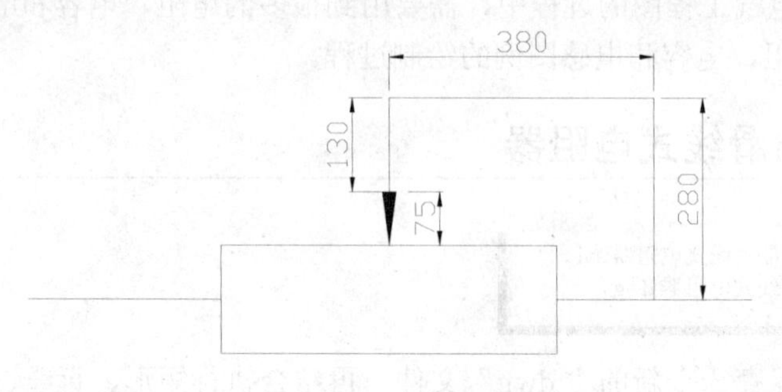

图 18-18　绘制多段线

Step 05 执行“多行文字”命令（MT），设置文字字体为“宋体”，文字高度为“50”，然后在图形的左上侧相应位置输入文字“R1”，如图 18-19 所示。

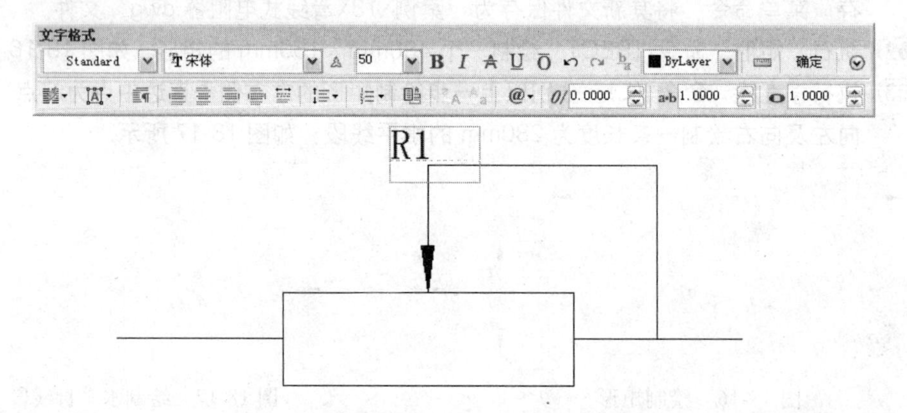

图 18-19　输入文字内容

Step 06 至此，该滑线式电阻器图例已经绘制完成，在键盘上按 Ctrl+S 组合键对其文件进行保存。

18.2.2　绘制可变电容器

首先新建并保存一个新的“.dwg”文件，再结合执行“直线”、“偏移”、“旋转”、“图案填充”等绘图命令进行可变电容器图例的绘制。

Step 01 启动 AutoCAD 2014 软件，系统将自动新建一个“.dwg“文件，选择“文件→保存”菜单命令，将其新文件保存为“案例\18\可变电容器.dwg”文件。

Step 02 执行“直线”命令（L），绘制两条互相平行的等长的水平线段；再分别捕捉绘制的两条水平线段的中点，分别向上及向下绘制一条垂直线段，并且绘制的两条垂直线段是一样长度，如图 18-20 所示。

Step 03 执行“直线”命令（L），在绘制图形的左侧相应位置绘制一个箭头符号，如图 18-21 所示。

图 18-20　绘制水平及垂直线段　　　图 18-21　绘制箭头符号

Step 04 执行“图案填充”命令（H），对绘制箭头的相应区域执行图案填充，填充图案为“SOLID”，将其填充为黑色实心，如图 18-22 所示。

Step 05 将绘制的箭头符号及填充的图案选中，执行“旋转”命令（RO），将其顺时针旋转 45°，如图 18-23 所示。

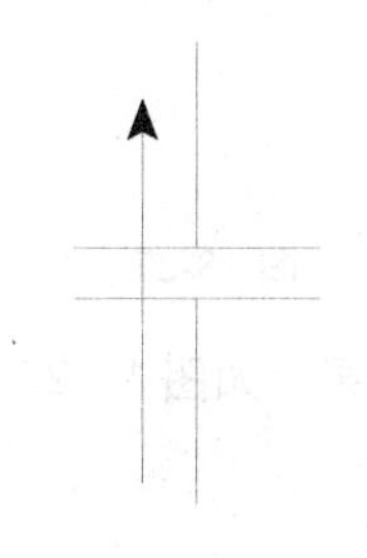

图 18-22　填充图案

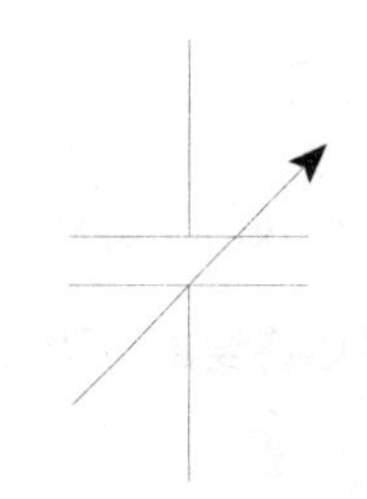

图 18-23　旋转箭头

Step 06 至此，该可变电容器图例已经绘制完成，在键盘上按 Ctrl+S 组合键对其文件进行保存。

18.2.3　绘制电感符号

视频\18\绘制电感符号.avi
案例\18\电感符号.dwg

首先新建并保存一个新的“.dwg”文件，再结合执行直线、定数等分、偏移、圆弧等绘图命令进行电感符号图例的绘制。

Step 01 启动 AutoCAD 2014 软件，系统将自动新建一个“.dwg“文件，选择“文件→保存”菜单命令，将其新文件保存为“案例\18\电感符号.dwg”文件。

Note

Step 02 执行“直线”命令（L），绘制一条适当长度的水平线段，接着捕捉绘制的水平线段的起点及末端点分别向下绘制垂直线段，并且绘制的垂直线段长度相等，如图 18-24 所示。

Step 03 执行“定数等分”命令（DIV），根据命令行提示输入需要定数等分的线段数目为 4（把水平线段分为等长的 4 条水平线段），如图 18-25 所示。

Step 04 执行“偏移”命令（O），将前面绘制的水平线段向上偏移一定距离，然后将偏移的水平线段执行“定数等分”命令（DIV），根据命令行提示将该条水平线段等分为 8 条等长的水平线段，如图 18-26 所示。

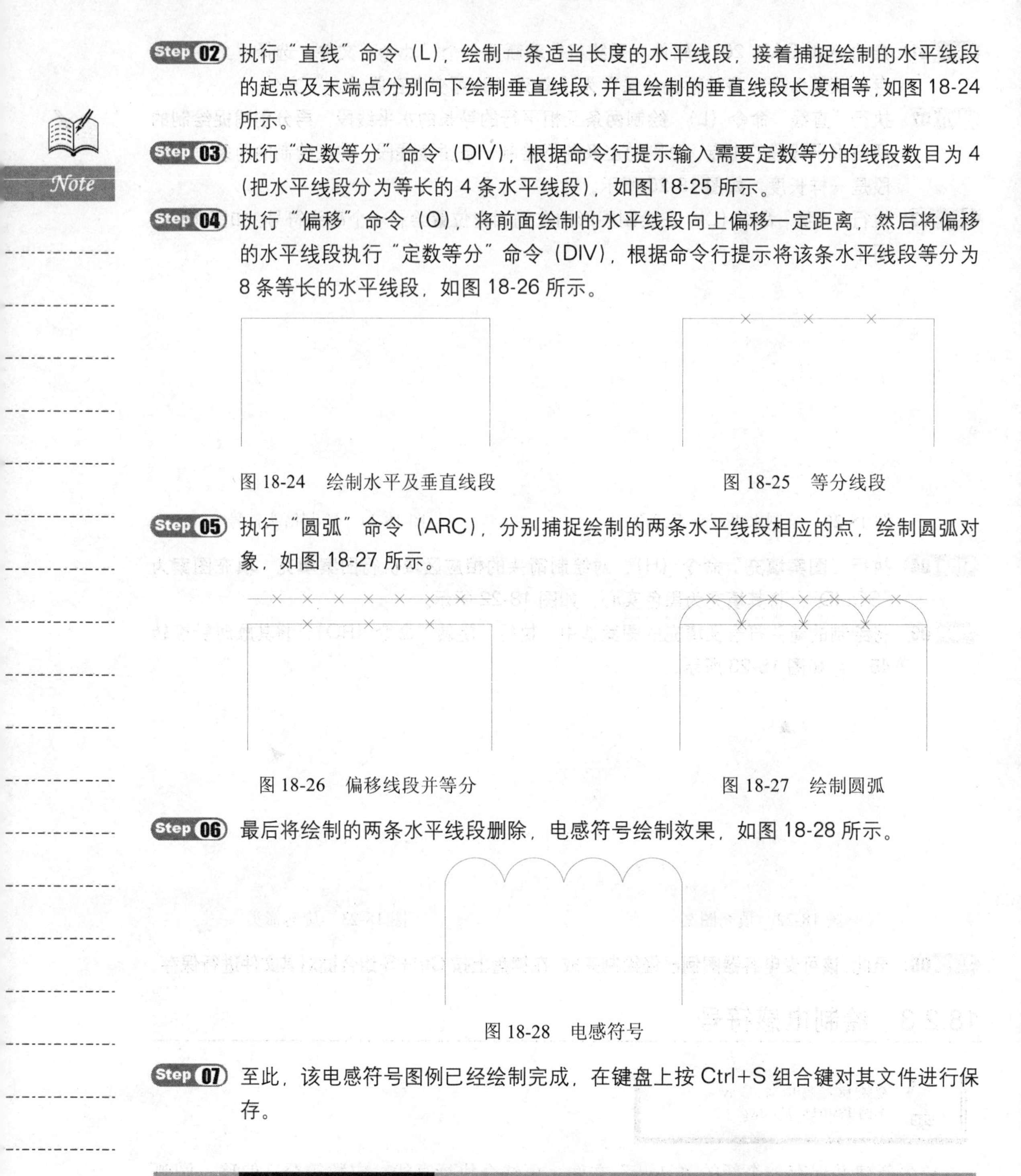

图 18-24　绘制水平及垂直线段

图 18-25　等分线段

Step 05 执行“圆弧”命令（ARC），分别捕捉绘制的两条水平线段相应的点，绘制圆弧对象，如图 18-27 所示。

图 18-26　偏移线段并等分

图 18-27　绘制圆弧

Step 06 最后将绘制的两条水平线段删除，电感符号绘制效果，如图 18-28 所示。

图 18-28　电感符号

Step 07 至此，该电感符号图例已经绘制完成，在键盘上按 Ctrl+S 组合键对其文件进行保存。

18.3 灯具符号图例的绘制

在绘制建筑电气工程图的过程中，需要用到很多的灯具符号图例，下面讲解一些常用的灯具符号图例的绘制过程。

18.3.1 绘制吸顶灯

视频\18\绘制吸顶灯.avi
案例\18\吸顶灯.dwg

首先新建并保存一个新的“.dwg”文件，再结合执行“直线”、“圆”、“偏移”、“修剪”等绘图命令进行吸顶灯图例的绘制。

Step 01 启动 AutoCAD 2014 软件，系统将自动新建一个“.dwg“文件，选择“文件→保存”菜单命令，将其新文件保存为“案例\18\吸顶灯.dwg”文件。

Step 02 执行“直线”命令（L），绘制两条 1000mm 互相垂直的相交线段，（相交的点为两条线段的中点），如图 18-29 所示。

Step 03 执行“圆”命令（C），以上一步绘制的两条相交线段的交点为圆心，绘制一个半径为 200mm 的圆，如图 18-30 所示。

图 18-29 绘制水平及垂直线段

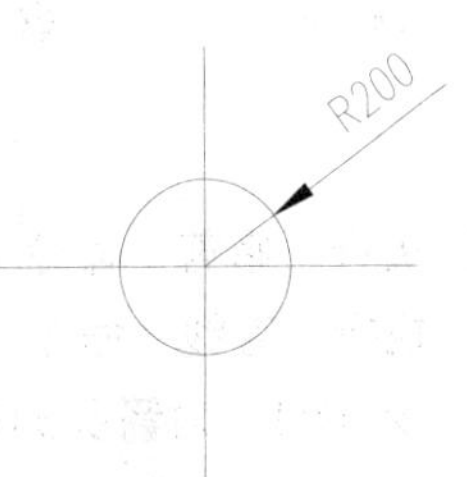

图 18-30 绘制圆

Step 04 执行“偏移”命令（O），将上一步绘制的圆向外偏移 100mm，如图 18-31 所示。

Step 05 执行“修剪”命令（TR），将圆外多余的线段修剪，如图 18-32 所示。

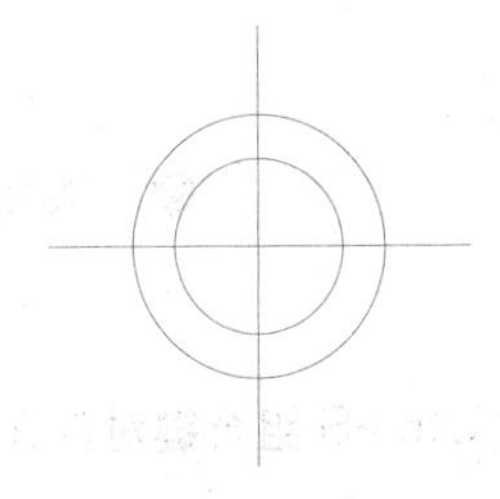

图 18-31 偏移圆对象

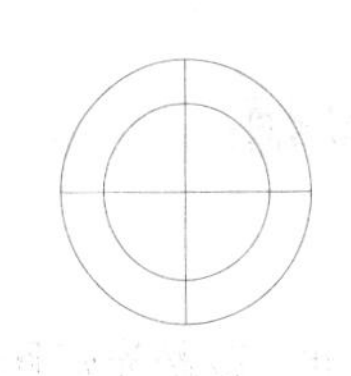

图 18-32 修剪线段

Step 06 至此，该吸顶灯图例已经绘制完成，在键盘上按 Ctrl+S 组合键对其文件进行保存。

18.3.2 绘制聚光灯

视频\18\绘制聚光灯.avi
案例\18\聚光灯.dwg

首先新建并保存一个新的“.dwg”文件，再结合执行“圆”、“直线”、“偏移”、“修剪”、“旋转”、“图案填充”等绘图命令进行聚光灯图例的绘制。

Note

Step 01 启动 AutoCAD 2014 软件，系统将自动新建一个“.dwg”文件，选择“文件→保存”菜单命令，将其新文件保存为“案例\18\聚光灯.dwg”文件。

Step 02 执行“圆”命令（C），绘制一个半径为 100mm 的圆。

Step 03 执行“直线”命令（L），捕捉圆上的相应点，绘制圆的水平及垂直向直径。

Step 04 执行“旋转”命令（RO），将上一步绘制的两条线段选中，以圆的圆心为旋转基点将其旋转 45°。

Step 05 执行“偏移”命令（O），将前面绘制的圆向外偏移 50mm，然后过圆的圆心绘制一条垂直线段，如图 18-33 所示。

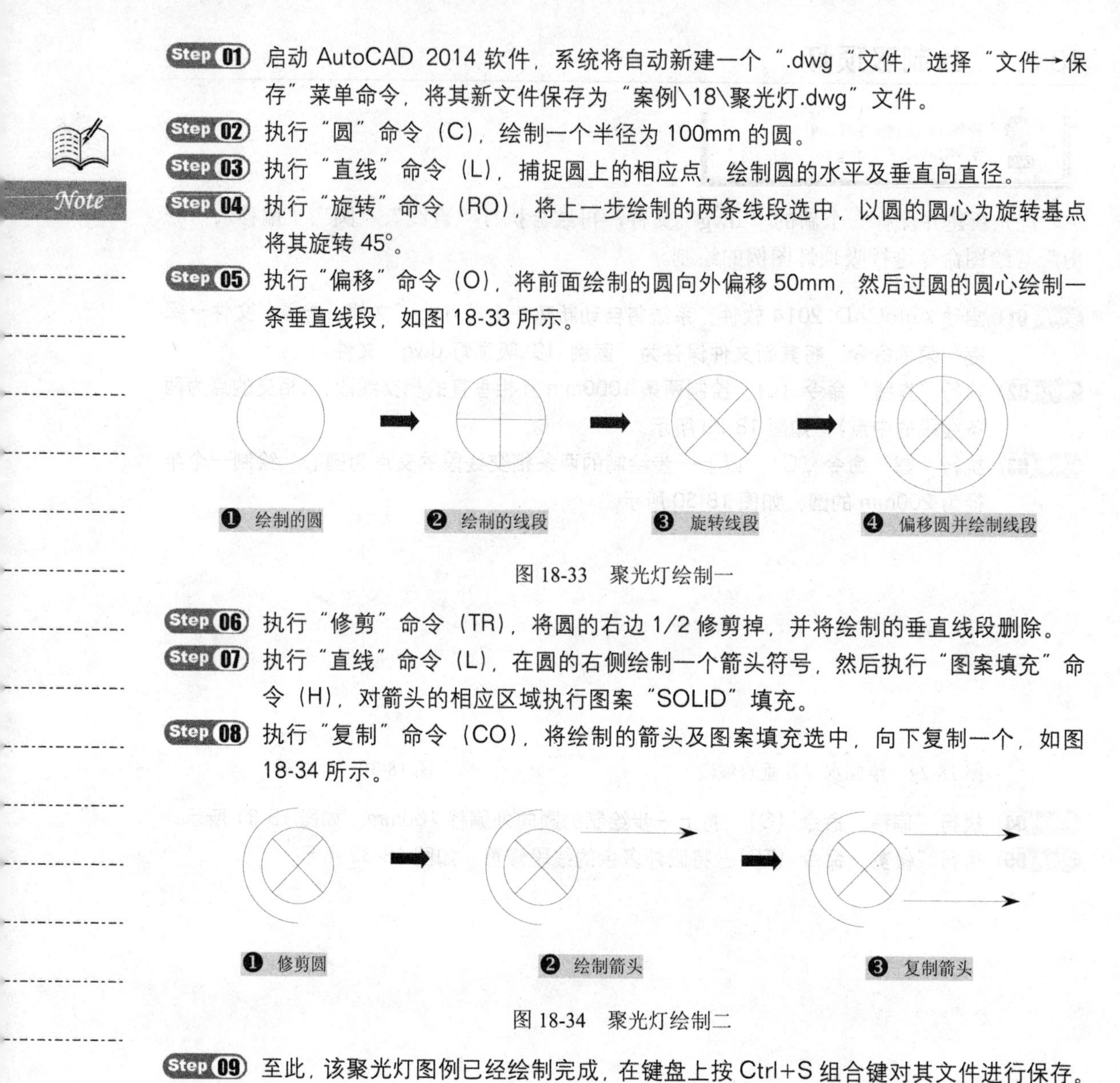

图 18-33　聚光灯绘制一

Step 06 执行“修剪”命令（TR），将圆的右边 1/2 修剪掉，并将绘制的垂直线段删除。

Step 07 执行“直线”命令（L），在圆的右侧绘制一个箭头符号，然后执行“图案填充”命令（H），对箭头的相应区域执行图案“SOLID”填充。

Step 08 执行“复制”命令（CO），将绘制的箭头及图案填充选中，向下复制一个，如图 18-34 所示。

❶ 修剪圆　❷ 绘制箭头　❸ 复制箭头

图 18-34　聚光灯绘制二

Step 09 至此，该聚光灯图例已经绘制完成，在键盘上按 Ctrl+S 组合键对其文件进行保存。

18.4 配电箱、配线架图例的绘制

在绘制建筑电气工程图的过程中，需要用到很多的配电箱、配线架图例，下面讲解一些常用的配电箱、配线架图例的绘制过程。

18.4.1 绘制电话交接箱

视频\18\绘制电话交接箱 avi
案例\18\电话交接箱.dwg

首先新建并保存一个新的“.dwg”文件，再结合执行“矩形”、“直线”、“图案填充”等绘图命令进行电话交接箱图例的绘制。

Step 01 启动 AutoCAD 2014 软件，系统将自动新建一个“.dwg“文件，选择“文件→保存”菜单命令，将其新文件保存为“案例\18\电话交接箱.dwg”文件。

Step 02 执行“矩形”命令（REC）。绘制一个 800mm × 350mm 的矩形，如图 18-35 所示。

Step 03 执行“直线”命令（L），捕捉上一步绘制的矩形上相应的点，在矩形内绘制对角线，如图 18-36 所示。

Step 04 执行“图案填充”命令（H），对矩形内的相应区域执行图案“SOLID”填充，如图 18-37 所示。

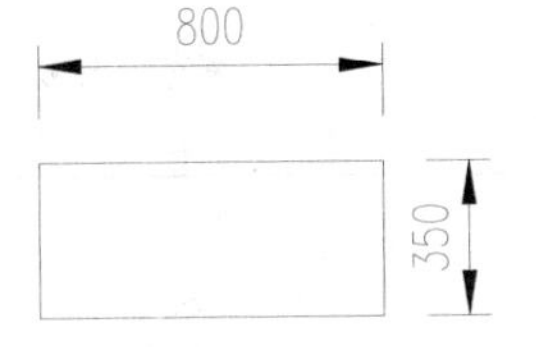

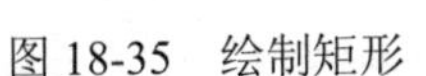

图 18-35 绘制矩形

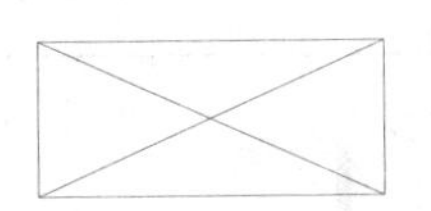

图 18-36 绘制对角线

图 18-37 填充图案

Step 05 至此，该电话交接箱图例已经绘制完成，在键盘上按 Ctrl+S 组合键对其文件进行保存。

18.4.2 绘制总配线架

视频\18\绘制总配线架.avi
案例\18\总配线架.dwg

首先新建并保存一个新的“.dwg”文件，再结合执行“矩形”、“分解”、“定数等分”、“直线”等绘图命令进行总配线架图例的绘制。

Step 01 启动 AutoCAD 2014 软件，系统将自动新建一个“.dwg“文件，选择“文件→保存”菜单命令，将其新文件保存为“案例\18\总配线架.dwg”文件。

Step 02 执行“矩形”命令（REC），绘制一个 800mm × 300mm 的矩形，然后执行“分解”命令（X），将绘制的矩形分解，如图 18-38 所示。

Step 03 执行“定数等分”命令（DIV），根据命令行提示输入需要定数等分的线段数目为 3（将上下两侧的水平线段等分为等长的 3 条线段）。

Step 04 重复上一步的操作命令，将左右两侧的垂直线段等分为 3 条等长的线段，如图 18-39 所示。

Step 05 执行“直线”命令（L），捕捉相应的等分点绘制水平及竖直向的线段，如图 18-40 所示。

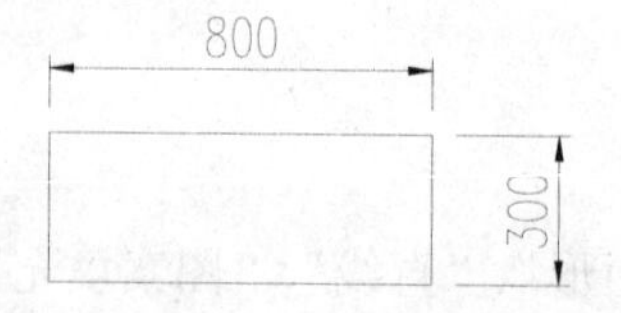

图 18-38　绘制矩形

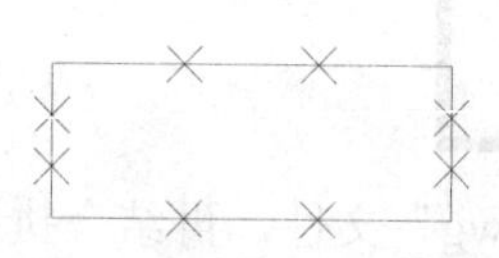

图 18-39　定数等分线段

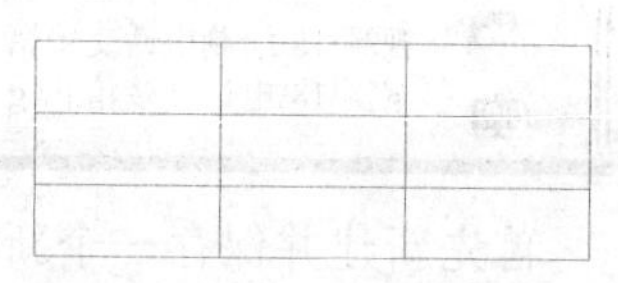

图 18-40　绘制相应线段

Step 06 至此，该总配线架图例已经绘制完成，在键盘上按 Ctrl+S 组合键对其文件进行保存。

18.5 继电器、仪表和插头图例的绘制

在绘制建筑电气工程施工图的过程中，需要用到很多的继电器、仪表和插头图例，下面讲解一些常用的继电器、仪表和插头图例的绘制过程。

18.5.1 绘制热继电器

视频\18\绘制热继电器 avi
案例\18\热继电器.dwg

首先新建并保存一个新的“.dwg”文件，再结合执行“矩形”、“直线”、“修剪”、“分解”等绘图命令进行热继电器图例的绘制。

Step 01 启动 AutoCAD 2014 软件，系统将自动新建一个“.dwg“文件，选择“文件→保存”菜单命令，将其新文件保存为“案例\18\热继电器.dwg”文件。

Step 02 执行“矩形”命令（REC），绘制一个 300mm×150mm 的矩形，如图 18-41 所示。

Step 03 执行“直线”命令（L），绘制一条穿过矩形水平线段中点的垂直线段，如图 18-42 所示。

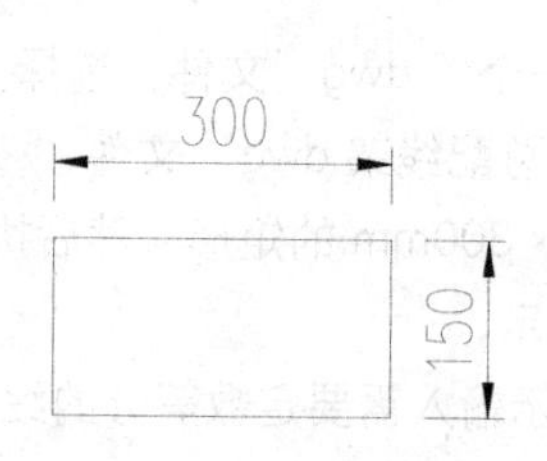

图 18-41　绘制矩形

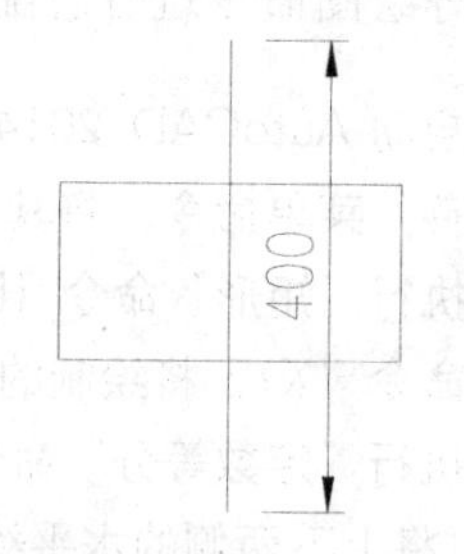

图 18-42　绘制垂直线段

Step 04 执行“矩形”命令（REC），在前面绘制矩形的里面绘制一个适当大小的矩形，并将其移动到图形中相应的位置，如图 18-43 所示。

Step 05 执行“分解”命令（X），将上一步绘制的矩形分解，并将左边的一条竖直边删除，然后执行“修剪”命令（TR），将图形中多余的线段修剪，如图 18-44 所示。

图 18-43　绘制矩形　　　　图 18-44　修剪线段

Step 06 至此，该热继电器图例已经绘制完成，在键盘上按 Ctrl+S 组合键对其文件进行保存。

18.5.2　绘制电压表

首先新建并保存一个新的“.dwg”文件，再结合执行“圆”、“多行文字”、“直线”等绘图命令进行电压表图例的绘制。

Step 01 启动 AutoCAD 2014 软件，系统将自动新建一个“.dwg“文件，选择“文件→保存”菜单命令，将其新文件保存为“案例\18\电压表.dwg”文件。

Step 02 执行“圆”命令（C），绘制一个半径为 40mm 的圆。

Step 03 执行“多行文字”命令（MT），将文字指定在圆内，在弹出的“文字”对话框中选择文字样式为“standard”，设置字体为“宋体”，文字高度为“40 ”，颜色为“黑色”，输入字母“V “(V 表示电压表的英文代号)，如图 18-45 所示。

图 18-45　文字输入

Step 04 执行“直线”命令（L），在圆的左右两端分别绘制一条长度为 100mm 的水平直线，如图 18-46 所示。

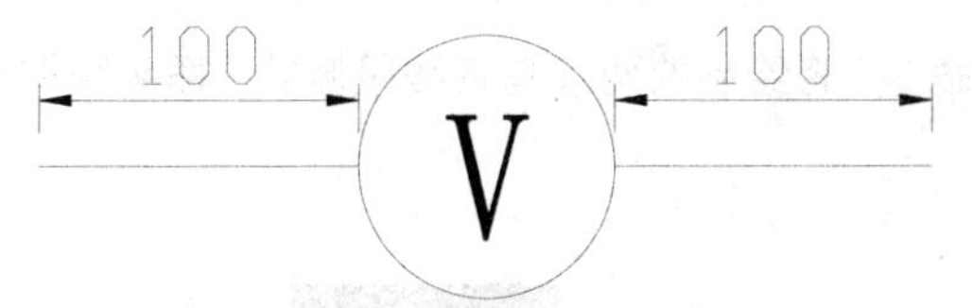

图 18-46　电压表符号

Step 05 至此，该电压表图例已经绘制完成，在键盘上按 Ctrl+S 组合键对其文件进行保存。

Note

18.5.3 绘制插头

视频\18\绘制插头.avi
案例\18\插头.dwg

Note

首先新建并保存一个新的“.dwg”文件，再结合执行“矩形”、“直线”、“圆弧”、“偏移”、“图案填充”等绘图命令进行插头图例的绘制。

Step 01 启动 AutoCAD 2014 软件，系统将自动新建一个“.dwg“文件，选择“文件→保存”菜单命令，将其新文件保存为“案例\18\插头.dwg”文件。

Step 02 执行“矩形”命令（REC），绘制一个 100mm×30mm 的矩形。

Step 03 执行“图案填充”命令（H），对绘制的矩形内部区域执行图案“SOLID”填充，将其填充为黑色实心。

Step 04 执行“直线”命令（L），捕捉矩形的右边中点，向右绘制一条 100mm 水平直线段，如图 18-47 所示。

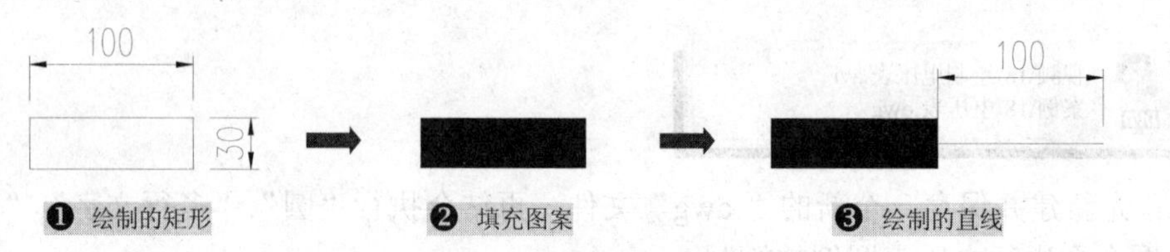

图 18-47 绘制插头流程一

Step 05 执行“直线”命令（L），在矩形的左侧边上绘制一条 75mm 的垂线段，并且垂线段的中点与矩形左边中点相重合。

Step 06 执行“偏移”命令（O），将绘制的垂线段向左偏移 25mm。

Step 07 执行“圆弧”命令（ARC），分别捕捉垂线段两头的端点与偏移的垂线段的中点，绘制一条圆弧对象。

Step 08 执行“直线”命令（L），以偏移的垂线段的中点为起点，向左绘制一条 100mm 的水平线段，如图 18-48 所示。

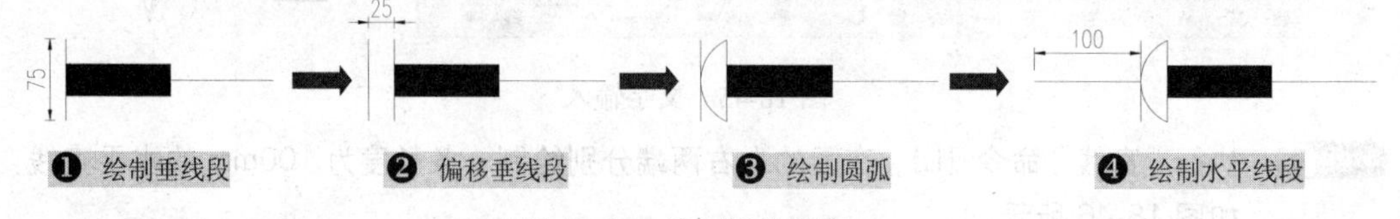

图 18-48 绘制插头流程二

Step 09 执行“删除”命令，将绘制的两条垂直线段删除，插头图例就绘制完成，如图 18-49 所示。

图 18-49 插头符号图例

Step 10 至此，该插头图例已经绘制完成，在键盘上按 Ctrl+S 组合键对其文件进行保存。

18.6 本章小结

在本章中，主要讲解了 AutoCAD 2014 常用电气符号的绘制，包括 AutoCAD 开关、触点及线圈图例的绘制，如绘制单极开关、绘制常开及常闭触点、绘制缓慢吸合继电器线圈等，AutoCAD 2014 电阻、电容和电感图例的绘制，AutoCAD 2014 灯具符号图例的绘制，CAD 配电箱、配线架图例的绘制，CAD 继电器、仪表和插头图例的绘制等。

Note

第19章 建筑照明与插座施工图的绘制

现在民用建筑电气技术，是以电能、电子、电器设备及电气技术为手段，来创造、维持和改善人民居住和工作的生活环境的电、光、冷和暖环境的一门跨学科的综合性技术科学，它是强电和弱电与具体建筑的有机结合。建筑电气以建筑电气平面图和建筑电气系统图为主。

本章以某别墅为例，分别介绍了该别墅的照明平面图，以及插座平面图的绘制流程，其中包括新建绘图环境、布置电气设备、绘制连接线路，以及添加说明文字、图框等。

内容要点

- 绘制别墅一层照明平面图
- 绘制别墅一层插座平面图

19.1 绘制别墅一层照明平面图

视频\19\绘制别墅一层照明平面图.avi
案例\19\别墅一层照明平面图.dwg

本节以某地别墅为例，介绍该别墅一层照明平面图的绘制流程，使读者掌握建筑照明平面图的绘制方法，以及相关的知识点，其绘制的该别墅一层照明平面图，如图 19-1 所示。

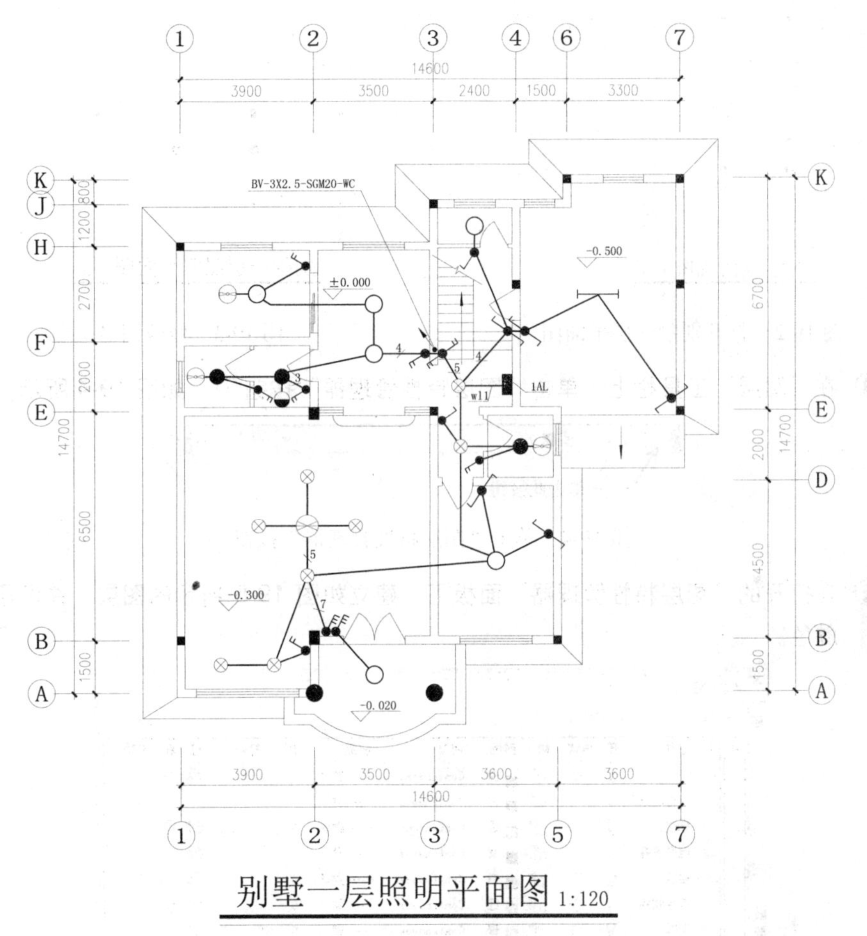

图 19-1 别墅一层照明平面图

19.1.1 设置绘图环境

在绘制该别墅的一层照明平面图之前，首先应设置绘图的环境，其中包括打开并另存文件、修改图名、新建图层等。

Step 01 启动 AutoCAD 2014 软件，接着执行“文件→打开”菜单命令，打开本书配套光盘“案例\19\别墅一层平面图.dwg”文件，如图 19-2 所示。

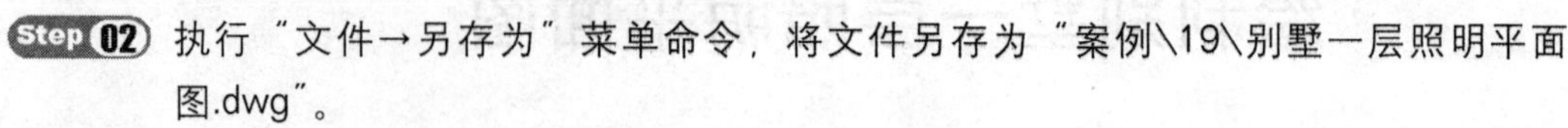

Step 02 执行“文件→另存为”菜单命令，将文件另存为“案例\19\别墅一层照明平面图.dwg”。

Step 03 双击下侧的图名文字，将其修改为“别墅一层照明平面图 1:120”，如图 19-3 所示。

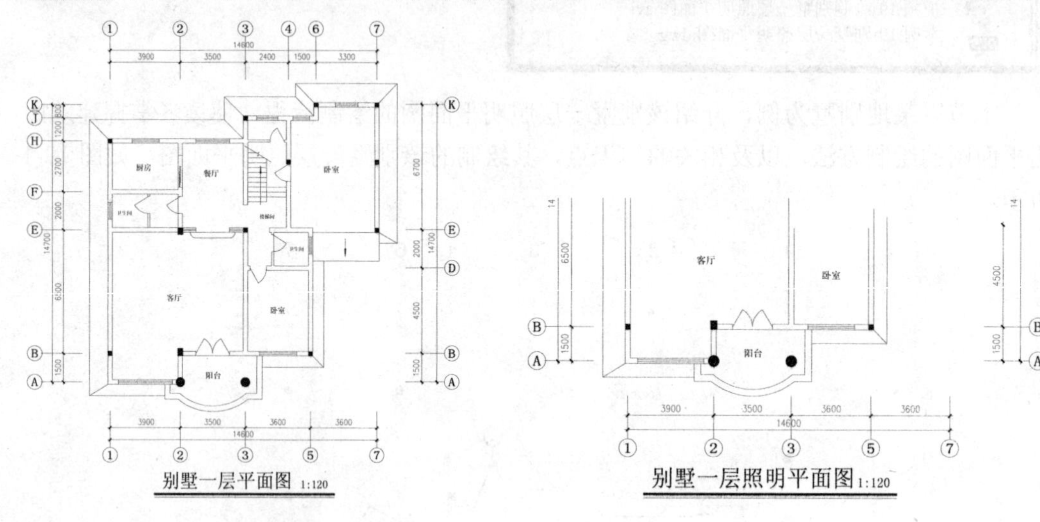

图 19-2 打开别墅一层平面图　　　　图 19-3 修改图名文字

Step 04 在“图层”工具栏上，单击“图层特性管理器”按钮，如图 19-4 所示。

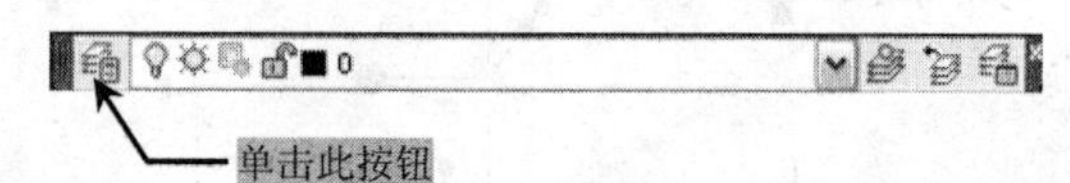

图 19-4 单击“图层特性管理器”按钮

Step 05 在打开的“图层特性管理器”面板下，建立如图 19-5 所示的图层，并设置图层的颜色。

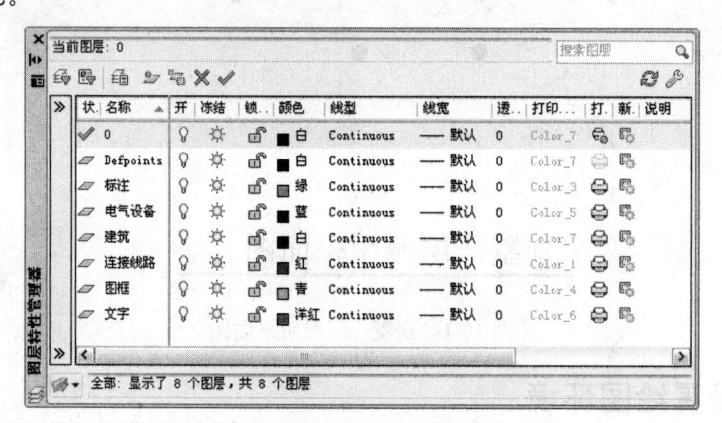

图 19-5 设置图层

专业技能—电气照明平面表示的主要内容

（1）照明配电箱的型号、数量、安装位置、安装标高、配电箱的电气系统。

（2）照明线路的配线方式、敷设位置、线路的走向、导线的型号、规格及根数，导线的连接方法。

（3）灯具的类型、功率、安装位置、安装方式及安装标高

（4）开关的类型、安装位置，离地高度、控制方式

（5）插座及其他电器的类型、容量、安装位置、安装高度等

19.1.2 布置电气设备

在前面已经设置好了绘图的环境，本节讲解为别墅一层平面图的各个功能区布置相应的照明电气元器件。

Step 01 执行“格式→图层”菜单命令，在弹出的“图层特性管理器”对话框中，将“电气设备”图层设置为当前图层，如图19-6所示。

✔ 电气设备	💡	☼	🔓	■ 蓝	Continuous	—— 默认	0	Color_5	🖨	

图19-6 设置图层

Step 02 执行“插入”命令（I），将“案例\19\电气设备图例1.dwg”文件插入到当前文件的空白位置，如图19-7所示。

专业技能—电气照明图的绘制步骤

在绘制建筑电气照明平面图时，可按照如下所示的操作步骤来绘制：

（1）画房屋平面（外墙、门窗、房间、楼梯等）。

（2）在电气工程CAD制图中，对于新建结构往往绘制由建筑专业提供建筑施工图，对于改建建筑则需重新绘制其建筑施工图。

（3）画配电箱、开关及电力设备。

（4）画各种灯具、插座、吊扇等。

（5）画进户线及各电气设备、开关、灯具间的连接线。

（6）对线路、设备等附加文字标注。

（7）附加必要的文字说明。

Step 03 执行“分解”命令（X），将插入的图块对象分解。

Step 04 执行“移动”命令（M），将图例表中的“向上配线” 符号，布置到楼梯间的相应位置；再将图例表中的“照明配电箱” 符号选中，执行“旋转”命令（RO），将其旋转90°，然后将其布置到楼梯间的右侧贴墙位置，如图19-8所示。

电气设备图例			
图例	名称	图例	名称
	向上配线		单管荧光灯
	由下引来	⊗	普通灯
	单极开关	○	防爆灯
	双极开关		轴流风扇
	三极开关		花灯
	双控单极开关		照片配电箱
	双控双极开关		

图 19-7　插入的图例文件

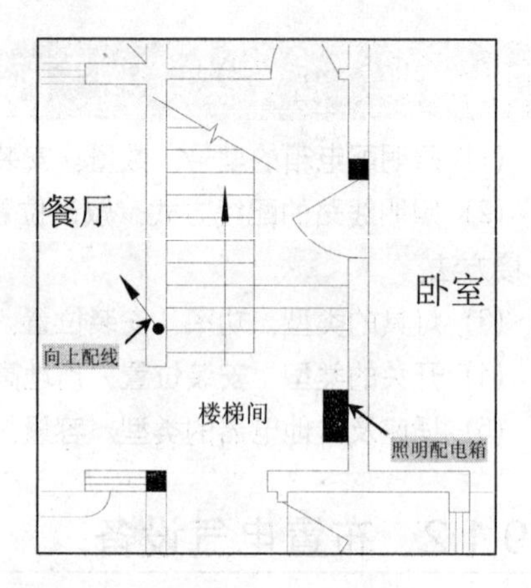

图 19-8　布置的效果

Step 05 执行“直线”命令（L），在图中的相应房间中绘制一些用来布置灯具的辅助线，如图 19-9 所示。

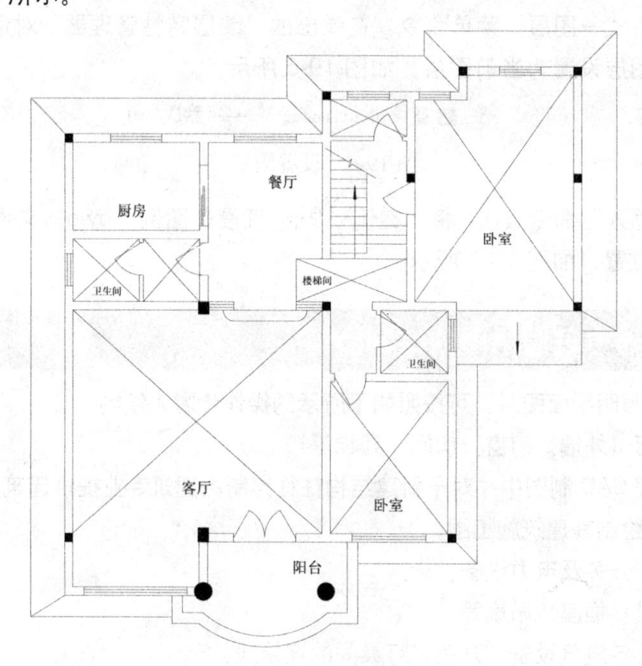

图 19-9　绘制辅助线

Step 06 布置“灯具”图例，将图例表中的“单管荧光灯”、“普通灯”⊗、“防爆灯”○、“轴流风扇”、“花灯”等灯具对象分别选中；再结合执行“移动”命令（M）及“复制”命令（CO），分别将其布置到各个房间中的相应位置处，如图 19-10 所示。

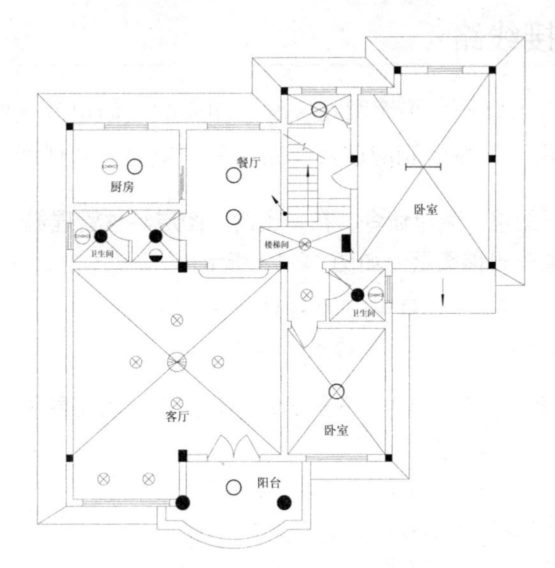

图 19-10 布置灯具图例

提示—灯具布置的方法

在布置灯具图例的时候，可首先绘制相应的辅助线，然后将灯具布置到各个房间的中间位置，灯具布置结束以后将辅助线删除即可，这样灯具就会准备的布置到每个房间的中间位置了。

Step 07 布置“开关”图例，分别选中插入图例表中的“单极开关”、“双极开关”、“三极开关”、“双控单极开关”、“双控双极开关”；再结合执行“移动”命令（M）、“复制”命令（CO）及“旋转”命令（RO），将其分别布置到各个房间相应的贴墙位置处，如图 19-11 所示。

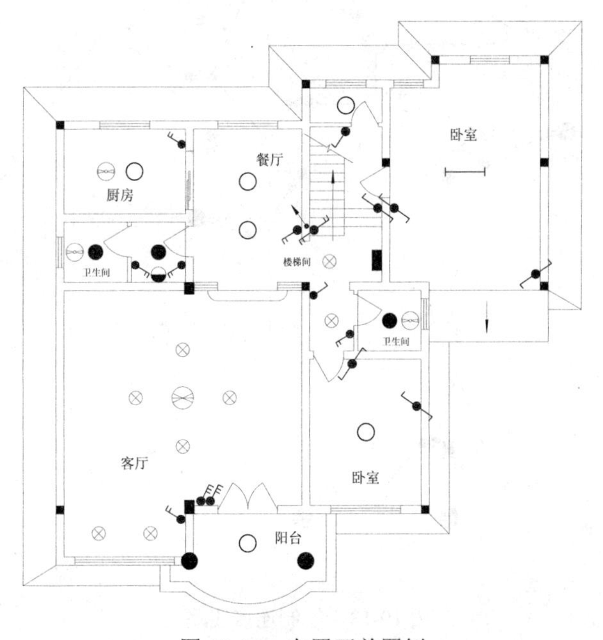

图 19-11 布置开关图例

19.1.3 绘制连接线路

在前一节中已经为别墅一层平面图布置好了相应的照明电气元器件，接下来讲解怎样绘制其照明连接线路，并将绘制的连接线路与各个电气元器件连接起来。

Step 01 执行“格式→图层”菜单命令，在弹出的“图层特性管理器”对话框中将“连接线路”图层设置为当前图层，如图 19-12 所示。

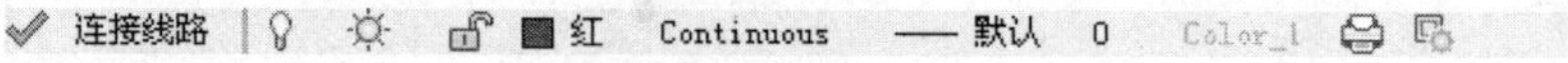

✓ 连接线路 | 💡 ☼ 🔓 ■红 Continuous —— 默认 0 Color_1 🖨

图 19-12 设置图层

Step 02 执行“多段线”命令（PL），将多段线的起点及端点宽度为设置为“30”，命令行提示下：

```
命令：PLINE↙
指定起点：（指定多段线的起点）
当前线宽为 0.0000
指定下一个点或 [圆弧(A)/半宽(H)/长度(L)/放弃(U)/宽度(W)]:W↙
指定起点宽度<0.000>: 30↙
指定端点宽度<0.000>: 30↙
指定下一个点或 [圆弧(A)/半宽(H)/长度(L)/放弃(U)/宽度(W)]:（指定多段线的下一点）
```

Step 03 设置好多段线的线宽以后，执行“多段线”命令（PL），绘制从配电箱引出的，分别连接开关及灯具间的连接线路，如图 19-13 所示。

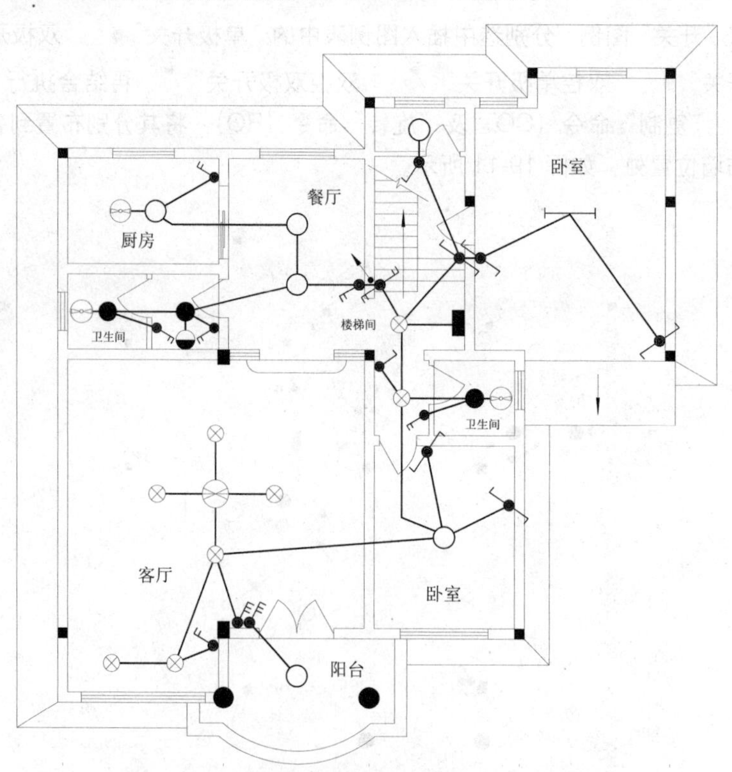

图 19-13 绘制连接线路

专业技能—绘制灯具开关线路的原则

用户在绘制灯具开关连接线路图时，应按照以下原则来进行绘制：

（1）连接线路可以使用“直线”命令（L）或“多段线”命令（PL）来进行绘制，在这里为了便于观察及快速识读，采用了具有一定宽度的多段线来进行绘制，如采用“直线”命令绘制时，可设置当前图层的线型宽度（线宽）来达到相同的效果。

（2）线路的连接应遵循电气元器件的控制原理，如一个开关控制一只灯的线路连接方式与一个开关控制两只灯的线路连接方式是不同的，读者应在学习电气专业课时掌握电气制图的相关电气知识和理论。

19.1.4　添加说明文字及图框

在绘制完该别墅的一层照明平面图以后，接下来讲解为绘制的照明平面图添加文字标注说明、标注图名，以及添加平面图图框等。

Step 01 执行“格式→图层”菜单命令，在弹出的“图层特性管理器”对话框中将“文字”图层设置为当前图层，如图 19-14 所示。

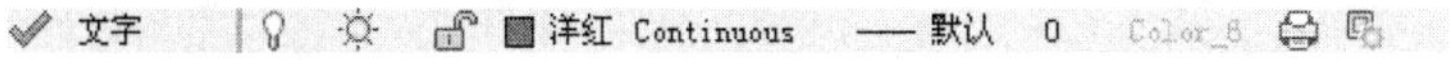

图 19-14　设置图层

Step 02 执行“多行文字”命令（MT），设置文字的样式为“Standard”，文字的字体为“宋体”，文字高度为“250”，如图 19-15 所示。

图 19-15　设置文字样式

Step 03 设置好文字的大小以后，再结合“直线”命令（L），对图中相关的电气设备及连接线路进行文字说明标注，如图 19-16 所示。

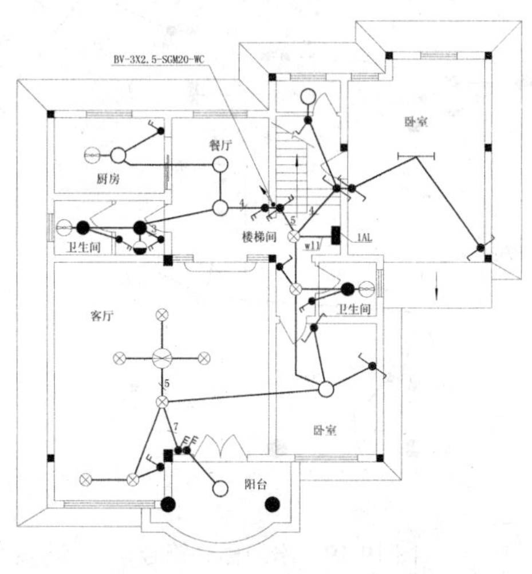

图 19-16　标注相关说明文字

Note

Step 04 绘制"标高符号"，执行"多段线"命令（PL），根据命令行提示绘制一条多段线对象，命令行提示与操作如下：

```
命令: pline↙               //执行多段线命令
指定起点:                  //在绘图区中指定一点为多段线的起点
当前线宽为 0.0000
指定下一个点或 [圆弧(A)/半宽(H)/长度(L)/放弃(U)/宽度(W)]: <正交 开> 1450↙
//按键盘上的 F8 键打开正交功能，光标向左输入长度 1450
指定下一点或 [圆弧(A)/闭合(C)/半宽(H)/长度(L)/放弃(U)/宽度(W)]: <正交 关>
@400<315↙                 //光标向下输入多段线长度 400 及角度值 315°
指定下一点或 [圆弧(A)/闭合(C)/半宽(H)/长度(L)/放弃(U)/宽度(W)]: @400<45↙
                          //光标向上输入多段线长度 400 及角度值 45°
指定下一点或 [圆弧(A)/闭合(C)/半宽(H)/长度(L)/放弃(U)/宽度(W)]:↙
                          //按键盘上的 Enter 键，其绘制的效果如图 19-17 所示
```

Step 05 执行"多行文字"命令（MT），设置文字的字体为"宋体"，文字高度为"250"，然后在上一步绘制的标高符号上输入相关文字内容，如图 19-18 所示。

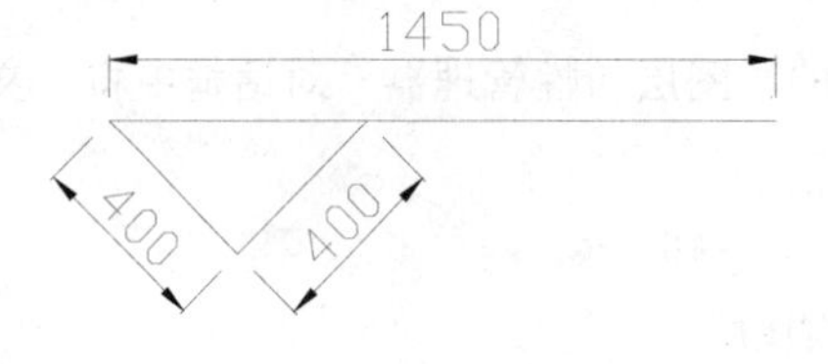

图 19-17　绘制多段线

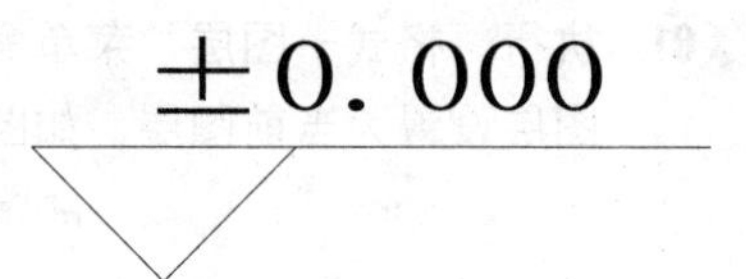

图 19-18　输入文字内容

Step 06 结合执行"移动"命令（M）及"复制"命令（CO），将绘制的标高符号复制到照明平面图中的相应位置处，再对标高符号上的文字进行相应的修改，如图 19-19 所示。

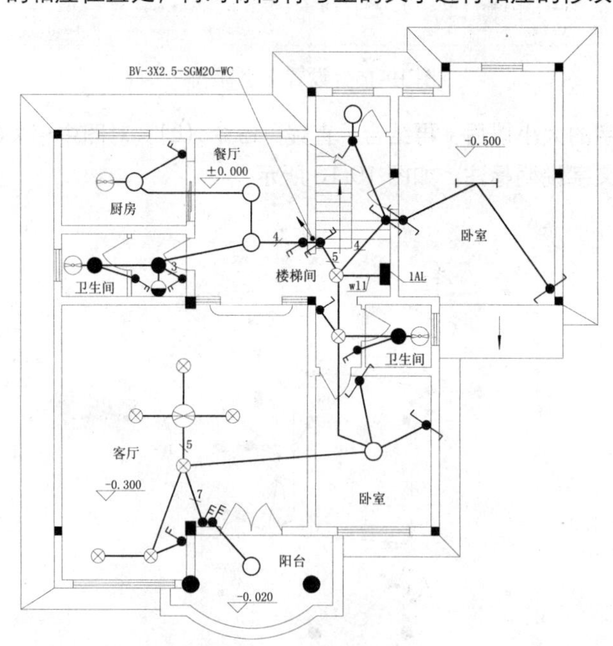

图 19-19　添加标高符号

Step 07 将当前图层设置为“图框”图层，再执行“插入”命令（I），将“案例\19\A3 图框.dwg”图块文件插入到绘图区中的空白位置，如图 19-20 所示。

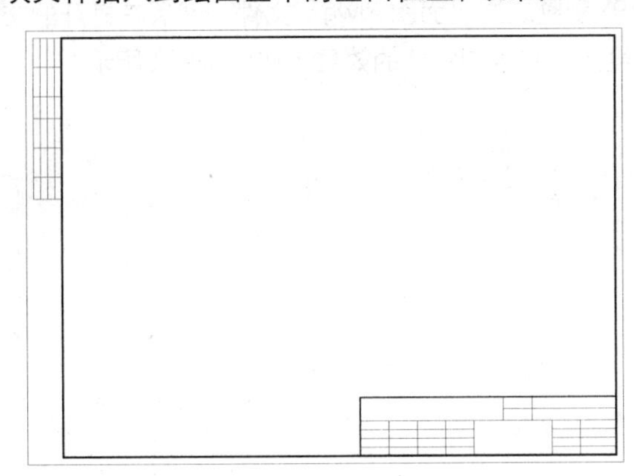

图 19-20　插入图框

Step 08 执行“缩放”命令（SC），将插入的图框缩放 120 倍，再将绘制的别墅一层照明平面图图形全部选中，将其移动到图框的中间相应位置即可。

Step 09 执行“多行文字”命令（MT），在图框右下侧的图签中输入相关的文字内容，从而完成该别墅一层照明平面图的绘制，如图 19-21 所示。

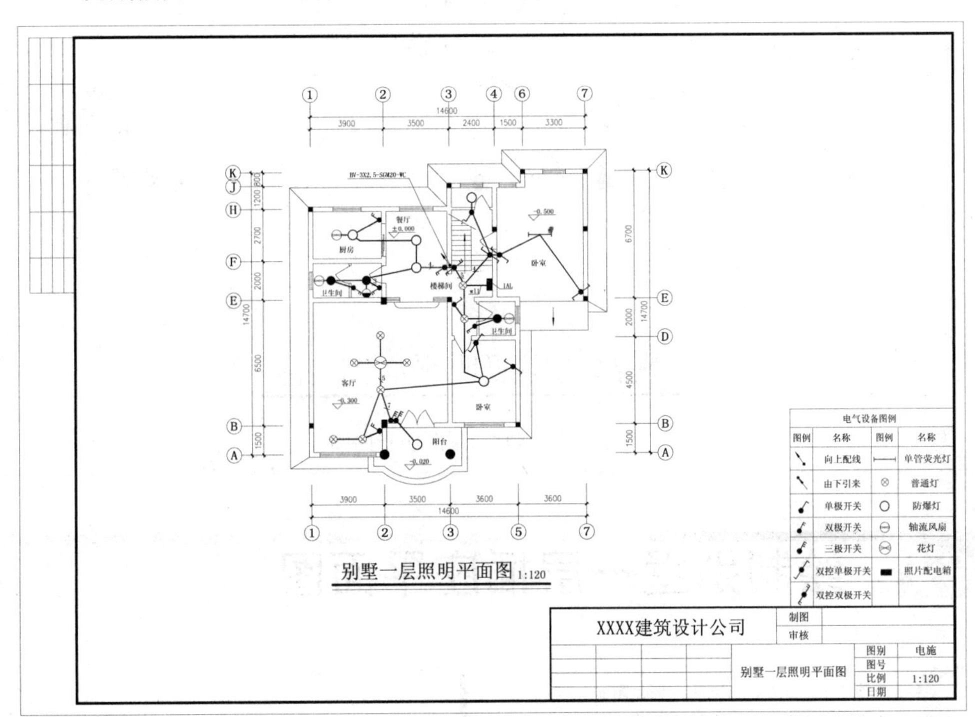

图 19-21　加入图框的效果

Step 10 至此，该别墅的一层照明平面图已经绘制完成，然后按 Ctrl+S 组合键将该文件进行保存。

Note

提示

读者可打开"案例\19\别墅二层平面图.dwg"文件，然后在打开的文件基础上自行练习别墅二层照明平面图的绘制，其绘制完成的效果，如图 19-22 所示。

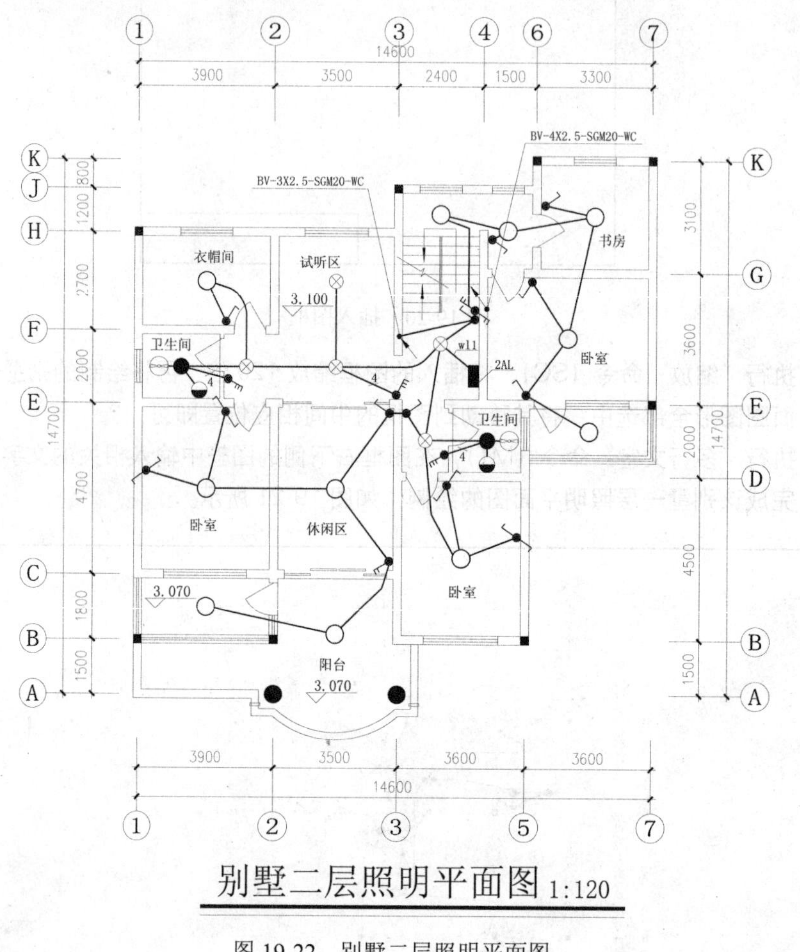

图 19-22 别墅二层照明平面图

19.2 绘制别墅一层插座平面图

视频\19\绘制别墅一层插座平面图.avi
案例\19\别墅一层插座平面图.dwg

本节仍以前一节中的别墅为例，介绍该别墅一层插座平面图的绘制，其绘制完成的效果如图 19-23 所示。

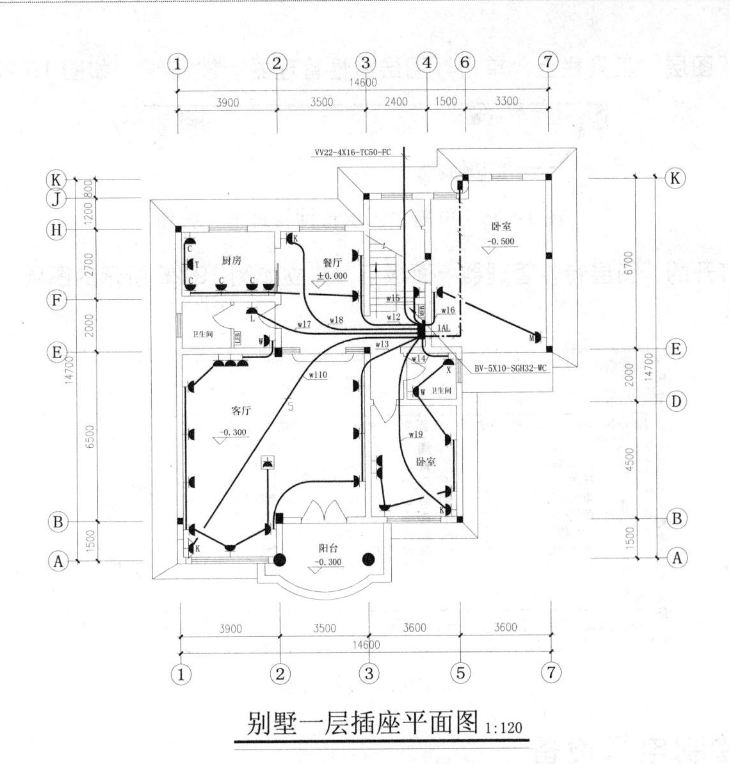

图 19-23　别墅一层插座平面图

19.2.1　设置绘图环境

在绘制该别墅的一层插座平面图之前，首先应设置绘图的环境，其中包括打开并另存文件、修改图名、新建图层等。

Step 01 启动 AutoCAD 2014 软件，接着执行“文件→打开”菜单命令，打开本书配套光盘“案例\19\别墅一层平面图.dwg”文件。

Step 02 执行“文件→另存为”菜单命令，将文件另存为“案例\19\别墅一层插座平面图.dwg”。

Step 03 双击下侧的图名文字，将其修改为“别墅一层插座平面图 1:120”，如图 19-24 所示。

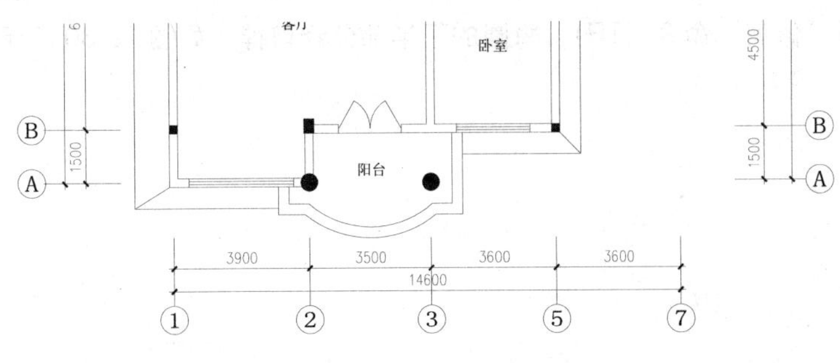

图 19-24　修改图名文字

Step 04 在“图层”工具栏上，单击“图层特性管理器”按钮，如图 19-25 所示。

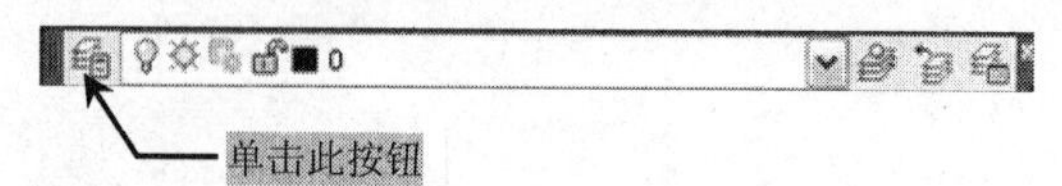

图 19-25　单击“图层特性管理器”按钮

Step 05 在打开的“图层特性管理器”面板下，建立如图 19-26 所示的图层，并设置图层的颜色。

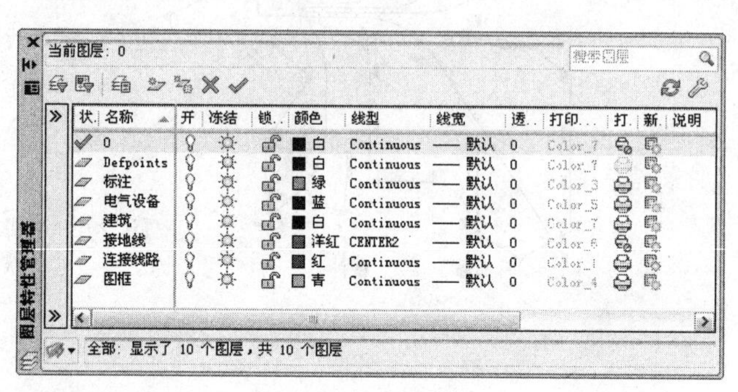

图 19-26　设置图层

19.2.2　绘制电气设备

在前面已经设置好了绘图的环境，在本节中主要讲解相关电气设备图例的绘制，然后将相关的电气设备图例布置到平面图中相应的位置处。

Step 01 执行“格式→图层”菜单命令，在弹出的“图层特性管理器”对话框中将“电气设备”图层设置为当前图层，如图 19-27 所示。

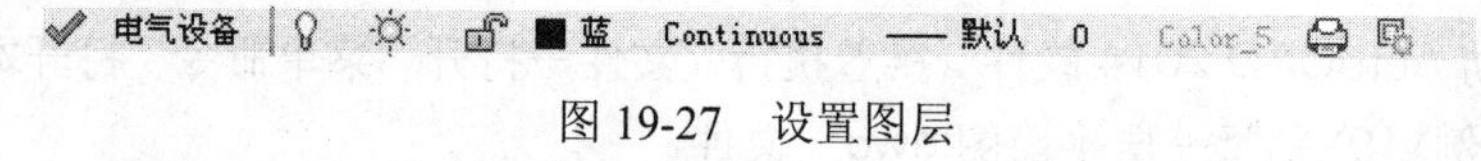

图 19-27　设置图层

Step 02 绘制“暗装单相插座”图例，执行“圆”命令（C），绘制一个半径为 225mm 的圆，如图 19-28 所示。

Step 03 执行“直线”命令（L），捕捉圆的左右侧象限点绘制圆的水平向直径，如图 19-29 所示。

Step 04 执行“修剪”命令（TR），将圆的下半部分修剪掉，如图 19-30 所示。

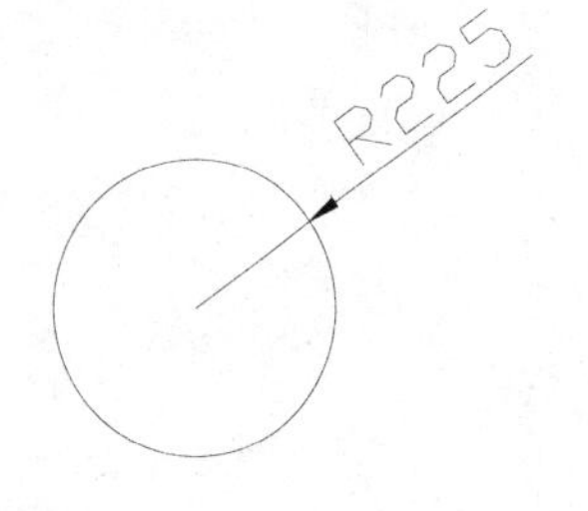

图 19-28　绘制圆

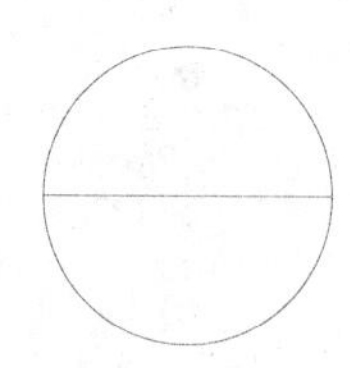

图 19-29　绘制水平直径

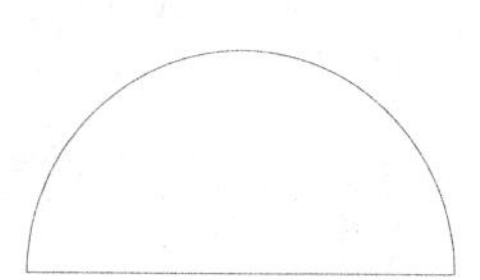

图 19-30　修剪圆

Step 05 执行“直线”命令（L），分别捕捉水平线段的左右侧端点，向下绘制一条 22mm 的垂线段，如图 19-31 所示。

Step 06 继续执行“直线”命令（L），在圆弧的上侧分别绘制一条水平线段及一条垂线段，如图 19-32 所示。

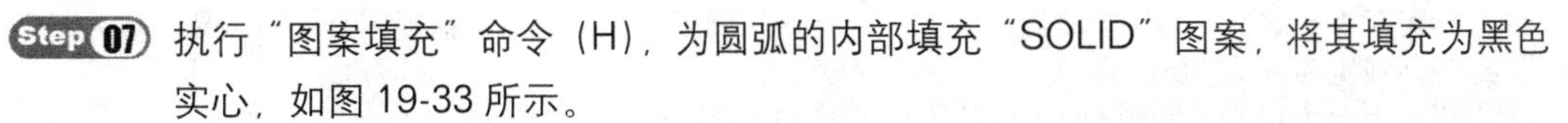

Step 07 执行“图案填充”命令（H），为圆弧的内部填充“SOLID”图案，将其填充为黑色实心，如图 19-33 所示。

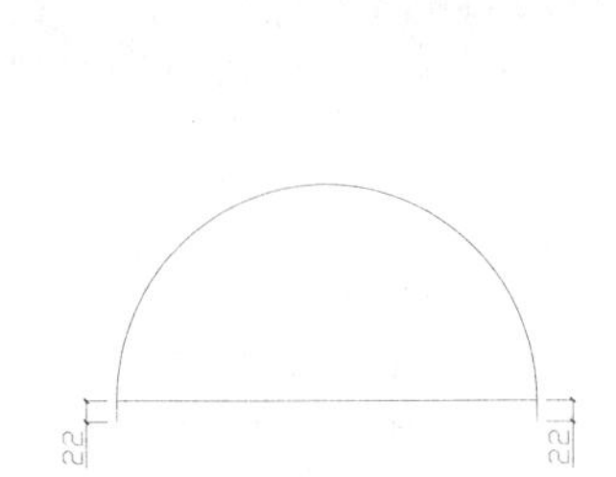

图 19-31　绘制垂线段

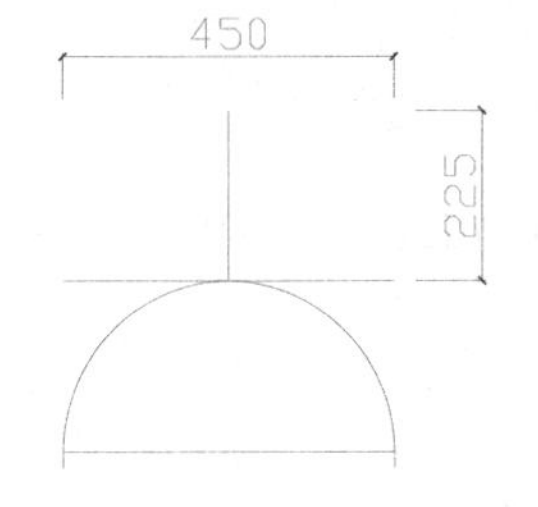

图 19-32　绘制水平及垂线段

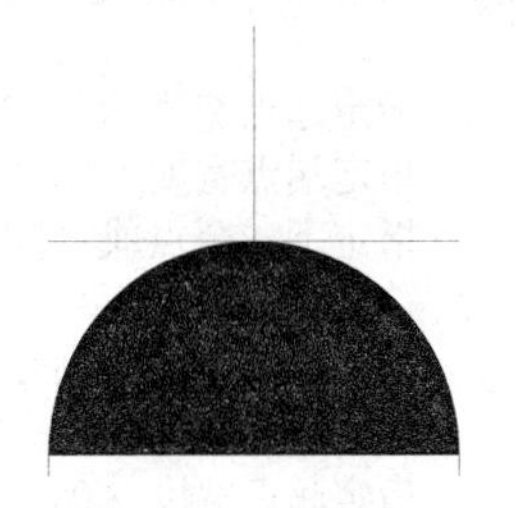

图 19-33　填充图案

Step 08 绘制“总等电位端子箱”图例，执行“矩形”命令（REC），绘制一个 510mm × 255mm 的矩形，如图 19-34 所示。

Step 09 执行“多行文字”命令（MT），设置文字字体为“宋体”，文字高度为“180”，然后在矩形的内部输入文字，如图 19-35 所示。

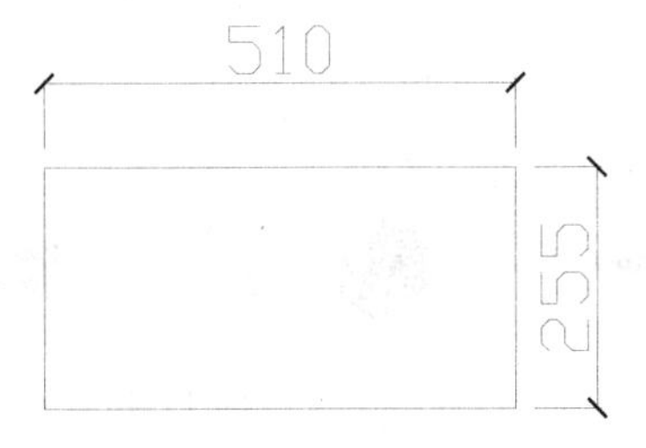

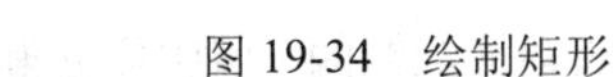

图 19-34　绘制矩形

图 19-35　输入文字

Step 10 绘制“照明配电箱”图例，执行“矩形”命令（REC），绘制一个 600mm × 300mm 的矩形，如图 19-36 所示。

Step 11 执行“图案填充”命令（H），为矩形的内部填充“SOLID”图案，将其填充为黑色实心，如图 19-37 所示。

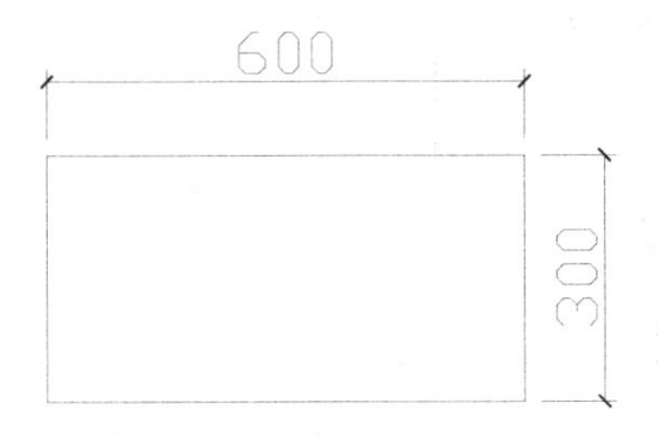

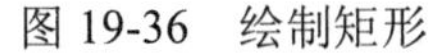

图 19-36　绘制矩形

图 19-37　填充图案

Step 12 绘制“向上配线”符号，执行“圆”命令（C），绘制一个半径为 70mm 的圆，如图 19-38 所示。

Step 13 执行"多段线"命令（PL），捕捉圆的右侧象限点水平向右绘制一条多段线对象，命令行提示与操作如下：

```
命令：pline↙                                              //执行多段线命令
指定起点：↙      //按键盘上的"F8"键切换到正交模式，然后捕捉圆上的右侧象限点为起点
当前线宽为 0.0000
指定下一个点或 [圆弧(A)/半宽(H)/长度(L)/放弃(U)/宽度(W)]：W
                                                          //选择"宽度（W）"选项
指定起点宽度 <0.0000>：0↙                                 //输入起点宽度
指定端点宽度 <0.0000>：0↙                                 //输入端点宽度
指定下一个点或 [圆弧(A)/半宽(H)/长度(L)/放弃(U)/宽度(W)]：400↙
                                                          //光标向右输入长度
指定下一点或 [圆弧(A)/闭合(C)/半宽(H)/长度(L)/放弃(U)/宽度(W)]：W↙
                                                          //选择"宽度（W）"选项
指定起点宽度 <0.0000>：90↙                                //输入起点宽度
指定端点宽度 <90.0000>：0↙                                //输入端点宽度
指定下一点或 [圆弧(A)/闭合(C)/半宽(H)/长度(L)/放弃(U)/宽度(W)]：300↙
                      //光标向右输入长度，按 Enter 键确认，其绘制的效果如图 19-39 所示
```

Step 14 执行"图案填充"命令（H），为圆的内部填充"SOLID"图案，将其填充为黑色实心，如图 19-40 所示。

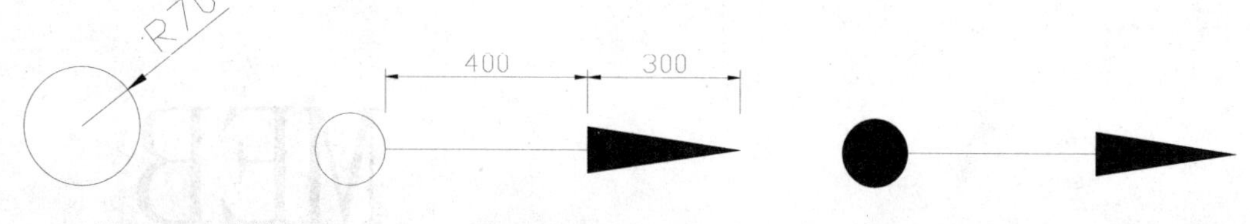

图 19-38　绘制圆　　图 19-39　绘制多段线　　图 19-40　填充图案

Step 15 结合"移动"命令（M）及"旋转"命令（RO），将前面绘制的"照明配电箱"、"总等电位端子箱"及"向上配线"符号图例布置到平面图中楼梯间的右侧贴墙位置，如图 19-41 所示。

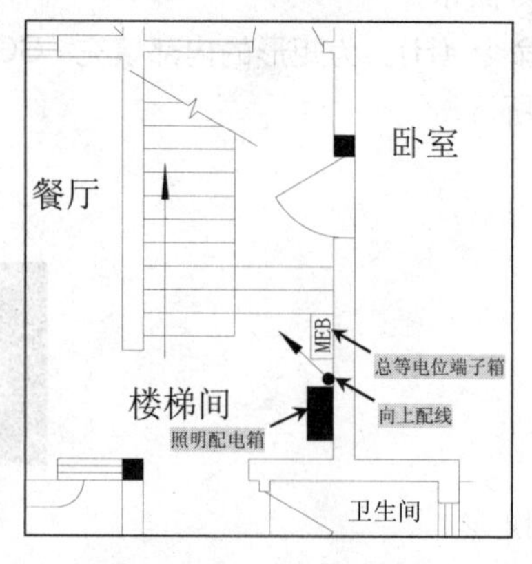

图 19-41　布置的效果

提示

在绘制该别墅一层插座平面图时，还涉及到其他许多相关的电气设备图例，读者可执行“插入”命令将“案例\19\电气设备图例 2.dwg”文件插入到当前绘图区中，如图 19-42 所示。

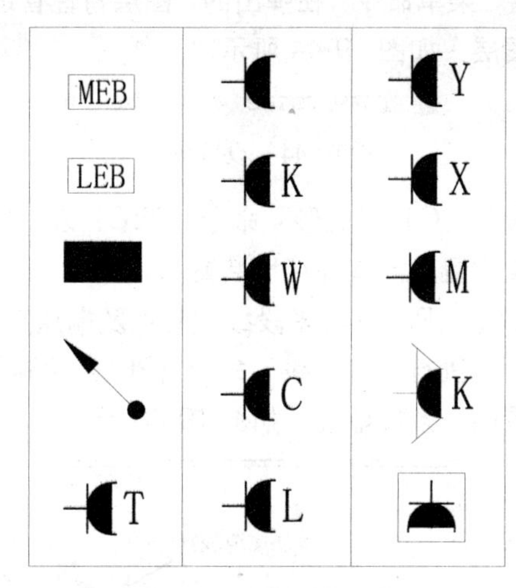

图 19-42　插入的文件

Step 16 执行“分解”命令（X），将插入的图块文件分解；再结合执行“移动”命令（M）、“复制”命令（CO）及“旋转”命令（RO），将图例表中的相应图例符号布置到平面图各个房间的相应位置处，如图 19-43 所示。

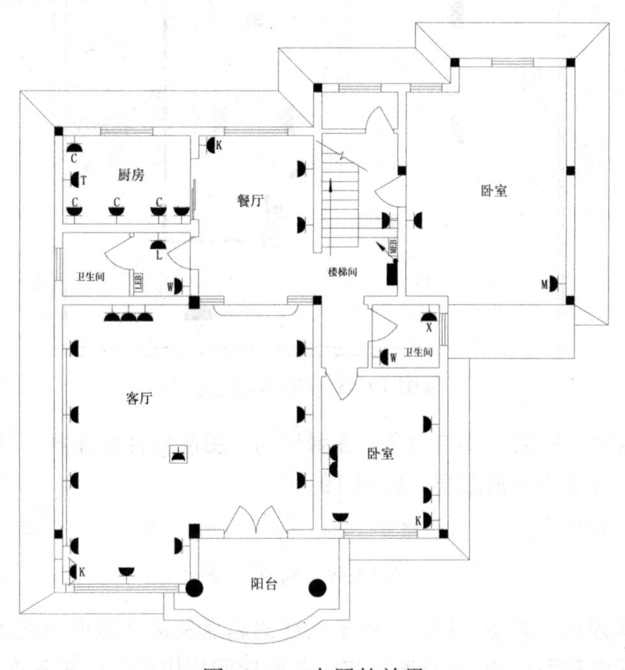

图 19-43　布置的效果

19.2.3 绘制连接线路

Note

在前一节中已经绘制好了相关的电气设备图例，本节主要讲解电气连接线路的绘制，然后将绘制的连接线路与布置的电气设备连接起来。

Step 01 执行“格式→图层”菜单命令，在弹出的“图层特性管理器”对话框中将“接地线”图层设置为当前图层，如图 19-44 所示。

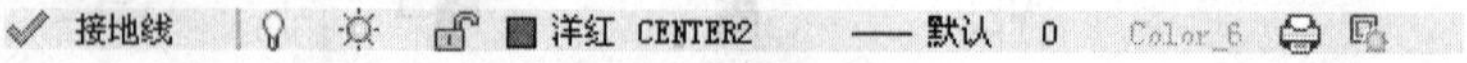

✔ 接地线 | 💡 ☼ 🔓 ■洋红 CENTER2 —— 默认 0 Color_6

图 19-44　设置图层

Step 02 结合执行“圆”命令（C）、“矩形”命令（REC）及“图案填充”命令（H），在平面图的右上侧相应位置绘制室外接地装置。

Step 03 执行“多段线”命令（PL），将多段线的起点及端点宽度为设置为“50”，设置好多段线的线宽以后，执行“多段线”命令（PL），绘制从配电箱引出的，连接至右上侧室外接地装置的一条接地线，如图 19-45 所示。

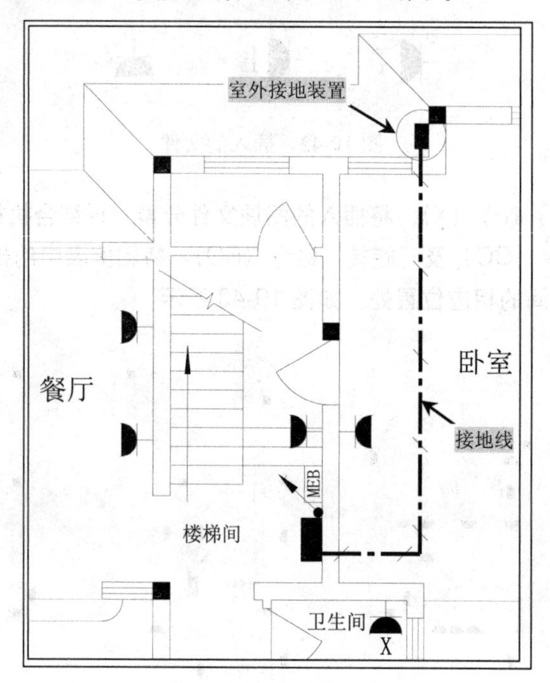

图 19-45　绘制接地线

Step 04 执行“格式→图层”菜单命令，在弹出的“图层特性管理器”对话框中将“连接线路”图层设置为当前图层，如图 19-46 所示。

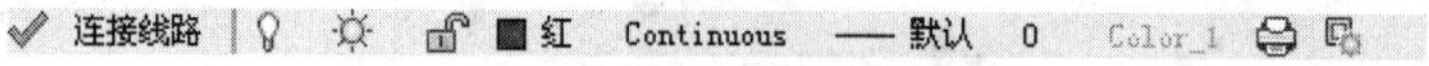

✔ 连接线路 | 💡 ☼ 🔓 ■红 Continuous —— 默认 0 Color_1

图 19-46　设置图层

Step 05 执行“多段线”命令（PL），将多段线的起点及端点宽度设置为“50”，然后绘制从照明配电箱引出的，分别连接室内各个房间相应插座的多条连接线路，如图 19-47 所示。

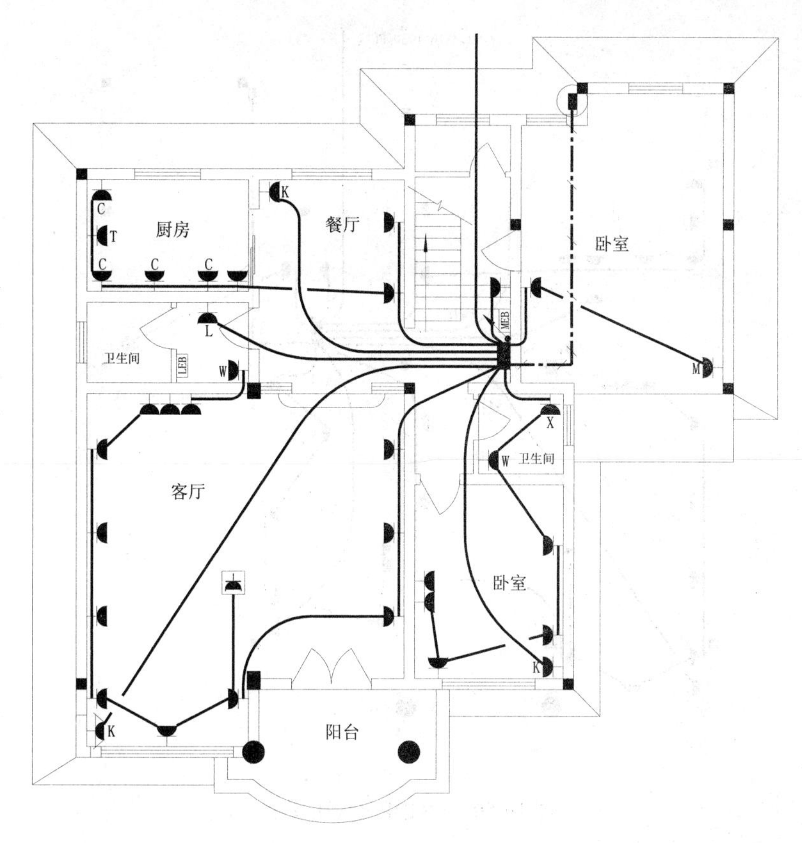

图 19-47 绘制连接线路

19.2.4 添加说明文字及图框

在绘制完该别墅的一层照明平面图以后，接下来讲解为绘制的照明平面图添加文字标注说明、标注图名，以及添加平面图图框等。

Step 01 执行“格式→图层”菜单命令，在弹出的“图层特性管理器”对话框中，将“文字”图层设置为当前图层，如图 19-48 所示。

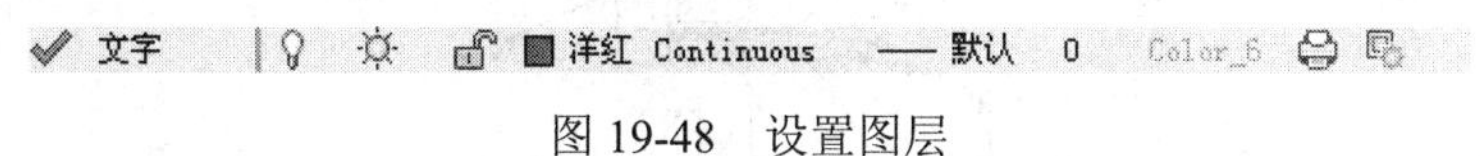

图 19-48 设置图层

Step 02 执行“多行文字”命令（MT），设置文字的样式为“Standard”，文字的字体为“宋体 ”，文字高度为“250”，如图 19-49 所示。

图 19-49 设置文字样式

Step 03 设置好文字的大小以后，再结合“直线”命令（L），对图中相关的电气设备及连接线路进行文字说明标注，其标注后的效果如图 19-50 所示。

Note

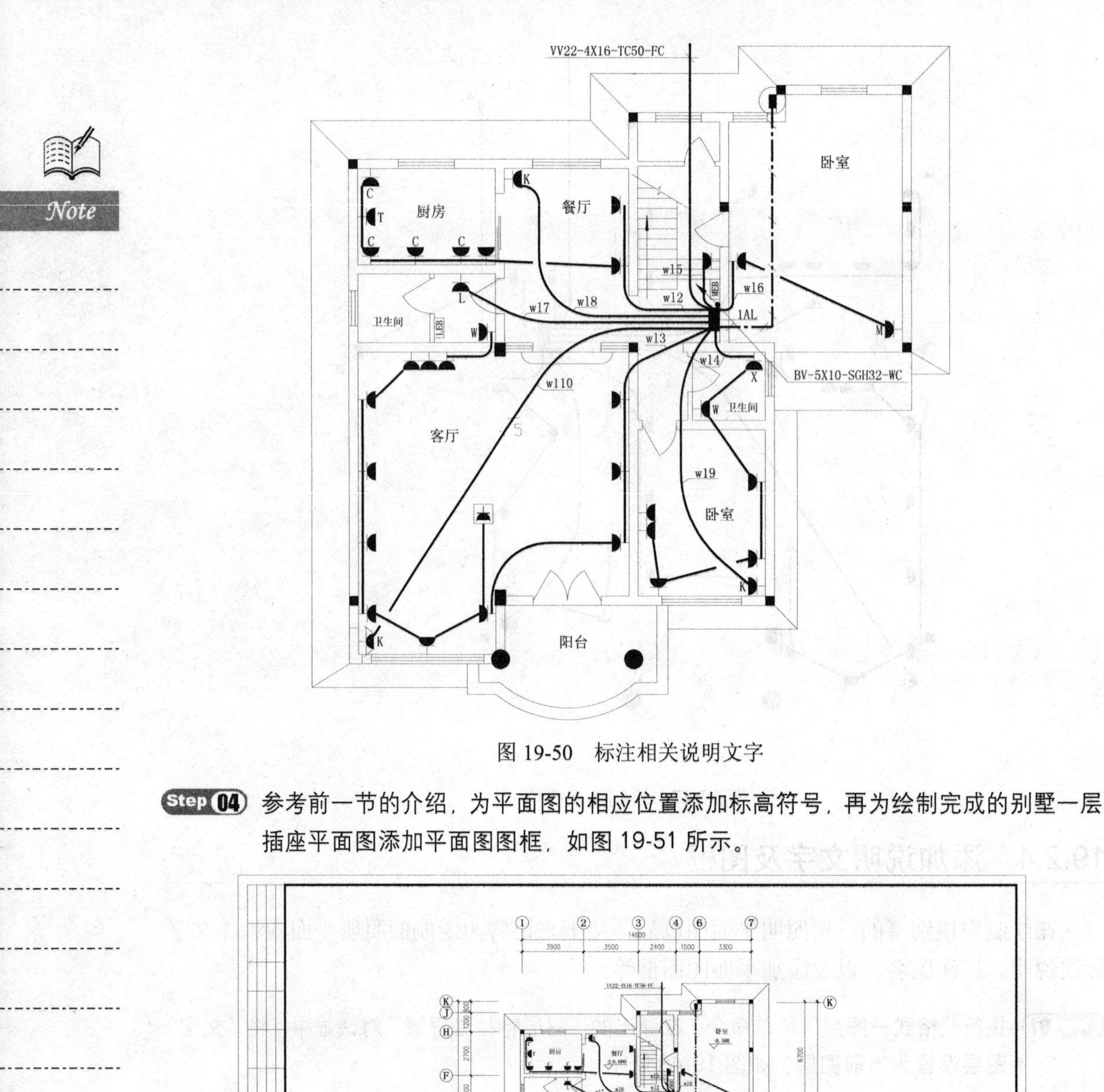

图 19-50　标注相关说明文字

Step 04 参考前一节的介绍，为平面图的相应位置添加标高符号，再为绘制完成的别墅一层插座平面图添加平面图图框，如图 19-51 所示。

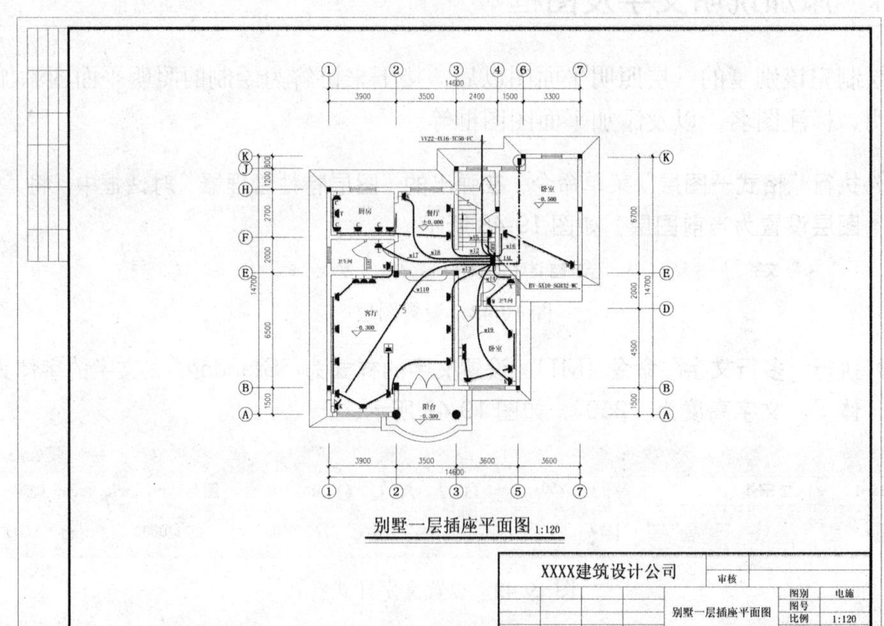

图 19-51　添加平面图图框

Step 05　至此，该别墅的一层插座平面图已经绘制完成，然后按 Ctrl+S 组合键将该文件进行保存。

提示

读者可打开"案例\19\别墅二层平面图.dwg"文件，然后在打开的文件基础上自行练习别墅二层插座平面图的绘制，其绘制完成的效果如图 19-52 所示。

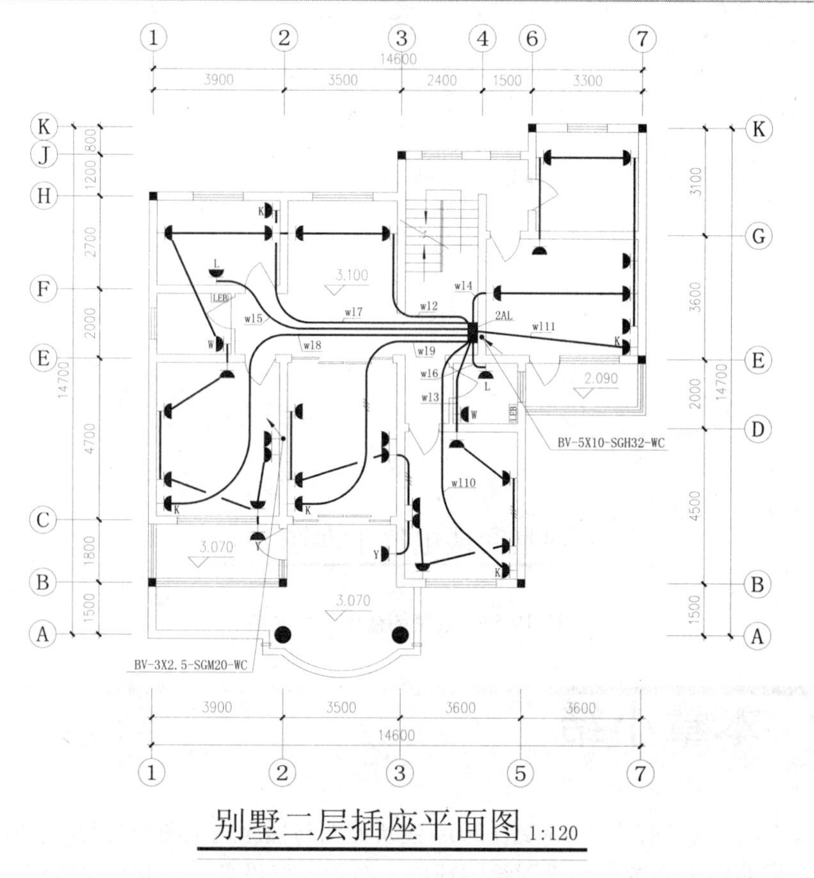

图 19-52　别墅二层插座平面图

提示

通过前面对别墅一层照明及插座平面的绘制讲解，读者可打开"案例\19\别墅阁楼平面图.dwg"文件，然后在打开的文件基础上自行练习别墅阁楼电气平面图的绘制，其绘制完成的效果如图 19-53 所示。

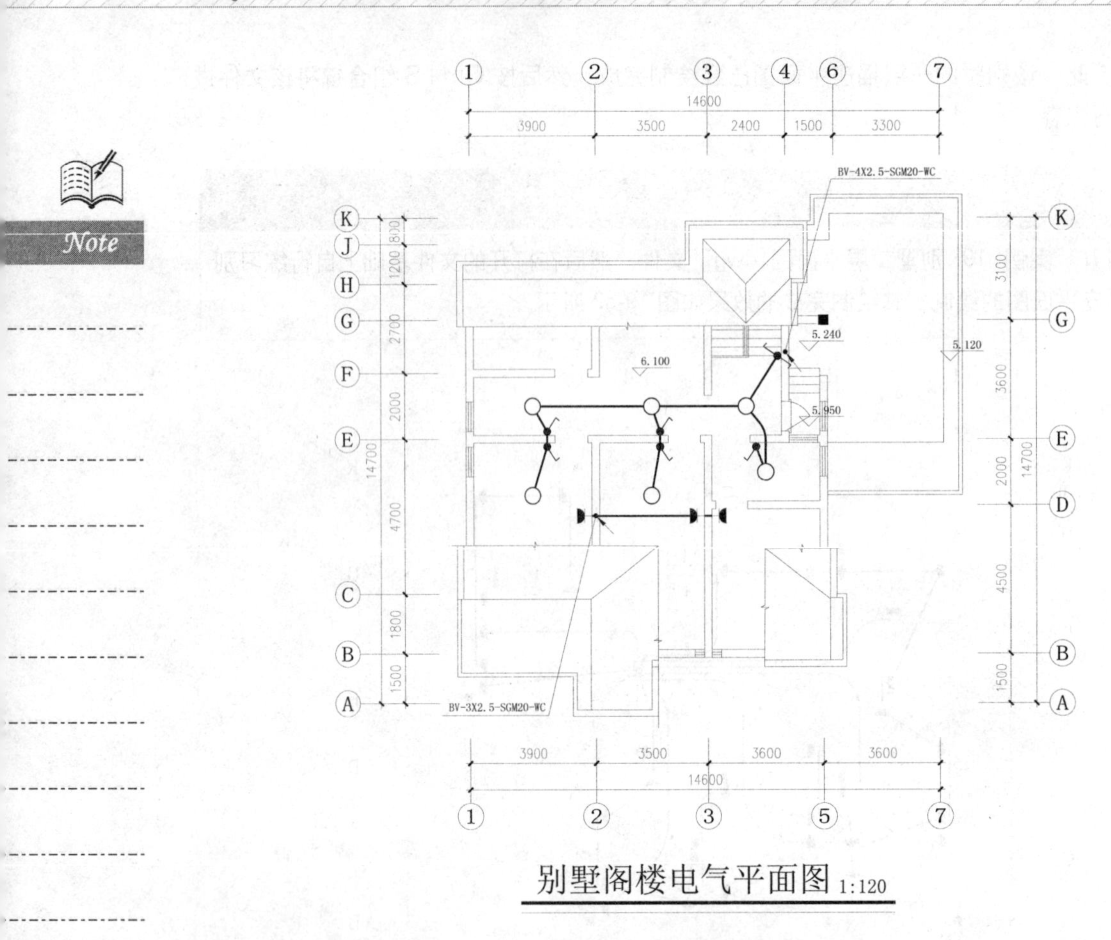

图 19-53　别墅阁楼电气平面图

19.3 本章小结

在本章中，主要讲解了 AutoCAD 2014 建筑照明与插座施工图的绘制，包括 AutoCAD 绘制别墅一层照明平面图，如设置绘图环境、布置电气设备、绘制连接线路、添加说明文字及图框等，AutoCAD 2014 绘制别墅一层插座平面图等。

第20章 建筑弱电与防雷施工图的绘制

本章以某地别墅为例，分别介绍了别墅一层弱电平面图的绘制及别墅屋顶防雷平面图的绘制流程，在绘制别墅一层弱电平面图时，包括设置绘图环境、绘制弱电设备、绘制连接设备，以及添加说明文字及图框；在绘制别墅屋面防雷平面图时，包括设置绘图环境、绘制避雷带、绘制避雷设备，以及添加相关说明文字、添加图框等。

内容要点

- 绘制别墅一层照明平面图
- 绘制别墅一层插座平面图

20.1 绘制别墅一层弱电平面图

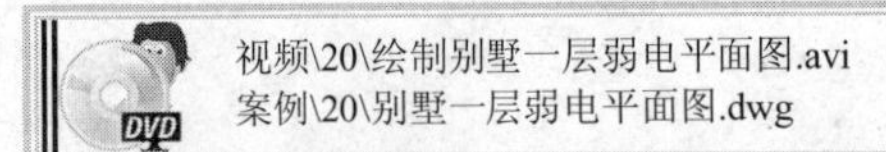

本节以某别墅为例，讲解该别墅一层弱电平面图的绘制流程，其绘制完成的效果如图 20-1 所示。

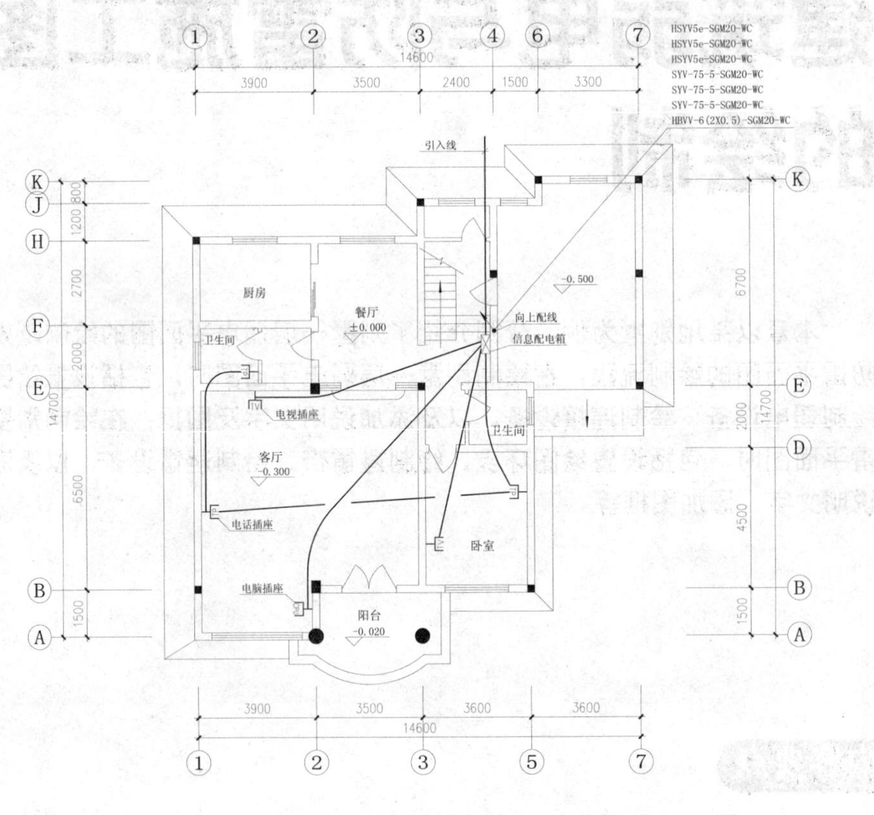

图 20-1　打开别墅一层弱电平面图

20.1.1　设置绘图环境

在绘制该别墅的一层弱电平面图之前，首先应设置绘图的环境，其中包括打开并另存文件、修改图名、新建图层等。

Step 01 启动 AutoCAD 2014 软件，接着执行“文件→打开”菜单命令，打开本书配套光盘“案例\20\别墅一层平面图.dwg”文件，如图 20-2 所示。

Step 02 执行“文件→另存为”菜单命令，将文件另存为“案例\20\别墅一层弱电平面图.dwg”。

Step 03 双击下侧的图名文字，将其修改为“别墅一层弱电平面图 1:120”，如图 20-3 所示。

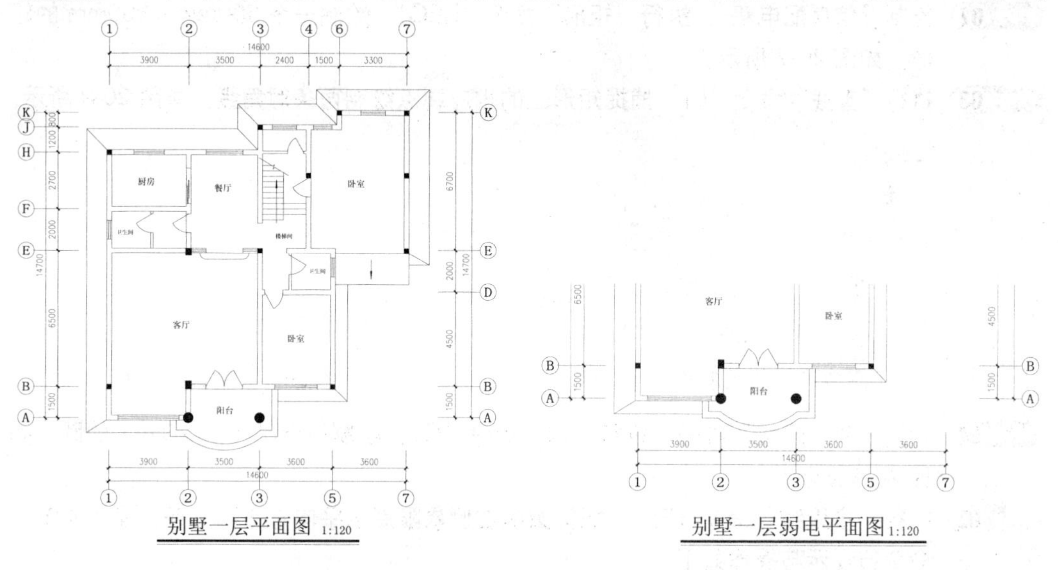

图 20-2 打开别墅一层平面图

图 20-3 修改图名文字

Step 04 在“图层”工具栏上，单击“图层特性管理器”按钮，如图 20-4 所示。

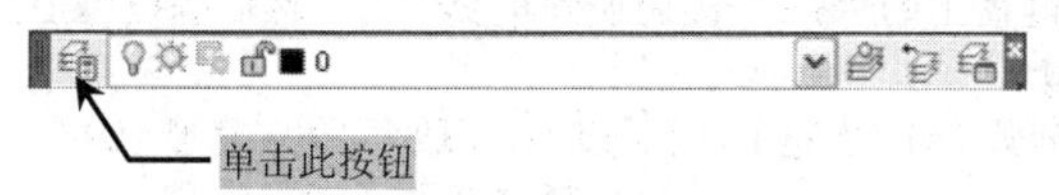

图 20-4 单击“图层特性管理器”按钮

Step 05 在打开的“图层特性管理器”面板下，建立如图 20-5 所示的图层，并设置图层的颜色。

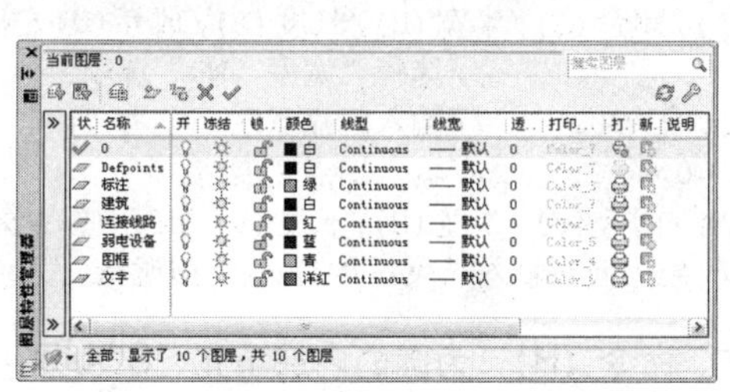

图 20-5 设置图层

20.1.2 绘制弱电设备

在前面已经设置好了绘图的环境，本节讲解为别墅一层平面图的各个功能区布置相应的弱电电气元器件。

Step 01 执行“格式→图层”菜单命令，在弹出的“图层特性管理器”对话框中将“弱电设备”图层设置为当前图层，如图 20-6 所示。

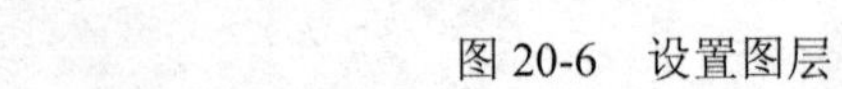

图 20-6　设置图层

Note

Step 02 绘制“信息配电箱”，执行“矩形”命令（REC），绘制一个 600mm × 300mm 的矩形，如图 20-7 所示。

Step 03 执行“直线”命令（L），捕捉矩形上的相应端点绘制两条对角线，如图 20-8 所示。

图 20-7　绘制矩形

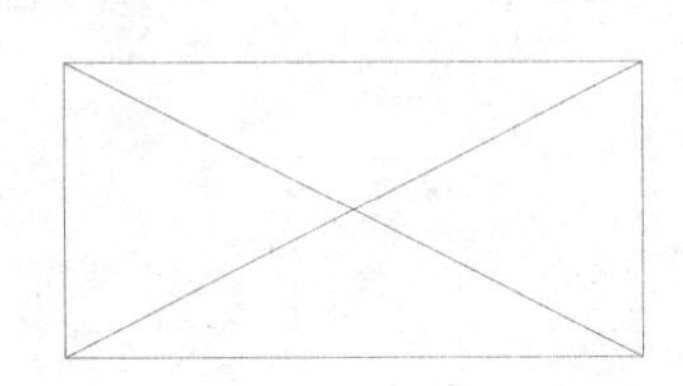

图 20-8　绘制对角线

Step 04 绘制“向上配线”符号，执行“圆”命令（C），绘制一个半径为 70mm 的圆，如图 20-9 所示。

Step 05 执行“多段线”命令（PL），捕捉圆的右侧象限点水平向右绘制一条多段线对象，命令行提示与操作如下：

```
命令: pline↙                          //执行多段线命令
指定起点: ↙//按键盘上的“F8”键切换到正交模式，然后捕捉圆上的右侧象限点为起点
当前线宽为 0.0000
指定下一个点或 [圆弧(A)/半宽(H)/长度(L)/放弃(U)/宽度(W)]: W
                                      //选择“宽度（W）”选项
指定起点宽度 <0.0000>: 0↙             //输入起点宽度
指定端点宽度 <0.0000>: 0↙             //输入端点宽度
指定下一个点或 [圆弧(A)/半宽(H)/长度(L)/放弃(U)/宽度(W)]: 400↙
                                      //光标向右输入长度
指定下一点或 [圆弧(A)/闭合(C)/半宽(H)/长度(L)/放弃(U)/宽度(W)]: W↙
                                      //选择“宽度（W）”选项
指定起点宽度 <0.0000>: 90↙            //输入起点宽度
指定端点宽度 <90.0000>: 0↙            //输入端点宽度
指定下一点或 [圆弧(A)/闭合(C)/半宽(H)/长度(L)/放弃(U)/宽度(W)]: 300↙
                    //光标向右输入长度，按 Enter 键确认，其绘制的效果如图 20-10 所示
```

Step 06 执行“图案填充”命令（H），为圆的内部填充“SOLID”图案，将其填充为黑色实心，如图 20-11 所示。

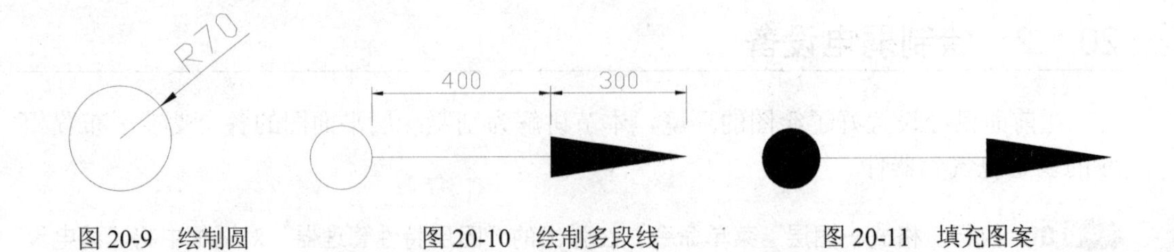

图 20-9　绘制圆　　图 20-10　绘制多段线　　图 20-11　填充图案

Step 07 绘制“电视插座”图例，执行“矩形”命令（REC），绘制一个 420mm×280mm 的矩形，如图 20-12 所示。

Step 08 执行“多段线”命令（PL），根据命令行提示设置多段线的线宽为 20，然后捕捉矩形上的相应点绘制一条多段线，如图 20-13 所示。

Step 09 继续执行“多段线”命令（PL），捕捉矩形的上侧水平边中点向上绘制一条长度为 300mm 的垂直多段线，然后将绘制的辅助矩形删除掉，如图 20-14 所示。

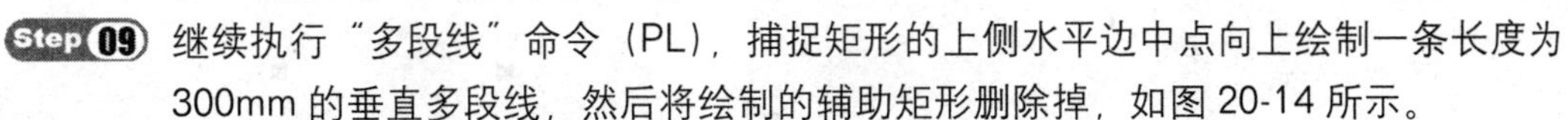

图 20-12 绘制矩形

图 20-13 绘制多段线

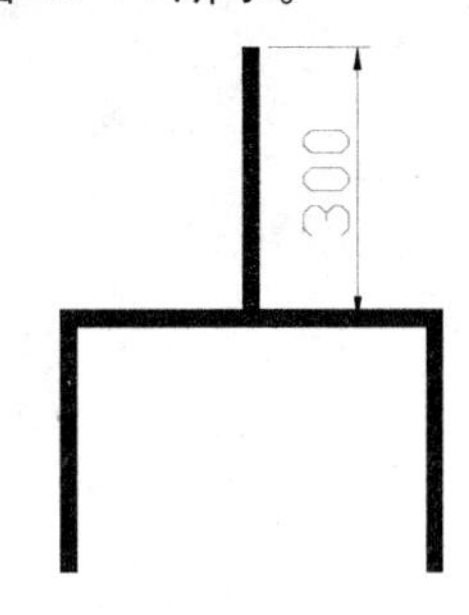

图 20-14 绘制多段线

Step 10 执行“多行文字”命令（MT），设置文字的字体为“宋体”，文字高度为 200，在多段线的下侧输入电视插座英文代号文字“TV”，如图 20-15 所示。

Step 11 参考相同的方法，绘制出另外的电话插座及电脑插座，如图 20-16 所示。

图 20-15 输入文字

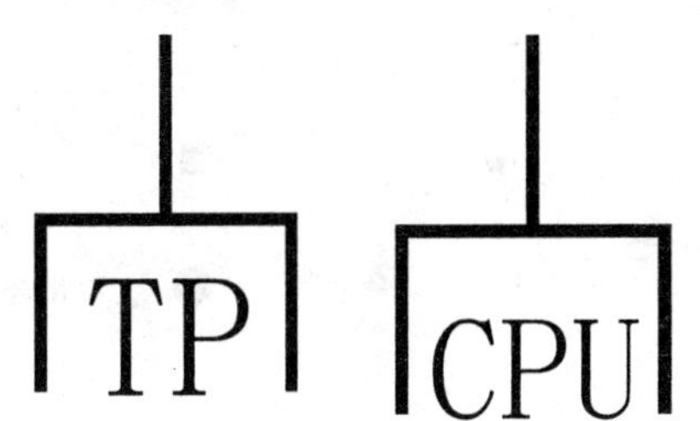

图 20-16 电话插座及电脑插座

Step 12 结合执行“移动”命令（M）及“旋转”命令（RO），将绘制的“信息配电箱”及“向上配线”图例符号布置到楼梯间右侧的相应位置处，如图 20-17 所示。

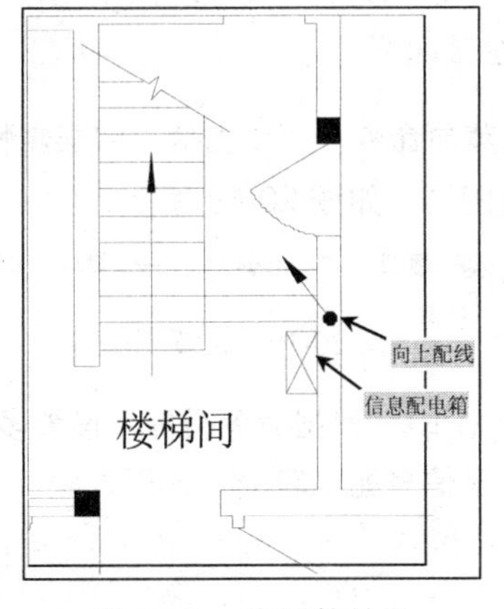

图 20-17 布置的效果

Step 13 结合执行“移动”命令（M）、“复制”命令（CO）及“旋转”命令（RO），将前面绘制的“电视插座”TV、“电话插座”TP、“电脑插座”CPU分别布置到平面图中的各个房间内的相应位置处，如图 20-18 所示。

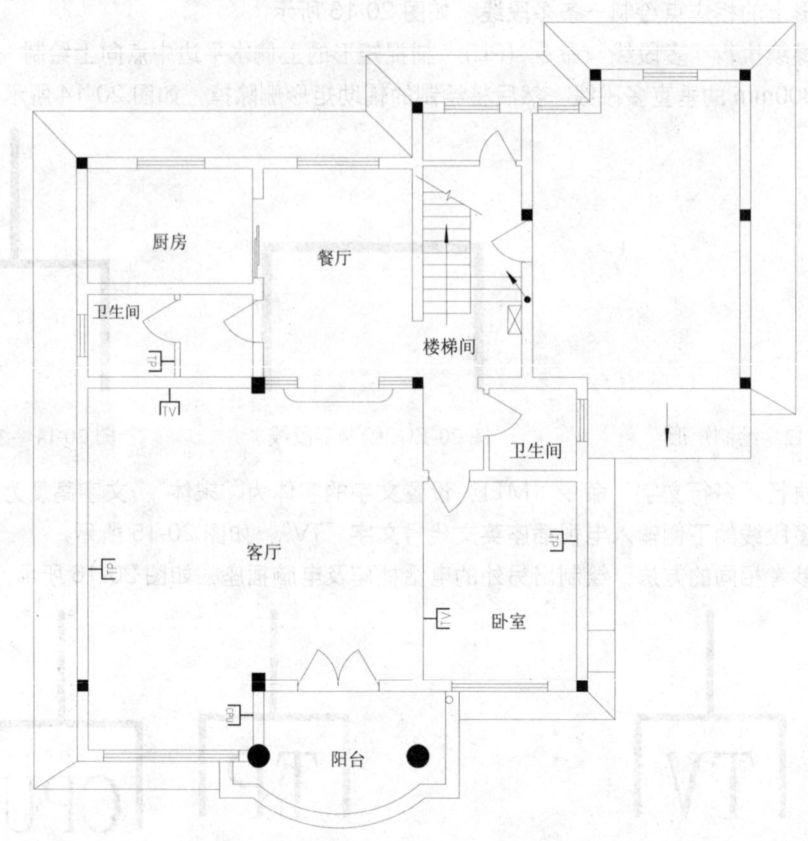

图 20-18　布置插座的效果

20.1.3　绘制连接线路

在前一节中已经绘制好了相关的弱电设备，接下来绘制相关的弱电连接线路，并将相关的弱电设备与电气线路连接起来。

Step 01 执行“格式→图层”菜单命令，在弹出的“图层特性管理器”对话框中将“连接线路”图层设置为当前图层，如图 20-19 所示。

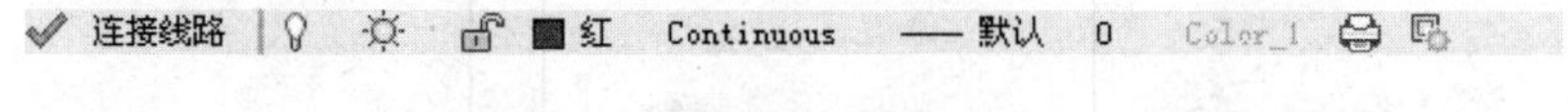

图 20-19　设置图层

Step 02 执行“多段线”命令（PL），根据命令行提示设置多段线的线宽为 50，然后绘制从室外引入室内，连接至信息配电箱的一条引入线，如图 20-20 所示。

提示

连接线路可以使用“直线”命令（L）或“多段线”命令（PL）来进行绘制，在这里为了便于观察及快速识读，采用了具有一定宽度的多段线来进行绘制，如采用“直线”命令绘制时可设置当前图层的线型宽度（线宽）来达到相同的效果。

Step 03 继续执行“多段线”命令（PL），绘制从信息配电箱引出的，依次连接室内布置有电话插座的一条连接线路，如图 20-21 所示。

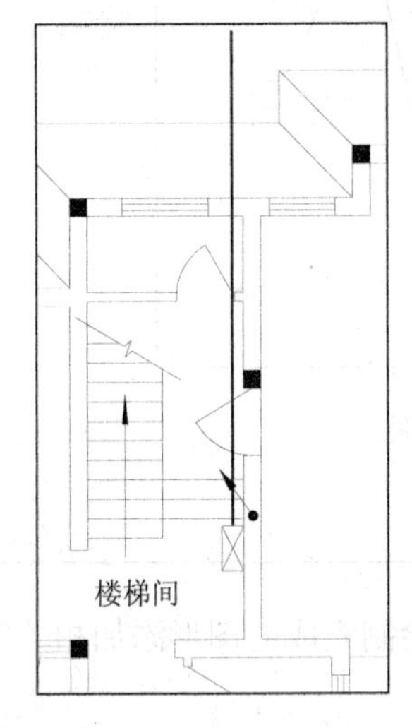

图 20-20　绘制引入线

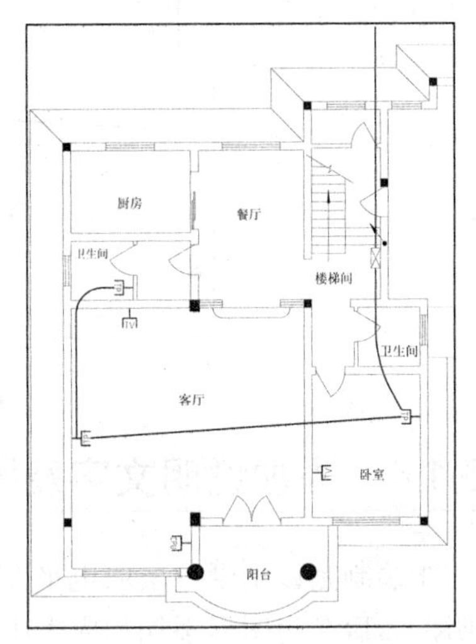

图 20-21　绘制电话插座连接线路

Step 04 继续执行“多段线”命令（PL），绘制从信息配电箱引出的，分别连接室内的电脑插座、电视插座的几条连接线路，如图 20-22 所示。

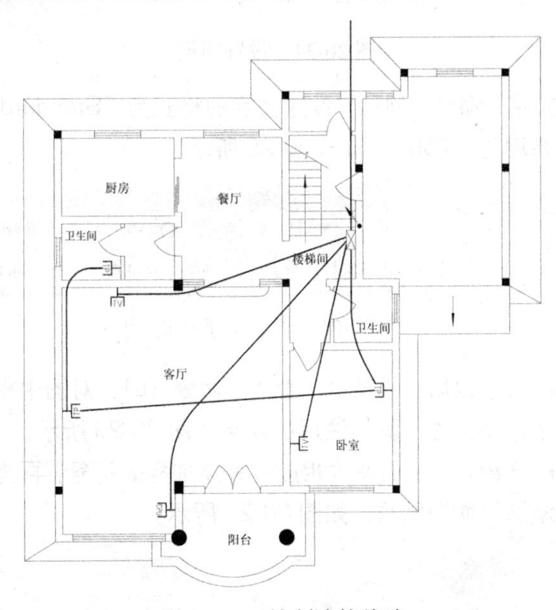

图 20-22　绘制连接线路

Note

提示

注意连接线路相交的位置，应该隔开一段距离，不要将其相交到一起，在这里可以绘制两条垂线段，然后执行“修剪”命令（TR），将线路相交的位置修剪掉使其线路不要相交到一起即可，如图 20-23 所示。

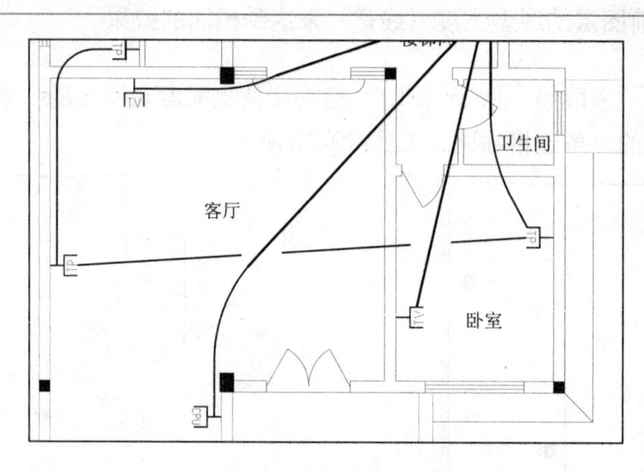

图 20-23　隔离连接线路

20.1.4　添加说明文字及图框

在绘制完该别墅一层弱电平面图以后，需要对绘制完成的图形添加相关的文字标注说明，然后在为图形添加相应大小的图框即可。

Step 01 执行“格式→图层”菜单命令，在弹出的“图层特性管理器”对话框中将“文字”图层设置为当前图层，如图 20-24 所示。

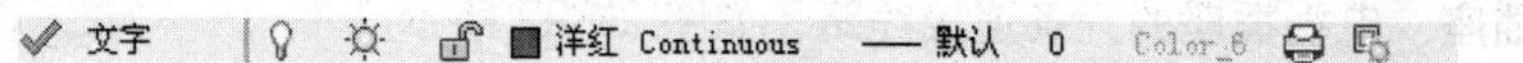

图 20-24　设置图层

Step 02 执行“多行文字”命令（MT），设置文字的样式为“Standard”，文字的字体为“宋体 ”，文字高度为“250”，如图 20-25 所示。

图 20-25　设置文字样式

Step 03 设置好文字的大小以后，再结合“直线”命令（L），对图中相关的弱电设备及连接线路进行文字说明标注，其标注后的效果如图 20-26 所示。

Step 04 参考前一节的介绍，为平面图的相应位置添加标高符号，再为绘制完成的别墅一层弱电平面图添加平面图图框，如图 20-27 所示。

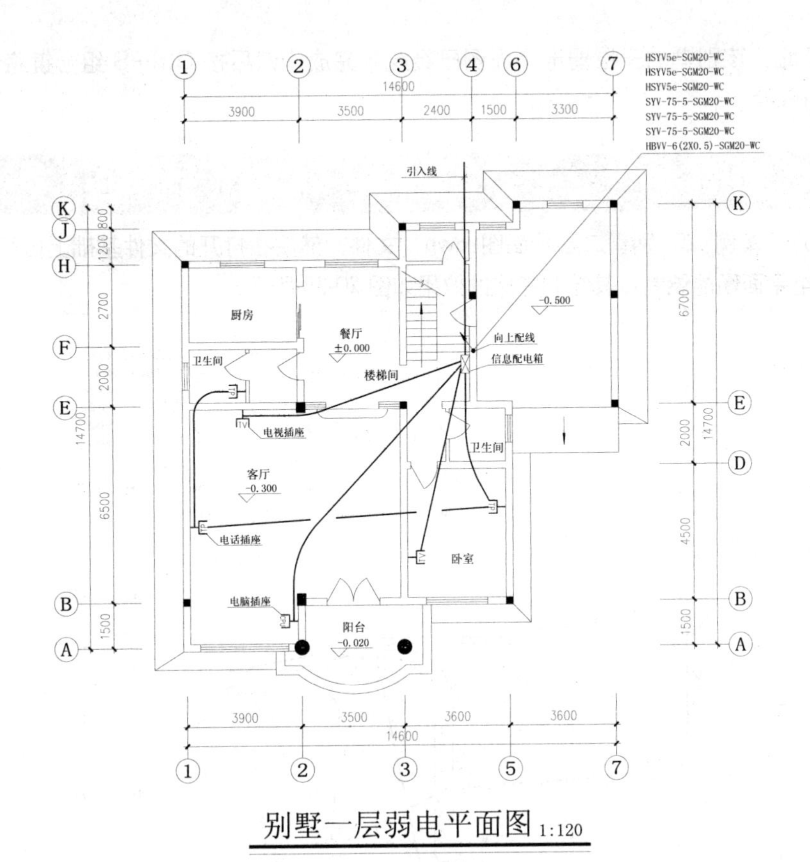

图 20-26　标注相关说明文字

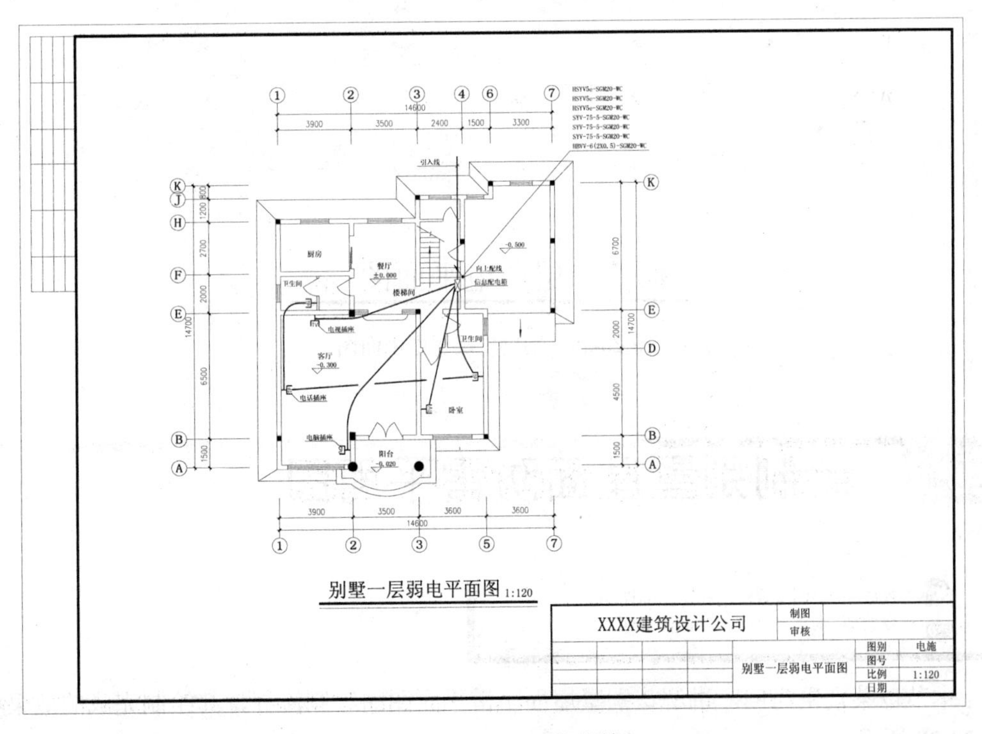

图 20-27　添加平面图图框

Step 05 至此，该别墅的一层弱电平面图已经绘制完成，然后按 Ctrl+S 组合键将该文件进行保存。

Note

提示

读者可打开“案例\20\别墅二层平面图.dwg”文件，然后在打开的文件基础上自行练习别墅二层弱电平面图的绘制，其绘制完成的效果如图 20-28 所示。

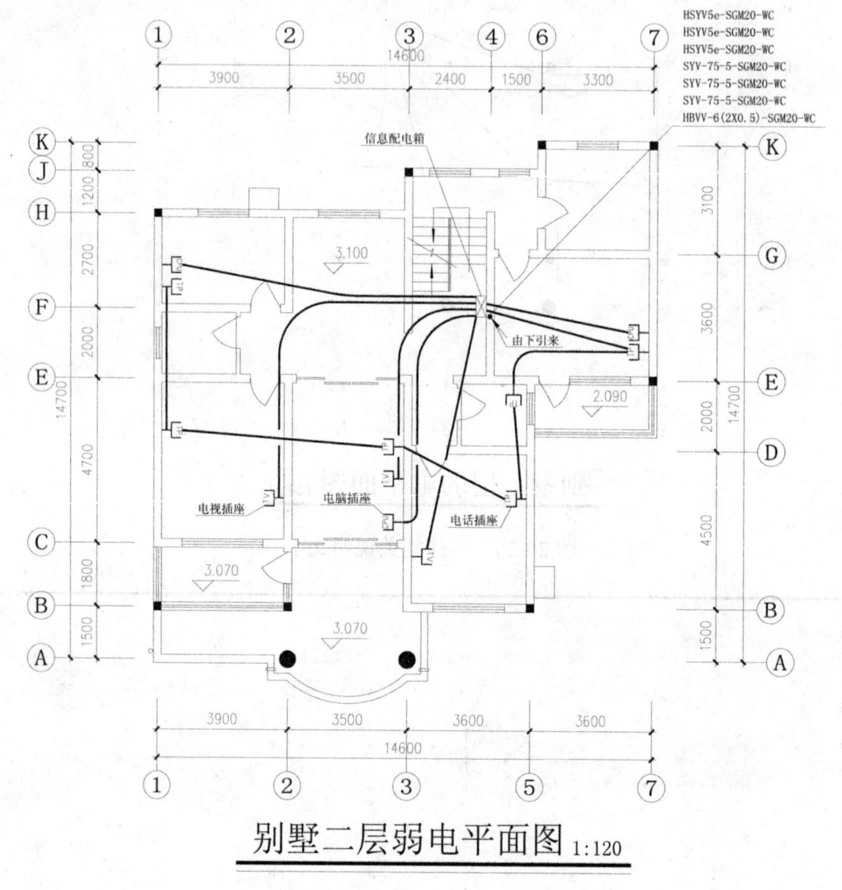

图 20-28　别墅二层弱电平面图

20.2 绘制别墅屋面防雷平面图

视频\20\绘制别墅屋面防雷平面图.avi
案例\20\别墅屋面防雷平面图.dwg

本节以某别墅为例，讲解该别墅屋面防雷平面图的绘制流程，其绘制完成的效果如图 20-29 所示。

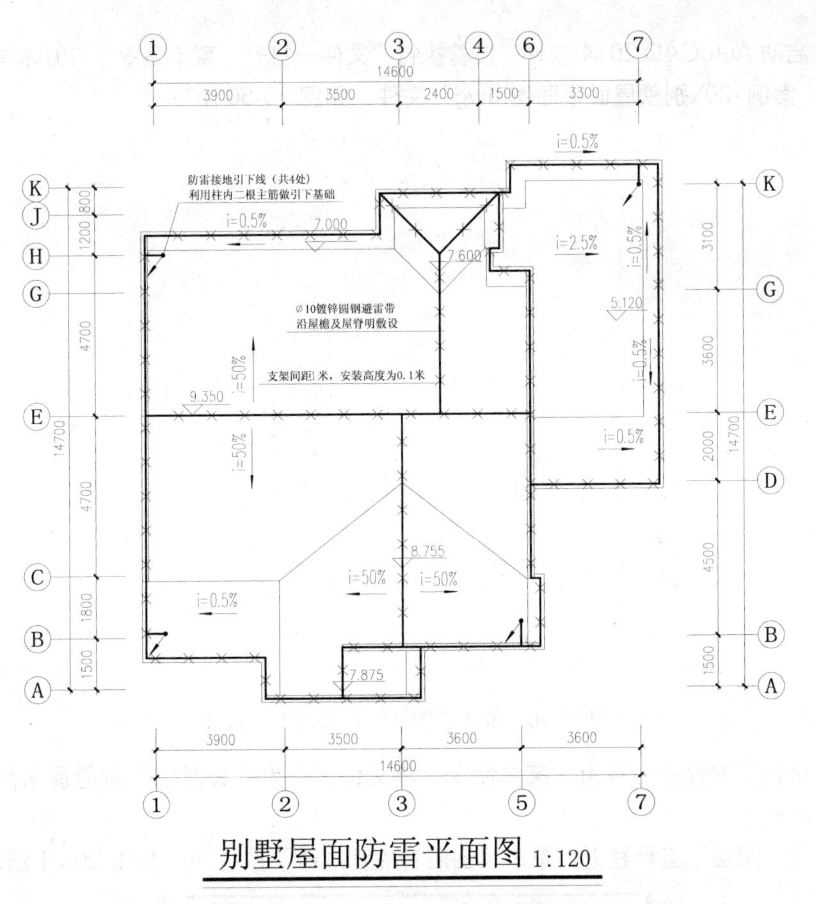

图 20-29　单击“图层特性管理器”按钮

专业技能—防雷平面图的绘制顺序

建筑防雷平面图一般指建筑物屋顶设置避雷带或避雷网，利用基础内的钢筋作为防雷的引下线，埋设人工接地体的方式。其平面图的绘制相对于其他电气图较为简单，防雷平面图的绘制顺序如下：

（1）屋顶建筑平面图的调用。

（2）避雷带或避雷网的绘制。

（3）相关图例符号的标注。

（4）尺寸及文字标注说明。

（5）个别详图的绘制，如避雷针的安装图等。

20.2.1　设置绘图环境

在绘制该别墅的屋面防雷平面图之前，应该首先对绘图的环境进行设置，其中包括打开并另存文件、修改图名、新建图层等。

Note

Step 01 启动 AutoCAD 2014 软件，接着执行“文件→打开”菜单命令，打开本书配套光盘“案例\20\别墅屋面平面图.dwg”文件，如图 20-30 所示。

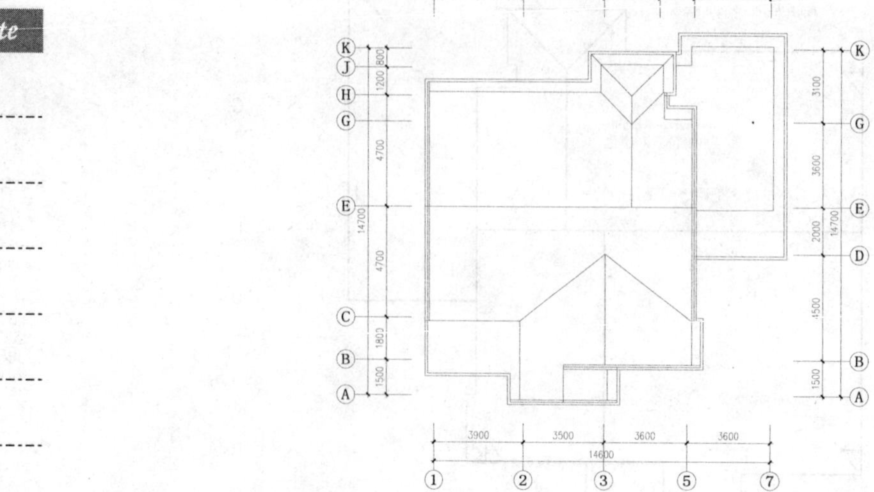

图 20-30　单击“图层特性管理器”按钮

Step 02 执行“文件→另存为”菜单命令，将文件另存为“案例\20\别墅屋面防雷平面图 dwg”。

Step 03 在“图层”工具栏上，单击“图层特性管理器”按钮，如图 20-31 所示。

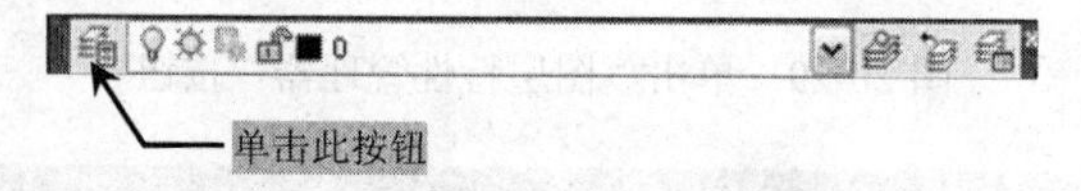

图 20-31　单击“图层特性管理器”按钮

Step 04 在打开的“图层特性管理器”面板下，建立如图 20-32 所示的图层，并设置图层的颜色。

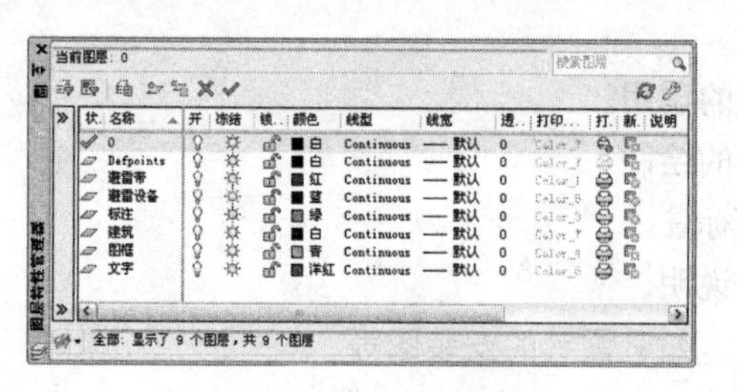

图 20-32　设置图层

20.2.2　绘制避雷带

在前面已经设置好了绘图的环境，接下来讲解屋面避雷带的绘制方法及技巧。

Step 01 执行“格式→图层”菜单命令，在弹出的“图层特性管理器”对话框中将“避雷带”图层设置为当前图层，如图 20-33 所示。

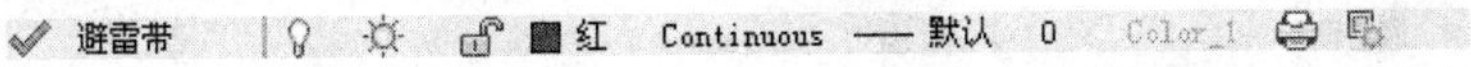

避雷带 红 Continuous —— 默认 0 Color_1

图 20-33 设置图层

Step 02 执行“多段线”命令（PL），根据命令行提示设置多段线的起点及端点宽度为 50。

Note

提示

避雷带可以使用“直线”或“多段线”绘图命令来进行绘制，在这里为了方便观察及快速识读使用了具有一定宽度的多段线来进行绘制，读者也可使用“直线”命令来进行绘制，使用直线命令绘制时，需要先设置当前图层的线宽。

Step 03 设置好多段线的线宽以后，然后捕捉别墅屋面平面图相应轮廓上的点，绘制建筑屋脊上的避雷带，如图 20-34 所示。

Step 04 继续执行“多段线”命令（PL），捕捉别墅屋面平面图内部轮廓上的相应点，绘制多条避雷带，如图 20-35 所示。

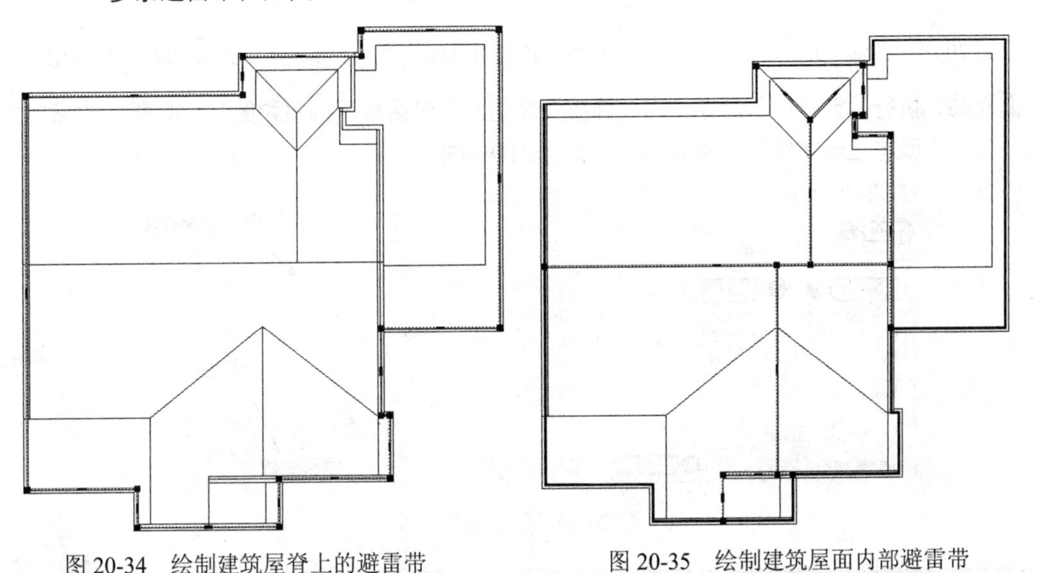

图 20-34 绘制建筑屋脊上的避雷带　　图 20-35 绘制建筑屋面内部避雷带

专业技能—避雷带概述

避雷带是沿着建筑物的屋脊、檐帽、屋角及女儿墙等突出部位和易受雷击部位暗敷的带状金属线。一般采用截面积 48mm²，厚度不小于 4mm 的镀锌或直径不小于 8mm 的镀锌圆钢制成。

20.2.3 绘制避雷设备

在前一节中已经绘制好了屋面上的避雷带，接下来绘制相关的避雷设备，其中包括绘制固定支架、引下线装置等。

Step 01 执行“格式→图层”菜单命令，在弹出的“图层特性管理器”对话框中将“避雷设备”图层设置为当前图层，如图 20-36 所示。

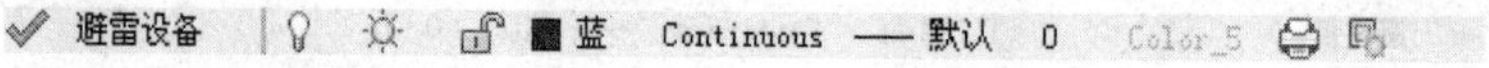

✓ 避雷设备 | 蓝 Continuous —— 默认 0 Color_5

图 20-36 设置图层

Step 02 绘制固定“支架”符号，执行“矩形”命令（REC），绘制一个 300mm×300mm 的矩形，如图 20-37 所示。

Step 03 执行“直线”命令（L），捕捉上一步绘制的矩形上的相应点绘制两条对角线，如图 20-38 所示。

Step 04 执行“删除”命令（E），将绘制的矩形删除掉，从而完成“支架”符号的绘制，如图 20-39 所示。

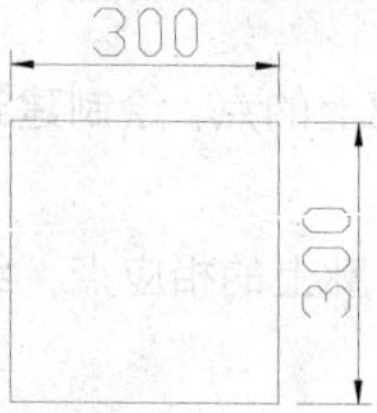

300

300

图 20-37 绘制矩形

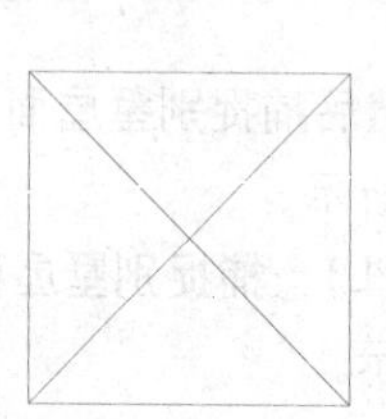

图 20-38 绘制对角线

图 20-39 删除矩形

Step 05 执行“创建块”命令（B），弹出“块定义”对话框，按照如图 20-40 所示的操作步骤将上一步绘制的支架符号定义为图块对象。

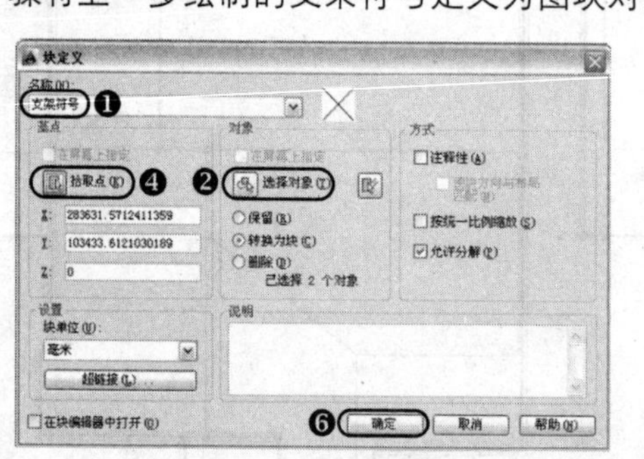

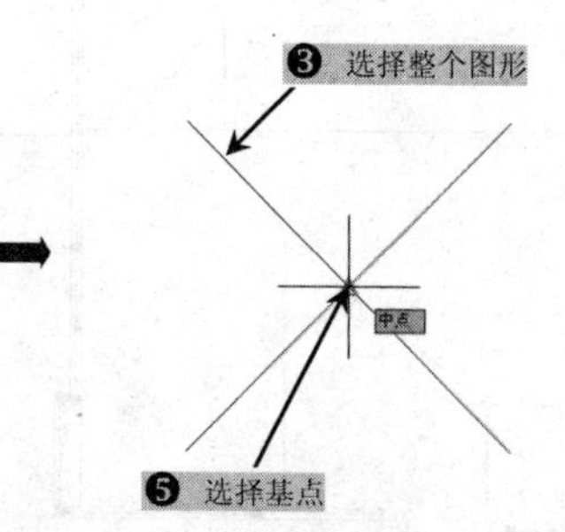

图 20-40 创建图块对象

专业技能—避雷针概述

避雷针是附设在建筑物顶部或独立装设在地面上的针状金属杆。避雷针在地面上的保护半径约为避雷针高度的 1.5 倍，其保护范围一般可根据滚球法来确定，此方法是根据反复的实验及长期的雷害经验总结而成的，有一定的局限性。

Step 06 执行“定距等分”命令（ME），根据命令行提示将上一步创建的“支架符号”图块对象沿着前面绘制的避雷带进行定距等分。

```
命令：ME↙                                         //执行“定距等分”命令
选择要定距等分的对象：↙                             //选择建筑屋脊上的一条避雷带
指定线段长度或 [块(B)]：B↙                          //激活“块（B）”选项
输入要插入的块名：支架符号↙                          //输入插入的图块名
是否对齐块和对象？[是(Y)/否(N)] <Y>：Y↙             //激活“是（Y）”选项
```

```
指定线段长度：1000↙                        //输入定距等分的线段长度，如图 20-41 所示
```

Step 07 重复上一步的操作步骤，在其他绘制的避雷带上布置支架符号，如图 20-42 所示。

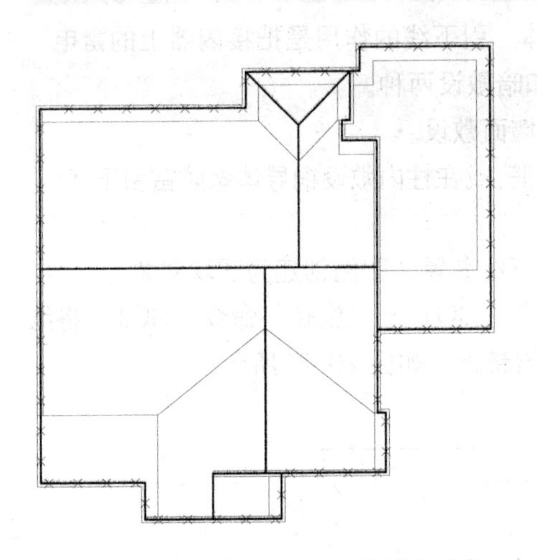

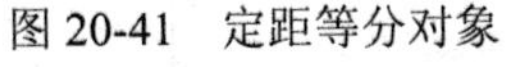

图 20-41　定距等分对象

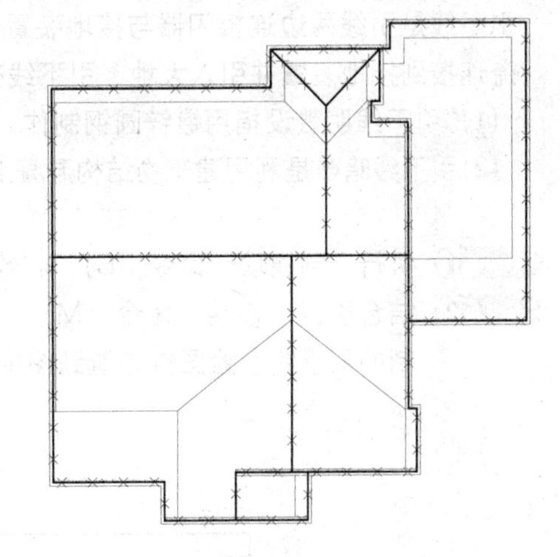

图 20-42　布置支架符号

Step 08 绘制“引下线装置”，执行“圆”命令（C），绘制一个半径为 80mm 的圆，如图 20-43 所示。

Step 09 执行“多段线”命令（PL），捕捉圆右侧上的象限点绘制一条多段线对象，命令行提示与操作如下：

```
命令：PL↙                                  //执行“多段线”命令
指定起点：                                  //捕捉圆的右侧圆弧上的象限点
当前线宽为 0.0000
指定下一个点或 [圆弧(A)/半宽(H)/长度(L)/放弃(U)/宽度(W)]：  <正交 开> 320↙
                         //按键盘上的“F8”打开正交功能，光标水平向右输入 320mm
指定下一点或 [圆弧(A)/闭合(C)/半宽(H)/长度(L)/放弃(U)/宽度(W)]：W↙
                                            //激活“宽度（W）”选项
指定起点宽度 <0.0000>：100↙                 //输入起点宽度为 100
指定端点宽度 <100.0000>：0↙                 //输入端点宽度为 0
指定下一点或 [圆弧(A)/闭合(C)/半宽(H)/长度(L)/放弃(U)/宽度(W)]：400↙
                                //光标向右输入多段线长度为 400，如图 20-44 所示
```

Step 10 执行“图案填充”命令（H），为圆的内部填充“SOLID”图案，将其填充为黑色实心，如图 20-45 所示。

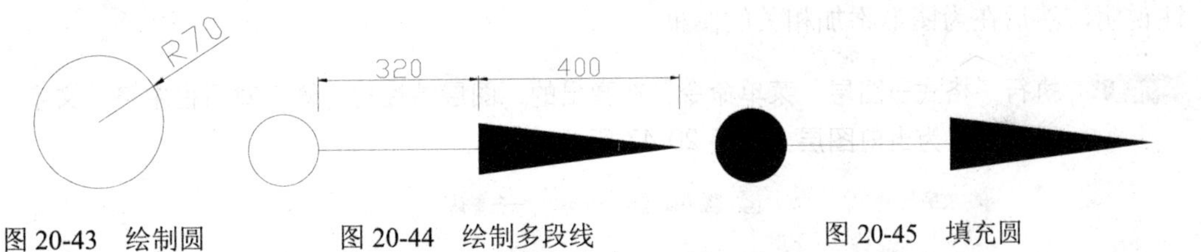

图 20-43　绘制圆　　图 20-44　绘制多段线　　图 20-45　填充圆

Note

Note

专业技能—引下线概述

引下线是引线两边连接闪器与接地装置的金属导体。引下线的作用是把接闪器上的雷电流连接到接地装置并引入大地，引下线有明敷设和暗敷设两种。

（1）引下线明敷设指用镀锌圆钢制作，沿建筑物墙面敷设。

（2）引下线暗敷是利用建筑物结构混凝土柱内的钢筋，或在柱内敷设铜导体做防雷引下线。

Step 11 执行“创建块”命令（B），将绘制的“引下线装置”图例创建为图块对象。

Step 12 结合执行“移动”命令（M）、“复制”命令（CO）及“旋转”命令（RO），将绘制的引下线装置图例布置到图中的相应避雷带上，如图 20-46 所示。

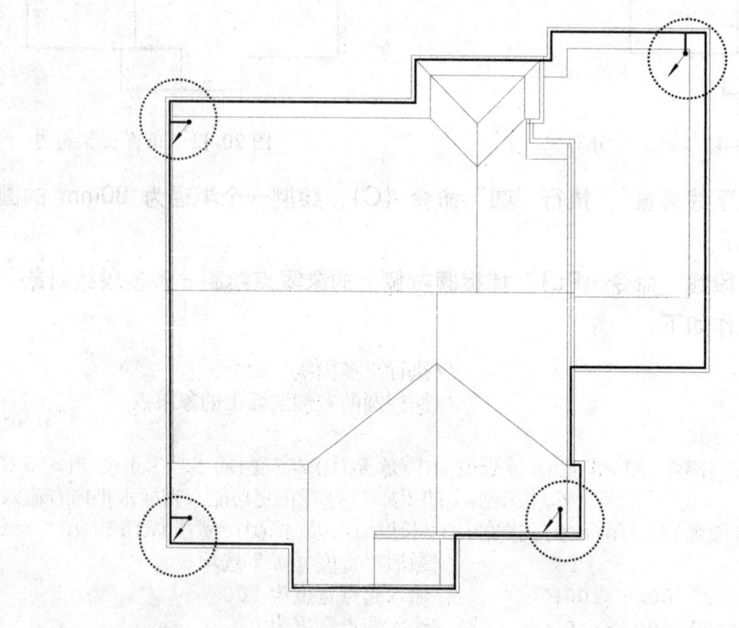

图 20-46 布置引下线装置

20.2.4 添加说明文字及图框

在绘制完该别墅的屋面防雷平面图以后，接下来需要对图中相关的内容进行文字标注说明，然后在为图形添加相关的图框。

Step 01 执行“格式→图层”菜单命令，在弹出的“图层特性管理器”对话框中将“文字”图层设置为当前图层，如图 20-47 所示。

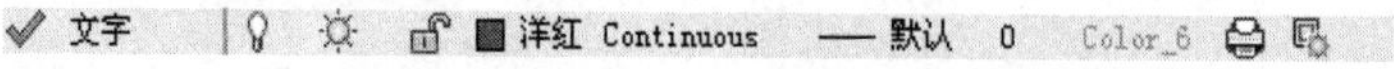

✓ 文字 洋红 Continuous —— 默认 0 Color_6

图 20-47 设置图层

Step 02 执行“多行文字”命令（MT），设置好文字的大小以后，再结合“直线”命令（L），对图中的避雷带及相关避雷设备进行文字说明标注，其标注后的效果如图 20-48 所示。

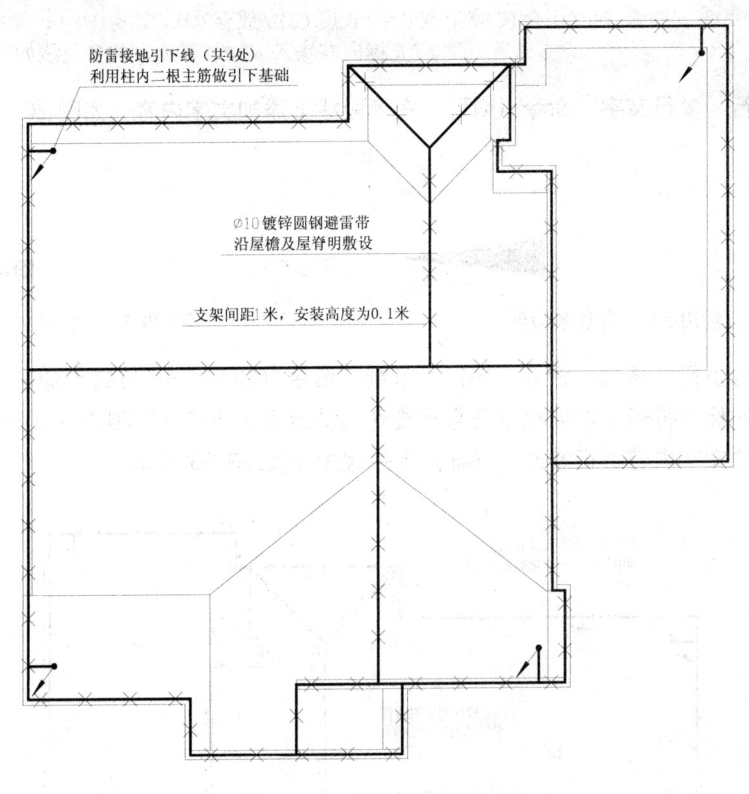

图 20-48 文字标注的效果

Step 03 绘制“标高符号”图例，执行“直线”命令（L），绘制一个标高符号，如图 20-49 所示。

Step 04 执行“多行文字”命令（MT），在标高符号上添加文字内容，如图 20-50 所示。

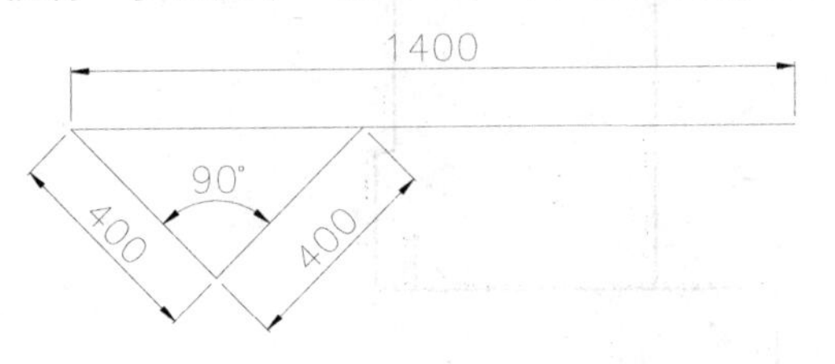

图 20-49 绘制标高符号

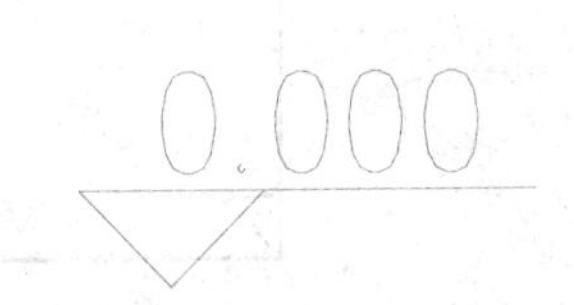

图 20-50 添加文字内容

Step 05 绘制“坡度标注”符号，执行“多段线”命令（PL），绘制一条多段线图形，命令行提示与操作如下：

```
命令: pl↙                          //执行“多段线”命令
指定起点:                          //在绘图区中指定一点为多段线起点
当前线宽为 0.0000
指定下一个点或 [圆弧(A)/半宽(H)/长度(L)/放弃(U)/宽度(W)]: 800  ↙
                                   //按键盘上的“F8”打开正交功能，光标水平向右输入 800
```

```
指定下一点或 [圆弧(A)/闭合(C)/半宽(H)/长度(L)/放弃(U)/宽度(W)]: w↙
                                    //选择"宽度(W)"选项
指定起点宽度 <0.0000>: 100↙        //输入起点宽度
指定端点宽度 <100.0000>: 0↙        //输入端点宽度
指定下一点或 [圆弧(A)/闭合(C)/半宽(H)/长度(L)/放弃(U)/宽度(W)]: 400↙
                                    //光标向右输入400，其绘制的多段线如图20-51所示
```

Note

Step 06 执行“多行文字”命令（MT），在多段线上添加文字内容，如图 20-52 所示。

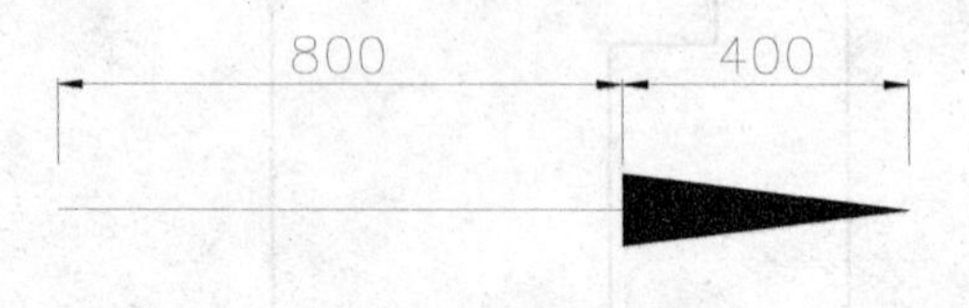

图 20-51　绘制多段线

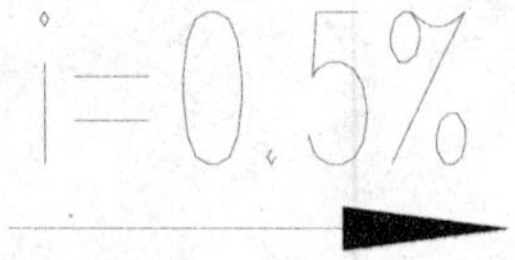

i=0.5%

图 20-52　添加文字内容

Step 07 结合执行“移动”命令（M）、“复制”命令（CO）及“旋转”命令（RO），将绘制的标高符号及坡度标注符号布置到别墅屋顶平面图上的相应位置处，然后再对其中的文字内容进行修改，其标注后的效果如图 20-53 所示。

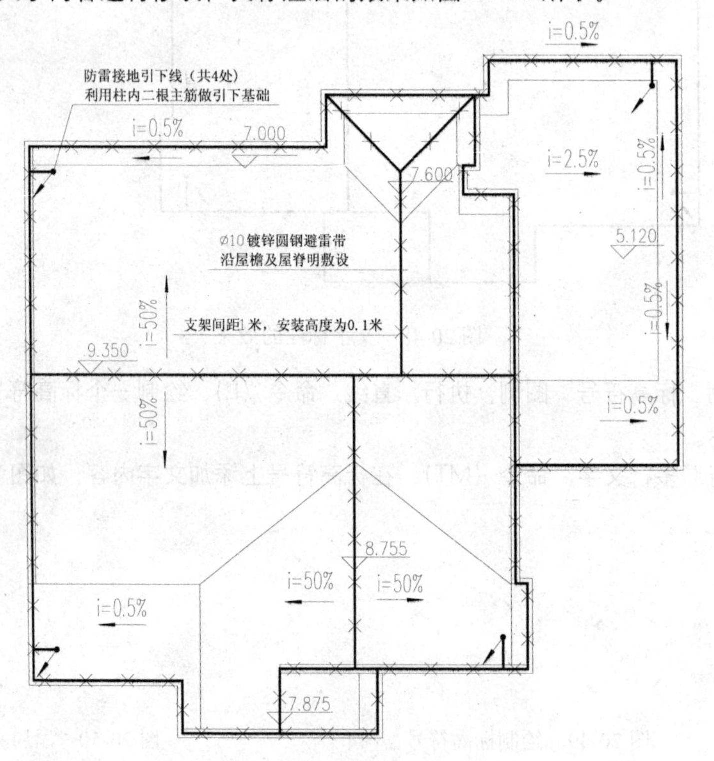

图 20-53　标注的效果

Step 08 将当前图层设置为“图框”图层，再执行“插入”命令（I），将“案例\20\A3 图框.dwg”图块文件插入到绘图区中的空白位置。

Step 09 执行“缩放”命令（SC），将插入的图框缩放 100 倍，再将绘制的别墅屋面防雷平面图全部选中，将其移动到图框的中间相应位置即可。

Step 10 执行“多行文字”命令（MT），在图框右下侧的图签中输入相关的文字内容，再在图形的下方进行图名及比例的标注，从而完成该别墅屋面防雷平面图的绘制，如图 20-54 所示。

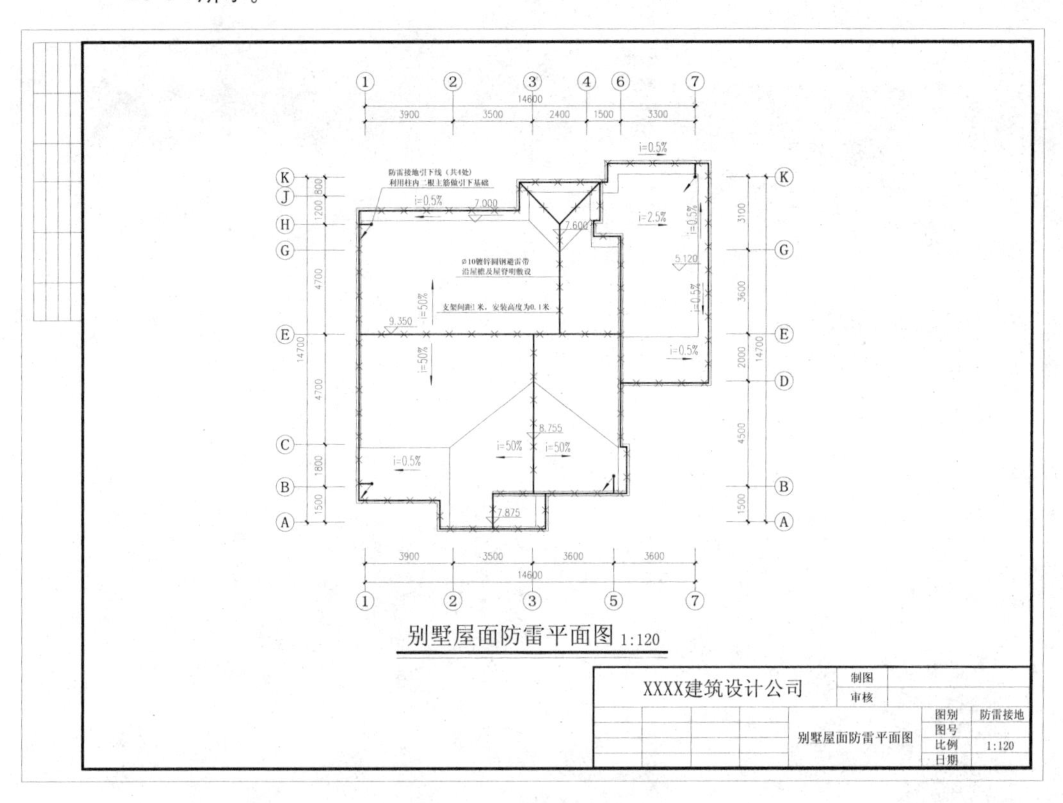

图 20-54　添加平面图图框

Step 11 至此，该别墅的屋面防雷平面图已经绘制完成，然后按 Ctrl+S 组合键将该文件进行保存。

20.3 本章小结

本章主要讲解了 AutoCAD 2014 建筑弱电与防雷施工图的绘制，包括 AutoCAD 绘制别墅一层弱电平面图，如设置绘图环境、绘制弱电设备、绘制连接线路、添加说明文字及图框等，AutoCAD 2014 绘制屋面防雷平面图，如设置绘图环境、绘制避雷带、绘制避雷设备、添加说明文字及图框等。